Bergmann / Schaefer kompakt – Band 3

Lüders · von Oppen

Quantenphysik – Atomare Teilchen und Festkörper

D1699316

Bergmann / Schaefer kompakt –
Lehrbuch der Experimentalphysik
Band 3

Gebhard von Oppen
Marco Busch (Teil IV)

Quantenphysik –
Atomare Teilchen und Festkörper

Herausgegeben von
Klaus Lüders, Gebhard von Oppen

DE GRUYTER

Herausgeber
Prof. Dr. Klaus Lüders
Fachbereich Physik
Freie Universität Berlin
Arnimallee 14
14195 Berlin
lueders@physik.fu-berlin.de

Prof. Dr. Gebhard von Oppen
Technische Universität Berlin
Institut für Optik und Atomare Physik
Hardenbergstr. 36
10623 Berlin
oppen@physik.tu-berlin.de

Autor von Teil IV
Priv.-Doz. Dr. Marco Busch
Humboldt-Universität zu Berlin
Institut für Physik
Newtonstraße 15
12489 Berlin
mbusch@physik.hu-berlin.de

ISBN 978-3-11-022671-3
e-ISBN (PDF) 978-3-11-022672-0
e-ISBN (EPUB) 978-3-11-039059-9

Library of Congress Cataloging-in-Publication Data
A CIP catalog record for this book has been applied for at the Library of Congress.

Bibliographic information published by the Deutsche Nationalbibliothek
Die Deutsche Nationalbibliothek verzeichnet diese Publikation in der Deutschen
Nationalbibliografie; detaillierte bibliografische Daten sind im Internet über
http://dnb.dnb.de abrufbar.

© 2015 Walter de Gruyter GmbH, Berlin/Boston

Satz: PTP-Berlin Protago-TEX-Production, Berlin
Druck und Bindung: Hubert & Co., Göttingen
Coverabbildung: CERN
♾ Gedruckt auf säurefreiem Papier
Printed in Germany

www.degruyter.com

Dieser Band ist meinem Freund Prof. Dr. Józef Heldt
(8. März 1934 – 5. Januar 2015)
gewidmet.
Bis zu seinem Tod begleitete er mit großem Interesse die Arbeit an diesem Buch.

Gebhard von Oppen

Vorwort

Mit dem vorliegenden dritten Band des **Bergmann/Schaefer kompakt** ist nun das dreibändige Lehrbuch komplett. Er handelt von der Quantenphysik und basiert vor allem auf Band 4 und 6 des ursprünglichen *Bergmann/Schaefer*, nimmt aber auch wesentlich Bezug auf die Bände 2, 3 und 5. Mit dem QR-Code werden für den interessierten Leser Hinweise gegeben, wo im ursprünglichen Bergmann/Schaefer Ergänzungen und ausführlichere Darstellungen zu finden sind. Dort findet man auch viele Literaturhinweise. Im vorliegenden Band werden nur in Ausnahmefällen Literaturhinweise im Text und bei einigen Abbildungen gegeben. Wie schon in den beiden anderen Bänden sind auch hier die experimentellen Grundlagen der Physik ein Schwerpunkt des Lehrbuchs. Beschreibungen von Experimenten sind wieder mit einem **E** am Rand gekennzeichnet. Wir haben uns aber auch in diesem Band bemüht, die grundlegenden theoretischen Konzepte für Studierende ohne umfassende Vorkenntnisse zur Quantentheorie verständlich darzustellen, schreiben aber trotzdem die für die Experimentalphysik relevanten Formeln in der Sprache der höheren Mathematik. Ausführliche Darstellungen der Quantentheorie findet der interessierte Leser in vielen Lehrbüchern der theoretischen Physik. Zur Nacharbeitung des Stoffes wurden zu jedem Kapitel wieder Aufgaben hinzugefügt.

Auch die Arbeit an diesem Band wäre ohne die hilfreiche Unterstützung unserer Institute an Freier Universität, Technischer Universität und Humboldt-Universität nicht möglich gewesen, wofür wir ausdrücklich danken. Großen Dank schulden wir auch unseren Ehefrauen. Nur dank ihrer fürsorglichen Unterstützung war es uns möglich, die umfangreiche Arbeit an diesem Lehrbuch in der vorgegebenen Zeit abzuschließen. Schließlich danken wir dem Verlag de Gruyter, insbesondere Frau Silke Hutt und Herrn Dr. Konrad Kieling für die mittlerweile über viele Jahre anhaltende angenehme Zusammenarbeit.

Berlin, November 2014

Klaus Lüders
Gebhard von Oppen
Marco Busch

Bergmann / Schaefer Physik Online

Hrsg. v. Rainer Kassing, Karl Kleinermanns, Klaus Lüders, Heinz Niedrig, Wilhelm Raith, Gebhard von Oppen

Testzugang für ein Semester zu Bergmann / Schaefer Physik online – Ihr persönlicher Access Token:

PHYSIK-ONLINE

Die Datenbank *Bergmann / Schaefer Physik Online* basiert auf dem über viele Generationen von Studierenden wie Dozenten bewährten Lehr- und Nachschlagewerk der Experimentalphysik.

– Die umfassendste deutschsprachige Darstellung des Gebiets der Physik unter Einbeziehung wichtiger aktueller Erkenntnisse
– Für Studierende der Physik als Begleittext seit Jahrzehnten für alle Vorlesungen und Praktika der elementaren und höheren Experimentalphysik bewährt und erprobt
– Umfassendes Literaturverzeichnis zum weiterführenden Lernen
– Vertiefende Heranführung an neueste Forschungsergebnisse und experimentelle Umsetzungen für Diplomanden und Doktoranden

Dieses Buch verweist an mehreren Stellen auf ergänzendes Material in der Datenbank Bergmann / Schaefer Physik online.
Um für ein Semester Zugriff auf die Datenbank zu bekommen, melden Sie sich auf http://www.degruyter.com unter Angabe Ihrer E-Mail-Adresse und des oben abgedruckten Access Tokens an.

Inhalt

Teil IV: Festkörperphysik

Einleitung

Divide et impera – teile und herrsche – war die Maxime, nach der die Römer unterworfene Volksstämme und Völker beherrschten. *Zerlege und verstehe* ist das Konzept, nach der man in der klassischen Physik vorging, um die Wirkungsweise komplexer Systeme zu begreifen und dann mithilfe von Bewegungsgleichungen ihre zeitliche Entwicklung berechnen zu können. Die klassische Physik wurde im Band 1 des Lehrbuchs **Bergmann/Schaefer kompakt** behandelt. Zunächst geht man in der klassischen Mechanik von der Annahme aus, dass die Objekte der Physik aus Körpern bestehen, zwischen denen Kräfte wirken, die die Körper beschleunigen und deformieren können. Diese Körper können aber noch weiter zerlegt werden. Thermodynamik und Statistische Mechanik beruhen dann auf der Annahme, dass dieses Zerlegen nicht unendlich fortgesetzt werden kann. Demnach bestehen alle Körper aus kleinsten Teilchen – Molekülen und Atomen, Elektronen und Ionen –, die sich wie Massenpunkte mit nur drei Freiheitsgraden oder zumindest wie aus wenigen Massenpunkten bestehende Körper verhalten.

Im **Bergmann/Schaefer kompakt 2** wurde im Rahmen der Elektrodynamik zunächst die Bewegung elektrisch geladener Körper behandelt. Dabei zeigte sich, dass die zwischen diesen Körpern wirkenden elektrischen und magnetischen Kräfte nicht – wie in der Newton'schen Mechanik angenommen – als instantan wirkende Fernkräfte betrachtet werden dürfen. Vielmehr wurde stattdessen das elektromagnetische Feld eingeführt, dass sich mit der Lichtgeschwindigkeit c im Vakuum kontinuierlich ausbreitet. Es wird einerseits von elektrisch geladenen Körpern erzeugt, wirkt andererseits aber auch auf diese und vermittelt so die Kräfte, die auf die Körper wirken. Als elektromagnetische Welle wird das Feld zu einem eigenständigen Objekt der physikalischen Forschung, dessen Eigenschaften speziell im Rahmen der Optik ausführlich behandelt werden. Die grundlegenden Probleme, die sich aus der Existenz der Naturkonstante c für das naturwissenschaftliche Weltbild ergeben, führen schließlich zur Speziellen und Allgemeinen Relativitätstheorie.

In diesem dritten und letzten Band des **Bergmann/Schaefer kompakt** wird die Quantenphysik behandelt, also der Bereich der Physik, in dem die zweite grundlegende Naturkonstante, das Planck'sche Wirkungsquantum $\hbar$, eine maßgebende Rolle spielt. In dem einleitenden Teil I werden zunächst Experimente und neue gedankliche Ansätze beschrieben, die die entscheidenden Anstöße zur Entwicklung der Quantenmechanik gaben und insbesondere Niels Bohr zu der Erkenntnis führten, dass das Planck'schen Wirkungsquantum eine fundamentale Abkehr von den Konzepten der klassischen Physik erzwingt. Anschließend werden die grundlegenden Konzepte der neuen Quantenmechanik behandelt. Dieser Teil sollte bereits ein elementares Verständnis für viele, aus Sicht der klassischen Physik erstaunliche Eigenschaften der Atome wecken.

Teil II handelt dann einerseits ausführlich von der Physik der Atome und andererseits von den Molekülen, zu denen sich gleichartige und verschiedene Atome verbinden können. Dabei stehen die *freien* Atome und Moleküle im Zentrum der Aufmerksamkeit, also solche

Atome und Moleküle, die sich frei und möglichst unabhängig voneinander im Raum bewegen können. Die Spektren dieser Atome und Moleküle können mit extremer Präzision experimentell untersucht werden. Viele der dazu benötigten Experimentiertechniken werden ausführlich beschrieben. Parallel mit der Verfeinerung der Experimentierkunst und der zunehmenden Präzision der Messungen wird auch die Quantentheorie zu größerer Vollkommenheit entwickelt. Wir beschränken uns in diesem Buch auf eine Skizzierung der wesentlichen Etappen dieser Entwicklung. Eine ausführliche Darstellung der mathematischen Grundlagen findet man in den Lehrbüchern der theoretischen Physik.

Grundlage für das Bohr'sche Atommodell waren die Untersuchungen Ernest Rutherfords, die zu der Erkenntnis führten, dass es im Zentrum eines jeden Atoms einen elektrisch positiv geladenen Kern gibt, der Elektronen an sich binden kann, so dass sich neutrale Atome bilden. Die Physik der Atomkerne und der Teilchen, die beim spontanen Zerfall und der erzwungenen Zerlegung von Atomkernen entstehen, werden im Teil III behandelt. Viele Untersuchungen zum spontanen Zerfall können wie die meisten atomphysikalischen Experimente in universitären Forschungslaboratorien durchgeführt werden. Um aber Atomkerne zu zerlegen und in andere Kerne umzuwandeln oder gar neue Teilchen entstehen zu lassen, werden große Beschleunigeranlagen benötigt, die Elektronen und Protonen auf Energien im GeV- und TeV-Bereich beschleunigen. Die größten von ihnen können nur im Rahmen internationaler Kooperationen finanziert werden. Die Entstehung neuer Teilchen in der Hochenergiephysik ist ein interessantes neues Phänomen, dass zur Entwicklung der Eichfeldtheorien führte. Eichbosonen sind allerdings auch die Photonen, die bei elektromagnetischen Zerfällen entstehen. Diese Teilchen bilden Quantenfelder, die im Rahmen der Quantenoptik detailliert untersucht werden.

Von den freien Teilchen geht es schließlich in Teil IV zu den Festkörpern. Auch diese bestehen zwar aus Atomen und Molekülen, sie sind aber zu makroskopischen Körpern aneinander gebunden. Zur Beschreibung der physikalischen Eigenschaften der Festkörper muss man daher einerseits auf die klassische Physik zurückgreifen, braucht andererseits aber auch die Quantenmechanik. Eine Zusammenführung beider Theorien ist aber nicht unproblematisch. Denn die Konzepte der beiden Theorien sind grundlegend voneinander verschieden. Das *Zerlege und Verstehe* bewährt sich nur in der klassischen Physik. Die Objekte der Quantenphysik sind grundsätzlich stets als Einheit zu betrachten. Die Grundlage für eine Symbiose von klassischer Mechanik und Quantenmechanik legte Felix Bloch mit der Idee des Bändermodells für die Bewegung der Elektronen im Kristallgitter. Auf experimenteller Seite ermöglichte die Herstellung hochreiner, strukturierter und genau spezifizierter Kristalle eine rasante Entwicklung der Festkörperphysik und ihre vielfältige technische und industrielle Anwendung. Insbesondere haben Halbleiter- und Optoelektronik das Leben der Menschen revolutioniert. Ein gründliches Verständnis für das Zusammenspiel der quantendynamischen Prozesse im atomaren Bereich und der makroskopischen Prozesse, die bei der praktischen Nutzung im Vordergrund stehen, war Voraussetzung für diese Entwicklung.

Teil I
Anstöße zur Entwicklung
der Quantenmechanik

Max Planck (1858–1947)
Photo Deutsches Museum, München

1 Dunkle Wolken – erste Lichtblicke

Am Ende des 19. Jahrhunderts waren viele Physiker der Meinung, dass die Physik eine weitgehend abgeschlossene Wissenschaft sei. Man glaubte, alle Vorgänge in der unbelebten Natur als Bewegungen von Massenpunkten in Raum und Zeit beschreiben und damit mechanisch erklären zu können. So bekam Max Planck (1858 – 1947, Nobelpreis 1919), auf der Suche nach einem für ihn geeigneten Studium, im Jahr 1874 den Rat, nicht Physik zu studieren. In der Physik sei im Wesentlichen schon alles erforscht und es gäbe nur noch einige unbedeutende Lücken auszufüllen.

Es gab aber auch Physiker, die skeptischer waren, und auch die Widersprüche im mechanistischen Weltbild der damaligen Physik sahen. William Thomson, der spätere Lord Kelvin (1824 – 1907), sprach in einer am 27. April 1900 gehaltenen Vorlesung von zwei „Wolken über der mechanischen Theorie der Wärme und des Lichts im 19. Jahrhundert". Die eine Wolke beschattete die mechanische Äthertheorie des Lichts. Sie löste sich bald im Licht der Relativitätstheorie Albert Einsteins (1879 – 1955, Nobelpreis 1921) auf (Bd 2, Kap. 15). Die andere verdunkelte die mechanische Theorie der Wärme. Sie ergab sich aus dem Widerspruch zwischen der aus den streng deterministischen Grundgleichungen der Mechanik folgenden Bewegungsumkehr und der aus der Zufallshypothese folgenden Irreversibilität aller beobachteten Naturvorgänge, die im zweiten Hauptsatz der Wärmelehre zum Ausdruck kommt.

Bereits in Band 1 wurde wiederholt auf diesen Widerspruch zwischen den dynamischen Gesetzmäßigkeiten der Mechanik und den statistischen Gesetzmäßigkeiten der Wärmelehre aufmerksam gemacht. Offensichtlich beschreibt die Mechanik zwar die Bewegung makroskopischer Körper mit hoher Genauigkeit, versagt aber bei der Beschreibung atomarer Teilchen. Im Folgenden werden wir uns bemühen, den Gültigkeitsbereich der Mechanik genauer einzugrenzen, und dabei nach Wegen zu einem Verständnis atomarer Phänomene suchen. Der Schlüssel zu diesem Verständnis ist die Quantenhypothese, die Max Planck zur Herleitung seiner Strahlungsformel machte (Bd. 1, Abschn. 15.3), und die daraus folgende Beschränkung der Beobachtbarkeit atomarer Teilchen.

1.1 Körnigkeit und Zufall

Der klassischen Physik liegt die Annahme zugrunde, dass sich sowohl materielle Körper als auch das elektromagnetische und das Gravitationsfeld kontinuierlich im Raum ausdehnen und kontinuierlich in der Zeit verändern. Die Bewegungen der Körper folgen den Gesetzen der klassischen oder relativistischen Mechanik und die zeitliche Entwicklung des elektromagnetischen Feldes den Gesetzen der Elektrodynamik. Das Gravitationsfeld ist Gegenstand der Allgemeinen Relativitätstheorie (Bd. 2, Kap. 16). Dieses Kontinuumskonzept steht in diesem Abschnitt auf dem Prüfstand. Viele der im 19. Jahrhundert gemachten physikalischen Entdeckungen passten nicht in das klassische Kontinuums-konzept. Es handelt sich dabei sowohl um die körnige Struktur der Materie, die man sich aus kleinsten Teilchen wie Atomen, Ionen und Elektronen zusammengesetzt dachte, als auch um die körnige Struktur der elektromagnetischen Strahlung, auf die man beim Nachweis von Röntgenstrahlen und Radioaktivität und beim Photoeffekt aufmerksam wurde. Die von Albert Einstein 1905 postulierte Lichtquantenhypothese führte dann am Anfang des 20. Jahrhunderts dazu, dass man sich die elektromagnetischen Wellen auch als aus Photonen, Röntgen-Quanten oder γ-Quanten bestehende Teilchenstrahlen vorstellte.

Atome und Elektronen. Der Kontinuumshypothese der klassischen Dynamik entgegen steht die Atomhypothese. Die Idee, dass Materie aus kleinsten unteilbaren (griechisch: „atomos") Teilchen zusammengesetzt ist, geht auf den griechischen Philosophen Leukipp und seinen Schüler Demokrit (beide 5. Jahrh. v. Chr.) zurück und wurde seitdem immer wieder aufgegriffen. Auch die Physiker und Philosophen wie Galileo Galilei (1564 – 1642), René Descartes (1596 – 1650), Robert Boyle (1627 – 1692) und Isaac Newton (1643 – 1727), die am Anfang der Entwicklung der modernen Naturwissenschaft stehen, neigten dem atomaren Bild der Materie zu. Ein wesentlicher Fortschritt gelang jedoch erst zu Beginn des 19. Jahrhunderts, als die Idee des Atoms quantitativ in der Chemie genutzt werden konnte (J. Dalton, 1809: „A new system of chemical philosophy"), und A. Avogadro (1776 – 1856) 1811 die Hypothese aufstellte, dass gleiche Volumina von Gasen bei gleicher Temperatur und gleichem Druck stets die gleiche Anzahl von Molekülen enthalten (Bd. 1, Abschn. 8.1 und 14.4). *Daltons Gesetz* (1808) der *Multiplen Proportionen* chemischer Reaktionen und *Prouts Hypothese* (1815), dass alle chemischen Elemente aus Vielfachen der Masse des Wasserstoffatoms zusammengesetzt sind, standen mit den damals empirisch ermittelten relativen Atom- und Molekülmassen im Einklang.

Parallel mit der Entwicklung einer quantitativen Atomhypothese in der Chemie ging die quantitative Vermessung elektrischer Ladungen einher, die in der ersten Hälfte des 19. Jahrhunderts als Folge der Faraday'schen Untersuchungen zur Elektrolyse zu der Annahme führte, dass es eine atomare Grundeinheit der elektrischen Ladung gibt („*Atome der Elektrizität*"). Diese *Elementarladung* hat den Wert $e_0 = 1.602 \cdot 10^{-19}$ A s (Bd. 2, Kap. 1).

In der zweiten Hälfte des 19. Jahrhunderts führten insbesondere auch die Untersuchungen von Gasentladungen (Bd. 2, Kap. 3) zu der Erkenntnis, dass Atome und Moleküle in geladene Komponenten zerlegt werden können. Die von der Kathode ausgehenden negativ geladenen Teilchen konnten bei Entladungen in stark verdünnten Gasen, die mit hohen Spannungen betrieben werden konnten, als *Kathodenstrahlen* separiert und untersucht werden. Dabei zeigte sich, dass sie aus sehr leichten Teilchen bestehen (d. h. aus Teilchen mit sehr kleiner Masse). Sie sind fast 2000-mal leichter als ein Wasserstoffatom und heißen *Elektronen*. In einer Entladung werden sie bei verschiedenartigen Ionisationsprozessen aus der Kathode freigesetzt. Bei genügend hoher Temperatur können sie aber auch thermisch aus einer *Glühkathode* verdampft werden.

Ein weiterer wichtiger Schritt in der Entwicklung des atomaren Konzepts der Materie war die Entdeckung, dass sich die Eigenschaften chemischer Elemente periodisch mit zu-nehmender Atommasse ändern. D. Mendelejew (1834 – 1907) und L. Meyer (1830 – 1895) ordneten aufgrund dieser Entdeckung die chemischen Elemente zum *Periodensystem*. Die periodische Ähnlichkeit der Elemente hat ihre Ursache in der bis dahin unbekannten Schalenstruktur der Atome (s. Abschn. 2.3).

Röntgenstrahlung. Im Jahr 1895 entdeckte Wilhelm Conrad Röntgen (1845–1923, Nobelpreis 1901) die nach ihm benannten Strahlen (englisch: X-rays). Sie werden mit einer auf etwa 10^{-4} Pa evakuierten *Röntgenröhre* (▶ Abb. 1.1) erzeugt. Von einer (indirekt geheizten) Kathode werden Elektronen emittiert und mit Spannungen von einigen 10 kV auf die als Target (Zielscheibe) dienende Antikathode beschleunigt. Beim Aufprall der Elektronen auf das Target entsteht eine durchdringende Strahlung, die nicht durch elektrische oder magnetische Felder abgelenkt werden kann. Wie Max v. Laue (1879–1960, Nobelpreis 1914) 1912 nachwies, sind es elektromagnetische Wellen, deren Spektrum mit *Kristallspektrometern* spektral zerlegt werden kann (Bd. 2, Kap. 11).

▶ Abb. 1.2 zeigt Spektren, die mit drei aus verschiedenen Metallen bestehenden Targets bei einer Beschleunigungsspannung von $U_B = 35\,\text{kV}$ aufgenommen wurden. Alle

E

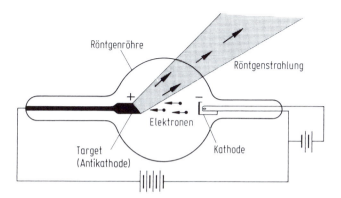

Abb. 1.1 Schema einer Röntgenröhre mit der Kathode auf negativem und der Anode (Antikathode) auf positivem Potential. Beim Aufprallen der Elektronen auf die Anode entstehen Röntgenstrahlen.

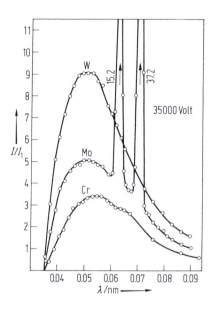

Abb. 1.2 Röntgen-Emissionsspektren von Chrom (Cr), Molybdän (Mo) und Wolfram (W), erzeugt durch 35-keV-Elektronen. Die Peaks bei 0.06 nm und 0.07 nm stellen die K_α- bzw. K_β-Linien des Molybdäns dar. Die Intensität I in Abhängigkeit von der Wellenlänge λ ist in willkürlichen Einheiten I_1 angegeben (nach Urey, 1918).

drei Spektren zeigen einen kontinuierlichen Untergrund, das sogenannte *Röntgen-Brems-spektrum*. Es fällt auf, dass die drei Spektren bei ein und derselben Grenzwellenlänge $\lambda_{gr} = 0.036$ nm abbrechen. Sie ergibt sich aus der Beschleunigungsspannung U_B. Die Energie $E_{photon} = hc/\lambda$ der Röntgen-Quanten ist höchstens gleich der Energie $E_{el} = e_0 U_B$ der Elektronen beim Aufprall auf das Target. Diese Beziehung wird allerdings erst durch die Planck'sche *Quantenhypothese* und die Einstein'sche Idee der Lichtquanten gerechtfertigt. Sie werden im Folgenden ausführlich diskutiert.

Das Molybdän-Spektrum zeigt darüber hinaus zwei intensive Spektrallinien des sogenannten *charakteristischen Röntgen-Spektrums*. Es entsteht, wenn innere Schalen der Elektronenhülle der Targetatome ionisiert werden.

Radioaktivität. Etwas später als die Röntgenstrahlen, im Jahr 1896, wurde von A. H. Becquerel (1852 – 1908, Nobelpreis 1903) eine weitere, Materie durchdringende Strahlung entdeckt, die von uranhaltigen Erzen emittiert wird. Uran ist unter den in der Natur vorkommenden Elementen das Element mit der höchsten Atommasse und zerfällt in leichtere Elemente und „strahlt" dabei. Es ist *radioaktiv*. Die sehr viel stärker radioaktiven Folgeprodukte, die Elemente Polonium und Radium, konnten 1898 von Pierre Curie (1859 – 1906, Nobelpreis 1911) und Marie Curie (1867 – 1934, Nobelpreis 1903 und 1911) chemisch getrennt und analysiert werden. Die beim Zerfall emittierte Strahlung schwärzt fotografische Platten und ionisiert Luft. Sie konnte daher in einfacher Weise mit Photoplatten bzw. Elektrometern nachgewiesen werden. Diese Strahlung besteht aus drei Komponenten, die α-, β- und γ-Strahlung genannt werden. α- und β-Strahlen werden in elektrischen und magnetischen Feldern abgelenkt. Es handelt sich also um geladene Teilchen. γ-Strahlung hingegen wird nicht abgelenkt. Es handelt sich hierbei um extrem kurzwellige elektromagnetische Wellen, die aber wie Teilchen in einem Detektor diskrete und daher abzählbare Ereignisse auslösen. γ-Strahlung kann daher auch als ein aus γ-Quanten bestehender Teilchenstrahl betrachtet werden.

Ernest Rutherford (1871 – 1937, Nobelpreis 1908) und Mitarbeiter wiesen nach, dass α-Teilchen doppelt positiv geladene He-Ionen sind, indem sie einerseits Masse und Ladung der Teilchen bestimmten und andererseits das optische Spektrum des durch Einfang von Elektronen entstehenden Heliums beobachteten. β-Strahlen hingegen sind sehr viel leichtere Teilchen und negativ geladen. Es sind schnell bewegte Elektronen.

Die bei radioaktiven Zerfällen emittierten Teilchen haben hohe kinetische Energien. So haben die beim Uranzerfall emittierten α-Teilchen eine Energie von etwa 4 MeV, das ist die Energie, die doppelt geladene He-Ionen haben, wenn sie mit einer Spannung von 2 MV beschleunigt wurden. In Luft haben sie eine *Reichweite* von etwa 8 cm. Sie ionisieren die Luft und werden daher auf einer Strecke von 8 cm abgebremst und werden dann durch Einfang von zwei Elektronen zu neutralen He-Atomen.

Da sie zerfallen, haben radioaktive Atome eine endliche Lebensdauer. Für den Zerfall gelten die Gesetze des Zufalls, d. h. Atome altern nicht. Es lässt sich nur eine für alle Atome einer radioaktiven Substanz gleiche (von ihrem Alter unabhängige) *Zerfallsrate* (Zerfalls-wahrscheinlichkeit/Zeit) angeben. Man sagt, die Atome zerfallen *spontan* und nicht etwa aufgrund von Alterserscheinungen. Die Zerfallsprozesse folgen dementsprechend einem *Zerfallsgesetz*. Nehmen wir an, dass zu einem Zeitpunkt t insgesamt $N(t)$ Atome einer radioaktiven Substanz vorhanden sind. Dann ist die Anzahl dN der im anschließenden Zeitintervall dt zerfallenden Atome proportional zu der (sehr groß angenommenen) Anzahl

$N(t)$ und zur Dauer des Zeitintervalls dt:

$$dN = \lambda \cdot N(t)\, dt \ .\tag{1.1}$$

Die Proportionalitätskonstante λ ist die *Zerfallskonstante* der betrachteten Atome. Aus dem Zerfallsgesetz (1.1) ergibt sich die Differentialgleichung $dN/dt = \lambda \cdot N(t)$. Nach Integration über die Zeit ergibt sich daraus, dass die Anzahl der radioaktiven Atome exponentiell abklingt:

$$N(t) = N(0) \cdot \exp(-\lambda t)\ .\tag{1.2}$$

Dabei ist $N(0)$ die Anzahl der anfangs zur Zeit $t = 0$ vorliegenden radioaktiven Atome. Die Zeit $\tau = 1/\lambda$, in der die anfängliche Anzahl auf den e-ten Teil ($e = 2.718$, Euler'sche Zahl) abgeklungen ist, heißt *mittlere* oder *natürliche Lebensdauer* der radioaktiven Atome. Gewöhnlich wird statt der mittleren Lebensdauer die *Halbwertszeit* $T_{1/2} = \tau \cdot \ln 2$ angegeben, in der die anfängliche Anzahl auf die Hälfte abgeklungen ist.

Quantenhypothese. Nach den bisherigen Ausführungen haben alle materiellen Körper eine körnige Struktur. Sie bestehen aus elementaren Bausteinen wie Atomen, Molekülen, Ionen und Elektronen. In enger Beziehung zu der Annahme, dass Materie aus elementaren Bausteinen zusammengesetzt ist, steht die Zufallshypothese. Nur unter der Annahme, dass die elementaren Bausteine eine Zufallsbewegung ausführen, können die Gesetze der Thermodynamik im Rahmen des Weltbildes der klassischen Physik (mechanistisches Weltbild) gedeutet und insbesondere Ausgleichsprozesse theoretisch erklärt werden (Bd. 1, Kap. 10).

Bis zum Ende des 19. Jahrhunderts betrachteten die Physiker das elektromagnetische Feld – im Gegensatz zu den materiellen Körpern – als reines Kontinuum. Es erstreckt sich kontinuierlich über den Raum und entwickelt sich auch kontinuierlich mit der Zeit. Dieser Gegensatz zwischen den materiellen Körpern und dem elektromagnetischen Feld wird zu einem ernsten Problem, wenn man wie Max Planck im Jahr 1900 versucht, auf dieser Basis den Temperaturausgleich durch Wärmestrahlung theoretisch zu deuten. Die Zufallshypothese (Bd. 1, Kap. 14) passt nicht zu der Vorstellung von einem kontinuierlichen Strahlungsfeld. Wie in Band 1 (Kap. 15) dargelegt wurde, musste deshalb Max Planck annehmen, dass auch das elektromagnetische Strahlungsfeld eine körnige Struktur hat. Die *Quantenhypothese* besagt:

Strahlungsenergie kann nur in ganzzahligen Vielfachen eines kleinsten Quantums $E = h \cdot \nu$ von einem mit der Frequenz ν schwingenden harmonischen Oszillator aufgenommen und abgegeben werden.

Nur unter dieser Annahme konnte er die nach ihm benannte Strahlungsformel für die spektrale Verteilung der Hohlraumstrahlung ableiten. Für die spektrale Energiedichte $u(\nu)$ (Energiedichte pro Frequenzintervall mit der Einheit $J\,s/m^3$) eines Strahlungsfeldes, das im thermischen Gleichgewicht bei der absoluten Temperatur T ist, erhielt Max Planck die

Strahlungsformel

$$u(\nu, T) = \frac{8\pi\nu^2}{c^3} \cdot \frac{h\nu}{\exp\frac{h\nu}{k_\mathrm{B}T} - 1} \, . \tag{1.3}$$

Dabei ist $c \approx 3 \cdot 10^8$ m/s die Lichtgeschwindigkeit im Vakuum (s. Bd. 2),

$$h = 6.626 \cdot 10^{-34}\,\mathrm{Js}$$

das Planck'sche Wirkungsquantum und

$$k_\mathrm{B} = 1.38 \cdot 10^{-23}\,\mathrm{J/K}$$

die Boltzmann-Konstante.

Zur Erläuterung der Planck'schen Strahlungsformel (1.3) betrachten wir einen Hohl-raum mit ideal reflektierenden Wänden (vgl. Bd. 2, Abschn. 11.1). Denn da die Hohlraum-strahlung unabhängig von der Beschaffenheit der Wände ist, können wir über die Wahl der Wände frei verfügen. Ein solcher Hohlraum kann, wie zunächst von J. W. Rayleigh (1842 – 1919, Nobelpreis 1904) und J. Jeans (1877 – 1946) im Jahr 1900 gezeigt wurde, als ein Ensemble ungedämpfter harmonischer Oszillatoren aufgefasst werden. Jede elektro-magnetische Eigenschwingung (Schwingungsmode) des Hohlraums ist ein harmonischer Oszillator mit einer Eigenfrequenz ν und einer Wellenzahl $1/\lambda \equiv \bar{\nu} = \nu/c$. (Man beachte: Die in Bd. 1, Abschn. 12.1 definierte Wellenzahl (reziproke Wellenlänge) $k = 2\pi\bar{\nu}$ unterscheidet sich von $\bar{\nu}$ um den Faktor 2π). Für die spektrale Dichte $N(\nu) = N(\bar{\nu})/c$ der Schwingungsmoden eines Hohlraums ergibt sich, da man (bei hinreichend großem Hohlraumvolumen) für die Anzahl $N(\bar{\nu})\mathrm{d}\bar{\nu}$ der Schwingungsmoden pro Volumen im Wellenzahlintervall $\mathrm{d}\bar{\nu}$ den Ausdruck $N(\bar{\nu})\,\mathrm{d}\bar{\nu} = 8\pi\bar{\nu}^2\,\mathrm{d}\bar{\nu}$ erhält,

$$N(\nu) = \frac{8\pi\nu^2}{c^3} \, . \tag{1.4}$$

Das ist der erste Faktor der Planck'schen Strahlungsformel. Der zweite Faktor gibt also die mittlere thermische Energie $\overline{E}_\mathrm{Osz}(\nu)$ eines (gequantelten) harmonischen Oszillators mit den diskreten Energieniveaus $E_\mathrm{n} = h\nu\,(n + 1/2)$ an. Da $n = 0, 1, 2, \cdots$ ist und die Energieniveaus mit relativen Wahrscheinlichkeiten $W_\mathrm{n} \sim \exp(-nh\nu/k_\mathrm{B}T)$ besetzt sind, ergibt sich für die mittlere thermische Energie des harmonischen Oszillators (ohne *Nullpunktsenergie* $E_0 = h\nu/2$):

$$\overline{E}_\mathrm{Osz}(\nu) = \frac{h\nu}{\exp\frac{h\nu}{k_\mathrm{B}T} - 1} \, . \tag{1.5}$$

P. Debye (1884 – 1966, Nobelpreis 1936) leitete 1910 diesen Ausdruck aus der Planck'schen Quantenhypothese ab. Im klassischen Grenzfall $h\nu \ll k_\mathrm{B}T$ kann die Energie des Oszilla-tors quasi-kontinuierlich variiert werden. Daher ergibt sich für diesen Fall im Einklang mit dem Gleichverteilungssatz der klassischen Mechanik (Bd. 1, Kap. 14) $\overline{E}_\mathrm{Osz}(\nu) = k_\mathrm{B}T$. Dieser Wert ist insbesondere unabhängig vom Planck'schen Wirkungsquantum h.

Andererseits ergibt sich für den Grenzfall $h\nu \gg k_B T$ für die mittlere thermische Energie des Oszillators ein Wert, der sehr viel kleiner als der klassische Wert ist:

$$\overline{E}_{Osz}(\nu) = h\nu \cdot \exp(-\frac{h\nu}{k_B T}) \ll k_B T \; .$$

(Anmerkung zum Beweis: Es ist $x \cdot e^{-x} \ll 1$, wenn $x \gg 1$.)

Die Planck'sche Quantenhypothese hat hier zur Folge, dass der Oszillator nur mit geringer Wahrscheinlichkeit angeregt ist. Er verharrt im Ruhezustand. Der Schwingungsfreiheitsgrad des Oszillators ist also weitgehend „eingefroren".

Photoeffekt. Die erste der drei bahnbrechenden Arbeiten, die Albert Einstein in seinem *annus mirabilis* 1905 publizierte, hatte den Titel „Über einen die Erzeugung und Verwandlung des Lichts betreffenden heuristischen Gesichtspunkt" und beginnt mit dem Satz: „Zwischen den theoretischen Vorstellungen, welche sich die Physiker über die Gase und andere ponderable Körper gebildet haben, und der Maxwell'schen Theorie der elektromagnetischen Prozesse im sogenannten leeren Raum besteht ein tief greifender formaler Unterschied". Es geht um die bereits erwähnte Diskrepanz zwischen der diskreten Struktur der Materie und des sich kontinuierlich über den Raum erstreckenden elektromagnetischen Feldes. Einstein erkennt in der Planck'schen Quantenhypothese einen Denkansatz, mit dem diese Diskrepanz behoben werden kann. Mit der revolutionären Annahme, dass nicht nur Materie aus Atomen, sondern auch das Licht aus einzelnen Quanten besteht, die wir heute *Photonen* nennen, erklärt er anschließend den von W. Hallwachs (1859 – 1922) entdeckten und dann von Ph. Lenard (1862 – 1947, Nobelpreis 1905) experimentell gründlich untersuchten Photoeffekt. Für die Deutung des „photoelektrischen Effekts" erhielt Einstein 1922 den Nobelpreis.

Beim Photoeffekt handelt es sich um die Freisetzung von Elektronen bei der Absorption von Licht an einer Metalloberfläche (Bd. 2, Abschn. 13.1). Eine (auf etwa 10^{-4} Pa evakuierte) Elektronenröhre (Diode) hat eine Kathode K, die mit verschiedenen Metallen beschichtet sein kann, und eine Anode A (▶ Abb. 1.3). Wenn die Kathode mit Licht bestrahlt wird, können Elektronen aus der Metalloberfläche herausgelöst werden und zur Anode gelangen. Bei den meisten Metallen wird dafür ultraviolettes Licht benötigt. Beschichtet man aber die Kathode mit Cäsium (Cs), gelingt der Versuch auch mit kurzwelligem sichtbarem (grünem, blauem oder violettem) Licht. Um die kinetische Energie der die Kathode verlassenden Elektronen zu messen, kann man mit einem Galvanometer G

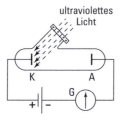

Abb. 1.3 Nachweis des photoelektrischen Effektes. Zur Bestimmung ihrer kinetischen Energie werden die Photoelektronen in einem elektrischen Gegenfeld zwischen Kathode K und Anode A abgebremst.

den Anodenstrom in Abhängigkeit von einer zwischen Kathode und Anode anliegenden (die Elektronen abbremsenden) Gegenspannung messen (▶ Abb. 1.3) oder auch (ohne äußere Spannungsquelle) einfach die sich bei Bestrahlung der Kathode aufbauende Gegenspannung U_{AK} mit einem hochohmigen Voltmeter messen. Die Aufladung kommt dann zum Stillstand, wenn die kinetische Energie auch der schnellsten Elektronen nicht mehr ausreicht, die Gegenspannung zu überwinden. Die Gegenspannung ist also ein Maß für die kinetische Energie $E_{kin} = e_0\, U_{AK}$ der schnellsten Elektronen.

Messungen, in denen das Licht verschiedener atomarer Spektrallinien (Bd. 2, Kap. 13) eingestrahlt wird, ergeben einen linearen Zusammenhang zwischen der Energie der Elektronen und der Frequenz $\nu = c/\lambda$ der eingestrahlten Spektrallinie mit der Wellenlänge λ, aber keine Abhängigkeit der Elektronenenergie von der Intensität des eingestrahlten Lichts, wie man nach der Maxwell'schen Theorie erwarten würde. Lediglich die Anzahl der freigesetzten Elektronen nimmt mit der Lichtintensität zu.

Die Photonenhypothese erlaubt eine einfache Deutung der Versuchsergebnisse. Demnach wird bei der Absorption eines Photons die Energie $E = h\nu$ auf ein Leitungselektron übertragen. Im günstigsten Fall verliert ein solches Elektron nur beim Austritt aus der Metalloberfläche einen Teil seiner anfänglichen kinetischen Energie, nämlich die Austrittsarbeit W_A (Bd. 2, Kap. 13), und hat daher beim Verlassen der Kathode die kinetische Energie $E_{kin} = h\nu - W_A$. Im Allgemeinen wird es zusätzlich bei Streuprozessen im Metall Energie abgeben.

Im Einklang mit dem Experiment führt also die Photonenhypothese zu der Einstein'schen Gleichung für den Photoeffekt:

$$e_0\, U_{AK} = h\nu - W_A \,. \tag{1.6}$$

Die Austrittsarbeit von Cs hat den relativ niedrigen Wert $W_A = 2.14\,\text{eV}$. Diese Energie haben die Photonen des grünen Spektralbereichs. Elektronen können also freigesetzt werden mit grünem oder kürzerwelligem Licht, nicht aber mit rotem oder infrarotem Licht.

Compton-Effekt. Der Photoeffekt machte deutlich, dass sich Licht nicht nur wie eine elektromagnetische Welle, sondern auch wie ein Strom von Teilchen (Photonen) verhält. Da man sich unter Teilchen lokalisierte Massenpunkte vorstellte, unter Wellen aber ausgedehnte Felder, traf die Idee des Photons bei den Physikern zunächst auf viel Skepsis. Erst mit der Entdeckung von A. Compton (1892 – 1962, Nobelpreis 1927) im Jahr 1922, dass hochenergetische Photonen bei Stößen mit den Leitungselektronen eines Metalls auch einen Impuls übertragen können, fand die Idee breite Anerkennung.

A. Compton untersuchte die Streuung von Röntgenstrahlen an einem Stück Graphit (Bd. 2, Abschn. 13.2). Die bei verschiedenen Streuwinkeln ϑ vom Graphit ausgehende Streustrahlung wurde sorgfältig ausgeblendet und mit einem Kristallspektrometer analysiert. Hinter dem Kristallspektrometer wurde die spektrale Intensität $I(\lambda)$ (Intensität/Wellenlängenintervall $\Delta\lambda$) der gestreuten Röntgenstrahlung mit einer Ionisationskammer gemessen. Messungen an den charakteristischen Röntgen-Linien (K-Linien) von Molybdän (▶ Abb. 1.2) zeigten, dass sich die Linien bei der Streuung zu größeren Wellenlängen hin verschieben.

Die quantitative Auswertung der Experimente ergab, dass die Versuchsergebnisse als elastische Stöße der Röntgen-Quanten an den Leitungselektronen des Graphit gedeutet werden können. Dabei wird angenommen, dass die Photonen einer ebenen elektromagnetischen Welle mit der Kreisfrequenz ω und dem Wellenvektor $\boldsymbol{k}$ mit dem Betrag $k = \omega/c$ außer der Energie $E = \hbar\omega$ auch einen Impuls $\boldsymbol{p} = \hbar\boldsymbol{k}$ haben. Dabei ist

$$\hbar = \frac{h}{2\pi} = 1.05 \cdot 10^{-34}\,\mathrm{J\,s}\,.$$

Der Betrag des Impulses hat also den Wert $p = h/\lambda = \hbar\omega/c$.

Da beim elastischen Stoß Impuls und Energie erhalten bleiben, lässt sich die Wellenlängenänderung $\Delta\lambda$ der Röntgenstrahlung bei der Streuung als Funktion des Streuwinkels ϑ berechnen. Unter der Annahme, dass die hochenergetischen Röntgen-Quanten an Elektronen gestreut werden, die frei sind und vor dem Stoß ruhen, erhält man

$$\Delta\lambda = \frac{2h}{m_e c} \cdot \sin^2(\vartheta/2)\,. \tag{1.7}$$

Dabei ist $m_e = 0.91 \cdot 10^{-30}\,\mathrm{kg}$ die Elektronenmasse. Die hier auftretende Größe $\lambda_C = h/m_e c = 2.426 \cdot 10^{-12}\,\mathrm{m}$ hat die Einheit einer Länge und wird als Compton-Länge des Elektrons bezeichnet. Die Wellenlängendifferenz zwischen der gestreuten Compton-Linie und der Primärlinie ist also unabhängig von der Wellenlänge der Primärlinie. Sie hängt nur vom Streuwinkel ϑ ab.

1.2 Elementarereignisse

Die Objekte der Physik sind beobachtbar. In der klassischen Physik konnte noch angenommen werden, dass der Beobachtungsprozess kontinuierlich abläuft und praktisch keinen Einfluss auf die zeitliche Entwicklung des beobachteten Objekts hat. Zwar setzt die Beobachtbarkeit eine Wechselwirkung zwischen Objekt und Umgebung (in der sich die Messgeräte befinden), voraus. Aber im Rahmen der klassischen Physik darf angenommen werden, dass diese Wechselwirkung beliebig abgeschwächt werden kann, ohne den Beoachtungsprozess grundsätzlich einzuschränken.

Die Körnigkeit von Materie und Feld führt zu einer grundlegend neuen Situation:

> Bei hinreichend abgeschwächter Kopplung des Objekts an die Umgebung zerfällt der eine Beobachtung ermöglichende Informationsfluss vom Objekt zur Umgebung in diskrete Ereignisse, die gezählt werden können. Es handelt sich also um *Elementarereignisse*.

Das Objekt kann dann grundsätzlich nicht mehr kontinuierlich beobachtet werden. Auch der Messprozess hat vielmehr eine körnige Struktur. In diesem Abschnitt werden zunächst einfache Messgeräte beschrieben, mit denen die elementaren Ereignisse nachgewiesen und gezählt werden können. Anschließend werden einige Konsequenzen diskutiert, die sich aus der Quantenstruktur des Messprozesses ergeben.

Wilson'sche Nebelkammer. Die beim Auftreffen hochenergetischer Elektronen auf das Target einer Röntgenröhre entstehenden und die von radioaktiven Kernen emittierten

Strahlen wurden zunächst mit Photoplatten oder mit Elektrometern nachgewiesen. Bereits bei diesen Detektoren wurde die ionisierende Wirkung der Strahlen genutzt. Wesentlich detaillierter konnten die Strahlen mit der 1910 von C. T. R. Wilson (1869 – 1959, Nobelpreis 1927) erfundenen *Nebelkammer* untersucht werden (▶ Abb. 1.4). In einer solchen Nebelkammer können durch plötzliche Expansion einer wasserdampfgesättigten Gasatmosphäre die Spuren einzelner geladener Teilchen sichtbar gemacht werden. Denn beim Durchfliegen der Atmosphäre entstehen entlang der Bahn des Teilchens Ionen, die als Kondensationskeime für Nebeltröpfchen wirken. Bei intensiver Beleuchtung werden damit die Bahnen sichtbar und können fotografiert werden. Die Dichte der Nebeltröpfchen hängt von Energie, Ladung und Masse der Teilchen ab. Spuren mit geringer Tröpfchendichte stammen gewöhnlich von Elektronen. Da Elektronen leicht gestreut werden, knicken ihre Spuren häufig ab. α-Teilchen erzeugen hingegen gewöhnlich kurze, dicke Spuren. Befindet sich die Nebelkammer in einem Magnetfeld, sind die Bahnen geladener Teilchen, insbesondere die Bahnen der (leichten) Elektronen gekrümmt.

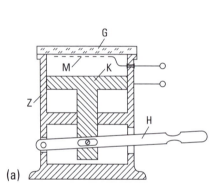

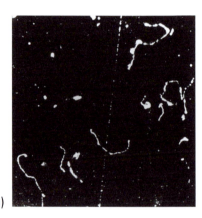

Abb. 1.4 (a) Wilson'sche Nebelkammer (In einem mit der Glasplatte G vakuumdicht verschlossenen Metallzylinder Z kann mit dem Hebel H der Kolben K bewegt werden. Durch Anlegen einer elektrischen Spannung an das Metallnetz M können Ladungsträger aus der Nebelkammer entfernt werden.), (b) Nebelkammeraufnahme von C. T. R. Wilson, 1923.

Für Demonstrationszwecke eignet sich besonders die *kontinuierliche Nebelkammer*. Sie wird gewöhnlich mit einem Luft-Alkohol-Gemisch betrieben. Mit Heizdrähten im oberen Bereich und einer Kühlung der Bodenplatte erzeugt man von oben nach unten ein Temperaturgefälle, so dass knapp über dem Boden eine übersättigte Schicht entsteht, in der die Bahnen der Teilchen beobachtet werden können. Da die Nebeltröpfchen geladen sind, können sie mit einem schwachen elektrischen Feld ständig abgezogen werden, damit auch die neu entstehenden Teilchenbahnen beobachtet werden können. (Filme vom Betrieb kontinuierlicher Nebelkammern findet man unter youtube.)

Geiger-Müller-Zählrohr. Ein handliches Gerät zum Nachweis einzelner hochenergetischer Teilchen ist das Geiger-Müller-Zählrohr (▶ Abb. 1.5). Es ist ein mit Gas gefülltes Rohr, in dessen Zentrum ein dünner Draht gespannt ist, an dem gegenüber der geerdeten Außenwand eine positive Hochspannung von wenigen kV liegt. Beim Durchgang geladener Teilchen wird das Gas entlang der Teilchenspur ionisiert und damit eine Entladung

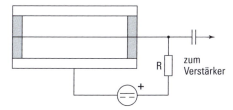

Abb. 1.5 Geiger-Müller-Zählrohr: Zylinder-rohr mit Draht-Anode zum Nachweis von γ-Strahlung und Schaltkreis mit Eingangswider-stand R zum Verstärker.

ausgelöst. Sie erlischt bei geeigneter Zusammensetzung des Gases nach etwa 10^{-4} s. Ein Vorläufer des Zählrohrs wurde von H. Geiger (1882 – 1945) erstmals 1913 beschrieben, eine ausgereifte, mit seinem Mitarbeiter W. Müller (1905 – 1979) erarbeitete Version aber erst 1929 vorgestellt.

Mit dem Geiger-Müller-Zählrohr konnte insbesondere gezeigt werden, dass der radio-aktive Zerfall nicht durch „Alterungsprozesse" in den Atomkernen ausgelöst wird, sondern allein den Gesetzen des Zufalls unterliegt. Um die Zufälligkeit der Zerfälle nachzuweisen, zählt man beispielsweise in einer Serie von Messungen die Anzahl von Ereignissen, die von einem radioaktiven Präparat in einem Zählrohr in einer vorgegebenen Zeitspanne ausgelöst werden. Die gemessenen Ereigniszahlen N_i schwanken rein zufällig um einen Mittelwert $\overline{N}$ (Bd. 1, Abschn. 1.2). Bei einer mittleren Anzahl $\overline{N} \gg 1$ ist die Standardabweichung $\Delta N \equiv \sigma$ im Grenzfall sehr vieler ($n \gg 1$) Messungen

$$\sigma \equiv \sqrt{\frac{1}{n-1} \sum_{i=1}^{n} (N_i - \overline{N})^2} = \sqrt{\overline{N}} . \tag{1.8}$$

Auch die Verteilungsfunktion $v(N)$, die angibt, wie häufig eine bestimmte Ereigniszahl N in einer Serie von n Messungen gemessen wurde, entspricht – wie für Zufallsereignisse zu erwarten – einer Gauß-Verteilung (Bd. 1, Abschn. 10.5):

$$v(N) \sim \exp\left\{ -\frac{1}{2} \left(\frac{N - \overline{N}}{\sigma} \right)^2 \right\} . \tag{1.9}$$

Dabei ist vorausgesetzt, dass die Anzahl der radioaktiven Atome im vorliegenden Präparat während der gesamten Messzeit praktisch konstant bleibt, d. h. die Halbwertszeit der Kerne sehr viel größer als die Messzeit ist.

Die in den statistischen Schwankungen der Ereigniszahlen N zum Ausdruck kom-mende Zufälligkeit radioaktiver Zerfälle ist grundlegend und bestätigt die Annahme, dass die radioaktiven Atome unabhängig voneinander zerfallen. Es ist ein erster Hinweis darauf, dass alle Elementarereignisse nicht kausal, sondern spontan stattfinden. Ort und Zeit eines bestimmten Ereignisses können nicht vorausberechnet werden.

Koinzidenzmessungen. Die radioaktiven Atome eines Präparats zerfallen zwar unab-hängig voneinander, aber dennoch gibt es viele Ereignisse, die in einem engen zeitlichen Rahmen praktisch gleichzeitig stattfinden. So gibt es bei den radioaktiven Zerfällen Zer-fallsketten, bei denen verschiedene Teilchen oder Strahlungsquanten in schneller Folge nacheinander emittiert werden. Solche Zerfallsketten lassen sich mit der von W. Bothe

(1891 – 1957, Nobelpreis 1954) und H. Geiger entwickelten *Koinzidenztechnik* nachweisen. Sie wurde erstmals zur Untersuchung des Compton-Effekts genutzt. Bei der Streuung eines Röntgen-Quants an einem Elektron wird die Energie, die das Röntgen-Quant bei der Streuung verliert, auf das Elektron übertragen. Es hat also nach der Streuung genügend Energie, um einen Entladungsstoß in einem Zählrohr auslösen zu können. Gestreutes Röntgen-Quant und Elektron können daher in Koinzidenz beobachtet werden.

In den Jahren 1924/25 untersuchten Bothe und Geiger die Streuung von Röntgenstrahlen an einer Wasserstoffatmosphäre. Ein gut ausgeblendeter Röntgenstrahl trifft zwischen zwei Zählrohren auf Wasserstoffmoleküle (Abb. 13.13 in Bd. 2, Abschn. 13.2). Da die Elektronen im Wasserstoffmolekül nur schwach gebunden sind, werden Röntgen-Quanten an ihnen wie an freien Elektronen gestreut. Nach der Theorie erwartet man, dass gleichzeitig ein gestreutes Photon und ein energiereiches Elektron entstehen, die in den beidseitig aufgestellten Zählrohren Entladungsstöße auslösen können. Das eine Zählrohr ist mit einer Platinfolie verschlossen, die die Rückstoßelektronen absorbiert, und mit Luft gefüllt. Dieses Zählrohr kann also nur Röntgen-Photonen nachweisen. Das gegenüberliegende offene Zählrohr weist die koinzident mit den gestreuten Photonen erzeugten freien Elektronen nach. Mit einer geeigneten elektronischen Koinzidenzschaltung wurde gezeigt, dass bei Berücksichtigung der statistischen Unsicherheiten, wie erwartet, praktisch mit jedem im ersten Zählrohr nachgewiesenen Photon auch im zweiten Zählrohr ein Entladungsstoß durch ein Elektron ausgelöst wird.

Die Auflösezeit der damals verwendeten elektronischen Koinzidenzschaltung betrug etwa 1 ms. Mit moderner Elektronik können Zeiten unter 1 ns erreicht werden.

Photomultiplier. Mit der Nebelkammer können die Spuren einzelner ionisierender Teilchen nachgewiesen werden und mit einem Geiger-Müller-Zählrohr können ionisierende Teilchen gezählt werden. Um viele Atome und Moleküle ionisieren zu können, müssen die Teilchen mindestens eine Energie im keV-Bereich haben und geladen sein. Ein Gerät, mit dem auch einzelne Photonen des sichtbaren Lichts gezählt werden können, ist der *Photomultiplier* oder *Sekundärelektronenvervielfacher* (SEV) (▶ Abb. 3.11, Abschn. 3.2 und Bd. 2, Abschn. 13.1, Abb. 13.6). Es ist eine Elektronenröhre mit einer Photokathode, einer Serie von Dynoden D_n und einer Anode. Über den Photoeffekt werden beim Auftreffen von Photonen auf die Photokathode Elektronen freigesetzt, pro Photon höchstens ein Elektron (Ausbeute: höchstens 20%). Jedes freigesetzte Elektron löst im Photomultiplier eine Lawine aus: Die Elektronen werden von einer zur nächsten Dynode mit etwa 100 V beschleunigt und lösen beim Auftreffen im Mittel etwa 3 Sekundärelektronen aus, die dann zur nächsten Dynode hin beschleunigt werden. Nach beispielsweise $n = 10$ Dynoden erreicht die über den Eingangswiderstand R eines empfindlichen Messgerätes geerdete Anode eine Elektronenlawine von 3^{10} Elektronen.

Bei einer Kapazität $C_A \approx 1$ pF wird die Anode beim Auftreffen einer Elektronenlawine auf etwa $U \approx 3^{10} e_0 / C_A \approx 5$ mV aufgeladen. Sie entlädt sich anschließend mit einer Zeitkonstante $\tau = R\,C_A$. Diese Spannungsstöße können elektronisch verstärkt und bei nicht zu hoher Lichtintensität gezählt werden. Für die Nachweisbarkeit der Spannungsstöße ist es wichtig, dass sie sich vom thermischen Rauschen des Eingangswiderstandes R abheben. Das ist der Fall, wenn die Energie $E_A = C_A U^2 / 2$ der aufgeladenen Anode hinreichend groß im Vergleich mit der thermischen Energie $k_B T$ ist.

Experimentelles Rauschen. Photomultiplier ermöglichen es, den Zerfall angeregter atomarer Teilchen unter Emission eines Photons detailliert zu untersuchen. Alle diese Untersuchungen bestätigen, dass diese Zerfälle ebenso wie die Zerfälle radioaktiver Atome spontan stattfinden, also nicht durch Alterungsprozesse ausgelöst werden. Die Spontaneität der Quantensprünge und die Zufälligkeit der dadurch ausgelösten Elementarereignisse scheinen also etwas grundlegend Neues zu sein, das nicht in das deterministische Weltbild der klassischen Mechanik passt. Dieses Weltbild ist deshalb zu korrigieren.

Hier interessiert vor allem die Tatsache, dass bei allen hinreichend hochauflösenden Präzisionsmessungen (abzählbare) Elementarereignisse nachgewiesen werden. Es ist daher anzunehmen, dass alle Objekte der Physik, weil sie beobachtbar sind, nicht nur den deterministischen Gesetzen der klassischen Dynamik folgen, sondern auch dem Einfluss des Zufalls unterliegen. Dem Experimentator ist dieser Einfluss des Zufalls auf alle Messungen als experimentelles Rauschen wohl vertraut. Insbesondere sei auf das schon in Bd. 1, Abschn. 1.2 erwähnte statistische und thermische Rauschen hingewiesen. Das statistische oder Schrotrauschen hat bei allen Messungen, bei denen Elementarereignisse gezählt werden, zur Folge, dass die in gleichen Zeitspannen gemessenen Ereigniszahlen statistisch schwanken. Aber auch, wenn eine zeitliche Auflösung der Einzelereignisse nicht mehr möglich ist und beispielsweise die Lichtintensität mit einem Photomultiplier gemessen und kontinuierlich registriert wird, ist ein Rauschen messbar (▶ Abb. 1.6). In diesem Fall kommt es auf die Zeitkonstante τ der Nachweiselektronik an, also die Zeitspanne, über die bei der Intensitätsmessung gemittelt wird. Das Signal-zu-Rausch-Verhältnis ist in diesem Fall gleich $\sqrt{\overline{N}}$. Dabei ist $\overline{N}$ die gemittelte Anzahl der während einer Zeitspanne τ aus der Photokathode ausgelösten Elektronen.

Das thermische Rauschen (Johnson-noise, benannt nach J. B. Johnson, 1887 – 1970) ist eine Folge der thermischen Zufallsbewegungen der atomaren Teilchen (Bd. 1, Abschn. 10.4) und der durch die Wärmestrahlung bedingten Zufallsschwankungen elektromagnetischer Felder. Es wurde 1918 von W. Schottky (1886 – 1976) entdeckt. Der Eingangswiderstand R eines Verstärkers, der eine absolute Temperatur T habe, wirkt wie ein schwarzer Strahler und emittiert und absorbiert auf beiden Zuleitungen elektromagnetische Wellen. Die spektrale Leistung $P(\nu, T)$ dieser Wellen ist im Frequenzbereich $h\nu \ll k_\mathrm{B}T$ durch die Nyquist-Formel (H. Nyquist, 1889 – 1976)

$$P(\nu, T) = k_\mathrm{B}T \tag{1.10}$$

gegeben. Aus dem thermischen Rauschen des Widerstandes R ergibt sich daher im Frequenzintervall $\Delta\nu$ (*Bandbreite* des Verstärkers) eine Eingangsspannung

$$U(\Delta\nu, T) = \sqrt{4k_\mathrm{B}T\,R \cdot \Delta\nu}\,. \tag{1.11}$$

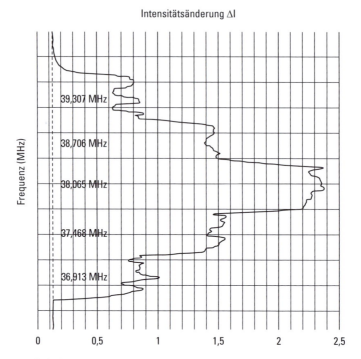

Abb. 1.6 Statistisches Rauschen der Fluoreszenzlichtintensität von freien Cs-Atomen. Die Lichtintensität wurde stufenweise in Abhängigkeit von der Frequenz eines Hochfrequenzfeldes registriert, mit dem im $8\,^2P_{3/2}$-Term von ^{133}Cs-Atomen ($F = 4 \longleftrightarrow F = 5$)-Resonanzübergänge zwischen zwei Hyperfeinzuständen induziert wurden (optische Doppelresonanzmethode, Abschn. 5.3). Bei Resonanz ändert sich die gemessene Intensität des Fluoreszenzlichts um etwa 3%. Zur Messung der Intensitätsänderung wurde das HF-Feld mit einer Frequenz von 39 Hz an- und ausgeschaltet und der Anodenstrom des zum Nachweis benutzten Photomultipliers phasenempfindlich verstärkt (*Lock-in-Verstärkung*). Die Zeitkonstante der Nachweiselektronik betrug 12 s. Die Frequenz des Hochfrequenzfeldes blieb jeweils 3 min konstant.

1.3 Teilchenwellen

Um das Spektrum der Wärmestrahlung zu erklären, musste Max Planck annehmen, dass elektromagnetische Strahlung nur in Quanten $h\nu$ emittiert und absorbiert wird (Bd. 1, Abschn. 15.3). Photo- und Compton-Effekt führten dann zu der Idee, dass das elektromagnetische Strahlungsfeld selbst aus Teilchen, den Photonen, besteht. Das Feld der Wärmestrahlung in einem Hohlraum lässt sich daher als ein im thermischen Gleichgewicht mit der Umgebung befindliches Photonengas betrachten, wie Einstein 1915 zeigte (s. Abschn. 8.1).

Mit dem Photonenmodell tritt ein eigenartiger Dualismus zutage (Bd. 2, Kap. 12). Einerseits zeigen viele Experimente und die darauf gründende Maxwell'sche Theorie, dass die elektromagnetische Strahlung als Welle zu beschreiben ist. Andererseits muss es aber auch als ein Ensemble von Teilchen betrachtet werden. Louis de Broglie (1892 – 1987, Nobelpreis 1929) stellte 1923 die Vermutung auf, dass umgekehrt auch Strahlen, die aus Teilchen, wie z. B. Elektronen, bestehen, sich wie Wellen verhalten können. Diese Vermutung wurde in der Folgezeit durch viele Experimente glänzend bestätigt.

Häufig spricht man in Verbindung mit dem Welle-Teilchen-Dualismus von *Materiewellen*. Wir bevorzugen hier den Begriff *Teilchenwelle*, da unter gewöhnlichen Bedingungen materielle Körper keine Welleneigenschaften haben. In Bd. 1 (Abschn. 10.4) haben wir bereits zwischen den Begriffen *Partikel* und *Teilchen* unterschieden. Nur unter der Bedingung, dass es sich um freie Teilchen handelt, die nahezu unbeobachtbar sind, können Beugungs- und Interferenzerscheinungen nachgewiesen werden (Welcher-Weg-Kriterium, s. u.).

De-Broglie-Wellenlänge. Wie Photo- und Compton-Effekt zeigen, haben Photonen eine Energie $E = h\nu = \hbar\omega$ und einen Impuls $\boldsymbol{p} = \hbar\boldsymbol{k}$. Da Energie und Impuls in der relativistischen Mechanik (s. Bd. 2) einen Vierervektor bilden, liegt die Vermutung nahe, dass dann auch für Teilchen die *De-Broglie-Beziehung* gilt:

$$\boldsymbol{p} = \hbar\boldsymbol{k} \ . \tag{1.12}$$

Entsprechend der relativistischen Relation $E^2 = c^2\boldsymbol{p}^2 + (mc^2)^2$ wäre ein Elektronenstrahl demnach durch ein Wellenfeld $\psi(\boldsymbol{r},t) = A \cdot \exp i(\boldsymbol{k}\boldsymbol{r} - \omega t)$ zu beschreiben, das der Differentialgleichung

$$-\hbar^2 \frac{\mathrm{d}^2}{\mathrm{d}t^2}\psi = -c^2\hbar^2\,\boldsymbol{\nabla}^2\psi + (mc^2)^2\psi \tag{1.13}$$

genügt. Im nichtrelativistischen Grenzfall ist $E_{\mathrm{kin}} = \boldsymbol{p}^2/2m$. Dementsprechend erwartet man, dass ein Elektronenstrahl, dessen Elektronen sich langsam im Vergleich mit der Lichtgeschwindigkeit c bewegen, als Welle dargestellt werden kann, welche die folgende Wellengleichung erfüllt:

$$i\hbar\frac{\mathrm{d}\psi}{\mathrm{d}t} = -\frac{\hbar^2}{2m}\boldsymbol{\nabla}^2\psi \ . \tag{1.14}$$

Demnach hätten Elektronen mit beispielsweise einer kinetischen Energie $E_{\mathrm{kin}} = 10\,\mathrm{keV}$ und der Ruhenergie $mc^2 = 0.511\,\mathrm{MeV}$ eine Wellenlänge

$$\lambda = \frac{h}{2p} = \frac{h}{\sqrt{2m\,E_{\mathrm{kin}}}} \tag{1.15}$$

von etwa $\lambda = 1.2 \cdot 10^{-11}$ m. Dieser Wert ist um eine Größenordnung kleiner als ein Atomdurchmesser.

Die Wellenfunktion $\psi(\boldsymbol{r},t)$ ist in Analogie zu den Wellenfunktionen, die zur Beschreibung akustischer (Bd. 1, Kap. 12) oder elektromagnetischer Wellen (Bd. 2, Kap. 7) dienen, zu interpretieren. Dort ist das Quadrat $|\psi(\boldsymbol{r},t)|^2$ ein Maß für die Energiedichte des Strahlungsfeldes am Ort $\boldsymbol{r}$ zur Zeit t. Nach Max Born (1882 – 1970, Nobelpreis 1954) wird dementsprechend die Wellenfunktion $\psi(\boldsymbol{r},t)$ als eine *Wahrscheinlichkeitsamplitude* interpretiert. Das Quadrat $|\psi(\boldsymbol{r},t)|^2$ einer auf 1 normierten Wellenfunktion gibt folglich die Dichte für die Aufenthaltswahrscheinlichkeit eines Teilchens an. In einem räumlich begrenzten Elektronenstrahl mit insgesamt N Elektronen hat also die Elektronendichte $n(\boldsymbol{r})$ am Ort $\boldsymbol{r}$ den Wert $n(\boldsymbol{r}) = N \cdot |\psi(\boldsymbol{r},t)|^2$.

Elektronenbeugung. Die ersten Experimente zur Elektronenbeugung, die die Überlegungen von L. de Broglie bestätigten, wurden 1927 von C. J. Davisson (1881 – 1958, Nobelpreis 1937) und L. H. Germer (1896 – 1971) durchgeführt. Da die Wellenlängen von Elektronenstrahlen wie bei Röntgenstrahlen kleiner als ein Atomdurchmesser sind, eignen sich auch hier Kristallgitter zum Nachweis der Welleneigenschaften (Bd. 2, Kap. 12).

Mit einer geeigneten Elektronenröhre (▶ Abb. 1.7) lässt sich die Beugung von Elektronen an einem Graphitgitter gut demonstrieren. Elektronen werden durch Thermoemission aus einer Glühkathode freigesetzt, die auf einer negativen Hochspannung U_B liegt, und auf eine als Anode dienende und geerdete Lochblende A hin beschleunigt. Der hinter der Lochblende austretende Elektronenstrahl trifft dann auf eine Graphitfolie (Dicke etwa $10\,\mu m$) und wird dort an dem mikrokristallinen Graphitgitter gebeugt. Beim Auftreffen auf eine ZnS-Schicht erzeugen die Elektronen durch Fluoreszenz ein gut sichtbares ringförmiges Beugungsbild. Der Abstand der Beugungsringe ist proportional zu λ und ändert sich daher umgekehrt proportional zu $\sqrt{U_B}$.

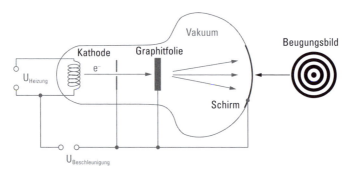

Abb. 1.7 Elektronenbeugung an einer Graphitfolie G. Rechts: Beugungsringe auf dem Fluoreszenzschirm S.

Tunneleffekt. Wenn Elektronen sich nicht wie lokalisierbare Teilchen, sondern wie Wellen verhalten, die einer Wellengleichung genügen, verlieren die Gesetze der klassischen Mechanik ihre Gültigkeit. ▶ Abb. 1.8 zeigt ein Elektron mit der Ladung e_0 und der Masse m_e, das mit der Geschwindigkeit v auf eine Potentialbarriere trifft. Nach der klassischen Mechanik kann das Elektron die Potentialbarriere nur überwinden, wenn die kinetische

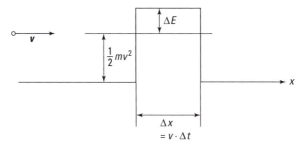

Abb. 1.8 Elektron „durchtunnelt" eine Potentialbarriere, zu deren Überwindung die kinetische Energie nicht ausreichen würde.

Energie $E_{kin} = m_e v^2/2$ des Elektrons größer als die Höhe E_{pot} der Potentialbarriere (Zunahme der potentiellen Energie) ist. Wenn $m_e v^2/2 < E_{pot}$ ist, prallt das Elektron an der Potentialbarriere ab und fliegt wieder zurück.

Wenn das Elektron sich hingegen wie eine Welle $\psi(x) = \exp(i k_x x)$ in x-Richtung mit einem Wellenvektor $k_x = m_e v/\hbar$ ausbreitet und auf die Potentialbarriere zuläuft, wird zwar auch ein Teil der Welle reflektiert, es entsteht also eine rücklaufende Welle $B \exp(-i k_x x)$ mit $|B|^2 < 1$. Die Welle dringt aber auch in die Potentialbarriere ein, und hinter der Barriere entsteht eine transmittierte Welle $C \exp(i k_x x)$. Es gibt also – entsprechend der Born'schen Deutung – eine Wahrscheinlichkeit $|C|^2$ für Transmission und eine Wahrscheinlichkeit $|B|^2 = 1 - |C|^2$ für Reflexion.

In der Barriere klingt die Amplitude der Wellenfunktion ab. Wenn $\Delta E = E_{pot} - E_{kin}$ hinreichend groß ist ($Ka \gg 1$), klingt die Amplitude innerhalb der Barriere näherungsweise exponentiell wie $\exp(-Kx)$ mit $K = \sqrt{2m_e \Delta E}/\hbar$ ab.

Der Tunneleffekt spielt bei vielen physikalischen Prozessen eine entscheidende Rolle. Beispiele sind die Feldemission und der α-Zerfall. Wenn mit einer Spannung von vielen kV an einer Metallspitze mit einem Krümmungsradius im μm-Bereich eine hohe Feldstärke im Bereich 10^9 V/m erzeugt wird, entsteht für die Leitungselektronen ein schmaler Potentialwall, durch den sie mit hinreichend großer Wahrscheinlichkeit „hindurchtunneln" können. Die Metallspitze emittiert unter diesen Bedingungen also Elektronen. Der α-Zerfall der Atomkerne wird in Abschn. 9.3 erklärt. Auch beim Rastertunnelmikrokop (Bd. 2, Abschn. 12.4) wird der Tunneleffekt genutzt.

Welle-Teilchen-Dualismus. In der klassischen Physik verhalten sich Wellen- und Partikelstrahlen grundverschieden. Schall und Licht beispielsweise werden als Wellen beschrieben. Diese Wellen breiten sich kontinuierlich in Raum und Zeit aus und interferieren, wenn mehrere Wellen sich überlagern. Ein Wasserstrahl hingegen zerfällt in lauter einzelne Tropfen und ist dann ein klassischer Partikelstrahl. Jeder einzelne Tropfen fliegt auf einer klassischen Bahnkurve. Wenn zwei Wasserstrahlen mit gleicher Intensität überlagert werden, verdoppelt sich einfach die Intensität, aber es ergeben sich keine Interferenzmuster. Diese Wellen- und Partikelstrahlen verhalten sich aber nicht nur verschieden, sie sind auch im gedanklichen Ansatz grundverschieden. Das klassische Bild einer kontinuierlich im Raum ausgebreiteten Welle ist unvereinbar mit dem Bild von im Raum lokalisierten Partikeln.

Einer grundlegend neuen Situation begegnen wir im atomaren Bereich. Licht wird in Quanten $h\nu$ absorbiert (Photoeffekt), und diese Quanten können mit atomaren Teilchen, wie z. B. Elektronen, elastisch zusammenstoßen (Compton-Effekt). A. Compton und H. Geiger führten ihre Experimente mit den relativ hochenergetischen Quanten des Röntgen-Lichts durch. Die Quanten mussten eine hinreichend hohe Energie haben, weil die Elektronen sich nicht wirklich frei im Raum bewegten, sondern in Graphit oder Wasserstoffmolekülen schwach gebunden waren. Experimente von Otto R. Frisch (1904 – 1979) an freien Atomen bestätigten aber, dass auch bei der Streuung von sichtbarem Licht an Atomen die Gesetze des elastischen Stoßes erfüllt sind, wenn man annimmt, dass Licht aus Quanten besteht, also aus Teilchen (Photonen), die einen Impuls $p = \hbar k$ haben (Abschn. 1.1). Experimente am Doppelspalt (Bd. 2, Kap. 9) belegen aber andererseits auch den Wellencharakter des Lichts. Ein Lichtstrahl scheint demnach bei manchen Experimenten ein Ensemble von Teilchen zu sein, bei anderen hingegen eine sich im Raum ausbreitende Welle. Man spricht deshalb von einem *Welle-Teilchen-Dualismus*.

Ein ebenso dualistisches Verhalten beobachtet man bei Experimenten mit materiellen Teilchen, wie Elektronen, Atomen und Molekülen, die eine Ruhmasse haben. Einerseits erzeugen sie Spuren in einer Nebelkammer und scheinen sich dementsprechend wie klassische Partikel auf Bahnkurven zu bewegen. Andererseits erhält man Interferenz- und Beugungsbilder, wenn die Teilchenstrahlen auf geeignete Hindernisse treffen. Solche Experimente wurden nicht nur mit Elektronen und anderen elementaren Teilchen, wie Protonen und Neutronen durchgeführt, sondern auch mit Atomen und Molekülen. Besonders eindrucksvoll sind die Doppelspaltexperimente von A. Zeilinger et al. mit Fullerenen (s. Abschn. 5.4). Beispielsweise bilden 60 Kohlenstoffatome das Fulleren-Molekül C_{60}. Unter einem Rastertunnelmikroskop (Bd. 1, Abschn. 1.3 und Bd. 2, Abschn. 12.4) haben diese Moleküle das Aussehen eines Fußballs (Abschn. 7.5). Sie werden hier also als klassische Partikel mit einer charakteristischen geometrischen Struktur wahrgenommen. Trotzdem ergeben sich die für Wellen typischen Interferenzbilder, wenn ein fein ausgeblendeter Strahl dieser Moleküle auf einen Doppelspalt trifft.

Welcher-Weg-Kriterium. Der sich in diesen Experimenten offenbarende Welle-Teilchen-Dualismus ist unvereinbar mit dem klassischen Weltbild von Körpern und Feldern, die sich in Raum und Zeit bewegen und verändern. Dieses Weltbild basiert aber auf der Annahme, dass alle Körper und Felder kontinuierlich beobachtet werden können. Mit der Quantenhypothese hat diese Annahme ihre experimentelle Grundlage verloren. Wie bereits in Bd. 1 mehrfach betont, sind kontinuierlich beobachtbare Körper und Felder eine Idealisierung. Nur makroskopische Körper und Felder entsprechen dem Ideal der klassischen Dynamik in sehr guter Näherung, nicht aber atomare Teilchen.

Atomare Teilchen können unter Bedingungen untersucht werden, bei denen sie zeitweise unbeobachtbar sind. Mit Hinblick auf die Bohr'schen Postulate (Abschn. 2.2) gilt:

> Nur wenn das atomare Teilchen von einem höheren in ein tieferes Energieniveau springt, werden beobachtbare Ereignisse in der Umgebung ausgelöst. Zwischen zwei solchen Quantensprüngen ist das atomare Teilchen prinzipiell unbeobachtbar.

Je einfacher die atomaren Teilchen sind, desto leichter können sie unter experimentellen Bedingungen untersucht werden, bei denen sie eine endliche Zeit lang von der Umgebung abgekoppelt sind, in dieser Zeit also *prinzipiell* nicht beobachtbar sind. Beispielsweise kann die thermische Bewegung der einzelnen Atome und Moleküle eines Gases grundsätzlich experimentell nicht kontinuierlich verfolgt werden. Während einer freien Flugzeit lösen sie keine Ereignisse in der Umgebung aus. Man nennt diese Teilchen deshalb *freie* Atome bzw. Moleküle. Diese Unbeobachtbarkeit ist Voraussetzung dafür, dass mit Teilchenstrahlen Interferenz- und Beugungsbilder erzeugt werden können. Es gilt das *Welcher-Weg-Kriterium*:

> Nur wenn die atomaren Teilchen von der Quelle des Teilchenstrahls bis zum Detektor mit hinreichend geringer Wahrscheinlichkeit nachweisbar sind und daher bei den meisten Teilchen prinzipiell nicht entschieden werden kann, auf welchem Weg sie von der Quelle zum Detektor gelangt sind, entstehen Interferenz- und Beugungsbilder.

Andernfalls bewegen sich die Teilchen wie klassische Partikel auf hinreichend genau nachweisbaren Bahnen, so dass experimentell entschieden werden kann, auf welchem Weg die einzelnen Teilchen zum Detektor gelangten. Unter diesen Bedingungen können sie keine Interferenz- und Beugungsbilder erzeugen.

Viele materielle Objekte verhalten sich entweder klassisch oder quantenphysikalisch, je nach ihrer Beobachtbarkeit. Die materiellen Körper, mit denen wir täglich umgehen, können nicht so gut von der Umgebung isoliert werden, dass sie zeitweise prinzipiell unbeobachtbar sind. Sie folgen deshalb praktisch immer den Gesetzen der klassischen Physik. Die elementaren atomaren Teilchen wie freie Elektronen, Protonen und Neutronen hingegen können nur diskrete Elementarereignisse in der makroskopischen Umgebung auslösen und verhalten sich dementsprechend praktisch immer quantenphysikalisch. Es gibt aber auch einen Übergangsbereich, in dem es von den experimentellen Bedingungen abhängt, ob ein Objekt besser klassisch oder quantenphysikalisch zu beschreiben ist. Ein Beispiel ist das C_{60}-Fulleren. Diese Teilchen sind – abhängig von ihrer Beobachtbarkeit – entweder wie klassische Partikel lokalisierbar oder wie eine atomare Teilchenwelle delokalisiert.

> Im Grenzfall kontinuierlicher Beobachtbarkeit ist eine exakte Lokalisierung möglich. Teilchen, die prinzipiell unbeobachtbar sind, sind delokalisiert.

Im Bereich der Quantenphysik versagt offensichtlich unsere an Raum und Zeit gebundene Anschauung. Trotzdem werden wir im Folgenden raum-zeitliche Modelle nutzen, um beispielsweise freie Atome und Moleküle zu beschreiben. Diese Modelle sind zwar eine hilfreiche Grundlage für eine anschließende quantenphysikalische Beschreibung, dürfen aber nicht als eine im klassischen Sinn gegebene Realität missverstanden werden.

1.4 Atomkerne

Die innere Struktur der Atome und Moleküle war zunächst sehr rätselhaft. Zwar wusste man, dass Atome in Elektronen (Masse: $m_e = 0.911 \cdot 10^{-30}$ kg) und einige 1000-mal schwerere Ionen zerlegt werden können, aber man konnte sich nicht erklären, wie in diesen Atomen die von ihnen emittierte Strahlung entsteht, weder die α-, β- und γ-Strahlung der radioaktiven Elemente, noch die nach Beschuss eines Targets mit Elektronen emittierte Röntgenstrahlung und auch nicht das bei Entladungen emittierte diskrete Spektrum der Spektrallinien im optischen Bereich. Erstes Licht ins Dunkel brachten Experimente von E. Rutherford (1871 – 1937, Nobelpreis 1908). Sie zeigten, dass Atome aus einem Z-fach positiv geladenen Kern bestehen, der nur eine Ausdehnung von höchstens 10^{-14} m hat, um den – ähnlich einem Planetensystem mit der Sonne als Zentrum – Z Elektronen kreisen. Da 1 mol einer festen oder flüssigen Substanz ein Volumen in der Größenordnung von 10 cm^3 hat, ergibt sich für die Ausdehnung eines Atoms ein Wert von der Größenordnung 10^{-10} m, also ein Wert, der die Kernausdehnung um mindestens 4 Größenordnungen übersteigt.

Rutherford-Streuung. E. Rutherford, H. Geiger und E. Marsden (1889 – 1970) führten in den Jahren 1911 – 1913 Streuexperimente mit einem kollimierten (d. h. mit Lochblenden begrenzten) Strahl von α-Teilchen an dünnen Goldfolien durch (▶ Abb. 1.9). Zu

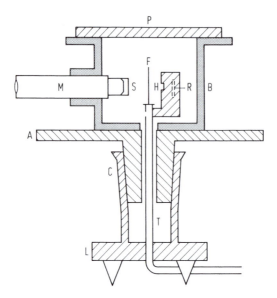

Abb. 1.9 Historische Apparatur zum Nachweis der Rutherford-Streuformel für α-Teilchen. Die Quelle (Radiumemanation R), das Target (die Goldfolie F) und der Detektor (Szintillatorschirm S und Mikroskop M) befinden sich in einer Vakuumkammer, die über T evakuiert wird.

ihrer Überraschung flogen die hochenergetischen Teilchen (ca. 4 MeV) nicht alle nahezu ungehindert durch die Folie hindurch. Vielmehr prallten einige von ihnen rückwärts von der Folie ab. (Rutherford kommentierte dieses Resultat: Mir war als ob mir jemand erzähle, er habe mit einer Pistole auf ein Blatt Papier geschossen und die Kugel sei nach hinten abgeprallt.)

Zur Erklärung der Streuversuche postulierte er bereits 1911 die Existenz eines sehr kleinen, positiv geladenen Atomkerns, in dem fast die gesamte Masse des Atoms konzentriert ist. In diesem Fall werden die zweifach positiv geladenen α-Teilchen im Coulomb-Feld der Atomkerne des Goldes (Kernladungszahl $Z = 79$) abgelenkt und prallen bei zentralen Stößen an den sehr viel schwereren Atomkernen rückwärts ab. Quantitativ ergibt sich die Winkelverteilung der α-Teilchen aus der *Rutherford'schen Streuformel* für den differentiellen Wirkungsquerschnitt (s. Abschn. 6.1):

$$\frac{\mathrm{d}\sigma}{\mathrm{d}\Omega} = \left(\frac{Z'Z \cdot m_\mathrm{e}c^2}{4E_\alpha} \cdot r_\mathrm{e} \right)^2 \cdot \sin^{-4}\frac{\vartheta}{2} \, . \tag{1.16}$$

Dabei ist $r_\mathrm{e} = e_0^2/(4\pi\varepsilon_0 m_\mathrm{e}c^2) = 2.8 \cdot 10^{-15}$ m der *klassische Elektronenradius*, E_α die kinetische Energie der α-Teilchen, $Z' = 2$ die Ladungszahl des α-Teilchens, $Z = 79$ die Ladungszahl der Atomkerne von Gold und ϑ der Streuwinkel. Bei einem zentralen Stoß nähern sich 4 MeV-α-Teilchen dem Goldkern auf etwa $0.6 \cdot 10^{-13}$ m.

Kernladungszahl. Die Kernladungszahl Z eines neutralen Atoms ist gleich der Anzahl seiner Elektronen. Sie bestimmt daher die Stellung des Elements im Periodensystem. Nach der Entdeckung der Beugung von Röntgenstrahlen an Kristallgittern 1911 durch Max von

Laue entdeckte H. G. J. Moseley (1887–1915) eine einfache Beziehung zwischen den Wellenlängen $\lambda(K_\alpha)$ der charakteristischen Röntgenstrahlung eines Elements und seiner Kernladungszahl Z:

$$\frac{1}{\lambda(K_\alpha)} \approx \frac{3}{4} R_\infty \cdot (Z-1)^2 \,. \tag{1.17}$$

Das *Moseley'sche Gesetz* ergibt sich unmittelbar aus der Schalenstruktur der Elektronenhülle (Abschn. 2.4). Es wurde aber zunächst empirisch gefunden und war in den Anfängen der Atomphysik von großem Nutzen bei der Suche nach einigen noch unbekannten Elementen und ihrer Einordnung in das Periodensystem.

Massenspektrometer. Neben der Kernladungszahl Z ist die Masse eine charakteristische Größe der Atome. Aus chemischen Untersuchungen war bekannt, dass die molaren Massen der Elemente ungefähr ganzzahlige Vielfache der Molmasse von atomarem Wasserstoff sind (Prouts Hypothese). Diese ganze Zahl A wird *Massenzahl* genannt, und es gilt (insbesondere für die leichteren Elemente mit $Z \leq 20$) $A \approx 2\,Z$. Da die Masse der Elektronen vernachlässigbar klein zur Masse der Atomkerne ist, nahm man zunächst an, dass die Atomkerne aus Protonen, d. h. den Kernen des Wasserstoffatoms, und Elektronen zusammengesetzt sind. Diese Annahme war aber in vielerlei Hinsicht unbefriedigend.

Eine präzise Messung der Atommassen m_A ermöglichten die 1912 von J. J. Thomson (1856–1940) und F. W. Aston (1877–1945) entwickelten Massenspektrometer (▶ Abb. 1.10). Sie beruhen auf dem Prinzip der Impuls- und Energieselektion von Ionen in magnetischen bzw. elektrischen Feldern. Aus dem Impuls $p = m_A\,v$ und der kinetischen Energie $E_{\mathrm{kin}} = m_A v^2/2$ ergibt sich als Atommasse $m_A = p^2/(2E_{\mathrm{kin}})$.

Die Messung der Energie erfolgt zunächst einmal dadurch, dass das Ion mit der Ladung $Z'e_0$ (für einfach geladene Ionen ist $Z' = 1$) in einem elektrischen Feld der

E

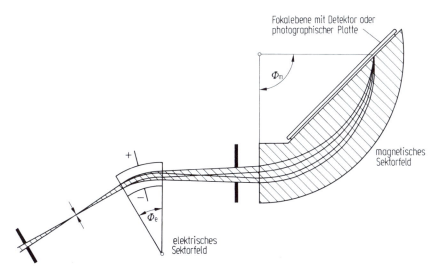

Abb. 1.10 Massenspektrometer nach Mattauch mit gekreuzten elektrischen und magnetischen Feldern ($\Phi_e = 31°$, $\Phi_m = 90°$).

Spannung U auf die kinetische Energie $E_{kin} = Z'e_0 U$ beschleunigt wird, und dann einen Zylinderkondensator der Feldstärke E auf einem Kreissektor mit dem Radius ϱ_e durchläuft. Dann gilt

$$\frac{m_A v^2}{\varrho_e} = Z'e_0 E, \quad E_{kin} = \frac{Z'e_0 E \varrho_e}{2}. \tag{1.18a}$$

Der Zylinderkondensator mit entsprechenden Blenden definiert die Ionenbahn sehr gut und vermeidet Unsicherheiten der Energiebestimmung durch die Ionenerzeugung und Strahlenextraktion aus der Ionenquelle. Der Betrag des Impulses p wird in einem homogenen Magnetfeld B mithilfe der Lorentz-Kraft $F = Z'e_0 v \times B$ gemessen, die das Ion mit der Ladung $Z'e_0$ auf eine Kreisbahn mit dem Krümmungsradius ϱ zwingt. Aus der Beziehung

$$\frac{m_A v^2}{\varrho} = Z'e_0 v B \tag{1.18b}$$

folgt dann $p = Z'e_0 B\varrho$. Die Verwendung beider Felder ergibt das Verhältnis

$$\frac{m_A}{Z'e_0} = \frac{(\varrho B)^2}{(\varrho_e E)}. \tag{1.18c}$$

Eine bewährte, auf Mattauch und Herzog zurückgehende Geometrie eines Massenspektrometers ist in ▶ Abb. 1.10 dargestellt. Sie zeigt die Ionenquelle, die hintereinander angeordneten gekreuzten elektrischen und magnetischen Felder und den Ionendetektor in der Fokalebene des Magneten. Bei einem Massenspektrometer verwendet man im Allgemeinen einen Sekundärelektronenvervielfacher, der jedes durch einen Spalt fliegende Ion als elektrisches Signal registriert. Um ein ganzes Massenspektrum bei fester Detektorposition aufzunehmen, muss man hier also die Felder durchstimmen. Umgekehrt erlaubt eine in der Fokalebene montierte fotografische Platte oder ein ortsauflösender Ionendetektor (d. h. ein Detektor, der die Position des eintreffenden Ions in der Fokalebene elektronisch registriert) bei fester Einstellung der Felder die gleichzeitige Aufnahme eines ganzen Spektrums. Man spricht dann häufig auch von einem Massenspektrographen. Wie bei jedem Spektrometer liegt auch bei diesem Gerät die Aufgabe des Konstrukteurs darin, gleichzeitig das Auflösungsvermögen und die Transmission zu optimieren, d. h. einen möglichst großen Teil der in der Ionenquelle erzeugten Ionen gleicher Masse auf einen möglichst engen Bereich der Fokalebene zu sammeln. Unvermeidliche Schwankungen in Betrag und Richtung der Anfangsgeschwindigkeit müssen kompensiert werden. Der in ▶ Abb. 1.10 gezeigte doppelt-fokussierende Spektrograph schöpft die ionenoptischen Eigenschaften elektrischer und magnetischer Sektorfelder besonders gut aus. Er erlaubt es, ein relativ weit geöffnetes Ionenbündel mit unterschiedlichen Anfangsgeschwindigkeiten zu einem scharfen Bild in der Fokalebene zu fokussieren. Dies gilt für alle Massen, wenn die Sektorenwinkel Φ_m und Φ_e über die Beziehung $\sin \Phi_m = \sqrt{2}\sin(\sqrt{2}\Phi_e)$ verknüpft sind. Im Fall $\Phi_m = 90°$ ergibt dies gerade $\Phi_e = 31.82°$.

Hochauflösende moderne Massenspektrometer haben eine Massenauflösung $\Delta m_A / m_A$ von der Größenordnung $1 : 10^5$. Bei Messungen höchster Präzision arbeitet man mit sog. Massenmultipletts. Das sind unterschiedliche Molekül-Ionen mit gleicher Massenzahl $A = Z + N$, d. h. mit gleich vielen Nukleonen (Protonen und Neutronen).

Als Beispiel zeigt ▶Abb. 1.11 ein Massenspektrum für $A = 20$. Man erkennt neben den $^{20}\text{Ne}^+$- und $^{40}\text{Ar}^{++}$-Ionen (letztere doppelt geladen) Wasserstoffverbindungen der verschiedenen stabilen Kohlenstoff-, Stickstoff- und Sauerstoffisotope, die alle die Gesamtmasse $A = 20$ besitzen. Die relative Genauigkeit solcher Massenbestimmungen erreicht heute 10^{-7}–10^{-8}. (Der Einsatz dieser Geräte zur Massenbestimmung von Makromolekülen in der organischen Chemie, Biologie, Polymerphysik usw. liegt auf der Hand.)

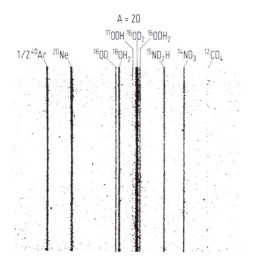

Abb. 1.11 Massenspektrum der relativen Masse $A_r = 20$, aufgenommen mit einem modernen Massenspektrometer. Die Bezeichnung $\frac{1}{2}\,^{40}\text{Ar}$ bezieht sich auf doppelt geladene ^{40}Ar-Ionen, alle anderen Ionen sind einfach geladen (Bieri et al., Z. Naturforsch. **10a** (1955) 659).

Die massenspektrometrischen Messungen ergaben, dass die Atommassen m_A nur näherungsweise ganzzahlige Vielfache A der Protonenmasse sind. Außerdem fand man, dass viele Elemente aus verschiedenen *Isotopen* bestehen, also aus Atomen, die zwar gleiche Kernladungszahlen haben, aber deren Massenzahlen sich um wenige Einheiten unterscheiden. Ein besseres Verständnis für die Systematik der Atommassen ermöglichte erst die Entdeckung des Neutrons.

Das Neutron. Anfang der 30er Jahre des vorigen Jahrhunderts wurde eine neue, Materie durchdringende Strahlung entdeckt, die aus einer Paraffinschicht Protonen mit einer kinetischen Energie von der Größenordnung 1 MeV herausschlug. Zunächst glaubte man, da die Strahlung in Nebelkammern keine Spuren hinterließ, dass es sich um eine hochenergetische elektromagnetische Strahlung handele, die über den Compton-Effekt Protonen aus der Paraffin-Schicht stößt. 1932 ließ J. Chadwick (1891 – 1974, Nobelpreis 1935) die Strahlung auch mit Helium- und Stickstoff-Atomen kollidieren und zeigte damit, dass die Teilchen eine Ruhmasse haben von etwa der Größe der Protonenmasse. Die neu entdeckten, offensichlich elektrisch neutralen Teilchen erhielten den Namen *Neutronen*. Heute bezeichnet man Protonen und Neutronen gemeinsam als *Nukleonen* (nucleus = Kern).

Genauere Messungen der Nukleonenmassen ergaben, dass die Masse freier Neutronen um etwa 0.1% größer als die Masse freier Protonen ist. Ihre Ruhmassen sind:

$$m_{\mathrm{p}} = 1.672\,621 \cdot 10^{-27}\,\mathrm{kg} = 938.271\,\mathrm{MeV}/c^2 \,, \qquad (1.19)$$

$$m_{\mathrm{n}} = 1.674\,927 \cdot 10^{-27}\,\mathrm{kg} = 939.565\,\mathrm{MeV}/c^2 \,. \qquad (1.20)$$

Nach der Entdeckung des Neutrons lag die Annahme nahe, dass die Atomkerne aus Protonen und Neutronen bestehen. Verschiedene Isotope eines Elements haben dann zwar die gleiche Anzahl von Protonen, aber verschieden viele Neutronen.

Massendefekt. Die Atommassen werden heute gewöhnlich in *atomaren Masseneinheiten* relativ zur Masse $m(^{12}_{6}\mathrm{C})$ des Kohlenstoffisotops $^{12}_{6}\mathrm{C}$ mit der Kernladungszahl 6 und der Massenzahl 12 angegeben. Eine atomare Masseneinheit 1 u ist also definiert durch die Festsetzung $1\,\mathrm{u} = m(^{12}_{6}\mathrm{C})/12 = 931.50\,\mathrm{MeV}/c^2 = 1.66 \cdot 10^{-27}\,\mathrm{kg}$. In diesen Einheiten hat ein Proton beispielsweise die Masse $m_{\mathrm{p}} = 1.007\,276\,\mathrm{u}$.

Die mit einem Massenspektrometer bestimmten Massen sind gewöhnlich die Massen einfach geladener Ionen, aus denen sich die Atommassen m_{A} durch Addition einer Elektronenmasse $m_{\mathrm{e}} = 0.511\,\mathrm{MeV}/c^2$ ergeben. Die Atommasse ergibt sich andererseits aus der Masse m_{H} des Wasserstoffatoms (Proton + Elektron) und der Masse des Neutrons m_{n}

$$m_{\mathrm{A}} = Z\,m_{\mathrm{H}} + (A - Z)\,m_{\mathrm{n}} - B/c^2 \,. \qquad (1.21)$$

Außer den Ruhenergien der Protonen, Neutronen und Elektronen wurden hierbei die Bindungsenergien B der Teilchen im Atomverband berücksichtigt. Denn wegen der Äquivalenz $E = mc^2$ von Masse und Energie (Bd. 2, Kap. 15) ist die Gesamtmasse eines Atoms um den Betrag B/c^2 kleiner als die Summe der Ruhmassen der Teilchen, in die es zerlegt werden kann. Zwar ist die Bindungsenergie der Elektronen im Atom meistens vernachlässigbar klein, nicht aber die Bindungsenergie der Nukleonen im Kern. Sie beträgt grob 8 MeV pro Nukleon. Die aus der Bindungsenergie B resultierende Massendifferenz $\Delta m = B/c^2$ wird als *Massendefekt* bezeichnet.

1.5 Gleichartige Teilchen

In der klassischen Dynamik haben auch äußerlich gleichartige Körper eine Identität und können daher grundsätzlich unterschieden werden (Bd. 1, Abschn. 2.1). Denn klassische Zwillingskörper können prinzipiell kontinuierlich beobachtet werden. Anders verhält es sich mit atomaren Teilchen. Wegen der quantisierten Beobachtbarkeit dieser Teilchen sind sie, (wenn das Welcher-Weg-Kriterium erfüllt ist), prinzipiell ununterscheidbar.

Ununterscheidbarkeit. Die Ununterscheidbarkeit gleichartiger Kerne wirkt sich bei vielen Prozessen, bei denen atomare Teilchen aneinander gestreut werden, signifikant aus. Hier betrachten wir die von den Rutherford'schen Streuexperimenten bekannte Streuung geladener Teilchen am Coulomb-Feld von Atomkernen. Bei der Streuung von α-Teilchen an Goldfolien werden unterscheidbare Kerne aneinander gestreut. In diesem Fall ist die Winkelverteilung durch die Rutherford'sche Streuformel gegeben.

Eine andere Winkelverteilung erhält man, wenn ^{12}C-Kerne an einer Graphitfolie gestreut werden, also bei der (^{12}C – ^{12}C)-Streuung. In diesem Fall lässt sich grundsätzlich nicht entscheiden, ob ein Projektil- oder ein Targetkern den Detektor D erreicht. Wenn man den Streuprozess im Schwerpunktssystem betrachtet, sind Streuprozesse mit den Streuwinkeln ϑ und $\pi - \vartheta$ prinzipiell nicht zu unterscheiden (▶Abb. 1.12). Analog zur Streuung am Doppelspalt erwartet man daher, dass die beiden Kerne sich wie Wellen mit Wellenvektoren $\boldsymbol{k}$ verhalten und die Streuprozesse interferieren. Ohne Interferenz erwartet man eine Überlagerung der Winkelverteilungen von Projektil- und Target-Kernen, also die um 90°

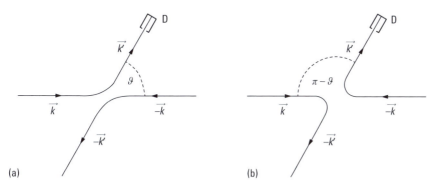

Abb. 1.12 Ununterscheidbare Streuprozesse identischer Kerne bei den Streuwinkeln ϑ (a) und $\pi - \vartheta$ (b) im Schwerpunktssystem.

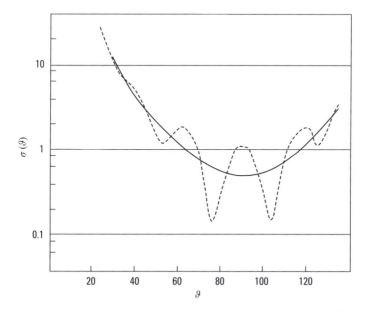

Abb. 1.13 Winkelverteilung (differentieller Wirkungsquerschnitt $\sigma(\vartheta)$ in b sr^{-1}) elastisch gestreuter ^{12}C-Kerne nach (^{12}C$^+$–^{12}C$^+$)-Stößen bei $E_{CM} = 5$ MeV (nach D. A. Bromley et al., Phys. Rev. Lett. **4**, 365 (1960)).

symmetrische Winkelverteilung $d\sigma(\vartheta) \sim (\sin^{-4}(\vartheta/2) + \sin^{-4}(\pi/2 - \vartheta/2))d\Omega$. Das Ergebnis einer Messung mit $^{12}C^{6+}$-Ionen, die bei der Schwerpunktsenergie $E_{CM} = 5\,MeV$ auf ^{12}C Kerne einer Kohlenstofffolie treffen, zeigt ▶ Abb. 1.13. Der erwarteten Coulomb-Streuung ist eine ausgeprägte Interferenzstruktur überlagert.

Statt des differentiellen Wirkungsquerschnitts sind in diesem Fall zunächst die (komplexen) *Streuamplituden* (Abschn. 6.1) $f_P(\vartheta)$ und $f_T(\vartheta) = f_P(\pi - \vartheta)$ für Projektil- und Targetwelle zu berechnen. Der differentielle Wirkungsquerschnitt $\sigma(\vartheta)$ ergibt sich dann aus der Überlagerung beider Wellen:

$$\sigma(\vartheta) = |f_P(\vartheta) + f_T(\vartheta)|^2 \,. \tag{1.22}$$

Auch diese Winkelverteilung ist erwartungsgemäß um 90° symmetrisch. Sie hat bei $\vartheta = 90°$ ein Interferenzmaximum. Da die differentiellen Streuquerschnitte gleich dem Betragsquadrat der (komplexen) Streuamplituden sind, ergeben sich beim Quadrieren einer Summe von Streuamplituden ausgeprägte Interferenzstrukturen, wenn die Streuamplituden betragsmäßig von gleicher Größenordnung sind.

Gibbs'sches Paradoxon. Der bei Streuprozessen sichtbar werdende markante Unterschied im Verhalten gleichartiger und ungleichartiger Teilchen ist aus Sicht der klassischen Dynamik sehr überraschend. Denn aus dieser Sicht sollte man annehmen können, dass sich alles kontinuierlich verändern lässt, auch beispielsweise die Massen und andere Parameter atomarer Teilchen. Es bleibt daher unverständlich, wieso im Grenzfall der Gleichartigkeit auf einmal ein völlig andersartiges Verhalten beobachtet wird.

Auf eine analoge Schwierigkeit machte J. W. Gibbs (1839 – 1903) schon 1875 aufmerksam. Er betrachtete zwei mit (idealen) Gasen gefüllte Kammern, die nur durch eine herausziehbare Wand voneinander getrennt sind (▶ Abb. 1.14). Beide Gase haben gleiche Temperatur und gleichen Druck. Wenn sich in den beiden Kammern verschiedene Gase befinden, durchmischen sich die Gase, sobald die Trennwand herausgezogen wird. Die Entropie des Gesamtsystems nimmt also zu. Bei gleichartigen Gasen hingegen bleibt der thermodynamische Zustand und damit auch die Entropie des Systems unverändert, wenn die Trennwand herausgezogen wird. Mit dem klassischen Modell der idealen Gase konnte dieses unterschiedliche Verhalten ungleichartiger und gleichartiger Gase nicht erklärt werden. Man sprach deshalb vom *Gibbs'schen Paradoxon*.

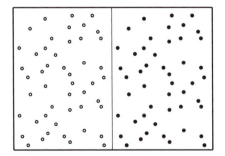 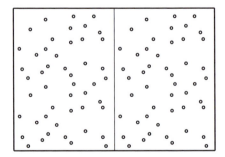

Abb. 1.14 Illustration zum Gibbs'schen Paradoxon: verschiedene Gase (links), gleiche Gase (rechts).

Bosonen und Fermionen. Tatsächlich können die Zustände atomarer Teilchen nicht kontinuierlich verändert werden. Sie ändern sich nur in *Quantensprüngen* (Abschn. 2.2). Gleichartige Teilchen lassen sich daher klar von ungleichartigen Teilchen unterscheiden. Dieser Unterschied ist bei der Berechnung der thermodynamischen Wahrscheinlichkeit (Bd. 1, Abschn. 16.3) und damit der Entropie eines Systems zu berücksichtigen. Während in der klassischen statistischen Mechanik von der Annahme ausgegangen wird, dass jedes Teilchen identifizierbar ist und daher z. B. mit einer Nummer gekennzeichnet werden kann, basiert die *Quantenstatistik* (Abschn. 8.1) auf der Voraussetzung, dass gleichartige Teilchen grundsätzlich ununterscheidbar sind.

Man betrachte beispielsweise ein Ensemble von N gleichartigen Teilchen, die sich auf n Quantenzustände (z. B. auf n Schwingungsmoden eines Hohlraums) verteilen können. Die Verteilung der Teilchen ist dann durch Angabe der n Besetzungszahlen N_ν mit $\nu = 1, \cdots, n$ und $\sum N_\nu = N$ vollständig charakterisiert. Wegen der Ununterscheidbarkeit können die Teilchen, die sich in den einzelnen Schwingungsmoden befinden, nicht genauer benannt werden. Die klassischen Zwei-Teilchen-Zustände (a,b) und (b,a), in denen Teilchen a im Quantenzustand 1 und Teilchen b im Quantenzustand 2 ist bzw. Teilchen a im Quantenzustand 2 und Teilchen b im Quantenzustand 1, werden also in der Quantenstatistik nicht unterschieden, sondern als ein und derselbe Zustand betrachtet.

In der Quantenstatistik ist ferner zwischen *Bosonen* und *Fermionen* zu unterscheiden. Bosonen und Fermionen haben verschiedenes Interferenzverhalten. Nur für gleichartige Bosonen gilt Gl. (1.22). Gleichartige Fermionen hingegen interferieren destruktiv:

$$\frac{d\sigma}{d\Omega} = |f_P(\vartheta) - f_T(\vartheta)|^2 \,. \tag{1.23}$$

Bei der Streuung gleichartiger Fermionen aneinander beobachtet man daher bei 90° ein Interferenzminimum.

Die destruktive Interferenz von Fermionen hat zur Folge, dass alle Quantenzustände höchstens mit einem Teilchen besetzt werden können (Pauli-Prinzip, Abschn. 2.2). In der Quantenstatistik unterscheidet man deshalb zwischen der Bose-Einstein-Statistik für Bosonen und der Fermi-Dirac-Statistik für Fermionen.

Entartete Quantengase. Bei hohen Temperaturen, wenn sich die N Teilchen eines Ensembles auf sehr viele Quantenzustände ($n \gg N$) verteilen können, ist sowohl in der klassischen Statistik als auch in der Quantenstatistik eine Doppelbesetzung von Quantenzuständen sehr unwahrscheinlich. Bei hohen Temperaturen spielt daher der Unterschied zwischen Bosonen und Fermionen keine besondere Rolle, wohl aber bei tiefen Temperaturen. Die Bosonen eines Ensembles sammeln sich mit abnehmender Temperatur mehr und mehr im energetisch tiefsten Quantenzustand (*Bose-Einstein-Kondensation*). Hingegen besetzen N Fermionen eines Ensembles bei hinreichend tiefen Temperaturen die N energetisch tiefsten Quantenzustände. Man nennt diese Quantengase *entartet*.

Aufgaben

1.1 Zeigen Sie, dass die mittlere thermische Energie eines gequantelten harmonischen Oszillators im Grenzfall hoher Temperatur ($k_B T \gg h\nu$) den klassischen Wert $\overline{E}_{Osz}(\nu) = k_B T$ annimmt, bei tiefen Temperaturen hingegen exponentiell gegen null strebt, der Oszillator also einfriert.

1.2 Bei welcher Photonenenergie liegt das Maximum der spektralen Energiedichte $u(\nu, T)$ der Hohlraumstrahlung und wie groß ist dort die spektrale Energiedichte $u(\nu, T)$? Schätzen Sie Näherungswerte ab!

1.3 20-keV-Röntgen-Quanten werden an Leitungselektronen gestreut. Um welchen Betrag ändert sich die Energie der Röntgen-Quanten bei Rückwärtsstreuung? Welche Energie hat ein Leitungselektron nach der Streuung?

1.4 Wie viel Energie wird bei der Compton-Streuung von 10-keV-Röntgenstrahlung an einer Wasserstoff-Atmosphäre auf ein in den Wasserstoffmolekülen gebundenes Elektron übertragen? Darf bei einer 90°-Streuung die Bindungsenergie näherungsweise vernachlässigt werden?

1.5 Ein thermischer Natrium-Atomstrahl wird mit dem Licht ($\lambda = 589\,\mathrm{nm}$) einer Na-Spektrallampe senkrecht zur Strahlrichtung beleuchtet. Schätzen Sie den Winkel φ ab, um den die Na-Atome beim Streuprozess abgelenkt werden.

1.6 Mit einem Geiger-Zähler, der in der Nähe eines radioaktiven Präparats aufgestellt ist, werden bei 10 s Messzeit durchschnittlich 1000 Ereignisse gezählt. Berechnen Sie die Standardabweichung σ. Wie groß ist die relative Wahrscheinlichkeit $n(N)$, mit der $N = 910, 940, 970, 1000, 1030, 1060$ und 1090 Ereignisse registriert werden.

1.7 Wie groß ist die thermische Rauschspannung $U(\Delta\nu, T)$ eines empfindlichen Voltmeters mit einem 1-MΩ-Eingangswiderstand und einer Bandbreite $\Delta\nu = 1\,\mathrm{kHz}$?

1.8 Ein 30-keV-Elektronenstrahl wird an einem Kristallgitter gebeugt. Wie groß ist der Winkelabstand $\Delta\varphi$ benachbarter Beugungsmaxima, wenn die Gitterkonstante $d = 2\,\mathrm{nm}$ beträgt?

1.9 Wie groß ist die de-Broglie-Wellenlänge thermischer Neutronen?

1.10 Es werden 4-MeV-α-Teilchen an einer Goldfolie gestreut. Wie groß ist der differentielle Streuquerschnitt $\mathrm{d}\sigma/\mathrm{d}\Omega$ für Rückwärtsstreuung? Berechnen Sie den minimalen Abstand d des α-Teilchens vom Goldkern beim Stoß.

1.11 Diskutieren Sie das in ▶ Abb. 1.11 gezeigte Massenspektrum. Warum sind von allen Teilchen mit $A = 20$ die Atome ^{20}Ne am leichtesten? Schätzen Sie die Massendifferenz von ^{20}Ne und ^{18}OH$_2$ ab.

1.12 Schätzen Sie die Anzahl n der Photoelektronen ab, die bei der Registrierung des in ▶ Abb. 1.6 gezeigten Resonanzsignals in der Photokathode des Photomultipliers pro Sekunde ausgelöst wurden.

2 Quantisierung

Nach der Entdeckung des Atomkerns stellte Rutherford sich die Atome wie Planeten-systeme vor, in denen die negativ geladenen Elektronen den Z-fach positiv geladenen Kern umkreisen. Dieses *Planetenmodell* wäre aber nach den Gesetzen der klassischen Dynamik höchst instabil. Ein Wasserstoffatom, beispielsweise, in dem ein einziges Elektron ein Proton umkreist, würde laufend elektromagnetische Wellen abstrahlen und dabei kontinu-ierlich Energie verlieren. Das Elektron würde aus einer Bahn mit atomaren Ausmaßen in weniger als 10^{-8} s in den Kern stürzen. Ebenso wie die Stabilität wäre auch die Gleichartigkeit der Wasserstoffatome nach diesem Modell ein Rätsel. Denn klassische Planetenbahnen können z. B. bei Stößen mit anderen Körpern beliebig leicht verändert werden.

Um das Rutherford'sche Planetenmodell auf die physikalischen Eigenschaften der Atome abzustimmen, müssen offensichtlich die Gesetze der klassischen Dynamik dras-tisch abgeändert werden. Mit bewundernswertem physikalischem Einfühlungsvermögen gelangen Niels Bohr (1885 – 1962, Nobelpreis 1922) im Jahr 1913 die ersten entschei-denden Schritte in diese Richtung. Richtungsweisend waren dabei die Atomspektren, insbesondere das Spektrum des Wasserstoffatoms.

2.1 Atomspektren

Ausgehend von den Gesetzen der klassischen Dynamik, würde man erwarten, dass Atome, die entsprechend dem Rutherford'schen Modell wie ein Planetensystem strukturiert sind, ein kontinuierliches Spektrum elektromagnetischer Wellen emittieren. Spektroskopische Untersuchungen an Gasentladungen führten hingegen zu dem Ergebnis, dass alle Atome im optisch sichtbaren Spektralbereich und im benachbarten infraroten und ultravioletten Spektralbereich Serien diskreter Spektrallinien emittieren. Diese Linienspektren sind für die jeweiligen Elemente des Periodensystems kennzeichnend und werden seit der Mitte des 19. Jahrhunderts zur Analyse chemischer Präparate genutzt (Spektralanalyse).

Ebenso wie die optischen Linienspektren konnten auch die Linien des charakteristi-schen Röntgen-Spektrums (Abschn. 1.1 und 2.4) zur Identifikation chemischer Elemente genutzt werden. Die von H. Moseley (1887 – 1915) 1912 entdeckte Beziehung zwischen den Wellenlängen der Röntgen-Linien und der chemischen Ordnungszahl Z ermöglichte es sogar, noch unbekannte Elemente vorherzusagen und ihre Stellung im Periodensystem anzugeben.

Gasentladungen. Unter gewöhnlichen Bedingungen gibt es Funkenentladungen, wenn zwischen zwei Leitern (Elektroden) eine genügend hohe Spannung anliegt. So enstehen beispielsweise bei Gewittern Blitze, wenn zwischen einer Wolke und dem Erdboden oder auch zwischen zwei Wolken Spannungen in der Größenordnung von 100 kV entstehen. Für die Funkenbildung ist es wichtig, dass Elektronen auf einer mittleren freien Weglänge ($l \approx 1\,\mu$m) auf eine Energie beschleunigt werden, die ausreicht, die Atome des Gases zu ionisieren. Das bedeutet, es müssen etwa in der Nähe einer Metallspitze elektrische Feldstärken in der Größenordnung von einigen MV/m erreicht werden.

Bei niedrigen Gasdrücken von wenigen 100 Pa gibt es hingegen bei Spannungen von einigen 10 V kontinuierlich brennende *Glimmentladungen* (Bd. 2, Abschn. 3.5). Die zwischen den zwei Elektroden einer Entladungsröhre anliegende Spannung fällt zum größten Teil in der Nähe der Kathode ab (Kathodenfall) und ändert sich dann nur noch langsam bis hin zur Anode (positive Säule). Abhängig von der Art des Gases in der Entladungsröhre wird Licht mit für die jeweiligen Atome und Moleküle charakteristischen *Spektrallinien* abgestrahlt.

Solche Entladungslichtquellen (Spektrallampen) wurden schon früh genutzt, um die Spektren freier Atome und Moleküle zu analysieren. Eine für diese Untersuchungen besonders geeignete Lichtquelle ist die von H. Schüler 1930 publizierte *Hohlkathode*. In einer Hohlkathode liegt die ringförmige Anode nahe an der Kathode, so dass die positive Säule unterdrückt wird und die Zone der intensiven Anregung des Füllgases (He, Ne, A, Kr) im Kathodenfall gut beobachtbar ist. Die topfartige Kathode enthält die zu untersuchende Substanz, die durch den Aufprall positiv geladener Ionen zerstäubt wird. Sie kann mit flüssigem Stickstoff gekühlt werden.

Von allen Atomen hat das leichteste Element, das Wasserstoffatom mit nur einem Elektron, das einfachste Spektrum. Aber auch die Spektren der Elemente der 1. Spalte des Periodensystems, der Alkali-Atome, haben eine einfache Struktur und zeugen von einer Schalenstruktur (Abschn. 2.4) mit nur einem Elektron in der äußersten Schale. Diese Spektren eignen sich offensichtlich am besten, die Struktur der Atomspektren zu entschlüsseln.

Optische Spektrometrie. Die klassischen optischen Spektrometer, wie z. B. Prismenspektrometer und Interferometer wurden bereits in Bd. 2, Kap. 9 behandelt. Für genaue Wellenlängenmessungen eignet sich besonders das Fabry-Pérot-Interferometer (Bd. 2, Abschn. 9.3). Mit diesen Interferometern können einerseits die Emissionsspektren von Gasentladungslichtquellen (Spektrallampen) und andererseits Absorptions- und Fluoreszenzspektren von atomaren Gasen untersucht werden.

Entscheidend für präzise Wellenlängenmessungen ist ein hohes spektrales Auflösungsvermögen der Spektrometer. Das Auflösungsvermögen eines Fabry-Pérot-Spektrometers ergibt sich aus dem Abstand d der beiden verspiegelten Platten und ihrem Reflexionsgrad R. Die *Apparatebreite* $\Delta\bar{\nu} = \Delta k / 2\pi$, also die Breite, auf die eine scharfe Spektrallinie mit der *Wellenzahl* $\bar{\nu} = 1/\lambda$ bei Beobachtung mit dem Spektrometer verbreitert wird, ist:

$$\Delta\bar{\nu} = \frac{1}{d} \cdot \frac{1-R}{\pi\sqrt{R}} \,. \tag{2.1}$$

Für $R \approx 97\%$ und $d = 5$ cm ist beispielsweise $\Delta\bar{\nu} \approx 2\cdot 10^{-3}\,\text{cm}^{-1}$. Für das Auflösungsvermögen $\bar{\nu}/\Delta\bar{\nu}$ erhält man also, wenn $\bar{\nu} = 20\,000\,\text{cm}^{-1}$ ist, den Wert $\bar{\nu}/\Delta\bar{\nu} \approx 10^{7}$.

Die gemessenen Spektrallinien haben hingegen eine Breite, die wesentlich größer als das hier abgeschätzte $\Delta\bar{\nu}$ ist. Emissions- und Absorptionslinien werden einerseits aufgrund des Doppler-Effekts (Bd. 1, Abschn. 12.4 und Bd. 2, Abschn. 15.3) wegen der thermischen

Geschwindigkeiten v_{th} der Atome verbreitert (Doppler-Breite) und andererseits auch durch gaskinetische Stöße (Druckverbreiterung) oder auch durch fluktuierende elektrische und magnetische Felder in Gasentladungen. Allein die Doppler-Breite Δk_{D} ist von der Größenordnung $\Delta k_{\text{D}} \approx (v_{\text{th}}/c){\cdot}k$, für Wasserstoffatome also typischerweise etwa $10^{-5}\,k$.

Wasserstoffspektrum. Das Linienspektrum des atomaren Wasserstoffs (▶Abb. 2.1) besteht aus mehreren Serien, die jeweils einer Grenzwellenlänge zustreben. Im sichtbaren Spektralbereich liegen 4 Linien der Balmer-Serie, die sich im nahen UV fortsetzt und einer Grenzwellenlänge bei $\lambda = 365$ nm zustrebt. Bereits 1885 erkannte J. J. Balmer (1825 – 1898), dass die Wellenlängen der Linien dieser Serie einer elementaren Gesetzmäßigkeit genügen. Sie wird besonders einfach, wenn man die Wellenzahlen $\bar{v} = 1/\lambda$ betrachtet.

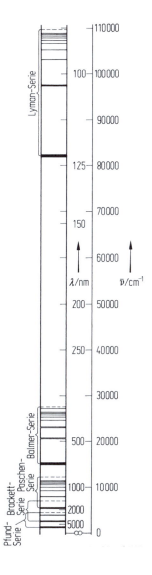

Abb. 2.1 Schematische Darstellung der Spektralserien des Wasserstoffatoms vom ultravioletten (oben) bis zum infraroten Spektralbereich (unten) mit den in der Spektroskopie genutzten Skalen für die Wellenlänge λ in nm und die Wellenzahl $\bar{v}$ in cm^{-1}. Die Intensitäten der Spektrallinien einer Wasserstoff-Gasentladung sind durch deren Dicke angedeutet. Die gestrichelten Linien geben die Seriengrenzen an.

J. Rydberg (1854 – 1919) hat sie in folgende Form gebracht:

$$\bar{\nu}_n = R_H \cdot \left(\frac{1}{2^2} - \frac{1}{n^2} \right) . \tag{2.2}$$

Dabei ist $R_H = 109\,677.6\,\text{cm}^{-1}$ die *Rydberg-Konstante* des H-Atoms und $n = 3, 4, 5, \cdots$ eine ganze Zahl.

Später wurden weitere Serien im infraroten und eine Serie im ultravioletten Spektralbereich gefunden. Die Linien dieser Serien lassen sich auch mit der Rydberg-Formel berechnen, wenn man die 2 im Nenner des ersten Bruchs durch einen zweiten laufenden Index $m < n$ ersetzt:

$$\bar{\nu}_{m,n} = R_H \cdot \left(\frac{1}{m^2} - \frac{1}{n^2} \right) . \tag{2.3}$$

Der erste Index m kennzeichnet die Serien: $m = 1$ – Lyman-Serie, $m = 2$ – Balmer-Serie, $m = 3$ – Paschen-Serie etc. Mit dem zweiten Index werden die Linien in der Serie durchnummeriert. Im Fall der Balmer-Serie sind das die Linien H_α mit $\lambda = 656\,\text{nm}$, H_β mit $\lambda = 486\,\text{nm}$ etc. (▶ Abb. 2.2).

Wegen der genannten Linienverbreiterungen konnte zunächst nur die durch die Rydberg-Formel bestimmte *Grobstruktur* des Wasserstoffspektrums beobachtet werden. Spätere Messungen mit höherer Auflösung zeigten, dass die Spektrallinien des Wasserstoffs auch eine *Fein-* und *Hyperfeinstruktur* haben (Kap. 4).

Termschemata. Die Rydberg-Formel legt nahe, das Wasserstoffspektrum auf ein *Termschema* mit Termen $T_n = R_H/n^2$ zurückzuführen (▶ Abb. 2.2). Wenn man die Terme mit einem negativen Vorzeichen versieht, erhält man einen tiefsten Term $-T_1 = -R_H$, den *Grundzustand* des Wasserstoffatoms, und eine von dort aufsteigende Termserie der *angeregten Zustände* mit der Seriengrenze $T_\infty = 0$. Die Wellenzahlen der Spektrallinien ergeben sich dann einfach als Termdifferenzen:

$$\bar{\nu}_{m,n} = T_m - T_n . \tag{2.4}$$

N. Bohr deutete später (1913) die Terme als Energieniveaus $E_n = -hc \cdot R_H/n^2$ des H-Atoms (Abschn. 2.2).

In gleicher Weise können auch die Spektren der anderen Elemente auf Termschemata zurückgeführt werden. Sie erfüllen allerdings keine so einfache Gesetzmäßigkeit wie beim Wasserstoff. Die Wellenlängen können aber in gleicher Weise aus den Termdifferenzen berechnet werden (Rydberg-Ritz'sches Kombinationsprinzip). Aber es sind nicht alle Übergänge erlaubt. Es gibt *Auswahlregeln* (Abschn. 2.6).

Optische Spektren von Mehrelektronenatomen. Die Struktur der Spektren und Termschemata der Mehrelektronenatome hängt wesentlich von der Stellung des Elements im Periodensystem ab. Relativ einfache Spektren haben die Elemente, die in der ersten Spalte des Periodensystems stehen. Es sind die Spektren der Alkaliatome Lithium (Li), Natrium (Na), Kalium (K) und Cäsium (Cs). Aufgrund der Schalenstruktur der Elektronenhülle ergibt sich, dass diese Atome nur ein Elektron in der äußersten Schale haben, das ähnlich wie beim Wasserstoffatom angeregt werden kann. Die angeregten Terme

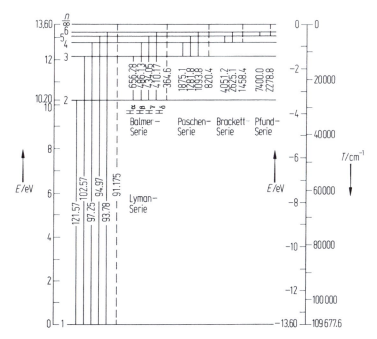

Abb. 2.2 Termschema des Wasserstoffatoms mit den ersten fünf Spektralserien und ihren Spektrallinien (ausgezogene vertikale Linien, die Wellenlängen sind in nm angegeben) und Seriengrenzen (gestrichelte vertikale Linien). Die Energieskala auf der linken Seite bezieht sich auf die Energieniveaus des Bohr'schen Atommodells mit $E_0 = 0$ eV, $E_2 = 10.20$ eV und $E_\infty = 13.6$ eV. Rechts: Energie- und Termskala (in eV bzw. cm^{-1}) mit dem Nullpunkt bei E_∞ bzw. T_∞.

können allerdings nicht allein mit einer *Hauptquantenzahl n* gekennzeichnet werden, sondern es wird zusätzlich zumindest noch eine *Neben- oder Drehimpulsquantenzahl l* benötigt. Man unterscheidet dementsprechend *s*-, *p*-, *d*-, *f*-Zustände etc. entsprechend den Drehimpulsquantenzahlen $l = 0, 1, 2, 3$. Übergänge finden nur zwischen Termen statt, deren Drehimpulsquantenzahlen sich um $\Delta l = 1$ unterscheiden (Auswahlregel für elektrische Dipolübergänge, Abschn. 2.6).

Da die voll besetzten inneren Schalen der Alkaliatome bei der Anregung praktisch unverändert bleiben, sind die Spektren dieser Atome quasi Einelektronspektren. Als Beispiel zeigt ▶ Abb. 2.3 das Termschema des Na-Atoms. Da bereits zwei Schalen voll besetzt sind, hat der Grundzustand bereits die Hauptquantenzahl $n = 3$. Neben dem 3s-Grundzustand gibt es aber auch angeregte Terme (3p, 3d) mit gleicher Hauptquantenzahl. Beim Übergang $3p \rightarrow 3s$ wird die gelbe Natrium-*D*-Linie bei $\lambda = 589$ nm emittiert. Bei höherer Auflösung zeigen die Spektren der Alkaliatome ebenso wie das Wasserstoffspektrum auch eine Fein- und Hyperfeinstruktur (Kap. 4). Bei Auflösung der Feinstruktur ist die *D*-Linie ein Dublett mit D_1- und D_2-Linie.

Komplizierter als die Alkalispektren sind die Spektren von Atomen mit mehreren Elektronen in der äußersten Schale. Das einfachste Zweielektronenspektrum hat das Heliumatom (He). Wenn das Atom im Grundzustand ist, befinden sich beide Elektronen in der $n = 1$-Schale. Bei den angeregten Termen darf man modellmäßig annehmen, dass

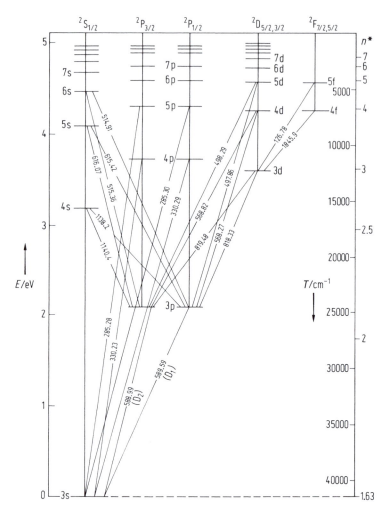

Abb. 2.3 Termschema des Natrium-Atoms mit Energie- und Termskala. Die D-Linien (D_1 und D_2) sind die gelben Na-Spektrallinien. Die rechte n^*-Skala bezieht sich auf die *effektiven Hauptquantenzahlen* der Na-Terme (Abschn. 2.4). Am oberen Bildrand sind die Bezeichnungen der Feinstrukturterme angegeben. 2p- und 2d-Terme sind Dubletts zweier energetisch nah benachbarten Terme (sprich: Dublett-P-1/2-Term etc.).

eines der beiden Elektronen, ähnlich wie das Elektron eines Alkaliatoms, angeregt ist, das andere aber in der $n = 1$-Schale bleibt. Das Termschema des He-Atoms zeigt ▶ Abb. 2.4. Es besteht aus zwei Gruppen von Termen, den Singulett- und den Tripletttermen, zwischen denen keine Übergänge stattfinden (Interkombinationsverbot).

Auch das optische Spektrum von Quecksilber (Hg-Atome) ist quasi ein Zweielektronenspektrum, obwohl das Hg-Atom 80 Elektronen hat. Das Hg-Termschema zeigt ▶ Abb. 2.5. Ebenso wie beim He-Spektrum gibt es Singulett- und Tripletterme, es gibt hier aber auch Interkombinationsübergänge. Insbesondere ist der Übergang vom energetisch

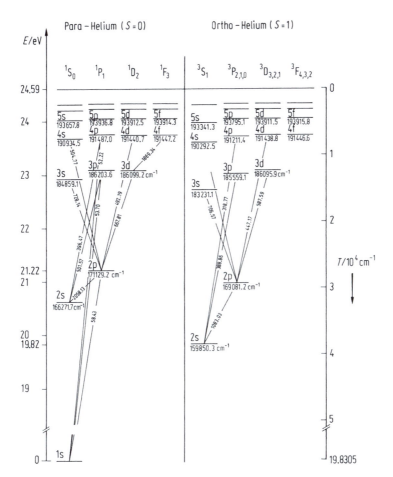

Abb. 2.4 Termschema des Heliumatoms mit Wellenlängen der optisch erlaubten Übergänge in nm. Die Zahlen unterhalb der Terme geben die Termpositionen in cm^{-1} relativ zum Grundzustand T_0 an.

tiefsten Triplett- in den Singulett-Grundzustand bei $\lambda = 254$ nm ein Interkombinationsübergang. Da Quecksilber bei Zimmertemperatur flüssig ist und leicht verdampft, ist auch das Spektrum der Hg-Atome früher bevorzugt untersucht worden.

Resonanzfluoreszenz. Die frei beweglichen Atome eines atomaren Gases können einerseits, wenn sie z. B. in einer Entladung durch Stöße mit Elektronen angeregt werden, scharfe Spektrallinien emittieren. Sie können aber auch eingestrahltes Licht absorbieren, indem sie vom Grunzustand in einen angeregten Term übergehen, und anschließend Licht in eine andere Richtung wieder emittieren. Man spricht dann von *Fluoreszenzstrahlung*. Wird dabei Licht gleicher Wellenlänge emittiert, spricht man von *Resonanzfluoreszenz*. Fluoreszenz ist aber nur möglich, wenn die Wellenlänge des eingestrahlten Lichts mit der Wellenlänge einer Emissionslinie übereinstimmt, die einem Übergang in den Grundzustand entspricht.

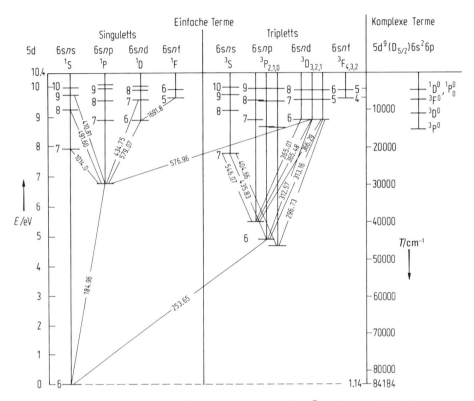

Abb. 2.5 Termschema des Quecksilber-Atoms mit optischen Übergängen (Wellenlängen in nm) und Energie- und Termskala.

Zur Untersuchung der Fluoreszenz werden abgeschlossene Glas- oder Quarzgefäße verwendet, die mit Atomen in der Gasphase gefüllt sind (▶ Abb. 2.6). Nicht-gasförmige Substanzen können in der Gaszelle durch Aufheizen zum Verdampfen gebracht werden. Auf diese Weise hat R. W. Wood (1868–1955) die Resonanzfluoreszenz von Atomen entdeckt und untersucht. Strahlung einer Quecksilberdampf-Entladungslampe wurde in

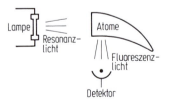

Abb. 2.6 Schematische Darstellung einer atomaren Gaszelle für den Nachweis von Resonanzfluoreszenzstrahlung. Die Lampe emittiert Strahlung, die von den Atomen der Gaszelle absorbiert und reemittiert wird. Die Form der Gaszelle entspricht der eines *Wood'schen Horns*, das die Streuung des primär eingestrahlten Lichtes in Beobachtungsrichtung durch Mehrfach-Reflexion an den Glaswänden vermindert.

die mit Quecksilber gefüllte Gaszelle fokussiert, wobei Resonanzfluoreszenzstrahlung auftritt, die in alle Richtungen emittiert wird und dem spontanen Übergang vom ersten angeregten Niveau $6\,^3P_1$ zum Grundzustand $6\,^1S_0$ des Hg-Atoms entspricht (*Interkombinationsübergang* vom Triplett- zum Singulettsystem, s. ▶Abb. 2.5).

Zur Demonstration der Resonanzfluoreszenz ist folgendes Experiment geeignet. In die Flamme eines Bunsenbrenners wird an einem Glasstab etwas Kochsalz (NaCl) gehalten. Die Flamme leuchtet gelb auf. Denn in der heißen Flamme verdampft das Kochsalz und wird dabei in Natrium und Chlor zerlegt. Ein kleiner Teil der Na-Atome wird thermisch angeregt und emittiert daher die gelbe Spektrallinie. Da die Atome dabei in den Grundzustand übergehen (▶Abb. 2.3), kann diese Spektrallinie auch absorbiert werden. Dementsprechend wird das gelbe Licht einer Na-Spektrallampe von der Flamme auch absorbiert. Wenn man die Flamme mit dieser Lampe beleuchtet, wirft sie einen Schatten.

2.2 Bohr'sches Atommodell

Ausgehend von dem noch ganz im Rahmen der klassischen Dynamik konzipierten Planetenmodell der Atome von E. Rutherford begründet Niels Bohr 1913 ein Atommodell, in dem er in genialer Weise das klassische Modell mit den damals noch jungen Ideen der Quanten- und Photonenhypothese kombiniert. Dabei müssen natürlich wesentliche Grundsätze der klassischen Dynamik aufgegeben werden. Insbesondere wird das Kontinuumskonzept durch die Idee diskreter Energieniveaus ersetzt, die er mit den bereits bekannten Termen der Atomspektren identifiziert. Die Energiewerte der Terme lassen sich zunächst nur für das Wasserstoffatom berechnen.

Bohr'sche Postulate. Niels Bohr überträgt die Planck'sche Hypothese, dass elektromagnetische Wellen von einem harmonischen Oszillator nicht kontinuierlich, sondern nur in Quanten $h\nu$ emittiert und absorbiert werden, auf Atome. Er nimmt dementsprechend an, dass sich die in den Atomen gebundenen Elektronen in *stationären Zuständen* bewegen, in denen sie keine elektromagnetischen Wellen abstrahlen, (im Widerspruch zu den Gesetzen der Elektrodynamik). Sie können aber aus einem stationären Zustand mit der Energie E_m in einen anderen stationären Zustand mit der Energie E_n springen und bei diesen *Quantensprüngen* Photonen emittieren oder absorbieren, je nachdem ob $E_m > E_n$ oder $E_m < E_n$ ist. Dem Bohr'schen Atommodell liegen also die beiden folgenden *Postulate* zugrunde:

1. Atome haben diskrete Energieniveaus E_n mit stationären Elektronenzuständen, in denen das Atom nicht strahlt.
2. Es gibt *Quantensprünge*, bei denen ein Atom spontan von einem Energieniveau E_m in ein Niveau E_n springt und ein Photon (Strahlungsquant) $h\nu = |E_m - E_n|$ emittiert oder absorbiert.

Das mit diesen Postulaten vorgegebene Konzept erklärt zunächst einmal die Existenz diskreter Spektrallinien und entspricht der Darstellung von Atomspektren durch Termschemata. Jedem Energieniveau $E_n = -hc \cdot T_n$ eines Atoms entspricht ein Term T_n des zugehörigen Termschemas (▶Abb. 2.2 bis 2.5). Außerdem wird mit der Postulierung diskreter Energieniveaus der Stabilität der Atome Rechnung getragen. Insbesondere wird angenommen, dass es für jede Atomsorte ein energetisch tiefstes Niveau gibt, den *Grund-*

zustand, der nicht weiter zerfallen kann. Er kann aber bei Stößen oder anderen Störungen auch nicht angeregt werden, wenn dabei nicht mindestens eine Energie übertragen wird, die ausreicht, den nächst höheren Term anzuregen. Da die Anregungsenergien etwa einige eV betragen, bleiben die Atome – insbesondere bei thermischen Stößen – im Grundzustand (da $k_B T \approx 25$ meV bei $T = 300$ K hinreichend klein ist).

Um auch quantitative Voraussagen zu machen, die mit experimentellen Daten verglichen werden können, müssen die Energieniveaus auch berechnet werden können. Das gelang N. Bohr zunächst nur für das Wasserstoffatom.

Energieniveaus des Wasserstoffatoms. Im Fall des H-Atoms mit nur einem Elektron nahm Bohr an, dass sich dieses Elektron auf einer Kreisbahn mit dem Radius r bewegt (▶ Abb. 2.7) und dass der Bahndrehimpuls L des Elektrons auf den stationären Bahnen ein ganzzahliges Vielfaches des Planck'schen Wirkungsquantums $\hbar$ ist:

3. Postulat: $L = n \cdot \hbar$.

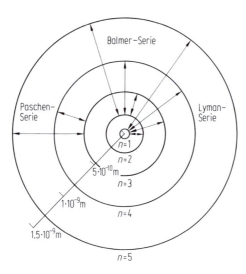

Abb. 2.7 Bohr'sches Atommodell des Wasserstoffatoms mit den Elektronenbahnen der Hauptquantenzahlen $n = 1$ bis $n = 5$ und den Übergängen zur Absorption oder Emission von Spektrallinien verschiedener Spektralserien.

Mit diesem Postulat lassen sich die Energieniveaus des H-Atoms berechnen. Aus dem Grundgesetz der Mechanik $\boldsymbol{F} = m\boldsymbol{a}$ ergibt sich für die Kreisbewegung eines Elektrons im Coulomb-Feld eines Atomkerns mit der Ladungszahl Z

$$\frac{Z e_0^2}{4\pi \varepsilon_0 \cdot r^2} = m_e \omega^2 r \ .$$

Nach Multiplikation mit r folgt daraus die Beziehung $E_{pot} = -2 E_{kin}$ zwischen kinetischer und potentieller Energie des Elektrons und für die Gesamtenergie ergibt sich damit: $E_{tot} = E_{pot} + E_{kin} = -(1/2) \cdot (Z e_0^2 / 4\pi \varepsilon_0 r)$. Da ferner $L^2 = (m_e \omega r^2)^2 = m_e (Z e_0^2 / 4\pi \varepsilon_0) \cdot r$ proportional zu r ist, erhält man die folgende Beziehung zwischen Gesamtenergie E_{tot}

und Drehimpuls L:

$$E_{\text{tot}} = -\frac{1}{2}m_{\text{e}} \cdot \left(\frac{Ze_0^2}{4\pi\varepsilon_0}\right)^2 \cdot \frac{1}{L^2} . \tag{2.5}$$

Aus der Quantisierung des Drehimpulses folgen daher die Energien E_{n} der stationären Zustände des H-Atoms und wasserstoffartiger Ionen:

$$E_{\text{n}} = -\frac{1}{2}\alpha^2 \cdot \frac{Z^2}{n^2} \cdot m_{\text{e}}c^2 \tag{2.6}$$

und die Radien r_{n} der Bohr'schen Kreisbahnen:

$$r_{\text{n}} = \alpha^{-1}\frac{n^2}{Z}\frac{\hbar}{m_{\text{e}}c} . \tag{2.7}$$

Dabei ist

$$\alpha = \frac{e_0^2}{4\pi\varepsilon_0 \cdot \hbar c} = \frac{1}{137,036} \tag{2.8}$$

die Sommerfeld'sche Feinstrukturkonstante, eine aus den Naturkonstanten e_0, $\hbar$, c und ε_0 gebildete reine Zahl. Sie ist maßgebend für die Stärke der elektromagnetischen Wechselwirkung und daher auch bestimmend für die Termstruktur der Atomspektren. Hier ermöglicht sie, die Energien E_{n} der stationären Zustände der wasserstoffartigen Ionen in Relation zur Ruhenergie des Elektrons zu setzen. Im Bohr'schen Atommodell ist $\alpha = v/c$ die Geschwindigkeit, mit der sich das Elektron auf der $(n = 1)$-Kreisbahn des H-Atoms bewegt, relativ zur Lichtgeschwindigkeit. Allgemein gilt für die Bohr'schen Bahngeschwindigkeiten $v_{\text{n}}(Z)$ des Wasserstoffs und der wasserstoffartigen Z-fach geladenen Ionen:

$$\frac{v_{\text{n}}(Z)}{c} = \frac{Z}{n}\alpha . \tag{2.9}$$

Für $Z = 1$ bewegen sich die Elektronen also noch einigermaßen nichtrelativistisch, nicht aber für $Z = 92$ und $n = 1$. Die Bezeichnung *Feinstrukturkonstante* rührt daher, dass die *Feinstruktur* der Atomspektren wesentlich von der Geschwindigkeit der Elektronen abhängt (Abschn. 4.2).

Die Radien der Bohr'schen Kreisbahnen sind proportional zu n^2 und umgekehrt proportional zu Z. Für den Grundzustand des H-Atoms ($n = Z = 1$) ergibt sich der *Bohr'sche Radius* (relativ zu $\lambda_{\text{C}} = \hbar/m_{\text{e}}c$, Compton-Wellenlänge):

$$a_{\text{B}} = \alpha^{-1}\lambda_{\text{C}} = 0.529 \cdot 10^{-10}\,\text{m} . \tag{2.10}$$

Der Durchmesser $2r \approx 10^{-10}$ m der $(n = 1)$-Kreisbahn ist also von der Größenordnung der räumlichen Ausdehnung der Atome (Bd. 1, Kap. 10).

Bei der Anwendung der Bohr'schen Theorie auf das Wasserstoffatom ist ferner zu beachten, dass das Proton eine Masse m_{p} hat, die nur 1836-mal größer als m_{e} ist. Die Mitbewegung des Kerns darf daher nicht vernachlässigt werden, d. h. bei einem genauen

Vergleich mit den experimentellen Daten ist statt m_e die reduzierte Masse $m_{red} = m_e/(1 + m_e/m_p)$ einzusetzen. Für die Rydberg-Konstante R_H des Wasserstoffatoms ergibt die Bohr'sche Theorie also $R_H = (\alpha^2/2)(m_{red}c/h)$.

Wenn sich ein Elektron im Coulomb-Feld eines schwereren Kerns ($A \gg 40$) bewegt, ist die Kernmitbewegung vernachlässigbar. Die Termenergien können in diesem Fall mit der Rydberg-Konstanten

$$R_\infty = \frac{\alpha^2}{2} \frac{m_e c}{h} \tag{2.11}$$

berechnet werden. Wegen der Coulomb-Wechselwirkung der Elektronen untereinander ist man aber bei der Berechnung der Termenergien von Mehrelektronenatomen auf Näherungsverfahren angewiesen.

Bei Berücksichtigung der Kernmitbewegung stehen die für $Z = 1$ mit Formel (2.6) berechneten Energiewerte im Rahmen der Messgenauigkeit der optischen Spektroskopie in guter Übereinstimmung mit den experimentellen Werten. In dem in ▶ Abb. 2.2 gezeigten Termschema des Wasserstoffatoms sieht man die ersten fünf Spektralserien. Die Energie des energetisch tiefsten Zustandes ist $E_1 = -13.6$ eV. Das Elektron ist in diesem Fall mit der *Rydberg-Energie* $E_B = 13.6$ eV an das Proton gebunden. Es werden mindestens $E_2 - E_1 = 10.2$ eV benötigt, um ein Wasserstoffatom, das sich im Grundzustand befindet, anzuregen, und mindestens $E_B = 13.6$ eV, um ein Wasserstoffatom aus dem Grundzustand zu ionisieren.

Atomare Einheiten. Die Quantisierung des Drehimpulses legt nahe, Drehimpulse generell auf die *atomare Einheit* $\hbar$ zu beziehen. Ausgehend vom Bohr'schen Atommodell und den Gesetzmäßigkeiten der Quantenmechanik bietet es sich an, alle physikalischen Größen der Atomphysik auf die atomaren Basiseinheiten $\hbar$, c und m_e für Wirkung (Drehimpuls), Geschwindigkeit bzw. Masse zu beziehen. Abgeleitete Einheiten sind dann beispielsweise $\lambda_C = \hbar/m_e c = 0.386 \, 10^{-12}$ m (Compton-Wellenlänge), $m_e c^2 = 0.511$ MeV (Ruhenergie des Elektrons) und die Kreisfrequenzeinheit $m_e c^2/\hbar = c/\lambda_C = 7.7634 \cdot 10^{20}$ s^{-1}. Die Winkelgeschwindigkeit auf der Bohr'schen ($n = 1$)-Kreisbahn hat in der Einheit $m_e c^2/\hbar$ den Wert α^{-2}.

Abweichend von den üblichen Konventionen haben wir hier c statt der Bohr'schen Geschwindigkeit αc als Geschwindigkeitseinheit gewählt. Denn die Lichtgeschwindigkeit ist als universelle Naturkonstante ebenso wie das Planck'sche Wirkungsquantum für die gesamte Physik grundlegend und tritt als Parameter in vielen elementaren Bewegungsgleichungen auf. Sie wird deshalb auch in der Kern- und Teilchenphysik häufig als Basiseinheit gewählt. Nur die Wahl der Masseneinheit m_e ist so noch spezifisch für die Atomphysik. In der Kernphysik werden wir hingegen eine Nukleonenmasse (m_p) bevorzugen, und in der Teilchenphysik hängt die Wahl einer günstigen Masseneinheit von den zur Diskussion stehenden Phänomenen ab.

In der Quantenmechanik werden wir allgemein statt der klassischen Messwerte nur *Erwartungswerte* angeben können (s. Abschn. 2.5). Bei Nutzung der atomaren Einheiten wird die Größenordnung der Erwartungswerte in der Atomphysik vor allem durch die Größe der Feinstrukturkonstante bestimmt. Im übrigen skalieren die Erwartungswerte mit den Quantenzahlen der gebundenen Zustände und der Kernladungszahl Z, wie es die Formeln (2.6), (2.7) und (2.9) zeigen.

Franck-Hertz-Versuch. James Franck (1882 – 1964) und Gustav Hertz (1887 – 1975) (gemeinsamer Nobelpreis 1925) führten bereits 1913 ein Experiment durch, das zeigte, dass Elektronen unterhalb einer Anregungsschwelle von einigen eV elastisch an freien Atomen gestreut werden. Die Atome verharren also, wie nach dem Bohr'schen Atommodell zu erwarten, im Grundzustand. Inelastische Stöße, bei denen die Atome angeregt werden und anschließend beim Zerfall in energetisch tiefere Niveaus sichtbare Spektrallinien emittieren können, treten erst oberhalb der Anregungsschwelle auf.

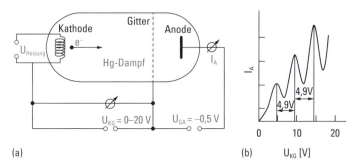

Abb. 2.8 Schema der Versuchsanordnung von Franck und Hertz (links) und Anodenstrom I_A als Funktion der Spannung U_{KG} für den Fall, dass sich in der Triode Hg-Dampf befindet (rechts).

Der Versuch kann mit einer Elektronenröhre mit Glühkathode, Gitter und Anode (Triode) (▶ Abb. 2.8) durchgeführt werden. Sie enthalte z. B. Quecksilberdampf bei einem Druck von etwa 1 Pa. Die durch Thermoemission freigesetzten Elektronen werden durch eine zwischen Kathode und Gitter anliegende Spannung U_{KG} beschleunigt. Falls die Elektronen keine Energie durch inelastische Stöße verlieren, erreichen sie das Gitter mit einer kinetischen Energie von $e_0 U_{KG}$ und fliegen dann mit einiger Wahrscheinlichkeit durch das Gitter gegen eine geringe Gegenspannung U_{GA} von etwa 0.5 V zur Anode.

Der mit einer solchen Elektronenröhre gemessene Anodenstrom I_A ist im rechten Teilbild von ▶ Abb. 2.8 als Funktion der Gitterspannung U_{KG} dargestellt. Wenn die Gitterspannung 4.9 V oder ein Vielfaches davon erreicht, fällt der Strom deutlich ab. Denn das tiefste angeregte Energieniveau $(6s6p\ ^3P_1)$ der Hg-Atome liegt 4.9 eV über dem Grundzustand. Die Elektronen können daher inelastische Stöße ausführen, wenn sie diese Energie erreichen, verlieren dabei 4.9 eV an Energie und landen dann mit großer Wahrscheinlichkeit auf dem Gitter statt auf der Anode. Beim anschließenden Zerfall in den Grundzustand emittieren die Hg-Atome Photonen mit der Energie $h\nu = 4.9$ eV, also die im UV-Bereich liegende Interkombinationslinie mit der Wellenlänge $\lambda = 254$ nm (s. ▶ Abb. 2.5).

2.3 Schrödinger'sche Eigenschwingungen

Bohr ging noch vom Teilchenbild der Elektronen aus und pfropfte diesem die Quantisierungsbedingung $L = n\hbar$ auf. Nachdem 1923 L. de Broglie die Frage aufgeworfen hatte, ob nicht ebenso wie Photonen auch Elektronen sowohl Teilchen- als auch Welleneigenschaften haben könnten, stellte sich Erwin Schrödinger (1877 – 1961, Nobelpreis 1933) die Frage, ob die stationären Zustände des Bohr'schen Atommodells als Eigenschwingungen eines Elektrons im Coulomb-Potential des Atomkerns interpretiert werden könnten. Die Wellengleichung (1.14) für Elektronen im feldfreien Raum verallgemeinerte er daher zu einer Wellengleichung für Elektronen im Coulomb-Potential.

Die Wellengleichung. Nach der de-Broglie-Beziehung (1.12) $p = \hbar k$ haben Elektronen einen Wellenvektor k, der sich aus dem Impuls p ergibt. Bei der Bewegung in einem elektrischen Potential $V(r)$ ändert sich die kinetische Enerergie $E_{\mathrm{kin}} = p^2/(2m_e)$ und damit auch Impuls und Wellenlänge der Elektronen. Zur Berechnung der Eigenschwingungen eines Elektrons im Coulomb-Potential $V(r) = -Z\alpha \cdot \hbar c/r$ eines Z-fach geladenen Kerns ersetzte deshalb E. Schrödinger in der Hamilton-Funktion $H(p,r) = p^2/(2m_e) + V(r)$ wie bei der Gleichung (1.14) für ebene Wellen die Komponenten des Impulsvektors p durch den vektoriellen Differentialoperator $(\hbar/i \cdot \nabla)$. Der nun als Operator zu betrachtende Hamilton-Operator $H(p,r)$ wirkt auf die Wellenfunktion $\psi(r)$. Die Eigenschwingungen des Elektrons und die zugehörigen Energiewerte $E_n = \hbar\omega_n$ ergeben sich nun als Eigenwerte der (zeitunabhängigen) *Schrödinger-Gleichung*:

$$\left(-\hbar^2 \frac{\nabla^2}{2m_e} - Z\alpha \frac{\hbar c}{r}\right) \psi(r) = E \cdot \psi(r). \tag{2.12}$$

Die Lösung dieses Eigenwertproblems wird ausführlich in den Lehrbüchern der theoretischen Physik diskutiert. Wir beschränken uns auf wenige erläuternde Anmerkungen. Der Hamilton-Operator hängt nur von p^2 und r ab und ist daher kugelsymmetrisch (richtungsunabhängig). Die Lösung des Eigenwertproblems wird daher sehr erleichtert, wenn der nur auf die Winkelkoordinaten ϑ und φ wirkende Drehimpulsoperator $L = r \times p$ mit den Komponenten L_x, L_y und L_z zur Darstellung des Laplace-Operators genutzt wird, d. h. von der Beziehung

$$-\hbar^2 \nabla^2 = -\hbar^2 \frac{1}{r} \frac{d^2}{dr^2} r + \frac{L^2}{r^2} \tag{2.13}$$

Gebrauch gemacht wird. Der zweite Summand auf der rechten Seite wird hier wegen seiner Ähnlichkeit mit einem Potential als *Drehimpulsbarriere* bezeichnet.

Eigenzustände und Eigenwerte der Drehimpulsoperatoren. Da die Drehimpulsoperatoren nur auf die Winkelkoordinaten der Zustandsfunktionen $\psi(r) = \psi(r,\vartheta,\varphi)$ wirken, reduziert sich die Schrödinger-Gleichung auf eine einfache, nur von r abhängige Differentialgleichung, wenn die Eigenwerte der Drehimpulsoperatoren bekannt sind. Wir bestimmen daher zunächst die (nur winkelabhängigen) Eigenzustände $Y_{l,m}(\vartheta,\varphi)$ der Drehimpulsoperatoren. Dabei ist zu beachten, dass die drei Komponenten L_x, L_y und L_z von L Operatoren sind, die nicht miteinander kommutieren:

$$[L_x, L_y] = L_x L_y - L_y L_x = i\hbar L_z \text{ und zyklisch}, \tag{2.14}$$

d. h. es kommt auf die Reihenfolge an, in der die Operatoren auf eine Zustandsfunktion angewendet werden. Deshalb können nur L^2 und höchstens eine Komponente, z. B. L_z, gemeinsame Eigenzustände haben.

Die Eigenzustände der Drehimpulsoperatoren können dementsprechend durch zwei Quantenzahlen charakterisiert werden:

1. Drehimpulsquantenzahl l
2. Richtungs- oder Zeeman-Quantenzahl m .

Die Eigenwertgleichungen haben dann die Lösungen

$$\boldsymbol{L}^2\, Y_{l,m}(\vartheta, \varphi) = \hbar^2\, l(l+1)\, Y_{l,m}(\vartheta, \varphi)\,, \quad L_z\, Y_{l,m}(\vartheta, \varphi) = \hbar\, m\, Y_{l,m}(\vartheta, \varphi) \quad (2.15)$$

mit den Eigenwerten $\hbar^2 l(l+1)$ bzw. $\hbar m$. Dabei ist $l = 0, 1, 2, \cdots$ eine ganze Zahl $l \geq 0$ und m eine ganze Zahl im Intervall $-l \leq m \leq +l$. Die Eigenzustände $Y_{l,m}(\vartheta, \varphi) = \theta_{l,m}(\vartheta) \cdot e^{im\varphi}$ der Drehimpulsoperatoren ($\blacktriangleright$ Tab. 2.1) bilden einen vollständigen Satz von orthonormalen Funktionen. Es sind die *Kugelflächenfunktionen*. Sie können faktorisiert werden in einen ϑ-abhängigen Faktor $\theta_{l,m}(\vartheta)$ und einen φ-abhängigen Faktor $e^{im\varphi}$.

Tab. 2.1 Winkelanteile $Y_{l,m}(\vartheta, \varphi)$ der Eigenfunktionen $\psi_{n,l,m}(r, \vartheta, \varphi)$ der wasserstoffartigen Ionen mit der Kernladung Ze_0 für Hauptquantenzahlen $n = 1$ bis $n = 3$.

$$Y_{0,0} = \sqrt{\frac{1}{4\pi}}$$

$$Y_{1,0} = \sqrt{\frac{3}{4\pi}}\cos\vartheta\,, \qquad Y_{1,\pm 1} = \mp\sqrt{\frac{3}{8\pi}}\sin\vartheta \cdot e^{\pm i\varphi}$$

$$Y_{2,0} = \sqrt{\frac{5}{16\pi}}(3\cos^2\vartheta - 1)\,, \quad Y_{2,\pm 1} = \mp\sqrt{\frac{15}{8\pi}}\sin\vartheta\cos\vartheta \cdot e^{\pm i\varphi}\,,$$

$$Y_{2,\pm 2} = \sqrt{\frac{15}{32\pi}}\sin^2\vartheta \cdot e^{\pm 2i\varphi}$$

$$Y_{l,m} \equiv \theta_{l,m}(\vartheta) \cdot e^{im\varphi} = (-1)^m Y_{l,-m}^* \equiv (-1)^m \theta_{l,m}(\vartheta) \cdot e^{-im\varphi}$$

Eigenschwingungen des Wasserstoffatoms. Die Eigenschwingungen eines Elektrons im Coulomb-Potential sind stehende Wellen, die wie die Elektronenwelle eines Elektronenstrahls durch die Wellenfunktionen ψ dargestellt werden. Entsprechend der Born'schen Interpretation (Abschn. 1.3) ist das Quadrat $|\psi(\boldsymbol{r})|^2$ als Aufenthaltswahrscheinlichkeit des Elektrons am Ort $\boldsymbol{r}$ zu deuten.

Zur Berechnung der Wellenfunktionen der Eigenchwingungen ist es vorteilhaft, die Beziehung (2.13) zu nutzen. Die Eigenwerte von $\boldsymbol{L}^2$ sind $\hbar^2 l(l+1)$. Sie sind unabhängig von der Richtungsquantenzahl m des Eigenzustands. Die Schrödinger'sche Eigenwertgleichung vereinfacht sich damit:

$$\left(-\frac{\hbar^2}{2m_{\mathrm{e}}}\left[\frac{1}{r}\frac{\mathrm{d}^2}{\mathrm{d}r^2}r - \frac{l(l+1)}{r^2}\right] - Z\alpha\frac{\hbar c}{r}\right)\psi_{n,l,m}(\boldsymbol{r}) = E_n \cdot \psi_{n,l,m}(\boldsymbol{r})\,. \quad (2.16)$$

Die Eigenzustände $\psi_{n,l,m}(\boldsymbol{r}) = R_{n,l}(r) \cdot Y_{l,m}(\vartheta, \varphi)$ dieser Wellengleichung lassen sich als Produkt einer radialen Funktion $R_{n,l}(r)$ ($\blacktriangleright$ Tab. 2.2 und $\blacktriangleright$ Abb. 2.9) und einer winkelabhängigen Funktion $Y_{l,m}(\vartheta, \varphi)$ darstellen. In Bezug auf die Eigenwerte E_n liegt ein Sonderfall vor, wenn sich die Elektronen wie beim H-Atom in einem Coulomb-Potential bewegen. In diesem Fall hängen die Energiewerte nur von der *Hauptquantenzahl n*, nicht aber von der Drehimpulsquantenzahl l ab (*Drehimpulsentartung*), die nur ganzzahlige Werte im Intervall $0 \leq l \leq n - 1$ annehmen kann. Es ergeben sich die Energieniveaus der Bohr'schen Theorie: $E_n = -(1/2)Z^2\alpha^2 \cdot m_e c^2/n^2$.

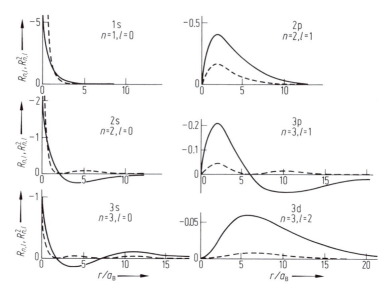

Abb. 2.9 Die radialen Funktionen $R_{n,l}$ (durchgezogene Kurven) und $(R_{n,l})^2$ (gestrichelte Kurven) der Eigenfunktionen des Wasserstoffatoms ($Z = 1$) als Funktion des Abstandes zwischen Atomkern und Elektron. $a_B = 0.53 \cdot 10^{-10}$ m ist der Radius der ersten Bohr'schen Kreisbahn.

Tab. 2.2 Radialanteil $R_{nl}(r)$ der Eigenfunktion $\psi_{n,l,m}(r, \vartheta, \varphi)$ der wasserstoffartigen Ionen mit der Kernladung Ze_0 für Hauptquantenzahlen von $n = 1$ bis $n = 3$.

$R_{nl}(r)$

$$R_{10} = \left(\frac{Z}{a_B}\right)^{\frac{3}{2}} 2 \exp\left(-\frac{Zr}{a_B}\right)$$

$$R_{20} = \left(\frac{Z}{2a_B}\right)^{\frac{3}{2}} 2 \left(1 - \frac{Zr}{2a_B}\right) \exp\left(-\frac{Zr}{2a_B}\right)$$

$$R_{21} = \left(\frac{Z}{2a_B}\right)^{\frac{3}{2}} \frac{2}{\sqrt{3}} \left(\frac{Zr}{2a_B}\right) \exp\left(-\frac{Zr}{2a_B}\right)$$

$$R_{30} = \left(\frac{Z}{3a_B}\right)^{\frac{3}{2}} 2 \left[1 - 2\frac{Zr}{3a_B} + \frac{2}{3}\left(\frac{Zr}{3a_B}\right)^2 \exp\left(\frac{-Zr}{3a_B}\right)\right]$$

$$R_{31} = \left(\frac{Z}{3a_B}\right)^{\frac{3}{2}} \frac{4\sqrt{2}}{3} \left(\frac{Zr}{3a_B}\right) \left(1 - \frac{1}{2}\frac{Zr}{3a_B}\right) \exp\left(\frac{-Zr}{3a_B}\right)$$

$$R_{32} = \left(\frac{Z}{3a_B}\right)^{\frac{3}{2}} \frac{2\sqrt{2}}{3\sqrt{5}} \left(\frac{Zr}{3a_B}\right) \exp\left(\frac{-Zr}{3a_B}\right)$$

$$a_B = \alpha^{-1} \frac{\hbar}{m_e c}$$

Normierung: $\int_0^\infty R_{nl}^* R_{nl} r^2 \mathrm{d}r = 1$

Nach der Schrödinger'schen Theorie gibt es also zu jedem Energieniveau E_n nicht nur *eine* Kreisbahn, sondern n^2 Eigenzustände $\psi_{n,l,m}(r)$, die anschaulich als richtungsgequantelte elliptische Bahnen interpretiert werden können. Die Eigenzustände des Wasserstoffatoms sind demnach durch drei Quantenzahlen, nämlich Hauptquantenzahl n, Drehimpulsquantenzahl l und Zeeman-Quantenzahl m zu charakterisieren. Der Zustand eines H-Atoms kann deshalb nach einem Vorschlag von P. Dirac einfach als *ket*-Vektor $|n,l,m\rangle$ geschrieben werden (von engl. *bra-ket*. Als *bra*-Vektoren werden die dazu hermitesch konjugierten Zustände $\langle n,l,m|$ bezeichnet).

Bis auf das Grundniveau mit $n = 0$ sind nach der Schrödinger'schen Theorie alle Energieniveaus *entartet*, d. h. sie haben mehrere Eigenzustände. Die m-Entartung ist dabei eine Folge der Kugelsymmetrie des Potentials $V(r)$. Die l-Entartung hingegen ergibt sich nicht aus der Kugelsymmetrie, sondern aus der $1/r$-Abhängigkeit des Potentials.

2.4 Mehrelektronenatome

Mit der Schrödinger'schen Theorie des H-Atoms war auch die Grundlage für eine Theorie der Mehrelektronenatome gelegt. Die n^2-fache Entartung der Wasserstoffterme legt die Vermutung nahe, dass es einen Zusammenhang gibt zwischen den Periodenlängen des periodischen Systems mit 2, 8 und 18 Elementen und der Entartung der Wasserstoffterme. Elektronenspin und Pauli-Prinzip sind die Ideen, die noch benötigt werden, um diese Verbindung herzustellen.

Elektronenspin. S. Goudsmit (1902 – 1978) und G. Uhlenbeck (1900 – 1988) machten 1925 die Annahme, dass das Elektron zusätzlich zum Bahndrehimpuls noch einen weiteren Drehimpuls besitzt, der korrespondenzmäßig in der klassischen Mechanik einer Rotation des Elektrons um seine eigene Achse entspricht (Bd. 1, Abschn. 7.1). Dieser Eigendrehimpuls wird *Spin* genannt. Die Existenz des Elektronenspins hat zur Folge, dass viele Energieniveaus der Atome nicht nur einen einfachen, sondern mehrfache, nah beieinander liegende Energiewerte haben und dementsprechend ein *Multiplett* bilden. Neben der bei mäßiger Auflösung beobachteten *Grobstruktur* (Abschn. 2.1) der Termschemata der Atome gibt es also noch eine *Feinstruktur* (Abschn. 4.2).

Der Elektronenspin hat zwar ähnliche Eigenschaften wie der Bahndrehimpuls der Elektronen, er hat aber halbzahlige Quantenzahlen (s, m_s), die nur die Werte $s = 1/2$ und $m_s = \pm 1/2$ annehmen können. Bei einer Quantisierung bzgl. der z-Achse gibt es also nur die zwei Spinzustände *parallel* ($m_s = +1/2$) und *antiparallel* ($m_s = -1/2$) zur z-Achse. Wenn ein Atom mehrere Elektronen hat, können die Spins der Elektronen zu einem Gesamtspin S koppeln (Abschn. 4.2). Bei Atomen mit zwei Elektronen kann $S = 0$ oder 1 sein. Daher haben diese Atome Singulett- und Triplettterme (s. ▶ Abb. 2.4 und 2.5).

Der Spinfreiheitsgrad des Elektrons hat zur Folge, dass die Energieterme des Wasserstoffatoms nicht n^2-fach entartet sind, sondern $2n^2$-fach. Die Terme mit den Hauptquantenzahlen $n = 1, 2, 3$ sind also 2-, 8- bzw. 18-fach entartet. Es sind offensichtlich dieselben Zahlen, die im Periodischen System der Elemente die Periodenlängen maßgebend bestimmen.

Pauli-Prinzip und Schalenstruktur der Atomhülle. Die Beziehung zwischen dem Entartungsgrad der Terme des Wasserstoffatoms und den Periodenlängen des (im Buchdeckel abgebildeten) Periodensystems lässt sich mit dem *Pauli-Prinzip* erklären. Um den Aufbau von Atomen mit mehreren Elektronen zu verstehen und ihre Spektren zu deuten, postulierte Wolfgang Pauli (1900 – 1958, Nobelpreis 1945) schon 1924:

> Zwei Elektronen, die sich im Zentralfeld eines Atomkerns bewegen, können nicht in ein und demselben Quantenzustand sein.

Die Elektronen sind also nach den Ausführungen von Abschn. 1.5 Fermionen. Allgemein gilt, dass alle Teilchen mit einem halbzahligen Spin Fermionen und alle Teilchen mit ganzzahligem Spin Bosonen sind.

Da jeder Quantenzustand $|n, l, m, m_s\rangle$ durch 4 Quantenzahlen mit den Werten

$$n = 1, 2, 3 \cdots \tag{2.17}$$

$$l = 0, 1, \cdots < n \tag{2.18}$$

$$-l \leq m \leq +l \tag{2.19}$$

$$m_s = \pm 1/2 \tag{2.20}$$

gekennzeichnet ist, die Bindungsenergien eines Elektrons aber im Wesentlichen durch seine Hauptquantenzahl n bestimmt ist, ergibt sich für die Elektronenhülle der Mehrelektronenatome eine *Schalenstruktur*. Man spricht von K-, L-, M-Schale etc. In der innersten Schale mit $n = 1$ (K-Schale) und der größten Bindungsenergie haben nur zwei Elektronen Platz. Sie ist bereits beim Heliumatom voll besetzt. In der $n = 2$-Schale (L-Schale) haben 8 Elektronen Platz. Sie wird also bei den Elementen der zweiten Periode des Periodensystems aufgefüllt und ist beim Edelgas Neon mit $Z = 10$ voll besetzt.

Bei der Auffüllung der weiteren Schalen ist zu beachten, dass die Elektronen sich nicht völlig unabhängig voneinander im Coulomb-Potential der Atomkerne bewegen, sondern sich gegenseitig abstoßen. Grob vereinfachend darf man annehmen, dass sich jedes einzelne Elektron in einem effektiven Potential $V_{\text{eff}}(r)$ bewegt, dass zwar wie das Coulomb-Potential kugelsymmetrisch ist, also nur von der Radialkoordinate r abhängt, aber schneller als mit $1/r$ nach außen abfällt. Nur auf die innersten Elektronen wirkt noch die volle Kernladung Ze_0, auf die Elektronen in den äußeren Schalen wirkt hingegen eine verminderte Kernladung, da sie teilweise durch die Elektronen in den inneren Schalen abgeschirmt wird. Diese Abschirmungseffekte sind umso größer, je größer der Bahndrehimpuls $l\hbar$ der Elektronen ist. Denn mit zunehmendem Bahndrehimpuls wird die Bahn der Elektronen (korrespondenzmäßig) kreisförmiger, und die Wahrscheinlichkeit, in die Nähe des Kerns vorzudringen, nimmt damit ab (vgl. ►Tab. 2.2 und ►Abb. 2.9).

Diese Abschirmungseffekte haben zur Folge, dass auch die dritte Periode des Periodischen Systems nur 8 Elemente hat. Es werden nur die Zustände mit $n = 3$ und $l = 0$ und 1 aufgefüllt. Die ($l = 2$)-Elektronen sind bereits wesentlich lockerer gebunden. Diese Zustände werden deshalb erst in der nächsten Schale besetzt. Aus entsprechenden Gründen stehen in der 4. und 5. Periode nur jeweils 18 Elemente und nicht 32 bzw. 50. Die 14 Elektronenzustände mit $n = 4$ und $l = 3$ werden erst bei den Seltenen Erden mit $Z = 58$ bis 71 besetzt. Eine genaue Übersicht über die Schalenstruktur der Atome gibt Tab. 1.6 in B/S-Bd. 4.

URL für QR-Code: www.degruyter.com/aufbauprinzip

Bedeutung der Schalenstruktur für Atomphysik und Chemie. Mit der Schalenstruktur der Atomhülle lassen sich viele grundlegende physikalische und chemische
Eigenschaften der Atome erklären. Die sukzessive Auffüllung der einzelnen Schalen
spiegelt sich wieder in der periodischen Zu- und Abnahme der Ionisationsenergien mit
steigender Kernladungszahl (▶ Abb. 2.10). Wenn sich nur ein Elektron in der äußersten
Schale befindet, wie bei den Alkaliatomen (in der ersten Spalte des Periodensystems), ist
dieses Elektron sehr locker gebunden und das Atom kann sehr leicht ionisiert werden.
Wenn hingegen die äußerste Schale abgeschlossen ist (bei den Edelgasen, in der letzten
Spalte des Periodensystems), sind auch die äußersten Elektronen sehr fest gebunden und
daher die Ionisationsenergien maximal.

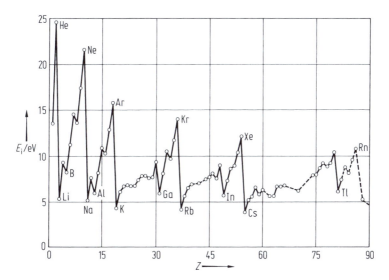

Abb. 2.10 Ionisationsenergie E_i der Atome als Funktion der Kernladungszahl Z.

Die Beziehung der Ionisationsenergien zur Besetzung der äußersten Elektronenschale
macht deutlich, dass auch die chemischen Eigenschaften hauptsächlich von der Besetzung dieser Schale abhängen. Die Elektronen der äußersten Schale sind insbesondere
für die chemische Wertigkeit (Valenz) des Elements entscheidend. Sie heißen deshalb
auch *Valenzelektronen*. Bei abgeschlossener äußerer Schale liegt eine besonders stabile
Elektronenkonfiguration vor. Diese Elemente sind deshalb chemisch inaktiv. Es sind die
Edelgase. Unter gewöhnlichen Bedingungen gehen sie weder Verbindungen mit anderen
Atomen ein, noch bilden sie Flüssigkeiten oder Festkörper.

Im Gegensatz zu den Edelgasen sind die Nachbargruppen chemisch besonders aktiv.
Bei den Halogenen fehlt ein Elektron in der äußersten Schale, während die Alkalimetalle
ein überschüssiges Elektron haben. Bei einer Verbindung eines Halogenatoms mit einem
Alkaliatom kann deshalb das Alkaliatom ein Elektron an das Halogenatom abgeben, so
dass ein Molekül aus einem positiv und einem negativ geladenen Ion entsteht (Ionenbindung). Bei beiden Ionen ist nun die äußerste Schale abgeschlossen. Die (neutralen)
Moleküle der Alkali-Halogenide haben daher eine Bindungsenergie E_B von einigen eV, die
bei $T \approx 300\,\mathrm{K}$ viel größer als die thermische Energie $k_B T \approx 25\,\mathrm{meV}$ ist, und sind deshalb
unter gewöhnlichen Bedingungen stabil. Außerdem haben diese Moleküle, da sie aus

zwei Ionen mit entgegengesetzten Ladungen bestehen, große elektrische Dipolmomente. Mehrere dieser Moleküle ziehen sich deshalb wechselseitig an und bilden feste Kristalle. Ein Beispiel ist das aus Natrium und Chlor bestehende Kochsalz (NaCl).

Das Beispiel der Alkali-Halogenid-Verbindung mag hier genügen, um die Bedeutung der äußersten Elektronenschale für das chemische Verhalten der Elemente hervorzuheben. Kovalente Bindung und Van-der-Waals-Bindung werden in Kap. 7 erklärt. Ebenso wie das chemische Verhalten werden auch die optischen Spektren der Atome weitgehend von der Anzahl der Elektronen in der äußersten Schale bestimmt. Die Bindungsenergien der inneren Elektronen sind dagegen maßgebend für die charakteristischen Röntgen-Spektren.

Deutung der Alkali-Spektren. Die Elektronen der äußersten Schale eines Mehrelektronenatoms bewegen sich in dem weitgehend abgeschirmten Coulomb-Potential des Atomkerns. Außerhalb der abgeschlossenen Schalen bewegen sich die N äußeren Elektronen in einem Coulomb-Potential mit der effektiven Kernladungszahl $Z_{\text{eff}} \approx N$. Für $N > 1$ ist selbst eine grobe Berechnung der Termenergien nur im Rahmen der modernen Quantenmechanik möglich. Hier betrachten wir nur die Alkali-Atome, für die $N = 1$ ist. Würde sich das Valenzelektron nur außerhalb der abgeschlossenen Schalen bewegen, hätten die Terme die Energien E_n des H-Atoms. Tatsächlich taucht das äußere Elektron auch in den Bereich der abgeschlossenen Schalen ein, insbesondere wenn es sich in einem Zustand mit kleinem Bahndrehimpuls befindet. Die Terme der Alkali-Atome liegen daher energetisch tiefer als die entsprechenden Terme des H-Atoms.

Eine qualitative Vorstellung vom Eintauchen des äußeren Elektrons in die abgeschlossenen Schalen ergibt sich einerseits aus dem Verlauf der radialen Wellenfunktionen des Wasserstoffatoms, andererseits aus der von A. Sommerfeld (1868 – 1951) postulierten elliptischen Form der Elektronenbahnen im Planetenmodell (▶ Tab. 2.2 und ▶ Abb. 2.11). Zuständen mit kleinem Bahndrehimuls (s- und p-Zustände) entsprechen Bahnen mit großer Elliptizität. Sie kommen daher dem Kern sehr nahe und sind entsprechend fester gebunden als Elektronen mit hohen Drehimpulsen ($l \approx n - 1$), die sich auf eher kreisförmigen Bahnen bewegen.

Ausgehend von der *Tauchbahnvorstellung* lässt sich die zunächst empirisch gefundene Rydberg-Formel für die Termenergien $E_{n,l}$ der Alkali-Atome herleiten:

$$E_{n,l} = hc\,R_\infty \cdot \frac{1}{n^{*2}} . \tag{2.21}$$

Dabei ist $n^* = n - \alpha(l)$ eine von l abhängige effektive Hauptquantenzahl. $\alpha(l)$ wird *Quantendefekt* genannt. s-Elektronen ($l = 0$) tauchen am tiefsten in die inneren Schalen ein und haben daher den größten Quantendefekt. Für Na-Atome ist $\alpha(0) \approx 1.4$ und $\alpha(1) \approx 0.9$. $3s$- und $3p$-Elektron haben daher Bindungsenergien, die sich um etwa 2 eV unterscheiden. Bei den Quantensprüngen von $3p$ nach $3s$ wird die gelbe Na-Spektrallinie emittiert.

Charakteristische Röntgen-Spektren. Bislang wurden nur Quantensprünge der Valenzelektronen behandelt, also insbesondere die optischen Übergänge. Es können aber auch die Elektronen der inneren Schalen angeregt werden. Dabei ist das Pauli-Prinzip zu beachten. Es sind nur Übergänge in unbesetzte Zustände möglich. Die Bindungsenergien $E_B(1)$ der ($n = 1$)-Elektronen (K-Elektronen) ergeben sich näherungsweise aus dem

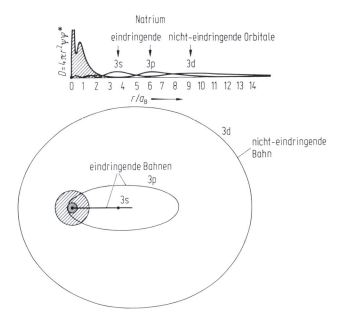

Abb. 2.11 Das obere Bild stellt die radiale Wahrscheinlichkeitsdichte der $3s$-, $3p$- und $3d$-Zustände des Natrium-Atoms dar. Man beachte, dass die Wahrscheinlichkeitsdichte für die $3d$-Elektronen unterhalb von $6a_B$ praktisch auf null abgeklungen ist. Die Funktion über der schraffierten Fläche stellt summarisch die Elektronendichte im Bereich der abgeschlossenen Schalen dar. Das untere Bild stellt die elliptischen *Bohr-Sommerfeld'schen Elektronenbahnen* dar.

Bohr'schen Atommodell. Die Elektronen bewegen sich nahe am Kern, wo nur eine geringe Abschirmung $\sigma \approx 1$ der Kernladung Z durch die übrigen Elektronen zu berücksichtigen ist, d. h. die Elektronen bewegen sich in einem Coulomb-Potential mit der effektiven Kernladungszahl $Z_{\text{eff}} = Z - \sigma$. Dementsprechend gilt

$$E_B(1) = hc\, R_\infty \cdot (Z - \sigma)^2 \, . \tag{2.22}$$

Für Molybdän ($Z = 42$) ist $E_B(1) \approx 20$ keV und für Blei ($Z = 82$) ist $E_B(1) \approx 80$ keV. Da im neutralen Atom nur in einem schmalen Energiebereich von wenigen eV noch Zustände für gebundene Elektronen unbesetzt sind, muss praktisch mindestens die gesamte Bindungsenergie dem Atom zugeführt werden, um ein K-Elektron anzuregen. Das Atom wird also ionisiert.

Experimentell wird die Absorption und Emission von Röntgenstrahlen gewöhnlich an Festkörpern untersucht. Um es in der K-Schale zu ionisieren, müssen die Röntgen-Quanten mindestens die Energie $E_B(1)$ haben. Tatsächlich beobachtet man bei dieser Energie ausgeprägte *Absorptionskanten* (▶Abb. 2.12), d. h. der Absorptionskoeffizient nimmt bei dieser Photonenenergie (K-Kante) sprunghaft zu. Entsprechende Sprünge werden auch bei den Ionisierungsenergien der L-Schale beobachtet (L-Kante).

Ist die K-Schale eines Atoms ionisiert, kann ein Elektron aus den äußeren Schalen in die K-Schale springen. Dabei wird ein Photon der charakteristischen Röntgen-Strahlung emittiert (Abschn. 1.1, ▶Abb. 1.2). Die K_α-Linie entsteht bei Übergängen von der L-

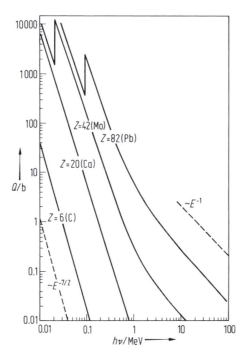

Abb. 2.12 Wirkungsquerschnitt $Q = \mu/n$ in barn ($1\,b = 10^{-28}\,m^2$, μ = Absorptionskoeffizient, n = Atomzahldichte) der Photoionisation als Funktion der Photonenenergie $h\nu$ für schwere und leichte Atome. Die Absorptionskanten, die scharfen Peaks bei ca. 20 keV für Mo und ca. 80 keV für Pb deuten den Einsatz der K-Schalen-Absorption an.

zur K-Schale und die K_β-Linie bei $M-K$-Übergängen. Die Energie der K_α-Photonen folgt wie die Bindungsenergie der K-Elektronen näherungsweise aus der Schalenstruktur und dem Bohr'schen Atommodell. In Übereinstimmung mit dem Moseley'schen Gesetz (Gl. 1.17, Abschn. 1.4) ergibt sich

$$h\nu(K_\alpha) \approx \frac{3}{4}hc\,R_\infty \cdot (Z-1)^2 \,. \tag{2.23}$$

Die Gesetzmäßigkeiten der Röntgen-Spektren können mit einem einfachen Demonstrationsexperiment illustriert werden. Eine Röntgenröhre mit einer Antikathode aus Molybdän ($Z = 42$) wird mit einer Spannung von 35 kV betrieben. Dabei entsteht Röntgenstrahlung, die mit einem Kristallspektrometer spektral zerlegt (s. Bd. 2, Abschn. 11.3) und mit einem Zählrohr in Abhängigkeit vom Beugungswinkel detektiert wird. Es ergibt sich das in ▶ Abb. 1.2 gezeigte Mo-Spektrum mit den beiden charakteristischen Linien K_α und K_β und dem Röntgen-Bremsspektrum.

Wenn man in den Strahlengang eine Absorberfolie aus Molybdän hält, wird vorwiegend die Röntgen-Bremsstrahlung mit Photonenenergien oberhalb der K-Kante von Mo (20 keV) absorbiert, die beiden charakteristischen Linien jedoch kaum geschwächt. Bei einem Zirkonium(Zr)-Absorber ($Z = 40$) liegt die K-Kante hingegen zwischen den beiden charakteristischen Linien des Molybdän. Daher wird jetzt auch die K_β-Linie absorbiert, nicht aber die K_α-Linie. Auch ohne Kristallspektrometer lässt sich also allein mit Mo-Röntgenröhre und Zr-Absorber eine ziemlich monofrequente Röntgenstrahlung erzeugen.

Auger-Effekt. Nach der Ionisation der K-Schale eines Atoms mit vielen Elektronen liegt ein hoch angeregter Zustand im Festkörper-Target vor, der die Anregungsenergie nicht nur durch Emission eines Photons des charakteristischen Spektrums, sondern auch durch Emission eines zweiten Elektrons abgeben kann. Da die Bindungsenergie der K-Elektronen wesentlich größer ist als die Bindungsenergien der Elektronen in den äußeren Schalen, kann alternativ zum Strahlungsübergang die beim Sprung eines L-Elektrons in die K-Schale frei werdende Energie auf ein anderes Elektron übertragen werden. Statt eines Photons wird also ein Elektron emittiert. Dieser *strahlungslose* Zerfall wurde 1926 von Pierre Auger (1899 – 1993) entdeckt und gedeutet. Die Zerfallsrate wird maßgeblich durch die elektrostatische Wechselwirkung $\alpha\hbar c / r_{i,j}$ der Hüllenelektronen bestimmt.

Auch nach dem β-Zerfall eines Atomkerns, bei dem sich die Ladungszahl des Kerns von Z nach $Z + 1$ erhöht, entsteht mit hoher Wahrscheinlichkeit ein K-Loch in der zugehörigen Elektronenhülle. Auch bei der Untersuchung von β-Spektren wird daher die Emission von Auger-Elektronen nachgewiesen. Tatsächlich hat Lise Meitner (1878 – 1968) bereits 1922 diesen Begleitprozess des β-Zerfalls beschrieben.

2.5 Von der klassischen Mechanik zur Quantenmechanik

Die Planck'sche Quantenhypothese steht am Anfang einer Entwicklung, die deutlich machte, dass die klassische Mechanik nur begrenzte Gültigkeit hat. Die Gesetze der Mechanik sind zwar im makroskopischen Bereich sehr gut erfüllt. Im atomaren Bereich gelten aber offensichtlich andere Gesetzmäßigkeiten. Ein deutlicher Hinweis darauf sind die Bohr'schen Postulate. Die auf die Bohr'schen Arbeiten aufbauenden Bemühungen, eine Atomtheorie zu entwickeln, führten schließlich um 1925 zur Quantenmechanik. Wir verzichten hier auf eine ausführliche Darstellung dieser Theorie und ihrer mathematischen Grundlagen und verweisen stattdessen auf die Lehrbücher der theoretischen Physik. Für ein Verständnis des gedanklichen Konzepts der Quantenmechanik ist es aber wichtig, die Grenzen der klassischen Physik deutlich zu machen und damit auch die Stellung der Quantenmechanik in der Physik und ihre Beziehung zur klassischen Mechanik zu klären.

Quantenobjekte. Grundlegend für die klassische Mechanik ist die Annahme, dass materielle Körper kontinuierlich beobachtbar sind. Dank der kontinuierlichen Beobachtbarkeit haben sie eine messbare räumliche Struktur, deren Lage und Orientierung relativ zu einem vorgegebenen raumzeitlichen Bezugssystem experimentell bestimmt werden kann (s. Bd. 1, Kap. 2). Auf dieser experimentellen Grundlage entwickelte sich das klassische Weltbild von Massenpunkten, die sich auf scharf definierten Bahnen in einem vorgegebenen Raum-Zeit-Kontinuum bewegen und miteinander wechselwirken. Zunächst nahm man an, dass die Wechselwirkung zwischen den Massenpunkten durch Fernkräfte vermittelt wird, die instantan zwischen weit voneinander entfernten Massenpunkten wirken. Elektrodynamik und Relativitätstheorie führten später zu der Vorstellung, dass die Wechselwirkung durch Felder vermittelt wird, die sich mit höchstens Lichtgeschwindigkeit im Raum ausbreiten (s. Bd. 2). Aber auch dem klassischen Feldbegriff liegt die Annahme kontinuierlicher Beobachtbarkeit zugrunde. Zwar änderte sich mit der Idee des Feldes als eigenständiges Objekt der Physik das Weltbild der klassischen Physik, insbesondere unsere Vorstellung von Raum und Zeit, aber an der Annahme, dass alle physikalischen Prozesse in einem vorgegebenen Raum-Zeit-Kontinuum ablaufen, konnte man weitgehend festhalten. In der Allgemeinen Relativitätstheorie wurde zwar eine Abhängigkeit der Metrik des Raumes von der Massenverteilung angenommen, aber die raumzeitliche Darstellung physikalischer Prozesse nicht infrage gestellt.

Mit der Planck'schen Quantenhypothese verliert dieses *anschauliche* Weltbild seine experimentelle Grundlage. Denn die Quantenhypothese hat zur Folge, dass eine uneingeschränkt kontinuierliche Beobachtung physikalischer Objekte grundsätzlich nicht möglich ist. Die Quantenphysik ist folglich naturbedingt *unanschaulich*. Nur makroskopische Prozesse, deren Ablauf zumindest näherungsweise kontinuierlich verfolgt werden kann, lassen sich anschaulich als Bewegungen von Körpern und Feldern in Raum und Zeit beschreiben, nicht aber atomare Prozesse. Sie können nur *modellmäßig* raumzeitlich beschrieben werden. Dabei werden auch scheinbar sich widersprechende Modelle genutzt. Die bei Doppelspaltexperimenten beobachteten Interferenzstrukturen sind ein Beispiel dafür, dass eine raumzeitliche Beschreibung atomarer Prozesse zu widersprüchlichen Vorstellungen führt, wie beispielsweise dem Welle-Teilchen-Dualismus. Andere Beispiele sind die Verschränkung von Zuständen mehrerer atomarer Teilchen (Abschn. 4.2) und die Ununterscheidbarkeit gleichartiger Teilchen (Abschn. 1.5).

Die quantenphysikalischen Gesetzmäßigkeiten führen aber nur dann zu widersprüchlichen Vorstellungen, wenn man den Mach'schen Grundsatz (E. Mach, 1838 – 1916), dass nur beobachtbare Größen in den Naturgesetzen vorkommen sollten, nicht beherzigt. Die durch die quantenphysikalischen Gesetzmäßigkeiten eingeschränkte Beobachtbarkeit physikalischer Objekte mahnt bei der raumzeitlichen Beschreibung physikalischer Prozesse zur Vorsicht. Der Welle-Teilchen-Dualismus ist ein Scheinproblem. Das Welcher-Weg-Kriterium zeigt, dass der Welle-Teilchen-Dualismus nicht im Widerspruch zu den experimentellen Grundlagen der Physik steht (Abschn. 1.3), sondern nur zu unserer raumzeitlichen Vorstellungswelt. Welle-Teilchen-Dualismus und Ununterscheidbarkeit gleichartiger Teilchen machen aber auch deutlich, dass die Objekte der Quantenhysik von den Objekten der klassischen Physik zu unterscheiden sind (G. v. Oppen: Physics Uspekhi **39**, 617 (1996)):

Die idealen Objekte der klassischen Physik (makroskopische Körper und Felder) sind kontinuierlich beobachtbar. Die Trajektorie $r(t)$ eines Massenpunktes könnte bei kontinuierlicher Beobachtbarkeit im Prinzip exakt vermessen werden. Der Massenpunkt ist *lokalisierbar*.
Objekte der Quantenphysik (*Quantenobjekte*) lösen in der Umgebung nur abzählbare Folgen von Elementarereignissen aus. Exakte Orts- und Zeitmessungen sind prinzipiell nicht möglich. Es sind *delokalisierte* Teilchen.

Unter realen Versuchsbedingungen sind auch makroskopische Objekte nicht uneingeschränkt kontinuierlich beobachtbar. Die Quantenstruktur des Beobachtungsprozesses ist aber nur bei Messungen mit extremer räumlicher und zeitlicher Auflösung zu merken. Sie hat zur Folge, dass auch an makroskopischen Körpern keine exakten Messungen möglich sind. Stets sind die Messwerte mit experimentellen Unsicherheiten behaftet (Bd. 1, Kap. 1).

Die quantisierte Beobachtbarkeit von Quantenobjekten hat weitreichende Folgen. Aus klassischer Sicht kann jeder ausgedehnte Körper in kleinere Bestandteile zerlegt werden. Um das Verhalten makroskopischer Körper und die Wirkungsweise komplexer Maschinen zu verstehen, analysieren wir das Zusammenwirken der Teile. Diese in den Naturwissenschaften übliche Vorgehensweise (*Reduktionismus*) kann nicht uneingeschränkt auf Quantenobjekte übertragen werden. Freie Atome und Moleküle dürfen nicht vorbehaltlos im klassischen Sinn als komplexe, aus vielen Elektronen, Protonen und Neutronen bestehende Objekte angesehen werden, die sich von den uns umgebenden makroskopischen Körpern nur in der räumlichen Ausdehnung und der strukturellen Komplexität unterscheiden. Grundätzlich ist ein freies atomares Teilchen als ein einheitliches Ganzes zu betrachten. Es hat grundlegend andere Eigenschaften als klassische Körper:

> Gleichartige Teilchen sind ununterscheidbar, makrokopische Zwillingskörper können hingegen experimentell unterschieden werden.
> Freie atomare Teilchen haben eine (messbare) Termstruktur, aber keine räumliche Struktur wie klassische Körper.
> Die Bewegung eines freien Teilchens wird quantenmechanisch analog zur Ausbreitung einer Welle beschrieben. Das Teilchen ist delokalisiert. Ein klassischer Massenpunkt folgt hingegen den Gesetzen der klassischen Mechanik. Er ist lokalisierbar.

Der von Niels Bohr betonte *Wesenszug der Ganzheit* (feature of wholeness) von Quantenobjekten erlaubte es, Atome in der kinetischen Gastheorie als Massenpunkte mit nur drei Freiheitsgraden zu idealisieren. Der Wesenszug der Ganzheit freier atomarer Teilchen wird auch bei allen Doppelspaltexperimenten deutlich, bei denen es nicht auf die modellmäßig angenommene innere Struktur der interferierenden Teilchen ankommt. Vielmehr wird die Translationsbewegung der (prinzipiell ununterscheidbaren) Teilchen als Ganzes mit *einer* Wellenfunktion beschrieben (deren Parameter nur von der Gesamtmasse m und der Geschwindigkeit v, aber nicht von der inneren Struktur der Teilchen abhängen), und jedes Teilchen wird als Ganzes nachgewiesen. Schließlich sei auch darauf hingewiesen, dass bei allen Quantensprüngen das atomare Teilchen stets als Ganzes von einem Zustand in einen anderen springt und nicht etwa nur ein Elektron. Die atomaren Energieniveaus sind charakteristische Energiewerte des ganzen Atoms, aber nicht eines Elektrons.

Objekt und Umgebung. Sowohl die klassische Mechanik als auch die Quantenmechanik bezieht sich auf einen idealisierten Grenzfall der experimentellen Gegebenheiten. Eine rein dynamische Entwicklung physikalischer Objekte ist nur möglich, wenn zufällig auftretende Ereignisse die Entwicklung nicht beeinflussen. Nun beruht aber gerade die Beobachtbarkeit physikalischer Objekte auf spontan stattfindenden Elementarereignissen. Daher ist eine rein dynamische Entwicklung eines physikalischen Objekts nur in Grenzfällen möglich.

Ein Objekt, dessen Eigenschaften in einem wissenschaftlichen Experiment untersucht werden soll, ist möglichst weitgehend von seiner Umgebung zu separieren. Um insbesondere die Reproduzierbarkeit des Experiments sicherzustellen, müssen verbleibende Einwirkungen der Umgebung auf das Objekt experimentell genau kontrolliert werden. Da das Objekt aber auch beobachtbar sein muss, sind der Kontrollierbarkeit Grenzen gesetzt. Beobachtbarkeit setzt voraus, dass das Objekt an die Umgebung gekoppelt ist und ein Informationsfluss stattfindet. Nur in folgenden beiden Grenzfällen ist eine rein dynamische Entwicklung möglich:

1. Der Informationsfluss vom Objekt zur Umgebung ist kontinuierlich (klassischer Grenzfall).
2. Der Informationsfluss ist versiegt. Das Objekt ist unbeobachtbar (quantendynamischer Grenzfall).

Bei jedem realen Experiment gibt es hingegen eine *Informationskopplung* zwischen Objekt und Umgebung, die einen endlichen Informationsfluss zwischen Objekt und Umgebung ermöglicht. Bei hinreichend hoher räumlicher und zeitlicher Auflösung können daher spontan ausgelöste Elementarereignisse *gezählt* werden. Der Informationsfluss fließt dann nicht mehr, sondern tröpfelt nur noch. Weder die klassische Mechanik, noch die Quantenmechanik ist geeignet, Bewegung und raumzeitliche Entwicklung eines experimentell untersuchten Objekts exakt zu beschreiben. Stets sind wegen der körnigen Struktur des Messprozesses *Messunsicherheiten* zu berücksichtigen. Tatsächlich sind sowohl in der klassischen Physik als auch in der Quantenphysik die dynamischen Gesetzmäßigkeiten durch statistische Gesetzmäßigkeiten zu ergänzen, um insbesondere die Irreversibilität des Naturgeschehens theoretisch zu erfassen.

Quantenphysik, klassische Physik und statistische Physik sind in geschickter Weise zu kombinieren, um viele Prozesse der Physik, Chemie und Biologie theoretisch zu deuten. Zur Illustration der Vorgehensweise mögen insbesondere die in Kap. 13 bis 17 behandelten Grundlagen der Festkörperphysik und ihrer Anwendungen dienen. Sie ist von großer Bedeutung für viele Gebiete der Technik. Eine Theorie des Zusammenwirkens von atomaren Prozessen und makroskopischen Vorgängen ist vor allem wichtig für ein grundlegendes Verständnis der modernen elektronischen Bauelemente. Andere Bereiche der Physik, in denen es auf eine Kombination der drei genannten Sparten der theoretischen Physik ankommt, werden im B/S Bd. 5 ausführlich behandelt, wie z. B. die Physik der Gase und Molekularstrahlen, der Niedertemperaturplasmen, der Flüssigkeiten, der Cluster und biogener Moleküle sowie die Elektrochemie.

Korrespondenz der Quantenphysik zur klassischen Physik. Klassische Mechanik und Quantenmechanik beschreiben zwar zueinander komplementäre Grenzfälle der Beobachtbarkeit physikalischer Objekte. Es besteht aber dennoch eine verbindende Korrespondenz zwischen beiden Theorien. Bereits 1920 formulierte Niels Bohr ein *Korrespondenzprinzip*, mit dem er eine Korrespondenz zwischen den Strahlungsprozessen der klassischen Physik und der neu zu entwickelnden Quantenphysik postulierte. Auch W. Heisenberg (1901 – 1976, Nobelpreis 1932) ließ sich bei der Formulierung seiner *Matrizenmechanik* vom Bohr'schen Korrepondenzprinzip leiten.

In der modernen Quantenmechanik nimmt man im Sinn der Quanten-klassischen Korrespondenz modellmäßig an, dass auch ein isoliertes Quantenobjekt als ein System von elementaren Bausteinen betrachtet werden darf, auch wenn es im Experiment als eine ganzheitliche Einheit in Erscheinung tritt. Die Vorstellung von einem Atom mit um den Kern kreisenden Elektronen ist ein zwar nützliches, aber unter Bedingungen, bei denen die Atome freie Teilchen mit einer Termstruktur sind, experimentell nicht verifizierbares Modell. Verifizierbar ist lediglich, dass man ein Atom in Kern und Elektronen zerlegen kann.

Ausgehend von den klassischen Modellbildern, wie dem Rutherford'schen Atommodell, können dank der Korrespondenz der beiden dynamischen Theorien die Bewegungsgleichungen der klassischen Mechanik in die Quantenmechanik übertragen werden. Die Übertragung basiert auf dem Hamilton-Formalismus und einfachen Korrespondenzregeln.

Die Hamilton'schen Bewegungsgleichungen der klassischen Mechanik

$$\frac{\mathrm{d}p}{\mathrm{d}t} = -\frac{\mathrm{d}H(p,q)}{\mathrm{d}q}, \quad \frac{\mathrm{d}q}{\mathrm{d}t} = \frac{\mathrm{d}H(p,q)}{\mathrm{d}p} \tag{2.24}$$

sind Differentialgleichungen mit kanonisch konjugierten Variablen p und q. Dabei ist die Hamilton-Funktion $H(p,q)$ ein Ausdruck für die Gesamtenergie des Systems. Sie ist zeitunabhängig, wenn keine Arbeit zwischen System und Umgebung ausgetauscht wird. In der klassischen Physik darf trotzdem angenommen werden, dass das System beobachtbar ist, da ihr die Annahme zugrunde liegt, dass auch bei beliebig abgeschwächter Informationskopplung an die Umgebung noch eine kontinuierliche Beobachtung möglich ist.

In der Quantenphysik kann aber nur dann ein Elementarereignis in der Umgebung ausgelöst werden, wenn die in Abschn. 2.6 definierte Kopplungsenergie E_{inf} (Gl. (2.30)) eine hinreichend lange Zeitspanne Δt wirkt, so dass eine Wirkung von der Größenordnung $E_{\mathrm{inf}} \Delta t \approx \hbar$ des Planck'schen Wirkungsquantums vom Objekt auf die Umgebung übertragen werden kann. Das Planck'sche Wirkungsquantum $\hbar$ ist damit maßgebend für die Beobachtbarkeit eines Objekts.

Außer dem Produkt von Energie und Zeit hat auch das Produkt kanonisch konjugierter Variablen p und q die Einheit einer Wirkung. Auch für diese Produkte ist in der Quantenmechanik das Planck'sche Wirkungsquantum maßgebend. Um die Bewegungsgleichungen der klassischen Mechanik in quantenmechanische Bewegungsgleichungen umzuformen, sind die klassischen Variablen p und q, wie Paul Dirac (1902 – 1984, Nobelpreis 1933) erkannte, in hermitesche Operatoren p, q umzuwandeln, die nicht-kommutativ sind, sondern folgende *Vertauschungsrelation* erfüllen:

$$pq - qp = \hbar/i \ . \tag{2.25}$$

'Diese Operatoren können beispielsweise durch Matrizen, wie in der Heisenberg'schen Matrizenmechanik, oder als auf Wellenfunktionen ψ wirkende Operatoren q und $(\hbar/i)(\partial/\partial q)$ dargestellt werden, wie in der Schrödinger'schen Wellenmechanik.

Die Heisenberg'schen Unschärferelationen ergeben sich unmittelbar aus diesem Kommutator. Sie besagen, dass Ort und Impuls eines atomaren Teilchens (allgemein: kanonisch konjugierte Variable) nicht gleichzeitig exakt bestimmt werden können. Vielmehr können sie nur mit Unschärfen Δq und Δp bekannt sein, die die folgende Ungleichung erfüllen:

$$\Delta q \cdot \Delta p \geq \hbar/2 \ . \tag{2.26}$$

Abschließend sei betont, dass die klassischen Modelle von Quantenobjekten grundsätzlich nichtrelativistische Systeme sind. Daher ist auch die elementare Quantenmechanik eine nichtrelativistische Theorie. Nur die Orts- und Impulsvariablen werden in Operatoren umgewandelt, nicht aber in gleicher Weise Energie und Zeit. Diese Asymmetrie in der Behandlung von Raum und Zeit macht eine Verallgemeinerung der Quantenmechanik zu einer relativistischen Theorie zu einem schwierigen Problem. Erste Ansätze, wie Dirac-Gleichung und Klein-Gordon-Gleichung (Abschn. 4.4) haben zur Konsequenz, dass Teilchen auch erzeugt und vernichtet werden können. Es ist daher nicht zu erwarten, dass Quantenobjekte, die als Systeme von relativistisch bewegten Teilchen zu modellieren wären, tatsächlich einem klassischen Modell mit einer vorgegebenen Anzahl von Teilchen entsprechen. Tatsächlich haben weiterführende Versuche, eine relativistische Quantenmechanik zu entwickeln, zur *Quantenfeldtheorie* geführt, in der auch Prozesse behandelt werden können, bei der Teilchen erzeugt und vernichtet werden (Kap. 12). Diese Prozesse werden im Sinne der Korrespondenz zwischen Quantenphysik und klassischer Physik mit *Feynman-Diagrammen* dargestellt (Richard Feynman, 1918 – 1988, Nobelpreis 1965).

2.6 Strahlungsübergänge

Freie Atome wurden bislang als vollkommen isolierte Objekte betrachtet. Sie sind zwar in eine Umgebung eingebettet und dort auf einen begrenzten Raumbereich beschränkt, haben aber keine Informationskopplung an die Umgebung. Nur in diesem Fall haben sie scharf definierte Energieniveaus. Tatsächlich sind physikalische Objekte auch beobachtbar. Wenn sie sich in einem angeregten Zustand befinden, können sie, entsprechend dem 2. Bohr'schen Postulat, spontan ein Photon emittieren, das in der Umgebung ein Elementarereignis auslöst, beispielsweise auf einer Photoplatte einen schwarzen Fleck erzeugt. Es besteht also eine Information erzeugende Wechselwirkung zwischen Atom und Umgebung. Diese *Informationskopplung* des Objekts an die Umgebung ist quantisiert und soll im Folgenden diskutiert werden.

Photonen. Als *Lichtquanten* wurden die Photonen 1905 von Albert Eintein postuliert. Im Rahmen der klassischen Physik sind sie ein Fremdkörper. In das Konzept der Quantenphysik fügen sie sich hingegen harmonisch ein. Bislang haben wir nur materielle Körper als Quantenobjekte betrachtet. Es kann aber auch ein elektromagnetisches Feld als physikalisches Objekt präpariert werden, das so hinreichend schwach an die Umgebung angekoppelt ist, dass es als Quantenobjekt betrachtet werden darf. Ein solches Feld liegt beispielsweise in einem Hohlraum vor, dessen Wände supraleitend sind und daher ideal reflektieren. S. Haroche (*1944, Nobelpreis 2012) hat Feldzustände mit wenigen Photonen in solchen Resonatoren präpariert und ihre Wechselwirkung mit einzelnen Atomen untersucht. Es stellt sich daher die Aufgabe, das elektromagnetische *Hohlraumfeld* in supraleitenden Resonatoren quantenmechanisch zu beschreiben.

Wie für die Elektronenwellen im Coulomb-Potential gibt es auch für elektromagnetische Wellen im Hohlraum eine abzählbare Menge von Eigenschwingungen (Schwingungsmoden, s. Abschn. 1.1). In der klassischen Physik verhält sich jede Eigenschwingung wie ein linearer harmonischer Oszillator mit einer Eigenfrequenz ω_k (vgl. auch Bd.1, Abschn. 12.3: Helmholtz-Resonator). Wenn man geeignete Einheiten (und insbesondere als Energieeinheit $\hbar\omega_k$) wählt, hat die Hamilton-Funktion die einfache Form

$$H(p,q) = \frac{1}{2}p^2 + \frac{1}{2}q^2 . \tag{2.27}$$

Der entsprechende quantenphysikalische Operator hat die Eigenwerte

$$E_n = \left(n + \frac{1}{2}\right) \cdot \hbar\omega_k \tag{2.28}$$

mit $n = 0, 1, 2, \cdots$. Der harmonische Oszillator hat also einen Grundzustand $|0\rangle$ mit der Nullpunktsenergie E_0 und darauf aufbauend eine Serie von äquidistanten angeregten Niveaus E_n.

Dieses Ergebnis lässt aber eine neuartige anschauliche Deutung zu. Statt zu sagen, ein harmonischer Oszillator befindet sich im Zustand $|n\rangle$, spricht man davon, dass sich n Photonen mit der Frequenz ω_k in der entsprechenden Schwingungsmode befinden. Dieses Bild ist insbesondere für die Beschreibung von Strahlungsprozessen geeignet.

Kopplung an das Strahlungsfeld. Quantenobjekte sind grundsätzlich in eine klassisch zu beschreibende Umgebung eingebettet und in diesem Sinn räumlich begrenzt. Sie werden beobachtbar, wenn aufgrund der Informationskopplung an die Umgebung diese Begrenzung durchbrochen wird und beispielsweise ein Photon emittiert und in der Umgebung absorbiert wird. Wenn das Quantenobjekt ein harmonischer Oszillator (Schwingungsmode) eines Hohlraumfeldes ist, macht der Oszillator bei einem Emissionsprozess einen Quantensprung vom Energieniveau E_n nach E_{n-1} und emittiert dabei das Photon. In gleicher Weise kann ein Elektron in einem Coulomb-Feld oder ein ganzes Atom oder Molekül einen Quantensprung machen und dabei ein Photon emittieren.

Um die Übergangsrate für einen solchen Quantensprung zu berechnen, betrachtet man zunächst ein Quantenobjekt, das klassisch als ein System bestehend aus Atom (oder Molekül) und Hohlraumfeld beschrieben wird, quantendynamisch aber als *eine* Einheit zu betrachten ist, und berechnet den Einfluss der Kopplung von Atom und Hohlraumfeld auf das Termschema des Gesamtsystems. Im einfachsten Fall besteht das Quantenobjekt aus einem (im Hohlraum ruhenden) Atom mit nur zwei diskreten Energieniveaus (Zwei-Niveau-Atom) und einer Schwingungsmode des Hohlraums (Jaynes-Cummings-Paul-Modell). Wenn die Photonenenergie dieser Schwingungsmode mit dem Energieabstand der beiden atomaren Energieniveaus übereinstimmt, ergibt sich eine *Resonanzaufspaltung* der Terme des Gesamtsystems. In diesem Fall sind also Atom und Hohlraumfeld stark aneinander gekoppelt.

Emission und Absorption eines Photons können nun dadurch simuliert werden, dass man das Hohlraumfeld nicht mehr begrenzt, sondern sich unbegrenzt ausdehnen lässt. Das diskrete Frequenzspektrum des Hohlraums wird dabei zu einem kontinuierlichen Spektrum und das *Hohlraumfeld* zu einem *Strahlungsfeld*:

> Im Gegensatz zum Hohlraumfeld ist das Strahlungsfeld räumlich nicht begrenzt und hat dementsprechend statt diskreter Energieniveaus ein kontinuierliches Spektrum.

Ähnlich wie bei einem Absorptionsprozess in einem Absorber kann ein Photon im Unendlichen verschwinden. Umgekehrt kann es aber auch im Unendlichen entstehen, so dass in dieser Weise eine Lichtquelle, die Photonen erzeugt und auf ein Quantenobjekt strahlt, simuliert werden kann (▶ Abb. 2.13). Aus der *Informationskopplung* des Atoms an das Strahlungsfeld lassen sich im Rahmen der Quantenfeldtheorie die Übergangsraten berechnen.

Übergangsraten. Wir betrachten nun einen Übergang, bei dem ein zunächst angeregtes Atom im Zustand $|a\rangle$ ein Photon mit der Energie $E = E_\mathrm{a} - E_\mathrm{b}$ emittiert und dabei

Abb. 2.13 Absorption und Emission eines Photons bei Quantensprüngen in einem Zwei-Niveau-Atom.

in den energetisch tieferen Zutand $|b\rangle$ übergeht. Gleichzeitig ändert sich der Zustand des Strahlungsfeldes. Wenn anfangs keine Photonen vorhanden sind, das Strahlungsfeld sich also im Zustand $|0\rangle$ befindet, ist das Strahlungsfeld nach der Emission im Zustand $|1(E, k, \mu, P)\rangle$, bei dem sich *ein* Photon mit der Energie E in der Schwingungsmode eines elektrischen oder magnetischen Multipolfeldes $F(k, \mu)$ bzw. $M(k, \mu)$ mit den Drehimpulsquantenzahlen k, μ und positiver oder negativer Parität (s. u.) befindet (dargestellt mit Vektorkugelfunktionen). Die Parität P eines elektrischen Multipolfeldes ist $P = (-1)^k$, diejenige eines magnetischen Multipolfeldes $P = -(-1)^k$. Das Gesamtsystem geht also vom Zustand $|a; 0\rangle$ in den Zustand $|b; 1(E, k, \mu, P)\rangle$ über. Die Energie des Gesamtsystems ändert sich dabei nicht.

Die Übergangsrate $A(|a; 0\rangle \longrightarrow |b; 1(E, k, \mu, P)\rangle)$ für einen solchen Übergang ergibt Fermis *goldene Regel* (Enrico Fermi, 1901 – 1954, Nobelpreis 1938):

$$A(|a; 0\rangle \longrightarrow |b; 1(E, k, \mu, P)\rangle) = \frac{2\pi}{\hbar} \cdot |\langle b; 1(E, k, \mu, P)|H_{\text{int}}|a; 0\rangle|^2 \ . \quad (2.29)$$

Hier repräsentiert das *Quadrat* des Matrixelements von H_{int} (Operator der Wechselwirkung zwischen Atom und Strahlungsfeld) die Kopplungsenergie

$$E_{\text{inf}} = |\langle b; 1(E, k, \mu, P)|H_{\text{int}}|a; 0\rangle|^2 \ , \quad (2.30)$$

die einen Informationsfluss zwischen Quantenobjekt und Umgebung ermöglicht. Das Quadrat des Matrixelements hat die Einheit einer *Energie*, weil bei der Berechnung des Matrixelements die Normierung des Photonenzustandes $|1(E, k, \mu, P)\rangle$ zu berücksichtigen ist. Während die räumlich begrenzten Zustände $|a\rangle$ und $|b\rangle$ des Atoms diskrete Energiewerte haben und auf 1 normiert werden können, haben die Zustände des Strahlungsfeldes ein kontinuierliches Energiespektrum und werden mit Bezug auf die Photonenenergie E folgendermaßen normiert:

$$\langle 1(E, k, \mu, P)|1(E', k, \mu, P)\rangle = \delta(E - E') \ . \quad (2.31)$$

Dabei ist $\delta(E - E')$ die Dirac'sche δ-Funktion. Sie ist für $E \neq E'$ gleich null, aber bei $E = E'$ derart singulär, dass

$$\int \delta(E - E') \, dE' = 1 \quad (2.32)$$

ist. Die $\delta(E - E')$-Funktion hat also eine reziproke Energie als Maßeinheit.

Ob ein Quantenobjekt ein beobachtbares Elementarereignis in der Umgebung auslöst, hängt also von der *Wirkung* ab, die sich aus dem Zeitintegral über die Kopplungsenergie E_{inf} ergibt. Erst wenn das Zeitintegral den Wert $\hbar$ erreicht, kann prinzipiell das Quantenobjekt mit großer Wahrscheinlichkeit durch den Nachweis eines Photons beobachtet werden.

Irreversibilität und Beobachtbarkeit. Die Bewegungsgleichungen der klassischen Mechanik bleiben bei einer Umkehr der Zeitrichtung invariant, wenn nur konservative Kräfte wirken (Bd. 1, Abschn. 10.5). Ebenso bleiben auch die Bewegungsgleichungen der Quantenmechanik (insbesondere die zeitabhängige Schrödinger-Gleichung) bei Zeitumkehr invariant. Diese Zeitumkehrinvarianz geht erst verloren, wenn auch die durch Atom- und Quantenhypothese zum Ausdruck gebrachte Körnigkeit des Naturgeschehens in der Theorie berücksichtigt wird. In der klassischen Physik kann die Irreversibilität der in der Natur beobachteten Prozesse nur erklärt werden, wenn neben den dynamischen Gesetzmäßigkeiten der klassischen Mechanik auch die statistischen Gesetzmäßigkeiten der Wärmelehre beachtet werden.

Ähnlich ist es in der Quantenphysik. Die Schrödinger'schen ψ-Funktionen entwickeln sich einerseits kontinuierlich nach den Gesetzen der Quantenmechanik. Diese Entwicklung ist zeitumkehrinvariant. Daneben gibt es aber auch Quantensprünge, bei denen ein beobachtbares irreversibles Ereignis in der Umgebung ausgelöst wird. Für diese Prozesse können nur Übergangsraten und Wahrscheinlichkeitsverteilungen berechnet werden, aber keine exakten Voraussagen gemacht werden. Wie in der klassischen Physik ist also auch in der Quantenphysik Irreversibilität an Körnigkeit und Zufall gebunden.

Es ist bemerkenswert, dass in der Quantenphysik der Übergang von Zeitumkehrinvarianz zu Irreversibilität sich formal bei der Erweiterung räumlich begrenzter Objekte ins Unendliche ergibt. Wir können uns zwar vorstellen, dass ein Atom auch in einem räumlich begrenzten Gebiet ein Photon emittiert. Dieses Photon wird aber, wie in den oben erwähnten Experimenten von S. Haroche, an den supraleitenden Wänden des Gebiets reflektiert und kann dann wieder absorbiert werden. Man hat es also noch mit reversiblen Prozessen zu tun. Erst wenn sich das Gebiet ins Unendliche erstreckt, ist die Emission eines Photons ein irreversibler Prozess. Erst wenn ein Photon in der Umgebung absorbiert wird und damit ein beobachtbares Ereignis auslöst und Information erzeugt, findet ein irreversibler physikalicher Prozess statt.

Elektrische Dipolübergänge. In Korrespondenz zur klassischen Elektrodynamik ist die Abstrahlung abhängig von der Art des schwingenden Multipols. Schwingende klassische Dipole, deren Ausdehnung sehr viel kleiner als die Wellenlänge des abgestrahlten Lichts ist, strahlen intensiver als entsprechende Multipole höherer Ordnung, und elektrische Dipole haben eine höhere Strahlungsdämpfung als magnetische Dipole, wenn die geladenen Teilchen des Dipols sich mit Geschwindigkeiten $v \ll c$ bewegen. Auch in der Quantenphysik sind dementsprechend die Übergangsraten am größten, wenn es sich um elektrische Dipolübergänge handelt.

Die Kopplung eines elektrischen Dipols $e_0 \boldsymbol{r}$ an das elektrische Feld $\boldsymbol{E}$ des Strahlungsfeldes wird durch den Wechselwirkungsoperator $H_{\text{int}} = (e_0 \boldsymbol{r} \cdot \boldsymbol{E})$ beschrieben. Aus Fermis goldener Regel erhält man mit diesem Wechselwirkungsoperator die Übergangsraten für den spontanen Zerfall eines atomaren Zustands $|a\rangle$ in einen Zustand $|b\rangle$. Nach den Regeln der Quantenelektrodynamik erhält man

$$A_{a \to b} = \frac{4}{3}\alpha \cdot \frac{|\langle b| \, \boldsymbol{r} \, |a\rangle|^2}{\lambda^2} \cdot \omega \,. \tag{2.33}$$

Dabei ist $\alpha = e_0^2/(4\pi\varepsilon_0\hbar c)$ die Sommerfeld'sche Feinstrukturkonstante und $\omega = 2\pi\nu$ die Frequenz der Strahlung. Für das Wasserstoffatom sind die Wellenfunktionen der Eigen-

64 | 2 Quantisierung

Tab. 2.3 Übergangsraten A in 10^8 s^{-1} und Lebensdauern τ in 10^{-8} s der Zustände des Wasserstoffatoms.

Anfangs-zustand	End-zustand	$n=1$ $A=$	$n=2$ $A=$	$n=3$ $A=$	$n=4$ $A=$	$n=5$ $A=$	Summe von A	Lebens-dauer τ in 10^{-8} s
2s	np	–	–	–	–	–	0	∞
2p	ns	6.25	–	–	–	–	6.25	0.16
2	Mittel	4.69	–	–	–	–	4.69	0.21
3s	np	–	0.063	–	–	–	0.063	16
3p	ns	1.64	0.22	–	–	–	1.86	0.54
3d	np	–	0.64	–	–	–	0.64	1.56
3	Mittel	0.55	0.43	–	–	–	0.98	1.02
4s	np	–	0.025	0.018	–	–	0.043	23
4p {	ns	0.68	0.095	0.030	–	–	} 0.81	1.24
	nd	–	–	0.003	–	–		
4d	np	–	0.240	0.070	–	–	0.274	3.65
4f	nd	–	–	0.137	–	–	0.137	7.3
4	Mittel	0.12_8	0.083	0.089	–	–	0.299	3.35
5s	np	–	0.012_7	0.008_5	0.006_5	–	0.027_7	36
5p {	ns	0.34	0.049	0.016	0.007_5	–	} 0.415	2.40
	nd	–	–	0.001_5	0.002	–		
5d {	np	–	0.094	0.034	0.014	–	} 0.142	7.0
	nf	–	–	–	0.001_5	–		
5f	nd	–	–	0.045	0.026	–	0.071	14.0
5g	nf	–	–	–	0.042_5	–	0.042_5	23.5
5	Mittel	0.040	0.025	0.022	0.027	–	0.114	8.8
6s	np	–	0.007_3	0.0051	0.0035	0.0017	0.0176	57
6p {	ns	0.195	0.029	0.0096	0.0045	0.0021	} 0.243	4.1
	nd	–	–	0.0007	0.0009	0.0010		
6d {	np	–	0.048	0.0187	0.0086	0.0040	} 0.080	12.6
	nf	–	–	–	0.0002	0.0004		
6f {	nd	–	–	0.0210	0.0129	0.0072	} 0.0412	24.3
	ng	–	–	–	–	0.0001		
6g	nf	–	–	–	0.0137	0.0110	0.0247	40.5
6h	ng	–	–	–	–	0.0164	0.0164	61
6	Mittel	0.0162	0.0092	0.0077	0.0077	0.0101	0.0510	19.6

zustände $|n, l, m\rangle$ bekannt (▶ Tab. 2.1 und 2.2). Einige damit berechnete Übergangsraten sind in ▶ Tab. 2.3 zusammengestellt.

Nach Formel (2.33) lässt sich die Größenordnung der Übergangsrate eines elektrischen Dipolübergangs grob abschätzen. Das Übergangsmatrixelement $|\langle b|\,\mathbf{r}\,|a\rangle|$ ist betragsmäßig von der Größenordnung des Atomradius. Die Übergangsrate ergibt sich demnach aus dem Quadrat des Verhältnisses r/λ von Atomradius r und Wellenlänge λ des emittierten Lichts, der Feinstrukturkonstanten und der Frequenz $\omega = c/\lambda$. Sie ist also umgekehrt proportional zur dritten Potenz der Wellenlänge.

Auswahlregeln für elektrische Dipolübergänge. Aus Symmetriegründen sind viele Übergangsmatrixelemente null und deshalb in ▶ Tab. 2.3 auch nicht aufgeführt. Da der elektrische Dipoloperator $e_0\mathbf{r}$ ein Vektoroperator ist, kann er nur Zustände miteinander verbinden, deren Drehimpulsquantenzahlen l sich höchstens um $\Delta l = 1$ unterscheiden.

Eine weitere Eigenschaft des elektrischen Dipoloperators $e_0 r$ ist seine Spiegelungs-symmetrie. Bei einer Spiegelung am Ursprung $r = 0$ ändert er das Vorzeichen. Auch die Eigenzustände $|n, l, m\rangle$ des Wasserstoffatoms haben eine solche Spiegelungssymmetrie. Man nennt sie *Parität*. Zustände mit geradem l haben positive Parität, d. h. sie ändern bei einer Spiegelung am Ursprung das Vorzeichen nicht. Zustände mit ungeradem l haben hingegen negative Parität, d. h. sie ändern das Vorzeichen. Der elektrische Dipoloperator kann nur Zustände mit entgegengesetzter Parität verbinden. Im Wasserstoffatom sind daher nur zwischen solchen Zuständen elektrische Dipolübergänge erlaubt, deren Drehimpuls-quantenzahlen sich um $\Delta l = 1$ unterscheiden.

Entsprechende Konsequenzen haben diese Auswahlregeln für die optischen Spektren der Alkali-Atome. Es gibt also insbesondere $(p \rightarrow s)$-Übergänge (principal series), $(s \rightarrow p)$-Übergänge (sharp series) und $(d \rightarrow p)$-Übergänge (diffuse series) (Daher die Bezeichnungen *s-, p-, d-Elektron*). Übergänge mit $\Delta l = 0$ und $\Delta l = 2$ sind hingegen verboten (s. ▶ Abb. 2.3).

Aufgaben

2.1 Sie messen die Wellenlängen der sichtbaren Linien des Balmer-Spektrums mit einem Fabry-Pérot-Interferometer. Als Lichtquelle dient eine schwache Glimmentladung. Wie viele Spektrallinien können Sie mit den Augen sehen? Schätzen Sie die spektrale Breite der Linien ab. Wie groß ist der Einfluss der Apparatebreite $\Delta \bar{v}$, wenn das Fabry-Pérot-Interferometer einen Etalon-Abstand $d = 1$ cm hat und der Reflektionsgrad der verspiegelten Platten $R = 95\%$ beträgt?

2.2 Der Kern des schweren Wasserstoffatoms D ist das Deuteron mit der Massenzahl $A = 2$. Wie groß sollte das Auflösungsvermögen $\lambda / \Delta \lambda$ Ihres Spektrometers mindestens sein, damit Sie die Balmer-Linien der Atome H und D voneinander trennen können?

2.3 Können die Balmer-Linien von Wasserstoffgas absorbiert werden? Ist eine Absorption möglich, wenn eine schwache Glimmentladung gezündet wird?

2.4 Warum zerfällt der $4s$-Zustand des Na-Atoms nicht in den $3s$-Grundzustand?

2.5 In ▶ Abb. 2.3 sind die Wellenlängen einiger Na-Spektrallinien angegeben. Berechnen Sie den Abstand der beiden 3p-Terme.

2.6 Schätzen Sie die Übergangsrate des $(3p - 3s)$-Übergangs im Na-Spektrum ab.

2.7 Wie groß ist die Wahrscheinlichkeit W, dass sich in einem $T = 600$ K bzw. 1500 K heißen Dampf Na-Atome im angeregten $3p$-Zustand befinden?

2.8 Bei welcher Energie liegt die K-Kante des Röntgen-Absorptionsspektrums von Uran?

2.9 Zeigen Sie, dass die in den Tabellen angegebene ψ-Funktion des $1s$-Gundzustands des H-Atoms eine normierte Eigenfunktion der Schrödinger-Gleichung und der zugehörige Eigenwert $E_1 = -\hbar c R_\infty$ ist. Wie ändert sich die Aufenthaltswahrscheinlichkeit W des Elektrons in Kernnähe, wenn der Kern Z-fach geladen ist?

2.10 Zeigen Sie, dass die Parität der Eigenzustände $|n, l, m\rangle$ des Wasserstoffatoms mit $n \leq 3$ (▶ Tab. 2.2 und 2.1) den Wert $(-1)^l$ hat.

2.11 Warum haben die Elemente Ga, In und Tl ähnlich den Alkali-Elementen relativ kleine Ionisie-rungsenergien? (s. ▶ Abb. 2.10).

Teil II
Freie Atome und Moleküle

Niels Bohr (1885 – 1962)
Photo Deutsches Museum, München

3 Experimentelle Grundlagen der Atomphysik

Die experimentelle Untersuchung freier Atome und Moleküle und ihrer Ionen begann mit Experimenten an Gasen. In Gasentladungen (Bd. 2, Abschn. 3.5), die in Entladungsrohren bei elektrischen Spannungen von einigen 10 V zwischen Anode und Kathode auftreten, werden die Atome und Moleküle des Gases durch Stöße mit beschleunigten Elektronen zur Emission von Licht angeregt. Aus der Untersuchung von Gasentladungen entwickelte sich einerseits die *Atom- und Molekülspektroskopie* (Kap 5). Anfangs mit Prismen-Spektrometern, später mit hochauflösenden Interferometern wurden die Linienspektren von Atomen und Molekülen präzise vermessen. Andererseits entwickelte sich daraus die Physik der atomaren Stoßprozesse (Kap 6). Zunächst variierte man die Entladungsbedingungen, um die in den Gasentladungen stattfindenden Stoßprozesse kennenzulernen und zu verstehen und, darauf aufbauend, für die Spektroskopie geeignete Lichtquellen zu entwickeln und zu optimieren. Hier sei insbesondere die *Hohlkathode* (Abschn. 2.1) erwähnt, die in der optischen Spektroskopie breite Anwendung gefunden hat.

Mit der Entwicklung der Quantenphysik zu Beginn des vorigen Jahrhunderts wuchs das Interesse an präzisen spektroskopischen und stoßphysikalischen Messungen. Daher wurden bald viele neue experimentelle Techniken entwickelt, die detaillierte Untersuchungen an freien Atomen und Molekülen ermöglichten. Zunächst stand die Präparation gut gebündelter Strahlen neutraler und geladener atomarer Teilchen im Vordergrund des Interesses, sowie die Entwicklung geeigneter Detektoren zum Nachweis dieser Teilchen.

Die atomaren und molekularen Strahlen hatten aber noch den Nachteil, dass die Teilchen zumindest in Strahlrichtung eine thermische Geschwindigkeitsverteilung haben und daher auch nur kurzzeitig im freien Flug beobachtet werden können. Die Genauigkeit vieler Messungen wird dadurch beeinträchtigt. Mit der Entdeckung von Masern und Lasern in der zweiten Hälfte des 20. Jahrhunderts gelang es, zunächst Techniken zur Reduzierung der thermischen Geschwindigkeitsverteilung zu entwickeln und später Ionen und Atome auf μK-Temperaturen abzukühlen und Fallen zu konstruieren, mit denen sich neutrale und geladene atomare Teilchen einfangen lassen. Diese Entwicklungen ermöglichen heute in der Atom- und Molekülspektroskopie Messungen höchster Präzision. Die hohe Präzision ist nicht nur für viele Untersuchungen der Grundlagenforschung wichtig, sondern wird auch in vielen Bereichen moderner Technik genutzt, insbesondere dort, wo es auf extrem genaue Zeitmessungen ankommt.

In diesem Kapitel werden die grundlegenden experimentellen Techniken der Atomphysik (einschließlich Molekülphysik) behandelt. Grundlegend für die Untersuchung von neutralen Atomen und Molekülen bei thermischen Geschwindigkeiten ist das Arbeiten mit Atom- und Molekularstrahlen (Abschn. 3.1). Für Untersuchungen bei höheren Energien und Messungen an einfach und mehrfach geladenen Ionen werden Elektronen- und Ionenstrahlen benötigt (Abschn. 3.2). In geeigneten elektrischen Feldanordnungen können diese Teilchen auch in Fallen eingefangen werden (Abschn. 3.3). Für Messungen höchster

Präzision braucht man möglichst langsam bewegte Teilchen. Mithilfe von Lasern lassen sich heute die Atome eines zunächst thermischen Atomstrahls (d. h. eines Atomstrahls mit der für Zimmertemperatur typischen thermischen Geschwindigkeitsverteilung) auf Geschwindikeiten $v < 10$ m/s abbremsen und dann auch in elektromagnetischen Fallen einfangen (Abschn. 3.4). Auch geladene Teilchen können in elektromagnetischen Fallen auf Temperaturen im μK-Bereich abgekühlt werden. Techniken der Laserspektroskopie, die an Gasen bei Zimmertemperatur Präzisionsmessungen ermöglichen, werden in Abschn. 3.5 behandelt.

3.1 Atom- und Molekularstrahlen

Die mittlere freie Weglänge der Atome und Moleküle eines Gases ist von der Größenordnung $l = 1/(4\sqrt{2}\,\pi r^2 \cdot n)$ (Bd.1, Abschn. 9.2 und 14.3). Dieser Wert ergibt sich aus der kinetischen Gastheorie bei einer Teilchenzahldichte n, wenn man annimmt, dass die atomaren Teilchen harte Kugeln mit dem Radius r sind. Unter gewöhnlichen Bedingungen bewegen sich daher atomare Teilchen in Luft nur etwa eine Strecke von 10^{-7} m geradeaus, bevor sie durch einen Stoß wieder abgelenkt werden. Ein *Atomstrahl*, in dem sich die Atome über eine Strecke von mindestens 1 m geradeaus bewegen, kann deshalb nur in einer Hochvakuum-Apparatur erzeugt werden. In diesem Abschnitt werden die grundlegenden Bedingungen und experimentellen Techniken für die Erzeugung von thermischen Atomstrahlen, die Ablenkung und Fokussierung von Atomstrahlen in äußeren Feldern und die zum Nachweis von thermischen Atomen geeigneten Detektoren beschrieben.

Erzeugung eines Atomstrahls. Eine typische Atomstrahlapparatur zeigt ▶Abb. 3.1. Bei einer Länge von 1 m benötigt man ein Hochvakuum mit einem Druck $p_B < 10^{-4}$ Pa, damit die mittlere freie Weglänge der Atome $l > 1$ m ist. Bei der Abschätzung ist zu berücksichtigen, dass der totale Stoßquerschnitt σ_{tot} (Wirkungsquerschnitt gaskinetischer Stöße, Kap. 6 und Bd. 1, Abschn. 10.5) der Atome mit den Molekülen des Restgases wesentlich größer ist als die für die Gaskinetik entscheidenden Diffusionsquerschnitte σ_{diff}. Denn ein geradliniger Atomstrahl kann nur entstehen, wenn auch Streuprozesse mit kleinsten Ablenkwinkeln vermieden werden. Solche Streuprozesse bewirken vor allem die anziehenden interatomaren Kohäsionskräfte (Bd. 1, Abschn. 10.1), die eine deutlich größere Reichweite haben als die abstoßenden interatomaren Kräfte. Nur diese Kräfte werden im gaskinetischen Teilchenmodell der harten Kugeln näherungsweise berücksichtigt.

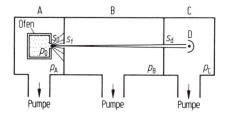

Abb. 3.1 Typisches Schema einer Atomstrahlapparatur mit Drücken $p_0 \approx 10$ Pa im Ofen, $p_A = 10^{-2} \ldots 10^{-3}$ Pa in der Ofenkammer A, $p_B = p_C \approx 10^{-5}$ Pa in der Wechselwirkungskammer B und in der Nachweiskammer C. Die Schlitze S dienen zur Kollimation, D ist ein Atomstrahldetektor.

Die in ▶ Abb. 3.1 dargestellte Atomstrahlapparatur besteht aus einer Ofenkammer (A), einer Wechselwirkungskammer (B) und einer Nachweiskammer (C). Diese Kammern werden *differentiell gepumpt*, d. h. an die Kammern sind getrennte Hoch- oder Ultrahochvakuumpumpen angeschlossen, wobei normalerweise die Ofenkammer infolge der größten Gasbelastung die stärkste Pumpe (d. h. hohe Saugleistung) und die Nachweiskammer mit der geringsten Gasbelastung die schwächste Pumpe hat. In der Ofenkammer befindet sich der Atomstrahlofen, der das zu verdampfende Material enthält. Häufig ist dieser „Ofen" einfach die Öffnung eines Vorratsbehälters, wenn nämlich das betreffende Material bei Zimmertemperatur in der Gasphase vorliegt. *Atomstrahlöfen* im Sinne der Bedeutung dieses Wortes sind erforderlich, wenn flüssige oder feste Materie verdampft werden muss. Auch die Materialeigenschaften der Atomstrahlöfen selbst spielen in den meisten Anwendungen eine wichtige Rolle.

Knudsen-Bedingung. Für viele Experimente ist ein großer Teilchenstrom wünschenswert. Daher möchte man den Dampfdruck p_0 und damit die Teilchendichte n im Ofenraum möglichst hoch einstellen. Die *Knudsen-Bedingung* (M. Knudsen, 1871 – 1949) setzt der Teilchendichte im Ofenraum eine obere Grenze. Sie besagt, dass die mittlere freie Weglänge l im Ofenraum mindestens von der Größe der Austrittsöffnung sein sollte. Diese ist häufig dünnwandig und schlitzförmig. In diesem Fall ist die Breite b des Schlitzes entscheidend (z. B. $b \approx 0.1$ mm). Die Schlitzlänge a kann aber groß (z. B. 1 cm) gewählt werden, um einen möglichst großen Teilchenstrom zu erhalten.

Bei Einhaltung der Knudsen-Bedingung $l > b$ vermeidet man, dass die Atome des Strahls sich gegenseitig aus dem Strahl stoßen. Andernfalls bilden die aus der Ofenkammer kommenden Atome vor dem Ofenschlitz durch gaskinetische Stöße eine ausgedehnte Gaswolke, die die Ausbildung eines scharf begrenzten Atomstrahls verhindert. Wenn die Knudsen-Bedingung erfüllt ist, ergibt sich aus Teilchenzahldichte n im Ofen und mittlerer thermischer Geschwindigkeit v_{th} der Atome der Teilchenstrom I (Anzahl der Teilchen/Zeit) in den gesamten Halbraum vor dem Ofen:

$$ I = \frac{1}{4} \pi\, n\, v_{\text{th}}\, a\, b. \tag{3.1} $$

Da der Teilchenstrom auch von der thermischen Geschwindigkeit der Atome abhängt, ist die Geschwindigkeitsverteilung der Atome des Strahls, die pro Zeit eine Querschnittsfläche durchströmen, proportional zu $v^3 \exp(-mv^2/2k_B T)$ und nicht, wie die auf das Volumen bezogene Maxwell'sche Verteilung, proportional zu $v^2 \exp(-mv^2/2k_B T)$.

Beim Experimentieren mit kostbaren Materialien (z. B. getrennten Isotopen) möchte man den Materialverbrauch möglichst gering halten. In diesem Fall ist es vorteilhaft, einen *Kanalstrahlofen* zu benutzen, damit die Atome den Ofenraum möglichst nur in Richtung des mit dem Schlitz S_f (▶ Abb. 3.1) selektierten Atomstrahls verlassen. Die Austrittsöffnung des Ofens ist in diesem Fall nicht dünnwandig, sondern kanalförmig. In der Knudsen-Bedingung ist die mittlere freie Weglänge l dann mit der Länge L des Kanals zu vergleichen: $l > L$.

Winkelverteilung. Wenn die Knudsen-Bedingung erfüllt ist, folgt die Winkelverteilung der Atome, die den Ofenraum verlassen, aus elementaren geometrischen Überlegungen. Der Teilchenstrom $\mathrm{d}I(\theta)$ (d. h. die Anzahl der Atome pro Zeit, die in den Raumwinkel dΩ bei einem relativen Winkel θ gegenüber der Normalrichtung der Öffnungsfläche A des Atomstrahlofens fliegen) ist für eine dünnwandige Ofenöffnung:

$$dI(\theta) = \frac{d\Omega}{4\pi}\,n\,v_{\text{th}}\,A\,\cos\theta\;.\tag{3.2}$$

Für kanalförmige Ofenöffnungen ergibt sich eine deutliche Abweichung von der Kosinusverteilung (Gl. (3.2)). Statt der Kosinusverteilung ergibt sich eine ausgeprägte Vorwärtsbündelung (▶ Abb. 3.2).

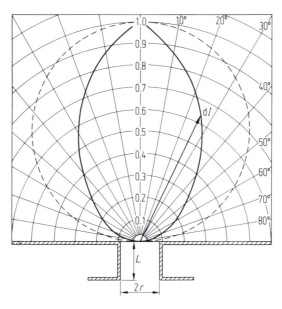

Abb. 3.2 Winkelverteilung der Atomstrahlintensität $dI(\theta)$ für einen zylinderförmigen Kanal mit der Ofenöffnung $2r$ (ausgezogene Kurve); die gestrichelte Kurve repräsentiert die Kosinusbeziehung von Gl. (3.2), in der die Länge L der Ofenöffnung vernachlässigt werden kann, d. h. $L \ll 2r$.

Düsenstrahltechnik. Atomstrahlen mit höherem Teilchenstrom können bei Ausnutzung der *adiabatischen Düsenstrahlexpansion* erzeugt werden. Als Düsenstrahlexpansion (▶ Abb. 3.3) bezeichnet man die Ausströmung eines Gases aus der Öffnung eines Gefäßes (z. B. des Ofens der Atomstrahlapparatur) unter hohem Druck (typischerweise 10 bar $< p_0 <$ 100 bar, freie Weglänge $l \ll r$ sehr viel kleiner als der Radius r der Düsenöffnung), wenn dabei kein Wärmeaustausch mit der Umgebung stattfindet (adiabatische Expansion, s. Bd. 1, Abschn. 14.4). Nach dem Ausströmen aus der der *Düse* (engl. *nozzle*) werden die in Vorwärtsrichtung fliegenden Atome mit einem geeigneten *Abschäler* (engl. *skimmer*) selektiert.

Die zunächst thermische Geschwindigkeitsverteilung der Atome (Bd. 1, Abschn. 14.3) wird bei der adiabatischen Expansion nach Austritt aus der Düse in eine deutlich schmalere Geschwindigkeitsverteilung umgewandelt (▶ Abb. 3.4). Nach der Expansion ist also die mittlere Relativgeschwindigkeit v_r der Atome deutlich kleiner als die mittlere thermische Geschwindigkeit, die mittlere Strömungsgeschwindigkeit v_s hat sich hingegen erhöht.

URL für QR-Code: www.degruyter.com/mol_strahlen

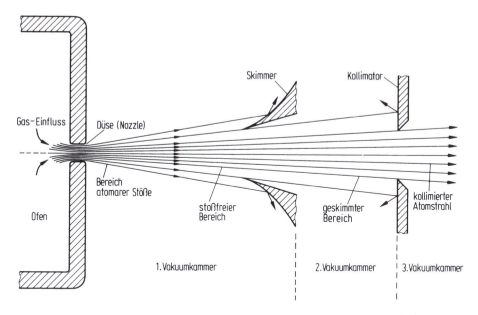

Abb. 3.3 Schema der Düsen(Nozzle)-Skimmer-Anordnung für die Erzeugung von Überschall(Jet)-Atomstrahlen. Typische Drücke: in der Ofenkammer mehrere bar (10^5 Pa), in der ersten Vakuumkammer $\lesssim 0.1$ Pa und in der dritten Vakuumkammer $\leq 10^{-4}$ Pa. Der Abstand zwischen dem Skimmer und der Düse ist von der Größenordnung 10^2 Düsendurchmesser.

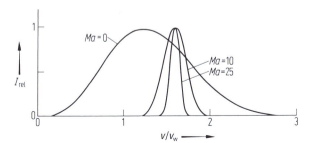

Abb. 3.4 Theoretische relative Geschwindigkeitsverteilungen I_{rel} (relativ zum Maximalwert) von atomaren Düsenstrahlen mit Mach-Zahlen $Ma = 0$, 10 und 25 am Eingang eines Skimmers nach ▶ Abb. 3.3. $Ma = 0$ gibt die Geschwindigkeitsverteilung der Atome an, die ohne Düsenexpansion den Ofen bei der Temperatur T_0, verlassen. $v_w = \sqrt{2k_B T_0/m}$ ist die wahrscheinlichste Geschwindigkeit der Atome im Ofen.

Das Verhältnis $v_s/v_r \approx m$ beider Geschwindigkeiten ist, grob gesagt, die *Mach-Zahl* $m = v_s/c_S$ des Düsenstrahls (Strömungsgeschwindigkeit/Schallgeschwindigkeit, Einheit: Ma). Das strömende Ensemble von Atomen hat sich also bei der adiabatischen Expansion drastisch abgekühlt. Mit der Reduktion der Relativgeschwindigkeit reduziert sich auch die Stoßrate der Atome im Strahl. Hätten alle Atome des Strahls die gleiche Geschwindigkeit, fänden wie bei einer ordentlichen Fahrkolonne überhaupt keine Stöße mehr statt. Der Teilchenstrom könnte dann fast beliebig erhöht werden. (Aus quantenphysikalischer Sicht ist dann aber im Extremfall $v_r \longrightarrow 0$ auch die Ununterscheidbarkeit der Atome zu beachten, die bei bosonischen Atomen eine Bose-Einstein-Kondensation ermöglicht, Abschn. 1.5.)

Ablenkung von Atomen in inhomogenen Magnetfeldern. Atome können zwar, da sie neutral sind, nicht mit elektrischen Feldern, wohl aber mit inhomogenen magnetischen Feldern abgelenkt werden, wenn sie ein magnetisches Moment μ haben. Jedes Elektron, das mit einem Bahndrehimpuls $L \neq 0$ einen Atomkern umkreist, erzeugt nach der klassischen Elektrodynamik ein magnetisches Dipolfeld (Bd. 2, Abschn. 2.1). Es bildet daher einen atomaren magnetischen Dipol mit einem Dipolmoment μ_L. Ebenso ist mit dem Elektronenspin ein magnetisches Dipolmoment μ_S verknüpft. Diese Dipolmomente sind von der Größenordnung $\mu_B = e\,\hbar/2m_e = 0.927 \cdot 10^{-23}$ J/T (Bohr'sches Magneton, s. Abschn. 4.2). Insbesondere haben die chemisch einwertigen Atome der ersten Haupt- und Nebengruppe des Periodensystems im Grundzustand ein solches magnetisches Dipolmoment. Ein Ag(Silber)-Atomstrahl beispielsweise wird daher in einem inhomogenen Magnetfeld abgelenkt.

▶Abb. 3.5 zeigt die Polschuhe eines Rabi-Magneten (nach I. I. Rabi, 1898–1988, Nobelpreis 1944) zur Erzeugung eines inhomogenen Magnetfeldes, mit dem man Atomstrahlen ablenken kann. Wenn das Magnetfeld $\boldsymbol{B}(\boldsymbol{r})$ einen senkrecht zum Atomstrahl gerichteten Feldgradienten $\partial B_z/\partial z$ hat, wirkt auf die Atome eine ablenkende, parallel zum Feldgradienten (z-Richtung) gerichtete Kraft F_z, die proportional zur z-Komponente μ_z des atomaren Dipolmoments ist:

$$F_z = \mu_z \cdot \partial B_z/\partial z \,. \tag{3.3}$$

Nach einer Flugstrecke l der Atome im Magnetfeld hat sich die Flugrichtung der Atome ein bisschen geändert. Der Ablenkwinkel α ergibt sich aus dem Verhältnis des auf die Atome wirkenden Drehmoments $F \cdot l$ zur kinetischen Energie E_{kin} der Atome:

$$\alpha = \frac{F \cdot l}{2E_{kin}} \,. \tag{3.4}$$

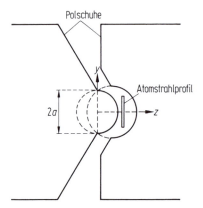

Abb. 3.5 Schnitt durch die Polschuhe eines Rabi-Magneten. Die Schnittpunkte der gestrichelten Kreislinien sind die Ortspunkte von stromdurchflossenen Drähten, mit denen alternativ ein gleichartiges inhomogenes Magnetfeld erzeugt werden kann.

Da die kinetische Energie der Atome etwa gleich der thermischen Energie $k_B T \approx 10^{-20}$ J, das Drehmoment aber höchstens von der Größenordnung $F\,l \approx 10^{-23}$ J ist, ist selbst unter günstigen Versuchsbedingungen die Ablenkung recht klein.

Stern-Gerlach-Experiment. Erste Atomstrahlexperimente wurden von Otto Stern (1888 – 1969, Nobelpreis 1943) durchgeführt. Zusammen mit Walther Gerlach (1889 – 1979) wies er 1922 erstmalig die Richtungsquantelung der atomaren Drehimpulse nach. Ein Schema der Versuchsanordnung zeigt ▶ Abb. 3.6. Ein fein kollimierter Ag-Atomstrahl passiert ein inhomogenes Magnetfeld und trifft nach einer Flugstrecke von etwa 1 m auf einen Auffangschirm. Ohne Magnetfeld kann dort der Niederschlag der Ag-Atome als feiner Strich sichtbar gemacht werden. Allerdings ist die Menge der aufgetroffenen Silberatome auch nach acht Stunden noch so gering, dass der Strich erst nach einer fotografischen Entwicklung erkennbar ist.

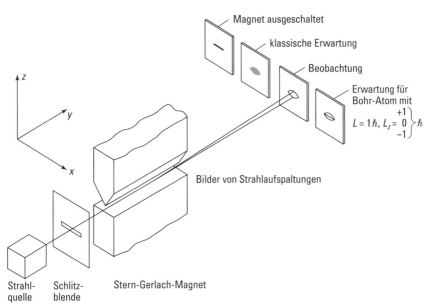

Abb. 3.6 Schema des Stern-Gerlach-Experiments. Die Tafeln rechts oben zeigen verschiedene Erwartungen für die Strahlaufspaltung im inhomogenen Magnetfeld.

Mit Magnetfeld spaltet der Strich in zwei Linien auf. Nach der klassischen Physik hätte man einfach eine Aufweitung des Strichs erwartet, da man aus klassischer Sicht erwartet, dass die Richtungen der atomaren Dipolmomente $\boldsymbol{\mu}$ isotrop im Raum verteilt sind. Nach der Quantenmechanik haben aber Silberatome im Grundzustand den Gesamtdrehimpuls $\hbar/2$ (Spin des Valenzelektrons) mit den Zeeman-Zuständen $|m_s = \pm 1/2\rangle$. Im Magnetfeld sind daher nur die Richtungen parallel ($m_s = +1/2$) und antiparallel ($m_s = -1/2$) möglich. Man beobachtet daher (bei hinreichend hoher räumlicher Auflösung) auch nur eine Aufspaltung in zwei Linien.

Fokussierung von Atomstrahlen. Falls die Atome ein magnetisches Dipolmoment haben, können – wie H. Friedburg und W. Paul 1951 zeigten – Atomstrahlen mit einem magnetischen Hexapolfeld (▶ Abb. 3.7b) auch fokussiert werden. Ein solches Feld wirkt bei Spin-1/2-Atomen allerdings nur für eine Spinstellung wie eine Sammellinse fokussierend, auf die andere Spinstellung hingegen wie eine Zerstreuungslinse defokussierend.

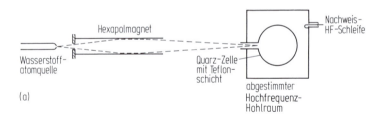

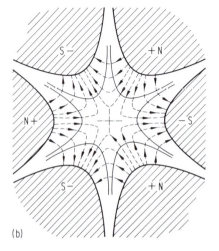

Abb. 3.7 Schema des *Wasserstoff-Masers* (Teilbild a) mit einem Querschnitt des Hexapolmagneten im Teilbild (b); die gestrichelten Linien in (b) stellen die magnetischen Feldlinien, die ausgezogenen Linien das magnetische Potential dar.

▶ Abb. 3.7a zeigt schematisch, wie ein Hexapolmagnet genutzt werden kann, um einen Wasserstoffatomstrahl auf einen Hohlraumresonator zu fokussieren. Diese Anordnung wurde von N. Ramsey (1915–2011, Nobelpreis 1989) genutzt, um einen Wasserstoff-Maser zu entwickeln (Abschn. 5.2). Dabei wird der Hohlraumresonator zu Schwingungen mit der Übergangsfrequenz $\nu_{hfs} \approx 1420$ MHz der Hyperfeinstruktur (Abschn. 4.3) des H-Atom-Grundzustandes angeregt. Die Übergangsfrequenz ν_{hfs} wurde mit dieser Masertechnik mit extrem hoher Genauigkeit ($\Delta\nu/\nu \approx 10^{-14}$) gemessen.

Ähnlich wie Atomstrahlen mit inhomogenen Magnetfeldern abgelenkt und fokussiert werden können, lassen sich polare Moleküle auch mit inhomogenen elektrischen Feldern beeinflussen. Ferner sei erwähnt, dass in der Atomoptik (Abschn. 4.5) auch die elektrischen Felder intensiver Laserstrahlen zur Fokussierung und zur Präparierung von Atomstrahlen genutzt werden. Die Wirkung der Lichtfelder ist besonders groß, wenn sie nah-resonant auf einen atomaren Übergang abgestimmt, also relativ zur Resonanzfrequenz etwas rot- oder blau-verstimmt sind.

URL für QR-Code: www.degruyter.com/h-maser; www.degruyter.com/fokus

Detektoren. Für das weitere Experimentieren mit Atomstrahlen war die Entwicklung von Detektoren entscheidend, mit denen auch einzelne Atome nachgewiesen werden können. Anders als die Teilchen hoher Energie, die z. B. beim Zerfall radioaktiver Atomkerne entstehen, können thermische Atome gewöhnlich nicht ionisieren und lassen sich deshalb nicht so leicht nachweisen. Die Alkali-Atome mit relativ locker gebundenen Valenzelektronen können aber das Valenzelektron an einen erhitzten Wolframdraht abgeben und danach als Ion abdampfen. Mit einem SEV (Abschn. 1.2) können dann die einzelnen Ionen nachgewiesen werden. Die *Oberflächenionisation* wird beim *Langmuir-Taylor-Detektor* genutzt. Man lässt dabei also den Alkali-Atomstrahl auf die Oberfläche eines heißen Wolframdrahts treffen, beschleunigt die entstehenden Ionen und selektiert die interessierenden Ionen gegebenenfalls mit einem Massenspektrometer.

Eine andere Nachweismöglichkeit, die aber sehr viel weniger effektiv ist, bietet die Elektronenstoßionisation der Atome des Strahls. Selbst mit intensiven Elektronenstrahlen kann man nur etwa jedes 1000ste Atom ionisieren. Aber dafür reagiert ein solcher *Universaldetektor* auf alle Atome des Periodensystems und nicht nur auf Alkali-Atome. Nicht-kondensierbare Gase können auch durch den Druckanstieg eines Manometers nachgewiesen werden (*Stern-Pirani-Manometer*).

Geschwindigkeitsselektoren. Für viele Messungen ist es vorteilhaft, aus dem Atomstrahl Gruppen von Atomen mit einer bestimmten Geschwindigkeit v (in einem kleinen Geschwindigkeitsintervall Δv) zu selektieren. Diesem Zweck dienen mechanische Geschwindigkeitsselektoren. Das sind rotierende Trommeln mit helikalen (schraubenförmig gewundenen) Schlitzen. Nur wenn die Geschwindigkeit $v = \omega\, h/2\pi$ der Atome gleich dem Produkt von Winkelgeschwindigkeit ω und Ganghöhe h des Gewindes dividiert durch 2π ist, können die Atome passieren.

3.2 Elektronen- und Ionenstrahlen

Im Gegensatz zu den neutralen Atomen lassen sich geladene Teilchen mit elektrischen und magnetischen Feldern leicht beschleunigen und ablenken. Mit Elektronen- und Ionenstrahlen genügend hoher Energie können nicht nur die Valenzelektronen der Atome und Moleküle, sondern auch die Elektronen der inneren Schalen angeregt werden und die dafür genutzten atomaren und molekularen Stoßprozesse untersucht werden. Viele Experimente der Atom- und Molekülphysik werden aus diesem Grunde an Teilchenbeschleunigern bei Energien im keV- und MeV-Bereich durchgeführt. Insbesondere werden Beschleuniger für Elektronen und einfach und mehrfach geladene Ionen benötigt. Für die Atom- und Molekülphysik wichtige Aspekte der Beschleunigertechnik werden in diesem Abschnitt erörtert.

Strahleigenschaften. In einem idealen Strahl gleichartiger Teilchen würden sich alle Teilchen mit gleicher Geschwindigkeit auf einer Geraden bewegen. Tatsächlich haben die Teilchen eine Geschwindigkeitsverteilung, der Strahl hat ein Querschnittsprofil und die Teilchen bewegen sich nicht alle in die gleiche Richtung, sondern haben eine Winkelverteilung, deren Breite durch eine *Winkelunschärfe* gekennzeichnet werden kann. Außerdem sind häufig nicht alle Teilchen gleicher Art. Ionen können verschiedene Masse und Ladung haben und nicht nur im Grundzustand, sondern auch in (metastabilen) angeregten Zuständen vorliegen. Wenn die Teilchen, wie die Elektronen, einen Eigendrehimpuls (Spin) haben, können sie auch noch verschieden polarisiert sein. Für die meisten Experimente ist es dennoch wichtig, einen möglichst idealen Strahl zu präparieren und die Eigenschaften des Teilchenstrahls zu kennen.

Von primärer Bedeutung sind zunächst die Teilchensorte, die (mittlere) Energie E_{kin} der Teilchen, und der Teilchenstrom I des Strahls. Die Energie wird gewöhnlich in eV, keV oder MeV angegeben und der Teilchenstrom in mA oder µA, wenn die Teilchen einfach oder mehrfach geladen sind, oder auch in Teilchenzahl/Zeit. Wenn der Strahl gepulst ist, ist auch die Anzahl der Teilchen pro Puls, die Zeitdauer eines Pulses und das Taktverhältnis (duty cycle) wichtig, also der prozentuale Anteil einer Periode, in der ein Strahl zur Verfügung steht.

Inwieweit ein Teilchenstrahl für ein bestimmtes Experiment geeignet ist, hängt ferner von der Strahlqualität im Targetbereich ab. Gewöhnlich befindet sich das Target in einem Fokusbereich des Strahls, also bei einer Strahltaille, wo der Strahl optimal gebündelt ist. Ein Maß für die geometrische Bündelung ist die *Emittanz*. Sie ist das Produkt aus Ortsausdehnung Δx senkrecht zur Strahlrichtung (z-Richtung) und Winkelunschärfe $\Delta x'$ mit $x' = \partial x / \partial z$ und wird gewöhnlich in mm·mrad angegeben.

Neben der Orts- und Winkelunschärfe ist schließlich auch die Energieunschärfe ΔE des Strahls für viele Experimente von entscheidender Bedeutung. Sie hängt wesentlich von der Art der Teilchenquelle ab. Mit Geschwindigkeitsselektoren lässt sich die Energieunschärfe eines Teilchenstrahls wesentlich reduzieren, allerdings auf Kosten der Intensität. Als Beispiel sei das *Wien-Filter* genannt, das für Elektronenstrahlen genutzt wird. Der Strahl passiert hier gekreuzte und senkrecht zum Strahl gerichtete elektrische und magnetische Felder F und B. Nur bei Elektronen mit einer bestimmten Geschwindigkeit v kompensieren sich Coulomb-Kraft und Lorentz-Kraft, so dass diese Elektronen geradeaus weiter fliegen, während alle Elektronen mit anderen Geschwindigkeiten aus der Strahlrichtung gelenkt werden und ausgeblendet werden können.

Elektronenquellen. Bei allen ergiebigen Elektronenquellen nutzt man Prozesse, bei denen Leitungselektronen aus Metallen oder Halbleitern ins Vakuum emittiert werden. Dabei muss gewöhnlich eine Austrittsarbeit W_A von wenigen eV überwunden werden. Bei der Thermoemission wird meistens ein Wolframdraht auf etwa 3000 K erhitzt. Bei der zugehörigen thermischen Energie $k_B T \approx 0.25$ eV haben die schnelleren Elektronen bereits genügend Energie, um die Austrittsarbeit $W_A \approx 4.5$ eV zu überwinden. Die emittierten Elektronen haben eine Energieverteilung, deren Halbwertsbreite von der Größenordnung der thermischen Energie ist.

Andere Möglichkeiten zur Freisetzung von Leitungselektronen bieten Feldemission und Photoeffekt. Bei der Feldemission wird der Tunneleffekt genutzt. Wenn an der Kathode ein genügend hohes elektrisches Feld ($F \approx 1$ GV/m) anliegt, entsteht ein Potentialwall, den die Leitungselektronen durchtunneln können, wenn die Breite b des Walles nicht sehr viel größer ist als die durch Austrittsarbeit und Elektronenmasse m_e vorgegebene Eindringtiefe $b \approx \hbar / \sqrt{W_A \cdot 2 m_e}$, mit der Leitungselektronen in den Raum außerhalb des Leiters vordringen können. An Metallspitzen mit Krümmungsradien $r < 1\,\mu$m können mit Spannungen von einigen kV Feldstärken der erforderlichen Größenordnung erreicht werden (Abschn. 1.3).

Mithilfe des Photoeffekts können auch spinpolarisierte Elektronen erzeugt werden. GaAs(Galliumarsenid)-Halbleiterkristalle haben bei geeigneter Präparation ein Leitungsband, das über dem Potentialniveau des Vakuums liegt. Unter UHV(Ultrahochvakuum)-Bedingungen können daher Elektronen, die mithilfe des Photoeffekts aus dem Valenzband ins Leitungsband angeregt wurden, direkt ins Vakuum emittiert werden. Da aufgrund der Spin-Bahn-Kopplung (Abschn. 4.2) die Energie der Valenzelektronen etwas von der Spinrichtung der Elektronen abhängt, können mit zirkularpolarisiertem Licht Elektronen freigesetzt werden, deren (analog zur Lichtoptik definierte, Bd. 2, Abschn. 9.5) Polarisation $P = (N_{+1/2} - N_{-1/2})/(N_{+1/2} + N_{-1/2})$ Werte von bis zu 40 % haben kann ($N_{\pm 1/2}$ Anzahl der Elektronen im $|+1/2\rangle$- bzw. $|-1/2\rangle$-Zustand).

Ionenquellen. Grundlage der meisten Ionenquellen sind Gasentladungen bei niedrigen Drücken. Ein Beispiel ist die Glimmentladung in einer Penning-Falle. In einem axialen Magnetfeld pendeln Elektronen auf Spiralbahnen in einem zylindrischen, das Potential U_S der Ionenquelle bestimmenden Rohr (Anode) zwischen zwei gegenüber U_S negativ vorgespannten ($\approx$ 100 V) Endelektroden (Kathoden) hin und her und ionisieren die Atome oder Moleküle des Quellgases. Positive Ionen können axial, negative Ionen lateral extrahiert werden. Penning-Quellen können bei niedrigen Drücken von etwa 1 Pa und darunter betrieben werden, so dass nur wenig Gas in den Beschleunigerbereich ausströmt.

Protonenstrahlen werden bevorzugt mit HF(Hochfrequenz)-Ionenquellen erzeugt. Bei Gasentladungen in einer Wasserstoffatmosphäre werden nicht nur H_2-Moleküle zu H_2^+-Ionen ionisiert, sondern es entstehen auch H^+-, H_3^+- und H^--Ionen. Ob positive oder negative Ionen extrahiert werden, hängt von der Polung der Extraktionselektrode ab. Die Entladungsbedingungen sind aber dafür entscheidend, welche Ionen bevorzugt gebildet werden. Mit einem induktiv eingespeisten HF-Feld ($\approx$ 30 MHz) kann man hohe Entladungstemperaturen erzeugen, so dass der Anteil an Protonen bis zu 70 % erreicht.

Sehr hochgeladene Ionen, bei denen nicht nur Valenzelektronen fehlen, sondern auch innere Schalen ionisiert wurden, können durch (mehrfachen) Elektronenstoß bei Energien $E_{kin} > Z_{eff}^2 \cdot 13.6$ eV erzeugt werden, die ausreichen, auch die inneren Schalen schwerer Atome zu ionisieren. Eine geeignete Ionenquelle für hochgeladene Ionen ist die EBIS (electron-beam ion source) (▶ Abb. 3.8). Ein stromstarker (0.1 A) Elektronenstrahl (10 – 100 keV) wird im starken Magnetfeld eines supraleitenden Solenoids komprimiert (Strahldurchmesser 1 mm) und nach Austritt aus dem Magnetfeld vom Kollektor abgeführt. Das Potential der negativen Raumladung des Elektronenstrahls und schaltbare Potentialstufen an den Enden der Driftröhre bilden eine Ionenfalle (Abschn. 3.3). Die Anordnung arbeitet

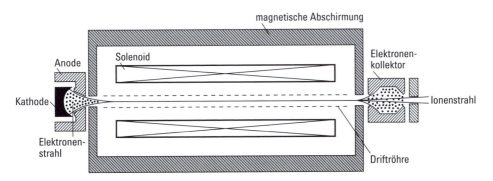

Abb. 3.8 Anordnung, genannt EBIS, zur Produktion von sehr hochgeladenen Ionen (schematisch).

URL für QR-Code: www.degruyter.com/ionenquellen; www.degruyter.com/fallen

in Zyklen: Ein Puls schwach geladener Ionen wird in die Falle injiziert. Während die Ionen im Käfig gespeichert sind, werden sie durch Elektronenstöße weiter ionisiert und schließlich aus dem Käfig extrahiert. Produziert wurden mit dieser Technik z. B. die Ionenarten $_{55}Cs^{54+}$ und $_{90}Th^{80+}$. Bei entsprechender Dimensionierung können auch wasserstoffartige $_{92}U^{91+}$-Ionen erzeugt werden.

Teilchenbeschleuniger. Für viele Untersuchungen der Atom- und Molekülphysik werden Beschleuniger benötigt, mit denen geladene Teilchen auf Energien im keV-Bereich gebracht werden. Hierfür sind einfache elektrostatische Beschleuniger geeignet. Sie liefern im Normalbetrieb einen kontinuierlichen Elektronen- oder Ionenstrahl. Höhere Energien werden hingegen für Untersuchungen an hochgeladenen Ionen benötigt. Wegen der begrenzten Spannungsfestigkeit statischer Beschleunigungsanlagen werden Anlagen mit elektrischen Wechselspannungen genutzt, wenn Teilchen auf Energien $E > 10$ MeV beschleunigt werden sollen. Häufig werden die Teilchen dann mit Magnetfeldern auf kreisförmigen Bahnen geführt, damit sie wiederholt dieselben Beschleunigungsstrecken durchlaufen können. Der Teilchenstrahl ist im Takt des Wechselfeldes gepulst. Einfache Wechselfeldbeschleuniger sind Zyklotron und Betatron.

Das erste Zyklotron wurde 1932 von E. O. Lawrence (1901 – 1958, Nobelpreis 1939) und M. S. Livingston (1905 – 1986) gebaut. In einem homogenen Magnetfeld B bewegen sich Protonen in der Ebene senkrecht zum Magnetfeld mit der *Zyklotronfrequenz*

$$\omega_c = \frac{e\,B}{m_p}\;. \tag{3.5}$$

Solange die Geschwindigkeit v der Protonen hinreichend klein im Vergleich zur Lichtgeschwindigkeit c, die kinetische Energie E also klein im Vergleich zur Ruheenergie $m_p\,c^2 \approx 1$ GeV der Protonen ist, ist die Umlaufsfrequenz nahezu konstant und hat für $B = 1$ T den Wert $\omega_c/2\pi \approx 15$ MHz. Der Bahnradius r wächst aber mit dem Impuls $p = \sqrt{2m_p\,E}$ der Protonen:

$$r = \frac{\sqrt{2m_p\,E}}{e\,B}\;. \tag{3.6}$$

Falls $B = 1$ T und $E = 30$ MeV, ergibt sich $r \approx 0.8$ m.

Den Aufbau eines Zyklotrons zeigt schematisch ▶ Abb. 3.9a. Die zu beschleunigenden Ionen werden im Zentrum erzeugt und im elektrischen Feld zwischen den zwei halbkreisförmigen Metalldosen D_1 und D_2 beschleunigt, an denen die HF-Spannung anliegt. Während des Flugs im Innern der Metalldosen wechselt das HF-Feld die Richtung, so dass die Ionen beim Übergang von einer Metalldose zur anderen stets beschleunigt werden.

Elektronen können mit einem *Betatron* auf einige 10 MeV beschleunigt werden. Im Prinzip handelt es sich um einen Transformator ohne Sekundärwicklung (▶ Abb. 3.9b). Das elektrische Feld, welches bei einem Transformator den elektrischen Strom in der Sekundärwicklung antreibt, beschleunigt im Betatron Elektronen in einer ringförmigen Vakuumkammer. Wenn das Magnetfeld $B_0(t)$ im Innern der ringförmigen Elektronenbahn in der ersten Viertelperiode der 50-Hz-Wechselspannung aufgebaut wird, erzeugt das anwachsende Magnetfeld ein elektrisches Wirbelfeld $F(r)$ mit kreisförmigen Feldlinien, das die Elektronen beschleunigt. Da $2\pi\,r\,|F| \approx \pi r^2 \cdot \partial B_0/\partial t$, wächst der Impuls $p =$

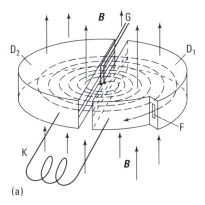 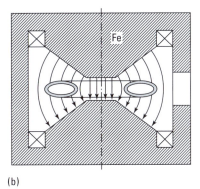

Abb. 3.9 (a) Aufbau eines Zyklotrons (schematisch), K = Kopplung, G = Glühelektroden, F = Fenster, D = Dose, (b) Aufbau eines Betatrons – Vakuumring mit elliptischem Querschnitt.

$e\,B_0\,r/2$ der Elektronen mit dem magnetischen Fluss $\Phi_0 \approx \pi\,r^2\,B_0$ des Magnetfeldes, das die Kreisbahn mit dem Radius r durchdringt. Damit die Elektronen während der Beschleunigung auf der vorgegebenen Kreisbahn (dem Sollkreis) bleiben, muss auf dem Ring das Magnetfeld etwa halb so stark wie im Innern sein (Wideröe'sche 1:2-Bedingung). Da $E \approx p\,c$, können Elektronenenergien E von bis zu 50 MeV erreicht werden.

Auf noch höhere Energien ($E \gg m_0\,c^2$) können sowohl Elektronen als auch Protonen und andere Ionen mit *Synchrotrons* beschleunigt werden. Im Synchrotron werden die Prinzipien, die im Zyklotron und im Betatron zur Beschleunigung genutzt werden, kombiniert. Während in einem Zyklotron die geladenen Teilchen auf Spiralbahnen mit wachsendem Radius umlaufen, bewegen sie sich in einem Synchrotron wie im Betatron auf einem fest vorgegebenem *Sollkreis*. Elektronensynchrotrons werden in der Atom- und Molekülphysik als Quelle für *Synchrotronstrahlung* genutzt (Bd. 2, Kap. 15). Sie entsteht immer, wenn geladene Teilchen sich mit nahezu Lichtgeschwindigkeit ($E/m_0\,c^2 = \gamma \gg 1$) auf einer gekrümmtem Bahn (mit einem Krümmungsradius R) bewegen. Das (kontinuierliche) Spektrum der Synchrotronstrahlung ergibt sich aus den Gesetzen der relativistischen Elektrodynamik. Das Maximum der spektralen Verteilung ergibt sich aus dem Krümmungsradius R der Teilchenbahn und dem relativistischen Lorentz-Faktor γ und liegt im Röntgen-Bereich bei etwa der Wellenlänge $\lambda_{\mathrm{max}} \approx R/\gamma^3$.

Elektronenkühlung. Ionenstrahlen in Beschleunigungsanlagen und Speicherringen haben gewöhnlich eine große Energieunschärfe. Um sie zu reduzieren, kann man den Ionenstrahl mit einem „mitbewegten Elektronengas" kühlen. Dazu wird dem Ionenstrahl ein Elektronenstrahl, dessen Elektronen sich im Mittel mit gleicher Geschwindigkeit wie die Ionen bewegen, überlagert. Wegen der kleineren Masse ist die Energie dieser Elektronen um mehrere Größenordnungen kleiner als die Energie der Ionen, und die Energieunschärfe ist allenfalls in der Größenordnung von 1 eV. Durch gaskinetische Stöße passt sich in einem hinreichend dichten Elektronenstrahl (d. h. bei genügend hoher Wärmekapazität und genügend schnellem Wärmeaustausch) die Energieverteilung der Ionen der Energieverteilung der Elektronen an. Auf diese Weise können extrem energiescharfe Ionenstrahlen erzeugt werden.

Nachweis geladener Teilchen. Strahlen geladener Teilchen können als elektrischer Strom nachgewiesen werden. Dazu lässt man den Strahl in einem Metallbecher (*Faraday cup*) auftreffen und misst den dabei entstehenden Leitungsstrom. Mit modernen Elektrometern sind Strommessungen bis hinab zu 10^{-10} A problemlos möglich. Bei der Konstruktion des Faraday-Bechers ist darauf zu achten, dass beim Aufprall entstehende Sekundärelektronen den Becher nicht verlassen können (▸ Abb. 3.10). Andernfalls verfälschen sie die Messung des Strahlstroms.

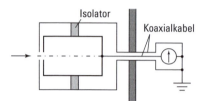

Abb. 3.10 Faraday-Becher mit einfacher Abschirmung (schematische Darstellung).

Zum Nachweis einzelner geladener Teilchen nutzt man die ionisierende und Fluoreszenz anregende Wirkung der Teilchen, wenn sie mit hinreichend hoher Geschwindigkeit ($v > v_\text{B} = \alpha c$) auf Materie treffen. Ein Teilchenstrahl bringt einen Leuchtschirm oder geeignete Szintillationskristalle zum Leuchten. Ein von einem einzigen Teilchen ausgelöster Lichtblitz kann mit einem Photomultiplier nachgewiesen werden (▸ Abb. 3.11).

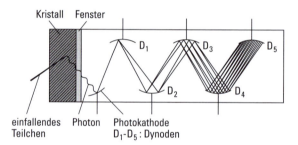

Abb. 3.11 Aufbau eines Szintillationszählers (schematisch).

Zum direkten Nachweis einzelner Ionen und Elektronen dient das CEM (*channel electron multiplier* oder Channeltron, ▸ Abb. 3.12). Es ist im Wesentlichen eine Glasröhre, die auf der Innenwand mit einem hochohmigen Halbleiter hoher Sekundärelektronen-Ausbeute belegt ist.

Ein Detektor mit einer größeren Nachweisfläche ist die *Vielkanalplatte* (multi-channel plate, MCP, ▸ Abb. 3.13). Sie besteht aus 10^4 bis 10^6 dicht nebeneinander angeordneten kleinen Glasröhrchen mit Kanaldurchmessern von 10 bis 100 μm und einer Länge von wenigen mm. Die in den Glasröhrchen entstehenden Elektronenlawinen treffen auf eine Anode. Die resultierenden Stromstöße können gezählt werden. Bei geeigneter Konstruktion der Anode lässt sich auch der Ort, auf dem einzelne Teilchen auftreffen, bestimmen. Eine Vielkanalplatte kann daher auch als *ortsempfindlicher Detektor* genutzt werden.

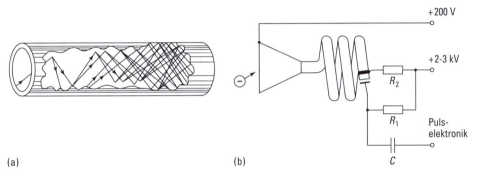

(a)   (b)

Abb. 3.12 Kanal-SEV (CEM): (a) Darstellung des Vervielfachungsprozesses, (b) CEM-Bauform. Die angegebene Schaltung ist für den Nachweis einzelner Elektronen und die Zählung der durch sie ausgelösten Pulse geeignet.

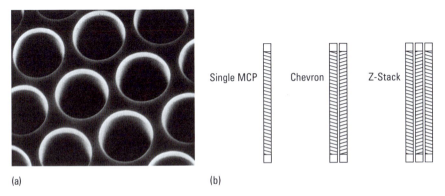

(a)   (b)

Abb. 3.13 Vielkanalplatte (MCP): (a) Bild, erzeugt mit einem Rasterelektronenmikroskop, (b) verschiedene Anordnungen schräger MCPs mit ihren englischen Bezeichnungen.

3.3 Elektronen- und Ionenfallen

Elektrisch geladene Teilchen können in elektromagnetischen Feldern nicht nur auf hohe Energien beschleunigt und gebündelt, sondern auch gespeichert werden. Ringbeschleuniger, in denen geladene Teilchen auf einem Sollkreis umlaufen, können auch als *Speicherringe* dienen, in denen die Teilchen akkumuliert werden und mit konstanter Energie umlaufen. Nur die durch Abstrahlung bewirkten Energieverluste werden durch Nachbeschleunigung ausgeglichen. Speicherringe bieten auch die Möglichkeit, in entgegengesetzte Richtungen umlaufende Strahlen aufeinander treffen zu lassen. Man spricht in diesem Fall von *Collidern*.

Thermisch bewegte Ladungsträger können in handlichen Elektronen- und Ionenfallen gepeichert werden. Seit man gelernt hat, die gespeicherten Elektronen und Ionen zu kühlen (Abschn. 3.4), d. h. die thermische Bewegung dieser Teilchen drastisch zu reduzieren, haben diese Fallen viele interessante Anwendungen gefunden. Vielfältig bewährt haben sich *Penning-Falle*, *Paul-Falle* und EBIT (electron-beam ion trap), die ähnlich konstruiert ist wie die bereits erwähnte Ionenquelle EBIS.

URL für QR-Code: www.degruyter.com/fallen

Penning-Falle. Diese zuerst 1936 von F. M. Penning (1894–1953) verwendete Falle nutzt (wie bei der Penning-Entladung, Abschn. 3.2) ein axiales Magnetfeld, um über die Lorentz-Kraft geladene Teilchen am Entweichen in radialer Richtung zu hindern. Das Entweichen in axialer Richtung wird durch abstoßende Potentialschwellen an beiden Enden verhindert. Für Präzisionsmessungen wird dazu dem axialen Magnetfeld ein axial symmetrisches, zeitlich konstantes elektrisches Quadrupolfeld überlagert, das von einer Ringelektrode und zwei Endelektroden mit hyperbolisch geformten Oberflächen erzeugt wird. Eine ähnliche Elektrodenanordnung wird in der unten beschriebenen Paul-Falle benutzt (▶ Abb. 3.14a), wird dort aber nicht nur mit einer Gleichspannung, sondern auch mit einer Wechselspannung betrieben. Zur Speicherung von Elektronen ist die Ringelektrode positiv gepolt, die beiden Endelektroden hingegen negativ. Für positive Ionen ist die Polung umgekehrt. Im Ultrahochvakuumbereich lassen sich geladene Teilchen extrem lange Zeiten (Stunden und Tage!) in solchen Penning-Fallen speichern.

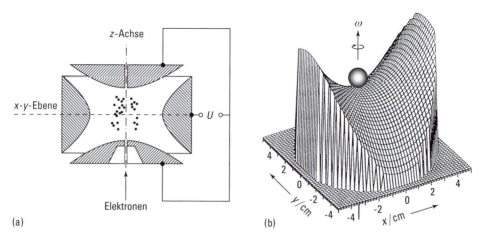

Abb. 3.14 (a) Querschnitt der Paul-Falle; an der Falle liegt Gleich- und Wechselspannung. (b) Mechanisches Analogmodell für die Falle mit einer Stahlkugel als „Teilchen" (W. Paul, Nobelvortrag 1989).

Paul-Falle. Die 1955 von W. Paul (1913–1993, Nobelpreis 1989) entwickelte Falle arbeitet nach dem gleichen Prinzip wie das 1953 von W. Paul und H. Steinwedel erfundene Quadrupol-Massenspektrometer. In einer Paul-Falle werden Ionen mit einem hochfrequenten elektrischen Quadrupolfeld gespeichert, dem ein statisches Quadrupolfeld überlagert ist (▶ Abb. 3.14a). Beide Felder sind rotationssymmetrisch (zur z-Achse). Ein Magnetfeld wird nicht benötigt. An den Elektroden des Quadrupols liegt also eine Gleichspannung U_0 und eine Wechselspannung $V_0 \cos(\Omega t)$. Die Ionen bewegen sich daher in dem zeitabhängigen elektrischen Potentialfeld

$$\psi(\boldsymbol{r}) = \frac{U_0 + V_0 \cos(\Omega t)}{r_0^2}(x^2 + y^2 - z^2).$$

Als Bewegungsgleichungen ergeben sich spezielle Differentialgleichungen (Mathieu-Typ), die für bestimmte Kombinationen von U_0, V_0, Ω und der spezifischen Ladung

URL für QR-Code: www.degruyter.com/massen-sm

q/m_q zu räumlich (für den Aufenthalt der geladenen Teilchen) stabilen oder instabilen Bereichen führen.

Ein Analogmodell für diese dynamische Stabilisierung der Ionenbewegung ist die Bahnbewegung einer Stahlkugel auf einer Sattelfläche, die sich mit einer Winkelgeschwindigkeit ω um die Vertikalachse dreht (▶Abb. 3.14b). Auf dem ruhenden Sattel ist eine (labile) Schwingung (mit Kreisfrequenz ω_vib) nur in einer Richtung möglich. In ruhendem Zustand wird daher die Stahlkugel zur einen oder anderen Seite vom Sattel rollen. Wenn sich aber der Sattel dreht und die Winkelgeschwindigkeit ω zur Schwingungsfrequenz ω_vib in einem geeigneten Verhältnis steht, wird die Bewegung der Stahlkugel auf dem Sattel stabilisiert.

Ein ebenes Quadrupolfeld $\psi(\boldsymbol{r})$, das auf einen Ionenstrahl nur senkrecht zur Strahlrichtung wirkt, aber keine Komponente in Strahlrichtung hat, ist als Massenfilter geeignet, da die Schwingungsfrequenz ω_vib der Ionen von der Masse der Ionen abhängt. Bei vorgegebener Frequenz der Wechselspannung werden daher nur Ionen bestimmter Masse fokussiert. Eine solche Feldanordnung ist die Grundlage des von W. Paul und H. Steinwedel konstruierten Quadrupol-Massenspektrometers.

Elektronenstrahl-Ionenfalle. Es gibt kein statisches elektrisches Feld, das Ionen in einem stabilen Gleichgewicht halten kann (Earnshaw-Theorem). Nur in Gebieten mit Raumladungen, wo ein elektrisches Feld Quellen oder Senken hat, sind Potentialminima möglich, in denen Ionen stabil ruhen können. Ein solches Raumladungsgebiet, das mit einem intensiven Elektronenstrahl erzeugt wird, ermöglicht die Speicherung von Ionen in einer EBIT (*electron beam ion trap*). Sie eignet sich besonders für die Erzeugung und Speicherung hochgeladener Ionen und kann auch als Ionenquelle (EBIS, Abschn. 3.2) genutzt werden.

3.4 Laserkühlung und Atomfallen

Bei der Absorption eines Photons wird auf ein freies Atom nicht nur die Energie $h\nu$ des Photons, sondern auch sein Impuls $\hbar\boldsymbol{k}$ übertragen. Ein thermisch bewegtes Atom mit der Masse $M \approx A\,m_\mathrm{N}$ und der Massenzahl A (m_N Masse eines Nukleons) hat einen Impuls der Größenordnung $\sqrt{M\,c^2 \cdot 3k_\mathrm{B}T}/c \approx \sqrt{A} \cdot 10\,\mathrm{keV}/c$, ein Photon des sichtbaren Lichts mit $h\nu \approx 2\,\mathrm{eV}$ hingegen nur einen Impuls $p \approx 2\,\mathrm{eV}/c$. Obwohl sich der Impuls von Atomen und Ionen bei der Absorption eines Photons nur geringfügig ändert, lassen sich diese Teilchen mit einem hinreichend intensiven und monofrequenten Laserstrahl (Bd. 2, Kap. 13) durch Absorption vieler Photonen in schneller Folge kräftig beschleunigen und abbremsen und damit auch kühlen (Bd. 1, Abschn. 18.1). Man nutzt dabei die Resonanzstreuung von Licht. Wenn man hingegen einen Atomstrahl von der Seite mit dem Licht einer gewöhnlichen Spektrallampe beleuchtet, werden die Atome nur um einen kleinen Winkel $\delta \approx 10^{-3}$ abgelenkt (Abschn. 3.1). Dieser Effekt wurde bereits 1933 von O. Frisch (1904–1979) nachgewiesen (Absch. 1.3).

Resonanzstreuung von Licht. Die Streuung elektromagnetischer Wellen der Frequenz ν und der Wellenlänge $\lambda = c/\nu$ an einem Hertz'schen Dipol mit der Eigenfrequenz ν_0 ist frequenzabhängig. Im Resonanzfall ($\nu = \nu_0$) ist der Streuquerschnitt σ_res von der Größenordnung $\sigma_{res} \approx (\lambda)^2 = (c/2\pi\nu)^2$, außerhalb der Resonanz aber sehr viel

URL für QR-Code: www.degruyter.com/atomlaser

kleiner. Die natürliche Halbwertsbreite $\Delta\lambda_{1/2}$ der Resonanz (bei Auftragung über der Wellenlänge λ) hängt von der Art des schwingenden Dipols ab. Für einen harmonischen Oszillator (Bd. 2, Abschn. 7.3), der aus einem in einem Parabelpotential schwingenden Elektron besteht, ist $\Delta\lambda_{1/2} = 2r_e/3$. Dabei ist r_e der klassische Elektronenradius $r_e = e^2/4\pi\varepsilon_0 m_e c^2 = 2.8 \cdot 10^{-15}$ m.

Gemäß dem Bohr'schen Korrespondenzprinzip (Abschn. 1.5) kann man erwarten, dass bei den erlaubten atomaren Strahlungsübergängen (mit der Übergangsfrequenz ν_0) ein ähnliches Resonanzverhalten vorliegt. Bei Einstrahlung einer monofrequenten Welle des sichtbaren Spektralbereichs mit $\lambda \approx 10^{-7}$ m ist $\sigma_{res} \approx 10^{-14}$ m^2 und die relative Halbwertsbreite $\Delta\nu_{1/2}/\nu_0 = \Delta\lambda_{1/2}/\lambda \approx 10^{-7}$. Letztere ist insbesondere deutlich kleiner als die relative Doppler-Breite $\Delta\nu_D/\nu_0 \approx \nu_{th}/c$ bei Zimmertemperatur $T \approx 300$ K. Mit einem hinreichend monofrequenten Laserstrahl der Frequenz ν können daher selektiv Atome oder Ionen, deren Geschwindigkeitskomponente ν_z in Richtung des Laserstrahls die Resonanzbedingung

$$\frac{v_z}{c} = \frac{\nu - \nu_0}{\nu_0} \tag{3.7}$$

erfüllt, beeinflusst werden. Wenn die Frequenz des Laserlichts relativ zum Zentrum ν_0 einer Absorptionslinie etwas rot- (d. h. zu größeren Wellenlängen hin) verstimmt ist, werden nur Teilchen, die dem Strahl entgegen fliegen, angeregt, bei einer Blauverstimmung hingegen nur solche, die in Strahlrichtung fliegen.

Laserkühlung von gespeicherten Ionen. Die Resonanzstreuung eines rotverstimmten Laserstrahls kann insbesondere, wie von D. Wineland (*1944, Nobelpreis 2012) und H. Dehmelt (*1922, Nobelpreis 1989) 1975 vorgeschlagen wurde, dazu genutzt werden, ein Ensemble von gespeicherten Ionen zu kühlen. Bei jeder Absorption eines Photons wird auf das dem Laserstrahl entgegenfliegende Ion ein Impuls $p = h\nu/c \approx 2\,\mathrm{eV}/c$ übertragen und das Ion damit ein bisschen abgebremst. Zwar ändert sich der Impuls des Ions auch bei der anschließenden Emission eines Photons, aber da das Photon in alle Raumrichtungen emittiert werden kann, hat die Emission im statistischen Mittel keinen Einfluss auf die Geschwindigkeitsverteilung der Ionen. Die Resonanzstreuung des Laserlichts an den gespeicherten Ionen führt daher zu einer Reduktion der Breite der Geschwindigkeitsverteilung und damit zu einer Abkühlung des Ensembles. Erst wenn die aus der Geschwindigkeitsverteilung resultierende Doppler-Breite der Absorptionslinie von gleicher Größenordnung ist wie die natürliche Halbwertsbreite $\Delta\lambda_{1/2}$, hört der Kühlungsprozess auf (*Doppler-Grenze*).

Die Lebensdauer $\tau = 1/(\pi \Delta\nu_{1/2})$ von beispielsweise angeregten Ba$^+$-Ionen im $6\,^2P$-Zustand ergibt sich aus der spektralen Breite der Resonanz und liegt also in der Größenordnung von 10^{-8} s. Folglich kann prinzipiell jedes Ion etwa 10^8-mal in der Sekunde angeregt werden, d. h. ein Ion kann in etwa 1 ms auf eine Geschwindigkeit $v \approx 0$ abgebremst werden. Tatsächlich wird es natürlich nur angeregt bei passender Doppler-Verschiebung der Absorptionslinie. Dennoch können gespeicherte Ionen schnell und effektiv mit Laserlicht gekühlt werden.

Abbremsung von Atomstrahlen. Thermische Atome lassen sich nicht in einer elektromagnetischen Falle speichern, weil sie neutral sind und elektrische und magnetische

Felder daher nur mit extrem schwachen Kräften auf Atome wirken. Dennoch kann ein Atomstrahl, wie Th. Hänsch (*1941, Nobelpreis 2005) und A. L. Schawlow (1921– 1999, Nobelpreis 1981) 1975 vorschlugen, mit einem ihm entgegengerichteten Laserstrahl abgebremst werden. Man muss lediglich dafür sorgen, dass die mit der Geschwindigkeit der Atome abnehmende Doppler-Verschiebung der Absorptionslinie nicht dazu führt, dass die Atome nicht mehr resonant angeregt werden können. Wenn die Resonanzbedingung (3.7) erfüllt bleibt, können thermische Atome, ebenso wie Ionen, in etwa 1 ms abgebremst werden, d. h. auf einer Strecke, die nicht länger als etwa 1 m ist.

Damit die Resonanzbedingung während der gesamten Flugzeit erfüllt bleibt, können zwei verschiedene Techniken genutzt werden. W. D. Phillips (*1948, Nobelpreis 1997) und H. Metcalf nutzten ein magnetisches Feld, dessen Feldstärke entlang des Atomstrahls langsam abnimmt. Die Frequenz der Absorptionslinie ändert sich in diesem Fall mit der Feldstärke (Zeeman-Effekt, Abschn. 4.5). Bei der anderen Technik (chirp cooling) wird die Frequenz des Laserlichts während des Abbremsprozesses im Gleichmaß mit der Doppler-Verschiebung der Absorptionslinie verstimmt.

Magnetooptische Falle. Die Kraft, mit der resonantes Laserlicht auf Atome wirkt, kann auch genutzt werden, um eine Atomfalle zu bauen. Dazu müssen in drei, senkrecht zueinander stehenden Raumrichtungen Paare von entgegengesetzt gerichteten Laserstrahlen auf das im Zentrum befindliche Ensemble von Atomen treffen (▶ Abb. 3.15). Dabei muss aber dafür gesorgt sein, dass Atome nur auf das Zentrum hin, nicht aber vom Zentrum weg beschleunigt werden. Es darf also am Ort eines Atoms nur der auf das Zentrum hin gerichtete Laserstrahl auf dieses Atom wirken.

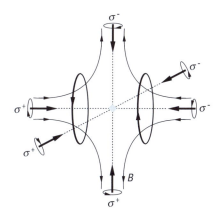

Abb. 3.15 Magnetfeld und Polarisationskonfiguration einer magnetooptischen Falle.

Um eine solche Fokussierung der Kraftwirkung auf das Zentrum zu erreichen, sind die entgegengesetzt gerichteten Laserstrahlen zirkular polarisiert, und zwar mit entgegengesetztem Drehsinn, und das Ensemble der Atome befindet sich im Zentrum eines Paares von Magnetspulen, die von gleich großen, aber entgegengesetzt gerichteten Strömen durchflossen werden. Die Magnetfelder der beiden Spulen kompensieren sich dann im Zentrum, aber außerhalb des Zentrums wird ein magnetisches Quadrupolfeld erzeugt, dass entlang der Laserstrahlen radial gerichtet ist. Die Magnetfeldstärke nimmt linear mit dem Abstand vom Zentrum zu.

URL für QR-Code: www.degruyter.com/lichtdruck; www.degruyter.com/m-o-falle

Diese *magnetooptische Falle* (MOT) funktioniert aufgrund der Zeeman-Aufspaltung (Abschn. 4.5) der atomaren Terme. Hier sei angenommen, dass der Grundzustand die Drehimpulsquantenzahl $L = 0$ hat und daher nicht aufspaltet, der angeregte Term aber den Drehimpuls $L = 1$ hat und deshalb in drei Zeeman-Zustände mit $M = +1, 0$ und -1 aufspaltet. Bei einer leichten Rotverstimmung des Laserlichts sind Absorptionsübergänge aus dem Grundzustand nur in den Zeeman-Zustand möglich, der im Magnetfeld am Ort des jeweiligen Atoms zu niedrigen Energien hin verschoben wird. Diese Übergänge können aber nur stattfinden, wenn das anregende Licht auch die richtige zirkulare Polarisation hat. Bei richtiger Polung des Quadrupolfeldes kann daher ein Ensemble kalter Atome ($T < 1$ K) in einer MOT gespeichert und gekühlt werden.

3.5 Spektroskopie ohne Doppler-Verbreiterung

Die Prismen-, Gitter- und Interferenzspektrometer der klassischen optischen Spektroskopie wurden in Bd. 2, Kap. 9 ausführlich beschrieben. Mit diesen Spektrometern wurden viele Absorptions- und Emissionsspektren freier Atome und Moleküle an atomaren und molekularen Gasen und Gasentladungen untersucht. Der Genauigkeit dieser Messungen ist letztlich durch die thermische Bewegung der atomaren Teilchen eine Grenze gesetzt. Bei Zimmertemperatur ist die Doppler-Verbreiterung im sichtbaren Spektralbereich von der Größenordnung $\Delta \nu_D = 2\nu_0(v_{th}/c) \approx 10^9$ Hz (v_{th} mittlere thermische Geschwindigkeit).

Um mehrere Größenordnungen präziser sind spektroskopische Messungen an einem gekühlten atomaren Ensemble (Abschn. 5.5). Aber auch ohne Laserkühlung ist mit abstimmbaren Lasern eine *Doppler-freie* Spektroskopie, d. h. Spektroskopie ohne Doppler-Verbreiterung möglich. Dank der hohen spektralen Intensität des Laserlichts und einer spektralen Breite, die um mehrere Größenordnungen kleiner als die Doppler-Breite ist, konnten Experimentiertechniken entwickelt werden, bei denen die thermische Bewegung der Atome sich nicht oder kaum auf die spektrale Breite der gemessenen Spektrallinien auswirkt. Als Beispiele behandeln wir in diesem Abschnitt *Zwei-Photonen-Spektroskopie* und *Sättigungsspektroskopie*.

Zwei-Photonen-Spektroskopie. Wir betrachten ein Ensemble von Atomen mit einer thermischen Geschwindigkeitsverteilung. Keine Bewegungsrichtung ist ausgezeichnet. Absorptions- und Emissionslinien, bei denen *ein* Photon absorbiert bzw. emittiert wird, haben dann eine Doppler-Breite. Bei Einstrahlung eines intensiven Laserstrahls ist es aber auch möglich, dass simultan zwei Photonen gleicher Frequenz ν absorbiert werden und das Atom dabei vom Grundzustand in ein angeregtes Niveau mit der Anregungsenergie $E \approx 2h\nu$ springt. Wenn nun aber die beiden Photonen aus entgegengesetzten Richtungen kommen, ist dieser Absorptionsprozess nur möglich, wenn die Frequenzbedingung $E = 2h\nu = 2\hbar\omega$ exakt erfüllt ist. Der Absorptionsprozess ist also unabhängig von der Bewegung des Atoms (wenn man in 1. Näherung von dem *quadratischen Doppler-Effekt* absieht, s. Bd. 2, Abschn. 15.3).

Um diese Doppler-freie Absorption zu verstehen, nehmen wir an, dass die Laserstrahlung scharf auf eine Frequenz ν_L abgestimmt ist, deren Frequenzbreite $\Delta\nu_L$ klein gegenüber der Doppler-Breite ist: $\Delta\nu_L \ll \Delta\nu_D$. Mit einer geeigneten optischen Spiegelmethode schickt man z. B. gemäß ▶ Abb. 3.16 die Laserstrahlung in entgegengesetzten Richtungen durch das atomare Target. Man betrachte nun ein Atom mit der Geschwin-

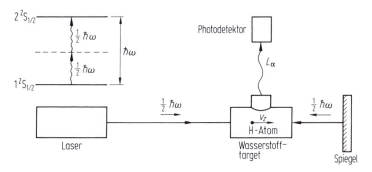

Abb. 3.16 Schema der Zwei-Photonen-Spektroskopie: Die Photonen aus dem Laser haben eine Energie von $\hbar\omega/2$ bezüglich eines atomaren Übergangs mit der erforderlichen Energie $\hbar\omega$ (z. B. für den $(1\,^2S_{1/2} - 2\,^2S_{1/2})$-Übergang im Teilbild über dem Laser). Die Photonen passieren das Wasserstofftarget (z. B. eine Wasserstoffentladungsröhre, in der H_2-Moleküle zu H-Atomen dissoziiert werden) und werden durch Reflexion an dem Spiegel in sich selbst reflektiert. Das herausgegriffene Atom hat eine Geschwindigkeitskomponente v_z in der Ausbreitungsrichtung der Laserstrahlung. Die beim Zerfall des angeregten Zustandes entstehende Lyman-α-Strahlung wird mit einem Photomultiplier nachgewiesen.

digkeitskomponente v_z. Unter Berücksichtigung der Ausbreitungsrichtungen der beiden Photonen addieren sich die Energien für eine mögliche Zwei-Photonen-Absorption der Atome wie folgt:

$$E_1 + E_2 = \hbar\omega \left(1 - \frac{v_z}{c}\right) + \hbar\omega \left(1 + \frac{v_z}{c}\right) = 2\hbar\omega.$$

Da diese Beziehung für jede beliebige Geschwindigkeitskomponente v_z gilt und auf das Atom kein linearer Impuls übertragen wird, ist der Einfluss des Doppler-Effektes bei der gleichzeitigen Absorption der beiden Photonen eliminiert. Alle Atome können unabhängig von ihrer thermischen Bewegung nach Maßgabe der Zwei-Photonen-Absorptionswahrscheinlichkeit an dem Übergang mit dem Energietransfer $E = E_1 + E_2 = 2\hbar\omega$ teilnehmen.

Wir illustrieren die Zwei-Photonen-Spektroskopie am Beispiel des Übergangs vom $1s$-Grundzustand zum metastabilen $2s$-Zustand des Wasserstoffatoms. Frequenzverdoppelte Laserstrahlung eines Farbstofflasers (Bd. 2, Kap. 13) mit kontinuierlich abstimmbarer Frequenz im Bereich von 243 nm (doppelte Wellenlänge der Lyman-α-Strahlung!) wird durch ein Wasserstofftarget geschickt und durch einen hochwertigen Spiegel in sich selbst reflektiert, wodurch stehende Lichtwellen entstehen. Die Wasserstoffatome (die sich bei Schwingungsbäuchen befinden) können dann den oben erläuterten Zwei-Photonen-Absorptionsprozess für den Übergang $1s \rightarrow 2s$ ohne Dopplerverbreiterung vollziehen. Zum Nachweis der Zwei-Photonen-Absorption wird die Lyman-α-Strahlung beobachtet. Sie wird emittiert, wenn durch Stöße mit dem Restgas die metastabilen Wasserstoffatome vom $2s$-Zustand in einen $2p$-Zustand gebracht werden und dann in den Grundzustand zerfallen.

Im Experiment wird tatsächlich nicht nur ein Zwei-Photonen-Resonanzübergang beobachtet, sondern es ergeben sich zwei scharfe, nah benachbarte Linien. Denn sowohl der $1s$- als auch der $2s$-Zustand (genauere spektroskopische Bezeichnung: $1\,^2S_{1/2}$ und $2\,^2S_{1/2}$)

haben eine *Hyperfeinstruktur* (Abschn. 4.3), die aus der Kopplung von Elektronenspin und Kernspin zu einem Gesamtspin $F = 0$ oder 1 resultiert. ▶ Abb. 3.17 gibt die beiden Resonanzlinien der Zwei-Photonen-Absorption des atomaren Wasserstoffs wieder. (Es sind nur Übergänge mit $\Delta F = 0$ möglich.)

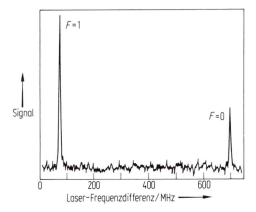

Abb. 3.17 Zwei-Photonen-Absorptionsspektrum für den Übergang $1\,{}^2S_{1/2} \rightarrow 2\,{}^2S_{1/2}$ des atomaren Wasserstoffs mit den zwei Hyperfeinstruktur-Komponenten für $F = 1$ und $F = 0$. Die Frequenzskala wurde mit einer Linie des Tellurs geeicht (Nullposition der Skala) (nach Foot et al., Phys. Rev. **A34** (1986) 5138).

Sättigungsspektroskopie. Ein anderes, vielfach angewandtes Verfahren zur Verminderung der Doppler-Verbreiterung beruht auf der Methode der *Sättigungsspektroskopie*, die wir in ▶ Abb. 3.18 erläutern: Ein Laserstrahl geringer spektraler Breite wird mit einem halbdurchlässigen Spiegel in zwei Teilstrahlen aufgespalten. Beide Strahlen passieren in nahezu entgegengesetzten Richtungen die Röhre einer Wasserstoff-Gasentladung, die als Target dient. Der Strahl, der den durchlässigen Spiegel direkt durchsetzt (Sättigungsstrahl genannt), ist intensiver als der andere, durch Reflexion entstandene Strahl (Teststrahl

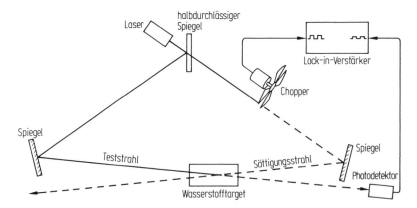

Abb. 3.18 Schema der Sättigungsspektroskopie (nach Hänsch und Toschek (1968)).

genannt). Der Sättigungsstrahl ist intensiv genug, um bei Resonanz so schnell Übergänge zwischen zwei Zuständen $|n\rangle$ und $|n'\rangle$ des Wasserstofftargets (von denen zunächst praktisch nur der energetisch tiefere Zustand $|n\rangle$ besetzt ist) zu induzieren, dass die Besetzungszahlen der beiden Zustände sich angleichen, die Besetzungszahl des Zustandes $|n\rangle$ also kräftig reduziert wird. Der Sättigungsstrahl „bleicht" daher auf seinem Weg durch die Gasentladung für Atome mit einer gewissen Geschwindigkeit v_z den Zustand $|n\rangle$ aus, so dass der Teststrahl weniger Atome für den Absorptionsprozess $|n\rangle \rightarrow |n'\rangle$ vorfindet. Mit anderen Worten, die Gasentladungsröhre wird für das Passieren des Teststrahls durchlässiger, wenn $v_z = 0$ ist und daher Sättigungsstrahl und Teststrahl auf dieselbe Atome einwirken. Die am Photodetektor gemessene Intensität nimmt also zu bzw. die Absorption durch das Target nimmt ab. Um den zu messenden Photonenstrom des Teststrahls von Untergrundsignalen zu differenzieren, wird der Sättigungsstrahl mit einem mechanischen „Chopper" moduliert und eine frequenzabhängige Verstärkung des Testsignals auf der Modulationsfrequenz vorgenommen (*Lock-In-Verstärkung*).

Als Beispiel zeigt ▶Abb. 3.19 einen Vergleich der Ergebnisse dieser Sättigungsspektroskopie mit denjenigen der optischen Interferenzspektroskopie für die Balmer-α-Linie. ▶Abb. 3.19a gibt schematisch die Energiepositionen der ($n = 2$)- und ($n = 3$)-Zustände wieder, wobei die Lamb-Verschiebung (Abschn. 4.4) berücksichtigt wurde.

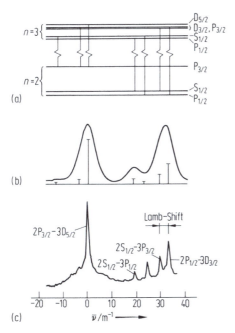

Abb. 3.19 (a) Energieniveaus $n = 3$ und $n = 2$ und Balmer-α-Komponenten des Wasserstoffatoms unter Berücksichtigung der Lamb-Verschiebung, aber Vernachlässigung der Hyperfeinstruktur. (b) Balmer-α-Spektrum des Deuteriums, das von einer Hochfrequenzentladungsröhre bei einer Temperatur von $T \approx 50\,\text{K}$ erhalten wurde. Die vertikalen Linien im Spektrum deuten die relativen Signalamplituden der Übergangskomponenten in Teilbild (a) an (nach Kibble et al. J. Phys. **B6** (1973) 1079). (c) Balmer-α-Spektrum bei Anwendung der Laser-Sättigungsspektroskopie (nach Hänsch et al. Nature **235** (1972) 63).

Teilbild (b) zeigt das Spektrum der Balmer-α-Linie des Deuteriums, das mit einem Fabry-Pérot-Interferometer von einer Hochfrequenz-Entladungslampe erhalten wurde. Trotz der niedrigen Temperatur der Lampe (ca. 50 K) ist die Struktur des Spektrums durch den Doppler-Effekt beträchtlich verbreitert im Vergleich zu den Daten der Sättigungsspektroskopie in Teilbild (c). Die Lamb-Verschiebung zwischen dem $2\,^2S_{1/2}$- und dem $2\,^2P_{1/2}$-Zustand wird deutlich mit dieser optischen Methode aufgelöst.

Aufgaben

3.1 Die schlitzförmige Austrittsöffnung eines Atomstrahlofens habe die Breite $b = 0.1$ mm und die Länge $l = 1$ cm. Wie groß sollte etwa die Teilchenzahldichte n im Ofen sein, damit ein möglichst intensiver Atomstrahl entsteht? Wie groß ist der Dampfdruck p im Ofen? Wie viele Atome/s erreichen einen Detektor mit einer Querschnittsfläche $A = 1$ mm^2, der in 1 m Entfernung vom Ofen steht?

3.2 Nehmen Sie an, im Ofen der Aufgabe 3.1 befände sich zu Beginn einer Messung 10 mg Natrium. Wie lange können Sie damit messen?

3.3 Ein thermischer Na-Atomstrahl habe eine horizontale Richtung. Um welchen Winkel α werden die Atome nach einer Flugstrecke von 1 m von der Schwerkraft abgelenkt? Wie groß ist die Ablenkung, wenn eine magnetooptische Falle als „Ofen" dient, in der Na-Atome bei einer Temperatur von 1 K gespeichert wurden?

3.4 Wie groß ist die Aufspaltung eines Na-Atomstrahls, der ein 0.1 m langes inhomogenes Magnetfeld mit einem Feldgradienten $\partial B_z / \partial z = 10^2$ T/m passiert hat und danach nach einer Flugstrecke von 1 m den Detektor erreicht?

3.5 In einem Betatron mit einem Radius $r = 0.3$ m werden Elektronen und Protonen beschleunigt. Wie groß ist die Endenergie E der Elektronen bzw. Protonen, wenn das maximale Magnetfeld $B_0 = 1$ T beträgt?

3.6 Im europäischen Forschungszentrum CERN bei Genf werden Protonen auf einer Kreisbahn mit dem Umfang $2\pi r = 27$ km auf eine Energie $E = 7$ TeV beschleunigt. Wie stark sind die Magnete, mit denen die Protonen auf einer Kreisbahn gehalten werden?

3.7 Die Resonanzbreite (natürliche Linienbreite) der gelben Na-Absorptionslinie hat den Wert $\Delta \nu_{1/2} = 15$ MHz. Man erwartet daher, dass Na-Atome in einer magnetooptischen Falle nur so weit abgekühlt werden, bis die Doppler-Breite von gleicher Größenordnung ist. Welche Endtemperatur ergibt sich aus dieser Überlegung? Wie groß ist dann ihre mittlere Geschwindigkeit?

3.8 Na-Atome im $3p$-Zustand haben eine natürliche Lebensdauer von etwa 10^{-8} s. Mit welcher Beschleunigung a können die Atome mit der gelben Na-Spektrallinie abgebremst werden? Auf welcher Strecke s kann ein Na-Atomstrahl, der mit einem auf 500 K erhitzten Ofen erzeugt wird, gestoppt werden?

3.9 Beim Berliner Elektronensynchrotron BESSY bewegen sich 1.7-GeV-Elektronen auf einem Kreisring mit dem Umfang 240 m. Schätzen Sie die Energie der bei der Bewegung auf einer Kreisbahn abgestrahlten Photonen ab. Tatsächlich sind dort Experimente mit Photonen bis zu einer Energie von 15 keV möglich. Warum?

4 Termstruktur freier Atome und Ionen

Freie Atome und Ionen haben diskrete Energieniveaus und lösen bei Quantensprüngen (diskreten Emissionsprozessen) von einem höheren zu einem tieferen Energieniveau Elementarereignisse in ihrer Umgebung aus, die mit geeigneten Detektoren beobachtet und gezählt werden können. Umgekehrt können durch Einwirkungen der Umgebung in freien Atomen und Ionen diskrete Absorptionsprozesse, also Quantensprünge von tieferen zu höheren Energieniveaus ausgelöst werden. Dieser bei hinreichend schwacher Kopplung zwischen Objekt und Umgebung quantisierte Informationsfluss ist die experimentelle Basis für präzise Messungen von Übergangsfrequenzen (Kap. 5). Aus einer gründlichen Analyse der Spektren ergibt sich die *Termstruktur* (Energieniveau-Schema) der atomaren Teilchen.

In diesem Kapitel beschreiben wir die Termstruktur solcher Teilchen, die modellmäßig als klassisches Planetensytem mit einem Z-fach geladenen Kern und einer Anzahl Elektronen betrachtet werden können, also von Atomen und ihren Ionen. Wird bei der Berechnung der Termstruktur nur die elektrostatische Wechselwirkung zwischen Elektronen und (punktförmigem) Kern und der Elektronen untereinander berücksichtigt, so ergibt sich die *Grobstruktur* (Abschn. 4.1). Berücksichtigt man auch die magnetische Wechselwirkung der Elektronen, insbesondere die Wechselwirkung zwischen Spin und Bahnbewegung, erhält man die *Feinstruktur* (Abschn. 4.2). Wenn auch Ausdehnung und Struktur des Kerns, insbesondere das mit dem Kernspin verknüpfte magnetische Kerndipolmoment in Rechnung gestellt werden, kann auch Isotopieverschiebung und *Hyperfeinstruktur* erklärt werden (Abschn. 4.3).

Das Wasserstoffatom und die wasserstoffartigen Ionen haben eine besonders einfache Termstruktur und sind deshalb von besonderem Interesse nicht nur für die Atomphysik, sondern auch für grundlegende Untersuchungen zur Quantentheorie. Sie werden deshalb in Abschnitt 4.4 gesondert behandelt. Abschließend wird der Einfluss statischer magnetischer und elektrischer Felder auf die Termstruktur beschrieben (Abschn. 4.5).

4.1 Grobstruktur

Die ▶ Abbn. 2.2 bis 2.5 in Abschn. 2.1 zeigen beispielhaft Termschemata einiger Elemente des Periodensystems. Die Grobstruktur der Elemente der ersten Hauptgruppe des Periodensystems (Alkali-Atome), die nur ein Valenzelektron haben, konnte in Abschn. 2.4 ähnlich wie die Termstruktur des H-Atoms mit einem Einelektronmodell erklärt werden. Wenn mehrere Elektronen in der äußersten Schale sind, kann die Wechselwirkung der Valenzelektronen untereinander nicht mehr pauschal mit dem Ansatz eines effektiven Zentralpotentials $V_{\text{eff}}(r)$ erfasst, sondern muss genauer behandelt werden. Auch ist die Näherung, dass bei einem Quantensprung nur ein Elektron seinen Zustand wechselt, nicht mehr gerechtfertigt.

Mehrelektronenzustände. Die Ortsfunktion $\psi_{n,l,m}(\boldsymbol{r})$ eines Elektrons ist eine Wahrscheinlichkeitsamplitude. Dementsprechend ist $|\psi_{n,l,m}(\boldsymbol{r})|^2 \cdot d\tau$ die Wahrscheinlichkeit dafür, dass das Elektron im Volumenelement $d\tau$ nachgewiesen werden kann (Abschn. 1.3). Im gleichen Sinn sind auch Mehrelektronenzustände zu interpretieren. Zweielektronenzustände, beispielsweise, sind Funktionen $\psi(\boldsymbol{r}_1, \boldsymbol{r}_2)$, die von den Ortsvektoren $\boldsymbol{r}_1$ und $\boldsymbol{r}_2$ beider Elektronen abhängen, und $|\psi(\boldsymbol{r}_1, \boldsymbol{r}_2)|^2 \, d\tau_1 \, d\tau_2$ ist die Wahrscheinlichkeit, mit der ein Elektron im Volumenelement $d\tau_1$ und das andere Elektron im Volumenelement $d\tau_2$ ist. Wenn zwei Elektronen $i = 1$ und $i = 2$ die gleiche Ortsfunktion haben, ist folglich die Produktfunktion $\psi_{n,l,m}(\boldsymbol{r}_1) \cdot \psi_{n,l,m}(\boldsymbol{r}_2)$ Ortsfunktion des Zweielektronenzustands. Das Pauli-Prinzip verlangt dann aber, dass die beiden Elektronen verschiedene Spinzustände haben.

Wenn sich hingegen die beiden Elektronen in zwei verschiedenen Ortszuständen ψ_j ($j = 1$ bzw. 2) mit zueinander orthogonalen Wellenfunktionen befinden, gibt es die zwei zueinander orthogonalen Produktzustände $\psi_1(\boldsymbol{r}_1)\,\psi_2(\boldsymbol{r}_2)$ und $\psi_1(\boldsymbol{r}_2)\psi_2(\boldsymbol{r}_1)$. Mit Hinblick auf das Pauli-Prinzip und die Ununterscheidbarkeit (Abschn. 1.5) der Elektronen ist es vorteilhaft, statt der Produktzustände die folgenden Linearkombinationen zu betrachten:

$$\Psi_{\text{sym}}(1, 2) = \sqrt{\frac{1}{2}}\,(\psi_1(\boldsymbol{r}_1)\psi_2(\boldsymbol{r}_2) + \psi_1(\boldsymbol{r}_2)\psi_2(\boldsymbol{r}_1)) \tag{4.1}$$

$$\Psi_{\text{antim}}(1, 2) = \sqrt{\frac{1}{2}}\,(\psi_1(\boldsymbol{r}_1)\psi_2(\boldsymbol{r}_2) - \psi_1(\boldsymbol{r}_2)\psi_2(\boldsymbol{r}_1))\ . \tag{4.2}$$

Sie haben verschiedene *Austauschsymmetrie*. Bei Vertauschung der beiden Elektronen ändert sich der *symmetrische* Zustand nicht, hingegen wechselt der *antimetrische* Zustand das Vorzeichen. Dem Pauli-Prinzip wird entsprochen, wenn die Elektronen mit einem symmetrischen Ortszustand einen antimetrischen Spinzustand und die Elektronen mit einem antimetrischen Ortszustand einen symmetrischen Spinzustand haben.

Allgemein ist das Pauli-Prinzip formal erfüllt, wenn die (von Ort und Spin abhängigen) Gesamtzustände $\Psi(1, 2, \ldots, N)$ eines Systems von N Elektronen bei einer geraden Permutation der Elektronen unverändert bleiben, aber bei einer ungeraden Permutation das Vorzeichen wechseln. Wenn sich alle Elektronen in Zuständen mit zueinander orthogonalen Wellenfunktionen befinden, führt diese Forderung zu den *Determinantenproduktzuständen*. Allerdings sind diese Zustände nichtstationär, wenn die Elektronen miteinander wechselwirken.

Der Hamilton-Operator eines N-Elektronensystems, das im Coulomb-Potential $(Z\alpha/r)\hbar c$ eines Z-fach geladenen Kerns gebunden ist, ergibt sich als Summe von Einelektronoperatoren (Abschn. 2.3) und der Coulomb-Wechselwirkung $(\alpha/r_{i,j})\hbar c$ zwischen den Elektronen (mit $r_{i,j} = |\boldsymbol{r}_i - \boldsymbol{r}_j|$):

$$H(1, 2, \ldots, N) = \sum_{i=1}^{N}\left(-\frac{\hbar^2}{2m_{\text{e}}}\nabla^2 - \frac{Z\alpha}{r_{\text{i}}}\hbar c\right) + \sum_{i,j=1}^{N}\frac{\alpha}{r_{i,j}}\hbar c\ . \tag{4.3}$$

Es ist schwierig, auch nur näherungsweise Eigenzustände dieses Hamilton-Operators zu finden, wenn $N > 2$ ist. Eine wesentliche Vereinfachung ergibt sich aber, wenn man die Schalenstruktur der Atomhülle nutzt. Sie rechtfertigt in vielen Fällen, von einem Hamilton-Operator auszugehen, der nur auf die Valenzelektronen wirkt. Da die Kernladung (Ze_0)

durch die Elektronen in den abgeschlossenen Schalen mit zunehmendem Abstand immer mehr abgeschirmt wird und die abgeschlossenen Schalen (mit dem Gesamtdrehimpuls $J = 0$) eine kugelsymmetrische Ladungsverteilung haben, kann ein effektives Potential $V_{\text{eff}}(r)$ eingeführt werden, das auf die Valenzelektronen wirkt (Abschn. 2.4). Damit kann dann ein näherungsweise stationärer Zustand der Valenzelektronen bestimmt werden. Als einfachstes Beispiel für ein Mehrelektronensystem betrachten wir im Folgenden Atome und Ionen mit zwei Valenzelektronen.

Atome und Ionen mit zwei Valenzelektronen. Wie oben gezeigt wurde, lässt sich der Gesamtzustand eines Zweielektronensystems in eine Ortsfunktion und eine Spinfunktion faktorisieren. Da wir zunächst magnetische Wechselwirkungen unberücksichtigt lassen, können wir hier allein die Ortsfunktion $\psi(\mathbf{r}_1, \mathbf{r}_2)$ des Zweielektronensystems betrachten. Der Hamilton-Operator für das He-Atom und He-artige Ionen lautet:

$$H(1, 2) = \sum_{i=1,2} \left(-\frac{\hbar^2}{2m_e} \nabla^2 - \frac{Z\alpha}{r_i} \hbar c \right) + \frac{\alpha}{r_{1,2}} \hbar c \,. \tag{4.4}$$

Der Hamilton-Operator $H(1, 2)$ ist symmetrisch, d. h. $H(1, 2) = H(2, 1)$. Daher hat er im Allgemeinen nur Eigenzustände, die entweder symmetrisch oder antimetrisch sind. Die symmetrischen Ortszustände sind mit einer antimetrischen und die antimetrischen Ortszustände mit einer symmetrischen Spinfunktion zu kombinieren. Man unterscheidet dementsprechend bei den Zweielektronensystemen zwei Arten von Zuständen, die man (aus später ersichtlichen Gründen, s. Abschn. 4.2) *Singulett-* bzw. *Triplettzustände* nennt. Dementsprechend unterscheidet man im Termschema Singulett- und Triplettterme (Abschn. 2.1, ▶Abbn. 2.4 und 2.5).

Um die Zustände des Zweielektronensystems zu klassifizieren und eindeutig benennen zu können, vernachlässigen wir zunächst die Elektron-Elektron-Wechselwirkung. Dann reduziert sich das Eigenwertproblem auf das bereits bekannte Problem der Einelektronzustände, die durch die Quantenzahlen (n, l, m) charakterisiert werden können. Da die Energieniveaus nicht von m abhängen, können in der betrachteten Näherung auch die Energieniveaus der Atome mit zwei Valenzelektronen allein durch Angabe der *Konfiguration* gekennzeichnet werden. He-Atome haben also einen $1s^2$-Grundzustand, einfach angeregte $1snl$-Zustände und doppelt angeregte $nln'l'$-Zustände. Der Grundzustand hat eine symmetrische Ortsfunktion und ist daher ein Singulettzustand, die einfach angeregten Konfigurationen bilden aber alle und ebenso die meisten doppelt angeregten Konfigurationen sowohl symmetrische (Gl. (4.1)) als auch antimetrische Ortszustände (Gl. (4.2)). In dieser Näherung haben Singulett- und Triplettterme der gleichen Konfiguration auch gleiche Energie.

Sie haben aber verschiedene Energien, wenn auch die Elektron-Elektron-Wechselwirkung berücksichtigt wird. In erster Näherung ergibt eine Störungsrechnung für die Energieverschiebungen ΔE_S und ΔE_T der Singulett- bzw. Triplettzustände mit den in den Gln. (4.1) und (4.2) gegebenen Zustandsfunktionen die folgenden Werte:

$$\Delta E_S = J + K \quad \text{bzw.} \quad \Delta E_T = J - K \,. \tag{4.5}$$

Dabei sind J (*direktes Integral*) und K (*Austauschintegral*) mit den Zustandsfunktionen gebildete Matrixelemente:

$$J = \langle \psi_1(r_1)\psi_2(r_2) | \frac{\alpha}{r_{1,2}} \hbar c |\psi_1(r_1)\psi_2(r_2)\rangle \ , \tag{4.6}$$

$$K = \langle \psi_1(r_1)\psi_2(r_2) | \frac{\alpha}{r_{1,2}} \hbar c |\psi_1(r_2)\psi_2(r_1)\rangle \ . \tag{4.7}$$

Das direkte Integral J verschiebt Singulett- und Triplettterme in gleichem Maß, aber das Austauschintegral K senkt die Energie der Triplettzustände ab, erhöht aber die Energie der Singulettzustände. Da die Coulomb-Wechselwirkung abstoßend ist, verringert sie natürlich insgesamt die Bindungsenergie. Aber bei den Triplettzuständen ist die Abstoßung geringer als bei den Singulettzuständen, da im Fall einer antimetrischen Ortsfunktion die beiden Elektronen sich nicht am selben Ort befinden können. Dieser Einfluss der Symmetrie der Zustandsfunktion auf die Wechselwirkungsenergie hat auch für chemische Bindungen eine entscheidende Bedeutung (Elektronenpaarbindung, Abschn. 7.1).

Interkombinationsverbot. Zustände mit verschiedener Austauschsymmetrie können nicht miteinander kombinieren, d. h. es sind keine elektromagnetischen Übergänge zwischen reinen Singulett- und reinen Triplettzuständen möglich. Diese Auswahlregel ist eine Folge des Tatbestandes, das beide Elektronen (an fast gleichem Ort) mit demselben elektromagnetischen Strahlungsfeld wechselwirken. Bei elektrischen und magnetischen Dipolübergängen beispielsweise ist die Wechselwirkung mit dem elektrischen (bzw. magnetischen) Feldvektor $F(r)$ am Ort r des Atoms entscheidend. (Die Ausdehnung des Atoms darf im Vergleich mit der Wellenlänge λ des Strahlungsfeldes in den meisten Fällen vernachlässigt werden). Der Wechselwirkungsoperator für elektrische Dipolübergänge $e_0(r_1 + r_2) \cdot F$ ist folglich (ebenso wie derjenige für magnetische Dipolübergänge) symmetrisch in Bezug auf den Austausch der Elektronen. Daher sind alle Übergangsmatixelemente $\langle \psi(r_1, r_2)_S | r_1 + r_2 | \psi(r_1, r_2)_T \rangle$ zwischen einem symmetrischen und einem antimetrischen Ortszustand in erster Näherung gleich null.

Autoionisation. Beispiele für Zweielektronenspektren zeigen die in ▶Abbn. 2.4 und 2.5 dargestellten Termschemata von He-Atom (He I-Spektrum) und Hg-Atom (Hg I-Spektrum). Aufgeführt sind nur einfach angeregte Terme. Im Fall des He-Atoms liegen alle doppelt angeregten Terme weit oberhalb der Ionisationsgrenze, mehr als 60 eV über dem He-Grundzustand. Auch beim Hg-Atom liegen alle doppelt angeregten Terme oberhalb der Ionisationsgrenze. Aber unterhalb der Ionisationsgrenze liegen außer den Termen der $6snl$-Konfigurationen noch einige Terme, bei denen statt der $6s^2$-Unterschale die $5d^{10}$-Unterschale aufgebrochen wird. Sie sind im Termschema (▶Abb. 2.5) als *komplexe* Terme gekennzeichnet.

Da die doppelt angeregten Zustände oberhalb der Ionisationsgrenze liegen, können sie nicht nur unter Emission eines Photons zerfallen. Vielmehr ist es im Allgemeinen sehr viel wahrscheinlicher, dass die Atome eines der beiden angeregten Elektronen emittieren und im Ionengrundzustand zurückbleiben. Diese *Autoionisation* ist ebenso wie der in Abschn. 2.4 behandelte Auger-Effekt eine Folge der Elektron-Elektron-Wechselwirkung. Nur wenn sich die Elektronen völlig unabhängig voneinander im Zentralfeld $V_{\mathrm{eff}}(r)$ bewegen würden, die angeregten Zustände also Determinantenproduktzustände wären, wäre keine Autoionisation möglich.

Einige doppelt angeregte Zustände des He-Atoms können mit Synchrotronstrahlung angeregt und untersucht werden. Ausgehend vom $1s^2$-Grundzustand sind elektrische Dipolübergänge in doppelt angeregte $^1P_1$-Zustände mit ungerader Parität möglich. Das sind vor allem Zustände mit $ns\,n'p$-Konfigurationen. Ein Photoabsorptionsspektrum zeigt ▶ Abb. 4.1. Die stärkste Absorptionslinie liegt bei der UV-Wellenlänge $\lambda = 20.7$ nm, bei der Übergänge in den $2s2p\,^1P_1$-Term induziert werden. Er zerfällt anschließend durch Autoionisation.

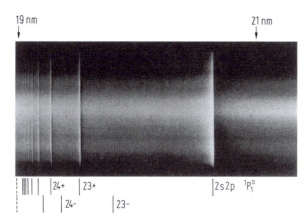

Abb. 4.1 Absorptionsspektrum des Heliums im Spektralbereich von ca. 19–21 nm. Die Zahlenpaare $2n$ ($n = 3.4$) unterhalb der Resonanzen weisen auf die zugehörigen Elektronenkonfigurationen $2s\,np$ und $2p\,ns$ hin mit den Vorzeichen $+$ oder $-$ für die gemischten Zustände $(|2snp\rangle \pm |ns2p\rangle)/\sqrt{2}$ (nach Madden und Codling, Astrophys. J. **141** (1965), 364).

Das Ergebnis einer quantitativen Analyse des Absorptionsprofils dieser Linie zeigt ▶ Abb. 4.2. Statt einer Lorentz-Kurve, die man bei reiner Resonanzabsorption erwartet, ergibt sich ein *Fano-Profil* (benannt nach U. Fano, 1912 – 2001), bei dem mit wachsender Photonenenergie der Absorptionskoeffizient zunächst auf null abnimmt und erst dann auf ein Maximum ansteigt.

Zur quantenmechanischen Deutung der beobachteten Resonanzstruktur sind zwei konkurrierende Prozesse zu betrachten, die miteinander interferieren:

$$h\nu + \text{He} \begin{cases} \longrightarrow \text{He}^{**}(n_1j_1, n_2j_2) \to \text{He}^+ + \text{e}^- \\ \longrightarrow \text{He}^+ + \text{e}^- \end{cases}$$

Außer Resonanzanregung und anschließendem Zerfall ist auch eine direkte Photoionisation des He-Atoms möglich. Experimentell ist prinzipiell nicht zu unterscheiden, welcher Prozess im Einzelfall stattgefunden hat. Es ist also das Welcher-Weg-Kriterium erfüllt (Abschn. 1.3), und daher interferieren beide Prozesse. Bei reiner Resonanzabsorption ergäbe sich eine Lorentz-Kurve, deren volle Halbwertsbreite $\Delta\nu_{1/2} = 1/2\pi\tau$ sich aus der Lebensdauer $\tau \approx 10^{-14}$ s des autoionisierenden $2s2p$-Zustands ergibt. Der Absorptionskoeffizient wäre hingegen im Resonanzbereich praktisch konstant, wenn nur direkte Ionisation möglich wäre. Bei Interferenz sind statt der Absorptionswahrscheinlichkeiten die Absorptionsamplituden zu addieren, so dass sich bei geeigneter relativer Phase beide Prozesse kompensieren können.

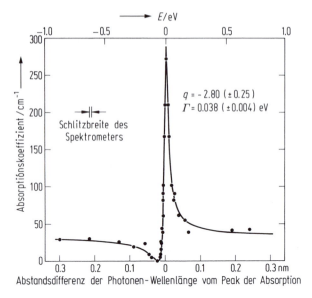

Abb. 4.2 Absorptionsprofil der Resonanzlinie für die Anregung des $2s2p\,{}^1P_1$-Terms des He-Atoms bei ca. 20.7 nm. Die ausgezogene Kurve stellt ein angepasstes Fano-Profil dar, q ist der Fano-Parameter (B/S Bd. 4, Abschn. 1.10.4.2), Γ die Halbwertsbreite der Resonanzkurve (nach Madden und Codling, 1965).

Lochzustände. Nicht nur das Termschema des He-Atoms hat die Termstruktur eines 2-Teilchensystems. Auch die Termschemata der optischen Spektren der anderen Edelgas-Atome haben diese Struktur. Wenn wie beim Neon eine $2p^6$-Schale aufgebrochen wird, bleiben zwar 5 Elektronen zurück und nicht nur ein Elektron wie beim Aufbruch der $1s^2$-Schale des Heliums, aber die 5 Elektronen koppeln dank des Pauli-Prinzips zu einem Zustand, der sich wie ein *Elektronenloch* verhält. Die angeregten Zustände können daher als Zustände eines Elektron-Loch-Paares betrachtet werden.

Da bei den Edelgasen Ne, Ar, Kr, Xe gewöhnlich auch der Lochzustand einen Bahn-drehimpuls $l \neq 0$ hat, ist die Termstruktur komplizierter als beim Helium. Jede $nl, n'l'$-Konfiguration mit $l \neq 0$ und $l' \neq 0$ hat mehrere Singulett- und Triplettterme. Nach den Regeln der *Drehimpulskopplung* können die beiden Ein-Teilchen-Drehimpulse zu einem Gesamtdrehimpuls mit einer ganzzahligen Quantenzahl L mit $|l - l'| \leq L \leq l + l'$ koppeln.

Atome und Ionen mit mehr als zwei Valenzelektronen. Die Termschemata von Systemen mit mehr als zwei Elektronen sind meistens recht kompliziert und sollen hier nicht detailliert behandelt werden. Nur einige Anmerkungen sind angemessen. Es sind in diesem Fall *gleichartige* und *ungleichartige* Elektronen zu unterscheiden. Gleichartig sind in diesem Zusammenhang Elektronen, die gleiche (n, l)-Quantenzahlen haben, also bei Angabe der Konfiguration durch Angabe eines Exponenten aufgelistet werden, z. B. als $1s^2$-Konfiguration. Im Fall eines Zwei-Elektronen-Systems gibt es dann zu jedem Gesamtbahndrehimpuls L entweder nur einen Singulett- oder nur einen Triplettterm mit den Bezeichnungen $nl^2\,{}^1S,\,{}^3P,\,{}^1D,\,{}^3F, \dots$. Bei drei und mehr gleichartigen Elektronen lässt sich erst mit den Methoden der *Gruppentheorie* eine systematische Übersicht über die möglichen Terme gewinnen.

Bei ungleichartigen Elektronen können hingegen nach den Regeln der Drehimpulskopplung die Elektronen sukzessive aneinander angekoppelt werden, um eine gewisse Übersicht über die möglichen Terme einer Konfiguration zu gewinnen. Ein 3-Elektronenzustand hätte dann beispielsweise die Bezeichnung $|(nl, n'l')L', n''l''; L, M\rangle$. Die Drehimpulse l und l' koppeln in diesem Fall dank einer relativ starken Wechselwirkung zunächst zu L', an den dann aufgrund einer schwächeren Wechselwirkung der Bahndrehimpuls l'' des dritten Elektrons koppelt, so dass sich der Gesamtdrehimpuls L mit der Zeeman-Quantenzahl M ergibt. Bei genauerer Termanalyse sind aber auch Zustandsmischungen zu beachten.

4.2 Feinstruktur

Die Coulomb-Wechselwirkung der Elektronen untereinander und zwischen den Elektronen und dem Atomkern hat keinen Einfluss auf die Einstellung der Elektronenspins. Wegen der Bewegung der Elektronen sind aber auch inneratomare Magnetfelder zu berücksichtigen, die auf die magnetischen Dipolmomente der Elektronen wirken und zu einer Kopplung der Elektronenspins an die Bahnbewegung der Elektronen führen. Die sich daraus ergebende *Feinstruktur* der Atomspektren und Termschemata wird in diesem Abschnitt behandelt.

Magnetisches Dipolmoment des Elektrons. Alle nl-Terme der Alkali-Atome (Abschn. 2.1, ▶ Abb. 2.3) mit $l \geq 1$ sind nicht einfach, sondern haben zwei nah beieinander liegende Unterniveaus. Daher hat beispielsweise die gelbe Resonanzlinie des Na-Atoms zwei nah beieinander liegende Komponenten (D_1- und D_2-Linie). Aus solchen Beobachtungen schlossen Goudsmit und Uhlenbeck 1925 (Abschn. 1.4), dass Elektronen einen Spin und ein magnetisches Dipolmoment haben. Daher haben auch die Alkali-Atome und ebenso die Atome der ersten Nebengruppe des Periodensystems im Grundzustand ein magnetisches Moment. Ihre Bewegung kann daher mit einem inhomogenen Magnetfeld beeinflusst werden (Stern-Gerlach-Experiment, Abschn. 3.1).

Paul A. M. Dirac (1902 – 1984, Nobelpreis 1933) publizierte 1928 eine Differentialgleichung für die Bewegung eines Elektrons in elektrischen und magnetischen Feldern, die im Einklang mit der Speziellen Relativitätstheorie (Bd. 2, Kap. 15) invariant gegenüber Lorentz-Transformationen ist (Abschn. 4.4). Aus dieser *Dirac-Gleichung* folgt, dass der Elektronenspin S die Quantenzahl $s = 1/2$ hat und ein magnetisches Dipolmoment $\mu_e = -2\,\mu_B\,S$ erzeugt. Dabei ist

$$\mu_B = \frac{e_0\hbar}{2m_e} = 0.927 \cdot 10^{-23}\ \text{JT}^{-1} \tag{4.8}$$

das *Bohr'sche Magneton*.

(g–2)-Experiment. Um das magnetische Dipolmoment freier Elektronen zu messen, kann man die Spinpräzession in einem homogenen Magnetfeld B untersuchen. Aufgrund der Wechselwirkung des Dipolmoments mit dem Magnetfeld präzedieren die Elektronen im Magnetfeld wie ein Kreisel (Bd. 1, Kap. 7) mit der *Larmor-Frequenz*

$$\omega_{\mathrm{L}} = g \cdot \frac{\mu_{\mathrm{B}}\, B}{\hbar} \tag{4.9}$$

um die Magnetfeldrichtung. Mit dem Landé-Faktor g wurde berücksichtigt, dass das Dipolmoment des Elektrons nicht exakt gleich dem aus der Dirac-Gleichung folgenden Wert μ_{B} (d. h. $g = 2$), sondern tatsächlich aufgrund von Strahlungskorrekturen (Abschn. 4.4) etwas größer ist. Um auch diese Abweichung möglichst genau zu messen, bietet es sich an, die Larmor-Frequenz mit der Zyklotronfrequenz $\omega_{\mathrm{C}} = e_0 B / m_{\mathrm{e}} = 2\mu_{\mathrm{B}} B/\hbar$ zu vergleichen. Dazu lässt man polarisierte Elektronen in einem homogenen Magnetfeld auf einer Kreisbahn umlaufen und analysiert die Polarisation der Elektronen nach einer hinreichend großen Anzahl von Umläufen. Aus diesen Experimenten ergibt sich unmittelbar die Abweichung des Landé-Faktors g vom Dirac-Wert $g = 2$:

$$\frac{g-2}{2} = 0.00116 \ . \tag{4.10}$$

Die Abweichung des Landé-Faktors vom Wert $g = 2$ ist auf die (in der Dirac-Gleichung nicht berücksichtigte) Wechselwirkung des Elektrons mit dem elektromagnetischen Strahlungsfeld (Abschn. 2.6) zurückzuführen. In Übereinstimmung mit dem hier angegebenen Wert ergibt die Quantenelektrodynamik (Abschn. 12.1) in 1. Näherung $(g-2)/2 = \alpha/2\pi$.

Die Strahlungskorrektur des Elektron-g-Faktors wurde später mit extremer Genauigkeit an einem einzelnen, in einer Penning-Falle gefangenen Elektron gemessen (Abschn. 5.5). Die hier skizzierte $(g-2)$-Technik wird aber bis heute für Präzisionsmessungen zur Bestimmung der Strahlungskorrektur des magnetischen Dipolmoments der Myonen genutzt. Diese Teilchen gleichen in vieler Hinsicht den Elektronen, sind aber etwa 207-mal schwerer (s. Abschn. 4.4 und 11.1).

Spin-Bahn-Kopplung. Ein Elektron, das sich mit einer Geschwindigkeit v in einem elektrischen Feld $F = -\nabla V(r)$ bewegt, erfährt (aus der Sicht des Elektrons im mitbewegten Inertialsystem, Bd. 2, Abschn. 15.1) ein Magnetfeld $B = v \times F$. Dieses Feld wechselwirkt mit dem magnetischen Dipolmoment des Elektrons. Wenn sich das Elektron im Coulomb-Feld $V(r) = Z\alpha\hbar c/r$ eines Atomkerns bewegt, lautet der Hamilton-Operator H_{LS} für diese Wechselwirkung:

$$H_{\mathrm{LS}} = \frac{\hbar^2}{2m_{\mathrm{e}}^2 c^2} \frac{1}{r} \frac{\partial V}{\partial r}\, S \cdot L = \frac{Z\alpha\hbar^3 c}{2m_{\mathrm{e}}^2 c^2} \frac{1}{r^3}\, S \cdot L \ . \tag{4.11}$$

Dabei ist $L = r \times p/\hbar$ der Operator des Bahndrehimpulses und S derjenige des Spins.

Dublettaufspaltung der Einelektronzustände. In einem äußeren Magnetfeld präzediert der Elektronenspin mit der Larmor-Frequenz um die Magnetfeldrichtung. In Atomen mit einem Valenzelektron präzedieren dank der Kopplung H_{LS} Spin und Bahndrehimpuls des Elektrons um einen resultierenden Gesamtdrehimpuls J. Wie bei der Kopplung von Bahndrehimpulsen (Abschn. 4.1) sind quantenmechanisch auch hier nur Gesamtdrehimpulse möglich, deren Quantenzahlen sich um ganze Zahlen unterscheiden und im Intervall $|l - s| \leq j \leq l + s$ liegen. Also kann j nur die beiden Werte $j = l \pm 1/2$ annehmen, wenn

$l \geq 1$ ist. Beide Zustände der s-Elektronen haben hingegen die Drehimpulsquantenzahl $j = 1/2$.

In der Nomenklatur der Spektroskopiker, die wir im Folgenden benutzen, werden die Terme der Atomspektren durch Angabe der Elektronenkonfiguration, der Multiplizität $2S + 1$, des Gesamtbahndrehimpulses L und des Gesamtdrehimpulses J bezeichnet. Für ein Atom mit einem Valenzelektron ($S = 1/2$) haben die Terme also eine Dublettstruktur und die Bezeichnung $nl\,^2L_J$ mit $L = l$ und $J = j$. Die Terme eines Atoms mit zwei Valenzelektronen sind entsprechend zu Singuletts und Tripletts gruppiert (bei LS-Kopplung, s. u.) und haben die Bezeichnung $nl\,n'l'\,^{2S+1}L_J$ mit $S = 0$ oder $S = 1$. Die möglichen Werte von L und J ergeben sich aus den Regeln der Drehimpulskopplung. Die Spin-Zustände der Singuletterme sind antimetrisch, die der Triplettterme symmetrisch.

Bei den Einelektronspektren ist die Spin-Bahn-Kopplung der Grund für die Feinstrukturaufspaltung der $nl\,^2L$-Terme mit $l \neq 0$ in die Feinstrukturterme mit $j = l \pm 1/2$. Der Energieabstand ΔE_{LS} der beiden Feinstrukturterme ergibt sich in 1. störungstheoretischer Näherung aus den Erwartungswerten von H_{LS}:

$$\Delta E_{\mathrm{LS}} = \frac{Z^4}{2n^3 l(l+1)} \alpha^4 m_{\mathrm{e}} c^2 = \frac{Z^4}{n^3 l(l+1)} \cdot 5.822\,\mathrm{cm}^{-1} \cdot hc\,. \tag{4.12}$$

Hier ist aber vorausgesetzt, dass das Valenzelektron sich in einem Coulomb-Potential bewegt. Die Formel gilt daher nur für Wasserstoff und wasserstoffartige Ionen. Für Alkali-Atome und alkali-artige Ionen ergibt sich eine für Abschätzungen (im Rahmen des Tauchbahnmodells, Abschn. 2.4) geeignete Näherungsformel, wenn man in Gl. (4.12) Z^4 durch $Z_{\mathrm{i}}^2 Z_{\mathrm{a}}^2$ und n durch n^* ersetzt (Landé, Z. Physik **25** (1924) 46). Dabei ist Z_{i} eine effektive Ladungszahl für die Elektronenbewegung in Kernnähe und Z_{a} die effektive Ladungszahl für den Bereich außerhalb der abgeschlossenen Schalen.

LS-Kopplung bei Atomen mit zwei Elektronen.

Bei Atomen mit zwei Valenzelektronen koppeln insgesamt vier Drehimpulse, nämlich die Spins und die Bahndrehimpulse der beiden Elektronen aneinander. Beim He-Atom und den Atomen der zweiten Haupt- und Nebengruppe des Periodensystems ist die Coulomb-Wechselwirkung der Elektronen inklusive Austauschintegral gewöhnlich wesentlich stärker als die Spin-Bahn-Kopplung. Daher lässt sich die Feinstruktur in guter Näherung berechnen, wenn man zunächst die Bahndrehimpulse und entsprechend die Spins der Elektronen zu einem Gesamtbahndrehimpuls L bzw. Gesamtspin S koppelt und anschließend L und S zu dem Gesamtdrehimpuls J des Atoms koppelt (▶Abb. 4.3). Die LS-Kopplung führt also im Allgemeinen (wie beim Hg-Atom (▶Abb. 2.5)) zu einer Feinstruktur mit einem Singuletterm und drei Triplettermen (falls $L \neq 0$). Bei den Triplettermen liegt gewöhnlich der Term mit $J = L - 1$ energetisch am tiefsten, dann folgen der Reihe nach die Terme mit $J = L$ und $J = L + 1$. Die beiden Energieabstände verhalten sich näherungsweise wie $\Delta E_{J+1,J}/\Delta E_{J,J-1} = (J + 1)/J$ (Landé'sche Intervallregel).

Nicht erfüllt ist die Intervallregel beim He-Atom. Denn hier ist nicht nur die Spin-Bahn-Kopplung des angeregten Elektrons bestimmend, sondern es tragen auch die magnetische Kopplung des Spins des $1s$-Elektrons an die Bahn des angeregten Elektrons und die magnetische Kopplung der beiden Elektronenspins aneinander maßgeblich zur Feinstrukturaufspaltung bei.

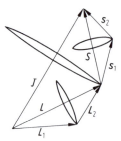
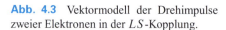

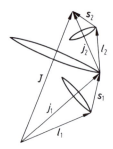

Abb. 4.3 Vektormodell der Drehimpulse zweier Elektronen in der LS-Kopplung.

Abb. 4.4 Vektormodell der Drehimpulse zweier Elektronen in der jj-Kopplung.

jj-Kopplung. Eine andere Feinstruktur erhält man, wenn zunächst Spin und Bahndrehimpuls der einzelnen Elektronen zu Gesamtdrehimpulsen j_i gekoppelt werden und anschließend diese zu einem Gesamtdrehimpuls J des Atoms (▶ Abb. 4.4). Eine solche jj-Kopplung ist bei der Elektron-Loch-Kopplung der schwereren Edelgase näherungsweise realisiert. Eine größere Bedeutung hat die jj-Kopplung im Rahmen des Schalenmodells der Atomkerne bei der Deutung der Termstruktur der Atomkerne (Abschn. 9.4).

Verschränkung von Mehrteilchenzuständen. Atome und Moleküle werden einerseits als Mehrteilchensysteme beschrieben, sind aber im quantendynamischen Grenzfall als *ein* ganzheitliches Quantenobjekt zu betrachten (Abschn. 2.5). In der Quantentheorie ist die *Verschränkung* der Zustandsvektoren von Mehrteilchensystemen ein wesentliches Merkmal für diesen *Wesenszug der Ganzheit.*

Mehrteilchensysteme können im einfachsten Fall quantenmechanisch als Produktzustände von Einteilchenzuständen dargestellt werden, allerdings nur, wenn die Teilchen nicht miteinander wechselwirken. Bei gleichartigen Teilchen bedingt schon die Austauschsymmetrie, dass Zweiteilchenzustände als *Superposition* von Produktzuständen dargestellt werden müssen (s. Gln. (4.1) und (4.2)). Diese *Quantenverschränkung* (entanglement) hat zur Folge, dass die Zustände der beiden einzelnen Teilchen miteinander korreliert sind. Zur Illustration dieser Korrelation betrachten wir die Spinzustände zweier Spin-1/2-Teilchen.

Die Spins der beiden Teilchen können zu einem Gesamtspin $S = 1$ oder $S = 0$ koppeln. Die Spinzustände der Einzelteilchen mit den Zeeman-Quantenzahlen $m_s = \pm 1/2$ seien $|\pm 1/2\rangle_i$ mit $i = 1, 2$. Das Gesamtsystem hat dann die Spinzustände $|S, m_S\rangle$:

$$|1, +1\rangle = |+1/2\rangle_1 \, |+1/2\rangle_2 \tag{4.13}$$

$$|1, 0\rangle = \sqrt{1/2} \, (|+1/2\rangle_1 \, |-1/2\rangle_2 + |-1/2\rangle_1 \, |+1/2\rangle_2) \tag{4.14}$$

$$|1, -1\rangle = |-1/2\rangle_1 \, |-1/2\rangle_2 \tag{4.15}$$

$$|0, 0\rangle = \sqrt{1/2} \, (|+1/2\rangle_1 \, |-1/2\rangle_2 - |-1/2\rangle_1 \, |+1/2\rangle_2) \ . \tag{4.16}$$

Die drei ($S = 1$)-Zustände sind symmetrisch in Bezug auf einen Austausch der Teilchen, der ($S = 0$)-Zustand hingegen antimetrisch. Im ($S = 0$)-Zustand ist also der $|+1/2\rangle$-Zustand des ersten Teilchens stets mit dem $|-1/2\rangle$-Zustand des zweiten Teilchens korreliert und umgekehrt.

Diese Korrelation mag für zwei in einem He-Atom gebundene Elektronen aus Sicht der klassischen Physik noch nicht paradox erscheinen. Es können aber auch ungebundene Spin-1/2-Teilchen in einem $(S = 0)$-Zustand präpariert werden, die sich nach der Präparation beliebig weit voneinander entfernen können. In diesem Fall führt die Quantenverschränkung zu – im Rahmen der klassischen Naturbeschreibung – paradox erscheinenden Konsequenzen. Erstmals machten 1936 Einstein, Podolski und Rosen auf dieses nichtklassische Verhalten von quantenmechanischen Mehrteilchensystemen aufmerksam (EPR-Paradoxon).

Proton-Proton-Streuung. Sehr einfach können zwei gleichartige Spin-1/2-Teilchen dank der Austauschsymmetrie des Gesamtzustandes in einem Streuexperiment in einen $(S = 0)$-Zustand gebracht werden. Die Austauschsymmetrie bedingt, dass der Spinzustand eines 2-Fermionensystems, das einen symmetrischen Ortszustand hat, antimetrisch ist. Der Gesamtspin eines solchen 2-Fermionensystems von Spin-1/2-Teilchen ist also $S = 0$.

Nun befinden sich aber zwei gleichartige Teilchen, die im Schwerpunktssystem aufeinandertreffen und mit einem Streuwinkel von 90° wieder auseinanderfliegen, stets in einem Zustand mit symmetrischer Ortsfunktion. Denn bei antimetrischer Ortsfunktion interferieren die beiden Teilchenwellen bei 90°-Streuung destruktiv (vgl. Abschn. 1.5). Bei einer 90°-Streuung fliegen die beiden Teilchen also mit verschränkten, zum Gesamtdrehimpuls $S = 0$ koppelnden Spins auseinander.

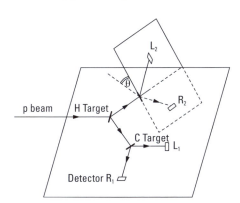

Abb. 4.5 Schema der Versuchanordnung von M. Lamehi-Rachti und W. Mittig (Phys. Rev. D14 (1976) 2543) zum Nachweis der Verschränkung der Spinzustände zweier Protonen nach einem Streuprozess bei einem Streuwinkel $\vartheta_{CM} = 90°$.

Experimentell wurde 1976 von M. Lamehi-Rachti und W. Mittig in dieser Weise die Verschränkung der Spins von zwei Protonen nachgewiesen. Ein 13-MeV-Protonenstrahl wurde auf ein H-Target (Polyäthylen(CH$_2$)-Folie, d. h. nahezu ruhende Target-Teilchen) gerichtet. Einer 90°-Streuung im Schwerpunktssystem entspricht dann im Laborsystem eine 45°-Streuung. Projektil- und Target-Proton fliegen senkrecht zueinander und unter 45° relativ zur Strahlrichtung mit gleicher Energie auseinander (▶Abb. 4.5). Um die Verschränkung der Protonenspins nachzuweisen, wird die Spinpolarisation der beiden Protonen analysiert. Dazu werden die am H-Target gestreuten Protonen erneut gestreut, diesmal an einem ^{12}C-Target (Kohlenstofffolien), und unter einem (mittleren) Streuwinkel von 50° detektiert. Die Energie (etwa 6 MeV) der auf das ^{12}C-Target treffenden Protonen ist gerade so groß, dass bei der Streuung auch die Kernkräfte und die damit verbundene Spin-Bahn-Kopplung (Abschn. 9.4) wirksam wird. Die Spin-Bahn-Kopplung hat zur

URL für QR-Code: www.degruyter.com/verschraenkung

Folge, dass der differentielle Streuquerschnitt nicht nur vom Streuwinkel θ, sondern auch von der Richtung des Protonenspins und damit vom Azimutwinkel ϕ abhängt.

Die mit der in ► Abb. 4.5 gezeigten Anordnung durchgeführten Koinzidenzmessungen bestätigten die für $^1S_0$-Zustände zu erwartende Korrelation der Spins der beiden Protonen. Obwohl ohne Koinzidenzschaltung keine Polarisation der gestreuten Protonen nachzuweisen ist, haben die bei 45°-Streuung am H-Target entstehenden Protonenpaare stets entgegengesetzte Polarisation.

4.3 Hyperfeinstruktur und Isotopieverschiebung

Als Atomkern wurde bisher eine Z-fach geladene Punktladung im Zentrum des Atoms angenommen. Auch wurde angenommen, dass die Masse des Atomkerns so viel größer als die Elektronenmasse m_e ist, dass die Mitbewegung des Kerns vernachlässigbar ist. Beide Annahmen sind nur bedingt gerechtfertigt. Genaue Analysen der atomaren Spektren zeigen, a) dass die Spektrallinien verschiedener Isotope ein und desselben chemischen Elements etwas verschiedene Wellenlängen haben, also eine *Isotopieverschiebung* aufweisen und b) dass bei vielen Isotopen die einzelnen Spektrallinien eines Feinstruktur-Multipletts aus mehreren Komponenten bestehen, also auch eine *Hyperfeinstruktur* haben. Es sind insbesondere die Isotope mit ungerader Protonen- und/oder ungerader Neutronenzahl, bei denen eine Hyperfeinstruktur beobachtet wird.

Isotopieverschiebung und Hyperfeinstruktur lassen sich mit der Annahme erklären, dass auch die Atomkerne eine räumlich ausgedehnte Ladungsverteilung und einen Spin haben, mit dem ein *magnetisches Kerndipolmoment* verknüpft ist. Die Isotopieverschiebung ist bei den leichten Atomen, insbesondere bei den Wasserstoffisotopen H und D mit der Mitbewegung des Atomkerns zu erklären (*Mitbewegungseffekt*, Abschn. 2.2). Bei den schweren Atomen ($A > 40$) hingegen ergibt sich die Isotopieverschiebung aus der räumlichen Ausdehnung des Atomkerns (*Volumeneffekt*). Die Isotopieverschiebung deutet darauf hin, dass die etwa kugelsymmetrischen Kerne einen Radius $r_N \approx A^{1/3} \cdot 1{.}3 \cdot 10^{-15}$ m haben. Eine genaue Analyse der Hyperfeinstruktur weist aber auch auf eine geringe Abweichung der Ladungsverteilung im Kern von der Kugelsymmetrie hin (elektrisches Kernquadrupolmoment).

Kerndipolmoment und A-Faktor der Hyperfeinstruktur. Wie das Elektron haben auch die Nukleonen Proton und Neutron einen Spin mit der Quantenzahl $I_N = 1/2$. In Analogie zum Elektron erwartet man, dass das Proton auch ein magnetisches Dipolmoment von etwa der Größe des *Kernmagnetons*

$$\mu_N = \frac{e_0 \hbar}{2 m_p} = \frac{1}{1836} \mu_B = 5{.}050783 \cdot 10^{-27}\, \mathrm{J\,T^{-1}} \qquad (4.17)$$

hat. Tatsächlich ist das magnetische Moment des Protons entsprechend seiner 1836-mal größeren Masse wesentlich kleiner als das magnetische Moment des Elektrons, aber dennoch erheblich größer als das Kernmagneton μ_N. Anders als beim Elektron ist der g-Faktor wesentlich größer als 2. Es ist $\mu_p = g_p \mu_N / 2$ mit

$$g_p = 5{.}586\,. \qquad (4.18)$$

Ferner ist das Dipolmoment des Protons wegen der positiven Ladung parallel zum Spin und nicht antiparallel wie beim Elektron gerichtet.

Auch das Neutron hat ein magnetisches Dipolmoment $\mu_n = g_n \mu_N$, obwohl es elektrisch neutral ist. Das Dipolmoment ist antiparallel zum Spin gerichtet und hat den g-Faktor

$$g_n = -3.826 \ . \tag{4.19}$$

Die magnetischen Dipolmomente $\boldsymbol{\mu}_I = g_I \mu_N \boldsymbol{I}$ der Atomkerne mit einer Spinquantenzahl $I \neq 0$ ergeben sich aus Spin und Bahnbewegung der Nukleonen im Atomkern und sind folglich auch von der Größenordnung μ_N. Im Atom wechselwirken sie mit dem Magnetfeld $\boldsymbol{B}(r = 0) = B(0) \cdot \boldsymbol{J}/J$, das durch die Bewegung der Elektronen mit der Gesamtdrehimpulsquantenzahl J am Ort des Kerns erzeugt wird. Als Operator der Hyperfeinwechselwirkung erhält man damit

$$H_{hfs} = A \cdot \boldsymbol{I} \, \boldsymbol{J} \tag{4.20}$$

mit dem *A-Faktor* $A = g_I \mu_N B(0)/J$. Dabei ist $B(0)$ der Erwartungswert des Magnetfeldoperators am Kernort. Dank der Hyperfeinwechselwirkung koppeln Kerndrehimpuls $\boldsymbol{I}$ und Hüllendrehimpuls $\boldsymbol{J}$ zu einem Gesamtdrehimpuls $\boldsymbol{F} = \boldsymbol{I} + \boldsymbol{J}$.

Die Eigenwerte des Produktoperators $\boldsymbol{I} \, \boldsymbol{J}$ ergeben sich aus der Vektorbeziehung

$$\boldsymbol{I} \, \boldsymbol{J} = (\boldsymbol{F}^2 - \boldsymbol{I}^2 - \boldsymbol{J}^2)/2 \ . \tag{4.21}$$

Da die Drehimpulsquantenzahlen sich nur in ganzzahligen Schritten ändern können und die Eigenwerte der Quadrate wie die Eigenwerte $l(l+1)$ von $\boldsymbol{L}^2$ berechnet werden können, erhält man mit den Quantenzahlen F, I und J für den Operator H_{hfs} die Eigenwerte

$$E_F = \frac{1}{2} A \cdot C \tag{4.22}$$

mit

$$C = F(F + 1) - I(I + 1) - J(J + 1) \ . \tag{4.23}$$

Ein Feinstrukturterm mit der Quantenzahl J besteht also aus entweder $2I$ (falls $I \leq J$) oder $2J$ (falls $I \geq J$) Hyperfeinniveaus E_F, wenn der Kern den Spin I hat (▶ Abb. 4.7 und ▶ Abb. 4.13). Abhängig vom Vorzeichen des Kern-g-Faktors liegt die Komponente mit dem größten F oder die Komponente mit dem kleinsten F energetisch am höchsten. Die Termfolge erfüllt die Landé'sche Intervallregel: $\Delta E_{F,F-1} = A \cdot F$. Demnach verhalten sich die Abstände benachbarter Terme wie die F-Quantenzahlen des Terms mit der jeweils höheren Quantenzahl. Wenn Abweichungen von der Landé'schen Intervallregel auftreten, weist das auf eine Wechselwirkung höherer Multipolarität hin.

Kernquadrupolwechselwirkung. Eine solche Abweichung ergibt sich, wenn die Ladungsverteilung des Kerns nicht kugelsymmetrisch ist. In diesem Fall hat der Kern ein elektrisches Quadrupolmoment Q. Das Quadrupolmoment ist positv ($Q > 0$), wenn die Ladungsverteilung einem gestreckten Ellipsoid (cigar-shaped), und negativ, wenn sie einem abgeplatteten Ellipsoid (pancake-shaped) entspricht (▶ Abb. 4.6).

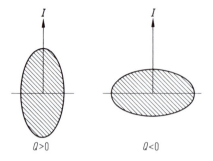

Abb. 4.6 Die schraffierten Flächen stellen die Ladungsverteilungen von Atomkernen mit Quadrupolmomenten $Q > 0$ und $Q < 0$ dar, wobei die Richtung des Kernspins I die Richtung der Symmetrieachse angibt.

Das Quadrupolmoment des Kerns beeinflusst die Hyperfeinaufspaltung, wenn das elektrische Feld $\boldsymbol{F}(\boldsymbol{r})$ am Kernort einen Gradienten $\partial F_z/\partial z \neq 0$ (Erwartungswert) hat. Das ist nur möglich, wenn $J \geq 1$ ist. Die Wechselwirkung des Quadrupolmoments mit dem Feldgradienten trägt mit einem Beitrag ΔE_F zur Verschiebung des Hyperfeinniveaus E_F bei gemäß der Formel

$$\Delta E_\Gamma = \frac{3}{8} B \frac{C(C+1) - 4/3\, I(I+1)J(J+1)}{I(2I-1)J(2J-1)} .\tag{4.24}$$

Dabei ist der B-Faktor ein Maß für die Stärke der Wechselwirkung. ▶ Abb. 4.7 zeigt ein Beispiel für die Hyperfeinaufspaltung eines Feinstrukturterms mit $J = 1$.

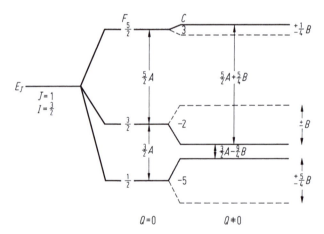

Abb. 4.7 Termschema eines Hyperfeinstruktur-Multipletts für $J = 1$, $I = 3/2$: Die Landé'sche Intervallregel (Niveauabstände $5/2A, 3/2A$) ist erfüllt, wenn $Q = 0$ ist (Mitte). Falls $Q \neq 0$ ist, gibt es Abweichungen, gestrichelte Terme für $B < 0$, ausgezogene Terme für $B > 0$ (rechte Seite).

Isotopieverschiebung. Viele Elemente haben mehrere stabile Isotope und für fast alle Elemente gibt es außerdem ein oder mehrere langlebige radioaktive Isotope, an denen auch Messungen zur Bestimmung von Hyperfeinstruktur und Isotopieverschiebung durchgeführt werden können. Da der Radius der Atomkerne mit der Massenzahl A zunimmt, haben die verschiedenen Isotope etwas unterschiedliche elektrische Potentiale $V(r)$. Außerhalb der Kerne hat es die $1/r$-Abhängigkeit des Coulomb-Potentials, aber innerhalb des Kerns ist es bei homogener Ladungsverteilung parabelförmig (▶ Abb. 4.8a).

Elektronen mit einer großen Aufenthaltswahrscheinlichkeit am Kernort, also vor allem s-Elektronen (Abschn. 2.3) sind wegen der etwas verschiedenen Potentialfunktionen in verschiedenen Isotopen etwas unterschiedlich fest gebunden. Wenn daher bei einem Strahlungsübergang s-Elektronen in Zustände mit Drehimpulsen $l > 0$ springen, haben die dabei emittierten Spektrallinien der verschiedenen Isotope unterschiedliche Wellenlängen. ▶ Abb. 4.8b zeigt ein Beispiel.

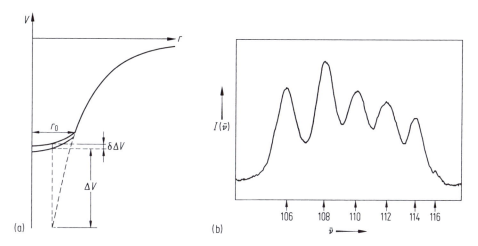

Abb. 4.8 (a) Unterschied der Potentialkurven der Atomkerne von zwei verschiedenen Isotopen mit geringfügig verschiedenen Kernradien r_0 und deshalb etwas verschiedenen Potentialtiefen. (b) Isotopieverschiebungen in der Cadmium-Ionenlinie $\lambda = 441.6$ nm (Übergang $4d^{10}5p\,^2P_{3/2} \to 4d^9 5s^2\,^2D_{5/2}$) mit den Isotopen der Massenzahlen $106, 108, \ldots, 116$. ($\bar{\nu}_{108} - \bar{\nu}_{106} = 0.045$ cm^{-1}), (nach Kuhn und Ramsden, 1956).

4.4 Wasserstoffatom und wasserstoffartige Ionen

Als Atom mit nur einem Elektron hat das Wasserstoffatom nicht nur in der Atomphysik eine Sonderstellung. Es ist der „Rosetta-Stein" der Quantenmechanik. Das Wasserstoffspektrum gab den Anstoß für das Bohr'sche Atommodell. Für das Einteilchenproblem konnte Schrödinger die Eigenschwingungen des Wellenfeldes eines Elektrons im Coulomb-Potential berechnen. Aber nicht nur die Grobstruktur des Wasserstoffspektrums gab entscheidende Anstöße zur Entwicklung der Quantenmechanik. Das Gleiche gilt für die Fein- und Hyperfeinstruktur.

Die Grobstruktur konnte noch im Rahmen einer nichtrelativistischen Theorie erklärt werden. Da das Elektron sich aber auf den Bohr'schen Bahnen mit der Geschwindigkeit $v_n = \alpha c/n$ bewegt (s. Abschn. 2.2), sind bei einer präzisen Berechnung der Termstruktur des H-Atoms schon relativistische Effekte zu berücksichtigen. Eine relativistische Wellengleichung ist die Dirac-Gleichung. Sie zeigt, dass die Feinstruktur aus der Lorentz-Invarianz der Dirac-Gleichung folgt. Die in Abschn. 3.5 bereits erwähnten Lamb-Verschiebungen der $ns\,^2S_{1/2}$-Zustände des H-Atoms (▶ Abb. 4.9) zeigen aber, dass auch die Dirac-Theorie die Bewegung eines Elektrons im Coulomb-Potential nur näherungsweise beschreibt. Nicht berücksichtigt wird die Wechselwirkung des Atoms mit dem Strahlungsfeld. Der Nachweis der Lamb-Verschiebung des $2s\,^2S_{1/2}$-Terms gab den entscheidenden Anstoß zur Entwicklung der *Quantenelektrodynamik* (Abschn. 12.1), insbesondere der *Renormierungsverfahren*. Sie erlauben eine exakte Berechnung von *Strahlungskorrekturen* und damit auch der Lamb-Verschiebungen.

Fein- und Hyperfeinstruktur. Experimentell können heute nicht nur die Fein- und Hyperfeinstruktur des H-Spektrums, sondern auch die Frequenzen der optischen Spektrallinien mit den Methoden der Doppler-freien Spektroskopie mit extremer Genauigkeit bestimmt werden (Abschn. 3.5). Aber bereits in den vierziger Jahren des vorigen Jahrhunderts wurden mit Methoden der Hochfrequenzspektroskopie Fein- und Hyperfeinstruktur mit höchster Präzision gemessen (Abschn. 5.1). Einen Überblick über die Fein- und Hyperfeinstruktur der Terme mit den Hauptquantenzahlen $n = 1$ und $n = 2$ gibt ▶ Abb. 4.9. Es ist das Termschema des leichten Wasserstoffs (H-Atom) mit einem Proton als Kern. Deuteronen haben einen Kernspin $I = 1$, ein kleineres magnetisches Kernmoment und außerdem ein (kleines) Kernquadrupolmoment.

Nach der nichtrelativistischen Quantenmechanik hätte man erwartet, dass für ein spinloses Elektron die $2s$- und $2p$-Zustände gleiche Energie hätten (l-Entartung). Aber

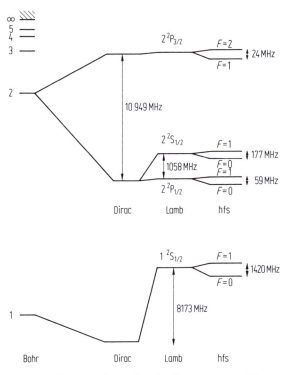

Abb. 4.9 Wasserstoff-Termschema für die Hauptquantenzahlen $n = 1$ und $n = 2$ („Bohr") unter Berücksichtigung der normalen Feinstruktur („Dirac"), der Lamb-Verschiebung und der Hyperfeinstruktur-Aufspaltung („hfs").

schon A. Sommerfeld (1868 – 1951) erweiterte das Bohr'sche Atommodell, indem er auch elliptische Bahnen zuließ, und erklärte die damals bekannte Feinstruktur des H-Atoms, indem er relativistische Korrekturterme berechnete (1916). In diesem Zusammenhang führte er die Feinstrukturkonstante α in die Physik ein.

Eine relativistische Wellenmechanik wurde 1928 von P. A. M. Dirac formuliert (s. u.). Aus der Dirac-Gleichung ergibt sich, dass das Elektron einen Spin $\hbar/2$ hat und infolgedessen zwischen den Termen $2s\,^2S_{1/2}$, $2p\,^2P_{1/2}$ und $2p\,^2P_{3/2}$ unterschieden werden muss. Die Zustände des $2s\,^2S_{1/2}$- und des $2p\,^2P_{1/2}$-Terms wären aber auch nach der Dirac-Theorie entartet.

Willis E. Lamb (1913 – 2008, Nobelpreis 1955) wies mit seinem Mitarbeiter Retherford 1947 nach, dass die beiden Terme tatsächlich einen Frequenzabstand (Lamb-Verschiebung) von 1058 MHz haben (Abschn. 5.1). Diese Entdeckung gab den Anstoß zur Entwicklung der Quantenelektrodynamik zu einer renormierbaren Eichfeldtheorie (Abschn. 12.1).

Schließlich ist – abhängig vom Isotop – auch die Wechselwirkung des Elektrons mit den Kernmomenten zu berücksichtigen. Diese führt auch zu einer Aufspaltung des $1s$-Grundzustands. Der Frequenzabstand der beiden Hyperfeinterme des H-Atom-Grundzustands beträgt 1420 MHz. Übergänge zwischen beiden Niveaus werden beim Wasserstoff-Maser (Abschn. 3.1) genutzt und als 21-cm-Welle in der Radioastronomie (Bd. 2, Kap. 14) beobachtet. Sie sind also wichtig für den Nachweis des interstellaren Wasserstoffs.

Dirac-Gleichung. Für Elektronen, die sich im feldfreien Raum bewegen und sich folglich quantenmechanisch als ebene Welle $\Psi(\boldsymbol{r}, t)$ beschreiben lassen, schlug Dirac eine relativistische Wellengleichung

$$\mathbf{D}\Psi = m_{\mathrm{e}}\,c^2\,\Psi \tag{4.25}$$

vor, eine gegenüber Lorentz-Transformationen invariante partielle Differentialgleichung, in der – im Gegensatz zur Wellengleichung (1.13) (Abschn. 1.3) – nur Ableitungen erster Ordnung auftreten. Wir schreiben sie mit dem relativistischen Wellenoperator

$$\mathbf{D} = \hbar\,\gamma_0\,\left(i\,\frac{\partial}{\partial t} + \gamma_5\,\boldsymbol{\sigma}\,\frac{c}{i}\,\boldsymbol{\nabla}\right)\,. \tag{4.26}$$

Dabei können die Operatoren γ_0, γ_5 und die drei Komponenten σ_i des vektoriellen Operators $\boldsymbol{\sigma} = \{\sigma_1, \sigma_2, \sigma_3\}$ als vierreihige Matrizen dargestellt werden. Dementsprechend sind dann die Wellenfunktionen Ψ vierkomponentige *Spinoren*, die durch Spaltenvektoren mit vier komplexen Komponenten repräsentiert werden. Die drei σ_i-Operatoren sind paarweise antikommutativ und es ist $\sigma_i^2 = 1$ und $\sigma_1\sigma_2 = i\,\sigma_3$. Es sind die Spinoperatoren $\boldsymbol{\sigma} = 2\boldsymbol{S}$, die auch als 2-reihige *Pauli'sche Spinmatrizen* dargestellt werden können:

$$\sigma_1 = \begin{pmatrix} 0 & 1 \\ 1 & 0 \end{pmatrix}, \quad \sigma_2 = \begin{pmatrix} 0 & i \\ -i & 0 \end{pmatrix}, \quad \sigma_3 = \begin{pmatrix} 1 & 0 \\ 0 & -1 \end{pmatrix}\,. \tag{4.27}$$

Auch die drei γ-Operatoren γ_0, γ_5 und $\gamma_0\gamma_5/i$ sind paarweise antikommutativ und ergeben quadriert die Identität ($\gamma^2 = 1$). Es kommutieren aber die drei γ-Operatoren mit allen drei

σ-Operatoren. Mit diesen σ- und γ-Operatoren ergibt sich für $\mathbf{D}^2$ der skalare Operator

$$\mathbf{D}^2 = -\hbar^2 \left(\frac{\partial^2}{\partial t^2} - c^2\,\mathbf{\nabla}^2 \right) . \tag{4.28}$$

Als Wellengleichung für Spin-0-Teilchen mit einer Masse $m \neq 0$ erhält man damit die *Klein-Gordon-Gleichung*:

$$-\hbar^2 \left(\frac{\partial^2}{\partial t^2} - c^2\,\mathbf{\nabla}^2 \right) \psi = (mc^2)^2\,\psi . \tag{4.29}$$

Es ist die bereits in Abschn. 1.3 erwähnte Wellengleichung (1.13).

Diese relativistischen Wellengleichungen (4.29) und (4.25) gelten für Spin-0- bzw. Spin-1/2-Teilchen im feldfreien Raum. Für Elektronen, die sich im Coulomb-Potential eines Z-fach geladenen Kerns bewegen, ergibt sich aus der relativistischen Wellengleichung für Spin-1/2-Teilchen die *Dirac-Gleichung* für wasserstoffartige Ionen:

$$H_{\mathrm{D}}\,\Psi(\boldsymbol{r}) = E\,\Psi(\boldsymbol{r}) \tag{4.30}$$

mit dem Hamilton-Operator

$$H_{\mathrm{D}} = \gamma_5\,\boldsymbol{\sigma}\,i\,c\,\boldsymbol{p} + \gamma_0\,m_{\mathrm{e}}\,c^2 - \frac{Z\,\alpha\,\hbar c}{r} . \tag{4.31}$$

Elektronenspin und Antimaterie. Die Dirac-Theorie wird ausführlich in den Lehrbüchern der Quantenelektrodynamik behandelt. Hier sollen nur wenige grundlegende Konsequenzen erwähnt werden. Die 2-reihigen σ-Matrizen wurden bereits 1927 von W. Pauli zur Beschreibung des Elektronenspins in der nichtrelativistischen Quantenmechanik eingeführt. $\boldsymbol{S} = \boldsymbol{\sigma}/2$ ist der Operator des Elektronenspins. Die Dirac-Gleichung für die Bewegung eines freien Elektrons im Magnetfeld ergibt eine Kopplung des Spins an das Magnetfeld mit dem Landé-Faktor $g = 2$. Angesichts der Genauigkeit der experimentellen Daten zur damaligen Zeit war dies ein grandioser Erfolg der Dirac-Theorie. Die später in $(g - 2)$-Experimenten gemessenen Abweichungen vom Dirac-Wert sind Strahlungskorrekturen, die nur bei Berücksichtigung der Wechselwirkung des Elektrons mit dem Strahlungsfeld berechnet werden können.

Außer den σ-Operatoren treten im relativistischen Wellenoperator $\mathbf{D}$ (Gl. 4.26) die mit den σ-Operatoren kommutierenden γ-Operatoren γ_0 und γ_5 auf. Ihr Auftreten hat zur Folge, dass die γ- und σ-Operatoren mit 4-reihigen Matrizen dargestellt und 4-komponentige Spinoren eingeführt werden müssen. Damit verdoppelt sich die Anzahl der möglichen Teilchenzustände. Außer den bekannten Zuständen des Elektrons e^- gibt es eine entsprechende Vielfalt von Zuständen eines Teilchens e^+ mit gleicher Masse aber positiver Ladung. Diese *Positronen* wurden 1932 zunächst in der kosmischen Höhenstrahlung von C. D. Anderson (1905 – 1991, Nobelpreis 1936) nachgewiesen. Sie werden aber auch von radioaktiven Kernen bei β-Zerfällen emittiert (Abschn. 10.4). Eine dank der γ-Operatoren zusätzlich anwendbare Symmetrieoperation wird *Ladungskonjugation* genannt und hat letztlich die Konsequenz, dass es zu jedem Teilchen auch ein *Antiteilchen* gibt (Abschn. 12.1).

Schließlich ergeben sich aus der Dirac-Theorie quantitative Aussagen zur Grob- und Feinstruktur des Wasserstoffs und der wasserstoffartigen Ionen. Der Hamilton-Operator (4.31) hat die Energieeigenwerte (in der Einheit $m_e c^2$)

$$E_{n,j} = \left(\left[1 + \frac{Z^2 \alpha^2}{[n - j - 1/2 + \sqrt{(j + 1/2)^2 - Z^2\alpha^2}]^2} \right]^{-\frac{1}{2}} - 1 \right). \quad (4.32)$$

Terme, die sich nur in der Quantenzahl l unterscheiden, also gleiches n (Hauptquantenzahl) und gleiches $j = l \pm 1/2$ (Gesamtdrehimpuls des Elektrons) haben, sind nach der Dirac-Theorie entartet. Demnach hätten also die Feinstrukturterme $2s\,^2S_{1/2}$ und $2p\,^2P_{1/2}$ gleiche Energie.

Strahlungskorrekturen. Die experimentellen Entdeckungen a) der Lamb-Verschiebung und b) der Abweichung des g-Faktors des Elektrons von dem nach der Dirac-Theorie erwarteten Wert $g = 2$ waren ein deutlicher Hinweis darauf, dass auch die Dirac-Theorie unvollkommen ist. Tatsächlich erklärt die Dirac-Theorie auch nicht den spontanen Zerfall der angeregten Terme des Wasserstoffs. In der Theorie bleibt also die Wechselwirkung des Atoms bzw. des Elektrons mit dem Strahlungsfeld unberücksichtigt. Diese Wechselwirkung ergibt im Rahmen der Quantenfeldtheorie in erster störungstheoretischer Näherung die Übergangsraten der spontanen Übergänge (Abschn. 2.6).

Höhere Näherungen konnten erst nach Entwicklung von *Renormierungsverfahren* für Masse und Ladung des Elektrons berechnet werden (Abschn. 12.1). Mithilfe dieser Verfahren lassen sich auch die Abweichungen der experimentellen Energiewerte von den Ergebnissen der Dirac-Theorie sehr genau theoretisch erklären. Für den g-Faktor des Elektrons erhält man mit einer Störungsrechnung 2. Ordnung

$$g = 2(1 + \alpha/2\pi + \cdots). \quad (4.33)$$

Die berechnete Lamb-Verschiebung (Lamb shift) des $2s$-Terms des H-Atoms ist im Einklang mit dem experimentellen Wert $\Delta E_{\mathrm{Ls}} = (1057,85\,\mathrm{MHz}) \cdot h$. Sehr viel größer ist sie für den Grundzustand des H-Atoms und für wasserstoffartige Ionen. Sie skaliert etwa wie $\Delta E_{\mathrm{Ls}} \sim Z^4/n^3$.

Positronium und Myonium. Als wasserstoffartige Systeme sind schließlich auch *Positronium* und *Myonium* von grundlegendem Interesse. Im Positronium sind ein Elektron und ein Positron aneinander gebunden. Da beide Teilchen die gleiche Masse m_e haben, hat die reduzierte Masse den Wert $m_e/2$. Die Bindungsenergie des Positroniums ist deshalb nur halb so groß wie die des H-Atoms.

Mit Elektron und Positron nah verwandt sind die Myonen μ^+ und μ^-. Sie gehören wie die Elektronen zu den *Leptonen* (Kap. 11). Die Myonen sind instabil (Lebensdauer $\tau \approx 2\,\mu\mathrm{s}$) und unterscheiden sich von Elektron und Positron vor allem in der Masse: Es ist $m_\mu \approx 207\,m_e$. Mit den Myonen können weitere wasserstoffartige Systeme gebildet werden. Experimentell zu realisieren ist am leichtesten *Myonium*, eine Verbindung von μ^+ und e^-. Ausschnitte aus den Termschemata von Positronium und Myonium zeigt ▶ Abb. 4.10.

Auch die Spektren von Positronium und Myonium wurden eingehend experimentell und theoretisch untersucht. Eine Besonderheit des Positroniums ist die *Paarvernichtung*.

URL für QR-Code: www.degruyter.com/exotisch

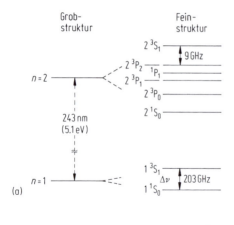

(a)

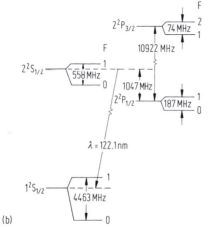

(b)

Abb. 4.10 Termschemata von Positronium (a) und Myonium (b).

Da es sich um ein Teilchen-Antiteilchenpaar handelt, kann Positronium in zwei oder drei γ-Quanten zerstrahlen. Alle Ergebnisse der bisherigen Präzisionsmessungen bestätigen die Voraussagen von Dirac-Theorie und Quantenelektrodynamik.

4.5 Zeeman- und Stark-Aufspaltung

Ebenso wie das Elektron haben auch freie Atome, wenn sie sich in einem Zustand mit der Energie E und einem Gesamtdrehimpuls $J \neq 0$ (oder $F \neq 0$) befinden, ein magnetisches Moment μ_J (bzw. μ_F). In einem homogenen Magnetfeld $\boldsymbol{B}$ gibt es daher eine Wechselwirkung des Atoms mit dem Feld, die zur Zeeman-Aufspaltung (benannt nach P. Zeeman, 1865 – 1943, Nobelpreis 1902) des Energieniveaus führt. In erster störungstheoretischer Näherung wächst die Aufspaltung linear mit der Feldstärke.

Freie Atome haben aber in den stationären Zuständen, die entweder positive oder negative Parität haben, kein elektrisches Dipolmoment. Daher wirkt ein elektrisches Feld gewöhnlich erst in zweiter störungstheoretischer Näherung auf das Atom (Stark-Effekt, benannt nach J. Stark, 1874 – 1957, Nobelpreis 1919). In diesem Fall ergibt sich einerseits eine Energieverschiebung und andererseits, wenn $J \geq 1$, eine Aufspaltung, die beide mit dem Quadrat der Feldstärke wachsen.

Zeeman-Aufspaltung von Singuletts. Am einfachsten ist die Zeeman-Aufspaltung der Singulettspektren. Da nur die Bahnbewegung der Elektronen zum magnetischen Moment beitragen kann, haben die Atome in allen ^{1}L-Zuständen ($L \geq 1$) ein magnetisches Moment, das durch den Operator

$$\boldsymbol{\mu}_{\mathrm{L}} = -g_{\mathrm{L}}\,\mu_{\mathrm{B}}\,\boldsymbol{L} \tag{4.34}$$

mit $g_{\mathrm{L}} \approx 1$ beschrieben wird. (Minimale Abweichungen von $g_{\mathrm{L}} = 1$ ergeben sich aus der Mitbewegung des Atomkerns.)

Die Energieverschiebung der Zeeman-Zustände $|L, M\rangle$ ist daher proportional zur Magnetfeldstärke und zur Zeeman-Quantenzahl M (Projektion des Bahndrehimpulses L auf die Magnetfeldrichtung) gemäß der Formel

$$\Delta E_{\mathrm{LM}} = g_{\mathrm{L}}\,M\,\mu_{\mathrm{B}}\,B \ . \tag{4.35}$$

Diese Zeeman-Aufspaltung der Singulettterme hat eine entsprechende Aufspaltung der atomaren Spektrallinien zur Folge, die bei elektrischen Dipolübergängen emittiert werden. Elektrische Dipolübergänge sind nur zwischen Zuständen mit verschiedener Parität möglich, deren Zeeman-Quantenzahlen sich um $|\Delta M| \leq 1$ unterscheiden (▶Abb. 4.11).

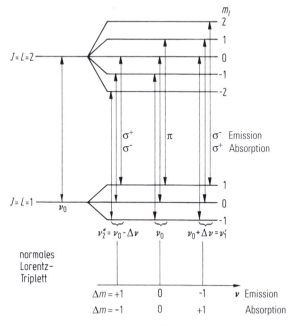

Abb. 4.11 Normaler Zeeman-Effekt mit $\sigma^{\pm}$- und π-Übergangskomponenten zwischen magnetisch aufgespalteten Zuständen $L = J = 2$ und $L = J = 1$, Emissionen von $J = 2$ nach $J = 1$, Absorptionen von $J = 1$ nach $J = 2$.

Bei spontaner Emission entspricht die Winkelverteilung der emittierten Photonen der Abstrahlcharakteristik der entsprechenden klassischen Dipole. ($\Delta M = 0$)-Übergänge (π-Übergänge) strahlen also wie ein in Magnetfeldrichtung schwingender Hertz'scher Dipol und ($\Delta M = \pm 1$)-Übergänge (σ-Übergänge) wie auf Kreisbahnen senkrecht zur Magnetfeldrichtung rechts- bzw. links-zirkular umlaufende Elektronen. Bei Beobachtung aus einer Richtung senkrecht zur Magnetfeldrichtung sieht man also stets eine Aufspaltung in drei Komponenten (Lorentz-Triplett). Da in gleicher Weise auch die elektromagnetische Strahlung, die von einem in einem Parabelpotential schwingenden Elektron emittiert wird (also einem klassischen harmonischen Oszillator mit sphärisch symmetrischem Potential), im Magnetfeld in drei Komponenten aufspaltet, nennt man diese Auspaltung den *normalen* Zeeman-Effekt.

Zeeman-Aufspaltung von Feinstrukturmultipletts. Eine andere Aufspaltung ergibt sich, wenn nicht nur der Bahndrehimpuls, sondern auch der Elektronenspin zum Gesamtdrehimpuls der Atome beiträgt (▶Abb. 4.12). Da das magnetische Moment der Bahnbe-

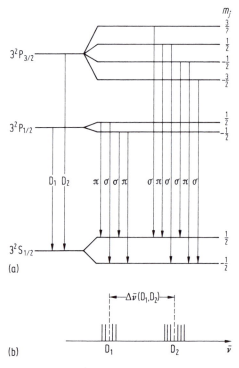

Abb. 4.12 (a) Schematische Darstellung der Zeeman-Aufspaltung bei einer vorgegebenen magnetischen Feldstärke mit den π- und σ-Übergängen der Natrium-D_1- und D_2-Emissionslinien. Die tatsächliche Aufspaltung der magnetischen Unterzustände m_J ist klein im Vergleich zur Feinstruktur-Aufspaltung $\Delta E(3^2P_{3/2},{}^2P_{1/2}) = 2.1 \cdot 10^{-3}$ eV. (b) Dublett-Differenz $\Delta\bar{\nu}(D_1, D_2) = 17.2\,\mathrm{cm}^{-1}$ und Zeeman-Aufspaltung der beiden D-Linien. Das Aufspaltungsbild bezieht sich auf ein magnetisches Feld, in dem die vier Zeeman-Komponenten der D_1-Linie und die sechs der D_2-Linie nur wenig im Vergleich zur Dublett-Differenz aufgespalten sind.

wegung mit dem g-Faktor $g_L \approx 1$, das magnetische Moment des Elektronenspins aber mit $g_S \approx 2$ zu berechnen ist, haben die g-Faktoren der Feinstrukturterme im Allgemeinen verschiedene Werte. Bei LS-Kopplung errechnet sich das magnetische Moment $\boldsymbol{\mu}_J$ des Atoms, das sich in einem $^{2S+1}L_J$-Zustand befindet, nach der Formel

$$\boldsymbol{\mu}_J = g_J \, \mu_B \, \boldsymbol{J} \tag{4.36}$$

mit dem g_J-Faktor

$$g_J = g_L \, \frac{J(J+1) + L(L+1) - S(S+1)}{2J(J+1)}$$

$$+ \, g_S \, \frac{J(J+1) + S(S+1) - L(L+1)}{2J(J+1)} \, . \tag{4.37}$$

Die bei elektrischen Dipolübergängen emittierten Spektrallinien haben in diesem Fall mehr als drei Komponenten (anomaler Zeeman-Effekt).

Mit der Formel (4.36) lässt sich die Zeeman-Aufspaltung der Feinstrukturterme nur berechnen, wenn die Aufspaltung noch hinreichend klein im Vergleich mit den Energieabständen der Feinstrukturterme ist (Zeeman-Gebiet der Feinstruktur). Andernfalls entkoppeln Spin und Bahndrehimpuls und präzedieren bei hinreichend hohen Feldstärken unabhängig voneinander um die Magnetfeldrichtung (Paschen-Back-Gebiet der Feinstruktur).

Allgemein ist die Aufspaltung mit dem Hamilton-Operator $H = H_{fs} + H_{magn}$ mit einem Hamilton-Operator H_{fs} der Feinstruktur und

$$H_{magn} = (g_L \, \boldsymbol{L} + g_S \, \boldsymbol{S}) \cdot \mu_B \, \boldsymbol{B} \tag{4.38}$$

zu berechnen. Mit einem vollständigen Orthonormalsystem für die Zustandsvektoren des Feinstrukturmultipletts kann eine Energiematrix berechnet und anschließend diagonalisiert werden.

Zeeman-Aufspaltung von Hyperfeinmultipletts. In gleicher Weise wie die Zeeman-Aufspaltung der Feinstrukturterme berechnet sich, falls $I \neq 0$, die Zeeman-Aufspaltung der Hyperfeinstruktur. Da allerdings die magnetischen Kernmomente $\mu_I = g_I' \mu_B$ nur etwa die Größe von μ_N haben und damit um 3 Größenordnungen kleiner sind als die magnetischen Momente der Atomhülle, ist der g_F-Faktor der Hyperfeinterme näherungsweise

$$g_F \approx g_J \, \frac{F(F+1) + J(J+1) - I(I+1)}{2F(F+1)} \, . \tag{4.39}$$

Auch hier sind Zeeman-Gebiet und Paschen-Back-Gebiet zu unterscheiden. Schematisch zeigt ▶ Abb. 4.13 ein Beispiel für die Aufspaltung eines Hyperfeinmultipletts im Magnetfeld. Da $\mu_I \ll \mu_J$, gruppieren sich die Zeeman-Niveaus im Paschen-Back-Gebiet zu Gruppen, die durch die Zeeman-Quantenzahl m_J zu kennzeichnen sind.

Zur genauen Berechnung der Aufspaltung im Übergangsgebiet müssen alle Matrixelemente des Hamilton-Operators der Hyperfeinstruktur im Magnetfeld berechnet und die resultierende Energiematrix diagonalisiert werden. Für den wichtigen Fall der $^2S_{1/2}$-Terme ($J = 1/2$) reduziert sich die Energiematrix auf höchstens 2-reihige Untermatrizen. Die Diagonalisierung ergibt dann für $m = m_I + m_J = m_F \leq (I - 1/2)$ die *Breit-Rabi-*

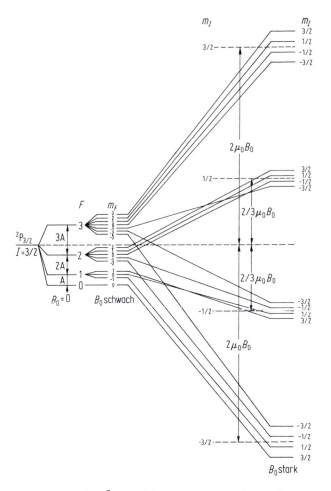

Abb. 4.13 Aufspaltung eines $^2P_{3/2}$-Feinstruktur-Terms mit dem Kernspin $I = 3/2$ ohne Magnetfeld, im schwachen und im starken Magnetfeld B_0. Die Verbindungslinien zwischen den Termen im schwachen und starken Feld sind rein schematisch für Zustände mit gleichem $m = m_I + m_J = m_F$ (nach Kopfermann: Nuclear Moments, 1958).

Formel für die Aufspaltung eines Hyperfein-Multipletts im Magnetfeld B:

$$\Delta E_{J,I;F,m}(B) = -\frac{\Delta E_{\text{hfs}}}{2(2I+1)} - m\,g'_I\mu_B B \pm \frac{\Delta E_{\text{hfs}}}{2} \cdot \sqrt{1 + \frac{4m}{2I+1}x + x^2} \tag{4.40}$$

mit

$$x = \frac{g_J + g'_I}{\Delta E}\mu_B B \,. \tag{4.41}$$

Dabei ist $\Delta E_{\text{hfs}} = (I + 1/2)A$ die Hyperfeinaufspaltung des $^2S_{1/2}$-Terms bei $B = 0$.

Die Aufspaltung des Hyperfeinmultipletts eines $^2S_{1/2}$-Terms mit $I = 3/2$ zeigt ▶ Abb. 4.14. Für Präzisionsmessungen der Hyperfeinaufspaltung wird häufig der Umstand genutzt, dass der Energieabstand der Zeeman-Niveaus mit $M = -1$ im Übergangsgebiet ein Minimum hat und damit die Übergangsfrequenz in erster Näherung magnetfeldunabhängig ist.

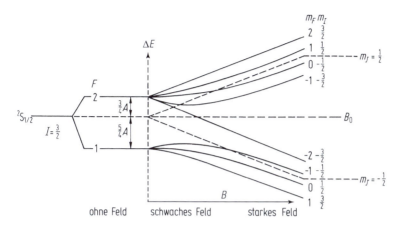

Abb. 4.14 Zeeman-Aufspaltung eines $^2S_{1/2}$-Niveaus mit dem Kernspin $I = 3/2$ nach der Breit-Rabi-Formel (Gl. (4.40)).

Stark-Effekt. Da sich bei Anwendung des elektrischen Dipoloperators $e_0\,\boldsymbol{r}$ auf einen atomaren Zustand (mit definierter Parität) die Parität ändert, mischen sich im elektrischen Feld Zustände verschiedener Parität. Damit entstehen Eigenzustände mit *induzierten* elektrischen Dipolmomenten, die mit dem elektrischen Feld wechselwirken. Da beim Wasserstoffatom Zustände entgegengesetzter Parität energetisch sehr nah benachbart liegen, haben Wasserstoffatome schon bei schwachen Feldern maximale elektrische Dipolmomente

$$d_{\mathrm{n,k}} = \frac{3}{2}\, n\, k \cdot e_0\, a_{\mathrm{B}}\;. \tag{4.42}$$

Dabei ist, analog zur Zeeman-Quantenzahl m, die Quantenzahl k mit $-(n-1) < k = n_1 - n_2 < +(n-1)$ kennzeichnend für die (parabolischen) Stark-Zustände $|n, n_1, n_2, m\rangle$. Wegen der leicht zu induzierenden elektrischen Dipolmomente lässt sich die Stark-Aufspaltung der Spektrallinien des H-Atoms auch relativ leicht beobachten (▶ Abb. 4.15). Schon bei Aufspaltungen von der Größe der Doppler-Breite wachsen die Termabstände linear mit der Feldstärke F (*linearer Stark-Effekt*).

Allgemein beobachtet man bei kleinen Feldstärken zunächst einen *quadratischen Stark-Effekt*. Termverschiebungen und -aufspaltungen wachsen mit dem Quadrat der Feldstärke. Bei Berücksichtigung von Feinstruktur und Lamb-Verschiebung ändern sich auch die Energien der $n = 2$-Niveaus des H-Atoms bei Feldstärken $F \lesssim 100\,\mathrm{kV/m}$ etwa quadratisch mit der Feldstärke (▶ Abb. 4.16).

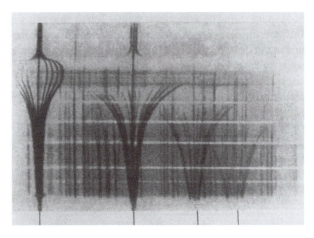

Abb. 4.15 Stark-Effekt einiger Balmer-Linien nach Experimenten von Rausch von Traubenberg (Naturwissenschaften **18** (1930) 417). Die elektrische Feldstärke nimmt von unten nach oben bis auf $1.14 \cdot 10^8$ V m^{-1} zu. Die horizontalen weißen Linien sind Orte gleicher Feldstärke. Die Balmer-Linien „sterben" oberhalb bestimmter Feldstärken abrupt aus.

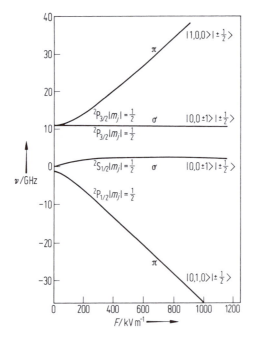

Abb. 4.16 Stark-Effekt der ($n = 2$)-Zustände des Wasserstoffs nach der Theorie von G. Lüders (Ann. Phys. **8** (1951) 301) unter Berücksichtigung der Feinstruktur und der Lamb-Verschiebung. Für die Feldstärke $F = 0$ ist die Energie E des $2^2 S_{1/2}$-Zustandes gleich null gesetzt worden. Die Zustandssymbole geben die parabolischen, magnetischen und Spinquantenzahlen an, d. h. $|n_1, n_2, m\rangle |m_s\rangle$; π und σ bezeichnen die Polarisationsrichtungen des Lichtes bei Anregung vom Grundzustand aus (nach H. Rottke und K. H. Welge (Phys. Rev. **33** (1986) 301).

Rydberg-Zustände. Da die elektrischen Dipolmomente der parabolischen Stark-Zustände $|n, n_1, n_2, m\rangle$ etwa mit n^2 größer werden, wirkt ein elektrisches Feld erheblich stärker auf Atome, die sich in Quantenzuständen mit hoher Hauptquantenzahl n befinden (*Rydberg-Atome*), als in den bislang betrachteten Zuständen mit relativ niedriger Hauptquantenzahl. Daher können dann auch freie Atome in Feldern untersucht werden, bei denen nicht nur eine Verschiebung und Aufspaltung der Terme beobachtet werden kann, sondern auch eine Feldionisation. Die Feldionisation ist bereits bei den fotografischen Messungen von Rausch von Traubenberg (▶ Abb. 4.15) zu erkennen. Wegen der Feldionisation der Terme mit $n \geq 4$ verschwinden die Balmer-Linien H_β, H_γ und H_δ bei den hohen Feldstärken. Je höher die Hauptquantenzahl, desto kleiner ist die Feldstärke, bei der Feldionisation einsetzt.

Interessant sind auch Untersuchungen an hochangeregten Atomen in Magnetfeldern. Die bislang behandelte Zeeman-Aufspaltung beruht auf der Wechselwirkung des Magnetfeldes mit bereits vorhandenen magnetischen Dipolmomenten des Atoms (Paramagnetismus). Es können aber, analog zur Wirkung des elektrischen Feldes, auch Dipolmomente induziert werden (Diamagnetismus). Wie im elektrischen Fall führt diese diamagnetische Wirkung des Magnetfeldes auf das Atom zu einem *quadratischen* Zeeman-Effekt.

Wie die Wirkung eines elektrischen Feldes nimmt auch die diamagnetische Wirkung des Magnetfeldes auf Atome mit wachsender Hauptquantenzahl n stark zu. An Rydberg-Atomen ($n \approx 30$) kann daher auch der Übergangsbereich untersucht werden, bei dem die diamagnetische Wirkung des Magnetfeldes auf das hochangeregte Elektron größer wird als die Coulomb-Wechselwirkung des Elektrons mit dem Kern und den anderen Elektronen (Atomrumpf). Bei extrem hohen Feldern (Landau-Bereich) ist schließlich die Zyklotronfrequenz $\omega_C = e_0 B / m_e$ der Elektronenbewegung im Magnetfeld sehr viel größer als die Bohr'sche Umlaufsfrequenz ω_B des hochangeregten Elektrons im Coulomb-Potential $V(r) = (\alpha/r)\hbar c$. In diesem Fall wird nicht mehr die Bewegung im Coulomb-Feld durch das Magnetfeld gestört, sondern eher die Bewegung des Elektrons im Magnetfeld durch das Coulomb-Feld des Atomrumpfs. Die Energieniveaus ordnen sich zu einer Serie von Landau-Niveaus $E_m = m\,\hbar\omega_C$ (vgl. Abschn. 13.4).

Aufgaben

4.1 Welcher Term des He-Tripettsystems liegt energetisch am tiefsten? Warum gibt es im He-Triplettsystem keinen $1s^2$-Grundzustand? Erklären Sie, weshalb die $1s2p\,^3P$-Terme etwa 1 eV über dem $1s2s\,^3S$-Term liegen.

4.2 Warum sind die Terme $1s2s\,^1S$ und $1s2s\,^3S$ des He I-Spektrums metastabil? Warum ist die natürliche Lebensdauer τ freier He-Atome im $1s2s\,^3S$-Term (etwa 2.5 h) wesentlich größer als die Lebensdauer von He-Atomen im $1s2s\,^1S$-Term ($\tau = 20$ ms)?

4.3 Berechnen Sie die Grobstruktur des Termschemas von He$^+$ (He II-Spektrum). Wie viel Energie wird mindestens benötigt, um He$^+$-Ionen anzuregen bzw. zu ionisieren? Schätzen Sie mit diesen Werten die Anregungsenergien der doppelt angeregten Zustände des He-Atoms ab.

4.4 Welche Terme bildet die $2p^2$-Konfiguration des doppelt angeregten He-Atoms? Wie viele zueinander orthogonale antimetrische Zustände dieser Konfiguration gibt es? Wie viele dieser Zustände sind Singulett-, wie viele Triplettzustände? Wie verteilen sie sich auf die möglichen Terme?

URL für QR-Code: www.degruyter.com/zeeman

4.5 Das Stickstoffatom hat im Grundzustand eine $2p^3$-Konfiguration. Welche Multiplettterme sind möglich? Welcher dieser Terme ist der Grundzustand? Warum?

4.6 Schätzen Sie die Feinstrukturaufspaltung der gelben Na-Linie ab und vergleichen Sie Ihr Ergebnis mit dem experimentellen Wert $\Delta\lambda \approx 0.6$ nm.

4.7 Das stabile ^{111}Cd-Isotop hat den Kernspin $I = 1/2$. Skizzieren Sie Hyperfeinstruktur und Aufspaltung des $5s\,5p\,^1P_1$-Terms im Magnetfeld.

4.8 Das stabile ^{133}Cs-Isotop hat den Kernspin $I = 7/2$. Berechnen Sie die Hyperfeinaufspaltung der $np\,^2P_{3/2}$-Terme (A-Faktoren $A_n \approx 1/n^{*3}$ GHz·h, das Kernquadrupolmoment bleibe unberücksichtigt).

4.9 Berechnen Sie mit der Dirac-Theorie die Bindungsenergie E_B des H-Atoms im $1s$-Zustand und vergleichen Sie das Ergebniss mit dem Wert der Bohr'schen Theorie.

4.10 Berechnen Sie die Energiematrix für die Hyperfeinaufspaltung des H-Atom-Grundzustandes $1s\,^2S_{1/2}$ und berechnen Sie die Aufspaltung der beiden Hyperfeinterme mit $F = 1$ und $F = 0$ in einem Magnetfeld. Wie ändern sich die Eigenzustände beim Übergang vom Zeeman-Gebiet zum Paschen-Back-Gebiet der Hyperfeinstruktur?

5 Hochauflösende Atomspektroskopie

In der klassischen Spektroskopie konnten die optischen Linienspektren der Atome und Ionen nur unvollkommen aufgelöst werden. Das Auflösungsvermögen wurde vorwiegend durch die aus der thermischen Bewegung der Atome (Bd.1, Abschn. 14.3) resultierende Doppler-Breite der Spektrallinien begrenzt. Bei reiner Doppler-Verbreiterung haben die Spektrallinien ein Gauß-Profil, d. h. eine spektrale Intensitäts-Verteilung

$$I(\nu) = I_0 \cdot e^{-4\ln 2\,(\nu-\nu_0)^2/\Delta\nu_{\mathrm{D}}^2} \tag{5.1}$$

mit der Halbwertsbreite (FWHM = full width at half maximum)

$$\Delta\nu_{\mathrm{D}} = 2\sqrt{\ln 2}\,\sqrt{\frac{2k_{\mathrm{B}}T}{m}} \cdot \frac{\nu_0}{c}\,, \tag{5.2}$$

wobei m die Masse eines Atoms ist.

Eine Messung von Spektren ohne Doppler-Verbreiterung („*Doppler-freie*" Spektroskopie) wurde mit der Entwicklung der Laser möglich (Abschn. 3.5). Es gibt aber auch spektroskopische Methoden, bei denen die Doppler-Verbreiterung vernachlässigbar klein ist. Wie Gl. (5.2) nahelegt, kann man folgendermaßen verfahren: a) Man untersucht Übergänge mit niedrigen Übergangsfrequenzen ν_0. Das sind die Methoden der Hochfrequenz(HF)-Spektroskopie. b) Man spektroskopiert atomare Ensembles bei tiefen Temperaturen T. Wir beginnen mit den Methoden der HF-Spektroskopie.

5.1 Atomstrahlresonanztechnik

Die Atomstrahlresonanzmethode wurde von I. I. Rabi (1898 – 1988, Nobelpreis 1944) und Mitarbeitern um 1940 entwickelt und stellt eine Erweiterung des Stern-Gerlach-Experimentes dar (Abschn. 3.1). Mit dieser Methode kann die Fein- und vor allem Hyperfeinstruktur von Atomen (oder auch Molekülen) im Grundzustand untersucht werden. Dabei werden mit einem magnetischen HF-Feld Übergänge zwischen den Zeeman-Niveaus der Hyperfeinstruktur induziert und nachgewiesen. Hierbei wurden zum ersten Mal die in der ersten Hälfte des 20. Jahrhunderts für die Nachrichtentechnik entwickelten HF-Sender für die Atomspektroskopie genutzt.

Induktion elektrischer und magnetischer Dipolübergänge. In Abschn. 4.5 wurde die Wirkung zeitlich konstanter Felder auf die Termstruktur freier Atome behandelt. Im Folgenden diskutieren wir den Einfluss elektrischer und magnetischer Wechselfelder auf die zeitliche Entwicklung der Zustände freier Atome. Diese Felder sind apparativ vorgegeben und klassisch zu beschreiben.

URL für QR-Code: www.degruyter.com/dopplerfrei

Diesen *äußeren* elektrischen und magnetischen Feldern sind die nichtklassischen *Strahlungsfelder* (Abschn. 2.6) gegenüberzustellen. Sie sind im Gegensatz zu den klassischen Feldern nicht kontinuierlich in Raum und Zeit beobachtbar. Während bei klassischen Feldern die Schwingungsmoden des zugehörigen Frequenzbereichs mit vielen Photonen ($n \gg 1$) besetzt sind, sind bei den optischen Strahlungsfeldern klassischer (thermischer) Spektrallampen die zugehörigen Schwingungsmoden des elektromagnetischen Feldes nur mit einem oder gar keinem Photon besetzt (mittlere Besetzungszahl der Schwingungsmoden $\bar{n} \ll 1$). Eine raum-zeitliche Struktur dieser Felder (relativ zu einem vorgegebenen Bezugssystem) ist daher prinzipiell nicht messbar. Die Wechselwirkung dieser Felder mit den Atomen ist daher grundsätzlich im Rahmen der Quantenelektrodynamik zu behandeln.

In beiden Fällen ist die Wechselwirkung des Feldes mit den elektrischen und magnetischen Dipolmomenten der Atome dominant. Dementsprechend bestimmen vorwiegend die mit den Dipoloperatoren $e_0\, \boldsymbol{r}$ und $g_J\, \mu_B\, \boldsymbol{J}$ gebildeten Übergangsmatrixelemente den Einfluss des Feldes auf die Entwicklung der atomaren Zustände. Da die Dipoloperatoren Vektoren sind, gilt die Auswahlregel, dass sich Drehimpulsquantenzahlen nur um maximal den Wert 1 ändern können, und es gibt, abhängig von der Polarisation des Feldes, π-, σ^+- und σ^--Übergänge. Sie entsprechen Übergängen, bei denen sich die Zeeman-Quantenzahlen um $\Delta M = 0$, $\Delta M = +1$ bzw. $\Delta M = -1$ ändern (▶ Abb. 5.1). Elektrische π- bzw. σ-Übergänge werden von Feldern induziert, bei denen der elektrische

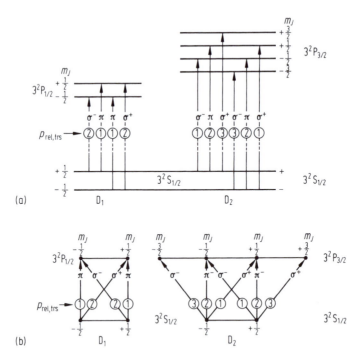

Abb. 5.1 (a) Zeeman-Struktur der D_1- und D_2-Resonanzlinien des Natriumatoms (ohne Hyperfeinstruktur-Aufspaltung) mit π- und σ-Übergängen und relativen Übergangsraten $p_{\mathrm{rel,trs}}$; (b) Polarisationsschema für π- und $\sigma^{\pm}$-Übergänge, wobei die magnetischen Zustände m_J als Punkte nebeneinander dargestellt sind.

Feldvektor parallel bzw. senkrecht zur z-Achse (Quantisierungsachse) schwingt. Bei den magnetischen Übergängen kommt es hingegen auf den magnetischen Feldvektor an. Wenn der Feldvektor um die z-Richtung rotiert, werden selektiv σ^+- oder σ^--Übergänge induziert, je nachdem ob die Rotation in Bezug auf die z-Richtung rechts- oder linkshändig ist.

Die elektrischen und magnetischen Dipoloperatoren unterscheiden sich in der Parität. Der elektrische Dipoloperator wechselt bei einer Spiegelung am Koordinatenursprung das Vorzeichen, der magnetische Dipoloperator hingegen nicht. Elektrische Dipolübergänge sind daher nur zwischen Zuständen entgegengesetzter Parität möglich und magnetische Übergänge nur zwischen Zuständen gleicher Parität. Innerhalb eines Fein- oder Hyperfeinmultipletts können daher nur magnetische Dipolübergänge induziert werden (▶ Abb. 5.2).

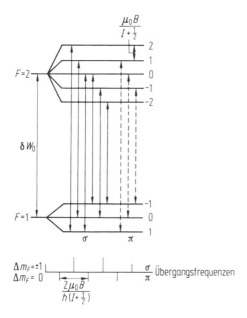

Abb. 5.2 Magnetische Dipolübergänge zwischen den Hyperfeinstruktur-Multipletts $F = 2$ und $F = 1$ eines $^2S_{1/2}$-Zustandes mit dem Kernspin $I = 3/2$.

Die Zustandsänderungen eines atomaren magnetischen Dipols $\boldsymbol{\mu}_J$ in äußeren magnetischen Feldern können anschaulich als Präzessionsbewegung beschrieben werden (▶ Abb. 5.3). Im Zeeman-Gebiet der Feinstruktur präzediert das magnetische Moment zunächst um die Richtung des statischen Magnetfeldes $\boldsymbol{B}_0$ mit der Larmor-Frequenz ω_0. Der Einfluss eines resonanten, also mit gleicher Frequenz um die Magnetfeldrichtung zirkulierenden HF-Feldes $\boldsymbol{B}_1(t)$ lässt sich am besten in einem mitrotierenden Bezugssystem beschreiben. Ohne HF-Feld würde der magnetische Dipol in diesem Bezugssystem ruhen. Er verhält sich also so, als ob kein äußeres Feld vorhanden ist. Mit HF-Feld wirkt hingegen auf den magnetischen Dipol ein im mitrotierenden Bezugssystem konstantes Magnetfeld $\boldsymbol{B}_1$, das senkrecht zu $\boldsymbol{B}_0$ gerichtet ist und zu einer Larmor-Präzession im rotierenden Bezugsytem führt, bei der sich der Winkel zwischen Dipolmoment und $\boldsymbol{B}_0$-Vektor ändert. Dieser Richtungsänderung entsprechen quantenmechanisch Übergänge zwischen benachbarten Zeeman-Niveaus, die von dem resonanten HF-Feld induziert werden. Im

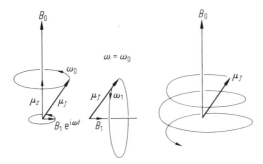

Abb. 5.3 Überlagerung der Larmor-Präzessionen eines magnetischen Momentes μ_J im homogenen Magnetfeld B_0 und dem magnetischen Wechselfeld $B_1 e^{i\omega t}$, das senkrecht zu B_0 rotiert. Bei Resonanz $\omega = \omega_0$ präzediert μ_J mit der Frequenz ω_1 im rotierenden Koordinatensystem um die zeitlich konstante B_1-Richtung (Rabi-Frequenz). Im Laborsystem führt μ_J klassisch eine Schraubenbewegung auf der Kugeloberfläche mit dem Kugelradius μ_J aus.

ruhenden Laborsystem führt der magnetische Dipol eine schraubenförmige Bewegung aus, die sich aus der Überlagerung der beiden Larmor-Präzessionen um B_0 und B_1 ergibt.

Strahlungsfeld und klassisches Feld induzieren zwar bei Resonanz die gleichen Übergänge. Es besteht aber doch ein grundlegender Unterschied. Ein Strahlungsfeld induziert Übergänge nach den Gesetzen des Zufalls. Dementsprechend werden Übergangsraten berechnet. Ein klassisches Feld hingegen induziert einen quantendynamischen Prozess, für den sich Besetzungsamplituden als Funktion der Zeit berechnen lassen. Ein einfaches Ergebnis erhält man, wenn Zeeman-Übergänge in einem $(J = 1/2)$-Zustand induziert werden. Die Besetzungswahrscheinlichkeiten vom $|+1/2\rangle$- und $|-1/2\rangle$-Zustand oszillieren

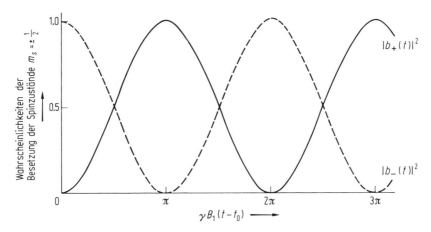

Abb. 5.4 Zeitabhängige Wahrscheinlichkeiten $|b_+(t)|^2$ und $|b_-(t)|^2$ beim magnetischen Resonanzübergang, das Elektron in den Spinzuständen $m_S = +1/2$ und $m_S = -1/2$ vorzufinden (Rabi-Oszillation). Das Elektron sei zur Zeit $t = 0$ im Zustand $m_S = -1/2$ und es ist vorausgesetzt, dass die Resonanzbedingung $\omega = \omega_0 = \gamma B_0$ für die magnetischen Übergänge zwischen den beiden Spinzuständen exakt erfüllt ist. Die Größe γ wird *gyromagnetisches Verhältnis* genannt.

dann sinusförmig im Gegentakt mit der Frequenz der Larmor-Präzession im HF-Feld $\boldsymbol{B}_1$ (▶ Abb. 5.4). Lässt man das HF-Feld nur eine kurze Zeit auf ein Atom wirken, können gezielt Umbesetzungen oder kohärente Überlagerungszustände präpariert werden. Beispielsweise kann mit einem π-Puls ein Übergang von einem $|-1/2\rangle$-Zustand in den $|+1/2\rangle$-Zustand induziert werden, d. h. ein Spin umgeklappt (um den Winkel π gedreht) werden.

Rabi'sche Versuchsanordnung. Die von Rabi zum Nachweis von HF-Übergängen entwickelte Versuchsanordnung zeigt ▶ Abb. 5.5. Um HF-Übergänge nicht nur induzieren, sondern auch nachweisen zu können, ist es wichtig, dass die beiden Niveaus, zwischen denen Übergänge stattfinden, zunächst unterschiedlich stark besetzt sind und der Besetzungsunterschied auch gemessen werden kann. Im Resonanzfall werden sowohl Absorptions- als auch Emissionsübergänge induziert und daher die Besetzungswahrscheinlichkeiten im zeitlichen Mittel aneinander angeglichen.

I. I. Rabi und Mitarbeiter benutzten ein Stern-Gerlach-Feld (A-Magnet in ▶ Abb. 5.5), um einen Atomstrahl mit Atomen im $|J = 1/2\rangle$-Grundzustand zu polarisieren (▶ Abb. 3.5, Abschn. 3.1) und ein zweites Stern-Gerlach-Feld (B-Magnet in ▶ Abb. 5.5), um die Polarisation der Atome zu analysieren. Zwischen beiden Stern-Gerlach-Feldern durchfliegen die Atome ein homogenes Magnetfeld C, in dem mit einem magnetischen HF-Feld Übergänge zwischen den Zeeman-Niveaus des Grundzustands induziert werden können. Wenn ein Hyperfeinmultiplett vorliegt, sind es Übergänge zwischen den Zeeman-Zuständen der Hyperfeinterme (▶ Abb. 5.2).

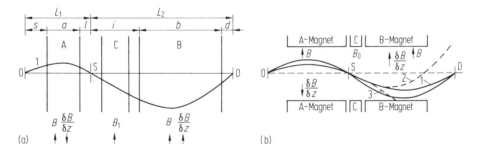

Abb. 5.5 Schema des Bahnverlaufs der Atome zwischen den Magneten (b) und den geometrischen Abmessungen (a) einer Rabi-Atomstrahl-Resonanzapparatur. Die Trajektorien der Atome, die den Ofen (O) verlassen, sind wie folgt gekennzeichnet: Teilchen 1 erreicht den Detektor unter der Bedingung, dass sich das magnetische Moment μ_z im C-Feld nicht ändert (Flop-Out-Methode). Teilchen 2 hat im C-Feld ein größeres μ_z, Teilchen 3 ein kleineres μ_z erhalten (nach H. Kopfermann, Kernmomente, Akad. Verlagsgesellschaft, 1956).

In den Stern-Gerlach-Feldern bewegen sich die Atome auf gekrümmten Bahnen. Ob sie in Richtung des Magnetfeldes oder in Gegenrichtung gekrümmt sind, hängt vom Vorzeichen des Feldgradienten $\partial B_z/\partial z$ und der Polarisation des magnetischen Dipolmoments ab. Gewöhnlich liegen Ofenöffnung O, Schlitzblende S und Detektor D auf einer Geraden. Je nachdem ob Atome, bei denen kein HF-Übergang induziert wurde, oder Atome, bei denen eine Umbesetzung stattfand, den Detektor erreichen, spricht man von *Flop-Out*- bzw. *Flop-In*-Methode.

Ramsey-Interferenzstruktur. Die Frequenzbreite $\Delta\omega_{1/2}$ der mit einer Rabi-Anordnung gemessenen Resonanzsignale wird von der Zeitdauer τ bestimmt, in der das HF-Feld auf die Atome einwirkt. Diese ist von der Größenordnung $\tau \approx \Delta l/v_{th}$ und daher $\Delta\omega_{1/2} \approx 1/\tau \approx v_{th}/\Delta l$, wenn die Atome auf einer Strecke Δl das HF-Feld mit einer mittleren thermischen Geschwindigkeit v_{th} durchfliegen. Für $\Delta l = 1$ cm erhält man also Frequenzbreiten $\Delta\nu_{1/2} \approx 10$ kHz.

Erheblich schmalere Interferenzstrukturen (▶ Abb. 5.6) erhält man mit einer Zwei-Oszillatoren-Anordnung nach N. F. Ramsey (1915 – 2011, Nobelpreis 1989). Bei günstig gewählter Amplitude der HF-Felder klappt der atomare Dipol im ersten HF-Feld während der Durchflugsdauer aus der z-Richtung in die $(x-y)$-Ebene ($(\pi/2)$-Puls). Auf der Strecke L vom ersten zum zweiten Oszillatorfeld präzediert der Dipol dann in der $(x-y)$-Ebene um das C-Feld mit der Larmor-Frequenz. Abhängig von der Phase dieser Präzessionsbewegung relativ zur Phase des HF-Feldes des zweiten Oszillators klappt der Dipol dort um einen weiteren Winkel $\pi/2$ in die $(-z)$-Richtung oder zurück in die z-Richtung. Dadurch entsteht eine Interferenzstruktur, deren Breite durch die Zeitdauer bestimmt wird, die ein Atom braucht, um vom ersten zum zweiten Oszillatorfeld zu gelangen.

Die Ramsey'sche Zwei-Oszillatoren-Anordnung wird für viele Präzisionsmessungen genutzt. Eine Präzisionsmessung der Lamb-Verschiebung wird unten beschrieben. Ultrakalte Atome kann man im Schwerefeld der Erde auf- und niedersteigen lassen (atomare Fontäne), so dass die Atome dasselbe HF-Feld zweimal durchfliegen (Abschn. 5.5). Bei einer Fontänenhöhe von 0.5 m erhält man Frequenzbreiten von etwa 0.2 Hz.

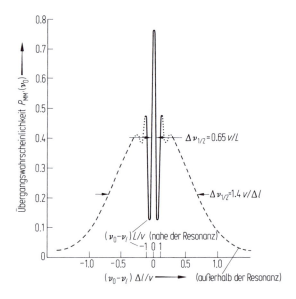

Abb. 5.6 Ramsey-Interferenzstruktur eines magnetischen Resonanzüberganges im C-Feld einer Rabi-Apparatur. Das Resonanzmaximum liegt bei $\nu_0 = \omega_0/2\pi$ mit den zugehörigen Halbwertsbreiten $\Delta\nu_{1/2}$ (nach N. F. Ramsey, Molecular Beams, Oxford Press, 1956).

Lamb-Retherford-Experiment. Die Atomstrahlresonanztechnik wurde in anderer Form auch von W. E. Lamb (1913 – 2008, Nobelpreis 1955) und R. C. Retherford (1912 –

1981) genutzt, um die Verschiebung des $2\,^2S_{1/2}$-Terms relativ zum $2\,^2P_{1/2}$-Term des H-Atoms zu messen. Die Versuchsanordnung zeigt ▶ Abb. 5.7. Eine selektive Besetzung des $2\,^2S_{1/2}$-Terms ergibt sich hier allein aufgrund der sehr verschiedenen Lebensdauern von ^2S- und ^2P-Term. Der $2\,^2S$-Term ist metastabil und hat eine Lebensdauer von etwa $\tau(2s) = 0.14$ s. Hingegen zerfällt der $2\,^2P$-Term in $\tau(2p) = 1.6$ ns, d. h. nach einer Flugstrecke von wenigen µm in den Grundzustand. Nach der Elektronenstoßanregung gibt es folglich im H-Atomstrahl außer Atomen im Grundzustand nach einer kurzen Flugstrecke nur angeregte Atome im metastabilen $2\,^2S$-Niveau.

Die metastabilen H-Atome können dann selektiv nachgewiesen werden. Dank der Anregungsenergie von etwa 10 eV werden beim Auftreffen der metastabilen Atome auf ein Wolframblech Elektronen freigesetzt, die als schwacher Strom nachgewiesen werden können oder auch mit einem SEV einzeln gezählt werden können. Hingegen reicht die thermische Energie der Grundzustandsatome nicht aus, um beim Auftreffen dieser Atome Elektronen freizusetzen.

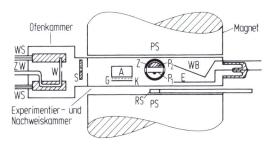

Abb. 5.7 *Lamb-Retherford-Experiment:* Wasserstoffatome werden durch thermische Dissoziation (s. Abschn. 8.2) in einem Ofen erzeugt (W Wolfram-Ofen auf einer Temperatur von ca. 2500 °C). Der austretende, kollimierte Wasserstoffatomstrahl wird durch Elektronenstoß (Elektronenkanone: K Kathode, A Anode) in den metastabilen $2\,^2S_{1/2}$-Zustand angeregt. Die metastabilen Atome werden durch einen Oberflächensekundärelektronen-Effekt beim Auftreffen auf ein Wolframblech (WB) nachgewiesen. Die so erzeugten Sekundärelektronen werden durch ein positives Potential (Elektrode E) abgesaugt und als Strom gemessen. Ein elektrischer Dipolübergang von $2\,^2S_{1/2}$ nach $2\,^2P_{1/2}$ wird durch ein resonantes Hochfrequenzfeld zwischen den Platten P_1 und P_2 induziert. Im Resonanzbereich des $(2\,^2S_{1/2} \rightarrow 2\,^2P_{1/2})$-Übergangs nimmt die Zahl der nachgewiesenen metastabilen Atome ab, da die $2\,^2P_{1/2}$-Atome sehr schnell in den Grundzustand zerfallen. RS rotierende Spule zur Messung des Magnetfeldes zwischen den Polschuhen PS.

Um $(2s-2p)$-Übergänge zu induzieren, wird ein elektrisches HF-Feld benötigt, da die beiden Zustände entgegengesetzte Parität haben. Die Atome durchfliegen deshalb einen Plattenkondensator, an dem eine HF-Spannung anliegt. Um einen Resonanzbereich zu durchfahren, war es aus experimenteller Sicht einfacher, die Niveauabstände mit einem äußeren Magnetfeld zu verändern, als die Frequenz des HF-Feldes bei konstanter Magnetfeldstärke, z. B. $B_0 = 0$ zu verstimmen. Deshalb befindet sich der Atomstrahl zwischen den Polschuhen PS eines Magneten.

Wegen der kurzen Lebensdauer $\tau(2p)$ der $2p$-Zustände des H-Atoms ist hier die natürliche Breite $\Delta\nu_{1/2}(2p) = 1/2\pi\tau \approx 100$ MHz der $2p$-Niveaus maßgebend für die Breite der Resonanzsignale. Bei der Auswertung der Messungen kommt erschwerend hinzu, dass wegen der Hyperfeinstruktur des $2\,^2S_{1/2}$-Terms gewöhnlich mehrere Resonanzsignale registriert werden, die sich überlagern.

Präzisionsmessumg der Lamb-Verschiebung. Eine Messung der Lamb-Verschiebung, bei der diese Schwierigkeiten so gut wie möglich umgangen wurden, wurde von S. R. Lundeen und F. M. Pipkin 1986 publiziert. Die Versuchsanordnung zeigt ▶ Abb. 5.8. Ein Protonenstrahl mit einer Energie von 55.1 keV passiert eine Ladungsaustauschzelle, in der metastabile Wasserstoffatome aufgrund der Ladungstransferreaktion $p + N_2 \rightarrow H(2\,^2S) + N_2^+$ erzeugt werden. Der metastabile Strahl fliegt, nach Eliminierung übriggebliebener Ionen durch ein elektrisches Feld, in die Kammer mit zwei getrennten Hochfrequenzfeldern (Ramsey-Anordnung). Die Änderung der Zahl der metastabilen Atome beim Resonanzübergang $2\,^2S_{1/2} \rightarrow 2\,^2P_{1/2}$ wird – anders als beim ursprünglichen Lamb-Retherford-Experiment – durch Quenchen (von engl.: to quench, löschen der Anregung) im elektrischen Feld eines Plattenkondensators und anschließender Messung der resultierenden Lyman-α-Strahlung nachgewiesen. ▶ Abb. 5.9 zeigt, wie die *Ramsey'schen Zwei-Oszillatoren-Interferenzsignale* für den Lamb-Übergang $2\,^2S_{1/2} \rightarrow 2\,^2P_{1/2}$ mit zunehmendem Abstand der beiden Hochfrequenzfelder schärfer und die Linienbreiten geringer werden.

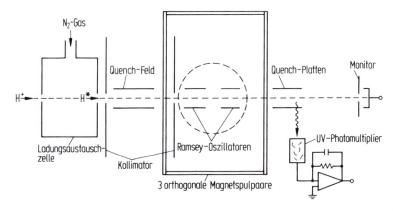

Abb. 5.8 Schema der Ramsey'schen Zwei-Oszillatoren-Methode zur Messung der $(2\,^2S_{1/2} - 2\,^2P_{1/2})$-Lamb-Verschiebung (nach S. R. Lundeen und F. M. Pipkin, Metrologia **22**, 9 (1986)).

Es ist beachtenswert, dass mit der Ramsey-Anordnung Signalbreiten erhalten werden, die erheblich kleiner sind als die natürliche Breite $\Delta\nu_{1/2}(2p)$ der $2p$-Niveaus. Eine präzise Auswertung der Signale wird dadurch erleichtert, dass bei den Messungen an dem schnellen 55-keV-Atomstrahl ($v \approx c/100 = 3 \cdot 10^6$ m/s) alle Atome nahezu gleiche Geschwindigkeit haben und daher die Signalstruktur sehr genau berechnet werden kann. Außerdem wurde durch Wahl einer geeigneten Feldstärke im ersten Quench-Feld erreicht, dass nur metastabile Atome im $2\,^2S_{1/2}$-Niveau mit $F = 0$ die Ramsey-Anordnung erreichen. Es konnten daher nur $(2\,^2S_{1/2}^{(F=0)} \leftrightarrow 2\,^2P_{1/2}^{(F=1)})$-Übergänge induziert werden. Die Auswertung der Messungen ergab für die $(2^2S_{1/2} - 2^2P_{1/2})$-Lamb-Verschiebung den Wert $\Delta\nu_{\mathrm{LS}} = (1057.845 \pm 0.009)$ MHz.

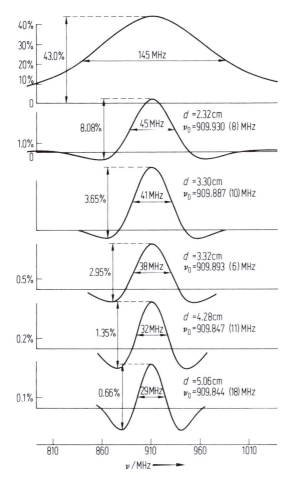

Abb. 5.9 Beispiele eines Lamb'schen HF-Signals (oberes Teilbild) und der Ramsey'schen Interferenzsignale (folgende Teilbilder) zur Messung der $(2\,^2S_{1/2} - 2\,^2P_{1/2})$-Lamb-Shift des atomaren Wasserstoffs (mit Angabe der Abstände d zwischen den HF-Feldern).

5.2 Optisches Pumpen, Besetzungsumkehr, Maser und Laser

In den bisher beschriebenen Experimenten wurde die Atomstrahltechnik genutzt, um Atome zu polarisieren oder, allgemeiner gesagt, in ausgewählten Quantenzuständen zu präparieren. Eine andere Methode zur Präparation freier Atome, in der geschickt die Gesetze der Wechselwirkung von Licht mit freien Atomen (Abschn. 5.1) genutzt werden, ist das *optische Pumpen*. Dieses Verfahren wurde Anfang der 1950er Jahre von A. Kastler (1902–1984, Nobelpreis 1966) und J. Brossel (1918–2003) entwickelt. Viele Experimente der Atomspektroskopie und atomaren Stoßphysik basieren auf diesem Verfahren.

Das optische Pumpen ist auch ein geeignetes Verfahren, um eine Besetzungsumkehr in einem Ensemble von atomaren Teilchen zu erzeugen. Die Entwicklung dieses Verfahrens ist daher eng verbunden mit der Entwicklung der *Maser* und *Laser* (Bd. 2, Kap. 13). Wir behandeln hier den Wasserstoff-Maser und den He-Ne-Laser. Beide zeigen beispielhaft, wie atomphysikalische Prozesse für die Entwicklung von Masern und Lasern genutzt werden können.

Optisches Pumpen. Die Methode des optischen Pumpens kann beispielsweise dazu genutzt werden, Na-Dampf in einem Wood'schen Horn (▶ Abb. 2.6, Abschn. 2.1) zu polarisieren. Durch Einstrahlung zirkular polarisierten Lichts einer Na-Spektrallampe wird bei Resonanzabsorption der gelben Spektrallinie der von den Photonen mitgeführte Drehimpuls auf die Na-Atome übertragen, und diese werden nach ein oder mehreren Anregungs- und Zerfallsprozessen damit ausgerichtet. Im Einzelnen kann das Prinzip des optischen Pumpens anhand von ▶ Abb. 5.1 erklärt werden.

Die Besetzung des $3\,^2S_{1/2}$-Grundzustands ändert sich wenig, wenn π-Licht (($\Delta m = 0$)-Übergänge) absorbiert wird, da die angeregten Na-Atome völlig symmetrisch in den Grundzustand zurückfallen. Wenn die Atome jedoch mit σ^+ oder σ^--Licht (($\Delta m = \pm 1$)-Übergänge) bestrahlt werden, kommt ein Besetzungsunterschied der beiden Grundzustandsniveaus zustande. Nehmen wir an, dass sich anfänglich 100 Atome zu gleichen Anteilen in den beiden Zuständen mit $m_J = \pm 1/2$ befinden, d. h. $N_{+1/2} = 50$ und $N_{-1/2} = 50$. Beim Einstrahlen der σ^+-Komponente der D_2-Linie mögen alle 100 Atome des Grundzustands in die ($m_J = +1/2$)- und ($m_J = +3/2$)-Niveaus des $3\,^2P_{3/2}$-Zustandes transferiert werden. Alle 50 Atome im ($m_J = +3/2$)-Niveau des angeregten $3\,^2P_{3/2}$-Zustandes fallen in das ($m_J = +1/2$)-Niveau des Grundzustands zurück. Aufgrund der theoretisch bekannten relativen Übergangsraten (*Verzweigungsverhältnisse*) fallen die Atome des angeregten ($m_J = +1/2$)-Niveaus im Verhältnis 2 : 1 durch Emission von π- und σ^+-Licht zurück in den Grundzustand. Nach diesem ersten Pumpzyklus hat sich daher die Besetzung der beiden Zeeman-Niveaus des $3\,^2S_{1/2}$-Grundzustands wie folgt geändert:

$$N_{+\frac{1}{2}} = 50 + \frac{2}{3}50 = 83.33 \quad \text{für das} \quad \left(m_J = +\frac{1}{2}\right)\text{-Niveau}$$

$$N_{-\frac{1}{2}} = \frac{1}{3}50 = 16.67 \qquad \text{für das} \quad \left(m_J = -\frac{1}{2}\right)\text{-Niveau}\,.$$

Mit anderen Worten, in dem ($m_J = +1/2$)-Niveau befinden sich fünfmal so viele Atome wie im ($m_J = -1/2$)-Niveau. Die Atome sind also bereits nach einem Pumpzyklus hochgradig *spinpolarisiert*. (Bei einer genauen Dikussion des Pumpprozesses ist allerdings auch die Hyperfeinstruktur der Atome zu berücksichtigen). Als Polarisationsgrad der Spinpolarisation wird im obigen Fall

$$P = \frac{N_{+\frac{1}{2}} - N_{-\frac{1}{2}}}{N_{+\frac{1}{2}} + N_{-\frac{1}{2}}} = \frac{5-1}{5+1} = 66,6\,\%$$

angegeben. Nach zwei Pumpzyklen wird das Besetzungsverhältnis $N_{+\frac{1}{2}}/N_{-\frac{1}{2}} = 17:1$ und der Polarisationsgrad $P = 88.8\,\%$. Entsprechende Werte für drei Pumpzyklen lauten $N_{+\frac{1}{2}}/N_{-\frac{1}{2}} = 53:1$ und $P = 96.3\,\%$. Mit der modernen Lasertechnik können 100 und mehr dieser Pumpzyklen und damit im Prinzip Polarisationsgrade von nahezu 100 % erreicht werden.

Dieses Beispiel zeigt, dass das optische Pumpen auch mit dem Licht gewöhnlicher Spektrallampen eine sehr elegante und praktische Methode ist, um Besetzungsunterschiede in den verschiedenen Quantenzuständen der Atome zu erzeugen. Diese Zustände können gleiche oder auch verschiedene Energien haben und zu Feinstruktur-, Hyperfein- oder Zeeman-Multipletts gehören.

Weitere Möglichkeiten bietet das optische Pumpen mit Lasern, da Laser-Strahlung auf die Atome wie ein klassisches Feld sehr hoher Frequenz einwirkt. Statt der Übergangsraten ist dann die dynamische Entwicklung der Atome im elektromagnetischen Feld der Laser-Strahlen zu betrachten. So kann man beispielsweise bei Einstrahlung eines Lichtpulses (π-Puls) geeigneter Intensität und Zeitdauer erreichen, dass im Resonanzfall alle Atome aus einem Zustand $|-\rangle$ in einen energetisch höheren Zustand $|+\rangle$ übergehen ($\blacktriangleright$ Abb. 5.4).

Besetzungsumkehr. Durch optisches Pumpen mit Spektrallampen kann insbesondere auch eine Besetzungsumkehr in einem Ensemble freier Atome präpariert werden. Wenn die Atome (oder Moleküle) eines Gases im thermischen Gleichgewicht mit der Umgebung sind und das Ensemble dementsprechend eine Temperatur T hat, hängt die Besetzungsverteilung der atomaren Zustände nur von der Energie E_i der Eigenzustände $|i\rangle$ des atomaren Hamilton-Operators ab (Abschn. 8.1). Die Besetzungszahlen $b_i(T)$ nehmen dann exponentiell mit der Energie der Eigenzustände ab:

$$b_i(T) \sim \exp\left(-\frac{E_i}{k_B T}\right) \quad \text{(Boltzmann-Verteilung)} . \tag{5.3}$$

Bei Zimmertemperatur ist $k_B T \approx 25\,\text{meV} \approx 6 \cdot 10^{12}\,\text{Hz·}h$. Die Besetzungszahlen der Fein- und Hyperfeinzustände eines Multipletts unterscheiden sich folglich nur wenig voneinander. Optisch angeregte Zustände sind hingegen bei thermischem Gleichgewicht kaum besetzt.

Drastische Änderungen der Besetzungszahlen der energetisch tiefliegenden Niveaus können durch optisches Pumpen erzeugt werden, und höher angeregte Zustände können in Entladungen abweichend vom thermischen Gleichgewicht bevölkert werden. Interessant sind Besetzungsverteilungen, bei denen ein energetisch höherer Zustand stärker bevölkert ist als ein darunter liegender Zustand. Eine solche *Besetzungsumkehr* ist die Voraussetzung für die Verstärkung elektromagnetischer Wellen im infraroten und optischen Bereich durch stimulierte Emission. Mit geeigneten Resonatoren kann diese Verstärkung zur Konstruktion von Masern bzw. Lasern (Microwave/Lightwave Amplification by Stimulated Emission of Radiation) genutzt werden (Bd. 2, Kap. 13). Atomphysikalisch interessante Beispiele sind der Wasserstoff-Maser und der He-Ne-Laser.

Wasserstoff-Maser. Um eine Besetzungsumkehr für ein Ensemble von H-Atomen zu erzeugen, können z.B. H-Atome, die sich im angeregten Hyperfeinniveau ($F = 1$) des Grundzustands befinden, in einer Quarzzelle, die sich in einem Hohlraumresonator befindet, eingefangen werden ($\blacktriangleright$ Abb. 3.7 in Abschn. 3.1). Ein Maser entsteht, wenn sie dort zu stimulierter Emission angeregt werden und dabei die 21-cm-Welle des ($F = 1 \longrightarrow F = 0$)-Übergangs emittieren ($\blacktriangleright$ Abb. 5.10). Es sind magnetische Dipolübergänge. Da im gasförmigen Zustand Wasserstoff molekular gebunden ist und folglich erst dissoziert werden muss und da die Resonanzlinien des atomaren Wasserstoffs im fernen UV-Bereich liegen, ist hier die Methode des optischen Pumpens ungeeignet, um eine Besetzungsumkehr zu präparieren.

N. F. Ramsey gelang es, mit einem Hexapolmagneten H-Atome im ($F = 1$)-Niveau zu selektieren und auf die Eintrittssöffnung eines Hohlraumresonators zu fokussieren. Im magnetischen 6-Pol-Feld werden die H-Atome im $\left|1\,^2S, m_J = +1/2, m_I = \pm1/2\right\rangle$-Zustand auf die Eintrittsöffnung einer Quarzzelle fokussiert. Beim Verlassen des Hexapolmagneten geht dieser Zustand adiabatisch in den $\left|1\,^2S, F = 1, m_F\right\rangle$-Zustand mit $m_F = 1$ bzw. 0 über (vgl. ▶ Abb. 5.10). Die Innenwand der Quarzzelle ist mit Teflon beschichtet. Damit wird verhindert, dass die H-Atome zu schnell an der Wand zu molekularem Wasserstoff rekombinieren und bei Stößen der H-Atome gegen die Wand durch molekulare Magnetfelder Übergänge zum ($F = 0$)-Zustand induziert werden. (Als gesättigter Kohlenwasserstoff erzeugt Teflon keine molekularen Magnetfelder.)

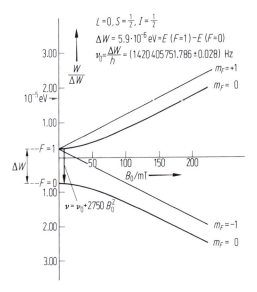

Abb. 5.10 Hyperfeinstruktur und Zeeman-Aufspaltung des Grundzustands des atomaren Wasserstoffs. Der Pfeil vom Hyperfeinniveau mit den Quantenzahlen $F = 1$, $m_F = 0$ zum ($F = 0$)-Niveau deutet den Maser-Übergang des stabilen Wasserstoff-Oszillators an. ΔW bezeichnet die Energiedifferenz ΔE_H der beiden Hfs-Niveaus ohne Feld ($B_0 = 0$).

Die Quarzzelle befindet sich in einem Mikrowellenresonator, der auf die 21-cm-Welle des Hyperfeinübergangs abgestimmt ist. Im Resonanzfall werden ($F = 1 \longrightarrow F = 0$)-Übergänge der H-Atome induziert. Die dabei emittierten HF-Quanten verstärken die induzierende elektromagnetische Welle, so dass die Anordnung als Mikrowellengenerator wirken kann. Die abgestrahlte Leistung eines solchen atomaren Wasserstoff-Oszillators beträgt nur etwa 10^{-12} Watt, wenn 10^{12} Atome pro Sekunde in die Quarzzelle einströmen. Frequenz und Amplitude des Masers sind aber äußerst stabil.

Mit dieser Maser-Technik konnte die Nullfeld-Hyperfeinstruktur des Wasserstoff-Grundzustands (d. h. die Energiedifferenz $\Delta E_H(F = 1, F = 0) = h \cdot \Delta\nu_H$ zwischen den Zuständen mit $F = 1$ und $F = 0$) mit sehr hoher Genauigkeit vermessen werden:

$$\Delta\nu_H(F = 1, F = 0) = (1\,420\,405\,751.7667 \pm 0.010)\ \text{Hz}\ .$$

Ein solcher Wert, der mit einer Unsicherheit von der Größenordnung 10^{-14} behaftet ist, gehört mit zu den am genauesten vermessenen physikalischen Größen in der Atomphysik (und der Physik insgesamt!). Moderne Theorien der Atomphysik liefern für die Hyperfeinstruktur-Aufspaltung den Wert

$$\Delta \nu_{H,theor}(F = 1, F = 0) = (1420.4034 \pm 0.0013) \, \text{MHz} \, ,$$

d. h. die Genauigkeit der theoretischen Berechnung ist um einen Faktor 10^6 bis 10^7 geringer als die des hier beschriebenen Experimentes mit der kombinierten Atomstrahl- und Maser-Methode. Da für die Strukturparameter des Protons nur experimentelle Werte vorliegen, kann ΔE_H nicht exakt berechnet werden.

He-Ne-Laser. Eine Besetzungsumkehr bei hochangeregten Zuständen kann durch geschickte Nutzung gaskinetischer Stöße mit metastabilen Atomen erreicht werden. Davon wird beim He-Ne-Laser Gebrauch gemacht. Die tiefsten angeregten Zustände des Singulett- und des Triplettsystems des He I-Spektrums ($1s2s\,^1S$- bzw. $1s2s\,^3S$-Term) sind metastabil und haben Anregungsenergien um 20 eV ($\blacktriangleright$ Abb. 2.4, Abschn. 2.1). In Gasentladungen sind sie mit relativ hoher Wahrscheinlichkeit besetzt. Bei thermischen Stößen zwischen He- und Ne-Atomen wird die Anregungsenergie der metastabilen He-Atome auf die Ne-Atome übertragen. Dabei werden bevorzugt Zustände mit etwa gleicher Anregungsenergie besetzt. Da die Ionisationsenergie der Ne-Atome (22 eV) etwa 3 eV unterhalb der Ionisationsenergie der He-Atome (25 eV) liegt und entsprechendes für die tiefsten angeregten Zustände gilt, werden durch die Stöße selektiv hochangeregte Ne I-Zustände besetzt (Bd. 2, Abschn. 13.3), die in geeigneten optischen Resonatoren zu elektrischen Dipolübergängen in energetisch tiefere, kurzlebige Niveaus stimuliert werden können. Dabei werden Linien im roten und infraroten Spektralbereich emittiert.

5.3 Hochfrequenz- und Level-crossing-Spektroskopie angeregter Atome

Atomstrahltechnik und optisches Pumpen sind geeignet, günstige Voraussetzungen für die Anwendung der HF-Spektroskopie auf Atome im elektronischen Grundzustand oder auch in metastabilen Zuständen zu schaffen. Die Fein- und Hyperfeinstruktur kurzlebiger angeregter Terme kann mit optischer Doppelresonanz- und Level-Crossing-Spektroskopie untersucht werden. Die Genauigkeit dieser Messungen ist primär durch die Energieunschärfe Γ der angeregten Niveaus begrenzt. Sie ergibt sich aufgrund der Energie-Zeit-Unschärfe aus der natürlichen Lebensdauer τ der angeregten Niveaus: $\Gamma = \hbar/\tau$. Dank dieser Beziehung lassen sich aus den Breiten der Resonanzsignale mit hoher Genauigkeit auch die natürlichen Lebensdauern angeregter Niveaus bestimmen.

Optische Doppelresonanzmethode. Die Methode, in der die optische Resonanzfluoreszenz mit der Hochfrequenz- oder Mikrowellentechnik kombiniert wird, heißt *optische Doppelresonanz-Technik*. Diese Messmethode wurde von J. Brossel und A. Kastler 1949 vorgeschlagen. Das Pionierexperiment zu diesem Vorschlag wurde von J. Brossel und F. Bitter an Quecksilberdampf durchgeführt. Es ist in $\blacktriangleright$ Abb. 5.11 schematisch dargestellt. Das Hg-Termschema zeigt $\blacktriangleright$ Abb. 2.5 (Abschn. 2.1).

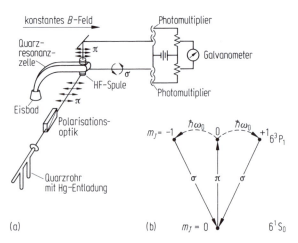

Abb. 5.11 (a) Schema des *Brossel-Bitter-Experiments* zum Nachweis und zur Vermessung optischer Doppelresonanzen des Quecksilber-Zustandes $6\,^3P_1$, (b) optische Anregung des $6\,^3P_1$- Zustandes durch Resonanzabsorption mit linear polarisiertem π-Licht. Magnetische Dipolübergänge (gestrichelte, runde Pfeile) zwischen den Zeeman-Unterzuständen $m_J = 0$ und $m_J = \pm 1$ führen zur Beobachtung zirkular polarisierter Komponenten $\sigma^\pm$ der optischen Übergänge zum Ausgangszustand $6\,^1S_0$.

Bei Einstrahlung parallel zu einem äußeren Magnetfeld B_0 linear polarisierten Lichts der Resonanzlinie bei $\lambda = 253.7$ nm werden nur π-Übergänge in den ($m = 0$)-Zustand des $6\,^3P_1$-Terms angeregt. Die ($m = \pm 1$)-Zustände bleiben unbesetzt. Der Besetzungsunterschied wird durch Induktion magnetischer Dipolübergänge mit einem magnetischen HF-Feld ausgeglichen. Dadurch ändert sich die Polarisation des Fluoreszenzlichts, so dass die HF-Übergänge nachweisbar sind.

Einzelheiten zur Durchführung des Experiments: Licht einer Niederdruck-Quecksilber-Gasentladung passiert ein Polarisationsfilter. Das linear polarisierte Licht wird auf eine mit Quecksilberdampf gefüllte (für UV-Licht durchlässige) Quarzglas-Zelle gerichtet, die die Form eines Wood'schen Horns hat. Ein Eisbad am dünnen Ende hält den Dampfdruck des Quecksilbers (10^{-2} Pa) niedrig und verhindert ein Beschlagen der Zellenwand. Die eingestrahlte 253.7-nm-Linie wird resonant absorbiert und bevölkert so das Unterniveau $m_J = 0$ des angeregten Zustandes. Legt man nun ein senkrecht zum Magnetfeld B_0 gerichtetes und mit der Frequenz ν oszillierendes Magnetfeld B_1 an, werden im Resonanzfall $h\nu = g_J\,\mu_B\,B_0$ magnetische Dipolübergänge vom ($m_J = 0$)-Niveau zu den ($m_J = \pm 1$)-Unterniveaus induziert. Dabei ist anzumerken, dass nur ein HF-Feld, das im Sinne der Larmor-Präzession der angeregten Atome um B_0 rotiert, magnetische Dipolübergänge induziert. Das oszillierende HF-Feld hat man sich deshalb in zwei gegenläufig rotierende Komponenten zerlegt zu denken. Nur eine der beiden Komponenten trägt zur Induktion von Übergängen bei. Die andere Komponente wirkt hingegen wie ein nichtresonantes Störfeld. Ferner muss die Stärke B_1 des HF-Feldes so groß sein, dass $g_J\,\mu_B\,B_1 \approx \hbar/\tau(6\,^3P_1)$ ist. Da die natürliche Lebensdauer $\tau(6\,^3P_1) \approx 10^{-7}$ s ist, ergeben sich nachweisbare Polarisationsänderungen nur, wenn $B_1 \gtrsim 10^{-4}$ T ist.

Das parallel und senkrecht zu B_0 emittierte Fluoreszenzlicht wird mit zwei Photomultipliern nachgewiesen und die Intensitätsdifferenz als Funktion von B_0 registriert.

▶Abb. 5.12 zeigt einige Resonanzsignale, die bei verschiedenen HF-Feldstärken B_1 registriert wurden. Im Einklang mit der Theorie ergeben sich bei kleiner Feldstärke Lorentz-förmige Signale. Bei hohen Feldstärken werden die Signale breiter und bilden eine Doppelstruktur aus.

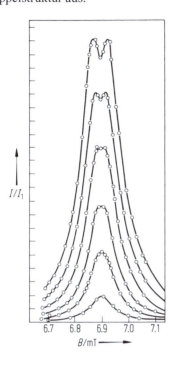

Abb. 5.12 Optische Doppelresonanzsignale (relative Intensitätsdifferenzen I/I_1 im Resonanzbereich) des Quecksilber-Übergangs $6\,^1S_0 \rightarrow 6\,^3P_1$ ($\lambda = 253.7$ nm) als Funktion des homogenen Magnetfeldes B und bei von unten nach oben zunehmender Amplitude B_1 des magnetischen Hochfrequenzfeldes (nach J. Brossel und F. Bitter, Phys. Rev. **86**, 308 (1952)). Bei hinreichend niedrigem Dampfdruck in der Resonanzzelle (keine Mehrfachstreuung) und schwachem B_1-Feld ergibt sich $\tau(6\,^3P_1) = 1.2 \cdot 10^{-7}$ s aus der Halbwertsbreite der Signale.

Hanle-Effekt. R. W. Wood und A. Ellett haben 1923 entdeckt, dass magnetische Felder das bei Resonanzfluoreszenz emittierte Licht depolarisieren können. Weitere experimentelle Untersuchungen dieses Effekts wurden 1924 von W. Hanle (1901 – 1993) durchgeführt. Insbesondere erklärte er die magnetische Depolarisation mit einem klassischen Modellbild der Resonanzfluoreszenz. Der Depolarisationseffekt wird deshalb heute allgemein *Hanle-Effekt* genannt. ▶Abb. 5.13a zeigt eine typische Versuchsanordnung zur experimentellen Untersuchung des Hanle-Effekts. Die linear polarisierte Strahlung der Quecksilber-Resonanzlinie $\lambda = 253.7$ nm wird auf die Resonanzzelle, die die Form eines Wood'schen Horns hat, fokussiert. Ein variables, homogenes Magnetfeld B ist senkrecht zur Polarisationsrichtung des eingestrahlten Lichts orientiert. In der zum Magnetfeld parallelen z-Richtung wird die Polarisation des Resonanzlichts gemessen.

Zur Erklärung des Hanle-Effekts betrachten wir die Emission des Resonanzlichts als Folge der Resonanzstreuung einer elektromagnetischen Welle an einem klassischen Elektronenoszillator (Bd. 2, Kap. 7). Im Feld der einfallenden Welle wird das Elektron zu linearen Schwingungen parallel zur Polarisationsrichtung des eingestrahlten Lichts angeregt. Das äußere Magnetfeld B übt auf das bewegte Elektron eine Lorentz-Kraft aus und bewirkt eine Präzessionsbewegung des Oszillators um die Richtung des Magnetfelds. Abhängig von der Strahlungsdämpfung des Oszillators ergeben sich für die Bewegung des Elektrons verschiedene *Rosettenbahnen* (▶Abb. 5.14). Zwei Schlussfolgerungen können

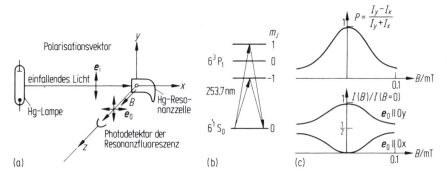

Abb. 5.13 (a) Schema eines Experiments zum Nachweis des Hanle-Effekts, (b) Zeeman-Niveaus mit σ-Übergängen für die Hg-253.7-nm-Linie, (c) Hanle-Effekt-Signale der Polarisation P und der linear polarisierten, relativen Intensitätskomponenten $I(B)/I(B=0)$ als Funktion des homogenen Magnetfeldes mit linearem Polarisationsvektor parallel zur y- und x-Achse.

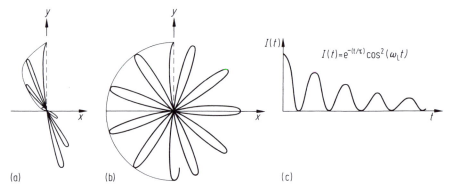

Abb. 5.14 Rosettenbahnen der Bewegung des als gedämpfter Oszillator schwingenden Elektrons nach der Geometrie von ▶ Abb. 5.13; (a) schwaches Magnetfeld senkrecht zur Zeichenebene (z-Richtung); (b) starkes Magnetfeld; (c) Intensität der in der z-Richtung emittierten Fluoreszenzstrahlung mit linearem Polarisationsvektor parallel zur y-Achse bei gepulster Anregung.

zunächst aus dieser klassischen Rosettenbewegung gezogen werden: (1) Nach gepulster Anregung ist die linear polarisierte Intensitätskomponente I_y der in z-Richtung beobachteten Resonanzfluoreszenz in der Zeit moduliert, so wie es in ▶ Abb. 5.14c dargestellt ist. (2) Bei kontinuierlicher Anregung des atomaren Ensembles sind zwar I_x und I_y nicht zeitabhängig (es stellt sich ein stationärer Gleichgewichtszustand ein), aber die Intensitäten ändern sich mit wachsender Feldstärke B, so wie es ▶ Abb. 5.13c zeigt. Denn eine Depolarisation ist nur möglich, wenn die Magnetfeldstärke so groß ist, dass der Oszillator innerhalb der Abklingzeit merklich präzediert.

Level-Crossing-Spektroskopie. Aus quantenmechanischer Sicht werden beim Hanle-Experiment die beiden $6\,{}^3P_1$-Zustände mit $m_J = \pm 1$ *kohärent* angeregt. Das einfallende linear polarisierte Licht wirkt auf die Hg-Atome wie eine kohärente Superposition von σ^+- und σ^--Licht. Ausgehend von ein und demselben Grundzustand werden die beiden angeregten Zustände bevölkert (▶ Abb. 5.13b), so dass sich die Phasenbeziehung des elektromagnetischen Strahlungsfeldes auf die ($m = \pm 1$)-Zustände des angeregten Atoms überträgt. Diese Phasenbeziehung bleibt erhalten, wenn beide angeregten Zustände gleiche Energie haben, also bei $B = 0$. Wenn sich aber die Energien der angeregten Zustände um ΔE unterscheiden, ändert sich nach der Anregung die relative Phase $\Delta \varphi = \Delta E\, t/\hbar$ der beiden angeregten Zeeman-Zustände mit der Zeit t. Gleichzeitig klingen die Anregungs-amplituden exponentiell mit $\exp(-\Gamma t/2\hbar)$ ab. Die Änderung der Phasenbeziehung wirkt sich auf die Intensität des beobachteten Fluoreszenzlichts aus, wenn analog zur Anregung Licht selektiert wird, das als kohärente Superposition von σ^+- und σ^--Licht betrachtet werden kann, also beispielsweise I_x oder I_y gemessen wird.

Allgemein kann der Zustand eines Ensembles von Atomen mit einer *Dichtematrix* beschrieben werden (Abschn. 8.1). Die Anregung des atomaren Ensembles in ein Muliplett von Eigenzuständen $|i\rangle$ mit den Energiewerten E_i wird im Rahmen dieses Formalismus' mit einer (hermiteschen) Anregungsmatrix A_{ij} und entsprechend die Beobachtung mit einer (ebenfalls hermiteschen) Beobachtungsmatrix B_{ij} beschrieben. Bei kohärenter An-regung und Beobachtung der Zustände $|i\rangle$ und $|j\rangle$ sind die Matrixelemente $A_{ij} = A_{ji}^* \neq 0$ bzw. $B_{ij} = B_{ji}^* \neq 0$. Wenn die Anregungs- und Beobachtungsbedingungen vorgegeben sind, lassen sich die Matrizen A_{ij} und B_{ij} aus den Matrixelementen der elektrischen Dipol-übergänge berechnen. Bei kontinuierlicher Anregung (stationäre Versuchsbedingungen) ergibt sich dann die Intensität I des beobachteten Fluoreszenzlichts:

$$ I = \sum_{i,j} A_{ij} \, \frac{1}{\Gamma + i(E_i - E_j)} \, B_{ij}^* \,. \tag{5.4} $$

Die Fluoreszenzlichtintensität ändert sich folglich, wenn bei kohärenter Anregung und Be-obachtung zwei Niveaus sich kreuzen (d. h. $E_i \approx E_j$). Hingegen sind die Kohärenzterme vernachlässigbar, wenn $|E_i - E_j| \gg \Gamma$ ist.

Die quantenmechanische Deutung des Hanle-Effekts zeigt, dass bei kohärenter Anre-gung Interferenzsignale nicht nur bei $B = 0$ (Nullfeld-Crossing) auftreten, sondern auch bei anderen Niveauüberschneidungen (Level-Crossings). Überschneidungen von Zeeman-Niveaus bei Magnetfeldern $B_0 \neq 0$ gibt es in den Aufspaltungsschemata aller Hyperfein-multipletts mit einem Hüllendrehimpuls $J \geq 1$ (▶ Abb. 4.13, Abschn. 4.5). Experimentell nachweisbar sind nur solche Level-Crossings, deren Zeeman-Quantenzahlen m_F sich um $\Delta m_F = 2$ oder 1 unterscheiden. Wie zur Erklärung des Hanle-Effekts beschrieben, ermög-licht eine Superposition von σ^+- und σ^--Licht eine kohärente Anregung/Beobachtung von Zuständen mit $\Delta m_F = 2$. Zur kohärenten Anregung/Beobachtung von Zuständen mit $\Delta m_F = 1$ wird eine Superposition von π- und σ-Licht benötigt.

Aus den Magnetfeldpositionen gemessener Level-Crossing-Signale ergeben sich die Energieabstände der Hyperfeinterme bei $B = 0$ und damit die A- und B-Faktoren des Hyperfeinmultipletts. Die Level-Crossing-Technik wird deshalb häufig zur Messung von Hyperfeinaufspaltungen angeregter Terme der Atomspektren genutzt.

Anticrossings. Der Hamilton-Operator eines Atoms in einem äußeren magnetischen oder elektrischen Feld ist rotationssymmetrisch bzgl. der Feldrichtung und kommutiert da-her mit dem Operator F_z der z-Komponente des Gesamtdrehimpulses. Die Eigenzustände des Hamilton-Operators können daher so gewählt werden, dass sie auch Eigenzustände von F_z sind. Wenn man die Feldstärke variiert, kreuzen sich nur Energieniveaus von Zuständen, die sich in der Symmetriequantenzahl m_F unterscheiden, nicht aber Energieniveaus von Zuständen mit $\Delta m_F = 0$ (non-crossing rule). Wenn sich die Energieniveaus von zwei Zuständen $|a\rangle$ und $|b\rangle$ mit gleicher Symmetriequantenzahl energetisch nähern, entsteht eine *vermiedene Kreuzung* (Anticrossing). Nach Erreichen eines Minimalabstands $\Delta E_{\min} \geq 0$ (auch $\Delta E_{\min} = 0$ ist möglich) nimmt der Energieabstand der Niveaus wieder zu. Im Bereich der vermiedenen Kreuzung liegt eine Zustandsmischung vor. Die zu den beiden Energieniveaus gehörenden Eigenzustände

$$|1\rangle = + \cos \vartheta \, |a\rangle + \sin \vartheta \, |b\rangle \tag{5.5}$$

$$|2\rangle = - \sin \vartheta \, |a\rangle + \cos \vartheta \, |b\rangle \tag{5.6}$$

sind Superpositionszustände von $|a\rangle$ und $|b\rangle$. Die Feldstärke größter Annäherung wird erreicht beim Mischungswinkel $\vartheta = \pi/4$. ► Abb. 4.14 (Abschn. 4.5) zeigt ein Beispiel. Dort durchlaufen die Zustände $|m_J = 1/2, m_I = -3/2\rangle$ und $|m_J = -1/2, m_I = -1/2\rangle$ mit $m_F = -1$ ein Anticrossing.

Auch Anticrossings können zu Änderungen der Fluoreszenzlichtintensität führen. Interessante Beispiele bietet das He-Atom. Im feldfreien Raum haben die Singulett- und Triplettterme der $1snd$-Konfigurationen deutlich verschiedene Energiewerte. Die Terme spalten aber auf und verschieben sich, wenn ein magnetisches oder elektrisches Feld angelegt wird. Dabei ergeben sich auch Level-Crossings und Anticrossings von Singulett- und Triplettzuständen. In den Anticrossings werden Singulett- und Triplettzustände durch die Spin-Bahn-Kopplung gemischt. Diese Mischung lässt sich nachweisen, wenn beispielsweise selektiv nur Singulettzustände angeregt werden. Außerhalb der Anticrossings sind dann auch in der Fluoreszenz nur Singulettlinien zu beobachten. In den Anticrossings aber erscheinen dank der Singulett-Triplett-Mischung auch die Triplettlinien.

5.4 Quantenschwebungen und Atomstrahlinterferometrie

Der Zustand eines freien Atoms (oder Moleküls) lässt sich gewöhnlich beschreiben als Produkt eines Zustandsvektors $|int\rangle$ für den internen Zustand und einer Wellenfunktion $|\boldsymbol{k}\rangle$ (Translationszustand), die die räumliche Ausbreitung der Teilchenwelle mit dem Wellenvektor $\boldsymbol{k}$ beschreibt. Beide Anteile können zu Interferenzstrukturen führen, wenn sich verschiedene Zustände überlagern. Überlagerungen interner Eigenzustände mit etwas unterschiedlichen Energiewerten führen zu *Quantenschwebungen*, aus denen die Energiedifferenzen bestimmt werden können. Die räumliche Ausbreitung der Teilchenwellen hingegen kann wie die optische Interferometrie (Bd. 2, Kap 12) für präzise interferometrische Messungen genutzt werden. Messungen hoher Präzision sind insbesondere mit Atomstrahlen möglich, deren Atome mit Techniken der Laserkühlung auf eine geeignete Geschwindigkeit abgebremst wurden (Atomoptik).

Quantenschwebung nach gepulster Anregung. Ein einfaches Experiment für den Nachweis einer Quantenschwebung ist in ► Abb. 5.15 illustriert. Cadmium(Cd)-Atome, die sich in einem Magnetfeld $\boldsymbol{B}$ befinden, werden mit einem kurzen Lichtpuls angeregt, der senkrecht zu $\boldsymbol{B}$ linear polarisiert ist. Dabei werden Übergänge vom $5\,^1S_0$-Grundzustand zum $5\,^3P_1$-Term induziert. Korrespondenzmäßig kann man sich – wie bereits bei der Diskussion des Hanle-Effekts beschrieben (Abschn. 5.3) – vorstellen, dass ein linear

URL für QR-Code: www.degruyter.com/atomoptik

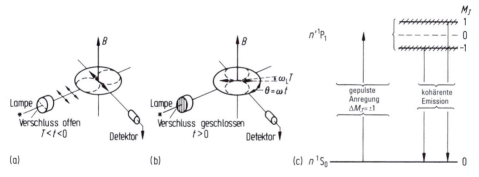

Abb. 5.15 Klassische und quantenmechanische Beschreibung der Modulation der Resonanzfluoreszenz bei gepulster Anregung (engl. „*quantum beat*"), (a) Atome werden durch linear polarisiertes Licht im Zeitintervall $T < t < 0$ gepulst angeregt (Verschluss offen), (b) Verschluss geschlossen. Die elektrisch angeregten Dipole präzedieren im Magnetfeld B für $t > 0$. Das Produkt der Larmor-Frequenz ω_L mit der Zeit t ergibt den Präzessionswinkel θ des Dipols. Die gestrichelten Linien in Teilbild (a) und (b) sollen die Winkelabhängigkeit der Emission des angeregten Dipols andeuten. (c) Quantenmechanisch wird die Dipolemission durch kohärente Überlagerung der elektrischen Übergangsamplituden $\langle 0|e\mathbf{r}|m_J\rangle$ mit $m_J = +1$ und $m_J = -1$ berechnet.

schwingender elektrischer Dipol durch die Lichtwelle angeregt wird, dessen Schwingungsrichtung anschließend unter der Einwirkung der Lorentz-Kraft um die Magnetfeldrichtung rotiert. Ein Detektor, der das in Richtung der anfänglichen Schwingungsrichtung emittierte Fluoreszenzlicht nachweist, registriert daher eine mit der Rotationsfrequenz modulierte und mit der Dämpfungskonstante des Oszillators abklingende Lichtintensität (▶Abb. 5.16).

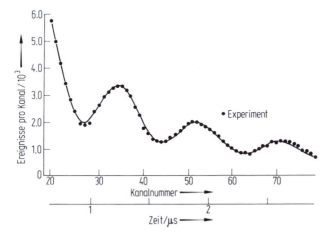

Abb. 5.16 Modulation der Resonanzfluoreszenz (Quantenschwebung) des Cadmium-Zustandes $5\,^3P_1$ bei Anregung mit 200-ns-Impulsen in einem homogenen Magnetfeld von $34\,\mu T$ (nach J. N. Todd et al., Proc. Phys. Soc. London **92**, 497 (1967)).

Beam-foil-Spektroskopie. Bei Messungen an einem Atom- oder Ionenstrahl hinreichend hoher Energie können die Atome/Ionen statt durch einen kurzzeitigen Lichtpuls durch einen räumlich lokalisierten Anregungsbereich ersetzt werden. Räumlich gut lokalisiert ist die Anregung bei allen Experimenten, bei denen ein Ionenstrahl durch eine dünne Folie geschickt wird. Dabei können Elektronen eingefangen oder abgestreift werden und viele angeregte Niveaus der neutralen Atome und der zugehörigen einfach und mehrfach geladenen Ionen besetzt werden, die anschließend zerfallen. Eine typische Versuchsanordnung zeigt ▶Abb. 5.17. Ein Spektrum, das nach dem Durchgang von Chlor-Ionen ($E_{kin} = 9\,\mathrm{MeV}$) hinter der Folie aufgenommen wurde, enthält Spektrallinien von bis zu 9-fach geladenen Cl-Ionen (▶Abb. 5.18).

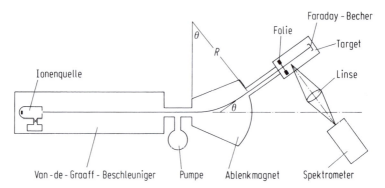

Abb. 5.17 Typisches experimentelles Schema der Beam-Foil-Spektroskopie.

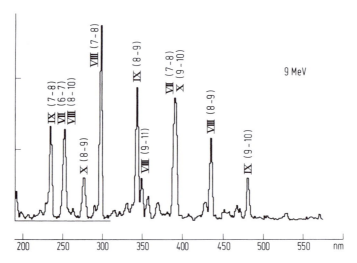

Abb. 5.18 Beispiel eines Beam-Foil-Spektrums von Chlor-Ionen, erzeugt mit 9-MeV-Cl$^+$-Ionen. Die römischen Zahlen I, II, ... der Spektrallinien geben den Ladungszustand des Cl-Ions an: II einfach geladenes Ion, III zweifach geladenes Ion usw. Die Zahlenpaare (n, n') in Klammern sind die Hauptquantenzahlen der bei der Emission eines Photons kombinierenden Zustände (nach Halin et al., Phys. Scr. **8**, 209 (1973)).

Schwebungen der Fluoreszenzlichtintensität als Funktion des Abstandes von der Folie lassen sich mit der Beam-Foil-Technik beobachten, wenn energetisch nah benachbarte Niveaus kohärent angeregt werden. Aus der Frequenz dieser *Quantenschwebungen* ergibt sich auch hier der Energieabstand der kohärent angeregten Niveaus. Bei inkohärenter Anregung ergibt sich für eine Spektrallinie nur eine exponentiell mit dem Abstand abklingende Intensität, aus der die natürliche Lebensdauer des angeregten Niveaus bestimmt werden kann. Eine besonders hohe Kohärenz erhält man, wenn der Ionenstrahl streifend auf eine Oberfläche trifft und reflektiert wird.

Quantenschwebungen metastabiler H-Atome. Ein Beispiel für Quantenschwebungen, die an schnellen Atomstrahlen zu beobachten sind, liefern die Experimente von Yu. L. Sokolov (1915 – 2006). In diesen Experimenten wurden metastabile H-Atome im $2s\,^2S_{1/2}$-Zustand erzeugt, indem ein 20-keV-Protonenstrahl durch Elektroneneinfang in einem Gastarget neutralisiert wurde. Die metastabilen H-Atome passierten anschließend ein parallel zum Strahl gerichtetes elektrisches Feld. Da das Feld elektrische Dipolmomente induziert (Abschn. 4.5), sind im elektrischen Feld die zueinander orthogonalen Linearkombinationen $(|2s, m = 0\rangle \pm |2p, m = 0\rangle)/\sqrt{2}$ normierte Eigenzustände. Sie haben Dipolmomente, die parallel bzw. antiparallel zum elektrischen Feld gerichtet sind und deren Energieabstand linear mit der Feldstärke zunimmt (linearer Stark-Effekt, ▶ Abb. 4.16). (Die Fein- und Hyperfeinstruktur der ($n = 2$)-Niveaus wurde hier der Einfachheit halber nicht berücksichtigt.)

Wie sich die Zustände der metastabilen H-Atome beim und nach dem Übergang ins elektrische Feld und nach dem Verlassen des elektrischen Feldes zeitlich entwickeln, hängt entscheidend davon ab, wie schnell die Übergänge stattfinden. Bei einem langsamen (adiabatischem) Übergang (*adiabatic passage*), bei dem die reziproke Übergangszeit $1/\tau$ sehr viel kleiner als die Bohr'sche Übergangsfrequenz $\nu_{LS}(2s\,^2S_{1/2} - 2p\,^2P_{1/2})$ (Lamb-Verschiebung) ist, bleibt das Atom im energetisch höheren $|m_1 = 0\rangle$-Niveau, der Zustand des Atoms ändert sich also wie der energetisch höhere Eigenzustand. Bei einem plötzlichen Übergang (*fast passage*) hingegen ($1/\tau \gg \nu_{LS}$) bleibt keine Zeit für eine Änderung des Zustands und daher sind beide $|m_1 = 0\rangle$-Eigenzustände nach dem Übergang kohärent mit gleicher Wahrscheinlichkeit besetzt.

Während das H-Atom sich im elektrischen Feld befindet, ändert sich die Phasendifferenz beider Zustände mit der Resonanzfrequenz des Übergangs zwischen den beiden Stark-Niveaus. Abhängig von der Phasendifferenz beim Verlassen des elektrischen Feldes bildet sich bei diesem zweiten plötzlichen Übergang wieder der ursprüngliche $|2s\,^2S_{1/2}\rangle$-Zustand oder der $|2p\,^2P_{1/2}\rangle$-Zustand oder eine kohärente Überlagerung beider Zustände. Das elektrische Feld wirkt also wie ein Interferometer.

Yu. L. Sokolov benutzte ein doppeltes Interferometer, um die ($n = 2$)-Lamb-Verschiebung des H-Atoms zu messen. Die Versuchsanordnung zeigt ▶ Abb. 5.19. Mit einem HF-Feld und dem ersten E-Feld-Interferometer wird ein kohärenter Überlagerungszustand von $|2s\,^2S_{1/2}, F = 0\rangle$- und $|2p\,^2P_{1/2}, F = 1, m_F = 0\rangle$-Zustand präpariert. Im feldfreien Raum auf einer Strecke der Länge L ändert sich die Phasendifferenz mit der Resonanzfrequenz ν des Übergangs $2s\,^2S_{1/2}(F = 0) - 2p\,^2P_{1/2}(F = 1)$. Mit dem zweiten E-Feld-Interferometer wird dann der Endzustand analysiert. Um schließlich den Anteil der H-Atome im $2\,^2P_{1/2}$-Term zu messen, wird die Emission der Ly_α-Linie detektiert. Es ergibt sich eine Schwebung der Ly_α-Intensität als Funktion des Abstands L der beiden Interferometer. Aus der ortsabhängigen Schwebung ergibt sich die Übergangsfrequenz ν,

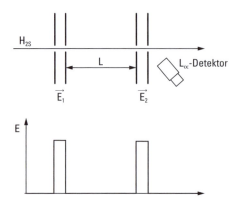

Abb. 5.19 Schema der Versuchsanordnung zum Nachweis der $(2^2S_{1/2} - 2^2P_{1/2})$-Quantenschwebung metastabiler H-Atome (oben) und idealisierter Feldverlauf $E(z)$ mit sprunghaften Feldänderungen (unten) (Yu. L. Sokolov, in *The Hydrogen Atom*, Springer-Verlag, 1989).

wenn die Geschwindigkeit v_H der H-Atome mit hinreichend hoher Genauigkeit bekannt ist. Um sie zu bestimmen, wurden H-Atome im $|2p\,^2P_{1/2}\rangle$-Zustand präpariert und das exponentielle Abklingen der Intensität der Ly_α-Linie mit dem Abstand gemessen. Aus der theoretisch bekannten natürlichen Lebensdauer $\tau(2p\,^2P_{1/2})$ und der Abklingkonstante ergab sich die Geschwindigkeit v_H und damit schließlich ein höchst präziser Wert für die Lamb-Verschiebung (Metrologia 21 (1985) 99-105):

$$\Delta\nu_{LS} = (1057.8514 \pm 0.0019)\,\text{MHz} \,. \tag{5.7}$$

Wenn Quantenschwebungen beobachtbar sind, ist das immer ein Zeichen für eine kohärente Besetzung benachbarter Energieniveaus. Yu. L. Sokolov wies an H-Atomen $(2s-2p)$-Quantenschwebungen nicht nur mit zwei E-Feld-Interferometern nach, sondern auch, wenn das zweite E-Feld-Interferometer durch einen metallischen Spalt ersetzt wurde (▶ Abb. 5.20) und die metastabilen Atome in Abständen von bis zu 0.6 mm an den Oberflächen der Schlitzbacken vorbeiflogen (Sokolov-Effekt, Physica Scripta, **54**, 156 (1996)). Bis heute ist unklar, welche Wechselwirkung zwischen Atom und Metalloberfläche so langreichweitig ist, dass sie bei so großer Entfernung einen $2s$-Zustand in einen $(2s-2p)$-Superpositionszustand umwandeln kann. Grundsätzlich bieten sich zwei Möglichkeiten für eine Erklärung des Effektes an: 1. Es können Oberflächenfelder auf die H-Atome wirken und die Eigenzustände beeinflussen. 2. Die Informationskopplung der H-Atome an die Umgebung ändert sich durch die Nähe der Metalloberflächen, so dass die sphärische Symmetrie gestört und der spontane Zerfall der metastabilen H-Atome beeinflusst wird. Angesichts der großen Reichweite ist letzteres wahrscheinlicher.

Atominterferometrie. Ebenso wie mit Lichtwellen können interferometrische Messungen auch mit Elektronen und Neutronen und sogar mit ganzen Atomen ausgeführt werden. Die Wellenlänge ergibt sich dabei aus der De-Broglie-Beziehung: $\lambda_{dB} = h/p$ mit $p = m\,v$. Für einen Na-Atomstrahl mit einer (für einen thermischen Atomstrahl typischen) Geschwindigkeit von 1000 m/s ist $\lambda_{dB} = 2 \cdot 10^{-11}$ m, also von gleicher Größenordnung wie die Wellenlänge von Röntgenstrahlen. 1000-mal längere Wellenlän-

URL für QR-Code: www.degruyter.com/interferometrie

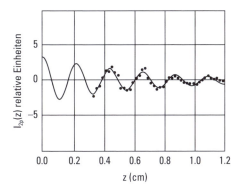

Abb. 5.20 Quantenschwebung metastabiler H-Atome. Eine kohärente Beobachtung des Zerfalls der $2s$- und $2p$-Zustände wurde in diesem Fall einfach dadurch möglich, dass die metastabilen H-Atome durch einen metallischen Spalt (Spaltbreite $b = 0.2$ mm) flogen (nach B. B. Kadomtsev et al., Physica Scripta **54**, 156 (1996)).

gen haben Atomstrahlen, die beispielsweise auf Geschwindigkeiten von etwa 1 m/s und weniger abgebremst wurden.

Mithilfe der Nanotechnologie ist es möglich, Transmissionsgitter mit Gitterabständen von 100 nm herzustellen. D. E. Pritchard nutzte 1991 drei solcher Transmissionsgitter, um ein Interferometer für Atomstrahlen aufzubauen. Schon vorher hatte er gezeigt, dass auch eine stehende Lichtwelle, die durch Reflexion eines Laserstrahls erzeugt werden kann, als Beugungsgitter genutzt werden kann. Die Ablenkung der Atomstrahlen ergibt sich dabei aus der nichtresonanten Wechselwirkung der Atome mit der stehenden Lichtwelle.

Etwa gleichzeitig wurden von M. Kasevich und S. Chu erste Experimente zur Atominterferometrie mit (durch Laserkühlung, Abschn. 3.4) abgebremsten Atomstrahlen durchgeführt. Dank der geringen Geschwindigkeit und entsprechend großer De-Broglie-Wellenlänge der Atome konnte ein Mach-Zehnder-Interferometer mit zwei räumlich gut getrennten Teilstrahlen für Präzisionsmessungen der lokalen Erdbeschleunigung gebaut werden.

Interferenzexperimente mit Molekülen. Nicht nur Elektronen, Neutronen und ganze Atome verhalten sich wie Wellen, wenn sie nur hinreichend von der Umgebung isoliert und damit prinzipiell unbeobachtbar sind (Welcher-Weg-Kriterium, Abschn. 1.3), sondern auch kleine und große Moleküle. In Doppelspaltexperimenten mit dem Young'schen Doppelspaltinterferometer konnten A. Zeilinger und M. Arndt zeigen, dass auch ein Strahl von C_{60}-Molekülen (Abschn. 8.4) wie eine Welle gebeugt wird. Auch noch größere Moleküle zeigen bei hinreichender Isolierung Wellencharakter. Ob ein Molekül sich wie eine Welle oder wie ein klassisches Partikel verhält und z. B. ein C_{60}-Molekül als molekularer Fußball zu beobachten ist, hängt allein davon ab, wie gut oder schlecht das Welcher-Weg-Kriterium erfüllt ist. Nur wenn die Moleküle hinreichend von der Umgebung isoliert sind, so dass sie zwischen Quelle und Detektor nahezu unbeobachtbar sind, verhalten sie sich wie eine Welle. Je größer die Moleküle, desto schwerer ist es allerdings, diese Bedingung zu erfüllen.

URL für QR-Code: www.degruyter.com/laserkuehlen; www.degruyter.com/praezision; www.degruyter.com/i-meter-typen

5.5 Präzisionsmessungen an Teilchen in Fallen

Mit der Entwicklung der Techniken der Laserkühlung und der Speicherung von geladenen Teilchen und neutralen Atomen in Fallen haben sich neue faszinierende Möglichkeiten für Präzisionsmessungen und grundlegende Untersuchungen zur Quantenphysik ergeben. Mit einigen Beispielen sollen diese Möglichkeiten im Folgenden illustriert werden.

Einzelelektronoszillator. Die Bewegung eines Elektrons in einer Penning-Falle (Abschn. (3.3)) lässt sich separieren in eine axiale Oszillation (z-Richtung) und eine transversale Bewegung in der $(x - y)$-Ebene, die sich als Überlagerung einer Kreisbewegung im axialen Magnetfeld B_z mit der Zyklotronfrequenz ω_C und einer Magnetronbewegung darstellen lässt. Das elektriche Quadrupolfeld der Penning-Falle bestimmt sowohl die Frequenz der axialen Oszillation, als auch die Frequenz der Magnetronbewegung. Zusätzlich zu der Bewegung im Raum präzediert der Elektronenspin mit der Larmor-Frequenz ω_L in dem axialen Magnetfeld.

H. G. Dehmelt (*1922, Nobelpreis 1989) und Mitarbeitern gelang es, ein einzelnes Elektron in einer bei einer Temperatur von 4 K und mit einem Magnetfeld von 5 T betriebenen Penning-Falle (Abschn. 3.3) zu speichern, in den quantenphysikalischen Grundzustand zu kühlen, bei dem es praktisch im Zentrum der Penning-Falle ruht, und schließlich im Jahr 1987 mit höchster Präzision das magnetische Moment des Elektrons zu messen. Um nachzuweisen, dass genau ein Elektron in der Falle ist, nutzte er die Oszillation in z-Richtung, die durch Influenz einen schwachen Wechselstrom zwischen den (negativ geladenen) Fallenkappen erzeugt. Dieser Wechselstrom konnte mit einem empfindlichen schmalbandigen Verstärker nachgewiesen werden. Die Ozillationsfrequenz betrug $\nu_{osz} = 60$ MHz. Die Amplitude des Signals ändert sich sprunghaft mit der Anzahl N der (wenigen) Elektronen in der Falle. So ließ sich zweifelsfrei feststellen, wann sich wirklich genau ein Elektron in der Falle befand.

Ein vereinfachtes Termschema für die Bewegung in der $(x - y)$-Ebene (ohne Magnetronbewegung) dieses in der Falle gebundenen Elektrons zeigt ▶ Abb. 5.21. Jedes Niveau der Zyklotronbewegung (*Landau-Niveau*, s. Abschn. 4.5) mit den Energien $E_m = m \hbar \omega_C$ spaltet in zwei Unterniveaus auf, die sich in der Spin-Quantenzahl $m_s = \pm 1/2$ unterscheiden. Wegen der ε-Strahlungskorrektur des g_s-Faktors des Elektrons ($g_s(e^-) = 2 \cdot (1 + \varepsilon)$

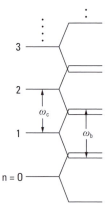

Abb. 5.21 Termschema für Zyklotronbewegung (ω_C) und Larmor-Präzession (ω_L) eines Elektrons im Magnetfeld.

mit $\varepsilon \approx \alpha/2\pi$, Abschn. 4.4) hat der Zustand $|m, +1/2\rangle$ eine etwas höhere Energie als der Zustand $|m + 1, -1/2\rangle$.

Ähnlich wie Ionen durch Induktion von Resonanzübergängen mit schwach rotverstimmter Laserstrahlung in einer Ionenfalle gekühlt werden können, lässt sich auch das in einer Penning-Falle gespeicherte Elektron durch Induktion von Resonanzübergängen zwischen den *Landau-Niveaus* der Zyklotronbewegung mit einem schwach rotverstimmten HF-Sender kühlen, d. h. die Magnetronbewegung minimieren und das Elektron in das energetisch tiefste Landau-Niveau bringen (Seitenbandkühlung).

Schließlich können auch Resonanzübergänge induziert werden, bei denen der Elektronenspin vom $|+1/2\rangle$- in den $|-1/2\rangle$-Zustand umklappt. Um diese Umklappprozesse nachweisen zu können, wird dem zunächst homogenen Magnetfeld B_z ein schwaches magnetisches Quadrupolfeld überlagert. Dadurch erhöht sich für die eine Spinstellung die Frequenz ω_{osz} ein wenig, während sie sich für die andere Spinstellung etwas erniedrigt. Daher lässt sich beim Nachweis des Elektrons erkennen, wann die Spinstellung umklappt.

Mit dem Einzelelektronoszillator wurden die beiden Fequenzen ω_C und ω_L gemessen und die Strahlungskorrektur $\varepsilon = (g_s - 2)/2 = (\omega_L - \omega_C)/\omega_C$ bestimmt. Aus den Messungen ergab sich für den g_s-Faktor des Elektrons der extrem genaue Wert (Genauigkeit besser als 10^{-12}, die experimentelle Unsicherheit in den beiden letzten Dezimalstellen ist in Klammern angegeben):

$$g_s(e^-) = 2 \cdot 1.00115965218076(27) \ . \tag{5.8}$$

In der gleichen Weise konnte auch ein einzelnes Positron in einer Penning-Falle gespeichert und gekühlt werden und dann der g_s-Faktor des Positrons mit gleicher Genauigkeit gemessen werden. Da Elektron und Positron Teilchen und Antiteilchen sind, haben beide g-Faktoren, wie theoretisch zu erwarten, innerhalb der experimentellen Unsicherheit betragsmäßig denselben Wert.

Massenspektrometrie mit der Penning-Ionenfalle. Ebenso wie Elektronen können auch einzelne atomare und molekulare Ionen in einer Penning-Falle gespeichert werden. D. E. Pritchard (*1941) entwickelte 1987 einen HF-SQUID-Detektor (superconducting quantum interference device, Abschn. 16.4) zum Nachweis einzelner Ionen und zur präzisen Messung von Zyklotronfrequenzen. Da die Zyklotronfreqenz $\omega_C = (e/m)B$ eines einfach geladenen Ions von der Masse m des Ions abhängt, eignen sich Penning-Fallen als Massenspektrometer. Massenverhältnisse können so mit einer Genauigkeit $\Delta m/m \approx 10^{-11}$ gemessen werden.

1990 gelang es G. Gabrielse et al. am Forschungszentrum CERN in Genf, Antiprotonen in einer Penning-Falle einzufangen und die Masse des Antiprotons mit der Masse des Protons zu vergleichen. Sie konnten zeigen, dass die Massen der beiden Teilchen um weniger als $\Delta m/m \leq 4 \cdot 10^{-8}$ voneinander differieren. Theoretisch erwartet man aufgrund der CPT-Symmetrie (Abschn. 12.1), dass Teilchen und das zugehörige Antiteilchen gleiche Masse haben.

Atomuhren. Die SI-Einheit der Zeit ist heute dadurch definiert, dass man die Übergangsfrequenz zwischen den beiden Hyperfeinniveaus des ^{133}Cs-Atoms auf $\nu_{hfs}(^{133}Cs) = 9\,192\,631\,770$ Hz festgelegt hat. Als Cs-Atomuhren dienten zunächst Atomstrahlresonanzapparaturen (Abschn. 5.1). Genauere Cs-Atomuhren nutzen heute die Möglichkeit,

Cs-Atome zu kühlen und zu speichern. Aus einer magnetischen Falle werden Cs-Atome aufwärts mit einem Laserstrahl beschleunigt, so dass eine Fontäne entsteht. Auf ihrem Weg nach oben durchfliegen die Cs-Atome einen Mikrowellenresonator und fallen anschließend nach etwa 1 s durch denselben Resonator zurück nach unten. Wenn Hyperfeinübergänge induziert werden, können diese durch Resonanzstreuung einer optischen Spektrallinie nachgewiesen werden. Dabei ergeben sich Ramsey-Interferenzstrukturen (▶ Abb. 5.6), die Frequenzmessungen mit einer Genauigkeit von 10^{-15} ermöglichen.

Noch genauere Messungen sind mit *optischen* Atomuhren möglich. Mit dem 1998 von Th. Hänsch (*1941, Nobelpreis 2005) entwickelten *Frequenzkamm* können auch Frequenzen des optischen Spektralbereichs mit Frequenzen im Mikrowellenbereich mit hoher Genauigkeit verglichen werden. Damit wurde es interessant, auch optische Frequenzstandards zu entwickeln. Durch den Nachweis der Resonanzabsorption von Licht aus dem Grundzustand eines gespeicherten Ions, bei dem Übergänge in einen metastabilen Zustand induziert werden, können optische Atomuhren mit einer Genauigkeit von 10^{-17} realisiert werden.

Nachweis einzelner Quantensprünge. Auch einzelne Ionen können in einer Falle gespeichert und gekühlt werden. Wenn sie, wie Ba$^+$-Ionen eine sichtbare Resonanzlinie haben, kann man sie mit bloßem Auge sehen. Denn wenn man das Ion mit einem auf Resonanz abgestimmten intensiven Laserstrahl beleuchtet, werden etwa 10^8 Photonen/s von dem Ion gestreut. H. G. Dehmelt und P. Toschek gelang es 1980, ein einzelnes Ba$^+$-Ion erstmals zu speichern.

Mit der Speicherung einzelner Ionen eröffneten sich viele Möglichkeiten für neuartige Experimente. Als Beispiel sei die direkte Beobachtung spontaner Quantenprünge erwähnt. Ba$^+$-Ionen haben ein ähnliches Spektrum wie Alkali-Atome (▶ Abb. 2.3, Abschn. 2.1). Die $6\,^2S_{1/2} - 6\,^2P_{1/2}$-Resonanzlinie liegt bei $\lambda = 493$ nm. Anders als bei den Alkali-Spektren gibt es aber noch ein metastabiles $5\,^2D$-Dublett, das energetisch etwas unterhalb des $6\,^2P$-Dubletts liegt. Mit einer geringen Wahrscheinlichkeit fallen deshalb Ba$^+$-Atome, die in den $6\,^2P_{1/2}$-Term angeregt wurden, nicht zurück in den Grundzustand, sondern in einen metastabilen Zustand. Ein einzelnes Ba$^+$-Ion in der Falle wird in diesem Moment unsichtbar (▶ Abb. 5.22), da die Photonen der Resonanzlinie nicht mehr absorbiert werden können. Es wird erst wieder sichtbar, wenn ein spontaner Quantensprung stattfindet und das Ion damit wieder in den Grundzustand gelangt.

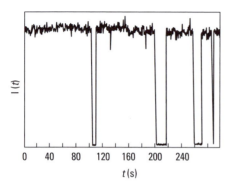

Abb. 5.22 Resonanzfluoreszenz $I(t)$ eines einzelnen gespeicherten Ba$^+$-Ions bei $\lambda = 493$ nm als Funktion der Zeit t. Kein Fluoreszenzlicht ist nachzuweisen, wenn das Ion in einem $5\,^2D$-Zustand ist (TH. Sauter et al., Phys. Rev. Lett. **57**, 1696 (1986)).

Kristalline Strukturen gespeicherter Ionen. Interessante Anwendungen von Ionenfallen und Speicherringen ergeben sich auch, wenn eine vorgegebene Anzahl mehrerer
Ionen gespeichert wird und die thermische Bewegung der Ionen auf Temperaturen bis in
den nK-Bereich abgekühlt wird. Dank der elektrostatischen Abstoßung ordnen sich dann
die in der Falle auf engem Raum zusammengedrängten Ionen zu kristallinen Strukturen
mit Gitterabständen von einigen μm (▶ Abb. 5.23). An solchen kristallinen Strukturen
können modellmäßig viele Phänomene der Festkörperphysik untersucht werden.

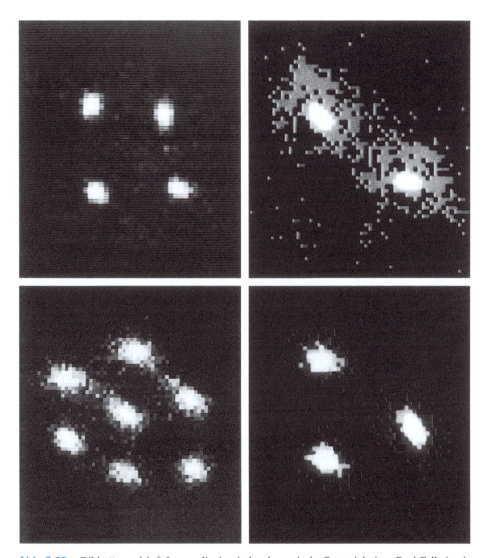

Abb. 5.23 „Bilder" von Mg^+-Ionen, die durch das dynamische Potential einer Paul-Falle in einer
kristallinen Struktur von 2, 3, 4 und 7 Ionen in Erscheinung treten. Die weißen Flecken repräsentieren
die Intensitäten der beobachteten Resonanzfluoreszenzstrahlung des durch einen Laser angeregten
$3^2 P_{3/2}$-Zustandes des Mg^+-Ions (H. Walther, Adv. in At. Mol. Opt. Phys. **32**, 379 (1994)).

Wenn eine solche kristalline Anordnung von Ionen nicht beleuchtet wird und keine spontanen Quantensprünge stattfinden, entwickelt sich der „Kristall" als Ganzes rein quantendynamisch. In vielen Forschungsgruppen bemüht man sich, einen wohldefinierten Anfangszustand eines solchen Kristalls zu präparieren und die quantendynamische Entwicklung dieses Zustandes so zu steuern, dass der Kristall als *Quantencomputer* genutzt werden kann. Durch Nutzung von Superposition und Verschränkung quantenmechanischer Zustände (Abschn. 4.2) könnten mit einem Quantencomputer einige Probleme der Informatik wesentlich effizienter gelöst werden als mit einem herkömmlichen Computer.

Bose-Einstein-Kondensation. Anders als Ionen können sich Atome sehr nahe kommen ($d > 1$ nm), ohne aufeinander einzuwirken. Ein Ensemble von Atomen bildet daher keine kristallinen Strukturen, wenn es auf hinreichend tiefe Temperaturen abgekühlt wird. Ein Ensemble gleichartiger Atome ist eher als ideales Gas zu betrachten, das bei hinreichend hoher Dichte und genügend tiefen Temperaturen typisch quantenphysikalische Eigenschaften zeigt (s. Abschn. 8.1). Wenn es sich um Bosonen handelt, können alle Atome im selben Quantenzustand sein und daher im energetisch tiefsten Quantenzustand kondensieren. Es bildet sich ein *Bose-Einstein-Kondensat*. Wenn es sich hingegen um Fermionen handelt, gilt das Pauli-Prinzip und die N Atome des Ensembles besetzen die N energetisch tiefsten Quantenzustände in der Falle.

Eine Bose-Einstein-Kondensation idealer Gase wurde von A. Einstein bereits 1924 diskutiert. Sie setzt ein, wenn die für thermisch bewegte Atome typische De-Broglie-Wellenlänge $\lambda_T = \sqrt{2\pi\hbar^2/m_A k_B T}$ (Abschn. 8.1) etwa gleich dem mittleren Abstand benachbarter Atome ist. Als quantitatives Kriterium für die Bose-Einstein-Kondensation eines Ensembles mit der Teilchenzahldichte n ergibt die Theorie

$$\lambda_T^3 \cdot n > 2.612 \,. \tag{5.9}$$

Alle Edelgase werden allerdings flüssig, bevor eine Bose-Einstein-Kondensation möglich ist. Flüssiges ^{4}He hat aber unterhalb des λ-Punkts bei $T = 2.18$ K Eigenschaften, die mit einer Bose-Einstein-Kondensation qualitativ erklärt werden können. Es wird superfluid, d. h. es ist eine Flüssigkeit ohne innere Reibung und mit ungewöhnlich großer Wärmeleitfähigkeit. Eine Theorie der *Superfluidität* wurde von L. Tisza (1907 – 2009) und L. D. Landau (1908 – 1968, Nobelpreis 1962) entwickelt (Bd. 1, Abschn. 18.4).

Atomare Ensembles verschiedener Atome können jedoch in einen metastabilen gasförmigen Zustand gebracht werden, der in ein Bose-Einstein-Kondensat übergehen kann, ohne dass das Gas kondensiert. Vorausetzung dafür ist, dass die gaskinetischen Stöße der Atome eine positive Streulänge (Abschn. 6.1) haben, die Atome sich also abstoßen. Die ersten Bose-Einstein-Kondensate (BEC) von Gasen wurden experimentell 1995 von E. A. Cornell (*1961) und C. E. Wieman (*1951) einerseits (^{87}Rb-Atome) und von W. Ketterle (*1957) andererseits (^{23}Na-Atome) hergestellt. 2001 wurden sie für diese Arbeiten mit dem Nobelpreis ausgezeichnet. Um ein BEC zu erzeugen, musste das atomare Ensemble auf wenige 100 nK abgekühlt werden. So tiefe Temperaturen ließen sich nur in mehreren Schritten erreichen. Laserkühlung in einer magnetooptischen Falle ist nur bis zu bestimmten Grenztemperaturen möglich. Einerseits wird der Kühlprozess durch die Breite der Resonanzabsorption begrenzt (Doppler-Grenze) und andererseits durch die Rückstoßenergie, die ein (ruhendes) Atom bei der spontanen Emission eines Photons erhält

URL für QR-Code: www.degruyter.com/mol_strahlen; www.degruyter.com/superfluid;
www.degruyter.com/bose-einstein

(Rückstoßgrenze). Letztere Grenze (einige μK) lässt sich in einer magnetooptischen Falle bei Ausnutzung der *Sisyphus-Kühlung* (theoretisch gedeutet von C. Cohen-Tannoudji, *1933, Nobelpreis 1997) erreichen.

Um das atomare Ensemble auf noch tiefere Temperaturen abzukühlen, wurde es in einer magnetischen Falle so gespeichert, dass die schnelleren Atome entweichen konnten und nur die langsamen Atome zurückblieben (*Verdampfungskühlung*). Um die dabei erreichte Temperatur des Ensembles zu messen und nachzuweisen, dass ein BEC vorlag, öffnete man plötzlich die Falle und ließ das Ensemble im Gravitationsfeld der Erde frei fallen. Nach einer kurzen Verzögerungszeit wies man die horizontale Ortsverteilung der Atome durch Resonanzabsorption eines Laserlichtpulses nach und bestimmte daraus die horizontale Geschwindigkeitsverteilung der gespeicherten Atome (▶ Abb. 5.24). Als ein BEC vorlag, blieben die Atome beim Fallen deutlich besser gebündelt, da Atome, die sich in derselben Schwingungsmode befinden, sich wie *ein* Teilchen mit entsprechend größerer Masse und kleinerer thermischer Geschwindigkeit verhalten. Für das Auseinanderdriften des Kondensats nach dem Ausschalten der Falle ist daher nicht mehr die thermische Energie der Teilchen maßgebend, sondern eine aus der Abstoßung der Atome (positive Streulänge der gaskinetischen Stöße) resultierende potentielle Energie. Die Theorie der BEC wurde von E. P. Gross und L. P. Pitajewski ausgearbeitet.

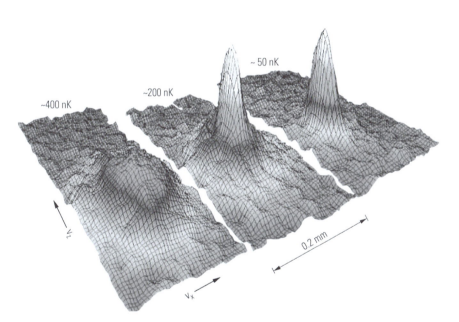

Abb. 5.24 Zweidimensionale Geschwindigkeitsverteilungen (vertikale y-Richtung) kalter Rubidium-Atomwolken bezogen auf die horizontalen x- und z-Richtungen für drei verschiedene Temperaturen: ∼ 400 nK links, ∼ 200 nK mittleres und ∼ 50 nK rechts Teilbild. Das linke Teilbild stellt die klassische Boltzmann-Maxwell-Verteilung gerade oberhalb der Temperatur dar, bei der BEC einsetzen kann. Das mittlere Teilbild zeigt eine typische BEC im Maximum; bei weiterer Temperaturreduzierung (rechtes Teilbild) werden zusätzliche Atome (ungefähr 90 % der Atome) aus dem klassischen Bereich in der BEC-Phase gespeichert (W. Ketterle, Physics Today, 30. Dez. 1999).

Aufgaben

5.1 Die thermische Bewegung der Atome eines Gases bewirkt, dass die Spektrallinien ein Gauß-Profil haben, Strahlungsdämpfung und Druckverbreiterung hingegen ergeben ein Lorentz-Profil $I(\nu) = I_0/(1 + \Delta\nu^2/\Delta\nu_{1/2}^2)$. Vergleichen Sie die beiden Profile. Welche Intensitäten erhält man bei der doppelten und dreifachen Halbwertsbreite? In welchem Bereich der spektralen Intensitätsverteilung dominiert das Lorentz-Profil, auch wenn es eine erheblich kleinere Halbwertsbreite als das Gauß-Profil hat?

5.2 Ein spinpolarisiertes Ensemble von Na-Atomen im $\left|3^2S_{1/2}, m_J = -1/2\right\rangle$-Zustand befindet sich in einem starken Magnetfeld $B_0 = 1$ T. Wie können Sie das Ensemble in den Zustand $\left|3^2S_{1/2}, m_J = +1/2\right\rangle$ überführen?

5.3 H-Atome im metastabilen $\left|2^2S_{1/2}; F = 0, m_F = 0\right\rangle$-Zustand befinden sich in einem schwachen Magnetfeld $\boldsymbol{B}_0$. Es sollen Übergänge induziert werden in die Zustände:
(a) $\left|2^2S_{1/2}; F = 1, m_F = 0\right\rangle$
(b) $\left|2^2S_{1/2}; F = 1, m_F = +1\right\rangle$
(c) $\left|2^2S_{1/2}; F = 1, m_F = -1\right\rangle$
(d) $\left|2^2P_{1/2}; F = 0, m_F = 0\right\rangle$
(e) $\left|2^2P_{3/2}; F = 1, m_F = \pm1\right\rangle$
(f) $\left|2^2P_{3/2}; F = 2, m_F = 0\right\rangle$
Welche Übergänge sind als Dipolübergänge erlaubt, und wie konzipieren Sie die Versuchsanordnung, um sie zu induzieren? Wie können Sie Übergänge in die restlichen Zustände in zwei Schritten induzieren?

5.4 Es sollen Übergänge vom $\left|2^2P_{1/2}; F = 0, m_F = 0\right\rangle$- zum $\left|2^2S_{1/2}; F = 1, m_F = 0\right\rangle$-Zustand des H-Atoms induziert werden. Schätzen Sie die Stärke des dafür benötigten Mikrowellenfeldes ab. Wie sollte das Feld polarisiert sein?

5.5 Analysieren Sie das in ▶ Abb. 5.18 gezeigte Beam-Foil-Spektrum. Vergleichen Sie die Photonenenergien der Spektrallinien mit den Übergangsenergien der entsprechenden wasserstoffartigen Ionen. Wie gut ist die Übereinstimmung?

5.6 Sie untersuchen die Resonanzfluoreszenz von ^{23}Na-Atomen ($I = 3/2$) nach Anregung mit der D_2-Linie einer Na-Spektrallampe. Das Fluoreszenzlicht wird senkrecht zur Einstrahlrichtung in Abhängigkeit von der Stärke eines senkrecht zur Streuebene gerichteten Magnetfeldes $\boldsymbol{B}_0$ beobachtet. Das eingestrahlte und beobachtete Licht kann parallel oder senkrecht zur Magnetfeldrichtung polarisiert sein. Wie hängt die gemessene Fluoreszenzlichtintensität von der Magnetfeldstärke ab?

5.7 Die Halbwertsbreite $\Delta B_{1/2}$ eines Hanle-Signals der 253-nm-Linie des Quecksilbers hat den Wert $\Delta B_{1/2} = 0.63 \cdot 10^{-4}$ T (▶ Abb. 5.13). Welche natürliche Lebensdauer τ hat der $6s6p\,^3P_1$-Term des Hg I-Spektrums? Wie groß ist der g_J-Faktor des $6s6p\,^3P_1$-Terms?

5.8 Warum ist der $6\,^3P_1$-Term des Hg-Atoms im Gegensatz zu $6\,^3P_0$- und $6\,^3P_2$-Term nicht metastabil?

6 Atomare Stoßprozesse

Freie Atome können sich bei Stößen mit anderen atomaren Teilchen in vielfältiger Weise verändern. In Gasentladungen werden Atome durch Stöße mit Elektronen, die im elektrischen Feld auf einige 10 eV beschleunigt wurden, angeregt und ionisiert. Durch Stöße der Atome und Moleküle untereinander wird die quantendynamische Entwicklung der freien Teilchen gestört. Während des Stoßes sind die Stoßpartner als *ein* Quantenobjekt zu betrachten. Bei der quantendynamischen Entwicklung des Stoßsystems können Energie und Impuls zwischen den Stoßpartnern ausgetauscht werden und neue Teilchen entstehen. Wenn sich bei diesen Stößen nur die Bewegungsrichtungen der Teilchen ändern, spricht man wie in der klassischen Mechanik von *elastischen* Stößen (oder elastischer Streuung), andernfalls, wenn wie bei der Elektronenstoßanregung kinetische Energie in Anregungsenergie umgewandelt wird, von inelastischen Stößen. Ist einer der beiden Stoßpartner schon vor dem Stoß angeregt, kann auch innere Energie in kinetische Energie umgesetzt werden.

Auch können Atome und Ionen bei einem Stoß Elektronen austauschen oder freisetzen und, wenn Moleküle gegeneinander stoßen, können auch ganze Atome von einem Stoßpartner zum anderen wechseln, d. h. chemische Prozesse stattfinden. Überall also, wo Materie im gasförmigen Zustand vorliegt, in Gasen, Gasentladungen, im Plasma oder in den Atmosphären von Sternen und Planeten gibt es eine große Vielfalt von atomaren Stoßprozessen, die letztlich auch die makroskopisch beobachtbaren Erscheinungen bestimmen. In diesem Kapitel sind wir an der Quantendynamik der einzelnen atomaren Stoßprozesse interessiert und behandeln die grundlegenden Konzepte der atomaren Stoßphysik.

6.1 Stoßphysikalische Grundbegriffe

Zur Untersuchung atomarer Stoßprozesse wird gewöhnlich ein Teilchenstrahl A (Projektilteilchen) auf ein Gastarget B mit der Teilchenzahldichte n und der Schichtdicke d (in Projektilstrahlrichtung) gerichtet und in Abhängigkeit vom *Streuwinkel* θ (Polarwinkel) die Anzahl der pro Zeit gestreuten oder auch bei den Stößen neu entstandenen Teilchen gemessen (▶ Abb. 6.1a). In vielen Experimenten ist auch das Target ein Teilchenstrahl (Methode der gekreuzten Atomstrahlen, engl.: crossed beam technique). Falls die Teilchen beider Strahlen sich mit Geschwindigkeiten gleicher Größenordnung senkrecht aufeinander zu bewegen oder ein Teilchenstrahl senkrecht zur Strahlrichtung polarisiert ist, hängt die Winkelverteilung auch vom Azimutwinkel φ ab.

Bei allen Stoßexperimenten ist es wichtig, darauf zu achten, dass Prozesse, bei denen ein Projektilteilchen nacheinander auf zwei oder mehr Targetteilchen trifft, nur mit vernachlässigbarer Wahrscheinlichkeit auftreten (*Einzelstoßbedingung*). Unter dieser Voraus-

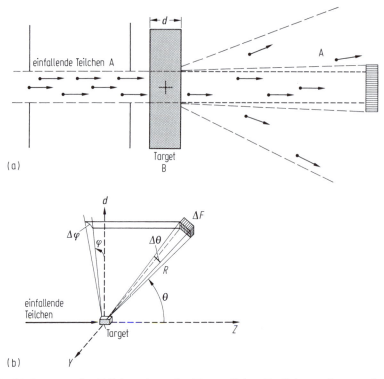

Abb. 6.1 (a) Streuung der Teilchen A an den Targetteilchen B (Schema der experimentellen Anordnung), (b) zur Definition des differentiellen Wirkungsquerschnitts (mit der Detektorfläche $\Delta F = (R\,\Delta\theta) \cdot (R\sin\theta\,\Delta\varphi)$).

setzung können aus diesen Messungen die *differentiellen* und *totalen* Wirkungsquerschnitte der Stoßprozesse bestimmt werden.

Differentieller Wirkungsquerschnitt. Der differentielle Wirkungsquerschnitt eines elastischen oder inelastischen Stoßes (von Stößen, bei denen nach dem Stoß mehr als zwei Teilchen auseinanderfliegen, sehen wir hier ab) ergibt sich aus der Winkelverteilung der gestreuten Teilchen. Bei vielen Experimenten ist keine Richtung senkrecht zum Projektilstrahl ausgezeichnet. Die Winkelverteilung ist dann nur vom Streuwinkel θ abhängig. Der differentielle Wirkungsquerschnitt $\sigma(\theta)$ ist dann durch folgende Beziehung definiert:

$$\sigma(\theta)\,d\Omega = \frac{\text{Anzahl der in } d\Omega \text{ gestreuten Teilchen/Zeit}}{\text{Anzahl der einfallenden Teilchen/Zeit}} \cdot \frac{1}{n\,d}\,. \tag{6.1}$$

Dabei ist $d\Omega = \sin\theta\,d\varphi\,d\theta$ der (hinreichend kleine) Raumwinkelbereich, der vom Detektor beim Nachweis der gestreuten Teilchen erfasst wird (▶ Abb. 6.1b).

Bei der Angabe des differentiellen Wirkungsquerschnitts ist auf die Wahl des Bezugssystems zu achten. Der Experimentator wird sich gewöhnlich auf das Laborsystem beziehen. Der Streuwinkel sollte in diesem Fall als θ_{lab} gekennzeichnet sein. Aus theoretischer Sicht wird hingegen meistens das Bezugssystem bevorzugt, in dem der Schwerpunkt des Stoßsystems ruht (Schwerpunktsystem, centre-of-mass system). In diesem Fall ist der Streuwinkel als θ_{CM} gekennzeichnet.

Totaler Wirkungsquerschnitt. Der totale Wirkungsquerschnitt σ^{tot} ergibt sich grundsätzlich aus dem differentiellen Wirkungsquerschnitt durch Integration über den vollen Raumwinkel 4π:

$$\sigma^{tot} = \int \sigma(\theta)\,\mathrm{d}\Omega = 2\pi \int \sigma(\theta)\sin\theta\,\mathrm{d}\theta\ . \tag{6.2}$$

Dabei ist aber zu bedenken, dass bei elastischer Streuung wegen der Winkelunschärfe des Projektilstrahls in einem kleinen Raumwinkelbereich in Vorwärtsrichtung der differentielle Wirkungsquerschnitt nicht gemessen werden kann, da unter kleinem Winkel gestreute nicht von ungestreuten Teilchen unterschieden werden können. Bei elastischer Streuung ist deshalb sorgfältig zu untersuchen, ob der totale Wirkungsquerschnitt (nach Integration über den Bereich $\theta \longrightarrow 0$) überhaupt einen endlichen Grenzwert hat. Wegen der großen Reichweite des Coulomb-Potentials ergibt sich beispielsweise aus der Rutherford'schen Streuformel (Abschn. 1.4) für die Streuung am Coulomb-Potential der Wert $\sigma^{tot} \to \infty$.

Eine anschauliche Bedeutung hat der Wirkungsquerschnitt in der klassischen Mechanik. Dort werden beispielsweise Stöße harter Kugeln mit Radien r_1 und r_2 aneinander behandelt (Bd. 1, Abschn. 4.5). Im Schwerpunktssystem (CM-System) fliegen die Kugeln mit einem *Stoßparameter* b (Abstand der beiden Fluggeraden) aufeinander zu. Wenn $b \leq r_1 + r_2$ ist, berühren sich die Kugeln, und es kommt zu einem elastischen Stoß. Als totalen Wirkungsquerschnitt erhält man folglich für das Kugelmodell $\sigma_K = \pi(r_1 + r_2)^2$.

Potentialstreuung. Wenn zwei atomare Teilchen aufeinander zufliegen, sind unterhalb der tiefsten Anregungsschwelle nur elastische Streuprozesse möglich. Die Streuung zweier Teilchen aneinander kann dann theoretisch wie die Streuung eines Teilchens an einem Potential $V(r)$ behandelt werden. Man bezieht sich dabei auf das CM-System der Stoßpartner und beschreibt den Stoßprozess in Relativkoordinaten. Insbesondere können für gaskinetische Atom-Atom-Stöße geeignete Potentialfunktionen aus den gemessenen differentiellen Wirkungsquerschnitten bestimmt werden. Diese interatomaren Potentiale hängen nur vom Abstand r der Stoßpartner ab und streben mit zunehmendem Abstand sehr viel schneller gegen null als das Coulomb-Potential (z. B. wie $V(r) \sim r^{-6}$). Der totale Wirkungsquerschnitt hat in diesem Fall einen endlichen Wert.

Wellenmechanisch wird die Relativbewegung der Stoßpartner mit einer Wellenfunktion $\psi(\boldsymbol{r})$ beschrieben, die außerhalb des Wechselwirkungsbereichs als Überlagerung einer (auf die Amplitude $A = 1$ normierten) ebenen Welle mit Wellenvektor $\boldsymbol{k} = \boldsymbol{p}/\hbar$ und einer auslaufenden Kugelwelle mit $k = 1/\lambda$ dargestellt werden kann (▶Abb. 6.2):

$$\psi(\boldsymbol{r}) \xrightarrow[r\to\infty]{} \left(e^{i\boldsymbol{k}\boldsymbol{r}} + \frac{f(\theta)}{r} e^{i\boldsymbol{k}\boldsymbol{r}} \right)\ . \tag{6.3}$$

Dabei ist $f(\theta)$ die *Streuamplitude*. Das Quadrat $|f(\theta)|^2$ ist der differentielle Wirkungsquerschnitt $\sigma(\theta)$ des Stoßprozesses.

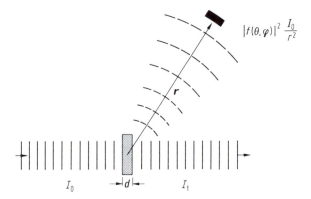

Abb. 6.2 Streuexperiment zur Messung des totalen und differentiellen Wirkungsquerschnitts: eine einfallende, ebene Welle I_0, die auslaufende Kugelwelle in Richtung $\mathbf{r}$ mit einer von θ und φ abhängigen Streuamplitude $f(\theta, \varphi)$, die transmittierte Welle I_t und das Gastarget mit der Dicke d.

Partialwellen. Ebene Welle $e^{i\mathbf{k}\,\mathbf{r}} = e^{ikz} = e^{ikr\cos\theta}$ und auslaufende Kugelwelle lassen sich nach den Eigenzuständen $Y_l^{m=0}(\theta)$ der Drehimpulsoperatoren L^2 und L_z entwickeln (s. Abschn. 2.3) und damit in *Partialwellen* zerlegen. Da im Fall eines nur von r abhängigen (kugelsymmetrischen) Potentials $V(r)$ der Drehimpuls erhalten bleibt, kann eine einlaufende Partialwelle mit Drehimpuls l beim Streuprozess auch nur eine auslaufende Partialwelle mit Drehimpuls l ergeben. Die einzelnen Partialwellen werden also unabhängig voneinander gestreut.

Da häufig die Drehimpulsbarriere (Abschn. 2.3) eine Streuung der Partialwellen mit $l > 0$ verhindert, beschränken wir uns hier auf die Beschreibung der s-Wellenstreuung ($l = 0$). Die Funktion dieser Partialwelle ist unabhängig vom Streuwinkel θ und lässt sich daher asymptotisch sehr einfach darstellen:

$$\psi_{l=0}(r) \xrightarrow[r \to \infty]{} \left(\frac{\sin(k\,r)}{k\,r} + f_0\,\frac{e^{ik\,r}}{r} \right) . \tag{6.4}$$

Dabei ist $\sin(kr)/kr$ die s-Komponente der ebenen Welle. Da auf s-Wellen keine Drehimpulsbarriere wirkt, haben sie beim Streuzentrum ($r \longrightarrow 0$) die maximale Aufenthaltswahrscheinlichkeit $\sin(kr)/kr \longrightarrow 1$ und werden deshalb durch ein dort vorgegebenes Potential $V(r)$ erheblich verändert. Daher ist gewöhnlich $f_0 \neq 0$, wenn $V(0) \neq 0$. Bei reiner s-Wellenstreuung ist die (komplexe) Streuamplitude $f(\theta) = f_0 = |f_0| \cdot e^{i\delta_0}$ und damit auch der differentielle Wirkungsquerschitt $\sigma_{\text{diff}} = |f_0|^2$ unabhängig vom Streuwinkel.

Streuphase und Streulänge. Die s-Komponente der ebenen Welle ist die Superposition einer auf das Streuzentrum zulaufenden Kugelwelle $e^{-ikr}/2kr$ und einer auslaufenden Kugelwelle $e^{ikr}/2kr$. Der auslaufenden Komponente überlagert ist die Streuwelle $f_0\,e^{ikr}/r$. Da bei der einfachen Potentialstreuung Teilchen weder erzeugt noch umgewandelt oder absorbiert werden, haben einlaufende und auslaufende Welle gleiche Intensität. Daher können sich bei der Streuung an einem kugelsymmetrischen Potential nur die Phasen der auslaufenden Partialwellen ändern. Verglichen mit der ungestreuten Welle haben sie dann eine *Streuphase* η_l. Für die *s*-Welle ergibt sich daher

$$\psi_{l=0}(r) \xrightarrow[r \to \infty]{} \left(-\frac{e^{-ikr}}{2ikr} + e^{i\eta_0} \cdot \frac{e^{ikr}}{2ikr} \right) \; . \tag{6.5}$$

Aus einem Vergleich der beiden Darstellungen (6.4) und (6.5) von $\psi_{l=0}$ erhält man für Streuamplitude und differentiellen und totalen Wirkungsquerschnitt

$$f_0 = \lambda \cdot e^{i\delta_0} \, \sin \eta_0 \tag{6.6}$$

$$\sigma_0^{\text{diff}} = \lambda^2 \cdot \sin^2 \eta_0 \tag{6.7}$$

$$\sigma_0^{\text{tot}} = 4\pi \, \lambda^2 \cdot \sin^2 \eta_0 \; . \tag{6.8}$$

Die Partialwelle mit $l = 0$ trägt also maximal mit einem Anteil $\sigma_0^{\text{tot}} = 4\pi \, \lambda^2$ zum totalen Wirkungsquerschnitt bei, nämlich immer dann, wenn $\sin \eta_0 = \pm 1$ oder $\eta_0 = (n + 1/2)\,\pi$ ein halbzahliges Vielfaches von π ist. Im anschaulichen Teilchenbild ergibt sich der Maximalwert $\pi \, \lambda^2$, wenn man annimmt, dass alle Teilchen mit einem Bahndrehimpuls $L < \hbar$, d. h. mit einem Stoßparameter $b < \lambda$ gestreut werden.

Die *s*-Welle liefert vor allem bei niedriger kinetischer Energie E der Stoßpartner im CM-System den maßgebenden Beitrag zum totalen Wirkungsquerschnitt, nämlich dann, wenn $\lambda \gg R$ sehr viel größer als die Reichweite R des Potentials der Wechselwirkung ist. Aus klassischer Sicht fliegen die Stoßpartner, wenn $L > \hbar$, aneinander vorbei, ohne miteinander in Wechselwirkung zu treten. Quantendynamisch behindert in diesem Fall die Drehimpulsbarriere eine Wechselwirkung der Teilchen.

Im Grenzfall $E \longrightarrow 0$ oder $\lambda \longrightarrow \infty$ strebt $\sin \eta_0 \longrightarrow 0$ oder $\eta_0 \longrightarrow n\,\pi$, da andernfalls die Streuamplitude unendlich groß wird. Das Produkt $\lambda \sin \eta_0$ strebt aber im Grenzfall $E \longrightarrow 0$ gegen einen endlichen Wert

$$a_0 = \lim_{E \to 0} (\lambda \sin \eta_0) \; . \tag{6.9}$$

Dieser Grenzwert heißt *Streulänge* und ist maßgebend für den Streuquerschnitt von Stoßprozessen bei extrem kleinen Energien. Bei Bose-Einstein-Kondensaten (Abschn. 5.5) hat das Vorzeichen der Streulänge eine entscheidende Bedeutung. Nur wenn $a_0 > 0$, stoßen sich die Atome ab, so dass sich ein (metastabiles) BE-Kondensat bilden kann. Andernfalls ist die Wechselwirkung anziehend, so dass die atomaren Gase zu Flüssigkeiten oder Festkörpern kondensieren können.

Resonanzstreuung. Von besonderem Interesse sind die Energiebereiche, bei denen $\sin \eta_0 = 1$ (oder für die Streuphasen η_l der anderen Partialwellen $\sin \eta_l = 1$) ist und damit der Streuquerschnitt maximal wird. Häufig ist es nur ein schmaler Energiebereich, bei dem die Streuquerschnitte ungewöhnlich große Werte annehmen ($\sigma_l \leq 4(2l + 1)\pi \, \lambda^2$). Man spricht dann von *Resonanzstreuung*. Resonanzstreuung wird beispielsweise beobachtet, wenn Elektronen an Wasserstoffatomen gestreut werden. Es bilden sich dann vorübergehend H^--Ionen in angeregten Zuständen, die – entsprechend den doppelt angeregten He-Atomen (Abschn. 4.1) – spontan wieder ein Elektron emittieren können. Das Termschema der H^--Ionen zeigt ► Abb. 6.3.

URL für QR-Code: www.degruyter.com/stoesse

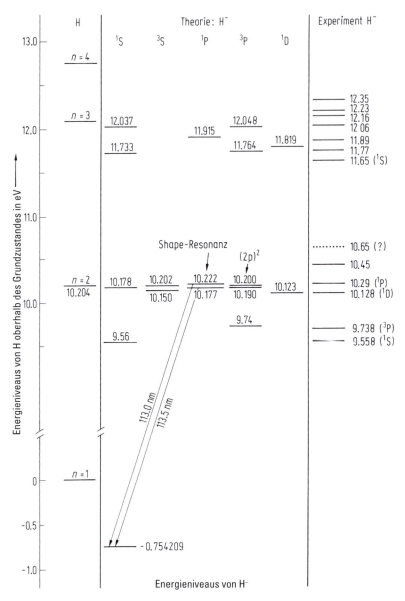

Abb. 6.3 Termschema des H^--Ions im Vergleich zu den Wasserstoffzuständen des Bohr'schen Atommodells. Für Wasserstoffatome im $1s$-Grundzustand ergibt sich ein effektives Potential, in dem nur ein weiteres s-Elektron gebunden werden kann. Im effektiven Potential eines angeregten Zustands hingegen kann ein weiteres Elektron in einem s- oder p-Zustand gebunden sein (Feshbach-Resonanzen der Elektronenstreuung an H-Atomen). Außerdem gibt es Zustände, die knapp oberhalb des Wasserstoffterms mit $n = 2$ liegen, deren Zerfall durch die Drehimpulsbarriere behindert wird und ähnlich wie der α-Zerfall von Atomkernen (s. Abschn. 9.3) nur dank des Tunneleffekts möglich ist (Shape-Resonanz).

Dieses 2-Elektronensystem hat nur einen gebundenen Zustand, den $1s^2\,^1S_0$-Grundzustand mit einer Bindungsenergie von 0.75 eV. Alle anderen Zustände können durch Emission eines Elektrons zerfallen. Bei Streuung von Elektronen an Wasserstoffatomen können diese Zustände resonant angeregt werden, so dass sich schmale Resonanzstrukturen im totalen und differentiellen Wirkungsquerschnitt ergeben. Eine solche Resonanzstruktur zeigt ▶ Abb. 6.4.

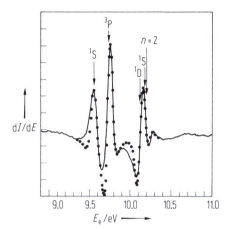

Abb. 6.4 Resonanzstruktur in der Transmission von Elektronen beim Passieren atomaren Wasserstoffs. Die Ordinate stellt die Ableitung des Transmissionsstromes nach der Elektronenenergie, dI/dE, dar. Die ausgezogene Kurve gibt die experimentellen Daten wieder. Die Punkte sind theoretische Voraussagen. $n = 2$ zeigt die Energieschwelle für den $(n = 2)$-Wasserstoffzustand an. ^1S, ^3P und ^1D sind die Termsymbole der H^--Zustände (nach Sanche und Burrow, Phys. Rev. Lett. **29** (1972) 1639).

Da sich im Resonanzbereich die Streuphase mit zunehmender Energie schnell um einen Wert π ändert und $\sin\eta_l$ dabei zunächst den Wert $\sin\eta_l = 0$ durchläuft, bevor ein Wert $|\sin\eta_l| = 1$ angenommen wird, zeigen die Resonanzkurven das für Resonanzstreuung typische Fano-Profil (Abschn. 4.1).

6.2 Elektronenstreuung und -stoßanregung

Die Anregung freier Atome durch Elektronenstoß war schon in den Jahren 1911 – 1914 in den Experimenten von J. Franck und G. Hertz Gegenstand der Untersuchung (Abschn. 2.2). Dabei zeigte sich, dass Resonanzlinien erst angeregt werden, wenn die Elektronen mindestens eine Energie $E = h\nu_{res}$ haben. Die Experimente lieferten damit eine willkommene Bestätigung des Bohr'schen Atommodells. Unterhalb der energetisch tiefsten Anregungsschwelle sind nur elastische Stoßprozesse möglich. Die elastische Streuung von Elektronen wurde auch schon im Anfang des 20. Jahrhunderts von J. S. Townsend (1868 – 1957) und C. W. Ramsauer (1879 – 1955) untersucht. J. Townsend beobachtete, dass die mittlere freie Weglänge von Elektronen in Gasen von der Energie der Elektronen abhängt, und C. Ramsauer entdeckte 1920 eine extreme Durchlässigkeit des Edelgases Argon für langsame Elektronen. Dieser zunächst überraschende *Ramsauer-Townsend-Effekt* wurde erst erklärbar, als man die Welleneigenschaften materieller Teilchen erkannt hatte.

Ramsauer-Townsend-Effekt. C. Ramsauer erzeugte Elektronen mit Energien $E <$ 1 eV mithilfe des Photoeffekts und nutzte ein schwaches Magnetfeld als Geschwindigkeitsselektor (▶ Abb. 6.5). Falls die Elektronen auf ihrem Weg von der Quelle zum Detektor nicht durch Stöße mit Gasatomen gestreut werden, bewegen sie sich senkrecht zum Magnetfeld auf Kreisbahnen. Eine verblüffend hohe Transmission ergibt sich für die Edelgase Argon, Krypton und Xenon. Bei $E \approx 0.5$ eV ist der Streuquerschnitt um etwa 2 Größenordnungen kleiner als bei $E = 10$ eV (s. ▶ Abb. 6.7).

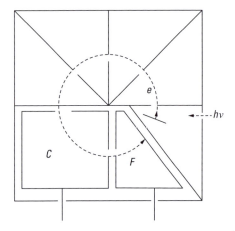

Abb. 6.5 Schema der von C. Ramsauer verwendeten Versuchsanordnung mit Stoßkammer C und Faraday-Becher F. Ein homogenes Magnetfeld ist senkrecht zur Bildebene gerichtet.

Eine Erklärung des Ramsauer-Townsend-Effekts ergibt sich, wenn die Elektronenbewegung als Welle beschrieben wird. ▶ Abb. 6.6 zeigt berechnete Streuphasen η_l der Partialwellen mit $l = 0, 1, 2$ und 3 als Funktion des Betrages k des Wellenvektors und

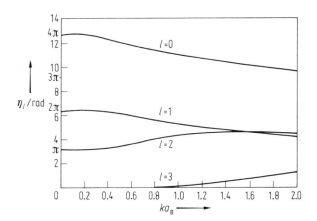

Abb. 6.6 Berechnete Streuphasen η_l für $l = 0, 1, 2$ und 3 der elastischen Elektronenstreuung an Kryptonatomen. Die Einheit der Abszisse $ka_B = 1$ (a_B Bohr'scher Radius) entspricht einer Energie der einfallenden Elektronen von 13.6 eV.

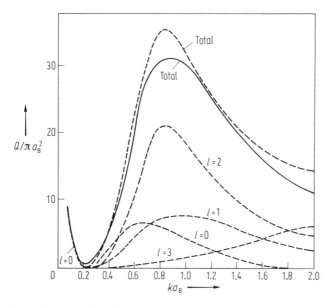

Abb. 6.7 Berechnete partielle ($l = 0 - 3$) und totale Wirkungsquerschnitte Q (gestrichelte Kurve) für die elastische Elektronenstreuung an Kryptonatomen entsprechend den Phasen η_l der vorangehenden Abbildung. (Abszisseneinheit wie in ► Abb. 6.6). Zum Vergleich ist der gemessene totale Wirkungsquerschnitt angegeben (ausgezogene Kurve).

► Abb. 6.7 die damit berechneten totalen Streuquerschnitte. Da $\eta_0(k)$ von $\eta_0(0) = 4\pi$ zunächst mit k etwas zunimmt, aber bei $k \approx 0.2/a_B$ noch einmal den Wert 4π hat (und ein ähnliches Verhalten auch die anderen Streuphasen zeigen), ergibt sich bei der entsprechenden Energie ein Minimum für den totalen Streuquerschnitt.

Elektronenstoßanregung. Die Wirkungsquerschnitte für die Anregung bestimmter Energieniveaus durch Elektronenstoß lassen sich gut bestimmen, wenn die angeregten Zustände unter Emission von Licht zerfallen. Bei der Messung der Fluoreszenzlichtintensität ist allerdings zu beachten, dass bei Energien, die hinreichend hoch über der Anregungsschwelle liegen, außer einer direkten Anregung auch eine indirekte Anregung über höhere Terme (Kaskadenanregung) möglich ist.

Bei sehr großen Energien werden durch Elektronenstoß hauptsächlich solche Terme angeregt, bei denen auch Strahlungszerfälle in den Grundzustand möglich sind. Denn ein schnell am Atom vorbeifliegendes Elektron wirkt auf das Atom wie ein kurzer E-Feldpuls, der vor allem elektrische Dipolübergänge induziert.

Bei Elektronenenergien, die nur wenig über der Anregungsenergie liegen, können auch optisch nicht erlaubte Übergänge induziert werden. Insbesondere können durch *Elektronenaustausch*, bei dem ein gebundenes Elektron durch das Projektilelektron während des Stoßes ausgetauscht wird, auch Übergänge induziert werden, bei denen sich die Multiplizität ändert. He-Atome können also auch in Triplettzustände angeregt werden. Diese zerfallen dann in den metastabilen $1s2s\,^3S_1$-Term. In Entladungen wird dieser Term daher in hohem Maß besetzt. Die hohe Besetzung des metastabilen Zustandes kann Gasentladungen maßgebend beeinflussen. Beim He-Ne-Laser führt sie zu einer Besetzungsumkehr bei den Ne-Atomen (Abschn. 5.2).

Die Fluoreszenzlichtintensität gibt nur Auskunft über die summarische Besetzung eines Terms. Um auch Informationen über die relative Besetzung der einzelnen Zeeman-Niveaus zu erhalten, kann man die Polarisation der Fluoreszenzstrahlung analysieren. Solche Untersuchungen zeigten, dass in der Nähe der Anregungsschwelle bevorzugt π-Übergänge (bezogen auf die Richtung des Elektronenstrahls) induziert werden, bei großen Energien hingegen bevorzugt σ-Übergänge.

Elektronenstoßionisation. Bei der Elektonenstoßionisation sind nach dem Stoß (mindestens) drei Teilchen frei beweglich, das zurückbleibende Ion und (mindestens) zwei Elektronen. Man spricht von (e,2e)-Prozessen. Um diese Prozesse experimentell detailliert zu analysieren, werden beide Elektronen mit Koinzidenzanordnungen nachgewiesen und die Winkelverteilungen gemessen. Einfacher ist es, die totalen Ionisationsquerschnitte zu messen. In den frühen Experimenten wurde ein Elektronenstrahl auf ein Gastarget gerichtet. Die bei Elektron-Atom-Stößen entstehenden positiven Ionen wurden mit einem schwachen elektrischen Feld aus dem Stoßraum gezogen, beschleunigt und der sich ergebende Ionenstrom gemessen. In genaueren Experimenten wird die Crossed-Beam-Technik genutzt. Typischerweise steigt der Ionisationsquerschnitt von null an der Ionisationsschwelle zu einem Maximum bei etwa der 5-fachen Ionisationsenergie an und nimmt dann wieder ab.

6.3 Ion-Atom-Stöße

Stöße von einfach oder mehrfach geladenen Ionen mit Atomen oder auch anderen Ionen sind für die Plasmaphysik und für die Physik der Sternatmosphären von grundlegendem Interesse. An Ionenbeschleunigern, mit denen heute Ionen aller Atome in allen Ladungsstufen erzeugt und beschleunigt werden können, lassen sich Ion-Atom-Stöße in fast unbegrenzten Kombinationen untersuchen. In Crossed-Beam-Experimenten werden auch Ion-Ion-Stöße untersucht.

Aus theoretischer Sicht ist das einfachste Stoßsystem – ein Proton, das auf ein Wasserstoffatom trifft, – von grundlegendem Interesse. Die experimentelle Untersuchung dieses Stoßsystems wird allerdings dadurch erschwert, dass Wasserstoff unter Normalbedingungen als ein Gas von H_2-Molekülen vorliegt. Man muss also die H_2-Moleküle zunächst dissoziieren. Andererseits ist aber das nur aus einem Proton und einem Wasserstoffatom bestehende H_2^+-Stoßsystem wegen seiner einfachen Struktur geeignet, viele charakteristische, bei Ion-Atom-Stößen auftretende Prozesse beispielhaft experimentell und theoretisch zu untersuchen und wird deshalb hier ausführlich behandelt.

Grundlegend ist die Unterscheidung verschiedener Energiebereiche. Unterhalb der Anregungsschwelle von H-Atomen ($E < 10$ keV) sind nur elastische Prozesse möglich, d. h. außer elastischer Streuung auch ein elastischer *Ladungstransfer*, bei dem das Proton das an das Targetatom gebundene Elektron einfängt. Bei Energien $E \ll \alpha^2 m_p c^2/2 \approx 25$ keV, bei denen sich das Proton langsam im Vergleich zur Bohr'schen Geschwindigkeit des gebundenen Elektrons bewegt ($v_p \ll \alpha c$), kann das H_2^+-System als *Quasimolekül* behandelt werden, bei dem ein Elektron sich im 2-Zentren-Coulomb-Potential der beiden Protonen bewegt. Am schwierigsten ist die theoretische Behandlung des mittleren Energiebereichs, bei dem Projektil und gebundenes Elektron Geschwindigkeiten gleicher Größenordnung haben. Bei Stößen großer Energie ($E \gg 25\,\mathrm{keV}$) kommt es vor allem auf das elektrische Feld an, das kurzzeitig beim Vorbeiflug des Ions auf das Atom wirkt. Der Stoßprozess kann in diesem Fall recht gut theoretisch in *Born'scher Näherung* beschrieben werden.

Quasimolekül-Näherung. Da $m_\mathrm{p}/m_\mathrm{e} \approx 1836$ ist, ist die De-Broglie-Wellenlänge von Protonen mit einer kinetischen Energie von wenigen keV um 3 Größenordnungen kleiner als der Bohr'sche Radius. Es darf daher angenommen werden, dass sich die beiden Protonen beim Stoß relativ langsam (mit der Relativgeschwindigkeit v_p) auf klassischen Bahnen bewegen und nur die schnelle Bewegung des Elektrons in den Coulomb-Potentialen der beiden Protonen quantendynamisch behandelt werden muss. Diese Annahme ist grundlegend für die *Born-Oppenheimer-Näherung*, die bei analogen Problemen auch in der Molekül- und Festkörperphysik genutzt wird (Abschn. 7.5 bzw. Kap. 13).

Wenn $v_\mathrm{p} \ll v_\mathrm{B} = \alpha\,c$ ist, ändert sich der Zustand des Elektrons – abgesehen von später zu betrachtenden Ausnahmesituationen – adiabatisch, d. h. der Zustand des Elektrons, das anfangs im atomaren $1s$-Grundzustand ist, ändert sich in gleicher Weise, wie der Eigenzustand des Stoßsystems, der bei der Annäherung der Stoßpartner aus diesem Grundzustand hervorgeht (s. ▶ Abb. 6.10).

Bei symmetrischen Stoßsystemen, wie dem H_2^+-System, ist aber zu beachten, dass der Grundzustand und ebenso die angeregten Zustände aus Symmetriegründen zweifach entartet sind. Das Elektron ist mit gleicher Energie am Target- wie am Projektilion gebunden. Bei Annäherung der Stoßpartner auf einen Abstand R spalten daher die atomaren Zustände in einen bzgl. Spiegelung am Ladungszentrum des Stoßsystems symmetrischen Zustand mit der Energie $E_\mathrm{S}(R)$ und einen antimetrischen Zustand mit der Energie $E_\mathrm{A}(R)$ auf. Da anfangs das Elektron (unsymmetrisch) beim Targetion lokalisiert ist, sind beide Zustände während des Stoßes mit gleicher Wahrscheinlichkeit kohärent besetzt.

Die relative Phase $\Delta\varphi(t)$ der Besetzungsamplituden ändert sich aber im Verlauf des Stoßes. Wie bei einer Quantenschwebung (Abschn. 5.4) oszilliert daher das Elektron zwischen den beiden Protonen hin und her. Ob das Elektron nach dem Stoß beim Targetproton oder Projektilproton ist, hängt also von der Stoßdauer und dem Stoßparameter b (und damit vom Streuwinkel θ) ab. Bei symmetrischen Stoßsystemen ist daher auch bei kleinen Stoßenergien ein Ladungstransfer wahrscheinlich, nicht aber bei unsymmetrischen Stoßsystemen. Die Wahrscheinlichkeit P, dass das Projektilproton bei einem Stoß mit einem H-Atom das Elektron einfängt, oszilliert deshalb mit wachsender Stoßenergie (▶Abb. 6.8).

Eine für Untersuchungen des Ladungstransfers bei niederenergetischen ($p - H$)-Stößen geeignete Versuchsanordnung zeigt ▶Abb. 6.9. Durch thermische Dissoziation wird in einem Wolframofen ($T \approx 2400\,\mathrm{K}$) ein atomares Wasserstofftarget erzeugt. Protonen im Energiebereich $0.5 - 50\,\mathrm{keV}$ passieren das Wasserstofftarget und die H-Atome, die den Targetbereich bei einem Streuwinkel von 3° verlassen, werden nachgewiesen. Das Ergebnis dieser Messungen zeigt ▶Abb. 6.8.

Korrelationsdiagramm. ▶Abb. 6.10 zeigt schematisch, wie der $1s$-Grundzustand des getrennten H_2^+-Systems (bei $R = \infty$) mit kleiner werdendem Abstand aufspaltet und schließlich im Grenzfall des vereinten (doppelt geladenen) „^{2}He-Kerns" (bei $R = 0$) in die Energieniveaus der beiden Zustände $|1s\rangle$ und $|2p, m = 0\rangle$ des He^+-Ions übergeht. Dabei ist auf der Energieskala nur die Bindungsenergie des Elektrons im 2-Zentren-Coulomb-Potential, nicht aber die Coulomb-Abstoßung der beiden Protonen berücksichtigt. Die Energiewerte bei vereinigtem Kern sind also die Bindungsenergien des He^+-Ions.

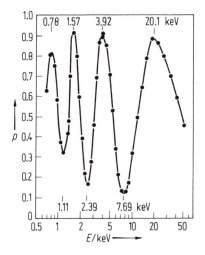

Abb. 6.8 Elektronen-Einfangwahrscheinlichkeit P für die Reaktion $p+H\longrightarrow H+p$ als Funktion der Energie der einfallenden Protonen. Die gebildeten Wasserstoffatome wurden unter einem Winkel von 3° registriert (nach Lockwood und Everhart, Phys. Rev. **125** (1962) 567).

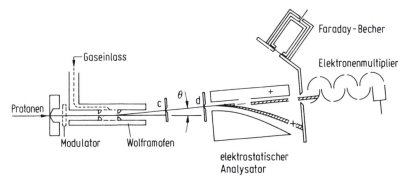

Abb. 6.9 Schema der Apparatur von Lockwood und Everhart zum Nachweis des $(p+H\longrightarrow H+p)$-Ladungseinfangs als Funktion des Streuwinkels θ. Der Wolfram-Ofen ist auf einer Temperatur von $T = 2400$ K. Bei dieser Temperatur ist der molekulare Wasserstoff mit hohem Dissoziationsgrad ($\approx$ 95 %) zu atomarem Wasserstoff dissoziiert. Nur die unter 3° gestreuten, zu H-Atomen neutralisierten Protonen erreichen den Detektor.

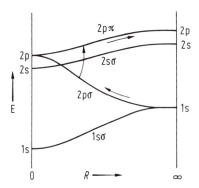

Abb. 6.10 Korrelationsdiagramm für das Stoßsystem $p+H$ ($R = $ Abstand, $E = $ relative Energie). Mit den Pfeilen wird eine Anregung des $2p$-Zustands durch Rotationskopplung angedeutet.

Die Energiewerte des vereinigten Stoßsystems werden näherungsweise erreicht, wenn die beiden Protonen sich auf einen Abstand $R < a_B$ annähern. Das ist möglich, wenn die Stoßenergie mindestens einige 10 eV beträgt. Bei wesentlich höheren Energien und Stoßparametern in der Größenordnung $b \approx a_B$ fliegt also das Projektilproton auf einer nahezu geraden Bahn mit nur kleinem Streuwinkel am Targetproton vorbei. Dabei nähern sich zunächst beide Teilchen und der Zustand des gebundenen Elektrons verändert sich adiabatisch entweder wie der Eigenzustand des $1s\sigma$- oder wie derjenige des $2p\sigma$-Niveaus des H_2^+-Quasimoleküls. Im Bereich größter Annäherung dreht sich die Molekülachse relativ schnell um einen Winkel $\Delta\theta \approx \pi/2$, und danach entfernen sich die Stoßpartner wieder voneinander.

Die Drehung der Molekülachse bei größter Annäherung ermöglicht Anregungsprozesse schon bei relativ niedrigen Stoßenergien (*Rotationskopplung*). Wenn die Drehung hinreichend schnell ist, kann ihr die quantendynamische Entwicklung des Elektronenzustands nicht adiabatisch folgen. Daher werden Übergänge vom $|2p\sigma\rangle$-Zustand zum $|2p\pi\rangle$-Zustand wahrscheinlich. Nach dem Stoß liegt dann entweder ein angeregtes Targetatom (direkte Anregung) oder ein angeregtes Projektilatom (Ladungsaustausch mit gleichzeitiger Anregung) vor. Experimentell ergaben sich Anregungsquerschnitte $\sigma \approx 0.5\,\pi\,a_B^2$ bei einer Protonenenergie von wenigen keV.

Massey-Kriterium. Analoge Korrelationsdiagramme für Ein- oder auch Mehrelektronenzustände können auch für Stoßsysteme mit vielen Elektronen berechnet werden. Sie ermöglichen zumindest ein qualitatives Verständnis vieler Stoßprozesse bei niedrigen Energien, d. h. wenn die Relativgeschwindigkeit der Stoßpartner noch klein im Vergleich mit der Geschwindigkeit der maßgebenden Elektronenbewegung ist. In diesem Fall entwickelt sich der Elektronenzustand zwar weitgehend adiabatisch. Es gibt aber kritische Bereiche, bei denen Übergänge von einem Niveau des Quasimoleküls zu einem energetisch benachbarten Niveau stattfinden können. Ein Beispiel ist die erwähnte Rotationskopplung im Bereich größter Annäherung.

Ein anderes Beispiel sind Bereiche, bei denen Anticrossings (vermiedene Kreuzungen, Abschn. 5.3) der molekularen Energieniveaus durchlaufen werden. Bei diesen Kreuzungen „rotieren" die Eigenzustände der beiden molekularen Niveaus beim Stoß im Zustandsraum des Anticrossings mit einer Winkelgeschwindigkeit ω_{rad}, die proportional zur radialen Geschwindigkeit v_{rad} ist (vgl. Gln. (5.5) und (5.6)). Nur wenn ω_{rad} klein ist im Vergleich mit der Übergangsfrequenz ω_{min} des Anticrossings (adiabatic passage), wird das Anticrossing adiabatisch durchlaufen (Massey'sches Adiabatenkriterium) (benannt nach H. S. W. Massey, 1908 – 1983):

$$\omega_{rad} \ll \omega_{min} . \tag{6.10}$$

Andernfalls sind Übergänge vom einen zum anderen Niveau des Anticrossings möglich (*Radialkopplung*). Besondere Bedeutung für Stoßanregungen hat der Übergangsbereich, wo $\omega_{rad} \approx \omega_{min}$. In diesem Fall sind die beiden Alternativen – Wechsel oder kein Wechsel des Energieniveaus beim Durchlaufen der vermiedenen Kreuzung – etwa gleich wahrscheinlich. Falls $\omega_{rad} \gg \omega_{min}$ ist (fast passage), ist bei jedem Durchgang durch die vermiedene Kreuzung die Übergangswahrscheinlichkeit nahe 100 %. Da das Anticrossing gewöhnlich sowohl bei der Annäherung als auch bei der Trennung beider Stoßpartner durchlaufen wird, wirkt sich dann das Anticrossing kaum auf den Stoßprozess aus.

Ion-Atom-Stöße bei mittleren und hohen Energien. Stoßsysteme, die experimentell besser zugänglich sind als das H_2^+-System und sich dennoch auch für gründliche theoretische Analysen der Stoßprozesse eignen, sind das unsymmetrische Stoßsystem H^+-He und das symmetrische Stoßsystem He^+-He mit zwei bzw. drei Elektronen. Beide Stoßsysteme wurden deshalb über einen weiten Energiebereich von einigen 10 eV bis zu einigen 100 keV eingehend untersucht und mögen hier als Beispiel für Ion-Atom-Stöße dienen, bei denen die Relativgeschwindigkeit der Stoßpartner ähnlich groß wie die Bohr'schen Geschwindigkeiten der gebundenen Elektronen ist.

Die bei diesen Stößen möglichen Anregungsprozesse können experimentell sehr detailliert untersucht werden, da nicht nur totale oder differentielle Anregungsquerschnitte gemessen werden können, sondern auch die unmittelbar nach der Stoßanregung vorliegenden (transienten) Superpositionszustände. Diese *stoßangeregten Zustände* haben häufig eine sehr asymmetrische Ladungsverteilung mit parallel oder antiparallel zur Strahlrichtung gerichteten elektrischen Dipolmomenten, d. h. nach dem Stoß befindet sich der Kern nicht mehr im Ladungszentrum der Elektronenwolke, sondern eilt dem Zentrum etwas voraus oder hinterher.

Die elektrischen Dipolmomente stoßangeregter H- und He-Zustände können experimentell bestimmt werden. Grundlage dieser Untersuchungen ist die l-Entartung der angeregten Terme des H-Atoms, die bei H^+-He-Stößen durch Ladungsaustausch bevölkert werden, und die Tatsache, dass auch die angeregten He I-Terme mit gleicher Hauptquantenzahl $n \geq 3$, aber unterschiedlicher Drehimpulsquantenzahl l noch energetisch genügend nah benachbart sind, so dass auch hier mit relativ schwachen elektrischen Feldern große elektrische Dipolmomente induziert werden können.

Die stoßangeregten Zustände sind also Superpositionszustande von energetisch nah benachbarten Eigenzuständen, deren Anregungsamplituden gemessen werden können. Die Superpositionszustände ändern sich nach dem Stoß mit den relativen Phasen der Anregungsamplituden. So ergeben sich Quantenschwebungen mit den Übergangsfrequenzen der benachbarten Energieniveaus. Die stoßangeregten Atome haben elektrische Dipolmomente, wenn die Superpositionszustände Komponenten mit entgegengesetzter Parität haben. Diese elektrischen Dipolmomente lassen sich experimentell bestimmen, indem das nach der Stoßanregung emittierte Fluoreszenzlicht in Abhängigkeit von der Feldstärke eines im Stoßraum anliegenden elektrischen Feldes untersucht wird. In dieser Weise können die elektrischen Dipolmomente der stoßangeregten Zustände mit den induzierten elektrischen Dipolmomenten der atomaren Eigenzustände im elektrischen Feld verglichen werden (T. G. Eck, Phy. Rev. Lett. **31**, 270 (1973)).

Für die Untersuchung der Stoßanregung von He-Atomen ist es ferner vorteilhaft, dass Singulett- und Triplettterme sehr unterschiedliche Anregungsquerschnitte haben. Bei H^+-He-Stößen werden praktisch nur Singulettterme angeregt. Denn die beiden Elektronen des Stoßsystems liegen anfangs im $1s^2 \, ^1S$-Grundzustand des He-Atoms vor und bleiben deshalb auch während des ganzen Stoßprozesses in einem Singulettzustand, da nur die elektrische Wechselwirkung für den Anregungsprozess ausschlaggebend ist und alle magnetischen Wechselwirkungen dabei vernachlässigbar sind (Wigner'sche Spinerhaltungsregel, nach E. P. Wigner, 1902 – 1995, Nobelpreis 1963). Erst nach dem eigentlichen Stoßprozess kann die magnetische Spin-Bahn-Kopplung der Elektronen auch zu einer Besetzung von Triplettzuständen führen.

Als Beispiel zeigt ▶ Abb. 6.11 Messergebnisse für die Anregungsquerschnitte des $1s4d \, ^1D$- und $1s4d \, ^3D$-Terms des Targetatoms für He^+-He-Stöße im Energiebereich

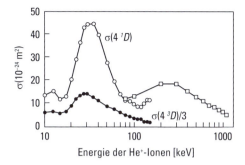

Abb. 6.11 Anregungsquerschnitte $\sigma(1s4d^{\,1,3}D)$ des Singulett- und Triplett-$1s4d$-Terms von He-Atomen bei He^+–He-Stößen für Projektilenergien 10 keV< $E_{\text{kin}}(\text{He}^+)$ < 1000 keV (E. Baszanowska et al., J. Phys. B **45**, 115 (2012)).

von 10 – 1000 keV. Auffallend ist einerseits die unterschiedliche Größe der beiden Anregungsfunktionen. Sie ist eine Folge der Wigner'schen Spinerhaltung. Bei niedrigen und mittleren Energien sind bei diesem Stoßsystem noch Prozesse möglich, bei denen das Elektron des Projektilions gegen ein Elektron des Targetatoms ausgetauscht wird und so auch Tripletterme bevölkert werden, nicht aber bei hohen Energien. Auffallend sind ferner die ausgeprägten Maxima beider Anregungsquerschnitte bei mittleren Energien.

Es stellt sich die Frage, warum gerade im mittleren Energiebereich die Anregungsquerschnitte besonders groß sind. Weder die Born-Oppenheimer- noch die Born'sche Näherung ist hier anwendbar. Aus Sicht der klassischen Dynamik haben die symmetrischen Stoßsysteme H_2^+ und He_2^+ Ähnlichkeit mit einer Paul-Falle (Abschn. 3.3). Wie die Kugel auf einer rotierenden Sattelfläche (▶ Abb. 3.14) bewegt sich während des Stoßprozesses das aktive Elektron auf der Sattelfläche des 2-Zentren-Coulomb-Potentials von zwei Ionen. Da diese Sattelfläche beim Stoß rotiert und gleichzeitig energetisch abgesenkt und wieder angehoben wird, kann das Elektron kurzzeitig auf dem Sattel eingefangen und dabei energetisch angehoben werden.

Für diesen Prozess erwartet man gerade im mittleren Energiebereich ein resonanzartiges Maximum der Anregungsfunktion. Dieser Anregungsmechanismus hat zur Folge, dass das Ladungszentrum der Elektronenwolke zunächst auf der Sattelfläche und daher auch nach dem Stoß zwischen Projektil- und Targetkern liegt. Die angeregten Atome haben daher elektrische Dipolmomente antiparallel oder parallel zur Strahlrichtung, je nachdem ob ein einfacher Anregungsprozess des Targetatoms stattgefunden hat oder ein angeregtes Projektilatom durch Elektroneneinfang entstanden ist. Die experimentellen Untersuchungen der elektrischen Dipolmomente der stoßangeregten Zustände von H- und He-Atomen stehen in exzellentem Einklang mit diesen Überlegungen.

Bei sehr hohen Stoßenergien ist, wie bei der Stoßanregung mit schnellen Elektronen, vorwiegend das kurzzeitig auf das Targetatom wirkende elektrische Feld des vorbeifliegenden Ions für Anregungsprozesse maßgebend. Wie bei der Elektronenstoßanregung kann daher im Bereich hoher Energie (100 – 1000 keV) der Verlauf der Anregungsfunktion in Born'scher Näherung gut berechnet werden. Insbesondere ist in diesem Energiebereich auch für He^+-He-Stöße die Wigner'sche Spinerhaltungsregel gut erfüllt, da bei hohen Energien ein Elektronenaustausch sehr unwahrscheinlich ist.

6.4 Thermische Atom-Atom-Stöße

Bei allen bisher behandelten Stößen ist zumindest ein Stoßpartner elektrisch geladen und wirkt daher über relativ große Entfernungen. Bei Atom-Atom-Stößen ist hingegen eine Wechselwirkung erst möglich, wenn sich die Stoßpartner bei (modellmäßiger Betrachtung) nahezu berühren. Auch bei thermischen Energien sind die Streuquerschnitte daher nicht allzu viel größer, als man aufgrund klassischer Modellbilder erwartet, wenn man von der Streuung in Vorwärtsrichtung absieht (s. u.). Da thermische Atom-Atom-Stöße bei vielen gaskinetischen und chemischen Prozessen von entscheidender Bedeutung sind, sollen sie hier in einem eigenen Abschnitt behandelt werden.

Molekülpotentiale. Ebenso wie für die theoretische Behandlung der Ion-Atom-Stöße ist die Born-Oppenheimer-Näherung auch Grundlage für die theoretische Beschreibung von Atom-Atom-Stößen bei niedrigen Energien und vielen chemischen Prozessen. Die Bewegung der Atome relativ zueinander wird also primär als klassische Bewegung in einem effektiven Potential $U(r)$ der interatomaren Wechselwirkung beschrieben. Das Molekülpotential $U(r)$ (Energie des Zweiteilchensystems als Funktion des Abstandes r) ergibt sich aus den Bindungsenergien $E_B(r)$ der Elektronen im 2-Zentren-Potential der beiden Atomkerne im Abstand r. Diese müssen quantenmechanisch berechnet werden. Das Molekülpotential $U(r) = E_B(r) + Z_1 Z_2 \alpha \hbar c / r$ ist gleich der Summe von Bindungsenergie $E_B(r)$ und potentieller Energie der Coulomb-Abstoßung der Kerne.

Diese Kombination von primär klassischer Beschreibung der Bewegung der relativ schweren Kerne mit einer quantendynamischen Beschreibung der Elektronenbewegung ist eine bei vielen Problemen der Quantenphysik nützliche Vorgehensweise. Die theoretische Grundlage ist die Born-Oppenheimer-Näherung. Sie wird in Abschn. 7.5 ausführlich diskutiert. In einem zweiten Schritt können dann auch Kernbewegungen in dem zuvor berechneten Molekülpotential quantendynamisch beschrieben werden, wie z. B. Schwingungs- und Rotationsbewegungen chemisch gebundener Kerne (Abschn. 7.2).

▶ Abb. 6.12 zeigt einen für die interatomare Wechselwirkung typischen Potentialverlauf mit einigen Schwingungsniveaus eines gebundenen molekularen Zustands. Das hier abgebildete *Morse-Potential* wird durch die folgende Potentialfunktion mathematisch beschrieben:

$$E_{pot}(R) = D_e\{1 - e^{-a(R-R_e)}\}^2 . \qquad (6.11)$$

Dabei ist D_e die energetische Tiefe der Potentialmulde und R_e der Geichgewichtsabstand. Im Bereich des Potentialminimums kann der Potentialverlauf durch ein Parabelpotential harmonischer Schwingungen angenähert werden. Die unteren Schwingungsniveaus (mit Vibrationsquantenzahlen $v = 0, 1, 2$, etc.) sind daher näherungsweise äquidistant. Außerhalb dieses Bereichs ist das Potential aber stark anharmonisch und die energetisch höheren Schwingungsniveaus rücken daher näher aneinander.

Bei vielen 2-atomigen molekularen Systemen sind mehrere Potentialkurven zu betrachten, auf denen sich die beiden Grundzustandsatome bei einem Stoß bewegen können. Bei symmetrischen Ion-Atom-Stößen kann sich das Stoßsystem auf der Potentialkurve des symmetrischen und des antimetrischen Zustands quantendynamisch entwickeln (Abschn. 6.3). Bei thermischen Atom-Atom-Stößen von H-Atomen oder Alkali-Atomen können die Spins der beiden Valenzelektronen zu einem Gesamtspin $S = 0$ oder $S = 1$

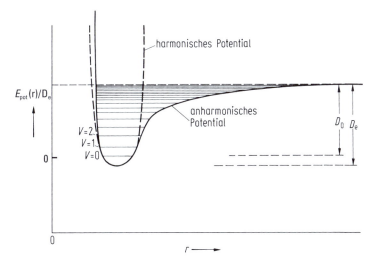

Abb. 6.12 Morse-Potential $E_{pot}(r)$ mit Vibrationsniveaus eines zweiatomigen Moleküls, (D_0 Dissoziationsenergie).

koppeln. Man erhält dementsprechend ein Singulett- und ein Triplettpotential (► Abb. 7.1, Abschn. 7.1). Wegen der Austauschwechselwirkung haben die beiden Potentiale bei kleinen Abständen sehr verschiedene Werte. Im Grenzfall $R = 0$ gehen Singulett- und Triplettgrundzustand des Stoßsystems H_2 in den tiefsten Singulett- bzw. Triplettzustand (mit ungerader Parität) des vereinigten Atoms, d. h. in die He-Zustände $|1s^2\,^1S\rangle$ und $|1s2p\,^3P, m = 0\rangle$ über.

Eine Vielzahl energetisch nah benachbarter Potentialkurven ergibt sich, wenn auch die Kerne einen Spin haben, der an die Spin- und Bahnbewegung der Valenzelektronen ankoppelt. Wenn bei thermischen Atom-Atom-Stößen Übergänge zwischen diesen Potentialkurven auftreten, wirkt sich das auf die Relaxationsprozesse in spin-polarisierten atomaren Ensembles aus (s. u.).

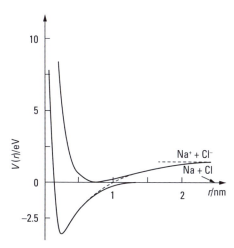

Abb. 6.13 Potentialkurven des NaCl-Moleküls als Beispiel für ein Molekül mit vorwiegend ionischer Bindung.

Ein Beispiel für zwei Potentialkurven, die zu elektronisch verschiedenen asymptotischen Zuständen bei $R \longrightarrow \infty$ führen, zeigt ▶Abb. 6.13. Bei großen Abständen haben beim Stoßsystem NaCl die neutralen Atome Na und Cl die niedrigste Energie und der ionische Zustand Na^+Cl^- liegt um etwa 1.5 eV höher. Wegen der elektrostatischen Anziehung der beiden Ionen liegt aber bei Abständen $R < 1$ nm der ionische Zustand energetisch tiefer als der Zustand der beiden neutralen Atome. Die beiden Potentialkurven haben daher bei $R \approx 1$ nm eine vermiedene Kreuzung. Sie wirkt sich auf Na-Cl-Stöße bei Energien von wenigen eV aus.

Glory- und Regenbogenstreuung. Die elastische Streuung an einem Coulomb-Potential wird mit der Rutherford'schen Streuformel (Abschn. 1.4) beschrieben. Sie folgt aus der klassischen Mechanik. Quantendynamisch ergeben sich Abweichungen nur für Streuprozesse mit gleichartigen Stoßpartnern (Abschn. 1.5). Für Stoßprozesse mit verschiedenartigen Stoßpartnern führen klassische Mechanik und Wellenmechanik zum gleichen Ergebnis.

Die Coulomb-Streuung ist aber ein Sonderfall. Bei der Streuung von Teilchenwellen an einem Potential mit begrenzter Reichweite a_R ergeben sich wie bei der Beugung und Brechung klassischer Wellen an Lochblenden und Regentropfen (Bd. 2, Kap. 9) Beugungs- und Interferenzphänomene. Der differentielle Wirkungsquerschnitt $\sigma_{diff}(\theta)$ der elastischen Streuung von Atomen an Atomen, bei denen die De-Broglie-Wellenlänge $\lambda_{dB} \ll a_R$ ist, kann daher eine oszillierende Winkelabhängigkeit haben. Beispielsweise können bei Atom-Atom-Stößen in Vorwärtsrichtung Wellen, die sich in großer Entfernung entlang gerader Trajektorien ausbreiten, mit Wellen interferieren, die sich zwar entlang gekrümmter Trajektorien im Wechselwirkungsbereich ausbreiten, bei denen sich aber summarisch die anziehende und die abstoßende Wirkung des Potentials kompensiert. Beide Partialwellen interferieren dann in Vorwärtsrichtung. Die resultierenden Interferenzstrukturen sind als *Glory-Streuung* bekannt.

Ein anderes Beispiel ist die *Regenbogenstreuung*. Sie tritt – wie bei der Streuung von Licht an einem Regentropfen – auf, wenn der Streuwinkel $\theta(b)$ in Abhängigkeit vom Stoßparameter b ein Maximum hat. Auch hier überlagern sich verschiedene Partialwellen, so dass sich Interferenzstrukturen bilden.

Wenn man über alle Interferenzstrukturen mittelt, ergibt sich für den differentiellen Streuquerschnitt thermischer Atom-Atom-Stöße generell eine Winkelverteilung mit einem ausgeprägten (aber endlichen) Maximum in Vorwärtsrichtung, das sich aus der relativ schwachen Wechselwirkung der Stoßpartner bei großen Stoßparametern ergibt. Streuungen unter großen Winkeln ergeben sich hingegen nur, wenn sich die Atome beim Stoß sehr nahe kommen. Der differentielle Streuquerschnitt hat dann dementsprechend die Größenordnung $\sigma_D \approx a_B^2$.

Totaler Streuquerschnitt. Anders als bei der Streuung am Coulomb-Potential hat also der totale Wirkungsquerschnitt σ_{tot} für die Streuung einer Teilchenwelle an einem Potential $V(r)$, das für $r \longrightarrow \infty$ hinreichend schnell abklingt (z. B. wie $V(r) \sim r^{-n}$ mit $n \geq 2$) einen endlichen Wert. Wegen des hohen Beitrags der Kleinwinkelstreuung sind aber die totalen Streuquerschnitte für thermische Atom-Atom-Stöße recht groß. Typische Werte liegen im Bereich von 10^{-18} bis 10^{-17} m^2. Diese Streuquerschnitte sind also wesentlich größer als der Querschnitt $\sigma_K \approx 10^{-19}$ m^2, den man erwartet, wenn man die Atome wie in der kinetischen Gastheorie als harte Kugeln betrachtet.

Für die Berechnung der mittleren freien Weglängen von Atomen in Gasen ist grundsätzlich der totale Streuquerschnitt maßgebend. Auf alle Diffusionsprozesse wirken sich aber Kleinwinkelstreuungen kaum aus. Deshalb ist für Diffusionsprozesse ein gewichteter effektiver Streuquerschnitt σ_D (Diffusionsquerschnitt) maßgebend:

$$\sigma_D = 2\pi \int (1 - \cos\theta)\, \sigma(\theta)\, \sin\theta\, d\theta \;. \tag{6.12}$$

Dieser gewichtete Streuquerschnitt ist wesentlich kleiner als der totale Streuquerschitt und von der Größenordnung $\sigma_D \approx \sigma_K$.

Druckverbreiterung von Spektrallinien. Bei Atom-Atom-Stößen ändern sich nicht nur die Richtungen der sich bei freiem Flug geradlinig ausbreitenden atomaren Wellen, sondern auch die Phasen der internen atomaren Zustandsfunktionen. Wenn angeregte Atome während ihrer natürlichen Lebensdauer mit anderen Atomen ihrer Umgebung zusammenstoßen, wirken sich daher diese Stöße auf die Linienbreite der beim Zerfall der angeregten Atome emittierten Spektrallinien aus. Bei hohem Gasdruck (kleiner mittlerer freier Weglänge der Atome) kommt es zu einer *Druckverbreiterung*. Die Halbwertsbreite $\Delta\omega_{1/2} \approx 1/\tau$ ergibt sich aus der mittleren freien Flugzeit τ der Atome. Um Druckverbreiterungen zu vermeiden, sollte also die mittlere freie Flugzeit der angeregten Atome größer als die natürliche Lebensdauer der angeregten Niveaus sein.

Voigt-Profil. Das spektrale Profil einer experimentell untersuchten Spektrallinie des beispielsweise von einem Stern emittierten Lichts wird durch die Überlagerung (Faltung) verschiedener Verbreiterungsmechanismen bestimmt. Natürliche Linienbreite und Druckverbreiterung einer Spektrallinie bei der Kreisrequenz $\omega = \omega_0$ führen zu einer Lorentz-Verteilung der spektralen Intensität $I_L(\omega)$:

$$I_L(\omega) \sim \frac{1}{1 + 4(\omega - \omega_0)^2/\Delta\omega_{1/2}^2} \;. \tag{6.13}$$

Dabei ist $\Delta\omega_{1/2}$ die *Halbwertsbreite* der Lorentz-Verteilung. Die Doppler-Verbreiterung führt hingegen zu einer in den Flügeln exponentiell nach null strebenden Gauß-Verteilung (▶ Abb. 6.14). Die durch Überlagerung entstehenden *Voigt-Profile* haben einen zentralen Bereich, dessen spektrale Verteilung primär durch die Doppler-Verbreiterung geprägt ist, und einen Flügelbereich, der primär von Druckverbreiterung und natürlicher Linienbreite bestimmt wird.

Depolarisierende Stöße. Paramagnetische Teilchen, also insbesondere alle Atome mit einem Eigendrehimpuls (der sich aus der Struktur von Hülle oder Kern ergeben kann) können beispielsweise durch optisches Pumpen polarisiert werden. Wenn ein so polarisiertes Ensemble von Atomen sich selbst überlassen bleibt, verschwindet die Spinpolarisation exponentiell und das Ensemble strebt dem thermischen Gleichgewichtszustand zu. Bei diesem Relaxationsprozess spielt die Depolarisation durch Stöße eine wichtige Rolle.

Besonders effektiv depolarisieren Stöße mit paramagnetischen Atomen und Molekülen des Restgases oder auch Stöße gegen eine Gefäßwand, wenn sie aus paramagnetischer oder gar ferromagnetischer Materie besteht. Lange Relaxationszeiten erzielt man, wenn

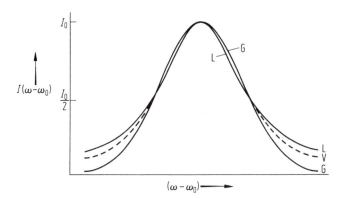

Abb. 6.14 Lorentz- (L), Gauß- (G) und Voigt-Profil (V) einer Spektrallinie.

die Wände mit diamagnetischen Stoffen ausgekleidet werden – besonders geeignet sind gesättigte Kohlenwasserstoffe wie Teflon – und diamagnetische Gase als Puffergas verwendet werden. Mit dem diamagnetischen Puffergas reduziert man zwar die mittlere freie Weglänge auf einen Bruchteil des Gefäßdurchmessers, reduziert damit aber auch die Anzahl der Stöße gegen die Gefäßwand.

Besonders lange Relaxationszeiten konnten in dieser Weise für kernspinpolarisiertes ^{3}He erzielt werden. Das Helium-Isotop ^{3}He hat einen Kernspin $I = 1/2$, und der Kern ist in die optimal kugelsymmetrische und damit diamagnetische Elektronenhülle des He-Atoms eingebettet, die sich auch bei thermischen Stößen kaum verändert. Daher ist eine Depolarisation des Kernspins bei Stößen extrem unwahrscheinlich. Unter günstigen Bedingungen sind Relaxationszeiten von mehreren Tagen realisierbar.

Wie von F. D. Colegrove und Mitarbeitern 1963 gezeigt wurde, lässt sich ^{3}He-Gas in einer schwachen Glimmentladung durch optisches Pumpen polarisieren. Metastabile He-Atome im $1s2s\,^3S_1$-Zustand werden mit dem zirkularpolarisierten Licht der infraroten 1.08-μm-Linie des $(1s2s\,^3S - 1s2p\,^3P)$-Übergangs (s. ▶ Abb. 2.4, Abschn. 2.1) optisch gepumpt und damit der Kernspin der durch die Entladung angeregten ^{3}He*-Atome polarisiert. Durch gaskinetische $(^3\text{He} + {}^3\text{He*} \longrightarrow {}^3\text{He*} + {}^3\text{He})$-Stöße, bei denen die Anregungsenergie der metastabilen He-Atome ausgetauscht wird, werden auch die Kerne der ^{3}He-Atome im Grundzustand polarisiert.

Dank der langen Relaxationszeiten der Kernspinpolarisation findet spinpolarisiertes ^{3}He-Gas auch in der medizinischen Diagnostik der Lunge Anwendung. Atmet man das Gas ein, kann ein üblicher Kernspintomograph das Gas überall in der Lunge nachweisen und so ein detailliertes Bild von der Belüftung der Lunge entwerfen. Die bei der Kernspintomographie genutzte magnetische Kernresonanzmethode (Abschn. 7.3) eignet sich daher gut zur Früherkennung von Lungenkrankheiten.

Aufgaben

6.1 Zur Messung des differentiellen Wirkungsquerschnitts für die elastische Streuung von Na$^+$-Ionen an He-Atomen wird ein $d = 1$ cm dickes Gastarget genutzt. Welchen Gasdruck p sollte man wählen?

6.2 Der differentielle Streuquerschnitt $\sigma(\theta_{lab}) d\Omega_{lab}$ für die elastische Streuung von Atomen gleicher Masse aneinander wurde gemessen. Wie groß ist $\sigma(\theta_{CM})$?

6.3 Berechnen Sie den differentiellen Streuquerschnitt $\sigma(\theta)$ für elastische Stöße von klassischen harten Kugeln mit dem Radius R im CM-System.

6.4 Betrachten Sie die Streuung einer Teilchenwelle $e^{i\mathbf{k}\mathbf{r}}$ an einem *Kastenpotential* $V(r) = V_0$ für $r < R$, $V(r) = 0$ für $r > R$ mit $R \ll 1/k$: Wie lautet die Wellengleichung für die Radialfunktion $R_0(r) = r\, \psi_{l=0}(r)$ der s-Partialwelle?

6.5 Wie groß ist die Streuphase η_0 für die Streuung an einem Kastenpotential mit $V_0 \gg \hbar^2 k^2/2m$? Wie groß ist die Streulänge a_0?

6.6 Für welches Kastenpotential ergibt sich eine Streulänge $a_0 < 0$?

6.7 Resonanzstreuung: In einem Kastenpotential mit Wall ($V(r) = V_0 < 0$ für $r < R_1$, $V(r) = V_1 > 0$ für $R_1 < r < R_2$, $V(r) = 0$ für $r > R_2$) sei ein Resonanzzustand (Shape-Resonanz) mit $l = 0$ bei einer Energie $0 < E_0 \ll V_1$. Wie ändert sich die s-Partialwelle $R_0(r)$ im Resonanzbereich?

6.8 Wenn Kochsalz in die Flamme eines Bunsenbrenners gebracht wird, wird die gelbe Na-D-Linie emittiert. Schätzen Sie die Druckverbreiterung $\Delta\omega_{1/2}$ ab.

7 Freie Moleküle

Die meisten Atome sind gewöhnlich in Molekülen, Flüssigkeiten oder Festkörpern gebunden. Nur die Edelgase, deren Elektronenschalen abgeschlossen sind, wechselwirken so schwach mit anderen Atomen, dass sie bei Zimmertemperatur keine Moleküle bilden und die Atome gewöhnlich in der Gasphase vorliegen. Die Atome der Edelgase können daher leicht als frei im Raum bewegliche Teilchen beobachtet werden. Alle anderen Atome müssen erst durch Dissoziation von Molekülen oder durch Verdampfen von Flüssigkeiten oder Festkörpern im freien Zustand präpariert werden.

Außer den Edelgasen gibt es aber auch viele molekulare Gase, bei denen sich Moleküle frei im Raum bewegen. Es sind vor allem die *homöopolar* gebundenen Moleküle (Abschn. 7.1), d. h. Moleküle mit symmetrischen Ladungsverteilungen, die also nicht wie heteropolare gebundene Moleküle (s. Abschn. 2.4) ein elektrisches Dipolmoment haben. Zu ihnen gehören Sauerstoff (O_2) und Stickstoff (N_2), die wichtigsten molekularen Teilchen der Luft, aber auch Wasserstoff (H_2) und viele andere Gase, die mehr oder minder komplizierte molekulare Strukturen haben, wie z. B. CO_2, CH_4, Cl_2. Sie alle haben ähnlich den Edelgasen abgeschlossene Elektronenschalen und zeichnen sich folglich dadurch aus, dass sie bei normalen Drücken und Temperaturen keine weiteren stabilen Bindungen eingehen können und daher Gase bilden.

Wie freie Atome haben auch freie Moleküle eine Termstruktur. Um sie zu diskutieren, gehen wir wie bei der Beschreibung der Ion-Atom- und Atom-Atom-Stöße (Kap. 6) von der Born-Oppenheimer-Näherung aus. Sie wird ausführlich in Abschn. 7.5 diskutiert. Wir betrachten also zunächst die Atomkerne als Massenpunkte, die sich langsam (im Vergleich zu den Elektronen) auf klassischen Bahnen bewegen, und diskutieren die Potentialfunktionen $E_{pot}(R)$ der im Molekül gebundenen Atome. Als einfaches Beispiel für ein homöopolar gebundenes Molekül dient das Wasserstoffmolekül H_2. Grundlegend für eine allgemeine Deutung der homöopolaren Bindung ist der Begriff des Molekülorbitals (Abschn. 7.1).

Die Potentialfunktion $E_{pot}(R)$ bestimmt die Termstruktur der elektronischen Grundzustände der freien Moleküle. Wir diskutieren sie in Abschn. 7.2. Anschließend werden experimentelle Methoden zur Spektroskopie der Termstruktur der elektronischen Grundzustände beschrieben (Abschn. 7.3).

Wie Atome können sich auch Moleküle in elektronisch angeregten Zuständen befinden. Ebenso wie für den elektronischen Grundzustand können auch für die angeregten Zustände Molekülpotentiale berechnet werden. Nur wenn die Potentiale ein Minimum haben, gibt es gebundene Zustände, die optisch zerfallen. Falls es kein Potentialminimum gibt, dissoziieren die Moleküle sofort, nachdem sie in einen solchen elektronischen Zustand angeregt wurden (Abschn. 7.4).

Aus der halbklassischen Beschreibung von Molekülen im Rahmen der Born-Oppenheimer-Näherung ergibt sich nicht nur, dass die Moleküle eine Termstruktur haben, sondern auch, dass die Atomkerne des Moleküls näherungsweise im Sinn der klassischen Physik räumlich angeordnet sind. Diese räumliche Struktur ist aber an freien Molekülen nicht messbar und steht nicht im Einklang mit den Grundprinzipien der reinen Quantenmechanik (Abschn. 7.5). Vielmehr erwartet man nach den Gesetzen der Quantenmechanik, dass Molekülzustände gewöhnlich Superpositionen von räumlich verschieden strukturierten Born-Oppenheimer-Zuständen sind. Die räumliche Struktur der Moleküle gewinnt erst physikalische Realität, wenn die Moleküle sich an makroskopische Körper anlagern oder zu makroskopischen Körpern kondensieren. Mit zunehmender Kopplung an die Umgebung werden die Moleküle einerseits besser beobachtbar und damit ihre räumliche Struktur messbar, andererseits aber werden die Energieniveaus verbreitert, so dass schließlich die Termstuktur verschmiert und verschwindet.

Termstruktur und räumliche Struktur von Molekülen sind zueinander komplementär und schließen sich wechselseitig aus wie quantenmechanische Welle und klassische Teilchenbahn. Nur im quantendynamischen Grenzfall haben Moleküle eine Termstruktur, und nur im Grenzfall der klassischen Dynamik haben die Moleküle eine räumliche Struktur.

In der Molekülphysik bewegen wir uns offensichtlich im Übergangsgebiet zwischen Quantendynamik und klassischer Dynamik. Abhängig von den experimentellen Bedingungen folgen die Moleküle entweder primär den Gesetzen der Quantendynamik und haben dann eine Termstruktur oder eher den Gesetzen der klassischen Dynamik und haben dann eine räumliche Struktur (Komplementarität von Quantendynamik und klassischer Dynamik). Wir behandeln die räumliche Struktur der Moleküle ausführlich in Abschn. 7.5.

7.1 Chemische Bindung freier Moleküle

Homöopolar gebundene Moleküle werden einerseits durch ein fest bindendes interatomares Potential zusammengehalten, haben aber andererseits wie die Edelgasatome untereinander nur eine so schwache Wechselwirkung (Kohäsionskräfte), dass die aus ihnen bestehenden molekularen Gase nur bei tiefen Temperaturen kondensieren. Diese Bedingungen sind bei vielen Molekülen mit einer homöopolaren Bindung (auch kovalente, Elektronenpaar- oder Atombindung genannt) erfüllt. Ein einfaches Beispiel ist das Wasserstoffmolekül H_2.

Wasserstoffmolekül. Das Wasserstoffmolekül H_2 hat wie das He-Atom zwei Elektronen. Sie bewegen sich aber nicht in dem Coulomb-Potential eines zweifach geladenen Kerns, sondern in dem Zweizentren-Coulomb-Potential von zwei Protonen im Abstand $R \approx 0.7 \cdot 10^{-10}$ m. Die Gesamtenergie $E_{pot}(R)$ des molekularen Systems in Born-Oppenheimer-Näherung heißt *Molekülpotential* und ergibt sich aus der Bindungsenergie der beiden Elektronen $E_B(R)$ im Zweizentren-Coulomb-Potential und der Coulomb-Energie $\alpha \hbar c / R$ der beiden sich abstoßenden Protonen. Das Potential $E_{pot}(R)$ des H_2-Moleküls im $^1\Sigma_g$-Grundzustand hat ein Minimum bei $R_{min} = 0.74 \cdot 10^{-10}$ m mit der Energie $E_{min} = -4.5$ eV relativ zur Energie von zwei räumlich getrennten Wasserstoffatomen (▶ Abb. 7.1).

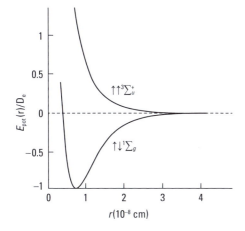

Abb. 7.1 Molekülpotentiale $E_{\text{pot}}(r)$ des bindenden $^1\Sigma$- und des nichtbindenden $^3\Sigma$-Zustands zweier H-Atome mit parallelen bzw. antiparallelen Elekronenspins (relativ zur Potentialtiefe $D_{\text{e}} = 4.5$ eV des bindenden Potentials; zur Bezeichnung von Molekülpotentialen s. Abschn. 7.4).

Wie beim He-Grundzustand $\left|1s^2\,{}^1S_0\right\rangle$ haben die beiden Elektronen des Wasserstoffmoleküls den Gesamtspin $S = 0$ und dementsprechend eine antimetrische Spin- und symmetrische Ortsfunktion. In Analogie zum He-Grundzustand wird der Grundzustand des H_2-Moleküls mit dem ket-Vektor $\left|1s\sigma^2\,{}^1\Sigma_{\text{g}}\right\rangle$ gekennzeichnet. Die zur Kennzeichnung der Eigenzustände verwendeten Quantenzahlen ergeben sich aus der Symmetrie des molekularen Hamilton-Operators. Das Zweizentren-Coulomb-Potential der Protonen des H_2-Moleküls ist spiegelungs- und rotationssymmetrisch. Die Elektronenzustände haben daher eine gerade ($g = +1$) oder ungerade ($u = -1$) Parität und eine Quantenzahl Λ für die Projektion des Bahndrehimpulses auf die Molekülachse. In Analogie zu s- und p-Zuständen spricht man von σ- und π-Zuständen. Die mit dem Hamilton-Operator berechnete Bindungsenergie $E_{\text{B}}(R)$ der beiden Elektronen hängt von der Wahl des Abstandes R der Protonen ab. Ähnlich dem He-Atom haben H_2-Moleküle eine abgeschlossene Elektronenschale und daher keine Neigung sich miteinander zu verbinden. Sie bilden daher bei Zimmertemperatur ein Gas. Es kondensiert erst bei einer Temperatur von etwa 23 K dank der schwachen Van-der-Waals-Wechselwirkung (s. u.) zwischen den Molekülen.

Außer auf dem bindenden $^1\Sigma_{\text{g}}$-Potential des Grundzustands, bei dem sich beide Elektronen vorwiegend zwischen den beiden Protonen aufhalten, können sich zwei Wasserstoffatome bei einem Stoß auch auf dem $^3\Sigma_{\text{u}}$-Potential (▶ Abb. 7.1) bewegen, nämlich wenn die beiden in den H-Atomen gebundenen Elektronen einen Gesamtspin $S = 1$ haben und folglich die Ortsfunktion der Elektronen antimetrisch ist. Die beiden Elektronen können sich dann nicht – wie beim $^1\Sigma_{\text{g}}$-Grundzustand – am gleichen Ort, insbesondere nicht zwischen den Protonen, aufhalten. Das $^3\Sigma_{\text{u}}$-Potential hat daher ein nur sehr schwach ausgeprägtes Minimum (dank der Van-der-Waals-Kräfte zwischen den H-Atomen, s. u.) und ist deshalb bei Zimmertemperatur nichtbindend.

Kovalente Bindung. Ähnlich den Wasserstoffatomen können auch andere gleichartige Atome, insbesondere solche, bei denen die äußerste Elektronenschale fast abgeschlossen ist wie bei den Halogenen, zwei- (und mehr-)atomige Moleküle von Gasen bilden. Wie beim H_2-Molekül bilden sich hier zwischen den beiden Rumpfionen bindende Elektronenpaare, die beiden Atomen angehören, so dass beide Atome nun abgeschlossene Schalen haben und das Molekül daher bei Zimmertemperatur chemisch inaktiv ist.

Beispiele sind Chlor (Cl$_2$) mit einer Einfachbindung (Bindungsenergie $E_B = 2.5\,\text{eV}$), Sauerstoff (O$_2$) mit einer Zweifachbindung ($E_B = 5.1\,\text{eV}$) und Stickstoff (N$_2$) mit einer Dreifachbindung ($E_B = 9.7\,\text{eV}$). Um die chemische Struktur darzustellen, werden die bindenden Elektronenpaare durch einen die Atome verbindenden Strich zwischen den chemischen Symbolen der Atome repräsentiert, die anderen Paare von Valenzelektronen durch einen die Atome umrahmenden Strich:

$$|\overline{\underline{Cl}}\cdot + \cdot \overline{\underline{Cl}}| \;\rightarrow\; |\overline{\underline{Cl}}{-}\overline{\underline{Cl}}|; \qquad |\,\dot{\overline{N}}\cdot + \cdot\dot{\overline{N}}\,| \;\rightarrow\; |\,N{\equiv}N\,|$$

Einfachbindung   Dreifachbindung

Gase mit mehratomigen Molekülen sind beispielsweise NH$_3$ und viele Kohlenstoff-verbindungen wie CO$_2$ und CH$_4$. Da beim Kohlenstoffatom vier Elektronenzustände in der äußersten Schale unbesetzt sind, können sich zwei Sauerstoffatome mit Zweifachbin-dungen oder vier H-Atome mit Einfachbindungen anlagern.

Molekülorbitale. Für eine genauere Diskussion der kovalenten chemischen Bindungen ist es hilfreich, den Zustand der Valenzelektronen grob als Produkt von Einelektronzu-ständen zu betrachten. Sie werden *Orbitale* genannt. Die Orbitale der Elektronen leichter Atome (im Grundzustand) sind s- und p-Orbitale (Abschn. 2.3). Auch bei den kovalenten Bindungen schwererer Atome kommt es vorwiegend auf die s- und p-Orbitale an.

Die Orbitale der Elektronen im kovalent gebundenen Molekül können näherungsweise als Superpositionen der Atomorbitale dargestellt werden. Beim H$_2$-Molekül ergibt sich aus den $1s$-Orbitalen der beiden Atome ein *bindendes* und ein *antibindendes* Molekülorbital, je nachdem ob die beiden Atomorbitale im Zentrum des Moleküls konstruktiv oder destruktiv superponieren, so dass sich zwischen den beiden Protonen eine hohe bzw. geringe Aufenthaltswahrscheinlichkeit des Elektrons ergibt. Da jedes Orbital mit zwei Elektronen (mit Gesamtspin $S = 0$) besetzt sein kann, ergibt ein Elektronenpaar in dem bindenden Orbital eine kovalente Bindung.

In entsprechender Weise können die kovalenten Bindungen anderer Moleküle beschrie-ben werden. Dabei ist nur zu beachten, dass es auch Atome mit Elektronen in p-Orbitalen gibt. Im Gegensatz zu den s-Elektronen haben p-Elektronen keine sphärisch symmetri-sche, sondern eine nur rotationssymmetrische Aufenthaltswahrscheinlichkeit, und die Zu-standsfunktion der p-Elektronen hat nicht positive, sondern negative Parität (▶ Abb. 7.2). Bei der Superposition der Elektronenorbitale kommt es daher auch auf die räumliche Ausrichtung der Atome an. Wie aus ▶ Abb. 7.2 zu ersehen ist, wird deshalb zwischen σ- und π-Bindungen unterschieden. Alle Kohlenstoff-Kohlenstoff-Einfachbindungen sind σ-Bindungen, ihre Mehrfachbindungen enthalten immer zusätzlich π-Bindungsanteile.

sp-**Hybridbindung.** Bei Molekülen aus mehr als zwei Atomen reichen diese Beschrei-bungen nicht aus. Nur bei sphärischer Symmetrie sind s- und p-Orbitale elektronische Eigenzustände. Im Molekülverband ist aber die sphärische Symmetrie gestört. Daher ist es bei der Beschreibung von mehratomigen Molekülen häufig sinnvoll, von atomaren *Hy-bridorbitalen* auszugehen. So entstehen bei der Superposition von s- und p-Orbitalen sp-Hybride (▶ Abb. 7.3). Aus der Superposition eines s- und eines p-Orbitals entstehen zwei lineare sp-Hybride. Ein s- und zwei p-Orbitale liefern drei trigonale sp^2-Hybridorbitale und ein s- und drei p-Orbitale vier tetraedrisch angeordnete sp^3-Orbitale.

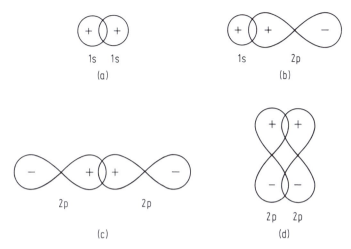

Abb. 7.2 Bindung zwischen Atomorbitalen: (a) $1s$ und $1s$, (b) $1s$ und $2p$, (c) $2p$ und $2p$ (entlang der Kernverbindungsachse, σ-Bindung), (d) $2p$ und $2p$ (senkrecht auf der Kernverbindungsachse, π-Bindung).

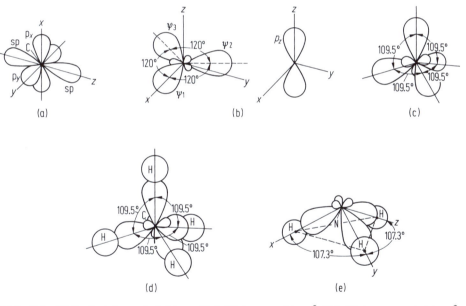

Abb. 7.3 Wellenfunktionen bei (a) sp-Hybridisierung, (b) sp^2-Hybridisierung und (c) sp^3-Hybridisierung. (d) Die Hybridisierung im Kohlenstoffatom zu vier sp^3-Hybridorbitalen führt zur tetraedrischen Geometrie des Methanmoleküls (CH_4). (e) Bindungsverhältnisse im Ammoniakmolekül NH_3.

Van-der-Waals-Kraft. Eine interatomare Wechselwirkung ergibt sich nicht erst, wie bisher angenommen, wenn sich die Zustandsfunktionen der Elektronenhüllen zweier Atome bereits räumlich überlappen und damit interferieren können. Auch wenn sie noch räumlich getrennt sind, d. h. bei Abständen bis zur Größenordnung von 1 nm wirkt bereits die *Van-der-Waals-Kraft*. Sie wurde 1869 von J. D. van der Waals, (1837 – 1923, Nobelpreis 1910) entdeckt und hat ein Potential, das bei großen Abständen R anziehend ist und proportional zu R^{-6} abklingt.

Die Van-der-Waals-Kraft ergibt sich aus der Quantenmechanik der Elektronenhüllen von zwei benachbarten Atomen im Abstand R. Quantenmechanisch sind beide Atome als *ein* Quantenobjekt zu betrachten. Die Wellenfunktion des Gesamtsystems ist deshalb nicht unbedingt einfach ein Produktzustand der beiden Zustandsfunktionen der einzelnen Atome, sondern es sind auch Verschränkungen (Abschn. 4.2) von Zustandsfunktionen der beiden Atome möglich.

Zu verschränkten Zuständen führt die elektrostatische Wechselwirkung zwischen den Elektronenhüllen beider Atome. Zwar sind beide Atome nach außen neutral, bei der Berechnung des Grundzustands des zweiatomigen Systems ist aber dennoch die (abstoßende bzw. anziehende) elektrostatische Wechselwirkung der Elektronen des einen Atoms mit den Elektronen und dem Kern des anderen Atoms zu berücksichtigen. Diese elektrostatischen Wechselwirkungen führen zu korrelierten elektrischen Dipolmomenten der beiden Atome. Wenn der Ladungsschwerpunkt der einen Elektronenhülle etwas von der Position des Kerns abweicht und das Atom damit ein Dipolmoment in Richtung der molekularen Achse hat, hat auch das andere Atom ein Dipolmoment, das in die gleiche Richtung zeigt. Da beide Dipolmomente sich anziehen, erniedrigt sich die Energie des Gesamtsystems. Man beachte, dass trotz dieser Korrelation die einzelnen Atome im zeitlichen Mittel keine elektrischen Dipolmomente haben. Diese Situation ist kennzeichnend für die Verschränkung von Zuständen.

Van-der-Waals-Moleküle. Van-der-Waals-Kräfte wirken zwischen allen Atomen und Molekülen, also insbesondere auch zwischen den Atomen der Edelgase und zwischen homöopolaren, kovalent gebundenen Molekülen. Sie können daher auch Edelgasatome oder homöopolare Moleküle aneinander oder auch an andere Atome binden. Es entstehen dann sehr schwach gebundene *Van-der-Waals-Moleküle*, die also nur bei hinreichend tiefen Temperaturen durch gaskinetische Stöße nicht zerstört werden.

Für experimentelle Untersuchungen hinreichend stabile Van-der-Waals-Moleküle können erzeugt werden, indem man ein Gas oder Gasgemisch durch eine kleine Düse mit hohem Druckgradienten in eine Vakuumkammer expandieren lässt (Abschn. 3.1). Im Düsenhals und kurz dahinter wird die relative Translationsbewegung und bei Molekülen auch die Rotations- und Vibrationsbewegung stark reduziert. Daher werden bei Stößen, bei denen ein dritter Stoßpartner die überschüssige Translationsenergie übernimmt, eine Vielzahl von Van-der-Waals-Molekülen erzeugt.

7.2 Termstruktur freier Moleküle im elektronischen Grundzustand

In der Born-Oppenheimer-Näherung (auch *clamped-nuclei approximation* genannt) geht man von der Annahme aus, dass die Position der Atomkerne im Raum im Sinn der klassischen Mechanik vorgegeben werden kann. Nur die Bewegung der Elektronen im elektrischen Feld der Kerne wird quantenmechanisch behandelt. Anschließend ist aber in einem zweiten Schritt auch die Bewegung der Atomkerne in dem zuvor berechneten interatomaren Potential quantenmechanisch zu beschreiben.

Die in einem zweiatomigen Molekül gebundenen Atomkerne können einerseits in dem in Born-Oppenheimer-Näherung berechneten Molekülpotential $E_{pot}(R)$ um die Gleichgewichtslage schwingen und andererseits kann das ganze Molekül im Raum rotieren. Nach den Gesetzen der Quantenmechanik sind beide Bewegungen quantisiert, d. h. es gibt diskrete Energieniveaus und dementsprechend ein Vibrations- und ein Rotationsspektrum. Verhältnismäßig einfache Spektren haben außer den 2-atomigen Molekülen auch lineare mehratomige Moleküle. Kompliziertere Termstrukturen haben mehratomige Moleküle, deren Atomkerne nicht auf einer Geraden liegen.

Lineare Moleküle. Das Potential eines kovalent gebundenen 2-atomigen Moleküls ist in guter Näherung mit einer zuerst von P. M. Morse (1903 – 1985) angegebenen Funktion (*Morse-Potential*) zu beschreiben (▶ Abb. 6.12, Abschn. 6.4):

$$U(R) = D_e \left\{ 1 - e^{-a(R-R_e)} \right\}^2. \tag{7.1}$$

In der Umgebung des Gleichgewichtsabstandes R_e (Potentialminimum mit $U(R_e) = 0$ und der Potentialtiefe D_e) kann $U(R)$ in eine Taylor-Reihe entwickelt werden. In erster Näherung erhält man das Potential eines harmonischen Oszillators:

$$U_1(R) = \frac{1}{2} D_e \cdot a \cdot (R - R_e)^2 \quad \text{und} \quad a = \nu_e \left(\frac{2\pi^2 \mu}{c D_e h} \right)^{1/2}. \tag{7.2}$$

In diesem harmonischen Potential sind die Energieniveaus gegeben durch (▶ Abb. 6.12)

$$E_{vib}(v) = \left(v + \frac{1}{2} \right) h\nu_e. \tag{7.3}$$

In dieser Näherung sind die Energieniveaus äquidistant. Bei großen Abständen von der Gleichgewichtslage wird das Potential aber zunehmend anharmonisch. Die Vibrationsniveaus rücken daher mit zunehmender Vibrationsquantenzahl v enger zusammen und gehen bei der Dissoziationsenergie D_e in ein Kontinuum über.

Ein frei im Raum rotierendes 2-atomiges Molekül (reduzierte Masse m_{red}, Kernabstand $R = R_e$) hat einen Drehimpuls L, der senkrecht auf der Molekülachse steht. Die Rotationsenergie ist

$$E_{rot} = \frac{L^2}{2I_e}. \tag{7.4}$$

Dabei ist $I_e = m_{red} R_e^2$ das Trägheitsmoment des Moleküls (für Rotationen senkrecht zur Molekülachse). Die Quantisierung des Drehimpulses ergibt daher für die Rotationsniveaus die Energiewerte

$$E_{rot}(J) = \frac{J(J+1)\hbar^2}{2I_e} \tag{7.5}$$

mit den Rotationsquantenzahlen $J = 0, 1, 2, \cdots$.

Da die Vibrationsfrequenzen gewöhnlich sehr viel größer sind als die Rotationsfrequenzen der Übergänge $J \longleftrightarrow J + 1$ mit niedrigen Quantenzahlen J, ergibt sich für jede Vibrationsquantenzahl v eine Serie von nah beieinander liegenden Rotationsniveaus $E(v, J)$ mit den Energiewerten

$$E(v, J) = \left(v + \frac{1}{2} \right) \hbar \omega_e + \frac{J(J+1)\hbar^2}{2I_e}. \tag{7.6}$$

Bei linearen mehratomigen Molekülen, wie beispielsweise CO_2 erhält man ein ähnliches Ergebnis. Es ist aber zu beachten, dass ein n-atomiges Molekül als lineare Kette mit $n - 1$ Eigenschwingungen zu betrachten ist und auch Biegeschwingungen möglich sind.

Nichtlineare Moleküle. Aus der Sicht der Mikrowellenspektroskopie gibt es vier Klassen von Molekülen, geordnet nach den Symmetrien ihrer Hauptträgheitsmomente (Bd. 1, Abschn. 7.2):

(1) Lineare Ketten		$I_a = I_b, I_c = 0$	z. B. C_3O_2
(2) Kugelkreisel		$I_a = I_b = I_c$	z. B. CCl_4
(3) Symmetrische Kreisel	a)	$I_a < I_b = I_c$	z. B. CH_3J
	b)	$I_a = I_b < I_c$	z. B. NH_3
(4) Unsymmetrische Kreisel		$I_a < I_b < I_c$	z. B. SO_2

Moleküle der Kategorie 3a haben die Form einer Pflaume (prolater oder gestreckter Kreisel) und solche der Kategorie 3b entsprechen einem Diskus (oblater oder abgeflachter Kreisel).

Die nichtlinearen Moleküle haben drei Rotationsfreiheitsgrade und mindestens so viele Schwingungsfreiheitsgrade. Daher ergibt sich eine große Vielfalt diskreter Energieniveaus. Um sie näherungsweise zu berechnen, braucht man die Quantendynamik der Kreiselbewegungen.

Elektrische Dipolübergänge in freien Molekülen. Elektrische Dipolübergänge zwischen den Energieniveaus $E(v, J)$ erfolgen nur, wenn drei wesentliche Bedingungen erfüllt sind: (1) Ein Übergang ist nur möglich, wenn der Ladungsschwerpunkt nicht mit dem Massenschwerpunkt des Moleküls zusammenfällt und daher bei der Rotation ein oszillierendes Dipolfeld erzeugt wird. Deshalb haben Moleküle ohne Dipolmoment (H_2, CH_4, SF_6) auch keine Mikrowellenspektren. (2) Da bei der Absorption oder Emission das Photon einen Drehimpuls $\hbar$ im Prozess überträgt und die Parität des Molekülzustands ändert, sind nur Übergänge mit $\Delta J = \pm 1$ erlaubt. (3) Die Rotationszustände müssen im Potential auch existieren. Denn wie unten gezeigt wird, hat bei monoatomaren Molekülen die Ununterscheidbarkeit der Kerne zur Konsequenz, dass es keine Rotationsniveaus mit geradem J gibt, wenn der Kernspin $I = 0$ ist.

Das Rotationsspektrum eines zweiatomigen Moleküls ist in erster Näherung eine Serie von Linien, die gleichen Abstand haben:

$$\hbar \omega_{rot} = \Delta E_{rot} = \frac{\hbar^2}{I_e}(J + 1). \tag{7.7}$$

Es ergeben sich Korrekturterme, wenn berücksichtigt wird, dass bei zunehmender Rotation die Zentrifugalkraft den Kernabstand und damit auch das Trägheitsmoment des Moleküls vergrößert.

URL für QR-Code: www.degruyter.com/nichtlinear

Zur Illustration zeigt ▶Abb. 7.4 die Termstruktur eines 2-atomigen Moleküls mit den Rotationsniveaus von zwei benachbarten Schwingungszuständen mit den möglichen Dipolübergängen. Da sich J nur um $\Delta J = \pm 1$ ändern kann, hat das Rotationsspektrum zwei Zweige, einen R-Zweig und einen P-Zweig. Zum Vergleich zeigt ▶Abb. 7.5 ein gemessenes Rotationsspektrum von HCl.

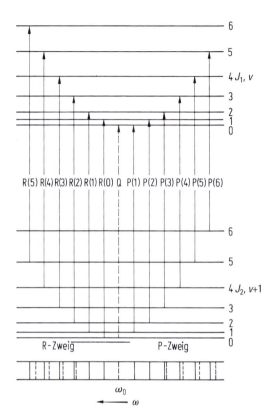

Abb. 7.4 Termschema der Rotationsniveaus zweier Vibrationsterme eines zweiatomigen Moleküls und R- und P-Zweig des Rotationsspektrums (W. A. Guillory, 1977).

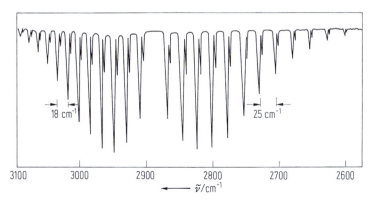

Abb. 7.5 Gemessenes Rotationsspektrum von HCl. Aufspaltung der Linien durch ^{35}Cl und ^{37}Cl (W. A. Guillory, 1977).

Elektronen- und Kernspin. Wenn die Moleküle ungepaarte Elektronen haben, wie z. B. Radikale, oder der Grundzustand des Moleküls ein $^3\Sigma$-Zustand ist, wie der von O_2, kann der Elektronenspin an interne Magnetfelder koppeln, die aus der Bahnbewegung der Elektronen und Kerne des Moleküls resultieren. Entsprechendes gilt, wenn die Atomkerne einen Kernspin $I \neq 0$ haben. Ferner spalten die molekularen Energieniveaus in äußeren Feldern auf. Die Kopplung der Kern- und Elektronenspins an ein äußeres Magnetfeld ist grundlegend für die nicht nur in der Forschung, sondern auch in der Medizin angewandte Technik der Kernspinresonanz (nuclear magnetic resonance, NMR, Abschn. 7.3) bzw. für die Elektronenspinresonanz-Spektroskopie (ESR).

2-atomige Moleküle mit gleichen Kernen. Bei 2-atomigen Molekülen mit ununterscheidbaren Kernen hängt die Termstruktur auch davon ab, ob die Kerne Bosonen (Teilchen mit ganzzahligem Spin und positiver Austauschsymmetrie) oder Fermionen (Teilchen mit halbzahligem Spin und negativer Austauschsymmetrie) sind. Denn ein Austausch der Kerne findet auch bei einer Spiegelung am Zentrum des Moleküls statt. Paritätssymmetrie und Austauschsymmetrie müssen im Einklang miteinander sein. Abhängig von der Drehimpulsquantenzahl J hat die Ortsfunktion der Kerne positive oder negative Paritätssymmetrie. Moleküle mit bosonischen Kernen mit $I = 0$ haben daher nur Rotationszustände mit geradem J. Wenn $I \neq 0$ ist, hängt es von dem Spinzustand der beiden Kerne ab, ob die Ortsfunktion der Kerne symmetrisch oder antimetrisch ist. Es gibt dann zwar alle Rotationsniveaus, aber die Anzahl der möglichen Kernspinzustände alterniert, hängt also davon ab, ob J gerade oder ungerade ist. Eine Folge sind die alternierenden Intensitäten optischer Rotationsbanden von $^{14}N_2$-Molekülen (Abschn. 7.3).

7.3 Spektroskopie der Moleküle im elektronischen Grundzustand

Viele experimentelle Verfahren zur Untersuchung von freien oder auch in Materie gebundenen Molekülen beruhen auf spektroskopischen Messungen. Deshalb gibt ► Tab. 7.1 das elektromagnetische Spektrum wieder, grob aufgeteilt in die Bereiche, für die spezielle Messmethoden entwickelt worden sind. Parallel zu den Bereichen der Wellenlänge λ werden die entsprechenden Bereiche für reziproke Wellenlänge $\lambda^{-1} = \nu/c$, molare Energie $h\nu N_A$, Energie $h\nu$ und Frequenz ν angegeben, sowie die charakteristischen Prozesse, die in einem bestimmten Energiebereich stattfinden können. Mit Radiowellen können in starken Magnetfeldern ausgerichtete Atomkerne umorientiert werden (NMR-Spektroskopie). Mit Mikrowellenfeldern und Infrarotstrahlung werden Anregungen von Rotationen und Schwingungen eines Moleküls möglich.

Außer den Spektralbereichen, die für Untersuchungen der Moleküle im elektronischen Grundzustand wichtig sind, werden auch Bereiche aufgeführt, die zur Untersuchung elektronisch angeregter Molekülzustände benötigt werden. Mit sichtbarem Licht und mit weichem Röntgenlicht können gebundene Elektronen in energetisch höhere Orbitale befördert werden. Bei noch kürzeren Wellenlängen tritt Ionisation auf begleitet von Fragmentation. Erst werden nur die Elektronen in den äußeren Schalen (Valenzelektronen) erfasst. Harte Röntgenstrahlung regt auch Elektronen in inneren Schalen an, die durch Fluoreszenzstrahlung oder Auger-Prozesse in ionische Zustände relaxieren.

Tab. 7.1 Spektrale Bereiche der elektromagnetischen Strahlung. Zusammengehörigkeit der wichtigsten spektroskopischen Messmethoden mit Wellenlänge λ, reziproker Wellenlänge λ^{-1}, molarer Energie $h\nu N_A$, Energie $h\nu$ und Frequenz ν.

γ-Strahlen	harte Röntgen-strahlen	weiche Röntgen-strahlen	Vakuum-UV	nahes UV	sichtbares Licht blau/rot	nahes IR	mittleres IR	fernes IR	mm-MW	MW	Radio-wellen	
10^{-2} nm	0.5 nm	10 nm	200 nm	400 nm	700 nm	2.5 μm	25 μm	0.1 mm	1 mm	1 cm	10 cm	λ
10^9	$2 \cdot 10^7$	10^6	$5 \cdot 10^4$	$2.5 \cdot 10^4$	$1.4 \cdot 10^4$	4000	400	100	10	1	0.1	$\lambda^{-1}\,(\mathrm{cm}^{-1})$
$1.2 \cdot 10^{10}$	$2.4 \cdot 10^8$	$1.2 \cdot 10^7$	$6 \cdot 10^5$	$3 \cdot 10^5$	$1.7 \cdot 10^5$	$4.8 \cdot 10^4$	$5 \cdot 10^3$	$1.2 \cdot 10^3$	120	12	1.2	$h\nu N_A\,(\mathrm{J/mol})$
$1.2 \cdot 10^5$	$2.4 \cdot 10^3$	120	6	3	1.7	0.5	$5 \cdot 10^{-2}$	$1 \cdot 10^{-2}$	$1 \cdot 10^{-3}$	$1 \cdot 10^{-4}$	$1 \cdot 10^{-5}$	$h\nu\,(\mathrm{eV})$
$3 \cdot 10^{19}$	$6 \cdot 10^{17}$	$3 \cdot 10^{16}$	$1.5 \cdot 10^{15}$	$7.5 \cdot 10^{14}$	$4 \cdot 10^{14}$	$1.2 \cdot 10^{14}$	$1.2 \cdot 10^{13}$	$3 \cdot 10^{12}$	$3 \cdot 10^{11}$	$3 \cdot 10^{10}$	$3 \cdot 10^9$	$\nu\,(\mathrm{Hz})$

Unterhalb der Tabelle angeordnete Messmethoden und Energiebereiche:

γ-Strahlen	harte Röntgen	weiche Röntgen	Vakuum-UV	...	mm-MW	Radiowellen
GED	XPS		UPS		ESR	NMR
	XRF					
Kernenergien	Bindungsenergien				Spinenergien	

Bereichsklammern: elektronische Anregung; molekulare Energien (Vibration, Rotation).

Abkürzungen: UV ultra violet, IR infrared, MW microwave, XRF X-ray fluorescence, GED gas electron diffraction, XPS X-ray photoelectron spectroscopy, UPS UV-photo-electron spectroscopy, ESR electron spin resonance, NMR nuclear magnetic resonance

Kernspinresonanz. Mit der NMR(nuclear magnetic resonance)-Technik werden Moleküle untersucht, die in Materie gebunden sind. Wir betrachten hier vornehmlich Moleküle (auch Makromoleküle), deren Atome einerseits untereinander durch kovalente Bindungen fest aneinander gebunden sind, die aber andererseits an die umgebende Materie nur schwach durch Van-der-Waals-Kräfte gebunden sind. Sie können daher auch im gebundenen Zustand als eine molekulare Einheit betrachtet werden. Ihre Elektronenkonfiguration ist noch fast unverändert die Elektronenkonfiguration der freien Moleküle, aber die Rotations- und Translationsbewegungen im Raum sind nicht mehr möglich. Statt der Termstruktur der Rotation hat das Molekül eine räumliche Orientierung und die Atome des Moleküls sind relativ zur Umgebung räumlich positioniert.

Wir nehmen ferner an, dass die Elektronenkonfiguration der Moleküle und die sie umgebende Materie diamagnetisch ist. Eine Kopplung der Kernspinbewegung an die Umgebung ist dann nur möglich, wenn sich die zu untersuchende Probe in einem äußeren Magnetfeld $\boldsymbol{B}_0$ befindet. Da die NMR-Spektroskopie sich vorwiegend mit ($I = 1/2$)-Kernen wie ^{1}H, ^{13}C, ^{19}F, ^{31}P beschäftigt, setzen wir voraus, dass die Kernzustände im Magnetfeld in nur zwei Unterniveaus mit $M_I = \pm 1/2$ aufspalten. Die Übergangsfrequenz ist dann gleich der Frequenz ω_L der Larmor-Präzession des magnetischen Kernmoments μ_I im äußeren Magnetfeld. Wenn man von diamagnetischen Korrekturen absieht, gilt also

$$\omega_L = \frac{\mu_I \, B_0}{\hbar} \; . \tag{7.8}$$

Zur Messung der Larmor-Frequenz werden mit einem magnetischen Hochfrequenzfeld B_1 magnetische Dipolübergänge zwischen den Kernspinniveaus induziert. Sie lassen sich nachweisen, wenn zunächst ein Besetzungsunterschied vorliegt. Bei thermodynamischem Gleichgewicht liegt eine Boltzmann-Verteilung vor:

$$\frac{n_+}{n_-} = e^{\frac{-\mu_I B_0}{k_B T}} \; , \tag{7.9}$$

d. h. die Teilchenzahldichte n^+ der Kerne im Spinzustand $|+1/2\rangle$ ist etwas geringer als diejenige der Kerne im Spinzustand $|-1/2\rangle$. Bei Magnetfeldstärken von etwa 1 T haben die beiden Spinzustände einen Energieabstand von etwa $0.04\ \mu\text{eV} = 10\ \text{MHz}\cdot h$. Daher ergeben sich bei Zimmertemperatur Besetzungsunterschiede $(n_+ - n_-)/(n_+ + n_-) \approx 10^{-6}$.

Der Besetzungsunterschied hat makroskopisch zur Folge, dass die Probe in Richtung des Magnetfeldes (z-Richtung) magnetisiert ist. In einer zunächst unmagnetischen Probe baut sich also nach dem Einschalten eines Magnetfeldes eine Magnetisierung $M_z(t)$ auf, die sich exponentiell einem Gleichgewichtswert M_0 annähert. Ein schwaches magnetisches HF-Feld B_1, das senkrecht zu B_0 gerichtet ist, kann die Magnetisierung aus der z-Richtung kippen, so dass diese dann mit der Larmor-Frequenz um die z-Richtung präzediert. Wenn insbesondere die HF-Feldstärke mit der Larmor-Frequenz um die z-Richtung rotiert, kippt die Magnetisierung zwischen positiver und negativer z-Richtung hin und her (Abschn. 5.1). Anders gesagt, im Resonanzfall werden Übergänge zwischen den beiden Spinzuständen der Kerne induziert. Die zeitlichen Änderungen der makroskopischen Magnetisierung erfüllen die *Bloch'schen Differentialgleichungen* und können mit einem NMR-Spektrometer detektiert werden.

Bloch'sche Gleichungen. Die zeitlichen Veränderungen der parallel zum Magnetfeld gerichteten Komponente M_z und der beiden transversalen Magnetfeldkomponenten M_x und M_y ergeben sich einerseits aus den beiden Relaxationszeiten T_1 und T_2 für longitudinale bzw. transversale Relaxation (d. h. für das exponentielle Abklingen der Magnetisierung, wenn die Magnetfelder abgeschaltet werden) und andererseits aus der Dynamik der Präzessionsbewegung der Kerne in den äußeren Magnetfeldern. F. Bloch (1905–1983, Nobelpreis 1952) leitete dafür die folgenden Differentialgleichungen ab:

$$\frac{dM_z}{dt} = -\gamma(B_1 M_y \cos \omega t - B_1 M_x \sin \omega t) - \frac{M_z - M_0}{T_1},$$

$$\frac{dM_y}{dt} = -\gamma(B_0 M_x - B_1 M_z \cos \omega t) - \frac{M_y}{T_2},$$

$$\frac{dM_x}{dt} = -\gamma(B_1 M_z \sin \omega t + B_0 M_y) - \frac{M_x}{T_2}. \tag{7.10}$$

Dabei ist $\gamma = g_1' \mu_B / \hbar$ der gyromagnetische Faktor der Beziehung der magnetischen Momente zum Drehimpuls der Atomkerne.

NMR-Spektrometer. ▶Abb. 7.6 zeigt schematisch den Querschnitt eines NMR-Spektrometers. Der meiste Raum wird zur Erzeugung des magnetischen Feldes B_0 beansprucht. Supraleitende Spulen erzeugen ein Magnetfeld von bis zu 14 T und hoher Homogenität. Dafür wird flüssiges Helium benötigt. Dieses wird mit flüssigem Stickstoff von der Umgebung thermisch abgeschirmt. Die Kühlfallen, die auch zur Absenkung der Probentemperatur genutzt werden, sitzen in einem Vakuumgehäuse, um den Wärmeverlust in Grenzen zu halten. Ein guter Kryostat wird nur einmal pro Monat mit Helium nachgefüllt. Die Probe wird in das Zentrum des Magneten eingeführt, meist als Lösung (wegen der niedrigen Empfindlichkeit mindestens 1 %ig) oder als Festkörperprobe. Der Probenhalter ist ein Zylinder mit einem nutzbaren (hinreichend homogenen) Volumen von etwa 3 cm³. Das Probengefäß ist aus Pyrex-Glas, da dieses nur ein sehr kleines Signal für ^{29}Si zeigt, sonst aber frei von störenden Resonanzlinien ist. Die notwendige Homogenität des B_0-Feldes wird mit Korrekturspulen gewährleistet. Sie werden so justiert, dass für eine Eichsubstanz (normalerweise TMS, Trimethylsilan) optimale Spektren aufgezeichnet werden. Um den Einfluss der verbleibenden Feldgradienten von B_0 zu eliminieren, rotiert das Probenrohr mit etwa 15 Hz.

Zur Aufzeichnung eines Spektrums im „langsamen Durchgang" müssen nun die Frequenzen gefunden werden, bei denen die zu untersuchende Substanz Leistung absorbiert. Dies kann entweder direkt an der Hochfrequenzquelle beobachtet werden, oder es wird – im Transformerverfahren – an einer Empfängerspule die Änderung der Magnetisierung des Transformerkerns (hier des Probenrohrs mit der Messsubstanz) gemessen. Das Spektrum wird aufgezeichnet, indem entweder direkt die Frequenz der Senderspule oder aber die magnetische Feldstärke variiert wird.

Protonenresonanzspektrum. Protonen haben einen Spin $I = 1/2$ und ein magnetisches Moment $\mu_I = 2.7 \mu_K$. In einem äußeren Magnetfeld $B_0 = 10$ T erwartet man daher bei NMR-Messungen an Proben mit H-Atomen ein Resonanzsignal bei einer Frequenz $\nu \approx 60$ MHz. Tatsächlich erhält man bei vielen Proben nicht eine einzelne Resonanzlinie, sondern ein Spektrum mehrerer nah benachbarter Resonanzlinien, dessen Struktur davon

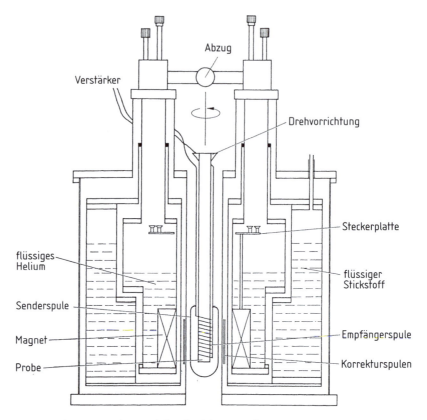

Abb. 7.6 NMR-Spektrometer mit supraleitenden Magnetspulen.

abhängt, wie die H-Atome in den Molekülen der Probe gebunden sind. Eine Analyse der NMR-Spektren liefert daher Informationen über die Struktur der Moleküle.

Die Aufspaltung der NMR-Resonanzen hat hauptsächlich zwei Ursachen: a) Abschirmung der Atomkerne vom äußeren Magnetfeld und b) Kopplung der Spins benachbarter Kerne. Die Abschirmung ergibt sich aus der Einwirkung des äußeren Magnetfelds auf die Molekülorbitale der Elektronen und die Spin-Spin-Kopplung aus der magnetischen Wechselwirkung der Kerndipolmomente. Die Effekte liegen im ppm-Bereich, d.h. bei einer 60 MHz-Resonanz erwartet man Aufspaltungen in der Größenordnung von 100 Hz.

Als Beispiel zeigt ▶ Abb. 7.7 das Protonenresonanzspektrum von Vinylacetat (gelöst in CCl_4). Die Protonen der Methylgruppe sind zu weit entfernt, um in die Kopplung eingreifen zu können. Ohne Spin-Spin-Kopplungen werden drei Linien erwartet bei V_A, V_M und V_X. Die Spin-Spin-Kopplungen führen dazu, dass die Linien der drei Protonen nochmals in je vier nah benachbarte Linien aufspalten, entsprechend den vier Spinstellungen, in denen sich die Spins der beiden anderen Protonen befinden können.

Elektronenspinresonanz (ESR). Wenn die zu untersuchenden Moleküle ungepaarte Elektronenspins haben, werden auch deren Energieniveaus in einem magnetischen Feld aufgespalten und es können, ähnlich wie bei der NMR, Übergänge mit hochfrequenten

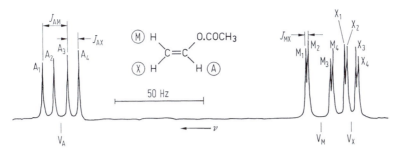

Abb. 7.7 60-MHz-Protonenspektrum von Vinylacetat (R. K. Harris, 1983).

magnetischen Wechselfeldern induziert werden. Darauf basiert die Elektronenspinresonanz (ESR)- und auch die EPR (electron-paramagnetic-resonance)-Spektroskopie. Da das magnetische Moment des Elektrons ($\mu_e \approx \mu_B = 5.79 \cdot 10^{-5}$ eV/T) wesentlich größer ist als das des Kerns ($\mu_N = 3.152 \cdot 10^{-8}$ eV/T), ist die Aufspaltung der Spinniveaus selbst bei moderaten Feldern groß und man braucht Mikrowellen, um Übergänge zu induzieren ($4\,\mu$eV≈ 1 GHz$\cdot h$). Die Anzahl der Substanzen, die hier in Betracht kommen, ist beachtlich. Dazu gehören freie Radikale, Biradikale, Moleküle im Triplettzustand und die meisten Verbindungen der Übergangselemente.

Im einfachsten Fall, wenn der Elektronenspin nur an das äußere Magnetfeld koppelt, ist die Resonanzenergie gegeben durch

$$E = g\mu_B B_0 M_s, \tag{7.11}$$

wobei M_s die Elektronenspinquantenzahl ($\pm 1/2$) und g der Landé-Faktor ist. Der g-Faktor ist 2.00232 für ein freies Elektron und nahe 2 für die meisten freien Radikale.

Im Allgemeinen ist aber auch eine Kopplung des Elektronenspins an die Bahnbewegung der Elektronen und damit – bei kristallinen Proben – an das Kristallgitter zu berücksichtigen. Wegen der starken Spin-Bahn-Kopplung und der Nullfeld-Aufspaltung der Terme im Kristallfeld, die aus der Aufhebung der Kugelsymmetrie durch das Kristallfeld folgt, haben insbesondere die technisch wichtigen Verbindungen der Übergangselemente (wie Cu oder Cr) kompliziertere ESR-Spektren. Die Aufspaltung im Magnetfeld ist dann richtungsabhängig. Zur Beschreibung der magnetischen Anisotropie wird ein *anisotroper g-Faktor* (g-Tensor) eingeführt mit Werten, die auch wesentlich größer als 2 sein können. Die Kopplung des Elektronenspins an das Kristallgitter führt ferner zu kurzen Spin-Gitter-Relaxationszeiten. Dadurch werden die Resonanzlinien stark verbreitert. Brauchbare Ergebnisse können daher nur mit tief gekühlten Proben gewonnen werden.

Wenn g unabhängig von der Richtung von B_0 ist, handelt es sich um isotrope ESR-Effekte. Sie werden vorwiegend in Gasen, Lösungen und Festkörpern mit kubischer Symmetrie gefunden. Wenn aber dann ein benachbarter Kern einen von null verschiedenen Spin hat, koppeln Elektronen- und Kernspin und es ergibt sich ein Hyperfeinmultiplett. Die Energieniveaus haben folgenden Abstand:

$$E = g\mu_B B_0 M_s + A M_s m_I,$$

wobei m_I die Zeeman-Quantenzahl des Kernspins und A die Hyperfeinstruktur-Kopplungskonstante ist. Das heißt, jeder Elektronenspin-Term zerfällt in ($2I + 1$) Un-

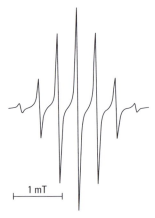

1 mT

Abb. 7.8 ESR-Spektrum von $C_6H_6^-$ (Ebsworth et al., 1987).

terniveaus. Als Beispiel ist in ▶ Abb. 7.8 das ESR-Spektrum des Benzol-Radikal-Anions wiedergegeben. Die sechs äquivalenten Wasserstoffelektronen sind im Raumbereich der sechs Kohlenstoffatome vollkommen delokalisiert.

Mikrowellen- und Infrarotspektroskopie. Wenn Moleküle in der Gasphase vorliegen, können auch ihre Rotations- und Vibrationsspektren untersucht werden. Übergänge zwischen Rotations- oder Vibrationsniveaus können aber nur induziert werden, wenn die Moleküle ein elektrisches oder magnetisches Dipolmoment haben, mit denen das Strahlungsfeld wechselwirken kann. Daher ist eine direkte Messung der Rotations- und Vibrationsspektren nur möglich an Molekülen, die (wie z. B. HCl) ein elektrisches Dipolmoment haben, nicht aber an Molekülen (wie H_2 oder N_2) mit einer symmetrischen Ladungsverteilung. Die Frequenzen der elektrischen Dipolübergänge liegen dann im Mikrowellen- und infraroten Spektralbereich. Aus den Rotationsspektren können die Trägheitsmomente der Moleküle bestimmt werden und aus den Vibrationsspektren die räumliche Struktur der interatomaren Potentiale. Beide Spektren sind von den Kernmassen abhängig. Daher ist es lohnend, die Spektren mehrerer isotopensubstituierter Moleküle zu messen.

Reine Rotationsspektren werden mit der Absorption von Mikrowellenstrahlung (1–1000 GHz) gemessen. ▶ Abb. 7.9 zeigt die schematische Darstellung einer Apparatur. Die in einem Klystron, Magnetron, Carcinotron oder anderen Mikrowellengenerator erzeugte elektromagnetische Welle wird über einen Hohlleiter in eine lange (bis zu 3 m) mit Gas gefüllte Absorptionszelle geleitet. Ein Kristalldetektor misst die austretende Mikrowellenleistung und zeigt den durch Absorption hervorgerufenen Leistungsverlust an. Da die Intensitätsunterschiede sehr klein sind (10^{-6}), wird die Absorption mithilfe des Stark-Effekts moduliert. Die Moleküle werden einem elektrischen Wechselfeld (10–100 kHz) ausgesetzt. Nun kann das modulierte Absorptionssignal im Lock-in-Verfahren schmalbandig, vom starken Trägersignal abgekoppelt, verstärkt registriert werden. Um in den kurzwelligen Bereich vorzustoßen, muss man oft mit den Oberwellen der Klystronstrahlung arbeiten. Die abstimmbare Energiebandbreite wird meistens durch die charakteristischen Eigenfrequenzen der Hohlleiter bestimmt. Der große Erfolg der Mikrowellenspektroskopie beruht auf der Fähigkeit, die Absorptionsfrequenzen mit einer Genauigkeit von $\nu/\Delta\nu \approx 10^{11}$ zu messen. Das war für viele Jahre eine einmalige Präzision, die aber in neuerer Zeit von der Laserspektroskopie um mehrere Zehnerpotenzen überboten wird.

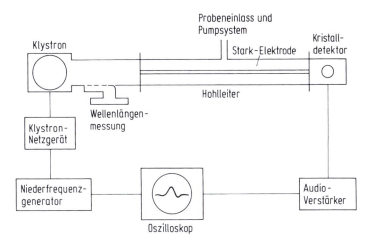

Abb. 7.9 Schema einer Mikrowellenapparatur.

Die einfachste Anwendung von Mikrowellenspektren ist die Identifikation von Molekülen. Umfangreiche Datenbänke existieren, mit denen bekannte mit gemessenen Molekülspektren verglichen werden können. Dies ist wiederum meist eindeutig möglich, dank der extrem hohen Auflösungen, die experimentell erreicht werden können. Oft genügen zwei bis drei Linien, um eine Identifikation zu erreichen, vorausgesetzt, dass die molekulare Substanz genügend Dampfdruck hat und ein Dipolmoment besitzt.

In den letzten Jahren haben die Astronomen regen Gebrauch von diesen Datenbänken gemacht. Interstellare Wolken enthalten eine unerwartet reiche Anzahl von relativ großen Molekülen. Durch die Intensitätsverteilungen der Spektrallinien ist es möglich, die Temperaturen in diesen Wolken zu bestimmen. ▶ Abb. 7.10 zeigt einen Teil des Emissionsspektrums vom Orion-Nebel im Frequenzbereich von 109–110 GHz.

CO_2-Laser. Die Infrarotübergänge des CO_2-Moleküls werden im CO_2-Laser zur Erzeugung hochintensiver Infrarotstrahlen genutzt (Bd. 2, Abschn. 13.3). Laserbetrieb setzt voraus, dass zwischen zwei Niveaus eine Inversion der Besetzungszahlen (Besetzungsumkehr) existiert, d. h. das energetisch höhere Niveau muss stärker besetzt sein als das niedrigere, das nach den Auswahlregeln beim Strahlungszerfall zugänglich ist. Um die Besetzungsumkehr kontinuierlich aufrecht zu erhalten, sorgt ein Pumpprozess für eine ständige Neubesetzung des energetisch höheren Laser-Niveaus. Der bis heute erfolgreiche Laser im infraroten Spektralbereich basiert auf dem Termschema der Vibration des CO_2-Moleküls. Obgleich das CO_2-Molekül im Vibrationsgrundzustand kein elektrisches Dipolmoment hat, entstehen elektrische Dipolmomente bei Anregung der Vibration. Es sind daher auch elektrische Dipolübergänge zwischen Vibrationsniveaus möglich.

In ▶ Abb. 7.11 sind die relevanten Energieniveaus aufgetragen. In einer Gasentladung, die in einem Gasgemisch aus N_2, He und CO_2 brennt, werden die Moleküle durch Elektronenstöße und Rekombinationen in angeregte Zustände gebracht. Der $\Sigma_u^+(0, 0°, 1)$-Zustand von CO_2 wird durch zwei Kanäle besonders angereichert: erstens durch den Zerfall von CO_2-Molekülen aus elektronisch angeregten Zuständen, und zweitens durch

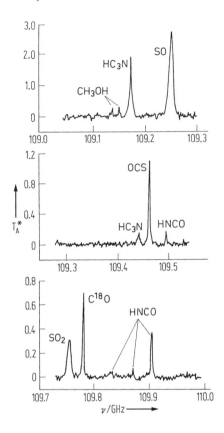

Abb. 7.10 Mikrowellenspektrum des Orion-Nebels von 109.0–110.0 GHz (P. F. Goldsmith et al., 1982).

den resonanten Energieaustausch bei thermischen Stößen von CO_2-Molekülen im Grundzustand mit N_2-Molekülen im angeregten Vibrationszustand mit ($v = 1$). Je nach Einstellung der Resonatorspiegel am Ende der Entladungsröhre kann das Gasgemisch bei 10.6 µm oder 9.6 µm zum „Lasern" gebracht werden. Die Endzustände der Laserübergänge werden durch Stöße schnell wieder entleert, damit sie auch bei Betrieb des Lasers nur wenig besetzt sind. Die zwei Endzustände der Laserübergänge sind die durch eine innermolekulare Resonanz (*Fermi-Resonanz*) aufgespaltenen Vibrationsniveaus (0.2°,0) und (1.0°,0). Der 10.6-µm-Übergang ist noch einmal im Detail in ▶ Abb. 7.11b gezeigt. Von den drei möglichen Übergängen P(2), Q(1) und R(0) entfällt der Q-Zweig, da er von einem symmetrischen zu einem antimetrischen Zustand führen würde. Insgesamt gibt es etwa 60 Spektrallinien in den P- und R-Zweigen im Spektrum, die mit einem Gitter durchgestimmt werden können. Da die Laserfrequenz nicht kontinuierlich verändert werden kann, wurde der CO_2-Laser wenig zur Spektroskopie genutzt. Stattdessen benutzt man heute Laserdioden. Wegen des hohen Wirkungsgrades (30 %) und der einfachen Handhabung hat der CO_2-Laser jedoch als Wärmequelle in Industrie und Forschung weite Anwendung gefunden.

Raman-Spektroskopie. Wenn Licht einer optischen Spektrallinie (z. B. der 253-nm-Linie des Hg I-Spektrums oder Laser-Licht) nicht-resonant an freien Atomen oder Molekülen gestreut wird, sieht man auch im Spektrum des gestreuten Lichts vorwiegend diese

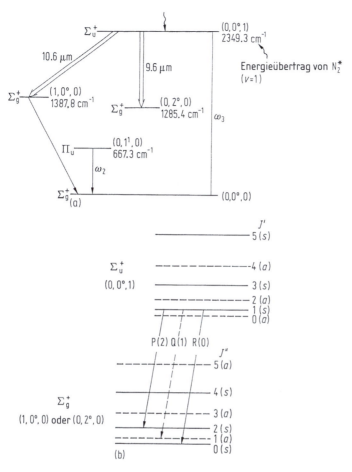

Abb. 7.11 Energieniveauschema für den CO_2-Laser; (a) Schwingungsterme und (b) Rotationsterme (s = symmetrisch, a = antimetrisch) (W. A. Guillory, 1977).

Spektrallinie (Rayleigh-Streuung, Bd. 2, Kap. 10). Bei genauerer Analyse des an freien Molekülen gestreuten Lichts sind aber in naher Nachbarschaft der eingestrahlten Linie Serien schwacher Seitenlinien zu erkennen. ▶ Abb. 7.12 zeigt das Spektrum des Streulichts im (um etwa 2330 cm^{-1}) rotverschobenen Bereich der eingestrahlten Laser-Linie.

Dieser 1923 von A. Smekal (1895–1959) vorhergesagte und 1928 von C. V. Raman (1888–1970, Nobelpreis 1930) nachgewiesene Effekt ist die Folge einer inelastischen Streuung des eingestrahlten Lichts. Da bei der Lichtstreuung wie beim Compton-Effekt auch ein Impuls $p < 2h\nu/c$ auf das Streuzentrum übertragen wird, können Moleküle bei der Lichtstreuung zu Vibrations- und Rotationsbewegungen angestoßen werden oder, wenn sie bereits thermisch angeregt sind, beim Streuprozess einen zusätzlichen Impuls auf das Photon übertragen. Da das Molekül diskrete Energieniveaus hat, kann auch die Energie des Photons nur in diskreten Schritten ab- bzw. zunehmen.

Das in ▶ Abb. 7.12 abgebildete Raman-Spektrum entsteht, wenn das $^{14}N_2$-Molekül bei der Streuung aus dem Vibrationsgrundzustand in den ersten angeregten Vibrationzustand

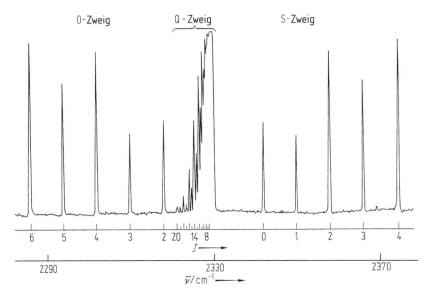

Abb. 7.12 Raman-Spektrum von $^{14}N_2$ mit O-, Q- und S-Zweig. Die Variationen der Intensitäten in den Zweigen werden stark vom Kernspin I (hier gleich 1) beeinflusst (E. B. Wilson et al., 1955).

gelangt. Da bei Zimmertemperatur viele Rotationsniveaus besetzt sind, kann sich der Rotationszustand des Moleküls beim Streuprozess in drei verschiedenen Weisen ändern: Die Rotationsquantenzahl kann sich um $\Delta L = 2$ erhöhen, erniedrigen oder unverändert bleiben. Dementsprechend gibt es einen O-Zweig, S-Zweig und Q-Zweig.

Die Intensitäten der Linien hängen einerseits von der Polarisierbarkeit des N_2-Moleküls ab. Obgleich N_2 kein elektrisches Dipolmoment im elektronischen Grundzustand hat, kann das Molekül ebenso wie Atome im elektrischen Feld der Lichtwelle polarisiert werden und daher das Licht streuen. Dank der Polarisation wirkt das Photonenfeld unterschiedlich stark auf die beiden Atome des Moleküls, so dass Vibrationen und Rotationen angeregt werden können. Andererseits kommt es auch auf das statistische Gewicht $g(J)$ (Grad der Entartung) der Rotationsniveaus an. Hier spielt die Austauschsymmetrie der ^{14}N-Kerne eine entscheidende Rolle. Da die Parität $P = (-1)^L$ der Rotationsniveaus alterniert, ist die Austauschsymmetrie nur erfüllt, wenn auch die Kernspins $I = 1$ der beiden ^{14}N-Atome alternierend entweder zu $I_{tot} = 1$ (antimetrische Spinzustände) oder zu 0 und 2 (symmetrische Spinzustände) koppeln. Die daraus resultierenden alternierenden Gewichtsfaktoren 3 und 6 haben zur Folge, dass auch die Intensitäten der Raman-Linien des O-, P- und Q-Zweiges alternieren. Aus einer genauen Analyse der alternierenden Intensitäten ergibt sich, dass die ^{14}N-Kerne Bosonen sind.

Ein typisches Raman-Spektrometer besteht aus drei wesentlichen Bauteilen: einer Lichtquelle, einer Messzelle und einem Dispersionselement mit einem Detektor. Einen möglichen Aufbau zeigt ▶Abb. 7.13. In den meisten modernen Spektrometern besteht die Lichtquelle aus einem Laser, der im Extremfall Intensitäten bis zu 10^7 W/cm^2 im Streuvolumen erzeugt. Die Laserintensität kann noch einmal durch einen gefalteten Strahlengang nahezu 100-fach erhöht werden. Weiterhin ist es üblich, das Streulicht bei einem Streuwinkel von 90° zu analysieren. Wegen der geringen Streuintensität muss eine licht-

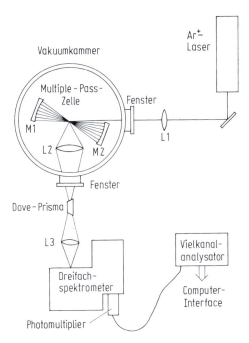

Abb. 7.13 Aufbau eines Raman-Spektrometers mit gefaltetem Strahlengang in der Messzelle (L Linse, M Hohlspiegel).

starke Optik (Linse L2 mit kleinem Brennweite/Apertur-Verhältnis) das Streuvolumen auf den Eintrittsspalt des Spektrometers abbilden. Wegen des intensiven Rayleigh-Lichts ist oft ein einfaches Spektrometer nicht ausreichend, den Untergrund, der von der elastischen Streuung erzeugt wird, so weit zu reduzieren, dass auch die Raman-Linien mit kleiner Frequenzverschiebung aufgelöst werden können. In Gasen kann die Rayleigh-Intensität 10^4-mal intensiver sein als das integrierte Raman-Signal. Deshalb werden oft mehrere Spektrometer mit mäßiger Auflösung hintereinandergeschaltet.

Da die zweiatomigen homonuklearen Moleküle kein elektrisches Dipolmoment haben und folglich der Mikrowellen- und Infrarotspektroskopie nicht zugänglich sind, ist die Raman-Streuung eine wertvolle Messtechnik zur Untersuchung dieser Moleküle. Der in ▶ Abb. 7.12 gezeigte zentrale Teil des Rotationsspektrums von $^{14}N_2$ wurde unter folgenden Bedingungen aufgenommen: Das Spektrometer hatte eine Auflösung von $0.15\,\text{cm}^{-1}$, der Gasdruck war 10^5 Pa bei 300 K. Die Belichtungszeit erstreckte sich über 20 Stunden. Die Messungen wurden mit einem CO-Spektrum, das von Infrarotdaten genauestens bekannt ist, geeicht.

Spektroskopie von Van-der-Waals-Molekülen. Die relativ locker gebundenen Van-der-Waals-Moleküle werden in neuerer Zeit intensiv untersucht. Von besonderem Interesse sind die interatomaren Potentiale als Grundlage für alle Rechnungen im Rahmen der halbklassischen Born-Oppenheimer-Näherung und die Lebensdauern angeregter Zustände. Die Potentiale ergeben sich aus Rotations- und Vibrationsspektren der Moleküle. Genaue Messungen liegen vorwiegend für zwei- und dreiatomige Molekülkomplexe vor.

Das Potential eines dreiatomigen Komplexes, der aus einem chemisch gebundenen zweiatomigen Molekül und einem Atom aufgebaut ist, kann folgendermaßen entwickelt werden:

$$V(R, \theta) = \sum_{k=0}^{\infty} V_k(R) P_k(\cos \theta) \,. \tag{7.12}$$

Es besteht aus einem isotropen Anteil $V_0(R)$ und einem anisotropen Anteil, der nach den Legendre-Polynomen P_k mit $k \geq 1$ entwickelt werden kann. Die Definitionen der geometrischen Variablen R und θ sowie die möglichen Vibrations- und Rotationsbewegungen mit den entsprechenden Quantenzahlen sind in ▶ Abb. 7.14 für den Fall X_2Y illustriert.

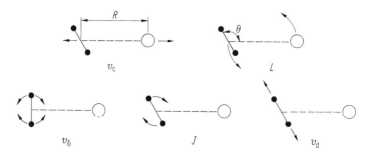

Abb. 7.14 Definitionen der Strukturparameter und Quantenzahlen in einem Van-der-Waals-Molekül vom Typ X_2Y.

Der isotrope Beitrag $V_0(R)$ ergibt sich aus der Abstoßung gefüllter Elektronenschalen und der Anziehung der induzierten Multipole (Van-der-Waals-Kraft, Abschn. 7.1). Die Summe dieser beiden Beiträge wird recht gut mit dem *Lennard-Jones-Potential* (LJ)-12,6 approximiert:

$$V_0(R) = D_e \left[\left(\frac{R_e}{R} \right)^{12} - 2 \left(\frac{R_e}{R} \right)^{6} \right] \,.$$

Dabei ist D_e die Dissoziationsenergie und R_e der Gleichgewichtsabstand. Für genauere Rechnungen muss das Potential im Bereich um $R = R_e$ etwas modifiziert werden. Für alle Edelgasdimere sind genaue Potentiale bestimmt worden. Für andere Van-der-Waals-Moleküle beschränkt man sich meistens auf die LJ-(12,6)-Potentiale.

7.4 Elektronisch angeregte Moleküle

Ausgehend von der Born-Oppenheimer-Näherung, in der für eine fest vorgegebene räumliche Anordnung der Kerne eines Moleküls mit den Kernabständen $R_{i,j}$ die Energieniveaus und die zugehörigen Eigenzustände der Elektronen berechnet werden, erhält man außer der Potentialfläche für den elektronischen Grundzustand auch Potentialflächen für angeregte Elektronenzustände. Als Beispiel betrachten wir den „einfachen" Fall eines zweiatomigen Moleküls. In diesem Fall erhält man Potentialkurven $E_n(R)$, die nur von einem Parameter, dem Abstand R der beiden Kerne abhängen.

Potentialkurven des Stickstoffmoleküls. Freie Stickstoffatome N mit der Kernladungszahl $Z = 7$ haben die Grundzustandskonfiguration $1s^2 2s^2 2p^3$. Für die zur Hälfte besetzte $2p$-Schale gibt es $(6 \cdot 5 \cdot 4)/(1 \cdot 2 \cdot 3) = 20$ verschiedene, zueinander orthogonale Eigenzustände. Wenn die Spins der drei Elektronen zu einem Gesamtspin $S = 3/2$ koppeln, die Spinfunktion also symmetrisch ist, muss die Ortsfunktion der drei Elektronen antimetrisch bei Vertauschung sein. Da es nur drei zueinander orthogonale p-Zustände gibt (m $= +1, 0, -1$), gibt es nur einen antimetrischen Ortszustand. Er hat also den Gesamtbahndrehimpuls $L = 0$. Der sich aus dieser Überlegung ergebende $2p^3 \, ^4S$-Term ist der energetisch tiefste Term (Grundzustand) freier N-Atome. Etwa 2 bzw. 3 eV höher liegen die beiden anderen Terme der $2p^3$-Konfiguration, der ^2D- und der ^2P-Term.

Wenn bei Annäherung von zwei Stickstoffatomen beide Atome im ^4S-Grundzustand sind, können die Elektronenspins beider Atome zu $S_{\text{ges}} = 0, 1, 2$ oder 3 koppeln. Da das Molekülpotential einerseits rotationssymmetrisch um die Molekülachse ist und andererseits bei Spiegelungen an Ebenen, die auch die Molekülachse umfassen, und Spiegelungen am Zentrum des Moleküls (Paritätssymmetrie) invariant bleibt, können die Ortszustände der N_2-Moleküle mit einer Drehimpulsquantenzahl Λ (Projektion des Drehimpulses auf die Molekülachse), einer $(\pm)$-Spiegelungssymmetrie und einer (*gerade/ungerade*)-Paritätssymmetrie gekennzeichnet werden. Bei der Annäherung zweier N-Atome im ^4S-Zustand ergeben sich die folgenden $(\Lambda = 0)$-Potentiale: $^1\Sigma_g^+$, $^3\Sigma_u^-$, $^5\Sigma_g^+$ und $^7\Sigma_u^+$ (▶ Abb. 7.15). Das Potential des elektronischen Grundzustands von N_2 hat den Elektronenspin $S_{\text{ges}} = 0$ und die Bezeichnung $X \, ^1\Sigma_g^+$.

Ortszustände mit $\Lambda \neq 0$ ergeben sich, wenn eines oder beide N-Atome bei großem Abstand in einem $6p^3 \, ^2D$- oder im ^2P-Zustand ist. Die Namensgebung erfolgt entsprechend ihrem atomaren Analogon:

Atom						Molekül					
L	$= 0$	1	2	3	4	Λ	$= 0$	1	2	3	4
Term	S	P	D	F	G		Σ	Π	Δ	Φ	Γ

Wenn sich zwei Potentialkurven mit Zuständen gleicher Symmetrie schneiden, entsteht eine vermiedene Kreuzung (non-crossing rule). Das Abknicken der Potentialkurven $E \, ^3\Sigma_g^+$ und $C \, ^3\Pi_u$ ergibt sich aus einer solchen Mischung mit einer anderen Potentialkurve. Außer den Potentialkurven von N_2 sind in ▶ Abb. 7.15 auch einige Potentialkurven von Molekülionen dargestellt.

Elektronische Absorptionsspektren von freien Molekülen. Zu jeder bindenden Potentialkurve eines 2-atomigen Moleküls gibt es – wie für den elektronischen Grundzustand – eine Serie von Vibrationsniveaus und zu jedem Vibrationsniveau eine Serie von Rotationsniveaus. Entsprechend der Vielfalt der Energieniveaus sind die optischen Spektren der Moleküle komplex. Am klarsten strukturiert sind die Absorptionsspektren, die mithilfe von durchstimmbaren Lasern sehr präzise vermessen werden können. Bei hinreichend tiefen Temperaturen ist nur das tiefste Vibrationsniveau des elektronischen Grundzustands der absorbierenden Moleküle thermisch besetzt. Es kann also nur aus einer Serie von Rotationsniveaus Licht absorbiert werden. Die beiden Kerne haben dabei näherungsweise den Gleichgewichtsabstand R_{min}, dem Minimum des Grundzustandspotentials.

Eine Anregung in die Vibrationsniveaus elektronisch angeregter Zustände durch Absorption von Licht ist möglich, wenn erstens die elektronischen Übergänge erlaubt

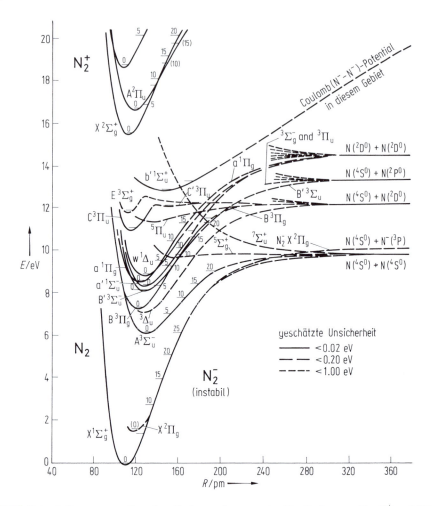

Abb. 7.15 Potentialkurven von Grundzuständen und angeregten Zuständen von N_2, N_2^+ und N_2^- (F. R. Gilmore, 1965).

sind, d. h. elektrische Dipolübergänge möglich sind (▶Tab. 7.2), und wenn zweitens die Gleichgewichtsabstände von elektronischem Grundzustand und angeregtem Zustand nicht allzu verschieden sind. Das *Franck-Condon-Prinzip* besagt, dass bei der Absorption eines Photons der Kernabstand unverändert bleibt. Ein Photon kann also nur absorbiert werden, wenn die Wellenfunktionen der Atomkerne im elektronischen Grundzustand und im angeregten Zustand sich hinreichend überlappen. Der Überlapp der Wellenfunktionen ist daher auch maßgebend für die relativen Intensitäten der Übergänge in die verschiedenen Vibrationsniveaus des angeregten Zustands, wie ▶Abb. 7.16 illustriert.

Rotationsbanden. ▶Abb. 7.17 zeigt das Energieniveauschema für die Absorption von Licht aus dem tiefsten Vibrationsniveau eines elektronischen $^1\Sigma$-Grundzustands in ein Vibrationsniveau eines angeregten $^1\Pi$-Zustands. Zu beiden Vibrationsniveaus gehört eine

Tab. 7.2 Erlaubte elektronische Übergänge für 2-atomige Moleküle mit Drehimpulskopplung.

Verschiedenartige Kerne	Gleichartige Kerne
$\Sigma^+ \leftrightarrow \Sigma^+$	$\Sigma_g^+ \leftrightarrow \Sigma_u^+$
$\Sigma^- \leftrightarrow \Sigma^-$	$\Sigma_g^- \leftrightarrow \Sigma_u^-$
$\Pi \leftrightarrow \Sigma^+$	$\Pi_g \leftrightarrow \Sigma_u^+, \; \Pi_u \leftrightarrow \Sigma_g^+$
$\Pi \leftrightarrow \Sigma^-$	$\Pi_g \leftrightarrow \Sigma_u^-, \; \Pi_u \leftrightarrow \Sigma_g^-$
$\Pi \leftrightarrow \Pi$	$\Pi_g \leftrightarrow \Pi_u$
$\Pi \leftrightarrow \Delta$	$\Pi_g \leftrightarrow \Delta_u, \; \Pi_u \leftrightarrow \Delta_g$
$\Delta \leftrightarrow \Delta$	$\Delta_g \leftrightarrow \Delta_u$

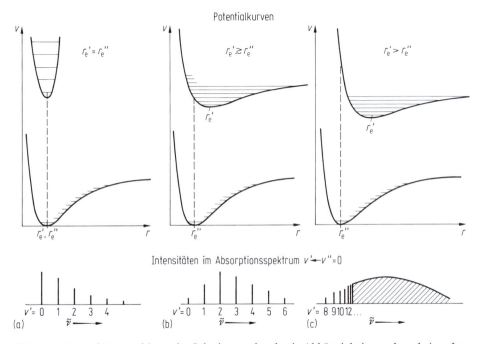

Abb. 7.16 Intensitäten und Lage der Schwingungsbanden in Abhängigkeit von der relativen Lage der Potentialkurven der beiden Elektronenzustände (Erläuterung s. Text; die Aufenthaltswahrscheinlichkeit der Kerne ist bei solchen Abständen r der Kerne besonders groß, bei denen sich klassisch die Bewegungsrichtung der Vibration umkehrt.).

Serie von Rotationsniveaus mit den Energien

$$E(J) = E(0) + hB\,J(J+1) \tag{7.13}$$

$$E'(J') = E'(0) + hB'\,J'(J'+1) \tag{7.14}$$

und den Rotationskonstanten B bzw. B' (in Hz). Dabei ist vereinfachend angenommen, dass der Kernabstand und damit die Trägheitsmomente für Grund- und angeregten Zustand des Moleküls mit zunehmender Rotation nicht größer werden. Da für elektrische Dipolübergänge die Auswahlregel $|J' - J| \le 1$ erfüllt ist, gibt es im Allgemeinen drei

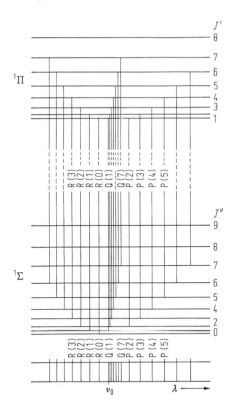

Abb. 7.17 Energieniveauschema für eine Bande mit P-, Q- und R-Zweigen. Die Abstände der Q-Linien sind übertrieben groß dargestellt (G. Herzberg, 1945).

Serien von Übergangsfrequenzen (R-, Q- und P-Zweig genannt):

$$\Delta J = \ \ 1: \quad R(J) = \nu_0 + 2B' + (3B' - B)J + (B' - B)J^2$$
$$\Delta J = \ \ 0: \quad Q(J) = \nu_0 + (B' - B)J + (B' - B)J^2$$
$$\Delta J = -1: \quad P(J) = \nu_0 + (B' + B)J + (B' - B)J^2 \ . \tag{7.15}$$

Dabei ist $\nu_0 = (E'(0) - E(0))/h$. Die Anordnung der Spektrallinien der drei Zweige kann sehr verschiedene Formen annehmen, je nachdem, ob B'_v größer, gleich oder kleiner als B''_v ist. ▶Abb. 7.18 zeigt die verschiedenen Zweige der Rotationsstruktur in einer Elektronenbande, das *Fortrat-Diagramm*. Die parabolische Form der Zweige wird durch den Summanden vor J^2 in Gl. (7.15) erzeugt.

Bereits mit der traditionellen optischen Spektroskopie konnten die Rotationsspektren der Moleküle, die zunächst bei geringerer spektraler Auflösung als *Bandenspektrum* mit kontinuierlichen *Banden* nachgewiesen wurden, aufgelöst werden. Bei den Methoden der modernen Laserspektroskopie sind der Auflösung nur durch die natürliche Linienbreite der Spektrallinien Grenzen gesetzt. Eine große Hilfe für die Identifikation und den Nachweis eines angeregten Molekülzustands sind *Mehrphotonenprozesse*. Dabei wird ein Laser resonant auf einen elektronischen Zustand eingestellt, der nach den Auswahlregeln zugänglich ist. Gleichzeitig regt ein zweiter Laser wieder resonant einen weiteren Zustand an. Das beim Zerfall in einen dritten Zustand emittierte Fluoreszenzlicht wird zum Nachweis

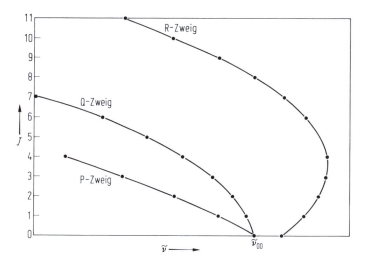

Abb. 7.18 Fortrat-Diagramm für einen E-Π-Übergang (G. Herzberg, 1945).

beobachtet (LIF = **L**aser **I**nduced **F**luorescence). Sehr hohe Empfindlichkeiten werden erreicht, wenn die Energie des zweiten Photons genügt, um das Molekül zu ionisieren und das Ion oder Elektron zum Nachweis herangezogen werden kann (REMPI = **R**esonance **E**nhanced **M**ultiphoton **I**onization). Weitere Aufschlüsse über die angeregten elektronischen Zwischenzustände können gewonnen werden, wenn die extrem hohe Frequenzempfindlichkeit durch Zeeman- oder Stark-Modulationsmessungen ausgenutzt wird.

Inelastische Elektronenstreuung. Eine zur Laserspektroskopie komplementäre Methode ist die inelastische Elektronenstreuung. Zur Bestimmung der molekularen Anregungsenergien wird dabei der Energieverlust der Elektronen beim Streuprozess gemessen. Die in Vorwärtsrichtung gemessenen Energieverlustspektren (Kleinwinkelstreuung) stimmen mit den optischen Spektren überein (▶ Abb. 7.19). Bei den anderen Streuwinkeln werden durch die Austauschmöglichkeit zwischen Target und Strahlelektronen optisch verbotene Übergänge möglich. Am differentiellen Wirkungsquerschnitt kann man dann erkennen, ob es sich um Spinumklappeffekte oder um Übergänge handelt, die auf höheren Multipolmomenten beruhen: Spektrallinien von optisch verbotenen Übergängen werden intensiver mit größer werdenden Streuwinkeln, während die Intensitäten der Dipolübergänge im gleichen Messprozess sehr schnell kleiner werden.

Obgleich die Elektronenstoßspektroskopie nur eine Energieauflösung von einigen meV ermöglicht, hat sie gegenüber der optischen Spektroskopie den Vorteil, dass sie Messungen in einem weiten Energiebereich mit konstanter Auflösung und Nachweisempfindlichkeit erlaubt. Im Röntgen-Bereich muss man der Elektronenspektroskopie die Photoionisation mit Synchrotronstrahlung gegenüberstellen. Der Vergleich fällt oft zugunsten der Elektronenstreuung aus, besonders wenn man den Anschaffungspreis der Grundausstattung mit berücksichtigt. Auf der einen Seite bringt der große Wirkungsquerschnitt für die Elektronenstoßanregungen den Vorteil der hohen Empfindlichkeit, andererseits wird die gleiche Tatsache zum Nachteil, weil Mehrfachstreuprozesse nur Messungen an dünnen Gastargets erlauben.

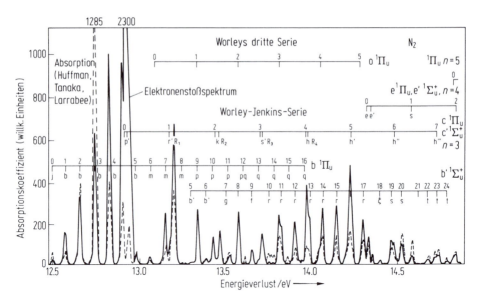

Abb. 7.19 Energieverlustspektrum von N_2 mit 25-keV-Elektronen (der Streuwinkel ist kleiner als 10^{-4} rad). Die punktierte Linie ist das Absorptionsspektrum (J. Geiger, B. J. Schröder, Chem. Phys. **50** (1969) 7).

7.5 Räumliche Struktur homöopolar gebundener Moleküle

In der Molekülphysik werden einerseits freie Moleküle untersucht. Sie haben eine diskrete Termstruktur. Wenn (aufgrund der Energieerhaltung) nur Strahlungszerfälle, aber keine Ionisations- und Dissoziationszerfälle möglich sind, haben die Terme eine geringe natürliche Energiebreite, die sich wie in der Atomphysik aus der Zerfallsrate ergibt. In der Chemie interessieren andererseits Moleküle, die – wie beispielsweise bei Lösungen – in einer Wirtsmaterie eingebettet sind. Wegen der stärkeren Ankopplung an die Umgebung ist bei diesen Molekülen bereits eine (unscharfe) räumliche Struktur beobachtbar, während die Termstruktur teilweise verschmiert ist. Nur kleine Moleküle können ebenso leicht wie Atome als freie Teilchen präpariert und untersucht werden und haben dann eine Termstruktur mit eng benachbarten Rotations- und Vibrationsniveaus. Große Biomoleküle hingegen, wie beispielsweise die aus den Aminosäuren aufgebauten Proteine und die aus Nukleotiden bestehenden Nukleinsäuren mit Massezahlen $M \approx 10^5$, sind praktisch immer in eine flüssige oder feste Umgebung eingebettet und haben dann eine räumliche Struktur, die in chemischen Strukturformeln zum Ausdruck gebracht wird. Bekannt ist die Doppelhelix-Struktur der Desoxyribonukleinsäure (DNA). Zwischen diesen beiden Extremen gibt es aber auch viele Moleküle, wie z. B. das C_{60}-Fulleren, die abhängig von den Versuchsbedingungen entweder als Quantenobjekt mit einer Termstruktur oder als klassisches Objekt mit einer räumlichen Struktur wahrgenommen werden können (Abschn. 5.4).

Abhängig von der Einbindung in die Umgebung können Moleküle also sowohl als Quantenobjekte als auch als mikroskopisch kleine klassische Objekte behandelt werden. Nur wenn ein Molekül hinreichend von der Umgebung isoliert ist, sind Eigenschwin-

URL für QR-Code: www.degruyter.com/biogene_mol

gungen im Sinne der Wellenmechanik mit scharfen Energietermen möglich. Bewegungen räumlich strukturierter Körper im Sinne der klassischen Mechanik sind hingegen nur bei stärkerer Ankopplung des Moleküls an die Umgebung beobachtbar. Theoretische Grundlage für die Berechnung sowohl der quantenmechanischen Termstruktur der Moleküle, als auch ihrer klassischen räumlichen Struktur ist die Born-Oppenheimer-Näherung, auf die wir zunächst eingehen. Anschließend behandeln wir in diesem Abschnitt die experimentellen Techniken zur Bestimmung der räumlichen Struktur großer Moleküle.

Born-Oppenheimer-Näherung. Die potentielle Energie $V(\boldsymbol{R}_i, \boldsymbol{r}_j)$ eines Moleküls ist die Summe der elektrostatischen Wechselwirkungen aller geladenen Teilchen und hängt von den gegenseitigen Abständen der Elektronen und Kerne ab. Wenn die Positionen der Kerne mit der Masse M_i durch die Ortsvektoren $\boldsymbol{R}_i$ und die der Elektronen (Masse m) durch $\boldsymbol{r}_j$ beschrieben werden, gilt beispielsweise für das zweiatomige H_2-Molekül

$$V(\boldsymbol{R}_i, \boldsymbol{r}_i) = \frac{\alpha \hbar c}{|\boldsymbol{R}_1 - \boldsymbol{R}_2|} + \frac{\alpha \hbar c}{|\boldsymbol{r}_1 - \boldsymbol{r}_2|} - \frac{\alpha \hbar c}{|\boldsymbol{R}_1 - \boldsymbol{r}_1|}$$
$$- \frac{\alpha \hbar c}{|\boldsymbol{R}_1 - \boldsymbol{r}_2|} - \frac{\alpha \hbar c}{|\boldsymbol{R}_2 - \boldsymbol{r}_1|} - \frac{\alpha \hbar c}{|\boldsymbol{R}_2 - \boldsymbol{r}_2|}. \tag{7.16}$$

Die zeitunabhängige Schrödinger-Gleichung für ein Molekül lautet also im Allgemeinen:

$$\left[-\sum_i \frac{\hbar^2}{2M_i}\Delta_i - \frac{\hbar^2}{2m}\sum_j \Delta_j + V(\boldsymbol{R}_i, \boldsymbol{r}_j) \right] \Psi(\boldsymbol{R}_i, \boldsymbol{r}_j) = E\Psi(\boldsymbol{R}_i, \boldsymbol{r}_j). \tag{7.17}$$

Δ_i ist der Laplace-Operator, angewandt auf die Koordinaten des Kerns i, und Δ_j der entsprechende Operator, angewandt auf die Koordinaten des Elektrons j. E ist die Gesamtenergie.

Diese Schrödinger-Gleichung führt aber noch nicht auf die diskreten Energieniveaus der gebundenen Molekülzustände. Da außer der Relativbewegung der Teilchen auch die Schwerpunktsbewegung des Moleküls einbezogen ist, ist das Eigenwertspektrum kontinuierlich. Bei der Berechnung der Energieniveaus der Atome konnte in erster Näherung dank seiner im Vergleich zu den Elektronen großen Masse der Atomkern als ruhend im Schwerpunktssystem angenommen und die Bindungsenergien der Elektronen im Coulomb-Potential des Kerns berechnet werden.

Ein entsprechendes Näherungsverfahren wandten Born und Oppenheimer auf Moleküle an. Sie lösten zunächst die Schrödinger-Gleichung für Elektronen, die sich im Feld ortsfester Kerne bewegen und vernachlässigten also die kinetische Energie der Kerne (clamped-nuclei approximation). Die vereinfachte Schrödinger-Gleichung lautet dann:

$$\left[-\frac{1}{2m}\sum_j \Delta_j + V(\boldsymbol{R}_i, \boldsymbol{r}_j) \right] \Psi_{\text{el}}(\boldsymbol{R}_i, \boldsymbol{r}_j) = E_{\text{el}}(R_{i,\widehat{i}})\Psi_{\text{el}}(\boldsymbol{R}_i, \boldsymbol{r}_j). \tag{7.18}$$

Die „Elektronenwellenfunktion" $\Psi_{\text{el}}(\boldsymbol{R}_i, \boldsymbol{r}_j)$ hängt von der Orientierung des Moleküls im Raum und den Kernabständen $R_{i,i'}$ ab, die hier als Parameter zu betrachten sind, die „Elektronenenergie" $E_{\text{el}}(\boldsymbol{R}_i)$ hingegen nur von den Kernabständen. Bei einem zweiatomigen Molekül hängen die Eigenwerte $E_{\text{el}}(R)$ der Elektronenzustände $\Psi_{\text{el}}(\boldsymbol{R}_i, \boldsymbol{r}_j)$ nur vom

Abstand R der beiden Kerne ab. $\Psi_{el}(\boldsymbol{R}_i, \boldsymbol{r}_j)$ und $\Psi(\boldsymbol{R}_i, \boldsymbol{r}_j)$ sind verschiedene Funktionen, weil sie Lösungen zweier verschiedener Differentialgleichungen sind.

In einem zweiten Schritt benutzten Born und Oppenheimer jetzt die von den relativen Kernlagen abhängigen Elektronenenergien $E_{el}(R_{i,i'})$ als *potentielle Energieflächen* für die Kernbewegung. Aus Gl. (7.18) erhält man so für die Kernbewegung die Schrödinger-Gleichung:

$$\left[-\sum_i \frac{1}{2M_i} \Delta_i + E_{el}(R_{i,i'}) \right] \Psi_{Kern}(\boldsymbol{R}_i) = E\Psi_{Kern}(\boldsymbol{R}_i). \tag{7.19}$$

Nach Separation der Schwerpunktsbewegung des Moleküls lassen sich nun für zweiatomige Moleküle auch Vibrations- und Rotationsbewegung in guter Näherung voneinander separieren. Dabei darf man annehmen, dass das Molekülpotential $V(R)$ ein wohldefiniertes Minimum hat, um welches das Molekül schwingt.

Die elektronischen Anregungsenergien ΔE_{el} sind von gleicher Größenordnung wie bei den Atomen. Im Vergleich dazu sind die Vibrations- und Rotationsenergien um Faktoren der Größenordnung $\sqrt{m/M_i}$ bzw. m/M_i kleiner. Für grobe Abschätzungen sind also die folgenden Formeln geeignet (α=Feinstrukturkonstante):

$$\Delta E_{el} \approx \alpha^2 mc^2 \tag{7.20}$$

$$\Delta E_{vib} \approx \sqrt{m/M_i} \cdot \alpha^2 mc^2 \tag{7.21}$$

$$\Delta E_{rot} \approx m/M_i \cdot \alpha^2 mc^2 . \tag{7.22}$$

Die Born-Oppenheimer-Näherung basiert (wie das Planetenmodell der Atome) auf klassischen raumzeitlichen Modellbildern der Moleküle. Diese Modellbilder sind grundlegend für die nichtrelativistische Quantenmechanik. Erst nach Vorgabe einer (bindenden) ortsabhängigen potentiellen Energiefläche $E_{el}(\boldsymbol{R}_i)$ können Eigenwerte und die quantendynamische zeitliche Entwicklung von Teilchensystemen berechnet werden. Bei den Molekülen stößt dieses Konzept an grundsätzliche Grenzen. Mit der räumlichen Fixierung der Atomkerne (clamped nuclei) wird bereits eine räumliche Molekülstruktur vorgegeben, die es im quantendynamischen Grenzfall nicht gibt. Für große Moleküle mit vielen Atomen gibt es vielmehr viele verschiedene räumliche Anordnungen der Atomkerne mit Elektronenzuständen gleicher Energie. Nach den Regeln der Quantenmechanik sind die Eigenzustände der freien Moleküle Überlagerungszustände der verschiedenen Konfigurationen (Stereoisomere, Abschn. 8.4). In der praktischen Chemie werden hingegen die Moleküle in einer Wirtsmaterie untersucht und es lassen sich Moleküle mit verschiedenen räumlichen Strukturen unterscheiden (Stereochemie). Ein Beispiel sind linkshändige und rechtshändige *Enantiomere*, die sich auch physikalisch hinsichtlich ihrer optischen Aktivität verschieden verhalten (s. u.).

Um die grundlegende Problematik an einem konkreten Beispiel deutlich werden zu lassen, betrachten wir das Ammoniak-Molekül NH_3. Die potentielle Energiefläche des Stickstoffatoms im NH_3-Molekül hat zwei gleichartige Minima, die spiegelbildlich zur Ebene der drei Wasserstoffatome liegen. Quantenmechanisch befindet sich das N-Atom mit gleicher Wahrscheinlichkeit auf beiden Seiten der Ebene, und es gibt einen Zustand mit positiver und einen mit negativer Spiegelungsparität. Die beiden zugehörigen Terme haben einen Frequenzabstand $\nu = 24\,\text{GHz}$. Freie NH_3-Moleküle haben also zwei energetisch getrennte Eigenzustände mit räumlich nichtfixierten Kernen. Elektromagnetische Übergänge zwischen den beiden Eigenzuständen können an Molekularstrahlen nachgewiesen werden und sind Basis der Ammoniak-Uhr. Bei flüssigem Ammoniak darf hingegen angenommen werden, dass die Moleküle im Sinn der Born-Oppenheimer-Näherung eine tetraedrische Struktur haben (▶ Abb. 7.3e) und das Stickstoffatom entweder auf der einen oder auf der anderen Seite der Ebene der drei H-Atome fixiert ist. Die Paritätssymmetrie ist also durch die Ankopplung an die Umgebung gebrochen.

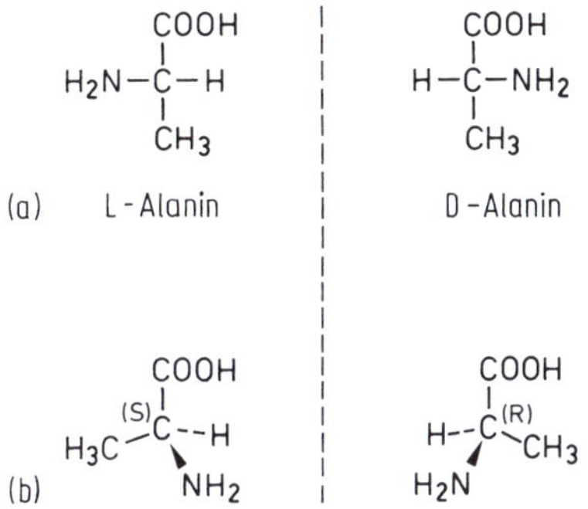

Abb. 7.20 Enantiomere der α-Aminosäure Alanin (zweidimensionale Projektionen): (a) Fischer-Projektion, D,L-Nomenklatur (Dextro/Levo = rechts/links drehend), (b) Perspektivische Darstellung, R/S-Nomenklatur (Rectus/Sinister = rechts/links-händige Struktur). Beim abgebildeten Alanin sind jeweils die D- und (R)-Form bzw. die L- und (S)-Form identisch.

Die Existenz von Stereoisomeren in der organischen Chemie und insbesondere von optisch aktiven Enantiomeren (Spiegelbildisomeren, ▶ Abb. 7.20), deren Struktur einen rechts- oder linkshändigen Drehsinn (Chiralität) auszeichnet, bestätigt, dass in Chemie und Physik diese *spontane Symmetriebrechung* tatsächlich vorliegt. Um sie zu erklären, verweist Steven Weinberg (* 1933, Nobelpreis 1979) in seinem Buch *Lectures on Quantum Mechanics* (Cambridge University Press, 2013) auf die relativ starke Kopplung der in Lösung befindlichen Moleküle an die Umgebung und der damit verbundenen *Dekohärenz* (Abschn. 12.2). Diese Kopplung ist Grundlage für die Beobachtbarkeit der Moleküle und stört die quantendynamische Entwicklung. Nur ein isoliertes Molekül entwickelt sich rein quantendynamisch.

Da Enantiomere mit einer chiralen Umgebung jeweils unterschiedlich in Wechselwirkung treten, ist verständlicherweise auch die biologische Aktivität der beiden Enantiomere von Natur- und Wirkstoffen in der Regel verschieden. ▶ Abb. 7.21 zeigt einige Beispiele. So wirkt beim Thalidomid (Contergane®), das als Gemisch aus gleichen Mengen beider Enantiomere (Racemat) verwendet wurde, nur ein Enantiomer extrem teratogen (Missbildungen bewirkend), während das Spiegelbild keinerlei Missbildungen hervorruft!

Komplementarität von klassischer Mechanik und Quantenmechanik. Die Born-Oppenheimer-Näherung basiert einerseits auf der Quantenmechanik, nimmt andererseits aber auch Bezug auf den Begriff *Molekülstruktur* der klassischen Chemie. Nur unter der Annahme, dass die Atomkerne unterscheidbar sind und feste Positionen im Raum haben, können die für die Molekülphysik und Biochemie grundlegenden Flächen der potentiellen Energie (PES, potential energy surface) berechnet werden. In einem Arti-

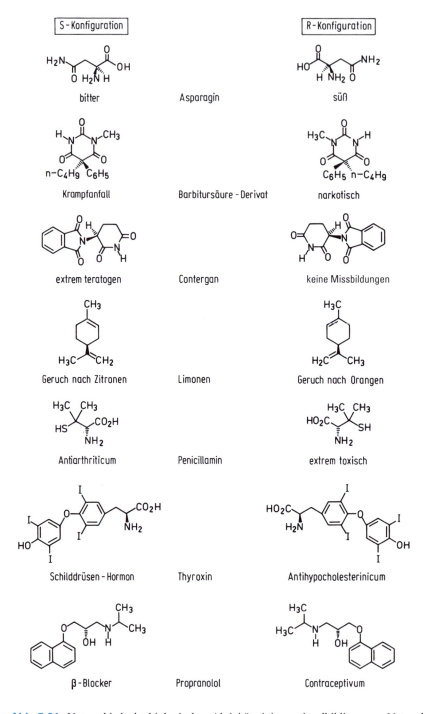

Abb. 7.21 Unterschiede der biologischen Aktivität einiger spiegelbildisomerer Natur- bzw. Wirkstoffe (zweidimensionale Projektionen der chiralen Moleküle).

kel *On the quantum theory of molecules* (J. Chem. Phys. **137**, 22A544 (2012)) weisen B. T. Sutcliffe und R. G. Woolley darauf hin, dass die Energieflächen sich nicht unmittelbar aus der Schrödinger-Gleichung (7.16) ergeben. Vielmehr werden die Atomkerne zuerst als klassische unterscheidbare Kerne behandelt und erst anschließend (nach Berechnung der Energieflächen) als quantenmechanische Teilchen. Diese Kombination von klassischer und quantenmechanischer Beschreibung liegt nicht nur der Molekülphysik und Biochemie zugrunde, sondern wird ebenso in der Festkörperphysik genutzt (s. Kap. 13) und allgemein, wenn Eigenschaften makroskopischer Materie aus ihrer atomaren oder molekularen Struktur hergeleitet werden.

In diesem Lehrbuch haben wir von Anfang an physikalische Objekte nach ihrer Beobachtbarkeit klassifiziert und dementsprechend konsequent zwischen klassischen Objekten und Quantenobjekten und zwischen Partikeln und atomaren Teilchen (s. Bd. 1, Kap. 10) unterschieden. Demnach beschreiben klassische Mechanik und Quantenmechanik zueinander konträre Grenzfälle (Idealisierungen) der experimentell erfahrbaren Wirklichkeit. Es ist daher nicht überraschend, dass keine der beiden Theorien die beobachtbaren Körper und Felder umfassend beschreibt. In beiden Grenzfällen bleibt der Einfluss des Zufalls auf das Naturgeschehen unberücksichtigt. Das Spannungsfeld zwischen „Zufall und Notwendigkeit" (Jaques Monod, 1910 – 1976, Nobelpreis 1965) ist aber kennzeichnend insbesondere für die Prozesse des Lebens und weist auf die Grenzen einer physikalischen Deutung des Naturgeschehens hin. Aus unserer Sicht ist die Quantenmechanik daher keine Verallgemeinerung der klassischen Mechanik. Vielmehr führt unsere Sichtweise zu dem Schluss:

> Wie Wellen- und Teilchenbild oder Termstruktur und räumliche Struktur beziehen sich auch Quantenmechanik und klassische Mechanik auf konträre Idealisierungen, aber ergänzen einander bei der Darstellung der experimentell erfahrbaren Wirklichkeit. Sie sind also zueinander komplementär.

Ausgehend von der Annahme, dass die Quantenmechanik eine umfassende Theorie ist, die die klassische Mechanik als Grenzfall $\hbar \longrightarrow 0$ enthält, hat P. W. Anderson (*1923, Nobelpreis 1977) in einem häufig zitierten Artikel (More is different, Science **177** (1972) 393) die These vertreten, dass alle belebte und unbelebte Materie von den uns bekannten fundamentalen Naturgesetzen kontrolliert wird (reduktionistische Hypothese), betont dabei allerdings, dass mit zunehmender Komplexität der betrachteten Objekte die beobachteten Phänomene sich nicht nur quantitativ, sondern auch qualitativ ändern, und zwar aufgrund von *spontaner Symmetriebrechung*. Die spontane Symmetriebrechung ist aber lediglich ein Postulat, das nicht auf die Quantentheorie zurückgeführt werden kann. Aus unserer Sicht ist sie eine Folge der Beobachtbarkeit physikalischer Objekte. Mit wachsender Ankopplung an die Umgebung ändern sich die Eigenschaften der Objekte. Auch die reduktionistische Hypothese ist aus unserer Sicht nicht gerechtfertigt. Vielmehr gibt es zwischen den beiden Grenzfällen von klassischer Mechanik und Quantenmechanik ein weites Gebiet von Naturphänomenen, die nicht grundlegend verstanden sind.

Hochenergetische Elektronenbeugung. Die räumliche Struktur von mehratomigen Molekülen ergibt sich aus Beugungsexperimenten mit hinreichend kurzwelligen Strahlen (vgl. Bd. 2, Kap. 12). Eine Möglichkeit bieten Beugungsexperimente mit hochenergetischen Elektronen an Gasen (GED, gas-electron diffraction).

Eine dafür geeignete Versuchsanordnung zeigt ▶Abb. 7.22. In einer mittelgroßen Vakuumkammer (10^{-4} Pa) wird ein Elektronenstrahl von 40-keV-Elektronen und 10 µA Stromstärke senkrecht mit einem Gasstrahl der zu untersuchenden Moleküle gekreuzt (Streuvolumen $100 \times 100 \times 1000 \, \mu m^3$). Der Elektronenstrahl wird in einem gebogenen Faraday-Käfig eingefangen, um die Untergrundzählrate von vagabundierenden Elektronen praktisch auf null zu reduzieren. Die gestreuten Elektronen werden von einem Szintillator-Photomultiplier-System in einer Zählelektronik registriert. Um gute Justierung sicherzustellen, wird die Streuintensität auf beiden Seiten des Primärstrahls gemessen. Da die Schwingungsamplituden l meist $4 \cdot 10^{-3}$ nm oder größer sind, kann man nachrechnen, dass der oszillierende Teil der Streufunktion beim Impulsübertrag von mehr als $0.5 \cdot 10^{12}$ m$^{-1} \cdot \hbar = 10^5$ eV$/c$ sehr klein wird, verglichen mit der atomaren Streuung. Bei 40-keV-Elektronen entspricht dies einem Streuwinkel von etwa 0.5 rad oder etwa 30°. Die temporäre und stationäre Konstanz des Elektronenstrahls und des Gasstrahls werden durch einen ortsfesten Monitor gemessen. Da die Gasmoleküle nicht kondensieren, sondern einfach abgepumpt werden, erhöht der Gasstrahl den Vakuumuntergrund, der zum Streusignal beiträgt. Dies wird in Rechnung gestellt, indem die Streuverteilung ein zweites Mal gemessen wird, wobei der Gasstrahl versetzt wird und nur das Untergrundgas streut.

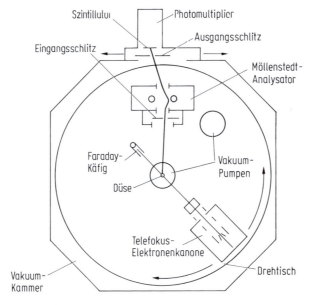

Abb. 7.22 Schematischer Querschnitt einer Hochenergie-Elektronenstreuapparatur mit einem Möllenstedt-Elektronenenergie-Analysator.

Bei diesen Experimenten werden Moleküle in der Gasphase untersucht. Die Moleküle bewegen sich also weitgehend frei und sind dementsprechend quantenmechanisch zu beschreiben. Im Sinne der Born'schen Interpretation der Wellenfunktion (s. Abschn. 1.3) können sie aber auch als ein Ensemble statistisch verteilter klassischer Körper betrachtet werden. Moleküle in der Gasphase haben dann zwar relativ zum einfallenden Elektronenstrahl statistisch gleich verteilte Orientierungen, so dass nur ein über alle Richtungen gemitteltes Abbild möglich ist. Dennoch bringt dieser Mittelungsprozess nicht alle Informationen zum Verschwinden. Wenn präzise genug gemessen wird, ist es möglich, trotz der Mittelung Kernabstände und Schwingungsamplituden der Kerne aus den Beugungsbildern zu bestimmen.

Kristallstrukturanalyse. Während es mit Elektronenstrahlen möglich ist, Beugungsexperimente an Molekülen in der Gasphase durchzuführen, eignen sich Röntgen- und Neutronenstrahlen (Bd. 2, Kap. 11 und 12) dank ihrer schwächeren Wechselwirkung mit Materie besser für Beugungsexperimente an Kristallen. Nach der Entdeckung der Röntgen-Beugung durch M. von Laue (Abschn. 1.3 und Bd. 2, Kap. 12) wurden Techniken zur Analyse von Kristallstrukturen mit Röntgenstrahlen vor allem in England von W. H. Bragg (1862 – 1942) und W. L. Bragg (1890 – 1971) (gemeinsamer Nobelpreis 1915) entwickelt. Seitdem können Kristallstrukturen und insbesondere auch die räumliche Struktur von Molekülen, wenn sie in kristalliner Form vorliegen, mit den Techniken der Röntgen-Beugung untersucht werden. Bekannt sind die Untersuchungen von F. Crick (1916 – 2004) und J. Watson (*1928) (gemeinsamer Nobelpreis 1962), die zur Bestimmung der Doppelhelix-Struktur der DNA (Desoxyribonucleinsäure) führten. In neuerer Zeit werden Kristallstrukturuntersuchungen mit Synchrotronstrahlung vor allem an eigens dafür aufgebauten Elektronensynchrotrons und mit Neutronenstrahlen an Kernreaktoren durchgeführt.

Aufgaben

7.1 Berechnen Sie in 1. Näherung die Termstruktur der Rotation von H_2- und N_2-Molekülen im $X\ ^1\Sigma_g^+$-Grundzustand. (Nutzen Sie ► Abb. 7.15.) Welche Übergänge können mit einem elektrischen, welche mit einem magnetischen HF-Feld induziert werden?

7.2 Bestimmen Sie den Grad der Entartung $g(J)$ (statistisches Gewicht) der Rotationsterme. Die Kernspins des ^{1}H- und ^{14}N-Kerns sind $I = 1/2$ bzw. $I = 1$.

7.3 Wie groß ist die relative Besetzung b_1/b_0 der beiden tiefsten Rotationsterme von $^1H_2$ und $^{14}N_2$ bei $T = 300$ K und bei $T = 30$ K im thermischen Gleichgewicht?

7.4 Warum kann es Wochen oder gar Monate dauern, bis die H_2-Moleküle eines auf $T = 30$ K abgekühlten Wasserstoffgases im thermischen Gleichgewicht sind? (Man unterscheidet deshalb Ortho- und Parawasserstoff.)

7.5 Berechnen Sie die Termstruktur der Vibration eines N_2-Moleküls im elektronischen Grundzustand. (Nutzen Sie ► Abb. 7.15.)

7.6 Wie groß sind die relativen Besetzungszahlen b_J der Vibrationsniveaus von N_2 im thermischen Gleichgewicht bei $T = 300$ K?

7.7 Ein Raman-Spektrum von N_2 zeigt ► Abb. 7.12. Bestimmen Sie daraus die Termstruktur der Rotation.

URL für QR-Code: www.degruyter.com/hochenergie; www.degruyter.com/nuklein

8 Chemische Reaktionen

Welche Atome und Moleküle reagieren miteinander und wann? Dies ist eine der grundsätzlichen Fragen an die physikalische Chemie. Die Antwort ist im Einzelfall meist nicht leicht zu verstehen, wenngleich aus Erfahrung, gepaart mit dem Wissen um die Prinzipien der Thermodynamik – also das, was wir in diesem Kapitel kurz vermitteln wollen – in der Regel korrekte Voraussagen möglich sind. Es stellt sich die Frage nach der Spontaneität einer Reaktion, d. h. nach ihrer Neigung, von selbst abzulaufen, wobei wir die Geschwindigkeit zunächst unberücksichtigt lassen wollen.

Die Einbeziehung der Thermodynamik und die Frage nach der Spontaneität bedeutet, dass es bei der chemischen Reaktionsdynamik nicht allein auf die dynamischen Gesetzmäßigkeiten der Quantenmechanik ankommt, sondern auch auf die statistischen Gesetzmäßigkeiten der Thermodynamik. In der Molekülphysik sind also außer der quantendynamischen Entwicklung von Zustandsvektoren mit der Zeit auch die Zustandsänderungen, die sich aus der Ankopplung der Moleküle an die Umgebung ergeben, zu berücksichtigen. Nur dank dieser Ankopplung an die Umgebung sind die Moleküle beobachtbar und – bei hinreichend starker Ankopplung – klassisch mit einer räumlichen Struktur und einer zeitlichen Entwicklung die näherungsweise den Gesetzen der klassischen Dynamik folgt, zu beschreiben. Insbesondere ist die Irreversibilität chemischer Reaktionen als Folge des Einflusses der Zufälligkeit auf den Ablauf der Reaktion zu verstehen. Wir beginnen daher mit einer knappen Einführung in die Quantenstatistik.

8.1 Quantenstatistik

Nur ein von der Umgebung vollkommen isoliertes Objekt kann mit einem Zustandsvektor $|i\rangle$ beschrieben werden und entwickelt sich rein dynamisch nach den Gesetzen der Quantenmechanik. Alle beobachtbaren Objekte hingegen stehen in Wechselwirkung mit der Umgebung. Freie Teilchen lösen spontan bei Quantensprüngen in tiefere Energieniveaus Elementarereignisse in der Umgebung aus oder können unter der Einwirkung der Umgebung zu Quantensprüngen in höhere oder tiefere Energieniveaus angeregt werden. Diese Informationskopplung an die Umgebung bewirkt, dass die zeitliche Entwicklung eines physikalischen (d. h. beobachtbaren) Objekts auch dem Einfluss des Zufalls unterliegt (das Phänomen der *Dekohärenz* von Quantenzuständen (Abschn. 12.2) ist eine Folge dieses Einflusses). Diese Objekte werden häufig als *offene Quantensysteme* bezeichnet.

Dichtematrix. Der Zustand eines beobachtbaren Objekts ist also kein *reiner* Quantenzustand, der mit einem Zustandsvektor $|i\rangle$ beschrieben werden kann. Vielmehr befindet sich ein beobachtbares Objekt in einem *gemischten* Quantenzustand, also mit bestimmten

Wahrscheinlichkeiten P_i simultan in mehreren Zuständen mit zueinander orthogonalen Zustandsvektoren. Im Extremfall sind alle diese Zustände vollkommen inkohärent besetzt. In diesem Fall kann der Zustand mit einer diagonalen *Dichtematrix* $D_{i,j}$ mit den Diagonalelementen $D_{i,i} = P_i$ beschrieben werden. Im Allgemeinen können aber zwei verschiedene Zustände $|i\rangle$ und $|j\rangle$ auch mehr oder minder kohärent besetzt sein. In diesem Fall ist auch das Nichtdiagonalelement $D_{i,j} \neq 0$. Bei vollständiger Kohärenz ist $|D_{i,j}| = \sqrt{P_i \cdot P_j}$. Der Phasenfaktor des komplexen Matrixelements $D_{i,j}$ bestimmt die relative Phase der beiden Besetzungsamplituden.

Die Dichtematrix bezieht sich auf ein vorgegebenes System von orthonormierten Basiszuständen. Wenn man die Wahl des Basissystems noch offen lassen will, führt man zur Beschreibung von gemischten Quantenzuständen einen *Dichteoperator*

$$\mathbf{D} = D_{i,j} |i\rangle \langle j| \tag{8.1}$$

ein. Es ist ein hermitescher Operator. Daher kann jede Dichtematrix bei geeigneter Wahl der Basis auf Diagonalgestalt gebracht werden.

Die Quantenstatistik bezieht sich auf die Zustände des thermischen Gleichgewichts. In diesem Fall ist die Dichtematrix diagonal, wenn als Basiszustände die Eigenzustände des Hamilton-Operators gewählt werden. Wir betrachten also ein Objekt, das weder Arbeit noch Wärme mit der Umgebung austauscht, aber beobachtbar ist, und fragen, unter welcher Bedingung es makroskopisch stabil, also im thermischen Gleichgewicht ist.

Thermisches Gleichgewicht. Das betrachtete Objekt sei also beobachtbar, habe eine (innerhalb der experimentellen Unsicherheiten) messbare innere Energie U und befinde sich in einem (ebenfalls messbaren, also makroskopischen) Volumen V. Bei vollkommener Abkopplung von der Umgebung (also im quantendynamischen Grenzfall) habe es die (abzählbar vielen) orthonormierten Quantenzustände $|i\rangle$ mit den Energiewerten E_i. In diesem Grenzfall könnte sich das Objekt in einem dieser Quantenzustände für unbegrenzte Zeit befinden. Da es aber beobachtbar ist, finden spontane Emissions- und Absorptionsprozesse statt und das Objekt springt dabei von einem Quantenzustand in den anderen und ändert bei jedem Quantensprung ein wenig seine Energie. So kann sich dank der Ankopplung des Objekts an die Umgebung ein thermischer Gleichgewichtszustand einstellen. Trotzdem sei angenommen, dass unter den gegebenen Versuchsbedingungen (konstantes Volumen, gute Wärmeisolation) makroskopisch kein (messbarer) Arbeits- und Wärmeaustausch stattfindet. Unter diesen Bedingungen habe also das System eine Temperatur T. Die Entropie $S(V, U)$ des Systems ist dann, den Gesetzen der klassischen Thermodynamik zufolge, maximal (Bd. 1, Abschn. 16.4).

In der Quantenphysik kennzeichnet die Besetzung der Eigenzustände des Hamilton-Operators den Zustand eines Objekts. Bei thermischem Gleichgewicht sind diese inkohärent besetzt.

> Bei thermischem Gleichgewicht sind alle Quantenzustände $|i\rangle$ mit einer Wahrscheinlichkeit $P_i(T) \sim \exp(-E_i/k_B T)$ (Boltzmann-Verteilung) besetzt, die nur von der Energie E_i des Quantenzustands und der bei thermischem Gleichgewicht herrschenden Temperatur T abhängt. Mit zunehmender Energie nimmt die Besetzungswahrscheinlichkeit exponentiell ab.

Die innere Energie $U(V, T) = \Sigma_i E_i(V) \, P_i(T)$ ist gleich dem Erwartungswert für die Energie des gemischten Zustands. Sie ergibt sich als Summe über die mit der Boltzmann-Verteilung gewichteten Energiewerte E_i der Quantenzustände $|i\rangle$. Da die Zustandsdichte $N(E)$ mit zunehmender Energie schnell zunimmt, die Besetzungswahrscheinlichkeit aber exponentiell abnimmt, hat die Energieverteilung der Messwerte bei $E = U$ ein schmales Maximum. Trotz der statistischen Schwankungen hat also die innere Energie $U(T)$ einen (im Rahmen der Messgenauigkeit) gut definierten Wert. Hierbei ist angenommen, dass hinreichend viele Quantenzustände mit Energien E_i in einem Energieintervall $\mathrm{d}E < k_B T$ liegen, so dass man mit einer Zustandsdichte $N(E)$ rechnen kann.

Klassischer Grenzfall. Im klassischen Grenzfall ist das Objekt kontinuierlich beobachtbar. Daher können prinzipiell die räumliche Struktur eines Objekts und ihre Veränderungen in der Zeit beliebig genau vermessen werden. Als einfaches Beispiel betrachten wir einen Massenpunkt (mit der Masse m). Ort $\boldsymbol{r}$ und Impuls $\boldsymbol{p}$ des Massenpunkts dürfen dann zu jedem Zeitpunkt als bekannt vorausgesetzt werden. Mit anderen Worten, die Position des Massenpunkts im 6-dimensionalen *Phasenraum* (Orts- × Impulsraum) ändert sich kontinuierlich mit der Zeit. In der statistischen Physik wird angenommen, dass sich der Massenpunkt im zeitlichen Mittel in den verschiedenen Bereichen des Phasenraums mit einer Wahrscheinlichkeitsverteilung $P(E, T)$ aufhält, die nur von der Energie E des Massenpunkts an der jeweiligen Position im Phasenraum und der Temperatur T abhängt. Im thermischen Gleichgewicht ist

$$P(E, T) \sim \exp\left(-\frac{E}{k_B T}\right) \quad \text{(Boltzmann-Verteilung)}. \tag{8.2}$$

Wenn die Bewegung des Massenpunkts auf ein endliches Volumen V mit überall gleicher potentieller Energie ($E_{\text{pot}} = 0$) beschränkt ist, folgt $E = p^2/2m$. Dem Massenpunkt ist dann bei vorgegebener Temperatur effektiv nur ein endlicher Bereich $Z(V, T)$ des Phasenraums zugänglich, nämlich das mit $P(E, T)$ gewichtete Integral über den Phasenraum:

$$Z(V, T) = V \cdot 4\pi \int \mathrm{d}p \, p^2 \exp\left(-\frac{p^2}{2m \, k_B T}\right) = V \cdot (2\pi m k_B T)^{3/2}. \tag{8.3}$$

Im Hinblick auf die Quantenphysik ist es sinnvoll, das Phasenraumvolumen eines Massenpunkts in Einheiten h^3 zu messen. Dann ist $Z(V, T) = \zeta h^3$ mit der Zahl

$$\zeta = \frac{V \cdot (2\pi m k_B T)^{3/2}}{h^3}. \tag{8.4}$$

Der bei vorgegebenem Volumen und vorgegebener Temperatur effektiven Größe des zugänglichen Phasenraumvolumens entspricht in der Quantenstatistik die *Zustandssumme* (engl.: *partition function*). Wir berechnen sie für ideale Gase. Aus der Zustandssumme lassen sich dann die für die Bestimmung des thermischen Gleichgewichts wichtigen Zustandsgrößen (Bd. 1, Kap. 16) *Entropie S*, *freie Energie F* und *Gibbs'sches Potential G* berechnen.

Zustandssumme. Ein in einem vorgegebenen Volumen V isoliertes Quantenobjekt hat eine abzählbare Anzahl diskreter Energieniveaus E_i mit Zustandsvektoren $|i\rangle$. Man denke beispielsweise an ein einzelnes Atom im Grundzustand, dass sich in V bewegt. In diesem Fall entsprechen die Zustandsvektoren den Eigenschwingungen der de Broglie'schen Teilchenwellen im Volumen V. Bei hinreichend schwacher Ankopplung des Quantenobjekts an die Umgebung ist die Termstruktur des Quantenobjekts beobachtbar. Wenn die Umgebung eine bestimmte Temperatur T hat, kann sich ein thermisches Gleichgewicht mit der Umgebung einstellen. Das Quantenobjekt befindet sich dann in einem gemischten Zustand, bei dem die Zustände $|i\rangle$ mit relativen Wahrscheinlichkeiten

$$P_i(T) \sim \exp\left(-\frac{E_i}{k_B T}\right) \qquad (8.5)$$

besetzt sind (Boltzmann-Verteilung). Die innere Energie $U(V, T)$ des Objekts ist in diesem Fall ebenso wie alle anderen thermodynamischen Zustandsgrößen, z. B. Entropie $S(V, T)$, freie Energie $F(V, T)$ oder Enthalpie $H(V, T)$, eine Funktion des Volumens und der Temperatur. Diese thermodynamischen Zustandsgrößen können alle aus der *Zustandssumme*

$$Z(V, T) = Z(V, \beta) = \sum_i \exp\left(-\beta E_i(V)\right) \qquad (8.6)$$

mit $\beta = 1/k_B T$ abgeleitet werden. Insbesondere erhält man als innere Energie

$$U(V, \beta) = -\frac{d \ln Z(V, \beta)}{d\beta} = \Sigma_i E_i(V) P_i(\beta) . \qquad (8.7)$$

Dabei ist $P_i(\beta) = \exp\left(-\beta E_i\right)/Z(V, T)$ die Besetzungswahrscheinlichkeit des Quantenzustands $|i\rangle$.

Für ein einzelnes Atom, das sich bei einer Temperatur T in einem Volumen V frei bewegen kann, lässt sich die Zustandssumme leicht berechnen. Die Temperatur sei hinreichend niedrig, so dass sich das Atom praktisch nur im Grundzustand befindet, und hinreichend hoch, so dass die für thermisch bewegte Atome (mit der Masse m) maßgebende De-Broglie-Wellenlänge

$$\lambda_T = \frac{h}{\sqrt{2\pi m k_B T}} \qquad (8.8)$$

sehr viel kleiner als die Ausdehnung des Volumens ist ($\lambda_T^3 \ll V$). Unter diesen Bedingungen sind sehr viele Schwingungsmoden des Atoms im Volumen V mit sehr geringer Wahrscheinlichkeit besetzt. Als Zustandssumme erhält man in diesem Fall für das eine Atom wie in der klassischen Physik (wenn der Phasenraum in Zellen der Größe h^3 eingeteilt wird)

$$Z_1(V, \beta) = \zeta = \left(\frac{2\pi m}{\beta}\right)^{3/2} \cdot \frac{V}{h^3} = \frac{V}{\lambda_T^3} . \qquad (8.9)$$

Die quantenmechanische Zustandssumme $Z_1(V, \beta) = \zeta$ ist also gleich der in Einheiten h^3 gemessenen effektiven Größe ζ des klassischen Phasenraums eines Massenpunkts (Gl. 8.4). Damit ergibt sich als innere Energie (Gl. 8.7) des aus *einem* Atom bestehenden

„Gases" der aus der kinetischen Gastheorie (Bd. 1, Abschn. 14.3) bekannte Wert:

$$U_1(\beta) = \frac{3}{2\beta} = \frac{3}{2}k_B T \ . \tag{8.10}$$

Er ist unabhängig vom Volumen V, da die Zustandssumme proportional zu V ist.

Quantenstatistik idealer Gase. Quantenphysik und klassische Physik führen zu verschiedenen Zustandssummen bei Gasen mit N gleichen Atomen, die sich wieder in einem hinreichend großen Volumen $V \gg N \cdot \lambda_T^3$ befinden mögen. In der klassischen Physik geht man von der Annahme aus, dass alle N Atome sich auf wohl definierten Bahnen bewegen und folglich als unterscheidbare Körper betrachtet werden müssen. In der Quantenphysik sind die Atome aber prinzipiell ununterscheidbar (ideales Quantengas). Daher ergibt die klassische Physik $Z_N(V,\beta) = Z_1(V,\beta)^N$ und $\ln Z_N(V,\beta) = -N \cdot \ln(\lambda_T^3/V)$. Die Quantenphysik hingegen ergibt

$$Z_N(V,\beta) = \frac{Z_1(V,\beta)^N}{N!} \ . \tag{8.11}$$

Wenn $N \gg 1$ ist, gilt näherungsweise $N! \approx (N/e)^N$ (Stirling-Formel). Für $\ln Z_N(V,T)$ erhält man damit

$$\ln Z_N(V,T) = N(1 - \ln(n\lambda_T^3)) \ , \tag{8.12}$$

wobei $n = N/V$ die Teilchenzahldichte des Gases ist.

Mit dieser Zustandssumme ergibt sich für die innere Energie des Gases derselbe, von V unabhängige Wert wie aus der klassischen Zustandssumme, nämlich die nur von β oder T, aber nicht von V abhängige Größe

$$U_N(T) = N \cdot U_1(T) = N \cdot \frac{3}{2}k_B T \ . \tag{8.13}$$

Klassische Physik und Quantenphysik ergeben aber verschiedene Werte für die Entropie S des Gases. Allgemein gilt:

$$S(V,\beta) = k_B \cdot (\ln Z(V,\beta) + \beta U(\beta)) \ . \tag{8.14}$$

Dementsprechend ergibt die klassische Physik für die Entropie eines Gases mit N Atomen: $S_N^{kl}(V,T) = N \cdot S_1(V,T) = k_B N(\ln Z_1 + \beta U_1) = k_B N(3/2 - \ln(\lambda_T^3/V))$. Quantenphysikalisch ergibt sich hingegen:

$$S_N(V,T) = k_B \cdot N \left(\frac{5}{2} - \ln(n\lambda_T^3) \right) \ . \tag{8.15}$$

Aus der Beziehung (Bd. 1, Kap.16) $dU = \delta Q_{rev} + \delta W = T dS - p dV$ oder $p = T dS/dV - dU/dV = \beta^{-1}(\partial \ln Z/\partial \beta)$ ergibt sich schließlich für den Druck p des idealen Gases die aus der kinetischen Gastheorie bekannte Formel:

$$p = n k_B T \ . \tag{8.16}$$

Klassische und quantenphysikalische Entropie unterscheiden sich durch den Summanden $-k_B N(\ln N - 1)$. Diese quantenphysikalische Korrektur der klassischen Formel ist grundlegend. Sie zeigt einerseits:

> Die klassische Physik ist nicht als Grenzfall der Quantphysik zu betrachten. Auch wenn $\hbar \longrightarrow 0$ strebt, aber noch $\hbar \neq 0$ gilt, bleiben freie Atome ununterscheidbar. Die Ununterscheidbarkeit geht nicht stetig in den klassischen Grenzfall der unterscheidbaren Teilchen über.

Sie liefert andererseits eine Erklärung für die Entropiezunahme, die bei der Mischung zweier Gase entsteht. Nach der klassischen Theorie nimmt die Entropie bei der Mischung zweier Gase mit gleichem Druck und gleicher Temperatur nicht zu (Gibbs'sches Paradoxon, Abschn. 1.5). In der Quantenphysik ist aber zu berücksichtigen, dass zwar die gleichartigen Atome eines Gases ununterscheidbar sind, wohl aber die Atome von zwei verschiedenen Gasen unterschieden werden können. Bei der Berechnung der Zustandssumme eines Gemisches von zwei Gasen mit N_1 bzw. N_2 Atomen ist daher in Gl. (8.11) das Produkt $N_1! N_2!$ statt $(N_1 + N_2)!$ einzusetzen.

Entartete Quantengase. Bislang wurde eine hinreichend hohe Temperatur des Gases vorausgesetzt, so dass auf jedes Atom ein Volumen $V/N \gg \lambda_T^3$ entfällt oder $n\lambda_T^3 \ll 1$ ist. Alle Quantenzustände sind dann nur mit sehr geringer Wahrscheinlichkeit besetzt. In diesem Fall verhalten sich Bose-Einstein-Gase und Fermi-Dirac-Gase physikalisch gleich, da die Mehrfachbesetzung eines Zustandes ohnehin hinreichend unwahrscheinlich ist. Wenn aber $V/N \approx \lambda_T^3$, sind Mehrfachbesetzungen bei Bose-Einstein-Gasen möglich, bei Fermi-Dirac-Gasen hingegen aufgrund des Pauli-Prinzips verboten. Beide Gassorten verhalten sich deshalb bei hohen Dichten und hinreichend tiefen Temperaturen sehr verschieden (Abschn. 5.5).

Wenn die Teilchen des Gases Bosonen sind, also einen ganzzahligen Gesamtspin haben, kondensieren im Grenzfall $T \longrightarrow 0$ alle Teilchen im energetisch tiefsten Quantenzustand (Bose-Einstein-Kondensation). Sind hingegen die Teilchen des Gases Fermionen, kann jeder Quantenzustand nur mit höchstens einem Teilchen besetzt sein. Im Grenzfall $T \longrightarrow 0$ verteilen sich deshalb die N Teilchen auf die N energetisch tiefsten Quantenzustände.

Photonengas. Auch das elektromagnetische Strahlungsfeld eines Hohlraums bei der Temperatur T kann als ein Gas von Bosonen, den Photonen, behandelt werden. Da Photonen keine Masse haben, hat ein Photonengas keine vorgegebene Anzahl von Teilchen, vielmehr können sie erzeugt und vernichtet werden. (Teilchen mit einer Masse m können nur dann thermisch erzeugt werden, wenn $k_B T \gtrsim mc^2$). Die Photonenzahlen in einem Hohlraum sind durch die Temperatur im Hohlraum vorgegeben. Jede Schwingungsmode kann als ein harmonischer Oszillator mit äquidistanten Energieniveaus $E_n = (n_\nu + 1/2)h\nu$ betrachtet werden, oder man sagt, die Schwingungsmode ist mit n_ν Photonen besetzt (Abschn. 2.6). Die Quantenstatistik ergibt in diesem Fall eine mittlere Besetzungszahl

$$\bar{n}_\nu = \frac{1}{\exp\left(\frac{h\nu}{k_B T}\right) - 1} \tag{8.17}$$

für jede Schwingungsmode mit der Eigenfrequenz ν. Die Planck'sche Strahlungsformel für die spektrale Energiedichte $u(\nu)$ im Hohlraum ergibt sich daher, wenn man die Anzahl $N(\nu)$ der Schwingungsmoden pro Frequenzintervall $d\nu$ mit der mittleren Besetzungszahl n_ν dieser Schwingungsmoden multipliziert (Abschn. 1.1). Bei thermischem Gleichgewicht sind im Hohlraum also alle Schwingungsmoden mit $h\nu \ll k_B T$ mit einer großen Photonenzahl $n_\nu \gg 1$ besetzt und alle Schwingungsmoden mit $h\nu \gg k_B T$ mit einer kleinen Photonenzahl $n_\nu \ll 1$ (s. Bd. 2, Kap. 11).

8.2 Chemisches Gleichgewicht

Bei chemischen Reaktionen ändern sich die Teilchenzahlen N_k eines Gemisches von Atomen und Molekülen. Nur die Gesamtzahl der freien und in Molekülen gebundenen Atome eines Elements ist konstant, da von Kernumwandlungen abgesehen werden darf. Ferner laufen die Reaktionen meistens unter Bedingungen ab, bei denen die Temperatur T vorgegeben ist und außerdem entweder der Druck p oder das Volumen V (s. Bd. 1, Abschn. 16.4). Unter diesen Bedingungen herrscht thermisches Gleichgewicht, wenn das Gibbs'sche Potential $G = F + pV$ bzw. die freie Energie $F = U - TS$ im Minimum ist. Auch diese Zustandsgrößen lassen sich aus der Zustandssumme $Z_N(V, T)$ des idealen Gases berechnen.

Freie Energie und Gibbs'sches Potential. Aus den Gleichungen (8.13) und (8.14) ergibt sich für die freie Energie eines Gases mit N Atomen

$$F_N(V, T) = -\frac{\ln Z_N(V, \beta)}{\beta} = -k_B T \cdot N(1 - \ln(n\lambda_T^3)) \qquad (8.18)$$

mit $n = N/V$. Da die freie Energie schon als Funktion von V und $T = 1/k_B\beta$ gegeben ist, ergibt sich unmittelbar die Bedingung für das thermische Gleichgewicht bei vorgegebenem Volumen und vorgegebener Temperatur: $dF = -S\,dT - p\,dV = 0$.

Das Gibbs'sche Potential eines idealen Gases von N Atomen ist $G_N = U - TS + pV = F_N(V, \beta) + N k_B T$. Als Funktion von Druck p und Temperatur T ergibt sich die Formel

$$G_N(p, T) = k_B T \cdot N \cdot \ln(n\lambda_T^3) \qquad (8.19)$$

mit $n = p/k_B T$.

Chemische Potentiale. Chemische Reaktionen sind möglich, wenn das Gas aus mehreren (m) Arten atomarer Teilchen (Atome, Ionen, Elektronen, Moleküle) besteht. Bei einer Reaktion ändern sich nicht nur Zustandsgrößen wie S, G, V etc., sondern auch die Anzahlen N_k $(k = 1 \cdots m)$ der an der Reaktion beteiligten Teilchen. Bei der Berechnung des thermischen Gleichgewichts sind folglich auch Änderungen der N_k in Rechnung zu stellen.

Die innere Energie $U(S, V, N_1, \cdots N_m)$ eines aus mehreren Arten atomarer Teilchen bestehenden Ensembles ändert sich also nicht nur bei Zufuhr oder Abgabe von Wärme und Arbeit, sondern auch wenn sich bei chemischen Reaktionen die Teilchenzahlen N_k

ändern. Dementsprechend gilt

$$dU = TdS - pdV + \sum_{k=1}^{m} \mu_k dN_k \ . \tag{8.20}$$

Die hier auftretenden Energieparameter μ_k heißen *chemische Potentiale*. Für das vollständige Differential der freien Energie $F = U - TS$ ergibt sich

$$dF = -SdT - pdV + \sum_{k=1}^{m} \mu_k dN_k \ . \tag{8.21}$$

Wenn die freie Energie $F(V, T, N_1, \ldots, M_m)$ bekannt ist, folgt $\mu_k = \partial F / \partial N_k$.

Die freie Energie ergibt sich aus der Zustandssumme $Z(V, T, N_1, \cdots, N_m)$ des Gasgemisches. Bei hinreichend hoher Temperatur und geringer Dichte ist die Zustandssumme des Gasgemisches gleich dem Produkt der Zustandssummen der einzelnen Gase:

$$Z(V, T, N_1, \cdots, N_m) = \prod_{k=1}^{m} Z_k(V, T) = \prod_{k=1}^{m} \frac{\zeta_k^{N_k}}{N_k!} \tag{8.22}$$

mit

$$\zeta_k = \frac{V \cdot (2\pi m k_B T)^{3/2}}{h^3} \cdot \exp\left(-\frac{E_k}{k_B T}\right) \ . \tag{8.23}$$

Im ersten Faktor wird die thermische Bewegung des k-ten Teilchens (die hier der Bewegung eines klassischen Massenpunkts entspricht) berücksichtigt (Gln. (8.4) und (8.9)), im zweiten Faktor die Energie E_k des Quantenzustands, in dem sich das Teilchen befindet.

Aus der Zustandssumme $Z(V, T, N_1, \cdots, N_m)$ ergibt sich nach Gl. (8.18) die freie Energie $F(V, T, N_1, \cdots, N_m)$ des Gasgemisches als Summe der freien Energien der einzelnen Gase:

$$F(V, T, N_1, \cdots, N_m) = k_B T \cdot \sum_{k=1}^{m} \ln(Z_k(V, T)) \ . \tag{8.24}$$

Damit ergibt sich für die chemischen Potentiale idealer Gase:

$$\mu_k = \frac{\partial F}{\partial N_k} = -k_B T \cdot \ln \frac{\zeta_k}{N_k} = E_k - k_B T \cdot \ln(n_k \lambda_T^3) \ . \tag{8.25}$$

Die chemischen Potentiale hängen explizit von den Teilchenzahldichten $n_k = N_k/V$ ab. Diese ändern sich bei chemischen Reaktionen. Ein stationäres Gleichgewicht liegt vor, wenn bei der chemischen Reaktion (unter der Bedingung $T =$const, $V =$const) die freie Energie F konstant bleibt, d. h. $dF = 0$ ist. Allgemein folgt aus dieser Bedingung das *Massenwirkungsgesetz*. Wir betrachten hier die Spezialfälle der thermischen Ionisation von Atomen und der thermischen Dissoziation von Molekülen.

Thermische Ionisation. Freie Atome X, die sich bei hinreichend hoher Temperatur in einem Volumen V befinden, sind mit einer gewissen Wahrscheinlichkeit ionisiert. Es finden dann sowohl Ionisationsprozesse $X \longrightarrow X^+ + e^-$ als auch Rekombinationsprozesse $X^+ + e^- \longrightarrow X$ statt. Wenn sich dabei die Anzahl N_0 der neutralen Atome um dN erhöht, erniedrigen sich gleichzeitig die Anzahlen N_+ und N_- der Ionen und Elektronen um die gleiche Differenz dN. Bei vorgegebenem Volumen und vorgegebener Temperatur herrscht also chemisches Gleichgewicht, wenn d$F = \mathrm{d}N(\mu_0 - \mu_+ - \mu_-) = 0$. Daraus folgt

$$\frac{\zeta_0}{N_0} = \frac{\zeta_+}{N_+} \cdot \frac{\zeta_-}{N_-} \qquad (8.26)$$

oder

$$\frac{N_+ N_-}{N_0} = \frac{\zeta_+ \zeta_-}{\zeta_0} \; . \qquad (8.27)$$

Wenn man die Massendifferenz zwischen Ion und neutralem Atom vernachlässigt und die Bindungsenergie E_B des Elektrons im Atom berücksichtigt, ergibt sich die Saha-Gleichung (M. Saha, 1893 – 1956):

$$\frac{N_+ N_-}{N_0} = \frac{V}{\lambda_\mathrm{T}^3} \cdot \exp(-\frac{E_\mathrm{B}}{k_\mathrm{B}T}) \; . \qquad (8.28)$$

Dabei ist λ_T die maßgebende De-Broglie-Wellenlänge für thermisch bewegte Elektronen (Gl. 8.8). Aus der Saha-Gleichung ergibt sich für den Ionisationsgrad N_+/N_0 eines elektrisch neutralen ($N_+ = N_-$) Gases, das sich bei der Temperatur T im thermischen Gleichgewicht befindet:

$$\left(\frac{N_+}{N_0}\right)^2 = \frac{\exp(-\frac{E_\mathrm{B}}{k_\mathrm{B}T})}{n_0 \lambda_\mathrm{T}^3} \; . \qquad (8.29)$$

Da bei $T \approx 10^4$ K die thermische Energie $k_\mathrm{B}T \approx 1$ eV bereits die Größenordnung der Ionisationsenergien der Atome hat, sind beispielsweise in den Sternatmospären viele Atome einfach oder sogar mehrfach ionisiert.

Thermische Dissoziation. Bei der Dissoziation eines 2-atomigen Moleküls $X_2 \longrightarrow 2X$ in zwei X-Atome verringert sich die Anzahl N_2 der Moleküle um dN und gleichzeitig erhöht sich die Anzahl N_1 der Atome X um 2dN. Die zur Dissoziation benötigte Energie sei E_D. In umgekehrter Weise ändern sich die Teilchenzahlen bei einer Rekombination. Dabei wird die Dissoziationsenergie freigesetzt. Chemisches Gleichgewicht herrscht in diesem Fall, wenn

$$\frac{N_1^2}{N_2} = \frac{\zeta_1^2}{\zeta_2} \qquad (8.30)$$

ist. Als Beispiel betrachten wir die thermische Dissoziation von H_2-Molekülen (Abschn. 5.1). Bei der Berechnung von ζ_1 ist der Spin-Freiheitsgrad der Wasserstoffatome zu berücksichtigen und bei der Berechnung von ζ_2 die Dissoziationsenergie. Daher ist $\zeta_1 = 2V/\lambda_\mathrm{T1}^3$ und $\zeta_2 = V/\lambda_\mathrm{T2} \cdot \exp(-E_\mathrm{D}/k_\mathrm{B}T)$. Dabei ist $\lambda_\mathrm{T1}/\lambda_\mathrm{T2} = \sqrt{2}$, da

$m(H_2) = 2m(H)$. Demnach herrscht chemisches Gleichgewicht, wenn

$$\frac{N_1^2}{N_2} = 8\sqrt{2}\,\frac{V}{\lambda_{T1}^3} \cdot \exp(-\frac{E_D}{k_B T}) \tag{8.31}$$

ist. Für H_2 ist $E_D = 4.5$ eV. Bei 2500 K ist $E_D/k_B T \approx 20$. Bei hinreichend geringer Teilchenzahldichte ($n \lesssim 10^{21}$ Teilchen/m^3) sind dann praktisch alle H_2-Moleküle dissoziiert.

8.3 Reaktionsdynamik

Das Wissen um die Lage eines Gleichgewichts bzw. die Kenntnis der thermodynamischen Stabilität der beteiligten Reaktionspartner sagt zunächst noch nichts darüber aus, wie schnell sich dieses Gleichgewicht einstellen wird. Zu einer groben Vorstellung vom Ablauf einer Reaktion gelangt man, wenn man im Sinn der Born-Oppenheimer-Näherung annimmt, dass sich die Atomkerne auf klassischen Bahnen bewegen und bei Stößen die zwischen den Molekülen wirkenden Molekülpotentiale den Stoßprozess bestimmen. Diese halbklassische Betrachtungsweise ist gerechtfertigt, wenn chemische Reaktionen in Lösungen untersucht werden, und gibt zumindest einen qualitativen Einblick in die den Ablauf der Reaktionen bestimmenden Reaktionsmechanismen.

Reaktionskinetik. Reaktionen zwischen Ionen in Lösung ohne Änderung der Oxidationsstufe (Maß für den Ladungszustand eines Ions) sind außerordentlich schnell. Beispielsweise wird die Geschwindigkeit der Neutralisation einer Säure mit einer Base (s. u.) praktisch ausschließlich durch die Zeit begrenzt, die zur Durchmischung beider Lösungen benötigt wird. Hier führt nahezu jeder Stoß zwischen den Protonen und den Hydroxid-Ionen zur Bildung von Reaktionswasser. Die Reaktion ist *diffusionskontrolliert*.

Die Ausbildung eines Niederschlags, z. B. beim Ausfällen von Silberchlorid, erfordert hingegen einige Sekunden:

$$Ag^+ + Cl^- \longrightarrow AgCl \downarrow .$$

Relativ langsam verlaufen auch einige Redoxreaktionen (s. u.), da nicht jeder Stoß zum Übertragen von Elektronen führt. Beispielsweise hat 2-wertiges Zinn die Neigung, in saurer Lösung 4-wertige Zinn-Ionen zu bilden. Es reduziert daher Eisen(III)-Salze zu Eisen(II)-Salzen:

$$2\,Fe^{3+} + Sn^{2+} \longrightarrow 2\,Fe^{2+} + Sn^{4+} .$$

Diese Reaktion ist aber nicht in einem einfachen Stoß zweier Atome möglich.

Eine bei Zimmertemperatur extrem langsame Reaktion ist die unter bestimmten anderen Bedingungen explosionsartig verlaufende *Knallgasreaktion*

$$2\,H_2 + O_2 \longrightarrow 2\,H_2O .$$

Die Reaktionsgeschwindigkeit hängt eben nicht nur von der Zusammensetzung der reagierenden Substanzen ab, sondern auch von ihrem physikalischen Zustand, von der Güte der

Vermischung und von Druck, Temperatur und Konzentration. Entscheidend können auch besondere physikalische Bedingungen wie Bestrahlung mit Licht bestimmter Wellenlänge oder die Gegenwart anderer Substanzen (Katalysatoren) sein, die die Reaktionen ganz erheblich beeinflussen können.

Hier hilft das Wissen um die Prinzipien der chemischen Kinetik. Die Reaktionsrate wird umso größer sein, je höher die Wahrscheinlichkeit eines Zusammenstoßes der Partner ist. Das bedeutet, dass größere Teilchenzahlen pro Volumen (Konzentration) und höhere Temperaturen im Allgemeinen den Umsatz erhöhen, wobei die Reaktionswahrscheinlichkeit über alle räumlichen Orientierungen der Stoßpartner gemittelt wird. Man unterscheidet zwischen Reaktionen 1. und höherer Ordnung, je nachdem, ob die Reaktionsgeschwindigkeit nur von der Konzentration eines Reaktionspartners (c_A) abhängt, oder ob die Konzentrationen mehrerer bzw. aller beteiligten Reaktionspartner (c_A, c_B, c_C ...) entscheidend sind. Das *Zeit-Gesetz für Reaktionen 1. Ordnung* ist wie für den radioaktiven Zerfall (Abschn. 1.1)

$$\frac{dc_A}{dt} = -kc_A \quad \text{und} \quad c_A = c_0 e^{-kt}$$

mit dem *Geschwindigkeitskoeffizienten k* (er bestimmt die Reaktionsgeschwindigkeit).

Aber nicht jeder Zusammenstoß zwischen den Reaktionspartnern führt zur Reaktion, d. h. nicht alle Teilchen einer Substanz sind jederzeit reaktionsbereit. Es reagieren oft nur solche miteinander, deren Gesamtenergie einen gewissen Minimalbetrag überschreitet. Diese Mindestenergie zur Überwindung der vorliegenden Potentialschwellen wird als *Arrhenius'sche Aktivierungsenergie* bezeichnet (nach S. Arrhenius, 1859 – 1927) und bestimmt letztlich die tatsächliche Reaktionsgeschwindigkeit.

Katalysatoren. Ein Katalysator kann die Aktivierungsbarriere durch einen veränderten (modifizierten) Reaktionsmechanismus entscheidend senken und die Reaktionen damit erheblich beschleunigen (▶ Abb. 8.1).

Wird die katalytische Wirkung dadurch hervorgerufen, dass die Reaktionspartner an die Oberfläche einer festen Phase gebunden sind, spricht man von *heterogener Katalyse*.

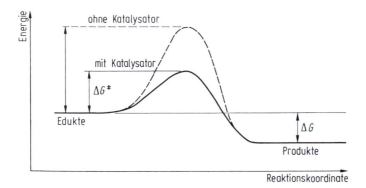

Abb. 8.1 Ein Katalysator beschleunigt eine ohnehin spontane Reaktion, indem er einen alternativen Reaktionsweg (die Reaktionswege mit und ohne Katalysator sind im Diagramm mit der Abszissenachse symbolisiert) mit niedrigerer Aktivierungsenergie ΔG ermöglicht.

Sie spielt bei vielen technischen Prozessen eine entscheidende Rolle und ist im Zusammenhang mit der Entgiftung von Abgasen (z. B. „Katalysator-Auto") allgemein bekannt geworden. Dort werden Edelmetallpartikel z. B. aus Platin oder Palladium verwendet, die in keramische Oberflächen eingebettet sind.

Säure-Base-Reaktionen. Eine Säure ist eine Substanz, die beim Auflösen in Wasser in einfach positiv geladene Wasserstoffionen (H^+) und ein entsprechendes Anion (A^-) zerfällt (dissoziiert) und also einen *Protonendonator* darstellt. Das Gegenstück ist eine Base, die ganz analog in ein Kation (B^+) und ein einfach negativ geladenes Hydroxid-Ion (OH^-) zerfällt bzw. über $OH^- + H^+ \rightleftharpoons H_2O$ als Protonenakzeptor wirkt:

$$HA \rightleftharpoons H^+ + A^-$$
$$BOH \rightleftharpoons B^+ + OH^-.$$

Ein wichtiges Maß für die Säurestärke ist der *Dissoziationsgrad*. Während starke Mineralsäuren wie Salzsäure (HCl) oder Schwefelsäure (H_2SO_4) praktisch vollständig dissoziiert sind, ist dies bei einer schwachen Säure wie Essigsäure (CH_3COOH) nicht der Fall. Sie liegt auch in wässriger Lösung zu einem Großteil in der undissoziierten Form vor:

$$CH_3COOH \rightleftharpoons CH_3COO^- + H^+.$$

Wasser selbst kann als Säure und auch als Base fungieren (amphoteres Verhalten), denn die Eigendissoziation des Wassers liefert folgendes Gleichgewichtssystem:

$$H_2O \rightleftharpoons H^+ + OH^-.$$

Den *Dissoziationsgrad* einer in Wasser gelösten Säure oder Base kann man z. B. mithilfe der elektrischen Leitfähigkeit ermitteln. Er ist temperaturabhängig und im Fall von Wasser sehr klein. Die Konzentration an H^+-Ionen (Protonen) in reinstem Wasser beträgt bei Zimmertemperatur 10^{-7} mol/l. Da je nach Verbindung die Konzentration an H^+-Ionen in wässriger Lösung sehr variieren kann, hat man als praktikablere Einheit die pH-Skala eingeführt, die inzwischen auch allgemeine Popularität erlangt hat. Der pH-Wert einer Lösung ist definiert als der negative dekadische Logarithmus der Wasserstoffionen-Konzentration c_{H+} und zwar in mol/l.

$$pH = -\log c_{H+}.$$

Reines Wasser weist also einen pH-Wert von 7 auf, der als *neutral* eingestuft wird. Bei einem pH-Wert < 7 reagiert die Lösung *sauer*, einen pH-Wert > 7 erhält man bei *basischen* Lösungen. Speziell biologische Systeme reagieren sehr empfindlich auf Änderungen des pH-Wertes. Einfache Messungen des pH-Wertes gelingen mithilfe von Indikatoren (organische Farbstoffe), die bei bestimmten pH-Werten einen charakteristischen Farbumschlag zeigen (verbunden mit einer Änderung ihrer chemischen Struktur). Es existiert eine Palette preiswerter Indikatoren, die den gesamten Bereich abdecken und mit denen es einfach gelingt, den pH-Wert einer wässrigen Lösung zu bestimmen (Teststäbchen).

Eine elementare chemische Reaktion ist die *Neutralisation* einer Säure mit einer Base (Vorsicht! Derartige Reaktionen verlaufen stark exotherm und sollten nur mit verdünnten Lösungen durchgeführt werden). Hier reagieren H^+-Ionen mit OH^--Ionen unter Bildung von Wasser, während die entsprechenden Gegenionen nach dem Abdampfen des Wassers als Salz isoliert werden können. Auf diese Art und Weise erhält man beispielsweise aus Salzsäure (HCl) und Natronlauge (NaOH) schließlich Wasser (H_2O) und Kochsalz (NaCl).

$$HCl + NaOH \longrightarrow NaCl + H_2O.$$

Redoxreaktionen. Bei einer Vielzahl chemischer Prozesse werden Elektronen von einem Reaktionspartner auf einen anderen übertragen. Die Übergabe kann an einer stationären Elektrode (fest) ablaufen, oder auch in homogener Phase. Direkt hiermit verknüpft sind elementare Experimente der Physik und der Chemie, mit denen Begriffe wie *Elektrolyse*, *Spannungsreihe* etc. verbunden sind (Bd. 2, Kap. 4). Die chemischen Bausteine, die hier im Normalfall benötigt werden, müssen demnach in der Lage sein, relativ leicht Elektronen aufzunehmen bzw. abzugeben.

Wir wollen uns zunächst der Elektrolysereaktion zuwenden, bei der unter dem Einfluss einer externen Spannungsquelle mithilfe zweier Elektroden Elektronentransporte stattfinden: Natriumchlorid (NaCl) schmilzt oberhalb von 801 °C. Taucht man in eine solche Salzschmelze zwei an eine Spannungsquelle angeschlossene Kohleelektroden, so scheidet sich an der Kathode metallisches Natrium ab. Die in der Schmelze vorliegenden Na^+-Ionen werden an der Elektrode entladen. Da die Kathode Elektronen liefert, und die Aufnahme von Elektronen als Reduktion bezeichnet wird, werden bei diesem Teilprozess Na^+-Ionen zu Na-Metall reduziert. Die entsprechende Oxidation ist die Abgabe von Elektronen, die zeitgleich an der Anode abläuft. Hier entwickelt sich Chlorgas durch anodische Oxidation von $2\,Cl^-$ zu Cl_2. (In wässriger Lösung beobachtet man bei der Elektrolyse von NaCl Folgereaktionen der Primärprodukte mit Wasser.) Die Elektrolyse von H_2O liefert H_2 und O_2, und wird durch Protonen (H^+-Ionen) katalysiert.

Im Fall einer wiederaufladbaren Batterie (z. B. Bleiakkumulator) regeneriert die Elektrolysereaktion mithilfe einer Spannungsquelle den chemischen Energiespeicher (Ladevorgang). Danach kann die Rückreaktion der Elektrolyse ablaufen. Der im thermodynamischen Sinn spontane Redoxprozess liefert jetzt selbst Energie und dient bei Anschluss eines Verbrauchers seinerseits als „Elektronenpumpe“. Nach Abschluss dieser spontanen chemischen Reaktion (Entladung) liegen dann erneut die Ausgangsstoffe für die Elektrolyse vor, mit der der Kreislauf fortgesetzt werden kann.

Das *chemische Potential* einer spontanen Reaktion wird in der Praxis intensiv für gewünschte Stoffumwandlungen genutzt. So ist metallisches Natrium ein effizientes Reduktionsmittel, d. h. es gibt Elektronen ab und wird selbst im Sinn der Teilreaktion $Na \longrightarrow Na^+ + e^-$ oxidiert. Der Partner kann z. B. Wasser sein, das bei gleichzeitiger Bildung von OH^--Ionen zu H_2-Gas reduziert wird (Vorsicht! Die Reaktion ist heftig und kann sogar zur Explosion führen). Ein sehr preiswertes Reduktionsmittel steht mit der Kohle zur Verfügung. Elementarer Kohlenstoff reduziert beispielsweise Eisenoxide (Eisenerz) bei hohen Temperaturen unter Abgabe von Elektronen zu metallischem Eisen und wird selbst zu CO und/oder CO_2 oxidiert. Gut bekannte Oxidationsmittel sind der Luftsauerstoff und das Permanganat-Ion MnO_4^-.

Diese Betrachtungsweise ist von der Praxis geprägt und darf nicht absolut gesehen werden. Bei der Analyse der *Spannungsreihe* erkennt man nämlich sofort, dass es die elektrochemischen Standardpotentiale sind, die den Reaktionsverlauf festlegen. Die Frage, ob es sich bei einem bestimmten Stoff um ein Reduktions- oder Oxidationsmittel handelt, wird demnach vom jeweiligen Reaktionspartner bestimmt. Während Eisen(II)-Ionen (Fe^{2+}) gegenüber Zink (Zn) als Oxidationsmittel auftreten, wird Eisen (Fe) selbst durch Kupfer-Ionen (Cu^{2+}) oxidiert:

$$Zn + Fe^{2+} \longrightarrow Zn^{2+} + Fe$$
$$Cu^{2+} + Fe \longrightarrow Cu + Fe^{2+}.$$

Der allgegenwärtige Prozess der Korrosion soll als wichtiger, wenn auch in der Regel unerwünschter Redoxvorgang aus der Praxis genannt werden. Es bilden sich durch Berühren zweier unterschiedlich edler Metalle (Redoxpotentiale) sogenannte „Lokalelemente", die in Gegenwart von Wasser (H_2O; Luftfeuchtigkeit) zur H_2-Bildung (Reduktionsschritt) und „Auflösen" des unedleren Metalls durch Oxidation zum Kation führen (Salz- bzw. Oxidbildung; „Rosten" von Eisen ergibt hydratisierte Eisenoxide):

$$2\,Fe \xrightarrow{\;H_2O(Cu)\;} \underset{\text{„Rost"}}{3\,H_2 \uparrow \; + \; Fe_2O_3 \cdot n\,H_2O.}$$

Quantenkontrollierte Reaktionen. Unter gewöhnlichen Bedingungen sind die Moleküle eines Gases in *gemischten* Zuständen, bei denen viele Rotations- und Vibrationsniveaus thermisch besetzt sind. Für eine detaillierte Untersuchung der bei chemischen Reaktionen stattfindenden Prozesse ist es hingegen wünschenswert, die Moleküle vor der Reaktion in bestimmten Quantenzuständen zu präparieren. Derart *quantenkontrollierte* Reaktionen (in Gasen; in flüssigen und festen Präparaten wird die quantendynamische Entwicklung durch Relaxationsprozesse gestört, Abschn. 8.4) lassen sich mithilfe intensiver Laserstrahlen untersuchen. Dabei nutzt man den Umstand, dass das elektromagnetische Feld eines Laserstrahls (mit $h\nu \gg k_B T$) wie ein klassisches Hochfrequenzfeld auf die Moleküle wirkt.

Für ein 2-Niveau-System wurde die Wirkung eines HF-Feldes auf die Entwicklung des Quantenzustands in Abschn. 5.1 beschrieben. Mit einem π-Puls kann beispielsweise gezielt ein Übergang von einem zum anderen Eigenzustand des 2-Niveau-Systems induziert werden. Entsprechend können in einem 3-Niveau-System Übergänge von einem Zustand 1 über einen Zustand 2 in den Zustand 3 induziert werden. Ein Molekül kann so gezielt aus einem Schwingungsniveau des elektronischen Grundzustands über ein angeregtes Niveau in ein anderes Schwingungsniveau des Grundzustands gebracht werden (SEP, Stimulated Emission Pumping).

Auf diese Ideen aufbauend wurde von K. Bergmann um 1990 die Experimentiertechnik STIRAP (Stimulated Transfer Induced Raman Adiabatic Passage) entwickelt (s. Annual Review of Phys. Chem. **52** (2001) 763). Dabei werden Raman-Übergänge zwischen zwei Niveaus des Grundzustands induziert und dabei die beiden Frequenzen der induzierenden Laserstrahlung adiabatisch durch eine Resonanzlinie gestimmt. Die erste überzeugende Demonstration dieser Technik gelang an Na-Dimeren. Es konnten 100 % aller Na_2-Moleküle von einem Rotationsniveau mit $J = 5$ des Vibrationszustandes mit $v = 0$ in das Niveau mit $J = 7$ und $v = 5$ gepumpt werden. Damit ist es möglich, mit zustandsselektierten Molekülen gezielt chemische Prozesse zu beeinflussen und einen genaueren Einblick in den quantenphysikalischen Ablauf einer Reaktion zu gewinnen.

8.4 Kohlenstoffverbindungen

Dieser Abschnitt befasst sich vornehmlich mit der Synthese und Analyse von Kohlenwasserstoffverbindungen und beleuchtet beispielhaft einige moderne Aspekte der organischen Chemie. Grundlegende Bedeutung bekommt die räumliche Anordnung der Atome eines Moleküls. Sie ist Gegenstand der Stereochemie und zeigt besonders deutlich, dass in der Chemie sowohl quantenphysikalische als auch die dazu komplementären Betrachtungsweisen der klassischen Physik beachtet werden müssen. Abschließend werden die erst in jüngerer Zeit entdeckten, nur aus Kohlenstoff bestehenden Verbindungen der Fullerene und das Graphen kurz behandelt.

Reaktionstypen der Organischen Chemie. Die Vielfalt und Sonderstellung der Kohlenstoffverbindungen (pro Jahr kommen ca. 100 000 hinzu) ist insbesondere durch die Eigenschaft des Kohlenstoffs begründet, mit sich und anderen Elementen kovalente Einfach- und Mehrfachbindungen zu relativ beständigen Ketten, Ringen und dreidimensionalen Netzen ausbilden zu können (Voraussetzung: besondere Stellung im Periodensystem: IV. Hauptgruppe, 1. Langperiode). Der relativ kleine Atomradius begünstigt eine optimale Überlappung der bindenden Atomorbitale und ermöglicht sehr stabile Bindungen. Eine analoge Siliciumchemie ist wegen des wesentlich größeren Bindungsabstands und der damit deutlich geschwächten (Si – Si)-Bindung weitaus weniger ausgeprägt. Dort dominiert die Chemie der (Si – O)-Bindung.

Wie kann man nun Verbindungen mit einer gewünschten räumlichen Struktur aufbauen? Es existieren viele empirische und semiempirische Regeln und Rezepte, in die sowohl Gesetze der Quantenphysik als auch der klassischen Physik einfließen. An dieser Stelle ist ein Molekülarchitekt gefragt, der – theoretisch und praktisch (präparativ) geschult und mit den wesentlichen analytischen Verfahren vertraut – Reaktionswege entwickeln muss. Man unterscheidet z. B. zwischen *Substitutions-*, *Additions-* und *Eliminierungsreaktionen* (▶ Abb. 8.2). Weiterhin werden zur genaueren Charakterisierung die Begriffe nukleophil (elektronenreich, es werden Positionen mit Elektronenmangel angegriffen), elektrophil (elektronenarm) oder radikalisch hinzugefügt.

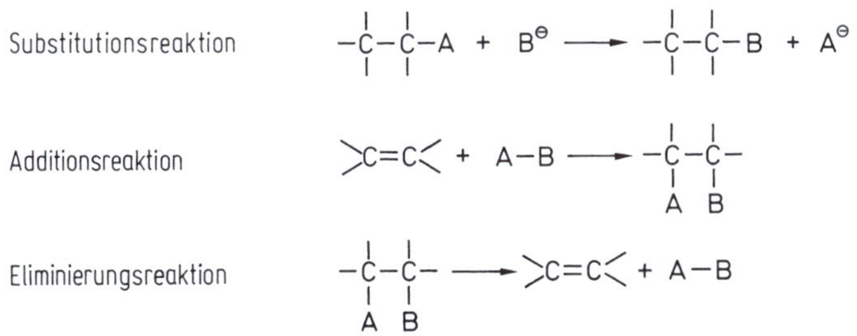

Abb. 8.2 Grundlegende Reaktionstypen der Organischen Chemie.

Im Allgemeinen spielen sogenannte funktionelle Gruppen eine zentrale Rolle. So wird durch Einbau eines Heteroatoms (X) als Folge der Elektronegativitätsunterschiede die (C – X)-Bindung der kovalenten Bindungspartner polarisiert und ein entsprechendes, weitgehend vorhersagbares Reaktionspotential (nukleophil, elektrophil, radikalisch; Redoxverhalten) erzeugt (▶ Abb. 8.3). Dazu kommen mehrere andere Kriterien, welche bei-

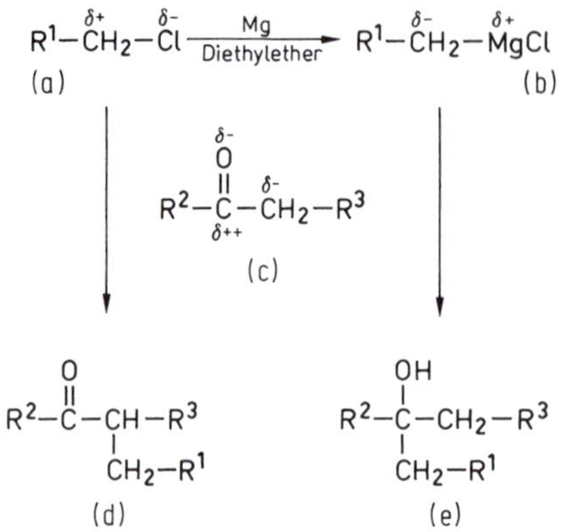

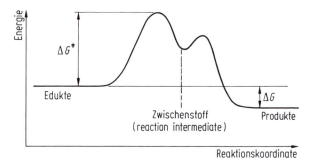

$$R^1 - \overset{\delta+}{C}H_2 - \overset{\delta-}{C}l \xrightarrow[\text{Diethylether}]{\text{Mg}} R^1 - \overset{\delta-}{C}H_2 - \overset{\delta+}{M}gCl$$

(a)   (b)

(c)

(d)   (e)

Abb. 8.3 Funktionelle Gruppen können eine Polarisierung von Bindungen bewirken und ein entsprechendes Reaktionspotential erzeugen: Das Alkylhalogenid (a) reagiert unter geeigneten Bedingungen mit dem Keton (c) gemäß der angegebenen Polarisierung als Elektrophil zum C-alkylierten Produkt (d). Die „Umpolung" der Reaktivität von (a) gelingt durch Umsetzen mit Magnesium zur metallorganischen (Grignard-)Verbindung (b). Der jetzt nucleophile Angriff findet am Carbonylkohlenstoff des Ketons (c) statt und liefert nach Hydrolyse den Alkohol (e). (Nur die Hauptprodukte werden im Reaktionsschema diskutiert.)

spielsweise den Verlauf elektrozyklischer Reaktionen (Reaktionen mit zyklisch durchlaufenen Übergangsstufen) bestimmen. In der Regel kollidieren bei organischen Reaktionen zwei Moleküle, wobei eine oder mehrere Bindungen gebrochen und entsprechend neue Bindungen gebildet werden. Hierbei werden zumeist eine oder mehrere Zwischenstufen (*reaction intermediates*) durchlaufen (▶ Abb. 8.4).

Abb. 8.4 Energiediagramm einer Reaktion.

Für sämtliche hier beschriebenen Reaktionstypen gelten die in Abschn. 8.2 ausgeführten Gesetzmäßigkeiten des chemischen Gleichgewichts. Kennt man den genauen Reaktionsablauf – die Aufeinanderfolge von Reaktionsschritten, den Bindungsbruch, die neue Bindungsbildung, die Einzelheiten der Elektronenverschiebung, den Zeitverlauf und die Reaktionskinetik – dann kann der Reaktionsmechanismus einer Reaktion angegeben werden.

Stereochemie. Die Konstitution einer Verbindung mit der allgemeinen Summenformel C_nH_{2n+2} (Beispiel: Kohlenwasserstoff) wird durch die Art und Aufeinanderfolge der Bindungen der beteiligten Atome festgelegt. Die Mitglieder einer solchen Gruppe von Molekülen nennt man Isomere. Sie sind in ihren Eigenschaften häufig ähnlich, können aber auch recht unterschiedliche chemische und physikalische Merkmale aufweisen. Die Anzahl der theoretisch möglichen Konstitutionsisomere wird mit steigender Kohlenstoffzahl ungeheuer groß. $C_{20}H_{42}$, ein einfacher Kohlenwasserstoff, erlaubt bereits 366 319 Isomere. Der höchste Kohlenwasserstoff, von dem alle Konstitutionsisomere dargestellt wurden, ist C_9H_{20} mit 35 nichtäquivalenten Konstitutionen. Man unterscheidet zum Beispiel Stellungsisomere, Tautomere, E/Z-Isomere u. a. (▶ Abb. 8.5).

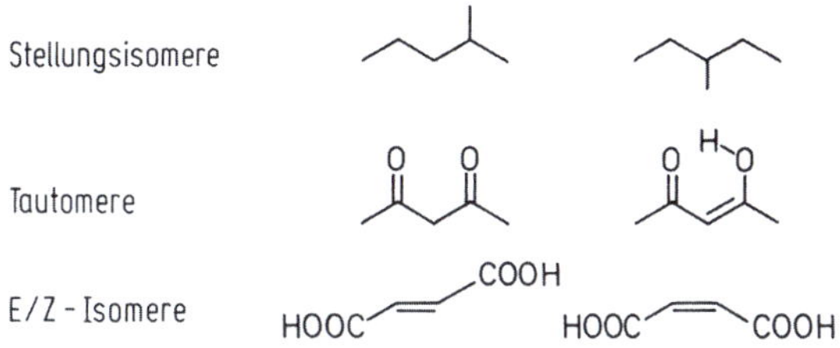

Abb. 8.5 Beispiele isomerer Kohlenstoffverbindungen.

Die rasante Entwicklung der organischen Stereochemie hat in den letzten Jahren viele neue Begriffe entstehen lassen, die sämtliche beobachteten und zu erläuternden Phänomene wissenschaftlich möglichst eindeutig und einheitlich beschreiben sollen. Besonders wichtig ist der Begriff der *Chiralität*. Denn es ist lange bekannt, dass es weitgehend chirale Moleküle sind, auf denen die komplexe Chemie des Lebens beruht. Chirale Moleküle können in zwei nicht identischen stereoisomeren Formen – den Enantiomeren – auftreten, die sich wie Bild und Spiegelbild verhalten (Abschn. 7.5).

Neuere, von D. J. Cram (1919 – 2001, Nobelpreis 1987) angestoßene Entwicklungen befassen sich weiterhin mit der gezielten Synthese von (Makro)-Molekülen, die Hohlräume mit definierter Geometrie aufweisen.

Strukturaufklärung. Die Molekülstruktur ergibt sich nicht allein aus der Konstitutionsformel, sondern erst aus der genauen Kenntnis der räumlichen Anordnung aller Atome des Moleküls. Das Hantieren mit Strukturen gehört für den Chemiker und Molekülphysiker zum alltäglichen Denken und Arbeiten. So versteht er die Fragen nach dem „Aufbau der Materie" letztlich vor allem auch als das Erkennen der molekularen Struktur. Erst auf der Basis des Wissens um die Struktur kann moderne (auch industrielle) Chemie als gezielte chemische Umsetzung geplant werden. Hier hilft insbesondere die moderne instrumentelle Analytik.

Ein weiteres vorrangiges Problem der Analytik besteht in der Frage nach der Reinheit (Einheitlichkeit) der zu untersuchenden Probe. Häufig müssen der Strukturaufklärung z. T. extrem aufwendige Auftrennungs- und Reinigungsverfahren vorangestellt werden wie Gaschromatographie (GC), Flüssigkeitschromatographie (HPLC), Ionenchromatographie, Elektrophorese etc. In vielen Fällen gelingt eine eindeutige Charakterisierung aber auch im Gemisch.

Viele sehr erfolgreiche klassische chemische Verfahren zur Strukturermittlung sind bekannt, die das spezifische Verhalten bei chemischen Reaktionen beschreiben (Brennbarkeit, Verhalten gegenüber Säuren, Basen, Reduktions-, Oxidationsmitteln etc.). Oder man nutzt charakteristische physikalische Eigenschaften von Verbindungen wie Schmelz-punkt, Siedepunkt, Brechzahl, Löslichkeit, Härte, Leitfähigkeit etc., die sich messen oder beobachten lassen, ohne zu stofflichen Veränderungen zu führen.

Die enorme Entwicklung im Apparatebau und speziell in der Datenerfassung und -verarbeitung hat den aktuellen Aufschwung der instrumentellen Analytik ermöglicht und dominiert heute ganz eindeutig die Strukturaufklärung. Zu nennen sind die fast ausschließ-lich von Physikern entwickelten Methoden und modernen instrumentellen Techniken (vgl. Abschn. 7.3) wie NMR-, IR-, UV- und EPR-Spektroskopie sowie die Massenspektro-metrie. Insbesondere die NMR-Spektroskopie wurde durch bahnbrechende Arbeiten von R. R. Ernst (*1933, Nobelpreis 2001) zu einer wertvollen Technik der Strukturaufklärung.

Direkt kann die räumliche Struktur großer Moleküle mithilfe von Elektronenstreuung und Röntgenbeugung untersucht werden. Auch mithilfe von *Kraftmikroskopie* (Bd. 2, Abschn. 12.4) und *Fluoreszenzmikroskopie* können Strukturen mit Ausdehnungen von wenigen nm aufgelöst werden, wenn dabei das von Stefan Hell (*1962, Nobelpreis 2014) entwickelte STED-Verfahren (Stimulated Emission Depletion, s. u.) angewendet wird.

Fluoreszenzmikroskopie. In der Fluoreszenzspektroskopie nutzt man fluoreszierende Farbstoffe, die den zu untersuchenden, in flüssigen oder festen Präparaten eingebundenen Makromolekülen gezielt angelagert werden oder bereits in den Molekülen vorhanden sind. Anders als bei der Fluoreszenz freier Atome und Moleküle zerfällt der angeregte Zustand des Farbstoffs nicht unmittelbar unter Lichtemission in ein energetisch tieferes Niveau, sondern gibt zunächst aufgrund seiner Kopplung an die Umgebung in einem irreversiblen Relaxationsprozess Vibrationsenergie ab, bis ein hinreichend langlebiger elektronisch angeregter Molekülzustand erreicht wird, der dann durch Lichtemission zerfällt. Nach dem in Zeiten von ps stattfindenden Relaxationsprozess wird also wenige ns nach der Anregung Licht größerer Wellenlänge emittiert. Die Energie der anregenden Photonen ist größer als die Photonenenergie des Fluoreszenzlichts ($h\nu_{exc} > h\nu_{fl}$).

Das Termschema der in einem Präparat eingebundenen Moleküle unterscheidet sich also grundsätzlich von dem Termschema eines freien Moleküls. Wegen der Ankopplung an die Umgebung gibt es keine diskreten Vibrations- und Rotationsniveaus. Sie sind zu einem breiten *Energieband* verschmiert. Stattdessen haben diese Moleküle eine mess-bare räumliche Struktur. Nur elektronische Energieniveaus sind als Energiebänder noch erkennbar. Die Termstruktur eines gebundenen Moleküls mit Absorptions- und Fluores-zenzübergängen zeigt schematisch das Jabłoński-Diagramm ►Abb. 8.6 (benannt nach Aleksander Jabłoński, 1898 – 1980, s. auch ►Abb. 13.14).

In Verbindung mit dem STED-Verfahren ermöglicht die Fluoreszenzmikroskopie eine Auflösung räumlicher Strukturen weit unterhalb der Abbe'schen Beugungsgrenze (Bd. 2, Kap. 9). Indem konfokal mit dem anregenden Lichtpuls (Pulsdauer im fs-Bereich) ein weiterer Lichtpuls hoher Intensität (Pulsdauer einige ps) mit rotverschobener Wellenlänge auf das Präparat eingestrahlt wird, erreicht man, dass nach Anregung durch den ersten Lichtpuls und Relaxation in den langlebigen elektronisch angeregten Zustand dieser durch stimulierte Emission wieder in das Energieband des elektronischen Grundzustands übergeht. Da nach der stimulierten Emission sofort wieder eine Relaxation, diesmal in den thermischen Gleichgewichtszustand, einsetzt, finden nur Emissions- aber keine Absorptionsprozesse statt. Beim STED-Verfahren (Phys. Rev. Lett. **88**, 163901(2002)) ist der zweite Lichtpuls eine stehende Welle mit einem Knoten im Zentrum des Fokus.

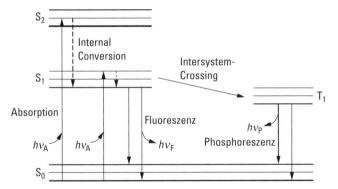

Abb. 8.6 Jabłoński-Diagramm eines gebundenen Moleküls mit dem elektronischen Grundzustand und elektronisch angeregten Niveaus. Man unterscheidet Singulett- und Triplettzustände (S bzw. T). Da Interkombinationsübergänge in 1. Näherung verboten sind, hat der tiefste Triplettzustand eine lange Lebensdauer und ermöglicht damit *Phosphoreszenz*.

Dadurch wird erreicht, dass es im Zentrum einen kleinen Bereich mit der Ausdehnung von wenigen nm gibt, in dem keine Übergänge in den Grundzustand induziert werden. Das Fluoreszenzlicht der im angeregten Zustand verbliebenen Moleküle gibt daher Auskunft über Molekülstrukturen im nm-Bereich, wenn geeignete Rasterverfahren (Bd. 2, Abschn. 12.2) dabei genutzt werden.

Fullerene und Graphen. Eine einfache räumliche Struktur mit hoher Symmetrie hat das Molekül Buckminsterfulleren mit der chemischen Formel C_{60} (▶ Abb. 8.7). Kohlenwasserstoffe haben in der Chemie schon immer eine besondere Rolle gespielt und sind Gegenstand der organischen Chemie. Deshalb war es sehr überraschend, dass diese neue Familie von Verbindungen, die nur aus C-Atomen bestehenden Fullerene erst 1985 entdeckt wurde. Die treibenden Kräfte kamen dabei aus der Astrophysik und der physikalischen Chemie. Die Astronomen suchten nach Identifikationen für *anomale diffuse Banden*, und die Clusterphysik studierte die Zusammensetzungen vieler Gase, die aus Laserplasmen entweichen. In beiden Gebieten waren die PAH's (polyaromatic hydrocarbons) bekannt, aber durch die neuesten Ergebnisse wurde klar, dass Coranulen ($C_{20}H_{12}$) weiter wachsen kann und eine symmetrische, geschlossene Verbindung ermöglicht. C_{60} ist kugelförmig, bindet keine Wasserstoffe mehr und die Kohlenstoffatome sind in 12 Fünfecken und 20 Sechsecken angeordnet. (Jedes C-Atom ist Baustein eines Fünfecks und zweier Sechsecke.) Diese Symmetrie I_h hat den Gruppennamen „Gekapptes Ikosaeder" (truncated icosahedron) und entspricht dem Muster eines überall bekannten Fußballs. ▶ Abb. 8.7 zeigt die zwei Moleküle Coranulen und Buckminsterfulleren.

Es ist auch möglich, größere Käfigmoleküle herzustellen, die alle auf einer Kombination von 12 Fünf- und einer gewissen Anzahl ($n_C > 20$) von Sechsecken bestehen. Nach C_{60} wurden bald darauf C_{70} und noch größere Käfigmoleküle gefunden. Aus der Anzahl n_C ergibt sich für den Durchmesser d_C der (kugelförmigen) Käfigmoleküle näherungsweise der Wert

$$d_C \approx (4.5 n_C - 15)^{1/2} \cdot \frac{a_{C-C}}{\pi},$$

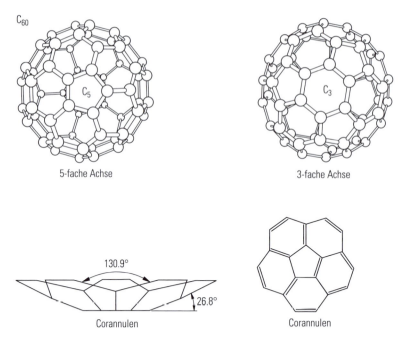

Abb. 8.7 Die molekularen Strukturen von Coranulen und Buckminsterfulleren (benannt nach dem Architekten Buckminster Fuller, kurz: Fulleren) aus verschiedenen Beobachtungsrichtungen.

wenn a_{C-C} der mittlere Abstand zweier benachbarter (d. h. gebundener) Kohlenstoffatome ist. Heute erkennen wir diese käfigartigen Strukturen in vielen biologischen Verbindungen. Da man die Fullerene relativ einfach rein und in größeren Mengen herstellen kann, sind sie auch mit vielen Messtechniken untersucht worden.

Die erste Bestätigung für die geschlossene und symmetrische Form von C_{60} lieferte die NMR-Spektroskopie. Bei der Herstellung der Fullerene ist Graphit das Edukt, es enthält ^{13}C als natürliche Beimischung (1.108 %). Dieses Atom hat einen Kernspin und ist deshalb NMR-aktiv. Die Messungen zeigen nur eine Linie, d. h. jedes C-Atom ist von der gleichen Anordnung von Partnern umgeben. Jedes Atom hat Bindungen zu drei Nachbaratomen. In der räumlichen Darstellung ist eine Bindung Randlinie zweier Sechsecke und zwei Bindungen sind Randlinien zwischen einem Sechseck und einem Fünfeck. Zwei der Bindungen sind Einfachbindungen (C−C, $d = 0.1455$ nm), die dritte eine Doppelbindung (C=C, $d = 0.1391$ nm).

2004 wurde von A. Geim (*1958) und K. Novoselov (*1974) (gemeinsamer Nobelpreis 2010) eine weitere Modifikation des Kohlenstoffs mit zweidimensionaler Struktur entdeckt, das *Graphen*. Die einschichtigen Kristalle haben eine wabenförmige Struktur. Jedes Kohlenstoffatom hat drei nächste Nachbarn, an die es mit einer (nichtlokalisierten) Doppel- und zwei Einfachbindungen gebunden ist. Eine zu einem Rohr mit einem Durchmesser $r \approx 1$ nm zusammengefügte Schicht ist ein Kohlenstoffnanoröhrchen (CNT carbon nano tubes). Diese kovalent gebundenen molekularen Strukturen zeichnen sich durch extreme physikalische Eigenschaften aus. Beispielsweise können CNTs mit Zugspannungen bis zu 100 GPa $\approx$ 1 eV/$(2a_B)^3$ belastet werden ($2a_B \approx 10^{-10}$ m,

Durchmesser eines H-Atoms). Wegen seiner hervorragenden Eigenschaften wird Graphen derzeit intensiv erforscht und seine technische Anwendung diskutiert.

Aufgaben

8.1 Berechnen Sie die Dichtematrix eines Ensembles von H-Atomen im thermischen Gleichgewicht bei $T = 1$ K mit den Basiszuständen (a) $|J, I; F, m_F\rangle$ und (b) $|J, m_J; I, m_I\rangle$.

8.2 Wie ändert sich die Entropie zweier Gase (jeweils 1 mol), die sich zunächst in getrennten Kammern bei gleicher Temperatur und gleichem Druck befinden, wenn die Trennwand entfernt wird und die Gase sich mischen?

8.3 Auf welche Temperatur müsste He-Gas (wenn es sich wie ein ideales Gas verhielte und nicht flüssig würde) unter Atmosphärendruck ($p \approx 10^5$ Pa) abgekühlt werden, um ein Bose-Einstein-Kondensat zu erhalten?

8.4 Auf welche Temperatur T muss Wasserstoffgas unter Atmosphärendruck erhitzt werden, um es zu mehr als 99% zu dissoziieren?

8.5 Wie viele Stereoisomere hat der Kohlenwasserstoff $C_5 H_{12}$?

8.6 Wie groß sind die Flächen A_5 und A_6 der 5-Ecke und 6-Ecke eines C_{60}-Moleküls, wenn man als mittleren Bindungsabstand $d = 0.143$ nm annimmt? Berechnen Sie daraus den (mittleren) Durchmesser $2r$ des Moleküls. Welcher Wert ergibt sich, wenn man die 5- und 6-Ecke durch Kreise mit dem Umfang $5d$ bzw. $6d$ approximiert?

8.7 Mit welchem Gewicht kann ein aus CNTs gefertigter Faden mit einem Durchmesser $2r = 1$ mm belastet werden?

Teil III
Kern- und Teilchenphysik

Ernest Rutherford (1871 – 1937)
Photo Deutsches Museum, München

9 Modellbilder und Termstruktur der Atomkerne

Atomkerne können zwar im Rahmen von Atomphysik und Chemie als einfache Teilchen mit nur drei Freiheitsgraden und evtl. einem Kernspin betrachtet werden. Bei Prozessen hoher Energie (MeV-Bereich) lassen sie sich aber auch spalten und letztlich in Protonen und Neutronen zerlegen. Es liegt daher nahe, sie modellmäßig als aus Protonen und Neutronen zusammengesetzte Teilchen zu beschreiben. Die Physik der Atomkerne folgt also dem Vorbild der Atomphysik. Auch Atome erscheinen im Bereich niedriger (thermischer) Energien als Teilchen mit nur drei Freiheitsgraden und offenbaren erst bei höheren Energien ihre innere Struktur.

Im Abschn. 9.1 untersuchen wir zunächst, welche Kräfte die Protonen und Neutronen im Atomkern aneinander binden. Die vorwiegend zwischen den Protonen wirkenden elektromagnetischen Kräfte führen offensichtlich nicht zu einer Bindung. Experimentelle Untersuchungen zur Wechselwirkung zwischen Neutronen und Protonen bei nuklearen Stößen zeigen aber, dass außer den elektromagnetischen Kräften zwischen zwei Kernbausteinen auch Kernkräfte wirken, die unabhängig davon sind, ob es sich dabei um zwei Protonen, zwei Neutronen oder um ein Proton und ein Neutron handelt. Beide Teilchen sind Fermionen mit einem Spin $I = 1/2\,\hbar$. Im Rahmen der Kernphysik können daher Proton und Neutron als zwei verschiedene Ladungszustände *eines* Teilchens, nämlich des *Nukleons* betrachtet werden.

Die Nukleonen unterliegen im Kern also zwei verschiedenen Wechselwirkungen, der elektromagnetischen und der *starken* Wechselwirkung. Aus der letzteren resultieren die Kernkräfte. Neutron und Proton verhalten sich verschieden in Bezug auf die elektromagnetische Wechselwirkung, aber gleichartig in Bezug auf die starke Wechselwirkung. Um den β-Zerfall zu erklären, wird schließlich noch eine dritte Art von Wechselwirkung eingeführt, die *schwache* Wechselwirkung.

Wenn die A Nukleonen eines Atomkerns ${}^{A}_{Z}X$ durch die zwischen ihnen wirkenden *Kernkräfte* aneinander gebunden sind, wird der Kern als *ein* Quantenobjekt mit einer Termstruktur wahrgenommen. Die Termstruktur ergibt sich aus den Spektren der radioaktiven Kerne (Abschn. 9.2). Zur Deutung der Termstruktur ist die Bewegung der Nukleonen im Kern quantendynamisch zu beschreiben.

Wie in der Atomphysik basieren auch in der Kernphysik die quantendynamischen Theorien auf anschaulichen klassischen Modellbildern. In der Atomphysik hat sich vor allem das Planetenmodell von Rutherford und das darauf aufbauende Bohr'sche Atommodell bewährt. In der Kernphysik ist das Modellbild weniger klar vorgegeben. Einerseits betrachtet man den Kern als eine Ansammlung von ausgedehnten Teilchen, die wie die Moleküle eines Wassertropfens durch kurzreichweitige Kräfte zusammengehalten werden, andererseits als Ansammlung von punktförmigen Teilchen, die sich ähnlich wie die Elektronen der Atomhülle weitgehend unabhängig voneinander in einem gemeinsamen effektiven Potential $V_{\text{eff}}(r)$ bewegen.

Das *Tröpfchenmodell* (Abschn. 9.3) hat sich vor allem bei der Deutung von Prozessen bewährt, bei denen sich die Nukleonen wie bei der Kernspaltung nur umordnen, aber nicht wie beim β- oder γ-Zerfall auch umwandeln und sich neue Teilchen bilden. Das dem Bohr-Rutherford-Modell der Atomphysik entsprechende *Schalenmodell* (Abschn. 9.4) ist vor allem geeignet, Termstrukturen von Kernen mit geringer Anregungsenergie zu deuten. Beim Tröpfchenmodell stehen kollektive Bewegungen vieler Nukleonen im Vordergrund des Interesses, beim Schalenmodell hingegen Bewegungen einzelner Nukleonen. Bei vielen Kernen sind beide Formen der Bewegung von Bedeutung. Die Kollektivmodelle (Abschn. 9.5) sind die Grundlage für eine quantendynamische Beschreibung dieser Kerne.

9.1 Nukleonen und Kernkräfte

1932 wurde von J. Chadwick das Neutron entdeckt (Abschn. 1.4). Nach der Entdeckung des Neutrons stellte sich die Frage, welche Kräfte die Neutronen und Protonen im Atomkern binden und zu Bindungsenergien im MeV-Bereich führen. Während im Atom die Elektronen der inneren Schalen sehr viel fester gebunden sind als die Elektronen der äußeren Schalen, sind im Atomkern alle Nukleonen mit etwa gleicher Energie (≈ 10 MeV) gebunden. Offensichtlich wechselwirken Nukleonen wie die Moleküle eines Flüssigkeitstropfens nur mit ihren nächsten Nachbarn. Dieses Verhalten zeigt, dass die zwischen Nukleonen wirkenden *Kernkräfte* im Gegensatz zur elektrischen Kraft eine sehr kurze Reichweite haben. Nach den Experimenten, die zur Entdeckung des Neutrons führten, behandeln wir Untersuchungen zur Bindung der Nukleonen im Kern und der dabei wirkenden Kernkraft. Sie wird später (Abschn. 12.5) auf die hadronische Wechselwirkung zurückgeführt.

Das Neutron. Vor der Entdeckung des Neutrons hatten 1930 W. Bothe (1891 – 1957, Nobelpreis 1954) und H. Becker bei der Bestrahlung leichter Elemente wie Lithium, Beryllium, Bor usw. mit α-Strahlen eine durchdringende Strahlung festgestellt, die sie zunächst als harte γ-Strahlung deuteten. Mit der in ▶ Abb. 9.1 skizzierten Apparatur gelang J. Chadwick 1932 der Nachweis, dass die Strahlung aus neutralen Teilchen besteht, deren Masse nahe bei der Protonenmasse liegt. In der Kernreaktion zwischen einem Be-Kern und einem α-Teilchen wird ein Neutron erzeugt und gelangt in die Ionisationskammer. In ihr wird das Neutron als ungeladenes Teilchen zwar nicht selbst registriert, da es das Füllgas nicht ionisieren kann. Jedoch gibt es bei einem elastischen Stoß mit einem Kern der Atome oder Moleküle des Füllgases (Wasserstoff, Stickstoff, Argon) einen Teil seiner kinetischen Energie an diesen ab. Dieser Rückstoß führt zur Ionisierung des Gases und zu einem elektrischen Signal, dessen Höhe gerade die im Stoß erhaltene Rückstoßenergie misst. Auf diese Weise konnte Chadwick mit den Gesetzen des elastischen Stoßes erstmals die Masse des Neutrons bestimmen. Die Ruhenergie des Neutrons ist um 1.3 MeV (0.14 %) größer als die Ruhenergie des Protons ($m_p c^2 = 938.27$ MeV, $m_n c^2 = 939.57$ MeV).

Nuklidkarte. Grundlegend für die Kernphysik ist die Annahme, dass alle Atomkerne aus Protonen und Neutronen bestehen, die durch kurzreichweitige Kernkräfte zusammengehalten werden. Die Anzahl Z der Protonen ist gleich der Ladungszahl $Z = Q/e_0$ des Atomkerns und bestimmt daher die Stellung des entsprechenden chemischen Elements im Periodensystem. Die Kerne verschiedener Isotope eines Elements unterscheiden sich

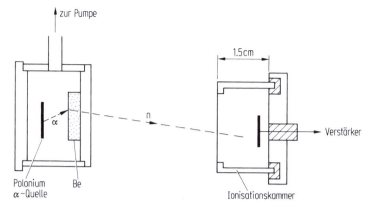

Abb. 9.1 Nachweis der in der Reaktion $^9\text{Be}(\alpha,\text{n})\,^{12}\text{C}$ erzeugten Neutronen in einer Ionisations-kammer. Die Neutronen vollführen elastische Stöße mit den Gasatomen in der Kammer, die dadurch ionisiert werden und an den Elektroden der Kammer einen Ladungsimpuls erzeugen.

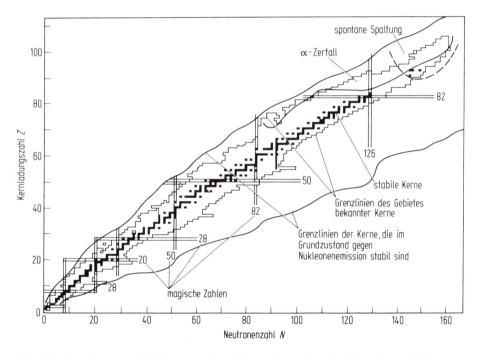

Abb. 9.2 Einteilung der Nuklidkarte nach stabilen und instabilen Nukliden. Die Stabilitätsgrenzen verschiedener Zerfallsmoden der instabilen Nuklide sind angegeben.

in der Neutronenzahl N. Eine Übersicht über die stabilen und instabilen (radioaktiven) Atomkerne (Nuklide) gibt die in ▶ Abb. 9.2 gezeigte Nuklidkarte.

Die leichten stabilen Kerne ($A \lesssim 40$) haben etwa gleich viele Neutronen wie Protonen, die schweren hingegen einen mit der *Massenzahl* $A = Z + N$ (Anzahl der Nukleonen) zunehmenden Neutronenüberschuss. Die instabilen Kerne haben im Vergleich zu den stabilen Kernen entweder einen zusätzlichen Neutronenüberschuss, der durch β^--Zerfälle abgebaut wird, oder einen relativen Protonenüberschuss, der durch β^+-Zerfälle reduziert wird. Bei β-Zerfällen ändert sich die Massenzahl A der Kerne nicht. Es wandeln sich nur *isobare* Kerne ineinander um. Die schwersten stabilen Atomkerne sind die Kerne der Blei-Isotope ^{206}Pb, ^{207}Pb und ^{208}Pb und des Bismut ^{209}Bi. Kerne mit höheren Massenzahlen emittieren vorwiegend α-Teilchen (oder auch einzelne Nukleonen oder schwerere Kerne) und zerfallen so in leichtere Kerne.

Bindungsenergien. Die Stabilität der Kerne ergibt sich aus ihren Bindungsenergien $B = E_B(A, Z)$. Diese erhält man aus dem Massendefekt $\Delta M = B/c^2$ (Abschn. 1.4 und Bd. 2, Kap. 15). Die Bindungsenergie pro Nukleon B/A der Kerne $^A X$, die bei vorgegebener Massenzahl A die größte Stabilität haben, zeigt ▶ Abb. 9.3.

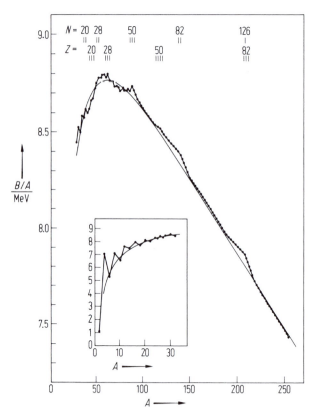

Abb. 9.3 Bindungsenergie pro Nukleon, B/A, der stabilen und langlebigen Isotope als Funktion der Massenzahl A. Die durchgezogene Linie entspricht den *Tröpfchenenergien* E_T, die sich aus einer Parametrisierung nach dem Tröpfchenmodell ergeben (vgl. Abschn. 9.3).

Bei einem Vergleich der Bindungsenergien $E_B(A, Z)$ isobarer Kerne ($A = $ const) ist zwischen den Fällen A *gerade* und A *ungerade* zu unterscheiden (▶ Abb. 9.4). Wenn A ungerade ist, liegen die Bindungsenergien isobarer Kerne auf einer Parabel. Wenn hingegen

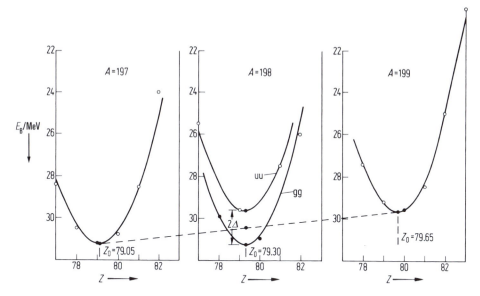

Abb. 9.4 Bindungsenergie E_B der Isobarenreihen mit $A = 197, 198$ und 199, aufgetragen über der Kernladungszahl Z. Die stabilen Isotope $^{197}_{79}$Au, $^{198}_{78}$Pt, $^{198}_{80}$Hg und $^{199}_{80}$Hg sind durch ausgefüllte Punkte markiert, die β-instabilen Nuklide durch offene Kreise. Z_0 bezeichnet die Scheitel der Parabeln, Δ die Paarungsenergie für $A = 198$.

A gerade ist, haben die uu-Kerne, bei denen Z und N ungerade sind, systematisch eine etwas höhere Ruhenergie als die gg-Kerne, bei denen Z und N gerade sind. Der Unterschied wird als *Paarungsenergie* gedeutet. Die hier skizzierten wesentlichen Merkmale der Bindungsenergien können mit dem Tröpfchenmodell der Atomkerne (Abschn. 9.3) erklärt werden.

Nukleon-Nukleon-Wechselwirkung. Zur Untersuchung der Wechselwirkung zwischen zwei freien Nukleonen wurden vor allem Streuversuche durchgeführt. Es gibt aber auch einen gebundenen Zustand von zwei Nukleonen, nämlich das aus einem Proton und einem Neutron bestehende Deuteron. Es wurde 1932 von H. C. Urey (1893 – 1981, Nobelpreis 1934) und Mitarbeitern massenspektroskopisch in angereichertem Wasserstoff entdeckt. Seine Eigenschaften sind in ► Tab. 9.1 zusammengefasst. Die Bindungsenergie $B = 2.23$ MeV des Deuterons ergibt sich aus der Energie der γ-Strahlung, die beim Strahlungseinfang ^{1}H (n, γ) ^{2}H eines thermischen Neutrons in Wasserstoff emittiert wird. Auch die Umkehrreaktion ^{2}H (γ, n) ^{1}H, *Photospaltung des Deuterons* genannt, kann zur Bestimmung der Bindungsenergie genutzt werden. Aus der Hyperfeinstruktur des Deuteriums ermittelte man den Kernspin $I = 1$ (in der Einheit $\hbar$), das magnetische Moment und ein sehr kleines elektrisches Quadrupolmoment ($Q = 2.86$ mb, 1 b $= 10^{-28}$ m^2). Dass das Deuteron ein Quadrupolmoment besitzt, haben erstmals Kellogg, Rabi, Ramsey und Zacharias 1939/40 mit der Atomstrahlresonanztechnik (Abschn. 5.1) nachgewiesen. Der mittlere quadratische Radius wurde aus differentiellen Streuquerschnitten der Elektronenstreuung an Deuteronen ermittelt.

Tab. 9.1 Eigenschaften des Deuterons (u atomare Masseneinheit, μ_N Kernmagneton).

Masse m/u	2.0141022(7)
Bindungsenergie B/MeV	2.23
Mittlerer quadratischer Radius $\langle r^2 \rangle^{1/2}$/fm	3.8
Spin $I/\hbar$	1
Magnetisches Moment μ/μ_N	0.857393
Elektrisches Quadrupolmoment Q/b	0.00286
Parität P	$+1$

Schon diese wenigen Messgrößen des Deuterons vermitteln einige wichtige Einsichten in die Kernkraft zwischen Proton und Neutron. Der Spin des Deuterons, $I = s_p + s_n + L$, setzt sich vektoriell aus den Spins von Proton und Neutron und dem Bahndrehimpuls L der Relativbewegung von Proton und Neutron zusammen (vgl. ▶Abb. 9.5a). Die positive Parität des Deuterons schränkt L auf gerade Werte ein. Wählt man $L = 0$ und koppelt s_p und s_n zu $S = s_p + s_n = 1$, so hätte dieser Triplettzustand das magnetische Moment

$$\mu(^3S_1) = \mu_p + \mu_n \approx 0.5(5.59 - 3.83)\mu_N = 0.88\mu_N. \tag{9.1}$$

(Wir verwenden hier die Nomenklatur $|^{2S+1}L_1\rangle$ der LS-Kopplung.) Dieser Wert liegt in der Tat sehr nahe am gemessenen magnetischen Moment des Deuterons und zeigt, dass der $^3S_1$-Anteil den Hauptbeitrag der Wellenfunktion liefert. Allerdings entspricht eine Wellenfunktion mit $L = 0$ einer kugelsymmetrischen Aufenthaltswahrscheinlichkeit des Protons und damit einem identisch verschwindenden elektrischen Quadrupolmoment. Die Existenz eines solchen, die gerade Parität P und der Spin $I = 1$ erfordern einen Anteil mit Bahndrehimpuls $L = 2$ in der Wellenfunktion (D-Beimischung) und lassen auf das Wirken einer *Tensorkraft* zwischen Proton und Neutron schließen. Sie hängt nicht nur vom Verbindungsvektor r der beiden Nukleonen ab, sondern auch von der Orientierung der Spins von Neutron und Proton relativ zum Verbindungsvektor (▶Abb. 9.5b).

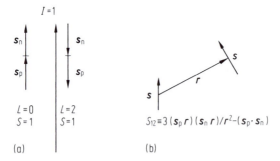

Abb. 9.5 (a) Schematische Darstellung der Drehimpulskopplung der Spins s_p und s_n und des Bahndrehimpulses L von Proton und Neutron beim Deuteron, (b) zur Definition des Operators S_{12} der aus der Tensorkraft resultierenden potentiellen Energie.

Das Deuteron hat nur einen gebundenen Zustand, d. h. es hat keine gebundenen angeregten Zustände. Eine Erklärung dafür ergibt sich aus der kurzen Reichweite der Kernkräfte. Setzt man für die Wechselwirkung zwischen Proton und Neutron ein einfaches

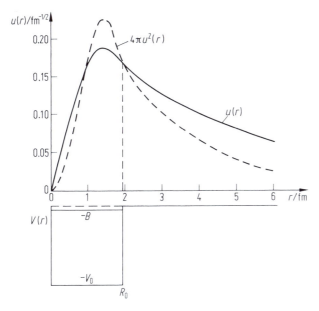

Abb. 9.6 Kastenpotential $V(r)$, Wellenfunktion $u(r)$ und radiale Aufenthaltswahrscheinlichkeit $4\pi u^2(r)\mathrm{d}r$ des Deuterons.

Kastenpotential an (▶ Abb. 9.6), können Potentialtiefe und -radius so gewählt werden, dass es genau einen gebundenen s-Zustand mit einer Bindungsenergie $E_B = 2.23$ MeV gibt.

Mehr Information über die Orts- und Spinabhängigkeit der Nukleon-Nukleon-Wechselwirkung erhält man aus der elastischen Streuung von Nukleonen aneinander, also vor allem aus der Streuung von Protonen und Neutronen an Wasserstoff (pp- bzw. np-Streuung). Streumessungen von Neutronen an freien Neutronen sind experimentell bisher nicht möglich gewesen. Statt dessen untersuchte man die Streuung von Neutronen an Deuterium und separierte den Anteil der np-Streuung ab. Diese Experimente, besonders jene zur pp- Streuung, wurden bis zu vielen GeV Einschussenergie durchgeführt.

▶ Abb. 9.7 skizziert eine typische Vorrichtung zur Messung des totalen bzw. differentiellen pn-Streuquerschnitts. Die Neutronen werden hier mit der Reaktion $^7\mathrm{Li}(p,n)$ in dem Produktionstarget erzeugt und gelangen zum Streutarget aus flüssigem Wasserstoff. Der Teilchenstrom der durch das Target ohne Streuung *transmittierten* Neutronen wird im Detektor D_t gemessen, jener der unter dem Winkel ϑ *gestreuten* Neutronen im Detektor D_s. Durch ein scheibenförmiges Target der Dicke x mit n Wasserstoffkernen/Volumen wird der Bruchteil $\exp(-n\sigma_{\mathrm{tot}}x)$ durchgelassen, wobei σ_{tot} den winkelintegrierten Streuquerschnitt bezeichnet und Mehrfachstreuung im Target vernachlässigt wurde. Zum Nachweis langsamer Neutronen verwendet man $^3\mathrm{He}$- und $^{10}\mathrm{B}$-Detektoren, in denen die Neutronen die exothermen Kernreaktionen $^3\mathrm{He}(n,p)^3\mathrm{H}$ bzw. $^{10}\mathrm{B}(n,\alpha)^7\mathrm{Li}$ auslösen. Dabei entstehen als geladene Endprodukte Protonen, Tritonen ($^3\mathrm{H}$-Kern) und α-Teilchen, die dann aufgrund von Ionisationsprozessen nachgewiesen werden können. Für den Nachweis schneller Neutronen werden Proton-Rückstoß-Spektrometer eingesetzt, in denen die Neutronen ihre kinetische Energie durch elastische Stöße an die Protonen abgeben, die dann ebenfalls als geladene, d. h. ionisierende Teilchen nachgewiesen werden können.

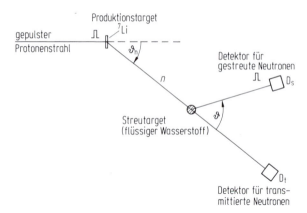

Abb. 9.7 Messanordnung zur Bestimmung des totalen und differentiellen Streuquerschnitts von Neutronen an Wasserstoff. Die Neutronen werden mit einem gepulsten Protonenstrahl mit der Reaktion ^{7}Li(p, n) in dem Lithium-Produktionstarget erzeugt und nach Durchlaufen des Streutargets in den Detektoren D_t bzw. D_s nachgewiesen.

Indem man zwischen Produktions- und Streutarget eine Paraffinplatte einschiebt und dort die Neutronen durch elastische Stöße mit Wasserstoffatomen abbremst (moderiert), kann man den Streuquerschnitt auch bis zu kleinen Energien $E_n < 1$ eV bestimmen.

Winkelverteilungen des differentiellen Streuquerschnitts sind für einige ausgewählte Neutronenenergien zwischen 14 MeV und 580 MeV in ▶Abb. 9.8 wiedergegeben. (Wegen $m_p \approx m_n$ ist der Streuwinkel ϑ_{CM} im Schwerpunktsystem gleich dem doppelten Streuwinkel im Laborsystem!) Die Winkelverteilungen sind bis zu etwa 20 MeV isotrop. Bei höheren Neutronenenergien werden sie anisotrop, bleiben jedoch bis zu etwa 200 MeV symmetrisch um $\vartheta_{CM} = 90°$. Bei noch höheren Energien geht auch diese Symmetrie verloren und es bildet sich ein deutliches Maximum bei $\vartheta_{CM} = 180°$ aus. Die sich ändernde Form der Winkelverteilung erlaubt bereits einige qualitative Aussagen über den Streuprozess, besonders über die an der Streuung beteiligten Partialwellen (Bahndrehimpulse, Abschn. 6.1). Die Isotropie der Winkelverteilung zeigt an, dass nur s-Wellenstreuung ($L = 0$) stattfindet. Die zunehmende Anisotropie oberhalb von 20 MeV weist auf wachsende Beiträge mit höheren Bahndrehimpulsen $L > 0$ hin. Bei Energien oberhalb von 200 MeV erhält man ein ausgeprägtes Maximum bei Rückwärtsstreuung ($\vartheta_{CM} = \pi$).

In ▶Abb. 9.9 ist der totale pn-Streuquerschnitt σ_{tot} im Bereich zwischen 10 keV und 300 MeV aufgetragen. Für sehr kleine Energien erreicht er $\sigma_0 = 20.36(10)$ b und nimmt bis 300 MeV monoton um fast drei Größenordnungen ab.

Die hier referierten Messungen bestätigen die Annahme, dass die Wechselwirkung zwischen Proton und Neutron im nichtrelativistischen Energiebereich näherungsweise mit einem Kastenpotential beschrieben werden kann. Da bis zu Energien von 20 MeV fast ausschließlich s-Wellenstreuung beobachtet wird, ist der Radius des Kastenpotentials ungefähr $2 \cdot 10^{-15}$ m. ▶Abb. 9.10 zeigt schematisch den radialen Verlauf $u_0(r)$ der s-Wellenfunktion für attraktive und repulsive Kastenpotentiale. Aus der so zu berechnenden Streuphase $\eta(E_{CM})$ (Abschn. 6.1) ergibt sich der totale Wirkungsquerschnitt für s-Wellenstreuung (▶Abb. 9.9).

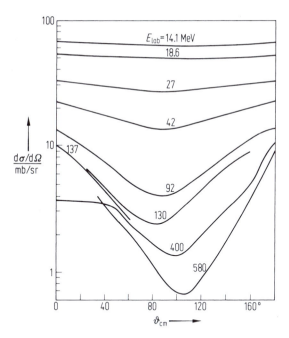

Abb. 9.8 Winkelverteilung der Neutron-Proton-Streuung zwischen 14.1 und 580 MeV Einschussenergie der Neutronen.

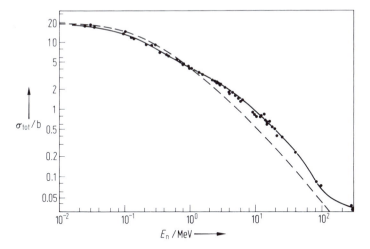

Abb. 9.9 Totaler Streuquerschnitt σ_{tot} der $(p - n)$-Streuung. Die gestrichelte Linie ergäbe sich bei reiner s-Wellen-Streuung.

Für eine quantitative Analyse der Wechselwirkung ist zu beachten, dass Proton und Neutron einen Spin haben. Der Gesamtspin des Stoßsystems kann daher 1 (Triplettstreuung mit statistischem Gewicht 3) oder 0 (Singulettstreuung mit statistischem Gewicht 1) sein. Bei Streuung unpolarisierter Nukleonen erhält man als Wirkungsquerschnitt den

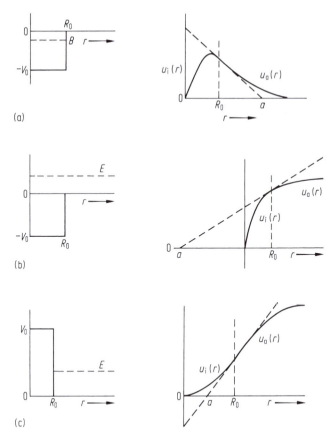

Abb. 9.10 Zusammenhang zwischen Streupotential $V(r)$ und s-Wellen-Streulänge a für (a) einen gebundenen Zustand ($a > R_0$), (b) Streuung an einem attraktiven Potential ($a < 0$), (c) Streuung an einem repulsiven Potential ($0 < a < R_0$).

statistischen Mittelwert

$$\sigma_0 = \frac{\sigma_s + 3\sigma_t}{4}. \tag{9.2}$$

Messungen mit polarisierten Neutronen und Protonen ergeben im niedrigen Energiebereich für die Wirkungsquerschnitte von Singulett- und Triplettstreuung $\sigma_S = 70$ b bzw. $\sigma_T = 3.7$ b. Diesen Werten entsprechen die Streulängen $a_S = +2.4 \cdot 10^{-14}$ m und $a_T = -0.54 \cdot 10^{-14}$ m. Die Vorzeichen der Streulängen ergeben sich aus Streuexperimenten an molekularem Wasserstoff. Sie entsprechen der Tatsache, dass es zwar einen gebundenen Triplettzustand, aber keinen gebundenen Singulettzustand gibt.

Isospin des Nukleons. Die Ähnlichkeit der Termschemata von Spiegelkernen, wie beispielsweise $^{11}_{5}B_6$ und $^{11}_{6}C_5$ mit 5 Protonen und 6 Neutronen bzw. 6 Protonen und 5 Neutronen, hat nach der Entdeckung des Neutrons schon früh zu der Annahme geführt, dass Proton und Neutron als zwei verschiedene Ladungszustände eines Teilchens, nämlich des Nukleons zu betrachten sind (Heisenberg, 1932). Diese Annahme wird durch die Streuexperimente zur Proton-Proton- und Neutron-Neutron-Streuung bestätigt. Wegen der Austauschsymmetrie dieser Stoßsysteme ist allerdings zu beachten, dass bei reiner s-Wellenstreuung die gleichartigen Nukleonen sich nur in einem Singulettzustand befinden können. Daher gibt es auch keinen gebundenen Diproton- oder Dineutronzustand.

Der Ladungsunabhängigkeit der Kernkräfte wird, wie von W. Heisenberg vorgeschlagen, durch Einführung eines neuen Freiheitsgrades, des Isospins mit den Quantenzahlen T und T_3, entsprochen. Er wird wie Spin und Drehimpuls durch einen Vektoroperator (im Isospinraum) beschrieben, dessen drei Komponenten mit 1, 2 und 3 indiziert werden. Demnach haben die beiden Nukleonen Proton und Neutron den Isospin $T = 1/2$ und die 3-Komponenten $T_3 = +1/2$ bzw. $T_3 = -1/2$. Mehrnukleonensysteme können auch einen Isospin $T \neq 1/2$ haben. Der gebundene Zustand des 2-Nukleonensystems, das Deuteron, ist ein $(T = 0)$-Zustand. Hingegen sind die ungebundenen Singulettzustände $(I = 0)$ des 2-Nukleonensystems $(T = 1)$-Zustände. In jedem Fall ist die Gesamtwellenfunktion, die aus Orts-, Spin- und Isospinfunktion gebildet wird, antimetrisch. Sie wechselt also beim Austausch zweier Teilchen das Vorzeichen.

Die Isospinsymmetrie der Nukleonen wird durch die elektromagnetische Wechselwirkung in ähnlicher Weise gebrochen wie die Isotropie des Raumes durch ein Magnetfeld. Analog zur Zeeman-Aufspaltung von zwei Spin-1/2-Zuständen haben deshalb auch Proton und Neutron etwas verschiedene Ruhenergien.

Pionen. Die Wechselwirkung zwischen zwei Teilchen kann nur im nichtrelativistischen Grenzfall mit einer Potentialfunktion $E_{pot}(r)$ beschrieben werden. Wenn sich die Teilchen mit höheren Geschwindigkeiten relativ zueinander bewegen, ist die Wechselwirkung im Rahmen der Quantenfeldtheorie (Kap. 12) zu beschreiben. Ihr liegt die Vorstellung zugrunde, das die Wechselwirkung durch den Austausch *virtueller* (d. h. nicht beobachtbarer) Bosonen vermittelt wird. Die elektromagnetische Wechselwirkung beruht dementsprechend auf dem Austausch virtueller Photonen (Abschn. 2.5 und 12.1). Der Photonenaustausch wird durch *Feynman-Diagramme* (benannt nach R. Feynman, 1918 – 1988, Nobelpreis 1965) veranschaulicht (▶ Abb. 9.11).

Entsprechend vermutete bereits 1935 Hideki Yukawa (1907 – 1981, Nobelpreis 1949), dass die Kernkräfte auf den Austausch von *virtuellen Mesonen* zurückzuführen sind (▶ Abb. 9.12). Die kurze Reichweite der Kernkräfte ergibt sich dann aus der Annahme, dass die Mesonen eine Masse haben. Den Voraussagen von Yukawa entsprechende Teilchen, die π-Mesonen oder Pionen, wurden 1947 als *reelle* Teilchen in der Höhenstrahlung entdeckt. Die Ladungsunabhängigkeit der Kernkräfte bedingt, dass sich beim Austausch eines Pions auch der Ladungszustand der Nukleonen ändern kann. Dementsprechend gibt es ein Isospintriplett von zwei elektrisch geladenen und einem neutralen Pion. Die beiden geladenen Pionen π^+ und π^- haben eine Ruhenergie von etwa 140 MeV und zerfallen nach etwa $2.6 \cdot 10^{-8}$ s in Myonen und Neutrinos. Das neutrale Pion π^0 mit einer Ruhenergie von 134 MeV zerstrahlt hingegen bereits nach etwa 10^{-16} s in zwei γ-Quanten.

Da bei der Nukleon-Nukleon-Streuung auch geladene Pionen ausgetauscht werden können, wird verständlich, dass die Winkelverteilung für die hochenergetische pn-Streuung ein ausgeprägtes Maximum in Rückwärtsrichtung hat (▶ Abb. 9.8). Offensichtlich wird bei Vorwärtsstreuung bevorzugt ein geladenes Pion ausgetauscht, so dass sich auch die Ladungszustände der gestreuten Nukleonen austauschen, also eigentlich eine Vorwärtsstreuung vorliegt.

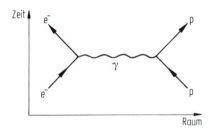

Abb. 9.11 Feynman-Diagramm für die Elektron-Proton-Streuung. Eine gerade Linie symbolisiert die ungestörte Bewegung eines Teilchens, hier also des Elektrons oder Protons vor und nach der Streuung, während das Photon durch eine Wellenlinie angedeutet wird. Man kann das Diagramm so interpretieren, dass das Proton am rechten Vertex ein Photon emittiert, welches am linken Vertex vom Elektron absorbiert wird. Man könnte aber genauso gut annehmen, dass das Photon vom Elektron emittiert und vom Proton absorbiert wird. Dieses Diagramm macht keine Aussage über die Richtung der Kraft zwischen Elektron und Proton. Ein ähnliches Diagramm würde für die Positron-Proton-Streuung gezeichnet werden. Insbesondere soll die Konvergenz der einlaufenden und die Divergenz der auslaufenden Linien nicht implizieren, dass die Teilchen sich abstoßen.

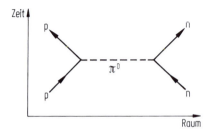

Abb. 9.12 Feynman-Diagramm für die Proton-Neutron-Wechselwirkung durch Austausch eines π-Mesons.

9.2 Spektren radioaktiver Kerne

Radioaktive Kerne können wie angeregte Atome und Moleküle spontan zerfallen. Ausgehend von der grundlegenden Annahme, dass die Atomkerne aus Neutronen und Protonen bestehen, die durch Kernkräfte zusammengehalten werden, können einerseits (analog zur Autoionisation von Atomen) Kernbruchstücke spontan abgespalten werden, wie z. B. beim α-Zerfall. Andererseits sind – wie auch in der Atomphysik – Strahlungszerfälle möglich, bei denen die emittierten Teilchen neu entstehen. Die elektromagnetische Wechselwirkung ermöglicht beim γ-Zerfall die Emission von Photonen und die *schwache Wechselwirkung* beim β-Zerfall die Emission von Elektronen und Neutrinos.

Wie in der Atom- und Molekülphysik sind die Spektren der bei spontanen Kernzerfällen emittierten Teilchen die experimentelle Grundlage für die Bestimmung der Termstruktur von Atomkernen. Zunächst konnten nur die Spektren der in der Natur vorkommenden radioaktiven Elemente untersucht werden. Nach der Entwicklung von Teilchenbeschleunigern war es aber auch möglich, Atomkerne anzuregen, die in der Natur nur im Grundzustand vorliegen, und die nach der Anregung emittierte Strahlung zu spektroskopieren oder auch in der Natur nicht vorkommende Isotope der bekannten chemischen Elemente und neue superschwere Elemente zu erzeugen. Alle Spektren bestätigen letztlich die Annahme, dass die Atomkerne wie freie Atome und Moleküle eine diskrete Termstruktur haben.

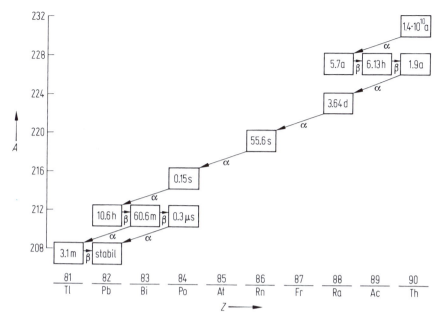

Abb. 9.13 Die natürliche (4n)-α-Zerfallsreihe, beginnend mit $^{232}_{90}$Th und endend mit ^{208}Pb ($Z = 82$). Die Halbwertszeiten der Zwischenprodukte sind eingezeichnet.

α-Zerfall. Die drei Nuklide ^{232}Th, ^{235}U und ^{238}U sind die Ausgangskerne für die Zerfallsreihen (► Abb. 9.13) der natürlichen Radioaktivität. Die Halbwertszeiten dieser Kerne (und der β-Strahler ^{40}K und ^{87}Rb) sind größer oder zumindest von gleicher Größenordnung wie das Alter der Erde (4.5 · 10^9 Jahre). Alle drei Kerne zerfallen primär unter Emission eines α-Teilchens. Damit reduziert sich die Massenzahl A um $\Delta A = 4$. Folgeprozesse sind außer weiteren α-Zerfällen auch β- und γ-Zerfälle. Bei diesen Zerfällen ändert sich die Massenzahl nicht. Bei γ-Zerfällen bleibt auch die Ladungszahl Z erhalten. Die Zerfallsreihen enden bei den stabilen Blei-Isotopen ^{208}Pb, ^{207}Pb, bzw. ^{206}Pb. Da ein hinreichend langlebiger Ausgangskern fehlt, kann die vierte mögliche Zerfallsreihe mit dem Endkern ^{209}Bi nur von künstlich erzeugten radioaktiven Nukliden ausgehen. Ein möglicher Ausgangskern ist ^{237}Np mit einer Halbwertszeit von 2.1 · 10^6 Jahren.

α-Strahlen haben ein diskretes Energiespektrum. Das ergab sich bereits aus Untersuchungen der Reichweite von α-Strahlen in einer Nebelkammer (Abschn. 1.2). Die Energie der α-Teilchen lässt sich dank der Äquivalenz von Masse und Energie ($E = mc^2$) aus der Massendifferenz von Mutter- und Tochterkern berechnen. Dabei ist aber zu beachten, dass der Tochterkern auch in angeregten Zuständen zurückbleiben kann (► Abb. 9.14).

β-Zerfall und Neutrino-Hypothese. Beim β-Zerfall bleibt zwar die Massenzahl A erhalten, es ändert sich aber die Ladungszahl Z. Aus der Ablenkung der Teilchen in Magnetfeldern schloss man, dass beim β-Zerfall Elektronen emittiert werden, diese aber ein kontinuierliches Energiespektrum haben. Um trotzdem an der Annahme einer diskreten Termstruktur und der Energieerhaltung festhalten zu können, schlug W. Pauli vor, dass bei einem β-Zerfall simultan mit dem Elektron ein weiteres Teilchen emittiert wird. Da

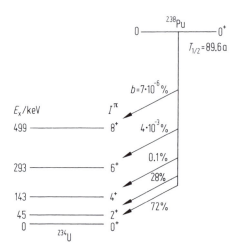

Abb. 9.14 Feinstruktur des α-Zerfalls von ^{238}Pu mit der Halbwertszeit $T_{1/2} = 89.6$ Jahre. Man beachte die starke Abnahme des Verzweigungsverhältnisses b mit der Zunahme von Anregungsenergie und Spin des Endzustandes.

es in den damals zur Verfügung stehenden Detektoren keine Spuren hinterließ, musste angenommen werden, dass dieses *Neutrino* nur äußerst schwach auf andere Materie einwirkt.

Das kontinuierliche β-Spektrum hat eine obere Maximalenergie $E_{\max}$ (inklusive Ruhenergie des Elektrons), die mit der Energiedifferenz $\Delta E = \Delta mc^2$ von Mutter- und Tochterkern innerhalb der experimentellen Unsicherheiten übereinstimmt. Dementsprechend war anzunehmen, dass das Neutrino ein Teilchen mit verschwindend kleiner Masse ist. Um auch im Einklang mit Impuls- und Drehimpulserhaltung und den Gesetzen der Quantenstatistik zu bleiben, war ferner anzunehmen, dass Neutrinos Fermionen mit einem Spin $\hbar/2$ sind.

Untersuchungen zur künstlichen Radioaktivität zeigten, dass es außer den bisher erwähnten β^--Zerfällen auch β^+-Zerfälle gibt, bei denen entweder statt eines Elektrons ein Positron emittiert oder ein Elektron der Elektronenhülle vom Kern eingefangen wird (vorwiegend aus der K-Schale). Es sind also die folgenden drei β-Zerfälle zu unterscheiden:

$$\text{1. } \beta^- - \text{Zerfall}: {}^{A}Z \rightarrow {}^{A}(Z+1) + e^- + \bar{\nu}_e \tag{9.3a}$$

$$\text{Beispiel: n} \rightarrow \text{p} + e^- + \bar{\nu}_e$$

$$\text{2. } \beta^+ - \text{Zerfall}: {}^{A}Z \rightarrow {}^{A}(Z-1) + e^+ + \nu_e \tag{9.3b}$$

$$\text{Beispiel: } {}^{17}\text{F} \rightarrow {}^{17}\text{O} + e^+ + \nu_e$$

$$\text{3. } K - \text{Einfang}: {}^{A}Z + e^- \rightarrow {}^{A}(Z-1) + \nu_e \tag{9.3c}$$

$$\text{Beispiel: } {}^{37}\text{Ar} + e^- \rightarrow {}^{37}\text{Cl} + \nu_e.$$

Beim β^--Zerfall entsteht zusammen mit dem Elektron, wie von W. Pauli angenommen, ein weiteres nahezu masseloses und neutrales Teilchen. Es ist ein Antineutrino $\bar{\nu}_e$. Seitdem Neutrinos auch detektiert werden können, hat sich gezeigt, dass zwischen Neutrino ν und Antineutrino $\bar{\nu}$ unterschieden werden muss und dass es e-Neutrinos, μ-Neutrinos und τ-Neutrinos gibt (Abschn. 12.4).

γ-Zerfall. Wie Atome und Moleküle haben auch Kerne angeregte Zustände, die dank der elektromagnetischen Wechselwirkung unter Emission von γ-Quanten zerfallen können. Einige von ihnen werden bei α- und β-Zerfällen bevölkert (▶ Abb. 9.14), die meisten müssen aber durch Kernreaktionen angeregt werden, um sie experimentell untersuchen zu können. Als Beispiel zeigt ▶ Abb. 9.15 ein Termschema für das Stickstoff-Isotop ^{15}N. Wie in der Atomphysik werden die Terme durch Anregungsenergie, Spin und Parität gekennzeichnet. In ▶ Abb. 9.15 sind außerdem die Grundzustände der isobaren Nachbarkerne ^{15}C und ^{15}O eingetragen, die β-instabil sind, die Separationsenergien, die mindestens erforderlich sind, um ein Proton bzw. ein Neutron vom ^{15}N-Kerns abzuspalten, und Q-Werte von Kernreaktionen $X(a, b)^{15}$N, bei denen ein Projektilteilchen a auf einen Kern X trifft und ein Teilchen b und ein Stickstoffkern ^{15}N entsteht. Dabei ist $Q = (m_X + m_a - m_N - m_b)c^2$ die Energie, die bei der Reaktion $X(a, b)^{15}$N freigesetzt wird.

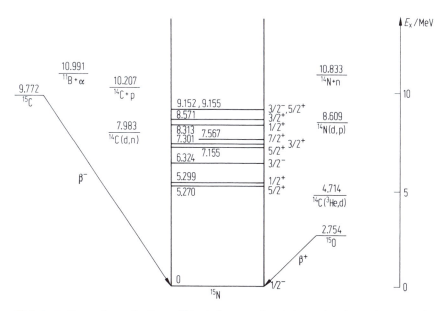

Abb. 9.15 Termschema des Kerns ^{15}N mit den Energien, Spins und Paritäten der Zustände unterhalb von 9.2 MeV Anregungsenergie. Die Q-Werte einiger Reaktionen, die zu ^{15}N führen, sowie die Separationsenergien für ein Proton (^{14}C + p), ein Neutron (^{14}N + n) und ein α-Teilchen (^{11}B + α) und die Grundzustände der isobaren Nachbarkerne ($Z = 6$ und $Z = 8$) sind ebenfalls eingezeichnet.

Einheiten der Radioaktivität. Für die Angabe der Aktivität einer radioaktiven Quelle sind zwei Einheiten gebräuchlich. Die SI-Einheit 1 *Becquerel* = 1 Bq = 1 s^{-1} gibt die Anzahl der Zerfälle pro Sekunde an. Die historische Einheit ist 1 *Curie* = 1 Ci = 3.70·10^{10} Bq. Ursprünglich wurde die Aktivität einer Substanz in Relation zu der Aktivität von 1 g Radium angegeben. Davon zerfallen 3.70 · 10^{10} Atome pro Sekunde. Weil die beiden Einheiten um mehr als zehn Größenordnungen auseinanderliegen, ergeben sich in Bq allein für das im menschlichen Körper vorhandene Kalium (mit etwa 0.01% ^{40}K) bereits Werte von etwa 4000 Bq pro durchschnittlichen Erwachsenen, aber nur etwa 0.1 µCi.

Die überall auf der Erde vorhandenen *terrestrischen* Radionuklide werden einerseits durch die kosmische Strahlung in der Luft erzeugt (z. B. ^{14}C). Andererseits gibt es die langlebigen radioaktiven Nuklide mit Halbwertszeiten von etwa 10^9 Jahren und darüber, die bei der stellaren Nukleosynthese entstanden sind. Sie sind in fast jedem Baustoff vorhanden und werden auch bei der Verbrennung von Kohle freigesetzt. Dazu gehören die α-Strahler ^{232}Th, ^{238}U, ^{235}U und der β-Strahler ^{40}K, der insbesondere auch in allen menschlichen Körpern vorkommt. Sie alle tragen zur natürlichen Strahlenbelastung bei (s. Abschn. 9.3).

9.3 Tröpfchenmodell und Kernspaltung

Die kurze Reichweite der Kernkräfte legt nahe, Atomkerne ähnlich wie einen Flüssigkeitstropfen zu beschreiben. So wie Kohäsionskräfte Moleküle zu einem Tropfen aneinander binden, fügen die Kernkräfte die Nukleonen zu einem Atomkern zusammen. Diese Annahme wird gestützt durch die Ergebnisse der Untersuchungen zur Bindungsenergie der Atomkerne (▶ Abb. 9.3) und durch Messungen zur Nukleonen- und Ladungsdichte in den Atomkernen. Aus Experimenten zur elastischen Streuung hinreichend hochenergetischer Elektronen und α-Teilchen ergibt sich, dass innerhalb des Kerns die Dichte ähnlich wie die Massendichte innerhalb eines Tropfens nahezu konstant ist und erst zum Rand hin steil abfällt. Aus dem Tröpfchenmodell ergibt sich, dass der Kernradius R ungefähr mit $A^{1/3}$ zunimmt. Gute Übereinstimmung mit vielen experimentellen Daten ergibt sich, wenn man $R = A^{1/3} \cdot 1.3$ fm ansetzt.

Bethe-Weizsäcker-Formel. Die Abhängigkeit der Bindungsenergie $E_B(A, Z) = (Z\, m_p + N\, m_n - m(A, Z))c^2$ von der Massenzahl A und der Protonenzahl Z wurde erstmals von C. F. v. Weizsäcker (1912–2007) und H. Bethe (1906–2005, Nobelpreis 1967) mit dem Tröpfchenmodell gedeutet. In der Bethe-Weizsäcker-Formel

$$E_B(A, Z) = b_V A - b_S A^{2/3} - b_C \frac{Z^2}{A^{1/3}} - b_{sym} \frac{(N - Z)^2}{A} + \delta \tag{9.4}$$

mit den Koeffizienten $b_V = 15.56$ MeV, $b_S = 17.23$ MeV, $b_C = 0.70$ MeV und $b_{sym} = 23.28$ MeV entsprechen die ersten drei Terme dem klassischen Modell eines homogen geladenen, kugelförmigen Tropfens. Mit diesen Beiträgen errechnet sich die in ▶ Abb. 9.3 eingezeichnete *Tröpfchenenergie* E_T. Die Bindungsenergie ergibt sich demnach aus Anteilen, die proportional zu Volumen V und Oberfläche S des Tropfens sind, und aus der elektrostatischen Coulomb-Abstoßung (mit C indiziert) der Protonen. Für Atomkerne ist $V \sim A$ und $S \sim A^{\frac{2}{3}}$, da alle Kerne etwa die gleiche Massendichte haben. Oberflächen- und Volumenenergie ergeben sich aus der Bindung der Nukleonen an die nächsten Nachbarn. Da die Nukleonen an der Oberfläche eine geringere Anzahl von Nachbarn haben als die Nukleonen im Innern des Kerns, ist die Oberflächenenergie negativ. Da der Anteil der inneren Nukleonen mit A wächst, nimmt die Bindungsenergie pro Nukleon $E_B(A, Z)/A$ zunächst bis $A \approx 60$ zu (▶ Abb. 9.3). Bei höheren Nukleonenzahlen führt die mit wachsender Kernladungszahl Z zunehmende elektrostatische Abstoßung zu einer Abnahme von $E_B(A, Z)/A$.

Die beiden letzten Terme, *Symmetrieterm* und *Paarungsenergie* genannt, sind nur quantenphysikalisch zu begründen. Da die Nukleonen Fermionen sind, gilt das Pauli-Prinzip.

Daher ist es energetisch vorteilhaft, wenn die Kerne aus gleich vielen Neutronen und Protonen bestehen. Die Auswirkung des Pauli-Prinzips auf die Stabilität der Kerne wird mit dem Symmetrieterm berücksichtigt. Mit wachsendem $(N-Z)^2$ nimmt die Ruhenergie isobarer Kerne zu (▶ Abb. 9.4). Erst bei den schweren Kernen hat die Coulomb-Abstoßung der Protonen zur Folge, dass bevorzugt Neutronen im Kern gebunden werden und daher die stabilen Kerne einen Neutronenüberschuss haben (▶ Abb. 9.2).

Die Paarungsenergie, die sich aus der Neigung gleichartiger Nukleonen, Paare zu bilden, ergibt, erhöht die Bindung in gg-Kernen mit einer geraden Anzahl von Protonen und Neutronen und verringert sie entsprechend in uu-Kernen. Empirisch findet man

$$\delta = \begin{cases} +\Delta & \text{in gg-Kernen} \\ 0 & \text{in ug-Kernen} \\ -\Delta & \text{in uu-Kernen,} \end{cases} \tag{9.5}$$

wobei $\Delta \approx 12\,\text{MeV}\cdot A^{-\frac{1}{2}}$ schwach von A abhängt.

Halbwertszeiten von α-Strahlern. Wie ein Wassertropfen können auch Atomkerne in kleinere Bruchteile zerfallen. Wegen ihrer relativ hohen Stabilität werden vorwiegend α-Teilchen abgespalten. Da bei den schweren Kernen wegen der mit Z zunehmenden Coulomb-Abstoßung die Bindungsenergie pro Nukleon mit wachsender Massenzahl abnimmt, können insbesondere viele Kerne jenseits von Blei und Bismut spontan Bruchstücke abspalten (▶ Abb. 9.13). Außer einer Abspaltung von α-Teilchen sind bei Transuranen auch spontane Kernspaltungen in etwa gleich große Bruchstücke möglich. Leichtere Kerne mit einem hinreichend großen Neutronen- oder Protonenüberschuss (fernab vom *Stabilitätstal*) können auch einzelne Nukleonen emittieren.

Die Halbwertszeiten $T_{1/2}$ der α-Teilchen emittierenden Kerne hängen systematisch von der Energie der α-Teilchen ab (▶ Abb. 9.16). Die auffällige Zunahme von $T_{1/2}$ mit abnehmender Energie wurde 1928 von G. Gamow (1904–1968) erklärt. Er betrachtete die Wechselwirkung des α-Teilchens mit dem beim Zerfall entstehenden Tochterkern. Das Wechselwirkungspotential von α-Teilchen und Tochterkern ergibt sich aus der Überlagerung von Coulomb-Abstoßung und anziehendem Kernpotential. So entsteht ein Potentialwall, der das α-Teilchen im Mutterkern gefangen hält (▶ Abb. 9.17). Quantenmechanisch kann aber der Coulomb-Wall durchtunnelt werden. Je geringer die Energie des emittierten α-Teilchens, desto länger ist die Tunnelstrecke und desto höher der zu durchtunnelnde Wall. Dementsprechend geringer ist die Wahrscheinlichkeit, dass ein α-Teilchen den Wall durchtunnelt.

Kernspaltung. Zerfällt der Atomkern in zwei etwa gleich große Bruchstücke, spricht man von einer *Kernspaltung*. Kernspaltungen können insbesondere durch Neutronen induziert werden, da sie als elektrisch neutrale Teilchen keine Coulomb-Abstoßung erfahren. Eine typische Spaltreaktion des ^{235}U-Kerns, induziert durch ein thermisches Neutron, verläuft wie folgt:

$$^{235}\text{U} + n \longrightarrow {}^{236}\text{U}^* \longrightarrow {}^{142}\text{Ba} + {}^{92}\text{Kr} + 2n. \tag{9.6}$$

Nach dem Einfang des Neutrons bildet sich ein *Compoundkern* $^{236}\text{U}^*$ mit einer Anregungsenergie von etwa 7 MeV, die der Separationsenergie eines Neutrons im ^{236}U-Grundzustand

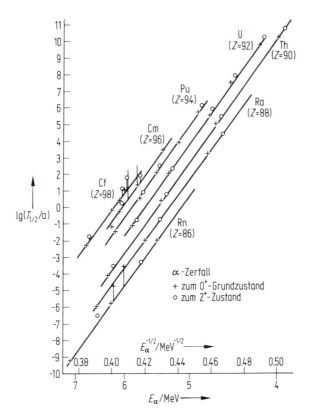

Abb. 9.16 Systematik der $(\log T_{1/2})$-Werte der α-Zerfälle von gg-Kernen im Bereich $86 \leq Z \leq 98$ (Geiger-Nuttall-Regel für Halbwertszeiten $T_{1/2}$, angegeben in Jahren). Die Zerfälle zum 0^+-Grundzustand (+) und zum ersten angeregten 2^+-Zustand (o) sind getrennt angegeben.

entspricht. Der angeregte Kern ^{236}U* deformiert sich wie ein vibrierender Wassertropfen und bricht schließlich in zwei schwere Bruchstücke und einige Neutronen auseinander. Die beiden Spaltfragmente sind nicht stabil, sondern zerfallen weiter über eine Reihe von β-Umwandlungen zu den stabilen Isotopen ^{142}Ce und ^{92}Zr:

$$^{142}\text{Ba} \xrightarrow[6\,\text{min}]{\beta^-} {}^{142}\text{La} \xrightarrow[74\,\text{min}]{\beta^-} {}^{142}\text{Ce}$$

$$^{92}\text{Kr} \xrightarrow[3.0\,\text{s}]{\beta^-} {}^{92}\text{Rb} \xrightarrow[5.3\,\text{s}]{\beta^-} {}^{92}\text{Sr} \xrightarrow[2.7\,\text{h}]{\beta^-} {}^{92}\text{Y} \xrightarrow[3.5\,\text{h}]{\beta^-} {}^{92}\text{Zr}. \tag{9.7}$$

Die Reaktion (9.6) beschreibt nur eine von sehr vielen Spaltmöglichkeiten. In ▶ Abb. 9.18 sind einige gemessene Fragmentverteilungen nach *thermischer Spaltung* gezeigt. Die Asymmetrie dieser Verteilungen mit Maxima bei $A_1 \approx 95$ und $A_2 \approx 140$ ist charakteristisch für die spontane Spaltung von ^{240}Pu, ^{242}Cm und ^{252}Cf und die technisch wichtigen, neutroneninduzierten Spaltprozesse von ^{235,238}U, ^{229}Th und ^{239}Pu. (Dagegen findet man symmetrische Fragmentverteilungen bei der spontanen Spaltung von ^{257}Fm oder bei Spaltprozessen, die durch hochenergetische, geladene Projektile induziert werden.)

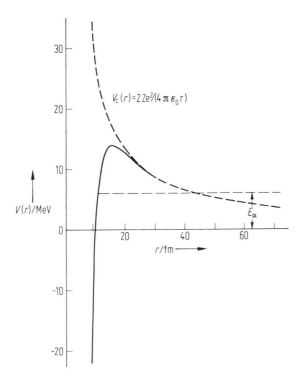

Abb. 9.17 Potentialbarriere des Coulomb-Walls beim α-Zerfall.

Die mittlere Energiebilanz der bei einem Spaltereignis freiwerdenden Energie ist in ► Tab. 9.2 zusammengestellt. Der Hauptanteil besteht in der kinetischen Energie der schweren Fragmente (im Mittel 167 MeV). Dazu kommen noch ca. 11 MeV aus der kinetischen Energie der Neutronen und der Energie der *prompten* γ-Strahlung, die während der Abregung der schweren Fragmente abgestrahlt wird, bis diese in ihrem Grundzustand angelangt sind. Bei den nachfolgenden β-Zerfällen der Spaltfragmente werden nochmal 21 MeV durch schnelle Elektronen, Antineutrinos und sekundäre γ-Strahlung freigesetzt. Woher kommt nun diese hohe Energie von ca. 204 MeV pro Spaltereignis? Eine recht gute Abschätzung gibt schon das Tröpfchenmodell. Gemäß Gl. (9.4) errechnet sich die Differenz ΔB_f zwischen der gesamten Bindungsenergie der beiden Fragmente, $B = B(A_1) + B(A_2) \approx 1990\,\mathrm{MeV}$, und der Bindungsenergie des Spaltkerns $B_\mathrm{f} \approx$

Tab. 9.2 Mittlere Energiebilanz bei der ^{235}U-Spaltung mit thermischen Neutronen.

Kinetische Energie der primären Fragmente	167 MeV
Kinetische Energie der prompten Neutronen	5 MeV
Prompte Gammastrahlung	6 MeV
Sekundäre β-Zerfälle	20 MeV
Sekundäre Gammastrahlung	6 MeV
Summe	204 MeV

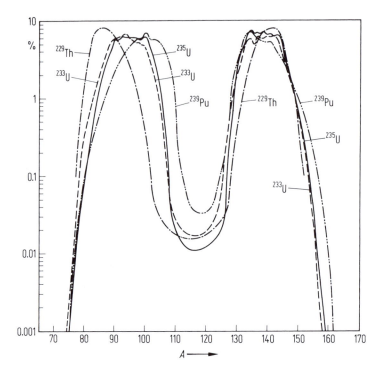

Abb. 9.18 Verteilung der Spaltfragmente bei der durch thermische Neutronen induzierten Spaltung von ^{229}Th, ^{233}U, ^{235}U und ^{239}Pu, geordnet nach ihrer Massenzahl A. Auf der Ordinate ist die Spaltausbeute in Prozent aufgetragen.

1790 MeV zu $\Delta B_f \approx 200$ MeV. Dabei haben wir aus ▶ Abb. 9.3 die Bindungsenergien $B(A_1 \approx 95)/A_1 \approx 8.65$ MeV/Nukleon, $B(A_2 \approx 140)/A_2 \approx 8.35$ MeV/Nukleon und $B(A = 235)/A \approx 7.59$ MeV/Nukleon abgelesen. Letztlich ist es also das starke Anwachsen der Coulomb-Abstoßung in schweren Kernen, die proportional zu $Z^2/A^{\frac{1}{3}}$ ist, aus der die Kernspaltung ihre Energie erhält.

Kernreaktoren. Bei der Spaltung eines Urankerns wird eine Energie von etwa 200 MeV freigesetzt. Daraus folgt, dass 1 kg Uran etwa $20 \cdot 10^6$ kWh Energie liefern kann. Im Vergleich dazu liefert 1 kg Steinkohle nur 8 kWh. Die bei der Kernspaltung freigesetzte Energie ist also mehr als eine Million mal so groß wie die bei chemischen Prozessen freigesetzte Energie. Militärisch wurde die Kernenergie durch den Abwurf der Atombomben auf Hiroshima und Nagasaki 1945 missbraucht. Aber auch die friedliche Nutzung der Kernenergie ist durch katastrophale Unglücksfälle mit Kernkraftwerken in Verruf geraten (1979 Harrisburg, 1986 Tschernobyl, 2011 Fukushima). Es kommt deshalb darauf an, Kernreaktoren zu entwickeln, die (a) einen sicheren Betrieb garantieren und (b) wesentlich weniger radioaktiven Abfall zurücklassen, so dass er sicher entsorgt werden kann. Insbesondere sollte nicht nur ^{235}U gespalten werden, sondern auch ^{238}U, und damit der gesamte im Ausgangsmaterial vorhandene Energievorrat genutzt werden. So würden gleichzeitig auch die langlebigen α-Strahler mit Halbwertszeiten $T_{1/2}$ von vielen tausend

Jahren vernichtet, die eine Entsorgung des radioaktiven Abfalls besonders erschweren. Beides – sicherer Betrieb und Abfallvernichtung – ist prinzipiell möglich. Ob es in dieser Weise auch wirtschaftlich genutzt werden kann, lässt sich nur im Rahmen entsprechender Forschungs- und Entwicklungsprogramme herausfinden.

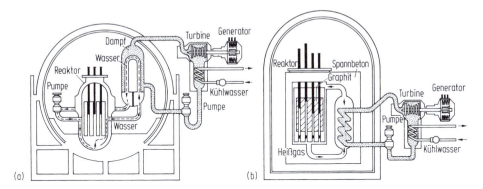

Abb. 9.19 Prinzip eines Druckwasser-Reaktors (a) und eines Hochtemperatur-Reaktors (b).

Die herkömmlichen Kernkraftwerke nutzen die Spaltung des Uran-Isotops ^{235}U und des Plutonium-Isotops ^{239}Pu durch thermische Neutronen. Letzteres entsteht aus ^{238}U durch Neutroneneinfang. In ▶Abb. 9.19 sind die wesentlichen Komponenten zweier moderner Spaltreaktoren skizziert, des *Druckwasser-Reaktors* und des *Hochtemperatur-Reaktors*. Die Spaltprozesse finden im *Reaktorkern* (*Core*) statt, der die *Brennelemente* (mit ^{235}U angereicherte Uranverbindungen), den *Moderator* und die *Steuerelemente* enthält. Etwa 80 % der in der Spaltung erzeugten Energie besteht in der kinetischen Energie der beiden schweren Spaltfragmente (vgl. ▶Tab. 9.2). Diese Fragmente werden im Reaktorkern abgebremst und erhitzen ihn. Die Kühlung des Reaktorkerns geschieht beim Druckwasser-Reaktor durch Wasser des primären Kühlkreislaufes, das über einen Wärmetauscher im sekundären Kreislauf Wasserdampf erzeugt, der elektrische Turbinen antreibt. Beim Hochtemperatur-Reaktor arbeitet der primäre Kreislauf mit Gas (Helium).

Im Folgenden geben wir eine kurze Beschreibung der Prozesse im Reaktorkern für den Fall der ^{235}U-Spaltung mit thermischen Neutronen. Bei dieser Reaktion werden im Mittel $\bar{n} = 2.43$ Neutronen mit einer Energie von ca. 1.5 MeV pro Neutron frei. Das Energiespektrum der Neutronen reicht bis etwa 10 MeV. Diese schnellen Neutronen sind zur Aufrechterhaltung der Spaltreaktion nicht geeignet, da der Wirkungsquerschnitt nur etwa 10^{-28} m^2 beträgt. Dagegen spalten thermische Neutronen (0.025 eV) mit einem sehr viel höheren Wirkungsquerschnitt von $580 \cdot 10^{-28}$ m^2. Zusammensetzung und Geometrie des Reaktorkerns müssen also so gewählt werden, dass die schnellen Neutronen bei möglichst geringen Verlusten abgebremst (moderiert) werden und im Reaktorkern verbleiben. Zur Moderierung verwendet man Materialien, in denen Neutronen durch elastische Kernstöße einen großen Teil ihrer kinetischen Energie verlieren: leichtes Wasser (H_2O), „schweres" Wasser ($D_2O = {}^2H_2O$) oder Graphit. Typische Weglängen der Moderierung („Bremslängen") liegen bei 5–20 cm.

Strahlenschäden. Beim Umgang mit radioaktiven Materialien ist die staatlicherseits vorgeschriebene *Strahlenschutzverordnung* zu beachten. Denn die Energie der emittierten

Teilchen und γ-Quanten ist weit größer als die Ionisations- und Dissoziationsenergien von Atomen und Molekülen. Daher können durch die Strahlung radioaktiver Atomkerne Ionisations- und Dissoziationsprozesse ausgelöst werden, die zu schweren Schäden insbesondere in lebender Materie führen können. Die Schädigung eines Körpers wird durch die Angabe der *Ionendosis* oder der *Energiedosis* charakterisiert. Erstere ist ein Maß für die Anzahl der im Körper erzeugten Ionen, letztere ein Maß für die auf ihn übertragene Energie, bezogen jeweils auf die Masse des Körpers. Es sei aber erwähnt, dass die zerstörerische Wirkung hochenergetischer Strahlen auch für Heilungszwecke genutzt wird, beispielsweise zur Behandlung von Tumoren.

Die SI-Einheit der Ionendosis ist 1 *Coulomb pro Kilogramm* = 1 C/kg, die SI-Einheit der Energiedosis 1 *Gray* = 1 Gy = 1 J/kg. Da verschiedene Strahlensorten biologisch unterschiedlich wirksam sind, hat man den Begriff der *Äquivalentdosis* eingeführt. Die Äquivalentdosis wird in der Einheit 1 Sievert = 1 Sv gemessen und ergibt sich aus der Energiedosis durch Multiplikation mit dem *Bewertungsfaktor* q. Er ist für β-Strahlung ($q \approx 1.5$) und thermische Neutronen ($q \approx 2$) deutlich geringer als für die stärker ionisierenden α-Teilchen ($q = 20$) und für schnelle Neutronen ($q = 10$).

In Deutschland bewirkt die terrestrische Strahlung im Mittel eine Strahlenbelastung von etwa 0.4 mSv/Jahr. Die terrestrische Strahlenbelastung ist aber regional sehr verschieden. In Deutschland sind die Werte im Erzgebirge und im Bayrischen Wald am höchsten, etwa 1.3 mSv/Jahr. In Gegenden des Iran werden sogar Spitzenwerte über 200 mSv/Jahr erreicht. Zusätzlich zur terrestrischen Strahlenbelastung ist bei der natürlichen Strahlenbelastung auch die kosmische Strahlung zu berücksichtigen. Ihr Anteil nimmt mit zunehmender Höhe über dem Meeresspiegel zu.

9.4 Schalenmodell

Die Elektronenhülle der Atome hat eine Schalenstruktur (Abschn. 2.4). Sie lässt sich in guter Näherung unter der Annahme beschreiben, dass sich die Elektronen unabhängig voneinander in dem gemeinsamen effektiven Potential $V(r)$ eines Zentralfeldes bewegen, das sich aus der Ladung des Atomkerns und der Ladungsverteilung der Elektronen in der Atomhülle ergibt. Besonders stabile Atome sind dabei die Edelgase, bei denen nicht nur die inneren Schalen, sondern auch die äußerste Schale voll besetzt ist. Es sind die Atome mit $Z = 2, 10, 18, 36, 54$ und 86.

Auch bei den Atomkernen gibt es solche *magischen* Nukleonenzahlen von Nukliden mit auffallend hoher Stabilität. Es wurde daher nach der Entdeckung des Neutrons schon bald versucht, auch die Termstruktur der Atomkerne unter der Annahme zu erklären, dass sich die Nukleonen eines Kerns unabhängig voneinander in einem gemeinsamen effektiven Zentralfeldpotential $V(r)$ bewegen, allerdings zunächst ohne durchschlagenden Erfolg. Erst 1949 entwickelten Maria Göppert-Mayer (1906 – 1972) und J. H. D. Jensen (1907 – 1973) (gemeinsamer Nobelpreis 1963) unabhängig voneinander ein Schalenmodell (independent-particle model) der Atomkerne unter der Annahme, dass der Nukleonenspin verhältnismäßig fest an die Bahnbewegung der Nukleonen gekoppelt ist.

Magische Zahlen. Die Atomkerne, bei denen Neutronenzahl N oder Protonenzahl Z den Wert einer der *magischen Zahlen* 2, 8, 20, 28, 50, 82 und 126 haben, heben sich in vieler Hinsicht von den übrigen Kernen ab. In ▶ Abb. 9.3 fällt auf, dass in der Reihe der stabilen Kerne die Bindungsenergie dieser Kerne größer ist als nach dem Tröpf-chenmodell (Gl. (9.4)) erwartet wird. Auffallend groß sind die Bindungsenergien der doppelt magischen Kerne $^4_2$He$_2$, $^{16}_8$O$_8$, $^{40}_{20}$Ca$_{20}$, $^{48}_{20}$Ca$_{28}$ und $^{208}_{82}$Pb$_{126}$. In ▶ Abb. 9.2 fällt auf, dass Elemente mit magischer Protonenzahl Z relativ viele stabile Isotope haben. Entsprechend gibt es auch relativ viele *Isotone* (Kerne mit gleicher Neutronenzahl), wenn die Neutronenzahl N magisch ist.

Auch die natürliche *relative Häufigkeit* von Elementen und Isotopen auf der Erde und in unserem Sonnensystem (▶ Abb. 9.20) zeigt ausgeprägte Maxima bei $N \approx 28, 50, 82$ und 126. Die Doppelstruktur der Maxima bei $N = 50, 82$ und 126 hängt mit den Prozessen der Nukleosynthese zusammen, die durch Neutroneneinfang und nachfolgende β-Zerfälle abläuft (Abschn. 10.1).

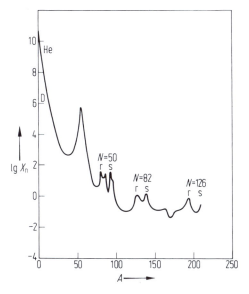

Abb. 9.20 Logarithmus der natürlichen relativen Häufigkeit X_n der stabilen Isobare. Außer der Stabilität der Kerne haben auch Prozesse der Nukleosynthese (r, s) einen maßgebenden Einfluss auf die Häufigkeit.

Die hohe Stabilität magischer Kerne wird auch deutlich, wenn man die *Separati-onsenergien S_{2n} zweier Neutronen* betrachtet, die in ▶ Abb. 9.21 für $54 \leq N \leq 154$ als Funktion von Z aufgetragen sind. Zur Illustrierung verwenden wir die Separations-energien zweier Neutronen, um von den Effekten der Paarungs- und Coulomb-Energie (Gl. (9.4)) unabhängig zu sein. In ▶ Abb. 9.21 erkennt man einen Sprung von S_{2n} bei den magischen Neutronenzahlen $N = 50$ und $N = 82$. Man muss also rund 3.5 MeV mehr Energie aufbringen, um zwei Neutronen aus einem Kern mit 82 Neutronen als aus einem mit 84 Neutronen loszulösen. Die Sprünge in den S_{2n}-Werten haben eine gewisse Ähnlichkeit mit jenen in der Ionisierungsenergie von Atomen in der Nähe abgeschlossener Elektronenschalen (▶ Abb. 2.10 in Abschn. 2.4).

Kernpotentiale der Einteilchenzustände. Nach dem Tröpfchenmodell erwartet man, dass die Kerne kugelfömig sind, da dann die Oberflächenenergie im Vergleich zur Vo-

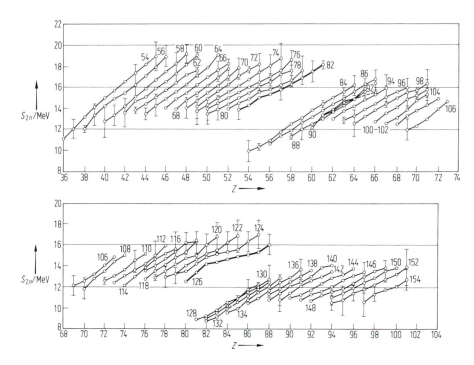

Abb. 9.21 Separationsenergien S_{2n} für zwei Neutronen in der Nähe der Schalenabschlüsse mit $N =$ 50 und $N = 82$ (U. Keyser et al., Springer Tracts in Modern Physics, 1988).

lumenenergie relativ klein ist. Wir gehen deshalb von einer sphärisch symmetrischen Potentialfunktion $V(r)$ aus. Da die Nukleonen relativ gleichmäßig über das Kernvolumen verteilt sind und die Kernkräfte eine kurze Reichweite haben, ist es sinnvoll für die potentielle Energie

$$V(r) = m_{\mathrm{N}}\, \omega_0\, r^2 \tag{9.8}$$

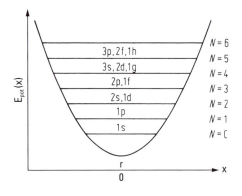

Abb. 9.22 Energie-Eigenwerte und Quantenzahlen eines Nukleons in einem 3-dimensionalen harmonischen Oszillator-Potential $E_{\mathrm{pot}}(\boldsymbol{r})$, $(E_{\mathrm{pot}}(x) = E_{\mathrm{pot}}(x, y = 0, z = 0))$.

anzusetzen, entsprechend dem Potential eines 3-dimensionalen harmonischen Oszillators (▶Abb. 9.22), oder ein Kastenpotential (▶Abb. 9.10) anzunehmen. Im Oszillatorpotential sind die Energieniveaus äquidistant ($\Delta E = \hbar\omega_0$) und können wegen der Kugelsymmetrie des Potentials mit Drehimpulsquantenzahlen $l = 0, 1, 2, \ldots$ (oder mit s, p, d, $\ldots$) und einer Parität $P = \pm 1$ klassifiziert werden. Die Parität der Oszillatorterme alterniert. Terme mit verschiedenen Drehimpulsen sind im Oszillatorpotential teilweise entartet, nicht aber im Kastenpotential. Terme mit hohem Drehimpuls liegen dort relativ zu den Termen mit niedrigem Drehimpuls energetisch tiefer als im Oszillatorpotential.

Spin-Bahn-Kopplung. Für die Deutung der magischen Zahlen ist die Annahme entscheidend, dass der Nukleonenspin so fest an den Bahndrehimpuls des Nukleons gekoppelt ist, dass die Nukleonenzustände mit Gesamtdrehimpulsen $j = l + 1/2$ energetisch deutlich

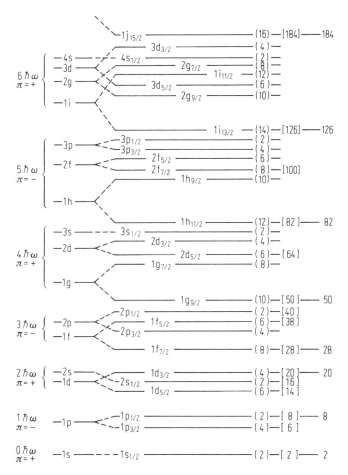

Abb. 9.23 Einteilchen-Energien nach dem Schalenmodell ohne Spin-Bahn-Kopplung (links) bzw. mit Spin-Bahn-Kopplung (rechts) (M. Göppert-Mayer, J. H. D. Jensen: Elementary Theory of Nuclear Shell Structure, Wiley, New York, 1955).

tiefer liegen als die Zustände mit $j = l - 1/2$. Je größer der Bahndrehimpuls, desto stärker ist die Spin-Bahn-Kopplung $V_{ls}(r_i)\boldsymbol{l}_i \boldsymbol{s}_i$. Bei geeigneter Wahl des Zentralfeldpotentials $V(r)$ und der Kopplungsstärke $V_{ls}(r)$ erhält man etwa die folgende Schalenstruktur (▶ Abb. 9.23): $1s$-Schale, $1p$-Schale, $(2s, 1d)$-Schale, $1f_{7/2}$-Schale, $(2p, 1f_{5/2}, 1g_{9/2})$-Schale etc.

Bei hinreichend starker Spin-Bahn-Kopplung rückt also der $1f_{7/2}$-Term in eine Zwischenposition und bildet eine eigene Schale mit dem Schalenabschluss bei der magischen Zahl 28. Die Einteilchenzustände mit Bahndrehimpulsen $l \geq 4$ und $j = l + 1/2$ rücken durch die Spin-Bahn-Kopplung energetisch zu den Zuständen des nächst niedrigen Oszillatorterms, so dass Schalenabschlüsse bei den magischen Zahlen 50, 82, und 126 erreicht werden. Mit dieser Verschiebung der $(j = l + 1/2)$-Zustände rückt ein Einteilchenniveau mit extrem hohem Drehimpuls in die Nähe von Zuständen mit niedrigen Drehimpulsen und entgegengesetzter Parität. Dieser Umstand erklärt, dass es in der Nähe der magischen Kerne viele isomere Kerne gibt, d. h. angeregte Kerne, die mit ungewöhnlich langen Halbwertszeiten zerfallen (Isomereninseln).

9.5 Kollektivbewegungen

Zwar erwartet man nach dem Tröpfchenmodell, dass die Atomkerne kugelförmig sein sollten. Aber bei vielen Kernen werden Phänomene beobachtet, die auf Abweichungen von der Kugelgestalt hinweisen. Solche Abweichungen können wegen der Schalenstruktur der Atomkerne erwartet werden. Während in der Atomhülle das dominierende Zentralfeld der Kernladung eine kugelsymmetrische Verteilung der Elektronen stark begünstigt, erwartet man bei den Kernen nur in der Umgebung der Kerne mit magischen Nukleonenzahlen kugelsymmetrische Verteilungen der Nukleonen. Wenn sowohl die Protonen- als auch die Neutronenzahl weit ab von den magischen Zahlen liegt, verzerren die Nukleonen in den nichtabgeschlossenen äußeren Schalen den Kern, so dass sogar die Kerne im Grundzustand nicht kugelförmig sind. In diesem Fall sind außer Einteilchenbewegungen auch kollektive Bewegungen von Nukleonen möglich. Sie werden in den *Kollektivmodellen* der Atomkerne berücksichtigt.

Deformierte Kerne. Erste Hinweise auf die Existenz deformierter Kerne ergaben sich aus Messungen zur Hyperfeinstruktur der Atomspektren (Abschn. 4.3) und den daraus folgenden Kernquadrupolmomenten (▶ Abb. 9.24). Große Quadrupolmomente, die nicht mit der Ladungsverteilung eines einzelnen ungepaarten Protons erklärt werden können, wurden insbesondere bei den Seltenen Erden ($150 < A < 180$) und den Aktiniden ($A > 220$) gemessen. Aus Messungen der Hyperfein-Aufspaltung können nur Quadrupolmomente von Kernen mit einem Kernspin $I \geq 1$ gemessen werden. Untersuchungen zur Isotopieverschiebung (Abschn. 4.3) und die γ-Spektren der Atomkerne weisen aber darauf hin, dass auch Kerne mit $I = 0$ und $1/2$ deformiert sein können.

Die kollektive Bewegung von elliptisch deformierten Kernen (▶ Abb. 9.25) wurde von A. N. Bohr (1922 – 2009) und B. R. Mottelson (*1926) (gemeinsamer Nobelpreis 1975) quantenmechanisch beschrieben (Bohr-Mottelson-Modell). Ein elliptisch deformierter Kern mit homogener Ladungsverteilung hat zwar ein *inneres* Quadrupolmoment Q_0. Wegen der kollektiven Kreiselbewegung des Kerns kommt es aber zu einer zeitlichen Mittelung der Ladungsverteilung, so dass sich aus Messungen der Hyperfeinstruktur ein

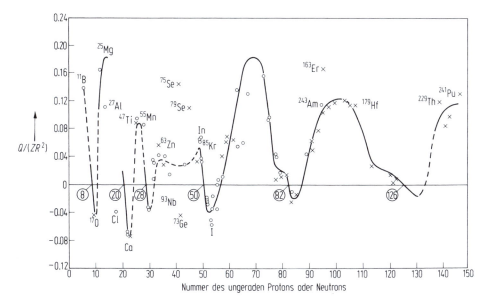

Abb. 9.24 Reduziertes Quadrupolmoment $Q/(ZR^2)$ (Z Ladungszahl, R Kernradius) in Kernen mit ungerader Protonen- oder Neutronenzahl ($\circ$ = ungerades Z, $\times$ = ungerades N).

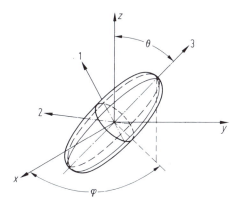

Abb. 9.25 Zur Definition des körperfesten Achsensystems $(1, 2, 3)$ eines Ellipsoids relativ zum Laborsystem (x, y, z).

kleineres Quadrupolmoment Q_I ergibt. Falls $I = 0$ oder $1/2$ ist, kann zwar $Q_0 \neq 0$ sein, aber das spektroskopische Quadrupolmoment ist $Q_I = 0$.

Die Kreiselbewegung elliptisch deformierter Kerne mit Rotationssymmetrie führt quantenmechanisch zu Rotationsbanden ähnlich denjenigen 2-atomiger Moleküle (Abschn. 7.4). Die Termstruktur einer solchen Rotationsbande zeigt ▶ Abb. 9.26. Für ein rotationssymmetrisches Ellipsoid ergibt sich für die Termabstände $\hbar\omega = \hbar^2\, I/J$. Dabei ist J das maßgebende Trägheitsmoment des deformierten Kerns. Er verhält sich bei der Rotation nicht wie ein starrer Körper, sondern eher wie eine inkompressible Flüssigkeit.

Zur Untersuchung der Abhängigkeit der Deformation von den Nukleonenzahlen und zur Bestimmung von Deformationsparametern und Anregungsenergien wurden von S. G. Nilsson (1927 – 1979) auch die Energien der Einteilchenzustände in Kernpoten-

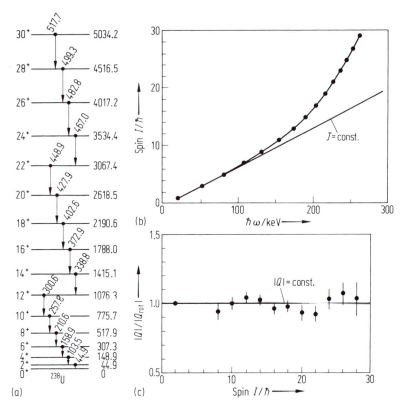

Abb. 9.26 (a) Energieniveaus in keV, (b) $I(\omega)$-Kurve und (c) Betrag des Quadrupolmomentes Q der Grundzustandsbande in ^{238}U. Man beachte den Anstieg des Trägheitsmomentes in (b) bei gleichzeitiger Konstanz von $|Q|$ in (c).

tialen untersucht, die nicht mehr sphärisch symmetrisch, sondern nur noch axial- und spiegelungssymmetrisch sind. Wegen der Anisotropie des Potentials sind nur noch die Projektionen m_l und m_j der Drehimpulse auf die Symmetrieachse gute Quantenzahlen der Eigenzustände des Hamilton-Operators, nicht aber l und j. Das Termschema der Einteilchenzustände im deformierten Kernpotential ist daher sehr verschieden von demjenigen im sphärisch symmetrischen Kernpotential des Schalenmodells und wesentlich komplizierter.

Kernphotoeffekt und Riesenresonanz. Nicht nur Atomkerne mit Nukleonenzahlen weit ab von den magischen Zahlen können deformiert sein. Auch Kerne mit nahezu magischen Nukleonenzahlen können zu kollektiven Schwingungen angeregt werden und sich dabei deformieren. Bekannt als *Riesenresonanz* sind elektrische Dipolschwingungen, bei denen die Protonen und Neutronen kollektiv gegeneinander schwingen. Die Riesenresonanz wurde bei Untersuchungen des *Kernphotoeffekts* entdeckt, d. h. bei (γ, p)- und (γ, n)-Prozessen, bei denen ein γ-Quant von einem Kern absorbiert und ein Nukleon emittiert wird. ▶ Abb. 9.27 zeigt den Absorptionsquerschnitt σ_A von γ-Strahlung an ^{206}Pb- und ^{186}W-Kernen: Für ^{206}Pb liegt die Resonanzenergie bei $E_R = 13.59$ MeV und die Resonanzbreite beträgt $\Gamma \approx 3.9$ MeV. In ^{186}W beobachtet man eine doppelte Resonanzstruktur mit Maxima bei 12.6 und 14.9 MeV Photonenenergie, ein Hinweis darauf, dass der Kern schon im Grundzustand deformiert ist.

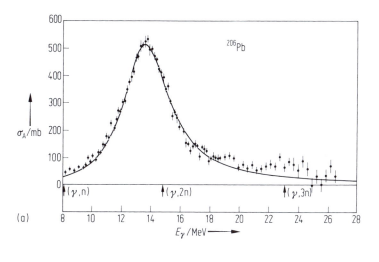

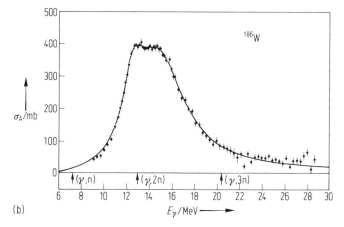

Abb. 9.27 Absorptionsquerschnitt σ_A für γ-Strahlung der Energie E_γ in den Kernen ^{206}Pb (a) und ^{186}W (b). Die resonanzartige Struktur bei $E_\gamma \approx 14$ MeV ist die elektrische Dipolriesenresonanz.

Oberflächenschwingungen. Eine andere Form kollektiver Schwingungen sind *Oberflächenschwingungen*, wie in ▶ Abb. 9.28 skizziert. Aufgrund solcher Schwingungen ergeben sich charakteristische Termfolgen. Eine Quadrupolschwingung ergibt beispielsweise, dass über einem 0^+-Grundzustand bei einfacher Anregung ein angeregter 2^+-Term entsteht und bei doppelter Anregung ein Triplett von Termen mit den Kernspin- und Paritätsquantenzahlen 0^+, 2^+ und 4^+.

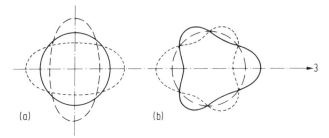

Abb. 9.28 Oberflächenschwingungen vom elektrischen Quadrupoltyp (a) beziehungsweise Oktupoltyp (b).

Aufgaben

9.1 Wenn 1-MeV-Neutronen auf ruhende Protonen treffen, haben die Protonen nach dem Stoß eine Maximalenergie von 1 MeV. Welche Maximalenergie haben ^{14}N-Kerne, wenn sie von 1-MeV-Neutronen gestoßen werden (bei Vernachlässigung der Massendefekte)?

9.2 Orts- und Spinzustand des Deuterons sind symmetrisch. Der Isospinzustand ändert bei einem Austausch der Nukleonen das Vorzeichen, so dass der Gesamtzustand antimetrisch ist. Stellen Sie den Isospinzustand als Linearkombination von Produktzuständen der Einteilchen-Isospinzustände dar.

9.3 Wie groß ist die Radioaktivität von 1 g Thorium in der Einheit Bq, wie groß in Ci?

9.4 Welcher Neutronenüberschuss $N - Z$ ergibt sich aus der Bethe-Weizsäcker-Formel für einen Kern mit der Massenzahl $A = 216$ (bei Vernachlässigung der Paarungsenergie)? Wie ändert sich der Neutronenüberschuss mit der Massenzahl?

9.5 Wie groß ist der Radius R eines (kugelförmigen) Urankerns ^{235}U? Wie hoch ist der Coulomb-Wall dieses Kerns für Protonen?

10 Kernreaktionen und nukleare Strahlungsübergänge

Aufgrund der klassischen Modellbilder der Atomkerne erwartet man, dass bei Stößen mit hinreichend hoher Energie Atomkerne ähnlich miteinander reagieren wie Moleküle bei gaskinetischen Stößen (Kap. 8). Bei irdischen Temperaturen können Atomkerne wegen der Coulomb-Abstoßung praktisch nicht miteinander reagieren. Es sind nur spontane Dissoziationsprozesse (Beispiel: α-Zerfall) möglich. Anders ist es bei den hohen Temperaturen im Innern von Sternen. Bei Temperaturen $T \gtrsim 10^8$ K ($k_B T \gtrsim 10$ keV) können leichte Kerne miteinander reagieren. Im Labor können Kernreaktionen mit Teilchenbeschleunigern untersucht werden (Abschn. 10.1).

Andererseits können sich Atomkerne ähnlich wie die Elektronenhülle dank ihrer Wechselwirkung mit Strahlungsfeldern verändern. Für die Atomhülle ist praktisch nur die elektromagnetische Wechselwirkung zur Deutung von Strahlungszerfällen und Autoionisationsprozessen wichtig. Bei den Kernen hingegen ist auch die *schwache Wechselwirkung*, die den β-Zerfall (Abschn. 9.2) verursacht, und die hadronische Wechselwirkung, die die Kernkräfte erzeugt und damit die Nukleonen im Kern zusammenhält (Abschn. 9.1), von grundlegender Bedeutung. Wir behandeln die elektromagnetischen Strahlungszerfälle in den Abschnitten 10.2 und 10.3 und den β-Zerfall in den Abschnitten 10.4 und 10.5.

10.1 Kernreaktionen

Da alle Atomkerne positiv geladen sind, können zwei Kerne mit Ladungszahlen Z_1 und Z_2 und Radien R_1 und R_2 nur miteinander reagieren, wenn der Coulomb-Wall

$$E_{pot} = Z_1 Z_2 \frac{\alpha \hbar c}{R_1 + R_2} \approx Z_1 Z_2 \cdot \frac{1.5\,\text{MeV fm}}{R_1 + R_2} \qquad (10.1)$$

(α = Feinstrukturkonstante) überwunden wird. Kernreaktionen werden also ausgelöst, wenn die Kerne mit einer kinetischen Energie oberhalb der Coulomb-Schwelle aufeinander treffen. Auch unterhalb der Coulomb-Schwelle sind Kernreaktionen dank des Tunneleffekts möglich (wie z. B. im Innern der Sterne), aber nur mit entsprechend kleinen Wirkungsquerschnitten. Die erste künstliche Kernreaktion $\alpha + {}^{14}\text{N} \longrightarrow {}^{17}\text{O} + p$ wies Ernest Rutherford 1917 nach. Dabei nutzte er noch die Energie der von radioaktiven Elementen emittierten α-Teilchen. Nach der Entwicklung von Teilchenbeschleunigern (Abschn. 3.2) konnte seit 1930 eine große Vielfalt von Kernreaktionen systematisch untersucht werden.

Hier betrachten wir nur Kernreaktionen, bei denen sich sowohl die Anzahl Z der Protonen als auch die Anzahl N der Neutronen nicht ändert, also nur eine Umordnung der Nukleonen stattfindet. Dabei kann man grob zwischen zwei Reaktionstypen unterscheiden:

a) Bei den *direkten Reaktionen* gehen die beiden Ausgangskerne des Stoßsystems unmittelbar in die nachweisbaren Reaktionsprodukte über.

b) Bei den *Zwischenkern-* oder *Compoundkern-Reaktionen* wird zwischenzeitlich ein (hoch angeregter) Compoundkern gebildet. Bildung und Zerfall des Compoundkerns können in mehrere Ausgangskanäle erfolgen. Nachdem ein Compoundkern entstanden ist, kann er – unabhängig davon, wie er entstanden ist – in verschiedene Ausgangskanäle zerfallen.

Wir beginnen mit einer kurzen Auflistung der für die Untersuchung von Kernreaktionen verwendeten Teilchendetektoren.

Teilchendetektoren. Bei allen Kernreaktionen entstehen wieder nukleare Teilchen hoher Energie. Geladene Teilchen ionisieren beim Durchgang durch Materie Atome und Moleküle oder regen sie an, so dass Licht emittiert wird, und können daher gut detektiert werden. Neutronen hingegen wechselwirken fast nur mit den Atomkernen und werden daher über nachfolgende Kernprozesse nachgewiesen.

Geladene nukleare Teilchen werden bei den Anregungs- und Ionisationsprozessen kaum abgelenkt, verlieren aber schnell an Energie. In Nebelkammern erzeugen sie folglich eine geradlinige Spur von Nebeltröpfchen. Die Reichweite R (Länge der Spur) hängt vor allem von der Ladungszahl und der Energie der Teilchen sowie von der Dichte ϱ des durchstrahlten Materials ab. Für 5-MeV-α-Strahlen ist $R\varrho \approx 10^{-2}$ kg/m^2.

Zum Nachweis einzelner geladener Teilchen nutzt man einerseits die beim Durchgang durch Materie freigesetzten Ladungsträger und misst einen Stromstoß oder die nach Anregung und Ionisation auftretenden Folgeprozesse. Detektoren, die auf dem Nachweis von Stromstößen beruhen, sind beispielsweise *Ionisationskammer*, *Proportional-* und *Geiger-Müller-Zählrohr* (Abschn. 1.4) und *Halbleiterdetektor*. Die Entstehung von Lichtpulsen wird im *Szintillationszähler* und in der *Funkenkammer* zum Nachweis genutzt. Chemische Folgeprozesse ermöglichen den Nachweis von Kernspuren in *fotografischen Emulsionen* und schließlich sind lokale Änderungen des Aggregatzustandes die Grundlage für den Nachweis geladener Teilchen mit *Nebel-* und *Blasenkammer*.

Zum Nachweis schneller Neutronen nutzt man elastische Stöße der Neutronen mit leichten Atomkernen, insbesondere Protonen. In einer mit Wasserstoff gefüllten Ionisationskammer können beispielsweise die bei Stößen entstehenden Rückstoßprotonen detektiert werden. Abgebremste langsame Neutronen können, da sie keinen Coulomb-Wall überwinden müssen, mit BF$_3$-Gas nachgewiesen werden, wo die Neutronen die Kernreaktion $n + {}^{10}$B $\longrightarrow {}^{7}$Li $+ \alpha + 2.78$ MeV auslösen und so 1.77-MeV-α-Teilchen und 1-MeV-^{7}Li-Kerne erzeugen.

Direkte Reaktionen. Typische Beispiele für direkte Kernreaktionen sind die *Stripping-* und *Pick-up-Reaktionen*, bei denen das Projektil streifend am Targetkern vorbeifliegt und dabei ein Nukleon an den Targetkern abgibt bzw. von ihm einfängt. So können Kerne in Nachbarkerne mit einem fehlenden oder zusätzlichen Nukleon umgewandelt werden (▶Abb. 9.15, Abschn. 9.2). Da das Deuteron ein verhältnismäßig lockerer Bindungszustand von Neutron und Proton ist, können insbesondere Deuteronen bei Stößen mit leichten Kernen ein Nukleon verlieren. Beispiele für direkte Kernreaktionen sind auch die Fusionsreaktionen D(d, p)T, T$(d, n)^{4}$He, D$(d, n)^{3}$He und ^{3}He$(d, p)^{4}$He, bei denen Deuteronen auf ein Target treffen und bei einem Stoß ein Nukleon an den Targetkern abgeben. Als gestreutes Teilchen wird also ein Proton oder Neutron nachgewiesen. Diese Reaktionen tragen wesentlich zur Energiegewinnung im Innern der Sonne und der anderen Sterne bei Temperaturen $T \approx 10^7$ K ($k_B T \approx 1$ keV) bei. Bei diesen Fusionsreaktionen werden Energien im MeV-Bereich freigesetzt. Aus den Bindungsenergien E_B der Teilchen d (2.2 MeV), t (8.4 MeV), ^{3}He (7.7 MeV) und ^{4}He (28.2 MeV) ergibt sich:

$$d + d \longrightarrow t + p + 4.0\,\text{MeV}, \tag{10.2}$$

$$t + d \longrightarrow {}^4\text{He} + n + 17.6\,\text{MeV}, \tag{10.3}$$

$$d + d \longrightarrow {}^3\text{He} + n + 3.3\,\text{MeV}, \tag{10.4}$$

$$^3\text{He} + d \longrightarrow {}^4\text{He} + p + 18.30\,\text{MeV}. \tag{10.5}$$

Die Reaktionsquerschnitte in ▶ Abb. 10.1 sind wegen der Coulomb-Abstoßung der Stoßpartner im unteren keV-Bereich sehr klein, erreichen aber im Bereich von 100 keV Werte von der Größenordnung der Querschnittsflächen der miteinander reagierenden Atomkerne und werden deshalb in Barn (b) angegeben. (Für Kernphysiker sind das Wirkungsquerschnitte *groß wie ein Scheunentor*: 1 b = 10^{-28} m^2, Bd. 1, Abschn. 1.3). Um diese Reaktionen zur Freisetzung von Energie in einem zukünftigen Fusionsreaktor zu nutzen, versucht man, ein Wasserstoff-Plasma (Ionen + Elektronen) sehr hoher Temperatur (etwa 10^8 K) zu erzeugen. Die mittlere kinetische Energie der Teilchen bei $T = 10^8$ K beträgt grob 10 keV. Derart hohe Temperaturen können erreicht werden, wenn man das Plasma in geeigneten Magnetfeldanordnungen, beispielsweise in einem *Tokamak* oder einem *Stellarator* einschließt. Das derzeit größte Projekt dieser Art ist ITER (International Thermonuclear Experimental Reactor), ein in Frankreich im Bau befindlicher Kernfusionsreaktor.

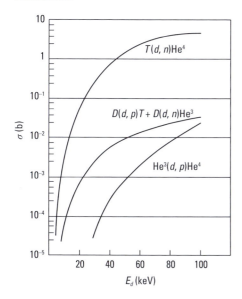

Abb. 10.1 Wirkungsquerschnitte σ von Fusionsreaktionen $X(d,x)Y$ als Funktion der Deuteronenergie E_d.

Compoundkern-Modell. Das Compoundkern-Modell beruht auf der Vorstellung, dass bei der Kollision eines nuklearen Projektils a mit einem Kern X (genügend hoher Massenzahl A) das Projektil zunächst von dem Targetkern (ähnlich wie ein Molekül von einem

Wassertropfen) absorbiert wird. Das so entstandene Gesamtsystem relaxiert gemäß dieser Modellvorstellung in einen thermischen Gleichgewichtszustand und zerfällt dann in verschiedene Reaktionsprodukte, beispielsweise in einen Kern Y und ein nukleares Teilchen b. Die Kernreaktion $X(a, b)Y$ kann dementsprechend in zwei voneinander unabhängige Teilprozesse zerlegt werden, nämlich Bildung und Zerfall des Compoundkerns C:

$$X + a \longrightarrow C \longrightarrow Y + b \ . \tag{10.6}$$

Entsprechend dieser Modellvorstellung kann auch der Wirkungsquerschnitt $\sigma(a, b)$ der Reaktion $X(a, b)Y$ als Produkt eines Wirkungsquerschnitts $\sigma_C(a)$ für die Bildung des Compoundkerns und einer Übergangsrate $\Gamma_C(b)$ relativ zur Zerfallsrate Γ_C (Verzweigungsverhältnis $\Gamma_C(b)/\Gamma_C$) für den Zerfall des Compoundkerns in die Bruchstücke Y und b geschrieben werden. Wenn $\Gamma_C(b)$ die partielle Zerfallsrate für den Zerfall $C \longrightarrow Y + b$ und $\Gamma_C = \sum \Gamma_C(b)$ die totale Zerfallsrate des Compoundkerns ist, erhält man

$$\sigma(a, b) = \sigma_C(a) \cdot \frac{\Gamma_C(b)}{\Gamma_C} \ . \tag{10.7}$$

Auslösung von Kernreaktionen durch Neutronen. Bei der Wechselwirkung von Neutronen mit Atomkernen gibt es keine Coulomb-Abstoßung. Daher können auch langsame Neutronen Kernreaktionen auslösen. In diesem Fall ist die De-Broglie-Wellenlänge $\lambda_n \gg R$ der Neutronen groß im Vergleich zum Kernradius R und folglich kommt es bei diesen Kernreaktionen vorwiegend auf die s-Partialwelle an (Abschn. 6.1). Da $\lambda_n = \hbar c / \sqrt{2E_n m_n c^2}$ mit $\hbar c \approx 2 \cdot 10^{-7}$ eV m die De-Broglie-Wellenlänge der Neutronen ist, dominiert bei der Wechselwirkung mit dem Kern die s-Welle, wenn die kinetische Energie der Neutronen $E_n \ll 100$ keV ist.

In Abschn. 6.1 wurde die Potentialstreuung von Teilchenwellen diskutiert, bei der einfallende und auslaufende Partialwelle gleiche Energie und gleiche Amplitude haben (elastische Streuung). Der Streuquerschnitt ergab sich in diesem Fall aus der Streuphase η_0 der s-Partialwelle. Neutronen können hingegen, wenn sie auf einen Kern treffen, auch mit diesem reagieren und einen Compoundkern bilden, der anschließend in verschiedene Ausgangskanäle zerfallen kann. Nur wenn er zurück in den Eingangskanal zerfällt, handelt es sich um eine elastische Streuung. Statt eines Neutrons können aber auch andere Bruchstücke des Kerns abgespalten werden, wie z. B. bei der Kernspaltung oder der ^{10}B$(n, \alpha)^7$Li-Reaktion (s. o.). Viele der bei Absorption eines Neutrons entstehenden Compoundkerne leben hinreichend lange, so dass die Anregungsenergie auch durch Abstrahlung eines γ-Quants abgegeben werden kann und das Neutron im Atomkern gefangen ist. Man spricht in diesem Fall von einem *Strahlungseinfang*.

Theoretisch wurden neutroninduzierte Kernreaktionen 1936 von G. Breit (1899 – 1981) und E. P. Wigner (1902 – 1995, Nobelpreis 1963) beschrieben. Unter der Annahme, dass bei der Reaktion ein diskreter Compoundzustand (Feshbach-Resonanz oder Formresonanz mit Drehimpulsbarriere, Abschn. 6.2) bei der Stoßenergie $E = E_C$ und mit der Zerfallsbreite Γ_C gebildet wird, ergibt sich für den Wirkungsquerschnitt σ_C in Abhängigkeit von der Stoßenergie E (kinetische Energie der Stoßpartner im Schwerpunktssystem) die *Breit-Wigner-Formel*:

$$\sigma_C = \frac{A/v}{(E - E_C)^2 + \Gamma_C^2/4} \ . \tag{10.8}$$

Dabei ist A eine vom Stoßsystem abhängige Konstante und v die Relativgeschwindigkeit der Stoßpartner.

Wenn $\Gamma_C \ll E_C$ ist, ergibt sich aus den Gln. (10.7) und (10.8) für den Strahlungseinfang ein Wirkungsquerschnitt, der bei $E = E_C$ ein Resonanzmaximum hat und im Resonanzbereich in Form einer Lorentz-Kurve von der Energie abhängt. Die Wirkungsquerschnitte für die *elastische* Neutronenstreuung haben dort hingegen das für die Resonanzstreuung typische Fano-Profil (Abschn. 4.1). Die Wirkungsquerschnitte für Neutronenstreuung und Strahlungseinfang haben im mittleren Energiebereich häufig viele solcher Resonanzstrukturen. Als Beispiel zeigt ▶ Abb. 10.2 den totalen Wirkungsquerschnitt $\sigma_{tot}(E)$ für das Stoßsystem $n + {}^{32}\mathrm{S}$.

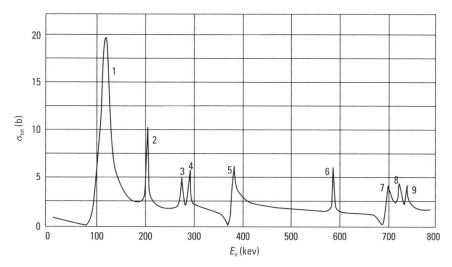

Abb. 10.2 Wirkungsquerschnitt σ_{tot} für $(n, {}^{32}\mathrm{S})$-Stöße mit 9 Resonanzen im Energiebereich $0 < E_n < 800$ keV (nach R. E. Peterson et al., Phys. Rev. **79**, 593 (1950)).

Der Faktor $1/v$ in Gl. (10.8) bestimmt maßgeblich die Energieabhängigkeit des Wirkungsquerschnitts, wenn entweder die Breite der Resonanz sehr groß ist ($\Gamma_C^2 \gg 4(E - E_C)^2$) oder wenn $E \ll E_C$ ist. Der Resonanznenner ist in diesen Fällen nahezu konstant und daher der Wirkungsquerschnitt proportional zu v^{-1} oder $E^{-1/2}$. Die $1/v$-Abhängigkeit bestimmt insbesondere den Wirkungsquerschnitt der Reaktion ${}^{10}\mathrm{B}(n, \alpha)^7\mathrm{Li}$ im Energiebereich $E \lesssim 1$ keV. Bei kleinen Energien ist $\sigma(v) \approx 166 \cdot 10^{-24}\mathrm{m}^3\mathrm{s}^{-1}/v$. Der Wirkungsquerschnitt wird daher für thermische ($v \approx 2200$ m/s) und subthermische Neutronen sehr groß.

Das $1/v$-Gesetz wirkt sich auch auf Resonanzstrukturen von Einfangquerschnitten aus, wenn die Resonanzenergie (E_C) im eV-Bereich liegt. Ein Beispiel zeigt ▶ Abb. 10.3. Der Wirkungsquerschnitt σ_{tot} für Neutronenstreuung und -einfang ist dank eines Resonanzzustandes von ${}^{114}\mathrm{Cd}$ im Sub-eV-Bereich der Neutronenenergie extrem groß.

Nukleosynthese. Nach diesem kurzen Überblick über wichtige Kernreaktionen sollen auch die Prozesse der *Nukleosynthese* skizziert werden, d. h. die Prozesse, die im Kosmos den Aufbau der heute vorliegenden chemischen Elemente ermöglicht haben. In der Anfangsphase des Kosmos entstanden zunächst aus einem extrem heißen, aus Quarks

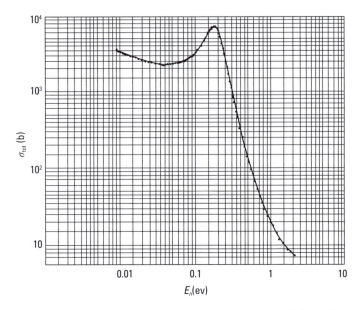

Abb. 10.3 Wirkungsquerschnitt σ_{tot} für Neutronenstreuung und -einfang ($E_{\text{kin}} \leq 2$ eV) an Cd (natürliches Isotopengemisch mit 12 % ^{113}Cd).

und Gluonen (Kap. 11) bestehenden *Quark-Gluon-Plasma* Protonen und Neutronen, aus denen sich bei Temperaturen von 10^{10} K ($k_{\text{B}}T \approx 1$ MeV) während der *primordialen* Nukleosynthese (wenige Minuten nach dem Urknall) zunächst nur leichte Elemente bildeten, vor allem Wasserstoff und Helium, aber in geringerem Maße auch Li, Be und B. Wichtige Prozesse für die primordiale Nukleosynthese sind einerseits die Bildung von Deuteronen durch Strahlungseinfang ($p + n \longrightarrow d + \gamma$) und andererseits direkte Kernreaktionen wie die eingangs erwähnten. Von dieser Phase der Entwicklung des Kosmos zeugt heute noch die *kosmische Hintergrundstrahlung* (Bd. 2, Kap. 14).

Die schwereren Elemente bis hin zum Eisen (maximale Bindungsenergie pro Nukleon) entstehen am Ende der Entwicklung massereicher Sterne, bevor sie schließlich bei einer Supernova-Explosion zu einem Neutronenstern oder einem Schwarzen Loch kollabieren (Bd. 2, Abschn. 14.4). Bei den Neutronensternen (Durchmesser ≈ 20 km) handelt es sich um kompakte, aus Neutronen bestehende Kernmaterie mit einer Gesamtmasse von 1.4 bis 3 Sonnenmassen. Beim Kollaps wird genügend Gravitationsenergie freigesetzt, so dass sich bei der Supernova-Explosion auch alle Protonen in Neutronen umwandeln können.

Hier soll vor allem ein Aspekt beim Aufbau schwerer Elemente mit $A \geq 56$ beleuchtet werden, der mit dem sukzessiven Einfang von Neutronen zusammenhängt und die Bildung schwerster Kerne ermöglicht. Je nach der Teilchendichte der zur Verfügung stehenden Neutronen unterscheidet man r-Prozesse (r = rapid) und s-Prozesse (s = slow). Der s-Prozess besteht darin, dass stabile oder langlebige Isotope Neutronen einfangen, wobei sich meist neutronenreiche Nuklide bilden, die gegen β^--Zerfälle instabil sind. Die Balance zwischen Neutroneneinfang und β-Zerfall hängt von Neutronendichte und -temperatur ab und verschiebt sich für höhere Neutronendichten und -energien in Richtung sukzessiven Einfangs weiterer Neutronen (Übergang zum r-Prozess).

▶ Abb. 10.4a zeigt einen Ausschnitt des s-Pfades im Bereich der Arsen-Strontium-Kerne ($Z = 33 \ldots 38$). Man erkennt zwei Verzweigungspunkte, nämlich die instabilen, aber langlebigen Kerne ^{79}Se und ^{85}Kr: Bei hohem Neutronenfluss werden durch Neutroneneinfang ^{70,71}Se und ^{86,87}Kr gebildet. Bei niedrigem Neutronenfluss laufen dagegen zunächst die β-Zerfälle ^{79}Se $\to$ ^{79}Br und ^{85}Kr $\to$ ^{85}Rb ab, und die nachfolgenden Neutroneneinfänge führen zu den Isotopen ^{80}Kr und ^{86}Sr. Aus deren Isotopenhäufigkeit kann man bei Kenntnis der Einfangquerschnitte auf den Weg schließen, längs dessen der s-Prozess vorwiegend stattgefunden hat. ▶ Abb. 10.4b zeigt die auf diese Weise abgeschätzte Neutronendichte ($n_n \approx 10^8$ cm^{-3}) und Temperatur ($T = 2.4(5) \cdot 10^8$ K) zum Zeitpunkt der Entstehung dieser Elemente.

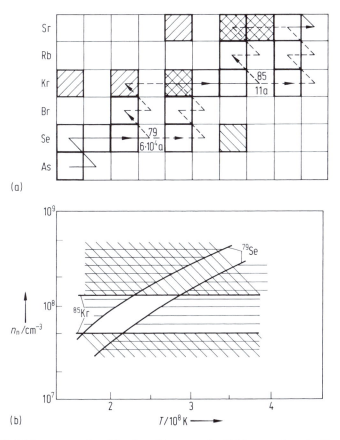

Abb. 10.4 (a) Auszug aus dem Weg des s-Prozesses der Nukleonsynthese im Bereich der Elemente As-Sr. An den langlebigen Verzweigungspunkten ^{79}Se und ^{85}Kr entscheidet sich je nach Neutronendichte und -energie, ob weiterer Neutroneneinfang oder β-Zerfall stattfindet. (b) Die aus der Häufigkeit von ^{80}Kr und ^{86}Sr ermittelten Werte von Neutronendichte n_n und Temperatur T.

10.2 Kernspektroskopie

Grundlage der Kernphysik ist die Annahme, dass die Atomkerne aus Nukleonen bestehen, die durch Kernkräfte zusammengehalten werden. In der nichtrelativistischen Näherung kann diese Wechselwirkung durch orts- und spinabhängige Potentialfunktionen beschrieben werden. Im Rahmen dieses Modellbildes konnten bereits α-Zerfall, Kernspaltung und Kernreaktionen gedeutet werden. Radioaktive Kerne können aber auch γ-Quanten und β-Strahlung emittieren. Hier entstehen beim Emissionsprozess neue Teilchen aufgrund des Einflusses von Strahlungsfeldern auf die Bewegung der Nukleonen. Theoretische Grundlage für die Beschreibung dieser *Strahlungsprozesse* ist die Quantenelektrodynamik und die Quantenfeldtheorie der schwachen Wechselwirkung (Fermi-Theorie). In diesem Abschnitt sollen die experimentellen Techniken zur spektroskopischen Untersuchung dieser Zerfallsprozesse beschrieben werden.

Nachweis von γ-Quanten. Die γ-Quanten sind hochenergetische Photonen (keV-Bereich), die in Materie Ionisationsprozesse auslösen können. Darauf beruht der Nachweis der γ-Strahlung mit Geiger-Müller-Zählrohr, Halbleiterdetektor oder Szintillationskristall. Zur Ionisation trägt einerseits der Photoeffekt und andererseits der Compton-Effekt bei. Beim Photoeffekt wird ein im Atom hinreichend fest gebundenes Elektron aus dem Atomverband gelöst und dabei die gesamte Energie und der Impuls des Photons auf Elektron und zurückbleibendes Ion übertragen. Beim Compton-Effekt hingegen wechselwirkt das γ-Quant praktisch nur mit einem locker gebundenen Elektron, so dass die Bindung des Elektrons an das Atom bei der Wechselwirkung vernachlässigbar ist und ein Stoßprozess stattfindet, bei dem das γ-Quant nur einen Teil seiner Energie auf das Elektron überträgt. Das gestreute γ-Quant wird im Allgemeinen nicht im Detektor absorbiert und trägt dann nicht zum Nachweissignal bei.

Außer diesen beiden Prozessen kann die *Paarbildung* (Abschn. 4.4) zur Absorption von γ-Quanten beitragen. Während Photoeffekt und Compton-Effekt vor allem bei Energien im keV-Bereich zur Absorption von γ-Strahlung beitragen, ist Paarbildung nur möglich, wenn die Energie $h\nu$ der γ-Quanten größer als die doppelte Ruhenergie $2m_e c^2 \approx 1$ MeV eines Elektrons ist (▶ Abb. 10.5). Denn bei Paarbildung entsteht durch die Wechselwirkung des Photons mit der Kernladung ein Elektron-Positron-Paar.

Hohe Kernladungszahlen und eine hohe Anzahl von Elektronen pro Atom begünstigen die Absorptionsprozesse. Daher haben Materialien, die schwere Elemente enthalten, besonders hohe Absorptionskoeffizienten μ. Die Strahlungsintensität I nimmt im Absorber exponentiell ab: $I(x) = I(0) \cdot \exp(-\mu x)$ (Lambert'sches Absorptionsgesetz, Bd. 2, Abschn. 10.2).

Nachweis von Elektronen und Positronen. Bei einem β-Zerfall (Abschn. 9.2) wandelt sich ein im Kern gebundenes Neutron in ein Proton um und emittiert dabei ein Elektron und ein Antineutrino, oder es wandelt sich ein Proton in ein Neutron um, indem entweder ein Positron und ein Neutrino emittiert wird oder auch ein Elektron aus einer inneren Schale der Elektronenhülle eingefangen und nur ein Neutrino emittiert wird (*Elektroneneinfang*). Elektronen können auch bei einem γ-Zerfall entstehen, nämlich wenn die Anregungsenergie des Kerns auf ein Hüllenelektron übertragen wird (*innere Konversion*) und ein *Konversionselektron* emittiert wird. Diese Elektronen haben diskrete Energiewerte. Dem kontinuierlichen β-Spektrum ist daher häufig ein diskretes Spektrum

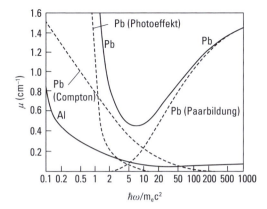

Abb. 10.5 Totale Absorptionskoeffizienten für die Absorption von Röntgen- und γ-Strahlung in Aluminium und Blei (ausgezogene Linien) sowie die Beiträge von Photoeffekt, Compton-Effekt und Paarbildung (gestrichelte Linien) in Abhängigkeit von $E_\gamma = h\nu$ in Einheiten von $m_e c^2 = 0.511$ MeV.

der Konversionselektronen überlagert. Außerdem bleibt nach einem β-Zerfall oft die Elektronenhülle in einem angeregten Zustand zurück, so dass anschließend auch Auger-Elektronen (Abschn. 2.4) emittiert werden können.

Zum Nachweis der bei Kernzerfällen entstehenden Elektronen und Positronen nutzt man wie beim Nachweis von Ionen die beim Durchgang der Elektronen durch Materie ausgelösten Folgeprozesse. Dabei tragen aber nicht nur Anregungs- und Ionisationsprozesse maßgeblich zur Abbremsung der Teilchen bei. Wegen der geringen Ruheenergie ($m_e c^2 \approx 0.511$ MeV) werden hochenergetische Elektronen und Positronen sehr viel stärker als Ionen im Coulomb-Feld von Atomkernen abgelenkt. Sie haben dabei fast Lichtgeschwindigkeit ($v \lesssim c$). Daher trägt, insbesondere bei hohen Energien ($E \gtrsim m_e c^2$), die Erzeugung von Bremsstrahlung wesentlich zur Abbremsung bei. Sehr hochenergetische Elektronen bewegen sich in Materie mit hinreichend hohem Brechungsindex sogar schneller als Licht. Analog zum Überschallknall entsteht in diesem Fall *Tscherenkow-Strahlung*, die zum Nachweis der Elektronen genutzt werden kann.

Schließlich kann jedes Positron zusammen mit einem der reichlich vorhandenen Elektronen zerstrahlen (*Paarvernichtung*). Wenn beispielsweise ein abgebremstes Positron mit einem Elektron Positronium (s. Abschn. 4.4) bildet, können zwei 0.511-MeV-γ-Quanten emittiert werden. Auch diese γ-Quanten können zum Nachweis von Positronen genutzt werden.

γ-**Spektroskopie.** Die Spektren der von radioaktiven Kernen emittierten γ-Strahlung können einerseits wie die Spektren von Röntgenstrahlen mit Kristallspektrometern analysiert werden. Andererseits können aber auch einfach die Höhen der in einem Zähler ausgelösten Licht- oder Strompulse ausgewertet werden (*Pulshöhenanalyse*). Die Höhe eines von einem γ-Quant ausgelösten Pulses ist proportional zur Energie des γ-Quants unter der Voraussetzung, dass die gesamte Energie im Detektor beim Absorptionsprozess deponiert wurde. Das ist insbesondere dann der Fall, wenn der Photoeffekt zur Absorption führt, nicht aber beim Compton-Effekt. Die Linienspektren der *Photopeaks* sind daher einem *Compton-Kontinuum* überlagert.

Viele γ-Spektren wurden mit NaI(Natriumjodid)-Szintillationszählern gemessen, bei denen im NaI-Kristall ein Lichtpuls ausgelöst wird, der mit einem Photomultiplier registriert wird. Allerdings wird damit nur eine mäßige Energieauflösung von ungefähr $\Delta E/E \approx 10\%$ erreicht. Eine bessere Energieauflösung ($\Delta E/E < 1\%$) ist mit Halbleiterdetektoren möglich, bei denen in einer Sperrschicht Strompulse durch die Absorption eines γ-Quants ausgelöst werden. Bewährt haben sich Halbleiterdetektoren aus hochreinem Germanium (HPGe) oder aus Germanium, das mit Lithium dotiert ist (Ge(Li)).

β-Spektrometer. Zur Analyse des Energiespektrums der beim β-Zerfall emittierten Elektronen und Positronen nutzt man die Ablenkung geladener Teilchen in Magnetfeldern. In einem homogenen Magnetfeld $\boldsymbol{B}$ bewegen sich die Elektronen (falls $\boldsymbol{v} \perp \boldsymbol{B}$) auf Kreisbahnen mit dem Radius $r = m_e v/(e_0 B) = \sqrt{2m_e E}/e_0 B$. In Abhängigkeit vom Impuls $p_e = m_e v$ (und damit von der Energie E) der Elektronen (Positronen) können daher die von einer Strahlungsquelle emittierten Teilchen mit einem *Magnetspektrometer* auf verschiedene Stellen einer Photoplatte oder eines anderen positionsempfindlichen Detektors fokussiert werden (s. Massenspektrometer, Abschn. 1.4).

Winkelkorrelationsmessungen. Die von Bothe und Geiger entwickelte Koinzidenztechnik (Abschn. 1.2) ist die experimentelle Grundlage für viele Messungen zur Untersuchung nuklearer Termschemata. Wenn bei einer Kaskade von Zerfällen ein kurzlebiges Zwischenniveau durchlaufen wird, werden in schneller Folge nacheinander zwei γ-Quanten oder auch ein Elektron und ein γ-Quant emittiert. Diese Zerfälle können in Koinzidenz nachgewiesen werden. Mit solchen Messungen kann aber nicht nur der Kaskadenzerfall bestätigt werden, sondern es können auch Eigenschaften der involvierten Kernniveaus ermittelt werden. Besonders interessant sind Winkelkorrelationsmessungen, bei denen die Häufigkeit von Koinzidenzereignissen in Abhängigkeit von dem Winkel ϑ zwischen den Emissionsrichtungen der beiden Strahlungsquanten gemessen wird.

Winkelkorrelationsmessungen entsprechen in vieler Hinsicht den Fluoreszenzlichtuntersuchungen in der Atomphysik nach optischer Anregung (Abschn. 5.3). An die Stelle der optischen Anregung des Zwischenterms tritt bei den γ-γ-Winkelkorrelationen die Besetzung des Zwischenterms durch die Emission eines γ-Quants in eine durch die Detektorposition vorgegebene Richtung. Wenn der Zwischenterm einen Kernspin $I \geq 1$ hat, ist die Besetzung gewöhnlich nicht isotrop, und daher haben die anschließend emittierten γ-Quanten eine Winkelverteilung $I(\vartheta)$, die zwar noch rotationssymmetrisch zur Emissionsrichtung des zuerst emittierten γ-Quants ist, aber vom Polarwinkel ϑ abhängt.

Anders als in der Atomphysik sind in der Kernphysik nicht nur Strahlungsübergänge des Typs E1 (elektrische Dipolübergänge) möglich, sondern auch elektrische (Ek) und magnetische (Mk) Multipolübergänge mit $k > 1$ (Abschn. 10.3). Die Winkelkorrelationsfunktion $I(\vartheta)$ enthält hier insbesondere auch Informationen über die Multipolarität k der Strahlung. Um zwischen elektrischen und magnetischen Übergängen gleicher Multipolarität differenzieren zu können, braucht man polarisationsempfindliche Detektoren.

Ähnlich wie sich beim Hanle-Effekt (Abschn. 5.3) die Winkelverteilung des Fluoreszenzlichts unter dem Einfluss eines äußeren Magnetfeldes ändert, ändert sich auch die γ-γ-Winkelkorrelation, wenn der Kernzustand des Zwischenterms durch Kristallfelder oder ein äußeres Magnetfeld beeinflusst wird und sich dadurch innerhalb der Lebensdauer des Zwischenterms der Zustand merklich ändert. Man spricht in diesem Fall von *gestörten Winkelkorrelationen*. Aus Untersuchungen der Störung ergeben sich Informationen über die auf die Atomkerne wirkenden Kristallfelder und die Multipolmomente der Kerne.

Radiodatierung. Die Radioaktivität findet vielfältige Anwendung in vielen Gebieten der Physik und der Technik, Chemie und Medizin. Hier sollen einige radioaktive Zerfallsprozesse behandelt werden, die sich bei der Datierung historischer, erdgeschichtlicher oder kosmologischer Ereignisse bewährt haben (▶ Tab. 10.1). Die Auswahl dieser Zerfälle beruht natürlich auf den langen Halbwertszeiten $T_{1/2}$ der entsprechenden α- und β-Emitter.

Tab. 10.1 Zu Datierungszwecken benutzte Nuklide.

Nuklid	$T_{1/2}/a$	Endnuklid	Zerfall
^{3}H	12.3	^{3}H	β^-
^{14}C	$5.73 \cdot 10^3$	^{14}N	β^-
^{231}Pa	$3.25 \cdot 10^4$	^{227}Ac	α
^{230}Th	$7.5 \cdot 10^4$	^{226}Ra	α
^{234}U	$2.47 \cdot 10^5$	^{230}Th	α
^{10}Be	$1.6 \cdot 10^6$	^{10}B	β^-
^{129}I	$1.7 \cdot 10^7$	^{129}Xe	β^-
^{244}Pu	$8.2 \cdot 10^7$	Spaltprodukte	$\alpha, f^\star$
^{235}U	$7.04 \cdot 10^8$	^{207}Pb	ZR*
^{4}K	$1.25 \cdot 10^9$	^{40}Ar	$\beta, EC^\dagger$
^{238}U	$4.47 \cdot 10^9$	^{206}Pb	ZR*
^{232}Th	$1.40 \cdot 10^{10}$	^{208}Pb	ZR*
^{87}Rb	$4.9 \cdot 10^{10}$	^{87}Sr	β^-
^{147}Sm	$1.06 \cdot 10^{11}$	^{143}Nd	α

$\star$ f = fission, * ZR = Zerfallsreihe, † EC = elektron capture

Ausgangspunkt der Datierungsmethoden ist stets das Zerfallsgesetz, das die Aktivität $A(t)$ (Zerfälle/s) zum jetzigen Zeitpunkt t in Beziehung zur Anzahl $N(t)$ der noch nicht zerfallenen Teilchen und zur Halbwertszeit $T_{1/2}$ setzt:

$$A(t) = \ln 2 \cdot \frac{N(t)}{T_{1/2}}. \tag{10.9}$$

Wenn also bekannt ist, mit welchem Anteil (oder in welchem Verhältnis zu anderen Elementen) ein radioaktives Nuklid bei der Entstehung eines Stoffes in diesen eingebaut wurde, so kann man entweder aus der Aktivität $A(t)$ oder dem Teilchenzahlverhältnis von Mutter- und Tochternuklid den Entstehungszeitpunkt bestimmen.

Die bekannteste „Uhr" für organische Substanzen ist die *Radio-Carbon*-(^{14}C)-Methode. Man geht davon aus, dass beim Aufbau organischer Stoffe die Kohlenstoffisotope ^{12}C und ^{14}C im Verhältnis $1 : 1.5 \cdot 10^{-12}$ eingebaut werden. ^{14}C wird ständig in der Atmosphäre durch die Reaktion ^{14}N$(n, p)^{14}$C unter dem Einfluss der kosmischen Strahlung erzeugt. Dieser Einbau wird zum Zeitpunkt des Absterbens des Organismus unterbrochen, und das dann vorhandene ^{14}C zerfällt mit einer Halbwertszeit von 5730 Jahren. Aus der gemessenen Aktivität (bezogen auf die Gesamtzahl der ^{12}C-Kerne in der Probe) kann man das Alter des organischen Stoffes bis hin zu etwa 30 000 Jahren bestimmen. Die Genauigkeit der Altersbestimmung wird erheblich durch die Veränderung des ^{14}C/^{12}C-Verhältnisses durch technische Einflüsse (Kohleverbrennung, Kernwaffenversuche, ...) und durch Veränderungen der Höhenstrahlung beeinträchtigt.

Wichtig geworden zur Datierung von Wasserkreisläufen ist das Isotop ^{3}H (Tritium). Es entsteht ebenfalls aus den Elementen der Atmosphäre durch die Höhenstrahlung und zerfällt mit der Halbwertszeit von 12.3 Jahren. Untersucht werden sowohl die Zeitkonstanten in atmosphärischen Strömungen als auch in Oberflächenwasser, Gletschern und Brunnen.

Das *Alter des Sonnensystems* (ca. 4.6 Milliarden Jahre) wurde mit den natürlichen α-Zerfallsreihen des ^{232}Th, ^{235}U und ^{238}U sowie den β-Zerfällen des ^{40}K und ^{87}Rb abgeschätzt. (Die (4n + 1)-Neptuniumreihe kommt wegen der „kurzen" Halbwertszeit $T_{1/2} = 2.1 \cdot 10^6$ a des ^{237}Np dafür nicht in Betracht.) Diese extrem langen Halbwertszeiten können im Allgemeinen nicht direkt gemessen werden, sondern müssen gemäß Gl. (10.9) durch Messung der Aktivität $A(t)$ bei vorgegebener Teilchenzahl $N(t)$ bestimmt werden. Bei der Datierung solcher geologischer oder kosmologischer Zeiträume nimmt man an, dass bei der Bildung von Mineralien (und Meteoriten) eine zumindest teilweise chemische Trennung der Tochtersubstanz von der Muttersubstanz eintrat. Außerdem muss vorausgesetzt werden, dass die Bildung des Minerals im Vergleich zu seinem Alter schnell erfolgte und danach von der Probe keinerlei Mutter- oder Tochternuklide entfernt oder aufgenommen wurden. Die Teilchenzahl $N_e(t)$ der Endnuklide ergibt sich aus der anfänglich vorhandenen Teilchenzahl $N(0)$ der Muttersubstanz:

$$N_{\mathrm{e}}(t) = N(0) - N(0)\exp(-\lambda t) = N(t)[\exp(\lambda t) - 1] . \qquad (10.10)$$

Wenn die Zerfallsrate λ bekannt ist, kann das Alter t aus dem Nuklidverhältnis $N_e(t)/N(t)$ bestimmt werden. Offensichtlich erhält man die größte Messgenauigkeit für $t \approx T_{1/2}$, weil dann die Fehler bei der Bestimmung der Anzahl der noch nicht bzw. bereits zerfallenen Teilchen vergleichbar werden.

Messung nuklearer Lebensdauern. Während die für Radiodatierungen genutzten α- und β-Strahler extrem lange Lebensdauern haben, zerfallen viele angeregte Kerne mit sehr kurzen Halbwertszeiten unter Emission von γ-Quanten. Wir wollen hier einige Methoden zur Messung nuklearer Lebensdauern erwähnen, die im Zeitbereich $\tau = 10^{-17} \ldots 10^{-6}$ s angewandt werden. ▶ Tab. 10.2 gibt einen Überblick über die Zeitbereiche, in denen die jeweilige Methode eingesetzt wird.

Bei diesen Methoden werden entweder Zeitmessungen durchgeführt, um aus dem exponentiellen Abklingen der Anregungswahrscheinlichkeit auf die natürliche Lebensdauer τ des angeregten Kernniveaus zu schließen, oder Energiebreiten gemessen, um aus der natürlichen Energiebreite $\Gamma = \hbar/\tau$ die natürliche Lebensdauer τ zu bestimmen. Für direkte Zeitmessungen werden schnelle Detektoren zum Nachweis der γ-Strahlung benötigt und eine entsprechend schnelle Elektronik. Wenn der Kern beim Anregungsprozess einen hinreichend großen Rückstoß erfährt, kann die Zerfallszeit auch indirekt aus der bis zum Zerfall zurückgelegten Flugstrecke (im Vakuum) oder aus einer Analyse des Abbremsprozesses (in Materie) erschlossen werden.

Als Beispiel zeigt ▶ Abb. 10.6 das Zeitspektrum einer Lebensdauermessung in ^{92}Mo. Hier wurde der ^{92}Mo*-Zustand bei 2.527 MeV mit der Reaktion ^{92}Mo(p, p')^{92}Mo* angeregt. Das inelastisch gestreute Proton erzeugt das Startsignal (Population), während das

Tab. 10.2 Messmethoden von Lebensdauern γ-instabiler Kernniveaus.

Methode	Zeitbereich τ/s	Definition der Zeitskala
Elektronische Zeitmessung	$\geq 10^{-10}$	elektronische Zeitmarken
Rückstoßmethode	$5 \cdot 10^{-12} \ldots 10^{-8}$	Flugzeit der Kerne
Abbremsmethode	$10^{-14} \ldots 5 \cdot 10^{-12}$	Abbremszeit der Kerne in einem Festkörper
Kernresonanzfluoreszenz	$10^{-17} \ldots 10^{-13}$	Messung der Linienbreite durch resonante Absorption von γ-Strahlung
Einfachresonanzreaktionen	$\leq 10^{-15}$	Messung der Linienbreite in (n,γ)- und (p,γ)-Reaktionen durch Energievariation des Strahls
Coulomb-Anregung	$10^{-13} \ldots 10^{-18}$	Messung der Linienbreite durch elektromagnetische Anregung mit einem geladenen Projektil

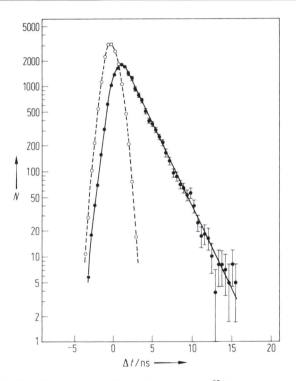

Abb. 10.6 Zerfallskurve des 2.575-MeV-Zustands in ^{92}Mo, gemessen in der Reaktion ^{92}Mo($p, p'\gamma$). Aufgetragen ist die gemessene Häufigkeit N der Koinzidenzereignisse pro Zeitintervall, δt als Funktion der Zeitdifferenz $\Delta t \ll \delta t$ zwischen Population und Zerfall des Zustands. Die Lebensdauer des Zustands beträgt $\tau = 2.24(6) \cdot 10^{-9}$ s (Cochavi et al., Phys. Rev. **C3**, 1352 (1971)).

γ-Quant den Zerfall des ^{92}Mo*-Zustands durch ein Stoppsignal markiert. Die Verteilung von Zeitintervallen zwischen Start und Stopp ergibt eine Exponentialfunktion mit der Lebensdauer $\tau = 2.24(6) \cdot 10^{-9}$ s des angeregten Zustands. Das endliche zeitliche Ansprechvermögen der Detektoren und der elektronischen Verarbeitung setzt dieser Methode eine Grenze bei 10^{-11} s.

10.3 Elektromagnetische Zerfälle

Bei den elektromagnetischen Zerfällen angeregter Kerne können entweder γ-Quanten emittiert werden oder die Anregungsenergie wird durch die elektromagnetische Wechselwirkung mit der Elektronenhülle auf ein Elektron übertragen, das als *Konversionselektron* abgestrahlt wird. Die Übergangsraten hängen einerseits von der Multipolarität des Übergangs ab und andererseits von den nuklearen Übergangsmatrixelementen der Multipolstrahlung.

Multipolübergänge. Während in der Physik der Elektronenhülle vorwiegend elektrische Dipolübergänge eine Rolle spielen und andere Multipolübergänge weitgehend vernachlässigt werden können, treten in der Kernphysik auch Multipolübergänge höherer Ordnung auf. In der Atomphysik sind Terme, die nicht über einen elektrischen Dipolübergang zerfallen können, metastabil. Ihre natürliche Lebensdauer ist dann so lang, dass sie mit hoher Wahrscheinlichkeit ihren Zustand bei Stoßprozessen ändern, bevor sie durch einen spontanen Strahlungsübergang zerfallen können. Kernzustände werden hingegen unter irdischen Bedingungen durch atomare Stöße und andere äußere Einwirkungen praktisch nicht gestört, so dass auch langlebige angeregte Kernzustände spontan zerfallen.

Bei elektrischen Dipolübergängen (E1-Übergängen) finden quantenmechanische Strahlungsprozesse statt, die in der klassischen Physik der Abstrahlung eines klassischen Hertz'schen Dipols entsprechen. Da der Dipoloperator $e\mathbf{r}$ ein Vektoroperator ist, sind E1-Übergänge nur möglich, wenn Ausgangs- und Endzustand verschiedene Parität haben und bei dem Übergang ein Drehimpuls $\hbar$ auf das Strahlungsfeld übertragen werden kann (Abschn. 2.6). Außer E1-Übergängen sind auch M1-Übergänge möglich, die korrespondenzmäßig der Abstrahlung eines schwingenden magnetischen Dipols entsprechen. Der magnetische Dipoloperator ist wie die Drehimpulsoperatoren ein Axialvektor. Daher finden M1-Übergänge nur statt, wenn Ausgangs- und Endzustand gleiche Parität haben und wie bei den E1-Übergängen die Drehimpulsauswahlregeln erfüllt sind.

Elektrische und magnetische Multipolübergänge sind das quantenmechanische Analogon zur Abstrahlung schwingender klassischer Multipole. Da bei einem klassischen Quadrupol zwei Dipole in Gegenphase schwingen, interferieren beide Strahlungsfelder destruktiv und die Abstrahlung ist dementsprechend geringer. Beim Übergang zur Quantenmechanik ergibt sich, dass bei E2- und M2-Übergängen ein Drehimpuls $2\hbar$ auf das Strahlungsfeld übertragen wird und die Parität des Kernzustands gleich bleibt, respektive sich ändert. Wegen der geringeren Abstrahlung haben Terme, die nur durch Quadrupolübergänge zerfallen können, eine wesentlich längere Lebensdauer als Terme, die durch Dipolübergänge zerfallen. Entsprechendes gilt für Multipolübergänge höherer Ordnung: Je höher die Ordnung L des Multipolübergangs, desto geringer die Übergangsrate und desto größer der auf das Strahlungsfeld übertragene Drehimpuls $L\hbar$. Die für Multipolübergänge gültigen Auswahlregeln sind in ▶ Tab. 10.3 zusammengestellt.

Bei allen Strahlungsübergängen wird ein Drehimpuls mit $L \geq 1$ auf das Strahlungsfeld übertragen. Daher sind $(0 \rightarrow 0)$-Übergänge verboten. In der klassischen Physik entsprächen sie der Schwingung eines Monopols, also einer Schwingung, bei der sich eine kugelsymmetrische Ladungsverteilung nur ausdehnt und wieder zusammenzieht. Dabei bleibt aber das elektrische Feld außerhalb der Ladungsverteilung unverändert, und es findet daher keine Abstrahlung statt. Dennoch sind $(0 \rightarrow 0)$-Übergänge möglich, in der Elektronenhülle als 2-Quantenübergänge und bei den Kernen auch durch innere Konversion

Tab. 10.3 Auswahlregeln elektromagnetischer Multipolstrahlung.

Typ	L	$\Delta I = |I - I'|$	Paritätswechsel
E1	1	≤ 1	ja
E2	2	≤ 2	nein
E3	3	≤ 3	ja
E4	4	< 4	nein
M1	1	≤ 1	nein
M2	2	≤ 2	ja
M3	3	≤ 3	nein
M4	4	≤ 4	ja

(s. u.). Da s-Elektronen in das Innere der Kerne eindringen, kann die Anregungsenergie dann auf diese übertragen werden. Ein $(0 \to 0)$-Übergang ist außerdem durch Paarbildung möglich, wenn die Anregungsenergie größer als $2m_\mathrm{e}c^2$ ist.

Einteilchenübergänge. Ähnlich wie für elektrische Dipolübergänge in der Elektronenhülle, die einem Einelektronsprung entsprechen, die Größenordnung der Übergangsraten abgeschätzt werden kann (Abschn. 2.6), lassen sich auch die Übergangsraten A_EL und A_ML elektrischer und magnetischer Multipolübergänge, bei denen sich gemäß dem Schalenmodell nur der Zustand *eines* Nukleons verändert, abschätzen. Für einen elektrischen Multipolübergang eines einfach geladenen Teilchens (Proton) erhält man zur Abschätzung der Größenordnung

$$A_\mathrm{EL}(E) \approx \alpha \cdot \left(\frac{R_\mathrm{K}}{\lambda}\right)^{2L} \cdot \omega \tag{10.11}$$

und für einen magnetischen Multipolübergang

$$A_\mathrm{ML}(E) \approx \alpha \cdot \left(\frac{v_\mathrm{N}}{c}\right)^2 \cdot \left(\frac{R_\mathrm{K}}{\lambda}\right)^{2L} \cdot \omega \ . \tag{10.12}$$

Dabei ist $\alpha = 1/137$ die Feinstrukturkonstante, R_K der Kernradius, $v_\mathrm{N} \approx c/10$ die Geschwindigkeit eines Nukleons im Kern und $E = \hbar\omega = \hbar c/\lambda$ die Übergangsenergie. Detailliertere Abschätzungen wurden von V. Weisskopf (1908 – 2002) angegeben. Die hier angegebenen Formeln machen aber bereits die Abhängigkeit der Übergangsrate von Energie und Multipolarität deutlich. Magnetische Übergänge sind im Vergleich zu elektrischen Übergängen gleicher Ordnung mit dem Faktor $(v_\mathrm{N}/c)^2 \approx 10^{-2}$ unterdrückt, da die Umlaufgeschwindigkeiten v_N der Nukleonen im Kern die von ihnen erzeugte Magnetfeldstärke bestimmen.

Innere Konversion. Statt ein γ-Quant zu emittieren, kann ein Kern die Anregungsenergie E auch auf ein mit der Bindungsenergie E_B gebundenes Elektron der Hülle übertragen, so dass ein *Konversionselektron* mit der Energie $E_\mathrm{c} = E - E_\mathrm{B}$ emittiert wird. Diesen Vorgang nennt man innere Konversion. Je nachdem, aus welcher Schale der Elektronenhülle das Elektron stammt, spricht man von K-Konversion, L-Konversion usw. Da die Konversion ein zur γ-Emission konkurrierender Prozess ist, setzt sich die totale Zerfallsbreite des

Kernzustands, $\Gamma = \Gamma_\gamma + \Gamma_c$, additiv aus den Einzelbreiten für γ-Emission (Γ_γ) und Konversion (Γ_c) zusammen. Das Verhältnis $\alpha_c = \Gamma_c / \Gamma_\gamma$ heißt *totaler Konversionskoeffizient*.

Die Konversionskoeffizienten hängen empfindlich von der Energie und der Multipolarität des Übergangs ab, sind aber unabhängig von den nuklearen Übergangsmatrixelementen. Die Konversionskoeffizienten können berechnet werden, wenn die Wellenfunktion des Konversionselektrons in Kernnähe bekannt ist. Aus dem gemessenen Konversionskoeffizienten kann daher die Multipolarität des Übergangs zuverlässig bestimmt werden.

Kernresonanzabsorption und Mößbauer-Effekt. Wie freie Atome können auch Atomkerne durch Resonanzabsorption angeregt werden. Dabei ist aber zu bedenken, dass beim Absorptionsprozess nicht nur die Energie sondern auch der Impuls $\hbar \boldsymbol{k}$ des γ-Quants übertragen wird. Daher hat ein zunächst ruhendes Atom mit der Masse m_A nach der Anregung einen Impuls $\boldsymbol{p} = \hbar \boldsymbol{k}$ und dementsprechend eine kinetische Energie $E_{kin} = (\hbar k)^2 / 2m_A$. Außer der Anregungsenergie E_0 muss das γ-Quant auch diese *Rückstoßenergie* liefern. Resonanzabsorption ist also nur möglich, wenn $E_\gamma = E_0 + E_{kin}$ ist. Umgekehrt hat ein von einem ruhenden Kern spontan emittiertes γ-Quant die Energie $E_\gamma = E_0 - E_{kin}$, da der Kern bei der Emission einen Rückstoß erhält. Bei der Resonanzabsorption optischer Spektrallinien ist die Rückstoßenergie im Vergleich zur Doppler-Verbreiterung der Spektrallinien gewöhnlich vernachlässigbar, sie kann aber zur Abbremsung von Atomstrahlen und zur Kühlung genutzt werden (Abschn. 3.4). Nicht vernachlässigbar ist der Rückstoß bei der Absorption von γ-Quanten. Emissions- und Absorptionslinie sind im Allgemeinen deutlich gegeneinander verschoben.

Eine überraschend neuartige Situation ergibt sich aber, wenn die Atomkerne nicht nur in ein Atom eingebunden sind, sondern mit dem Atom Teil eines Kristallgitters sind. Bei hinreichend fester Bindung an das Kristallgitter kann bei der Absorption eines γ-Quants der Impuls nicht auf das Atom, sondern mit großer Wahrscheinlichkeit (*Debye-Waller-Faktor*) auf den Kristall übertragen werden. Wegen der großen Kristallmasse wird in diesem Fall die Rückstoßenergie wieder vernachlässigbar klein, so dass auch im γ-Strahlungsbereich Emissions- und Absorptionslinie praktisch dieselbe Energie haben. Diese sogenannte *rückstoßfreie* Emission und Absorption von γ-Quanten wurde 1957 von R. Mößbauer (1929–2011, Nobelpreis 1961) entdeckt.

Eine rückstoßfreie Emission und Absorption von γ-Quanten ist besonders dann wahrscheinlich, wenn die Rückstoßenergie kleiner als die Energie $k\theta_D$ der Kristallschwingungen (θ_D = Debye-Temperatur, Abschn. 13.2) und auch die Temperatur $T \ll \theta_D$ hinreichend niedrig ist, also bei kleiner γ-Energie E_γ und fester Kristallbindung. Besonders günstige Bedingungen für die Beobachtung des *Mößbauer-Effekts* liegen bei der 14.4-keV-Resonanzlinie des ^{57}Fe-Kerns vor. Das angeregte 14.4-keV-Niveau von ^{57}Fe wird beim β-Zerfall von ^{57}Co bevölkert. Eine kristalline ^{57}Co-Quelle emittiert daher rückstoßfrei die 14.4-keV-γ-Linie. Die Linienbreite ist in diesem Fall extrem schmal. Es ist praktisch die *natürliche* Linienbreite $\Gamma = \hbar/\tau = 4.7 \cdot 10^{-9}$ eV, die sich aus der Lebensdauer $\tau = 140$ ns des 14.4 keV-Niveaus ergibt.

Da $\Gamma/E_\gamma = 3.3 \cdot 10^{-13}$ ist, kann die spektrale Breite der Resonanzabsorption der 14.4-keV-Linie gemessen werden, indem man die Doppler-Verschiebung nutzt. Wenn sich Emitter und Absorber relativ zueinander mit einer Geschwindigkeit v von nur 3 mm/s ($v/c = 10^{-11}$) bewegen, ist keine Resonanzabsorption mehr möglich (▶ Abb. 10.7). Die spektrale Breite der Signale war in diesem Experiment etwa viermal so groß wie die

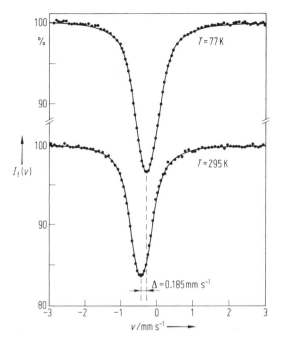

Abb. 10.7 Transmissionsspektrum $I_t(v)$ beim Mößbauer-Effekt, aufgenommen mit einer ^{57}Co-Quelle und einem ^{57}Fe-Absorber aus Edelstahl bei $T = 77$ K und $T = 295$ K (G. Schatz, A. Weidinger: Nukleare Festkörperphysik, 2010). Auf der Ordinate ist die Zählrate relativ zur resonanzfreien Zählrate angegeben.

natürliche Breite der Resonanzlinien, da die ^{57}Fe-Atome im Edelstahl auf unterschiedlichen Gitterplätzen sind. Die relative Linienverschiebung Δ der beiden Signale ergibt sich aus den unterschiedlichen mittleren Geschwindigkeiten der Absorberkerne bei den Temperaturen 77 K und 295 K. Sie ist eine Folge des quadratischen Doppler-Effekts (Bd. 2, Abschn. 15.3).

Der Mößbauer-Effekt wird heute im Bereich der Festkörperphysik, Chemie und Biologie mannigfach angewendet. Wegen der hohen Energieauflösung von $\Gamma/E_\gamma \approx 10^{-12}$ ist der Mößbauer-Effekt sehr gut geeignet, die Hyperfeinwechselwirkung des Sondenkerns mit seiner Umgebung abzufragen. So können magnetische Felder, elektrische Feldgradienten und Elektronendichten $\rho_{el}(0)$ am Kernort gemessen werden.

In einem besonders eindrucksvollen Experiment nutzten Pound und Rebka 1960 die extreme Empfindlichkeit des Mößbauer-Effekts auf Energieverschiebungen. Wegen der Äquivalenz von Masse und Energie (Bd. 2, Kap. 15) erhöht sich die Energie $h\nu$ eines γ-Quants, wenn es im Gravitationsfeld der Erde von einer Höhe H fällt, um

$$\Delta E = h\nu \cdot \frac{g\,H}{c^2}\;. \tag{10.13}$$

Pound und Rebka gelang es, den relativen Energiegewinn $\Delta E/h\nu \approx 2 \cdot 10^{-15}$ eines 14.4-keV-Quants beim freien Fall aus 20 m Höhe nachzuweisen. Die Energieverschiebung beträgt in diesem Fall nur etwa 1 % der Linienbreite (s. auch Bd. 2, Abschn. 16.2).

10.4 β-Zerfall

Die Abstrahlung von Photonen und γ-Quanten wird auf die Wechselwirkung elektrisch geladener Teilchen mit dem elektromagnetischen Strahlungsfeld zurückgeführt (Abschn. 2.6). In Analogie dazu nahm E. Fermi (1901 – 1954, Nobelpreis 1938) bereits 1934 an, dass auch der β-Zerfall dank der Wechselwirkung mit einem Strahlungsfeld erfolgt. Es handelt sich dabei um die *schwache Wechselwirkung*. Demnach sind die beim β-Zerfall emittierten Elektronen nicht vor dem Zerfall im Kern gebunden, sondern entstehen wie die Photonen bei elektromagnetischen Zerfällen erst beim Zerfall. Damit war eines der großen Rätsel des β-Zerfalls ausgeräumt. Denn ein elektrisches Potential, das die Bewegung von Elektronen auf das Kernvolumen beschränkt, war mit den Vorstellungen vom Atomkern unvereinbar.

Das andere große Rätsel, das sich mit der Entdeckung des β-Zerfalls stellte, war die Tatsache, dass die beim β-Zerfall emittierten Elektronen ein kontinuierliches Energiespektrum haben. Es wurde schon 1930 von W. Pauli mit der *Neutrinohypothese* gelöst (Abschn. 9.2). Demnach wird beim β-Zerfall zusammen mit dem Elektron ein zweites, ungeladenes Teilchen emittiert, das *Neutrino*. Es wechselwirkt nur dank der schwachen Wechselwirkung mit Materie und ist deshalb nur sehr schwer nachweisbar. Der Nachweis eines Neutrinos gelang erst 1956.

Ähnlich wie Proton und Neutron als zueinander orthogonale Quantenzustände eines Nukleons betrachtet werden, können auch (linkshändig polarisiertes) Elektron und Neutrino als zueinander orthogonale Zustände eines *Leptons* beschrieben werden (schwacher Isospin) (Abschn. 12.4). Die Leptonen zeichnen sich dadurch aus, dass sie nicht auf Kernkräfte reagieren. Sie nehmen nur an der elektromagnetischen und schwachen Wechselwirkung teil und an der elektromagnetischen auch nur, wenn sie eine elektrische Ladung haben.

Zunächst konnte nur indirekt auf die Eigenschaften des Neutrinos geschlossen werden. Damit beim β-Zerfall die elementaren Erhaltungssätze (Energie, Impuls, Drehimpuls) nicht verletzt und die Gesetze der Quantenstatistik erfüllt sind, war anzunehmen, dass das Neutrino ein Fermi-Teilchen mit Spin 1/2 ist und einen Teil der beim Zerfall frei werdenden Energie (und damit auch einen Impuls) übernimmt. Analog zur Quantenelektrodynamik entwickelte Fermi eine Theorie des β-Zerfalls. Damit konnte er insbesondere Voraussagen über das kontinuierliche Spektrum der beim β-Zerfall emittierten Elektronen machen.

Fermis Goldene Regel. Bei allen Emissionsprozessen geht ein gebundener (im Raum beschränkter) Anfangszustand $|a\rangle$ eines Teilchens X mit dem diskreten Energiewert E_a in einen Kontinuumszustand $|E\rangle$ von mehreren räumlich getrennt nachweisbaren Teilchen $i = 1, 2, \cdots$ über (Abschn. 2.6). Der diskrete Ausgangszustand kann auf 1 normiert werden: $\langle 0|0 \rangle = 1$. Der Kontinuumszustand $|E\rangle$ mit der Energie $E = \sum_i E_i + E_{\text{rel}}$, die sich aus der Summe der Energien der einzelnen Teilchen und der kinetischen Energie der Relativbewegung ergibt, wird mit der Dirac'schen δ-Funktion normiert:

$$\langle E|E_0 \rangle = \delta(E - E_0) \,. \tag{10.14}$$

Die für den Emissionsprozess charakteristische Übergangsrate $A(|0\rangle \longrightarrow |E\rangle)$ ergibt sich dann nach *Fermis Goldener Regel*:

$$A(|a\rangle \longrightarrow |E\rangle) = \frac{2\pi}{\hbar} \cdot |\langle a| H_{\text{int}} |E\rangle|^2 \,. \tag{10.15}$$

Dabei ist H_{int} ein Energieoperator für eine zunächst unberücksichtigt gebliebene *Störung*, die den Zerfall auslöst.

Bislang wurde nur die Energie als kontinuierlich variabler Parameter des Endzustandes betrachtet. Häufig werden aber ebene Wellen mit Wellenvektoren $\boldsymbol{k}_i$ mit jeweils drei (kontinuierlich variablen) Komponenten zur Beschreibung der Translationsbewegungen der Teilchen im Endzustand angesetzt. In diesem Fall sind die Übergangsraten mit einer Zustandsdichte $\rho(E)$ zu berechnen. $\rho(E)\,\mathrm{d}E$ ist die Anzahl der Endzustände im Energieintervall $\mathrm{d}E$ mit Wellenvektoren $\boldsymbol{k}_i$ in dem Raumwinkelbereich $\mathrm{d}\Omega_i$.

Im Fall der elektromagnetischen Strahlungsübergänge geht der Anfangszustand $|a, 0\rangle$ (Emitter im angeregten Zustand a, 0 Photonen) in einen Zustand $|b, 1(\hbar, \boldsymbol{k})\rangle$ (Emitter im Endzustand b, 1 Photon mit Impuls $\boldsymbol{p} = \hbar\boldsymbol{k}$ im Raumwinkelbereich $\mathrm{d}\Omega$) über (ohne Berücksichtigung der Freiheitsgrads der Polarisation). Als Zustandsdichte der Endzustände ergibt sich in diesem Fall

$$\rho(E) = \frac{1}{(2\pi\hbar)^3} \cdot p^2 \frac{\mathrm{d}p}{\mathrm{d}E}\,\mathrm{d}\Omega = \frac{1}{(2\pi\hbar)^3} \cdot \frac{p^2}{c}\,\mathrm{d}\Omega \ . \tag{10.16}$$

Nach Fermis Goldener Regel ergibt sich für den Strahlungsübergang $|a, 0\rangle \longrightarrow |b, 1(\hbar\boldsymbol{k})\rangle$ die Übergangsrate

$$A\left(|a, 0\rangle \longrightarrow |b, 1(\hbar\boldsymbol{k})\rangle\right) = \frac{2\pi}{\hbar} \cdot |\langle b|H_{\text{int}}|a\rangle|^2 \cdot \rho(E) \ . \tag{10.17}$$

Der Operator H_{int} für die Wechselwirkung des betrachteten Teilchens X mit dem Strahlungsfeld ergibt sich im Rahmen der Quantenelektrodynamik aus der Lagrange-Dichte $L_{\text{int}} = \underline{J} \cdot \underline{A}$, dem Skalarprodukt der Vierervektoren von Strom $\underline{J}$ und Potential $\underline{A}$. Diese relativistisch kovarianten Vierervektoren haben vier Komponenten. Beispielsweise hat der Vierervektor $\underline{x}$ eine Zeitkomponente ct und drei Raumkomponenten $\boldsymbol{x}$. Sein Längenquadrat $c^2 t^2 - \boldsymbol{x}^2$ kann positiv (zeitartiger Vektor), null (lichtartiger Vektor) oder negativ (raumartiger Vektor) sein. Es bleibt bei Lorentz-Transformationen invariant (Bd. 2, Kap. 15). Analog zur Quantenelektrodynamik entwarf Fermi 1934 eine Theorie für den β-Zerfall.

Grundzüge der Fermi-Theorie. Grundlage der Fermi-Theorie ist die Pauli'sche Hypothese, dass beim β-Zerfall außer einem Elektron noch ein masseloses Neutrino emittiert wird. In Analogie zur Quantenelektrodynamik nahm er eine Strom-Strom-Kopplung zwischen den Nukleonen und dem Strahlungsfeld der Leptonen an:

$$L_{\text{int}}^{\text{F}} = G_{\text{F}} \cdot \underline{V}_{\text{N}} \cdot \underline{V}_{\text{L}} \ . \tag{10.18}$$

Ein an die Bewegung von Nukleonen gebundener Vektorstrom $\underline{V}_{\text{N}}$ koppelt mit einer Kopplungskonstanten G_{F} der schwachen Wechselwirkung ($G_{\text{F}}/\hbar c$ hat die Einheit einer Fläche) an einen an die Bewegung von Leptonen gebundenen Vektorstrom $\underline{V}_{\text{L}}$. Der Vektorstromoperator $\underline{V}_{\text{N}}$ wirkt auf den Zustand eines Nukleons im Kern und ändert die Quantenzahl T_3 des Isospins. Aus einem Neutron- wird ein Protonzustand oder umgekehrt aus einem Proton- ein Neutronzustand. Entsprechend wirkt der Stromoperator $\underline{V}_{\text{L}}$ auf den Leptonzustand. Beim Elektroneneinfang bewirkt er, dass aus einem Elektron ein Neutrino wird. Bei einem $\beta^{\pm}$-Zerfall werden ein Lepton und ein Antilepton emittiert. Dabei kann das Antilepton als rückwärts in der Zeit laufendes Lepton gedeutet werden, so dass auch hier ein Elektron in ein Neutrino bzw. ein Neutrino in ein Elektron umgewandelt wird.

Aus dem Fermi'schen Ansatz für die Wechselwirkung folgen die *Auswahlregeln* des β-Zerfalls. Es bleiben erhalten: Anzahl N der Nukleonen, Leptonenzahl (Anzahl der Leptonen minus Anzahl der Antileptonen) und der Nukleonenspin. Wenn kein Bahndrehimpuls von den Nukleonen auf das Leptonenfeld übertragen wird (d. h. bei den *erlaubten* β-Übergängen), bleibt folglich auch der Kernspin I erhalten. Wie die E1-Übergänge der elektromagnetischen Zerfälle haben die erlaubten β-Übergänge besonders große Übergangsraten (kleine log ft-Werte, s. u.). Um Größenordnungen kleinere Übergangsraten haben *verbotene* β-Übergänge, bei denen ein Bahndrehimpuls $L\,\hbar$ auf das Leptonenfeld übertragen wird.

Ein Beispiel für einen β-Zerfall mit einer extrem großen Übergangsrate (log $ft \approx 3.5$) ist allerdings auch der Übergang $^{14}\mathrm{O} \longrightarrow \,^{14}\mathrm{N}$ mit $\Delta I = 1$. Offensichtlich sind auch diese Übergänge erlaubt, es klappt dabei aber der Spin eines Nukleons um. Der Spin des aktiven Nukleons ändert also – im Gegensatz zur Vorhersage der Fermi-Theorie – seine Richtung. Um auch diese Übergänge theoretisch beschreiben zu können, nahmen G. Gamow (1904 – 1968) und E. Teller (1908 – 2003) an, dass es außer der Fermi-Wechselwirkung noch einen Wechselwirkungsterm gibt, bei dem Axialvektorströme aneinander koppeln:

$$L_{\mathrm{int}}^{\mathrm{GT}} = G_{\mathrm{GT}} \cdot \underline{A}_{\mathrm{N}} \cdot \underline{A}_{\mathrm{L}} \ . \tag{10.19}$$

Mit diesem Ansatz konnten die erlaubten $(\Delta I = 1)$-Übergänge zufriedenstellend erklärt werden. Schließlich sei noch erwähnt, dass außer Vektor- und Axialvektorkopplung auch eine Skalar- und eine Tensorkopplung theoretisch denkbar sind, für die auch die Auswahlregeln $\Delta I = 0$ bzw. $\Delta I = 1$ gelten. Experimentell haben sich aber letztlich die Ansätze von Fermi und Gamow-Teller bestätigt (Abschn. 10.5).

Kontinuierliches β-Spektrum. Da bei den elektromagnetischen Strahlungsübergängen gewöhnlich nur ein Photon emittiert wird, haben Energie- und Impulserhaltung zur Folge, dass nach dem Emissionsprozess Photon und Rückstoßkern eine wohldefinierte Energie haben. Hingegen werden beim β-Zerfall zwei Teilchen emittiert, so dass sich die beim β-Übergang frei werdende Energie ΔE auf Elektron und Neutrino und (zu einem kleineren, hier vernachlässigten Teil) auch auf den Rückstoßkern verteilen kann. Das Energiespektrum der beim β-Zerfall emittierten Elektronen erstreckt sich daher kontinuierlich von $E = 0$ bis zur Maximalenergie $E_{\mathrm{max}} = \Delta E - m_{\mathrm{e}} c^2$ (ΔE ist hier die Differenz der Ruhenergien der Atomkerne, nicht die Differenz der mit c^2 multiplizierten Atommassen $\Delta M\, c^2$, in der auch die Änderung der Atomhülle enthalten ist).

Für die erlaubten β-Übergänge, bei denen kein Bahndrehimpuls auf die emittierten Leptonen übertragen wird, lässt sich das Energiespektrum der Elektronen leicht berechnen, wenn man zunächst die Coulomb-Wechselwirkung des emittierten geladenen Leptons mit dem zurückbleibenden Kern vernachlässigt. Die Übergangsrate für einen β-Zerfall, bei dem ein Elektron mit der Energie E_{e} innerhalb des Intervalls $\mathrm{d}E_{\mathrm{e}}$ emittiert wird, ist proportional zur Zustandsdichte der Endzustände (bereits integriert über die Raumwinkel $\mathrm{d}\Omega_{\mathrm{i}}$, in die die beiden Leptonen emittiert wurden):

$$\rho(E_{\mathrm{e}}, E_{\mathrm{max}}) \cdot \mathrm{d}E_{\mathrm{e}} = \frac{(4\pi)^2}{h^6 c^2} E_{\mathrm{e}}^2 (E_{\mathrm{max}} - E_{\mathrm{e}})^2 \mathrm{d}E_{\mathrm{e}} \ . \tag{10.20}$$

Das Übergangsmatrixelement ist bei den erlaubten β-Übergängen unabhängig davon, wie sich die Gesamtenergie $E_{max} = E_e + E_{\underline{v}}$ auf die Energie E_e des Elektrons und die Energie $E_{\underline{v}}$ des Antineutrinos verteilt. Die spektrale Verteilung der Elektronenenergie ist folglich proportional zu $\rho(E_e, E_{max})$. Bei einer genaueren Analyse ist allerdings auch die Coulomb-Wechselwirkung zwischen geladenem Lepton und Tochterkern zu berücksichtigen. Das Maximum der Verteilungsfunktion eines e^--Spektrums verschiebt sich daher zu niedrigeren Energien, das eines e^+-Spektrums hingegen zu höheren Energien.

Zerfallsraten. Die totale Zerfallsrate $A(X \longrightarrow X' + e + v)$ für den β-Zerfall eines Kerns $X \longrightarrow X' + e + v$ ist nach Fermis Goldener Regel

$$A(X \longrightarrow X' + e + v) = \frac{2\pi}{\hbar} \left| \langle X' | H_{int} | X \rangle \right|^2 \cdot \int_0^{E_{max}} \rho(E_e, E_{max}) \cdot dE_e . \quad (10.21)$$

Wenn die internen Zustandsvektoren der Kerne beispielsweise mit dem Schalenmodell zuverlässig berechnet werden können, lassen sich aus den gemessenen Zerfallsraten die Kopplungskonstanten G_F und G_{GT} bestimmen. Nach Multiplikation der Kopplungskonstante mit dem Quadrat der Ruhenergie $m_p c^2$ des Protons erhält man:

$$G_F \cdot (m_p c^2)^2 = 1.0 \cdot 10^{-5} (\hbar c)^3 \quad \text{und} \quad G_{GT} \cdot (m_p c^2)^2 = 1.2 \cdot 10^{-5} (\hbar c)^3 . \quad (10.22)$$

Gewöhnlich werden statt der Zerfallsraten log ft-Werte angegeben, d. h. der Logarithmus *vergleichbarer* Lebensdauern, bei denen die Abhängigkeit der Lebensdauer t von der Energie E_{max} mit einem Faktor f kompensiert wird. Die vergleichbare Lebensdauer ft ist also ein Maß für die Größe des reziproken Übergangsmatrixelements.

Neutrinomasse. Intensiv wurde die Frage untersucht, ob das Neutrino – wie in Fermis Theorie angenommen – wirklich masselos ist. Eine Neutrinomasse $m_v > 0$ würde sich vor allem auf den Verlauf des β-Spektrums am oberen Ende auswirken, da in diesem Fall das Spektrum bereits bei $E_e = E_{max} - m_v c^2$ abbrechen würde und die spektrale Intensität dort anders, als nach Fermis Theorie mit $m_v = 0$ zu erwarten, auf den Wert null abklingen würde. Sehr genau wurde das β-Spektrum von Tritium von E. Otten und Mitarbeitern am hochenergetischen Ende untersucht. Aus diesen Untersuchungen ergab sich $m_v c^2 \lesssim 2$ eV.

Nachweis des Antineutrinos. Der erste direkte Nachweis von Antineutrinos gelang Reines und Cowans im Jahr 1959. Sie nutzten den Einfang von $\bar{v}_e$ durch Protonen, der in Analogie zum Elektroneneinfang nach der Gleichung

$$p + \bar{v}_e \rightarrow n + e^+ \quad (10.23)$$

abläuft. Da die Wirkungsquerschnitte für Neutrinoreaktionen extrem klein sind ($\sigma \approx 10^{-43}$ cm^2, benötigt man einen sehr hohen $\bar{v}_e$-Fluss, wie er an einem Kernreaktor infolge der β^--Zerfälle der Spaltfragmente zur Verfügung steht, und ein großvolumiges Wasserstoff-Target. Der entscheidende Trick solcher Messungen ist, dass Target und Detektor identisch sind. In diesem Fall wurde ein mit Cd angereicherter organischer Szintillator verwendet, wie er in ▶ Abb. 10.8 angedeutet ist. Der Ablauf der Einfangreaktion (10.23) wurde nun folgendermaßen nachgewiesen: Das in der Reaktion $p + \bar{v}_e \longrightarrow n + e^+$

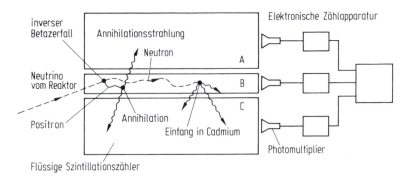

Abb. 10.8 Apparatur zum Nachweis von Antineutrinos $\bar{\nu}_e$ eines Reaktors mittels der Reaktion $p + \bar{\nu}_e \longrightarrow n + e^+$ (Details im Text).

erzeugte Positron e^+ wird im Szintillator abgebremst, fängt ein Elektron ein und zerstrahlt mit ihm: $e^+ + e^- \longrightarrow 2\gamma$. Dabei entstehen zwei γ-Quanten mit der Ruhenergie des Elektrons $m_e c^2 = 0.511\,\mathrm{MeV}$. Sie dienen als erstes Nachweissignal des Prozesses. Das in der Reaktion ebenfalls entstandene Neutron wird im Szintillatormaterial auf thermische Energien moderiert und dann mit hoher Wahrscheinlichkeit im Cadmium eingefangen (▶ Abb. 10.3). In diesem $^{113}\mathrm{Cd}(n,\gamma)$-Prozess wird γ-Strahlung von insgesamt 9.1 MeV frei, die im Szintillator ebenfalls registriert wird. Der Einfang eines Antineutrinos durch ein Proton erzeugt also im Szintillator ein ganz typisches Signal (zwei 0.511-MeV-γ-Quanten und, zeitlich verzögert, die Emission hochenergetischer γ-Quanten), das sich von der Untergrundstrahlung, vor allem Höhenstrahlung, markant unterscheidet.

Neutrino gleich Antineutrino? Wir haben bislang angenommen, dass beim β-Zerfall die *Leptonenzahl* erhalten bleibt. Dementsprechend nahmen wir in Abschn. 9.2 an, daß beim β^--Zerfall mit jedem Elektron ein Antineutrino und beim β^+-Zerfall mit jedem Positron ein Neutrino emittiert wird. Die Leptonenzahl bleibt in diesem Fall erhalten, wenn den Teilchen Elektron und Neutrino die Leptonenzahl $+1$ und den Antiteilchen Positron und Antineutrino die Leptonenzahl -1 zugeordnet wird. Könnte es nicht aber auch sein, dass Neutrino und Antineutrino gar nicht verschiedene Teilchen sind, wie theoretisch vermutet wurde (Stichwort: Majorana-Neutrino)? Da beide Teilchen ungeladen sind, fällt zumindest die Ladung als Unterscheidungsmerkmal aus.

Um nachzuweisen, dass die beim β^--Zerfall emittierten Antineutrinos verschieden sind von den beim β^+-Zerfall emittierten Neutrinos, wurde versucht, die Reaktion

$$\nu + {}^{37}\mathrm{Cl} \longrightarrow {}^{37}\mathrm{A} + e^- ,\qquad(10.24)$$

bei der sich ein Neutron in ein Proton umwandelt, mit den von einem Kernraktor emittierten Antineutrinos auszulösen. Da eine Umwandlung von Chlor in Argon bei Bestrahlung mit Antineutrinos nicht beobachtet werden konnte, darf angenommen werden, dass Neutrino und Antineutrino tatsächlich verschiedene Teilchen sind.

Dafür sprechen auch Untersuchungen zum *doppelten β-Zerfall*, bei dem sich die Kernladungszahl um $\Delta Z = 2$ ändert. Bei Erhaltung der Leptonenzahl müssten beispielsweise bei dem Zerfall von $^{124}\mathrm{Sn}$ in $^{124}\mathrm{Te}$ zusammen mit zwei Elektronen auch zwei Antineutrinos emittiert werden. Wenn aber Neutrino und Antineutrino gleichartige Teilchen wären, könnte der Zerfall unter Emission von nur zwei Elektronen stattfinden und die Zerfallsrate wäre entsprechend größer.

10.5 Paritätsverletzung

Die Hamilton-Operatoren von freien Atomen, Atomkernen und anderen atomaren Teilchen zeichnen sich durch grundlegende Symmetrien aus. Im feldfreien Raum sind sie insbesondere gegenüber Drehungen und Spiegelungen des Koordinatensystems invariant, d. h. es sind *skalare* Operatoren. Dank dieser Symmetrie konnten die Eigenzustände der Quantenobjekte durch Drehimpulsquantenzahlen und eine positive oder negative *Parität* gekennzeichnet werden. Bis 1957 glaubte man, dass diese Symmetrien universell gültig seien und dementsprechend bei allen elementaren Prozessen Drehimpuls und Parität des Gesamtsystems erhalten bleiben. Bei Untersuchungen zur schwachen Wechselwirkung zeigte sich aber, dass bei Prozessen, die durch die schwache Wechselwirkung ausgelöst werden, also insbesondere beim β-Zerfall die Parität nicht erhalten bleibt.

Paritätssymmetrie. Der Paritätsoperator P bewirkt eine Spiegelung am Ursprung des Koordinatensystems:

$$P : r \longrightarrow -r \ . \tag{10.25}$$

Daher antikommutiert P mit allen polaren Vektoroperatoren (z. B. $\{P, r\} \equiv P\,r + r\,P = 0$ und $\{P, p\} = 0$), kommutiert aber mit axialen Vektoroperatoren, wie z. B. dem Drehimpulsoperator $L = r \times p$ und dem Spinoperator S.

In der Atom-, Molekül- und Kernphysik wird die Bindung der Elektronen und Nukleonen aneinander fast ausschließlich von elektromagnetischen Kräften und den Kernkräften bestimmt. Bei beiden Wechselwirkungen hat sich die Annahme bestätigt, dass die Wechselwirkungsoperatoren mit dem Paritätsoperator kommutieren. Dementsprechend haben die Eigenzustände der Hamilton-Operatoren von atomaren Teilchen im feldfreien Raum positive oder negative Parität (Abschn. 2.6).

Diese Paritätssymmetrie wird gebrochen durch die schwache Wechselwirkung. Auf die Eigenzustände atomarer Teilchen hat die schwache Wechselwirkung zwar nur einen äußerst geringen Einfluss. Sie bewirkt dort nur eine geringfügige Mischung von Zuständen entgegengesetzter Parität, die nur unter günstigen Umständen nachweisbar ist. Sie führt aber zu einer deutlichen Nichterhaltung der Parität bei Prozessen, die nur dank der schwachen Wechselwirkung möglich sind.

Erste Hinweise auf eine Paritätsverletzung ergaben sich aus Untersuchungen zum Zerfall der K-Mesonen (Abschn. 12.3). T. D. Lee (*1926) und C. N. Yang (*1922) (gemeinsamer Nobelpreis 1957) vermuteten aufgrund dieser Untersuchungen, dass beim β-Zerfall die Parität nicht erhalten bleibt. Den ersten Nachweis einer Paritätsverletzung ergab 1957 ein Experiment von C. S. Wu (1912 – 1997).

Nachweis der Paritätsverletzung. Bei Paritätserhaltung sollten Bewegungsabläufe, die durch eine Paritätstransformation (Spiegelung am Ursprung) auseinander hervorgehen, mit gleicher Wahrscheinlichkeit auftreten. Nach dem β-Zerfall eines polarisierten Kerns mit dem Kernspin I sollten also Elektronen mit einem Impuls p_e mit gleicher Wahrscheinlichkeit in Vorwärts- und Rückwärtsrichtung emittiert werden (► Abb. 10.9.) Mit anderen Worten, der Erwartungswert des pseudoskalaren Operators $I \cdot p_e$, (Skalarprodukt eines axialen und eines polaren Vektors) sollte null sein.

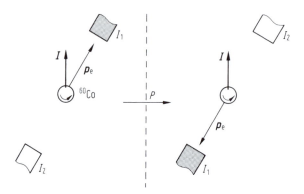

Abb. 10.9 Prinzip des Experiments von Wu und Mitarbeitern. Ein polarisierter Kern emittiert Elektronen mit dem Impuls p_e im ursprünglichen Koordinatensystem (links) und im paritätstransformierten System (rechts).

► Abb. 10.10a skizziert den Aufbau des Experiments von C. S. Wu, mit dem diese Frage beantwortet wurde: Untersucht wurde der β-Zerfall von ^{60}Co-Kernen, die im Grundzustand den Kernspin $I = 5\hbar$ haben. Da die magnetischen Momente der Kerne um 3 Größenordnungen kleiner als die magnetischen Momente von Elektronen sind, lassen sich die Kerne selbst bei tiefsten Temperaturen nicht einfach mit einem äußeren Magnetfeld ausrichten, wohl aber mit dem erheblich stärkeren Magnetfeld, das ein Valenzelektron am Kernort erzeugt. Deshalb wurden paramagnetische ^{60}Co-Ionen in eine etwa 0.1 mm dicke Oberflächenschicht eines Cer-Magnesium-Nitrat-Kristalls eingelagert. Auch das Nitrat ist paramagnetisch und kann daher durch adiabatische Entmagnetisierung abgekühlt

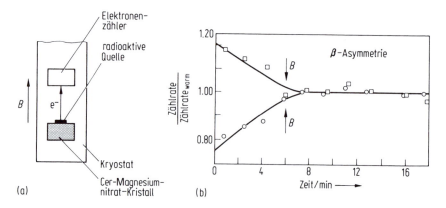

Abb. 10.10 (a) Aufbau des Experiments zum Nachweis der Paritätsverletzung beim β-Zerfall von ^{60}Co, (b) Messergebnis des Experiments.

werden. Dazu wird zunächst mit einem starken Magnetfeld das paramagnetische Salz polarisiert und mit flüssigem Helium auf eine Endtemperatur $T = 1.2$ K abgekühlt. Beim anschließenden langsamen Absenken der Magnetfeldstärke sinkt die Temperatur der Probe weiter auf etwa 10 mK. Ein von außen angelegtes kleines Magnetfeld (z-Richtung) reicht nun aus, um zunächst die Spins der Valenzelektronen der paramagnetischen ^{60}Co-Ionen auzurichten. Diese erzeugen ihrerseits am Kernort ein so starkes Magnetfeld, dass auch die ^{60}Co-Kerne sich bei der extrem tiefen Temperatur ausrichten. Es ist überwiegend der tiefste Zeeman-Zustand ($m_I = -5$) des ^{60}Co-Kerngrundzustands besetzt. Die ^{60}Co-Kerne sind also polarisiert.

Der Kern ^{60}Co im 5^+-Grundzustand zerfällt über einen erlaubten β^--Zerfall zum angeregten 4^+-Zustand in ^{60}Ni. Da der Kernspin dabei um $1\hbar$ abnimmt, ist es ein Gamow-Teller-Übergang. Man misst nun mit einem Szintillationszähler die parallel zur Spinrichtung (bzw. bei Umpolung des Magnetfeldes antiparallel zur Spinrichtung) emittierten Elektronen. Da die radioaktiven ^{60}Co-Kerne sich in einer dünnen Oberflächenschicht des Kristalls befinden, gelangen die Elektronen weitgehend ungehindert auf direktem Weg zum Detektor.

Das Ergebnis der Messung ist in ▶Abb. 10.10b dargestellt. Die Zeitachse deutet die nach der adiabatischen Entmagnetisierung wieder steigende Temperatur an, d. h. den damit sinkenden Polarisationsgrad der Probe. Die beobachtete β-Asymmetrie bei Zeiten unterhalb von 5 min ist ein klarer Beweis dafür, dass die Elektronen bevorzugt *entgegen* der Richtung des Kernspins I emittiert werden. Der Zerfall ist noch einmal schematisch in ▶Abb. 10.11 illustriert: Die Projektionen der Spins von ^{60}Co, ^{60}Ni und der beiden Leptonen auf die z-Achse sind alle maximal, während der Elektronenimpuls p_e bevorzugt entgegengesetzt gerichtet ist. Für den Schraubensinn (Helizität) eines Teilchens hat man den Operator der *Helizität $H = \sigma p/|p|$* eingeführt. Aus dem Gesagten geht hervor, dass die Helizität der Elektronen beim β^--Zerfall negativ ist. Kurz nach dem Wu-Experiment konnten H. Frauenfelder und Mitarbeiter die Spin-Polarisation der Elektronen direkt messen.

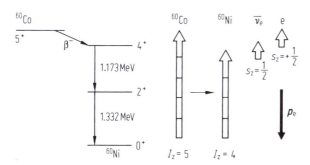

Abb. 10.11 Zerfallsschema von ^{60}Co sowie Vorzugsrichtung des Elektronenimpulses p_e relativ zu den Spins von ^{60}Co, ^{60}Ni, Elektron und Antineutrino.

Chiralität und Helizität des Neutrinos. Da Neutrinos eine verschwindend kleine Masse haben, darf angenommen werden, dass alle Neutrinos mit Lichtgeschwindigkeit emittiert werden. Als Fermionen mit der Spinquantenzahl $s = 1/2$ werden Neutrinos mit der Dirac-Gleichung (Abschn. 4.4) beschrieben. Wenn die Masse $m_\nu = 0$ gesetzt wird, kommutiert der Dirac'sche Hamilton-Operator H_D für freie Neutrinos mit dem *Chiralitätssoperator* γ_5. Neutrinozustände können daher so gewählt werden, dass sie simultan Eigenzustände von H_D und γ_5 sind. Da $(\gamma_5)^2 = 1$ ist, hat γ_5 die Eigenwerte $\chi = \pm 1$. Man spricht dementsprechend von Zuständen mit positiver oder negativer *Chiralität* (Händigkeit). Da γ_5 auch mit dem Helizitätsoperator kommutiert, ergibt sich, dass die Neutrinozustände mit positiver Chiralität die Helizität $h = +1$ und diejenigen mit negativer Chiralität $h = -1$ haben.

Experimentell ergab sich, dass die beim β^--Zerfall emittierten Antineutrinos die Helizität $h = +1$ haben und folglich (wenn sie masselos sind) Eigenzustände des Chiralitätsoperators sind. Zur Messung der Neutrinohelizität untersuchten Goldhaber, Grodzins und Sunyar 1958 den β-Zerfall von ^{152}Eu in einem Experiment, bei dem sie in genialer Weise die Resonanzstreuung einer γ-Linie des Tochterkerns ^{152}Sm nutzten. Das Zerfallsschema ist in ▶ Abb. 10.12a skizziert.

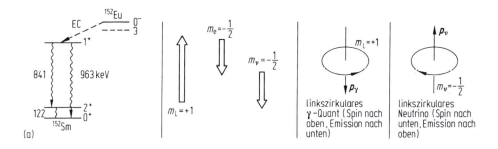

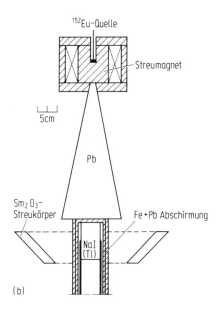

Abb. 10.12 Zur Bestimmung der Neutrinohelizität beim EC-Zerfall des ^{152}Eu (Goldhaber et al., Phys. Rev. **109** (1958) 1015), (a) Zerfallsschema und Drehimpulskomponenten, (b) experimenteller Aufbau.

Der angeregte Zustand des ^{152}Sm-Kerns entsteht durch Elektroneneinfang (EC = electron capture) aus ^{152}Eu. Die beim Einfang emittierten Neutrinos haben eine feste Energie von $E_\nu = 950\,\text{keV}$ und erteilen dem Kern einen Rückstoßimpuls $p_\nu = E_\nu/c$. Das nachfolgende 963-keV-γ-Quant führt andererseits zu einem Rückstoß von $P_\gamma = E_\gamma/c$. Falls nun γ-Quant und Neutrino in genau entgegengesetzter Richtung emittiert werden, so kompensieren sich die beiden Rückstoßimpulse fast vollständig: Die auf den ^{152}Sm-Kern übertragene Energie $E_\text{r} = p_\text{r}^2/2M = (E_\nu - E_\gamma)^2/2Mc^2 = 0.43\,\text{meV}$ wird sehr viel kleiner als die natürliche Linienbreite $\Gamma = 22\,\text{meV}$ des 963-keV-Niveaus. Damit wird Resonanzfluoreszenz möglich und erlaubt eine Aussage über die Richtungskorrelation zwischen den Impulsen des Neutrinos und des γ-Quants.

Die Stellung des Neutrinospins $\boldsymbol{s}_\nu$ relativ zum Neutrinoimpuls $\boldsymbol{p}_\nu$ ergibt sich aus der Drehimpulserhaltung bei diesem Prozess. Vor dem β-Zerfall des ^{152}Eu setzt sich der Gesamtdrehimpuls des Systems aus dem Kernspin $I = 0$ des Zustands in ^{152}Eu und dem Spin $s_\text{e} = 1/2$ des aus der K-Schale eingefangenen Elektrons zusammen. Nach dem β-Zerfall besteht der Gesamtdrehimpuls aus dem Kernspin $I = 1$ des 963-keV-Zustands in ^{152}Sm (bzw. nach dessen γ-Emission aus dem Drehimpuls $L = 1$ des Photons) und dem Spin $s_\nu = 1/2$ des wegfliegenden Neutrinos. Wir betrachten nun die Emissionsrichtung des Neutrinos als Quantisierungsachse und nehmen ferner an, dass das Photon linkszirkular polarisiert ist. Dann steht der Drehimpuls $\boldsymbol{L}$ entgegengesetzt zu $\boldsymbol{p}_\gamma$. Daher ist $m_\text{L} = +1$. Die Spinrichtungen von Elektron und Neutrino sind entgegengesetzt zur Spinrichtung des Photons, so dass wir $m_\text{e} = m_\nu = -1/2$ schreiben können (vgl. ▶Abb. 10.12a). Für rechtszirkular polarisierte Photonen gilt Entsprechendes. Goldhaber et al. mussten nun nur noch die Zirkularpolarisation der γ-Quanten bestimmen, um die Spinrichtung der Neutrinos und damit die Helizität $h(\nu_\text{e})$ festlegen zu können. Dazu benutzten sie die Compton-Streuung an magnetisiertem Eisen. Der Wirkungsquerschnitt für Compton-Streuung hängt von der relativen Orientierung von Elektronenspin und γ-Polarisation ab. In magnetisiertem Eisen sind die Spins von etwa zwei Valenzelektronen in Feldrichtung polarisiert. Deshalb hängt die Intensität der gestreuten bzw. absorbierten γ-Strahlung von der Spinrichtung der Photonen ab. ▶Abb. 10.12b illustriert den experimentellen Aufbau. Die ^{152}Eu-Quelle ist von einem Eisenklotz umschlossen, der durch ein äußeres Feld magnetisiert wird. Die 963-keV-γ-Quanten werden aus dem ringförmigen Sm_2O_3-Streuer resonant gestreut. Dies äußert sich darin, dass im γ-Spektrum neben der 963-keV-Linie auch die 841-keV-Linie der Streustrahlung auftritt, die in dem von der ^{152}Eu-Quelle abgeschirmten NaI-Detektor nachgewiesen wird. Aus der Zählratendifferenz des Detektors bei Umpolung des Magnetfelds folgt, dass die γ-Quanten linkszirkular polarisiert sind. Damit war der Nachweis der negativen Helizität des Neutrinos erbracht.

($V - A$)-Theorie des β-Zerfalls. Da beim β-Zerfall Teilchen mit nahezu Lichtgeschwindigkeit emittiert werden, ist die Kopplung der Nukleonen an das Strahlungsfeld der Leptonen mit Vierervektoren zu beschreiben. Die Operatoren der Vektorströme $\underline{V}$ der Fermi-Kopplung und der Axialvektorströme $\underline{A}$ der Gamow-Teller-Kopplung sind deshalb mit den vierreihigen Matrizen der Dirac-Theorie (s. Abschn. 4.4) so anzusetzen, dass sie wie Vierervektoren transformiert werden können und die 3-Komponenten des Isospins der Teilchenzustände um 1 erhöhen oder erniedrigen. Der Vektor- bzw. Axialvektorcharakter kommt in der Proportionalität zu den Dirac-Matrizen zum Ausdruck:

$$\underline{V} \sim \gamma_0 \left(1, \gamma_5 \boldsymbol{\sigma}\right)/i \tag{10.26}$$

$$\underline{A} = \gamma_5 \cdot \underline{V} \sim \gamma_0 \left(\gamma_5, \boldsymbol{\sigma}\right)/i \;. \tag{10.27}$$

Sowohl der Operator der Fermi-Kopplung (Skalarprodukt zweier Vektorströme) als auch der Operator der Gamow-Teller-Kopplung (Skalarprodukt zweier Axialvektorströme) ist ein skalarer Operator. Beide Kopplungen führen daher zu paritätserhaltenden Prozessen. Die Parität bleibt aber nicht erhalten, wenn man der schwachen Kopplung eine Superposition $\underline{J} = \underline{V} - \underline{A}$ von Vektor- und Axialvektorstrom zugrunde legt. Denn die Strom-Strom-Kopplung $L_{\mathrm{int}} = \underline{J}_N \cdot \underline{J}_L = (\underline{V}_N \cdot \underline{V}_L + \underline{A}_N \cdot \underline{A}_L) - (\underline{V}_N \cdot \underline{A}_L + \underline{A}_N \cdot \underline{V}_L)$ besteht in diesem Fall aus einem skalaren und einem pseudoskalaren Anteil.

Wir haben hier vereinfachend angenommen, dass $G_F = G_{GT}$ und damit $J \sim (1 - \gamma_5)$ ist. Diese Vereinfachung hat zur Folge, dass der Kopplungsoperator der schwachen Wechselwirkung nur auf Teilchenzustände mit negativer Chiralität und Antiteilchenzustände mit positiver Chiralität wirkt. Denn $(1 \pm \gamma_5)/2$ sind *Projektionsoperatoren*, da $(1 \pm \gamma_5)^2/4 = (1 \pm \gamma_5)/2$. Da ferner $\gamma_5(1 - \gamma_5) = -(1 - \gamma_5)$ ist, bewirkt der Operator J eine Projektion des Teilchenzustands auf seine Komponente mit negativer Chiralität.

Tatsächlich unterscheiden sich die Kopplungskonstanten G_F und G_{GT} um einen Faktor 1.2. Diese Diskrepanz zwischen $(V - A)$-Theorie und Experiment ist ein Hinweis darauf, dass die Nukleonen nicht als punktförmige Teilchen betrachtet werden dürfen, sondern ihnen im Rahmen des Quark-Modells (Kap. 11) auch eine innere Struktur zugeschrieben werden kann. Aus demselben Grund entsprechen auch die Landé'schen g-Faktoren der Nukleonen nicht der Voraussage $g = 2$ der Dirac-Theorie (Abschn. 12.2), sondern weichen deutlich vom Dirac-Wert ab.

Aufgaben

10.1 Diskutieren Sie die in ► Abb. 9.15 eingetragenen Stripping- und Pick-up-Reaktionen. Was lernen Sie daraus über die Bindungsenergien der an den Reaktionen beteiligten Kerne? Um welchen Betrag unterscheiden sich die Bindungsenergien der Kerne ^{14}C und ^{14}N? Welcher Kern ist instabil? Wie groß ist die β-Zerfallsenergie $E_{\max}$?

10.2 Wie groß ist der Wirkungsquerschnitt σ_{tot} für die von thermischen Neutronen ausgelöste Reaktion ^{10}B$(n, \alpha)^7$Li?

10.3 Bestimmen Sie aus ► Abb. 10.3 die Breite Γ_C und Energie E_C des Compound-Zustands von Neutron und ^{113}Cd-Kern.

10.4 Wie dick sollte eine Bleiwand sein, um die Intensität von 3-MeV-γ-Strahlung auf 1% abzuschwächen?

10.5 Schätzen Sie die Größenordnung der Übergangsrate A_{E2} eines E2-Überganges ab, bei dem ein γ-Quant mit $E_\gamma = 1$ MeV abgestrahlt wird.

10.6 Wie groß ist die Rückstoßenergie E_{kin} eines ^{60}Co-Kerns nach Emission eines 1.3-MeV-γ-Quants?

10.7 Bei welcher Elektronenenergie E_e hat das kontinuierliche β-Spektrum ein Intensitätsmaximum und wie verhält es sich bei $E_e = 0$ und $E_e = E_{\max}$ (ohne Berücksichtigung der Coulomb-Wechselwirkung zwischen Elektron und Tochterkern)? Zeichnen Sie die spektrale Verteilung.

11 Subnukleare Teilchen

Freie Atome und Moleküle haben ebenso wie Atomkerne eine Termstruktur. Um sie zu erklären, stellt man sich die Teilchen als komplexe Gebilde mit einer inneren Struktur vor. Aus dem klassischen Modellbild ergibt sich eine *räumliche Struktur*, die – insbesondere bei Molekülen – bei starker Ankopplung der Teilchen an die Umgebung auch beobachtbar wird. Dementsprechend betrachtet man die Teilchen modellmäßig als ein System *elementarer* Teilchen mit einer räumlichen Ausdehnung, die Atomkerne beispielsweise als ein System von Nukleonen.

Ähnlich wie Atome, Moleküle und Atomkerne können auch die Nukleonen und Pionen als komplexe Systeme betrachtet werden, die eine Termstruktur haben. Bislang haben wir sie nur im Grundzustand als Nukleonen oder Pionen kennengelernt. Nach Stößen bei hinreichend hoher Energie (GeV-Bereich) können sie auch in angeregten Zuständen auftreten. Als sie entdeckt wurden, betrachtete man die angeregten Zustände allerdings als neuartige Teilchen, die insgesamt als *Hadronen* bezeichnet wurden. Dazu zählen einerseits die *Baryonen*, die wie die zu ihnen gehörigen Nukleonen Fermionen sind, und andererseits die *Mesonen*, die wie die Pionen Bosonen sind.

Die Baryonen und Mesonen hat man dann zu einem *Termschema* oder *Spektrum* der Hadronen angeordnet. M. Gell-Mann (*1929, Nobelpreis 1969) nahm 1964 an, dass auch die Termstruktur der Hadronen in Beziehung zu einer inneren Struktur gesetzt werden kann. Insbesondere begründete er das *Quark-Modell*. Demnach bestehen die Baryonen aus drei Spin-1/2-Fermionen, nämlich den Quarks, und die Mesonen aus Quark-Antiquark-Paaren.

In diesem Kapitel behandeln wir zunächst die experimentellen Grundlagen der Teilchenphysik und in Abschn. 11.2 und 11.3 das Hadronenspektrum und das Quark-Modell. Außer den *Hadronen* gibt es aber auch Teilchen, die nicht auf die Kräfte der hadronischen Wechselwirkung reagieren, die *Leptonen*. Zu ihnen gehören die Elektronen und Neutrinos. Die Leptonen und die Austauschteilchen der schwachen Wechselwirkung sind Gegenstand der beiden letzten Abschnitte dieses Kapitels.

Die natürliche Lebensdauer der Leptonen und Hadronen hängt wesentlich von der Art der möglichen Zerfallsprozesse ab. In der Atom- und Kernphysik sind Strahlungsübergänge dank elektromagnetischer und schwacher Wechselwirkung möglich, in der Teilchenphysik auch dank der *hadronischen* Wechselwirkung. Am längsten leben Teilchen, die nur über die schwache Wechselwirkung zerfallen können, am kürzesten hadronisch zerfallende Teilchen. Einen Überblick über die langlebigen Leptonen und Hadronen gibt ▶ Tab. 11.1.

Tab. 11.1 Liste der langlebigen Teilchen, die nicht über die hadronische Wechselwirkung zerfallen. Ein Stern (*) zeigt an, dass für die Spinquantenzahl J keine Messung vorliegt. Angegeben ist die Quark-Modell-Vorhersage.

Teilchen		Spin J	Ruhmasse m_0 in MeV/c^2	Lebensdauer τ in s	typischer Zerfall
Leptonen	ν_e	1/2	$< 3 \cdot 10^{-6}$	stabil	
	ν_μ	1/2	< 0.19	stabil	
	ν_τ	1/2	< 18.2	stabil	
	e^-	1/2	0.511	stabil	
	μ^-	1/2	105.7	$2.2 \cdot 10^{-6}$	$e^- \bar{\nu}_e \nu_\mu$
	τ^-	1/2	1777.0	$2.9 \cdot 10^{-13}$	$e^- \bar{\nu}_e \nu_\tau, \mu^- \bar{\nu}_\tau \nu_\tau, \nu_\tau + $ Hadr.
Mesonen	$\pi^\pm$	0	139.57	$2.6 \cdot 10^{-8}$	$\pi^+ \to \mu^+ \nu_\mu$
	π^0	0	134.98	$0.8 \cdot 10^{-16}$	$\pi^0 \to \gamma\gamma$
	η^0	0	547.3	$5.6 \cdot 10^{-19}$	$\gamma\gamma, 3\pi^0$
	$K^\pm$	0	493.7	$1.24 \cdot 10^{-8}$	$K^+ \to \mu^+ \nu_\mu, \pi^+ \pi^0$
	$K^0, \overline{K}^0$	0	497.7		$50\% K_s^0, 50\% K_L^0$
	K_S^0	0		$0.89 \cdot 10^{-10}$	$\pi^+ \pi^-$
	K_L^0	0		$5.2 \cdot 10^{-8}$	$\pi^+ \pi^- \pi^0$
	$D^\pm$	0	1869.3	$10.5 \cdot 10^{-13}$	$D^+ \to K^- + $ Hadronen
	$D^0, \overline{D}^0$	0	1864.5	$4.1 \cdot 10^{-13}$	$D^0 \to K^- + $ Hadronen
	$D_s^\pm$	0	1968.6	$5.0 \cdot 10^{-13}$	$K + $ Hadronen
	$B^\pm$	0*	5279.0	$16.5 \cdot 10^{-13}$	$D + $ Leptonen/Hadronen
	$B^0, \overline{B}^0$	0*	5279.4	$15.5 \cdot 10^{-13}$	$D + $ Leptonen/Hadronen
	B_s^0	0*	5369.6	$14.9 \cdot 10^{-13}$	$D + $ Leptonen/Hadronen
Baryonen	p	1/2	938.27	stabil	
	n	1/2	939.57	887	$p e^- \bar{\nu}_e$
	Λ^0	1/2	1115.7	$2.6 \cdot 10^{-10}$	$p\pi^-, n\pi^0$
	Σ^+	1/2	1189.4	$0.8 \cdot 10^{-10}$	$p\pi^0, n\pi^+$
	Σ^0	1/2	1192.6	$7.4 \cdot 10^{-20}$	$\Lambda^0 \gamma$
	Σ^-	1/2	1197.4	$1.5 \cdot 10^{-10}$	$n\pi^-$
	Ξ^0	1/2	1314.8	$2.9 \cdot 10^{-10}$	$\Lambda^0 \pi^0$
	Ξ^-	1/2	1321.3	$1.6 \cdot 10^{-10}$	$\Lambda^0 \pi^-$
	Ω^-	3/2*	1672.5	$0.8 \cdot 10^{-10}$	$\Lambda^0 K^-, \Xi^0 \pi^-$
	Λ_c^+	1/2*	2284.9	$2.1 \cdot 10^{-13}$	$pK^- \pi^+$
	Ξ_c^+	1/2*	2466.3	$3.3 \cdot 10^{-13}$	$\Lambda K^- \pi^+ \pi^+$
	Ξ_c^0	1/2*	2471.8	$1.0 \cdot 10^{-13}$	
	Λ_b^0	1/2*	5624	$12.3 \cdot 10^{-13}$	$\Lambda_c^+ + $ Leptonen/Hadronen

11.1 Experimentelle Grundlagen der Hochenergiephysik

Die ersten experimentellen Hinweise auf Teilchen, die nicht schon als Bausteine in der Atom- und Kernphysik auftreten, ergaben Untersuchungen der *Höhenstrahlung* (auch *kosmische Strahlung* genannt), die 1912 von V. F. Hess (1883 – 1964, Nobelpreis 1936) bei Ballonfahrten in großer Höhe entdeckt wurde. 1936 gab es erste Hinweise auf Myonen, 1947 zeigte sich, dass die Myonen aus Pionen entstehen, die ihrerseits durch die primäre kosmische Strahlung (Protonen) bei Stoßprozessen in der Erdatmosphäre erzeugt werden, aber bereits in der hohen Atmosphäre zerfallen. Die meisten Messungen zur Untersuchung der Struktur subnuklearer Teilchen wurden später aber an Beschleunigern und Speicherringen durchgeführt, in denen Elektronen und Protonen, aber auch Positronen und Antiprotonen auf hohe Energien bis in den GeV- und TeV-Bereich beschleunigt werden. Die Teilchen sind dann hoch relativistisch ($E \gg mc^2$) und haben eine De-Broglie-Wellenlänge $\lambda \approx \hbar c/E \approx 2 \cdot 10^{-7}$ eV m$/E$. Bei $E = 1$ TeV können also räumliche Strukturen mit Ausdehnungen im Bereich von 10^{-18} m aufgelöst werden.

Die riesigen Beschleunigeranlagen sind ebenso wie die großen, zum Nachweis hochenergetischer Teilchen benötigten Detektoren extrem teuer. Daher werden die meisten Experimente der Hochenergiephysik an wenigen nationalen und internationalen Großforschungseinrichtungen, wie z. B. DESY in Hamburg und CERN bei Genf, im Rahmen von großen internationalen Kooperationen durchgeführt. Einige grundlegende Aspekte der experimentellen Hochenergiephysik werden in diesem Abschnitt betrachtet. Eine Übersicht über die großen Teilchenbeschleuniger und Speicherringe gibt ▶ Tab. 11.2.

Tab. 11.2 Große Teilchenbeschleuniger und Speicherringe.

Name	Ort		max. Strahl-energie/GeV	Fertig-stellung
Protonensynchrotrons				
CERN PS	Genf, Schweiz		28	1960
BNL AGS	Brookhaven, USA		32	1960
Serpukhov	Serpukhov, Russland		76	1967
CERN SPS	Genf, Schweiz		450	1976
Fermilab Tevatron	Batavia, USA		900	1982
Elektronenbeschleuniger				
Synchrotron DESY	Hamburg, Deutschland		7	1964
Linearbeschleuniger SLAC	Stanford, USA		20	1966
Speicherringe				
SPEAR	Stanford, USA	e^+e^-	4.2 + 4.2	1972
DORIS I/II	Hamburg, Deutschland	e^+e^-	5.6 + 5.6	1974/82
PETRA	Hamburg, Deutschland	e^+e^-	23 + 23	1978
PEP	Stanford, USA	e^+e^-	15 + 15	1980
CESR	Cornell, USA	e^+e^-	6 + 6	1979
TRISTAN	Tsukuba, Japan	e^+e^-	32 + 32	1986
LEP I	Genf, Schweiz	e^+e^-	50 + 50	1989
LEP II	Genf, Schweiz	e^+e^-	104 + 104	1995
Sp$\bar{p}$S	Genf, Schweiz	$p\bar{p}$	315 + 315	1982
Tevatron-Collider	Batavia, USA	$p\bar{p}$	900 + 900	1987
HERA	Hamburg, Deutschland	ep	$27e + 920p$	1990
LHC	Genf, Schweiz	pp	7000 + 7000	2009
Linear-Collider				
SLC	Stanford, USA	e^+e^-	50 + 50	1988

Beschleuniger. Die großen Beschleunigeranlagen, in denen elementare Teilchen auf Endenergien bis in den TeV-Bereich beschleunigt werden können, bestehen aus einer Kette von Vorbeschleunigern, die die Teilchen bereits auf Energien im GeV-Bereich beschleunigen. Erst dann werden die Teilchen in den Endbeschleuniger injiziert. Als Beispiel zeigt ▶ Abb. 11.1 die Vorbeschleuniger der Hadron-Elektron-Ringanlage HERA von DESY. Die Ringanlage HERA mit etwa 6.3 km Umfang dient als Speicherring, in den auf gegenläufigen Bahnen einerseits Elektronen und andererseits Protonen eingeschossen werden.

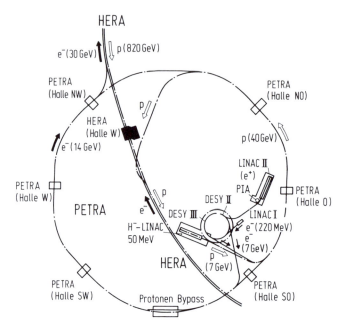

Abb. 11.1 Die Vorbeschleuniger der Elektron-Proton-Speicherring-Anlage HERA am DESY in Hamburg.

Die Elektronen aus einer Glühkathode werden auf 50 keV beschleunigt und in einen Wanderwellen-Linearbeschleuniger (LINAC I) eingeschossen, der sie auf eine Energie von 220 MeV bringt. In einem Synchrotron von 100 m Durchmesser (DESY II) wird die Energie auf 7.5 GeV erhöht. Ein zweites Synchrotron, der umgebaute Speicherring PETRA, beschleunigt die Elektronen auf 12 GeV, und von dort werden sie schließlich in den HERA-Elektronenring eingeschossen.

Auf der Protonenseite beginnt man zunächst mit einer Ionenquelle, die negativ geladene Wasserstoffionen von 18 keV liefert. Die nächste Beschleunigerstufe ist ein elektrischer Hochfrequenz-Quadrupol. Dieser relativ neue Vorbeschleunigertyp hat bemerkenswerte Eigenschaften: Er beschleunigt die Ionen auf 750 keV, fokussiert sie und macht aus dem gleichförmigen Strahl der Ionenquelle einen paketierten Strahl. Dieser wird für den nachfolgenden Linearbeschleuniger (H^--LINAC) gebraucht, der die Ionenenergie auf 50 MeV erhöht. Die H^--Ionen werden danach in das Synchrotron DESY III eingeschossen. Sie durchlaufen eine dünne Kunststoff-Folie, in der beide Elektronen abgestreift und aus den negativ geladenen Ionen positiv geladene Protonen werden. Das Abstreifen der Elektronen ist ein stochastischer Effekt. Man kann damit das Liouville-Theorem umgehen und im

Synchrotron eine höhere Phasenraumdichte als in den Vorbeschleunigern erzielen. Bei einer Energie von 7.5 GeV werden die Protonen in den PETRA-Ring geschossen, dort auf 40 GeV gebracht und danach in den HERA-Protonenring injiziert.

Entscheidend für den Betrieb der Beschleunigeranlage ist eine präzise Strahlführung, um letztlich einen stabilen Teilchenstrahl hoher *Luminosität* im Targetbereich bereitstellen zu können (Luminosität L=Anzahl der pro Zeit und Fläche auftreffenden Teilchen). Wichtige Schritte für die Entwicklung der Strahloptik waren das von V. I. Veksler (1907 – 1966) und E. M. McMillan (1907 – 1991, Nobelpreis 1951) unabhängig voneinander entdeckte Prinzip der Phasenstabilität und das Konzept der *starken Fokussierung* durch Nutzung von Magnetfeldern (Quadrupolen) mit alternierenden Gradienten (*alternating-gradient* focusing). Sie ermöglichten eine Reduzierung der *Betatron-* und *Synchrotronschwingungen* (Abweichungen der Teilchenbahnen von der Sollbahn) und damit eine Strahlführung in Strahlrohren mit Durchmessern von wenigen cm.

Ringbeschleuniger haben den Vorteil, dass die beschleunigenden elektrischen Wechselfelder wiederholt durchlaufen werden können. Sie haben aber auch den Nachteil, dass die elektrisch geladenen Teilchen durch Abstrahlung von *Synchrotronstrahlung* ständig Energie verlieren. Für einen vorgegebenen Krümmungsradius ρ ist der Energieverlust eines einfach geladenen Teilchens mit der Energie E_0 und der Masse m_0 pro Umlauf

$$U_0 = \frac{4\pi}{3}\alpha\,\hbar c \cdot \left(\frac{E_0}{m_0 c^2}\right)^4 \frac{1}{\varrho}. \tag{11.1}$$

(α=Feinstrukturkonstante). Da die Abstrahlung mit $(E_0/m_0 c^2)^4$ zunimmt, können leichte Teilchen wie Elektronen selbst in großen Ringbeschleunigern kaum auf Energien über 100 GeV beschleunigt werden. Für Experimente bei diesen und noch höheren Elektronen-Energien sind Linearbeschleuniger geeigneter.

Speicherringe und Collider. Viele Ringbeschleuniger sind heute als *Speicherringe* ausgebaut worden, in denen die Teilchen nach Beendigung des Beschleunigungsvorgangs für viele Stunden umlaufen. Auf den Beschleunigungsstrecken werden dann nur noch die Strahlungsverluste kompensiert. Speicherringe haben den Vorteil, dass sie Strahlen von Teilchen, die wie Positronen und Antiprotonen durch Teilchenreaktionen erst erzeugt werden müssen, für längere Zeit verfügbar machen. Außerdem erleichtern sie Experimente mit *kollidierenden Strahlen*. In der Niederenergiephysik werden vorzugsweise *Festtargetexperimente* durchgeführt, bei denen der Teilchenstrahl auf ein im Labor ruhendes Target geschossen wird. Falls die kinetische Energie $E \ll mc^2$ der Teilchen kleiner als ihre Ruhenergie ist und auf ein schwereres Targetteilchen trifft, sind die Energien des Stoßsystems im Labor- und im Schwerpunktssystem von gleicher Größenordnung, nicht aber im hochrelativistischen Bereich $E \gg mc^2$.

Bei hinreichend hoher Energie E der Strahlteilchen mit der Masse m_1 und ruhenden Targetteilchen mit der Masse m_2 nimmt die Schwerpunktsenergie E_{CM} des Stoßsystems nur mit $\sqrt{E}$ zu:

$$E_{CM} \approx \sqrt{2E \cdot m_2 c^2}\,. \tag{11.2}$$

Daher wären bei Stößen von 10-GeV-Positronen auf ruhende Elektronen nur 100 MeV zur Erzeugung neuer Teilchen verfügbar. Die restliche Energie läge auch nach dem Stoß als kinetische Energie vor. Anders ist es bei einem Stoß von einem Elektron und einem Positron, die mit gleicher Energie E frontal kollidieren. In diesem Fall steht die gesamte kinetische Energie beider Teilchen für die Erzeugung neuer Teilchen zur Verfügung. Deshalb richtet man in *Collidern* zwei Teilchenstrahlen hoher Energie aufeinander.

Um auch bei Stoßexperimenten in Collidern hohe Ereignisraten zu erzielen, kommt es sowohl auf eine optimale Fokussierung der beiden Teilchenstrahlen auf den Targetbereich an als auch darauf, dass die Strahlpakete der beiden gepulsten Strahlen möglichst kompakt sind und jeweils zur gleichen Zeit im Targetbereich eintreffen. Bei jedem Zusammentreffen zweier Strahlpakete mit N_- bzw. N_+ Teilchen und einer effektiven Querschnittsfläche A des Targetbereichs ergibt sich dann eine Anzahl

$$N = N_- \cdot N_+ \cdot \frac{\sigma}{A} \tag{11.3}$$

von Ereignissen. Dabei ist σ der Wirkungsquerschnitt der betrachteten Reaktion. Die Ereignisrate $R = N \cdot \nu_0$ ergibt sich dann nach Multiplikation von N mit der Frequenz ν_0, mit der Strahlpakete aufeinandertreffen. Man nennt $L = N_- N_+ \nu_0/A$ die *Luminosität* des Colliders. Man erreicht Werte von der Größenordnung $L \approx 10^{31}$ bis $10^{34}\,\mathrm{cm}^{-2}\mathrm{s}^{-1}$.

Teilchendetektoren. Um eine Elementarteilchenreaktion vollständig zu erfassen, ist es nötig, alle entstehenden Sekundärteilchen zu registrieren, ihre Richtungen und Impulse zu messen, die Teilchen zu identifizieren, neutrale Teilchen aufgrund ihrer Zerfälle zu erkennen und sicherzustellen, dass die Teilchen nicht aus störenden Untergrundreaktionen stammen. Es gibt keinen einzelnen Teilchendetektor, der alle diese Aufgaben erfüllen kann. Im Allgemeinen ist eine Kombination verschiedener Nachweisgeräte erforderlich, und auch dann erhält man in den meisten Fällen keine vollständige Information.

Da auch viele Sekundärteilchen hohe Energien haben, braucht man riesige Detektoren (Durchmesser und Länge von der Größenordnung 10 m), um sie alle so gut wie möglich zu erfassen und zu identifizieren. Als Beispiel zeigt ▶ Abb. 11.2 den Detektor DELPHI am Elektron-Positron-Speicherring LEP des CERN. Das Photo auf dem Buchdeckel dieses Bands zeigt einen Blick in den CMS-Detektor am LHC des CERN (Länge $\approx$ 21 m, Durchmesser $\approx$ 15 m).

Bei relativistischen Energien werden die geladenen Sekundärteilchen im Detektor vor allem durch den Energieverlust bei der Erzeugung von Bremsstrahlung abgebremst. Außerdem erzeugen sie Tscherenkow-Strahlung, wenn ihre Geschwindigkeit v größer als die Lichtgeschwindigkeit in der durchstrahlten Materie mit der Brechzahl n ist ($v > c/n$). Bei niedrigeren Energien verlieren die Teilchen hauptsächlich Energie durch Ionisation der durchstrahlten Materie. Außer den Sekundärteilchen mit elektrischer Ladung müssen auch viele ungeladene Teichen und γ-Quanten erfasst werden. Bei Energien $E > 3\,\mathrm{MeV}$ werden γ-Quanten hauptsächlich durch die *Elektron-Positron-Paarerzeugung* absorbiert. Die Wahrscheinlichkeit $\mathrm{d}P$, dass ein γ-Quant in einer Schicht der Dicke $\mathrm{d}x$ mit der Dichte ρ ein (e^+e^-)-Paar erzeugt, ist für hohe Energien konstant und gegeben durch

$$\mathrm{d}P = \frac{7}{9} \cdot \frac{\mathrm{d}X}{X_0}, \quad \mathrm{d}X = \varrho\,\mathrm{d}x.$$

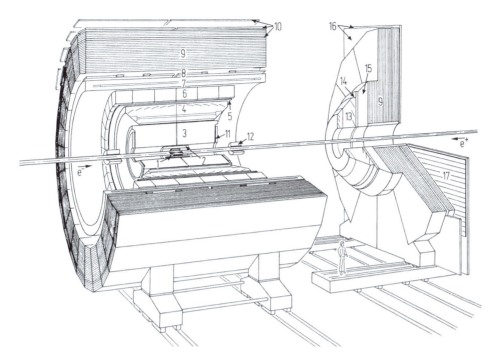

Abb. 11.2 Prinzipbild des DELPHI-Detektors am Elektron-Positron-Speicherring LEP am CERN.
1: Siliziumstreifendetektor zur Rekonstruktion des Ereignisursprungs. 2, 5, 11, 14: Driftkammern,
3: Hauptdriftkammer zur Spurerkennung und dE/dx-Messung. 4, 13: Ringabbildende Tscherenkow-
Zähler. 6, 15: Elektromagnetische Kalorimeter; 7: supraleitende Spule. 9: Als Hadronkalorimeter
instrumentiertes Rückflussjoch. 8, 17: Szintillatorebenen. 10, 16: Myon-Kammern. 12: Luminosi-
tätsmonitor. Eine große supraleitende Spule (7) mit 6.2 m Durchmesser und 7.4 m Länge erzeugt ein
axiales Magnetfeld von 1.2 T (nach H. Hilke, DELPHI-Collaboration, CERN).

Die Intensität eines γ-Strahls wird damit durch Paarbildung in Materie exponentiell
abgeschwächt:

$$I(X) = I_0 \exp\left(-\frac{7}{9} \cdot \frac{X}{X_0}\right). \tag{11.4}$$

Die maßgebliche Materialgröße ist die *Strahlungslänge* X_0. Sie ist von der Größenordnung
einiger 10 g/cm². Die bei der Paarerzeugung gebildeten Elektronen und Positronen erzeugen durch Bremsstrahlung weitere γ-Quanten, die ihrerseits neue Elektron-Positron-Paare
bilden. Auf diese Weise kommt es zu einem lawinenartigen Anwachsen der Teilchenzahl.
Man spricht von einem *elektromagnetischen Schauer*. Die Vervielfachung hält an, solange
die Energie der γ-Quanten zur Paarbildung ausreicht und solange der Energieverlust
der Elektronen und Positronen durch Bremsstrahlung den Ionisationsverlust überwiegt.
Ein elektromagnetischer Schauer kann auch von einem primären Elektron oder Positron
ausgelöst werden. Die Anzahl geladener Teilchen im Maximum eines Schauers ist näherungsweise proportional zur Primärenergie E_0

$$N_{\max} \sim E_0 . \tag{11.5}$$

Misst man das von diesen Teilchen erzeugte Szintillations- oder Tscherenkow-Licht bzw. die Anzahl der in einem Medium erzeugten Elektron-Ion-Paare, so erhält man ein zur Energie E_0 proportionales Signal. Mit einem *Schauerzähler* kann man daher die Energie hochenergetischer γ-Quanten, Elektronen und Positronen bestimmen.

Auch ein hochenergetisches Hadron kann eine Serie hadronischer Prozesse auslösen. Dadurch entstehen *hadronische Schauer*. Da bei den unelastischen Prozessen sehr häufig π^0-Mesonen erzeugt werden, die praktisch sofort in zwei γ-Quanten zerfallen, enthält jeder hadronische Schauer eine elektromagnetische Komponente.

Um die Vielfalt von Sekundärprozessen zu erfassen, besteht ein moderner Teilchendetektor aus vielen Komponenten. Der CERN-Detektor DELPHI (▶ Abb. 11.2) erhielt diesen Namen, weil er Leptonen, Photonen und Hadronen identifizieren soll. Er ist an einer der Wechselwirkungszonen des e^+e^--Speicherrings LEP in Genf aufgebaut. Der LEP wurde von 1989 bis 1996 mit Strahlenergien von etwa 50 GeV betrieben. Bei der Elektron-Positron-Annihilation mit hadronischen Endzuständen entstehen bei diesen Energien im Mittel 20 bis 25 geladene Teilchen (meist Pionen und Kaonen) und ebenso viele Photonen. Es sind viele verschiedene Detektorkomponenten zur Impuls- und Richtungsmessung sowie zur Identifikation der erzeugten Teilchen erforderlich.

Anfangs konnten in der Elementarteilchenphysik bei Strahlenergien im GeV-Bereich die Sekundärteilchen noch mit *Blasenkammern* nachgewiesen und alle Spuren geladener Teilchen fotografisch registriert werden. Die fotografischen Aufnahmen konnten dann anschließend einzeln ausgewertet werden. Bei den heutigen hohen Strahlenergien, den hohen Zählraten und der großen Vielfalt von Ereignissen braucht man Detektoren, die getriggert werden können, wenn ein interessierendes Ereignis auftritt. Die Ereignisse werden dann elektronisch registriert, mit leistungsfähigen Computern bereits online vorsortiert und schließlich detailliert ausgewertet. Geeignete Detektoren sind beispielsweise *Vieldrahtproportionalkammern*, *Driftkammern* und Tscherenkow-Zähler sowie *Schauerzähler*, Kalorimeter und *Mikrovertexdetektoren*. Mit letzteren können Spuren langlebiger Teilchen mit einer Ortsauflösung von etwa 10 μm vermessen und so die Position des Primärvertex (Ort des Primärereignisses, von dem die Spuren ausgehen) und sekundäre Zerfallsvertices bestimmt werden.

11.2 Hadronen

In der Atomphysik dominiert die *elektromagnetische Wechselwirkung*. Zur Erklärung der Bindung der Nukleonen im Atomkern wurden die Kernkräfte postuliert. Sie werden heute auf die *hadronische Wechselwirkung* zurückgeführt. Außerdem gibt es die *schwache Wechselwirkung*, die zur Deutung des β-Zerfalls postuliert wurde. Diese drei Wechselwirkungen sind kennzeichnend für die in der Teilchenphysik betrachteten elementaren Teilchen. Man unterscheidet einerseits *Hadronen* und *Leptonen*. Hadronen unterliegen allen drei Wechselwirkungen, also insbesondere auch der hadronischen Wechselwirkung, die Leptonen hingegen nur den beiden anderen Wechselwirkungen, die gemeinsam als *eine* Wechselwirkung, die *elektroschwache* Wechselwirkung, theoretisch beschrieben werden können (Kap. 12).

Andererseits sind die Hadronen und Leptonen zu unterscheiden von den *Eichbosonen* der Wechselwirkungen. Nur im nichtrelativistischen Grenzfall ($v \ll c$) beschreiben *Wechselwirkungspotentiale* die zwischen den Teilchen wirkenden Kräfte. Wenn sich hingegen die Teilchen mit Geschwindigkeiten $v \lesssim c$ nahe der Lichtgeschwindigkeit relativ zueinander bewegen, sind die Wechselwirkungen relativistisch zu beschreiben. Das ist im Rahmen von Eichtheorien möglich (Kap. 12). Die elektromagnetische Wechselwirkung wird dann durch den Austausch virtueller (nicht beobachtbarer) Photonen beschrieben. Entsprechend werden bei hadronischer und schwacher Wechselwirkung *Gluonen* bzw. die *Vektorbosonen* $W^{\pm}$ und Z ausgetauscht. Bei Strahlungsprozessen können diese Eichbosonen auch als reelle Teilchen indirekt nachgewiesen werden. Zwar erzeugt keines der Eichbosonen z. B. in einer Nebel- oder Blasenkammer eine Teilchenspur. Die Vektorbosonen z. B. lösen aber bei ihrem Zerfall signifikante beobachtbare Ereignisse aus.

In diesem Abschnitt behandeln wir die Hadronen und unterscheiden dabei noch *Baryonen* und *Mesonen*. Die Baryonen sind Fermionen und haben dementsprechend einen halbzahligen Spin, die Mesonen hingegen Bosonen mit folglich ganzzahligem Spin. Die Atomkerne bestehen aus den Baryonen Proton und Neutron. Die leichtesten Mesonen sind die Pionen, die hier als erstes behandelt werden sollen.

Pionen. Die geladenen Pionen $\pi^{\pm}$ wurden 1947 in der Höhenstrahlung entdeckt und als Spuren in fotografischen Emulsionen (*Kernemulsionen*) nachgewiesen (▶ Abb. 11.3). Sie haben eine Masse $m_{\pi}^{\pm} = 139.57$ MeV$/c^2$ und eine natürliche Lebensdauer $\tau_{\pi} = 2.6 \cdot 10^{-8}$ s und zerfallen vorwiegend in ein Myon und ein Neutrino (Abschn. 11.4). Die relativ lange Lebensdauer ist ein erster Hinweis darauf, dass nur die schwache Wechselwirkung den Zerfall der Pionen ermöglicht. Die Lebensdauer ist insbesondere groß genug, um $\pi^{\pm}$-Strahlen im Labor erzeugen und damit experimentieren zu können.

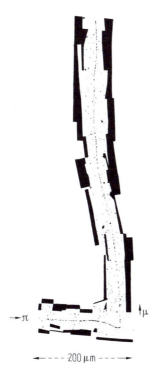

Abb. 11.3 Nachweis des Zerfalls eines geladenen Pions π aus der kosmischen Strahlung in ein Myon μ, beobachtet anhand der Spuren beider Teilchen in einer Kernemulsion (Nuclear Physics in Photographs, Clarendon Press, Oxford, 1947).

Außer den geladenen Pionen gibt es das neutrale Pion π^0. Da es über die elektromagnetische Wechselwirkung in zwei γ-Quanten zerfallen kann, ist die natürliche Lebensdauer $\tau(\pi^0) = 0.8 \cdot 10^{-16}$ s so kurz, dass man keine für Experimente geeignete π^0-Strahlen erhalten kann. Die Masse $m(\pi^0) = 134.98$ MeV$/c^2$ der π^0-Mesonen ergibt sich aus der Einfangreaktion

$$\pi^- + p \longrightarrow n + \pi^0 \, , \tag{11.6}$$

bei der ein Proton ein negatives Pion einfängt und zunächst ein wasserstoffartiges *pionisches Atom* bildet. Da $m(\pi^0) + m_n < m(\pi^\pm) + m_p$ ist, kann dieses in ein Neutron und ein neutrales Pion zerfallen. Alternativ sind mit etwas geringerer Zerfallsrate auch Zerfälle in Neutron und γ-Quant möglich.

Die drei Ladungszustände des Pions bilden ein Isospin-Triplett, sie verhalten sich also bei Reaktionen, die auf der hadronischen Wechselwirkung beruhen, gleichartig. Alle drei Pionen werden bei Nukleon-Nukleon-Stößen hinreichend hoher Energie mit Wirkungsquerschnitten der Größenordnung 10^{-30} m^2 erzeugt. Sie haben den Spin $I = 0$ und eine negative innere Parität (Eigenparität eines Teilchens). Ein Nachweis dafür ist der Zerfall des deuteriumartigen pionischen Atoms ($\pi^- d$):

$$\pi^- + d \longrightarrow n + n \, . \tag{11.7}$$

Als gleichartige Fermionen können die beiden Neutronen nur in Zuständen sein, die bei Vertauschung der beiden Neutronen das Vorzeichen wechseln, d. h. bei Gesamtspin $S = 0$ ist der Bahndrehimpuls gerade und bei Gesamtspin $S = 1$ ist er ungerade. Es sind also nur die Zustände $^1S_0$, ^3P_J mit $J = 0$, 1 oder 2, $^1D_2$ und weitere Zustände mit höheren Bahndrehimpulsen möglich. Da der π^--Einfang aus einem $l = 0$-Zustand des pionischen Atoms erfolgt und das Deuteron den Spin $I = 1$ hat, sind die beiden Neutronen nach dem Einfang in einem Zustand mit Gesamtdrehimpuls $J = 1$, also im $^3P_1$-Zustand, d. h. einem Zustand mit negativer Parität. Da das Deuteron positive Parität hat, folgt, dass die innere Parität des Pions negativ ist.

Pion-Nukleon-Stöße. Hinreichend intensive und monoenergetische Strahlen geladener Pionen können mit Protonen-Beschleunigern (Zyklotrons) durch Proton-Nukleon-Stöße erzeugt werden. Mit diesen Strahlen können Pion-Nukleon-Stöße gründlich untersucht werden. Die Wirkungsquerschnitte $\sigma(\pi^+, p)$ für die elastische Pion-Nukleon-Streuung haben ausgeprägte resonanzartige Maxima bei einer Schwerpunktsenergie $E_{CM} \approx 190$ MeV (▶ Abb. 11.4). Diese Δ-*Resonanzen* werden als angeregte Zustände der Nukleonen gedeutet. Sie zerfallen über die hadronische Wechselwirkung. Aus der Energiebreite $\Gamma \approx 150$ MeV ergibt sich die natürliche Lebensdauer $\tau = \hbar/\Gamma \approx 0.4 \cdot 10^{-23}$ s.

Δ-Resonanzen gibt es mit vier verschiedenen Ladungen: Δ^{++}, Δ^+, Δ^0 und Δ^-. Sie bilden ein *Isospin-Quartett*. Die Isospin-Symmetrie hat zur Folge, dass der Wirkungsquerschnitt $\sigma(\pi^+, p) \approx 200$ mb (1 barn $= 10^{-28}$ m^2) im Maximum der Resonanz etwa dreimal so groß ist wie $\sigma(\pi^-, p)$. Außer bei Pion-Nukleon-Stößen treten die Δ-Resonanzen Δ^+ und Δ^0 auch bei der Streuung von γ-Quanten an Nukleonen auf. Die Spin-Quantenzahl der Δ-Resonanzen ist $I = 3/2$.

Bei inelastischen Pion-Nukleon-Stößen können weitere Pionen erzeugt werden. Wenn *ein* weiteres Pion erzeugt wird, hat die Schwerpunktsenergie der beiden Pionen nach dem Stoß bevorzugt den Wert $E_{CM} \approx 750$ MeV. Man erklärt dieses resonanzartige Verhalten

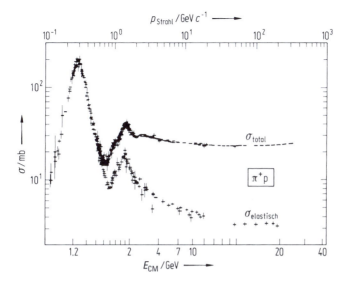

Abb. 11.4 Wirkungsquerschnitte für elastische (π^+, p)-Streuung und für die Summe von elastischer und unelastischer Streuung als Funktion der Gesamtenergie E_{CM} im Schwerpunktssystem.

mit der Annahme, dass bei dem Stoß zunächst ein ρ-Meson entsteht, das anschließend hadronisch in zwei Pionen zerfällt:

$$\pi^+ + p \longrightarrow p + \rho^+ \longrightarrow p + \pi^+ + \pi^0 \,. \tag{11.8}$$

Sehr ausgeprägte resonanzartige Maxima ergeben sich auch, wenn bei Pion-Nukleon-Stößen drei weitere Pionen entstehen. Dann haben drei Pionen, deren Gesamtladung null ist, bevorzugt die Schwerpunktsenergien 780 MeV oder (weniger ausgeprägt) 550 MeV (▶ Abb. 11.5). Auch diese Resonanzen werden als Mesonen (ω bzw. η) gedeutet:

$$\pi^+ + p \longrightarrow p + \pi^+ + \omega \longrightarrow p + \pi^+ + \pi^+ + \pi^0 + \pi^- \tag{11.9}$$

$$\pi^+ + p \longrightarrow p + \pi^+ + \eta \longrightarrow p + \pi^+ + \pi^+ + \pi^0 + \pi^- \,. \tag{11.10}$$

Alle Mesonen haben wie die π-Mesonen negative Parität, aber nicht alle haben einen Spin $I = 0$. Das Triplett der ρ-Mesonen und das ω-Meson sind Beispiele für ($I = 1$)-Mesonen (auch *Vektormesonen* genannt).

Seltsame Teilchen. Bei allen bisher betrachteten Pion-Nukleon-Stößen wurden nur Pionen erzeugt, das Nukleon hingegen durchlief allenfalls einen kurzlebigen Zwischenzustand wie die Δ-Resonanzen, wurde aber nach dem Stoß wieder als Nukleon beobachtet. Überraschend war es deshalb, als nach einigen Stößen neuartige langlebige Teilchen beobachtet wurden. Man nannte sie *Seltsame Teilchen* (*strange particles*). Die Skizze einer Blasenkammeraufnahme der Reaktion

$$\pi^- + p \longrightarrow \Lambda^0 + K^0 \tag{11.11}$$

zeigt ▶ Abb. 11.6.

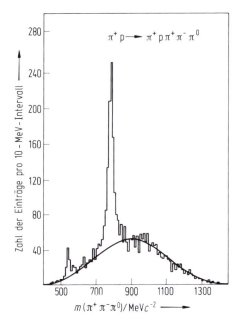

Zahl der Einträge pro 10 - MeV - Intervall ⟶

$m(\pi^+ \pi^- \pi^0)/$MeVc^{-2} ⟶

Abb. 11.5 Verteilung der effektiven Massen des $(\pi^+ \pi^- \pi^0)$-Systems in der Reaktion $\pi^+ + p \longrightarrow \pi^+ + p + \pi^+ + \pi^- + \pi^0$. Das große Maximum bei 780 MeV/c^2 stammt von ω-Mesonen, das kleinere bei 550 MeV/c^2 zeigt die Erzeugung von η-Mesonen an (Alff et al.).

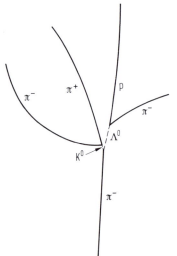

Abb. 11.6 Skizze einer Blasenkammeraufnahme der Reaktion $\pi^- + p \longrightarrow K^0 + \Lambda^0$ mit den anschließenden Zerfällen $K^0 \longrightarrow \pi^+ + \pi^-$ und $\Lambda^0 \longrightarrow p + \pi^-$.

Die Größe der Wirkungsquerschnitte, mit denen die seltsamen Teilchen erzeugt werden, zeigt, dass die hadronische Wechselwirkung maßgeblich ist. Hingegen ist die lange Lebensdauer der seltsamen Teilchen nur zu erklären, wenn man annimmt, dass die seltsamen Teilchen Λ^0 und K^0 nicht über die hadronische Wechselwirkung zerfallen können, sondern nur über die schwache Wechselwirkung. Um diesen Sachverhalt zu erklären, nahmen M. Gell-Mann (*1929, Nobelpreis 1969) und K. Nishijima (1926 – 2009) 1953 an, dass die seltsamen Teilchen über die hadronische Wechselwirkung nur in Paaren erzeugt und vernichtet werden können und die einzelnen Teilchen nur über die schwache

Wechselwirkung zerfallen. Dementsprechend führten sie die *Strangeness (Seltsamkeit)* als neue Quantenzahl ein und postulierten, dass bei hadronischen und elektromagnetischen Prozessen die Strangeness erhalten bleibt, nicht aber bei der schwachen Wechselwirkung. Die bisher erwähnten Hadronen haben die Strangeness $S = 0$, das Λ-Baryon aber $S = -1$ und das K^0-Meson $S = +1$. Das Λ-Baryon hat den Isospin $T = 0$, ist also ein Isospinsingulett, das K^0-Meson hingegen bildet zusammen mit dem K^+-Meson ein Isospindublett ($T = 1/2$).

Weitere Baryonen mit Strangeness $S = -1$ sind die Σ-Teilchen Σ^+, Σ^0 und Σ^-. Sie bilden ein Isospintriplett ($T = 1$). Außerdem gibt es die Ξ-Baryonen mit $S = -2$ und $T = 1/2$ sowie das Ω-Baryon mit $S = -3$ und $T = 0$. Die jeweiligen Antibaryonen haben positive Strangeness. Entsprechend haben die Antiteilchen K^- und $\overline{K}^0$ der Kaonen K^+ bzw. K^0 negative Strangeness. Sie bilden ein weiteres Isospindublett im Mesonenspektrum.

Mit dem Konzept der Strangeness konnten die Reaktion (11.11) und viele andere neuartige Prozesse gedeutet werden. Darüber hinaus führte dieses Konzept schließlich zur Idee der SU(3)-Symmetrie und zum Quark-Modell der Hadronen.

Termschemata der Baryonen und Mesonen. Ähnlich wie die Zustände eines Atoms oder eines Atomkerns können auch die Teilchenzustände der Baryonen und Mesonen in Termschemata angeordnet werden. Energetisch nah benachbart sind Teilchenzustände, die zum gleichen Isospinmultiplett gehören. Da die elektromagnetische Wechselwirkung die Isospinsymmetrie bricht, hat die elektromagnetische Wechselwirkung zur Folge, dass

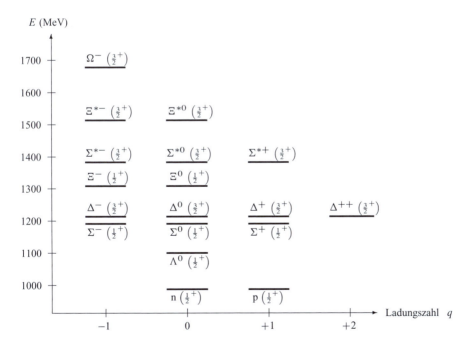

Abb. 11.7 Termschema der Baryonen.

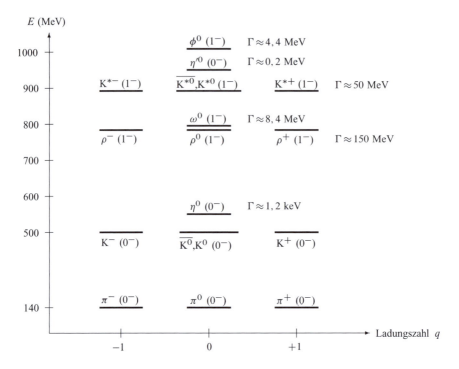

Abb. 11.8 Termschema der Mesonen.

wie in der Kernphysik auch hier Zustände mit unterschiedlichen T_3-Quantenzahlen etwas verschiedene Energien haben.

Eine Übersicht über das Termschema der Baryonen im niederen Energiebereich gibt ▶ Abb. 11.7 und über das Termschema der Mesonen ▶ Abb. 11.8. Die Teilchenzustände *eines* Isospinmultipletts haben gleichen Spin I, gleiche Parität P (genauer: *Eigenparität* des Teilchens) und gleiche Strangeness S. Insgesamt sind es 8 Baryonenzustände mit $I^P = 1/2^+$ und 10 Baryonenzustände mit $I^P = 3/2^+$. Bei den Mesonen gibt es hingegen jeweils 9 Zustände mit $I^P = 0^-$ (pseudoskalare Mesonen) und $I^P = 1^-$ (Vektormesonen).

11.3 Quark-Modell

In der Atom- und Kernphysik liegt der quantenmechanischen Deutung der Termstruktur die Annahme zugrunde, dass die Atome bzw. Kerne modellmäßig klassisch als Mehrkörpersysteme beschrieben werden können. Die Vorstellung von einem Mehrkörpersystem wird auch durch Streuexperimente gestützt. So führten bereits die Experimente von Rutherford zu dem Schluss, dass Atome aus einer Elektronenhülle und einem fast punktförmigen Kern bestehen.

Auch in der Hadronenphysik hat die Entdeckung der Termstruktur M. Gell-Mann vermuten lassen, dass die Hadronen als Mehrteilchensysteme zu betrachten sind. Demnach können alle Hadronen als Teilchen betrachtet werden, die aus elementareren *Quarks* aufgebaut sind. Die Baryonen bestehen aus drei Quarks, die Mesonen hingegen aus einem Quark und einem Antiquark. Etwa zur gleichen Zeit führten auch Streuexperimente mit hochenergetischen Elektronen R. Feynman zu dem Schluss, dass die Hadronen aus nahezu punktförmigen *Partonen* bestehen. Bei der Nutzung dieser Modellbilder sollte aber beachtet werden, dass sie zunächst nur im Rahmen einer nichtrelativistischen Physik sinnvoll sind. Weder kann die Wechselwirkung der Teilchen in einer relativistischen Physik mit Potentialfunktionen beschrieben werden, noch darf von einer festen Teilchenzahl des Mehrkörpersytems ausgegangen werden. Nur wenn die Bindungsenergien $E_B \ll mc^2$ hinreichend klein im Vergleich zu den Ruhenergien der Teilchen sind, darf man erwarten, dass das nichtrelativistische klassische Modellbild eine gute Grundlage für die Berechnung der Termstruktur ist.

SU(3)-Flavour-Symmetrie. Der experimentelle Befund, dass es ein Oktett von Spin-1/2-Baryonen und ebenso ein Oktett von Spin-0-Mesonen gibt, legte zunächst die Annahme nahe, dass der Termstruktur der Hadronen eine (gebrochene) SU(3)-Symmetrie zugrunde liegt. Wäre die Symmetrie exakt erfüllt, sollten alle Zustände eines Oktetts die gleiche Energie haben. Das ist zwar nicht der Fall, aber sie haben immerhin Energien gleicher Größenordnung.

Gruppentheoretisch folgt aus der SU(3)-Symmetrie, dass es außer den Oktetts auch Dekupletts von Baryonenzuständen geben sollte. Als Gell-Mann und Ne'eman 1963 vorschlugen, die Hadronen auf der Grundlage der SU(3)-Gruppe zu klassifizieren, fehlte am Dekuplett der Spin-3/2-Baryonen noch das Teilchen mit Strangeness $S = -3$. Das Baryon Ω^- wurde erst 1964 entdeckt (▶ Abb. 11.9). Seine Entdeckung war dann aber eine großartige Bestätigung der SU(3)-Theorie.

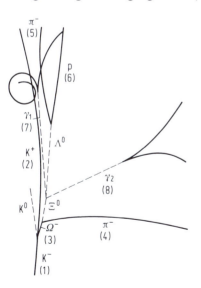

Abb. 11.9 Entdeckung des Ω^--Baryons in einer Blasenkammer in Brookhaven (Barnes et al., 1964). Die Erzeugungsreaktion ist $K^- + p \longrightarrow \Omega^- + K^+ + K^0$. Das Ω^--Baryon zerfällt in einer Dreifachkaskade $\Omega^- \longrightarrow \Xi^0 + \pi^-$, $\Xi^0 \longrightarrow \Lambda^0 + \pi^0$, $\Lambda^0 \longrightarrow p + \pi^-$.

Die Zustandsklassifizierung mit der SU(3)-Gruppe entspricht der Klassifizierung von Termen mit Drehimpulsquantenzahlen, die auf einer SU(2)-Symmetrie beruht. Die Terme mit ganzzahligen Bahndrehimpulsen $L = 0, 1, 2, \cdots$ bilden Singuletts, Tripletts, Quintetts etc. von Zeeman-Zuständen. Außerdem gibt es aber auch Dubletts, Quartetts etc. von Zuständen mit halbzahligen Drehimpulsen. Insbesondere können nach den Regeln der Drehimpulskopplung aus den Dubletts der Spin-1/2-Zustände alle anderen Multipletts konstruiert werden.

Entsprechend gibt es im Rahmen der SU(3)-Theorie nicht nur Oktetts und Dekupletts, sondern auch Tripletts, aus denen die höheren Multipletts nach einfachen Regeln konstruiert werden können. Physikalisch werden die drei Triplettzustände als drei Quarkteilchen mit unterschiedlichem *Flavour* (*Geruch*) gedeutet, aus denen alle Hadronen aufgebaut sind.

Quarkstruktur der Hadronen. Die drei Quarks u, d und s mit Flavour *up*, *down* und *strange* bilden ein Triplett von Zuständen, die durch Isospin-Quantenzahlen und *Hyperladung* gekennzeichnet werden. Die Quarks u und d bilden ein Isospindublett mit Strangeness $S = 0$, das s-Quark ist ein Isospinsingulett mit Strangeness $S = -1$. Die Quarks sind Spin-1/2-Fermionen, haben eine Baryonenzahl $B = 1/3$ und auch drittelzahlige elektrische Ladungen: Das u-Quark hat die Ladung $+2e_0/3$, und d- und s-Quark haben die Ladung $-e_0/3$. Die Hyperladung Y ergibt sich aus der Beziehung

$$Y = B + S \,, \tag{11.12}$$

und die Ladungszahl q ergibt sich aus der *Gell-Mann-Nishijima-Relation* $q = T_3 + Y/2$. Die Quantenzahlen B, S, Y und T_3 der Antiteilchen $\bar{u}$, $\bar{d}$ und $\bar{s}$ unterscheiden sich nur im Vorzeichen von denjenigen der entsprechenden Teilchen.

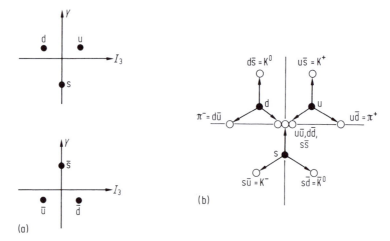

Abb. 11.10 Die SU(3)-Tripletts der Quarks und Antiquarks (a) und die geometrische Konstruktion des Mesonen-Oktetts (b). Die Zustände $u\bar{u}$, $d\bar{d}$, $s\bar{s}$ im Zentrum bilden eine vollstandige Basis. Die Zustandsvektoren der drei Mesonen mit $S = 0$ und $T_3 = 0$ (π^0 (135), η^0 (549) und η'^0 (958)) sind Überlagerungen dieser Zustände. Aus diesen Zuständen kann der SU(3)-Singulettzustand gebildet werden, der orthogonal zu den Oktettzuständen ist.

Die Tripletts der Quarks und Antiquarks sind in ▶Abb. 11.10a als Punkte in der $(T_3 - Y)$-Ebene dargestellt. Durch Überlagerung eines Antitripletts über ein Triplett ergibt sich ein Mesonen-Oktett und ein Mesonen-Singulett mit dem (skalaren) Zustandsvektor

$\left| u\bar{u} + d\bar{d} + s\bar{s} \right\rangle$ (▶ Abb. 11.10b). Wegen der Symmetriebrechung mischt der Singulett-zustand mit den beiden ($T_3 = 0$)-Zuständen des Oktetts. Es ist deshalb vorteilhaft, Oktett und Singulett als ein Nonett zu betrachten. Abhängig davon, ob die Spins von Quark und Antiquark zu einem Gesamtspin $I = 0$ oder $I = 1$ koppeln, ergibt sich das Nonett der ($I = 0$)- bzw. der ($I = 1$)-Mesonen (▶ Abb. 11.11).

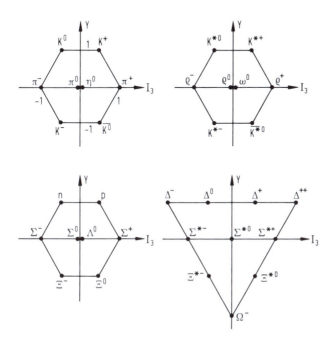

Abb. 11.11 Die SU(3)-Oktetts der Mesonen mit Spin 0, 1 und der Baryonen mit Spin 1/2 und das Dekuplett der Baryonen mit Spin 3/2.

Bei Überlagerung von drei Quark-Tripletts erhält man 27 Baryonzustände, die sich zu zwei Oktetts, einem Singulett und einem Dekuplett gruppieren lassen. Davon sind allerdings nur das eine Oktett der ($I = 1/2$)-Baryonen (2 Quarks mit antiparallelen Spins) und das Dekuplett der ($I = 3/2$)-Baryonen (parallele Spins der drei Quarks) im Baryonenspektrum realisiert. Grund dafür sind Farbfreiheitsgrad und Pauli-Prinzip (Abschn. 12.4).

Magnetische Momente der Baryonen. Viele experimentelle Daten stützen das Quark-Modell. Die Ruhenergien der Baryonen erhält man in grober Näherung, wenn man den Quarks die in ▶ Tab. 11.4 angegebenen (nicht messbaren) effektiven Massen (auch *Konstituentenmassen* genannt) zuschreibt. Von vielen der langlebigen Baryonen wurden auch – wie von Proton und Neutron – die magnetischen Momente gemessen (▶ Tab. 11.3). Sie lassen sich mit dem Quark-Modell in guter Näherung unter der Annahme berechnen, dass die Quarks wie Elektron und Positron strukturlose Spin-1/2-Fermionen mit dem Landé-Faktor $g \approx 2$ sind.

Tab. 11.3 Magnetische Momente der Baryonen.

Teilchen	magnetisches Moment im Quark-Modell	experimenteller Wert in μ_N
p	$4/3\mu(u) - 1/3\mu(d)$	2.7928
n	$4/3\mu(d) - 1/3\mu(u)$	-1.9130
Λ^0	$\mu(s)$	-0.613 ± 0.004
Σ^+	$4/3\mu(u) - 1/3\mu(s) = 2.67\mu_N$	2.458 ± 0.01
Σ^-	$4/3\mu(d) - 1/3\mu(s) = -1.11\mu_N$	-1.160 ± 0.025
Ξ^0	$4/3\mu(s) - 1/3\mu(u) = -1.43\mu_N$	-1.250 ± 0.014
Ξ^-	$4/3\mu(s) - 1/3\mu(d) = -0.49\mu_N$	-0.6507 ± 0.0025
Ω^-	$3\mu(s)$	-2.02 ± 0.05

Tab. 11.4 Eigenschaften der Quarks. Es wird die sogenannte Konstituentenmasse angegeben.

Quark	Ladung	ungefähre Masse (GeV/c^2)
u	$+2/3e_0$	0.34
d	$-1/3e_0$	0.34
s	$-1/3e_0$	0.51
c	$+2/3e_0$	1.6
b	$-1/3e_0$	4.8
t	$+2/3e_0$	174.3 ± 5.1

Schwere Quarks. Untersuchungen zur schwachen Wechselwirkung der Hadronen (Abschn. 11.4) führten zu der Vermutung, dass es außer den Hadronen, die aus den drei leichten Quarks u, d und s bestehen, weitere Hadronen existieren, die auch schwerere Quarks enthalten. Insbesondere wurde ein zweites Quark c (mit der Flavour *Charm*) gefordert, das wie das u-Quark die Ladung $2e_0/3$ hat. Heute nimmt man an, dass es Quarks mit insgesamt 6 verschiedenen Flavours gibt (▶ Tab. 11.4). Die erste Bestätigung für die Existenz schwerer Quarks lieferte der Nachweis des J/ψ-Mesons (▶ Abb. 11.12).

Am AGS (Alternating Gradient Synchrotron) in Brookhaven wurde die Erzeugung von (e^+e^-)-Paaren in Proton-Kern-Wechselwirkungen untersucht. In der Verteilung der (e^+e^-)-Masse wurde über einem monoton abfallenden Spektrum ein deutliches Maximum bei 3.1 GeV/c^2 beobachtet (▶ Abb. 11.12a), das die Existenz eines neuen Elementarteilchens beweist. Von den Physikern in Brookhaven wurde es mit J bezeichnet. Nahezu gleichzeitig fand eine Gruppe am Elektron-Positron-Speicherring SPEAR in Stanford ein außerordentlich scharfes und hohes Resonanzmaximum bei einer Gesamtenergie von 3.1 GeV (▶ Abb. 11.12b). Das Teilchen erhielt den Namen ψ. Wegen der nicht geklärten Priorität wird dieses Meson als J/ψ-Teilchen geführt.

Die beobachtete Resonanzbreite in ▶ Abb. 11.12b wird durch die Energieunschärfe in den Elektronen- und Positronen-Strahlen verursacht. Die wahre Breite des J/Ψ-Teilchens ist erheblich geringer und beträgt $\Gamma = 87$ keV. Dieser Wert ist um drei Zehnerpotenzen kleiner als bei typischen Hadron-Resonanzen (▶ Abb. 11.4) und ein Beweis dafür, dass das J/ψ-Teilchen nicht aus den herkömmlichen Quarks aufgebaut sein kann, sondern ein neues, das das von Glashow und anderen vorher theoretisch postulierte Charm-Quark c enthält:

$$J/\psi = c\bar{c}.$$

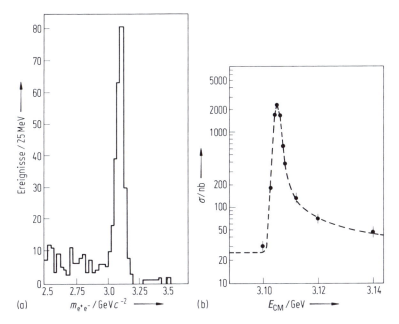

Abb. 11.12 Die Entdeckung des J/ψ-Teilchens: (a) als Maximum im effektiven Massenspektrum von Elektron-Positron-Paaren, die in Proton-Kern-Wechselwirkungen erzeugt wurden (Aubert et al.), (b) als Resonanz im Wirkungsquerschnitt $\sigma(e^+ + e^- \longrightarrow$ Hadronen) (Augustin et al., Phys. Rev. Lett. **33** 1406 (1974)).

Kurz darauf wurden in Stanford Mesonen gefunden, die ein c-Quark und ein u- oder d-Quark enthalten (siehe ▶ Abb. 11.16)

$$D^+ = c\overline{d}, \ D^- = d\overline{c}, \ D^0 = c\overline{u}, \ \overline{D}^+ = u\overline{c}.$$

Mesonen mit c- und s-Quarks wurden am Speicherring DORIS in Hamburg entdeckt,

$$D_s^+ = c\overline{s}, \ D_s^- = s\overline{c}.$$

Die Existenz des nächst schwereren Quarks b (*bottom* oder auch *beauty* genannt) wurde durch die Entdeckung des Mesons Υ (Upsilon) experimentell bestätigt. Bei Untersuchungen zur Erzeugung von $(\mu^+\mu^-)$-Paaren in Proton-Kern-Stößen fand man eine scharfe Teilchenresonanz bei 10 GeV, die als ein $b\overline{b}$-Meson interpretiert wird (▶ Abb. 11.13a). Ein genauer Wert der Resonanzenergie ergibt sich aus Untersuchungen von (e^+, e^-)-Stößen (▶ Abb. 11.13b). Auch B-Mesonen, die ein b-Quark und ein leichteres Antiquark enthalten und die entsprechenden Antiteilchen $\overline{B}$ wurden nachgewiesen.

Charmonium und Bottomium. Gemäß dem Quark-Modell sind J/ψ- und Υ-Meson wie das Positronium (Abschn. 4.4) aus einem Teilchen und einem Antiteilchen aufgebaut. Demnach lässt sich vermuten, dass es wie beim Positronium auch angeregte Zustände der beiden Mesonen gibt. Dies ist tatsächlich der Fall. Die gebundenen Systeme $c\overline{c}$ und $b\overline{b}$ haben daher die Namen *Charmonium* bzw. *Bottomium* erhalten. ▶ Abb. 11.14 zeigt

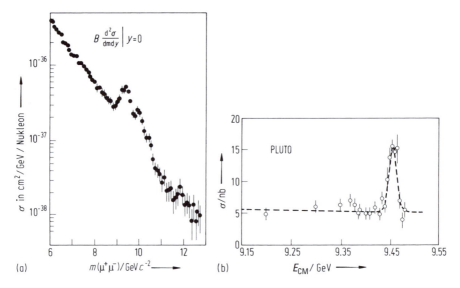

(a)

(b)

Abb. 11.13 (a) Effektives Massenspektrum von Myon-Paaren aus Proton-Kern-Stößen (Innes et al.). Zwei statistisch signifikante Maxima werden über einem exponentiell abfallenden Untergrund beobachtet. (b) Wirkungsquerschnitt für $e + e- \longrightarrow$ Hadronen in der Umgebung des Υ-Teilchens (Berger et al., Phys. Lett. **76B**, 243 (1978)).

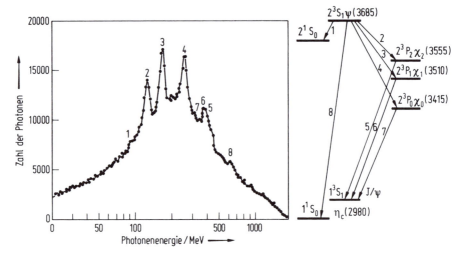

Abb. 11.14 Die Energieniveaus (Energiewerte in MeV) des Charmonium-Systems und die mit dem Crystal-Ball-Detektor gemessenen γ-Übergänge (Bloom et al.).

das Termschema des Charmoniums. Die Terme 1^3S_1 (J/ψ-Meson) und 2^3S_1 wurden als Resonanzen bei (e^+-e^-)-Stößen am Speicherring SPEAR nachgewiesen. Der 2^3S_1-Term hat eine hinreichend große Lebensdauer, so dass er unter Emission elektromagnetischer Strahlung in die energetisch tieferen 2^3P- (E1-Übergänge) und n^1S_0-Terme (M1-

Übergänge) zerfallen kann. Die Spektrallinien (mit den Nummern 1 bis 8 gekennzeichnet) konnten mit empfindlichen Kristalldetektoren, die das Stoßvolumen rundum umgaben (Crystal-Ball-Detektor), nachgewiesen werden. Eine Übersicht über die neutralen Vektormesonen, die als Quark-Antiquark-Systeme gedeutet werden, gibt ▶ Tab. 11.5.

Tab. 11.5 Neutrale Vektormesonen mit Spin 1 und negativer Parität. Bei den ψ- und Υ-Mesonen wird die spektroskopische Zuordnung (in Analogie zum Positronium, Abschn. 4.4) in Klammern angegeben.

Teilchen	Ruhenergie mc^2 (MeV)	Zerfallsbreite Γ (MeV)	typischer Zerfall
ϱ^0	769.3	150	$\pi^+\pi^-$
ω	782.6	8.4	$\pi^+\pi^-\pi^0, \pi^0\gamma$
K^{*0}	891.7	50.8	$K\pi$
ϕ	1019.4	4.5	$K^+K^-, K^0_S K^0_L$
$J/\psi\,(1\,^3S_1)$	3097	0.087	$e^+e^-, \mu^+\mu^-$, Hadronen
$\psi\,(2\,^3S_1)$	3686	0.28	$J/\psi(1\,^3S_1)\pi\pi$
$\psi\,(3\,^3S_1)$	3770	23.6	$D\overline{D}$
$\Upsilon\,(1\,^3S_1)$	9460	0.053	$e^+e^-, \mu^+\mu^-, \pi^+\pi^-$, Hadronen
$\Upsilon\,(2\,^3S_1)$	10023	0.044	$\Upsilon\,(1\,^3S_1)\pi^0\pi^0$, Hadronen $+ \gamma$
$\Upsilon\,(3\,^3S_1)$	10355	0.026	$\Upsilon\,(2\,^3S_1)\pi\pi$
$\Upsilon\,(4\,^3S_1)$	10580	14	$B\overline{B}$

Entsprechende Messungen wurden zur Untersuchung von Bottomium durchgeführt. ▶ Abb. 11.15 zeigt für e^+e^--Stöße sechs Resonanzen, die den tiefsten $^3S_1$-Zuständen von Bottomium entsprechen. Drei Resonanzen liegen unterhalb der Schwelle für die Dissoziation des Bottomiums in ein B- und ein $\overline{B}$-Baryon (die leichtesten Baryonen mit der Flavour Bottom), die drei weiteren darüber. Letztere sind deshalb deutlich breiter. Auffallend ist, dass ebenso wie beim Charmonium auch bei Bottomium nur $^3S_1$-Zustände bei e^+e^--Stößen erzeugt werden. Die Auswahlregel ergibt sich aus den Gesetzen der

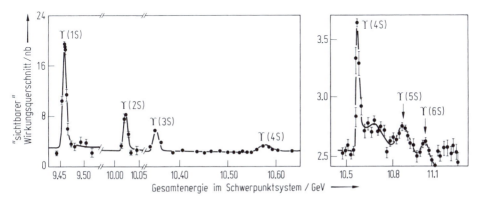

Abb. 11.15 Wirkungsquerschnitt für die Reaktion $e^+e^- \longrightarrow$ Hadronen zwischen 9.4 und 11.3 GeV. Der Grundzustand $\Upsilon(1S)$ und fünf radiale Anregungszustände $\Upsilon(2S),\ldots \Upsilon(6S)$ des Υ-Teilchens sind sichtbar (nach Gittelman).

Quantenelektrodynamik (Abschn. 12.1). Nach der Theorie entsteht bei der Vernichtung des e^+e^--Paares zunächst ein virtuelles Photon, das anschließend in ein anderes Teilchen-Antiteilchen-Paar, wie z. B. $c\bar{c}$ oder $b\bar{b}$ zerfällt.

Elektron-Positron-Vernichtung bei hohen Energien. Während Protonen bei hochenergetischen Streuexperimenten sich in Übereinsimmung mit dem Quark-Modell wie ein Mehrteilchensystem verhalten (s. u.), gibt es keine entsprechenden Hinweise für Elektronen und Positronen. Sie dürfen daher im experimentell zugänglichen Energiebereich als punktförmige Teilchen betrachtet werden. Die magnetischen Momente dieser Teilchen, die sich mit hoher Genauigkeit mithilfe der Quantenelektrodynamik berechnen lassen, sind eine Bestätigung der Punktförmigkeit dieser Teilchen. Dank der Punktförmigkeit kann bei Elektron-Positron-Stößen die gesamte Schwerpunktsenergie zur Erzeugung neuer Teilchen genutzt werden. Viele bahnbrechende Entdeckungen wurden daher mit (e^+e^-)-Collidern gemacht. Insbesondere können neutrale Bosonen bei (e^+e^-)-Vernichtung erzeugt werden.

Ein Beispiel ist die Erzeugung des neutralen Vektormesons ω, das bei der Reaktion $e^+ + e^- \approx \pi^+ + \pi^- + \pi^0$ als scharfe Resonanz mit einer Halbwertsbreite $\Gamma = 8.4\,\mathrm{MeV}$ bei $E_{\mathrm{CM}} = 782\,\mathrm{MeV}$ auftritt ($\blacktriangleright$ Abb. 11.17). Bei Schwerpunktsenergien über 3 GeV werden die $^3S_1$-Zustände des Charmoniums erzeugt. Eine Analyse der beim Zerfall entstehenden langlebigen Teilchen lässt auf die $3\,^3S_1$-Resonanz bei 3770 MeV schließen, die primär in ein $D^0\overline{D}^0$-Paar zerfällt ($\blacktriangleright$ Abb. 11.16b). Bei etwas höheren Energien werden diese Teilchen auch direkt erzeugt ($\blacktriangleright$ Abb. 11.16a). Wie oben schon erwähnt wurde, können bei Schwerpunktsenergien um 10 GeV auch die $^3S_1$-Zustände des Bottomiums bei e^+e^--Vernichtung entstehen ($\blacktriangleright$ Abb. 11.16b und $\blacktriangleright$ Abb. 11.15).

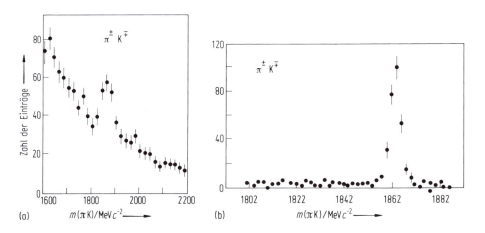

Abb. 11.16 (a) Entdeckung der D^0- und $\overline{D}^0$-Mesonen im effektiven Massenspektrum von $K^-\pi^+$- und $K^+\pi^-$-Paaren, die bei der Elektron-Positron-Vernichtung im Energiebereich $3900 \leq E_{\mathrm{CM}} \leq 4600\,\mathrm{MeV}$ erzeugt wurden (nach Goldhaber et al.). (b) Bei $E_{\mathrm{CM}} = 3770\,\mathrm{MeV}$ wird die $\psi(3770)$-Resonanz beobachtet, die vorzugsweise in $(D\overline{D})$-Paare zerfällt. Im $K\pi$-Massenspektrum beobachtet man das Maximum auf einem verschwindend kleinen Untergrund (nach Lüth (1979)).

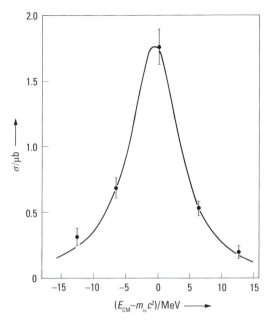

Abb. 11.17 Wirkungsquerschnitt für die Reaktion $e^+ + e^- \longrightarrow \pi^+ + \pi^- + \pi^0$, gemessen am Speicherring ACO in Orsay, Frankreich. Die Kurve gibt eine angepasste Breit-Wigner-Verteilung wieder (nach Benaksas et al.).

Experimentelle Bestätigung des Quark-Modells. Alle Versuche, freie Quarks nachzuweisen, sind erfolglos gewesen. Offensichtlich können Quarks nur im gebundenen Zustand innerhalb der Hadronen existieren (*Confinement*). Aber es gibt nicht nur theoretische Gründe zur Rechtfertigung des Quark-Modells, sondern auch zahlreiche experimentelle Hinweise für die Existenz der Quarks. Untersuchungen zur Streuung von Elektronen an Protonen bei Schwerpunktsenergien $E_{CM} > 10$ GeV zeigen neben den elastisch gestreuten Elektronen ein breites Kontinuum von inelastisch gestreuten Elektronen. Eine Analyse der tief inelastisch gestreuten Elektronen und analoge Experimente mit Neutrinos lassen darauf schließen, dass die Streuung an mehreren punktförmigen Teilchen (Partonen) mit drittelzahliger Ladung erfolgt, aus denen die Protonen bestehen. Es liegt nahe, sie mit den Quarks zu identifizieren.

Ein anderer Hinweis auf die Existenz der Quarks sind *Hadronen-Jets*, die bei der Elektron-Positron-Vernichtung entstehen (▶ Abb. 11.18). Man deutet diese Ereignisse mit der Annahme, dass bei der $(e^+ e^-)$-Vernichtung ($E_{CM} \gg 10$ GeV) zunächst ein Quark-Antiquark-Paar quasifreier Teilchen entsteht, die mit hoher Energie auseinanderfliegen und dann in Hadronen zerfallen. Allerdings hat die Gesamtenergie der einzelnen Jets keine resonanzartigen Maxima, die auf Quarks bestimmter Masse schließen lassen.

Erwähnt sei schließlich auch das Phänomen der *asymptotischen Freiheit*. Bei Proton-Antiproton-Stößen im TeV-Bereich, bei denen hohe Impulse übertragen werden, weisen die dabei entstehenden Hadronen-Jets darauf hin, dass bei diesen Stößen Partonen innerhalb der Hadronen wie freie Teilchen aneinander gestreut werden. Confinement und asymptotische Freiheit werden im Rahmen der Quantenchromodynamik theoretisch gedeutet.

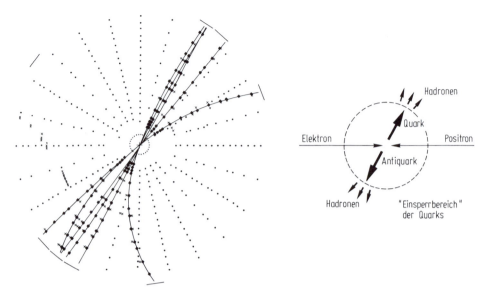

Abb. 11.18 Zwei-Jet-Produktion in der Elektron-Positron-Annihilation, links ein Ereignis vom TASSO-Experiment bei PETRA, rechts schematischer Ablauf der Reaktion.

Das Top-Quark. In Verbindung mit theoretischen und experimentellen Untersuchungen zur schwachen Wechselwirkung erwartete man, dass die Quarks in Paaren existieren. Zu jedem Quark mit der Ladungszahl $-1/3$ sollte auch ein Quark mit der Ladungszahl $+2/3$ existieren. Es fehlte aber ein Partner zum b-Quark. Das zugehörige *Top-Quark* sollte eine effektive Masse (Konstituentenmasse) $m_t \approx 170$ GeV/c^2 haben. Es wurde erst 1995 nachgewiesen. Bei Experimenten am Proton-Antiproton-Collider Tevatron wurden Ereignisse nachgewiesen, die auf die Erzeugung eines $t\bar{t}$-Paares beim Stoß eines leichten Quark-Antiquark-Paares schließen ließen. Aus den Experimenten ergab sich die für das Top-Quark vorhergesagte Konstituentenmasse $m_t = (174 \pm 5)$ GeV/c^2.

11.4 Leptonen und schwache Zerfälle von Hadronen

Entsprechend den drei Quark-Paaren (u, d), (c, s) und (t, b) gibt es drei Paare von Leptonen: (e^-, ν_e), (μ^-, ν_μ) und (τ^-, ν_τ) sowie die dazugehörigen Antiteilchen. Wie die Quarks sind auch alle Leptonen Fermionen mit Spin 1/2. Diese *Lepton-Hadron-Symmetrie* ist grundlegend für die Theorie der schwachen Wechselwirkung (Abschn. 12.4). Analog zur elektromagnetischen Wechselwirkung, die durch Photonen vermittelt wird, wird die schwache Wechselwirkung durch die *Vektorbosonen* $W^\pm$ und Z (Abschn. 11.5) vermittelt. So wie die Photonen an elektrisch geladene Teilchen koppeln, koppeln die geladenen Vektorbosonen $W^\pm$ an die Leptonen und Quarks und ändern dabei deren Ladungszustand (▶ Abb. 11.19). Bei den β^--Zerfällen der Atomkerne wandelt sich deshalb ein Neutron in ein Proton, d. h. bei Zugrundelegung des Quark-Modells ein d-Quark in ein u-Quark um und ein ν_e-Neutrino (das, da es sich in der Zeit rückwärts bewegt, als Antineutrino $\overline{\nu_e}$ wahr-

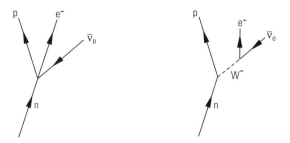

Abb. 11.19 Feynman-Diagramme für die schwache Wechselwirkung beim β-Zerfall des Neutrons. Links: Gemäß der Fermi-Theorie koppeln die Leptonen direkt an die Nukleonen. Rechts: Nach heutiger Theorie wird die Wechselwirkung durch ein intermediäres W-Boson vermittelt.

genommen wird) in ein Elektron. Entsprechende Umwandlungen finden bei schwachen Zerfällen innerhalb der anderen Leptonen- und Quark-Paare statt.

τ-Lepton. Als letztes der drei geladenen Leptonen wurde das (gar nicht leichte) Tauon τ 1975 am e^+e^--Collider SPEAR von M. L. Perl (1927 – 2014) und F. Reines (1918 – 1998) (gemeinsamer Nobelpreis 1995) entdeckt. Ab einer Schwellenenergie $E_{\mathrm{CM}} = 2m_\tau c^2 \approx 3.6$ GeV können bei der Elektron-Positron-Vernichtung $\tau^+\tau^-$-Paare entstehen, die anschließend über die schwache Wechselwirkung nach einer natürlichen Lebensdauer $\tau_\tau = 2.9 \cdot 10^{-13}$ s zerfallen (▶Abb. 11.20b–d). Bei der Kollision entsteht im Sinn der Quantenelektrodynamik zunächst ein virtuelles Photon. Unterhalb der Schwelle entstehen entweder e^+e^-- oder $\mu^+\mu^-$-Paare. Bei einem oberhalb der Schwelle möglichen Zerfall eines $\tau^+\tau^-$-Paares können hingegen auch Elektronen und Myonen koinzident erzeugt werden.

Eine Begründung für dieses Schwellenverhalten ergibt sich aus den bei Prozessen der schwachen Wechselwirkung gültigen Erhaltungssätzen. Bereits die Untersuchung des Zerfalls der Myonen hatte ergeben, dass für die Leptonenpaare (e, ν_e) und (μ, ν_μ) getrennt die Leptonenzahlen L_e und L_μ erhalten bleiben. Dementsprechend gilt auch für das Leptonenpaar (τ, ν_τ) separat eine Erhaltung der Leptonenzahl L_τ. In ▶Abb. 11.20 kommt die Erhaltung der drei Leptonenzahlen dadurch zum Ausdruck, dass an das intermediäre W-Boson an jedem *Vertex* (Verzweigungdpunkt) eines der Leptonenpaare oder ein Quark-Paar ankoppelt.

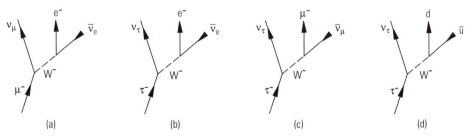

Abb. 11.20 Feynman-Diagramme für die Zerfälle (a) $\mu^- \longrightarrow \nu_\mu e^- \bar{\nu}_e$, (b) $\tau^- \longrightarrow \nu_\tau e^- \bar{\nu}_e$, (c) $\tau^- \longrightarrow \nu_\tau \mu^- \bar{\nu}_\mu$, (d) $\tau^- \longrightarrow \nu_\tau d\bar{u}$.

Myonen. Den Zerfall eines μ^--Leptons illustriert das Feynman-Diagramm
▶ Abb. 11.20a. Ein alternativ denkbarer elektromagnetischer Zerfall, bei dem das
Myon unter Emission eines Photons in ein Elektron zerfiele, ist niemals beobachtet
worden und daher offensichtlich verboten. Er stünde auch nicht im Einklang mit der
Erhaltung der drei Leptonenzahlen. Der 3-Teilchenzerfall $\mu^- \longrightarrow e^- + \nu_e + \nu_\mu$ hat
insbesondere zur Folge, dass ein kontinuierliches β-Spektrum beobachtet wird. Bei dem
2-Teilchenzerfall $\mu^- \longrightarrow e^- + \gamma$ müssten die emittierten Elektronen eine diskrete
Energie haben.

Unter der Voraussetzung, dass ν_e und ν_μ verschiedene Teilchen sind, ergibt sich aus
der $(V - A)$-Theorie (Abschn. 11.5) für die Zerfallsbreite des Myons

$$\Gamma_\mu = \frac{\hbar}{\tau_\mu} = \frac{G_\mu^2 (m_\mu c^2)^5}{192 \pi^3 (\hbar c)^6} \ . \tag{11.13}$$

Aus der gemessenen natürlichen Lebensdauer $\tau_\mu = (2.19703 \pm 0.00004) \cdot 10^{-6}$ s erhält man damit für diesen rein leptonischen Zerfall einen höchst präzisen Wert für die
Kopplungskonstante der schwachen Wechselwirkung:

$$\frac{G_\mu}{(\hbar c)^3} = (1.16639 \pm 0.00002) \cdot 10^{-5} \ \text{GeV}^{-2} \tag{11.14}$$

oder $G_\mu/(\hbar c)^3 = 1.026 \cdot 10^{-5}/(m_p c^2)^2$. Dieser Wert weicht etwas von dem aus nuklearen
β-Zerfällen bestimmten Wert G_V (Abschn. 10.4) ab:

$$\frac{G_\mu - G_V}{G_\mu} = 2,2 \ \% \ . \tag{11.15}$$

Der Grund für diese Abweichung ist die unten beschriebene Flavour-Mischung der Quark-
zustände. Mit Gleichung (11.13) kann auch die Lebensdauer des Tauons grob berechnet
werden. Dabei ist aber ein Gewichtsfaktor $g \approx 5$ zu berücksichtigen, da außer $(e\nu_e)$-
Zerfällen auch $(\mu\nu_\mu)$- und (ud)-Zerfälle (mit den 3 Farben *rot, grün, blau*, Abschn. 12.5)
möglich sind.

Zerfall der geladenen Pionen. Die geladenen Pionen (π-Mesonen) zerfallen fast aus-
schließlich in ein Myon und ein myonisches Neutrino (99.98 %). Zerfälle in Elektron und
Elektron-Neutrino treten nur mit einer Wahrscheinlichkeit von 0.02 % auf. Noch seltener
(Wahrscheinlichkeit 10^{-8}) sind β-Zerfälle in das neutrale Pion: $\pi^\pm \longrightarrow \pi^0 + e^\pm + \nu_e(\overline{\nu}_e)$.
Das π^0-Meson zerfällt anschließend in etwa 10^{-16} s über die elektromagnetische Wech-
selwirkung in zwei γ-Quanten (Abschn. 12.1).

Die β-Übergänge $\pi^\pm \longrightarrow \pi^0$ sind $(0^- \longrightarrow 0^-)$-Übergänge und folglich reine Fermi-
Übergänge. Aus den Übergangsraten lässt sich daher die Koppungskonstante G_V bestim-
men. Es ergibt sich keine Abweichung von den Werten, die aus nuklearen β-Übergängen
erhalten wurden.

Die geringe Wahrscheinlichkeit von Zerfällen in elektronische Leptonen folgt aus
der $(V - A)$-Theorie (Abschn. 10.5). Nach dieser Theorie haben masselose Neutrinos
negative und Antineutrinos positive Helizität. Für die massebehafteten geladenen Leptonen gilt diese Aussage hingegen nur im relativistischen Grenzfall ($E \gg mc^2$). Wenn
nur Leptonen mit hoch relativistischen Leptonen beim Zerfall der Pionen emittiert werden

können, ist daher dieser Zerfall extrem unwahrscheinlich. Denn da die Pionen 0^--Teilchen sind, müssen beim Zerfall Lepton und Antilepton nicht nur entgegen gerichtete Impulse, sondern auch entgegengesetzte Spins haben (▶Abb. 11.21). Im extrem relativistischen Grenzfall ist diese Situation aber nach der $(V - A)$-Theorie verboten. Der Zerfall in myonische Leptonen, bei dem das Myon mit einer Geschwindigkeit $v \ll c$ emittiert wird, ist daher trotz des kleineren Phasenraumfaktors sehr viel wahrscheinlicher als der Zerfall in elektronische Leptonen. Die Theorie ergibt für das Verhältnis der beiden Zerfallsraten

$$R_\pi = \frac{\Gamma(\pi^+ \longrightarrow e^+ + \nu_e)}{\Gamma(\pi^+ \longrightarrow \mu^+ + \nu_\mu)} = \left(\frac{m_e}{m_\mu}\right)^2 \cdot \left(\frac{m_\pi^2 - m_e^2}{m_\pi^2 - m_\mu^2}\right) = 1.275 \cdot 10^{-4}.$$

(11.16)

Eine geringfügige Abweichung vom experimentellen Wert ist auf Strahlungskorrekturen zurückzuführen.

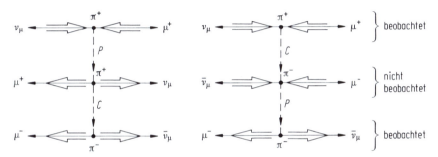

Abb. 11.21 Skizze des Zerfalls $\pi^+ \longrightarrow \mu^+ + \nu_\mu$ im Ruhsystem des Pions. Das Neutrino hat negative Helizität. Anwendung der Operatoren P oder C führt zu nicht beobachteten Prozessen. Die kombinierte Transformation CP oder PC führt auf den beobachteten Zerfall $\pi^- \longrightarrow \mu^- + \bar{\nu}_\mu$ mit einem Antineutrino positiver Helizität. Die Impulse sind als einfache Pfeile gezeichnet, die Spins als Doppelpfeile.

Mit der Übereinstimmung von Theorie und Experiment liefert der Pionzerfall eine Bestätigung der $(V - A)$-Theorie. Tatsächlich wurde auch die von der $(V - A)$-Theorie vorhergesagte Polarisation der emittierten Leptonen nachgewiesen. Die Polarisation der Myonen ist nicht nur eine Bestätigung der Paritätsverletzung beim Zerfall der Pionen, sondern kann auch für den Nachweis der Paritätsverletzung beim Myonzerfall und andere Experimente genutzt werden.

Zerfall der geladenen K-Mesonen. Die geladenen K-Mesonen (auch Kaonen genannt) können einerseits wie die Pionen *rein leptonisch* in Leptonenpaare oder *semileptonisch* in ein π^0-Meson und ein Leptonenpaar zerfallen, andererseits aber auch *nichtleptonisch* in zwei oder drei Pionen. Da die Pionen eine negative Eigenparität haben, gab die Beobachtung, dass Zerfälle in zwei und drei Pionen möglich sind, Lee und Yang Anlass zu der Vermutung, dass die schwache Wechselwirkung paritätsverletzend ist (Abschn. 10.5).

Die theoretische Beschreibung des Kaonzerfalls entspricht weitgehend der Beschreibung des Pionzerfalls. Sie ergibt sich aus der $(V - A)$-Theorie (Abschn. 10.5). Ein

Quarkstrom koppelt an ein virtuelles W-Boson, das wiederum an einen Leptonenstrom oder an einen anderen Quarkstrom koppelt. Diesen Kopplungen entsprechende Feynman-Diagramme zeigt ▶ Abb. 11.22. Aus den Übergangsraten ergeben sich aber für die K-Zerfälle Kopplungskonstanten, die etwa um einen Faktor 20 kleiner sind als Fermis Kopplungskonstante G_V. Der Grund dafür sind Flavour-Mischungen der Quarkzustände.

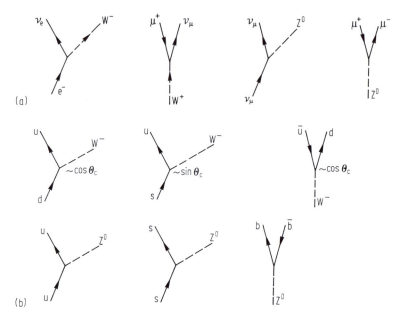

Abb. 11.22 Beispiele für Elementarprozesse der schwachen Wechselwirkung mit (a) Leptonen und (b) Quarks.

Schwacher Isospin. Die heutige Theorie der schwachen Wechselwirkung basiert auf der Annahme, dass sie wie die elektromagnetische Wechselwirkung durch Feldquanten vermittelt wird. Die Feldquanten der elektromagnetischen Wechselwirkung sind die Photonen, diejenigen der schwachen Wechselwirkung die Vektorbosonen $W^\pm$ und ein neutrales Vektorboson Z^0 (Abschn. 11.5), das erst im Rahmen einer umfassenderen Eichfeldtheorie, der Glashow-Salam-Weinberg-Theorie der *elektroschwachen* Wechselwirkung, genauer spezifiziert werden kann (Abschn. 12.4). Die Vektorbosonen sind – analog zum Isospin-Triplett der Pionen bzgl. der hadronischen Wechselwirkung – ein Isospin-Triplett bzgl. der schwachen Wechselwirkung (*schwacher Isospin*). Sie koppeln an Isospin-Dubletts der Leptonen und Quarks. Als Leptonen-Dubletts dürfen die Paare der bekannten Leptonen-Zustände mit linkshändiger Helizität genommen werden (▶ Abb. 11.22). Die $W^\pm$-Bosonen koppeln aber auch an Paare von linkshändigen Quarks mit den Ladungszahlen $q = +2/3$ und $q = -1/3$. Diese Quarks sind aber nicht die bekannten Quarkpaare (u, d), (c, s) und (t, b), sondern Superpositionszustände dieser Quarks. Die drei Quarks mit der Ladungszahl $q = +2/3$ sind gepaart mit $q = -1/3$-Quarks d', s' und b', die Superpositionszustände von Quarks mit verschiedener Flavour darstellen. Es sind also die folgenden Leptonen- und Quark-Dubletts zu betrachten:

$$\begin{pmatrix} \nu_e \\ e^- \end{pmatrix}_L, \begin{pmatrix} \nu_\mu \\ \mu^- \end{pmatrix}_L, \begin{pmatrix} \nu_\tau \\ \tau^- \end{pmatrix}_L \quad \text{und} \quad \begin{pmatrix} u \\ d' \end{pmatrix}_L, \begin{pmatrix} c \\ s' \end{pmatrix}_L, \begin{pmatrix} t \\ b' \end{pmatrix}_L. \tag{11.17}$$

Hierin bedeuten d', s' und b' Quark-Zustände, die aus den Quarks d, s und b durch eine unitäre Transformation mit der *Cabibbo-Kobayashi-Maskawa(CKM)-Matrix* hervorgehen. Bei Beschränkung auf den 2-dimensionalen Unterraum von d- und s-Quark ergibt sich näherungsweise eine Drehung um den *Cabibbo-Winkel* θ_C mit $\sin\theta_C = 0.21$:

$$\begin{aligned} d' &= d\,\cos\theta_C + s\,\sin\theta_C, \\ s' &= -d\,\sin\theta_C + s\,\cos\theta_C. \end{aligned} \tag{11.18}$$

Dem Mischungswinkel θ_C entsprechend ist die Kopplung eines (u,d)-Quarkpaars an die W-Bosonen um den Faktor $\cos\theta_C$ und die eines (u,s)-Quarkpaars um den Faktor $\sin\theta_C$ im Vergleich zur Kopplung eines Leptonenpaars reduziert. Daher ist Fermis Kopplungskonstante $G_V = G_\mu \cdot \cos^2\theta_C$ um 2.2% kleiner als G_μ und die Kopplungskonstante $G_K = G_\mu \cdot \sin^2\theta_C$ des $K^\pm$-Zerfalls, bei dem sich ein s-Quark in ein u-Quark umwandelt, um etwa einen Faktor 20 kleiner als G_μ.

Zerfall der neutralen Kaonen und CP-Verletzung. Wie die geladenen Kaonen können auch die neutralen Kaonen K^0 und $\overline{K}^0$ nur dank der Kopplung an die *geladenen* Vektorbosonen $W^\pm$ in leichtere Teilchen zerfallen (▶Abb. 11.23). Nur die W-Bosonen ermöglichen dank der Flavour-Mischung eine Änderung der Strangeness, nicht aber Z-Boson und Photon. Daher sind der Prozess in ▶Abb. 11.23a und der entsprechende elektromagnetische, durch ein virtuelles Photon vermittelte Prozess, bei denen ein neutrales Kaon in ein $(\mu^+\mu^-)$-Paar zerfallen würde, nie beobachtet worden. Die neutralen Kaonen zerfallen vorwiegend nichtleptonisch in Pionen und zu einem kleineren Teil semileptonisch.

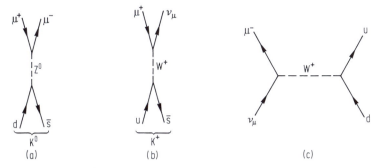

Abb. 11.23 (a) Hypothetisches Feynman-Diagramm für den „verbotenen" Zerfall $K^0 \longrightarrow Z^0 \longrightarrow \mu^+\mu^-$, (b) der beobachtete Zerfall $K^+ \longrightarrow W+ \longrightarrow \mu^+\nu_\mu$, (c) Diagramm für Neutrino-Quark-Streuung.

Der Zerfall der neutralen Kaonen ist trotzdem von besonderem Interesse, da K^0 und $\overline{K}^0$ Teilchen und Antiteilchen sind, die bei einer CP-Transformation (dem Produkt von

Ladungskonjugation C und Paritätstransformation P) ineinander umgewandelt werden. Zwar bleibt die Parität bei Prozessen der schwachen Wechselwirkung nicht erhalten, aber nach der $(V - A)$-Theorie bleibt der Operator der schwachen Wechselwirkung bei einer CP-Transformation invariant. Aus experimentellen Untersuchungen des Zerfalls der neutralen Kaonen ergab sich aber, dass auch die CP-Invarianz mit einer Wahrscheinlichkeit von etwa 10^{-3} verletzt ist. Eine CP-Verletzung wurde auch beim Zerfall der neutralen B-Mesonen nachgewiesen.

Unter der Annahme, dass die CP-Symmetrie nicht nur bei hadronischer und elektromagnetischer, sondern auch bei der schwachen Wechselwirkung erhalten bleibt, wären die Superpositionszustände

$$|K_1\rangle = \frac{1}{\sqrt{2}}\left(|K^0\rangle + |\overline{K}^0\rangle\right) \qquad (11.19)$$

$$|K_2\rangle = \frac{1}{\sqrt{2}}\left(|K^0\rangle - |\overline{K}^0\rangle\right) \qquad (11.20)$$

die Eigenzustände der von der Umgebung isolierten Kaonen. Die Zustände $|K^0\rangle$ und $|\overline{K}^0\rangle$ sind Superpositionszustände der Eigenzustände

$$|K^0\rangle = \frac{1}{\sqrt{2}}\left(|K_1\rangle + |K_2\rangle\right) \qquad (11.21)$$

$$|\overline{K}^0\rangle = \frac{1}{\sqrt{2}}\left(|K_1\rangle - |K_2\rangle\right). \qquad (11.22)$$

Dank der Kopplung an die Umgebung zerfallen die Eigenzustände. Wenn auch diese Kopplung CP-invariant ist, zerfällt der $|K_1\rangle$-Zustand in zwei Pionen, der $|K_2\rangle$-Zustand hingegen in drei Pionen. Daher lebt dann der $|K_2\rangle$-Zustand etwa 500-mal länger als der $|K_1\rangle$-Zustand (▶ Tab. 11.1).

Der große Unterschied in den Lebensdauern wurde experimentell genutzt, um einen reinen Zustand der langlebigen neutralen Kaonen zu präparieren. Dabei zeigte sich, dass auch die langlebigen Kaonen mit einer geringen Wahrscheinlichkeit von 0.23 % in zwei Pionen zerfallen. Dieses Ergebnis ist ein Hinweis darauf, dass die Kopplung der Kaonen an die Umgebung nicht streng CP-invariant ist. Wie in der Atom- und Molekülphysik hat auch hier die Kopplung an die Umgebung eine Symmetriebrechung zur Folge.

Bei (den Strangeness erhaltenden) Pion-Nukleon-Stößen werden nur $|K^0\rangle$-Zustände erzeugt, d. h. eine Superposition der Zustände des langlebigen (K_L^0) und des kurzlebigen (K_S^0) neutralen Kaons. Sie haben aufgrund der schwachen Wechselwirkung etwas verschiedene Energie. Die Energiedifferenz ΔE_{LS} wurde als Quantenschwebung (Abschn. 5.4) gemessen und beträgt $\Delta E_{LS} = 5.3\ \text{GHz}{\cdot}h = 3.5\ \mu\text{eV}$.

Neutrino-Massen und Neutrino-Oszillationen. Im Standard-Modell werden die Neutrinos als masselos vorausgesetzt. Alle Experimente, die auf eine direkte Bestimmung der Neutrino-Massen $m(\nu)$ abzielten, ergaben nur obere Grenzwerte. Die in dieser Hinsicht am genauesten untersuchte Reaktion ist der β-Zerfall des Tritiums

$$^3\text{H} \longrightarrow {}^3\text{He} + \text{e}^- + \overline{\nu}_\text{e}.$$

Sie ergab $m(\nu_\text{e}) < 2\ \text{eV}$ (Abschn. 10.4).

Neuere Experimente geben Anlass zu der Vermutung, dass die Neutrinos tatsächlich Massen – wenn auch sehr kleine – haben, insbesondere alle Experimente, die auf *Neutrino-Oszillationen* hinweisen. Dazu gehören Messungen zum Strom der Neutrinos, die bei Kernreaktionen im Innern der Sonne entstehen. Diese Messungen führten zu der Vermutung, dass sich die verschiedenen Neutrino-Sorten ineinander umwandeln können. Falls die Neutrinos etwas unterschiedliche Massen haben, können die Umwandlungen als Quantenschwebungen erklärt werden.

Neutrino-Spektroskopie. Die Spekulationen über mögliche Neutrino-Oszillationen gaben den Anstoß für den Bau gewaltiger Neutrino-Detektoren. Beispiele sind der Super-Kamiokande in Japan und der Ice-Cube-Detektor im Polareis der Antarktis. Diese Detektoren ermöglichen eine *Neutrino-Spektroskopie*, die vor allem für die Astrophysik interessant ist. Da die Neutrinos nur über die schwache Wechselwirkung mit der übrigen Materie wechselwirken, werden sie sogar beim Durchgang durch die Sonne kaum absorbiert (weniger als 1%). Spektroskopische Untersuchungen der von der Sonne emittierten Neutrinostrahlen liefern daher Informationen über die im Innern der Sonne stattfindenden Prozesse. Gleichermaßen ermöglicht eine Neutrino-Spektroskopie auch Untersuchungen über weit entfernte Regionen des Universums.

Da Neutrinos kaum absorbiert werden, müssen riesige Detektoren gebaut werden, um Neutrinoströme nachweisen und spektroskopieren zu können. Ice-Cube ist beispielsweise ein Detektor im Eis der Antarktis für hochenergetische Neutrinos mit einem Volumen $V \approx 1 \, km^3$. Nach Stößen der Neutrinos mit Atomkernen und Elektronen entstehen hochenergetische Elektronen, Myonen und Tauonen, die entweder durch Tscherenkow-Strahlung oder über Zerfallsprozesse nachgewiesen werden können. Die Leuchtspuren werden mit einer Vielzahl im Eis deponierter Photomultiplier nachgewiesen.

11.5 Vektorbosonen der schwachen Wechselwirkung

In seiner Theorie des β-Zerfalls war Fermi ursprünglich von einer punktförmigen Wechselwirkung der vier Fermionen ausgegangen (▶ Abb. 11.19a). Theoretische Überlegungen führten bereits frühzeitig zu der Vermutung, dass beim β-Zerfall intermediär ein (virtuelles) Boson gebildet wird (▶ Abb. 11.19b). Es sind Vektorbosonen (Spin-1-Teilchen), die – entsprechend den Photonen bei der elektromagnetischen Wechselwirkung – die schwache Wechselwirkung vermitteln. Diese Bosonen wurden 1983/84 am CERN von C. Rubbia (*1934, Nobelpreis 1984) und Mitarbeitern als reelle Teilchen nachgewiesen. Experimentelle Voraussetzung für diese Entdeckung war der Ausbau des Protonenbeschleunigers SPS zu einem Collider für Protonen und Antiprotonen.

Masse der intermediären Bosonen. Zweifel an einer direkten Vier-Fermionen-Punktwechselwirkung weckten Überlegungen zu den Wirkungsquerschnitten, die bei der Streuung von Neutrinos an Nukleonen zu erwarten sind. Die Neutrino-Quark-Streuung $\nu_\mu + d \longrightarrow \mu^- + u$ wird in ▶ Abb. 11.23c als Feynman-Diagramm gezeigt. Wegen der extrem kurzen Reichweite der schwachen Wechselwirkung kann man das Diagramm durch Weglassen der inneren W-Linie vereinfachen und kommt dann zur Vier-Fermionen-Punktwechselwirkung der Fermi-Theorie des β-Zerfalls. Als Wirkungsquerschnitt ergibt sich dann

$$\sigma(\nu_\mu + d \longrightarrow \mu^- + u) = \frac{G_V^2}{\pi(\hbar c)^4} E_{CM}^2. \tag{11.23}$$

Dabei ist G_V die *Fermi-Konstante*. Dieser Wirkungsquerschnitt hat eine Besonderheit, er wächst mit dem Quadrat der Schwerpunktsenergie an: $\sigma \sim E_{CM}^2$. In Analogie zu den Wirkungsquerschnitten elektromagnetischer Prozesse erwartete man hingegen bei hohen Energien eine Abnahme $\sigma \sim 1/E_{CM}^2$.

Theoretisch lässt sich ein grenzenloses Anwachsen der Wirkungsquerschnitte vermeiden, wenn man annimmt, dass der Streuprozess wie bei der elektromagnetischen Wechselwirkung durch ein Eichboson vermittelt wird. Da die schwache Wechselwirkung aber nachgewiesenermaßen eine extrem kurze Reichweite hat, müssen die Eichbosonen dieser Wechselwirkung eine entsprechend große Masse haben. In diesem Fall nehmen die Wirkungsquerschnitte zwar zunächst mit der Schwerpunktsenergie zu, nach der Überschreitung der Ruhenergie der Eichbosonen aber wieder ab.

Diesen Vorstellungen gemäß ist die schwache Wechselwirkung gar nicht unbedingt schwächer als die elektromagnetische Wechselwirkung, sie hat nur eine sehr kurze Reichweite und ist deshalb im niederenergetischen Bereich sehr viel weniger wirksam. Unter der Annahme, dass die Kopplungskonstanten der elektromagnetischen Wechselwirkung (Feinstrukturkonstante α) und der schwachen Wechselwirkung ($g_w^2 \approx G_V \cdot m_W^2$) etwa gleiche Größenordnung haben, folgt $m_W \approx 100 \text{ GeV}/c^2$. Um die Teilchen experimentell nachweisen zu können, mussten deshalb Stöße elementarer Teilchen bei sehr hohen Energien untersucht werden.

Stochastische Kühlung. Zur Erzeugung der Vektorbosonen wurde der Protonenbeschleuniger SPS des CERN zu einem $(p\overline{p})$-Collider umgebaut. Dazu musste zunächst eine hinreichend intensive Quelle für Antiprotonen möglichst gleicher Geschwindigkeit gebaut werden, so dass sie anschließend im Protonen-Synchrotron PS des CERN vorbeschleunigt und in das Super-Protonen-Synchrotron SPS eingespeist werden konnten. Um im SPS-Collider hinreichend kompakte Strahlpakete vorgegebener Energie bilden zu können, wurde von S. van der Meer (1925–2011, Nobelpreis 1984) das Verfahren der stochastischen Kühlung entwickelt. Dabei misst ein *Pick-up*-Sensor die Abweichung der Antiprotonen von der Sollbahn, und ein vom Sensor angesteuerter *Kicker* auf der gegenüberliegenden Seite des Beschleunigerringes stößt dann die Teilchen auf die Sollbahn zurück.

Entdeckung der W-Bosonen. In den Jahren 1983/84 wurde am Proton-Antiproton-Speicherring am CERN nach folgenden Reaktionen gesucht:

$$p + \overline{p} \longrightarrow \begin{cases} W^\pm + \text{Hadronen} \\ Z^0 + \text{Hadronen} . \end{cases}$$

Zur Identifikation wurden leptonische Zerfälle genutzt:

$$W^\pm \longrightarrow e^\pm + \nu_e(\overline{\nu}_e), \quad Z^0 \longrightarrow e^- e^+ \quad \text{oder} \quad \mu^- \mu^+.$$

Bei den Proton-Antiproton-Kollisionen betrug die Schwerpunktsenergie etwa 540 GeV. Bei Zugrundelegung des Quark-Modells darf man annehmen, dass bei den

Kollisionen ein Quark-Antiquark-Paar mit einer Energie von 180 GeV zusammenstößt. Die Hälfte dieser Energie reicht aus, ein Vektorboson zu erzeugen, die andere Hälfte wird für die Erzeugung von Hadronen verbraucht. Die schweren Vektorbosonen werden also nahezu in Ruhe erzeugt. Beim Zerfall der W-Teilchen beobachtet man ein einzelnes, sehr hochenergetisches Elektron, das von der Vielzahl niederenergetischer Hadronen sehr gut unterschieden werden kann. Noch klarer ist das Z^0 über seinen Zerfall in hochenergetische Elektron- oder Myon-Paare zu erkennen. ▶Abb. 11.24 zeigt zwei Ereignisbilder.

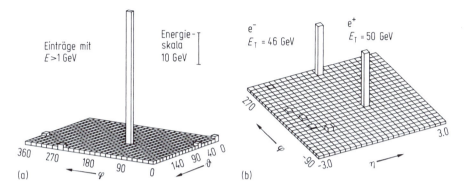

Abb. 11.24 (a) Nachweis eines W-Bosons am Antiproton-Proton-Speicherring des CERN. Das Elektron (oder Positron) aus dem Zerfall $W^{\pm} \longrightarrow e^{\pm} + \nu_e/\bar{\nu}_e$ deponiert eine Energie von etwa 40 GeV in den Schauerzählern, die zylindrisch um den Wechselwirkungsbereich angeordnet sind. (b) Nachweis eines Z^0-Bosons durch seinen Zerfall in ein Elektron-Positron-Paar bei CERN (nach G. Arnison et al. (1983)).

Das Z^0-Boson. Die Entdeckung der Z^0-Bosonen war die endgültige Bestätigung für die Hypothese der *neutralen Ströme*, dass die schwache Wechselwirkung also nicht nur durch geladene, sondern auch neutrale Bosonen vermittelt wird. Erste Bestätigungen gaben Experimente zur Streuung myonischer Neutrinos an Elektronen bereits 1972/73 und ähnliche Untersuchungen.

Der große Einfluss der schwachen Wechselwirkung auf Prozesse bei hohen Energien wird deutlich, wenn man die experimentellen Resultate vom Elektron-Positron-Collider LEP in ▶Abb. 11.25 ansieht: Die Wirkungsquerschnitte für Hadron- und Myon-Paar-Erzeugung zeigen ein enormes Resonanzmaximum bei der Ruhenergie des Z^0-Bosons, das die elektromagnetischen Wirkungsquerschnitte um einen Faktor 1000 übertrifft[1]. Dies ist der augenfälligste Beweis dafür, dass die sogenannte „schwache Wechselwirkung" in Wahrheit überhaupt nicht schwach ist, sondern bei niedrigen Energien nur so wahrgenommen wird, weil ihre Reichweite extrem gering ist.

Paritätsverletzung in der Atom- und Kernphysik. Die Entdeckung der neutralen Ströme und des Z^0-Bosons war nicht nur von grundlegender Bedeutung für die Physik

---

[1] Diese Resonanzüberhöhung bedeutet natürlich nicht, dass die elektromagnetische Wechselwirkung bei 92 GeV eine geringere Stärke als die schwache Wechselwirkung hat. Außerhalb der Z^0-Resonanz sind beide etwa gleich stark.

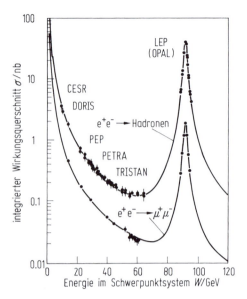

Abb. 11.25 Die Wirkungsquerschnitte für $e + e- \longrightarrow \mu^+\mu^-$ und $e + e- \longrightarrow$ Hadronen im Energiebereich von 9–100 GeV. Durchgezogene Kurven: Summe von Photon- und Z^0-Austausch (nach Schaile).

der schwachen Wechselwirkung, sondern regte auch zu vielen neuen Experimenten in der Atom- und Kernphysik an. Im Gegensatz zu den geladenen Strömen, die praktisch keine Auswirkungen auf die Wechselwirkung geladener Teilchen haben, tragen die neutralen Ströme trotz ihrer kurzen Reichweite ähnlich wie die Photonen ein bisschen zur Wechselwirkung bei. Wie beim Austausch eines virtuellen Photons wird auch beim Austausch eines virtuellen Z^0-Bosons Energie und Impuls übertragen.

Die neutralen Ströme der schwachen Wechselwirkung haben zwar praktisch keinen Einfluss auf die Termstruktur der Atom- und Kernspektren, führen aber zu messbaren Mischungen von Zuständen entgegengesetzter Parität, wenn die Zustände energetisch hinreichend nah benachbart sind. Aufgrund solcher Mischungen können auch bei der Emission elektromagnetischer Strahlung paritätsverletzende Effekte beobachtet werden.

Aufgaben

11.1 Wie viel Energie E_{Synchr} strahlt ein 100-GeV-Elektron während eines Umlaufs in einem Speicherring mit dem Durchmesser $2R = 1$ km ab, wenn es dabei nachbeschleunigt wird und daher mit etwa konstanter Geschwindigkeit umläuft?

11.2 Ein 100-GeV-Elektron trifft auf ein ruhendes Proton. Welche Ruhmasse können Teilchen, die bei dem Stoß entstehen, maximal haben?

11.3 Das pionische Atom $(\pi^- d)$ zerfällt in zwei Neutronen. Welchen Verlauf hat die Radialfunktion $R(r)$ des Zweineutronenzustands bei $r \longrightarrow 0$?

11.4 Warum ist der Zerfall $\Sigma^0 \longrightarrow \Lambda^0 + \pi$ nicht möglich, obwohl dabei die Strangeness erhalten bleibt?

11.5 Analysieren Sie die Teilchenspuren in ▶ Abb. 11.9. (a) Einige Teilchenspuren sind gestrichelt gezeichnet, warum? (b) Warum enstehen zusammen mit Ω^- zwei Kaonen? (c) Mit welchen Energien fliegen beim Zerfall des Ω^- Pion und Ξ^0 im CM-System auseinander? (d) Welche Energie hatte das Ω^--Teilchen im Laborsystem? (e) Ξ^0 zerfällt in Λ^0 und π^0. Wo ist die Spur des Pions? In welche Richtung wurde es emittiert? Wie werden in der Blasenkammeraufnahme γ-Quanten sichtbar?

12 Eichsymmetrien und Eichbosonen

Ziel einer grundlegenden Theorie der subnuklearen Teilchen sollte es sein, einen Formalismus zu entwickeln, der eine Berechnung des Teilchenspektrums erlaubt. Die Spektren der Atome und – mit Einschränkungen – auch diejenigen der Atomkerne können im Rahmen der Quantenmechanik berechnet werden. Grundlage dieser Rechnungen sind klassische Modellbilder, nach denen die Atome bzw. Kerne Systeme einer endlichen Anzahl von „Elementarteilchen" sind, die einen gebundenen Zustand bilden und sich dabei mit Geschwindigkeiten $v \ll c$ in ortsabhängigen Potentialen $V(r)$ bewegen. Es sind *nichtrelativistische* Modellbilder.

Diese Modellbilder werden ergänzt durch die Annahme, dass die Quantenobjekte mit *Strahlungsfeldern* wechselwirken. Dank dieser Wechselwirkung sind Quantensprünge möglich, die beobachtbare Prozesse in der Umgebung auslösen. Dabei werden Feldquanten von einem Quantenobjekt emittiert und in der Umgebung absorbiert. Die ortsabhängigen Potentiale, die im nichtrelativistischen Grenzfall die Wechselwirkung zwischen den „Elementarteilchen" des klassischen Modells beschreiben, ergeben sich im Rahmen relativistischer Modellbilder aus dem Austausch *virtueller* Feldquanten. Beispiele sind das Coulomb-Potential, das durch den Austausch virtueller Photonen vermittelt wird, und das Yukawa-Potential, das durch einen Austausch von virtuellen Pionen entsteht.

Man nimmt heute an, dass es in der Teilchenphysik drei fundamentale Wechselwirkungen gibt. Aus der klassischen Physik vertraut ist uns die elektromagnetische Wechselwirkung. Außerdem gibt es die schwache und die hadronische Wechselwirkung. Die schwache Wechselwirkung ermöglicht den β-Zerfall. Die Quanten des Strahlungsfeldes sind die massebehafteten Vektorbosonen (Abschn. 11.4), die erst bei Energien im 100-GeV-Bereich erzeugt werden können. Die hadronische Wechselwirkung ermögicht den Zusammenhalt der Kernmaterie. In der Kernphysik (Kap. 9) haben wir sie zunächst als *starke Wechselwirkung* kennengelernt. Die Quanten der hadronischen Wechselwirkung sind die *Gluonen*. Sie koppeln an die *Farbladungen* der *Quarks*, wurden aber bislang – ebenso wie die Quarks – nicht als freie Teilchen, sondern nur indirekt als Auslöser von Hadronen-Jets beobachtet.

Makroskopische, d. h. die kontinuierlich beobachtbaren Körper der klassischen Physik unterliegen außerdem der Gravitation (Bd. 2, Kap. 16). In welcher Beziehung die Gravitation zu den fundamentalen Wechselwirkungen der atomaren Teilchen steht, ist eine offene Frage.

Die klassischen Modellbilder werden umso fragwürdiger, je weniger die nichtrelativistische Näherung gerechtfertigt ist. Eine alternative relativistische Theorie zur Berechnung von Teilchenenergien gibt es bislang nicht. Als Orientierungshilfen werden deshalb die fundamentalen Symmetrien der physikalischen Naturbeschreibung umso wichtiger. Bei allen Berechnungen von Spektren werden grundsätzlich *Ruhenergien*, also relativistisch invariante Größen berechnet. Die Lorentz-Symmetrie des Minkowski-

Raumes ist daher sicher grundlegend. Weitere Symmetrien von universeller Bedeutung sind die Eichsymmetrien. Sie bestimmen die Kopplung der Eichbosonen an Quarks und Leptonen und sind daher maßgebend für die drei fundamentalen Wechselwirkungen der Teilchenphysik: Elektromagnetische Wechselwirkung, schwache Wechselwirkung und hadronische Wechselwirkung.

Wir beginnen mit der elektromagnetischen Wechselwirkung, deren theoretische Grundlagen im Rahmen der *Quantenelektrodynamik* (QED) formuliert werden (Abschn. 12.1). Die Eichbosonen dieser Wechselwirkung sind die Photonen. Sie koppeln an die elektrischen Ladungen der Leptonen und Quarks. In der Elektrodynamik und Optik lernten wir sie in *kohärenten* Zuständen als elektromagnetische Felder und Wellen kennen. In jüngerer Zeit wurden aber auch viele andere Quantenzustände dieser elementaren Teilchen experimentell untersucht. So entstand als neues Forschungsgebiet die *Quantenoptik* (Abschn. 12.2). Die Quantenoptik ermöglicht insbesondere viele experimentelle Untersuchungen zu fundamentalen Fragen der Quantenphysik. Sie werden in Abschn. 12.3 diskutiert.

Eine Erweiterung der Quantenelektrodynamik ist die *Glashow-Weinberg-Salam-Theorie*, in der QED und Fermis Theorie der schwachen Wechselwirkung zu einer einheitlichen Eichtheorie der *elektroschwachen* Wechselwirkung zusammengeführt werden (Abschn. 12.4). Nach einer Darstellung der grundlegenden Konzepte dieser Theorie geben wir einen Ausblick auf das *Standardmodell*, in dem auch die hadronische Wechselwirkung im Rahmen einer Eichtheorie, der Quantenchromodynamik, gedeutet wird (Abschn. 12.5). Die Eichbosonen der hadronischen Wechselwirkung, die *Gluonen*, koppeln an die drei *Farbladungen blau*, *grün* und *rot* der Quarks, die als zusätzlicher Freiheitsgrad der Quarkzustände durch viele Experimente belegt sind.

12.1 Elektromagnetische Wechselwirkung

Das grundlegende Konzept der vereinheitlichten Theorien ist das *Eichprinzip*. Es besagt, dass die Existenz äußerer Felder aus *lokalen* (raum- und zeitabhängigen) Phasentransformationen der Wellenfunktion hergeleitet werden kann. Im Fall der elektromagnetischen Wechselwirkung ergibt es sich aus den *Eichtransformationen* der elektromagnetischen Potentiale der klassischen Elektrodynamik (Bd. 2).

Eichinvarianz der Elektrodynamik. Die elektrischen und magnetischen Felder können aus einem skalaren und einem Vektorpotential berechnet werden:

$$E = -\nabla\phi - \frac{\partial A}{\partial t}, \quad B = \nabla \times A. \tag{12.1}$$

Diese Potentiale folgen nicht eindeutig aus den Feldstärken $E(r,t)$ und $B(r,t)$. Wenn man eine beliebige skalare Funktion $\chi(r,t)$ wählt, so ergeben die in folgender Weise transformierten Potentiale

$$\phi' = \phi - \frac{\partial \chi}{\partial t}, \quad A' = A + \nabla\chi \tag{12.2}$$

dieselben Felder. Gl. (12.2) beschreibt eine *Eichtransformation*. Die Erkenntnis, dass das elektromagnetische Feld dabei invariant bleibt, bezeichnet man als *Eichinvarianz* der Elektrodynamik.

Möllenstedt-Experiment. In der klassischen Physik ist das skalare Potential ϕ nach Multiplikation mit der Ladung e_0 eines punktförmigen Teilchens gleich der potentiellen Energie dieses Teilchens. Die Bedeutung des Vektorpotentials ist weniger offensichtlich. In der Quantentheorie ist dies anders, weil die Wellenlänge eines Elektrons (oder eines anderen geladenen Teilchens) durch A beeinflusst wird. In der De-Broglie-Relation muss der mechanische Impuls durch den *kanonischen Impuls* ersetzt werden:

$$\lambda = \frac{h}{|\boldsymbol{p}|} \quad \text{mit} \quad \boldsymbol{p} = m\boldsymbol{v} - e_0 \boldsymbol{A}. \tag{12.3}$$

Auf diese Beziehung zwischen De-Broglie-Wellenlänge und Vektorpotential wurde von Ehrenberg und Siday und von Aharonov und Bohm aufmerksam gemacht. Sie führte zur Vorhersage des *Aharonov-Bohm-Effekts*. Bestätigt wurde sie 1962 in einem Experiment von G. Möllenstedt (1912–1997) und Bayh. Das Möllenstedt-Experiment wird in ▶ Abb. 12.1 gezeigt. Ein Elektronenstrahl wird durch einen metallisierten Quarzfaden in zwei kohärente Teilstrahlen aufgespalten. Der Quarzfaden befindet sich auf negativem Potential und wirkt wie ein optisches Biprisma. Zwei weitere Quarzfäden mit passenden Potentialen sorgen dafür, dass die beiden Teilstrahlen auf einem Film zur Interferenz kommen. Man beobachtet sehr scharfe Interferenzlinien, wobei wegen der extremen Empfindlichkeit alle magnetischen Störfelder ausgeschaltet werden müssen. Hinter dem ersten Quarzfaden wird eine Spule (ca. 15 μm Durchmesser) angebracht, die aus Wolframdraht von 4 μm Dicke gewickelt ist. Durch Verändern des Stromes kann das Interferenzmuster

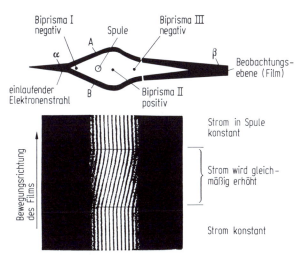

Abb. 12.1 Einfluss des Vektorpotentials auf die Phase der Elektronenwellenfunktion. Schema des Möllenstedt-Experiments und beobachtetes Interferenzmuster bei konstantem und bei gleichförmig anwachsendem Strom in der Spule. Der Film zur Aufnahme der Interferenzen wird in der vertikalen Richtung bewegt (Möllenstedt und Bayh (1962)).

kontinuierlich verschoben werden. Dies wird sichtbar gemacht, indem der fotografische Film synchron dazu bewegt wird, so dass die Interferenzstreifen schräg verlaufen.

Wie kommt die Verschiebung des Interferenzmusters zustande? Das Magnetfeld ist im Wesentlichen auf das Innere der Spule eingeschränkt und kann die beiden Teilstrahlen, die außen an der Spule vorbeifliegen, allenfalls durch sein schwaches Streufeld beeinflussen. Das Vektorpotential hingegen verschwindet nicht außerhalb der Spule, wie man aus der Beziehung $\int A \cdot \mathrm{d}s = \Phi_{\mathrm{mag}}$ erkennen kann (Φ_{mag} ist der magnetische Fluss durch die Spule). Nach Gl. (12.3) gilt für die Phasendifferenz zwischen den Teilstrahlen

$$\Delta\varphi = \frac{e_0}{\hbar} \oint A \cdot \mathrm{d}s = \frac{e_0}{\hbar} \Phi_{\mathrm{mag}} = \frac{e_0}{\hbar} B \cdot a_{\mathrm{spule}}. \tag{12.4}$$

Dabei ist a_{spule} die Querschnittsfläche der Spule. Die gemessene Phasenverschiebung stimmt quantitativ mit Gl. (12.4) überein.

Bei einer Eichtransformation (12.2) ändert sich das Vektorpotential. Dementsprechend muss auch die Phase der Elektronen-Wellenfunktion transformiert werden:

$$\psi'(r,t) = \exp(-\mathrm{i}e_0\chi(r,t))\psi(r,t). \tag{12.5}$$

Wenn ψ eine Lösung der Schrödinger- oder Dirac-Gleichung mit den Potentialen Φ und A ist, so kann man beweisen, dass ψ' die Gleichung mit den eichtransformierten Potentialen Φ' und A' erfüllt.

Das Eichprinzip. Das Argument wird nun umgekehrt. Wir führen eine lokale Phasentransformation (12.5) der Wellenfunktion durch und verlangen, dass die Schrödinger- oder Dirac-Gleichung weiterhin gültig bleibt. Dies ist nur möglich, wenn die Potentiale auch transformiert werden, und zwar genau mit der Eichtransformation (12.2). Wir können sogar noch einen Schritt weiter gehen und mit dem kräftefreien Fall (ohne elektromagnetisches Feld) beginnen und das Elektron durch eine ebene Welle beschreiben. Wenn die Phase der Wellenfunktion überall um den gleichen Wert $\chi = \chi_0$ verändert wird (dies nennt man eine *globale* Phasentransformation), bleibt die Wellenlänge invariant, und die transformierte Wellenfunktion beschreibt wieder ein kräftefreies Teilchen. Ein ganz anderes Resultat ergibt sich, wenn man eine Ortsabhängigkeit der Phasenänderung zulässt: $\chi = \chi(r)$. In diesem Fall hängt die Wellenlänge von der Position im Raum ab, und das ist natürlich unmöglich bei Abwesenheit eines elektromagnetischen Potentials. Man braucht in der Tat ein geeignetes Vektorpotential, das genau diese ortsabhängige Phasenverschiebung bewirkt (nämlich $A' = \nabla\chi$). Die fundamentale Konsequenz dieser Überlegung ist:

> Die Existenz des elektromagnetischen Feldes lässt sich aus dem Prinzip der lokalen Eichinvarianz herleiten.

Diese zunächst fremdartig anmutende Idee ist in der Elektrodynamik natürlich unnötig, da die Felder schon längst bekannt sind. Ihre Verallgemeinerung in den neueren Eichtheorien führt zu weitreichenden neuen Erkenntnissen. Man kommt damit zur Idee der W- und Z-Bosonenfelder und der Gluonen und kann darüber hinaus die Kopplung dieser Feldquanten an die Leptonen und Quarks theoretisch vorhersagen.

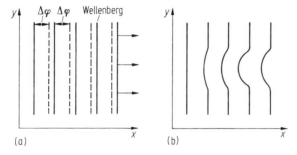

Abb. 12.2 Beispiel für globale und lokale Eichinvarianz: (a) In einem flachen Behälter bewegt sich eine ebene Wasserwelle in die positive x-Richtung. Die Wellenberge sind als durchgezogene Linien angedeutet. Eine globale Eichtransformation ändert an jedem Ort (x, y) die Phase um den gleichen Betrag $\Delta\varphi$. Dadurch verschieben sich zwar die Wellenberge zu den gestrichelten Positionen, es bleibt aber eine ebene Welle, und im zeitlichen Mittel hat die globale Transformation keinen Effekt. (b) Bei einer lokalen Eichtransformation ist die Phasenänderung von Ort zu Ort verschieden: $\Delta\varphi = \Delta\varphi(x, y)$. Die transformierte Welle ist keine ebene Welle mehr. Man könnte eine solche Änderung durch ein Hindernis unter der Wasseroberfläche bewirken. Lokale Eichtransformationen erfordern also die Existenz äußerer Kräfte.

Um die obigen Gedankengänge bildhaft darzustellen, skizzieren wir in ▶ Abb. 12.2 globale and lokale Eichtransformationen von Wasserwellen.

Feynman-Diagramme in der QED. Es gibt vier elementare Prozesse in der elektromagnetischen Wechselwirkung: die Emission oder Absorption eines Photons durch ein geladenes Teilchen sowie die Erzeugung oder Vernichtung eines Teilchen-Antiteilchen-Paares. Keiner dieser in ▶ Abb. 12.3 gezeigten Elementarprozesse kann als realer Vorgang mit freien geladenen Teilchen und Feldquanten auftreten, denn es ist nicht möglich, Energie- und Impulssatz gleichzeitig zu erfüllen. Die Lösung des Problems sieht folgendermaßen aus: Die Erhaltungssätze von Energie und Impuls behalten ihre Gültigkeit in den elementaren Prozessen, aber mindestens eines der Teilchen oder Quanten eines solchen Elementarprozesses ist *virtuell*. Die Beziehung $E^2 - p^2c^2 - m^2c^4 = 0$, die die Lorentz-Invarianz (Bd. 2, Kap. 15.3) der aus Energie E und Impuls $\boldsymbol{p}$ gebildeten Vierervektoren zum Ausdruck bringt, kann nicht für alle drei Teilchen gelten. Für mindestens eines der Teilchen ergibt sich eine von null abweichende Größe, ein positives oder negatives *Massenquadrat*.

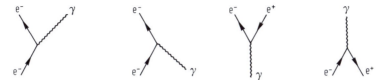

Abb. 12.3 Die vier Elementarprozesse der Quantenelektrodynamik.

Betrachten wir als Beispiel die Paarvernichtung $e^- + e^+ \longrightarrow \gamma$. Im Ruhsystem des Paares ist der Impuls des Photons null, seine Energie jedoch nicht: $E_\gamma = E_- + E_+ =$

$2E > 0$. Für ein reelles Photon müsste aber $p_\gamma = E_\gamma/c > 0$ sein. Das Photon ist also in diesem Prozess virtuell.

Alle realen Prozesse der Quantenelektrodynamik kann man aus den vier Elementarprozessen aufbauen. Dies führt uns zu den Feynman-Diagrammen. Wir betrachten die drei Reaktionen

$$
\begin{aligned}
&\text{(a)} \quad e^- + p \longrightarrow e^- + p \\
&\text{(b)} \quad e^- + e^+ \longrightarrow \mu^- + \mu^+ \\
&\text{(c)} \quad e^- + e^+ \longrightarrow \gamma + \gamma.
\end{aligned}
\tag{12.6}
$$

Die Feynman-Diagramme sind in ▶ Abb. 12.4 dargestellt, und es wird angedeutet, wie sie aus den elementaren Diagrammen zusammengesetzt werden. Es gibt eine eindeutige Zuordnung zwischen *inneren Linien* und *virtuellen Teilchen* (*Quanten*) sowie zwischen *äußeren Linien* und *reellen Teilchen* (*Quanten*). In der Streureaktion (a) wird ein virtuelles Photon ausgetauscht, dessen Massenquadrat negativ ist: $(E_\gamma^2 - p_\gamma^2 c^2)/c^4 < 0$. Der Annihilationsgraph (b) enthält ein virtuelles Photon mit positivem Massenquadrat $(E_\gamma^2 - p_\gamma^2 c^2)/c^4 = 4E^2/c^2 > 0$ (E ist die Energie des Elektrons oder Positrons im CM-System). Im dritten Diagramm (c) gibt es ein virtuelles Elektron. Die ein- oder auslaufenden Teilchen sind stets reell, die ausgetauschten Teilchen stets virtuell.

Die Feynman-Diagramme sind eine bildliche Darstellung der quantenmechanischen Störungsrechnung und werden benutzt, um die Matrixelemente und Wirkungsquerschnitte für die Reaktionen zu berechnen (siehe z. B. Bjorken und Drell: *Relativistische Quantenmechanik* oder Schmüser: *Feynman-Graphen und Eichtheorien für Experimentalphysiker*). Hier merken wir nur an, dass jeder Vertex den Faktor $\alpha = e_0^2/(4\pi\varepsilon_0\hbar c) \approx 1/137$ (die Feinstrukturkonstante) zum Wirkungsquerschnitt beiträgt und das virtuelle Photon den Faktor $(1/q^2)^2$, wobei q der relativistische Viererimpuls des Photons ist.

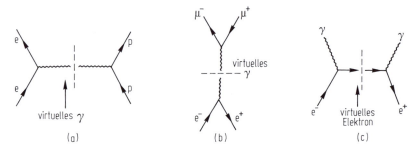

Abb. 12.4 Reale Prozesse als Kombinationen der Elementarprozesse. (a) Feynman-Diagramm der Streuung, (b) Annihilation und Erzeugung von Fermion-Paaren, (c) Diagramm der e^+, e^--Vernichtung mit einem virtuellen Elektron.

CPT-Theorem. In der Quantenmechanik gibt es viele Symmetrieoperatoren, mit denen Quantenzustände transformiert werden können, ohne ihre Eigenschaft, Lösung einer Bewegungsgleichung zu sein, zu verlieren. Der transformierte Zustand ist also genauso wie der ursprüngliche ein physikalisch möglicher Zustand. Die den Operatoren zugrunde liegenden Symmetrien stehen in enger Beziehung zu den Erhaltungsgrößen der Physik

(Noether-Theorem, von Emmy Noether (1882 – 1935) 1918 formuliert). So ist die Energieerhaltung eine Folge der Zeittranslationsinvarianz der Bewegungsgleichungen und die Impulserhaltung eine Folge der Invarianz bei Raumtranslationen.

Viele dieser Symmetrien wurden bereits erwähnt. Einige Symmetrien sind allgemein erfüllt, d. h. die entsprechenden Erhaltungsgrößen bleiben bei allen drei fundamentalen Wechselwirkungen erhalten, andere werden gebrochen. Die Erhaltungssätze gelten also nur, wenn bestimmte Wechselwirkungen vernachlässigt werden. Für die Quantenfeldtheorie sind insbesondere die kontinuierlichen Symmetriegruppen der Lorentz-Transformationen und Eichtransformationen grundlegend. Neben den kontinuierlichen Symmtriegruppen gibt es auch diskrete Symmetrien. Für die Quantenfeldtheorie haben Paritätssymmetrie P, Ladungs- oder Teilchen-Antiteilchen-Konjugation C (charge conjugation) und Zeitumkehr T grundlegende Bedeutung. Paritätssymmetrie und Ladungskonjugation werden von der schwachen Wechselwirkung gebrochen (Abschn, 10.5), gelten aber bei elektromagnetischer und hadronischer Wechselwirkung.

Der Produktoperator $CP = PC$ hat zwar gewöhnlich Eigenwerte, die auch bei Prozessen der schwachen Wechselwirkung erhalten bleiben. Die CP-Verletzung beim Zerfall der neutralen K-Mesonen (Abschn. 11.4) zeigt aber, dass auch die CP-Symmetrie nicht universell gültig ist.

Aus den mathematischen Grundlagen der Quantenfeldtheorie ergibt sich, dass die Feldgleichungen unter allen Umständen invariant bei der kombinierten Operation CPT bleiben. Die CP-Verletzung müsste demnach mit einer T-Verletzung gekoppelt sein. Für eine Verletzung der Zeitumkehr gibt es aber bislang keinen direkten Hinweis. Beispielsweise wurde intensiv nach einem elektrischen Dipolmoment d_n des Neutrons gesucht. Alle Messungen ergaben aber innerhalb der Messunsicherheiten den Wert $d_n = 0$ und bestätigten so mit sehr hoher Genauigkeit eine Konsequenz der Zeitumkehrinvarianz.

Eine wichtige Konsequenz des CPT-Theorems ist, dass Teilchen und Antiteilchen exakt gleiche Masse und Lebensdauer haben und ihre Ladungen und magnetischen Momente sich nur im Vorzeichen unterscheiden. Viele Messungen haben diese Konsequenz des CPT-Theorems bestätigt: Die Massen von Elektron und Positron, sowie von Proton und Antiproton sind innerhalb einer relativen Genauigkeit $< 10^{-8}$ gleich, die Lebensdauern τ von μ^+ und μ^- haben einen relativen Unterschied $\Delta\tau/\tau < 10^{-4}$ und auch die Ladungen und g-Faktoren aller bislang daraufhin untersuchten Teilchen-Antiteilchen-Paare sind innerhalb der Messunsicherheiten betragsmäßig gleich (Abschn. 5.5). Sehr genaue Tests des CPT-Theorems sind an Atomen und Ionen aus Antimaterie möglich. Nach dem CPT-Theorem erwartet man, dass Atom und Antiatom exakt gleiche Spektren haben. Diese können mit extremer Genauigkeit vermessen und miteinander verglichen werden (Kap. 5). Deshalb werden große Anstrengungen gemacht, insbesondere Antiwasserstoff zu erzeugen, in Atomfallen zu speichern und zu spektroskopieren (Abschn. 12.3).

Quantisierung elektromagnetischer Wellen. Ein elementarer Zugang zur Quantisierung elektromagnetischer Wellen ergibt sich, wenn man die Eigenschwingungen (Schwingungsmoden) eines Hohlraumresonators als harmonische Oszillatoren betrachtet und quantisiert (Abschn. 2.6). Die Eigenzustände $|n\rangle$ einer Schwingungsmode heißen *Fock-Zustände* (nach W. A. Fock, 1898 – 1974) und entsprechen einer Besetzung der Schwingungsmode mit n Photonen. Diese Zustände entsprechen jedoch keiner klassischen Welle.

Da die Energie der Zustände scharf definiert ist, haben sie keine Zeitstruktur. Entsprechend der Impuls-Ort-Unschärfe gibt es eine Unschärfebeziehung zwischen Teilchenzahl n und Phase ϕ, die etwa durch die Beziehung

$$\Delta n \cdot \Delta \phi > 1 \qquad (12.7)$$

zum Ausdruck gebracht wird. Wenn die Teilchenzahl scharf definiert ist, ist die Phasenverteilung der Welle völlig unscharf. Umgekehrt ist die Photonenzahl einer elektromagnetischen Welle mit bekannter Phase unbestimmt. Beide Größen können simultan nur im Rahmen der Unschärfebeziehung (12.7) bestimmt sein. Die Feldzustände, die am besten einer kohärenten klassischen Welle entsprechen, sind Superpositionen von Fock-Zuständen (Abschn. 12.2). Diese Superpositionen entsprechen Quantenzuständen eines harmonischen Oszillators, die ein im Parabelpotential hin- und herschwingendes Wellenpaket darstellen. Es sind Zustände mit einer Orts- und Impulsunschärfe und ensprechender Amplituden- und Phasenunschärfe.

12.2 Quantenoptik

Reale (d. h. beobachtbare) Photonen sind elementare Teilchen, mit denen man heute ähnlich experimentieren kann wie mit Elektronen und Protonen. Da es Bosonen sind, finden in einer Schwingungsmode viele Photonen Platz. Außer Fock-Zuständen kann durch Superposition eine große Vielfalt neuartiger Zustände präpariert und untersucht werden. Diese Untersuchungen gehören zum Forschungsgebiet der Quantenoptik. Zu den ersten Experimenten der Quantenoptik zählen die in den 1950er Jahren von R. Hanbury-Brown (1916 – 2002) und R. Twiss (1920 – 2005) durchgeführten Messungen des Durchmessers von stellaren Radioquellen mit *Intensitätsinterferometern*. Dabei werden Intensitätskorrelationen zweier Photonenfelder mit in Koinzidenz geschalteten Photomultipliern gemessen. An Lichtstrahlen thermischer Lichtquellen beobachtet man dabei eine erhöhte Wahrscheinlichkeit dafür, das zwei Photonen gleichzeitig auftreten (Hanbury-Brown-Twiss-Effekt oder Photonen-Bunching). Diese Untersuchungen lenkten erstmals die Aufmerksamkeit der Theoretiker U. Fano, R. Glauber, L. Mandel u. a. auf das Problem der Mehrphotonenzustände. Weitere Anstöße zur Theorie der Quantenoptik ergaben sich mit der Entwicklung von Lasern. Die moderne Lasertechnik ermöglichte es andererseits, viele neuartige Mehrphotonenzustände zu präparieren und experimentell zu untersuchen.

Kohärente Feldzustände. Die von R. Glauber (*1925, Nobelpreis 2005) 1963 definierten *kohärenten* Zustände entsprechen der klassischen Eigenschwingung eines Resonators. In Analogie dazu lassen sich auch die Schwingungen eines Massenpunkts in einem Parabelpotential betrachten, also eines einfachen harmonischen Oszillators. Bei einem klassischen Oszillator sind zu allen Zeiten Ort und Impuls des Massenpunkts scharf definiert. Quantenmechanisch haben Ort und Impuls Unschärfen Δx bzw. Δp. Den kohärenten Feldzuständen einer Schwingungsmode entsprechen Oszillatorzustände, für die die Erwartungswerte von Orts- und Impulsoperator den klassischen Trajektorien folgen und die Unschärfen zeitlich konstant und minimal sind: $\Delta x \cdot \Delta p = \hbar/2$.

URL für QR-Code: www.degruyter.com/quantenoptik

Photonenzustände, für die Teilchenzahl und Phase eine geringstmögliche Unschärfe (Gl. (12.7)) haben, sind die von R. Glauber (* 1925, Nobelpreis 2005) definierten *kohärenten* Zustände $|\alpha\rangle$:

$$|\alpha\rangle = \mathrm{e}^{-|\alpha|^2/2} \sum_{n=0}^{\infty} \frac{\alpha^n}{\sqrt{n!}} |n\rangle \quad (\alpha: \text{komplexe Amplitude}) \,. \tag{12.8}$$

Es sind Superpositionen von Fock-Zuständen, bei denen diese mit einer Wahrscheinlichkeit

$$W(n) = |\langle n|\alpha\rangle|^2 = \frac{|\alpha|^{2n}\,\mathrm{e}^{-|\alpha|^2}}{n!} \tag{12.9}$$

besetzt sind. Die Besetzungsverteilung $W(n)$ ist eine Poisson-Verteilung. Die mittlere Photonenzahl $\bar{n}$ und die zugehörige Varianz $(\Delta n)^2$ sind durch

$$\bar{n} = |\alpha|^2, \quad (\Delta n)^2 \equiv \overline{n^2} - \bar{n}^2 = |\alpha|^2 \tag{12.10}$$

gegeben.

Berechnet man für die kohärenten Zustände das elektrische Feld $E = |E| \cdot e^{i\varphi}$ mit der Phase φ als Vektor in der komplexen Zahlenebene, so ergeben sich für reelle und imaginäre Komponente gleiche Unschärfen (▶ Abb. 12.5b). Dieser Zustand entspricht

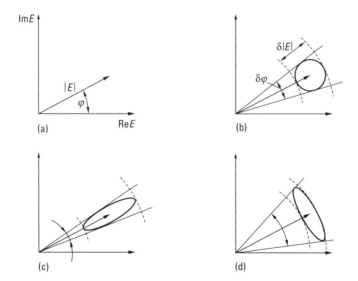

Abb. 12.5 Darstellung des elektromagnetischen Feldes in der komplexen Ebene (Phasenraum) als Vektor (a). Aufgrund der quantenmechanischen Natur des Feldes kann der Endpunkt des Vektors an jedem Punkt liegen und muss eine Phasenraumregion von mindestens $2\pi\hbar$ einnehmen. Diese Region der Unschärfe kann kreisförmig sein (b), was eine symmetrische Verteilung der Fluktuationen beschreibt. Es kann aber auch eine Ellipse mit einer asymmetrischen Verteilung sein (c, d). In diesem Fall sind entweder die Fluktuationen in der Phase (c) oder in der Amplitude (d) gequetscht. Das elektromagnetische Feld ist in einem gequetschten Zustand.

am besten dem klassischen Feld, für welches beide Komponenten exakt bestimmt sind (▶Abb. 12.5a).

Gequetschtes Licht. Es können aber auch Zustände präpariert werden, bei denen reelle und imaginäre Komponente ungleiche Unschärfen haben (▶Abb. 12.5c, d). Man spricht dann von *Quetschzuständen* und *gequetschtem Licht*. In mehreren Experimenten wurden mithilfe der nichtlinearen Optik gequetschte Zustände erzeugt.

▶Abb. 12.6 zeigt einen solchen experimentellen Aufbau zur Erzeugung von gequetschtem Licht. Dieses Experiment lieferte den in ▶Abb. 12.7 dargestellten Nachweis der Asymmetrie der Unschärfen. Ein Ringlaser (oben) erzeugt mithilfe eines nichtlinearen Kristalls Licht der Frequenzen ω (durchgezogene Linie) und 2ω (gestrichelte Linie). Ein frequenzsensitiver Strahlteiler (Polarisator) lässt Strahlung der Frequenz 2ω passieren, reflektiert aber solche mit ω. Das transmittierte Licht der Frequenz 2ω treibt einen Resonator mit einem nichtlinearen Kristall (Mitte), welcher wiederum Licht mit der Frequenz ω emittiert. Ein weiterer Strahlteiler kombiniert nun das so erzeugte Licht mit dem Referenzstrahl, der ebenfalls die Frequenz ω hat. Die relative Phase zwischen den beiden Strahlen kann durch einen beweglichen Spiegel modifiziert werden. An den beiden Ausgängen des Strahlteilers messen zwei Photodioden die Lichtintensitäten und transformieren diese in elektrische Ströme i_1, und i_2. Ein Spektralanalysator (unten) beobachtet die Fluktuationen

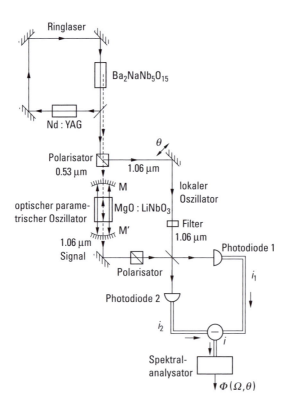

Abb. 12.6 Experimenteller Aufbau zur Erzeugung und Beobachtung von gequetschtem Licht.

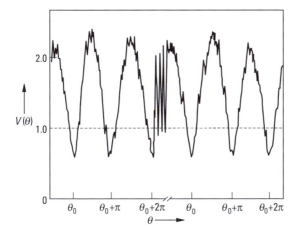

Abb. 12.7 Breite V der Photo-Stromverteilung als Funktion der Phasendifferenz θ zwischen dem Signal aus dem Resonator und dem Referenzstrahl (siehe ▶ Abb. 12.6). In seiner elementarsten Phasenraumdarstellung ist der Vakuumzustand ein Kreis und damit rotationssymmetrisch, d. h. er hat keine bevorzugte Phase. Wenn daher der Vakuumzustand mit einem lokalen Oszillator gemischt wird, bleibt die Breite V unabhängig von θ. Im Gegensatz dazu wird ein gequetschter Vakuumzustand durch eine Ellipse repräsentiert und hat damit eine Vorzugsrichtung im Phasenraum. Daher hängt die Breite V vom Phasenwinkel ab. In den Gebieten um $\theta_0 + k\pi$, mit $k = 1, 2, \ldots$, fallen die Fluktuationen unter das Vakuumniveau. Das Licht ist gequetscht. In den Gebieten dazwischen sind die Fluktuationen größer als die Fluktuationen des Vakuums (Wu, L. A. *et al.*, J. Opt. Soc. Am. B**4**, 1465 (1987)).

in der Differenz $i = i_1 - i_2$ der beiden Ströme. Eine solche Detektoranordnung wird als Homodyndetektor bezeichnet. Charakteristisch für einen solchen Detektor sind zwei Signale gleicher Frequenz am Eingang eines Strahlteilers und eine Differenzmessung an den Ausgängen des Strahlteilers.

Dekohärenz. Das Superpositionsprinzip ist ein Eckpfeiler der Quantenmechanik. Es können daher auch Zustände überlagert werden, die mit klassisch unterscheidbaren Zuständen korrespondieren. Als einfaches Beispiel sei zunächst das Ammoniakmolekül NH_3 (Abschn. 7.5) erwähnt. In der Born-Oppenheimer-Näherung liegt der quantenmechanischen Beschreibung des Moleküls eine geometrische Anordnung der Atome zugrunde, die nicht paritätssymmetrisch ist. In einer ab initio quantenmechanischen Beschreibung sind Superpositionszustände zu betrachten, bei denen sich das Stickstoffatom sowohl auf der einen, als auch auf der gegenüber liegenden Seite der Ebene der drei H-Atome befindet.

Entsprechend können durch Superposition von kohärenten Zuständen auch Oszillatorzustände präpariert werden, die einen Massenpunkt beschreiben, der an zwei deutlich verschiedenen Positionen im Phasenraum (mit minimalen Unschärfen) lokalisiert ist. Mit Bezug auf die kohärenten Feldzustände einer Schwingungsmode spricht man von *Schrödinger-Katzenzuständen* in Anlehnung an ein Gedankenexperiment von E. Schrödinger, in dem eine Katze in einen Superpositionszustand von *tot* und *lebendig* gebracht wird. ▶ Abb. 12.8 zeigt die Darstellung eines solchen Katzenzustandes im Phasenraum.

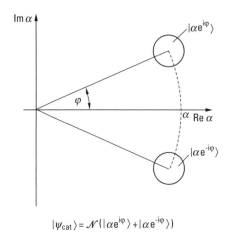

$$|\psi_{cat}\rangle = \mathscr{N}(|\alpha e^{i\varphi}\rangle + |\alpha e^{-i\varphi}\rangle)$$

Abb. 12.8 Die quantenmechanische Überlagerung von zwei kohärenten Zuständen kann auf elementare Weise durch zwei Kreise mit dem Radius eins veranschaulicht werden. Die beiden Kreise sind um den Betrag α vom Ursprung verschoben und sind relativ zur reellen Achse um den Winkel $\pm\varphi$ gedreht.

S. Haroche (*1944, Nobelpreis 2012) hat solche Katzenzustände präpariert, um den Prozess der *Dekohärenz* zu untersuchen. Es geht dabei um die Beziehung der Quantenmechanik zur klassischen Mechanik. Ein quantenmechanischer Überlagerungszustand wird bei einer Messung zu einem lokalisierten Zustand reduziert. Man spricht dementsprechend auch von der *Reduktion* oder dem *Kollaps* der Wellenfunktion. Durch die Wechselwirkung mit der Umgebung wird die Kohärenz des Superpositionszustands zerstört. Aus einem Schrödinger-Katzenzustand wird bei einer Messung einer der beiden lokalisierten Zustände.

Verschränkte Photonen. Photonen können auch in *verschränkten* Zuständen (Abschn. 4.2) präpariert werden und sich dann weit voneinander entfernen, ohne ihre Verschränkung zu verlieren. Beispielsweise sind die beiden Photonen, die beim Zerfall des $^1S_0$-Grundzustands von Positronium entstehen, verschränkt. Der 2-Photonenzustand kann in diesem Fall als eine Superposition von Produktzuständen von zwei Photonen mit entgegengesetzt gerichteten Ausbreitungsrichtungen dargestellt werden, die entweder zirkular oder linear polarisiert sind, und zwar so, dass der Gesamtzustand den Drehimpuls $J = 0$ und negative Parität hat.

Diese Verschränkung hat zur Folge, dass nach der Messung der zirkularen (linearen) Polarisation *eines* Photons festgelegt ist, dass auch das andere Photon zirkular (linear) polarisiert ist. In beiden Fällen ist auch die jeweilige (zirkulare bzw. lineare) Polarisation des anderen Photons schon eindeutig vorgegeben. Eine Messung der Polarisation des anderen Photons kann also nur noch die Vorhersage, die sich aus der Messung am ersten Photon ergibt, bestätigen. Mit den Methoden der nichtlinearen Optik konnten in Lichtleitern verschränkte Photonen erzeugt werden, deren Verschränkung auch bei Entfernungen von 10 km noch nachgewiesen werden konnte. In neueren Experimenten konnte A. Zeilinger (*1945) bei Experimenten zur Quantenteleportation auch die Verschränkung von Photonen über eine Entfernung von 144 km nachweisen.

Wie Photonen können auch andere Teilchen wie Atome und Ionen, die (mit Unschärfen) an verschiedenen Orten lokalisiert sind, in verschränkten Zuständen präpariert werden. Diese Möglichkeiten werden für die Entwicklung von Techniken der *Quanteninforma-*

tionsverarbeitung genutzt. Dazu gehört die Entwicklung von *Quantencomputern*, der *Quantenteleportation* und der *Quantenkryptographie*.

Ein-Atom-Maser. Die Kombination aus supraleitenden Resonatoren und Rydberg-Atomen hat eine neue Lichtquelle mit ungewöhnlichen quantenstatistischen Eigenschaften geschaffen. Es ist der von H. Walther (1935–2006) und Mitarbeitern entwickelte Ein-Atom-Maser. In diesem Maser, der in ▶ Abb. 12.9 gezeigt ist, wird ein Strahl aus hoch angeregten Zwei-Niveau-Atomen (nur zwei Niveaus des Atoms sind physikalisch relevant) durch einen nahezu idealen (supraleitenden) Mikrowellenresonator (Gütefaktor $\nu/\Delta\nu = 3 \cdot 10^{10}$) geschickt, der auf Temperaturen $T < 100$ mK gekühlt werden kann. Die angeregten Atome wechselwirken resonant mit einer einzigen Resonatormode. Die Intensität des Atomstrahls soll dabei so gering sein, dass sich nie mehr als ein Atom im

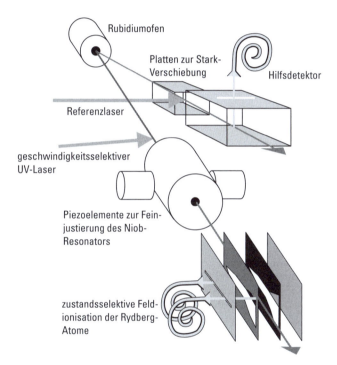

Abb. 12.9 Experimenteller Aufbau eines Ein-Atom-Masers. Atome verlassen den Rubidiumofen und werden mithilfe eines UV-Lasers in den Rydberg-Zustand $63p\,^2P_{3/2}$ angeregt. Da der Laserstrahl unter einem Winkel zum Atomstrahl einfällt, werden Atome nur angeregt, wenn sie die richtige Geschwindigkeit haben. Die angeregten Atome durchlaufen anschließend einen Mikrowellenresonator. Da die angeregten Atome eine wohl definierte Geschwindigkeit haben, ist die Wechselwirkungszeit zwischen Feld und Atom wohl definiert. Nachdem die Atome den Mikrowellenresonator verlassen haben, werden sie durch Feldionisation zustandsselektiv nachgewiesen. Zwei Piezo-Verschieber erlauben es, den Resonator zu verstimmen. Ein Referenzstrahl (rechter Atomstrahl) wird benutzt, um die Laserfrequenz mithilfe einer stark verschobenen Atomresonanz zu stabilisieren. Dies erlaubt eine kontinuierliche Durchstimmbarkeit der Geschwindigkeit der Atome (Weidinger, M. *et al.*, Phys. Rev. Lett. **82**, 3795 (1999)).

URL für QR-Code: www.degruyter.com/quanten-iv

Resonator befindet. Außerdem wird mit einem Geschwindigkeitsselektor dafür gesorgt, dass alle Atome im Strahl eine nahezu gleiche Geschwindigkeit haben und daher alle Atome eine gleich lange Zeit mit dem Resonatorfeld wechselwirken. Gemäß dem Jaynes-Cummings-Paul-Modell (Abschn. 2.6) kann ein angeregtes Atom Energie an die Feldmode abgeben. Ein Atomstrahl aus angeregten Atomen kann daher das Feld in einem Resonator verstärken. Gleichzeitig können die Atome zur Prüfung des Feldes verwendet werden. Nachdem die Atome den Resonator verlassen haben, misst ein Detektor die internen Freiheitsgrade der Atome. ▶ Abb. 12.10 zeigt die erste beobachtete Maser-Resonanz, d. h. die Verstärkung des Feldes aufgrund stimulierter Emission der Atome. Diese macht sich durch eine Abnahme der Zahl der Atome im angeregten Zustand bemerkbar.

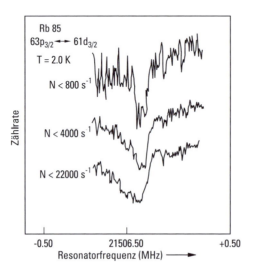

Abb. 12.10 Resonanzlinie des ersten Ein-Atom-Masers: Zahl der angeregten Atome als Funktion der Verstimmung des Resonators. Rubidiumatome im angeregten Zustand $63p_{3/2}$ durchlaufen einen Mikrowellenresonator und wechselwirken mit einem Resonatorfeld. Die Zahl der Atome, die in diesem Zustand verbleiben, wird am Ausgang des Resonators gemessen. In der Nähe der Resonanzfrequenz von 21 506.5 MHz des Übergangs $63p\,^2P_{3/2} \rightarrow 61d\,^2D_{3/2}$ nimmt die Zahl der angeregten Atome stark ab und eine komplizierte Resonanzlinie entsteht. Bei Reduzierung der Anzahl N/s der Atome, die pro s den Resonator durchlaufen, wird die Resonanz schärfer. Um die Zahl der thermischen Photonen klein zu halten, wurde der Resonator auf eine Temperatur von 2 K gekühlt (Meschede, D. et al., Phys. Rev. Lett. **54**, 551 (1985)).

Photonen-Antibunching. Ein Kennzeichen der Lichtstrahlen thermischer Lichtquellen ist das Photonen-Bunching (s. o.). Ein entgegengesetztes Verhalten zeigt das Licht, das man durch Resonanzfluoreszenz an einem einzigen, beispielsweise in einer Falle gespeicherten Atom oder Ion erhält. Wenn in dem Atom oder Ion mit einem klassischen Laserfeld resonant Übergänge zwischen dem Grundzustand und dem tiefsten angeregten Zustand induziert werden, hat das Fluoreszenzlicht interessante quantenstatistische Eigenschaften.

Wenn die Photonen des Fluoreszenzlichts detektiert werden, sind die einzelnen Detektionsereignisse statistisch weiter voneinander getrennt, als das bei der Strahlung einer thermischen Lichtquelle der Fall ist. Man bezeichnet diese Erscheinung als Photonen-

Antibunching. Das Phänomen hat eine einfache Erklärung: Wenn ein einzelnes Atom ein Photon emittiert hat, befindet es sich im Grundzustand und muss für die nächste Emission erst wieder angeregt werden, was eine gewisse Zeit dauert. Experimente an einzelnen Ionen in einer Paul-Falle und an einzelnen Atomen in einer magneto-optischen Falle haben dieses Photonen-Antibunching deutlich bestätigt.

12.3 Gedankenexperimente und ihre Realisierung im Labor

Die Interpretation der Quantenmechanik war immer und ist immer noch ein Thema, das hitzige Diskussionen hervorruft. Viele Jahre lang beschränkte man sich auf rein theoretische Diskussionen verschiedener Gedankenexperimente. Der enorme Fortschritt der experimentellen Techniken der Quantenoptik hat diese inzwischen zu wirklichen Experimenten gemacht. In diesem Abschnitt sollen einige dieser Experimente diskutiert werden.

Quantensprünge. Unser Verständnis der internen Dynamik von Atomen hat dramatische Veränderungen miterlebt: von J. J. Thomsons statischem Rosinenmodell (J. J. Thomson, Phil. Mag. **7**, 237 (1904)) über das planetarische Konzept von Bohr und Sommerfeld bis hin zum Atom in der Quantenelektrodynamik (N. M. Kroll, W. E. Lamb, Phys. Rev. **75**, 388 (1949)). Dennoch sind die Diskussionen zur Deutung der quantenmechanischen Modelle nicht abgeschlossen.

Die Elektronen eines Atoms laufen nicht auf Kreisen oder Ellipsen um den Kern, sondern zeigen sich lediglich in den Übergängen von einer Energie zu einer anderen, d. h. in Quantensprüngen. Diese Quantensprünge sind die Bausteine für Heisenbergs Matrizenmechanik. In einem scheinbaren Gegensatz dazu steht die Wellenmechanik von Erwin Schrödinger. Sie beschreibt das quantenmechanische System mithilfe einer Wellenfunktion, die sich kontinuierlich in der Zeit verändert (Abschn. 2.3). Diese Veränderung lässt sich mit der Schrödinger-Gleichung berechnen. Diese auf den ersten Blick widersprüchlichen Bilder der atomaren Dynamik haben den Vätern der Quantenmechanik keine Ruhe gelassen. Bei einem Besuch Schrödingers 1926 in Kopenhagen hat Niels Bohr mit ihm die Frage der Quantensprünge in einer solchen Eindringlichkeit diskutiert, dass Schrödinger krank wurde und im Bett bleiben musste. Selbst dort hat Bohr ihn weiter bedrängt. Schließlich rief Schrödinger: „Wenn es doch bei dieser verdammten Quantenspringerei bleiben soll, so bedaure ich, mich überhaupt jemals mit der Quantentheorie abgegeben zu haben." Bohrs Antwort war: „Aber wir anderen sind Ihnen so dankbar dafür, daß Sie es getan haben, denn Ihre Wellenmechanik stellt doch in ihrer mathematischen Klarheit und Einfachheit einen riesigen Fortschritt gegenüber der bisherigen Form der Quantenmechanik dar" (W. Heisenberg: Der Teil und das Ganze (1969)).

Die Erklärung dieses Rätsels wurde schließlich von Schrödinger 1926 selbst gegeben, als er zeigte, dass die beiden Zugänge zur Quantenmechanik mathematisch äquivalent sind. Wolfgang Pauli hatte dies in einem Brief an Pascual Jordan ebenfalls bemerkt aber nicht publiziert, da inzwischen Schrödingers Arbeit publiziert worden war. Im Jahr 1926 hat dann Jordan die Matrizenmechanik benutzt, um eine Quantentheorie der Quantensprünge zu formulieren.

Im Jahr 1952 kehrte Schrödinger in einer Arbeit (Brit. J. Philos. Sci. **3**, 109 u. 233 (1952)) mit dem Titel „Are there quantum jumps?" zur Frage der Quantensprünge zurück. Er fragte, ob diese Quantensprünge jemals in einem Experiment beobachtet werden könn-

URL für QR-Code: www.degruyter.com/fragen

ten. Seine Antwort war „Nein!", da man sich damals keine Experimente mit einzelnen Atomen vorstellen konnte. In der zitierten Arbeit schreibt er sinngemäß: „... wir werden genausowenig mit einzelnen Teilchen experimentieren können, wie wir Ichthyosaurier im Zoo aufziehen können."

Experimente mit einzelnen Teilchen. Inzwischen sind viele Experimente mit einzelnen atomaren Teilchen, die in einer Falle von der Umgebung separiert wurden, durchgeführt worden. Grundlage dieser Experimente ist die Laserkühlung (Abschn. 3.4). Einige dieser Experimente wurden in Abschn. 5.5 beschrieben. An einzelnen Elektronen und Positronen konnten H. G. Dehmelt und Mitarbeiter die g-Faktoren dieser Teilchen mit extremer Genauigkeit messen und zeigen, dass Teilchen und Antiteilchen sich zwar im Vorzeichen der elektrischen Ladung unterscheiden, aber, wie vom CPT-Theorem gefordert, betragsmäßig gleiche g-Faktoren haben.

Die ersten Experimente mit einzelnen Ionen wurden von Dehmelt 1975 publiziert. 1980 demonstierten Dehmelt und Toschek, wie ein einzelnes Ba^+-Ion in einer Paul-Falle gespeichert und im Zentrum der Falle lokalisiert werden kann. An einem solchen Ba^+-Ion gelang P. Toschek (* 1933) und Mitarbeitern und etwa gleichzeitig zwei weiteren Gruppen die direkte Beobachtung der von Niels Bohr postulierten Quantensprünge (Abschn. 5.5).

Inzwischen werden diese Techniken genutzt, um auch Antimaterie zu speichern. Dazu wurde bei CERN ein Antiproton-Decelerator (Entschleuniger) aufgebaut, um die zunächst durch (p, p)-Stöße bei hohen Energien (26 GeV) erzeugten Antiprotonen (mit unterschiedlichen Energien im GeV-Bereich) zunächst in einem Speicherring einzufangen, in dem stochastische Kühlung und Elektronenkühlung genutzt werden können, um die Antiprotonen auf eine einheitliche Geschwindigkeit zu bringen und Teilchenpakete zu formen. Die Antiprotonen können dann in mehreren Schritten abgebremst, weiter gekühlt und in einer mit der Spannung $U = 5$ kV betriebenen Penning-Falle eingefangen werden. Dort können sie weiter durch bereits gespeicherte kalte Elektronen ($T \approx 15$ K) gekühlt und massenspektrometrisch untersucht werden (Abschn. 5.5). Für die Massen von Antiproton und Proton ergab sich, dass sie innerhalb der Fehlergrenzen von $4 \cdot 10^{-8}$ gleich sind im Einklang mit dem CPT-Theorem.

Durch eine geschickte Wahl der Ortsabhängigkeit des elektrischen Potentials in der Penning-Falle gelingt es, gleichzeitig mit den Antiprotonen auch Positronen in der Falle zu speichern, die Antiprotonen dort, wo das Potential entlang der Fallenachse ein Maximum hat, und die Positronen bei einem Potentialminimum. Wenn anschließend Antiprotonen und Positronen zusammengebracht werden, können auch gebundene Zustände dieser Teilchen, d. h. Antiwasserstoffatome entstehen. 2011 gelang es erstmalig, diese Atome in einem magnetischen Trog einzufangen und etwa 1000 s lang zu speichern. Damit ergibt sich die Möglichkeit, diese Atome mit gleicher Präzision zu spektroskopieren wie Wasserstoffatome (Kap. 5).

Welle oder Teichen? Vor mehr als 200 Jahren zeigte Thomas Young in seinem berühmten Doppelspalt-Experiment die Wellennatur des Lichts (Bd. 2, Abschn. 9.1). Zu Beginn des 20. Jahrhunderts stellte sich die Frage, ob sich diese Wellennatur auch noch bei sehr niedrigen Lichtintensitäten zeigt. Insbesondere ist der Grenzfall einzelner Photonen interessant. Aus diesem Grund wurden viele Experimente mit stark abgeschwächten Lichtquellen durchgeführt. Aber erst die mit sehr reinen Photonenzuständen durchgeführten Experimente der Quantenoptik konnten diese Frage klar beantworten. In einem typischen

Experiment strahlt man Licht, das durch Resonanzfluoreszenz an einem einzigen Atom erzeugt wird, in ein Mach-Zehnder-Interferometer (▶Abb. 12.11). Durch Nutzung des Photonen-Antibunching konnte so der Welle-Teilchen-Dualimus an einzelnen Photonen untersucht werden.

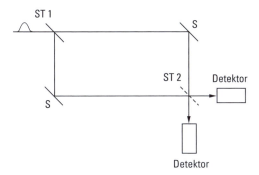

Abb. 12.11 Mach-Zehnder-Interferometer bestehend aus zwei Strahlteilern (ST) und zwei Spiegeln (S). Man beobachtet entweder „Interferenz" (Strahlteiler ST2 im Apparat) oder „Weginformation" (Strahlteiler ST2 herausgenommen). In der Nachwahlversion dieses Experiments wird der Strahlteiler ST2 erst in das Interferometer gebracht, nachdem das Photon schon den Strahlteiler ST1 passiert hat.

Bereits im Bohr-Einstein-Dialog (J. A. Wheeler, W. H. Zurek: Quantum Theory and Measurement, 1983) über den Welle-Teilchen-Dualismus spielte das Young'sche Doppelspalt-Experiment eine wesentliche Rolle. Die Diskussion konzentrierte sich auf die Frage: Ist es möglich, einen experimentellen Aufbau zu entwickeln, der es erlaubt, Information über den Weg des Photons und zugleich Interferenz zu erhalten?

Es wurden viele raffinierte Experimente mit Mach-Zehnder-Interferomentern durchgeführt, insbesondere auch solche, bei denen der zweite Strahlteiler erst in das Interferometer gebracht wird, wenn das Photon schon durch den ersten Strahlteiler gelaufen ist (Nachwahlverfahren, delayed-choice experiment). Alle Experimente zeigten, dass man mit keinem Experiment eine vollständige Welcher-Weg- und Interferenz-Informationen erhalten kann. Entweder erhält man eine Information darüber, auf welchem Weg die einzelnen Photonen durch das Interferometer zum Detektor gelangten. Dann ergibt sich aber auch kein Interferenzmuster. Oder die experimentellen Bedingungen sind so gewählt, dass prinzipiell nicht entschieden werden kann, auf welchem Weg die Photonen zum Detektor gelangten. Dann beobachtet man Interferenz. Niels Bohr fühlte, dass diese Ausschließlichkeit der beiden Beobachtungen eine zentrale Eigenschaft der Quantenmechanik sein muss. Er nannte die sich gegenseitig ausschließenden Beobachtungsgrößen, wie z. B. Welcher-Weg-Information und Interferenzstruktur, *komplementäre Größen*. Sein Prinzip der Komplementarität hängt mit dem Unschärfeprinzip zusammen. Die Frage jedoch, welches Prinzip fundamentaler ist, wird bis heute intensiv diskutiert.

Quantenoptischer Test der Komplementarität. Die Natur lässt es nicht zu, dass wir gleichzeitig eine vollständige Kenntnis von Welcher-Weg-Information und ein Interferenzmuster bekommen. Was aber sind die Mechanismen, die diese Information über eine der beiden komplementären Variablen auslöschen? Niels Bohr argumentierte in seiner Entgegnung auf Albert Einsteins Vorschläge zu Doppelspaltexperimenten mit beweglichen Spalten damit, dass die physikalischen Positionen der Spalte nur innerhalb der Unschärferelation bekannt sind. Es sind diese Fluktuationen, die dem Photon eine willkürliche Phasenverschiebung aufprägen und dann die Interferenzfiguren auslöschen. Solche Phasenargumente haben etwas für sich, jedoch sind sie unvollständig. Sowohl vom prinzipiellen Standpunkt aus als auch in der Praxis ist es nämlich möglich, Experimente zu entwickeln, die einerseits die Detektion von Welcher-Weg-Information erlauben, die aber andererseits das System in keiner irgendwie bemerkbaren Weise stören. Das Verschwinden der Kohärenz wird in diesem Fall durch Quantenkorrelationen verursacht.

▶ Abb. 12.12 zeigt einen solchen Welcher-Weg-Detektor. Wir betrachten ein Doppelspalt-Experiment für Atome, bei dem hinter jedem Spalt ein Mikrowellenresonator mit hoher Güte angebracht ist. Die Felder sind resonant mit einem atomaren Übergang. Die Wechselwirkungszeit wird so gewählt, dass die Atome einen Übergang machen können, wenn sie durch den Resonator fliegen. In diesem Fall wird der Feldzustand durch die Aufnahme eines einzelnen Photons modifiziert. Wenn sich immer nur ein Atom zur selben Zeit im Apparat befindet, kann nur ein solches Photon abgegeben werden. Dieses Photon kann entweder im oberen oder im unteren Resonator platziert werden. Wir bezeichnen die Wellenfunktion der Schwerpunktsbewegung für den Weg durch den oberen (unteren) Resonator mit $\phi_o^{(i)}(r)(\phi_u^{(i)}(r))$ und den Feldzustand in den beiden Resonatoren mit $|\psi_o^{(i)}\rangle(|\psi_u^{(i)}\rangle)$. Damit lautet der ursprüngliche Gesamtzustand vor der Wechselwirkung

$$|\Psi^{(i)}(r)\rangle = [\phi_o^{(i)}(r) + \phi_u^{(i)}(r)]|\psi_o^{(i)}\rangle|\psi_u^{(i)}\rangle|a\rangle. \tag{12.11}$$

Der Übergang des Atoms vom angeregten Zustand $|a\rangle$ in den Grundzustand $|b\rangle$ ändert das Feld in den einzelnen Resonatoren zu $|\psi_o^{(f)}\rangle$ oder $|\psi_u^{(f)}\rangle$. Deshalb lautet der Endzustand des Systems nach der Wechselwirkung

$$|\Psi^{(f)}(r)\rangle = [\phi_o^{(f)}(r)|\phi_o^{(f)}\rangle|\psi_u^{(i)}\rangle + \phi_u^{(f)}(r)|\psi_u^{(f)}\rangle|\psi_o^{(i)}\rangle]|b\rangle \tag{12.12}$$

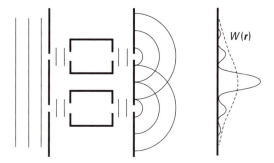

Abb. 12.12 Resonatorfelder als Welcher-Weg-Detektoren in einem Doppelspalt-Experiment. Ein Atom im angeregten Zustand läuft durch den linken Doppelspalt und kann seine Anregung in einem der beiden Mikrowellenresonatoren abgeben. Der Kontrast der Interferenzstruktur auf dem Schirm hängt jetzt von dem Anfangsfeldzustand in den Resonatoren ab. Ein Fock-Zustand erlaubt eine Welcher-Weg-Information, weshalb keine Interferenz entstehen kann (gestrichelte Linie) Für einen kohärenten Zustand kann man jedoch keine Welcher-Weg-Information erhalten und wird deshalb auf dem Schirm ein Interferenzmuster finden (durchgezogene Linie).

falls das Atom im Zustand $|b\rangle$ gefunden wird. Dabei bezeichnen $\phi_\text{o}^{(\text{f})}(\boldsymbol{r})$ und $\phi_\text{u}^{(\text{f})}(\boldsymbol{r})$ die Endwellenfunktionen der Schwerpunktsbewegung. Bei diesem Zustand ist die Schwerpunktsbewegung mit den Feldzuständen verschränkt. Die Wahrscheinlichkeit $W(\boldsymbol{r})$, das Atom unabhängig vom Resonatorzustand an der Stelle $\boldsymbol{r}$ zu finden, lautet dann

$$
\begin{aligned}
W(\boldsymbol{r}) = &|\phi_\text{o}^{(\text{f})}(\boldsymbol{r})|^2 + |\phi_\text{u}^{(\text{f})}(\boldsymbol{r})|^2 \\
&+ (\phi_\text{o}^{(\text{f})*}(\boldsymbol{r})\phi_\text{u}^{(\text{f})}(\boldsymbol{r})\langle\psi_\text{o}^{(\text{f})}|\psi_\text{o}^{(\text{i})}\rangle\langle\psi_\text{u}^{(\text{i})}|\psi_\text{u}^{(\text{f})}\rangle + \text{c.c.}).
\end{aligned} \tag{12.13}
$$

Die Größe des Interferenzterms ist durch das Skalarprodukt zwischen den Anfangs- und den Endquantenzuständen in den beiden Resonatoren bestimmt. Wenn man von einem kohärenten Zustand mit großer mittlerer Photonenzahl ausgeht, wird das Hinzufügen eines Photons dieses Feld nicht wesentlich verändern. Das Skalarprodukt wird in guter Näherung 1 sein. In diesem Fall zeigt die Amplitude des Interferenzterms ein Maximum. Wenn man jedoch mit einem Fock-Zustand in beiden Resonatoren startet, d. h. mit einem Zustand wohldefinierter Photonenzahl, dann wird das Hinzufügen eines einzelnen Photons einen anderen Fock-Zustand erzeugen. Dieser ist orthogonal zum ursprünglichen Zustand, weshalb der Interferenzterm verschwinden wird. Dieses Verhalten ist auch konsistent mit dem Prinzip der Komplementariät. Im Fall des Fock-Zustands kann man nämlich den Weg des Atoms über das Photon, das im Resonator platziert wurde, nachweisen. Im Fall des kohärenten Zustandes erlaubt die breite Photonenstatistik des kohärenten Zustandes nicht, die Addition eines einzelnen Photons zu beobachten. Man kann deshalb keine Welcher-Weg-Information erhalten. An keinem Punkt dieser Diskussion haben wir irgendwelche willkürlichen Phasenänderungen benutzt. Trotzdem hat sich eine lebhafte Diskussion über diesen Punkt entwickelt und Experimente haben gezeigt, dass in der Tat die Verschränkung zwischen den beiden Systemen die Ursache für das Auslöschen der Interferenz ist.

Bell'sche Ungleichung. Die Zustandsbeschreibung der klassischen Mechanik geht zurück auf unsere Alltagserfahrung in einer makroskopischen Welt. Der Zustand eines klassischen mechanischen Systems ist eindeutig festgelegt, wenn wir die Orte und Geschwindigkeiten aller beteiligten Massenpunkte angeben oder messen. Damit beschreibt ein klassischer Zustand deterministisch alle Eigenschaften jedes einzelnen Teilchens des Gesamtsystems. Zudem hängt die Zustandsinformation über ein Subsystem nicht davon ab, was an anderen Teilen des Gesamtsystems gemessen wird. Das ist der fundamental lokale und realistische Charakter der klassischen Physik. Obwohl wir ihn hier für die klassische Mechanik beschrieben haben, gilt er genauso für die anderen klassischen Gebiete wie die Elektrodynamik oder die Thermodynamik. Es ändern sich jeweils nur die physikalischen Größen, die zusammen den Zustand definieren.

Die Quantenmechanik verändert dieses klassische Bild radikal. Der Zustand eines Quantensystems wird definiert durch einen Vektor $|\Psi\rangle$ im Hilbert-Raum. Dadurch können charakteristische Eigenschaften eines quantenmechanischen Systems zwischen seinen verschiedenen Bestandteilen verschränkt sein. Messungen an den Subsystemen allein reichen im Allgemeinen nicht mehr aus, um den Zustand des Gesamtsystems zu finden, da die jeweiligen Resultate davon abhängen, welche Messungen an anderen Subsystemen durchgeführt werden.

Albert Einstein, Boris Podolsky und Nathan Rosen (EPR) haben diese erstaunliche Eigenschaft der quantenmechanischen Zustandsbeschreibung im Jahr 1935 erstmalig analysiert und dann auch kritisiert. Ihr Gedankenexperiment zeigte, dass die quanten-mechanischen Vorhersagen für verschränkte Systeme ganz andere sind, als diejenigen einer lokalen und realistischen Theorie. Daraus schlossen sie, dass die Quantenmechanik nur eine unvollständige Beschreibung der Natur liefert und deshalb irgendwann durch eine vollständige Theorie mit zusätzlichen, sogenannten versteckten oder verborgenen Parametern (hidden variable) zu ersetzen sei. Das Wort *Verschränkung* selbst stammt von Erwin Schrödinger, der im Jahre 1935, beunruhigt durch die EPR-Analysen, eine Arbeit zu dieser Thematik verfasst hat, in der er auch den Überlagerungszustand von einer lebendigen und einer toten Katze erörtert.

Es dauerte bis zum Jahr 1964, bis John S. Bell (1928–1990) im Detail die Konse-quenzen einer *lokal realistischen* Theorie untersuchte. Er erkannte, dass die Bedingungen an eine lokal realistische Theorie zu starken Einschränkungen für die möglichen Korrela-tionen in einem Zweiteilchensystem führen. Diese Einschränkungen konnte er elegant in einer fundamentalen Ungleichung formulieren. Die Bell'sche Ungleichung bezieht sich auf ein einfaches Zweiteilchensystem, in dem die beiden Teilchen nur in jeweils zwei Zuständen sein können. Bell analysierte die möglichen Korrelationen zwischen den Zuständen der beiden Teilchen, einerseits im Rahmen einer lokal realistischen Theorie und andererseits im Rahmen der Quantenmechanik.

Die Bell'sche Ungleichung besagt, dass die Quantenmechanik stärkere Korrelationen erlaubt als jede denkbare lokal realistische Theorie. Die entscheidende Frage ist nun, ob die in der Natur vorkommenden Zweiteilchensysteme im Experiment Korrelationen zeigen, die noch mit einer lokal realistischen Theorie erklärt werden können oder nur mit den Vorhersagen der Quantenmechanik übereinstimmen. Inzwischen wurden viele solcher *Bell-Experimente* mit immer größerer Genauigkeit ausgeführt. Sie untermauern bis heute alle die quantenmechanische Vorhersage und führen daher zu der Schlussfolgerung, dass die Quantenmechanik eine korrekte Beschreibung korrelierter Systeme liefert, die durch keine lokale und realistische Theorie im Einstein'schen Sinn ersetzt werden kann.

Verzicht auf jede Art von lokalem Realismus. Die klassische Physik und mit ihr der lokale Realismus basiert auf der Alltagserfahrung, dass alle Objekte der Physik kontinuierlich beobachtet werden können. Das Planck'sche Quantenpostulat hingegen führt zu dem Schluss, dass bei hinreichend hoher räumlicher und zeitlicher Auflösung nur diskrete Ereignisse stattfinden, die gezählt werden können (Abschn. 1.2). Es ist daher nicht überraschend, dass die Quantenmechanik zu Ergebnissen führt, die nicht im Einklang mit Theorien stehen, die auf der Annahme eines lokalen Realismus beruhen. Nur in der klassischen Physik, in der kontinuierliche Beobachtbarkeit vorausgesetzt wird, ist die Annahme eines lokalen Realismus gerechtfertigt, nicht aber in der Quantenphysik. Sie beschreibt einen zur klassischen Physik komplementären Bereich des Naturgeschehens.

Im Spannungsfeld zwischen klassischer Mechanik und Quantenmechanik liegt noch ein weiter Bereich bislang nicht grundlegend verstandener Physik. Dazu gehören insbe-sondere der Messprozess und das damit verbundene Phänomen der Dekohärenz, aber vor allem auch alle Prozesse, die das Leben auszeichnen. Auch heute noch sollte man einem jungen Max Planck nicht davon abraten, Physik zu studieren.

Da letztlich alle Beobachtung auf diskrete Elementarereignisse zurückzuführen ist, ist allen Vorstellungen, die auf der Kontinuumsidee beruhen, mit Skepsis zu begegnen. Sogar die Idee von einem vorgegebenen Raumzeitkontinuum muss infrage gestellt werden. Es lässt sich nur kontinuierlich ausmessen, wenn es Messgeräte gibt, die kontinuierlich messen können. Einerseits nutzen wir zwar raumzeitliche Modelle auch, um über Quantenphänomene diskutieren und um geeignete Hamilton-Operatoren für Quantenobjekte erstellen zu können. Andererseits müssen wir uns aber auch der Tatsache bewusst sein, dass Raum und Zeit erst gemessen werden können, wenn atomare Teilchen makroskopische Körper gebildet haben, die als Messgeräte genutzt werden können, also klassisch zu beschreiben sind. Beim „Urknall" gab es solche Messgeräte noch nicht. Raum und Zeit haben erst physikalische Bedeutung erlangt, nachdem sich aus einem Quark-Gluon-Plasma strukturierte makroskopische Körper gebildet hatten. Der Urknall fand vor der Zeit statt.

Diese paradox anmutenden Konsequenzen der Quantenphysik sind ein elementarer Hinweis darauf, dass die naturwissenschaftlichen Theorien nicht die experimentell erfahrbare Wirklichkeit beschreiben, sondern sich auf idealisierte Grenzfälle beziehen. Die *exakten* Theorien können prinzipiell nicht die stets mit experimentellen Unsicherheiten behafteten Messergebnisse wirklichkeitsgetreu abbilden. Auf einen lokalen Realismus, nach dem sich Teilchen auf wohldefinierten Bahnen bewegen und Wellen sich mit wohldefinierten Phasen bewegen, muss man letztlich in den Naturwissenschaften verzichten.

Ungeachtet der Begrenztheit der naturwissenschaftlichen Möglichkeiten, die von uns Menschen erfahrbaren und wahrgenommenen Vorgänge dieser Welt zu deuten, können dennoch durch geschickte Kombination dynamischer und statistischer Gesetzmäßigkeiten nicht nur Vorgänge der unbelebten Natur, sondern auch viele Prozesse der Biologie im Rahmen der heutigen Physik und Chemie gedeutet werden. Aber beide Extreme, Zufall und Notwendigkeit, die Jacque Monod (1910 – 1976, Nobelpreis 1965) in seinem Buch *Le hasard et la necessitè* diskutiert, wirken beim Weltgeschehen mit.

12.4 Schwache Wechselwirkung

Die Quanten der schwachen Wechselwirkung sind die massebehafteten Vektorbosonen W^+, Z^0 und W^-. Für die Reichweite R der schwachen Wechselwirkung ergibt sich aus der Ruhenergie $mc^2 \approx 10^{11}$ eV der Vektorbosonen $R = \hbar c / mc^2 \approx 2 \cdot 10^{-18}$ m. Die drei Vektorbosonen können bei der Ankopplung an ein Fermion nicht nur den Viererimpuls des Fermions, sondern auch das Teilchen selbst verändern (▶ Abb. 11.20). Bei Ankopplung der geladenen Vektorbosonen ändert sich der Ladungszustand des Fermions und damit die 3-Komponente T_3 des schwachen Isospins. Die Vektorbosonen koppeln also an die Dubletts des schwachen Isospins und nicht, wie die Photonen der elektromagnetischen Wechselwirkung, an Ladungssinguletts. Die Kopplung an Isospin-Dubletts hat zur Folge, dass die schwache Wechselwirkung eine höhere Eichsymmetrie hat als die elektromagnetische Wechselwirkung. Bei den Eichtransformationen ändert sich nicht nur die Phase des Bosonenfeldes, sondern auch die Orientierung im Isospinraum.

Yang-Mills-Feld. Eine Eichtheorie für Teilchen mit Isospin entwickelten C. N. Yang (*1922, Nobelpreis 1957) und R. L. Mills (1927 – 1999) im Jahr 1954. Bei einer lokalen Eichtransformation geht eine 2-komponentige Spinorfunktion ψ über in eine Funktion

$$\psi'(\boldsymbol{r}) = e^{i\,\tau_{\mathrm{m}}\cdot\boldsymbol{\alpha}_{\mathrm{m}}(\boldsymbol{r},t)} \cdot \psi(\boldsymbol{r}) \,, \tag{12.14}$$

wobei die drei Operatoren τ_+, τ_0 und τ_- die drei Komponenten (Vektorkomponenten mit Auf- und Absteigeoperatoren) des Isospinoperators $\boldsymbol{\tau}$ sind. Gruppentheoretisch handelt es sich um Operatoren der SU(2)-Gruppe. Damit die Feldgleichungen bei lokalen SU(2)-Eichtransformationen invariant bleiben, müssen drei Eichfelder eingeführt werden, zwei geladene Eichfelder $W_{\pm}$ und ein neutrales Eichfeld W_0. Bei der Absorption eines geladenen Eichbosons erhöht bzw. erniedrigt sich die Ladung und damit die 3-Komponente T_3 des Isospins des absorbierenden Teilchens, bei der Absorption eines neutralen Eichbosons bleibt hingegen T_3 unverändert.

Die Forderung nach Eichinvarianz hat aber zur Folge, dass die Eichbosonen ebenso wie das Eichboson der elektromagnetischen Wechselwirkung (das Photon) keine Masse haben. Außerdem ergibt sich aus der Tatsache, dass die SU(2)-Gruppe nicht-kommutativ ist, die Schlussfolgerung, dass die Eichbosonen auch miteinander wechselwirken können.

Renormierbarkeit eichinvarianter Quantenfeldtheorien. Die Quantenfeldtheorien basieren auf der Idee, dass es punktförmige elementare Teilchen gibt, die lokal (d. h. nur an den Vertices der Feynman-Diagramme) miteinander wechselwirken. Die Massen und Kopplungskonstanten der elementaren Teilchen sind frei wählbare Parameter, die bislang experimentell bestimmt werden müssen. Dieses Konzept, das sich an den Vorstellungen der klassischen Physik orientiert, ist nur unter einer entscheidenden Vorbedingung durchführbar: Die Theorie muss eichinvariant sein.

Grundlage feldtheoretischer Berechnungen ist die Störungstheorie. In der Quantenelektrodynamik (QED), beispielsweise, wird in nullter Näherung zunächst eine Situation betrachtet, in der die geladenen Teilchen nicht mit dem Strahlungsfeld wechselwirken. In dieser Näherung gibt es keine Strahlungsübergänge. Gebundene Zustände haben daher scharfe diskrete Energieniveaus. Erst eine Störungstheorie 1. Ordnung ergibt ihre Zerfallsraten und natürlichen Energiebreiten. Setzt man aber die störungstheoretischen Rechnungen fort und berechnet auch die aus Termen zweiter und höherer Ordnung resultierenden Strahlungskorrekturen, so erhält man zunächst divergierende Summen und Integrale von Störtermen. Einen Ausweg aus dieser Situation wiesen in den Jahren um 1950 H. A. Bethe (1906 – 2005, Nobelpreis 1967), J. Schwinger (1918 – 1994), S. Tomonaga (1906 – 1979) und R. P. Feynman (1918 – 1988) (gemeinsamer Nobelpreis 1965). Sie erkannten, dass diese Strahlungskorrekturen (Abschn. 4.4) bereits zu einem wesentlichen Teil in den experimentellen Werten der Ruhmassen und Kopplungskonstanten enthalten sind, und entwickelten *Renormierungsverfahren*, mit denen endliche Restbeiträge berechnet werden konnten. Insbesondere konnte so die Lamb-Verschiebung des $2s$-Niveaus des H-Atoms und die Abweichung des g-Faktors des freien Elektrons vom Dirac-Wert $g = 2$ berechnet werden.

Die Verfahren zur Renormierung von Masse und Ladung des Elektrons basieren wesentlich auf der Eichinvarianz der QED. Nur dank der Eichinvarianz konnten eindeutig definierte Differenzen von Störtermen, die selbst zu divergierenden Summen und Integralen führen, berechnet werden. Diese Rechnungen ergaben Strahlungskorrekturen in Übereinstimmung mit den experimentellen Werten. G. 't Hooft (*1946) und M. Veltman (*1931) (gemeinsamer Nobelpreis 1999) zeigten, dass dank der Eichinvarianz auch Yang-Mills-Theorien renormierbar sind, inbesondere auch dann noch, wenn die Eichinvarianz spontan gebrochen ist und nur eine *verborgene Eichsymmetrie* vorliegt.

Verborgene Eichsymmetrie. Die Yang-Mills-Theorie ist zwar eichinvariant, aber die Vektorbosonen der Wechselwirkungsfelder sind masselos. Daher bestand zunächst keine Hoffnung, die Yang-Mills-Theorie auf Wechselwirkungen mit kurzer Reichweite anwenden zu können. Erst die Idee der *spontanen Symmetriebrechung* eröffnete neue Perspektiven. Ihr liegt die Annahme zugrunde, dass zwar die grundlegenden Feldgleichungen eichinvariant, die Eichsymmetrie aber spontan gebrochen ist. Als einfaches Analogon betrachte man die Bewegung eines Kügelchens in einem Potential, das wie der Boden einer Sektflasche geformt ist. Obwohl das Potential rotationssymmetrisch ist, wird das Kügelchen nicht in der Mitte liegen bleiben, sondern von dem zentralen Maximum rollen und die Rotationssymmetrie damit zerstören. In gleicher Weise wird bei einer spontanen Magnetisierung eines ferromagnetischen Materials die in den grundlegenden Bewegungsgleichungen vorhandene sphärische Symmetrie gebrochen.

Bei den eichinvarianten Feldtheorien ermöglicht der *Higgs-Mechanismus* eine spontane Symmetriebrechung. P. Higgs (*1929), F. Englert (*1932) u. a. (gemeinsamer Nobelpreis 2013) schlugen 1964 einen Mechanimus vor, durch den die Teilchen einer eichinvarianten Theorie eine Ruhmasse erwerben. Dazu nahmen sie die Existenz eines skalaren Teilchenfeldes (Higgs-Boson, Abschn. 12.5) an, das in geeigneter Weise mit sich selbst wechselwirkt, so dass die Teilchen dank dieser Selbstkopplung eine Ruhmasse haben. Andere Teilchen erwerben dann aufgrund der Kopplung an das Higgs-Feld Masse.

Glashow-Salam-Weinberg(GSW)-Theorie.

S. L. Glashow (*1932), A. Salam (1926 – 1996) und S. Weinberg (*1933) erhielten 1979 den Nobelpreis für die Entwicklung einer einheitlichen Theorie der elektromagnetischen und schwachen Wechselwirkung (GSW-Theorie). Der Theorie liegt die Annahme zugrunde, dass die Paare linkshändiger Leptonen (Abschn. 11.4) Dubletts des schwachen Isospins T sind und mit den Vektorbosonen $W_\pm$ und W_0, die andererseits auch an Zustandspaare der Quarks koppeln, wechselwirken. Die linkshändigen Neutrinos haben die Isospinkomponente $T_3 = +1/2$ und die geladenen linkshändigen Leptonen $T_3 = -1/2$. Alle rechtshändigen Leptonen und Quarks hingegen sind Singuletts, die nicht an die W-Bosonen koppeln. Daher gibt es keinen elementaren Prozess, der ein rechtshändiges Lepton in ein anderes rechtshändiges Lepton überführt. Die geladenen Leptonen und Quarks wechselwirken außerdem mit dem Photonenfeld. Dementsprechend geht man von einer SU(2)×U(1)-Eichsymmetrie und vier Eichfeldern aus. Die Vektorbosonen $W_\pm$ und W_0 koppeln mit einer Kopplungskonstante g an die Teilchen mit einem schwachen Isospin $T \neq 0$. Ein weiteres Eichfeld mit Vektorbosonen B folgt aus der U(1)-Eichsymmetrie. Es koppelt mit einer Kopplungskonstante g' an die *schwache Hyperladung* y der Leptonen und Quarks. Sie ergibt sich aus der elektrischen Ladung Q und der 3-Komponente T_3 des schwachen Isospins (Gell-Mann-Nishijima-Relation):

$$y = 2 \left(\frac{Q}{e_0} - T_3 \right) . \tag{12.15}$$

Das rechtshändige Elektron mit $T_3 = 0$ hat demzufolge die Hyperladung $y = -2$, das linkshändige Elektron ($T_3 = -1/2$) $y = -1$ und das linkshändige Neutrino ($T_3 = +1/2$) ebenfalls $y = -1$. Falls Neutrinos eine Ruhmasse haben und daher auch rechtshändig sein können, haben diese rechtshändigen Neutrinos sowohl den Isospin $T = 0$ als auch die Hyperladung $y = 0$ und koppeln daher an keines der Eichbosonen. Entsprechendes gilt für Antileptonen, die durch eine CP-Transformation mit den jeweiligen Leptonen korreliert sind. Sie unterscheiden sich von den zugehörigen Leptonen nur in den Vorzeichen der beiden Quantenzahlen T_3 und y.

Durch die Kopplung an das Higgs-Feld erhalten die meisten Teilchen eine Masse. Deshalb ist die SU(2)×U(1)-Eichsymmetrie verborgen. Da die Photonen masselos bleiben, bleibt nur für eine Untergruppe U(1)$_{em}$ ⊂ SU(2) × U(1), die Eichsymmetrie der elektromagnetischen Wechselwirkung, unverborgen.

Das Photonenfeld A und das Feld der neutralen Vektorbosonen Z_0 ergeben sich im Rahmen der GSW-Theorie als Überlagerungen von W_0- und B-Feld:

$$A = B \cdot \cos \theta_W + W_0 \cdot \sin \theta_W, \quad Z_0 = W_0 \cdot \cos \theta_W - B \cdot \sin \theta_W . \tag{12.16}$$

Der Mischungswinkel θ_W ist der *Weinberg-Winkel*. Die Kopplungskonstante α der elektromagnetischen Wechselwirkung und der Weinberg-Winkel θ_W sind mit den ursprünglichen Kopplungskonstanten g und g' verknüpft:

$$\alpha = g \cdot \sin \theta_W = g' \cdot \cos \theta_W, \quad \tan \theta_W = \frac{g'}{g} , \tag{12.17}$$

und für das Massenverhältnis m_W/m_Z erhält man

$$\frac{m_W}{m_Z} = \cos \theta_W . \tag{12.18}$$

Experimentelle Verifikation der GSW-Theorie. Grundlegend für die GSW-Theorie war die Annahme, dass es außer den geladenen Vektorbosonen $W^{\pm}$, die den β-Zerfall ermöglichen, auch ein neutrales Vektorboson Z^0 gibt. Die Existenz solcher *neutralen Ströme* hat viele Konsequenzen, die experimentell überprüft werden können:

1. Bei der Wechselwirkung geladener Teilchen kann statt eines Photons auch ein Z^0-Boson ausgetauscht werden. Bei niederenergetischen Prozessen ist ein solcher Austausch wegen der großen Ruheenergie von Z^0 zwar relativ unwahrscheinlich, führt aber wie andere Prozesse der schwachen Wechselwirkung zu einer Verletzung der Paritätssymmetrie. Tatsächlich konnte in Experimenten zum Strahlungszerfall freier unpolarisierter Atome nachgewiesen werden, dass das emittierte Licht im ppm-Bereich zirkular polarisiert sein kann und folglich die Parität beim Zerfallsprozess nicht erhalten bleibt (Abschn. 11.5). Die zirkulare Polarisation ergibt sich aus der Interferenz des Axialvektoranteils des neutralen Stroms mit dem Vektorbeitrag der elektromagnetischen Wechselwirkung. Auch bei der inelastischen Streuung hochenergetischer Elektronen (etwa 20 GeV) an Deuteronen konnte eine Nichterhaltung der Parität nachgewiesen werden.

2. Auch bei der Elektron-Positron-Vernichtung können intermediär sowohl Photonen als auch Z_0-Bosonen entstehen. Bei Energien im hohen GeV-Bereich treten beide Prozesse mit ähnlich großer Wahrscheinlichkeit auf, so dass große paritätsverletzende Effekte beobachtbar sind. Solche Effekte konnten am (e^+e^-)-Speicherring PETRA (DESY, Hamburg) bei CM-Energien von etwa 34 GeV nachgewiesen werden (▶ Abb. 12.13a).

3. Ein direkter Nachweis der neutralen Ströme ergab sich bereits 1973 aus Sreuexperimenten mit myonischen Neutrinos. Der rein leptonische Streuprozess $\nu_\mu + e^- \longrightarrow \nu_\mu + e^-$ ist im Rahmen der GSW-Theorie nur über den Austausch eines Z^0-Bosons möglich (▶ Abb. 12.13b). Aus den gemessenen Wirkungsquerschnitten konnte der Weinberg-Winkel θ_W bestimmt werden. Es ergab sich $\sin^2 \theta_W = 0.23$. Aus Weinberg-

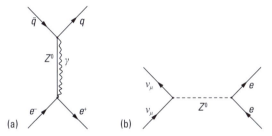

Abb. 12.13 Feynman-Diagramme: (a) Paritätsverletzung bei (e^+e^-)-Stößen, (b) elastische Streuung von ν_μ-Neutrinos an Elektronen.

Winkel und Fermi-Konstante G_F des β-Zerfalls konnten nun auch die Massen der Vektorbosonen m_W und m_Z berechnet werden.

4. Die Entdeckung der Vektorbosonen am Proton-Antiproton-Speicherring des CERN gelang in den Jahren 1982/83. Im Einklang mit den Vorhersagen ergeben neuere Messungen $m_W c^2 = (80.385 \pm 0.015)$ GeV und $m_Z c^2 = (91.1876 \pm 0.0021)$ GeV.

5. Sehr präzise Messungen zur Erzeugung von Z^0-Bosonen sind an Elektron-Positron-Speicherringen möglich (Abschn. 11.5). Bei der Vernichtung eines Elektron-Positron-Paares wird resonanzartig bei entsprechender Energie ein Z^0-Boson erzeugt, das anschließend in Hadronen oder Leptonen zerfällt (▶Abb. 12.14). Die Energiebreite $\Gamma_Z =$ der Resonanz steht im Einklang mit der Annahme, dass es genau 3 Sorten von (leichten) Neutrinos gibt.

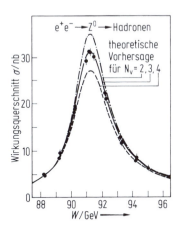

Abb. 12.14 Wirkungsquerschnitt für e^+e^--Annihilation in Hadronen in der Nähe der Z^0-Resonanz. Die Kurven zeigen die Standard-Modell-Vorhersage für 2, 3 und 4 Sorten von leichten Neutrinos (Review of Particle Properties, Eur. Journ. of Phys. C (2000)).

12.5 Hadronische Wechselwirkung

Das Quark-Modell der Hadronen ist Grundlage der Theorie der hadronischen Wechselwirkung. Sie basiert auf der Annahme, dass die Quarks nicht nur wie die Leptonen an das Photon und die Vektorbosonen der schwachen Wechselwirkung koppeln, sondern auch an *Gluonen*, die Eichbosonen der hadronischen Wechselwirkung.

Farbladungen. Das Quark-Modell in der bisher betrachteten Form hat einen Makel: Die Quarks gehorchen nicht dem Pauli-Prinzip, obwohl alles dafür spricht, dass es Spin-1/2-Teilchen sind. Um das Problem zu erläutern, betrachten wir die Baryonen, die aus drei gleichen Quarks bestehen, also die Eckzustände des Baryonen-Dekupletts (▶ Abb. 11.11) $\Delta^{++} = (uuu)$, $\Delta^- = (ddd)$ und $\Omega^- = (sss)$. Die Spins der drei Quarks koppeln zu $I = 3/2$ und sind folglich parallel, ihre Bahndrehimpulse sind 0. Die Gesamtwellenfunktion ist also symmetrisch bezüglich der Vertauschung zweier identischer Quarks. Um das Pauli-Prinzip zu retten, wurde kurz nach Schaffung des Quark-Modells vorgeschlagen, den Quarks noch eine „innere" Quantenzahl zu geben, die man Farbe (colour) nannte und die drei Werte R (rot), G (grün) und B (blau) annehmen kann. Die Quark-Wellenfunktionen der Baryonen des Dekupletts werden antimetrisch, wenn man annimmt, dass sie antimetrische Farbzustände $|w\rangle$ haben:

$$|w\rangle = \frac{1}{\sqrt{6}}(u_R u_G u_B - u_G u_R u_B + u_G u_B u_R - u_B u_G u_R + u_B u_R u_G - u_R u_B u_G).$$

(12.19)

Da es nur drei verschiedene Farbzustände gibt, ist nur ein Farbsingulettzustand möglich. Alle Baryonenzustände wirken deshalb farbneutral. Diese Idee wurde jahrelang von den meisten Physikern als sehr abwegig angesehen, zumal jede experimentelle Suche nach den Quarks ergebnislos verlief.

Nach der Entdeckung des J/Ψ-Teilchens wurde das Quark-Modell sehr populär, und mit der Entwicklung der Quantenchromodynamik (QCD) erkannte man allmählich, dass die Farben eine tiefe physikalische Bedeutung besitzen:

In der QCD (Quantenchromodynamik) sind die Farben die Ladungen der starken Wechselwirkung.

Das Wort *Farbe* ist unglücklich gewählt, weil es die wahre Bedeutung verschleiert, wir sprechen daher von *Farbladungen*. Ein rotes u-Quark hat die elektrische Ladung $2/3e$, und die Farbladung *rot*. Das zugehörige Antiquark $\bar{u}$ hat die elektrische Ladung $-2/3e$ und die Farbladung *antirot*. Der wichtige Unterschied zur Elektrodynamik ist die Existenz von drei verschiedenen Sorten von Farbladung, die aber in ihrer Stärke identisch sind.

Die elektrischen Kräfte zwischen geladenen Teilchen werden durch Photonen vermittelt. Da es nur eine Sorte von Ladung (+) und Antiladung (−) gibt, existiert auch nur ein Photon, das elektrisch neutral (ungeladen) ist. Die hadronischen Kräfte zwischen Quarks werden durch *masselose Gluonen* vermittelt. Diese Gluonen sind nicht neutral, sondern tragen selber eine Farbladung in der Kombination Farbe-Antifarbe $R\overline{G}$, $R\overline{B}$, $R\overline{R}$, ... Es gibt drei Farben und drei Antifarben, also sollte man neun verschiedene Typen von Gluonen erwarten. Nur acht davon sind in der QCD vorhanden. Das neunte hätte eine vollkommen symmetrische Farb-Wellenfunktion

$$g_9 = \frac{1}{\sqrt{3}}(R\overline{R} + G\overline{G} + B\overline{B})$$

(12.20)

und würde Kernkräfte unendlicher Reichweite zwischen den farbneutralen Hadronen vermitteln. Daher muss es aus physikalischen Gründen ausgeschlossen werden. Mathematisch

geschieht das durch Wahl der SU(3)-Gruppe als Symmetriegruppe der Farbtransforma-
tionen. Die acht Gluonen bilden ein Oktett der Farb-SU(3)-Gruppe. Einige Beispiele für
Quark-Gluon- und Gluon-Gluon-Wechselwirkungen werden in ▶ Abb. 12.15 gezeigt.

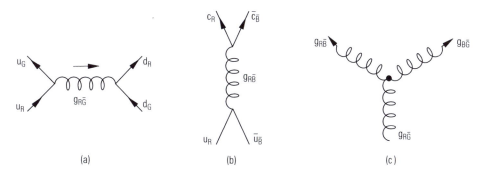

Abb. 12.15 Wechselwirkungen von Quarks und Gluonen: (a) Quark-Quark-Streuung, (b) Quark-
Antiquark-Annihilation und -Produktion, (c) Gluon-Selbstkopplung.

Hadronen als farbneutrale Systeme. Eine befriedigende Theorie der Quark-Bindung
in Hadronen existiert noch nicht, wir beschränken uns daher auf einige intuitive Argu-
mente. Man kann in Analogie zu der Situation bei geladenen Teilchen plausibel machen,
dass zwei Quarks gleicher Farbladung sich abstoßen, Quark und Antiquark sich hingegen
anziehen. Bei Drei-Quark-Zuständen erhält man die festeste Bindung für total antimetrische Farbkombination (s. Gl. (12.19)). In Quark-Antiquark-Zuständen ergibt eine in
den Farben symmetrische Kombination die festeste Bindung. Die Quark-Darstellung des
positiven Pions lautet

$$\pi^+ = \frac{1}{\sqrt{3}}(u_\mathrm{R}\overline{d}_{\overline{\mathrm{R}}} + u_\mathrm{G}\overline{d}_{\overline{\mathrm{G}}} + u_\mathrm{B}\overline{d}_{\overline{\mathrm{B}}}). \tag{12.21}$$

Man kann zeigen (und für das Meson ist es fast von selbst zu sehen), dass die acht Gluonen
nicht an Drei-Quark-Zustände oder an Quark-Antiquark-Zustände ankoppeln (das neunte
Gluon würde dies tun und damit ein $1/r$-Potential der Kernkraft hervorrufen). Diese
Zustände sind also farbneutral, so wie ein H-Atom elektrisch neutral ist. Die Farbneutralität
der beobachteten Hadronen ist eine Grundannahme der QCD. Es gibt deswegen keine
direkten hadronischen Kräfte zwischen Hadronen, ebensowenig wie es direkte Coulomb-
Kräfte zwischen neutralen Atomen oder Molekülen gibt.

Was ist nun aber die Natur der Kernkräfte? Auch hier hilft die Analogie zum elektrischen Fall. Die neutralen Moleküle in einem Öl üben kurzreichweitige Kräfte aufeinander
aus, die Van-der-Waals-Kräfte, die auf induzierte Dipolmomente zurückzuführen sind
(Abschn. 7.1). Die Kernkräfte sind wahrscheinlich die *Van-der-Waals-Kräfte* der hadronischen Wechselwirkung. Dies erklärt ihre kurze Reichweite. Die hadronischen Kräfte
wirken direkt nur zwischen den Quarks (bzw. Antiquarks).

Experimentelle Evidenz für die drei Farbzustände. Es gibt mehrere experimentelle
Resultate, die belegen, dass jeder Flavour-Typ der Quarks dreifach auftritt:

a) Die Hadron-Erzeugung in der Elektron-Positron-Vernichtung verläuft vorwiegend über die Erzeugung von Quark-Antiquark-Paaren: $e^-e^+ \longrightarrow q\bar{q}$. Gemessene und berechnete Wirkungsquerschnitte stimmen nur dann überein, wenn man jeden Quark-Typ u, d, s, c, b, dreifach zählt. Insbesondere das Verhältnis der Wirkungsquerschnitte für die Erzeugung von Hadronen zur Myon-Paarerzeugung bei der (e^-e^+)-Annihilation (▶ Abb. 12.16) bestätigt den Farbfreiheitsgrad der Quarks.

b) Die Zerfallsbreite des π^0-Mesons kann im Quark-Modell berechnet werden:

$$\Gamma(\pi^0 \longrightarrow \gamma\gamma) = \begin{cases} 0.86\,\text{eV} & \text{für} \quad N_{\text{C}} = 1 \\ 7.75\,\text{eV} & \text{für} \quad N_{\text{C}} = 3 \,. \end{cases}$$

Dabei ist N_{C} die Anzahl der Farbladungszustände der Quarks. Die experimentelle Breite von (7.84 ± 0.55) eV ist konsistent mit $N_{\text{C}} = 3$.

c) Das τ-Lepton kann folgendermaßen zerfallen:

$$\tau^- \longrightarrow \nu_\tau + \begin{cases} e^- \bar{\nu}_e \\ \mu^- \bar{\nu}_\mu \\ d\bar{u} \,. \end{cases}$$

Für $N_{\text{C}} = 1$ ist die Wahrscheinlichkeit etwa 33 % für jeden Zerfallskanal. Für $N_{\text{C}} = 3$ muss man den hadronischen Zerfall dreifach gewichten, und die Wahrscheinlichkeit für den $e^-\bar{\nu}_e$-Kanal beträgt etwa 20 %, was mit dem experimentellen Wert von $(17.83 + 0.06)$ % gut übereinstimmt, sofern man Korrekturen auf die Lepton- und Quark-Massen in Rechnung stellt. Eine ähnliche Betrachtung ergibt sich bei den Zerfällen der W- und Z-Bosonen.

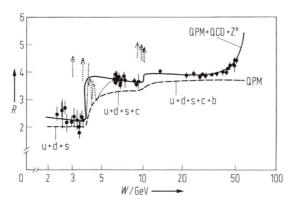

Abb. 12.16 Das Verhältnis $R = \sigma(e^+e^- \longrightarrow Hadronen)/\sigma(e^+e^- \longrightarrow \mu^+\mu^-)$ als Funktion der Energie W im Schwerpunktssystem. Die Vorhersagen des Quark-Parton-Modells (QPM) und der Quantenchromodynamik (QCD) werden als gestrichelte und durchgezogene Kurven gezeigt (Marshall (1989)). Gäbe es nur einen Farbzustand, wäre R etwa um einen Faktor 3 zu klein.

Higgs-Boson. Nach jahrelanger Suche wurde 2012 am *Large Hadron Collider* LHC bei CERN eine Teilchenresonanz bei einer Energie von 125 GeV entdeckt. Seine natürliche

URL für QR-Code: www.degruyter.com/feynman

Lebensdauer ist von der Größenordnung 10^{-22} s. Die experimentellen Daten sind mit der Annahme verträglich, dass es sich hierbei um das Higgs-Boson mit dem Spin $S = 0$ handelt, das seine große Masse durch spontane Brechung der Eichsymmetrie erhält. Alle anderen Teilchen mit einer Ruhmasse $m \neq 0$ sind an das Higgs-Feld gekoppelt und werden dadurch zu massebehafteten Teilchen.

Aufgaben

12.1 Wie groß muss das Magnetfeld B in der Spule des Möllenstedt-Experiments werden, damit das Interferenzmuster sich um einen Streifen verschiebt?

12.2 Berechnen Sie das Massenquadrat m_{virt}^2 des virtuellen Elektrons im Feynman-Diagramm ▶ Abb. 12.4c als Funktion der Energie E von Elektron und Positron im CM-System. Ist es größer oder kleiner als m_{e}^2?

12.3 Welche Frequenz ν hat der in ▶ Abb. 12.9 gezeigte Ein-Atom-Maser? Schätzen Sie die Frequenz der in ▶ Abb. 12.10 gezeigten Resonanzübergänge ab unter der Annahme, dass die Rydberg-Zustände wasserstoffartig sind. Welchen Wert erhalten Sie bei Berücksichtigung eines Quanten-defekts? (Die np-Terme der Rb-Atome liegen energetisch etwas tiefer als die $(n-1)d$-Terme.) Wie lange bleibt ein Photon im Hohlraumresonator gespeichert? Welche Strahlungsleistung L hat der Maser höchstens, wenn 800 Rydberg-Atome/s (▶ Abb. 12.10) durch den Resonator fliegen? Wie hoch ist die thermische Besetzung $\bar{n}_{\text{th}}$ der Resonanzmoden des Hohlraums bei $T = 100$ mK?

12.4 Schätzen Sie die Lebensdauer τ der Rydberg-Atome des Ein-Atom-Masers unter der Annahme ab, dass sie sich wie klassische Oszillatoren gleicher Frequenz verhalten. Wie groß ist die Rabi-Frequenz für induzierte Übergänge, wenn der Resonator mit einem Photon besetzt ist (angenommen, es wäre ein kohärenter Feldzustand)?

12.5 Schätzen Sie die Zumischung ε des $2p_{1/2}$-Zustands zum metastabilen $2s_{1/2}$-Zustand des H-Atoms ab, die sich bei Berücksichtigung der schwachen Wechselwirkung ergibt.

12.6 Warum erhöht sich die Zerfallsbreite Γ des π_0-Mesons um den Faktor 9, wenn man annimmt, dass es 3 Farbladungen gibt?

Teil IV
Festkörperphysik

Felix Bloch (1905 – 1983)
Courtesy Stanford News Service© Stanford University

13 Grundlagen der Festkörperphysik

In der Festkörperphysik wird die kondensierte Materie in einem Zustand betrachtet, in dem die Atome zu einer Art „Riesenmolekül" angeordnet sind. Wie in der Born-Oppenheimer-Näherung (Abschn. 7.5) geht man zunächst von der Annahme aus, dass die Atome relativ zueinander feste Positionen haben und damit eine räumliche Struktur vorgeben. Insbesondere können sie zu einem räumlich periodischen Kristallgitter angeordnet sein (Abschn. 13.1). Das Kristallgitter bestimmt die räumliche Struktur des Festkörpers im Sinn der klassischen Physik.

Wie bereits die Molekülphysik basiert auch die Festkörperphysik auf einer geschickten Kombination von klassischer Dynamik und der dazu komplementären Quantendynamik. Grundlage ist die Born-Oppenheimer-Näherung. Einerseits ist die räumliche Struktur mit lokalisierten Teilchen zu betrachten und andererseits die Energieniveaustruktur delokalisierter Teilchen. Die schweren Atomkerne und die an sie relativ fest gebundenen Elektronen der Atomrümpfe *(Rumpfelektronen)* werden in erster Näherung klassisch als lokalisierte Teilchen behandelt, die *Valenzelektronen* hingegen zunächst quantenmechanisch als delokalisierte Teilchen mit einer über den Kristall ausgebreiteten Wellenfunktion. Mit dieser Vorgehensweise wird man näherungsweise der experimentellen Situation gerecht, dass Festkörper zwar beobachtbar sind, jedoch nur mit begrenzter Auflösung.

Die räumliche Periodizität der Kristallgitter ist die Grundlage für die anschließende quantenmechanische Beschreibung von Bewegungen im Festkörper. Einerseits gibt es Eigenschwingungen des Kristallgitters, bei denen die Gitteratome oder Gitterionen als quantenmechanische Oszillatoren und die Schwingungen als sich im Kristall ausbreitende Phononen beschrieben werden (Abschn. 13.2). Andererseits gibt es auch für jedes Elektron im Kristall ein periodisches effektives Potential, mit dem Eigenzustände einzelner Elektronen berechnet werden können (Einelektronnäherung). Dieser von Felix Bloch vorgeschlagene Ansatz führt zum Bändermodell (Abschn. 13.3).

Ausgehend von diesen einfachen Modellbildern entwickelte sich die Festkörperphysik zu einer Grundlagenwissenschaft für viele Bereiche der modernen Technik. Grundlegend für die Informations- und Kommunikationstechnik ist die Physik der Halbleiter (Abschn. 13.4). Durch geeignete „Verunreinigungen" kann man Kristalle mit den verschiedensten elektrischen und optischen Eigenschaften herstellen. Als Punktdefekte wirken beispielsweise Fremdatome, fehlende Atome (Lücken) und Atome auf Zwischengitterplätzen.

Der ideale Kristall ist unbegrenzt. Seine räumliche Periodizität ist in diesem Fall mathematisch durch eine Translationssymmetrie gekennzeichnet. Bei realen Kristallen ist die Translationssymmetrie gestört, zumindest an der Oberfläche, aber auch, wenn er räumlich strukturiert ist. Ein Extremfall sind *amorphe* Festkörper ohne jegliche periodische Struktur. Zu diesen zählen viele, für die moderne Technik wichtige Werkstoffe, insbesondere Gläser und Keramiken, aber im weiteren Sinn auch Flüssigkristalle. Einige Festkörper mit gestörter Translationssymmetrie werden im Abschn. 13.5 vorgestellt. Da eine räumliche Periodizität in den amorphen Festkörpern fehlt, ist eine quantenmechanische Beschreibung von Bewegungen in diesen Festkörpern nur ansatzweise möglich.

13.1 Atomare Struktur der Festkörper

Die Eigenschaften fester Stoffe hängen maßgeblich von der atomaren Struktur und der Art der chemischen Bindungen zwischen den Atomen ab. Die wichtigsten drei Bindungsarten, die die Bildung von kristallinen Festkörpern ermöglichen, sind die *kovalente*, die *metallische* und die *Ionenbindung*. Man unterscheidet dementsprechend zwischen *Valenzkristallen*, *Metallen* und *Ionenkristallen*.

Die räumliche Periodizität des Kristallgitters hat zur Folge, das man sich einen Kristall aus vielen gleichartigen Bausteinen aufgebaut denken kann. Die einzelnen Bausteine heißen Elementarzellen. Sie haben eine einfache geometrische Form *(Parallelepiped)*, beispielsweise die Form eines Würfels, und enthalten nur wenige Atome.

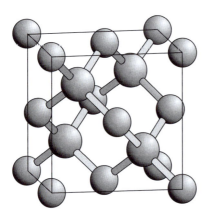

Abb. 13.1 Kubischers Gitter kovalenter Kristalle. Bei zwei verschiedenen Atomsorten handelt es sich um die Zinkblende-Struktur, wobei jede Atomsorte für sich ein kubisch-flächenzentriertes Gitter bildet. Werden alle Plätze von derselben Atomsorte eingenommen, erhält man das Diamant-Gitter. Die Kante des Würfels ist die Gitterkonstante a.

Valenzkristalle. Wichtige Vertreter der Gruppe von kristallinen Festkörpern mit kovalenter Bindung zwischen den Atomen sind Kohlenstoff (in der Diamant-Modifikation), Silizium und Germanium, aber auch die Verbindungshalbleiter GaAs, InSb, GaN, ZnS, CdS mit zunehmend ionischen Bindungsanteilen. Bei dem Elementkristall Si wird die kovalente Bindung deutlich: Das Silizium-Atom besitzt (außerhalb der abgeschlossenen Schalen mit der Edelgaskonfiguration von Neon) die Elektronenkonfiguration $[Ne]3s^2 3p^2$ und hat somit vier Valenzelektronen. Demgemäß hat jedes Si-Atom im Kristall vier nächste Nachbarn, d. h. die *Koordinationszahl* 4. Die Elemente aus der IV. Gruppe des Periodensystems C, Si und Ge kristallisieren dementsprechend im *Diamant-Gitter*, in dem jedes Atom nur 4 nächste Nachbarn hat (▶Abb. 13.1). Es ergibt sich eine kubische Gitterstruktur mit der Gitterkonstanten a. Der Abstand d nächster Nachbarn hängt mit der Gitterkonstanten a über $d = a\sqrt{3}/4$ zusammen und beträgt also ca. 43 % der Raumdiagonalen des dargestellten Würfels des kubischen Gitters.

Werden im Diamant-Gitter die Kohlenstoff-Atome abwechselnd durch Zink- und Schwefel-Atome ersetzt, so dass die Zink- und Schwefel-Atome jeweils tetraedrisch von je 4 andersartigen Nachbaratomen umgeben sind, erhält man die sogenannte *Zinkblende-*

URL für QR-Code: www.degruyter.com/fkbindungen

Struktur (auch als *Sphalerit-Struktur* bezeichnet). Beide Atomsorten kristallisieren in gegeneinander verschobenen *kubisch-flächenzentrierten* (*kfz*, engl. *face-centered cubic*, *fcc*) Teilgittern (mit Atomen auf den 8 Eckpunkten und den Mittelpunkten der 6 Würfelflächen, ▶ Abb. 13.1). Die wichtigsten Vertreter der Zinkblende-Struktur sind die III-V-Verbindungen GaAs, GaP, AlSb, AlAs, GaSb, InP, InAs und InSb sowie die II-VI-Verbindungen α-ZnS (Namensgeber der Zinkblende-Struktur), ZnSe, ZnTe, CdTe und CuCl. Die Zahl der Valenzelektronen der beiden Atome zusammen beträgt jeweils acht, so dass sich entsprechende kovalente Bindungen wie beim Si-Kristall bilden. Allerdings können Paare benachbarter Atome auch schwach polarisiert sein, so dass die eine Atomsorte etwas positiv und die andere etwas negativ geladen ist. In diesem Fall hat die kovalente Bindung auch einen ionischen Anteil.

Verwandt mit der Zinkblende-Struktur ist die in Konkurrenz stehende *Wurtzit-Struktur*, die ebenfalls eine Koordinationszahl von 4 aufweist (▶ Abb. 13.2). Hier haben jedoch nur drei nächste Nachbarn den gleichen Abstand und die übernächsten Nachbarn haben andere Positionen als bei der Zinkblende-Struktur. Die wichtigsten Vertreter der Wurtzit-Struktur sind β-ZnS (Namensgeber der Wurtzit-Struktur), GaN, CdS, CdSe, ZnO und AgI.

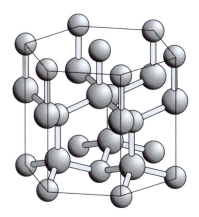

Abb. 13.2 Wurtzit-Struktur kovalenter Kristalle. Jedes Atom hat vier nächste Nachbarn.

Metalle. Bei den Metallen bilden die Valenzelektronen keine Elektronenpaare, deren Ladungswolken wie bei der kovalenten Bindung zwischen den positiv geladenen Atomrümpfen konzentriert sind (Abschn. 7.1), sondern alle Valenzelektronen zusammen bilden ein Elektronengas, das mehr oder minder gleichmäßig über das Kristallgitter verteilt ist. Es kann daher näherungsweise als Gas freier Elektronen behandelt werden, das die elektrische Leitfähigkeit der Metalle ermöglicht. Da es keine gerichteten Valenzbindungen gibt, ist das Gitter der Metallionen meistens eine *dichteste Kugelpackung*. Denkt man sich die Kugeln zunächst in einer Ebene dicht angeordnet, so erhält man das Gitter durch Übereinanderschichten solcher Ebenen. Wie ▶ Abb. 13.3 zeigt, gibt es dabei zwei Schichtfolgen: Wird die erste Lage mit A bezeichnet und die zweite Lage mit B, so kann die dritte Lage entweder genau wie die erste oder von erster und zweiter verschieden liegen. Die Schichtfolge AB AB ... führt zum *hexagonalen* Gitter, die Schichtfolge ABC ABC ... hingegen zum kubisch-flächenzentrierten Gitter. In beiden Fällen hat jedes Metallion 12 nächste Nachbarn und somit die Koordinationszahl 12. Im Gegensatz zu Kristallen mit kovalenter Bindung und nur vier nächsten Nachbarn füllen bei diesen

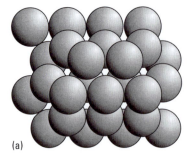 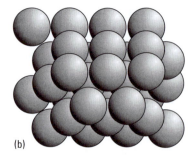

(a) (b)

Abb. 13.3 Die zwei wichtigsten Kristallgitter von Metallen, (a) hexagonal dichteste Kugelpackung mit der Schichtfolge AB AB …, (b) kubisch dichteste Kugelpackung mit der Schichtfolge ABC ABC …

Gittern sich berührende Kugeln einen hohen Anteil (74 %) des Kristallvolumens aus. Ein kubisch-flächenzentriertes Gitter haben z. B. Cu und Au, während Be, Mg, Ti, Zn, Cd, Co eine hexagonal dichteste Kugelpackung bilden.

Außer den Metallen mit dichtester Kugelpackung gibt es noch weniger dicht gepackte Metalle, wie beispielsweise Fe, Cr, W mit einem *kubisch-raumzentrierten* (*krz*, engl. *body-centered cubic*, *bcc*) Gitter und der Koordinationszahl 8 (8 Atome auf den Würfelecken und ein Atom im Würfelzentrum) oder α-Po mit einem *kubisch-primitiven* (engl. *simple cubic*, *sc*) Gitter und der Koordinationszahl 6 (nur die Würfelecken sind mit Atomen besetzt).

Die physikalischen Eigenschaften der Metalle lassen sich durch Verunreinigungen stark verändern. Zum Beispiel führt Kohlenstoff in Eisen je nach der Konzentration zu den verschieden harten Sorten Schmiedeeisen, Stahl oder Gusseisen. Mischungen unterschiedlicher Metalle in Form von Legierungen ergeben neue physikalische Eigenschaften, z. B. Messing als Kupfer-Zink-Legierung oder Bronze als Kupfer-Zinn-Legierung.

Ionenkristalle. Typische Vertreter der Ionenkristalle sind die Alkalihalogenide, bei denen die Bindung durch elektrostatische Kräfte entsteht. Das Metallatom gibt ein Elektron an das Halogenatom ab, so dass beide Ionen eine resultierende Edelgaskonfiguration und damit eine kugelsymmetrische Ladungsverteilung besitzen. Bei NaCl (Kochsalz) beträgt der Abstand zwischen den unterschiedlichen Ionen etwa $d = 0.28$ nm. Damit ergibt sich für ein NaCl-Molekül nach dem Coulomb-Gesetz eine Bindungsenergie $e_0^2/(4\pi\varepsilon_0 d) \approx$ 5 eV. Berücksichtigt man auch die Coulomb-Wechselwirkung mit allen anderen Nachbarn im Gitter, so kommt man dem tatsächlichen Wert von etwa 8 eV nahe.

Ionenkristalle zeichnen sich dadurch aus, dass alle nächsten Nachbarn entgegengesetzte Ladungen haben. Sie können aber verschiedene Gitterstrukturen haben. Die zwei wichtigsten Gitterstrukturen sind die von NaCl und die von CsCl. Beim NaCl-Kristall ist jedes Na-Ion von 6 Cl-Ionen umgeben und umgekehrt auch jedes Cl-Ion von 6 Na-Ionen. Ebenso kristallisieren z. B. LiH, NaCl, KCl, KBr, AgBr, PbS, MgO, MnO. Beim CsCl-Kristall ist jedes Cs-Ion von 8 Cl-Ionen umgeben und umgekehrt. Ebenso kristallisieren CsBr, CsI, TiCl und TlBr.

13.2 Phononen

Die Atome in einem Kristallgitter sind nicht starr aneinander gebunden. Vielmehr befindet sich aus Sicht der klassischen Physik jedes Atom in einer Potentialmulde, in der es um seine Ruhelage schwingen kann. Aufgrund der Kopplung der Schwingungen benachbarter Atome ergibt sich letztlich, entsprechend den Eigenschwingungen einer linearen Kette (Bd. 1, Abschn. 12.1), für einen räumlich begrenzten Kristall eine endliche Anzahl von *Gitterschwingungen*. Die quantenmechanische Theorie der Gitterschwingungen, die auch als sich im Kristall ausbreitende Gitterwellen beschrieben werden können, führt zum Modell der *Phononen*, die sich im Kristall ausbreiten.

An den Kontaktflächen eines räumlich begrenzten Kristalls zur Umgebung ist das Phononenfeld des Kristalls an dasjenige der Umgebung angekoppelt. Dank der Emission und Absorption von Phononen findet ein ständiger Informationsfluss zwischen Kristall und Umgebung statt. Der Kristall ist daher mit hoher Auflösung beobachtbar. Da die Wellenlänge der kürzestwelligen Phononen in etwa mit dem Abstand d benachbarter Gitteratome übereinstimmt, ist das räumliche Auflösungsvermögen etwa durch d begrenzt. Damit ist nachträglich gerechtfertigt, dass die Gitterstruktur im Sinn der klassischen Mechanik beschrieben wurde. Auch die Gitterdynamik soll hier zunächst klassisch beschrieben werden. Da die Bewegung der Gitterbausteine aber prinzipiell nicht mehr detailliert beobachtbar ist, wird bei der Gitterdynamik der Übergang zu einer quantenmechanischen Beschreibung erforderlich sein.

Klassische Gitterdynamik. Im Unterschied zu Gasen und Flüssigkeiten besteht die Wärmebewegung der Kristalle (fast) ausschließlich aus Schwingungen der Atome um ihre Ruhelagen. Dabei handelt es sich in erster Näherung um harmonische Schwingungen, wenn die Schwingungsamplituden klein gegenüber dem Abstand nächster Nachbarn sind. Dies ist in einem großen Temperaturbereich der Fall, der nach oben durch die Schmelztemperatur des Kristalles begrenzt wird.

Um die Gitterschwingungen qualitativ zu verstehen, sei zunächst ein einfaches eindimensionales Modell, die zweiatomige lineare Kette, betrachtet. Der eindimensionale Kristall sei aus punktförmigen Atomen zusammengesetzt, die durch kleine Federn mit ihren Nachbarn verbunden sind. In diesem Modell kann sich die Schwingung eines Atoms über die Kopplungsfedern auf den ganzen Kristall ausdehnen, und man hat es mit einem System aus sehr vielen gekoppelten harmonischen Oszillatoren zu tun. Die typischen Eigenschaften der Gitterschwingungen der Kristalle lassen sich bereits an einem solchen eindimensionalen Modell erkennen.

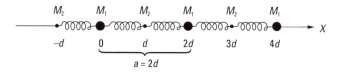

Abb. 13.4 Zweiatomige lineare Kette als eindimensionales Kristallmodell.

Die lineare Kette möge aus zwei verschiedenen Atomsorten der Massen M_1 und M_2 bestehen, deren Ruhelagen auf der x-Achse in ► Abb. 13.4 den Abstand d haben. Der Kristall ist dann mit der Gitterkonstanten $a = 2d$ periodisch. Ist $x_{2\nu}(t)$ die Auslenkung

URL für QR-Code: www.degruyter.com/eigensch_mech

eines Atoms der Masse M_1 am Ort $2\nu d$ (ν = ganze Zahl) und $x_{2\nu+1}(t)$ die Auslenkung eines Atoms der Masse M_2 am Ort $(2\nu+1)d$, so folgt aus dem Grundgesetz der Mechanik (Bd. 1, Abschn. 3.2)

$$
\begin{aligned}
M_1 \ddot{x}_{2\nu} &= -C\left[(x_{2\nu} - x_{2\nu-1}) - (x_{2\nu+1} - x_{2\nu})\right] \\
&= -C\left[2x_{2\nu} - x_{2\nu-1} - x_{2\nu+1}\right] \\
M_2 \ddot{x}_{2\nu+1} &= -C\left[x_{2\nu+1} - x_{2\nu} - x_{2\nu+2}\right],
\end{aligned}
\tag{13.1}
$$

wobei C die Federkonstante der Kopplungsfeder bezeichnet. Dieses gekoppelte Differentialgleichungssystem wird am einfachsten mit einem Ansatz ebener Wellen gelöst:

$$
x_{2\nu} = A_1 \exp(\mathrm{i}(2\nu kd - \omega t)), \quad x_{2\nu+1} = A_2 \exp(\mathrm{i}(2\nu kd - \omega t)),
\tag{13.2}
$$

wobei ω die Frequenz und A_1, A_2 die Amplituden der ebenen Wellen sind. Hierbei bezeichnet k die Wellenzahl, die mit der Wellenlänge λ durch $k = 2\pi/\lambda$ verknüpft ist. Setzt man diesen Ansatz in Gl. (13.1) ein, so erhält man ein lineares homogenes Gleichungssystem für die Amplituden A_1 und A_2:

$$
\begin{aligned}
M_1 \omega^2 A_1 &= 2CA_1 - 2CA_2 \exp(-\mathrm{i}kd) \cos kd \\
M_2 \omega^2 A_2 &= 2CA_2 - 2CA_1 \exp(\mathrm{i}kd) \cos kd\,.
\end{aligned}
\tag{13.3}
$$

Daraus erhält man die Bedingung für die Determinante der Koeffizientenmatrix:

$$
\begin{vmatrix}
M_1 \omega^2 - 2C & 2C \exp(-\mathrm{i}kd) \cos kd \\
2C \exp(\mathrm{i}kd) \cos kd & M_2 \omega^2 - 2C
\end{vmatrix} = 0,
\tag{13.4}
$$

die eine Dispersionsgleichung, also eine Beziehung zwischen der Frequenz ω und der Wellenzahl k darstellt. Die Berechnung der Determinante liefert zu jedem k zwei verschiedene Kreisfrequenzen ω_+ und ω_-:

$$
\omega_{\pm}^2(k) = \frac{C(M_1 + M_2)}{M_1 M_2}\left[1 \pm \sqrt{1 - \frac{4M_1 M_2}{(M_1 + M_2)^2} \sin^2 kd}\right],
\tag{13.5}
$$

die zu verschiedenen Schwingungsformen gehören. Diese beiden Zweige der Dispersionskurve sind in ▶Abb. 13.5 schematisch eingezeichnet. Der obere *optische Zweig* verläuft recht flach, und die optische Schwingungsfrequenz hängt nur wenig von k ab, so dass sie für viele Zwecke durch ihren Wert bei $k = 0$ ersetzt werden kann, der zugleich die höchste mögliche Frequenz ist. Der *akustische Zweig* hat dagegen an der Stelle $k = 0$ die Frequenz $\omega = 0$. Zur Veranschaulichung des Unterschiedes zwischen der optischen und akustischen Schwingungsform sei das Amplitudenverhältnis benachbarter Atome betrachtet. Es ergibt sich aus Gl. (13.3)

$$
\frac{A_1}{A_2} = -\frac{2C \exp(-\mathrm{i}kd) \cos kd}{M_1 \omega^2 - 2C}
\tag{13.6}
$$

und ist bei optischen Schwingungen negativ und bei akustischen Schwingungen positiv. Benachbarte Gitteratome sind also in der akustischen Schwingungsform in der glei-

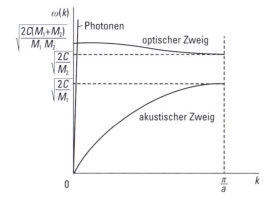

Abb. 13.5 Dispersion der Gitterschwingungen für $M_1 > M_2$ mit optischem und akustischem Zweig.

chen Richtung ausgelenkt, während sie in der optischen Schwingungsform gegeneinander schwingen. In ▶ Abb. 13.6 sind die Auslenkungen der Atome zu einer festen Zeit
schematisch dargestellt. Man erkennt daraus, dass die akustische Schwingung die Form
einer Schallwelle hat, wie sie sich in einem beliebigen Medium ausbreitet. Die optische
Schwingungsform ist jedoch in einem kontinuierlichen Medium nicht möglich. Bei der
optischen Schwingungsform entstehen durch die Gegeneinanderbewegung benachbarter
Gitteratome starke elektrische Dipole, wodurch eine besonders große Wechselwirkung mit
elektromagnetischen Wellen (Licht) gegeben ist. Daher der Name *optische Schwingung*
im Gegensatz zur *akustischen Schwingung*, die eine Schallschwingung darstellt.

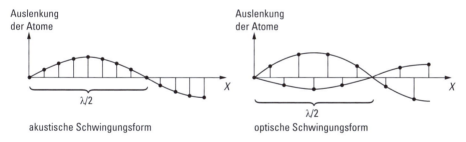

Abb. 13.6 Mögliche Gitterschwingungsformen der zweiatomigen linearen Kette.

Für große Wellenlängen λ, also kleine $k = 2\pi/\lambda$, geht das Dispersionsgesetz des
akustischen Zweiges in das der Schallwellen $\omega = vk = v2\pi/\lambda$ (v bezeichnet die
Schallgeschwindigkeit) über:

$$\omega_{\text{akustisch}}(k) \approx \sqrt{\frac{2C}{M_1 + M_2}}kd \quad \text{also} \quad v = d\sqrt{\frac{2C}{M_1 + M_2}}, \tag{13.7}$$

so dass man durch Messung der Schallgeschwindigkeit die Federkonstante C bestimmen kann. Andererseits hängt C auch mit dem Elastizitätsmodul E zusammen. Die
Ausbreitungsgeschwindigkeit longitudinaler Schallwellen in einem homogenen Medium
ist $v = \sqrt{E/\varrho}$ (Bd. 1, Abschn. 12.2), und die Massendichte ϱ ergibt sich bei einem
kubisch-primitiven Gitter aus zwei Atomsorten zu $\varrho = 4(M_1 + M_2)/a^3$. Daraus erhält

man dann:

$$v = d\sqrt{\frac{2C}{M_1 + M_2}} = \frac{a}{2}\sqrt{\frac{aE}{M_1 + M_2}} \quad \text{oder} \quad C = dE\,. \tag{13.8}$$

In ▶ Abb. 13.5 sind die Dispersionskurven nur bis $k = \pi/a$ eingezeichnet, denn für größere k wiederholen sie sich periodisch. Zunächst entnimmt man aus Gl. (13.4), dass für die Dispersionskurven $\omega(-k) = \omega(k)$ gelten muss, denn der Übergang $k \to -k$ bedeutet den Übergang zur konjugiert komplexen Gleichung, die dieselben reellen Wurzeln hat. Ersetzt man andererseits in Gl. (13.2) k durch $k + (2\pi/a)n$, wobei n eine beliebige ganze Zahl ist, so verändert sich der Ansatz nicht:

$$A_1 \exp\left\{i\left[2\nu\left(k + \frac{2\pi}{a}n\right)d - \omega t\right]\right\} = A_1 \exp(i(2\nu k d - \omega t))\,. \tag{13.9}$$

Die Dispersionskurven sind also mit der Periode $2\pi/a$ periodisch, und es genügt, den in ▶ Abb. 13.5 eingezeichneten Teil zu betrachten. Das Intervall $-\pi/a < k \le \pi/a$ bezeichnet man als den reduzierten Bereich. In ▶ Abb. 13.5 ist zusätzlich das Dispersionsgesetz für Photonen $\omega = ck$ (c bezeichnet die Lichtgeschwindigkeit) eingezeichnet. Die Gerade verläuft sehr steil, denn die Lichtgeschwindigkeit ist sehr viel größer als die Schallgeschwindigkeit, die die Steigung der Tangente des akustischen Zweiges bei $k = 0$ ist.

Elementarzelle und reziprokes Gitter. Zur weiteren Diskussion der Gitterschwingungen von Kristallen seien zunächst einige Begriffe erwähnt, die zur Beschreibung des Kristallgitters nützlich sind. Aus der räumlichen Struktur der Elementarzelle folgen die Symmetrieeigenschaften eines Kristalls. Sie werden in Abschn. 14.1 behandelt.

Die betrachteten Kristalle entstehen bei einer periodischen und lückenlosen Aneinanderreihung von *Elementarzellen*. Jede Elementarzelle wird von drei Vektoren a_1, a_2 und a_3 aufgespannt. In einer Elementarzelle können ein oder mehrere verschiedene Atome enthalten sein. Sind n_1, n_2 und n_3 ganze Zahlen, so gilt für den *Gittervektor* $R = n_1 a_1 + n_2 a_2 + n_3 a_3$. Für eine beliebige Struktureigenschaft f des Kristalls ergibt sich dann die Periodizitätsbedingung $f(r + R) = f(r)$. Dabei ist angenommen, dass der Kristall sich unendlich ausdehnt. Da die drei Basisvektoren der Elementarzelle a_1, a_2 und a_3 im Allgemeinen nicht aufeinander senkrecht stehen und auch nicht gleich lang sind, ist es vorteilhaft, eine Basis des *reziproken Gitters* mit den Vektoren b_1, b_2 und b_3 zu definieren:

$$b_k = \frac{2\pi}{\Omega} a_i \times a_j \quad \text{mit} \quad i, j, k \text{ zyklisch}\,. \tag{13.10}$$

Dabei ist $\Omega = a_1 \cdot (a_2 \times a_3) = a_3 \cdot (a_1 \times a_2) = a_2 \cdot (a_3 \times a_1)$ das Volumen der Elementarzelle. Dementsprechend gilt dann $a_i \cdot b_j = 2\pi \delta_{ij}$. Sind g_1, g_2 und g_3 ganze Zahlen, so bezeichnet man den Vektor $G = g_1 b_1 + g_2 b_2 + g_3 b_3$ als einen Vektor des reziproken Gitters. Es gilt dann $R \cdot G = 2\pi g$, wobei $g = n_1 g_1 + n_2 g_2 + n_3 g_3$ eine ganze Zahl ist.

Als Beispiel sei das Diamant-Gitter betrachtet. Aufgrund der in ▶ Abb. 13.1 dargestellten Kristallstruktur erhält man die Basisvektoren a_i der (rhomboedrischen) Elementarzelle und die des reziproken Gitters $\boldsymbol{b}_i$

$$\begin{aligned}
\boldsymbol{a}_1 &= (a/2) \cdot (1,1,0), & \boldsymbol{b}_1 &= (2\pi/a) \cdot (1,1,-1), \\
\boldsymbol{a}_2 &= (a/2) \cdot (0,1,1), & \boldsymbol{b}_2 &= (2\pi/a) \cdot (-1,1,1), \\
\boldsymbol{a}_3 &= (a/2) \cdot (1,0,1), & \boldsymbol{b}_3 &= (2\pi/a) \cdot (1,-1,1),
\end{aligned}$$

wobei a die Gitterkonstante bezeichnet. In der rhomboedrischen Elementarzelle mit dem Volumen $\Omega = a^3/4$ gibt es zwei Atome: eines im Ursprung $(0, 0, 0)$ und ein zweites am Ort $(a/4) \cdot (1, 1, 1)$.

Gitterschwingungen. Die Anzahl der Dispersionskurven eines Kristalls hängt von der Anzahl der Atome ab, die sich in der Elementarzelle befinden. Sind allgemein s Atome oder Ionen in der Elementarzelle, so bestehen die Dispersionskurven aus drei akustischen und $3s-3$ optischen Zweigen. Anstelle von Gl. (13.1) lauten nämlich die gekoppelten Differentialgleichungen der Bewegung in harmonischer Näherung allgemein

$$M_i \ddot{x}_{\mathbf{R}j} + \sum_{\mathbf{R}'} \sum_{j'=1}^{s} A_{\mathbf{R}i,\mathbf{R}'j'} x_{\mathbf{R}'j'} = 0, \tag{13.11}$$

wobei die Rückstellkräfte von den Auslenkungen aller anderen Atome herrühren. Dabei bedeutet

$$\sum_{\mathbf{R}} : \sum_{n_1=-\infty}^{+\infty} \sum_{n_2=-\infty}^{+\infty} \sum_{n_3=-\infty}^{+\infty}$$

und $j = 1, 2, \ldots s$ zählt die Atome in der Elementarzelle ab. Die Atome haben die Masse M_j und werden durch zwei Indizes charakterisiert: Der Gittervektor $\boldsymbol{R}$ kennzeichnet die Elementarzelle, in der sich das Atom befindet, und j gibt an, um welches Atom der Elementarzelle es sich handelt. Dementsprechend bezeichnet $x_{\mathbf{R}j}(t)$ die Auslenkung des Atoms j in der Elementarzelle. Die (3×3)-Tensoren $A_{\mathbf{R}j,\mathbf{R}'j'}$ beschreiben alle möglichen Kopplungskonstanten. Mit den Abkürzungen

$$y_{\mathbf{R}j} = x_{\mathbf{R}j} \sqrt{M_j} \quad \text{und} \quad \overleftrightarrow{D}_{\mathbf{R}j,\mathbf{R}'j'} = A_{\mathbf{R}j,\mathbf{R}'j'} / \sqrt{M_j, M_{j'}}$$

erhält man aus Gl. (13.11)

$$\ddot{y}_{\mathbf{R}j} + \sum_{\mathbf{R}'} \sum_{j'=1}^{s} \overleftrightarrow{D}_{\mathbf{R}j,\mathbf{R}'j'} y_{\mathbf{R}'j'} = 0, \tag{13.12}$$

wobei $\overleftrightarrow{D}_{\mathbf{R}j,\mathbf{R}'j'}$ die *dynamische Matrix* bezeichnet. Dieses gekoppelte Differentialgleichungssystem lässt sich mit dem Ansatz ebener Wellen

$$y_{\mathbf{R}j}(t) = Y_j(k) \exp[\mathrm{i}(\boldsymbol{k} \cdot \boldsymbol{R} - \omega t)] \tag{13.13}$$

lösen. Einsetzen von Gl. (13.13) in Gl. (13.12) liefert

$$-\omega^2 Y_j(\boldsymbol{k}) + \sum_{j'=1}^{s} B_{jj'}(\boldsymbol{k}) Y_{j'}(\boldsymbol{k}) = 0 \,, \tag{13.14}$$

wobei der Ausdruck

$$B_{jj'}(\boldsymbol{k}) = \sum_{\boldsymbol{R}'} \overset{\leftrightarrow}{D}_{\boldsymbol{R}j,\boldsymbol{R}'j'} \exp[i\boldsymbol{k} \cdot (\boldsymbol{R}' - \boldsymbol{R})] \tag{13.15}$$

mit Rücksicht auf die Translationssymmetrie des Kristalles von $\boldsymbol{R}$ unabhängig ist. Für einen festen Wellenvektor $\boldsymbol{k}$ stellt Gl. (13.14) die Eigenwertgleichung der $(3s \times 3s)$-dimensionalen Matrix $B_{jj'}(\boldsymbol{k})$ dar, deren Eigenwerte durch den Index ℓ abgezählt werden: $\omega_\ell^2(\boldsymbol{k})$ mit $\ell = 1, 2, \dots, 3s$. Also besitzt ein Kristall mit s Atomen in der Elementarzelle gerade $3s$ – nicht notwendig verschiedene – Dispersionszweige.

Durch den Ansatz der ebenen Wellen, Gl. (13.13), ist der Wellenvektor $\boldsymbol{k}$ nur bis auf einen Vektor des reziproken Gitters definiert, denn wegen $\boldsymbol{G} \cdot \boldsymbol{R} = 2\pi g$ führen $\boldsymbol{k}$ und $\boldsymbol{k} + \boldsymbol{G}$ zum selben Ansatz, Gl. (13.13). Es genügt also, sich auf das Periodizitätsgebiet der Dispersionskurven zu beschränken. Dieses kann entweder der reduzierte Bereich sein, der durch

$$-\pi < \boldsymbol{k} \cdot \boldsymbol{a}_i \leq \pi, \quad i = 1, 2, 3 \tag{13.16}$$

definiert ist, oder die etwas anders geformte *Brillouin-Zone* (nach Léon Brillouin, 1889 – 1969, Abschn. 14.1), die das gleiche Volumen, aber eine kleinere Oberfläche besitzt.

Als Beispiel seien hier die Dispersionskurven von Silizium betrachtet. Si kristallisiert im Diamant-Gitter und hat die Gitterkonstante $a = 543.1$ pm. ▶Abb. 13.7 zeigt die erste Brillouin-Zone des fcc-Gitters (kubisch-flächenzentriertes Gitter). Geraden hoher Symmetrie sind Δ mit den Endpunkten Γ und X, Σ mit den Endpunkten Γ und K sowie Λ mit den Endpunkten Γ und L. Wegen $s = 2$ besitzt Si sechs Zweige von Dispersionskurven, die in ▶Abb. 13.8 angegeben sind. Die drei akustischen Zweige haben am Γ-Punkt (dem Zentrum der ersten Brillouin-Zone) die Energie null und sind längs Δ

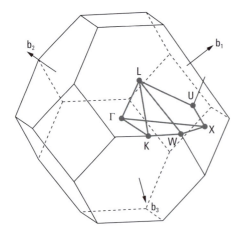

Abb. 13.7 Erste Brillouin-Zone des fcc-Gitters (kubisch-flächenzentriertes Gitter) mit einigen eingezeichneten Punkten hoher Symmetrie.

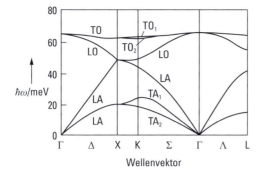

Abb. 13.8 Dispersion der Gitterschwingungen von Si. Aufgetragen ist hier die Schwingungsenergie $\hbar\omega$, wobei ω die Schwingungsfrequenz ist. Γ, X, K und L bezeichnen verschiedene Punkte und Δ, Σ und Λ verschiedene Geraden in der ersten Brillouin-Zone, die in ► Abb. 13.7 dargestellt ist. Bei der Verlängerung der Strecke von Γ nach K außerhalb der ersten Brillouin-Zone gelangt man zu einem zu X äquivalenten Punkt. L bzw. T bedeutet eine longitudinal bzw. transversal polarisierte Welle, A eine akustische Welle und O eine optische Welle.

und Λ entartet, d. h. es gibt dort nur einen longitudinal-akustischen Zweig LA und einen zweifachen transversal-akustischen Zweig TA, der längs Σ in die beiden Zweige TA_1 und TA_2 aufspaltet. LO bezeichnet den longitudinal-optischen Zweig, TO_1 und TO_2 die beiden transversal-optischen Zweige.

Die Steigung der akustischen Zweige am Γ-Punkt gibt die Schallgeschwindigkeit für transversal oder longitudinal polarisierte Schallwellen sehr großer Wellenlänge λ, d. h. für

$$\lambda \gg a \quad \text{bzw.} \quad \frac{2\pi}{\lambda} = |\boldsymbol{k}| \ll \frac{2\pi}{a}$$

an. Dort gilt genähert ein lineares Dispersionsgesetz, und man erkennt die Abhängigkeit der Schallgeschwindigkeit von der Ausbreitungsrichtung, die durch den Wellenvektor $\boldsymbol{k}$ gegeben ist.

Räumlich begrenzte Kristalle. In den bisherigen Überlegungen war stets die Voraussetzung enthalten, dass der Kristall unendlich ausgedehnt ist, denn ein realer endlicher Kristall erfüllt an den Oberflächen nicht die Periodizitätsbedingung. Bei endlichen Kristallen wird die Periodizitätsbedingung dadurch eingehalten, dass man periodische Randbedingungen einführt, indem man sich den ganzen Kristall periodisch bis ins Unendliche wiederholt denkt. Im eindimensionalen Fall entspräche das einer zu einem Ring geschlossenen linearen Kette. Die periodischen Randbedingungen führen nun dazu, dass der Wellenvektor $\boldsymbol{k}$ eine diskrete Variable wird. Um das zu erkennen, sei ein endlicher Kristall mit dem Volumen V betrachtet, der aus N^3 Elementarzellen bestehen möge: In den Richtungen $\boldsymbol{a}_1$, $\boldsymbol{a}_2$ und $\boldsymbol{a}_3$, seien jeweils N Elementarzellen nebeneinander, so dass $V = N\boldsymbol{a}_1 \cdot (N\boldsymbol{a}_2 \times N\boldsymbol{a}_3) = N^3\Omega$ ist (mit dem Volumen der Elementarzelle Ω). Das Kristallvolumen V heißt auch Grundgebiet und soll nun das Periodizitätsgebiet sein. Dann muss für den Ansatz ebener Wellen (Gl. (13.13)) die Periodizitätsbedingung

$$y_{\mathbf{R}+N\mathbf{a}_{ij}}(t) = y_{\mathbf{R}j}(t), \quad i = 1, 2, 3$$

gelten, was zur Bedingungsgleichung

$$\exp(iN\boldsymbol{k} \cdot \boldsymbol{a}_i) = 1 \quad \text{oder} \quad \boldsymbol{k} \cdot \boldsymbol{a}_i = 2\pi \frac{g_i}{N}, \quad g_i \text{ ganzzahlig}$$

führt. Drückt man $\boldsymbol{k}$ durch Basisvektoren des reziproken Gitters $\boldsymbol{b}_i$ aus, erhält man die diskreten Wellenvektoren

$$\boldsymbol{k} = \frac{g_1}{N}\boldsymbol{b}_1 + \frac{g_2}{N}\boldsymbol{b}_2 + \frac{g_3}{N}\boldsymbol{b}_3, \tag{13.17}$$

die von den ganzen Zahlen g_1, g_2 und g_3, abgezählt werden. Die Beschränkung auf den reduzierten Bereich, Gl. (13.16), führt dann zu

$$-\frac{N}{2} < g_i \leq \frac{N}{2}, \quad i = 1, 2, 3$$

so dass es nur endlich viele, nämlich N^3, verschiedene Wellenvektoren $\boldsymbol{k}$ im reduzierten Bereich oder in der Brillouin-Zone gibt. Für reale Kristalle wird N^3 pro Mol in der Größenordnung der Avogadro-Konstante N_A gewählt (d. h. $V \cong V_{Mol}$), so dass man auch von einer quasidiskreten Variablen sprechen kann.

Besteht ein endlicher Kristall also aus N^3 Elementarzellen, von denen jede s Atome enthält, gibt es gerade $3sN^3$ verschiedene Schwingungsfrequenzen, denn zu jedem der N^3 Wellenvektoren $\boldsymbol{k}$ gemäß Gl. (13.17) gibt es $3s$ Schwingungsfrequenzen aus den verschiedenen Dispersionszweigen. Die Größe $3sN^3$ ist andererseits auch die Anzahl der Freiheitsgrade aller sN^3 Atome des endlichen Kristalls.

Quantisierung der Gitterschwingungen. Bisher wurden die Gitterschwingungen als klassische ebene Wellen beschrieben, die sich mit verschiedenen Geschwindigkeiten im Kristall ausbreiten. Mathematisch besteht nun die Möglichkeit in das System gekoppelter Differentialgleichungen (Gl. (13.11)) Normalkoordinaten derart einzuführen, dass ein System ungekoppelter harmonischer Oszillatoren entsteht. Die Normalkoordinaten bedeuten aber nicht mehr die Auslenkung einzelner Gitteratome, sondern hängen von den Amplituden der verschiedenen möglichen ebenen Wellen ab. Im dreidimensionalen Fall entstehen $3sG$ verschiedene ungekoppelte harmonische Oszillatoren, die durch den Wellenvektor $\boldsymbol{k}$ und durch den Dispersionszweig $\omega_\ell(\boldsymbol{k})$ charakterisiert werden, denn es gibt $3s$ Dispersionszweige und $G = N^3$ verschiedene Wellenvektoren $\boldsymbol{k}$. Seien also $Q_{\ell\mathbf{k}}$ die Normalkoordinaten, so lautet das ungekoppelte Differentialgleichungssystem im allgemeinen dreidimensionalen Fall

$$\ddot{Q}_{\ell\mathbf{k}} + \omega_\ell^2(\boldsymbol{k})Q_{\ell\mathbf{k}} = 0. \tag{13.18}$$

Sind $P_{\ell\mathbf{k}}$ die zugehörigen kanonisch konjugierten Variablen, so ergibt sich die Hamilton-Funktion (Abschn. 2.3)

$$H = \sum_{\ell=1}^{3s} \sum_{\mathbf{k}}^{1...G} \left[\frac{1}{2M} P_{\ell\mathbf{k}}^2 + \frac{1}{2} M\omega_\ell^2(\boldsymbol{k})Q_{\ell\mathbf{k}}^2 \right],$$

wobei M die Gesamtmasse aller Gitterteilchen in der Elementarzelle ist. H ist also die Summe der Hamilton-Funktionen der einzelnen harmonischen Oszillatoren.

Diese ungekoppelten harmonischen Oszillatoren kann man nun als Bewegungen im Kristall betrachten, die primär quantenmechanisch zu beschreiben sind. Denn dank der Kopplung des Kristalls an die Umgebung ist zwar die räumliche Anordnung der Atome beobachtbar, aber prinzipiell nur mit einer gewissen Unschärfe. Bewegungen innerhalb des Unschärfebereichs folgen daher den Gesetzen der Quantenmechanik. Im Rahmen der Quantenmechanik hat jeder harmonische Oszillator ein äquidistantes Energiespektrum

$$E_{\ell\mathbf{k}}(n_{\ell\mathbf{k}}) = \hbar\omega_\ell(\mathbf{k})\left(n_{\ell\mathbf{k}} + \frac{1}{2}\right) \quad \text{mit} \quad n_{\ell\mathbf{k}} = 0, 1, 2, \ldots \quad (13.19)$$

Man kann also wie im Fall der elektromagnetischen Eigenschwingungen eines Hohlraums (Abschn. 2.6) nur Energiequanten $\hbar\omega_\ell(\mathbf{k})$ zu- oder abführen. Da die Gitterschwingungen die Ausbreitung von Schallwellen im Kristall ermöglichen, werden die Energiequanten analog zum Photon *Phononen* genannt. Ein Phonon hat also die Energie $\hbar\omega_\ell(\mathbf{k})$ und den Impuls $\hbar\mathbf{k}$. Häufig werden Phononen als *Quasiteilchen* bezeichnet, da ihnen kein klassisches Teilchen entspricht. Dank der Kopplung der Gitterschwingungen eines räumlich begrenzten Kristalls an die Umgebung einerseits und an Elektronenbewegungen im Kristall andererseits können Phononen erzeugt und vernichtet werden. Ähnlich wie das elektromagnetische Feld der Wärmestrahlung in einem Hohlraum als Photonengas betrachtet werden kann (Abschn. 8.1), lassen sich also auch die thermischen Schwingungen der Atome in einem Kristall als Phononengas behandeln. Die Phononen sind Bosonen und gehorchen der Bose-Einstein-Statistik. Es handelt sich also um ein Bose-Einstein-Gas (Abschn. 1.5).

Entsprechend der Anzahl der verschiedenen harmonischen Oszillatoren der Gitterschwingungen unterscheidet man $3sG$ verschiedene Phononen, die in $3s$ Dispersionszweigen zusammengefasst sind. Es gibt also z. B. *longitudinal-akustische Phononen* oder *transversal-optische Phononen* etc., je nachdem, zu welchem Dispersionszweig das Phonon gehört.

Neben den Phononen werden weitere Quasiteilchen zur modellhaften Beschreibung von Festkörpern genutzt. Dies sind die ebenfalls bosonischen *Exzitonen* (gebundene Elektron-Loch-Paare, Abschn. 13.4), *Magnonen* (quantisierte magnetische Spinwellen, Abschn. 15.3), *Plasmonen* (quantisierte Schwankungen der Ladungsträgerdichte in Halbleitern, Metallen und Isolatoren) und *Polaritonen* (Wechselwirkung zwischen einem Photon und einem Quasiteilchen). Fermionische Quasiteilchen sind beispielsweise die *Polaronen* (Quantisierung der lokalen Polarisation des Kristallgitters durch geladene Teilchen).

Elektron-Phonon-Wechselwirkung. Die Wechselwirkung der Phononen mit den Leitungselektronen eines Metalls oder Halbleiters lässt sich nun in gleicher Weise beschreiben wie die Wechselwirkung von Photonen mit freien Teilchen. Ausgehend von dem einfachen Modellbild freier Teilchen finden elastische Stöße von Phononen und Elektronen statt, bei denen Energie und Impuls ausgetauscht werden. Dabei können auch Phononen erzeugt oder vernichtet werden. Wenn beispielsweise ein elektrischer Strom in einem Leiter fließt, können daher die Leitungselektronen Energie an das Gitter abgeben. Der nach dem Ohm'schen Gesetz zu erwartende elektrische Widerstand kommt also durch Streuprozesse zustande, bei denen Phononen erzeugt und vernichtet werden. Die Feynman-Diagramme der beiden Elementarprozesse – Erzeugung und Vernichtung eines Phonons – zeigt ▶ Abb. 13.9. Dabei bedeuten E, E' bzw. $\mathbf{p}, \mathbf{p}'$ die Energien bzw. Impulse eines

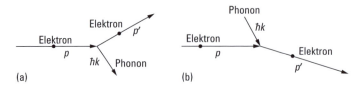

Abb. 13.9 Elektron-Phonon-Wechselwirkung; (a) Erzeugung, (b) Vernichtung eines Phonons.

Leitungselektrons vor und nach dem Stoß mit einem Phonon. Im Fall der Erzeugung eines Phonons (▶ Abb. 13.9a) lauten Energie- und Impulssatz

$$E = E' + \hbar\omega_\ell(\boldsymbol{k}), \quad \boldsymbol{p} = \boldsymbol{p}' + \hbar\boldsymbol{k},$$

und bei der Vernichtung eines Phonons (▶ Abb. 13.9b) gilt entsprechend

$$E + \hbar\omega_\ell(\boldsymbol{k}) = E', \quad \boldsymbol{p} + \hbar\boldsymbol{k} = \boldsymbol{p}'.$$

In beiden Fällen können Energie- und Impulssatz nicht gleichzeitig für freie Teilchen erfüllt sein. Wie im Fall der elektromagnetischen Wechselwirkung entspricht also auch hier mindestens eine Linie einem virtuellen Teilchen (Abschn. 12.1).

Der elektrische Widerstand ergibt sich aus der Summierung der Stoßprozesse mit allen akustischen Phononen, während die optischen Phononen einen sehr viel geringeren Einfluss auf den elektrischen Widerstand haben. Bei tiefen Temperaturen spielt bei Metallen und Halbleitern außerdem noch die Streuung an Störstellen eine Rolle.

Bei dem Impulssatz ist allerdings zu beachten, dass der Wellenvektor $\boldsymbol{k}$ im reduzierten Bereich gewählt wurde. Ergibt sich bei einem solchen Stoß ein Wellenvektor außerhalb des reduzierten Bereiches, so ist jeweils der äquivalente Wellenvektor im reduzierten Bereich zu nehmen. Daher muss der Impulssatz allgemeiner wie folgt geschrieben werden:

$$\boldsymbol{p} = \boldsymbol{p}' + \hbar\boldsymbol{k} + \hbar\boldsymbol{G} \qquad \text{bei Erzeugung eines Phonons,}$$
$$\boldsymbol{p} + \hbar\boldsymbol{k} + \hbar\boldsymbol{G} = \boldsymbol{p}' \qquad \text{bei Vernichtung eines Phonons,}$$

wobei $\boldsymbol{G}$ ein Vektor des reziproken Gitters ist, der einen beliebigen Punkt in einen äquivalenten Punkt im reduzierten Bereich überführt. Solche Prozesse, bei denen ein Vektor des reziproken Gitters beteiligt ist, werden als *Umklappprozesse* bezeichnet. Sie spielen bei der elektrischen Leitfähigkeit nur eine untergeordnete Rolle. Anschaulich kann man sich die Entstehung von Umklappprozessen dadurch vorstellen, dass das als Welle aufgefasste Phonon noch zusätzlich elastisch am Kristallgitter gestreut wird. Dies steht in Analogie zur Bragg-Reflexion, bei der ein als Welle aufgefasstes Elektron elastisch am Kristallgitter gestreut wird.

Photon-Phonon-Wechselwirkung. Strahlt man in einen Kristall Licht der Wellenlänge λ ein, so können die Photonen ebenfalls in Wechselwirkung mit den Gitterschwingungen treten und Phononen erzeugen, wobei wieder Energie- und Impulssatz gelten müssen. Nun ist aber der Impuls der Photonen $\hbar/\lambda$ sehr klein gegen den Phononenimpuls $\hbar\boldsymbol{k}$, denn die Wellenlänge der Photonen liegt im sichtbaren Bereich zwischen 400 und 800 nm, wohingegen die Wellenzahl der Phononen $|\boldsymbol{k}|$ durch die Größenordnung der Gitterkonstanten, also einiger $0.1\,\mathrm{nm}$, bestimmt ist. Daher kann im Impulssatz der Impuls des Photons vernachlässigt werden.

Bei der Absorption eines Photons können aber auch zwei Phononen erzeugt werden, deren Impulse dann näherungsweise entgegengesetzt gleich sein müssen:

$$h\nu = \hbar\omega_{\ell 1}(\boldsymbol{k}_1) + \hbar\omega_{\ell 2}(\boldsymbol{k}_2), \quad \hbar\boldsymbol{k}_1 + \hbar\boldsymbol{k}_2 \approx 0.$$

Prozesse dieser Art führen z. B. zur Verbreiterung von Absorptionslinien, indem etwa gleichzeitig mit dem optischen Phonon noch ein akustisches Phonon erzeugt wird. Die Beteiligung von akustischen Phononen führt allgemein zu breiteren Banden, während durch optische Phononen scharfe Linien entstehen. Meist ist die Absorption im Bereich des optischen Zweiges so stark, dass sie direkt auf optischem Weg nur an sehr dünnen Plättchen gemessen werden kann. Einfacher ist es, man misst die Reflexion, die in der Nähe des Transmissionsminimums ein Maximum hat. Bei wiederholter Reflexion bleibt schließlich nur noch eine Frequenz im Lichtstrahl übrig: die Reststrahlenfrequenz.

Phonon-Phonon-Wechselwirkung. Oft kommt es auch vor, dass ein Photon im Kristall nur einen Teil seiner Energie abgibt, um ein oder mehrere Phononen zu erzeugen. Sendet z. B. ein irgendwie angeregtes Leuchtzentrum im Kristall ein Photon aus, so werden bei der spektroskopischen Untersuchung des Fluoreszenzlichtes neben der ursprünglichen Spektrallinie eine ganze Reihe von *Phononensatelliten* beobachtet. Dies geht so weit, dass bei höheren Temperaturen i. A. überhaupt keine scharfen Linien, sondern nur noch breite Banden gefunden werden. Ist $h\nu$ die freiwerdende Energie des Leuchtzentrums und $\lambda' = c/\nu'$ die im Detektor beobachtete Wellenlänge, so lautet der Energiesatz bei Erzeugung eines Phonons $h\nu' = h\nu - \hbar\omega_\ell(\boldsymbol{k})$, so dass die Energie der Phononensatelliten immer niedriger ist als die der ursprünglichen Linie. Die Impulserhaltung wird hierbei dadurch gewährleistet, dass der Vorgang an einem festen Zentrum im Kristall stattfindet, welches einen beliebigen Impuls aufnehmen und auf den gesamten Kristall übertragen kann. Außerdem können auch mehrere gleiche oder verschiedene Phononen erzeugt werden, z. B.

$h\nu = h\nu' + 2\hbar\omega_\ell(\boldsymbol{k})$	Erzeugung von 2 gleichen Phononen
$h\nu = h\nu' + 3\hbar\omega_\ell(\boldsymbol{k})$	Erzeugung von 3 gleichen Phononen
$h\nu = h\nu' + 4\hbar\omega_\ell(\boldsymbol{k})$	Erzeugung von 4 gleichen Phononen
$h\nu = h\nu' + \hbar\omega_{\ell 1}(\boldsymbol{k}_1) + \hbar\omega_{\ell 2}(\boldsymbol{k}_2)$	Erzeugung von 2 verschiedenen Phononen, etc.

Phononen können auch untereinander Stoßprozesse ausführen, wobei wieder Energie- und Impulssatz gelten müssen. Die Wechselwirkung kommt dabei durch kleine anharmonische Glieder in der Kopplung benachbarter Gitteratome zustande. Denn die Annahme rein harmonischer Schwingungen, die zum Phononenbegriff geführt hatte, ist natürlich nur eine Näherungsannahme. Die beiden wichtigsten Stoßprozesse, die bei der Wärmeleitung eine Rolle spielen, sind

1. Vernichtung zweier Phononen und Erzeugung eines Phonons:
   $\hbar\omega_{\ell 1}(\boldsymbol{k}_1) + \hbar\omega_{\ell 2}(\boldsymbol{k}_2) = \hbar\omega_{\ell 3}(\boldsymbol{k}_3), \quad \hbar\boldsymbol{k}_1 + \hbar\boldsymbol{k}_2 = \hbar\boldsymbol{k}_3 + \hbar\boldsymbol{G}$
2. Vernichtung eines Phonons und Erzeugung zweier Phononen:
   $\hbar\omega_{\ell 1}(\boldsymbol{k}_1) = \hbar\omega_{\ell 2}(\boldsymbol{k}_2) + \hbar\omega_{\ell 3}(\boldsymbol{k}_3), \quad \hbar\boldsymbol{k}_1 = \hbar\boldsymbol{k}_2 + \hbar\boldsymbol{k}_3 + \hbar\boldsymbol{G}.$

Im Impulssatz ist jeweils ein Vektor des reziproken Gitters hinzugefügt, da die Umklappprozesse bei der Phonon-Phonon-Streuung eine besondere Rolle spielen. Nur durch sie ist es nämlich zu erklären, dass sich in Kristallen die Wärme nicht mit Schallgeschwindigkeit sondern sehr viel langsamer ausbreitet. Hat im 1. Fall z. B. der Vektor des reziproken Gitters eine Komponente in Richtung des Wärmestromes, so kann aus zwei Phononen mit Komponenten in Richtung des Wärmestromes ein Phonon mit einer Komponente in der umgekehrten Richtung entstehen.

13.3 Bändermodell

Ausgehend von der Annahme, dass die Atomkerne eines Kristalls mit endlicher Ausdehnung auf vorgegebenen Positionen im Kristallgitter fixiert sind (clamped-nuclei-approximation, Abschn. 7.5), können die quantenmechanischen Eigenzustände des Vielelektronensystems eines solchen „Riesenmoleküls" prinzipiell nach den Gesetzen der Quantenmechanik berechnet werden. In der Praxis ist man natürlich auf Näherungsverfahren angewiesen. Es liegt nahe, wie in der Atom- und Molekülphysik (Abschn. 4.1 oder auch in Bezug auf die Nukleonen wie beim Schalenmodell der Kernphysik, Abschn. 9.4) zunächst von der Annahme auszugehen, dass sich die Elektronen unabhängig voneinander in einem gemittelten Potential bewegen, das von den Kernladungen und den Ladungen der anderen Elektronen erzeugt wird. Ein solches Kristallpotential $V_K(r)$ hat die Periodizität und Symmetrie des Kristallgitters. In ▶ Abb. 13.10 ist ein solches Kristallpotential (auch mit dem Synonym *Kristallfeld* bezeichnet) schematisch dargestellt.

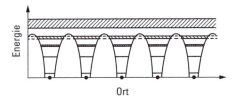

Abb. 13.10 Schematische Darstellung der Energiebänder von Kristallen. Die Punkte zeigen die Lagen der Atomkerne an, der Nullpunkt der Energieskala ist willkürlich.

Einelektronzustände. Die Eigenzustände eines Elektrons im Kristallpotential wurden bereits 1928 von Felix Bloch (1905 – 1983, Nobelpreis 1952) in seiner Dissertation berechnet. Wie bei den freien Atomen gibt es einerseits die Elektronen der abgeschlossenen Schalen (Rumpfelektronen), deren Aufenthaltswahrscheinlichkeit in der Nähe der Atomkerne konzentriert ist, und andererseits die Valenzelektronen mit einer gleichmäßiger über den Kristall verteilten Aufenthaltswahrscheinlichkeit. Die Energieniveaus der Rumpfelektronen unterscheiden sich dementsprechend nur wenig von denjenigen der freien Atome, da sich auch das Kristallfeld in der Nähe der Kerne nur wenig von dem der freien Atome unterscheidet.

Dennoch erstrecken sich die Zustandsfunktionen der Rumpfelektronen über den gesamten Kristall und sind nicht bei bestimmten Atomkernen lokalisiert. Denn dank des Tunneleffekts (Abschn. 1.3) gibt es zwischen den Potentialtrichtern bei den Atomkernen keine unüberwindlichen Barrieren. Wie die Einelektronzustände des H_2^+-Molekülions (Abschn. 6.3) ergeben sich auch die Einelektronzustände der Rumpfelektronen im Kristall durch Superposition der Zustände lokalisierter Elektronen. Bei der Berechnung der Ener-

URL für QR-Code: www.degruyter.com/baender

giewerte der Einelektronzustände ist deshalb auch eine schwache Kopplungsenergie zu berücksichtigen, deren Vorzeichen und Größe von der Art der Superposition abhängt. Statt eines einfachen Energieniveaus wie beim freien Atom ergibt sich daher für einen Kristall mit N Atomen ein Multiplett von N eng benachbarten Energieniveaus. Da $N \approx N_A$ eine sehr große Zahl ist, kann das Multiplett als schmales *Energieband* mit einer Breite δE und einer (mittleren) Zustandsdichte $Z(E) = N/\delta E$ beschrieben werden.

Die Einelektronzustände der Valenzelektronen lassen sich grundsätzlich in gleicher Weise wie die Einelektronzustände der Rumpfelektronen berechnen. Während aber bei den Rumpfelektronen die Kopplungsenergie $\delta E \ll \Delta E$ sehr viel kleiner als der Energieabstand zu benachbarten Niveaus ist, sind bei Valenzelektronen δE und ΔE von gleicher Größenordnung. Die Kopplung kann daher nicht mehr als kleine Störung behandelt werden. Bei vielen Kristallen ergeben sich zwischen den verschiedenen Bändern der Eigenzustände von Valenzelektronen Energielücken von der Größenordnung 0.1 bis 10 eV. Verschiedene Energiebänder können sich aber auch energetisch überlappen. Bei kleiner Energielücke können Übergänge von einem Band ins andere Band durch Absorption von Phononen induziert werden, bei großer Energielücke durch Absorption von Photonen im optischen Bereich. Bei gestörter Kristallsymmetrie gibt es zusätzlich diskrete Niveaus in der Energielücke, woraus sich eine Vielfalt infraroter Spektren ergibt. Die genaue Kenntnis der Energiebänder ist die Grundlage, um alle diese Eigenschaften richtig zu verstehen.

Die Einteilung der Elektronen eines Kristalls in Valenzelektronen und Rumpfelektronen ist nicht scharf. Da mit der Kristallstruktur die sphärische Symmetrie des Potentials $V(r)$ freier Atome gebrochen wird, unterscheidet sich die Energieniveaustruktur eines Kristalls im oberen Energiebereich grundlegend von der Energieniveaustruktur freier Atome. Dennoch ist diese Einteilung für eine grobe Orientierung bei der Behandlung von Problemen der Festkörperphysik nützlich.

Bloch-Zustände. Zur genaueren Berechnung der Bandstruktur im Energiebereich der Valenzelektronen ist die Schrödinger-Gleichung im Kristallfeld $V(r)$ zu lösen. Sie lautet

$$\left(-\frac{\hbar^2}{2m_e} \Delta + V(r) \right) \psi(r) = E \psi(r), \tag{13.20}$$

wobei das Kristallpotential mit der Elementarzelle periodisch ist:

$$V(r + R) = V(r). \tag{13.21}$$

Hierbei bezeichnet R wieder einen Gittervektor. Da mit dem Potential $V(r)$ auch der Hamilton-Operator in Gl. (13.20) gitterperiodisch ist, gilt das sogenannte *Bloch-Theorem*:

$$\psi_n(k, r + R) = \psi_n(k, r) \exp(\mathrm{i} k \cdot R) \tag{13.22}$$

und man kann die Eigenfunktionen aus Gl. (13.20) mit dem Wellenvektor k charakterisieren. Dabei werden mit $\psi_n(k, r)$ die verschiedenen Eigenfunktionen bei festgehaltenem Wellenvektor bezeichnet. Aufgrund des Bloch-Theorems lassen sich die Eigenfunktionen in Form der sogenannten *Bloch-Funktionen* bzw. *Bloch-Zustände*

$$\psi_n(k, r) = u_n(k, r) \exp(\mathrm{i} k \cdot r); \quad u_n(k, r + R) = u_n(k, r) \tag{13.23}$$

schreiben, wobei die u_n gitterperiodisch sind. Verwendet man im Bloch-Theorem (Gl. (13.22)) anstelle des Wellenvektors k den Vektor $k + G$ (mit dem reziproken Gittervektor G), so erhält man wegen $\exp(iG \cdot R) = 1$

$$\psi_n(k + G, r + R) = \psi_n(k + G, r)\exp(i(k + G)\cdot R)$$
$$= \psi_n(k + G, r)\exp(ik \cdot R),$$ (13.24)

so dass zwischen k und $k + G$ nicht unterschieden werden muss. Es genügt also, k auf den reduzierten Bereich

$$-\pi < k \cdot a_i \le \pi; \quad i = 1, 2, 3$$

zu beschränken, wobei a_1, a_2 und a_3 die Elementarzelle aufspannen. Anstelle des reduzierten Bereiches wird meist die volumengleiche erste Brillouin-Zone verwendet, die so definiert ist, dass für k innerhalb der ersten Brillouin-Zone $|k| \le |k + G|$ gilt, wo G ein beliebiger reziproker Gittervektor ist (▶ Abb. 13.7). Im Gegensatz dazu gilt für den reduzierten Bereich entsprechend $|k \cdot a_i| \le |(k + G)\cdot a_i|$ für $i = 1, 2, 3$. Die Bloch-Funktionen (Gl. (13.23)) sind normierbar, wenn man ein endliches Volumen, das Grundgebiet $V = N^3 \Omega$ einführt, wobei N^3 pro Mol in der Größenordnung der Avogadro-Konstanten N_A liegt und Ω wieder das Volumen der Elementarzelle bezeichnet. Dann gilt

$$1 = \int_V |\psi_n(k, r)|^2 d^3 r = N^3 \int_\Omega |u_n(k, r)|^2 d^3 r.$$ (13.25)

Zur Erfüllung der Periodizitätsbedingung (Gl. (13.21)) werden periodische Randbedingungen für das Grundgebiet V in der Form

$$\psi_n(k, r + N a_i) = \psi_n(k, r); \quad i = 1, 2, 3$$ (13.26)

angesetzt, wobei das Volumen V von den Vektoren $N a_1$, $N a_2$ und $N a_3$ aufgespannt wird. Einsetzen der Bloch-Funktionen (Gl. (13.23)) in Gl. (13.26) liefert dann die Bedingung

$$N a_i \cdot k = 2\pi g_i \quad \text{mit} \quad g_i = \text{ganze Zahl}, \quad i = 1, 2, 3.$$

Dadurch lässt sich der Wellenvektor in der Form

$$k = \frac{g_1}{N}b_1 + \frac{g_2}{N}b_2 + \frac{g_3}{N}b_3 \quad \text{mit} \quad -\frac{N}{2} \le g_i < \frac{N}{2}; \quad i = 1, 2, 3$$ (13.27)

schreiben. Durch die Beschränkung der g_i erhält man gerade N^3 diskrete äquidistante Wellenvektoren im reduzierten Bereich (Gl. (13.27)), bzw. in der ersten Brillouin-Zone. Wegen $N \gg 1$ bezeichnet man k auch als einen quasidiskreten Vektor, der in vielen Fällen durch eine kontinuierliche Größe ersetzt werden kann. Das Volumen des reduzierten Bereiches bzw. der ersten Brillouin-Zone ist $8\pi^3/\Omega$, so dass für jeden der $N^3 = V/\Omega$ Wellenvektoren das Volumen $8\pi^3/V$ zur Verfügung steht. Die Dichte der Wellenvektoren in der ersten Brillouin-Zone ist somit $V/8\pi^3$.

Setzt man die Bloch-Funktionen (Gl. (13.23)) in die Schrödinger-Gleichung (Gl. (13.20)) ein, so ergibt sich:

$$\left[-\frac{\hbar^2}{2m_e}\Delta - \mathrm{i}k\,\frac{\hbar^2}{m_e}\cdot\nabla + \frac{\hbar^2 k^2}{2m_e} + V(r)\right] u_n(k,r) = E_n(k)u_n(k,r)\,. \quad (13.28)$$

Daraus wird nun ersichtlich, dass die Energieeigenwerte $E_n(k)$ der Energieniveaus direkt vom Wellenvektor k abhängen müssen, also praktisch Energiebänder sind. Andererseits gehört zu jedem festen k ein ganzes Spektrum diskreter Energieniveaus, und es gibt eine ganze Reihe von Energiebändern $E_n(k)$. Dabei unterscheidet der Index n die einzelnen Energiebänder und k zählt die Zustände in einem Band ab. Als Beispiel sind in ▶Abb. 13.11 die berechneten Energiebänder von InSb-, ZnS- und KCl-Kristallen dargestellt. Für viele Zwecke genügt es, die Energiebänder entlang bestimmter Geraden hoher Symmetrie, wie sie in ▶Abb. 13.7 angegeben sind, zu kennen. Die einzelnen Bänder werden durch die Symmetrieeigenschaften der Elektronenzustände in der ersten Brillouin-Zone unterschieden. So bezeichnet z. B. Γ_{15} in ▶Abb. 13.11 ein bei Γ (also bei $k=0$) dreifach entartetes Energieniveau, das auf der Geraden von Γ nach X in zwei Bänder aufspaltet.

Bei allen drei in ▶Abb. 13.11 gezeigten Energiebändern tritt eine *Energielücke* auf, also ein Energiebereich, in dem keine Zustände liegen. Das Erscheinen solcher Energielücken ist zu erwarten, wenn man an die Enstehung der Energiebänder bei den Rumpfelektronen denkt. Man kann sich das Auftreten von Energielücken aber auch unmittelbar aus Gl. (13.28) verständlich machen. Die Energien in der Energielücke gehören nämlich zu Lösungen der Schrödinger-Gleichung mit komplexem k. Die zugehörigen Wellenfunktionen (Gl. (13.23)) erfüllen aber nicht die Bloch-Bedingung (Gl. (13.22)), die ein reelles k verlangt. Diese Zustände sind daher physikalisch verboten.

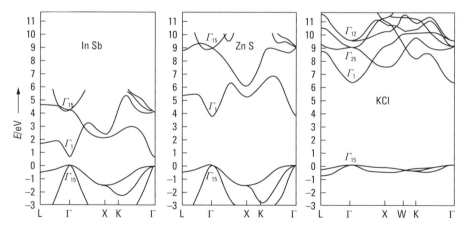

Abb. 13.11 Energiebänder von InSb, ZnS und KCl als Beispiele für III-V-, II-VI- bzw. I-VII-Verbindungen. Die Bandlücke von InSb (Indiumantimonid) beträgt ca. 0.2 eV, von ZnS (Zinksulfid) ca. 3.6 eV und die Bandlücke des Isolators KCl (Kaliumchlorid) ca. 6.2 eV (experimenteller Wert ca. 8.7 eV).

Besetzung der Einelektronzustände. Bei der Besetzung der Einelektronzustände ist das Pauli-Prinzip zu beachten (Abschn. 2.4). Die Besetzungsverteilung im thermi-

schen Gleichgewicht ist dann eine Funktion der Temperatur. Bei den drei Kristallen in
► Abb. 13.11 sind alle Zustände bis zur Unterkante der Energielücke Δ vollständig mit
Elektronen besetzt, wenn $k_B T \ll \Delta$ ist. Diese Bänder unterhalb der Energielücke heißen
Valenzband. Alle Zustände oberhalb der Energielücke sind unbesetzt. Diese Bänder heißen
Leitungsband. Meistens wird nur das tiefste Leitungsband und das höchste Valenzband
betrachtet, und man spricht dann einfach von dem Leitungsband und dem Valenzband.
In ► Abb. 13.11 ist der Nullpunkt der Energieskala willkürlich an die Oberkante des
Valenzbandes gelegt worden.

Das elektrische Verhalten der Kristalle und damit die Einteilung in Metalle, Halbleiter
und Isolatoren hängt eng mit der Struktur der Energiebänder zusammen. Ein elektrischer
Strom kann nämlich nur fließen, wenn in einem Band die Zustände teilweise mit Elektronen
besetzt und teilweise leer sind. Denn die Einelektronzustände sind an das Kristallgitter
räumlich gebunden. Ein elektronischer Ladungstransport ist daher nur möglich, wenn
Elektronen von einem Zustand zu einem anderen wechseln können.

> Ein vollständig mit Elektronen besetztes Valenzband kann nicht zur elektrischen Leit-
> fähigkeit beitragen.

Die Elektronen eines vollständig besetzten Valenzbandes verhalten sich so wie Elektronen, die fest an einen Kern gebunden sind. Ist jedoch die Energielücke zwischen Valenz-
und Leitungsband sehr klein oder liegen durch Verunreinigungen der Kristalle in der
Bandlücke erlaubte Energieniveaus, so können bei höheren Temperaturen Elektronen in
das Leitungsband angeregt werden. Ist Δ die zu überspringende Energiedifferenz, so
sind die höheren Zustände proportional zu $\exp(-\Delta/k_B T)$ besetzt. Die Elektronen im
Leitungsband führen dann zu einer elektrischen Leitfähigkeit, die proportional zur Anzahl
der Elektronen ist und damit mit der Temperatur zunimmt. Diese Kristalle (z. B. InSb und
ZnS) werden Halbleiter genannt im Unterschied zu den Metallen, bei denen die elektrische
Leitfähigkeit mit der Temperatur abnimmt.

Zur Illustration ist in ► Abb. 13.12 die Energiebandstruktur eines Metalls schematisch
dargestellt. Die Grenze, bis zu der die Energieniveaus mit Elektronen besetzt sind, ist hier
als Fermi-Energie E_F eingezeichnet. Das Leitungsband ist bei Metallen teilweise mit Elektronen gefüllt. Bei den Metallen der ersten Haupt- und Nebengruppe des Periodensystems
entsteht das Leitungsband aus den Energieniveaus der äußeren s-Elektronen der freien

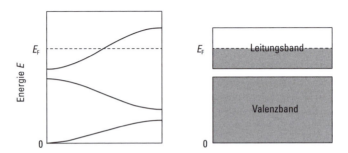

Abb. 13.12 Schematische Energiebandstruktur eines Metalls. Während die Zustände des Valenzbandes vollständig besetzt sind, ist das Leitungsband nur bis zur Fermi-Energie E_F gefüllt.

Atome. Da jedes s-Niveau zwei Spinzustände hat, aber nur mit einem Valenzelektron besetzt ist, ist bei diesen Metallen genau die Hälfte der Zustände im Leitungsband besetzt. Da bei allen Metallen das Leitungsband nur teilweise besetzt ist, haben Metalle eine große elektrische Leitfähigkeit.

Kopplung der Leitungselektronen an die Umgebung. Elektrische Leiter haben einen Ohm'schen Widerstand. Wenn ein elektrischer Strom fließt, finden also dissipative Prozesse statt. Diese irreversibel ablaufenden Prozesse können nicht im Rahmen einer rein dynamischen Theorie wie der Quantenmechanik erklärt werden. Es kommt vielmehr auf die Kopplung des Quantenobjekts an die Umgebung an, die spontane Übergänge zwischen den Eigenzuständen des Quantenobjekts ermöglicht.

Die thermische Kopplung eines Kristalls an die Umgebung erfolgt hauptsächlich über einen Austausch von Phononen, d. h. über die Kopplung der Gitterschwingungen an die Umgebung. Daher hängt die elektrische Leitfähigkeit eines Metalls wesentlich von der Kopplung der Elektronenzustände an die Gitterschwingungen ab oder – in der Sprache der Quantenphysik – von der Elektron-Phonon-Kopplung und der Temperatur der Gitterschwingungen. Mit zunehmender Temperatur wächst die thermische Energie der Gitterschwingungen und damit auch ihr störender Einfluss auf die quantendynamische Entwicklung der Elektronenzustände. Die elektrische Leitfähigkeit von Metallen nimmt daher mit wachsender Temperatur ab.

Elektronengas. Als Elektronengas bezeichnet man ein System von N Elektronen in einem endlichen Volumen $\mathcal{V}$, die von einem äußeren Potential $V(\boldsymbol{r})$ eingeschlossen sind. Unter der Annahme, dass sich alle Elektronen unabhängig voneinander in einem effektiven Potential bewegen, kann man insbesondere die Leitungselektronen der Metalle als ein Elektronengas auffassen. In der einfachen Näherung des *homogenen Elektronengases* wird als Potential ein Kastenpotential angenommen, das innerhalb des Kristallvolumens $\mathcal{V}$ den konstanten Wert $V(\boldsymbol{r}) = V_0$ hat. Die Schrödinger-Gleichung des zugehörigen Hamilton-Operators hat als Lösungen die ebenen Wellen

$$\psi(\boldsymbol{k}, \boldsymbol{r}) = \frac{1}{\sqrt{\mathcal{V}}} \exp(\mathrm{i}\boldsymbol{k} \cdot \boldsymbol{r}) \,, \tag{13.29}$$

die als einfache Form einer Bloch-Funktion (Gl. (13.23)) anzusehen sind. Nach dem Pauli-Prinzip kann jeder der Zustände von Gl. (13.29), die durch die Wellenvektoren $\boldsymbol{k}$ nach Gl. (13.27) unterschieden werden, mit zwei Elektronen besetzt sein. Im Grundzustand sind alle Zustände innerhalb der sogenannten *Fermi-Kugel* (benannt nach Enrico Fermi, 1901 – 1954, Nobelpreis 1938) $|\boldsymbol{k}| \leq k_{\mathrm{F}}$ mit Elektronen besetzt und alle Zustände außerhalb der Fermi-Kugel unbesetzt (▶Abb. 13.13). Der Radius der Fermi-Kugel k_{F} bestimmt sich aus der Elektronenzahl N gemäß:

$$k_{\mathrm{F}} = (3\pi^2 n)^{1/3} \,, \tag{13.30}$$

wobei $n = N/\mathcal{V}$ die Elektronendichte bezeichnet. Die obersten besetzten Energieniveaus haben die *Fermi-Energie*

$$E_{\mathrm{F}} = \frac{\hbar^2 k_{\mathrm{F}}^2}{2m_{\mathrm{e}}} \tag{13.31}$$

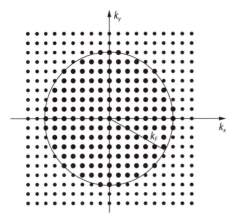

Abb. 13.13 Im Inneren der Fermi-Kugel mit dem Radius k_F bezeichnen die diskreten Wellenvektoren mit je zwei Elektronen besetzte Zustände (●), während die Zustände mit k-Vektoren außerhalb unbesetzt sind (•). Der Abstand zweier Wellenvektoren beträgt $2\pi/L$ mit $L^3 = \mathcal{V}$.

als kinetische Energie. Wenn im Rahmen des Modells des homogenen Elektronengases auch die Coulomb-Wechselwirkung der Elektronen untereinander berücksichtigt wird, kann auch deutlich gemacht werden, dass – wie bei der kovalenten Bindung – auch bei der metallischen Bindung die Austauschwechselwirkung entscheidend für die Bindungsenergie ist.

Zustandsdichte des freien Elektronengases. Im Grenzfall unendlicher räumlicher Ausdehnung kann die Energie der Elektronenzustände kontinuierlich variieren. Dementsprechend kann eine Zustandsdichte $D(E)$ für das freie Elektronengas berechnet werden (Abschn. 10.4). Man erhält: $D(E) = m_e^{3/2}\sqrt{2E}/(\pi^2\hbar^3)$. Die Zustandsdichte ändert sich drastisch, wenn sich das Elektronengas in einem äußeren Magnetfeld $\boldsymbol{B}$ befindet. In der Ebene senkrecht zum Magnetfeld bewegen sich die Elektronen gemäß der klassischen Mechanik dann auf Kreisbahnen mit der Zyklotronfrequenz $\omega_c = e_0 B/m_e$. Im Rahmen einer quantenmechanischen Beschreibung ist diese Kreisbewegung zu quantisieren. Ein zweidimensionales Elektronengas, bei dem die Bewegung der Elektronen in einer Raumdimension eingeschränkt ist, hat daher kein kontinuierliches Spektrum, sondern diskrete Energieniveaus $E_n = (n + 1/2)\hbar\omega_c$. Jedes dieser *Landau-Niveaus* (Abschn. 13.4) ist hochgradig entartet. Es gibt pro Fläche zu jedem Niveau $\nu(B) = e_0 B/h$ Zustände. Ein dreidimensionales Elektronengas hat zwar auch im Magnetfeld ein kontinuierliches Spektrum, aber die Zustandsdichte ändert sich auch hier periodisch mit der Energie mit markanten Maxima bei den Landau-Niveaus. Der Einfluss eines Magnetfelds auf die Zustandsdichte von Elektronengasen ist von entscheidender Bedeutung sowohl für den *De-Haas-van-Alphen-Effekt* als auch für den *Quanten-Hall-Effekt* (Abschn. 13.4).

Plasmaschwingungen. Das *homogene Elektronengas* stellt ein einfaches Modell eines Metalles dar, mit dem sich einige Eigenschaften in einfacher Weise interpretieren lassen. Bei einem solchen Elektronengas führen z. B. Dichteschwankungen zu den *Plasmaschwingungen*, die bei der Durchstrahlung dünner Metallfolien mit Elektronen beobachtet werden. Ein Elektronenstrahl erfährt bei der Energie der Plasmaschwingung $\hbar\omega_p$ einen messbaren Energieverlust. Sei $\rho(\boldsymbol{r},t)$ die Ladungsdichte, die durch Abweichung von der homogenen Elektronendichte n auftritt, so ist damit ein elektrisches Feld $\boldsymbol{E}$ gemäß der Maxwell-Gleichung $\nabla \cdot \boldsymbol{E} = \rho/\varepsilon_0$ verknüpft, das wiederum die Elektronen nach dem Grundgesetz der Mechanik (Bd. 1) $m_e \dot{v} = -e_0 E$ beschleunigt. Für die elektrische Stromdichte $j = -e_0 n v$ folgt daraus

$$\nabla \cdot \frac{\mathrm{d} j}{\mathrm{d} t} = -e_0 n \nabla \cdot \frac{\mathrm{d} v}{\mathrm{d} t} = \frac{e_0^2}{m_e} n \nabla \cdot E = \frac{e_0^2}{m_e \varepsilon_0} n \rho. \tag{13.32}$$

Aus der Kontinuitätsgleichung der Ladungserhaltung folgt dann eine Schwingungsgleichung für die Ladungsdichte ρ:

$$0 = \frac{\mathrm{d} \rho}{\mathrm{d} t} + \nabla \cdot j; \qquad \frac{\mathrm{d}^2 \rho}{\mathrm{d} t^2} + \frac{e_0^2}{m_e \varepsilon_0} n \rho = 0, \tag{13.33}$$

woraus sich die Plasmafrequenz

$$\omega_p = \left(\frac{e_0^2 n}{m_e \varepsilon_0} \right)^{1/2} \tag{13.34}$$

ergibt. Für Gold mit $n = 5.9 \cdot 10^{28} \, \mathrm{m}^{-3}$ folgt beispielsweise für die Schwingungsenergie $\hbar \omega_p = 9.0 \, \mathrm{eV}$.

Optische Spektroskopie an Festkörpern. Ebenso wie an freien Atomen und Molekülen kann man auch an Festkörpern Licht streuen. Anders als bei der Lichtstreuung an freien atomaren Teilchen ist bei der Lichtstreuung an Festkörpern zu berücksichtigen, dass die angeregten Elektronenzustände nicht nur durch Emission von Photonen zerfallen können, sondern auch durch Emission von Phononen. Tatsächlich zerfallen die meisten angeregten Elektronenzustände sehr viel schneller durch Emission von Phononen als durch Emission von Photonen. Nur die angeregten Elektronenzustände mit Energien an der unteren Bandkante sind bezüglich Phononenemission stabil und zerfallen deshalb unter Emission von Photonen.

Dieses Zusammenwirken von Phononen- und Photonenemission veranschaulicht das *Jabłoński-Diagramm* (benannt nach Aleksander Jabłoński, 1898 – 1980; ▶ Abb. 13.14). In einem Jabłoński-Diagramm sind auf der Ordinate die Energien der Potentialminima der verschiedenen Elektronenzustände und der jeweils korrespondierenden Schwingungszustände aufgetragen, während die Abszisse keine physikalische Bedeutung hat. Es sind lediglich verschiedene angeregte Zustände gleicher Energie nebeneinander dargestellt. Zu unterscheiden sind dabei insbesondere Singulettzustände S_i und Triplettzustände T_i einzelner im Kristall eingelagerter Moleküle sowie hochangeregte Vibrationszustände.

Bei Einstrahlung von elektromagnetischen Wellen werden Elektronen durch die Absorption der Energie des eingestrahlten Photons aus ihrem Grundzustand in energetisch höher liegende Zustände angeregt. Die Relaxation in den Grundzustand kann auf unterschiedlichen Wegen erfolgen. In den meisten Fällen erfolgt sie *strahlungslos*, d. h. durch Emission von Phononen. Dabei können auch innere Umwandlung (IC, internal conversion) und Interkombinationsübergänge (ISC) eine Rolle spielen. Die Relaxation durch Emission von Licht wird als *Lumineszenz* bezeichnet. Dabei wird zwischen der mit sehr kleinen Übergangsraten stattfindenden *Phosphoreszenz* und der sehr viel schnelleren *Fluoreszenz* unterschieden. Die Phosphoreszenz resultiert aus einem elektronischen Übergang zwischen Zuständen verschiedener Multiplizität (Interkombinationsverbot, Abschn. 4.1), während bei der Fluoreszenz der Gesamtspin erhalten bleibt.

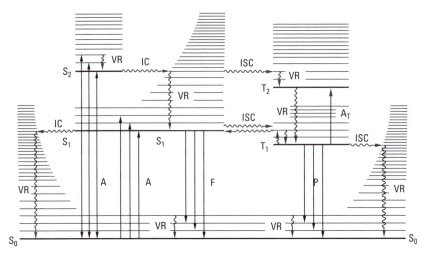

Abb. 13.14 Jabłoński-Diagramm: Absorptionsprozesse (A) und Emissionsprozesse (F = Fluoreszenz, P = Phosphoreszenz) sind durch gerade Pfeile und strahlungslose Prozesse durch Wellenlinienpfeile angedeutet (IC = innere Umwandlung, ISC = Interkombinationsübergänge, VR = Schwingungsrelaxation).

13.4 Halbleiter

In Bd. 2, Abschn. 3.3 wurden bereits die Eigenschaften von *Halbleitern* im Rahmen der klassischen Physik grob beschrieben. Im vorliegenden Abschnitt sollen nun die quantenphysikalischen Grundlagen der Halbleiter ausführlich erläutert werden. In Kap. 17 werden dann die physikalischen Eigenschaften einiger technisch relevanter Bauelemente der Halbleiter- und Optoelektronik behandelt.

Das elektrische Verhalten der Kristalle und damit die Einteilung in *Metalle*, *Halbleiter* und *Isolatoren* hängt eng mit der Struktur der Energiebänder zusammen. Nur wenn es in einem Energieband sowohl Zustände gibt, die mit Elektronen besetzt sind, als auch solche, die leer sind, kann ein elektrischer Strom fließen. Nahe dem Nullpunkt der absoluten Temperaturskala haben nur die Metalle ein teilweise besetztes Energieband und sind deshalb elektrische Leiter. Bei Erhöhung der Temperatur können aber auch Kristalle mit voll besetztem Valenzband und unbesetztem Leitungsband elektrisch leitend werden. Abhängig von der elektrischen Leitfähigkeit dieser Kristalle bei Zimmertemperatur spricht man von *Halbleitern* oder *Isolatoren*.

Betrachtet man ein Volumen eines beliebigen Materials, das sich zunächst in einem elektrisch neutralen Zustand befinden soll, und bringt zu einem Zeitpunkt $t = t_0$ in dieses z. B. eine zusätzliche positive oder auch negative Ladung, so stört man die Neutralität des Materials. Auf diese Störung reagiert das Material durch Umordnung der lokalen Ladungen aufgrund der Elektron-Phonon-Kopplung und es stellt sich ein neuer thermischer Gleichgewichtszustand ein. Dabei ergeben sich zwei Fragen:

1. Wie lange dauert es bis zur Einstellung des neuen Gleichgewichts?
2. Wie groß ist die räumliche Ausdehnung der Störung, d. h. der sich einstellenden Raumladungszone?

URL für QR-Code: www.degruyter.com/gest_hl; www.degruyter.com/energiebaender

Beide Größen hängen von der Anzahl der Ladungsträger im betrachteten Materialvolumen ab. Je größer die Anzahldichte n der Ladungsträger, umso schneller wird sich das neue Gleichgewicht einstellen und umso kleiner wird die räumliche Ausdehnung des gestörten Bereichs sein.

Im Rahmen der klassischen Physik (Bd. 1, Abschn. 10.5) läßt sich der Ausgleichsstrom anschaulich deuten, wobei hierfür der Diffusionskoeffizient D der Leitungselektronen maßgeblich ist. Aus der Maxwell'schen Gleichung $\nabla \cdot \boldsymbol{E} = \rho/(\varepsilon_0 \varepsilon_\mathrm{r})$ (für homogene isotrope Medien) und der Kontinuitätsgleichung $\nabla \cdot \boldsymbol{j} = -\mathrm{d}\rho/\mathrm{d}t$ erhält man mit dem Ohm'schen Gesetz $\boldsymbol{j} = \sigma \boldsymbol{E}$ den Ausdruck $\mathrm{d}\rho/\mathrm{d}t = -(\sigma/\varepsilon_0 \varepsilon_\mathrm{r})\rho$. Daraus ergibt sich für die mittlere freie Flugzeit τ der Elektronen (dielektrische Relaxationszeit) $\tau = \varepsilon_0 \varepsilon_\mathrm{r}/\sigma \sim 1/n$ mit der Ladungsdichte n. Aus der *Debye-Abschirmlänge* (benannt nach Peter Debye, 1884–1966, Nobelpreis 1936) $L_\mathrm{D} = \sqrt{D \cdot \tau}$ (mit dem Diffusionskoeffizienten D) ergibt sich für die räumliche Ausdehnung der Raumladungszone $L_\mathrm{D} \sim 1/\sqrt{n}$. Ist also die Ladungsträgerdichte sehr groß (Metalle), werden τ und L_D unmessbar klein. Ist die Ladungsträgerdichte sehr klein (Dielektrika, Isolatoren), so werden τ und L_D sehr groß. Da jedoch die Funktion fast aller Bauelemente auf der Messung der zeitlichen und räumlichen Änderung von Raumladungen beruht, besteht und bestand von Anfang an der Wunsch, ein Material zu haben mit einer Ladungsträgerdichte, die zwischen der von Leitern (Metalle) und Nichtleitern (Isolatoren) liegt, also Halbleiter. Ferner besteht die Notwendigkeit, diese Ladungsträgerdichte jeweils den gewünschten Werten von τ und L_D anzupassen, also die Ladungsträgerdichte der Halbleiter durch *Dotieren* des Kristalls mit Fremdatomen vorgeben zu können. Nach dieser Darstellung könnten jedoch auch noch Elektrolyte und/oder Polymere zu den Halbleitern gehören. Um dies auszuschließen, werden Halbleiter in der Elektrotechnik folgendermaßen definiert:

> Halbleiter sind Festkörper, die bei tiefer Temperatur isolieren, bei höheren Temperaturen jedoch eine messbare elektrische Leitfähigkeit besitzen.

Die elektronische Leitfähigkeit der Halbleiter wird durch die kovalente Bindung zwischen den Kristallbausteinen und im Rahmen der quantenmechanischen Beschreibung durch die Größe des Abstands von Leitungs- und Valenzband bestimmt. Damit ist die sogenannte *intrinsische elektronische Leitfähigkeit* exponentiell temperaturabhängig. Statt durch thermische Anregung kann die Energie zur Anregung von Ladungsträgern aus dem Valenz- in das Leitungsband auch durch elektromagnetische Strahlung entsprechender Energie zugeführt werden. Da sich die spezifische Leitfähigkeit σ aus der Dichte der Ladungsträger mal der Beweglichkeit zusammensetzt (Bd. 2, Abschn. 3.1), kann bei gleicher Ladungsträgerdichte und bei gleichem Material die Leitfähigkeit dennoch über die Beweglichkeit unterschiedlich sein. Für die Beweglichkeit μ der Ladungsträger ergibt sich in erster Näherung $\mu = q/m\tau$. Damit hängt die Beweglichkeit bei gegebenem Material von den Kristallstörungen ab. Daher sind es gerade die Störungen des regelmäßigen Kristallgitters, welche die Vielfalt der Halbleiter-Eigenschaften ausmachen. Dabei kann das Ausmaß von „Störungen" sehr weit gehen. Die Ordnung des Kristalls wird z. B. im amorphen Zustand auf die Nahordnung von Atomgruppen reduziert, ohne dass die halbleitenden Eigenschaften vollständig verloren gehen. So wird verständlich, dass sogar bei einigen Gläsern und Flüssigkeiten halbleitende Eigenschaften nachgewiesen wurden. Die Erklärung ist stets in der dominierend kovalenten Bindung zwischen Nachbaratomen zu suchen. Atomabstände und Konfigurationswinkel streuen nur geringfügig um die Werte für den Idealkristall (vorhandene Nahordnung), bilden aber über größere Entfernungen Zufallsnetzwerke von Atomen (fehlende Fernordnung).

Klassifizierung der Halbleiter. Zur Gruppe der Halbleiter gehören sowohl Elemente als auch Verbindungen. ▶ Abb. 13.15 zeigt als Ausschnitt aus dem Periodensystem die Elemente und Verbindungen, die halbleitende Eigenschaften aufweisen. Rechts von den Halbleitern stehen Nichtleiter mit überwiegend Van-der-Waals-Bindung, links Elemente mit überwiegend metallischer Bindung. Innerhalb der Gruppe der Halbleiter dominiert die kovalente Bindung. Die spezifische Leitfähigkeit innerhalb der Halbleiter-Gruppe wächst von rechts oben nach links unten. Der Kristalltyp der Halbleiter in Gruppe IVa ist das Diamant-Gitter. Bei Zinn ist die α-Modifikation (α-Sn) halbleitend. Der Diamant (Bandlücke 5.5 eV) ist aufgrund seiner geringen elektrischen Leitfähigkeit bei Zimmertemperatur praktisch als Isolator anzusehen. Die Elemente Silizium (Bandlücke 1.1 eV) und Germanium (Bandlücke 0.7 eV) gelten als Modell-Halbleiter (in ▶ Abb. 13.15 hervorgehoben).

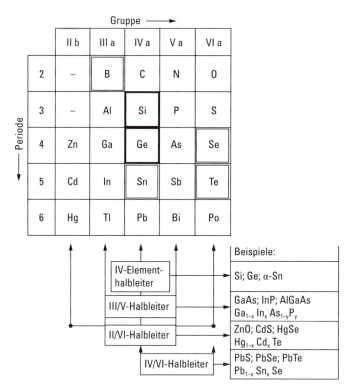

Abb. 13.15 Halbleiter im Periodensystem der Elemente. Bei Sn ist die α-Modifikation (α-Sn, Bandlücke 0.1 eV) ein Halbleiter. Die Elemente B in der tetragonal-kristallisierten Modifikation (Bandlücke 1.5 eV), Se in der hexagonal-kristallisierten Modifikation (Bandlücke 1.7 eV) und Te in der trigonal-kristallisierten Modifikation (Bandlücke 0.3 eV) sind ebenfalls Halbleiter.

Die Eigenschaften der kovalenten Bindung führen beim Kohlenstoff zum Diamant-Gitter. Bei den Halbleitern der Gruppe IVa des Periodensystems werden die vier Valenzelektronen eines Gitterbausteins durch vier nächste Nachbarn zur abgeschlossenen Schale von acht Elektronen ergänzt. Die in hohem Maß gerichtete kovalente Bindung baut mit den nächsten Nachbarn ein tetraederartiges Raumnetz auf. Die Bindungsenergie eines kovalenten Kristalls ist der der Ionenkristalle vergleichbar, obwohl sie zwischen neutralen Atomen wirkt. Sie nimmt bei den Halbleitern der Gruppe IVa von oben nach unten fortschreitend ab.

Auch die halbleitenden Verbindungen bilden überwiegend Kristalle mit kovalenter Bindung der Gitterbausteine. Binäre Verbindungen mit Zinkblende-Struktur (entsprechend dem Diamant-Gitter der Elementhalbleiter) sind deshalb bei Elementkombinationen der Gruppen III und V sowie der Gruppen II und VI zu erwarten. Zur Gruppe der III-V-Verbindungen zählen u.a. GaP, GaAs, InSb, InP, zur Gruppe der II-VI-Verbindungen gehören u.a. ZnO, ZnS, CdS. Die letztgenannten Verbindungshalbleiter kristallisieren in der Wurtzit-Struktur (Abschn. 13.1), bei dem ebenfalls jeder Gitterbaustein von vier nächsten Nachbarn umgeben ist. Außerdem gibt es auch einige IV-VI-Halbleiter, z. B. PbS und PbSe. Daneben existieren weitere halbleitende kristalline Verbindungen, die nicht dieser Systematik entsprechen, z. B. Mg_2Sn, Bi_2Te_3, NiO. Für alle Gruppen existieren auch ternäre (z. B. AlGaAs, $Hg_{1-x}Cd_xTe$) und quaternäre (z. B. $Ga_{1-x}In_xAs_{1-y}P_y$) Verbindungshalbleiter. Weiter gibt es organische Molekülkristalle mit halbleitenden Eigenschaften, wie z. B. Anthracen und Phtalocyanin. Eine Sonderstellung unter den Halbleitern nehmen die Elementhalbleiter Se und Te ein, deren Leitungsmechanismus erheblich von dem anderer Halbleiter abweicht. Schließlich gilt das Element Bor in seiner tetragonal-kristallisierten Modifikation als halbleitend.

Berechnete *Energiebandstrukturen* von Germanium, Silizium und Galliumarsenid im k-Raum sind in ▶ Abb. 13.16 dargestellt. Die Abszisse zeigt jeweils vom Γ-Punkt (dem Zentrum der Brillouin-Zone: bei $(2\pi/a) \cdot (0,0,0)$) nach links auf den L-Punkt (bei $(2\pi/a) \cdot (1/2, 1/2, 1/2)$) entlang der niedrig-indizierten Richtung ⟨111⟩ und nach rechts auf den X-Punkt (bei $(2\pi/a) \cdot (0,0,1)$) entlang der niedrig-indizierten Richtung ⟨100⟩. Die Ordinate gibt die Elektronenenergie in eV mit dem willkürlichen Nullpunkt der obersten Valenzbandspitze an. Eingezeichnet sind die minimalen Breiten der verbotenen Zonen, gemessen vom tiefsten Punkt des Leitungsbandes E_L zum höchsten Punkt des Valenzbandes E_V. Lediglich für GaAs liegt $E_G = E_L - E_V$ am Γ-Punkt bei $k = 0$, während für Ge das Minimum des Leitungsbandes auf der ⟨111⟩-Achse und für Si auf der ⟨100⟩-Achse liegt. Des Weiteren erkennt man in ▶ Abb. 13.16, dass im Γ-Punkt das Valenzband der betrachteten Halbleiter entartet ist. Im Rahmen des Bändermodells ergibt sich, dass das Valenzband des Diamant- und des Zinkblende-Gitters in kristallographischen Richtungen hoher Symmetrie, wie sie z. B. die niedrig-indizierten Richtungen ⟨111⟩ und ⟨100⟩ eines Gitters mit kovalenten Bindungen darstellen, aus zwei unterschiedlichen Bändern besteht, die am Γ-Punkt entartet sind und dort die obere Valenzbandkante bilden. Sämtliche Valenzbänder enthalten energetisch dicht aufeinanderfolgend diskrete Energieniveaus $E_V(k)$, die bei sehr tiefer Temperatur ($T \approx 0\,K$) alle mit Elektronen besetzt sind. In jedem dieser Niveaus befinden sich zwei Elektronen mit entgegengesetzter Spinrichtung. Bei Berücksichtigung von Spin-Bahn-Wechselwirkung spalten die Bänder bei $k = 0$ auf.

Wie das Valenzband besteht auch das Leitungsband aus einer Anzahl von Unterbändern. Theoretisch gewonnene Energiebänder zeigen, dass das Minimum der Leitungsbän-

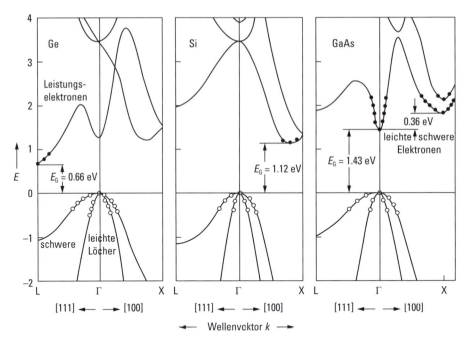

Abb. 13.16 Berechnete Energiebänder für Ge, Si und GaAs für T = 300 K (E_G ist die Bandlücke, Daten aus M. L. Cohen und T. K. Bergstresser, Phys. Rev. **141**, 789, 1966).

der für Si und Ge nicht bei $k = 0$ liegt. Werden Elektronen thermisch in das Leitungsband angeregt, geht dies nicht nur unter Aufnahme der Energie E_G, sondern gleichzeitig mit Änderung des Elektronenimpulses $\hbar \Delta k$ vor sich. Man bezeichnet solche Elektronen-übergänge als indirekt und entsprechend derartige Halbleiter wie Ge und Si als *indirekte Halbleiter*. Im Gegensatz dazu ist GaAs ein sogenannter *direkter Halbleiter*. Im Fall des GaAs liegt das Hauptminimum bei $k = 0$, ein weiteres Minimum bei $k \neq 0$ längs der niedrig-indizierten Richtung [100].

Im Gegensatz zu direkten und indirekten Halbleitern sind bei Metallen ohne eine Energielücke zwischen dem Leitungs- und dem Valenzband alle optischen direkten und indirekten Übergänge möglich. Die sehr starke Absorption nicht nur im optischen Bereich erklärt das starke Reflexionsvermögen und die spiegelnde Oberfläche der Metalle. Übergänge in höhere unbesetzte Leitungsbänder sind genau wie bei Nichtleitern und Halbleitern erst ab einer bestimmten Energie möglich, so dass dann eine zusätzliche verstärkte Absorption einsetzt. Wenn dies im optischen Bereich geschieht, führt das zu einer charakteristischen Färbung der Metalle, wie sie bei Gold und Kupfer gut zu erkennen ist.

Effektive Elektronenmasse. Obwohl die Energiebänder von Halbleiter- oder von Metallkristallen eine recht komplizierte Struktur besitzen, lassen sich die meisten physikalischen Effekte reiner Kristalle mit einer sehr einfachen Approximation der Energiebänder beschreiben. Beispielhaft sei hier ein Halbleiter mit dem Minimum des Leitungsbandes im Γ-Punkt, also bei $k = 0$ betrachtet. Für kleine k in der Umgebung des Minimums kann das

Band durch die Anfangsglieder einer Taylor-Reihe approximiert werden ($i, \ell = 1, 2, 3$):

$$E_{\mathrm{L}}(\boldsymbol{k}) = E_{\mathrm{L}}(0) + \frac{1}{2} \sum_{i, \ell = 1}^{3} \left(\frac{\partial^2 E_{\mathrm{L}}}{\partial k_i \, \partial k_\ell} \right)_{k=0} k_i k_\ell + \dots \, ,$$

Dabei bezeichnet $E_{\mathrm{L}}(0) = E_{\mathrm{L}}$ die Unterkante des Leitungsbandes. Die erste Ableitung verschwindet an der Stelle $\boldsymbol{k} = 0$, da dort ein Minimum sein soll. Man kann es nun durch geeignete Wahl des Koordinatensystems in der ersten Brillouin-Zone (Abschn. 14.1) immer erreichen, dass die Taylor-Entwicklung die einfachere Form

$$E_{\mathrm{L}}(\boldsymbol{k}) = E_{\mathrm{L}}(0) + \frac{1}{2} \sum_{i=1}^{3} \left(\frac{\partial^2 E_{\mathrm{L}}}{\partial k_i^2} \right)_{k=0} k_i^2 + \dots \tag{13.35}$$

annimmt. Die *effektiven Elektronenmassen* $m_{\mathrm{e,i}}^*$ (mit $i = 1, 2, 3$) sind dann definiert durch

$$\frac{1}{m_{\mathrm{e,i}}^*} = \frac{1}{\hbar^2} \left(\frac{\partial^2 E_{\mathrm{L}}}{\partial k_i^2} \right)_{k=0} \tag{13.36}$$

und in der Nähe des Minimums wird das Leitungsband durch

$$E_{\mathrm{L}}(\boldsymbol{k}) - E_{\mathrm{L}} = \frac{\hbar^2 k_1^2}{2 m_{\mathrm{e,1}}^*} + \frac{\hbar^2 k_2^2}{2 m_{\mathrm{e,2}}^*} + \frac{\hbar^2 k_3^2}{2 m_{\mathrm{e,3}}^*} \tag{13.37}$$

dargestellt. Die Energieflächen (Flächen konstanter Energie) sind dann Ellipsoide im $\boldsymbol{k}$-Raum und werden auch als *ellipsoidförmige Energieflächen* bezeichnet. In manchen Fällen sind die drei effektiven Elektronenmassen $m_{\mathrm{e,1}}^*, m_{\mathrm{e,2}}^*, m_{\mathrm{e,3}}^*$ gleich und es ergeben sich *kugelförmige Energieflächen*:

$$E_{\mathrm{L}}(\boldsymbol{k}) - E_{\mathrm{L}} = \frac{\hbar^2 k^2}{2 m_{\mathrm{e}}^*} \, . \tag{13.38}$$

Diese Gleichung gibt aber gerade die quantenmechanischen Energiewerte freier Elektronen an, denn die Lösung der Schrödinger-Gleichung für freie Elektronen ist

$$-\frac{\hbar^2}{2 m_{\mathrm{e}}} \Delta \exp(\mathrm{i} \boldsymbol{k} \cdot \boldsymbol{r}) = \frac{\hbar^2 k^2}{2 m_{\mathrm{e}}} \exp(\mathrm{i} \boldsymbol{k} \cdot \boldsymbol{r}) \, ,$$

und die zugehörigen Eigenfunktionen sind ebene Wellen. Der quantenmechanische Impuls freier Elektronen ist $\boldsymbol{p} = \hbar \boldsymbol{k}$ und die Energie ist gegeben durch

$$E = \frac{p^2}{2 m_{\mathrm{e}}} = \frac{\hbar^2 k^2}{2 m_{\mathrm{e}}} \, .$$

Vergleicht man diese Gleichung mit Gl. (13.38), so sieht man, dass sich die Elektronen in einem solchen Band kugelförmiger Energieflächen wie freie Teilchen verhalten, der einzige Unterschied ist nur, dass die Elektronenmasse m_{e} durch die effektive Elektronenmasse m_{e}^* ersetzt wird. Man kann außerdem zeigen, dass das Newton'sche Grundgesetz für die Bewegung der Kristallelektronen in äußeren elektrischen und magnetischen Feldern ebenfalls gilt, wenn die effektive Elektronenmasse m_e^* anstelle von m_e verwendet wird.

In Halbleitern ist allgemein zwischen negativen und posititiven Ladungsträgern zu unterscheiden. Die Wirkung des periodischen Potentials (Gl. (13.21)) auf die negativen Ladungsträger ist in der effektiven Elektronenmasse m_n^* enthalten, und der Hamilton-Operator in Gl. (13.20) kann ersetzt werden durch

$$-\frac{\hbar^2}{2m_e}\Delta + V(r) \rightarrow -\frac{\hbar^2}{2m_n^*}\Delta \;. \tag{13.39}$$

Diese Beziehung gilt nur im Fall kugelförmiger Energieflächen, kann aber auf beliebige Energieflächen verallgemeinert werden.

In Analogie zum Impuls freier Teilchen wird für die Kristallelektronen in einem bestimmten Band ein *Quasiimpuls* $p = \hbar k$ definiert, der von der Bandstruktur und damit von der effektiven Elektronenmasse unabhängig ist. Diese geht aber in die Geschwindigkeit v eines Kristallelektrons ein, und es gilt nach Gl. (13.38)

$$v = \frac{p}{m_n^*} = \frac{\hbar k}{m_n^*} \;. \tag{13.40}$$

Das Konzept der effektiven Masse, das die Energiebänder nur in einer gewissen Näherung beschreibt, hat also den enormen Vorteil, dass die physikalischen Gesetze freier Teilchen auf die Kristallelektronen angewendet werden können, wenn man nur die effektive Elektronenmasse m_e^* anstelle der wahren Elektronenmasse m_e verwendet. Dadurch können die meisten Experimente bei Beteiligung der Kristallelektronen nur eines Bandes unmittelbar anschaulich interpretiert werden.

Für das Valenzband kann die Effektive-Masse-Näherung ebenfalls eingeführt werden. Die Taylor-Entwicklung in der Nähe der Oberkante bei $k = 0$ (Gl. (13.35)) würde aber, da es sich um ein Maximum handelt, gemäß Gl. (13.36) zu negativen effektiven Massen führen. Für die Lochzustände (positive Ladungsträger) des Valenzbandes mit Energien $E_V(k)$ definiert man daher positive effektive Massen (bei kugelförmiger Energiefläche) durch

$$\frac{1}{m_p^*} = -\frac{1}{\hbar^2}\left(\frac{\mathrm{d}^2 E_V(k)}{\mathrm{d}k^2}\right)_{k=0} , \tag{13.41}$$

und erhält damit

$$E_V(k) - E_V = -\frac{\hbar^2 k_1^2}{2m_p^*} , \tag{13.42}$$

wobei E_V die Oberkante des Valenzbandes bezeichnet. Befindet sich z. B. das Minimum des Leitungsbandes nicht bei $k = 0$, sondern etwa bei k_0, so lauten die Energiebänder bei kugelförmigen Energieflächen entsprechend

$$E_L(k) - E_L = \frac{\hbar^2 (k - k_0)^2}{2m_p^*} \;. \tag{13.43}$$

Die Annäherung der Energiebänder durch die Effektive-Masse-Näherung in der Nähe der Energielücke ist schematisch in ▶ Abb. 13.17 dargestellt. Die gestrichelten Parabeln bilden die Approximation der Energiebänder an den verschiedenen Stellen.

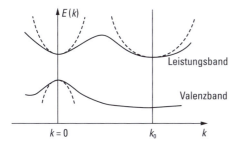

Abb. 13.17 Die Effektive-Masse-Näherung der Energiebänder.

Während bei Nichtleitern die Struktur der Energiebänder in der Nähe der Energielücke wichtig ist, werden die Eigenschaften der Metalle, bei denen die Fermi-Energie E_F im Leitungsband liegt, durch die Form der Energiefläche $E(\mathbf{k}) = E_F$ bestimmt. In vielen Fällen kann man die Fermi-Fläche durch die Fermi-Kugel approximieren und so die *effektive Masse der Leitungselektronen* im Metall einführen:

$$E(\mathbf{k}) = \frac{\hbar^2 k^2}{2m_e^*} . \tag{13.44}$$

Es muss jedoch betont werden, dass diese Beziehung, im Unterschied zu Gl. (13.38) bei Halbleitern, nicht für kleine $\mathbf{k}$ gültig ist, sondern nur für $\mathbf{k}$ in der Nähe des Radius der Fermi-Kugel k_F (mit $k_F^2 = 2m_e^* E_F/\hbar^2$). Gl. (13.44) gilt also bei Metallen nur in einer Umgebung der Oberfläche der Fermi-Kugel.

Die Bedeutung des Konzeptes der Effektive-Masse-Näherung wird insbesondere bei der Beschreibung des Verhaltens von Kristallelektronen in äußeren Feldern deutlich. Legt man z. B. ein äußeres elektrisches Feld an, welches so schwach ist, dass nur Intrabandübergänge vorkommen, so gilt für Elektronen und Löcher in der Effektive-Masse-Näherung einfach das Newton'sche Grundgesetz. Elektronen und Löcher werden also im elektrischen Feld in entgegengesetzter Richtung beschleunigt. Da die Geschwindigkeit des Elektrons $\mathbf{v}$ durch seinen Wellenvektor $\mathbf{k}$ festgelegt ist, „springt" das Elektron bei der Beschleunigung von einem $\mathbf{k}$-Vektor zum anderen. Daraus ergibt sich eine zeitliche Änderung des Quasiimpulses $\hbar\mathbf{k}$.

Zyklotronresonanz von Ladungsträgern. Sehr genau lassen sich die effektiven Massen mithilfe der *Zyklotronresonanz* bestimmen. Die Ladungsträger bewegen sich wie freie Teilchen in einem Magnetfeld nach den klassischen Bewegungsgleichungen auf Kreisbahnen. Die Umlauffrequenz der Teilchen ist dabei gegeben durch die *Zyklotronfrequenz*

$$\omega_c = \frac{e_0}{m_e^*} B , \tag{13.45}$$

wobei B das Magnetfeld und e_0 die Elementarladung bezeichnen. Durch Drehen des angelegten Magnetfeldes gegenüber den kristallographischen Achsen kann so auch die Richtungsabhängigkeit der effektiven Massen gemessen werden. Bei ellipsoidförmigen

Energieflächen gemäß Gl. (13.37) treten entsprechend den unterschiedlichen effektiven Massen mehrere Zyklotronfrequenzen auf. Komplizierter liegen die Verhältnisse bei indirekten Halbleitern, bei denen sich Elektronen in einem Minimum des Leitungsbandes bei $k \neq 0$ befinden. Aus Symmetriegründen kommt dieses Minimum in der ersten Brillouin-Zone mehrfach vor und die Flächen konstanter Energie bestehen z. B. bei Germanium aus acht Ellipsoiden, die im k-Raum verschieden orientiert sind. Es gibt daher drei verschiedene Extremalbahnen in Ebenen senkrecht zum Magnetfeld und daher auch drei verschiedene Zyklotronresonanzfrequenzen, die alle auch richtungsabhängig sind. Die Zyklotronresonanz ermöglicht also die genaue Bestimmung der Form der Energiebänder in der Nähe der Bandkanten von Halbleitern und der Form der Fermi-Oberfläche bei Metallen. Bei der Messung muss jedoch die Bedingung eingehalten werden, dass die mittlere freie Flugdauer τ den Ladungsträgern mindestens einen Umlauf ermöglicht, was zur Bedingung $\omega_c \cdot \tau > 1$ führt. Man misst deshalb bei tiefen Temperaturen ($T = 4\,\mathrm{K}$) und Frequenzen, die für $B = 1\,\mathrm{T}$ im Mikrowellenbereich ($\omega = 2 \cdot 10^{11}\,\mathrm{s}^{-1}$) liegen, also in einem Mikrowellenresonator. Für Cu findet man $m_e^* = 1.5\,m_e$, während für Ag und Au $m_e^* = 1.0\,m_e$ gemessen wurde. Bei GaAs ist $m_n^* = 0.07\,m_e$ und es gibt zwei verschiedene Valenzbänder mit den effektiven Massen $m_{p1}^* = 0.5\,m_e$ und $m_{p2}^* = 0.12\,m_e$. InSb hat $m_n^* = 0.012\,m_e$, $m_{p1}^* = 0.5\,m_e$ und $m_{p2}^* = 0.015\,m_e$. Bei Si und Ge ist die effektive Masse des Leitungsbandes stark richtungsabhängig. Für k in Richtung der Verbindungsgeraden zweier Nachbarn ist $m_{nt}^* = 0.98\,m_e$ bzw. $1.58\,m_e$ für Si und Ge, für die dazu senkrechten Richtungen ist dagegen $m_{nt}^* = 0.19\,m_e$ bzw. $m_{nt}^* = 0.08\,m_e$. Die beiden Löchermassen sind bei Si $m_{p1}^* = 0.49\,m_e$ sowie $m_{p2}^* = 0.16\,m_e$ und bei Ge $m_{p1}^* = 0.34\,m_e$ sowie $m_{p2}^* = 0.04\,m_e$. Bei manchen Metallen, bei denen die mittlere freie Weglänge der Elektronen viel größer als die Eindringtiefe des Mikrowellenfeldes ist, beobachtet man auch Resonanzen bei ganzzahligen Vielfachen der Zyklotronfrequenz ω_c. Dieser Effekt wird als *anomaler Skin-Effekt* bezeichnet und erklärt sich dadurch, dass die Kreisbahn des Elektrons nur ein kurzes Stück durch das Mikrowellenfeld verläuft. Resonanz tritt also ein, wenn das Mikrowellenfeld das Elektron im richtigen Takt beschleunigt, was bei ganzzahligen Vielfachen der Umlauffrequenz der Fall ist. Dadurch verringert sich die Eindringtiefe zusätzlich zum *normalen Skin-Effekt*.

Landau-Niveaus und De-Haas-van-Alphen-Effekt. Ähnlich wie bei der Zyklotronresonanz kann man auch mithilfe des *De-Haas-van-Alphen-Effektes*, benannt nach Wander J. de Haas (1878 – 1960) und P. M. van Alphen (1906 – 1967), die Form der Fermi-Fläche bei Metallen bestimmen. In einem Magnetfeld hängt die Anzahl der möglichen Zustände pro Energieniveau vom Magnetfeld ab (Abschn. 13.3). Die Energieniveaus werden nach Lew D. Landau (1908 – 1968, Nobelpreis 1962) als *Landau-Niveaus* bezeichnet. Erniedrigt man das Magnetfeld, so verringert sich auch die Anzahl der möglichen Zustände pro Landau-Niveau, so dass sich auch die energetisch höheren Landau-Niveaus mit Elektronen füllen. Daraus ergeben sich unstetige Sprünge in der Gesamtenergie, wenn das Magnetfeld erhöht wird. Da die magnetische Suszeptibilität die Ableitung der freien Energie nach dem Magnetfeld ist, kann man periodische Schwankungen der Suszeptibilität als Funktion des Magnetfeldes beobachten. Die Periode dieser Schwankungen ist unmittelbar ein Maß für die extremale Schnittfläche einer Ebene senkrecht zum Magnetfeld mit der Fermi-Oberfläche.

Bei Anlegen eines äußeren Magnetfeldes spalten die Valenz- und Leitungsbänder der Kristalle in diskrete Bänder, die sogenannten *Landau-Parabeln*, auf. In der Effektive-

Masse-Näherung kann man dies durch den Hamilton-Operator (Abschn. 12.1)

$$H = \frac{1}{2m_e^*} \left(\frac{\hbar}{i} \nabla + e_0 A \right)^2 \tag{13.46}$$

beschreiben. Das Vektorpotential A ist bei konstantem Magnetfeld in z-Richtung $B = (0, 0, B)$ durch $A = (0, Bx, 0)$ gegeben. Die Eigenwerte des Hamilton-Operators (Gl. (13.46)) werden als Landau-Parabeln

$$E = \hbar\omega_c \left(n + \frac{1}{2} \right) + \frac{\hbar^2 k_z^2}{2m_e^*} \tag{13.47}$$

bezeichnet und sind in ▶ Abb. 13.18 dargestellt. Das in der Effektive-Masse-Näherung parabolische Leitungsband wird in eine Reihe äquidistanter Parabeln aufgespalten. Für das Leitungs- bzw. Valenzband sind die *effektiven Larmor-Frequenzen* durch

$$\omega_{LL} = \frac{e_0 B}{2m_n^*} \quad \text{und} \quad \omega_{LV} = \frac{e_0 B}{2m_p^*} \tag{13.48}$$

gegeben. Die Landau-Niveaus sind bezüglich k_y noch entartet.

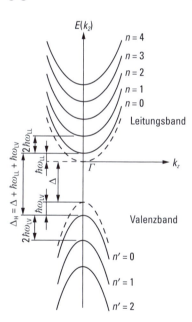

Abb. 13.18 Landau-Niveaus eines direkten Halbleiters. Das Leitungs- und Valenzband ohne das Magnetfeld ist gestrichelt eingezeichnet, dazu die Energielücke Δ. Im Magnetfeld vergrößert sich die Energielücke: $\Delta_H = \Delta + \hbar\omega_{LL} + \hbar\omega_{LV}$.

Exzitonen. In Halbleitern und Isolatoren sind auch optische Übergänge in Zustände möglich, die mit dem Einelektronmodell nicht beschrieben werden können. Durch die Coulomb-Wechselwirkung der Elektronen entsteht eine Coulomb-Anziehung zwischen einem negativ geladenen Elektron im Leitungsband und einem positiv geladenen Loch im Valenzband, die zu gebundenen Zuständen führen kann. Diese sogenannten *Exzitonen* sind ein Analogon zum Wasserstoffatom, das einen gebundenen Zustand zwischen Proton und Elektron darstellt. Ein Exziton ist dementsprechend ein Elektron-Loch-Paar, welches sich im Kristall frei bewegen kann, und das in sehr kurzer Zeit zerfällt, indem sich das Elektron mit dem Loch vereinigt. Dabei wechselt das Elektron aus dem Leitungsband in das Valenzband zurück und gibt eine Energie ab, die gleich der Energielücke ist, vermindert um die Bindungsenergie des Elektron-Loch-Paares. Exzitonen können sowohl im Emissionsspektrum, also bei ihrem Zerfall, als auch im Absorptionsspektrum, also bei ihrer Erzeugung, experimentell beobachtet werden. Sie liegen in unmittelbarer Nähe der Absorptionskante, und der Abstand der Exzitonenlinie zur Bandkante ist die Bindungsenergie des Exzitons. Außer den Exzitonen im Grundzustand gibt es auch angeregte Exzitonen.

Je nach der räumlichen Ausdehnung eines Exzitons unterscheidet man zwischen *Frenkel-Exzitonen* (benannt nach Jakow I. Frenkel, 1894–1952) mit einem mittleren Elektron-Loch-Abstand von der Größenordnung einer Gitterkonstanten und *Mott-Wannier-Exzitonen* (benannt nach Nevill F. Mott, 1905–1996, Nobelpreis 1977 und Gregory H. Wannier, 1911–1983), bei denen der Elektron-Loch-Abstand groß gegen die Gitterkonstante ist. Die Mott-Wannier-Exzitonen sollen im Folgenden etwas genauer betrachtet werden, da sie sich sehr einfach in der *Effektive-Masse-Näherung* beschreiben lassen. In dieser Näherung besitzt das Elektron die *effektive Masse* m_n^* und das Loch die effektive Masse m_p^*. Die Coulomb-Wechselwirkung zwischen beiden wird durch die Gitterpolarisation modifiziert. In einer ersten Näherung kann man einfach die relative Permittivitätszahl ε_r des Kristalls einführen und die *Mott-Wannier-Exzitonen-Energieniveaus* ergeben sich aus der Schrödinger-Gleichung

$$\left[-\frac{\hbar^2}{2m_n^*}\Delta_n - \frac{\hbar^2}{2m_p^*}\Delta_p - \frac{e_0^2}{4\pi\varepsilon_0\varepsilon_r|r_n - r_p|} \right]\psi = E\psi, \qquad (13.49)$$

wobei die Unterkante des Leitungsbandes die Energie $E = 0$ hat. Diese Schrödinger-Gleichung ist identisch mit der des Wasserstoffatoms und kann exakt gelöst werden (Abschn. 4.4). Mit den entsprechenden Ortsvektoren r und R der Relativ- bzw. der Schwerpunktsbewegung

$$r = r_n - r_p, \qquad R = \frac{m_n^* r_n + m_p^* r_p}{m_n^* + m_p^*},$$

sowie der reduzierten (effektiven) Masse μ und der Gesamtmasse M,

$$\mu = \frac{m_n^* m_p^*}{m_n^* + m_p^*}, \qquad M = m_n^* + m_p^*,$$

erhält man

$$\left[-\frac{\hbar^2}{2\mu}\Delta_r - \frac{\hbar^2}{2M}\Delta_R - \frac{e_0^2}{4\pi\varepsilon_0\varepsilon_r|r|} \right]\psi = E\psi. \qquad (13.50)$$

Der Schwerpunkt R des Mott-Wannier-Exzitons verhält sich wie der eines freien Teilchens, also quantenmechanisch wie eine ebene Welle, die durch den Wellenvektor k beschrieben wird. Die kinetische Energie des Mott-Wannier-Exzitons ist dann $\hbar^2 k^2/(2M)$.

Ist Δ die Größe der Energielücke, dann ergibt sich für die Linien der Mott-Wannier-Exzitonen ein wasserstoffähnliches Spektrum:

$$E_n = \Delta + E = \Delta - \frac{1}{2}\alpha^2 \frac{\mu c^2}{\varepsilon_r^2} \frac{1}{n^2} + \frac{\hbar^2 k^2}{2M}, \quad n = 1, 2, 3 \ldots \qquad (13.51)$$

Die Bindungsenergie des Elektron-Loch-Paares ist im Grundzustand ($n = 1$)

$$-\frac{1}{2}\alpha^2 \frac{\mu c^2}{\varepsilon_r^2} = -\frac{\mu}{m_e} \frac{1}{\varepsilon_r^2} 13.6 \, \text{eV}.$$

Da ε_r^2 bei vielen Kristallen in der Größenordnung 100 liegt, ist diese Bindungsenergie von der Größenordnung 10–50 meV. Die übrigen Linien der angeregten Mott-Wannier-Exzitonen, mit $n > 1$, liegen dann noch dichter an der Absorptionskante. ▶ Abb. 13.19 zeigt die Energieniveaus der Mott-Wannier-Exzitonen gemäß Gl. (13.51). Der Grundzustand liegt immer bei $k = 0$. Bei der Erzeugung eines Mott-Wannier-Exzitons durch Absorption eines Photons muss aufgrund der Impulserhaltung dessen Impuls übernommen werden, so dass der Übergang in einen Zustand mit $k \neq 0$ vor sich geht (Pfad a in ▶ Abb. 13.19). Das Mott-Wannier-Exziton kann aber seine kinetische Energie durch Erzeugung von Phononen verlieren, so dass der Emissionsprozess durch den Pfad e in ▶ Abb. 13.19 bei $k = 0$ dargestellt wird.

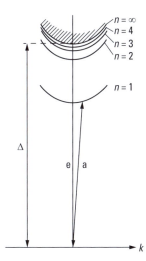

Abb. 13.19 Energieniveaus von Mott-Wannier-Exzitonen: Erzeugung eines Mott-Wannier-Exzitons durch Absorption eines Photons (Pfad a) und Vernichtung eines Mott-Wannier-Exzitons durch Emission eines Photons (Pfad e). Δ ist die Energielücke.

Außer den Linien dieser sogenannten *freien Mott-Wannier-Exzitonen* beobachtet man noch sogenannte *gebundene Mott-Wannier-Exzitonen*, deren Linien noch etwas weiter von der Absorptionskante entfernt liegen. Es handelt sich dabei um die Anlagerung eines Mott-Wannier-Exzitons an eine Störstelle des Kristallgitters, und der energetische Abstand zur Linie des freien Exzitons ist gerade die Anlagerungsenergie. Sind in einem Kristall mehrere verschiedene Störstellen vorhanden, kann man eine ganze Reihe von Linien gebundener Mott-Wannier-Exzitonen beobachten. Diese Linien haben eine wesentlich geringere Halbwertsbreite als die der freien Mott-Wannier-Exzitonen, denn diese werden durch die verschiedenen möglichen k-Vektoren verbreitert. Dabei unterscheidet man zwischen der Anlagerung an eine ionisierende Störstelle und der Anlagerung an eine neutrale Störstelle. Im ersten Fall bindet das abgeschirmte Coulomb-Potential der Störstelle gleichzeitig ein Elektron und ein Loch in einem Zustand, der eine Analogie zum Wasserstoffmolekülion H_2^+ darstellt. Im zweiten Fall bindet das gleiche Potential bei positiver Ladung zwei Elektronen und ein Loch und bei negativer Ladung zwei Löcher und ein Elektron. Diese Zustände sind dann dem Wasserstoffmolekül H_2 vergleichbar.

Bei hohen Anregungen, z. B. mit Lasern, kann die Dichte der freien Mott-Wannier-Exzitonen so groß werden, dass sie miteinander in Wechselwirkung treten. Der Mott-Wannier-Exzitonen-Radius a_{MW} ergibt sich analog zum Bohr'schen Wasserstoffradius,

$$a_{MW} = \frac{4\pi\varepsilon_0\varepsilon_r\hbar^2}{\mu e_0^2},$$

und liegt in der Größenordnung 1 bis 5 nm. Steigert man nun die Dichte n der Mott-Wannier-Exzitonen so, dass $n\,a_{MW}^3$ nicht mehr klein gegen 1 ist, so treten die Mott-Wannier-Exzitonen miteinander in Wechselwirkung. Bei $n\,a_{MW}^3 \approx 10^{-3}$ beobachtet man an direkten Halbleitern (wie z. B. CuCl, CuBr, CuJ, CdSe u.a.) bei sehr tiefen Temperaturen die Bildung von sogenannten *Mott-Wannier-Exzitonen-Molekülen*, die durch die Zusammenlagerung von jeweils zwei Mott-Wannier-Exzitonen entstehen. Das Mott-Wannier-Exzitonen-Molekül ist dann ein gebundener Zustand aus zwei Elektronen und zwei Löchern und mit dem Wasserstoffmolekül H_2 vergleichbar. Bei seinem Zerfall rekombiniert ein Elektron mit einem Loch und emittiert ein Photon, und es bleibt ein Elektron im Leitungsband und ein Loch im Valenzband zurück. Aus der Rekombinationslinie eines Mott-Wannier-Exzitonen-Moleküls kann also die Bindungsenergie der beiden Mott-Wannier-Exzitonen bestimmt werden.

Bei indirekten Halbleitern (wie z. B. Ge und Si), bei denen die Mott-Wannier-Exzitonen eine viel größere Lebensdauer besitzen, bilden sich bei tiefen Temperaturen sogenannte *Elektron-Loch-Tropfen*. Hier „kondensiert" das Mott-Wannier-Exzitonengas bei hoher Anregung zu einer Flüssigkeit, wobei die Störstellen des Halbleiters die Kondensationskeime bilden. Im Halbleiter-Kristall existieren dann sehr viele Tröpfchen, die $n\,\alpha_0^3 \approx 1$ erfüllen, und die wegen ihrer großen elektrischen Leitfähigkeit durch diffuse Lichtstreuung nachgewiesen werden können. Darüber hinaus ist auch ein sogenanntes *Elektron-Loch-Plasma* und eine Bose-Einstein-Kondensation der spinlosen Mott-Wannier-Exzitonen oder Mott-Wannier-Exzitonenmoleküle möglich.

Dotierte Halbleiter. Von besonderem Interesse sind die physikalischen Eigenschaften gestörter Halbleiter-Kristalle, denn diese haben beispielsweise als elektronische Bauelemente (Kap. 17) in der Technik eine breite Anwendung gefunden. Durch geeignetes „Verunreinigen" kann man Kristalle mit den verschiedensten elektrischen oder optischen Eigenschaften herstellen. Als Störungen können z. B. Fremdatome im Kristall, fehlende Atome (Lücken) oder Atome auf Zwischengitterplätzen auftreten. Außer diesen sogenannten *Punktdefekten* gibt es noch eine große Anzahl linienhafter oder flächenhafter Unregelmäßigkeiten des Kristallgitters, die in Abschn. 14.2 weiter betrachtet werden. Schließlich hat jeder Kristall eine Oberfläche, die aufgrund der Verletzung der Translationssymmetrie an der Oberfläche zu besonderen Oberflächenzuständen führt. In allen Fällen soll jedoch angenommen werden, dass die Kristallsymmetrie erhalten bleibt, dass also die Anzahl der Störstellen klein ist im Vergleich zur Anzahl der regulären Gitteratome. Man kann dann von einem gestörten Kristall sprechen, der zusätzlich zu den Eigenschaften des Idealkristalles noch Besonderheiten zeigt, die von den Störstellen herrühren.

Zum Verständnis der Quantenzustände von Störstellen im Bändermodell des Idealkristalles sei hier beispielhaft ein Ge-Kristall betrachtet, bei dem ein Ge-Atom durch ein As-Atom ersetzt sei. Die vier Valenzelektronen des Ge-Atoms gehen dabei eine feste kovalente Bindung mit den Nachbarn ein und bilden das gefüllte Valenzband. As steht im Periodensystem der Elemente rechts neben Ge und hat ein Valenzelektron mehr. Dieses fünfte Elektron hat im Valenzband keinen Platz mehr und wird daher nur relativ lose an das As-Atom gebunden. Das Elektron kann also aus diesem gebundenen lokalisierten Zustand leicht abgelöst werden und in das Leitungsband gelangen, wobei die Störstelle dann ein positiv geladenes As-Ion wird. Die Bindungsenergie des Elektrons an die As-Störstelle ist in diesem Fall klein gegen die Energielücke, und man kann das lokalisierte Störungsniveau, wie in ▶ Abb. 13.20 schematisch gezeigt, in das Bändermodell einzeichnen. Da man den Störstellenniveaus keinen k-Vektor zuordnen kann, zeichnet man die Bänder im Ortsraum und gibt nur die Energielücke Δ an. Die Zustände des Leitungsbandes und Valenzbandes sind dann im Ortsraum beliebig ausgedehnt, während das lokalisierte Störstellenniveau durch einen kurzen Strich angedeutet ist. Der Abstand der Störstelle zum Leitungsband ist die Bindungsenergie des Elektrons an die Störstelle.

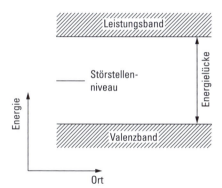

Abb. 13.20 Lokalisiertes Störstellenniveau im Bändermodell.

Betrachtet man nun ein In-Atom mit nur drei Valenzelektronen, das ein Ge-Atom ersetzt, so fehlt an der Störstelle ein Valenzelektron für die kovalente Bindung des Ge-Kristalles. Das In-Atom kann also leicht ein Elektron einfangen, wodurch die Störstelle negativ geladen wird. Das Störstellenniveau liegt in diesem Fall in der Nähe der Oberkante des Valenzbandes in der Bandlücke. Die beiden Störstellenarten werden durch die Begriffe *Donator* (z. B. As in Ge-Kristallen) und *Akzeptor* (z. B. In in Ge-Kristallen) unterschieden. Allgemein wird ein Donator als eine Störstelle definiert, die entweder neutral oder positiv vorkommt,

$$\mathrm{D} \rightleftharpoons \mathrm{D}^+ + \ominus$$

und ein Elektron an das Leitungsband abgeben kann. Dabei bezeichnet D die neutrale, D^+ die positiv geladene Störstelle und $\ominus$ das Elektron im Leitungsband. Entsprechend wird ein Akzeptor durch die Umladungsgleichung

$$\mathrm{A} \rightleftharpoons \mathrm{A}^- + \oplus$$

definiert, wobei ⊕ ein Loch im Valenzband bezeichnet. Der Akzeptor bekommt also sein Elektron aus dem Valenzband und lässt dort ein Loch zurück. Anders ausgedrückt: Der Akzeptor gibt ein Loch an das Valenzband ab. Das niedrigere Energieniveau (Grundzustand) ist in beiden Fällen die neutrale Störstelle (▶ Abb. 13.21). Geladene Donatoren können also Elektronen aus dem Leitungsband „einfangen" und werden daher auch als *Haftstellen* für Leitungselektronen bezeichnet. Umgekehrt wirken geladene Akzeptoren als Haftstellen für Löcher im Valenzband. Andererseits lassen sich die Elektronen bzw. Löcher umso leichter von den Störstellen befreien, je dichter die Niveaus an den Bandkanten liegen. Dies kann z. B. durch Lichteinstrahlung geschehen, und man erhält so die Photoleitfähigkeit. Die elektrische Leitfähigkeit wird dabei durch Erhöhung der Anzahl der Ladungsträger (Elektronen im Leitungsband oder Löcher im Valenzband) vergrößert. Diesen Effekt nutzt man z. B. zum Bau von *Photozellen* (Abschn. 17.4) aus. Die elektrische Leitfähigkeit bzw. der Strom bei vorgegebener Spannung ist dann ein Maß für die Intensität des eingestrahlten Lichtes. Liegen die Störstellenniveaus dicht genug an der Bandkante, so genügt schon eine Temperaturerhöhung, um die Elektronen bzw. Löcher zu befreien. Diese Temperaturabhängigkeit der Ladungsträgerkonzentration wird beim *Thermistor* unmittelbar zur Temperaturmessung ausgenutzt. Die Thermistoren werden besonders bei tiefen Temperaturen (verflüssigte Gase) verwendet, wobei die Temperaturmessung auf eine Widerstandsmessung zurückgeführt ist.

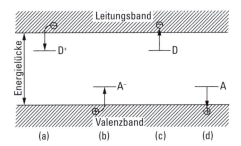

Abb. 13.21 Umladungen von Donatoren und Akzeptoren im Bändermodell. (a) Ein geladener Donator fängt ein Elektron ein, wobei Phononen erzeugt werden, (b) ein geladener Akzeptor fängt ein Loch ein, wobei Phononen erzeugt werden, (c) ein neutraler Donator gibt ein Elektron an das Leitungsband ab und vernichtet dabei ein Photon oder Phononen, (d) ein neutraler Akzeptor gibt ein Loch an das Valenzband ab und vernichtet dabei ein Photon oder Phononen.

Im Unterschied zur elektrischen Leitfähigkeit der Metalle, die mit steigender Temperatur abnimmt, erhöht sich die elektrische Leitfähigkeit der Halbleiter mit der Temperatur, da die Donatoren und Akzeptoren mit steigender Temperatur mehr Ladungsträger an die Bänder abgeben, wodurch sich die Anzahl der Leitungselektronen bzw. Löcher vergrößert. Je nachdem, ob die Leitfähigkeit durch Donatoren oder Akzeptoren hervorgerufen wird, spricht man von einem *n-Leiter* oder *p-Leiter*. Ein mit As dotierter Ge-Kristall ist demnach ein n-Leiter und ein mit In dotierter Ge-Kristall ein p-Leiter, bei dem die Leitfähigkeit durch die Löcher im Valenzband entsteht.

Eigen- und Störstellenleitung. In idealen, ungestörten Halbleitern (z. B. Silizium) dienen die äußeren (vier) Elektronen eines jeden Silizium-Atoms der kovalenten Kristallbindung. Bei niedrigen Temperaturen ($T \approx 0\,\mathrm{K}$) befinden sich alle Elektronen daher im Valenzband. Führt man dem Kristall Energie zu, z. B. durch Erhöhung der Temperatur, können Gitterbindungen aufgebrochen werden, und die freigesetzten Elektronen können sich wie quasi-freie Ladungsträger mit der zugehörigen effektiven Masse im Kristall bewegen. Sie befinden sich energetisch im Leitungsband.

Da jedes freigesetzte Elektron, das sich im Leitungsband befindet, ein Loch (Defektelektron) im Valenzband hinterlässt, muss die Dichte n der Elektronen gleich der Dichte p der Löcher sein, also $n = p = n_i$, mit der *Eigenleitungskonzentration* n_i (engl. intrinsic concentration). Die ist bei gegebenem Material (z. B. Si) nur noch von der Temperatur bzw. der zugeführten Energie zur Aufbrechung der Gitterbindungen abhängig: $n_i \sim \exp\left(-(E_L - E_V)/(2k_B T)\right)$. Da jedoch bei jedem Übergang eines Elektrons aus dem Valenz- in das Leitungsband zwei Ladungsträger (ein Elektron und ein Loch) entstehen, beträgt die Aktivierungsenergie pro Teilchen nur $(E_L - E_V)/2$.

▶Abb. 13.22 zeigt die Eigenleitungskonzentration von einigen wichtigen Halbleitern. Es ist zu erkennen, dass die Kurven keine exakten Geraden darstellen, so dass die Eigenleitungskonzentration n_i als Proportionalitätsfaktor ebenfalls temperaturabhängig sein muss. Aber auch die Bandlücke selbst ist noch geringfügig temperaturabhängig. Den bisherigen Betrachtungen entnimmt man jedoch, dass die Konzentration der Ladungsträger in Eigenhalbleitern (auch intrinsische Halbleiter genannt) bei gegebenem Material, d. h. Bandabstand, lediglich über die Temperatur geändert werden kann. In der Einführung war jedoch der Wunsch geäußert, bei gegebenem Material und gegebener Temperatur die Ladungsträgerdichte vorgeben zu können.

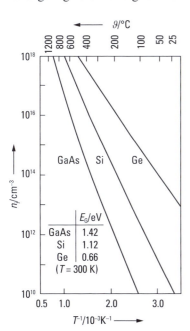

Abb. 13.22 Eigenleitungskonzentration n_i von GaAs, Si und Ge als Funktion der reziproken Temperatur sowie Werte für den Bandabstand E_G (aus A. S. Grove, *Physics and Technology of Semiconductor Devices*, Wiley, New York, 1967).

Neben der intrinsischen Leitfähigkeit können Elektronen ins Leitungsband und/oder Löcher in das Valenzband transferiert werden durch entsprechende zusätzliche Zustände im verbotenen Band, deren Aktivierungsenergie kleiner ist als der Bandabstand und in der Größenordnung von $k_B T$ (▶Abb. 13.23). Dabei muss beachtet werden, dass lediglich

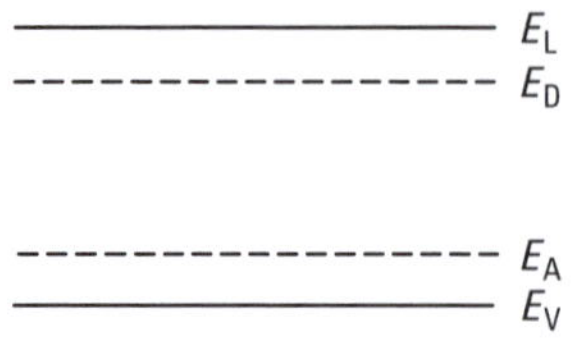

$$E_\text{L}$$
$$------------ E_\text{D}$$

$$------------ E_\text{A}$$
$$E_\text{V}$$

Abb. 13.23 Der energetische Abstand $(E_\text{L} - E_\text{D})$ ist die notwendige Aktivierungsenergie, um Elektronen aus E_D ins Leitungsband anzuheben, der energetische Abstand $(E_\text{A} - E_\text{V})$ ist die notwendige Aktivierungsenergie, um ein Loch aus E_A ins Valenzband anzuheben. $(E_\text{L} - E_\text{D})$, $(E_\text{A} - E_\text{V})$ sollen in der Größenordnung von $k_\text{B}T$ liegen. Der räumliche Abstand zwischen den Störstellen mit der Aktivierungsenergie E_D, E_A ist so groß, dass ein Tunnelprozess zwischen diesen nicht möglich ist, so dass ein Ladungstransport von Elektronen nur über E_L und der von Löchern nur über E_V stattfindet.

Elektronen aus dem Niveau E_D in das Leitungsband emittiert werden bzw. Löcher aus dem Niveau E_A in das Valenzband. Der Ladungstransport innerhalb der Niveaus E_D, E_A (z. B. durch Tunneln von einem Dotieratom zum nächsten) analog E_L, E_V muss jedoch ausgeschlossen sein. Dies lässt sich dadurch realisieren, dass z. B. auf den Gitterplatz eines Si-Atoms ein P-Atom gesetzt wird. Von den fünf äußeren Phosphor-Elektronen werden nur vier für die Bindung zu den Si-Atomen der Umgebung benötigt, so dass ein Elektron „übrig" bleibt. Hat das P-Atom das überschüssige Elektron abgegeben, ist es positiv geladen. Die Situation gleicht daher dem Wasserstoffatom. Die Ionisierungsenergie des Wasserstoffatoms (im Vakuum) beträgt 13.56 eV. Daher scheint keine Chance zu bestehen, mit der Aktivierungsenergie in die Größenordnung von $k_\text{B}T$ zu kommen. Man hat hier jedoch zu berücksichtigen, dass das P-Atom sich nicht im Vakuum, sondern in einer Si-Umgebung befindet. Daher stellt sich hier exakt der zuvor diskutierte Fall der Störung eines neutralen Materials (Si) durch eine positive Ladung (P-Atom) ein. Das bedeutet, dass das positive P-Atom von den Elektronen des umgebenden Siliziums abgeschirmt wird. Diese Abschirmung wird makroskopisch durch die Permittivitätszahl ε_Si des Siliziums beschrieben. Die Coulomb-Energie $E_\text{D} = q_1 q_2/(4\pi \varepsilon_0 \varepsilon_\text{Si} r)$ zwischen dem positiv geladenen P-Atom und dem gebundenen Elektron wird also in 1. Näherung um den Faktor $1/\varepsilon_\text{Si}^2$ reduziert (die Ladung des P-Atoms wird um $1/\varepsilon_\text{Si}$ reduziert und dadurch der Radius r der Bahn des gebundenen Elektrons um ε_Si vergrößert). Da ε_Si von Silizium 11.6 beträgt, wird die Ionisierungsenergie von 13.56 eV um 11.6^2 auf ca. 100 meV reduziert, und man kommt damit in die gewünschte Größenordnung. Die Messung liefert einen Wert von 45 meV bei Zimmertemperatur. Das Einbringen von fünfwertigen Atomen (z. B. Phosphor, Antimon, Arsen) auf Gitterplätze schafft also das geforderte Niveau in der verbotenen Zone mit einer Aktivierungsenergie in der Größenordnung von $k_\text{B}T$ bei Zimmertemperatur. Man nennt solche Störstellen mit sehr kleiner Aktivierungsenergie *flache Störstellen*. Jedes eingebrachte P-Atom ist also im Prinzip in der Lage, ein zusätzliches Elektron für die elektronische Leitfähigkeit zu liefern. Aufgrund des im Vergleich zu $(E_\text{L} - E_\text{D})$ großen Bandabstands $(E_\text{L} - E_\text{V})$ ist die Eigenleitungskonzentration der Elektronen des Siliziums relativ gering, sie beträgt etwa 10^{10} cm^{-3}. Bringt man also z. B. 10^{15} cm^{-3} P-Atome ein und geben alle ihr überschüssiges Elektron an das Leitungsband ab, so ist die Ladungsträgerkonzentration aufgrund der Dotierung 10^5-mal größer als die Eigenleitungskonzentration und somit allein bestimmend. In diesem Sinn lässt sich die Leitfähigkeit der Halbleiter den Anforderungen entsprechend in weiten Bereichen ganz gezielt einstellen. Gleichzeitig erkennt man, dass bei etwa 10^{15} P-Atomen pro cm^3 und etwa 10^{23} Si-Atomen pro cm^3 nur etwa jedes 500ste Si-Atom in jeder Raumrichtung durch ein P-Atom ersetzt wurde. Damit haben im Mittel zwei benachbarte P-Atome einen Abstand von ca. 100 nm, so dass ein Ladungstransport von P-Atom zu P-Atom, also längs E_D, analog zum Leitungsband E_L, nicht möglich ist. Die Elektronen können sich daher lediglich im Leitungsband frei bewegen. Daher kann die anfangs formulierte Forderung – jede gewünschte Leitfähigkeit gezielt einstellen zu können – auf diese Weise realisiert werden. Statt des Einbringens von fünfwertigen P-Atomen zur Einstellung der gewünschten Elektronenkonzentration kann man im Fall des Siliziums auch dreiwertige Atome (z. B. Bor, Aluminium, Gallium) auf Gitterplätze einbringen, dann fehlt dort ein Bindungselektron und es wird ein Loch erzeugt. Dadurch dass ein anderes Elektron diesen freien Gitterplatz einnehmen kann, sind die eingebrachten Löcher beweglich. Durch das Einbringen von Akzeptoren kann daher, entsprechend den Überlegungen bei den Donatoren, die Löcherleitung ganz gezielt eingestellt werden.

► Abb. 13.24 zeigt diese Prozesse schematisch. Damit ergibt sich die Möglichkeit, die Elektronen- und Löcherkonzentration, unabhängig und insbesondere räumlich getrennt voneinander den Anforderungen entsprechend einzustellen. Die Anforderungen werden dabei – wie zuvor diskutiert – von der gewünschten Relaxationszeit τ bestimmt. Wird beispielsweise eine Donatoren-Konzentration N_D bzw. eine Akzeptoren-Konzentration N_A in den Kristall eingebracht, bezeichnen N_D^+ und N_A^- die Konzentrationen von Donatoren bzw. Akzeptoren, die ihr Elektron bzw. Loch an das Leitungs- bzw. Valenzband abgeben, während N_D^0 und N_A^0 die Donatoren- bzw. Akzeptoren-Konzentrationen bezeichnen, bei denen keine Ladungsträger an das Leitungs- bzw. Valenzband abgegeben werden. Somit gilt: $N_D = N_D^+ + N_D^0 = n + N_D^0$ und $N_A = N_A^- + N_A^0 = p + N_A^0$. Dabei bezeichnet n die Teilchendichte der von den Donatoren abgegebenen Elektronen und p die Teilchendichte der von den Akzeptoren abgegebenen Löcher. Dazu kommt noch die Eigenleitungskonzentration n_i, wenn die Gesamtkonzentration der beweglichen Ladungsträger im Leitungs- und Valenzband betrachtet wird. Im Folgenden sollen die Konzentrationen der ortsfesten Atome mit Großbuchstaben und die der beweglichen Ladungsträger mit Kleinbuchstaben

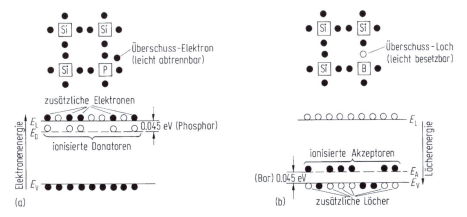

Abb. 13.24 Störstellenleitung im Energiebändermodell, (a) Elektronenleitung und (b) Löcherleitung.

bezeichnet werden. Sind alle Atome vollständig ionisiert (abhängig von der Aktivierungs-energie und der Temperatur) gilt: $n = N_D^+ = N_D$ und $p = N_A^- = N_A$. Die Aktivierungs-energien der gängigen Dotiersubstanzen für flache Störstellen der bekanntesten Halbleiter sind in ▶ Tab. 13.1 zusammengefasst.

Tab. 13.1 Ionisierungsenergien für Donatoren und Akzeptoren für die Halbleiter Silizium, Germanium und Galliumarsenid.

		Silizium	Germanium		Galliumarsenid
Donatoren E_D/eV	P	0.045	0.012	Sn	0.006
	As	0.054	0.013	S	0.006
	Sb	0.039	0.0096	Te	0.03
	Li	0.033	0.0093	Si	0.006
Akzeptoren E_A/eV	B	0.045	0.0104	Zn	0.031
	Al	0.067	0.0102	Be	0.028
	Ga	0.072	0.0108	Si	0.035
	In	0.160	0.0112	Mg	0.028

Die bisher beschriebenen Dotierstoffe führen zu den oben erwähnten sogenannten flachen Störstellen, die jeweils nur mit einem Band wechselwirken: Donatoren mit dem Leitungsband, Akzeptoren mit dem Valenzband. Es liegt nach den beschriebenen Vorgängen natürlich nahe, auch andere Stoffe zur Dotierung zu verwenden und deren Aktivierungsenergie festzustellen. Ein Niveau von der Größenordnung $(E_L - E_V)/2$, also nahe der Bandmitte, müsste mit beiden Bändern wechselwirken. Ein bekanntes Beispiel ist Gold in Silizium. Gold besitzt ein äußeres Elektron und kann daher dieses an das Leitungsband abgeben (Wechselwirkung mit dem Leitungsband) oder weitere Elektronen aufnehmen und damit Löcher erzeugen, also mit dem Valenzband wechselwirken. Gold besitzt ein Akzeptorniveau von 0.54 eV unterhalb des Leitungsbandes des Siliziums, also nahe der Bandmitte $((E_L - E_V)/2 = 0.56$ eV), und ein Donatorniveau von 0.29 eV oberhalb des Valenzbandes. Man nennt solche Störniveaus *tiefe Niveaus* bzw. *tiefe Störstellen*. Aufgrund der großen Aktivierungsenergie ist verständlich, dass solche tiefen Niveaus bei Zimmertemperatur nicht vollständig ionisiert sind, sondern im Gegenteil meist neutral sind und insbesondere ein anderes Zeitverhalten für ihre Umladung aufweisen als die flachen Störstellen. Im Allgemeinen ist es nicht so einfach, die Leitungseigenschaften der Halbleiter lediglich durch flache und tiefe Niveaus allein zu beschreiben. Es gibt häufig unerwünschte Verunreinigungen und Gitterfehler bei der Herstellung von Halbleitern, die oft zu mehreren verschiedenen Niveaus führen. Ferner gibt es Störungen der periodischen Struktur, insbesondere an Ober- oder Grenzflächen, die sogar zu kontinuierlichen Verteilungen von Oberflächenzuständen im verbotenen Band des Halbleiters an den Ober- oder Grenzflächen führen.

Hall-Beweglichkeit. Zur experimentellen Bestimmung der Dichten stromführender Ladungsträger n und p und ihrer Beweglichkeiten μ_n und μ_p genügt es nicht nur die elektrische Leitfähigkeit zu messen. Des Weiteren ist es allein mit Leitfähigkeitsmessungen auch nicht möglich, den Typ der überwiegenden Ladungsträgerart (Elektron oder Loch) in einem Halbleiter zu bestimmen. Mithilfe des *Hall-Effektes* (benannt nach Edwin H. Hall, 1855 – 1938; Bd. 2, Kap. 3) sind diese wichtigen Halbleiter-Kenngrößen jedoch experimentell

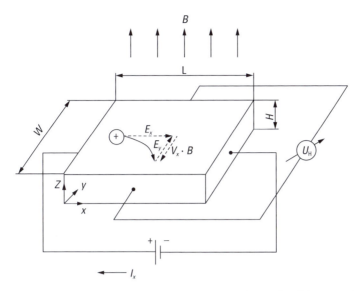

Abb. 13.25 Prinzipieller Messaufbau zur Untersuchung des Hall-Effektes an einem p-leitenden Halbleiter.

zugänglich. Die grundsätzliche Messanordnung zur Untersuchung des Hall-Effektes ist für Halbleiter und für Metalle identisch und schematisch in ▶ Abb. 13.25 dargestellt. Ein äußeres elektrisches Feld E in x-Richtung und ein äußeres magnetisches Feld B in z-Richtung wirken im hier gezeigten Beispiel auf eine p-leitende Halbleiter-Probe mit der Löcherdichte p. Das äußere elektrische Feld E bewirkt einen Strom mit der Stromdichte $j_x = \sigma E_x$ in positiver x-Richtung. Für die in ▶ Abb. 13.25 schematisch dargestellte Halbleiter-Probe mit den geometrischen Abmessungen H und W ergibt sich unter Berücksichtigung der auf die Löcher wirkenden Lorentz-Kraft folgende Bewegungsgleichung:

$$m_p^* \frac{\mathrm{d}v}{\mathrm{d}t} = e_0(E + v_d \times B) - m_p^* \frac{v_d}{\tau} \,. \tag{13.52}$$

Dabei bezeichnet v_d die *Driftgeschwindigkeit*, τ die mittlere Stoß- bzw. Relaxationszeit und m_p^* die effektive Masse der Löcher. Der Term $m_p^* v_d / \tau$ entspricht einer Reibungs- bzw. Dämpfungskraft und berücksichtigt die Wirkung der Stöße.

Für den stationären Fall $\mathrm{d}v/\mathrm{d}t = 0$ ergibt sich aus der Bewegungsgleichung (13.52) die folgende Beziehung zwischen der senkrecht zur Stromrichtung I_x gerichteten Hall-Feldstärke $E_H = E_y$, dem Betrag des Magnetfeldes B und der Stromdichte j_x (Bd. 2, Abschn. 3.3):

$$E_H = -\frac{1}{e_0 p} j_x B = -A_H j_x B \,. \tag{13.53}$$

Dabei bezeichnet $A_H = 1/e_0 p$ die *Hall-Konstante*, die für Löcherleitung positiv und für Elektronenleitung negativ ist. Gemäß Gl. (13.53) lässt sich die Hall-Konstante A_H aus der gemessenen *Hall-Spannung* $U_H = E_H W$, der gemessenen Stromstärke $I_x = j_x W D$ in x-Richtung und dem gemessenen Magnetfeld B in z-Richtung bestimmen. Die Interpretation des auf diese Weise bestimmten Wertes ist jedoch nicht trivial, da A_H im Allgemeinen vom Magnetfeld B und von der Temperatur T abhängt.

Als *Hall-Beweglichkeit* μ_H ist das Verhältnis

$$\mu_H = \left| \frac{E_H}{E_x B} \right| \tag{13.54}$$

definiert. Die Werte der Hall-Beweglichkeit μ_H und der *Driftbeweglichkeit* μ_d unterscheiden sich, da durch die ablenkende Lorentz-Kraft das einzelne Loch bzw. das einzelne Elektron keine Beschleunigung in Richtung von E_x erfährt. Für die Berechnung von Korrekturfaktoren ist die Bewegung der Ladungsträger auf Fermi-Flächen und die resultierende mittlere Zeit zwischen zwei Stößen entscheidend. Bei Phononenstreuung ergibt sich ein Verhältnis von $\mu_H/\mu_d = 1.18$ und bei *Störstellenstreuung* ergibt sich ein Verhältnis von $\mu_H/\mu_d = 1.93$.

Falls der Unterschied zwischen der Hall-Beweglichkeit μ_H und der Driftbeweglichkeit μ_d vernachlässigt werden kann, lässt sich ein Ausdruck für die Hall-Konstante A_H ableiten, sofern Elektronen und Löcher in vergleichbaren Konzentrationen vorliegen (Hall-Effekt in *gemischten Halbleitern*, in denen sowohl die Elektronen als auch die Löcher zum Stromtransport beitragen):

$$A_H = \frac{1}{e_0} \frac{p\mu_p^2 - n\mu_n^2}{(p\mu_p + n\mu_n)^2} . \tag{13.55}$$

Dementsprechend kann in Abhängigkeit von den Dichten n und p und von den Beweglichkeiten μ_n und μ_p der Elektronen bzw. Löcher die Hall-Konstante A_H positiv oder negativ sein.

Bei genau bekannten Materialeigenschaften bietet der Hall-Effekt eine Möglichkeit, mithilfe der transversalen Hall-Spannung Magnetfelder zu bestimmen (*Hall-Sonde*). Man kann jedoch auch die Beeinflussung des Längswiderstandes (auch als *longitudinaler Widerstand* bezeichnet), der sich aus der Relation $(L/WD)(|E_x|/j_x)$ ergibt, einer Probe durch das äußere magnetische Feld als Messgröße benutzen. Da das Hall-Feld die senkrecht zum äußeren longitudinalen elektrischen Feld durch das äußere magnetische Feld hervorgerufene Beschleunigung kompensiert, ist eine Änderung des Längswiderstandes nicht zu erwarten. Schließt man die elektrische Hall-Spannung jedoch kurz, können die Ladungsträger dort der Lorentz-Kraft folgen. Bei sehr unterschiedlicher Beweglichkeit von Elektronen und Löchern (wie z. B. in InSb) wird eine Änderung des Längswiderstandes messbar.

E **Integraler Quanten-Hall-Effekt.** Im Jahr 1980 untersuchten Klaus von Klitzing (*1943, Nobelpreis 1985) und seine Mitarbeiter die Hall-Spannung U_H an *Metall-Oxid-Halbleiter-Feldeffekttransistoren* (engl. metal-oxide-semiconductor field-effect transistor, MOS-FET, Abschn. 17.2 und Bd. 2, Abschn. 3.3) in hohen Magnetfeldern ($B \leq 18\,T$) und bei tiefer Temperatur ($T = 1.5\,K$). Diese n-Kanal-Si-MOS-FETs waren zusätzlich zu den Kontakten *Source*, *Drain* und *Gate* seitlich mit mehreren Ohm'schen Kontaktpaaren versehen worden (▶ Abb. 13.26). Dadurch kann bei einem senkrecht auf der Ebene der Anschlüsse stehendem Magnetfeld B die Hall-Spannung U_H eines *MOS-Inversionskanales*, der als n-leitender Kanal durch Anlegen einer Gate-Spannung U_{GS} im p-dotierten Si entsteht,

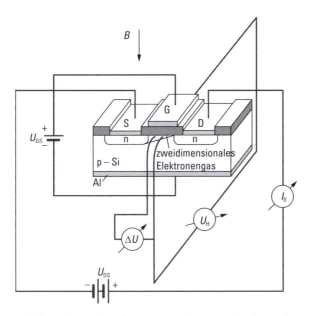

Abb. 13.26 Prinzipieller Versuchsaufbau zur Messung des integralen Quanten-Hall-Effektes mit einem n-Kanal-Si-MOS-FET.

vermessen werden. Die Messung wurde bei konstantem Source-Drain-Strom $I_{SD} = 1\,\mu A$ vorgenommen.

Gemäß den vorangegangenen Ausführungen wurde eine mit wachsender Gate-Spannung monoton fallende Hall-Spannung

$$|U_H| = A_H \frac{I_x}{H} B = \frac{I_{SD} \cdot B}{q \cdot n(U_{GS}) \cdot D(U_{GS})} = \frac{I_{SD} \cdot B}{Q_S(U_{GS})} \tag{13.56}$$

erwartet (hierbei bezeichnen $D(U_{GS})$ die von der Gate-Spannung U_{GS} abhängige MOS-Inversionskanaltiefe, Q_S die MOS-Inversionskanalladung und H die in ▶ Abb. 13.25 eingezeichnete Dicke der Halbleiter-Probe). Das Experiment bewies zwar die erwartete reziproke Abhängigkeit, jedoch überraschenderweise nicht als monoton fallenden Verlauf, sondern unterbrochen von Stufen für bestimmte Werte U_H, wie es in ▶ Abb. 13.27 dargestellt ist. Durch weitere Experimente konnte sichergestellt werden, dass unabhängig von der Probengeometrie sowie vom Source-Drain-Strom I_{SD} und dem Magnetfeld B die Stufen der Hall-Spannung U_H und die ΔU-„Einbrüche" stets bei gleichen Werten des Hall-Widerstandes

$$\frac{|U_H|}{I_{SD}} = \frac{B}{Q_S(U_{GS})} = \frac{25.8128074434 \text{ k}\Omega}{i} \quad \text{mit} \quad i = 1, 2, 3 \ldots \tag{13.57}$$

festgestellt wurden.

Diese Beobachtungen bilden den *integralen Quanten-Hall-Effekt*, der auch als *ganzzahliger Quanten-Hall-Effekt* bzw. nach seinem Entdecker *Von-Klitzing-Effekt* bezeichnet wird. Der integrale Quanten-Hall-Effekt wurde ebenfalls in der Potentialmulde von

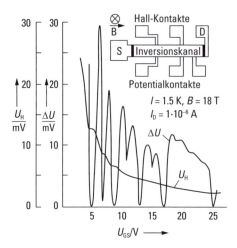

Abb. 13.27 Experimentelles Ergebnis der Untersuchung des integralen Quanten-Hall-Effektes mit der in ▶ Abb. 13.26 dargestellten Konfiguration mit einem n-Kanal-Si-MOS-FET.

Halbleiter-Heterostrukturen, die aus unterschiedlichen Halbleitermaterialien mit unterschiedlichen Dotierungsarten und verschiedenen Dotierungskonzentrationen bestehen, nachgewiesen. Die dabei beobachteten Abängigkeiten des Hall-Widerstandes $|U_H/I|$ und des Längswiderstandes $|\Delta U/I|$ vom Magnetfeld B sind noch ausgeprägter als bei der zuvor beschriebenen n-Kanal-Si-MOS-FET-Struktur, da insbesondere die Heteroübergang-Phasengrenze weniger „rau" als die Si/SiO$_2$-Phasengrenze hergestellt werden kann (▶ Abb. 13.28). Der in Gl. (13.57) auftretende Widerstandswert von 25.8128074434 kΩ ist die sogenannte *Von-Klitzing-Konstante*:

$$R_K = \frac{h}{e_0^2} = \frac{Z_0}{2\alpha} = 25.8128074434 \text{ k}\Omega\,, \tag{13.58}$$

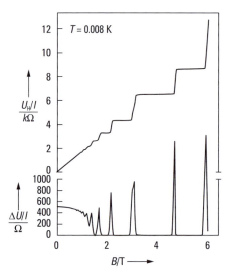

Abb. 13.28 Integraler Quanten-Hall-Effekt an einem AlGaAs/GaAs-Heteroübergang. Oben: Hall-Widerstand $|U_H/I|$, unten: Längswiderstand $|\Delta U/I|$, beide als Funktion des Magnetfeldes B (Daten aus D. C. Tsui, H. L. Stormer und A. C. Gossard, Phys. Rev. Lett. **48**, 1559, 1982).

die von den beiden Naturkonstanten Planck'sches Wirkungsquantum h und der Elementarladung e_0 bzw. von der Sommerfeld'schen Feinstrukturkonstante α und dem Wellenwiderstand des Vakuums $Z_0 = \mu_0 c = 120\pi \ \Omega \approx 376.73 \ \Omega$ (Bd. 2, Abschn. 7.2) bestimmt wird. Dementsprechend bestimmt das reziproke Verhältnis e_0^2/h die Sommerfeld'sche Feinstrukturkonstante

$$\alpha = \frac{\mu_0 c e_0^2}{2h} = \frac{Z_0}{2R_K} = (137.03599)^{-1} , \tag{13.59}$$

die mit einer Genauigkeit besser als $5 \cdot 10^{-7}$ mit dem integralen Quanten-Hall-Effekt überprüft wurde. Eine ganz besondere Bedeutung des integralen Quanten-Hall-Effektes besteht darin, dass mit seiner Hilfe *Normalwiderstände* – als Vielfache von h/e_0^2 – erheblich genauer geeicht werden können als bisher. Auf dieser Grundlage wird über eine Neudefinition der Einheit Ohm über den integralen Quanten-Hall-Effekt diskutiert.

Deutung des integralen Quanten-Hall-Effektes. Für die physikalische Erklärung des integralen Quanten-Hall-Effektes ist die Lokalisation der Ladungsträger in einer dünnen Schicht entscheidend. Die Ladungsträger bilden dann ein zweidimensionales Gas von Fermionen, das in einem äußeren Magnetfeld $\boldsymbol{B}$ Einteilchenzustände mit den diskreten Energiewerten $E_n = (n + 1/2)\hbar\omega_c$ hat. Im zuvor in den ▶ Abb. 13.26 und 13.27 gezeigten Beispiel erfolgt dies im MOS-Inversionskanal (Abschn. 17.2). Mit zunehmendem Magnetfeld wächst der Abstand benachbarter Landau-Niveaus und gleichzeitig der Entartungsgrad $g(B) = e_0 B/h$. Bei hinreichend tiefer Temperatur und hoher Magnetfeldstärke ist insbesondere $\hbar\omega_c \gg k_B T$. In diesem Fall sind nur wenige bzw. die N energetisch tiefsten Landau-Niveaus voll besetzt, und ein weiteres Landau-Niveau im Allgemeinen partiell besetzt.

Mit wachsendem Magnetfeld B nimmt die Anzahl N der voll besetzten Landau-Niveaus schrittweise ab. Wie ▶ Abb. 13.28 zeigt, nimmt bei jedem Schritt der Hall-Widerstand stufenweise zu. Der longitudinale Widerstand $R = \Delta U/I$ hingegen erreicht bei jeder Stufe große Werte $R > 0$, verschwindet aber in den Zwischenbereichen. Dissipationsprozesse finden offensichtlich vor allem dann statt, wenn ein weiteres Landau-Niveau zusätzlich besetzt wird. In den Zwischenbereichen (Plateaus) fließt ein Strom fast ohne Dissipation. Ein Teil der Ladungsträger verhält sich demnach rein quantendynamisch. Sie sind im 2-dimensionalen Inversionskanal *delokalisiert*.

In diesen Bereichen haben die zur Stromdichte j_{SD} beitragenden Ladungsträger relativ zum Ruhesystem des Halbleiters die Geschwindigkeit

$$v_{SD} = \frac{E_H}{B} \tag{13.60}$$

in Source-Drain-Richtung. Dabei ist $E_H = U_H/W$ die senkrecht zu Magnetfeld und Stromrichtung gerichtete elektrische Hall-Feldstärke. Man beachte aber, dass die Breite W des Halbleiters etwas von Ort zu Ort variieren kann, und deshalb auch die Vektoren $\boldsymbol{E}_H$ und $\boldsymbol{v}_{SD}$ etwas ortsabhängig sind. Nur die Hall-Spannung U_H hat in den Bereichen der Plateaus scharfe Messwerte. Dennoch seien für die folgende Argumentation einfachheitshalber ortsunabhängige Vektoren $\boldsymbol{E}_H$ und $\boldsymbol{v}_{SD}$ vorausgesetzt.

Stationäre Quantenzustände haben die Ladungsträger des elektrischen Stromes nur im Schwerpunktsystem des von ihnen gebildeten Quantengases, also in dem mit der

Geschwindigkeit v_{SD} relativ zum Halbleiter bewegten Bezugssystem Σ_0. In diesem Bezugssystem ist das elektrische Feld $\boldsymbol{E} = 0$ und auf die Ladungsträger wirkt nur ein Magnetfeld B_z, das senkrecht zur Ebene der leitenden Halbleiterschicht gerichtet ist. Hier ist aber zu unterscheiden zwischen den Ladungsträgern in voll besetzten Landau-Niveaus und den Ladungsträgern in dem obersten nur teilweise besetzten Landau-Niveau. Alle Ladungsträger der voll besetzten Landau-Niveaus sind hinreichend gut vom Kristallgitter abgekoppelt und bilden ein im Halbleiter bewegtes Quantengas, nicht aber die Ladungsträger des erst teilweise besetzten Landau-Niveaus. Diese Ladungsträger bleiben auch im Magnetfeld an das Ruhesystem des Halbleiters gebunden, da sie aufgrund der Elektron-Phonon-Kopplung in unbesetzte Zustände fast gleicher Energie gestreut werden können, und gehören daher nicht zu dem im Halbleiter frei beweglichen Quantengas. Die Source-Drain-Stromdichte $j_{SD} = e_0 \nu v_{SD}$ nimmt daher bei wachsendem Magnetfeld stufenweise mit der Anzahl N der voll besetzten Landau-Niveaus ab. Daher ist

$$ \nu = N \frac{e_0 B}{h} \tag{13.61} $$

und folglich die Source-Drain-Stromdichte

$$ j_{SD} = N \frac{e_0^2}{h} E_H . \tag{13.62} $$

Als Hall-Widerstand ergibt sich daraus der in Gl. (13.57) angegebene experimentelle Wert.

Bei realen Halbleitern ist nicht nur die Kopplung der Ladungsträger an die thermischen Phononen, sondern auch der Einfluss von Störstellen und Störungen an Grenzflächen zu berücksichtigen. Aufgrund dieser Störungen ist auch die Ladungsträgerdichte $n(\boldsymbol{r})$ im Halbleiter ortsabhängig. Im Bereich der Plateaus schwankt daher die Anzahl der Ladungsträger im teilbesetzten Landau-Niveau, die sich nicht auf die Messwerte auswirkt. Eine andere Situation liegt vor, wenn bei der Erhöhung der magnetischen Feldstärke sich die Anzahl der voll besetzten Landau-Niveaus von N auf $N - 1$ verringert. Die Ortsabhängigkeit von $n(\boldsymbol{r})$ hat dann eine Kopplung des elektrischen Stromes an das Kristallgitter zur Folge. So entsteht Dissipation, die in den markanten Spitzenwerten des Längswiderstands zum Ausdruck kommt (▶ Abb. 13.28).

Fraktionaler Quanten-Hall-Effekt. In einigen Halbleiter-Heterostrukturen mit hohen Beweglichkeiten der Ladungsträger sind bei noch höheren Magnetfeldern und noch tieferen Temperaturen im Vergleich zum integralen Quanten-Hall-Effekt die Bereiche, in denen der Hall-Widerstand konstant ist (Plateaubereiche) deutlich kleiner als in Proben mit geringerer Beweglichkeit. Zwischen diesen schmaleren Plateaubereichen wurden weitere Bereiche gefunden, in denen der Hall-Widerstand ein gebrochen-rationales Vielfaches f der Von-Klitzing-Konstante $R_K = h/e_0^2 = 25.8128074434$ kΩ ist (▶ Abb. 13.29). Diese weiteren Plateaubereiche treten auf für $f = q_1/(2q_1 q_2 \pm 1)$ und für $f = 1 - q_1/(2q_1 q_2 \pm 1)$ (mit q_1, q_2 ganze Zahlen, also für $f = 1/3, 2/3, 2/5, 3/5$ etc. mit jeweils ungeradem Nenner). Dieser experimentelle Befund wurde erstmals im Jahr 1983 von Horst L. Störmer (*1949) und Daniel C. Tsui (*1939; gemeinsamer Nobelpreis 1998 zusammen mit Robert B. Laughlin, *1950) beobachtet und wird als *fraktionaler* oder als *gebrochenzahliger Quanten-Hall-Effekt* bezeichnet.

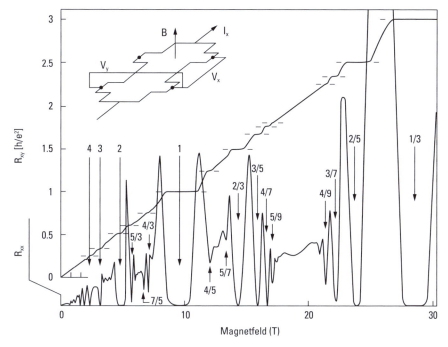

Abb. 13.29 Integraler (ganzzahliger) und fraktionaler (gebrochenzahliger) Quanten-Hall-Effekt in einer AlGaAs/GaAs-Heterostruktur bei einer Temperatur von $T = 85$ mK mit der stufenartigen Änderung des Hall-Widerstandes R_{xy} und dem verschwindenden Längswiderstand R_{xx} in den Plateaubereichen (R_{xy} = konstant) bei Variation des Magnetfeldes B. Die Plateaubereiche sind durch Pfeile gekennzeichnet (Daten aus H. L. Stormer, D. C. Tsui und A. C. Gossard, Rev. Mod. Phys. **71**, 298, 1999.).

In Übereinstimmung mit dem integralen Quanten-Hall-Effekt lassen sich die Bereiche des konstanten Hall-Widerstandes auch beim fraktionalen Quanten-Hall-Effekt damit erklären, dass die Fermi-Energie in einem Bereich von Zuständen von an Störstellen lokalisierten Ladungsträgern liegt. Beim fraktionalen Quanten-Hall-Effekt wird dies jedoch nicht durch die Quantisierung von Einteilchenzuständen bewirkt, sondern durch einen *Vielteilcheneffekt*. Alle Elektronen befinden sich dabei im energetisch untersten Landau-Niveau mit der gleichen Zyklotronfrequenz und parallel ausgerichteten Spins. Sie bilden damit kein freies bzw. quasi-freies Elektronengas mehr, sondern bewegen sich aufgrund ihrer starken Wechselwirkung korreliert als eine *Quantenflüssigkeit*.

Neuere Ansätze zur Beschreibung beruhen auf dem Konzept der sogenannten *zusammengesetzten Fermionen (composite fermions)*. Dies sind Quasiteilchen, die sich aus einem Elektron oder aus einem Loch und einer geraden Anzahl von *magnetischen Flussquanten (Fluxons)* zusammensetzen. Die an die Ladungsträger „angehängten" magnetischen Flussquanten erzeugen ein inneres homogenes Magnetfeld, das dem äusseren Magnetfeld entgegenwirkt. Dadurch kann sich das zusammengesetzte Fermion in einem durch die magnetischen Flussquanten reduzierten, effektiven Magnetfeld bewegen. Auf diese Weise kann der fraktionale (gebrochenzahlige) Quanten-Hall-Effekt von Elektronen oder Löchern in einem äußeren Magnetfeld als ein integraler (ganzzahliger) Quanten-Hall-

Effekt der zusammengesetzten Fermionen in einem effektiven Magnetfeld beschrieben werden. Die ganzzahlige elektrische Ladung der zusammengesetzten Fermionen wirkt dabei in dem effektiven Magnetfeld wie eine *fraktionale topologische Ladung*.

13.5 Festkörper mit gestörter Translationssymmetrie

Bisher wurden Festkörper mit einer periodischen Kristallstruktur behandelt. Nur bei den dotierten Halbleitern wurden auch Eigenschaften von Kristallen mit Punktdefekten diskutiert, also Kristalle, bei denen die streng periodische Struktur lokal gestört ist. In dem vorliegenden Abschnitt sollen Eigenschaften von Kristallen diskutiert werden, bei denen die Periodizität grob gestört ist.

Einerseits ist bei allen Kristallen, die im Labor untersucht werden, die Periodizität der Kristallstruktur an der Oberfläche massiv gestört. In der *Mikroelektronik* werden räumlich strukturierte Kristalle präpariert, die aus Bauelementen bestehen, deren Abmessungen im nm-Bereich liegen und damit die räumliche Ausdehnung von Atomen und Molekülen nur um wenige Größenordnungen übertreffen. Sie bieten die Möglichkeit, Information zu speichern und zu verarbeiten und sind daher die Grundlage der modernen Informationstechnik.

Insbesondere an den Grenz- und Oberflächen der Bauelemente finden *irreversible* Prozesse statt, die nur durch eine geschickte Kombination von klassischer Physik und Quantenphysik verständlich gemacht werden können. Verbunden damit ist der grundlegend neue Begriff der *Information*. Die Diskussion dieser Prozesse sei hier jedoch auf wenige allgemeine Betrachtungen beschränkt. Als spezielles aber interessantes Beispiel für die Effekte, die an den Kristalloberflächen auftreten können, wird die elektrische Leitung an der Oberfläche eines *topologischen Isolators* vorgestellt.

Andererseits gibt es aber auch viele Festkörper und andere Zustände kondensierter Materie ohne eine periodische räumliche Anordnung der Atome. Sie haben gewöhnlich zwar eine Nahordnung, aber keine periodische Anordnung der Atome über makroskopische Bereiche. Als *Werkstoffe* sind sie für viele Bereiche der Technik von großem Interesse. Als Beispiele werden im Nachfolgenden amorphe Festkörper und Flüssigkristalle kurz vorgestellt. Tatsächlich gibt es in Natur und Technik eine große Vielfalt solcher Körper. Für die Technik sind die verschiedenen Formen *weicher Materie* (soft matter) wichtig, wie Flüssigkeiten, Polymere und Schaumstoffe. Im Rahmen der biologischen Evolution hat die Natur darüber hinaus eine unermessliche Vielfalt von Körpern hervorgebracht, die wohlgeordnet auf atomarer und molekularer Ebene strukturiert sind, aber keine kristallinen Strukturen haben. Diese biologischen Körper haben offensichtlich nicht nur die Möglichkeit, Information nicht nur zu speichern und zu verarbeiten, sondern dank eines genetischen Codes die Information auch für die eigene Entwicklung zu nutzen.

Strukturierte Festkörper. Festkörper und ebenso andere Formen der kondensierten Materie haben eine räumliche Struktur, weil sie mit hinreichender Genauigkeit beobachtbar sind. Insbesondere ist die thermische Bewegung der Atome aufgrund der Absorption und Emission von Phononen so gut an die Umgebung gekoppelt, das die Atomkerne auf Gitterplätzen lokalisiert werden und in guter Näherung als unterscheidbare klassische

---

URL für QR-Code: www.degruyter.com/werkstoffe

Massenpunkte betrachtet werden können. Dementsprechend kann kondensierte Materie bis hinunter zu atomaren Dimensionen räumlich strukturiert sein.

Im Feld der räumlich angeordneten Atomkerne bewegen sich die zugehörigen Elektronen. Sie sind vorwiegend indirekt über die Phononen an die Umgebung gekoppelt und deshalb grundsätzlich weniger lokalisiert als die Atomkerne. Ihre Bewegungszustände können deshalb in erster Näherung quantenmechanisch beschrieben werden. Es ist dennoch sinnvoll, zwischen (an Gitterplätzen) lokalisierten und delokalisierten Elektronen zu unterscheiden. Insbesondere sind die Elektronen der abgeschlossenen Schalen eines Atoms dank ihrer hohen Bindungsenergie als lokalisierte Ladungsträger zu betrachten. Den Leitungselektronen hingegen kann eine mittlere freie Weglänge im Kristall (Größenordnung im nm-Bereich) zugeschrieben werden. Nur in Bereichen dieser Größenordnung sind sie lokalisierbar.

Die mittlere freie Weglänge der Leitungselektronen ist maßgebend für die Mindestgröße elektronischer Bauelemente. Nur wenn die Abmessungen der Bauelemente größer als die mittlere freie Weglänge der Leitungselektronen sind, ist eine Beschreibung der zwischen den einzelnen Bauelementen fließenden elektrischen Ströme im Rahmen der klassischen Elektrodynamik gerechtfertigt. Insbesondere kann dann den Elektronen eine Beweglichkeit μ zugeschrieben und die spezifische elektrische Leitfähigkeit mit dem Ausdruck $\sigma = e_0 \mu n$ (mit der Anzahldichte der Leitungselektronen n) beschrieben werden (Bd. 2, Abschn. 3.1).

Diese Kombination von quantenmechanischer und klassischer Beschreibung der Elektronenbewegungen ist grundlegend für ein Verständnis moderner Elektronik. Dabei müssen insbesondere auch die statistischen Gesetzmäßigkeiten der Thermodynamik berücksichtigt werden. Erst damit bekommen Irreversibilität und der für die Nachrichtentechnik fundamentale Begriff der Information eine theoretische Basis. Um die Wirkungsweise einzelner Bauelemente wie Dioden und Transistoren zu erklären, wird die Quantenphysik benötigt. Das Zusammenwirken der Bauelemente erfolgt hingegen nach den Gesetzen der klassischen Physik. Da die einzelnen Bauelemente nicht voneinander isoliert sondern miteinander verkoppelt sind, findet aus quantenphysikalischer Sicht nicht nur eine dynamische Entwicklung von Elektronenzuständen statt. Vielmehr sind auch spontan erfolgende Emissions- und Absorptionsprozesse möglich, also Prozesse, die den Gesetzmäßigkeiten der statistischen Physik folgen.

Da an den Oberflächen und Grenzflächen der strukturierten Festkörper die Periodizität der Kristallstruktur abbricht oder unterbrochen wird, verdienen sie besondere Aufmerksamkeit. Seit Festkörper im UHV (Ultrahochvakuum) präpariert und untersucht werden können, hat sich die Ober- und Grenzflächenphysik zu einem eigenen Forschungsgebiet entwickelt. Insbesondere Oberflächen können mit den Methoden der Rastersondenmikroskopie (Bd. 2, Abschn. 12.4) detailliert analysiert werden. Die Festkörperoberfläche dient heute auch als eine wohldefinierte Unterlage, auf der sich höchst unterschiedliche Systeme von Einzelatomen bis hin zu biologischen Objekten kontrolliert präparieren lassen.

Topologische Isolatoren. In den Jahren 2006 und 2007 wurde die Existenz von dreidimensionalen Strukturen vorhergesagt, die den elektrischen Strom nur an der Oberfläche sehr effizient leiten, da sich das Volumen bezüglich des Ladungstransportes wie ein Isolator verhält. Der experimentelle Nachweis gelang erstmals im Jahr 2007 an sogenannten *Quantentrögen* am System HgTe/CdTe. Für diese Strukturen hat sich inzwischen der Begriff *topologische Isolatoren* etabliert. Fast alle bis heute identifizierten topologischen

---

URL für QR-Code: www.degruyter.com/oberflaechen

Isolatoren basieren entweder auf HgTe oder Bi_2Se_3. Kennzeichnend für topologische Isolatoren ist das Auftreten von Quantenzuständen und nahezu dissipationslosen Strömen von Elektronen mit definierter Spin-Ausrichtung, wobei die Ausrichtung des Spins der Elektronen an ihre Bewegungsrichtung gekoppelt ist. Das bedeutet insbesondere, dass sich Elektronen mit antiparalleler Spin-Ausrichtung in entgegengesetzte Richtungen bewegen. Neben dieser starken Spin-Bahn-Kopplung entsprechen die bei topologischen Isolatoren vorhandenen Oberflächenzustände Dirac-Fermionen, also masselosen relativistischen Teilchen mit einer linearen Energie-Impuls-Relation. Diese Eigenschaft ist von der Bandstruktur des ebenfalls außergewöhnlichen Materials Graphen als sogenannter *Dirac-Kegel* bekannt. Bisherige theoretische Modelle sagen bei zwei- und dreidimensionalen topologischen Isolatoren genau ein- bzw. zweidimensionale Dirac-Fermionen voraus, wobei die Anzahl von Dirac-Kegel-artigen Oberflächenzuständen bei topologischen Isolatoren eine ungerade Zahl ist. Der Bezeichnung „topologischer Isolator" ist an die Mathematik angelehnt, wo mit dem Konzept der Topologie geometrische Körper unter Dehnungen oder Stauchungen (Homöomorphismen) klassifiziert werden. Bei topologisch trivialen Isolatoren/Halbleitern gibt es sowohl in der Bandstruktur des Volumens als auch in der Bandstruktur der Oberfläche eine Bandlücke zwischen dem Leitungs- und dem Valenzband, während bei den topologisch nicht-trivialen Isolatoren die Bandlücke an der Oberfläche nicht vorhanden ist.

Die Spin-Bahn-Kopplung, die die unmittelbare Ursache für die topologische Bandlücke darstellt und proportional ist zur vierten Potenz der Kernladungszahl der Atome, ist bei schweren Elementen besonders ausgeprägt (Abschn. 4.2). Ihre Wirkung ist vergleichbar mit der Wirkung eines äußeren Magnetfeldes, das in metallischen und halbleitenden Materialien zum Hall-Effekt bzw. Quanten-Hall-Effekt führt. In topologischen Isolatoren führt die Spin-Bahn-Kopplung zum sogenannten *Quanten-Spin-Hall-Effekt*, der ursprünglich für Graphen vorhergesagt wurde. Anschaulich entspricht der Quanten-Spin-Hall-Effekt zwei entgegengerichteten Kopien des Quanten-Hall-Effektes, so dass sich die Magnetfelder gerade aufheben. Die dafür ursächlichen Oberflächenströme können sich jedoch nicht gegenseitig beeinflussen, da sie aus Elektronen mit entgegengesetzter Spin-Ausrichtung gebildet werden. Zusätzlich zu dissipationslosen Strömen eröffnet der Quanten-Spin-Hall-Effekt die Möglichkeit von Spin-Strömen, also den Transport des Spins der Elektronen, was neue Ansätze für die sogenannte *Spintronik* verspricht. Um dies technologisch nutzen zu können, müssen jedoch die entsprechenden Oberflächenzustände auch bei Zimmertemperatur stabil sein. Dementsprechend sollte die aufgrund der Bandkreuzung entstandene Bandlücke größer als 25 meV sein. Die Bandlücke von Bi_2Se_3, das in der trigonalen Kristallstruktur kristallisiert, beträgt zwar 300 meV, jedoch konnten bisher aufgrund intrinsischer Defekte keine Proben ausreichender Qualität hergestellt werden, die die Quantisierung der Oberflächenzustände in Transportmessungen gezeigt haben. Die Elemente mit der größten Spin-Bahn-Kopplung sind Actinide wie Plutonium und Americium und so wurden inzwischen PuTe und AmN, die beide in der NaCl-Struktur kristallisieren, als topologische Isolatoren identifiziert.

Amorphe Festkörper. Amorphe Festkörper wie Gläser und Keramiken entstehen bei schneller Abkühlung der Schmelze oder Gasphase, so dass ein geordnetes kristallines Wachstum nicht stattfinden kann. Sie haben eine mikroskopische Struktur, die der einer Flüssigkeit ähnelt. Neben Gläsern, Kunststoffen und amorphen Metallen, die in vielen Bereichen der Technik als Werkstoffe genutzt werden, sind auch amorphe Halbleiter technisch von Bedeutung, z. B. für Solarzellen oder Kopiergeräte. Bei Festkörpern mit kovalenter Bindung bleibt auch im amorphen Zustand die strukturelle Nahordnung weitgehend erhalten, während eine strukturelle Fernordnung nicht mehr vorhanden ist, so dass der Festkörper isotrop erscheint. Amorphe Halbleiter mit wohldefinierten physikalischen Eigenschaften, die sich in charakteristischer Weise von denen der kristallinen Halbleiter (Abschn. 13.4) unterscheiden, entstehen z. B. durch den Einbau von Wasserstoffatomen auf freien Valenzen.

Gläser bilden sich aus Mischungen z. B. von As mit Si, Ge und Chalkogenen. Sie haben keinen wohldefinierten Schmelzpunkt wie die Kristalle, und man beobachtet eine kontinuierliche Zunahme der Viskosität mit abnehmender Temperatur der Schmelze. Die Viskosität wird durch strukturelle Relaxationsprozesse bestimmt. Die nicht-vibratorische, diffuse Bewegung der Moleküle in einer Flüssigkeit geschieht beim Glasübergang als koordinierte Bewegung einer wachsenden Anzahl von Molekülen, bevor sie zum Stillstand kommt.

Keramiken sind polykristalline Festkörper, die aus pulverförmigen Kristalliten durch Sintern gewonnen werden. Durch diese thermische Behandlung werden die Zwischenräume und Poren des verdichteten Pulvers teilweise aufgefüllt, wobei an den Berührungsstellen der Kristallite sogenannte Sinterhälse wachsen. Keramiken für bestimmte Werkstoffe werden aus synthetisch hergestellten Ausgangsstoffen gefertigt, wobei die ionischen und kovalenten Bindungen von Oxiden, Nitriden, Karbiden und Boriden eine wichtige Rolle spielen. Defekte wie Einschlüsse, Poren, Mikrorisse und Gefügeinhomogenitäten begrenzen die mechanische Stabilität, und kleine Verunreinigungen durch Zusatzstoffe können entscheidende Unterschiede der chemischen, physikalischen und mechanischen Eigenschaften verursachen. Moderne Keramiken zeichnen sich durch hohe Schmelz- und Zersetzungstemperaturen, hohen Elastizitätsmodul, große Härte und Festigkeit, niedrigen thermischen Ausdehnungskoeffizienten und hohe thermische Leitfähigkeit aus. Sie können mit höchsten elektrischen Widerständen oder auch elektrisch leitend bis hin zur Hoch-T_c-Supraleitung (Abschn. 16.1) hergestellt werden.

Flüssigkristalle. Langreichweitig geordnete Flüssigkeiten, in denen sowohl eine flüssige als auch eine kristalline Phase in einem bestimmten Temperaturbereich koexistieren, werden als Flüssigkristalle bezeichnet. Flüssigkristalline Phasen, die auch als *Mesophasen* bezeichnet werden, bilden zusammen mit den sogenannten *konformationsungeordneten* und den plastischen Kristallen den mesomorphen Aggregatzustand. Man unterscheidet zwischen *thermotropen* und *lyotropen* flüssigkristallinen Phasen. Bei thermotropen Flüssigkristallen vollziehen sich die Phasenumwandlungen zwischen Kristall, Flüssigkristall und isotroper Flüssigkeit unter Temperaturveränderung, wobei thermotrope Flüssigkristalle strukturell eher der Fernordnungsstruktur von Festkörpern als der Nahordnungsstruktur von Flüssigkeiten entsprechen. Der überwiegende Teil der thermotropen Flüssigkristalle ist aus stäbchenförmigen (kalamitischen) oder aus scheibenförmigen (discotischen) Molekülen aufgebaut. Im Gegensatz zu thermotropen Flüssigkristallen ist die Bildung von lyotropen Flüssigkristallen nicht nur von der Temperatur sondern auch von der Konzentration von amphiphilen Substanzen in einem Lösungsmittel (wie z. B. Tensiden in Wasser) abhängig. Die Bildung lyotroper Flüssigkristalle verläuft schrittweise von der mikroskopischen über eine mesoskopische hin zur makroskopischen Ausdehnung des Flüssigkristalls.

Es gibt mehrere sowohl thermotrope als auch lyotrope flüssigkristalline Phasen, die sich durch ihre mikroskopische Struktur und ihre makroskopische Gestalt deutlich voneinander unterscheiden. Bei den thermotropen kalamitischen Flüssigkristallen wird zwischen der *nematischen*, der *cholesterischen* und der *smektischen* Phase unterschieden, wobei Übergänge zwischen diesen drei Phasen auftreten können. Mit steigender Temperatur kann beispielsweise aus dem festen kristallinen Zustand zunächst eine smektische und dann eine nematische thermotrope flüssigkristalline Phase entstehen. Die nematische Phase achiraler Mesogene ist der einfachste Typ flüssigkristalliner Phasen, da die Moleküle nur entlang ihrer Längsachsen geordnet sind. Die Orientierungsvorzugsrichtung der Moleküle ist dabei parallel zur optischen Achse angeordnet. Bei der smektischen Phase sind die Moleküle ebenfalls parallel zueinander angeordnet. Im Gegensatz zur nematischen Phase ordnen sich die Moleküle jedoch in Schichten an, wobei der entstehende Winkel zwischen der Moleküllängsachse und der jeweiligen Schichtebene die Modifikation der vorliegenden smektischen Phase bestimmt. Die cholesterischen thermotropen Flüssigkristalle zeigen die komplizierteste Struktur, da die Längsachsen der ebenfalls zu Schichten angeordneten Moleküle in der Schichtebene liegen und sich die Vorzugsrichtung zwischen einzelnen Schichten dreht.

Die räumliche Orientierungsordnung der Moleküle in einem Flüssigkristall ist die Ursache für deren anisotrope Eigenschaften. Für technische Anwendungen wie z. B. Flüssigkristallanzeigen (engl. liquid crystal display, LCD) sind insbesondere die optische und die dielektrische Anisotropie relevant. Die Doppelbrechung ist die wichtigste optische Anisotropie eines Flüssigkristalls. Dabei wird ein quer zur Vorzugsrichtung einfallender Lichtstrahl in zwei zueinander senkrecht polarisierte Strahlen mit unterschiedlichen Brechzahlen aufgespalten. Die Werte der Brechzahlen werden von der Polarisierbarkeit der Moleküle und damit von deren inneren Bindungstypen bestimmt. Bei nematischen und smektischen flüssigkristallinen Phasen stimmt die optische Achse (Bd. 2, Abschn. 10.4) mit der Vorzugsrichtung der Moleküllängsachsen, die die Richtung größter Polarisierbarkeit darstellt, überein. Demzufolge wird Licht, bei dem der elektrische Feldstärkevektor parallel zur optischen Achse orientiert ist, stärker gebrochen als Licht, bei dem der elektrische Feldstärkevektor senkrecht zur optischen Achse orientiert ist. Bei cholesterischen flüssigkristallinen Phasen ist hingegen die optische Achse senkrecht zur Vorzugsrichtung der Moleküllängsachsen orientiert, so dass in diesem Fall negative Doppelbrechung auftritt.

Die dielektrische Anisotropie von Flüssigkristallen wird sowohl von der Polarisierbarkeit der Moleküle als auch von derem permanenten elektrischen Dipolmoment bestimmt. Die von einem äußeren elektrischen Feld in den Molekülen induzierten elektrischen Dipolmomente werden durch die Orientierung der Molekülachsen zum äußeren elektrischen Feld bestimmt. Die permanenten elektrischen Dipolmomente richten sich parallel zum äußeren elektrischen Feld aus, was zu einer Orientierungsausrichtung der Moleküle führt. Dies tritt insbesondere bei Flüssigkristallen mit kalamitischen Molekülen auf. Prinzipiell ist die Polarisierbarkeit parallel zur Moleküllängsachse größer als senkrecht dazu. Diese Anisotropie der Polarisierbarkeit und die permanenten elektrischen Dipolmomente führen zu einer Anisotropie der Permittivitätszahl.

Insbesondere die schnelle Ausrichtung der Moleküle von thermotropen nematischen Flüssigkristallen in einem äußeren elektrischen Feld ist entscheidend für die Funktionsweise von Flüssigkristallanzeigen. In ▶ Abb. 13.30 ist der schematische Aufbau einer Flüssigkristallanzeige dargestellt. Auch heute noch basieren viele Flüssigkristallanzeigen auf der sogenannten *TN-Zelle* (engl. twisted nematic cell; auch als *Schadt-Helfrich-Zelle* bezeichnet), die im Jahr 1971 von Martin Schadt (*1938) und Wolfgang Helfrich (*1932)

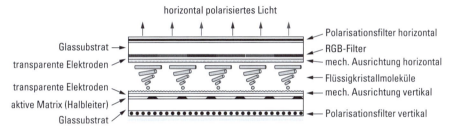

Abb. 13.30 Schematischer Aufbau einer Flüssigkristallanzeige.

entwickelt wurde. Eine TN-Zelle besteht aus einer ca. 5 Mikrometer dicken thermotropen, nematischen flüssigkristallinen Schicht zwischen zwei ebenen Glasplatten, auf die jeweils eine elektrisch leitende, im sichtbaren Lichtbereich transparente Schicht aus Indium-Zinnoxid (ein auch als ITO – engl. indium tin oxide – bezeichnetes Mischoxid bestehend aus 90% Indium(III)-Oxid In_2O_3 und 10% Zinn(IV)-Oxid SnO_2) als Elektrode aufgedampft ist. Zwischen der flüssigkristallinen Schicht und den leitend beschichteten Glasplatten befindet sich jeweils noch eine transparente Orientierungsschicht, mit der die Moleküllängsachsen in der flüssigkristallinen Schicht durch Oberflächenkräfte in jeweils eine Vorzugsrichtung orientiert werden. Beide Vorzugsrichtungen sind um 90° zueinander gedreht. Aufgrund des Bestrebens der Moleküle in der flüssigkristallinen Schicht, sich parallel zueinander auszurichten, gehen die beiden Vorzugsrichtungen wie bei einem verdrillten Band graduell ineinander über. Auf jeder Orientierungsschicht ist eine Polarisationsschicht so aufgebracht, dass ihre optische Durchlassrichtung mit der Vorzugsrichtung der Moleküllängsachsen an den beiden Außenflächen übereinstimmt. Die Polarisation des durch den gesamten Schichtaufbau hindurchtretenden Lichtes folgt der verdrillten Struktur der Moleküllängsachsen, so dass die Polarisationsebene nach Durchlaufen des Schichtaufbaus um 90° gedreht wird und es parallel zur zweiten Polarisationsschicht orientiert ist. In diesem Zustand ohne eine von außen angelegte Spannung ist der gesamte Schichtaufbau transparent. Bei Anlegen einer Spannung orientieren sich die Moleküle der flüssigkristallinen Schicht parallel zum äußeren elektrischen Feld, so dass in dem Schichtaufbau die Polarisationsebene des Lichtes nicht mehr gedreht werden kann. Dazu muss die Spannung jedoch einen Mindestbetrag erreichen, dessen Wert von den dielektrischen Eigenschaften der flüssigkristallinen Schicht abhängt. Je größer dessen dielektrische Anisotropie ist, desto niedriger ist die erforderliche Schaltspannung. Die meisten Flüssigkristallanzeigen von Digitaluhren oder Taschenrechnern beruhen auf dem Prinzip der reflektiv betriebenen TN-Zelle. Sie enthält zusätzlich einen Spiegel hinter der zweiten Polarisationsschicht. Eine solche Anzeige kann jedoch nur bei äußerem Licht betrachtet werden, da sie selbst kein Licht emittiert. Durch Segmentierung der Elektroden kann eine alphanumerische Flüssigkristallanzeige aufgebaut werden.

Lyotrope Flüssigkristalle werden überwiegend in der Waschmittel- und der Kosmetikindustrie, in der Medizin sowie in der Pharmazie eingesetzt. Beispielsweise bilden bestimmte Tensidlösungen bei höheren Konzentrationen lyotrope Flüssigkristallphasen durch kooperative Wechselwirkungen zwischen den monomeren oder mizellar gebundenen Tensiden. Die Anwesenheit lyotroper Flüssigkristalle bestimmt dann maßgeblich Eigenschaften wie Viskosität, Stabilität, Dispergiervermögen etc. In der medizinischen bzw.

pharmazeutischen Forschung spielen lyotrope Flüssigkristalle ebenfalls eine bedeutende Rolle. So senken beispielweise lyotrope Flüssigkristalle die Freisetzung von Pharmaka und sind somit für die redardierte Wirkstofffreigabe relevant.

Aufgaben

13.1 Welcher Wert ergibt sich für die Gitterkonstante g aus der Massendichte ρ und der molaren Masse M für Eisen ($\rho_{Fe} = 7.87$ g/cm^3 und $M_{Fe} = 55.85$ g/mol) und für Nickel ($\rho_{Ni} = 8.91$ g/cm^3 und $M_{Ni} = 58.71$ g/mol)?

13.2 Wie groß ist im Modell der harten Kugeln die Raumfüllung beim kubisch-primitiven, beim kubisch-raumzentrierten und beim kubisch-flächenzentrierten Kristallgitter?

13.3 Magnesium kristallisiert in der hexagonalen Kristallstruktur (hexagonal closed package, hcp) mit einer Massendichte von $\rho = 1.74$ g/cm^3 und einer molaren Masse von $M = 24.31$ g/mol. Wie viel Mg-Atome befinden sich in einem cm^3?

13.4 Wie groß ist der Winkel zwischen den tetraedrischen Bindungen der Diamant-Struktur?

13.5 Wie lauten die Ausdrücke der Zustandsdichte $D(E)$ und der Fermi-Energie E_F für das ein-, zwei- und dreidimensionale Elektronengas?

13.6 Wie groß sind der Betrag des Fermi-Wellenvektors $|k_F|$, die Fermi-Geschwindigkeit v_F, die Fermi-Energie E_F und die Fermi-Temperatur T_F für Aluminium (Massendichte $\rho = 2.7$ g/cm^3, molare Masse $M = 27$ g/mol) und für Kupfer (Massendichte $\rho = 8.9$ g/cm^3, molare Masse $M = 63.5$ g/mol)?

13.7 Wie groß ist die intrinsische Ladungsträgerdichte n_i in reinem, undotiertem Silizium bei Zimmertemperatur, wenn dessen spezifischer elektrischer Widerstand $\varrho_i = 2.3$ kΩm, die Elektronenbeweglichkeit $\mu_n = 0.140$ m^2/(Vs) und die Löcherbeweglichkeit $\mu_p = 0.048$ m^2/(Vs) betragen?

13.8 Ein Stab aus n-dotiertem Germanium mit quadratischer Querschnittsfläche $F = 1$ cm^2 befindet sich in einem transversalen Magnetfeld mit $B = 0.1$ T. Bei einer Stromstärke von $I = 10$ mA wird eine Hall-Spannung von $U_H = 1$ mV gemessen. Wie groß ist die Hall-Konstante A_H und die Ladungsträgerdichte des Materials? Welche Hall-Spannung würde man bei gleicher Geometrie, gleicher Stromstärke und gleichem Magnetfeld an einem Silber-Stab (Massendichte $\rho = 10.5$ g/cm^3, molare Masse $M = 107.9$ g/mol) messen?

14 Kristallstrukturen

Kristalle zeichnen sich durch ein besonderes Ordnungsprinzip vor allen anderen Festkörpern aus. Jeder kristalline Festkörper ist aus identischen Einheiten – dies können einzelne Atome, Ionen oder auch Gruppen von Atomen und Ionen sein – unter Beachtung bestimmter Regeln so aufgebaut, dass sich eine dreidimensionale, periodische Anordnung der Atome bzw. Ionen ergibt. Zwar wurde der Begriff Kristall bereits in Griechenland vor mehr als 2000 Jahren geprägt, jedoch wurde die Modellvorstellung vom Aufbau aus identischen Einheiten erst im 18. Jahrhundert entwickelt. Über die Ursachen der regelmäßigen kristallinen Struktur von Festkörpern war lange Zeit nichts bekannt. Die erste Vorstellung vom Aufbau eines Kristalls aus kleinen Einheiten wurde von Christiaan Huygens (1629 – 1695) im Jahr 1690 formuliert, wo er die Eigenschaften der Kristalle über einen Aufbau aus sehr kleinen – unsichtbaren – Ellipsoid-Teilchen versuchte zu erklären. Ende des 18. Jahrhunderts schufen Torbern O. Bergman (1735 – 1784) und René-Just Haüy (1743 – 1822) dann die Vorstellung, dass ein Kristall aus einem Mauerwerk von parallelepipedartigen Ziegeln bestehen sollte. Damit wurde zum ersten Mal die Modellvorstellung vom Raumgitter aufgebracht, ohne dass eine Aussage über die Struktur eines Bausteins gemacht werden konnte. Entscheidend für die Kristallstrukturforschung war das Jahr 1912, als Max von Laue (1879 – 1960, Nobelpreis 1914), Walter Friedrich (1883 – 1968) und Paul Knipping (1883 – 1935) die Beugung von Röntgenstrahlen an Kristallen nachwiesen und damit nicht nur den Wellencharakter der erst 17 Jahre vorher entdeckten Röntgenstrahlen bestätigten, sondern ihnen auch der Beweis der periodischen Atomanordnung im Kristall gelang (Bd. 2, Abschn. 11.3).

Damit war auch ein neues Teilgebiet der Kristallographie geboren, die Kristallstrukturanalyse, die einen ungeahnten Aufschwung nehmen sollte. Noch im Jahr 1912 wurde die Röntgenbeugung am Kristall durch Max von Laue, Paul P. Ewald (1888 – 1985) sowie William Henry Bragg (1862 – 1942) und William Lawrence Bragg (1890 – 1971, gemeinsamer Nobelpreis 1915) theoretisch beschrieben. In der ersten Hälfte des 20. Jahrhunderts konnte jedoch die Kristallstrukturanalyse nur begrenzt eingesetzt werden. Einerseits waren die wirkungsvollsten Methoden zur Lösung des sogenannten *Phasenproblems* noch nicht entwickelt, andererseits stellte in einer Zeit ohne elektronische Rechenanlagen der enorme numerische Rechenaufwand zur Beschreibung der experimentellen Daten ein fast unüberwindliches Hindernis dar. Erst in den sechziger Jahren des 20. Jahrhunderts erfolgte mit dem Fortschritt bei den Computern auch der entscheidende Durchbruch bei der Kristallstrukturanalyse.

Einige einfache Kristallstrukturen wurden bereits im Abschn. 13.1 dargestellt. Gegenstand dieses Kapitels sind die theoretischen und experimentellen Grundlagen der Kristallstrukturanalyse. Dazu werden zunächst im Abschn. 14.1 die grundlegenden Konzepte des Kristallgitters, der damit verbundenen Symmetrien und die Methoden zu deren Analyse vorgestellt. Anschließend werden im Abschn. 14.2 die Grundlagen der in jedem realen kristallinen Festkörper vorhandenen Abweichungen vom regelmäßigen Aufbau wie Fehlordnung, Fehlstellen und Gitterfehler erläutert. In Abschn. 14.3 werden die grundlegenden Prinzipien von Festkörperoberflächen und in Abschn. 14.4 die Grundlagen des Kristallwachstums vorgestellt. Da die Atome in Festkörpern als lokalisierbare Teilchen betrachtet werden dürfen, können die in diesem Kapitel behandelten Strukturen und Prozesse weitgehend im Rahmen der klassischen Physik beschrieben werden.

14.1 Kristallgitter und Symmetrien

Ein Kristall ist ein Festkörper, bei dem Atome oder Moleküle in drei nicht koplanaren Raumrichtungen periodisch angeordnet sind. Zu jedem Atom des Elements A an der Position r_0 gibt es also weitere Atome des gleichen Elements an den Positionen

$$r = r_0 + m a_1 + n a_2 + p a_3, \quad m, n, p \text{ ganze Zahlen}. \quad (14.1)$$

Die *Gittervektoren* a_1, a_2 und a_3, die kennzeichnend für die Periodizität des Gitters sind, spannen eine *Elementarzelle (Parallelepiped)* auf. Die Elementarzelle wird so gewählt, dass sie einerseits möglichst wenige Atome enthält, andererseits aber auch eine Struktur möglichst hoher Symmetrie hat, z. B. ein Würfel ist. Das Volumen V der Elementarzelle ist durch das Spatprodukt $V = a_1 \cdot (a_2 \times a_3) = a_2 \cdot (a_3 \times a_1) = a_3 \cdot (a_1 \times a_2)$ gegeben. Die Längen der Gittervektoren und die zwischen ihnen gebildeten Winkel bezeichnet man als die *Gitterkonstanten* des Kristalls. Dies sind also folgende sechs Größen:

$$a_1 = |a_1|, \quad a_2 = |a_2|, \quad a_3 = |a_3|,$$
$$\alpha = \sphericalangle(a_2, a_3), \quad \beta = \sphericalangle(a_3, a_1), \quad \gamma = \sphericalangle(a_1, a_2). \quad (14.2)$$

Kristallgitter. Ein Kristallgitter entsteht, wenn Elementarzellen wie die Ziegelsteine einer Mauer dicht aneinandergefügt werden. Die Eckpunkte der Elementarzellen heißen *Gitterpunkte*. Die Gesamtheit der Gitterpunkte bildet ein *primitives* Kristallgitter. Gewöhnlich sind aber nicht nur die Gitterpunkte mit Atomen besetzt, sondern außer den Eckpunkten auch Punkte im Inneren oder auf den Oberflächen der Elementarzellen.

Ein unendlich ausgedehnter Kristall bleibt einerseits bei einer Gruppe von Translationen invariant und andererseits auch bei einer Gruppe von Punkttransformationen (Drehungen und Spiegelungen, bei denen mindestens ein Punkt im Raum fest bleibt). Alle Transformationen des Raumes, die das Kristallgitter invariant lassen, bilden mathematisch eine *Gruppe*, die *Symmetriegruppe* des Kristalls. Die Gruppe der Translationen und die Gruppe der Punkttransformationen sind Untergruppen der Symmetriegruppe.

Bei vielen Kristallen deutet bereits die äußere Form auf die Symmetrie des Kristallgitters hin. Die genaue Strukturanalyse ist Gegenstand der Kristallstrukturforschung. Ausgehend von den allgemeinen Überlegungen stellen sich ihr die folgenden drei Aufgaben:

1. Bestimmung der Gitterkonstanten,
2. Bestimmung der Symmetrie,
3. Bestimmung der inneren Struktur der Elementarzelle.

URL für QR-Code: www.degruyter.com/kristallstruktur; www.degruyter.com/kristallsymm

Klassifizierung der Kristallgitter. In Abschn. 13.1 wurden die verschiedenen Element-kristalle durch Koordinationszahlen (Anzahl nächster Nachbarn) charakterisiert. Schon dabei wurde deutlich, dass die räumliche Kristallstruktur Einschränkungen unterliegt. Möglich sind bei den einfachen (aus nur ein oder zwei Elementen bestehenden) Kristallen nur die Koordinationszahlen 4, 6, 8 und 12. Allgemein können Kristallgitter nach Symme-triegruppen klassifiziert werden. Die Symmetrie hat einen großen Einfluss auf zahlreiche physikalische Eigenschaften eines Kristalls (z. B. ist Piezoelektrizität nur bei Vorhanden-sein *polarer* Achsen möglich) und spielt deshalb bei der Kristallstrukturbestimmung eine große Rolle. Um eine Übersicht über die insgesamt 230 möglichen Symmetriegruppen der Kristallgitter zu erhalten, klassifiziert man sie zunächst nach der geometrischen Form der Elementarzellen. Demnach gibt es sieben *Kristallsysteme*, die in ▶ Tab. 14.1 angegeben sind. Die Symmetrie der Elementarzelle wird durch Angabe von Eigenschaften der Git-terkonstanten charakterisiert. Eine geringe Symmetrie haben die triklinen Kristallgitter, eine hohe Symmetrie die kubischen.

Tab. 14.1 Die sieben Kristallsysteme.

Name	Bedingungen für die Gitterkonstanten
Triklin	keine Einschränkung für $a_1, a_2, a_3, \alpha, \beta$ und γ
Monoklin	keine Einschränkung für a_1, a_2, a_3 und β; jedoch $\alpha = \gamma = 90°$ keine Einschränkung für a_1, a_2, a_3 und γ; jedoch $\alpha = \beta = 90°$
Orthorhombisch	keine Einschränkung für a_1, a_2 und a_3; jedoch $\alpha = \beta = \gamma = 90°$
Tetragonal	keine Einschränkung für a_1 und a_3; jedoch $a_1 = a_2$ und $\alpha = \beta = \gamma = 90°$
Hexagonal	keine Einschränkung für a_1 und a_3; jedoch $a_1 = a_2, \alpha = \beta = 90°$ und $\gamma = 120°$
Trigonal	keine Einschränkung für a_1; jedoch $a_1 = a_2 = a_3$ sowie keine Einschränkung für α; jedoch $\alpha = \beta = \gamma$
Kubisch	keine Einschränkung für a_1; jedoch $a_1 = a_2 = a_3$ und $\alpha = \beta = \gamma = 90°$

Abhängig von der inneren Struktur der Elementarzelle gibt es zu jedem Kristallsystem mehrere Kristallklassen. Insgesamt unterscheidet man zwischen 32 Kristallklassen bzw. 32 kristallographischen Punktgruppen, die in ▶ Tab. 14.2 aufgelistet sind. Sie werden charakterisiert durch Angabe des Kristallsystems und die Gruppe ihrer Punktsymmetrie. Die gebräuchlichste Nomenklatur ist die Hermann-Mauguin-Symbolik, die nach Carl Hermann (1898 – 1961) und Charles-Victor Mauguin (1878 – 1958) benannt ist.

Bravais-Gitter. Zusätzlich zur Translationssymmetrie, die aus der Form der Elementar-zelle resultiert, und zur Punktsymmetrie, die von der inneren Struktur der Elementarzelle abhängt, kann ein Kristallgitter auch bei weiteren Translationen und anderen Symmetrie-operationen invariant bleiben, wenn das Kristallgitter nicht primitiv ist, sondern außer den Eckpunkten der Elementarzelle weitere Positionen mit Atomen besetzt sind. Ein Beispiel ist das kubisch-raumzentrierte Gitter des Eisens mit der Koordinationszahl 8. In diesem Fall lässt auch die Translation, bei der ein Eckpunkt des Kubus in den Mittelpunkt verschoben wird, das Kristallgitter invariant. Insgesamt gibt es nicht nur ein, sondern drei verschiedene kubische Kristallgitter, ein primitives (P), ein innen- oder raumzentriertes (I) und ein flächenzentriertes (F) kubisches Kristallgitter (▶ Abb. 14.1). Nach Auguste

Bravais (1811 – 1863) können aufgrund der Translationseigenschaften der Kristallgitter insgesamt 14 Formen unterschieden werden.

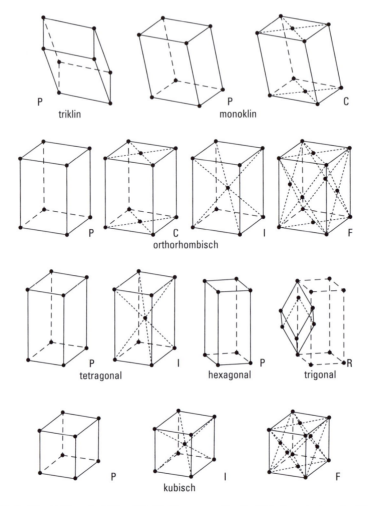

Abb. 14.1 Die 14 Bravais-Gitter. Die Bedingungen für die Gitterkonstanten der Elementarzellen und die Bedingungen für die von den Gittervektoren eingeschlossenen Winkel sind in ▶ Tab. 14.1 angegeben.

Die in ▶ Tab. 14.2 angegebenen Symbole beschreiben die Symmetrieelemente. Dabei geben die Ziffern die erlaubten Drehoperationen an:
1: einzählige Drehachse (Drehung um 360°),
2: zweizählige Drehachse (Drehung um 180°),
3: dreizählige Drehachse (Drehung um 120°),
4: vierzählige Drehachse (Drehung um 90°) und
6: sechszählige Drehachse (Drehung um 60°).

Ein Querstrich über einer Ziffer beschreibt die entsprechende Drehung und eine anschließende Punktspiegelung. Die Angabe einer Ziffer mit dem Buchstaben „m" beschreibt die Kombination der entsprechenden Drehung und einer Spiegelung:

2/m: zweizählige Drehachse senkrecht zu einer Spiegelebene,
3/m: dreizählige Drehachse senkrecht zu einer Spiegelebene,
4/m: vierzählige Drehachse senkrecht zu einer Spiegelebene und
6/m: sechszählige Drehachse senkrecht zu einer Spiegelebene.

Im triklinen Kristallsystem gibt es nur die beiden Punktgruppen 1 (ohne Inversionszentrum) und $\bar{1}$ (mit Inversionszentrum). Für alle anderen Kristallsysteme werden die Symmetrieoperationen bezüglich dreier kristallographischer Richtungen angegeben (die Dreh- und Drehinversionsachsen parallel und die Spiegelebenen senkrecht zu diesen Richtungen).

Tab. 14.2 Die 32 Kristallklassen bzw. kristallographischen Punktgruppen.

Nr.	Kristallsystem	Hermann-Mauguin-Symbolik	Laue-Symmetrie
1	Triklin	1	
2		$\bar{1}$	$\bar{1}$
3	Monoklin	2	
4		m	
5		2/m	2/m
6	Orthorhombisch	222	
7		mm2	
8		mmm	mmm
9	Tetragonal	4	
10		$\bar{4}$	
11		4/m	4/m
12		422	
13		4mm	
14		$\bar{4}2m$	
15		4/mmm	4/mmm
16	Trigonal	3	
17		$\bar{3}$	$\bar{3}$
18		32	
19		3m	
20		$\bar{3}m$	$\bar{3}m$
21	Hexagonal	6	
22		$\bar{6}$	
23		6/m	6/m
24		622	
25		6mm	
26		$\bar{6}2m$	
27		6/mmm	6/mmm
28	Kubisch	23	
29		m3	m3
30		432	
31		$\bar{4}3m$	
32		m3m	m3m

Wigner-Seitz-Zelle. Bei den bisher betrachteten Elementarzellen sind deren Kanten durch die Basisvektoren des Gitters festgelegt. Mit einer solchen Festlegung lässt sich die Gitterperiodizität anschaulich darstellen. Zur Beschreibung der Verteilung der Elektronen in der Elementarzelle ist es jedoch günstiger, wenn der jeweilige Gitterpunkt im Zentrum der Elementarzelle liegt. Eine solche primitive Elementarzelle des Kristallgitters mit nur einem Gitterpunkt in ihrem Zentrum ist die nach Eugene P. Wigner (1902 – 1995, Nobelpreis 1963) und Frederick Seitz (1911 – 2008) benannte *Wigner-Seitz-Zelle*. Alle Orte im Inneren der Wigner-Seitz-Zelle liegen dem zentralen Gitterpunkt näher als den benachbarten Gitterpunkten. Zur Konstruktion der Wigner-Seitz-Zelle werden zunächst in der nicht-primitiven Elementarzelle die Verbindungslinien zu allen direkt benachbarten Gitterpunkten ermittelt. Anschließend wird zu jeder Verbindungslinie eine dazu senkrechte Ebene bei der Mitte der Verbindungslinie konstruiert. Das von diesen sich untereinander schneidenden Ebenen eingeschlossene Volumen in der Form eines Polyeders ist dann die Wigner-Seitz-Zelle. ►Abb. 14.2 zeigt beispielhaft die Wigner-Seitz-Zelle des bcc-Gitters (kubisch-raumzentriertes Gitter) und des fcc-Gitters (kubisch-flächenzentriertes Gitter).

 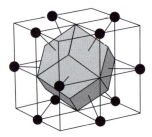

Abb. 14.2 Wigner-Seits-Zelle (jeweils grau schraffiert) des bcc-Gitters (kubisch-raumzentriertes Gitter, links) und des fcc-Gitters (kubisch-flächenzentriertes Gitter, rechts).

Netzebenen und reziprokes Gitter. Eine der wichtigsten in der Praxis verwendeten experimentellen Methoden zur Bestimmung von Kristallstrukturen ist die Röntgenbeugung, die von Max von Laue im Jahr 1912 begründet wurde. Die wesentlichen Ergebnisse der Beugungstheorie können auf sehr anschauliche Weise mit dem Begriff der *Netzebene* erklärt werden. Jeder Netzebene ist ein Vektor h des *reziproken Gitters* zugeordnet.

Verbindet man in einem Kristall alle Gitterpunkte durch parallele Ebenen, so werden diese als Netzebenen, die entstehenden Ebenenscharen als *Netzebenenscharen* bezeichnet (►Abb. 14.3). Da die Netzebenen in der Beugungstheorie eine zentrale Rolle spielen, ist es sinnvoll, eine mathematische Beschreibung der Netzebenen zu nutzen. Hier bietet sich die *Hesse'sche Normalform* (benannt nach dem deutschen Mathematiker Ludwig O. Hesse, 1811 – 1874) der Ebenengleichung an: $r \cdot e = D$, in der e der die Netzebene charakterisierende *Stellungsvektor* und D der Abstand der Ebene vom Nullpunkt ist. Jede Netzebene hat nun die Eigenschaft, von den Gittervektoren a_1, a_2 und a_3 die Achsenabschnitte

$$\frac{1}{h}a_1, \quad \frac{1}{k}a_2, \quad \frac{1}{\ell}a_3 \qquad \text{mit rationalen } h, k, \ell$$

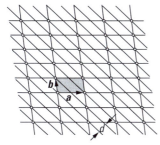 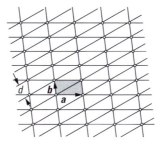

Abb. 14.3 Netzebenen und Netzebenenscharen.

abzuschneiden. Ferner hat die dem Nullpunkt der gewählten Elementarzelle am nächsten gelegene Netzebene Achsenabschnitte, für die h, k und ℓ teilerfremde ganze Zahlen sind. Diese für die ganze Netzebenenschar charakteristischen ganzen Zahlen bezeichnet man nach William H. Miller (1801–1880) als die *Miller-Indizes* der Netzebenenschar.

Aus den Achsenabschnitten kann man umgekehrt den Stellungsvektor und den Null-punktabstand angeben, wenn man sich auf die Basisvektoren $\boldsymbol{b}_1$, $\boldsymbol{b}_2$ und $\boldsymbol{b}_3$ des reziproken Gitters bezieht. Mit den Vektoren

$$\boldsymbol{h} = h\boldsymbol{b}_1 + k\boldsymbol{b}_2 + \ell\boldsymbol{b}_3, \quad h, k, \ell \text{ ganzzahlig,}$$

des reziproken Gitters kann jede Netzebenenschar eindeutig gekennzeichnet werden. Es gilt:

(1) Eine Netzebenenschar mit den Miller-Indizes (h, k, ℓ) hat den Stellungsvektor $\boldsymbol{e} = \boldsymbol{h}/|\boldsymbol{h}|$, wobei $\boldsymbol{h}$ ein reziproker Gittervektor der Form $\boldsymbol{h} = h\boldsymbol{b}_1 + k\boldsymbol{b}_2 + \ell\boldsymbol{b}_3$ ist.
(2) Für den Netzebenenabstand d gilt $d = 1/|\boldsymbol{h}|$.

Anmerkungen: Sind ein oder mehrere Indizes von $\boldsymbol{h}$ null, so hat die zugehörige Netz-ebene keinen Schnittpunkt mit dem entsprechenden Gitterkonstantenvektor. So ist die zu $\boldsymbol{h} = (100)$ gehörende Netzebene parallel zu der Ebene, die von den Vektoren $\boldsymbol{b}_2$ und $\boldsymbol{b}_3$ aufgespannt wird. Liegt hingegen ein reziproker Gittervektor $\boldsymbol{h}$ mit nicht teilerfremden Indizes vor ($h = mh'$, $k = mk'$ und $\ell = m\ell'$ mit h', k', ℓ' teilerfremd), gehört die zugehörige Netzebene zur Netzebenenschar mit den Miller-Indizes (h', k', ℓ'). Sie hat die Achsenabschnitte $m\boldsymbol{a}_1/h'$, $m\boldsymbol{a}_2/k'$ und $m\boldsymbol{a}_3/\ell'$.

Brillouin-Zone. Wie für das reale Kristallgitter lässt sich auch für das reziproke Gitter ein Analogon zur Wigner-Seitz-Zelle konstruieren. Dies ist die sogenannte *erste Brillouin-Zone* (Abschn. 13.2), die fundamentale Bedeutung für die Beschreibung der Gitterdyna-mik, der Bandstruktur und die Deutung von Beugungsprozessen hat. Das Konstruktions-prinzip der ersten Brillouin-Zone im reziproken Gitter lässt sich erweitern, indem man nicht nur die direkt benachbarten reziproken Gitterpunkte, sondern auch die nächsten, übernächsten und weiter entfernte reziproke Gitterpunkte einbezieht. Dies führt dann zu Brillouin-Zonen höherer Ordnung, die mit zunehmender Ordnung aus einer wachsenden Anzahl von Einzelvolumina bestehen, die sich durch Verschieben um einen reziproken Gittervekor wieder zu einem Polyeder mit der Größe und Gestalt der ersten Brillouin-Zone zusammenfügen lassen.

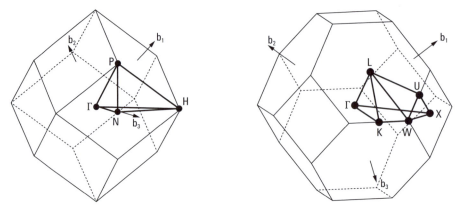

Abb. 14.4 Erste Brillouin-Zone des bcc-Gitters (kubisch-raumzentriertes Gitter; links) und des fcc-Gitters (kubisch-flächenzentriertes Gitter; rechts).

Für die Konstruktion der ersten Brillouin-Zone wählt man in Analogie zur Konstruktion der Wigner-Seitz-Zelle einen Gitterpunkt des reziproken Gitters aus und halbiert alle Verbindungsstrecken zu allen direkt benachbarten reziproken Gitterpunkten durch Normalebenen, also durch Ebenen, auf denen die Verbindungsstrecken jeweils senkrecht stehen. Das Volumen – im Allgemeinen ein Polyeder –, das durch die Normalebenen begrenzt wird, ist die erste Brillouin-Zone. ▶ Abb. 14.4 zeigt die erste Brillouin-Zone des bcc-Gitters (kubisch-raumzentriertes Gitter) und des fcc-Gitters (kubisch-flächenzentriertes Gitter). Der Vergleich mit ▶ Abb. 14.2 zeigt, dass die geometrische Form der ersten Brillouin-Zone des bcc-Gitters gerade der geometrischen Form der Wigner-Seitz-Zelle des fcc-Gitters und umgekehrt entspricht. Im Gegensatz dazu hat die erste Brillouin-Zone des reziproken Gitters des primitiven kubischen Kristallgitters wie die dazugehörige Wigner-Seitz-Zelle die Form eines Würfels.

Es ist üblich die Punkte hoher Symmetrie von Brillouin-Zonen mit Abkürzungen aus der Gruppentheorie wie beispielsweise Γ, X, L, K etc. zu bezeichnen. Bezüglich des in ▶ Abb. 14.4 eingezeichneten Koordinatensystems sind dies für die erste Brillouin-Zone (1. BZ) des fcc-Gitters:

– Γ-Punkt (0,0,0): Zentrum der 1. BZ,
– X-Punkt (0,1,0): Schnittpunkt der Achse [010] mit dem Rand der 1. BZ,
– L-Punkt (1/2,1/2,1/2): Schnittpunkt der Raumdiagonale [111] mit dem Rand der 1. BZ,
– K-Punkt (3/4,3/4,0): Schnittpunkt der Diagonalen in einer Ebene (110) mit dem Rand der 1. BZ.

Kristallstrukturbestimmung. Kristalle haben die Eigenschaft, dass sie einfallender Röntgenstrahlung Streuzentren in einer regelmäßigen – periodischen – Anordnung anbieten mit Abständen, die der einfallenden Wellenlänge vergleichbar sind. Durch die Interferenz der von benachbarten Streuzentren gestreuten Wellen kommt es in bestimmten Richtungen zur Verstärkung, und die Intensität der gebeugten Strahlung in Richtung der

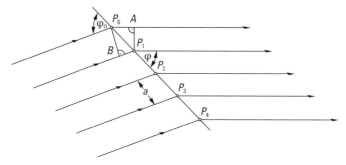

Abb. 14.5 Periodische Punktreihe als eindimensionales Kristallmodell. Fällt eine Wellenfront unter dem Winkel φ_0 auf die Streuzentren P_0, P_1, P_2 ..., so gibt es in der Austrittsrichtung φ Verstärkung, wenn die Weglängendifferenz zweier benachbarter Wellen ein ganzzahliges Vielfaches der Wellenlänge ist. Dies bedeutet: $P_0A - P_1A = h\lambda$ oder $a\cos\varphi - a\cos\varphi_0 = h\lambda$. Im dreidimensionalen periodischen Kristall müssen drei Gleichungen dieser Art erfüllt sein (Laue-Bedingung).

Beugungsmaxima wird dem Experiment zugänglich (▶ Abb. 14.5). Ausführlich wurde die Beugung von Röntgenstrahlen in Bd. 2, Abschn. 11.3 behandelt.

Auch Neutronen- oder Elektronenstrahlen haben Welleneigenschaften, so dass neben der Röntgenbeugung auch die Neutronen- oder Elektronenbeugung am Kristall zur Strukturbestimmung genutzt werden kann (Bd. 2, Kap. 12). Da Elektronenstrahlen von Festkörpern jedoch stark absorbiert werden, können sie nur zur Beugung in der Gasphase, zur Durchstrahlung dünner Schichten oder zur Untersuchung von Oberflächen verwendet werden (Beugung niederenergetischer Elektronen – LEED, low-energy electron diffraction, und Beugung hochenergetischer Elektronen bei Reflexion – RHEED, reflection high-energy electron diffraction). Zum Studium der Eigenschaften von Grenzflächen (Aufdampfschichten, Korrosion, Epitaxie) leistet die Elektronenbeugung wichtige Beiträge, zur eigentlichen Bestimmung von Kristallstrukturen ist sie jedoch ungeeignet. Der Grund dafür ist, dass bei der Elektronenbeugung nur die Intensitätsverteilung der gebeugten Elektronenwellen analysiert werden kann. Durch den Verlust jeglicher Phaseninformation ist eine eindeutige Transformation aus dem reziproken Raum in den Realraum, in dem die Kristallstruktur beschrieben wird, unmöglich. Dieses sogenannte *Phasenproblem* besteht auch bei der Röntgen- und bei der Neutronenbeugung.

Im Gegensatz zur Röntgenbeugung, die durch eine Wechselwirkung der Röntgenstrahlen mit den Elektronen des Kristalls entsteht, kommt die Neutronenbeugung durch Streuung von Neutronen an den Atomkernen zustande. Damit sind die Ergebnisse, die sich aus einem Röntgen- und einem Neutronenbeugungsexperiment ableiten lassen, komplementär. Im Fall der Röntgenbeugung erhält man Informationen über die Elektronenverteilung und im Fall der Neutronenbeugung Informationen über die Kernorte sowie aufgrund des Kernspins Aussagen über magnetische Eigenschaften. Beide Methoden sind daher für die Strukturbestimmung wertvoll. In der Praxis spielt die Kristallstrukturanalyse mit Röntgenstrahlen jedoch eine viel größere Rolle, weil eine Röntgenquelle in nahezu jedem Labor eingerichtet werden kann. Dagegen stehen Neutronenquellen ausreichender Primärintensität nur an wenigen Reaktorstandorten zur Verfügung. Dementsprechend soll im Folgenden nur die Beugung von Röntgenstrahlen an Kristallen betrachtet werden.

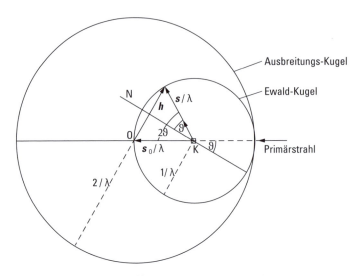

Abb. 14.6 Ewald-Kugel (Radius $1/\lambda$) und zugehörige Ausbreitungskugel (Radius $2/\lambda$).

Eine anschauliche Deutung der Röntgenbeugung an einem Kristallgitter ergibt sich aus der *Ewald'schen Beugungsbedingung*, die sich mit der Konstruktion der *Ewald-Kugel* beschreiben lässt (▶ Abb. 14.6). Trifft ein Röntgenstrahl der Wellenlänge λ in der Primärstrahlrichtung s_0 auf einen Kristall K, so lege man eine Kugel mit dem Radius $1/\lambda$ um den (punktförmig gedachten) Kristall und einen Koordinatenursprung 0 an den Ort, wo die Verlängerung des Primärstrahls über den Kristall hinaus die Ewald-Kugel schneidet. Dann lautet die Ewald'sche Beugungsbedingung: Ein Beugungsmaximum tritt nur dann auf, wenn eine Netzebene N mit dem dazugehörigen Gittervektor h so angeordnet ist, dass h, vom Koordinatenursprung 0 aus aufgetragen, den Rand der Ewald-Kugel trifft. Verbindet man den Kristallmittelpunkt mit diesem Punkt, so erhält man die Richtung s des gebeugten Strahls. Analytisch lässt sich die Ewald-Bedingung durch folgende Gleichung formulieren:

$$h = \frac{s - s_0}{\lambda}. \tag{14.3}$$

Dabei ist entscheidend, dass:

1. Es sich bei N um eine Netzebene, und bei h um einen reziproken Gittervektor, also einen Vektor der Form $h = h b_1 + k b_2 + \ell b_3$ mit h, k, ℓ ganzzahlig, handelt.
2. Außerhalb der Maxima ist praktisch keine messbare Beugungsintensität vorhanden.

Aus 1. und 2. zusammen folgt, dass das Beugungsbild eines Kristalls aus diskontinuierlichen Punkten im Raum besteht und dass jeder Beugungspunkt eindeutig einer Netzebene und damit einem reziproken Gitterpunkt h zugeordnet werden kann. Damit erweist sich das zuvor eingeführte Konzept des reziproken Gitters als überaus nützliches Instrument zur Beschreibung der Beugung an einem Kristallgitter.

Im Rahmen der Ewald'schen Konstruktion bilden Primärstrahl und gebeugter Strahl mit der Netzebene N den gleichen Winkel ϑ, einfallender und gebeugter Strahl bilden dann miteinander den sogenannten *Beugungswinkel* oder *Glanzwinkel* 2ϑ (▶ Abb. 14.6). Einfallender und gebeugter Strahl verhalten sich damit wie ein Lichtstrahl, der an einem planaren Spiegel N nach dem Prinzip Einfallswinkel = Reflexionswinkel reflektiert wird. Daher spricht man auch von Reflexion an den Netzebenen und nennt die einzelnen Beugungsmaxima auch Reflexe.

14.2 Fehlordnung in Kristallen

Die übliche Vorstellung vom idealen kristallinen Festkörper geht von einer streng periodischen Anordnung von identischen Atomen bzw. Atomgruppen aus. Auf ihr basiert z. B. die Beschreibung der Kristallstrukturen oder der Energiebänder in Festkörpern. Alle Realkristalle enthalten jedoch Störungen in ihrem regelmäßigen Aufbau. Dies sind *Fehlordnungen*, *Fehlstellen* oder *Gitterfehler*. Allgemeines Merkmal dieser Gitterfehler ist, dass sie eine gut lokalisierte, starke und weitgehend statische Abweichung vom streng periodischen Kristallaufbau darstellen. Sie unterscheiden sich damit von den Gitteranregungen, wie Phononen (Abschn. 13.2), Magnonen (Abschn. 15.3), Elektronen, Defektelektronen etc., die schwache, dynamische Störungen des Kristallgrundzustands darstellen.

Die besondere Bedeutung der Gitterfehler liegt darin, dass sie viele, technisch wichtige Festkörpereigenschaften bestimmen. Dazu gehören die mechanischen Eigenschaften, wie Härte, Duktilität, Festigkeit, Haftung; die optischen Eigenschaften, wie Lichtempfindlichkeit und Farbe der Ionenkristalle; die Lumineszenz der Laser; die elektrischen Eigenschaften der Halbleiter, z. B. Transistoren oder Photodioden, aber auch die von festen Ionenleitern, z. B. in Festkörperbatterien oder Sauerstoff-Sensoren; die Stromtragfähigkeit von Supraleitern; die Koerzitivfeldstärke bzw. der Verlustfaktor von magnetischen Werkstoffen etc. Ferner bestimmen Fehlstellenprozesse entscheidend die Kinetik von allen Festkörperreaktionen, z. B. des Sinterns von Pulvern, der Entmischung bzw. Ordnungseinstellung in Legierungen oder der Oxidation von Oberflächen.

Eine Übersicht der wichtigsten Gitterfehler gibt ▶ Tab. 14.3. Es ist üblich, die Gitterfehler gemäß ihrer Geometrie in nulldimensionale atomare Fehlstellen, eindimensionale Versetzungen, zweidimensionale Grenzflächen und dreidimensionale Ausscheidungen bzw. Partikel zu klassifizieren. Bei den atomaren Fehlstellen ist der Bereich der starken Störung auf eine bzw. wenige Elementarzellen beschränkt; bei den Versetzungen ist sie dagegen in Form des sogenannten *Versetzungskerns* schlauchförmig entlang hunderter von Atomabständen ausgedehnt.

Der Grad der Fehlordnung eines Kristalls wird im Allgemeinen durch die *Fehlstellendichte* ϱ quantifiziert. Sie ist die auf das Volumen V normierte Gesamtzahl N_{aF} an atomaren Fehlstellen, Gesamtlänge L_d an Versetzungen (engl. dislocations), Gesamtfläche A_{GF} an inneren Grenzflächen bzw. Gesamtvolumen V_P an Ausscheidungen (Partikel).

Oft unterscheidet man auch zwischen *intrinsischen* und *extrinsischen* Fehlstellen. Intrinsische Fehlstellen sind im thermodynamischen Gleichgewicht zur Minimalisierung der freien Enthalpie unabdingbar. Zu ihnen gehören Leerstellen, Zwischengitteratome und Antistrukturatome, deren Gleichgewichtskonzentrationen sich als thermische Fehlordnung bei entsprechend hohen Temperaturen einstellen.

Als extrinsische Fehlstellen bezeichnet man im Allgemeinen Nichtgleichgewichtsfehlstellen. Dazu gehören insbesondere alle ausgedehnten Fehlstellen, z. B. Versetzungen, Grenzflächen, Ausscheidungspartikel. Ihre Bildungsenergie ist so hoch, dass sie im thermischen Gleichgewicht nur in metastabiler Form vorliegen können. Aber auch atomare

Tab. 14.3 Klassifizierung der Gitterfehler.

Dimension	Bezeichnung	Fehlstellendichte	Beispiele	Bedeutung für
0	atomare Fehlstellen, Punktfehler	$\varrho_{aF} = N_{aF}/V$ 10^{22} hochreines Si bis 10^{27} technische Reinheitsgrade	Leerstellen, Zwischengitteratome, Antistrukturatome, Fremdatome, Mehrfachfehlstellen, Assoziate	thermisches Fehlstellengleichgewicht, Platzwechsel und Diffusion, Kinetik von Festkörperreaktionen, Bestrahlungseffekte, Stöchiometrieabweichungen, Dotierung von Halbleiterbauelementen, Lichterzeugung mit Lasern
1	Versetzungen (engl. dislocations)	$\varrho_d = L_d/V$ 10^3 „versetzungsfreies" Si bis 10^{16} Metall, kalt gewalzt	gerade Versetzungen, Versetzungsringe, mit Fremdatomen dekorierte Versetzungen	plastische Verformung, Kristallwachstum, innere Spannungen, Quellen und Senken für atomare Fehlstellen
2	innere Grenzflächen	$\varrho_{GF} = A_{GF}/V$ 10^2 Einkristall bis 10^9 nanokristalline Materialien, Multischichtsysteme	Korngrenzen, Phasengrenzflächen, Stapelfehler, Antiphasengrenzen, kristallographische Scherebenen	Vielkristallverformung, Epitaxie, Bruchvorgänge, Verbundwerkstoffe, Haftung von Schichten, Quellen und Senken für atomare Fehlordnung, Stöchiometrieabweichungen
3	Ausscheidungen, Einschlüsse, (Partikel)	$\varrho_P = V_P/V$ 10^{-8} Restausscheidungen in hochreinem Si, Au bis 0.5 zweiphasige Legierung	Ausscheidungen, Hohlräume, Gasbläschen, Dispersoide	Ausscheidungs- und Dispersionshärtung, Schwellen unter Bestrahlung, Sintern, interne Oxidation, Entmischung von Legierungen

Fehlstellen können extrinsischen Charakter haben, wenn sie, z. B. nach Abschrecken, nach Kaltverformung oder nach Teilchenbeschuss, im Kristall als Überschuss-Leerstellen vorliegen.

In den letzten Jahrzehnten haben wissenschaftliche Untersuchungen mit allen Aspekten von Fehlordnung in Festkörpern stark zugenommen. Getrieben wurde diese Entwicklung einmal durch die Verfügbarkeit von immer ausgefeilteren Methoden zur Präparation und zur Charakterisierung von Festkörpern mit „maßgeschneiderter" Mikrostruktur und zum andern durch den zunehmenden Einsatz solcher Materialien in der modernen Technik. Bei den modernen präparativen Techniken sind z. B. die Verfahren zur Züchtung von meterlangen Silizium-Einkristallen, die vielfältigen Methoden zur Festkörpermodifikation durch Ionen- und Laserstrahlen, die Methoden zur Herstellung dünnster Schichten durch

Verdampfen, Zerstäuben, Plasmaabscheidung, Gasphasenreaktionen, Clusterdeposition etc., das heißisostatische Sintern oder das mechanische Legieren zu nennen. Bei den modernen Charakterisierungsmethoden sei nur erinnert an die Entwicklung der hochauflösenden und der analytischen Elektronenmikroskopie, an die spektroskopischen Methoden, mit denen die Zustände von Fehlstellen elektrisch, optisch, akustisch oder magnetisch abgefragt werden können, an den Einsatz von radioaktiven Tracern für Diffusionsuntersuchungen etc.

Atomare Fehlstellen. Die atomaren Fehlstellen lassen sich grob in Leerstellen, Zwischengitteratome und Fremdatome einteilen. Dazu kommen noch Assoziate aus diesen Fehlstellen. Fehlt ein Atom im regulären Gitter, so spricht man von einer Leerstelle. Bei mehratomigen Substanzen ist dabei zwischen Leerstellen auf den verschiedenen Untergittern zu unterscheiden. Leerstellen dominieren die thermische Fehlordnung bei hohen Temperaturen. Sie entstehen außerdem bei Teilchenbeschuss und bei der Kaltverformung von Metallen. Da ein Nachbaratom relativ leicht in die Leerstelle überwechseln kann, sind die Leerstellen in der Regel für Platzwechsel- bzw. Diffusionsprozesse in Festkörpern verantwortlich.

Bei einem *Eigenzwischengitteratom* liegt in einer geeignet gewählten Einheitszelle des Kristalls ein zusätzliches Gitteratom vor. Dabei muss nicht notwendigerweise das zusätzliche Atom genau zwischen den Gitteratomen des Idealkristalls eingebaut sein. Auch ein doppelt besetzter Gitterplatz zählt gemäß obiger Definition als ein Zwischengitteratom. Allgemein werden Zwischengitteratome vor allem durch Verlagerungsprozesse bei Teilchenbestrahlung erzeugt und sind bereits bei sehr tiefen Temperaturen beweglich.

Von einem *substitutionellen Fremdatom* spricht man, wenn ein reguläres Gitteratom durch ein Atom einer anderen chemischen Sorte ersetzt wird. Im weiteren Sinn gehören hierzu auch die sogenannten *Antistrukturatome*, die bei mehratomigen Substanzen auftreten. In diesem Fall sitzt eines der zu den regulären chemischen Konstituenten gehörenden Atome auf dem falschen Untergitter. Wird ein Fremdatom auf einem Zwischengitterplatz eingebaut, so wird dies als *interstitielles Fremdatom* oder oft auch als Zwischengitterfremdatom bezeichnet und ist von dem zuvor definierten Eigenzwischengitteratom zu unterscheiden. Exemplarisch sind in ▶ Abb. 14.7 die Strukturen einiger atomarer Fehlstellen in einem kubisch-flächenzentrierten Kristall dargestellt.

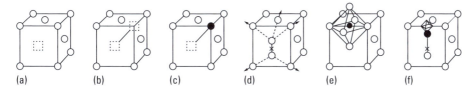

(a) (b) (c) (d) (e) (f)

Abb. 14.7 Schematische Darstellung der Struktur einiger atomarer Fehlstellen in einem kubisch-flächenzentrierten Kristall. (a) Leerstelle (gestrichelter Bereich in der Einheitszelle); (b) Doppelleerstelle; (c) Assoziat (XV) zwischen einem substitutionellen Fremdatom X (schwarz) und einer Leerstelle V; (d) Zwischengitteratom in der Konfiguration der ⟨100⟩-Hantel. Die Pfeile deuten die Verschiebungen der Nachbaratome an; (e) interstitielles Fremdatom (schwarz) in Oktaederposition (O-Position). Die Nachbar-Gitteratome bilden ein reguläres Oktaeder; (f) interstitielles Fremdatom (schwarz) in ⟨100⟩-Off-Center-O-Position; der kleine Oktaederkäfig deutet die Bewegungsmöglichkeit des Fremdatoms um die O-Position an.

Thermische Fehlordnung. Bei hohen Temperaturen werden in allen Festkörpern atomare Eigenfehlstellen und durch Austausch mit der Umgebung auch Fremdatome in einer bestimmten Konzentration eingebaut. Die Ursache für das Auftreten dieser thermischen bzw. chemischen Fehlordnung liegt in der erhöhten Anzahl der Anordnungsmöglichkeiten der Atome und der damit verbundenen Entropieerhöhung im defekthaltigen Kristall.

Beispielhaft betrachtet sei hier ein Idealkristall mit N gleichen Atomen auf N Gitterplätzen. Die Anzahl der Gitterplätze soll nun um N_x erhöht werden, wobei die zusätzlichen Gitterplätze mit Defekten wie z. B. Leerstellen oder Fremdatomen besetzt werden sollen. Nach den Regeln der Kombinatorik gibt es dann $(N + N_x)!/(N!N_x!)$ verschiedene Anordnungsmöglichkeiten der N Atome und N_x Defekte auf den $N + N_x$ Gitterplätzen. Gegenüber dem defektfreien Idealkristall wurde also die Entropie des Systems um

$$S = k_B \ln \left(\frac{(N + N_x)!}{N!N_x!} \right) \tag{14.4}$$

erhöht. Die dafür benötigte Energie beträgt $N_x G_x^f$ mit der freien Bildungsenthalpie G_x^f pro Defekt. Bei einem isolierten Kristall ist im thermodynamischen Gleichgewicht bei konstanter Temperatur T und konstantem Druck p die freie Enthalpie (*Gibbs'sche freie Energie*, benannt nach Josiah W. Gibbs; Bd. 1, Abschn. 16.4)

$$G_{\text{isoliert}} = G_{\text{ideal}} + N_x G_x^f - TS \tag{14.5}$$

(mit der freien Enthalpie G_{ideal} des defektfreien Idealkristalls) minimal, d. h. für das chemische Potential der Defekte gilt: $\mu_x = \partial G/\partial N_x = 0$. Nach Einsetzen der Entropie S und Anwenden der Stirling'schen Formel $\ln N! \approx N \ln N - N$ (benannt nach dem schottischen Mathematiker James Stirling, 1692–1770) folgt $G_x^f = -k_B T \ln c_x$ und daraus die (atomare) *Gleichgewichtskonzentration* $c_x = N_x/(N + N_x)$ der Defekte X

$$c_x = \left[\exp\left(\frac{S_x^f}{k_B} \right) \cdot \exp\left(-\frac{E_x^f}{k_B T} \right) \right] \cdot \left[1 - \frac{pV_x^f}{k_B T} \right]. \tag{14.6}$$

Dabei wurde $G_x^f = E_x^f - TS_x^f + pV_x^f$ eingesetzt, wobei die Bildungsenergie E_x^f, die Bildungsentropie S_x^f und das Bildungsvolumen V_x^f den Unterschied in Energie, Entropie und Volumen zwischen einem Kristall mit einem Defekt X und einem Idealkristall mit der gleichen Anzahl von Atomen angeben. Ferner wurde in Gl. (14.6) für $(pV_x^f/k_B T) \ll 1$, d. h. $T > 100\,\text{K}$ und $p < 10^8$ Pa angenommen.

Die *Bildungsenergie* E_V^f einer Leerstelle sollte sich eigentlich aus folgender Überlegung abschätzen lassen: Bei der Entfernung eines Atoms aus dem Inneren des Kristalls müssen zunächst Z Bindungen zu den Z Nachbaratomen „aufgebrochen" werden. Bei der Anlagerung des so entfernten Atoms an einer Oberflächenstufe werden dann im Mittel $Z/2$ Bindungen wieder hergestellt. Für die Leerstellenbildung sind also nur $Z/2$ Bindungen aufzubrechen, genauso viele wie auch für die Ablösung eines Atoms von der Oberfläche. Da für letzteres die atomare Bildungsenergie E^B des Idealkristalls aufzuwenden ist, würde man $E_V^f \approx E^B$ erwarten. In Wirklichkeit beobachtet man aber Werte von $E_V^f/E^B \approx 0.2$ bis 0.8. Diese Diskrepanz ist besonders groß für Metalle und am geringsten für Edelgaskristalle. Die Ursache liegt in der lokalen Umverteilung der (Leitungs-)Elektronen um die Leerstelle und der damit verbundenen starken Veränderung der Bindungsverhältnisse zwischen den Nachbaratomen der Leerstelle.

Die *Bildungsentropie* S_x^f berücksichtigt zum einen die Änderung der Entropie durch die geänderten Schwingungsamplituden der Atome in und um einen Defekt. Zum andern geht in S_x^f ein Beitrag $k_B \ln z_x$ ein, wobei z_x die Anzahl der kristallographisch äquivalenten Anordnungsmöglichkeiten des Defekts X pro Gitterplatz bedeutet.

In das *Bildungsvolumen* V_x^f geht der Beitrag des sogenannten *Relaxationsvolumens* V_x^{rel} ein, d. h. eine Volumenänderung aufgrund der elastischen Verschiebungen um den Defekt X. Dazu kommt bei Zwischengitteratomen bzw. Leerstellen noch ein Beitrag von $-V_0$ bzw. $+V_0$. Dieser entsteht dadurch, dass für $N =$ konstant bei der Erzeugung eines Zwischengitteratoms ein Atom von der Oberfläche weggenommen und in das Innere des Kristalls gebracht und das Kristallvolumen damit um ein Atomvolumen V_0 verkleinert wird. In Metallen findet man für V_x^{rel} folgende typischen Werte in Einheiten von V_0: -0.4 bis $+0.2$ für substitutionelle Fremdatome und Leerstellen, 0.1 bis 0.5 für interstitielle Fremdatome, und 1 bis 2 für Zwischengitteratome. In den Halbleitern Si und Ge scheinen sich andererseits die Relaxationsvolumina von Leerstelle und Zwischengitteratom weitgehend zu kompensieren, d. h. $V_i^{rel} \approx -V_V^{rel} \approx V_0/2$.

In Metallen wird die thermische Fehlordnung durch Leerstellen dominiert. Ihre Konzentration steigt gemäß Gl. (14.6) exponentiell mit der Temperatur an. Typische Werte von c_x nahe dem Schmelzpunkt T_S liegen bei 10^{-3} bis 10^{-4}. Die thermische Konzentration der Zwischengitteratome ist in Metallen wegen der hohen Bildungsenergien (typisch $E_i^f > 2E_x^f$) gegenüber c_x völlig vernachlässigbar. Dagegen scheinen im thermischen Fehlstellengleichgewicht bei Halbleitern, wie Si oder GaAs, auch Zwischengitteratome von Bedeutung zu sein. Insgesamt liegen hier die Defektkonzentrationen für $T \to T_S$ um mindestens zwei bis drei Größenordnungen niedriger als bei Metallen.

14.3 Festkörperoberflächen

Die Entwicklung der Oberflächenphysik zur Wissenschaft wurde entscheidend gefördert durch die sich ab 1960 entwickelnde Ultrahochvakuum(UHV)-Technik. Die reproduzierbare und verlässliche Herstellung von UHV-Bedingungen bereitete wiederum die Basis für den Beginn einer stürmischen Entwicklung von Oberflächenanalysemethoden, die bis heute nicht zum Abschluss gekommen ist. Insbesondere die Rastersondenmethoden (Bd. 2, Abschn. 12.4) waren und sind auch weiterhin prägend für die Oberflächenforschung. Mit ihnen ist die Analyse der atomaren Struktur und der Morphologie, die Spektroskopie am Einzelmolekül bis hin zur gezielten Manipulation von Atomen und Molekülen möglich.

Strukturen von Festkörperoberflächen. In Abschn. 14.1 wurden die *Bravais-Gitter* und die *Punktgruppen* von Festkörpern vorgestellt. Während dort ausschließlich Volumeneigenschaften herangezogen wurden, sollen nun die spezifischen Symmetrieeigenschaften verschiedener Festkörperoberflächen am Beispiel der kubischen Kristallstrukturen betrachtet werden.

Um die Netzebene, welche die Oberfläche bildet, eindeutig festzulegen, benötigt man drei Miller-Indizes. Bei der kubisch-flächenzentrierten Kristallstruktur (fcc-Struktur) werden die Seitenflächen der kubischen Einheitszelle und die Fläche, welche die Seitendiagonale enthält, durch die (100)- bzw. durch die (110)-Netzebene gebildet. Die Fläche senkrecht zur Raumdiagonale ist die (111)-Netzebene. Diese Netzebenen haben eine hohe Packungsdichte der Atome und deshalb eine geringe Oberflächenenergie (Bd. 1,

URL für QR-Code: www.degruyter.com/oberflaechen

kubisch flächenzentriert (fcc)

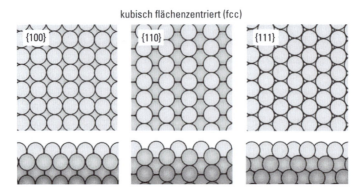

Abb. 14.8 Kugelmodelle der (100)-, (110)- und (111)-Netzebenen der kubisch-flächenzentrierten Kristallstruktur. Die oberen Abbildungen zeigen jeweils die Aufsicht, während die unteren Abbildungen einen Schnitt senkrecht zur Oberfläche darstellen. Die Kugeln repräsentieren Atome. Wie auch in den folgenden ▶ Abbn. 14.9 und 14.10 von Kugelmodellen repräsentieren die verschiedenen Grauwerte Atome in unterschiedlich tiefen Lagen relativ zur Oberfläche. Je näher sich das Atom an der Oberfläche befindet, desto heller ist sein Grauwert.

Abschn. 10.2). ▶ Abb. 14.8 zeigt diese Flächen im Atom-Kugel-Modell. Die (100)-Fläche besitzt eine quadratische Symmetrie, da sie senkrecht zur vierzähligen Drehachse der O-Punktgruppe kubischer Strukturen orientiert ist. Die (110)-Fläche steht senkrecht zur zweizähligen Drehachse und weist daher eine zweizählige Symmetrie auf. Die (111)-Fläche scheint nach ▶ Abb. 14.8 eine sechszählige Drehachse zu besitzen. Berücksichtigt man jedoch die darunterliegenden atomaren Lagen, so wird aufgrund der ABC-Stapelfolge in der kubisch-flächenzentrierten Kristallstruktur die Oberfläche erst bei Drehung um 120° wieder auf sich selbst abgebildet, was einer dreizähligen Drehachse entspricht. Während die (111)-Fläche mit $\approx 91\,\%$ totaler Flächenausfüllung die dichteste der drei Flächen darstellt, weisen die (100)- bzw. (110)-Flächen mit $\approx 79\,\%$ bzw. $\approx 56\,\%$ eine geringere Flächendichte von Atomen auf. Daraus resultiert, dass die Flächen eine steigende Oberflächenenergie in der Reihenfolge (111), (100), (110) besitzen.

kubisch raumzentriert (bcc)

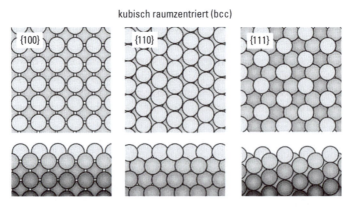

Abb. 14.9 Wie in ▶ Abb. 14.8, nun jedoch für die kubisch-raumzentrierte Kristallstruktur.

Diamant/Zinkblende

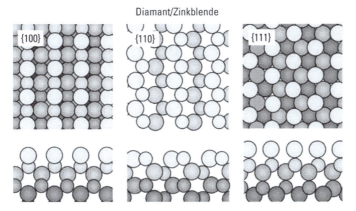

Abb. 14.10 Kugelmodelle für die (100)-, (110)- und (111)-Netzebenen der Diamant- und der Zinkblende-Struktur. Darstellung wie in den ▶ Abbn. 14.8 und 14.9. Atome unterschiedlicher Größe repräsentieren im Fall der Zinkblende-Struktur Atome verschiedener Elemente. Im Fall der Diamant-Struktur sind beide Atompositionen mit Atomen eines Elements besetzt.

▶ Abb. 14.9 zeigt Kugelmodelle der (100)-, (110)- und (111)-Oberflächen der kubisch-raumzentrierten Struktur (bcc-Struktur). Während die Symmetrieachsen der Flächen mit denen der kubisch-flächenzentrierten Kristallstruktur identisch sind, weichen die Flächendichten erheblich ab: Die dichtest gepackte Fläche mit $\approx 83\%$ Flächenausfüllung ist nun die (110)-Fläche. Dann folgt die (100)-Fläche mit $\approx 59\%$, und mit nur $\approx 34\%$ Flächenausfüllung ist die (111)-Fläche sehr offen.

▶ Abb. 14.10 zeigt die (100)-, (110)- und (111)-Flächen der Diamant- bzw. der Zinkblende-Struktur. Dabei werden die Atome der beiden fcc-Unterstrukturen zur Unterscheidung durch Kugeln unterschiedlichen Durchmessers repräsentiert. Im Vergleich zu den Flächen der fcc- bzw. bcc-Strukturen sind die Oberflächen der Diamant- bzw. der Zinkblende-Struktur komplexer und besitzen eine deutlich geringere Flächendichte.

Die durch die Volumensymmetrie vorgegebene Anordnung von Atomen wird nicht immer zur Oberfläche fortgesetzt. Da den Atomen in der Oberflächenschicht Nachbaratome fehlen, sind nicht alle Bindungen der Oberflächenatome abgesättigt. Insbesondere bei offenen Oberflächenstrukturen kann die Anzahl der abgesättigten Bindungen dadurch erhöht werden, dass sich die Atome in der Oberflächenschicht umordnen und neue Bindungen untereinander eingehen. Dabei wird die Symmetrie der Oberfläche gegenüber der Symmetrie des Kristallvolumens verändert, und man spricht von einer *Oberflächenrekonstruktion*. Mit der Rekonstruktion geht in der Regel eine *Oberflächenrelaxation* einher, wobei die atomaren Abstände zwischen der Oberflächenschicht und den darunter befindlichen Atomlagen verringert oder vergrößert werden. Oberflächenrelaxationen können auch ohne eine Rekonstruktion, d. h. ohne Symmetrieänderung auftreten. Rekonstruierte Oberflächen findet man sowohl für reine als auch für adsorbatbedeckte Oberflächen. Sie werden auf Metall- und insbesondere auch auf Halbleiteroberflächen beobachtet. Die meisten diskutierten Rekonstruktionen wurden bei Experimenten im Ultrahochvakuum gefunden. Oberflächenrekonstruktionen spielen aber auch in elektrochemischen Studien eine wichtige Rolle.

Die einfachste, aber nicht immer eindeutige Bezeichnung benutzt die Basisvektoren der Einheitszelle des unrekonstruierten Substrates und drückt die Basisvektoren der Ein-

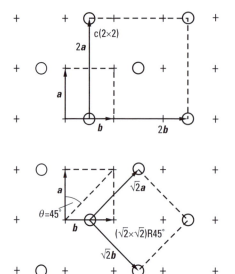

Abb. 14.11 Zur Notation von Einheitszellen und Überstrukturen auf Oberflächen.

heitszelle der Rekonstruktionsstruktur in Vielfachen der Basisvektoren des Substrates aus. So ergeben sich Bezeichnungen wie (2×1), (2×2), (3×3) etc. Ist die Rekonstruktionseinheitszelle primitiv, wird das durch den vorgestellten Buchstaben p, also z. B. p(2×2), gekennzeichnet. Eine zentrierte Zelle ist entsprechend mit einem c bezeichnet (▶ Abb. 14.11). Nicht selten, vor allem bei den (111)-Oberflächen ist die rekonstruierte Einheitszelle gegenüber der des Substrates um einen Winkel gedreht. So ergeben sich Bezeichnungen wie $(\sqrt{2} \times \sqrt{2})$R45° oder $(\sqrt{3} \times \sqrt{3})$R30°, die eine Rotation um 45° bzw. 30° anzeigen. Wie in ▶ Abb. 14.11 dargestellt, können die Bezeichnungen für zentrierte oder gedrehte Einheitszellen auch durchaus äquivalent sein und die gleiche Rekonstruktionseinheitszelle beschreiben. Ebenfalls noch häufig vorkommende Strukturen sind die Gleitebenen enthaltenden Strukturen p2mg und p4g. Komplexere Überstrukturen lassen sich mit dieser nach Elizabeth A. Wood (1912 – 2006) benannten Notation oft nicht oder in vielen Fällen nicht eindeutig erfassen. Hier muss eine Matrixdarstellung gewählt werden, bei der die Basisvektoren der rekonstruierten Oberfläche a_1 und a_2 als lineare Transformation der Basisvektoren s_1 und s_2 der unrekonstruierten Oberfläche beschrieben werden,

$$\begin{pmatrix} a_1 \\ a_2 \end{pmatrix} = \begin{pmatrix} t_{11} & t_{12} \\ t_{21} & t_{22} \end{pmatrix} \begin{pmatrix} s_1 \\ s_2 \end{pmatrix} . \tag{14.7}$$

Beispielsweise lässt sich die $(\sqrt{3} \times \sqrt{3})$R30°-Struktur auf einer fcc(111)-Oberfläche in Matrixschreibweise angeben als

$$\begin{pmatrix} 1 & 1 \\ 1 & -1 \end{pmatrix} .$$

Die Matrixschreibweise und die damit verbundene nach Robert L. Park (* 1931) und Hannibal H. Madden Jr. (1931 – 2003) benannte Notation erlaubt eine eindeutige Beschreibung auch für nichtkommensurable Strukturen, bei denen sich die Atome in der rekonstruier-ten Oberfläche relativ zu den Atomen in den unteren Lagen auf jeweils verschiedenen, unsymmetrischen Plätzen befinden.

Oberflächenphononen. Durch den Abbruch der periodischen Struktur und die verän-derten Bindungsverhältnisse können sich an einer Oberfläche lokalisierte Schwingungs-zustände und lokalisierte elektronische Zustände ausbilden. Zum anderen entstehen durch Adsorbate bzw. aufgewachsene Schichten von Fremdmaterial zusätzliche vibronische oder elektronische Quantenzustände. Bei einer geordneten einkristallinen Oberfläche haben die Schwingungszustände die Form zweidimensionaler Wellen, deren Amplitude in das Innere des Festkörpers hinein im Allgemeinen exponentiell abnimmt. Diese sogenannten *Oberflächenphononen* sind im Gegensatz zu Volumenphononen durch einen nur zwei-komponentigen, in der Oberfläche liegenden Wellenvektor $k_\parallel$ und eine Frequenz $\omega(k_\parallel)$ charakterisiert. Wie bei den Volumenphononen unterscheidet man zwischen akustischen und optischen Oberflächenphononen, je nachdem ob die Frequenz ω bei $k_\parallel = 0$ gegen null geht (akustisch) oder nicht (optisch). Bei der kürzest möglichen Oberflächenwelle, bei der die benachbarten Oberflächenatome in Gegenphase schwingen, ist die Amplitude auf die obersten Atomlagen lokalisiert. Die Frequenz der Oberflächenwelle spiegelt also die interatomaren Kräfte zwischen den Atomen an Oberflächen wider. Beispielhaft sei hier die (100)-Oberfläche eines fcc- oder eines bcc-Kristalls betrachtet (▶ Abb. 14.12). Am M-Punkt der ersten Brillouin-Zone der Oberfläche (= Zonenrand in [100]-Richtung) bewegen sich die Oberflächenatome entlang der [100]-Richtung in Phase (große Kreise in ▶ Abb. 14.12). Die durch diese Bewegung auf die Atome der nächst tieferen Lage (kleine Kreise in ▶ Abb. 14.12) ausgeübten Kräfte (durch Richtungspfeile symbolisiert) heben sich wechselseitig auf. Im Rahmen eines einfachen Modells mit Zentralkräften zu den nächsten Nachbarn nehmen also nur die Oberflächenatome selbst an der Bewegung teil. Die Frequenz des Phonons wird in diesem Fall nur durch Kräfte zwischen der ersten und zweiten Lage bestimmt.

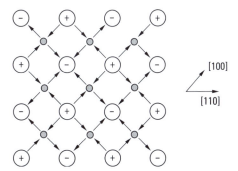

Abb. 14.12 Oberflächenphonon am M-Punkt der ersten Oberflächen-Brillouin-Zone auf der (100)-Oberfläche eines fcc- oder bcc-Kristalls. Die Ebenen gleicher Phase liegen senkrecht zur eingezeich-neten [100]-Richtung. Die Atome in der obersten Lage (große Kreise) bewegen sich senkrecht zur Oberfläche (Richtung durch $+/-$ angezeigt). Die dadurch auf die Atome der nächst tieferen Lage ausgeübten Kräfte (Richtungspfeile) heben sich wegen der vierzähligen Symmetrie auf. Die Atome der nächsten Lage bleiben in Ruhe.

Elektronische Zustände an Oberflächen. An der Oberfläche muss die Elektronendichte von ihrem hohen Wert im Inneren des Festkörpers auf null absinken. Die Berechnung der Elektronendichte in Abhängigkeit von der z-Koordinate senkrecht zur Oberfläche stellt ein Vielteilchenproblem dar. Im einfachsten Modell vernachlässigt man die Gitterstruktur des Festkörpers und beschreibt die positive Ladung der Ionenrümpfe als eine homogen „verschmierte" Ladungsdichte. Die Oberfläche wird dann durch einen abrupten Abbruch der positiven Ladung markiert. Dieses sogenannte *Jellium-Modell* (abgeleitet vom engl. Wort für Qualle: *jellyfish*) vermag einige wesentliche Eigenschaften der elektronischen Struktur von Oberflächen zu beschreiben. In ▶ Abb. 14.13 ist die von Lang und Kohn im Rahmen des Jellium-Modells berechnete Elektronendichte gezeigt. Die Elektronendichten n werden dabei durch den *Wigner-Seitz-Radius* $r_s = (3/(4\pi n))^{1/3}$ beschrieben, wobei r_s den Radius der Kugel angibt, welche die Größe des einem einzelnen Elektron zugeordneten Volumens hat ($r_s = 2a_B$ entspricht einer Dichte von $n = 2.01 \cdot 10^{23}$ Elektronen pro cm^3 und $r_s = 5a_B$ entspricht $n = 1.29 \cdot 10^{23}$ Elektronen pro cm^3). Die Elektronendichte vermag dem scharfen Abbruch der positiven Ladung der Ionenrümpfe nur innerhalb einer Abschirmlänge zu folgen. Die endliche Abschirmlänge folgt aus der Tatsache, dass nicht beliebig kurze Wellenlängen zur Abschirmung zur Verfügung stehen: die kürzeste Wellenlänge ist die Wellenlänge eines Elektrons am Fermi-Niveau ($\lambda_F = 2\pi/(3\pi^2 n)^{1/3}$). Die charakteristische Abschirmlänge entspricht in etwa der sogenannten *Thomas-Fermi-Abschirmlänge* r_{TF} (benannt nach Llewellyn H. Thomas, 1903 – 1992 und Enrico Fermi; $r_{TF}/\lambda_F \cong \sqrt{a_B/\lambda_F}$ mit dem Bohr'schen Radius a_B). Die gedämpften Oszillationen der Elektronendichte (*Friedel-Oszillationen*, benannt nach Jacques Friedel, 1921 – 2014; auch als *Ruderman-Kittel-Oszillationen* bezeichnet, benannt nach Malvin A. Ruderman, * 1927 und Charles Kittel, * 1916) sind gleichfalls eine Folge der endlichen Abschirmlänge. ▶ Abb. 14.13 zeigt ferner, dass die Elektronendichte einen exponentiellen Ausläufer in das Vakuum hat. Durch den Verlauf der Elektronendichte an der Oberfläche entsteht ein Dipolmoment, welches dafür sorgt, dass das Elektron beim Austritt aus dem Festkörper einen Potentialsprung durchlaufen muss. Zu diesem Potentialsprung kommt noch ein im Jellium-Modell nicht berechenbarer klassischer Term durch das Bildkraftpotential hinzu und ferner die sogenannte *Selbstenergie* des Elektrons

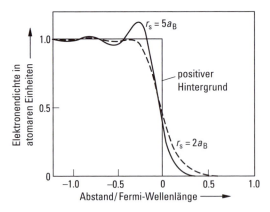

Abb. 14.13 Elektronendichte in einem Metall in der Nähe der Oberfläche gemäß dem Jellium-Modell (Daten aus N. D. Lang und W. Kohn, Phys. Rev. B **1**, 4555, 1970).

im Feld der positiven Ladung der Ionenrümpfe und der anderen Elektronen. Die Summe dieser Terme, vermindert um die maximale kinetische Energie eines Elektrons im Fermi-Gas, ist die sogenannte Austrittsarbeit. Sie ist also die minimale Energie, die aufzuwenden ist, um ein Elektron mit der Fermi-Energie ins Vakuum zu bringen, und zwar so weit, bis das Bildkraftpotential keine Rolle mehr spielt. Außer von der Art des Elementes hängen die Austrittsarbeiten von der Struktur der Oberfläche ab. Raue Oberflächen oder solche, deren kristallographische Struktur relativ offen ist, haben eine kleinere Austrittsarbeit (z. B. die (110)-Oberfläche eines fcc-Kristalls). Der Grund dafür ist, dass die Elektronendichte auch einer lateralen Strukturierung der Oberfläche nur im Rahmen der Abschirmlänge zu folgen vermag. Dadurch entstehen auf rauen oder offenen Oberflächen Dipolmomente, bei denen die positive Ladung weiter außen liegt, was zu einer Verminderung der Austrittsarbeit führt. Eine spezifische Rauigkeit ist durch monoatomare Stufen gegeben, wie sie auf *Vizinalflächen*, also auf Flächen mit hohen Miller-Indizes, die sich nur um einen kleinen Fehlschnittwinkel von Flächen mit niedrigen Miller-Indizes unterscheiden, auftreten. Die Verminderung der Austrittsarbeit ist proportional zur Stufendichte. Stufendipolmomente liegen im Bereich von einigen $10^{-3}e_0$ nm. Bei Oberflächen im Kontakt mit Elektrolyten führt die Verkleinerung der Austrittsarbeit durch Stufen zu einer Verschiebung des Nullladungspotentials zu negativeren Werten.

Hat die Oberfläche eine periodische Struktur, so sind die Wellenfunktionen $\Psi(\mathbf{r})$ zweidimensionale Bloch-Wellen

$$\Psi(\mathbf{r}) = u_k(\mathbf{r}_\parallel, z) \exp(\mathrm{i}\mathbf{k}_\parallel \cdot \mathbf{r}_\parallel) \,. \tag{14.8}$$

Wie bei den Phononen kann man zwischen echten Oberflächenzuständen und Resonanzen unterscheiden, je nachdem, ob die Amplitudenfunktion $u_k(\mathbf{r}_\parallel, z)$ im Inneren der Festkörper verschwindet oder in einen Volumenzustand, also in eine dreidimensionale Bloch-Welle übergeht. Die Existenzbedingung für einen Oberflächenzustand ist ebenfalls wieder, dass kein Volumenzustand zu gleichem $\mathbf{k}_\parallel$ und gleicher Energie existiert. Die echten Oberflächenzustände existieren also in den Lücken der auf die Oberfläche projizierten Volumenbandstruktur. Ein Beispiel dafür bieten Oberflächenzustände auf den (111)-Flächen von fcc-Metallen. In ▶ Abb. 14.14 ist die $E(k)$-Abhängigkeit entlang der $[10\bar{1}]$-Richtung für Cu(111) dargestellt. Der schraffierte Bereich wird von Volumenzuständen eingenommen. Der parabelförmige Verlauf der $E(k)$-Abhängigkeit mit einer effektiven Masse, die nahezu gleich der Ruhemasse des freien Elektrons ist, zeigt, dass das Elektron im Oberflächenzustand parallel zur Oberfläche ein weitgehend freies Elektron ist. Dies liegt daran, dass die Ladungsdichte des Elektrons sich im Wesentlichen im Vakuum außerhalb des Festkörpers befindet. Das Elektron spürt deshalb wenig vom periodischen Potential der Ionenrümpfe.

Deutlich davon verschieden sind die Oberflächenzustände auf Halbleiteroberflächen, die sich von den nicht abgesättigten freien Valenzen herleiten. Die Größe der Aufspaltung der Oberflächenniveaus in besetzte und unbesetzte Oberflächenzustände hängt vom Material und von der Art der Oberfläche ab. Sie kann so groß sein, dass die Oberflächenzustände in die Volumenbänder hineinrutschen. Dies ist z. B. der Fall bei den [110]-Oberflächen von III-V-Verbindungen. Oberflächenzustände sind von besonderer Bedeutung für die elektronische Struktur von Halbleiteroberflächen, wenn sie in der Bandlücke liegen. Dabei ist der Umladungscharakter der Oberflächenzustände wesentlich für die elektronischen Eigenschaften von Halbleitergrenzflächen. Der Umladungscharakter der Oberflächenzustände ist so beschaffen, dass die Bänder unterhalb und oberhalb des Fermi-Niveaus neutral

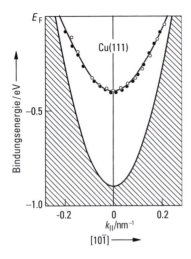

Abb. 14.14 $E(k)$-Abhängigkeit der Oberflächenzustände auf Cu(111). Der Bereich der Volumenzustände ist schraffiert.

sind, wenn die unterhalb liegenden Niveaus besetzt und die oberhalb liegenden Niveaus unbesetzt sind. Dies ergibt sich aus der Tatsache, dass das besetzte Band unterhalb des Fermi-Niveaus aus den im neutralen Fall halbgefüllten freien Valenzen entstanden ist. Die Oberfläche wird also positiv geladen, wenn dem Band unterhalb des Fermi-Niveaus Elektronen entzogen werden (dies entspricht dem Ladungscharakter eines Akzeptors) und negativ geladen, wenn dem Band oberhalb des Fermi-Niveaus Elektronen hinzugefügt werden (dies entspricht dem Ladungscharakter eines Donators). Akzeptoren haben dementsprechend eine hohe Zustandsdichte oberhalb des Fermi-Niveaus und Donatoren unterhalb. Dies führt dazu, dass die Lage des Fermi-Niveaus an der Oberfläche weitgehend unabhängig von der Lage des Fermi-Niveaus im Volumen, also von der Dotierung, ist. Eine Verschiebung des Fermi-Niveaus an der Oberfläche würde zu einer starken Aufladung der Oberfläche führen, die durch eine entsprechende Gegenladung im Volumen oder in einem angrenzenden Medium kompensiert werden müsste, was bei mäßiger Dotierung nicht möglich ist. Diese Festlegung des Fermi-Niveaus an der Oberfläche unabhängig von der Dotierung hat wesentliche Konsequenzen für die Transporteigenschaften beispielsweise in Schottky-Kontakten (Abschn. 17.1) und Halbleiter-Heterostrukturen (Abschn. 17.4).

14.4 Keimung und Wachstum

Der Übergang eines Stoffes aus der gasförmigen, flüssigen, festen polykristallinen oder festen amorphen Phase in den kristallisierten bzw. kristallinen Zustand wird als *Kristallisation* bezeichnet. Beispiele dafür sind das Erstarren einer Schmelze bei Abkühlung unter den Schmelzpunkt, das Auskristallisieren aus einer Lösung oder die direkte Kondensation aus der Dampfphase. Unabhängig vom Ausgangsaggregatzustand besteht die Kristallisation aus zwei Teilprozessen: der *Kristallkeimbildung* und dem anschließenden *Kristallwachstum*. Bei der Kristallkeimbildung entsteht ein wachstumsfähiger *Kristallkeim* durch die meist zufällige Koaleszenz von Kristallbausteinen. Dabei muss die *Keimbildungsarbeit* aufgebracht werden, die eine Aktivierungsenergie darstellt.

Bei Überschreitung einer *kritischen Kristallkeimgröße* wächst der Kristallkeim spontan zu einem Kristall weiter. Bei diesem zweiten Teilprozess der Kristallisation – dem Kristallwachstum – kann der „Energiegewinn" bei der Anlagerung eines Kristallbausteines an verschiedenen Stellen der Kristalloberfläche unterschiedlich sein. Bevorzugt werden energetisch günstige Positionen, entweder unmittelbar nach dem Auftreffen oder nach Diffusionsprozessen auf der Kristalloberfläche. Solche energetisch bevorzugten Anlagerungs- bzw. Einbauplätze ergeben sich an Rändern von Kristallnetzebenen. Diese Ränder sind Oberflächenstufen, die durch die fortgesetzte Anlagerung von Kristallbausteinen über die Oberfläche des Kristalls „wandern". Dies führt im Idealfall zu einem lagen- bzw. netzebenenweisen Wachstum des Kristalls, wobei jede neue Netzebene mit der Nukleation eines zweidimensionalen Keims beginnt.

Kristallkeimbildung. Wird die geschmolzene Phase eines Materials unter die Schmelztemperatur T_S abgekühlt, so setzt die Kristallisation nicht spontan ein, sondern es ist dafür ein Kristallkeim erforderlich. Dieser kann sich beispielsweise durch thermische Fluktuationen bilden. Oberhalb der Schmelztemperatur T_S ist dieser Kristallkeim grundsätzlich instabil, da er schneller wieder aufgeschmolzen wird als er wachsen kann. Bei Temperaturen $T < T_S$ unterhalb der Schmelztemperatur gibt es zwar eine treibende Kraft, die das Wachstum des Kristallkeims begünstigt, jedoch gibt es auch bei diesen Temperaturen thermisch induzierte Auflösungsprozesse. Die treibende Kraft für das Wachstum des Kristallkeims resultiert aus der Differenz $\Delta G_U = G_S - G_K$ der freien Enthalpie (Gibbs'sche freie Energie, Bd. 1, Abschn. 16.4) der Schmelze G_S und des Kristallkeims G_K, die am Schmelzpunkt gleich sind ($G_S = G_K$ bei $T = T_S$). Oberhalb der Schmelztemperatur hat die Schmelze die geringere freie Enthalpie und die flüssige (geschmolzene) Phase befindet sich im thermodynamischen Gleichgewicht ($\Delta G_U < 0$), während sich unterhalb der Schmelztemperatur der Kristallkeim im thermodynamischen Gleichgewicht befindet ($\Delta G_U > 0$).

Neben den thermisch induzierten Auflösungsprozessen gibt es einen weiteren Beitrag, der unterhalb der Schmelztemperatur wieder zur Auflösung des Kristallkeims führt. Die Änderung der positiven freien Oberflächenenthalpie ΔG_A nimmt mit der Grenzflächenspannung Γ zwischen der festen Oberfläche des Kristallkeims und der ihn umgebenden Schmelze sowie mit der Größe seiner Oberfläche zu. Sie ist dementsprechend stets positiv und somit dem System zuzuführen. Im Gegensatz dazu wird die Änderung der freien Volumenenthalpie ΔG_V, die proportional zum Volumen des Kristallkeims ist, bei dessen Bildung freigesetzt und ist somit negativ. Die Änderungen ΔG_A und ΔG_V der freien Enthalpien sowie die Änderung der freien Gesamtenthalpie $\Delta G = \Delta G_A + \Delta G_V$ in Abhängigkeit von der Größe eines Kristallkeims sind für eine Temperatur $T < T_S$ unterhalb der Schmelztemperatur in ▶ Abb. 14.15 dargestellt. Da ein kleiner Kristallkeim in erster Näherung als kugelförmig mit dem Radius R betrachtet werden kann, gilt für die Änderung der freien Gesamtenthalpie

$$\Delta G = \Delta G_A + \Delta G_V = -\frac{4}{3}\pi R^3 \Delta G_U + 4\pi R^2 \Gamma \,. \tag{14.9}$$

Die Änderung der freien Gesamtenthalpie in Abhängigkeit von der Größe des Kristallkeims hat ein Maximum, bei dem die chemischen Potentiale im Kristallkeim und in der ihn umgebenden Schmelze gleich groß sind. Dieses thermodynamische Gleichgewicht ist jedoch labil, da sowohl eine geringfügige Vergrößerung als auch eine geringfügige

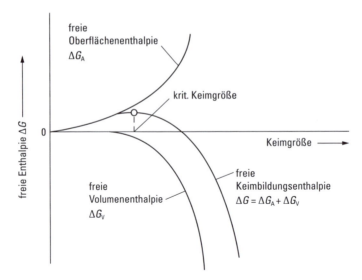

Abb. 14.15 Beiträge zur Änderung der freien Gesamtenthalpie bei der Bildung eines kugelförmigen Kristallkeims in Abhängigkeit von dessen Größe unterhalb der Schmelztemperatur T_S.

Verkleinerung des Kristallkeims zu einer Verringerung der freien Enthalpie führen. Erst ausreichend große Kristallkeime haben im Vergleich zur umgebenden Schmelze eine positive Energiebilanz und können dadurch weiter wachsen.

Wird in ▶ Abb. 14.15 die Größe des kugelförmigen Kristallkeims mit dessen Radius R proportional gleichgesetzt, ergibt sich aus der Ableitung $\mathrm{d}(\Delta G)/\mathrm{d}R = 0$ der kritische Kristallkeimradius: $R_{\mathrm{krit}} = 2\Gamma/\Delta G_U$. Die Höhe des damit charakterisierten „Potentialwalls" entspricht der *Keimbildungsarbeit*, die eine Aktivierungsenergie für die Bildung des Kristallkeims darstellt.

Im Gegensatz zu dem zuvor beschriebenen Prozess der *homogenen Kristallkeimbildung* wird bei der *heterogenen Kristallkeimbildung* ein Teil der Oberfläche des Kristallkeims durch einen Teil der Gefäßwand oder durch ausreichend große Fremdpartikel bereitgestellt. Dadurch verringert sich die zur Bildung des Kristallkeims aufzubringende Oberflächenenergie, wodurch dessen Wachstum begünstigt wird. Nach der Formierung eines ausreichend großen und stabilen Kristallkeims kann dann das eigentliche Kristallwachstum durch Anlagerung weiterer Kristallbausteine einsetzen.

Kristallwachstum in der Schmelze. Beim Kristallwachstum in einer Schmelze wird das zunächst oberhalb der Schmelztemperatur T_S befindliche Volumen in einer bestimmten Geschwindigkeit auf eine Temperatur $T < T_S$ unterhalb der Schmelztemperatur abgekühlt. Die fünf technisch relevanten Verfahren sind:

- *Czochralski-Verfahren* (benannt nach Jan Czochralski, 1885 – 1953)
- *Zonenschmelzverfahren*
- *Verneuil-Verfahren* (benannt nach Auguste V. L. Verneuil, 1856 – 1913)
- *Bridgman-Verfahren* bzw. *Bridgman-Stockbarger-Verfahren* (benannt nach Percy W. Bridgman, 1882 – 1961 und Donald C. Stockbarger, 1895 – 1952)

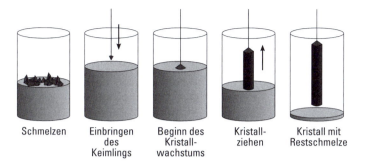

| Schmelzen | Einbringen des Kristall- Keimlings | Beginn des Kristall- wachstums | Kristall- ziehen | Kristall mit Restschmelze |

Abb. 14.16 Das Czochralski-Verfahren.

– *Nacken-Kyropoulus-Verfahren* (benannt nach Richard W. A. Nacken, 1884 – 1971 und Spyro Kyropoulos, 1887 – 1967)

Beim Czochralski-Verfahren (▶ Abb. 14.16) befindet sich die Schmelze aus hochreinem oder dotiertem Material (z. B. für die Züchtung von Halbleiter-Kristallen) in einem hochschmelzenden Tiegel (z. B. Iridium). In diese Schmelze wird ein an einem langsam rotierenden Stab befestigter Kristallkeim (auch als *Impfkristall* bezeichnet) von oben mit der Spitze in die Schmelze eingetaucht. Die Ausrichtung des Kristallkeims ist entscheidend für die Kristallorientierung des wachsenden Einkristalls. Beim Eintauchen des Kristallkeims wird dieser partiell angeschmolzen, so dass sich eine möglichst homogene Grenzschicht zwischen der Schmelze und dem nicht geschmolzenen Teil des Kristallkeims ausbildet. Im Anschluss wird dann der Stab mit dem am Kristallkeim wachsenden Einkristall langsam aus der Schmelze gezogen, die an der ausgebildeten Grenzfläche erstarrt. Sowohl die Güte als auch das Volumen des wachsenden Kristalls werden durch die Ziehgeschwindigkeit und die Temperatur der Schmelze sowie die gezielte Variation beider Größen bestimmt. Die Rotation des Kristallkeims bewirkt eine Umkehrung der Konvektionsrichtung direkt unter dem Kristallkeim und ermöglicht erst dadurch das gerichtete Wachstum des Kristalls. Darüber hinaus können durch die langsame Rotation Temperaturgradienten ausgeglichen und der Einbau von Verunreinigungen (Fremdatomen) in den Kristall reduziert werden.

Insbesondere bei der Züchtung von größeren Kristallen wird oft direkt nach dem Einsetzen des Wachstums am Kristallkeim zunächst ein dünneres Kristallstück gezogen und erst danach der gewünschte Enddurchmesser des wachsenden Einkristalls durch Reduzierung der Ziehgeschwindigkeit eingestellt. Durch die auf diese Weise entstandene Engstelle lassen sich kristallographische Versetzungen im Kristall vermeiden. Bei der technischen Umsetzung für die Serienproduktion erreicht man inzwischen Kristallsäulen, die auch als *Ingots* bezeichnet werden, mit Längen von über zwei Metern bei einem Durchmesser von beispielsweise 30 Zentimetern. Daraus entstehen dann beispielsweise die 300-mm-Wafer für die Halbleiter-Industrie. Seit einigen Jahren wird an der Erhöhung des Durchmessers auf 45 Zentimeter für die Herstellung entsprechend größerer Wafer gearbeitet. Mit dem Czochralski-Verfahren ist die Herstellung von reinen, monokristallinen Halbleitern wie z. B. Silizium, monokristallinen Metallen wie z. B. Palladium, Platin, Gold, Silber und monokristallinen Oxiden wie z. B. β-Ga_2O_3 und In_2O_3 etc. möglich. Zwar ist die erreichbare Güte der Einkristalle etwas schlechter als beim Zonenschmelzverfahren, jedoch ist das Czochralski-Verfahren insbesondere bei der großtechnischen Umsetzung einfacher und wesentlich kostengünstiger.

Das Zonenschmelzverfahren wird in zwei Varianten angewendet: das horizontale Zonenschmelzen in einem langgestreckten Tiegel und das vertikale tiegelfreie Zonenschmelzen (auch als *Fließzonenverfahren*, engl. *floating zone*, bezeichnet), das vor allem für die Herstellung hochreiner Silizium-Einkristalle (▶ Tab. 14.3) von Bedeutung ist. Beim horizontalen Zonenschmelzen ist das Heizelement so konstruiert, dass sich lediglich ein kleines Volumen (Zone) des polykristallinen Ausgangsmaterials oberhalb der Schmelztemperatur befindet. Durch eine horizontale Relativbewegung zwischen dem Heizelement und dem Tiegel „wandert" die Zone, in der durch das Aufschmelzen und das anschließende Abkühlen der Übergang zum Einkristall stattfindet, durch das gesamte Volumen des polykristallinen Ausgangsmaterials.

Das tiegelfreie Zonenschmelzverfahren (▶ Abb. 14.17) eignet sich nur für elektrisch leitende Materialien. Dabei wird das polykristalline Ausgangsmaterial in Form eines Stabes relativ zu einer Spule vertikal bewegt, die durch eine an ihr anliegende Wechselspannung in dem Material Wirbelströme induziert. Diese Wirbelströme führen aufgrund des endlichen Ohm'schen Widerstandes des Materials zur Joule'schen Stromerwärmung (*Induktionsheizung*) bis zu Temperaturen oberhalb der Schmelztemperatur in einer schmalen Schmelzzone. Durch die Relativbewegung zwischen Spule und Stab „wandert" diese Schmelzzone durch das polykristalline Ausgangsmaterial. Für ein gleichmäßiges Schmelzen wird das stabförmige Ausgangsmaterial während des Prozesses langsam gedreht. Der Kristallisationsprozess wird auch beim Zonenschmelzverfahren durch einen Kristallkeim initiiert. Verunreinigungen im polykristallinen Ausgangsmaterial in Form von Fremdatomen „wandern" mit der Schmelzzone mit und lagern sich am Ende des Stabes an. Durch Wiederholung des Prozesses kann die Reinheit gesteigert werden. Eine Dotierung des Einkristalls kann durch die Zuführung von in der Gasphase vorliegenden Fremdatomen während des Wachstums erreicht werden. Die mit diesem Verfahren erreichbaren Durchmesser der Einkristalle sind jedoch nicht größer als 20 Zentimeter.

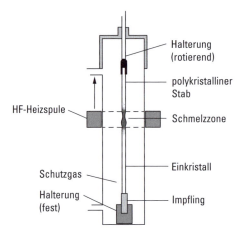

Abb. 14.17 Das tiegelfreie Zonenschmelzverfahren.

Das Verneuil-Verfahren ist ein tiegelfreies Flammenschmelzverfahren und wird zur Herstellung synthetischer Edelsteine genutzt. Dabei wird das geschmolzene pulverförmige Ausgangsmaterial schichtenweise auf einen Kristallkeim aufgebracht. Der auf diese

Weise in Form der sogenannten „Zuchtbirne" wachsende Kristall wird während des Prozesses auf einer annähernd konstanten Temperatur gehalten. Die mit dem Verneuil-Verfahren gezüchteten Kristalle haben ein Volumen von einigen Kubikzentimetern.

Beim Bridgman-Verfahren bzw. Bridgman-Stockbarger-Verfahren befindet sich die Schmelze in einer Ampulle. Je nach Anordnung der Heizelemente entsteht ein vertikaler (*vertikales Bridgman-Verfahren*) oder ein horizontaler (*horizontales Bridgman-Verfahren*) Temperaturgradient zwischen einem Bereich mit einer Temperatur oberhalb und einem Bereich mit einer Temperatur unterhalb der Schmelztemperatur. Der Kristallisationsprozess bei diesem Verfahren wird insbesondere auch durch den Aufbau des Schmelztiegels bestimmt. An dem einen Ende des Tiegels, in dem die Schmelze zuerst erstarrt, befindet sich eine Verengung. Während die Schmelze hinter dieser Verengung polykristallin abkühlt, wächst durch die Verengung ein Einkristall weiter, der als Kristallkeim für die noch verbliebene Schmelze wirkt.

Beim Nacken-Kyropoulus-Verfahren befindet sich die Schmelze mit einer Temperatur etwas oberhalb der Schmelztemperatur in einem Tiegel, in dem von oben ein etwas kühlerer Kristallkeim eingebracht wird und als Folge dessen der Kristall im Tiegel wächst.

Kristallwachstum aus der Gasphase. Beim Kristallwachstum durch Kondensation aus der Gasphase unterscheidet man zwischen der *physikalischen* und der *chemischen Gasphasenabscheidung*. Zur physikalischen Gasphasenabscheidung (engl. *physical vapour deposition, PVD*), zählen eine Reihe von vakuumbasierten Beschichtungs- und Dünnschichttechnologien und deren reaktive Varianten:

- *Thermisches Verdampfen*
- *Elektronenstrahlverdampfen* (engl. *electron beam evaporation, EBV*)
- *Laserstrahlverdampfen* (engl. *pulsed laser deposition, PLD; pulsed laser ablation, PLA*)
- *Lichtbogenverdampfen* (engl. *arc evaporation, Arc-PVD*)
- *Molekularstrahlepitaxie* (engl. *molecular beam epitaxy, MBE*)
- *Sputtern, Sputterdeposition, Kathodenzerstäubung*
- *Ionenstrahlgestützte Deposition* (engl. *ion beam assisted deposition, IBAD*)

Im Gegensatz zu den Verfahren der chemischen Gasphasenabscheidung wird bei den Verfahren der physikalischen Gasphasenabscheidung das Ausgangsmaterial mit Photonen, Ionen, Elektronen oder mit einer Lichtbogenentladung unter Vakuum- oder Hochvakuumbedingungen verdampft und so in die Gasphase überführt. Der Anteil an Atomen, Ionen oder größeren Clustern in der Gasphase, die je nach Ladungszustand bei einigen Verfahren auch durch elektrische Felder geführt werden, ist bei den einzelnen Verfahren unterschiedlich. Im Anschluss kondensiert das gasförmige Material dann auf einem Substrat (engl. Target). Dabei werden die auf die Substratoberfläche gelangten Teilchen nicht sofort in das Kristallgefüge eingebaut, sondern diffundieren je nach Beweglichkeit, Oberflächenbeschaffenheit und Substrattemperatur auf der Oberfläche (*Oberflächendiffusion*). Neben der Substrattemperatur wird in manchen Fällen auch eine am Substrat angelegte Spannung zur Steuerung der Beschichtungsrate und der Schichthomogenität genutzt. Einige Verfahren der physikalischen Gasphasenabscheidung können bei sehr niedrigen Prozesstemperaturen ablaufen, wodurch auch Materialien mit niedrigen Schmelztemperaturen beschichtet werden können. Mit den unterschiedlichen Verfahren der physikalischen Gasphasenabscheidung und deren Varianten lassen sich fast alle Metalle und auch Kohlenstoff in sehr reiner Form als Schichten herstellen. Bei der Zuführung von Gasen wie z. B. Sauerstoff oder Stickstoff lassen sich auch oxidische bzw. nitridische Schichten herstellen. Im Allgemeinen sind dies dünne Schichten im Bereich von einigen Monolagen bis hin zu dicken Schichten von einigen Mikrometern. Da jedoch die Verzerrungen mit wachsender Schichtdicke zunehmen, ist die Schichtdicke begrenzt.

Bei den Verfahren der chemischen Gasphasenabscheidung (engl. *chemical vapour deposition, CVD*) wird die Gasphase des Ausgangsmaterials durch eine Hilfssubstanz (Transportmittel) ermöglicht. Demzufolge gibt es eine Reaktion zwischen den Teilchen des Ausgangsmaterials und der Hilfssubstanz (z. B. organische Verbindungen) und eine Dissoziation vor der Anlagerung auf das Substrat. Diese Art von Wachstumsprozess wird beispielsweise in der Epitaxie von Halbleitern genutzt. Im Unterschied zu den Verfahren der physikalischen Gasphasenabscheidung ist mit den Verfahren der chemischen Gasphasenabscheidung auch die Beschichtung von komplex dreidimensional geformten Oberflächen möglich. Ein Nachteil dieser Verfahren ist jedoch die hohe Temperaturbelastung des Substrates. Allerdings gibt es auch Varianten, bei denen die thermische Belastung des Substrates geringer ist und dadurch störende Effekte wie beispielsweise unzureichend kontrollierbare Diffusionsprozesse verringert werden.

Bei der *plasmaunterstützten* chemischen Gasphasenabscheidung (engl. *plasma enhanced chemical vapour deposition, PECVD*) kann die Temperaturbelastung des Substrates reduziert werden, indem oberhalb des Substrates ein Plasma induktiv (engl. *inductively-coupled plasma enhanced chemical vapour deposition, ICPECVD*) oder kapazitiv (engl. *capacitance-coupled plasma enhanced chemical vapour deposition, CCPECVD*) gezündet wird. Die Arbeitstemperatur liegt bei diesem Verfahren in einem Bereich zwischen 200°C und 500°C. Dadurch ist gewährleistet, dass es keine pyrolytische Zersetzung aufgrund der dafür zu geringen thermischen Energie gibt. Ein weiterer Vorteil dieses Verfahrens ist die Erhöhung der Abscheiderate auf dem Substrat durch die Plasmaanregung. Bei der *heißdraht-aktivierten* chemischen Gasphasenabscheidung (engl. *hot filament chemical vapour deposition*) werden die verwendeten Gase an den durch Strom geheizten Drähten zu Radikalen gespalten, die dann den Schichtaufbau auf dem Substrat begünstigen.

Mit *metallorganischer* chemischer Gasphasenabscheidung (engl. *metal organic chemical vapour deposition, MOCVD*) wird die chemische Abscheidung aus gasförmigen metallorganischen Ausgangsverbindungen (sogenannte *Precursor-Moleküle*) bezeichnet. Dabei laufen während des Wachstums einige Prozesse auf der Substratoberfläche ab (▶ Abb. 14.18):

– Adsorption der Precursor-Moleküle an das Substrat durch Physisorption (ohne Ladungstransfer, schwache Bindungskräfte) oder Chemisorption (mit Ladungstransfer, starke Bindungskräfte)
– thermisch induzierte Dekomposition des Metallkomplexes der Precursor-Moleküle auf der Substratoberfläche
– Oberflächendiffusion der abgeschiedenen Atome hin zu Wachstumskeimen
– Einbau der Atome in die kristalline Oberflächenstruktur
– Desorption von gasförmigen überschüssigen Reaktionsprodukten von der Oberfläche

Wie bei allen Verfahren der chemischen Gasphasenabscheidung sind auch bei der metallorganischen Variante die Gasphasenreaktionen vor den Prozessen auf der Substratoberfläche ein Nachteil. Dabei kann sich der Precursor beispielsweise chemisch zersetzen oder mit anderen Precursoren reagieren. Je nach dem Aggregatzustand des jeweiligen

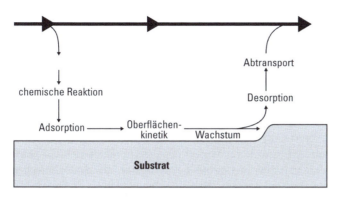

Abb. 14.18 Oberflächenprozesse während des Wachstums bei der metallorganischen chemischen Gasphasenabscheidung (metal organic chemical vapour deposition, MOCVD).

Precursors gibt es drei relevante Methoden zu deren Bereitstellung: (I) die Sublimation bei festem Ausgangsmaterial (ohne Flüssigphase), (II) die Zufuhr von flüssigem Ausgangsmaterial oder (III) sogenannte *Bubbler-Systeme* bei der Verwendung eines inerten Trägergases (z. B. Argon oder Stickstoff) für flüssige und geschmolzene Ausgangsmaterialien.

Grundsätzlich kann das Wachstum bei der metallorganischen chemischen Gasphasenabscheidung in zwei Regime unterteilt werden. Beim *kinetisch kontrollierten Wachstum* bei niedriger Substrattemperatur, geringem Druck und hoher Gasgeschwindigkeit bildet sich über dem Substrat eine dünne Geschwindigkeitsgrenzschicht aus. Darin ist die Strömungsgeschwindigkeit kleiner als außerhalb. Durch diese dünne Geschwindigkeitsgrenzschicht können die Precursor-Moleküle schnell diffundieren. Bei geeigneter Wahl der Temperatur kann die Wachstumsrate erhöht werden, da die Diffusion durch die Grenzschicht ein thermisch aktivierter Prozess ist. Beim *transportkontrollierten Wachstum* bei hoher Substrattemperatur, hohem Druck und geringer Gasgeschwindigkeit bildet sich über dem Substrat eine dicke Geschwindigkeitsgrenzschicht aus. Durch diese dicke Grenzschicht können die Precursor-Moleküle nur langsam diffundieren. Mittels der Regulierung des Drucks kann dann die Dicke der Geschwindigkeitsgrenzschicht und damit die Wachstumsrate geregelt werden, die beim transportkontrollierten Wachstum nur schwach temperaturabhängig ist.

Eine spezielle Variante der metallorganischen chemischen Gasphasenabscheidung ist die *metallorganische Gasphasenepitaxie* (engl. *metal organic chemical vapor phase epitaxy, MOVPE* oder *organo-metallic vapor phase epitaxy, OMVPE*), mit der epitaktische Schichten unter Hochvakuum-Bedingungen hergestellt werden können. Die metallorganische Gasphasenepitaxie ist das wichtigste Wachtumsverfahren für III-V-Verbindungshalbleiter, z. B. für Galliumnitrid (GaN) und Galliumnitrid-basierte Halbleiter, die das Basismaterial für blaue und weiße Leuchtdioden (Abschn. 17.4) darstellen. Wie bei der metallorganischen chemischen Gasphasenabscheidung wird auch bei der metallorganischen Gasphasenepitaxie der Wachstumsprozess von der Substrattemperatur, dem Gesamtdruck und den Partialdrücken der verwendeten Precursor-Gase in der Reaktionskammer bestimmt. Neben der Stöchiometrie lässt sich mit diesen Parametern auch der Wachstumsmodus bestimmen. Man unterscheidet

– *Frank-van-der-Merwe-Wachstum* (benannt nach Frederick C. Frank, 1911 – 1998 und J. H. van der Merwe), bei dem die Schichten monolagenweise wachsen

– *Volmer-Weber-Wachstum* (benannt nach Max Volmer, 1885 – 1965 und A. Weber), bei dem die Schichten ausschließlich in Form von dreidimensionalen Inseln wachsen
– *Stranski-Krastanow-Wachstum* (benannt nach Ivan N. Stranski, 1897 – 1979 und Lyubomir Krastanov), bei dem das zunächst reine monolagenweise Wachstum in ein Wachsen von dreidimensionalen Inseln übergeht.

Mit der metallorganischen Gasphasenepitaxie lassen sich insbesondere Halbleiter-Kristallschichten monolagenweise reproduzierbar herstellen. Typische Wachstumsraten liegen in einem Bereich von 0.1 bis 1 nm/s und sind damit höher als beispielsweise bei der Molekularstrahlepitaxie. Ein weiterer Vorteil der metallorganischen Gasphasenepitaxie gegenüber der Molekularstrahlepitaxie sind die geringeren vakuumtechnischen Anforderungen. Aufgrund der Verwendung von Elementverbindungen als Precursor-Moleküle bei der metallorganischen Gasphasenepitaxie werden bei den damit hergestellten Schichten jedoch stets Verunreinigunen in Form von Fremdatomen eingebaut.

Aufgaben

14.1 Man zeige, dass jeder reziproke Gittervektor $G_{hk\ell} = h b_1 + k b_2 + \ell b_3$ senkrecht auf den $(hk\ell)$-Ebenen im Realraum steht.

14.2 Wie groß ist das Volumen V_{WS} der Wigner-Scitz-Zelle des kubisch-flächenzentrierten Kristallgitters?

14.3 Wie groß ist die Flächendichte der obersten Atomlage für die (100)-, (110)- und die (111)-Flächen und der jeweilige Abstand zwischen den Atomlagen bei Al (kubisch-flächenzentriert, Gitterkonstante $g = 0.405$ nm) und Fe (kubisch-raumzentriert, Gitterkonstane $g = 0.287$ nm)?

14.4 Man zeige, dass für das Volumen V der Einheitszelle des Kristallgitters und das Volumen V^* der Einheitszelle des reziproken Gitters die Beziehung gilt: $V^* V = (2\pi)^3$.

15 Magnetismus

Die magnetischen Eigenschaften fester Stoffe wurden bereits in Bd. 2, Abschn. 2.3 und 2.4 phänomenologisch beschrieben. Es gibt einerseits Stoffe, die bereits, ohne dass ein äußeres Feld anliegt, magnetische Eigenschaften zeigen (Ferromagnetismus), und andererseits Stoffe, die nur unter der Einwirkung äußerer Felder magnetisiert werden (Dia- und Paramagnetismus). In diesem Kapitel werden die magnetischen Eigenschaften der Festkörper in Bezug zur kristallinen und elektronischen Struktur der Festkörper gesetzt.

Zur Deutung von Dia- und Paramagnetismus (Abschn. 15.1) ist die Einwirkung äußerer Magnetfelder auf die einerseits lokalisierten Rumpfelektronen der Atome und andererseits die delokalisierten Leitungselektronen zu diskutieren. Dabei kann wie bisher von dem Modellbild unabhängig voneinander sich bewegender Elektronen (Einelektronnäherung) ausgegangen werden. Beim Ferromagnetismus spielen hingegen Elektronen und deren Wechselwirkung miteinander eine entscheidende Rolle. Diese Elektronen haben eine Zwischenposition zwischen Lokalisation und Delokalisation. Die $3d$-Elektronen der Übergangsmetalle (z. B. Fe, Co und Ni, die bei Raumtemperatur ferromagnetisch sind) und die $4f$-Elektronen der Selten-Erd-Metalle (z.B. Gd, Tb, Dy, Ho und Er, die unterhalb der Raumtemperatur bzw. bei tiefen Temperaturen ferromagnetisch sind) können – abhängig von der Betrachtungsweise – entweder zu den Rumpfelektronen oder zu den Leitungselektronen gezählt werden. In jedem Fall ist die Kopplung der magnetischen Momente dieser Elektronen durch die Austauschwechselwirkung entscheidend für den Ferromagnetismus (Abschn. 15.2).

Die Kopplung der Elektronenspins benachbarter Atome durch die Austauschwechselwirkung ermöglicht auch die Ausbreitung von magnetischen Spinwellen im Kristall. Sie werden im Abschn. 15.3 diskutiert. Abschn. 15.4 behandelt den Einfluss von anisotropen Kristallstrukturen und Störungen der Translationssymmetrie auf die magnetischen Eigenschaften von Festkörpern. Schließlich haben die magnetischen Eigenschaften auch einen markanten Einfluss auf die elektrische Leitfähigkeit von Festkörpern (Abschn. 15.5).

15.1 Dia- und Paramagnetismus

Die meisten Metalle haben einerseits lokalisierte Rumpfelektronen, die abgeschlossene Schalen bilden, und andererseits delokalisierte Leitungselektronen, bei denen die Spin-Bahn-Kopplung vernachlässigbar klein ist. Dies führt zu der Annahme, dass im thermischen Gleichgewicht ohne äußeres Magnetfeld ($B = 0$) die Elektronenspins zu $S = 0$ und die Bahndrehimpulse zu $L = 0$ gekoppelt sind. Dementsprechend sind diese Metalle primär diamagnetisch. Die abgeschlossenen Schalen der Rumpfelektronen werden auch in einem äußeren Magnetfeld nicht aufgebrochen und sind daher diamagnetisch. Die Leitungselektronen mit Energien nahe der Fermi-Energie hingegen tragen zu einem schwach paramagnetischen Verhalten (Pauli-Paramagnetismus, benannt nach Wolfgang E. Pauli) bei. Falls die Atomkerne magnetische Momente haben, verhalten sich diese auch paramagnetisch.

Auch die meisten anderen kristallinen Festkörper sind vorwiegend diamagnetisch, da bei den chemischen Bindungen die Valenzelektronen bevorzugt zu Elektronenpaaren mit $S = 0$ gekoppelt werden. Eine Ausnahme sind paramagnetische Salze mit magnetischen Kationen. Bei dem Verfahren der adiabatischen Entmagnetisierung werden sie zur Erzeugung tiefer Temperaturen genutzt (Bd. 1, Abschn. 18.1).

Diamagnetismus. Im Hamilton-Operator der Schrödinger-Gleichung für die Einelektronnäherung wird ein äußeres Magnetfeld $\boldsymbol{B}$ dadurch berücksichtigt, dass der Operator $\boldsymbol{p}$ des mechanischen Impulses der (negativ geladenen) Elektronen durch den Ausdruck $\boldsymbol{p} + e_0 \boldsymbol{A}$ ersetzt wird (*Minimalsubstitution*). Dabei ist jetzt $\boldsymbol{p}$ der kanonische Impulsoperator (Abschn. 12.1) und $\boldsymbol{A}$ mit $\boldsymbol{B} = \nabla \times \boldsymbol{A}$ das Vektorpotential von $\boldsymbol{B}$.

Die Schrödinger-Gleichung der Einelektronzustände lautet damit

$$\left\{ \frac{1}{2m_{\mathrm{e}}} \left(\frac{\hbar}{i} \nabla + e_0 \boldsymbol{A}(\boldsymbol{r}) \right)^2 - e_0 V(\boldsymbol{r}) \right\} \psi(\boldsymbol{r}) = E \, \psi(\boldsymbol{r}) . \tag{15.1}$$

Für ein homogenes Magnetfeld $\boldsymbol{B}$ ist $\boldsymbol{A} = (1/2)\boldsymbol{r} \times \boldsymbol{B}$. Für den Operator der kinetischen Energie folgt damit:

$$\frac{1}{2m_{\mathrm{e}}} \left(\frac{\hbar}{i} \nabla + e_0 \boldsymbol{A}(\boldsymbol{r}) \right)^2 = -\frac{\hbar^2}{2m} \nabla^2 + \frac{e_0}{2m} (\boldsymbol{L} \cdot \boldsymbol{B}) + \frac{e_0^2}{8m} (\boldsymbol{r} \times \boldsymbol{B})^2 . \tag{15.2}$$

Dabei ist $\boldsymbol{L} = \boldsymbol{r} \times \boldsymbol{p}$ der Drehimpulsoperator. Eine Störungsrechnung mit dem zweiten Summand auf der rechten Seite ergibt den Paramagnetismus. Aus dem dritten Summand ergibt sich der Diamagnetismus. Für einen Festkörper mit einer Anzahldichte n der Atome erhält man die für Abschätzungen des Beitrags von Rumpfelektronen zur Suszeptibilität geeignete Formel

$$\chi = -\frac{e_0^2 n}{6m_{\mathrm{e}}} \mu_{\mathrm{B}} \, \langle \psi | \boldsymbol{r}^2 | \psi \rangle . \tag{15.3}$$

Im Gegensatz zu den Rumpfelektronen der abgeschlossenen Schalen, die nur zum Diamagnetismus beitragen, ergeben die Leitungselektronen auch einen Beitrag zum Paramagnetismus.

Pauli-Paramagnetismus der Leitungselektronen. Wie in Bd. 2, Abschn. 2.4 bereits ausgeführt, entsteht der Paramagnetismus durch Ausrichtung schon vorhandener atomarer magnetischer Dipole in einem äußeren Magnetfeld. Auch die Leitungselektronen haben einen Spin und damit verknüpft ein magnetisches Dipolmoment der Größe μ_{B} (Abschn. 4.2). Die Zustandsvektoren der Leitungselektronen unterliegen aber dem Pauli-Prinzip. Bei $T = 0$ ist daher mit jedem Zustand $|m_{\mathrm{s}} = +1/2\rangle$ auch der Zustand $|m_{\mathrm{s}} = -1/2\rangle$ besetzt.

Die Besetzungsverteilung ändert sich jedoch in einem äußeren Magnetfeld $\boldsymbol{B}$ (▶ Abb. 15.1). Die Energie der Elektronen, deren Spin parallel zum Magnetfeld gerichtet

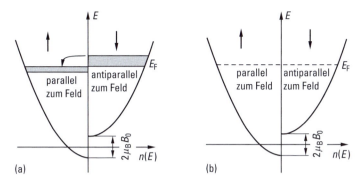

Abb. 15.1 Deutung des Pauli-Paramagnetismus durch Verschieben der $\uparrow$- und $\downarrow$-Teilbänder im Magnetfeld, (a) instabile Anordnung mit unterschiedlichen Fermi-Energien, (b) stabile Anordnung durch Elektronenübergang.

ist, verringert sich, die Energie der Elektronen mit antiparallelem Spin hingegen wird größer. Wenn sich wieder ein thermisches Gleichgewicht eingestellt hat, gibt es daher mehr Elektronen mit parallelem als mit antiparallelem Spin. Wie groß der Unterschied ist, hängt außer von der Größe $\mu_S \approx \mu_B$ der magnetischen Momente von der Zustandsdichte $n_0(E_F)$ an der Fermi-Energie ab. Für den Pauli-Paramagnetismus ergibt sich daher

$$\chi_P = \mu_0 \, \mu_B^2 \, n_0(E_F) \, . \tag{15.4}$$

Die Leitungselektronen tragen auch zum Diamagnetismus bei. Vitaly L. Ginzburg (1916 – 2009, Nobelpreis 2003) und Lew D. Landau (1908 – 1968, Nobelpreis 1962) erhielten aus einer quantenmechanischen Rechnung die einfache Beziehung

$$\chi_D = -\frac{1}{3}\chi_P \tag{15.5}$$

der diamagnetischen Suszeptibilität χ_D zur paramagnetischen Suszeptibilität χ_P.

15.2 Gekoppelte magnetische Momente

Außer den dia- und paramagnetischen Festkörpern gibt es Festkörper, die unterhalb einer bestimmten Temperatur (Curie- bzw. Néel-Temperatur), ohne dass ein äußeres Magnetfeld anliegt, magnetisch sind. Man spricht in diesem Fall von Ferromagnetismus, Antiferromagnetismus oder Ferrimagnetismus, je nachdem ob sich Elektronenspins bevorzugt spontan parallel stellen oder alternierend in entgegengesetzte Richtungen ausrichten. Im letzteren Fall sind dann noch die Fälle zu unterscheiden: (a) die magnetischen Momente kompensieren sich, (b) sie kompensieren sich nur teilweise.

Hier stellt sich die Frage: Welche Wechselwirkung verursacht diese spontane Ausrichtung magnetischer Momente? Die magnetische Dipol-Dipol-Wechselwirkung der Elektronen benachbarter Atome ergibt nur eine Wechselwirkungsenergie von etwa 10^{-6} eV und wird daher erst bei Temperaturen $T \lesssim 10^{-2}$ K wirksam. Demgegenüber liegen die Curie-Temperaturen (benannt nach Pierre Curie, 1859 – 1906, Nobelpreis 1903) von Eisen,

URL für QR-Code: www.degruyter.com/gekoppelt

Cobalt und Nickel bei 1043 K (Fe), 1388 K (Co) und 627 K (Ni). Offensichtlich ist hier eine Wechselwirkung in der Größenordnung von 0.1 eV wirksam.

Austauschwechselwirkung. Eine Wechselwirkung dieser Größenordnung ist die Austauschwechselwirkung, die sich aus der Antimetrisierung der Mehrelektronenzustände ergibt und damit eng verknüpft ist mit Paulis Ausschließungsprinzip. Werner Heisenberg (1901 – 1976, Nobelpreis 1932) und Paul A. M. Dirac (1902 – 1984, Nobelpreis 1933) zeigten bereits 1928, dass der Ferromagnetismus eine Folge der Austauschwechselwirkung ist. Da die Austauschwechselwirkung aus der Antimetrisierung von Mehrelektronenfunktionen resultiert, ist die einfache Einelektronnäherung, die dem Bändermodell zugrunde liegt, nicht zur Erklärung der spontanen Magnetisierung von Festkörpern geeignet.

Die Austauschwechselwirkung ist auch für die Aufspaltung der Energieniveaus von Zweielektronenatomen in Singulett- und Triplett-Terme verantwortlich (Abschn. 4.1) und ermöglicht die kovalente Bindung (Abschn. 7.1). Im ersten Fall begünstigt sie Zweielektronenzustände mit antimetrischer Ortsfunktion (also Zustände von räumlich gut getrennten Elektronen) und dem Gesamtspin $S = 1$, im zweiten Fall solche mit symmetrischer Ortsfunktion (also Zustände von Elektronen, die sich räumlich nah beieinander aufhalten) und $S = 0$. In ähnlicher Weise hängt es auch im Festkörper von den speziellen Umständen ab, ob die Spins von Elektronen benachbarter Atome sich eher parallel oder eher antiparallel ausrichten.

Ob die Austauschwechselwirkung überhaupt von Bedeutung ist, hängt davon ab, ob es Elektronen gibt, die einerseits als lokalisierte, bestimmten Atomen zugeordnete Elektronen betrachtet werden können, andererseits aber auch hinreichend delokalisiert sind, so dass ihre Wellenfunktionen hinreichend stark mit den Wellenfunktionen der entsprechenden Nachbarelektronen überlappen. Diese Zwischenposition zwischen Lokalisation und Delokalisation haben insbesondere die nd-Elektronen ($n = 3, 4, 5$) der Übergangsmetalle und die $4f$-Elektronen der Selten-Erd-Metalle.

Im einfachsten Fall kann die Austauschwechselwirkung von zwei Nachbarelektronen i, j mit einem effektiven Hamilton-Operator $H_{i,j}$ beschrieben werden, der auf den Spinzustand des Zweielektronensystems wirkt. Statt der Einelektronzustände des Bändermodells werden also im Folgenden Zweielektronenzustände betrachtet. In dieser Näherung bietet sich als Hamilton-Operator der Heisenberg'sche Ansatz

$$H_{i,j} = -2J_{ex} \left(\boldsymbol{S}_i \cdot \boldsymbol{S}_j \right) \tag{15.6}$$

an. Dabei ist J_{ex} ein Parameter für die effektive Stärke der Austauschwechselwirkung zwischen den Elektronenspins $\boldsymbol{S}_i$ und $\boldsymbol{S}_j$. Die Austauschwechselwirkung führt zu einer Verschränkung der Einelektronzustände (Abschn. 4.2) und damit zu Korrelationen der mit den Elektronenspins verbundenen magnetischen Momente.

Ein weiteres Kriterium für die Wirksamkeit der Austauschwechselwirkung ergibt sich aufgrund des Bändermodells. Nur wenn die Energiebänder der nd- und nf-Elektronen bei der Fermi-Energie E_F liegen, kann die Austauschwechselwirkung zu einer spontanen Magnetisierung eines Festkörpers führen. ▶ Abb. 15.2 zeigt berechnete Zustandsdichten für Eisen und Nickel. Bei Berücksichtigung der aus der Austauschwechselwirkung resultierenden *Austauschaufspaltung* ΔE_{ex} ergeben sich zwei ähnliche aber gegeneinander verschobene Zustandsdichten $n(E)$, je nachdem ob die Austauschwechselwirkung für benachbarte $3d$-Elektronen zu einem positiven oder negativen Energiebeitrag führt. In

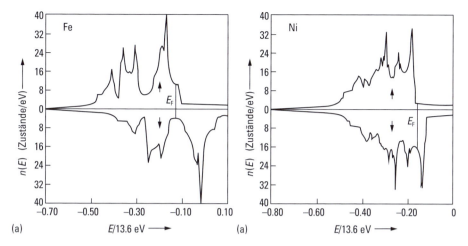

Abb. 15.2 Spin-↑- und ↓-aufgespaltene elektronische Zustandsdichte $n(E)$ in ferromagnetischen Metallen (berechnet auf der Basis der Dichtefunktionaltheorie). Die stark strukturierten Teile der Zustandsdichte werden von den relativ stark lokalisierten d-Elektronen verursacht. (a) Fe (kubisch-raumzentriert): die Fermi-Energie verläuft durch beide d-Bänder. (b) Ni (kubisch-flächenzentriert): die Fermi-Energie verläuft nur durch das ↓-d-Band.

der ▶Abb. 15.2 wird entsprechend zwischen Spin-↑ und -↓ in Bezug auf ein fiktives (Weiss'sches) Feld unterschieden (benannt nach Pierre-Ernest Weiss, 1865 – 1940). Wenn wie bei den Metallen Fe, Co und Ni das Energieband der $3d$-Elektronen bei der Fermi-Energie liegt, hat die Austauschaufspaltung zur Folge, dass bevorzugt $3d$-Zustände mit gleicher Spinrichtung besetzt sind.

Antiferromagnetismus. Ist der Parameter J_{ex} der Austauschkopplung negativ, so werden benachbarte magnetische Momente versuchen, sich antiparallel zueinander auszurichten. Dies wird als antiferromagnetische Ordnung bezeichnet. Als Beispiel ist in ▶Abb. 15.3 die Spinstruktur von MnO dargestellt. Ohne äußeres Magnetfeld ist das magnetische Gesamtmoment stets null. Die antiferromagnetische Ordnung tritt unterhalb einer Ordnungstemperatur T_N, der sogenannten *Néel-Temperatur* (benannt nach Louis E. F. Néel, 1904 – 2000, Nobelpreis 1970) auf. Oberhalb von T_N zeigt sich paramagnetisches Verhalten.

Mit einem einfachen Molekularfeldansatz lassen sich die wesentlichen Eigenschaften verstehen. Entsprechend ▶Abb. 15.3 soll hier beispielhaft angenommen werden, dass die magnetischen Momente auf zwei Untergittern A und B angeordnet sind, wobei jedes Untergitter in sich ferromagnetisch geordnet ist und die Magnetisierungsrichtungen der beiden Untergitter antiparallel zueinander stehen. Das effektive Magnetfeld $\boldsymbol{B}_A^{\mathrm{eff}}$, welches auf Momente des Untergitters A wirkt, ist

$$\boldsymbol{B}_A^{\mathrm{eff}} = -\lambda_{AA}\,\mu_0\,\boldsymbol{M}_A - \lambda_{AB}\,\mu_0\,\boldsymbol{M}_B + \boldsymbol{B}_0 \tag{15.7a}$$

und analog

$$\boldsymbol{B}_B^{\mathrm{eff}} = -\lambda_{BA}\,\mu_0\,\boldsymbol{M}_A - \lambda_{BB}\,\mu_0\,\boldsymbol{M}_B + \boldsymbol{B}_0 \tag{15.7b}$$

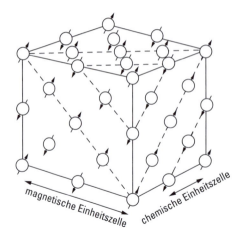

Abb. 15.3 Magnetische und kristallographische (chemische) Struktur von MnO im antiferromagnetischen Zustand. Die zwischen den Mn-Atomen angeordneten Sauerstoff-Atome sind nicht gezeichnet. Die gestrichelten Linien zeigen Schnitte der Einheitszelle mit Ebenen der ferromagnetisch geordneten Untergitter an.

mit den Molekularfeldkonstanten λ_{AA}, λ_{AB}, λ_{BA} und λ_{BB}. Der einfachste Fall ist durch $\boldsymbol{B}_0 = 0$ und $\boldsymbol{M}_B = -\boldsymbol{M}_A$ definiert. Aus Symmetriegründen ist daher $\lambda_{AB} = \lambda_{BA}$ und $\lambda_{AA} = \lambda_{BB}$. Damit folgt:

$$\boldsymbol{B}_A^{\text{eff}} = (\lambda_{AB} - \lambda_{AA})\,\mu_0\,\boldsymbol{M}_A \tag{15.8a}$$

$$\boldsymbol{B}_B^{\text{eff}} = (\lambda_{AB} - \lambda_{AA})\,\mu_0\,\boldsymbol{M}_B\,. \tag{15.8b}$$

Mit $\lambda = \lambda_{AB} - \lambda_{AA}$ entspricht dies dem Fall der spontanen Magnetisierung beim Ferromagneten. Die kritische Temperatur, bei der der antiferromagnetische Zustand in den paramagnetischen Zustand übergeht, ist damit

$$T_N = C\frac{\lambda}{2}, \tag{15.9}$$

wobei ein Faktor $1/2$ auftritt, da zu jedem Untergitter nur die Hälfte aller Gitteratome beitragen (C ist der Proportionalitätsfaktor im Curie-Gesetz (Bd. 2, Abschn. 2.4), die *Curie-Konstante*). Für $\boldsymbol{B}_0 \neq 0$ gilt im paramagnetischen Bereich $\boldsymbol{M}_B = \boldsymbol{M}_A$, d. h. die resultierende Magnetisierung $\boldsymbol{M}$ ist $2\boldsymbol{M}_A$. Aus Gl. (15.7a) folgt

$$\boldsymbol{B}_A^{\text{eff}} = \boldsymbol{B}_0 - \frac{\lambda_{AA} + \lambda_{AB}}{2}\,\mu_0\,\boldsymbol{M}\,, \tag{15.10}$$

und mit

$$\boldsymbol{M} = \frac{1}{\mu_0}\frac{C}{T}(\boldsymbol{B}_0 + \lambda\,\mu_0\,\boldsymbol{M}) \tag{15.11}$$

folgt

$$\boldsymbol{M} = \frac{1}{\mu_0}\frac{C}{T}\left(\boldsymbol{B}_0 - \frac{\lambda_{AA} + \lambda_{AB}}{2}\,\mu_0\,\boldsymbol{M}\right)\,. \tag{15.12}$$

Für die Magnetisierung ergibt sich damit

$$M = \frac{1}{\mu_0} \frac{C}{T + T_{pN}} B_0 \tag{15.13}$$

mit $T_{pN} = C(\lambda_{AA} + \lambda_{AB})/2$, der sogenannten paramagnetischen Néel-Temperatur. Für das Verhältnis der paramagnetischen zur antiferromagnetischen Néel-Temperatur folgt dementsprechend

$$\frac{T_{pN}}{T_N} = \frac{\lambda_{AA} + \lambda_{AB}}{\lambda_{AA} - \lambda_{AB}}. \tag{15.14}$$

Der antiferromagnetisch geordnete Fall liegt vor für $T < T_N$. Wenn die Richtung von B_0 senkrecht zu den Magnetisierungsrichtungen M_A und M_B der Untergitter steht, werden sich diese mit anwachsender Feldstärke in die Richtung von B_0 drehen (▶ Abb. 15.4). Im Gleichgewicht ist das Drehmoment durch das Austauschfeld kompensiert:

$$M_A \times B_0 = M_A \times (\lambda_{AA} \mu_0 M_A + \lambda_{AB} \mu_0 M_B). \tag{15.15}$$

Mit dem Winkel φ zwischen M_A und B_0 erhält man

$$B_0 = 2\lambda_{AB}\mu_0 M_B \cos\varphi = \lambda_{AB}\mu_0 M_\parallel, \tag{15.16}$$

wobei $M_\parallel = (M_A + M_B)\cos\varphi$ die Komponente der Magnetisierung parallel zu B_0 ist. Für die Suszeptibilität $\chi_\perp$ ergibt sich damit $\chi_\perp = \mu_0 M/B_0 = 1/\lambda_{AB} = $ konstant.

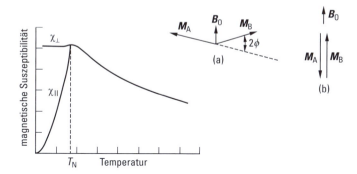

Abb. 15.4 Schematischer Verlauf der magnetischen Suszeptibilität als Funktion der Temperatur für das äußere Feld parallel ($\chi_\parallel$) und senkrecht ($\chi_\perp$) zur Richtung der Untergittermagnetisierungen. T_N ist die Néel-Temperatur.

Für B_0 parallel zu M_A und M_B werden durch das Magnetfeld die Richtungen der Untergittermagnetisierungen nicht geändert. Als Funktion des Betrags von B_0 werden die Untergittermagnetisierungen M_A und M_B zu- bzw. abnehmen und es gilt: $\chi_\parallel(T=0)=0$ und $\chi_\parallel(T=T_N)=\mu_0/\lambda_{AB}$. In ▶ Abb. 15.4 ist dies schematisch dargestellt. Typische Werte für T_N und T_{pN} sind für einige antiferromagnetische Systeme in ▶ Tab. 15.1 aufgelistet.

Ferrimagnetismus. Die Untergitter müssen nicht notwendigerweise betragsmäßig gleiche Magnetisierungen aufweisen. Sind die Untergittermagnetisierungen verschieden,

Tab. 15.1 Néel-Temperatur T_N und paramagnetische Néel-Temperatur T_{pN} für einige antiferromagnetische Systeme.

	T_N (K)	T_{pN} (K)	T_{pN}/T_N
Cr	308		
$Fe_{50}Mn_{50}$	507		
$Ir_{23}Mn_{75}$	780		
MnO	118	610	5.3
FeO	198	570	2.9
CoO	289	330	1.14
NiO	523		
MnF_2	67	97	1.24
$FeCl_2$	24	48	2.0
$FeCO_3$	35	14	0.4

zeigt das System auch in Abwesenheit eines äußeren Magnetfeldes ein magnetisches Nettomoment. Ein prominentes Beispiel ist das im kubischen Kristallsystem kristallisierende Magnetit Fe_3O_4 bzw. $Fe^{2+}(Fe^{3+})_2O_4$. Hierbei haben die Fe^{2+}-Ionen jeweils den Spin $S = 4/2$ und tragen mit $4\,\mu_B$ pro Ion zum Gesamtmoment bei. Die Fe^{3+}-Ionen haben jeweils den Spin $S = 5/2$ und tragen damit einen größeren Betrag von $5\,\mu_B$ pro Ion bei. Die Einheitszelle hat acht Formeleinheiten. Hierbei besetzen acht Fe^{3+}-Ionen tetraedrisch koordinierte Gitterplätze und acht Fe^{3+}-Ionen oktaedrisch koordinierte Gitterplätze. Die acht Fe^{2+}-Ionen besetzen ebenfalls oktaedrisch koordinierte Gitterplätze. Da jeweils acht Formeleinheiten Fe^{3+} antiparallel zueinander ausgerichtet sind, wird das beobachtete Nettomoment allein durch die Fe^{2+}-Ionen getragen. Während die tetraedrisch koordinierten Gitterplätze ein Untergitter mit Diamant-Struktur bilden, formen die oktaedrisch koordinierten Gitterplätze eine Pyrochlor-Gitterstruktur. Charakteristisch für diese Gitterstruktur ist die geometrische Frustration, bei der eine durch lokale Wechselwirkungen stabilisierte Ordnung lokal bleibt bzw. die geometrischen Eigenschaften des Kristallgitters sind inkommensurabel mit anderen Wechselwirkungen der Gitteratome bzw. Gitterionen. Die dadurch nur kurzreichweitigen Wechselwirkungen führen oft zu einer Entartung des energetischen Grundzustandes, die durch eine langreichweitige Ladungs- oder Spinordnung aufgehoben werden kann. Dies führt im Allgemeinen zu komplexen Kristallstrukturen.

Systeme, bei denen sich die Momente auf den beiden antiferromagnetisch koppelnden Untergittern nicht vollständig kompensieren, nennt man ferrimagnetisch. Die Curie-Konstanten C_A und C_B der beiden Untergitter sind in der Regel verschieden. Dementsprechend gilt für die ferrimagnetische Curie-Konstante $C = \sqrt{C_A C_B}$ und für die ferrimagnetische Curie-Temperatur $T_C = \lambda_{AB}\sqrt{C_A C_B}$. Wichtige ferrimagnetische Systeme sind die Eisengranate. Diese sind kubische Isolatoren mit der allgemeinen chemischen Formel $M_3Fe_5O_{12}$. „M" ist dabei ein dreiwertiges Metall-Ion. Pro Formeleinheit besetzen von den Kationen drei Fe^{3+}-Ionen tetraedrische Gitterplätze, zwei Fe^{3+}-Ionen oktaedrische Gitterplätze und drei M^{3+}-Ionen separate Gitterplätze. Ein prominenter Vertreter dieser Materialklasse ist $Gd_3^{3+}Fe_5O_{12}$. Hierbei ist das Gesamtmoment der beiden Fe^{3+}-Ionen auf oktaedrischen Plätzen parallel zum Gd^{3+}-Moment, während das Gesamtmoment der drei Fe^{3+}-Ionen auf tetraedrischen Plätzen antiparallel zu den beiden anderen Momenten steht. Für die Fe-Ionen ergibt sich pro Formeleinheit ein Moment von $5\mu_B$. Die Fe-Fe-Kopplung ist stark und dominiert die resultierende Curie-Temperatur, während die Kopplung an das Gd schwach ist.

Itineranter Ferromagnetismus. Die einfache Zweielektronennäherung (Gl. (15.6)) ist nur ein erster Schritt zur theoretischen Beschreibung der Kopplung der magnetischen Dipolmomente von Elektronen im Festkörper. Tatsächlich hat man es mit einem Vielelektronensystem zu tun. Die Antimetrisierung eines Mehrelektronenzustands hat jedoch zur Folge, dass nicht nur paarweise Elektronenzustände verschränkt werden, sondern eine Verschränkung aller Elektronen des Mehrelektronensystems zu berücksichtigen ist. Im Zusammenhang mit dem Ferromagnetismus ist zu erwarten, dass es bei der theoretischen Beschreibung nicht nur auf die nd- oder nf-Elektronen ankommt. Auch die delokalisierten Leitungselektronen des Eisens sind mit den $3d$-Elektronen verschränkt.

Viele Phänomene, die an ferromagnetischen Kristallen beobachtet werden, können daher nicht mit der Zweielektronennäherung erklärt werden. In vielen Fällen sind aufwendigere Näherungsverfahren erforderlich. Dabei ist insbesondere zu berücksichtigen, dass nicht nur lokalisierte Elektronen, sondern auch delokalisierte Leitungselektronen mit den lokalisierten Elektronen verschränkt sind. Da die Leitungselektronen sich im Kristall bewegen, spricht man von einem *itineranten Ferromagnetismus*, wenn die Verschränkung mit Leitungselektronen bei der Austauschwechselwirkung eine Rolle spielt.

Aber auch wenn die Verschränkung mit Leitungselektronen vernachlässigt werden kann, gibt es im Zusammenhang mit dem Ferromagnetismus viele Phänomene, die auf kompliziertere Formen der Austauschwechselwirkung zwischen lokalisierten Elektronen hinweisen. Die auf dem Ansatz von Gl. (15.6) beruhende Zweiteilchennäherung ist nur zur groben Orientierung geeignet. Auch lokalisierte Elektronen, deren Wellenfunktionen sich nur wenig oder gar nicht überlappen, können durch den Überlapp mit der Wellenfunktion eines vermittelnden dritten Elektrons eine Austauschwechselwirkung haben. Ein prominentes Beispiel ist der Antiferromagnet MnO (▶ Abb. 15.3).

15.3 Spindynamik

Bislang wurde nur die zeitlich konstante statische Magnetisierung von Festkörpern im thermischen Gleichgewicht betrachtet. Daneben ist aber auch das dynamische Verhalten der atomaren magnetischen Momente interessant. In den Abschnitten 5.3 und 7.3 wurde bereits das dynamische Verhalten der magnetischen Momente von freien Atomen bzw. Molekülen in zeitabhängigen äußeren Magnetfeldern behandelt. Während sich die Spinzustände freier atomarer Teilchen unabhängig voneinander entwickeln, ist bei den Spinzuständen der Elektronen in Festkörpern auch die Austauschkopplung benachbarter Elektronen zu berücksichtigen. Diese Austauschkopplung hat zur Folge, dass sich im Festkörper Spinwellen ausbreiten können.

Lokalisation und Delokalisation von $3d$- und $4f$-Elektronen. Die Atomkerne mit den Rumpfelektronen sind im Kristall wie klassische Körper an Gitterplätzen lokalisiert, da sie aufgrund der Kopplung des Festkörpers durch Phononen an die Umgebung hinreichend gut beobachtbar sind (Abschn. 13.2). Die Leitungselektronen hingegen sind nur schwach durch die Elektron-Phonon-Streuung an die Umgebung gekoppelt und dementsprechend delokalisiert.

Eine Zwischenposition haben die $3d$- und $4f$-Elektronen magnetischer Festkörper. Bei diesen Elektronen hängt die Lokalisation wesentlich von den Spinzuständen der Mehrelektronensysteme ab. Der Spinzustand $|S, M\rangle$ eines N-Elektronensystems kann vollkommen symmetrisch sein und damit den Gesamtspin $S = N/2$ haben. In diesem Fall ist der Ortszustand des N-Elektronenzustands vollkommen antimetrisch. Es ist naheliegend, einen solchen Zustand aus Einelektronzuständen zu bilden, die bei den Gitterplätzen von Atomkernen gut lokalisiert sind und wenig miteinander überlappen. Die Austauschwechselwirkung begünstigt offensichtlich die Lokalisation von Elektronen, wenn der Mehrelektronenzustand antimetrisch ist.

Bei Elektronenpaarzuständen mit symmetrischer Ortsfunktion und antimetrischer Spinfunktion, d. h. mit Gesamtspin $S = 0$, ist hingegen eine Delokalisation begünstigt. Wie bei der Elektronenpaarbindung (kovalente Bindung, Abschn. 7.1) haben Paarzustände mit $S = 0$ eine hohe Aufenthaltswahrscheinlichkeit zwischen den Atomrümpfen und sind dementsprechend wie die Zustände der Leitungselektronen nicht einem einzelnen Atom zugeordnet, sondern stärker delokalisiert.

Spinwellen. Die magnetischen Momente der lokalisierten $3d$- und $4f$-Elektronen sind aufgrund der Austauschkopplung zwischen benachbarten Elektronen hinreichend fest aneinander gekoppelt, so dass sich ähnlich wie akustische Wellen auch *Spinwellen* im Kristall ausbreiten können. Bei großen Wellenlängen (kleinen Wellenvektoren $\boldsymbol{k}$) verkippen die magnetischen Momente benachbarter Elektronen nur wenig gegeneinander und dementsprechend ist das die Spinbewegung antreibende Drehmoment klein. Die magnetischen Momente schwingen also mit niedriger Frequenz $\omega(\boldsymbol{k})$, wobei die Frequenz mit zunehmender Wellenzahl k größer wird.

Magnonen. Wie akustische Wellen sind auch Spinwellen zu quantisieren (▶ Abb. 15.5). Die kollektiven Anregungszustände eines magnetischen Systems werden als *Magnonen* bezeichnet. Bei Anregung eines Magnons nimmt der Gesamtspin eines N-Elektronensystems um $\Delta S = 1$ ab. Bei Ferromagneten ergibt sich in erster Näherung für kleine k eine quadratische Dispersionsrelation:

$$\hbar\omega(k) = 2J_{\mathrm{ex}}Sg^2k^2 \approx \frac{\hbar^2 k^2}{2m^*}. \tag{15.17}$$

Dabei bezeichnen J_{ex} die Austauschkopplungskonstante, S die Spin-Quantenzahl, g die Gitterkonstante und m^* die effektive Masse, die für Ferromagnete typischerweise etwa um einen Faktor 10 größer ist als die Masse freier Elektronen. Im Allgemeinen ist diese Dispersionsrelation in einem Ferromagneten richtungsabhängig (anisotrop). Im Gegensatz zu Ferromagneten sind bei Antiferromagneten die Magnon-Anregungen mit einer linearen Dispersionsrelation verbunden:

$$\hbar\omega(k) \sim k. \tag{15.18}$$

Abb. 15.5 Anschauliche Deutung eines Magnons als Spinwelle.

Dementsprechend ist in Antiferromagneten der Beitrag der Magnonen zur spezifischen Wärme wie der Beitrag der Phononen proportional zu T^3 und kann aus diesem Grund nur durch hohe äußere Magnetfelder vom Beitrag der Phononen separiert werden.

Temperaturabhängigkeit der Magnetisierung. Die thermische Anregung der Spinwellen bestimmt wesentlich den Temperaturverlauf der Magnetisierung $M(T)$ bei tiefen Temperaturen ($T < T_C/3$). Sie erreicht bei $T = 0$ den Maximalwert $M(0)$ und nimmt dann allmählich ab. Für die Differenz $M(0) - M(T)$ ergibt sich das Bloch'sche $T^{3/2}$-Gesetz (benannt nach Felix Bloch)

$$\{M(0) - M(T)\} \sim T^{3/2} . \tag{15.19}$$

Magnetismus auf der Femtosekunden-Zeitskala. Das Spinsystem existiert neben dem elektronischen und dem phononischen Untersystem als eigenes Untersystem. Von grundlegender Bedeutung sind die Wechselwirkungen zwischen diesen Untersystemen, besonders auf sehr kurzer Zeitskala. Bei hinreichend schwacher Kopplung kann den einzelnen Untersystemen eine Temperatur zugeordnet werden. Zwischen den Untersystemen finden dann Ausgleichsprozesse (Bd. 1, Kap. 10) statt, die durch Relaxationszeiten τ im Femtosekundenbereich charakterisiert werden können (▶Abb. 15.6).

Abb. 15.6 Schematische Darstellung der Energierelaxationsprozesse in Festkörpern.

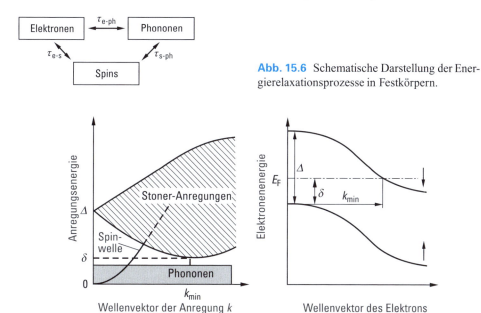

Abb. 15.7 Links: Schematische Darstellung der Wellenvektor-Abhängigkeit von elementaren Anregungen in magnetischen Festkörpern. Die Anregungsenergie bei $k = 0$ ist die Austauschaufspaltung Δ. In Nickel ist $\Delta = 100$–600 meV. Rechts: Modellmäßige Einelektron-Bandstruktur mit der festen Austauschaufspaltung Δ. Das Kontinuum der Stoner-Anregungen wie links gezeigt kommt durch alle möglichen Übergänge zwischen besetzten Zuständen unterhalb der Fermi-Kante und unbesetzten Zuständen oberhalb der Fermi-Kante zustande. Für Stoner-Anregungen ist die minimale Anregungsenergie δ durch den Abstand des obersten Zustandes des voll besetzten unteren Bandes zur Fermi-Kante gegeben.

Von speziellem Interesse sind beispielsweise elektronische Anregungen, bei denen ein Elektron aus einem Zustand unterhalb der Fermi-Energie in einen Zustand oberhalb E_F übergeht und gleichzeitig die Spinrichtung wechselt (*Stoner-Anregung*, benannt nach Edmund C. Stoner, 1899 – 1968). Ein solcher optisch verbotener Anregungsprozess kann z. B. bei der Streuung hinreichend energetischer Elektronen an magnetischen Festkörpern ausgelöst werden. Ein Umklappen des Spins ist in diesem Fall durch Elektronenaustausch möglich (Abschn. 6.2). Dabei wird jedoch gewöhnlich nicht nur ein Elektron angeregt, sondern simultan aufgrund der lokalen Störung der Magnetisierung auch ein Magnon (und durch den Impulsübertrag auch Phononen). Derartige Zweiteilchen-Anregungen haben keine eindeutige Dispersionsrelation. Sie besetzen einen kontinuierlichen Energiebereich für jeden Wellenvektor k (▶ Abb. 15.7).

15.4 Magnetische Strukturen bei Anisotropie und Störung der Kristallsymmetrie

Bislang wurde bei der Diskussion der magnetischen Eigenschaften von Festkörpern die Anisotropie der Kristallstruktur nicht berücksichtigt und eine Translationssymmetrie des Kristallgitters vorausgesetzt. Beides ist jedoch bei realen kristallinen Festkörpern nicht gerechtfertigt. Dementsprechend gibt es zahlreiche Effekte im magnetischen Verhalten der Festkörper, die nur unter Bezugnahme auf die Anisotropie und die Störungen der Translationssymmetrie erklärt werden können.

Magnetische Anisotropie. Aus der Anisotropie des Kristallgitters ergibt sich, dass die freie magnetische Energie eines Festkörpers von der Richtung der Magnetisierung $\hat{M} = M/M_s$ abhängt. Alle Effekte, die sich aus dieser Abhängigkeit ergeben, fallen unter den Begriff *magnetische Anisotropie*. Die Richtung der Magnetisierung eines Ferromagneten stellt sich beispielsweise in einkristallinen Systemen bevorzugt entlang bestimmter Kristallachsen hoher Symmetrie ein (*magnetokristalline Anisotropie*), oder aber sie wird durch die makroskopische Gestalt der Probe bestimmt (*Formanisotropie*). Im Wesentlichen sind es zwei Mechanismen, die zu diesem Verhalten führen: die Dipol-Dipol-Wechselwirkung und die Spin-Bahn-Kopplung.

Die Formanisotropie ist eine Folge der Dipol-Dipol-Wechselwirkung. Abhängig von der Form eines Festkörpers mit hoher Permeabilitätszahl μ_r wird ein äußeres Magnetfeld B im Festkörper abgeschwächt. In einen senkrecht zum Feld liegenden dünnen Film dringt das Feld kaum ein, in einen parallel zur Feldrichtung stehenden dünnen Stab hingegen fast ungeschwächt (▶ Tab. 15.2). Ein dünner ferromagnetischer Film ist daher gewöhnlich in der Filmebene magnetisiert.

Tab. 15.2 Komponenten des Entmagnetisierungstensors in Diagonalgestalt für verschiedene Körper für den Fall, dass das Magnetfeld in z-Richtung zeigt.

Gestalt	N_{xx}	N_{yy}	N_{zz}
Kugel	1/3	1/3	1/3
Zylinder $\parallel z$	1/2	1/2	0
Film in (x, y)-Ebene	0	0	1

URL für QR-Code: www.degruyter.com/mag_anisotrop; www.degruyter.com/mag_oberflaeche

Die magnetokristalline Anisotropie, die auch als Kristallanisotopie bezeichnet wird, ergibt sich aus der Spin-Bahn-Kopplung (Abschn. 4.2). Die Heisenberg'sche Austauschwechselwirkung (Gl. (15.6)) ist isotrop. Erst die Kopplung des Elektronenspins an die Bahnbewegung der Elektronen vermittelt eine Anbindung des Spins an das anisotrope elektrische Feld im Kristallgitter.

Anschaulich ist dies in ▶ Abb. 15.8 verdeutlicht. Bei einer Drehung der über die Austauschwechselwirkung miteinander gekoppelten Spins üben diese über die Spin-Bahn-Kopplung ein Drehmoment auf die Bahnmomente aus, so dass auch diese eine Drehung erfahren. Bei einer anisotropen Elektronenverteilung, wie sie z. B. bei den d-Elektronen der Übergangsmetalle vorliegt, ist die Drehung der Bahnmomente energieabhängig, da sich bei einer Drehung der Überlapp der Wellenfunktionen zwischen benachbarten Atomen ändert.

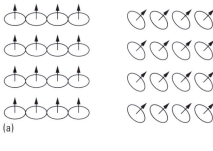

(a)

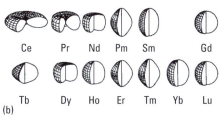

| Ce | Pr | Nd | Pm | Sm | | Gd |
| Tb | Dy | Ho | Er | Tm | Yb | Lu |

(b)

Abb. 15.8 Zur Deutung der magnetischen Kristallanisotropie als Folge der Spin-Bahn-Wechselwirkung und des anisotropen Kristallfelds, (a) Änderung des Überlapps benachbarter Elektronenwolken. (b) anisotrope Ladungsverteilung der 4f-Elektronen der Selten-Erd-Metalle.

Quantitativ kann die magnetokristalline Anisotropie durch temperaturabhängige Anisotropiekonstanten K_i ($i = 1, 2, \ldots$) gekennzeichnet werden (▶ Tab. 15.3). Dazu entwickelt man die freie Enthalpiedichte (Gibbs'sche freie Energiedichte) $\hat{G}$ in eine Potenzreihe nach den Richtungskosinussen α_1, α_2 und α_3 (mit der Normierungsbedingung: $\alpha_1^2 + \alpha_2^2 + \alpha_3^2 = 1$) der Magnetisierung $M = M(\alpha_1, \alpha_2, \alpha_3)$ relativ zu den Kristallachsen bzw. zu den Achsen der Elementarzelle (▶ Abb. 15.9). Für kubische Kristalle gilt für die

Tab. 15.3 Kristallanisotropiekonstanten K_1 und K_2 der ferromagnetischen Elemente Eisen, Nickel und Cobalt bei Zimmertemperatur.

Element	Kristallstruktur	Curie-Temperatur (K)	K_1 (kJ/m)	K_2 (kJ/m)
Fe	kubisch-raumzentriert	1043	42	15
Ni	kubisch-flächenzentriert	627	−5.7	−2.3
Co	hexagonal	1388	410	150

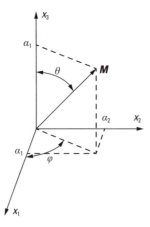

Abb. 15.9 Definition der Richtungskosinusse α_1, α_2 und α_3 bezüglich der Kristallachsen x_1, x_2 und x_3.

freie Enthalpiedichte in den niedrigsten Entwicklungsordnungen:

$$\hat{G}_{\text{ani}}^{\text{kub}} = K_0 + K_1(\alpha_1^2\alpha_2^2 + \alpha_2^2\alpha_3^2 + \alpha_3^2\alpha_1^2) + K_2\alpha_1^2\alpha_2^2\alpha_3^2 + \dots \quad (15.20)$$

und für eine hexagonale Kristallstruktur mit der hexagonalen Achse in z-Richtung:

$$\hat{G}_{\text{ani}}^{\text{hex}} = K_0 + K_1(\alpha_1^2 + \alpha_2^2) + K_2(\alpha_1^2 + \alpha_2^2)^2 + K_3(\alpha_1^2 + \alpha_2^2)^3$$
$$+ K_4(\alpha_1^2 - \alpha_2^2)(\alpha_1^4 - 14\alpha_1^2\alpha_2^2 + \alpha_2^4) + \dots \quad (15.21)$$

Für die Elemente Eisen, Nickel und Cobalt sind die Kristallanisotropiekonstanten K_1 und K_2 bei Zimmertemperatur in ▶ Tab. 15.3 angegeben. Dabei ist zu beachten, das K_1 (K_2) für die kubische Kristallstruktur der vierten (sechsten) Entwicklungsordnung (Potenzen der Richtungskosinusse α_1, α_2 und α_3) und für die hexagonale Kristallstruktur der zweiten (vierten) Entwicklungsordnung entspricht.

Eng verknüpft mit der magnetokristallinen Anisotropie ist die sogenannte magnetoelastische Anisotropie, die bei einer Verzerrung des ferromagnetischen Festkörpers entsteht. Ein inverser Effekt, nämlich eine Verzerrung des Festkörpers bei der Änderung der Richtung der Magnetisierung, wird als Magnetostriktion bezeichnet.

Grenzflächenanisotropie. Die Brechung der Translationssymmetrie an Grenz- und Oberflächen führt im Allgemeinen zu einer Symmetrieerniedrigung, wodurch zusätzliche Anisotropiebeiträge auftreten. Aus Symmetriegründen gibt es immer eine zweizählige Anisotropie mit einer Symmetrieebene parallel zur Oberfläche, beschrieben durch die Anisotropiekonstante $K_S^{(2)}$, wobei der Index S für „senkrecht" als Richtung der Symmetriebrechung steht und der hochgestellte Index die Zähligkeit angibt. In Abhängigkeit des Vorzeichens von $K_S^{(2)}$ liegt die bevorzugte leichte Magnetisierungsrichtung in der Oberflächenebene ($K_S^{(2)} < 0$) oder senkrecht dazu ($K_S^{(2)} > 0$). Die senkrechte Magnetisierung steht allerdings in energetischer Konkurrenz zur Formanisotropie, die im Allgemeinen eine Magnetisierung in der Film- bzw. Schichtebene bevorzugt. In der Ebene kann bei einkristallinen Oberflächen mit entsprechender Drehsymmetrie um die Oberflächennormale eine zwei-, vier- oder sechszählige Anisotropie auftreten.

Für ein kubisches Material kann die Oberflächenanisotropie pro Atom leicht zwei Größenordnungen größer sein als im Volumen. Einher mit der gebrochenen Symmetrie bzw. der Reduktion der Koordinationszahl geht die veränderte elektronische Struktur zu einer substantiellen Erhöhung des Bahnmomentes an der Oberfläche. Eine weitere Möglichkeit, die magnetische Anisotropie und konsequenterweise auch das Bahnmoment zu erhöhen, besteht darin, eine magnetische Schicht in Kontakt mit einer unmagnetischen Schicht eines Materials mit einer großen Spin-Bahn-Wechselwirkung (z. B. Au oder W) zu bringen. Der *Proximity-Effekt* erzeugt dann in diesen Materialien ein magnetisches Spin-Moment und aufgrund der Spin-Bahn-Wechselwirkung ein großes Orbital-Moment mit einer großen magnetischen Anisotropie.

Mit abnehmender Dicke nimmt meist der Grenzflächenbeitrag zur Gesamtanisotropie des Schichtsystems zu. Ist die Schichtdicke kleiner als die sogenannte Austauschkorrelationslänge, $\lambda_{ex} = \sqrt{2\,A/\mu_0\,M_S^2}$, d. h. sind die Momente entlang der Richtung senkrecht zur Schicht parallel zueinander, so kann man eine effektive Anisotropie

$$K_{eff} = K_{Volumen} + 2K_{Grenzfl}/d \qquad (15.22)$$

definieren. Der Faktor 2 zählt die beiden Grenzflächen eines Films. Sind die Grenzflächen nicht gleich, ist $2K_{Grenzfl}$ durch die Summe der $K_i^{Grenzfl}$ der beiden Grenzflächen i zu ersetzen.

Magnetische Momente an Oberflächen. Im Vergleich zum Volumen haben Atome, welche die Oberfläche oder Grenzfläche eines Materials bilden, eine reduzierte Zahl z an nächsten Nachbaratomen. Entsprechend verringert sich der Gesamtüberlapp mit den Wellenfunktionen der Nachbaratome, was eine Reduktion der Bandbreite zur Folge hat. Dieses Argument folgt direkt aus dem Modell der stark gebundenen d-Elektronen, für welche die Bandbreite $W \sim \sqrt{z} t_{nn}$ ist, wobei t_{nn} das Hüpfmatrixelement zwischen Nächste-Nachbaratomen ist. Da die Zustandsdichte $n_0(E)$ umgekehrt proportional zur Bandbreite ist, $n_0(E) \sim 1/W$, zeigt sie an Oberflächen und dünnen Filmen häufig eine Erhöhung. Aus dem *Stoner-Modell* (benannt nach Edmund C. Stoner) folgt an Oberflächen und in dünnen Filmen die Ausbildung erhöhter magnetischer Momente oder die Existenz neuer magnetischer Systeme, die im Volumen unmagnetisch sind.

Diese einfachen Überlegungen wurden durch theoretische Rechnungen bestätigt, deren Ergebnisse in ▶ Tab. 15.4 zusammengefasst sind. Magnetische Momente wurden für alle untersuchten Oberflächen von Fe, Co und Ni gefunden. In allen Fällen überschreiten sie den Volumenwert. Für Fe(100) sind die Oberflächenmomente um einen Faktor 1.35 gegenüber dem Volumenwert erhöht. Für den kubisch-flächenzentrierten Fall ist die (100)-Oberfläche dichter gepackt als die (110)-Oberfläche, und in der Tat ist das magnetische Moment von Ni in der (100)-Oberfläche niedriger als in der (110)-orientierten Oberfläche. Für Fe mit einer kubisch-raumzentrierten Kristallstruktur ist es genau umgekehrt.

Der Wert des magnetischen Momentes an der Oberfläche klingt sehr schnell ins Volumen ab. Dies geschieht häufig oszillatorisch schwankend um den Volumenwert. Für Fe(100) wird der Volumenwert nach etwa fünf Lagen unterhalb der Oberfläche erreicht.

Tab. 15.4 Berechnete lokale magnetische Spinmomente $\mu_S^{(100)}$, $\mu_S^{(110)}$ und $\mu_S^{(111)}$ im Vergleich zu den entsprechenden Volumenwerten μ_V in μ_B/Atom für Fe (kubisch-raumzentrierte Kristallstruktur), Co (hexagonale und kubisch-flächenzentrierte Kristallstruktur, auch bezeichnet als α-Co bzw. β-Co) und Ni (kubisch-flächenzentrierte Kristallstruktur).

magnetisches Moment	Fe	Co	Ni
$\mu_S^{(100)}$	2.88	1.85	0.68
$\mu_S^{(110)}$	2.43	–	0.74
$\mu_S^{(111)}$	2.48	–	0.63
$\mu_S^{(0001)}$		1.70	
μ_V	2.13	1.62	0.61

15.5 Spinabhängiger Transport

Der Transport elektrischer Ladungen in metallischen Festkörpern hängt wesentlich von der Beweglichkeit μ der Elektronen ab (Abschn. 16.1). Sie wird maßgeblich bestimmt durch die Streuung der Leitungselektronen an Phononen (Abschn. 13.2). Diese Streuprozesse ergeben sich vor allem aus der Wechselwirkung der Elektronenladung mit dem elektrischen Feld der Gitterbausteine. Der Spinzustand des Elektrons ändert sich daher bei den meisten Streuprozessen nicht (Wigner'sche Spinerhaltungsregel, Abschn. 6.3). Die Spinerhaltung bei der Elektron-Phonon-Streuung wirkt sich in magnetischen Festkörpern auf die elektrische Leitfähigkeit aus, wenn durch die Magnetisierung eine bestimmte Richtung im Festkörper ausgezeichnet ist. In diesem Fall ist auch der Spin des Elektrons für den Ladungstransport relevant.

Ähnlich wie in Halbleitern zwei Arten von Ladungsträgern, nämlich negativ geladene Elektronen und positiv geladene Löcher betrachtet werden, ist beim spinabhängigen Transport zwischen Elektronen mit einem Spin parallel und Elektronen mit einem Spin antiparallel zu einem äußeren Magnetfeld zu unterscheiden. Als *Magnetowiderstandseffekt* bezeichnet man die Änderung des elektrischen Widerstandes bei der Änderung der Richtung oder des Betrages eines äußeren Magnetfeldes. In nichtmagnetischen Leitern gibt es nur den Hall-Effekt bzw. den Quanten-Hall-Effekt. Dieser beruht auf der Lorentz-Kraft, die das magnetische Feld auf die sich bewegenden Ladungsträger ausübt. Der Spin der Ladungsträger spielt dabei jedoch keine Rolle.

Wesentlich größer als bei Volumenkristallen ist der Magnetowiderstandseffekt bei elektrischen Strömen in magnetischen dünnen Schichten mit wechselnder Magnetisierung. Erst sie haben den Magnetowiderstandseffekt für Anwendungen nutzbar gemacht. Ein großer Durchbruch gelang im Jahr 1988 mit der Entdeckung des Riesenmagnetowiderstandes, der in wenigen Jahren seinen Einzug in die Leseköpfe von Computer-Festplatten hielt, und des Tunnelmagnetowiderstandes, auf dessen Basis inzwischen das *magnetoresistive Random Access Memory (MRAM)* entwickelt wird.

Anisotroper Magnetowiderstand. Der elektrische Magnetowiderstand in einem ferromagnetischen Volumenmaterial hängt von der relativen Orientierung der Magnetisierung und der Stromrichtung ab. Diese Beobachtung nennt man den *anisotropen Magnetowiderstandseffekt (engl. anisotropic magnetoresistance, AMR)*. Die Ursache dadür ist die Spin-

---

URL für QR-Code: www.degruyter.com/spin_transport

Bahn-Wechselwirkung, die zu einer spontanen Anisotropie des elektrischen Widerstandes in einem ferromagnetisch geordneten Leiter führt. Die Spin-Bahn-Wechselwirkung koppelt das äußere Magnetfeld an die räumliche Verteilung der Elektronen an der Fermi-Kante. Ist diese Verteilung nicht sphärisch, wird sich durch eine Änderung der Richtung der Magnetisierung relativ zur elektrischen Stromrichtung der Überlapp der Wellenfunktionen, die Fermi-Oberfläche und damit der elektrische Widerstand verändern. Für das weithin technisch verwendete ferromagnetische Material *Permalloy* (eine weichmagnetische Nickel-Eisen-Legierung mit einem Nickel-Anteil von 70–81 % und einer sehr hohen Permeabilitätszahl $\mu_r = 50\,000 - 300\,000$, wird auch als Mu-Metall bezeichnet und unter anderem zur Abschirmung niederfrequenter Magnetfelder benutzt) beträgt die maximale Widerstandsänderung etwa 3%.

Die relative Widerstandsänderung ist proportional zum Quadrat des Kosinus des von der Magnetisierung und der Stromrichtung eingeschlossenen Winkels. Dies bedeutet, dass man aus der Messung des anisotropen Magnetowiderstandes als Funktion des Winkels die Richtung der Magnetisierung nur modulo 180° bestimmen kann. Bei den in den folgenden Abschnitten vorgestellten Riesen- und Tunnelmagnetowiderstandseffekten hingegen ändert sich der Widerstand proportional zum Kosinus des von den Magnetisierungen der Schichten eingeschlossenen Winkels und erlaubt so durch zwei gekreuzte Sensoren den Zugang zum vollen 360°-Winkelbereich.

Riesenmagnetowiderstand. Der *Riesenmagnetowiderstandseffekt (engl. giant magnetoresistance, GMR)* tritt in metallischen Schichtsystemen auf. Er ist proportional zum Kosinus des Verkippungswinkels zwischen den Magnetisierungen der beiden magnetischen metallischen Schichten und am größten für antiparallele Ausrichtung. ▶ Abb. 15.10 zeigt schematisch den Effekt, der zeitgleich in Fe/Cr/Fe-Dreilagensystemen und in Fe/Cr-Vielfachschichtsystemen durch Arbeitsgruppen um Peter Grünberg (*1939) und Albert Fert (*1938; gemeinsamer Nobelpreis 2007) gefunden wurde. Die relative Änderung des Magnetowiderstandes, definiert als das Verhältnis der Widerstandsänderung zum Wider-

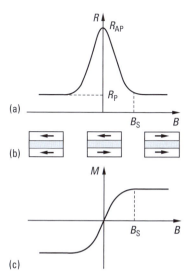

Abb. 15.10 Schematische Darstellung des Riesenmagnetowiderstandseffekts, (a) Änderung des Widerstandes als Funktion des angelegten Feldes, (b) magnetische Konfiguration bei verschiedenen Feldstärken: die Magnetisierungen sind antiparallel im Null-Feld und parallel für Feldstärken größer als die Sättigungsfeldstärke B_s und (c) Magnetisierungskurve.

stand in der parallelen Konfiguration

$$GMR = \frac{R_{ap} - R_p}{R_p} = \frac{R_{ap}}{R_p} - 1, \tag{15.23}$$

beträgt typischerweise 20% bei Zimmertemperatur und erreicht bei einer Temperatur von 4.2 K einen Wert von 80%. Hierbei ist R_p (R_{ap}) der Ohm'sche Widerstand für den Fall, dass die Magnetisierungen in den beiden Schichten parallel (antiparallel) zueinander orientiert sind.

Zum qualitativen Verständnis lassen sich zwei Ideen nutzen, die schon im Jahr 1936 von Nevill F. Mott vorgeschlagen wurden, um den plötzlichen Anstieg im Widerstand von ferromagnetischen Metallen beim Heizen über die Curie-Temperatur zu verstehen:

1. Die elektrische Leitfähigkeit in Metallen kann für die beiden Spinrichtungen relativ zur Quantisierungsachse (Richtung des inneren Magnetfeldes) unabhängig diskutiert werden. Der Gesamtstrom ergibt sich durch Addition der beiden Spinströme. Dies bedeutet, dass die Wahrscheinlichkeit von Spin-Flip-Streuprozessen in Metallen wesentlich kleiner als die Wahrscheinlichkeit von spinerhaltenden Streuprozessen ist.
2. Die Streuwahrscheinlichkeit, die zum Ohm'schen Widerstand führt, ist für beide Spinarten sehr verschieden. In Ferromagneten sind die d-Bänder spinaufgespalten, so dass die Zustandsdichte an der Fermi-Kante für $\uparrow$-Spins und $\downarrow$-Spins verschieden ist. Die Wahrscheinlichkeit von Streuprozessen in diese Zustände ist proportional zur jeweiligen Zustandsdichte.

Qualitativ verständlich ist der GMR-Effekt mit der in ▶Abb. 15.11 gezeigten schematischen Darstellung des Elektronentransports in magnetischen Doppelschichten. Sind beide magnetische Schichten parallel magnetisiert, so können $\uparrow$-Elektronen beide Schichten ungehindert durchqueren. $\downarrow$-Elektronen hingegen werden in beiden Schichten gestreut. Für $\uparrow$-Elektronen findet man damit einen kleinen Ohm'schen Widerstand, für $\downarrow$-Elektronen einen großen Ohm'schen Widerstand. Bei antiparalleler Orientierung erfahren Elektronen mit beiden Spinrichtungen in jeweils einer Schicht große Streuprozesse. Die entsprechenden Ersatzschaltbilder sind ebenfalls in ▶Abb. 15.11 gezeigt. Daraus wird ersichtlich, dass die parallele Konfiguration einen deutlich kleineren Gesamtwiderstand zeigt, weil der Gesamtstrom im Wesentlichen über den Zweig mit den beiden kleinen Widerständen fließt.

Der Effekt wird oft in einer Geometrie genutzt, in der die mittlere Stromrichtung entlang der Schichten liegt. Durch Streumechanismen bewegen sich die Elektronen auf Zickzack-Bahnen durch die Schichten und erfahren dabei die vorgestellten spinabhängigen Streuprozesse. Diese Geometrie wird auch als CIP(Current In-Plane)-Geometrie bezeichnet. Der Effekt ist größer in der CPP(Current Perpendicular Plane)-Geometrie, in der der Strom senkrecht durch das Schichtsystem fließt. Allerdings ist hier der Effekt schwer in einer nachgeschalteten Elektronik auszuwerten, da der Innenwiderstand extrem klein ist.

Tunnelmagnetowiderstand. Ein ähnlicher, von der Stärke her sogar deutlich ausgeprägterer Effekt tritt auf, wenn die Zwischenschicht isolierend ist. Die Zwischenschichtdicke muss dabei so dünn gewählt werden, dass Elektronen nur durch den quantenmechanischen Tunneleffekt zwischen den beiden magnetischen Schichten transportiert werden

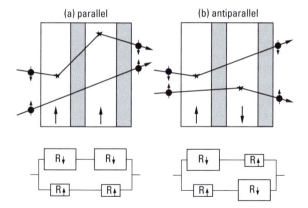

Abb. 15.11 Schematische Darstellung des Elektronentransports in magnetischen Doppelschichten für parallele (a) und antiparallele (b) Magnetisierungsanordnungen. Die Magnetisierungsrichtung ist durch große Pfeile angedeutet. Die durchgezogenen Linien zeigen individuelle Elektronen-Trajektorien für die beiden Spinkanäle. Es ist eine realistische Annahme, dass die mittlere freie Weglänge viel größer als die Einzelschichtdicken ist. Im unteren Teil der Abbildung ist ein Widerstandsnetzwerk als Ersatzschaltbild gezeigt.

können. Die Schichtdicke liegt daher typischerweise in einem Bereich von 0.8–1.5 nm. Als Material wird überwiegend α-Al_2O_3 (trigonale Kristallstruktur), neuerdings auch MgO (NaCl-Kristallstruktur), eingesetzt. Wegen der geringen Dicke der Schicht kommen nur wenige Materialien in Frage, da metallische Brücken durch die Schicht („pin holes") vermieden werden müssen. Der Effekt nutzt aus, dass die Tunnelwahrscheinlichkeit in einer ersten Näherung proportional zum Produkt der Anfangs- und der Endzustandsdichte ist. Bei paralleler Anordnung der Magnetisierungsrichtungen sind für eine Spinrichtung beide Zustandsdichten groß und die entsprechenden Elektronen tragen einen großen Tunnelstrom, während bei antiparalleler Ausrichtung der Strom wesentlich kleiner ist. Diesen Effekt nennt man dementsprechend den *Tunnelmagnetowiderstandseffekt (engl. tunneling magnetoresistance, TMR)*.

Aufgaben

15.1 Wie groß ist das magnetische Moment μ_{Atom} eines einzelnen Fe-Atoms in einem magnetisch gesättigten Eisenstab mit einem Sättigungsmagnetfeld von $B_S = 2.1$ T, wenn man annimmt, dass bei magnetischer Sättigung alle atomaren Momente parallel ausgerichtet sind?

15.2 Wie groß ist die maximale Dipol-Dipol-Wechselwirkungsenergie zwischen benachbarten atomaren magnetischen Momenten in einem Fe-Kristall ($\mu_{Atom} = 2.12\,\mu_{Bohr}$, Gitterkonstante $g = 0.287$ nm) und in einem Ni-Kristall ($\mu_{Atom} = 0.69\,\mu_{Bohr}$, Gitterkonstante $g = 0.353$ nm)?

15.3 Wie groß ist die Differenz der Dichten der freien Enthalpie für die Magnetisierung eines Fe-Kristalls entlang einer $\langle 100 \rangle$-Richtung (leichte Achse der Magnetisierung) und der Magnetisierung entlang einer $\langle 111 \rangle$-Richtung (schwere Achse der Magnetisierung) pro Atom bei Zimmertemperatur, wenn nur die niedrigsten Entwicklungsordnungen berücksichtigt werden?

15.4 Gegeben sei ein ferromagnetischer Leiter mit der Gesamtlänge $2L$ und der Querschnittsfläche A, der aus zwei in Reihe geschalteten, identischen Bereichen (der Länge L) zusammengesetzt ist und bei denen die Magnetisierung voneinander unabhängig kontrolliert werden kann. Wie lässt sich für eine solche Konfiguration die relative Änderung des Magnetowiderstandes $GMR = R_{ap}/R_p - 1$ mit den beiden Leitfähigkeiten $\sigma_\uparrow$ und $\sigma_\downarrow$ für Elektronen, deren magnetisches Moment parallel (Spin-up-Elektronen) bzw. antiparallel (Spin-down-Elektronen) zu einem äußeren Magnetfeld ausgerichtet ist, in erster Näherung beschreiben, wenn Streuprozesse an der Grenzfläche zwischen den beiden Bereichen vernachlässigt werden?

16 Elektrische Leitfähigkeit und Supraleitung

Ladungstransport in Materie ist gewöhnlich nur gegen einen Ohm'schen Widerstand möglich. Alle Materialien haben daher bei Zimmertemperatur eine endliche elektrische Leitfähigkeit. Phänomenologisch wurde die elektrische Leitfähigkeit in Metallen, Halbleitern, Elektrolyten und Gasen bereits im Bd. 2, Kap. 3 beschrieben und in diesem Zusammenhang auch das Phänomen *Supraleitung* dargestellt: Bei vielen Materialien ändert sich die elektrische Leitfähigkeit, wenn man sie unter eine kritische Temperatur T_c abkühlt. Sie werden *supraleitend*. ▶ Abb. 16.1 zeigt die Originalmesskurve des Entdeckers der Supraleitung, Heike Kamerlingh Onnes (1853 – 1926, Nobelpreis 1913): der Widerstand R einer Quecksilber-Probe fällt bei der Übergangstemperatur (Sprungtemperatur) $T_c = 4.2$ K innerhalb eines sehr kleinen Temperaturintervalls von einem endlichen Wert auf einen unmessbar kleinen Wert.

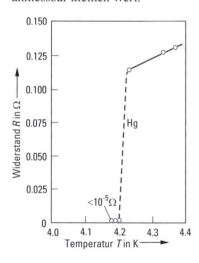

Abb. 16.1 Der Übergang zur Supraleitung von Quecksilber, nach der Original-Messkurve von Kammerlingh-Onnes (Daten aus Comm. Phys. Lab. Univ. Leiden, No. 120b, No. 122b und No. 124c, 1911).

Im Jahr 1932 entdeckte Walther Meißner (1882 – 1974) zusammen mit Robert Ochsenfeld (1901 – 1993) eine weitere überraschende Eigenschaft der Supraleiter, als sie das Verhalten in Magnetfeldern untersuchten: Supraleiter (des Typs I) verhalten sich bei hinreichend tiefen Temperaturen und nicht zu starken Magnetfeldern wie ideale Diamagnete (▶ Abb. 16.2). Unabhängig davon, auf welchem Weg man von einem normalleitenden Zustand zu einem Zustand im supraleitenden Bereich gelangt, wird das Magnetfeld aus dem Inneren des Supraleiters verdrängt. Der *Meißner-Ochsenfeld-Effekt* führt zu einer grundlegenden Schlussfolgerung. Cornelius J. Gorter (1907 – 1980) und Hendrik B. G. Casimir (1909 – 2000) erkannten 1934, dass der supraleitende Zustand als ein thermodynamischer Gleichgewichtszustand zu betrachten ist. Beim Übergang vom normalleitenden

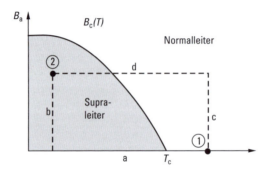

Abb. 16.2 Schematisches Phasendiagramm mit dem Stabilitätsbereich des supraleitenden Zustands im äußeren Magnetfeld B_a. Eingezeichnet sind zwei Wege ab und cd, um vom normalleitenden Zustand mit $T > T_c$ und $B_a = 0$ (Punkt 1) zum supraleitenden Zustand $T < T_c$, $0 < B_a < B_c$ (Punkt 2) zu gelangen.

zum supraleitenden Zustand, d. h. wenn die Kurve $B_c(T)$ des kritischen Magnetfelds überschritten wird, findet also ein Phasenübergang statt.

In diesem Kapitel soll zunächst noch einmal die elektrische Leitfähigkeit normalleitender Festkörper (Abschn. 16.1) aus quantenphysikalischer Sicht betrachtet werden. Dabei ist vor allem das Auftreten dissipativer Prozesse zu deuten. Anschließend werden die verschiedenen, bereits in Bd. 2 erwähnten Formen der Supraleitung ausführlich dargestellt und ihre Deutung im Rahmen der klassischen Elektrodynamik beschrieben (Abschn. 16.2). Die zentrale Frage, die das Phänomen *Supraleitung* aufwirft – Wie ist ein Stromfluss ohne Dissipation möglich? – kann nur im Rahmen der Quantenphysik beantwortet werden. Eine Antwort gibt die BCS-Theorie (Abschn. 16.3). Im Abschn. 16.4 wird schließlich der *Josephson-Effekt* behandelt, der auftritt, wenn zwei Supraleiter nur durch eine dünne isolierende Barriere voneinander getrennt sind. Technisch genutzt wird der Josephson-Effekt in der Form des äußerst empfindlichen Magnetfeldsensors SQUID (Superconducting QUantum Interference Device).

16.1 Elektrische Leitfähigkeit normalleitender Festkörper

Die elektrische Leitfähigkeit σ kristalliner Festkörper bei Zimmertemperatur variiert über viele Größenordnungen. Reine Kristalle mit großer Energielücke wie Diamant sind Isolatoren, Metalle wie Silber und Kupfer hingegen gute elektrische Leiter. Dieses sehr unterschiedliche Verhalten beim Ladungstransport lässt sich primär mit dem Bändermodell (Abschn. 13.3) erklären. Nur wenn es in einem Energieband sowohl besetzte als auch unbesetzte Zustände gibt, kann ein elektrischer Strom fließen. Dennoch bleibt bei einer rein quantenmechanischen Behandlung der Elektronenbewegung ungeklärt, weshalb überhaupt dissipative Prozesse im Kristall auftreten. Es ist also zunächst die Frage zu beantworten: Warum haben aus quantenmechanischer Sicht elektrische Leiter einen Ohm'schen Widerstand?

Lokalisierung delokalisierter Elektronen. Die Einelektronzustände in einem zwar räumlich begrenzten, aber sonst exakt periodischen Kristallgitter sind delokalisiert. Die

URL für QR-Code: www.degruyter.com/eigensch_elektr

Zustandsfunktionen erstrecken sich über den gesamten Kristall. Bei ihrer Berechnung geht man zwar von der Annahme aus, dass die Atomkerne an den Gitterpunkten lokalisiert sind und damit das räumlich periodische Kristallpotential maßgeblich festlegen (clamped nuclei approximation), aber die Elektronen sind nicht einzelnen Kernen zugeordnet. Diese Vorgehensweise entspricht dem Ansatz der Born-Oppenheimer-Näherung (Abschn. 7.5).

Die Periodizität wird jedoch gestört durch die thermischen Bewegungen der Atome. Sie sind eine Folge der Ankopplung des Kristalls an die Umgebung und daher verknüpft mit der Beobachtbarkeit des Kristalls. Primär ist der Kristall – beispielsweise an den Auflagepunkten – über die Gitterschwingungen an die Umgebung angekoppelt und deshalb prinzipiell mit hoher, durch die interatomaren Abstände begrenzter Auflösung beobachtbar. Die eingangs angenommene räumliche Fixierung der Atomkerne im Sinn der klassischen Physik war also bis zu einem gewissen Grad gerechtfertigt.

Mit der Ankopplung an die Umgebung und dem damit verbundenen Informationsfluss ergibt sich aber auch, dass außer dynamischen Gesetzmäßigkeiten auch Zufallsgesetze maßgeblich die zeitliche Entwicklung des Kristalls bestimmen. Die Gitterschwingungen folgen also nicht allein den dynamischen Gesetzen von klassischer Mechanik oder Quantenmechanik, sondern auch den statistischen Gesetzen der Thermodynamik. Insbesondere sind auch Ausgleichs- und Diffusionsprozesse möglich (Bd. 1, Abschn. 10.4 und 10.5).

Indirekt ist auch die Elektronenbewegung an die Umgebung des Kristalls angekoppelt, da Gitterschwingungen und Elektronen miteinander wechselwirken. Auch die Elektronenbewegung folgt daher nicht uneingeschränkt den dynamischen Gesetzen der Quantenmechanik. Insbesondere dürfen die Elektronen deshalb auch nicht als im ganzen Kristall delokalisierte Teilchen betrachtet werden. Vielmehr werden sie durch die Kopplung an das thermisch vibrierende Kristallgitter (Elektron-Phonon-Kopplung, Abschn. 13.2) bis zu einem gewissen Grad lokalisiert. Nur in einem Bereich mit der Ausdehnung einer mittleren freien Weglänge sind sie delokalisiert. Bei Bewegungen über größere Bereiche sind die Elektronen als lokalisierte klassische Teilchen zu betrachten, die den Gesetzen der klassischen Physik folgen. Die Elektronen haben dann eine Driftgeschwindigkeit v_d, die zur anliegenden elektrischen Feldstärke E in Beziehung gesetzt werden kann: $E = \mu v_{dr}$ (Bd. 2, Abschn. 3.1). Die Proportionalitätskonstante ist die Beweglichkeit μ.

Die thermischen Gitterschwingungen haben nur eine schwache Lokalisierung der Elektronen zur Folge, so dass die Elektronen im Kristall noch diffundieren können. Eine starke Lokalisierung ist in Kristallen mit vielen Kristallfehlern und Verunreinigungen möglich. Bei zu viel Unordnung durch Störstellen und Defekte verlieren deshalb Halbleiter ihre elektrische Leitfähigkeit (Anderson-Lokalisierung, benannt nach Philip W. Anderson, *1923, Nobelpreis 1977).

Beweglichkeit der Elektronen in Metallen. Unter der Einwirkung eines elektrischen Feldes werden die Leitungselektronen eines Metalls nicht beschleunigt, sondern sie bewegen sich wie unter der Einwirkung einer Reibung mit einer konstanten Driftgeschwindigkeit. Die elektrische Leitung in Metallen ist also ein dissipativer Prozess, bei dem elektrische Arbeit in Wärme umgewandelt wird. Da die Dissipation maßgeblich durch die Kopplung der Elektronenbewegung an die Gitterschwingungen bestimmt wird, hängt auch die Beweglichkeit der Elektronen wesentlich von dieser Kopplung ab.

Die Elektron-Phonon-Kopplung wurde bereits von Felix Bloch im Jahr 1928 in seiner Dissertation diskutiert. Bei Temperaturen $T > T_D$ oberhalb der Debye-Temperatur T_D sind alle Schwingungsmoden besetzt, und die Anzahl der Phononen pro Schwingungsmode nimmt proportional zur Temperatur T zu. Man erwartet daher einen linearen Anstieg des spezifischen Widerstands mit der Temperatur. Weit unterhalb der Debye-Temperatur ($T \ll T_D$) ist die Zunahme der Anzahl der mit Phononen besetzten Schwingungsmoden mit der Temperatur und die Zunahme der Streuwinkel mit wachsendem Impuls der Phononen zu berücksichtigen. Daher erwartet man hier, dass der spezifische Widerstand mit T^5 zunimmt und entsprechend die Beweglichkeit der Elektronen abnimmt. Den gesamten Verlauf des spezifischen Widerstands in Abhängigkeit von der Temperatur beschreibt das *Bloch-Grüneisen-Gesetz* (benannt nach Felix Bloch und Eduard Grüneisen, 1877 – 1949). Außer der Elektron-Phonon-Kopplung beeinflussen Kristallfehler und Verunreinigungen die Beweglichkeit der Elektronen. Auch an Störstellen im Kristallgitter werden Elektronen gestreut. Mit abnehmender Temperatur sinkt zwar der Beitrag der Elektron-Phonon-Streuung zum spezifischen Widerstand, nicht aber der Beitrag der Störstellen im Kristall. Es bleibt daher ein Restwiderstand. Aus der Größe dieses Restwiderstands kann also auf den Reinheitsgrad des Kristalls geschlossen werden.

Thermoelektrizität. In Metallen ist nicht nur die elektrische Leitfähigkeit, sondern auch die Wärmeleitfähigkeit in hohem Maß von der Elektronenbeweglichkeit bestimmt. Ein Beleg dafür ist das Wiedemann-Franz-Gesetz (Bd. 2, Abschn. 3.1). Dass elektrische Leitung und Wärmeleitung in Metallen in enger Beziehung zueinander stehen, zeigen auch die Effekte der *Thermoelektrizität*: der *Peltier-Effekt* und der *Seebeck-Effekt*. Wenn zwei aus verschiedenen Metallen bestehende Drähte aneinandergelötet werden, kann an der Kontaktstelle entweder eine Temperaturdifferenz ΔT erzeugt werden, wenn ein elektrischer Strom fließt (Peltier-Effekt), oder es ändert sich die Kontaktspannung, wenn die Temperatur der Kontaktstelle geändert wird (Seebeck-Effekt). In einem Stromkreis mit zwei Kontaktstellen, die verschiedene Temperaturen T_1 und T_2 haben, ergeben sich daher Thermospannungen. Der Peltier-Effekt kann beispielsweise zur Kühlung genutzt werden und Thermospannungen zur Messung von Temperaturdifferenzen. Eine einfache Anordnung für die *Thermometrie* ist das *Thermoelement* (Bd. 2, Abschn. 11.2).

Der im Jahr 1834 von Jean C. A. Peltier (1785 – 1845) entdeckte Peltier-Effekt ergibt sich daraus, dass mit jedem Elektronenstrom auch ein Wärmetransport verbunden ist. An einer Kontaktstelle kann es zu einer Erwärmung oder Abkühlung kommen, wenn der gleiche Elektronenstrom in den beiden Metallen unterschiedlich viel Wärme transportiert.

Im Jahr 1821 beobachtete Thomas J. Seebeck (1770 – 1831), dass ein aus zwei verschiedenen Metallen bestehender Ring eine Kompassnadel auslenkt, wenn die beiden Kontaktstellen verschiedene Temperaturen haben. Erst Hans Ch. Oerstedt (1777 – 1851) erkannte, dass primär eine Thermospannung entsteht, die in dem Ring einen elektrischen Strom und mit dem Ringstrom ein Magnetfeld erzeugt. Beim Seebeck-Effekt führt der Temperaturunterschied zu einer Diffusion von Elektronen in Richtung des Temperaturgefälles. In verschiedenen Metallen werden bei dieser Thermodiffusion aber unterschiedliche Ladungsmengen transportiert. Die Thermodiffusion erzeugt daher an einem offenen, d. h. einem an einer Stelle durchschnittenen Ring zwischen den beiden Schnittflächen eine Thermospannung.

16.2 Phänomenologie der Supraleitung

Supraleitende Elemente. Nach der Entdeckung der Supraleitung in Quecksilber wurde auch bei vielen anderen Elementen des Periodensystems eine supraleitende Phase nachgewiesen (▶Abb. 16.3). Unter den metallischen Elementen ist Supraleitung eher die Regel als die Ausnahme: unter ihnen gibt es über dreißig Elemente, die bei tiefen Temperaturen supraleitend werden, darunter einige nur unter hohem Druck. Die höchste Sprungtemperatur unter den Elementen bei Normaldruck hat Nb ($T_c = 9.2\,\mathrm{K}$), die niedrigste bisher nachgewiesene hat Rh ($T_c = 0.32\,\mathrm{mK}$). Sich magnetisch ordnende elementare Metalle (Ferromagnete oder Antiferromagnete) zeigen keine Supraleitung. In jüngerer Zeit wurde jedoch in einer (unmagnetischen) Hochdruckmodifikation von Fe Supraleitung mit einer Sprungtemperatur von $T_c = 2\,\mathrm{K}$ entdeckt, ebenso gibt es in Ce eine magnetische und eine supraleitende Phase. Nur wenige metallische Elemente sind weder magnetisch geordnet noch supraleitend (hauptsächlich sind dies Alkali-, Erdalkali- und Edelmetalle). Unter einem Druck von 48 GPa zeigt Li jedoch Anzeichen von Supraleitung bei 20 K. Ferner tritt Supraleitung in manchen metallischen Hochdruckphasen von Nichtmetallen wie beispielsweise Si, Ge, P oder As und sogar in festem Sauerstoff auf.

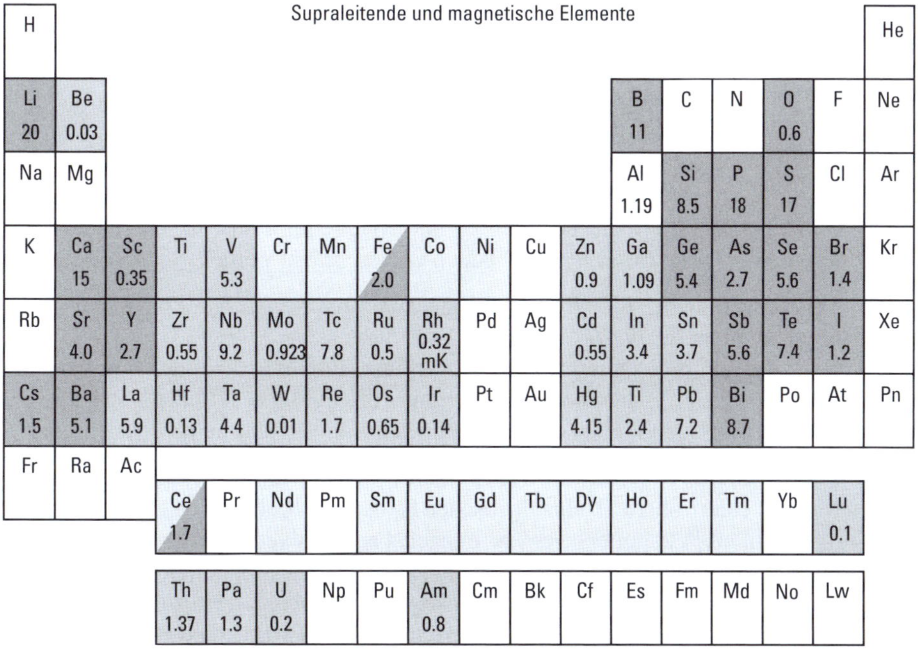

H						Supraleitende und magnetische Elemente											He
Li 20	Be 0.03											B 11	C	N	O 0.6	F	Ne
Na	Mg											Al 1.19	Si 8.5	P 18	S 17	Cl	Ar
K	Ca 15	Sc 0.35	Ti	V 5.3	Cr	Mn	Fe 2.0	Co	Ni	Cu	Zn 0.9	Ga 1.09	Ge 5.4	As 2.7	Se 5.6	Br 1.4	Kr
Rb	Sr 4.0	Y 2.7	Zr 0.55	Nb 9.2	Mo 0.923	Tc 7.8	Ru 0.5	Rh 0.32 mK	Pd	Ag	Cd 0.55	In 3.4	Sn 3.7	Sb 5.6	Te 7.4	I 1.2	Xe
Cs 1.5	Ba 5.1	La 5.9	Hf 0.13	Ta 4.4	W 0.01	Re 1.7	Os 0.65	Ir 0.14	Pt	Au	Hg 4.15	Tl 2.4	Pb 7.2	Bi 8.7	Po	At	Pn
Fr	Ra	Ac															

Ce 1.7	Pr	Nd	Pm	Sm	Eu	Gd	Tb	Dy	Ho	Er	Tm	Yb	Lu 0.1
Th 1.37	Pa 1.3	U 0.2	Np	Pu	Am 0.8	Cm	Bk	Cf	Es	Fm	Md	No	Lw

Abb. 16.3 Supraleiter im Periodensystem der Elemente. Mittelgrau getönt sind Metalle, die unter Normaldruck supraleitend werden, mit Übergangstemperaturen T_c (in K). Dunkelgrau sind Elemente, die unter hohem Druck supraleitend werden, mit dem jeweils höchsten erreichten T_c-Wert. Hellgrau sind Elemente, die magnetische Ordnung zeigen. Fe und Ce zeigen in verschiedenen Modifikationen magnetische Ordnung bzw. Supraleitung. Nur wenige Elemente (weiß) zeigen weder Supraleitung noch magnetische Ordnung (Daten aus C. Buzea und K. Robble, Supercond. Sci. Technol. **18**, R1, 2005).

URL für QR-Code: www.degruyter.com/phaenomenologie

Supraleitende Legierungen und Verbindungen. Bisher sind weit über 1000 Legierungen und intermetallische Verbindungen bekannt, die supraleitend werden. Einige besondere seien hier aufgezählt:

- supraleitende Verbindungen aus nicht supraleitenden Elementen, z. B. CuS ($T_c = 1.6\,K$),
- Metallhydrid-Legierungen, z. B. PdH_x ($T_c \approx 9\,K$),
- die sogenannten A15-Phasen, viele Jahre „T_c-Rekordhalter", z. B. Nb_3Sn ($T_c = 18\,K$) und Nb_3Ge ($T_c = 23.2\,K$),
- anorganische Polymere, z. B. $(SN)_x$ ($T_c = 0.3\,K$).

Um 1980 wurden organische Supraleiter entdeckt. Deren bisher höchste Sprungtemperatur unter Normaldruck ist $T_c = 11.5\,K$. Oxidische Supraleiter wie Ba-Pb-Bi-O-Verbindungen sind schon länger bekannt. Durch die bereits erwähnte Entdeckung von Supraleitung in einer La-Ba-Cu-O-Keramik mit $T_c = 35\,K$ durch Johannes G. Bednorz (*1950) und Karl A. Müller (*1927; gemeinsamer Nobelpreis 1987) wurde ein neues Tor zur Supraleitung geöffnet. Unter diesen Kupratsupraleitern, deren bestimmendes strukturelles Element Kristallgitterebenen sind, die aus Cu und O bestehen, wurde kurz darauf mit $YBa_2Cu_3O_7$ ein Material gefunden, das mit $T_c \approx 90\,K$ bereits oberhalb der Siedetemperatur von flüssigem Stickstoff (77 K) supraleitend ist. Bei $HgBa_2Ca_2Cu_3O_8$ mit $T_c = 133\,K$ ist unter hohem Druck Supraleitung sogar bis zu einer Temperatur von ca. 160 K zu beobachten. Erwähnenswert ist auch die Supraleitung in Alkalimetall-dotierten C_{60}-Fullerenen mit einer maximalen Sprungtemperatur $T_c = 33\,K$.

Typ-I- und Typ-II-Supraleiter. Wie der eingangs erwähnte Meißner-Ochsenfeld-Effekt gezeigt hat, verhalten sich Supraleiter wie ideale Diamagnete. Wenn ein Supraleiter sich in einem Magnetfeld $B_a < B_c$ befindet, ist die Magnetfeldstärke B im Inneren des Supraleiters $B = 0$. Diese Aussage muss jedoch eingeschränkt werden:

- $B = 0$ gilt für alle Felder $B_a < B_c$ nur für sogenannte *Typ-I-Supraleiter* oder *Supraleiter 1. Art*, jedoch nicht für *Typ-II-Supraleiter* bzw. *Supraleiter 2. Art*.
- $B = 0$ gilt bis auf eine dünne Oberflächenschicht. In dieser fließt der supraleitende Dauerstrom, der notwendig ist zur Abschirmung des Feldes.
- Bei nicht stabförmigen Proben sind Entmagnetisierungseffekte zu berücksichtigen.

Wie bereits in Bd. 2, Abschn. 3.2 ausgeführt, verschwindet die Supraleitung bei äußeren Magnetfeldern oberhalb einer kritischen Feldstärke B_c. Dabei ist zwischen Typ-I- und Typ-II-Supraleitern zu unterscheiden. Zunächst soll das Verhalten einer kompakten, stabförmigen Probe mit langer Achse parallel zum äußeren Magnetfeld B_a betrachtet werden, um die erwähnten Entmagnetisierungseffekte vernachlässigen zu können.

Für Typ-I-Supraleiter besagt der Meißner-Ochsenfeld-Effekt, dass im Inneren des Supraleiters $B = 0$ gilt. Dies gilt bis zum kritischen Feld B_c, bei dem die Supraleitung zusammenbricht. Danach dringt Magnetfluss in die Probe ein, und für eine im normalleitenden Zustand unmagnetische Probe mit der Permeabilitätszahl $\mu_r = 1$ ist $B = B_a$ (Bd. 2, Abb. 3.13b). Im supraleitenden Zustand hingegen ist der Supraleiter so magnetisiert, dass das Magnetfeld im Inneren verschwindet, und daher ist

$$\boldsymbol{B} = \boldsymbol{B}_a + \mu_0 \boldsymbol{M} = 0 \tag{16.1}$$

mit der Magnetisierung $M = -B_a/\mu_0$. Für die magnetische Suszeptibilität χ_m ergibt sich $\mu_0 M = \chi_m B_a$. Damit folgt $\chi_m = -1$, also das Verhalten eines „idealen" Diamagneten. Die Magnetisierungskurve eines Typ-I-Supraleiters zeigt Abb. 3.13a in Bd. 2. Typische Werte von $B_c(T=0)$ sind $B_c = 0{,}08$ T für Pb und $B_c = 0{,}01$ T für Al.

Während die meisten Supraleiter aus reinen Elementen Typ-I-Supraleiter sind (Nb bildet eine Ausnahme), sind die meisten Legierungen und intermetallischen Verbindungen Typ-II-Supraleiter. Bei diesen wird der Meißner-Ochsenfeld-Effekt $B = 0$ nur bis zu einem unteren kritischen Feld B_{c1} beobachtet, dann dringt der magnetische Fluss teilweise in die Probe ein, der supraleitende Zustand bleibt jedoch bis zu einem oberen kritischen Feld B_{c2} erhalten (Bd. 2, Abb. 3.13c und d). Im Feldbereich $B_{c1} < B_a < B_{c2}$ liegt ein Mischzustand vor. Man bezeichnet diese Phase nach Lev W. Shubnikov (1901–1937) auch als *Shubnikov-Phase*. In der Shubnikov-Phase ist der magnetische Fluss allerdings nicht homogen in der Probe verteilt, sondern in Form von Flusslinien regelmäßig angeordnet. Die „Durchstoßpunkte" dieser Flusslinien durch eine Ebene senkrecht zu B_a bilden in vielen Fällen ein regelmäßiges hexagonales Gitter. Die Pionierarbeiten zur Sichtbarmachung des *Flussliniengitters* von Hermann Träuble (1932–1976) und Uwe Essmann (*1937) benutzten eine Dekorationsmethode mit Eisenpartikeln, die sich nach dem Verdampfen auf die „Durchstoßpunkte" der Flusslinien des Supraleiters niederschlugen. Inzwischen kann man Flussliniengitter, deren Ursache die Quantisierung des magnetischen Flusses ist, beispielsweise durch Neutronenbeugung oder Rastertunnelmikroskopie (Bd. 2, Abschn. 12.4) beobachten.

Man kann jeden Typ-I-Supraleiter durch Zulegieren eines geeigneten weiteren chemischen Elements zu einem Typ-II-Supraleiter umwandeln. ▶Abb. 16.4 zeigt dies am Beispiel von Pb, das durch Zulegieren von einigen Atomprozent In zu einem Typ-II-Supraleiter wird, wobei B_{c2} mit zunehmender In-Konzentration ansteigt. Dies lässt sich auf die abnehmende mittlere freie Weglänge der Elektronen zurückführen. Bei *Hochfeldsupraleitern* (Supraleiter, die auch in hohen Magnetfeldern supraleitend bleiben) sind B_{c2}-Werte von vielen Tesla erreichbar. In ▶Abb. 16.5 ist der Verlauf von $B_c(T)$ für einige Typ-I-Supraleiter sowie $B_{c1}(T)$ und $B_{c2}(T)$ für einige Typ-II-Supraleiter dargestellt.

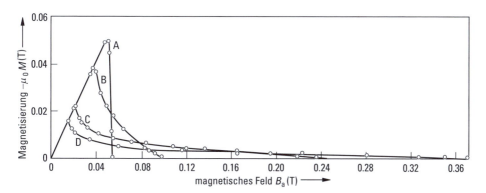

Abb. 16.4 Magnetisierungskurven von reinem Blei (A) und Blei-Indium-Legierungen mit einem Indium-Gehalt von 2% (B), 8% (C) und 20% (D) jeweils bei 4,2 K (Daten aus J. D. Livingston, Phys. Rev. **129**, 1943, 1963).

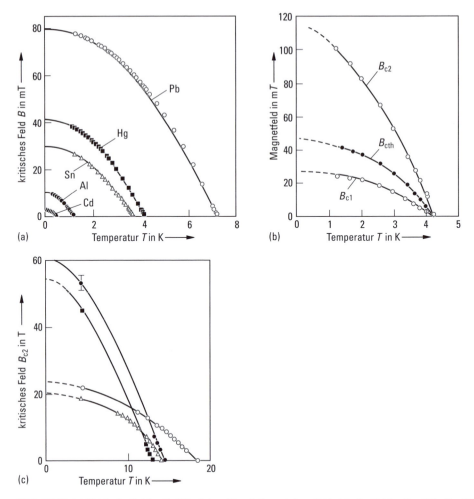

Abb. 16.5 (a) Kritische Felder $B_c(T)$ einiger Typ-I-Supraleiter, (b) kritische Felder $B_{c1}(T)$, $B_{c2}(T)$ und das thermodynamische kritische Feld (in ► Abb. 16.4 Kurve A) $B_{cth}(T)$ einer Indium-Wismut-Legierung (Daten aus T. Kinsel, E. A. Lynton und B. Serin, Rev. Mod. Phys. **36**, 105 (1964)), (c) kritische Felder $B_{c2}(T)$ einiger Hochfeldsupraleiter: Nb_3Sn (offene Kreise), V_3Ga (Dreiecke), $PbMo_{6.35}S_8$ (Quadrate) und $PbGd_{0.3}Mo_6S_8$ (geschlossene Kreise; Daten aus G. Otto, E. Saur und H. Wizgall, J. Low Temp. Phys. **1**, 19, 1969 sowie O. Fischer, H. Jones, G. Bongi, M. Sergent und R. Chevrel, J. Phys. C **7**, L450, 1974).

Die bisherigen Betrachtungen gelten nur für Typ-II-Supraleiter, bei denen der magnetische Fluss beim Überschreiten von B_{c1} in die Probe eindringt und bei Abnahme von B_a wieder aus der Probe verdrängt wird (reversibles Verhalten). Technisch wichtig sind jedoch Typ-II-Supraleiter (sogenannte *harte Supraleiter*), bei denen durch Haftzentren, z. B. Kristalldefekte oder normalleitende Einschlüsse, der magnetische Fluss bei Feldänderung haften bleibt (irreversibles Verhalten). Diese Haftzentren verhindern, dass beim Fließen eines elektrischen Stroms die Lorentz-Kraft zu einer Bewegung der Flusslinien und damit zu Dissipation führt. Diese Dissipation entsteht durch die Bewegung der im Kern der Flusslinien vorhandenen normalleitenden Elektronen.

Entmagnetisierungseffekte. Bringt man einen räumlich ausgedehnten Supraleiter (z. B. eine supraleitende Kugel) in ein zunächst räumlich konstantes Magnetfeld B_a, so ist das äußere Magnetfeld am Äquator aufgrund der Feldverdrängung größer als an den Polen, wie es schematisch in ▶ Abb. 16.6a angedeutet ist. Für ein Ellipsoid mit einer Hauptachse parallel zum äußeren Magnetfeld ergibt sich am Äquator das effektive magnetische Feld

$$B_{\text{eff}} = B_a - N\mu_0 M \,, \tag{16.2}$$

wobei N der Entmagnetisierungsfaktor ist, der nur von der Geometrie abhängt, z. B. $N = 1/3$ für eine Kugel. Für dünne Zylinder oder Platten parallel zum Magnetfeld ist $N \approx 0$. Mit $M = -B_{\text{eff}}/\mu_0$ folgt $B_{\text{eff}} = B_a/(1 - N) > B_a$. Falls $B_a < B_c < B_{\text{eff}}$ ist, dringt der magnetische Fluss in die Probe ein. Würde die Probe aber vollständig normalleitend werden, wäre überall $B = B_a < B_c$. Daher bildet sich ein Zwischenzustand mit normalleitenden und supraleitenden Domänen aus. Das Domänenmuster ist im Allgemeinen, wie ▶ Abb. 16.7 am Beispiel einer supraleitenden In-Schicht senkrecht zum Magnetfeld ($N \approx 1$) zeigt, recht kompliziert. Falls sich die Domänenstruktur reversibel bei Änderung von B_a ändert, ist die magnetische Induktion in der Äquatorialebene durch den in ▶ Abb. 16.6b dargestellten Verlauf gegeben.

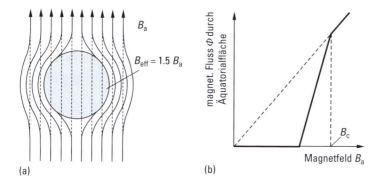

Abb. 16.6 (a) Ausgedehnter Typ-I-Supraleiter im äußeren Magnetfeld B_a. Am Äquator ist das effektive Feld $B_{\text{eff}} > B_a$. Für das hier gezeigte Beispiel einer Kugel ist $B_{\text{eff}} = 1.5 B_a$. (b) Für $B_a < B_c < B_{\text{eff}}$ bildet sich ein Zwischenzustand mit normalleitenden und supraleitenden Bereichen aus. Daher befindet sich Fluss in der Probe. Bei Anstieg von B_a wachsen die normalleitenden Domänen an, bis bei $B_a = B_c$ die Probe vollständig normalleitend ist.

Die oben für Typ-I-Supraleiter diskutierten Entmagnetisierungseffekte führen in einem Typ-II-Supraleiter zu einer Koexistenz makroskopischer Bereiche von feldfreier Meißner-Phase mit der Shubnikov-Phase, wenn $B_a < B_{c1} < B_{\text{eff}}$ ist. Der Vollständigkeit halber sei erwähnt, dass in einem Typ-II-Supraleiter unter bestimmten Bedingungen Supraleitung in einer dünnen Oberflächenschicht parallel zum äußeren Feld bis zu einem Feld $B_{c3} \approx 1,7 B_{c2}$ bestehen kann.

Abb. 16.7 Indiumplatte senkrecht zum angelegten Feld im Zwischenzustand mit supraleitenden (dunkel) und normalleitenden Bereichen (hell). Der Bildausschnitt beträgt etwa $2.0 \times 1.4 \, cm^2$ (aus F. Haeussler und L. Rinderer, Helv. Phys. Acta **40**, 659, 1967).

Hoch-T_c-Supraleiter. Eine besondere Gruppe unter den Supraleitern stellen auch bezüglich ihrer Erforschung die *Hoch-T_c-Supraleiter* dar. Es handelt sich dabei meist um keramische Materialien auf der Basis von Kupferoxid, sogenannte *Kuprate*. Bednorz und Müller entdeckten als Erste im Jahr 1986 die Supraleitung bei Lanthan-Barium-Kupferoxid $La_{1.85}Ba_{0.15}CuO_4$ bei einer Sprungtemperatur von $T_c = 35 \, K$. Im Anschluss begann eine intensive Suche nach weiteren ähnlichen Substanzen mit noch höheren Sprungtemperaturen. Hervorzuheben sind dabei die experimentellen Befunde an $YBa_2Cu_3O_7$ mit $T_c = 92 \, K$ im Jahr 1987 und $Bi_2Sr_2Ca_2Cu_3O_{10}$ mit $T_c = 110 \, K$ im Jahr 1988. Die bislang höchste Sprungtemperatur wurde im Jahr 1994 an $Hg_{0.8}Tl_{0.2}Ba_2Ca_2Cu_3O_8$ mit $T_c = 138 \, K$ gefunden.

Allgemeines Strukturmerkmal der supraleitenden Kuprate sind CuO_2-Ebenen, die elektronisch aktiv sind. Diese entstehen aus der kubischen Perovskit-Struktur durch Herausnahme von Sauerstoffatomen von bestimmten Gitterplätzen. Beispielhaft soll hier die Struktur von $YBa_2Cu_3O_{6+x}$, das auch als YBCO bezeichnet wird, etwas genauer betrachtet werden. Die Struktur der Einheitszelle ist in ▶ Abb. 16.8 dargestellt. Es handelt sich dabei um drei in c-Richtung übereinander gestapelte Perovskit-artige Einheitszellen der Form

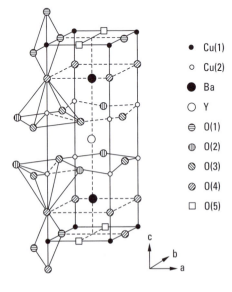

- • Cu(1)
- ○ Cu(2)
- ● Ba
- ○ Y
- ⊖ O(1)
- ⧉ O(2)
- ⊘ O(3)
- ⊘ O(4)
- □ O(5)

Abb. 16.8 Struktur von $YBa_2Cu_3O_7$ mit CuO_2-Ebenen und CuO-Ketten. Für isolierendes $YBa_2Cu_3O_6$ fehlt der Sauerstoff in den O(5)-Kettenplätzen (quadratische Symbole).

ABX_3, wobei in der mittleren Zelle $A = Y$ und in den beiden anderen Zellen $A = Ba$ ist und der Sauerstoffgehalt $6 + x$ mit $0 \le x \le 1$ vom „vollen" Gehalt für $x = 9$ abweicht. $YBa_2Cu_3O_6$ ist ein antiferromagnetischer Isolator. Durch Dotierung mit Sauerstoff wird der Antiferromagnetismus unterdrückt und es tritt Supraleitung auf bei einer maximalen Sprungtemperatur von $T_c \approx 92\,K$ bei $x = 0.93$. Das zugehörige Phasendiagramm, das ► Abb. 16.9b zeigt, ist typisch für supraleitende Kuprate. Durch den Einbau von Sauerstoff, d. h. für $x > 0$, werden CuO-Ketten erzeugt, die Elektronen aus den CuO_2-Ebenen herausziehen und diese dadurch mit Löchern dotiert werden. Dasselbe geschieht auch, wenn dreiwertiges Y durch zweiwertiges Ca ersetzt wird. Durch diese Dotierung mit Ca ist es möglich, in den überdotierten Bereich zu gelangen, wo die Sprungtemperatur T_c wieder abnimmt. Während lochdotierte Hoch-T_c-Supraleiter überwiegen, gibt es jedoch auch einige elektronendotierte Hoch-T_c-Supraleiter, wie z. B. $Nd_{2-x}Ce_xCuO_4$, dessen Phasendiagramm in ► Abb. 16.9a dargestellt ist.

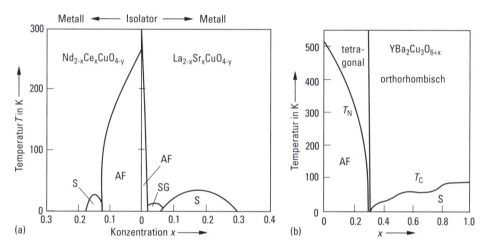

Abb. 16.9 (a) Allgemeines Phasendiagramm für Kupratsupraleiter ausgehend von undotiertem $NdCuO_4$ (nach links) und $LaCuO_4$ (nach rechts). Die antiferromagnetische Ordnung (AF) mit isolierenden CuO_2-Ebenen kann durch Dotieren der Ebenen mit Löchern durch Zulegieren von zweiwertigem Sr (nach rechts aufgetragen) bzw. Elektronen durch Zulegieren von vierwertigem Ce (nach links) zerstört werden. In beiden Fällen beobachtet man in einem gewissen Bereich der Ladungsträgerkonzentration Supraleitung (S). In einem Zwischenbereich kann ein sogenanntes *Spinglas* (SG) auftreten. (b) Phasendiagramm für $YBa_2Cu_3O_{6+x}$. Bei Dotierung mit Sauerstoff geht das System von der tetragonalen in die orthorhombische Phase durch Ausbildung von CuO-Ketten über. Das Plateau in der Nähe von $x \approx 0.6$ entsteht durch Sauerstoffordnung in den CuO-Ketten.

So überraschend wie die hohe Sprungtemperatur sind auch eine Reihe von Eigenschaften von Hoch-T_c-Supraleitern im normalleitenden Zustand. So verläuft beispielsweise der elektrische Widerstand in optimal dotierten Proben, d. h. in Proben mit maximaler Sprungtemperatur T_c, über einen großen Bereich linear mit der Temperatur, was nicht mit der Elektron-Phonon-Streuung erklärt werden kann. Darüber hinaus treten im unterdotierten Bereich deutlich oberhalb der Sprungtemperatur T_c Anomalien auf, die auf die Existenz einer Energielücke deuten. Da diese Anomalien jedoch nicht sehr ausgeprägt sind, wird dies auch als Pseudolücke bezeichnet, deren Ursache bislang noch nicht geklärt ist. Des

Weiteren sind bedingt durch die hohe elektrische Leitfähigkeit in den CuO_2-Ebenen und die geringe Leitfähigkeit zwischen den Schichten die supraleitenden Eigenschaften von Hoch-T_c-Supraleitern sehr anisotrop. Die Ursachen für die hohen Sprungtemperaturen und die Anomalien bei Hoch-T_c-Supraleitern sind bislang noch ungeklärt. Aufgrund der experimentellen Beobachtung von ungewöhnlichen Isotopeneffekten bei Hoch-T_c-Supraleitern wird bislang angenommen, dass die Elektronenpaarbildung wie bei der konventionellen Supraleitung nicht ausschließlich durch die Elektron-Phonon-Wechselwirkung zustande kommt. Stattdessen werden als Ursache der Supraleitung antiferromagnetische Elektron-Elektron-Korrelationen angenommen, die durch die spezielle Gitterstruktur der Hoch-T_c-Supraleiter zu einer anziehenden Wechselwirkung benachbarter Elektronen und damit zu einer Paarbildung ähnlich wie bei den Cooper-Paaren im Rahmen der BCS-Theorie führen (Abschn. 16.3).

London-Gleichungen. Den Brüdern Fritz London (1900–1954) und Heinz London (1907–1970) gelang es im Jahr 1935, die beiden grundlegenden Eigenschaften eines Supraleiters, widerstandsloser Strom ($R = 0$) und idealer „Diamagnetismus" ($B = 0$), im Rahmen der klassischen Elektrodynamik zu beschreiben. Dabei nahmen sie an, dass sich bei Temperaturen $T \leq T_c$ die Ladungsträgerdichte $n = n_s + n_n$ in einen normalleitenden Anteil n_n und einen supraleitenden Anteil n_s zerlegen lässt (*Zweiflüssigkeitsmodell*, entwickelt von László Tisza, 1907–2009 und Lew D. Landau, 1908–1968, Nobelpreis 1962). Für $T \to T_c$ nimmt der Anteil der supraleitenden Ladungsträger auf $n_s = 0$ ab, für $T \to 0$ wird hingegen $n_n = 0$.

Die supraleitenden Ladungsträger mit Ladung e_s und Masse m_s werden in einem elektrischen Feld E beschleunigt. Daher gilt für die supraleitende Komponente mit der Stromdichte $j_s = e_s n_s v_s$ die Beziehung:

$$\frac{\partial j_s}{\partial t} = \frac{e_s^2 n_s}{m_s} E \, . \tag{16.3}$$

Dies ist die *1. London-Gleichung*, die den verlustfreien Stromtransport beschreibt. Die Brüder London nahmen an, dass die supraleitenden Ladungsträger einzelne Elektronen sind. Im Rahmen der BCS-Theorie (Abschn. 16.3) handelt es sich bei der supraleitenden Komponente um Cooper-Paare mit der Masse $m_s = 2m_e$ und der Ladung $e_s = -2e_0$ und einer Anzahldichte, die (für $T \to 0$) $n_s = n/2$, d.h. halb so groß ist wie die Dichte der Leitungselektronen. Der Faktor 2 kürzt sich in dem Faktor vor E in Gl. (16.3) gerade heraus.

Mit der Maxwell-Gleichung $\nabla \times E = -\dot{B}$ folgt aus Gl. (16.3)

$$\frac{\partial}{\partial t} \left(\nabla \times j_s + \frac{e_s^2 n_s}{m_s} B \right) = 0 \, . \tag{16.4}$$

Unter Verwendung der Maxwell-Gleichung $j_s = -\nabla \times B / \mu_0$ (unter Vernachlässigung des dielektrischen Verschiebungsstroms) folgt $\nabla \times \dot{B} = \mu_0 e_s^2 n_s \dot{B} / m_s$ und wegen $\nabla \cdot B = 0$ und mit der Abkürzung $\Lambda = m_s / (e_s^2 n_s)$ ergibt sich

$$\nabla^2 \dot{B} = \frac{\mu_0}{\Lambda} \dot{B} \, . \tag{16.5}$$

Diese Gleichung beschreibt, dass der ideale Leiter keine Feldänderung im Inneren zulässt. Der Meißner-Ochsenfeld-Effekt hingegen bedeutet, dass es im Inneren eines Supraleiters kein Magnetfeld gibt. Er lässt sich daher nur beschreiben, wenn man die Integrationskonstante bei Integration von Gl. (16.4) über die Zeit null setzt, also wenn über die klassische Elektrodynamik hinaus

$$\nabla \times \boldsymbol{j}_\mathrm{s} + \frac{1}{\Lambda} \boldsymbol{B} = 0 \tag{16.6}$$

gefordert wird. Dies ist die *2. London-Gleichung*. Damit wird aus Gl. (16.5)

$$\nabla^2 \boldsymbol{B} = \frac{\mu_0}{\Lambda} \boldsymbol{B} \,. \tag{16.7}$$

Im Folgenden soll der in ▶Abb. 16.10 dargestellte Spezialfall betrachtet werden, bei dem der Supraleiter den Halbraum mit $x > 0$ einnimmt und das äußere Magnetfeld in z-Richtung anliegt: $\boldsymbol{B}_\mathrm{a} = (0, 0, B_\mathrm{a})$. Damit vereinfacht sich Gl. (16.7): $\mathrm{d}^2 B / \mathrm{d}x^2 = \mu_0 B / \Lambda$ mit der Lösung

$$B(x) = B_\mathrm{a} \exp\left(-\frac{x}{\lambda_\mathrm{L}}\right) , \tag{16.8}$$

wobei $B = B_\mathrm{a}$ die Feldstärke im Halbraum $x < 0$ ist. Die Größe $\lambda_\mathrm{L} = \sqrt{\Lambda / \mu_0}$ wird *London-Eindringtiefe* genannt. Auf dieser Längenskala klingt das Magnetfeld ab, und in diesem Bereich nahe der Oberfläche fließen die supraleitenden Abschirmströme mit der Stromdichte

$$\boldsymbol{j}_\mathrm{s} = \boldsymbol{j}_0 \exp\left(-\frac{x}{\lambda_\mathrm{L}}\right) , \tag{16.9}$$

die das Innere des Supraleiters feldfrei halten. Die Eindringtiefe λ_L ist temperaturabhängig, da n_s von T abhängt: Für $T \to T_\mathrm{c}$, d. h. $n_\mathrm{s} \to 0$, divergiert λ_L, das Magnetfeld dringt immer weiter in den Supraleiter ein.

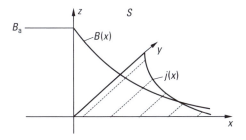

Abb. 16.10 Grenzfläche zwischen einem Supraleiter S ($x > 0$) und Vakuum ($x < 0$). Das äußere Feld B_a (angelegt in z-Richtung) klingt im Inneren exponentiell ab. Eingezeichnet sind auch die supraleitenden Abschirmströme, die parallel zur Grenzfläche in y-Richtung fließen und ebenfalls exponentiell abklingen.

In dünnen supraleitenden Schichten der Dicke $d < \lambda_\mathrm{L}$ klingt B nicht vollständig auf null ab. Andererseits wird aber die Kondensationsenergie, die ein Maß für die Stabilität des supraleitenden Zustands ist, in der dünnen Schicht nicht geändert und das kritische Magnetfeld dünner Schichten mit $d < \lambda_L$ ist größer als B_c des entsprechenden kompakten Materials.

Die London-Gleichungen ergänzen gewissermaßen die Maxwell-Gleichungen um die Materialgleichungen für supraleitende Metalle. Hierbei wurde jedoch die normalleitende Komponente vernachlässigt, die bei einem zeitlich sich ändernden Feld berücksichtigt werden muss. So entstehen auch in einem Supraleiter bei endlichen Temperaturen Wechselstromverluste durch die hin und her beschleunigten normalleitenden Elektronen. Zudem wurde eine lokale Beziehung zwischen j_s, E und dem Vektorpotential A, das durch $B = \nabla \times A$ gegeben ist, vorausgesetzt: j_s ist an jedem Ort r eindeutig bestimmt durch E und A an diesem Ort. Dies gilt nur, wenn die Felder auf einer Längenskala, auf der sich die Dichte der „supraleitenden" Elektronen ändert, konstant bleiben. Anderenfalls muss man eine allgemeinere nicht lokale Beziehung berücksichtigen, die analog zum Zusammenhang zwischen Stromdichte und elektrischem Feld beim anomalen Skin-Effekt ist.

Mit $B = \nabla \times A$ lässt sich die 2. London-Gleichung schreiben als:

$$\Lambda j_s + A = 0 . \tag{16.10}$$

Diese Gleichung ist allerdings nicht eichinvariant. Damit (bei Abwesenheit freier Ladungen) $\nabla \cdot j_s = 0$ erfüllt ist, muss A so gewählt werden, dass $\nabla \cdot A = 0$ *(London-Eichung)* gilt.

Quantisierung des magnetischen Flusses. Schon die Gebrüder London nahmen an, dass sich die Bewegung der supraleitenden Ladungsträger im Supraleiter mit einer Gesamtwellenfunktion $\Psi(r)$ beschreiben lässt, die einer Schrödinger-Gleichung

$$-\frac{\hbar^2}{2m_s}\nabla^2 (p - q_s A)\Psi(r) = (E - E_{pot}(r))\Psi(r) \tag{16.11}$$

genügt. Im Rahmen der BCS-Theorie (Abschn. 16.3) wird diese Annahme quantenphysikalisch begründet.

Mit dieser Annahme ergibt sich eine weitere, überraschende Eigenschaft von Supraleitern: die Quantisierung des magnetischen Flusses Φ in einem supraleitenden Ring. Die Supraleitung ist in diesem Fall also auf einen Torus begrenzt. In der Schrödinger-Gleichung ist dementsprechend für $E_{pot}(r)$ ein entsprechender kastenförmiger Potentialtrog anzunehmen. Zwar ist im Supraleiter $B = 0$, aber der Ring kann einen magnetischen Fluss Φ umschließen. Dann gibt es im Supraleiter ein Vektorpotential A, das die Beziehung $\oint A \cdot dr = \Phi$ erfüllt. Dieses Vektorpotential ist in der Schrödinger-Gleichung (Gl. (16.11)) berücksichtigt worden.

In Analogie zur Quantisierung der Drehimpulskomponente L_z ergibt sich in diesem Fall, dass der magnetische Fluss Φ nur ganzzahlige Vielfache der Größe

$$\frac{h}{q_s} \approx 2.07 \cdot 10^{-15} \text{ Vs} \tag{16.12}$$

annehmen kann. Der Zahlenwert ergibt sich, wenn im Einklang mit der BCS-Theorie $q_s = 2e_0$ gesetzt wird. Der magnetische Fluss Φ, den ein supraleitender Ring umschließt, ist also in der Einheit des *magnetischen Flussquants* $\Phi_0 = h/2e_0$ quantisiert:

$$\Phi = n\frac{h}{2e_0} \, . \tag{16.13}$$

Ein Flussquant entspricht dem magnetischen Fluss, den das erdmagnetische Feld in einer Kreisfläche mit dem Durchmesser von etwa 7 μm erzeugt. Notwendig zum Nachweis der Flussquantisierung ist also eine sehr gute Abschirmung des Erdfeldes und die Untersuchung sehr kleiner Ringe. Der Nachweis gelang im Jahr 1961 Robert Doll (*1923) zusammen mit Martin Näbauer (1919 – 1962) und davon unabhängig Bascom S. Deaver Jr. (*1930) zusammen mit William M. Fairbank Sr. (1917 – 1989). Doll und Näbauer bedampften einen 10 μm dicken Quarzfaden ringsherum mit einer Bleischicht ($d > \lambda_L$) und maßen die Größe des in verschiedenen angelegten Magnetfeldern nach Abkühlung unter T_c jeweils eingefrorenen magnetischen Flusses über das damit verknüpfte magnetische Moment. Sie erhielten – ebenso wie Deaver und Fairbank – für das Flussquant tatsächlich den Wert $h/2e_0$. Dies war eine überzeugende Demonstration der Existenz von Cooper-Paaren und damit eine eindrucksvolle Bestätigung der Vorhersage der BCS-Theorie.

Ginzburg-Landau-Theorie. Die Quantisierung des von einem supraleitenden Ring umschlossenen magnetischen Flusses ist ein Beleg, dass die Supraleitung ein quantenphysikalisches Phänomen ist. Die im Rahmen der klassischen Elektrodynamik entwickelte Theorie der Gebrüder London wird dem quantenphysikalischen Aspekt nicht gerecht. Die London-Gleichungen beschreiben insbesondere einen räumlich homogenen, supraleitenden Zustand, bei dem die Dichte n_s der „supraleitenden" Elektronen im Supraleiter räumlich konstant ist und an der Oberfläche abrupt null wird. Quantenphysikalisch hingegen ist $n_s = |\Psi(r)|^2$ und klingt dementsprechend stetig auf null ab. Dieser Aspekt wird in der Ginzburg-Landau-Theorie – benannt nach Vitaly L. Ginzburg (1916 – 2009, Nobelpreis 2003) und Lew D. Landau – berücksichtigt. Mit dieser Theorie ist es möglich, auch das Flussliniengitter der Shubnikov-Phase, die in Typ-II-Supraleitern auftritt, zu erklären.

Die Ginzburg-Landau-Theorie basiert auf der Landau-Theorie der Phasenübergänge, bei denen ein ungeordneter Zustand der Materie in einen geordneten Zustand übergeht. Ein Beispiel ist der Phasenübergang ferromagnetischer Stoffe bei Abkühlung unter die Curie-Temperatur. Beim Eisen ordnen sich in diesem Fall die Spins der $3d$-Elektronen. Um den Phasenübergang thermodynamisch zu beschreiben, wird in die Theorie ein Ordnungsparameter eingeführt.

Auch die Ginzburg-Landau-Theorie ist eine thermodynamische Theorie dieser Art, bei der als Ordnungsparameter die Gesamtwellenfunktion Ψ der supraleitenden Ladungsträger verwendet wird. Die im normalleitenden Zustand sich unkorreliert bewegenden Ladungsträger ordnen sich beim Phasenübergang in den supraleitenden Zustand beschrieben mit der Gesamtwellenfunktion Ψ. In Abhängigkeit von diesem Ordnungsparameter ist dann die freie Enthalpie G (Gibbs'sche freie Energie, Bd. 1, Abschn. 16.4) zu berechnen. Ginzburg und Landau gehen von einem Potenzreihenansatz für die freie Enthalpie bei räumlich homogenem $|\Psi|$ aus. Im Oberflächenbereich ist zusätzlich eine kinetische Energie zu berücksichtigen. Damit ergibt sich für den magnetfeldfreien Fall:

$$G(\Psi) = G_n + \int_V \left(\alpha |\Psi|^2 + \beta |\Psi|^4 + \frac{1}{2m_s} |-i\hbar\nabla\Psi|^2 \right) dV \, . \tag{16.14}$$

Dabei ist G_n die als konstant angenommene freie Enthalpie der normalleitenden Elektronen und α und β sind temperaturabhängige Parameter. Wenn sich der Supraleiter in einem äußeren Magnetfeld befindet, kommen weitere Terme hinzu. Der Supraleiter ist im thermodynamischen Glcichgewicht, wenn G einen minimalen Wert hat. Der Ansatz führt also auf ein Variationsproblem, dessen Ergebnis die beiden *Ginzburg-Landau-Gleichungen* sind:

$$0 = \alpha\Psi + \beta|\Psi|^2\Psi + \frac{1}{2m_s}(-i\hbar\nabla + 2eA)^2\Psi \ , \qquad (16.15)$$

$$j_s = -\frac{i\hbar e_0}{m_s}(\Psi^*\nabla\Psi - \Psi\nabla\Psi^*) - \frac{4e_0^2}{m_s}\Psi^*\Psi A \ . \qquad (16.16)$$

Für einen homogenen Supraleiter vereinfacht sich die erste Ginzburg-Landau-Gleichung (Gl. (16.15)) im magnetfeldfreien Fall zu: $\alpha\Psi + \beta|\Psi|^2\Psi = 0$. Die Lösung $\Psi = 0$ entspricht dann dem nicht-supraleitenden Zustand, der für Temperaturen $T > T_c$ vorliegt. Für Temperaturen $T < T_c$ ist $\Psi \neq 0$ mit $|\Psi|^2 = -\alpha(T)/\beta(T)$ und $\alpha(T)/\beta(T) < 0$. Die erste Ginzburg-Landau-Gleichung ähnelt formal der stationären, also zeitunabhängigen, Schrödinger-Gleichung. Dabei ist jedoch zu beachten, dass die Größe $|\Psi|^2$ in Gl. (16.15) nicht wie in der Quantenmechanik üblich als Wahrscheinlichkeitsdichte, sondern hier als Dichte der Ladungsträger der Supraleitung zu interpretieren ist. Mathematisch ist die erste Ginzburg-Landau-Gleichung eine zeitunabhängige Gross-Pitajewski-Gleichung (benannt nach Eugene P. Gross, 1926–1991 und Lew P. Pitajewski, *1933), die eine nichtlineare Verallgemeinerung der Schrödinger-Gleichung darstellt. Die zweite Ginzburg-Landau-Gleichung (Gl. (16.16)) beschreibt die supraleitende Komponente der Ladungsträgerstromdichte und entspricht der dazu äquivalenten Größe in der ersten London-Gleichung (Gl. (16.3)).

Für die Eigenschaften des Supraleiters ist vor allem die Oberflächenschicht des supraleitenden Zustands interessant, wo $|\Psi|$ auf null abfällt. Die Schichtdicke kann durch eine temperaturabhängige *Ginzburg-Landau-Kohärenzlänge* $\xi_{GL}(T)$ charakterisiert werden. Aus dem Ansatz Gl. (16.14) bzw. aus der ersten Ginzburg-Landau-Gleichung (Gl. (16.15)) folgt die Kohärenzlänge

$$\xi_{GL}(T) = \frac{\hbar}{\sqrt{2m_s|\alpha(T)|}} = \frac{\hbar}{\sqrt{2m_s|\alpha_0|}}\sqrt{\frac{T_c}{T_c - T}} \ . \qquad (16.17)$$

Die Ginzburg-Landau Kohärenzlänge $\xi_{GL}(T)$ und die ebenfalls temperaturabhängige *Ginzburg-Landau-Eindringtiefe*

$$\lambda_{GL}(T) = \sqrt{\frac{m_s c^2 \beta_0}{4\pi\, e_0^2|\alpha_0|}} \cdot \sqrt{\frac{T_c}{T_c - T}} \qquad (16.18)$$

sind zwei charakteristische Längen für Supraleiter im Rahmen der Ginzburg-Landau-Theorie. Das Verhältnis $\kappa = \lambda_{GL}(T)/\xi_{GL}(T)$ dieser Längen heißt *Ginzburg-Landau-Parameter*. Der Wert von κ ist entscheidend dafür, ob es sich um einen Typ-I- oder einen Typ-II-Supraleiter handelt. Ein Typ-I-Supraleiter liegt vor, wenn $\kappa < 1/\sqrt{2}$ ist und ein Typ-II-Supraleiter, wenn $\kappa > 1/\sqrt{2}$ ist.

16.3 Grundzüge der BCS-Theorie

Im normalleitenden Zustand führt die Kopplung der Leitungselektronen an die Gitterschwingungen oder, in der Terminologie der Quantenphysik, die Elektron-Phonon-Streuung zu Dissipation und damit zu einer endlichen Leitfähigkeit. Im supraleitenden Zustand sind hingegen Streuprozesse der supraleitenden Ladungsträger an Phononen nicht möglich. Die Gesamtheit der supraleitenden Ladungsträger ist damit nicht nur von den Gitterschwingungen, sondern generell von der Umgebung so optimal abgekoppelt, dass sie sich in einem quantenmechanischen Zustand befinden. Nach Ginzburg und Landau lässt sich dieser Zustand sogar durch eine Wellenfunktion $\Psi(r)$ beschreiben, die sich über den gesamten supraleitenden Bereich erstreckt. Wie lassen sich diese Vorstellungen zu einem in sich konsistenten theoretischen Konzept zusammenfügen? Die grundlegende Idee hatte 1956 Leon N. Cooper (*1930, Nobelpreis 1972). Er nahm an, dass sich unterhalb der Sprungtemperatur Elektronenpaare bilden, die sich gemeinsam wie Bosonen verhalten und daher in ein und denselben Quantenzustand kondensieren können. Die *Cooper-Paare* können also ein Bose-Einstein-Kondensat (Abschn. 5.5) bilden, bei dem sich alle Cooper-Paare in dem energetisch tiefst möglichen Quantenzustand befinden.

Cooper-Paare. Wenn sich einfache Leitungselektronen durch ein Kristallgitter bewegen, wechselwirken sie aufgrund ihrer elektrischen Ladung mit den Gitterbausteinen und verzerren daher das Gitter. Diese Elektronen können mit Bloch-Zuständen $\Psi(k,r) = u(k,r)\exp(ik \cdot r)$ mit Energien nahe der Fermi-Energie beschrieben werden (Abschn. 13.3). Ein Cooper-Paar bilden zwei Elektronen mit gegeneinander gerichteten Wellenvektoren $k_1 = -k_2 = k$. Die Zustandsfunktion eines Cooper-Paares kann dementsprechend wie die Zustandsfunktion freier Atome (Abschn. 5.4) faktorisiert werden in einen internen Zustand $|\text{int}\rangle$ und einen Translationszustand $|\text{trans}\rangle$. Dabei ist der interne Zustand als ein bezüglich Elektronenaustausch symmetrischer (oder in Ausnahmefällen auch antimetrischer) Zweielektronenzustand darstellbar, der nur vom Abstandsvektor $(r_1 - r_2)$ abhängt, und der Translationszustand $|\text{trans}\rangle = \exp(ik \cdot (r_1 + r_2))$ eine ebene Welle, die eine (langsame) Schwerpunktsbewegung beschreibt. Ein einfaches mathematisches Beispiel für einen symmetrischen internen Zweielektronenzustand ist die Funktion $\cos(k \cdot (r_1 - r_2))$. Die Austauschsymmetrie bedingt, dass der Spinzustand dann antimetrisch ist, das Cooper-Paar also den Gesamtspin $S = 0$ hat.

Es bleibt die Frage zu klären, weshalb die Cooper-Paare zumindest bei langsamer Translationsbewegung energetisch hinreichend stabil sind, so dass sie als gebundenes Teilchensystem betrachtet werden können, das durch die Wechselwirkung mit dem Gitter nicht zerstört wird. Entscheidend für die Stabilität ist, dass die beiden Elektronen eines Cooper-Paares korrelierte Aufenthaltswahrscheinlichkeiten haben. Bei geeigneter Korrelation kompensieren sich die Einwirkungen der beiden Elektronen auf das Gitter weitgehend, so dass einerseits die Wechselwirkung des Paares mit dem Gitter sehr viel kleiner ist als die Wechselwirkung eines einzelnen Elektrons mit dem Gitter und andererseits die beiden Elektronen energetisch aneinander gebunden sind. Bei tiefen Temperaturen wird die Bildung von Cooper-Paaren begünstigt, da mit abnehmender Temperatur generell auch die Lokalisierung der Ladungsträger schwächer wird.

Die Bindungsenergie $E_c = \hbar\omega_c$ eines Cooper-Paares kann wie die Bindungsenergie der zwei Nukleonen im Deuteron auf einen Massendefekt zurückgeführt werden (Abschn. 9.1). So wie das von einem Nukleon ausgehende Pionenfeld zur Masse des

Nukleons beiträgt, trägt auch das Phononenfeld zur Masse eines Leitungselektrons bei. Durch die Paarbindung werden die jeweiligen Felder in der Umgebung des Paares erheblich schwächer, so dass die Gesamtmasse des Paares kleiner als die Summe der Einzelmassen ist. In gleicher Weise erklärt sich auch die Bindungsenergie eines Wasserstoffatoms. In diesem Fall kompensieren sich die elektrischen Felder von Proton und Elektron, so dass das Atom nach außen als neutrales Teilchen erscheint.

Im Rahmen der nichtrelativistischen Quantenmechanik wird die Bindung modellmäßig durch die Annahme eines schwach bindenden Kastenpotentials, das zwischen den Leitungselektronen wirkt, erklärt. Cooper nahm ein im k-Raum isotropes Kastenpotential an:

$$V_{k,k'} = \begin{cases} -V_0 & \text{für} \quad k_F < k, \ k' < \sqrt{2m(E_F + E_c)}/\hbar \\ 0 & \text{sonst} \end{cases}.$$

(16.19)

Es hat eine Potentialtiefe V_0 in einem schmalen Wellenlängenbereich bei $k_F = \sqrt{2m_e E_F}/\hbar$. (Wirklich stabil sind die so gebundenen Paare jedoch nicht, da sie aus gegeneinander gerichteten Elektronenwellen mit $k \approx k_F$ gebildet werden.)

Im Formalismus der Quantenelektrodynamik wird die Bindung der Teilchenpaare mit dem Austausch virtueller Feldquanten erklärt und dementsprechend mit Feynman-Diagrammen beschrieben (Abschn. 12.1). So wie im Fall der elektromagnetischen Wechselwirkung die Elementarprozesse der Kopplung elektrisch geladener Teilchen an die Photonen mit Feynman-Diagrammen symbolisiert werden, können auch die Elementarprozesse der Elektron-Phonon-Kopplung mit Feynman-Diagrammen dargestellt werden. Die Analogie von Cooper-Paaren und Wasserstoffatomen macht auch nochmal deutlich, weshalb Cooper-Paare sich ungehindert im Kristallgitter eines Supraleiters bewegen können. Das Cooper-Paar wirkt bezüglich des Phononenfeldes etwa so neutral wie ein Wasserstoffatom in einem elektrischen Feld. Nur wenn sich die Teilchenpaare zu schnell in einem inhomogenen äußeren Feld bewegen, bricht die Bindung auf.

BCS-Grundzustand. Ausgehend von der Idee der Cooper-Paare wurde 1957 die Theorie der Supraleitung – die BCS-Theorie – von John Bardeen (1908 – 1991), Leon N. Cooper und John R. Schrieffer (*1931; gemeinsamer Nobelpreis 1972) entwickelt. Demnach kann man sich im Zweiflüssigkeitenmodell des elektrischen Stromes im Supraleiter die supraleitende Komponente als Bose-Einstein-Kondensat von Cooper-Paaren vorstellen. Da sich dabei alle Paare im selben Quantzustand befinden, sind die Cooper-Paare keine identifizierbaren, aus zwei bestimmten Elektronen bestehende Teilchen, sondern prinzipiell ununterscheidbar. Auch die Paarwechselwirkung ist dabei nicht an bestimmte Paarungen gebunden.

Um zu erklären, wie sich die Paarwechselwirkung $V_{k,k'}$ bei der Temperatur $T = 0$ auf die Zustände und die Energie der Leitungselektronen in der Umgebung der Fermi-Energie auswirkt, sind nun wieder die Zustände der Einelektronnäherung Ausgangspunkt und die Paarwechselwirkung wird als kleine Störung betrachtet. Grundsätzlich führt sie wie jeder Störoperator H_1, der nicht mit dem anfangs angesetzten Hamilton-Operator H_0 kommutiert, zu Zustandsmischungen und zu einer Aufspaltung entarteter Energieniveaus. Wenn $H_0(k)$ von einem Parameter k abhängt und man die Eigenzustände von $(H_0(k) + H_1)$ und die Energieniveaus in der Umgebung eines Level-crossings von $H_0(k)$ berechnet, ergibt sich eine vermiedene Kreuzung (Abschn. 5.3). Die Eigenzustände von $H_0(k)$ sind maximal gemischt, wenn der Energieabstand minimal ist.

In analoger Weise kann man den Einfluss der Störung $V_{k,k'}$ auf die Einelektronzustände $|k\rangle$ in der Umgebung der Fermi-Energie E_F berechnen. Die Zustandsmischung führt hier auf das Modell der *Quasiteilchen*. Ohne Störung sind bei $T = 0$ alle Einelektronzustände oberhalb der Fermi-Energie unbesetzt und unterhalb der Fermi-Energie besetzt. Bei der Anregung eines Elektrons entsteht aus diesem Grundzustand ein Teilchen-Loch-Zustand. Die Störung $V_{k,k'}$ führt nun zu einer Mischung von Teilchenzuständen oberhalb der Fermi-Energie und Lochzuständen unterhalb der Fermi-Energie. In der Einelektronnäherung sind also bei Berücksichtigung der Störung Superpositionen von Teilchen- und Lochzuständen besetzt oder unbesetzt. Um diese Komplikation zum Ausdruck zu bringen, spricht man jetzt von Quasiteilchen. Außerdem führt die Störung an der Fermi-Energie zu einer Energielücke Δ_0. Bei $T = 0$ sind alle Superpositionszustände unterhalb der Energielücke besetzt und die Superpositionszustände oberhalb der Energielücke unbesetzt.

Bislang wurde nur der BCS-Grundzustand bei $T = 0$ beschrieben. Bei Temperaturen $T > 0$ sind einerseits auch Zustände oberhalb der Energielücke besetzt und dafür bleiben Zustände unterhalb der Energielücke unbesetzt. Es gibt dann also Ladungsträger, die als Quasiteilchen und Quasilöcher zu betrachten sind. Andererseits schrumpft mit zunehmender Temperatur aber auch die Energielücke $\Delta(T)$ und verschwindet ganz bei $T = T_c$. Den Temperaturverlauf der reduzierten Energielücke $\Delta(T)/\Delta_0$ zeigt ▶Abb. 16.11. Die berechnete Kurve ist in guter Übereinstimmung mit den experimentellen Werten von Tantal. Die Theorie liefert für $\Delta(T)$ und T_c die Beziehung

$$\frac{\Delta_0}{k_B T_c} = 1.76 . \tag{16.20}$$

Die experimentellen Werte liegen zwischen 1.5 und 2.5.

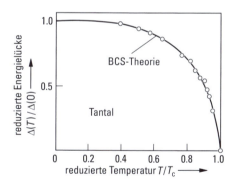

Abb. 16.11 Temperaturverlauf der Energielücke $\Delta(T)$ eines BCS-Supraleiters (mit isotroper Elektron-Phonon-Wechselwirkung). Eingezeichnet sind experimentelle Daten für Ta.

Isotopeneffekt. Eine wichtige Demonstration der Elektron-Phonon-Kopplung als Ursache der attraktiven Wechselwirkung in Supraleitern mit niedrigem T_c ist der Isotopeneffekt, d. h. die Abhängigkeit von T_c von der Atommasse M. Für eine Reihe von isotopenreinen supraleitenden Elementen wurde schon vor der Entwicklung der BCS-Theorie experimentell gefunden, dass $T_c \sim M^{-\beta}$ mit $\beta \approx 0.5$ ist. Diese Abhängigkeit lässt sich wie folgt interpretieren. Die Schwingungsfrequenz eines harmonischen Oszillators ist gegeben durch $\omega = \sqrt{f/M}$, wobei f die Federkonstante ist, die von der Bindung der Elektronen im Kristall, nicht aber von M abhängt. Damit ist die Debye-Frequenz $\omega_D \sim M^{-0.5}$. Daher lässt sich erwarten, dass sich mit der Frequenz der Gitterschwingungen auch T_c in etwa gleicher Weise mit der Isotopenmasse M ändert, sofern das Phänomen der Supraleitung wirklich mit der Elektron-Phonon-Kopplung erklärt werden kann.

Quasiteilchentunneln. Ein zentrales Ergebnis der BCS-Theorie ist die Behauptung, dass sich im supraleitenden Zustand an der Fermi-Energie eine Energielücke im Energiespektrum der Elektronenzustände bildet. In der Nähe der Fermi-Energie verwandeln sich beim Übergang in den supraleitenden Zustand die gewöhnlichen Einelektronzustände in Quasiteilchenzustände, und damit einhergehend rücken die Zustände oberhalb und unterhalb der Fermi-Energie energetisch auseinander. Oberhalb und unterhalb der Energielücke 2Δ erhöht sich dabei die Zustandsdichte der Einteilchenzustände (▶ Abb. 16.12a).

Die Existenz dieser Energielücke wurde erstmals 1960 von Ivar Giaever (*1929, Nobelpreis 1973) nachgewiesen. Dazu untersuchte er den Elektronenstrom $I(U)$ durch einen *Tunnelkontakt* zwischen zwei Supraleitern in Abhängigkeit von einer anliegenden Spannung U. Der Tunnelkontakt ist eine dünne isolierende Schicht, die wie ein Potentialwall wirkt, durch den Elektronen aufgrund des quantenmechanischen Tunneleffekts (Abschn. 1.3) hindurchströmen können. Zunächst soll hier der Strom $I(U)$ durch einen Tunnelkontakt zwischen einem Supraleiter und einem Normalleiter betrachtet werden (▶ Abb. 16.12). Mit dieser Anordnung lässt sich die Energielücke $\Delta(T)$ als Funktion der Temperatur T sehr genau messen (▶ Abb. 16.11).

Bei $T = 0$ sind im Supraleiter alle Quasiteilchenzustände unterhalb der Energielücke besetzt und diejenigen oberhalb der Energielücke unbesetzt. Bei $U \approx 0$ sei die

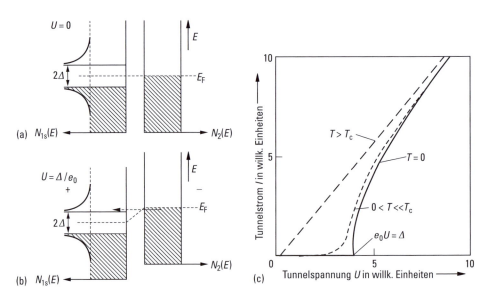

Abb. 16.12 Das Quasiteilchentunneln zwischen einem Normalleiter (rechts) und einem Supraleiter (links). Beide Metalle sind durch eine isolierende Schicht getrennt. Aufgetragen sind die (Quasiteilchen-) Zustandsdichten (nach links bzw. rechts, schraffiert: besetzte Zustände) als Funktion der Energie, (a) ohne Anlegen einer Spannung, (b) bei einer Spannung $U = \Delta/e_0$. Hier setzt ein hoher Strom ein. (c) Strom-Spannungs-Kennlinie $I(U)$ bei $T = 0$, bei $0 < T \ll T_c$ und bei $T > T_c$.

Fermi-Energie E_F genau in der Mitte der Energielücke des Supraleiters. In diesem Fall (▶ Abb. 16.12a) kann kein Strom fließen ($I = 0$). Erst wenn $e_0|U| > \Delta$ ist, bieten sich entweder den Leitungselektronen des Normalleiters (▶ Abb. 16.12b) oder den Quasiteilchen des Supraleiters auf der anderen Seite des Tunnelkontakts unbesetzte Zustände an. Ersteres ist der Fall, wenn $e_0U > \Delta$, letzteres wenn $e_0U < -\Delta$. In beiden Fällen fließt also ein Strom $I > 0$. Die Strom-Spannungs-Kennlinie $I(U)$ zeigt ▶ Abb. 16.12c. Aufgrund thermischer Anregungen im Normalleiter sind die Kennlinien bei $T > 0$ etwas verschmiert. Zur genauen Messung von Δ wird der Gleichspannung U eine Wechselspannung $U_1(\omega t)$ mit kleiner Amplitude überlagert, so dass ein differentielles Signal des steilen Stromanstiegs nachgewiesen werden kann.

16.4 Der Josephson-Effekt

Gemäß der bisherigen Diskussion des BCS-Grundzustands können sich auch hier wie bei gewöhnlichen Leitern die Quasiteilchen in den besetzten Zuständen nur bewegen, wenn sie in unbesetzte Zustände gleicher Energie wechseln können. Dass sich ein Supraleiter trotz der Energielücke nicht wie ein Isolator verhält, liegt daran, dass Paarzustände von zwei oder einer größeren geraden Zahl von Elektronen praktisch keinen Bezug mehr zur räumlichen Struktur des Kristallgitters haben. Sie sind vom Kristallgitter abgekoppelt und verhalten sich daher wie ein Bose-Einstein-Gas von Cooper-Paaren im Vakuum. Insbesondere verhält sich ein solches Bose-Einstein-Gas wie ein idealer Diamagnet.

Wie in Abschn. 16.2 beschrieben, ist die Wellenfunktion eines einzelnen Cooper-Paares das Produkt einer (symmetrischen) internen Wellenfunktion $\Psi_{int}(\boldsymbol{r_1} - \boldsymbol{r_2})$, die nur vom Abstandsvektor $(\boldsymbol{r_1} - \boldsymbol{r_2})$ der beiden Elektronen abhängt, und einem Translationszustand $\exp(i\boldsymbol{k} \cdot (\boldsymbol{r_1} + \boldsymbol{r_2}))$ für die Schwerpunktsbewegung. Der insgesamt symmetrische Ortszustand des Zweielektronensystems ist dann zu ergänzen mit einem antimetrischen Spinzustand, d. h. das Cooper-Paar hat den Gesamtspin $S = 0$ (Singulett-Supraleiter). Die Bedeutung von Cooper-Paaren für die Supraleitung ist besonders gut erkennbar beim *Josephson-Effekt*, benannt nach Brian D. Josephson (*1940, Nobelpreis 1973).

Josephson-Kontakt. Als Josephson-Kontakt bezeichnet man einen Tunnelkontakt zwischen zwei Supraleitern mit hinreichend großer Kontaktfläche (Nebenbild in ▶ Abb. 16.13). Die Strom-Spannungs-Kennlinie $I(U_0)$ für die abgebildete Schaltung zeigt der Hauptteil von ▶ Abb. 16.13. In einem Josephson-Kontakt ist einerseits wie in einem Tunnelkontakt zwischen Supraleiter und Normalleiter ein Tunneln von Quasiteilchen möglich, wenn am Kontakt besetzte und unbesetzte Einteilchenzustände energetisch aufeinandertreffen. Daher steigt der Tunnelstrom steil an, wenn an der Kontaktstelle eine Spannung U_s anliegt, die dazu führt, dass die besetzten Zustände des einen Supraleiters die gleiche Energie haben wie die unbesetzten des anderen Supraleiters.

Andererseits ist aber bei einem Josephson-Kontakt auch ein Tunneln von Cooper-Paaren möglich. Auch wenn kein Tunnelstrom von Quasiteilchen energetisch erlaubt ist, können Cooper-Paare die Kontaktstelle durchtunneln. Der Strom der Cooper-Paare ist quantenmechanisch mit einer Wellenfunktion zu beschreiben, die sich über beide Supraleiter erstreckt. Die Kontaktstelle wirkt dabei wie eine Potentialbarriere.

URL für QR-Code: www.degruyter.com/josephson

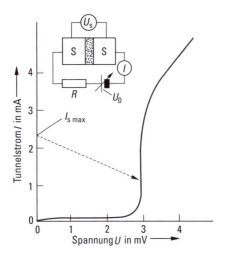

Abb. 16.13 Strom durch einen Josephson-Kontakt zwischen zwei Supraleitern. Wenn der Josephson-Strom bei der Spannung $U = 0$ den kritischen Wert $I_{s,max}$ erreicht, wird das Tunneln von Cooper-Paaren unterdrückt, und der Strom springt auf die Quasiteilchentunnelkennlinie. Die Steigung der gestrichelten Gerade wird durch den Ohm'schen Vorwiderstand R festgelegt. Das Nebenbild zeigt das Prinzipschaltbild eines Josephson-Kontakts.

Josephson-Gleichungen. Der Zustand der supraleitenden Cooper-Paare in einem Supraleiter kann mit der Wellenfunktion

$$\Psi(\boldsymbol{r}, t) = \sqrt{n_c}\, \exp(\mathrm{i}\phi(\boldsymbol{r}, t)) \tag{16.21}$$

beschrieben werden. Dabei ist $n_c = |\Psi|^2$ die Cooper-Paardichte. In dieser Darstellung der Wellenfunktionen können zwei gekoppelte Supraleiter 1 und 2 durch die zeitabhängigen Schrödinger-Gleichungen

$$-\frac{\hbar}{\mathrm{i}}\frac{\partial \Psi_1}{\partial t} = E_1 \Psi_1 + K \Psi_2 \quad \text{und} \quad -\frac{\hbar}{\mathrm{i}}\frac{\partial \Psi_2}{\partial t} = E_2 \Psi_2 + K \Psi_1 \tag{16.22}$$

beschrieben werden. Dabei gibt K die Stärke der Kopplung durch den Austausch von Cooper-Paaren an. Einsetzen für Ψ_1 und Ψ_2 und Trennen von Real- und Imaginärteil liefert

$$\frac{\mathrm{d}n_{c1}}{\mathrm{d}t} = \frac{2K}{\hbar}\sqrt{n_{c1}n_{c2}}\,\sin(\varphi_2 - \varphi_1),$$
$$\frac{\mathrm{d}n_{c2}}{\mathrm{d}t} = \frac{2K}{\hbar}\sqrt{n_{c1}n_{c2}}\,\sin(\varphi_2 - \varphi_1) \tag{16.23}$$

und

$$\frac{\mathrm{d}\varphi_1}{\mathrm{d}t} = -\frac{K}{\hbar}\sqrt{\frac{n_{c2}}{n_{c1}}}\,\cos(\varphi_2 - \varphi_1) - \frac{E_1}{\hbar},$$
$$\frac{\mathrm{d}\varphi_2}{\mathrm{d}t} = -\frac{K}{\hbar}\sqrt{\frac{n_{c1}}{n_{c2}}}\,\cos(\varphi_2 - \varphi_1) - \frac{E_2}{\hbar}. \tag{16.24}$$

Dabei muss gelten $\mathrm{d}n_{c1}/\mathrm{d}t = -\mathrm{d}n_{c2}/\mathrm{d}t$. Das Tunneln von Cooper-Paaren liefert einen Strom, der für zwei gleichartige Supraleiter wegen Gl. (16.23) gegeben ist durch

$$I_s = I_{s,max}\,\sin(\varphi_2 - \varphi_1) \tag{16.25}$$

mit $I_{s,max} = (4Ke_0/\hbar)\Omega n_c$ und dem Gesamtvolumen Ω der beiden Supraleiter. Eine Aufladung der beiden Supraleiter gegeneinander lässt sich verhindern, wenn man den Josephson-Kontakt mit einer Stromquelle verbindet. Da der Strom I_s durch Cooper-Paare getragen wird, fließt er ohne Verluste, man spricht daher auch von einem *Suprastrom*. An dem Kontakt fällt also keine Spannung ab, solange $I_s < I_{s,max}$. Die Größe des maximal möglichen Suprastroms wird durch Eigenschaften der Barriere bestimmt. Bei Überschreiten von $I_{s,max}$ bricht der Suprastrom zusammen, und die Spannung springt auf den für das Quasiteilchentunneln zwischen zwei Supraleitern minimal möglichen Spannungswert $2\Delta/e_0$ (▶ Abb. 16.13).

Die zeitliche Entwicklung der Phasendifferenz ist durch Gl. (16.24) bestimmt:

$$\frac{d}{dt}(\varphi_2 - \varphi_1) = \frac{1}{\hbar}(E_1 - E_2) \,. \tag{16.26}$$

Wenn $E_1 = E_2$ ist, die beiden Supraleiter sich also auf gleichem elektrochemischem Potential befinden, ist $\varphi_2 - \varphi_1 = $ const, und man beobachtet gemäß Gl. (16.25) einen Josephson-Gleichstrom. Bei Anliegen einer Spannung U am Kontakt ist $E_1 - E_2 = 2e_0 U$ und Gl. (16.26) wird

$$\frac{d}{dt}(\varphi_2 - \varphi_1) = \frac{2e_0 U}{\hbar} \,. \tag{16.27}$$

Die beiden Ausdrücke Gl. (16.25) und Gl. (16.27) heißen Josephson-Gleichungen. Integration von Gl. (16.27) liefert $(\varphi_2 - \varphi_1) = (2e_0 U/\hbar)t + \varphi_0$. Dies in Gl. (16.24) eingesetzt ergibt einen Wechselstrom mit der Frequenz

$$\nu = \frac{2e_0 U}{h} \,. \tag{16.28}$$

Dieses von Josephson vorhergesagte überraschende Ergebnis, dass eine über einem Josephson-Kontakt aufrechterhaltene Gleichspannung einen Supra-Wechselstrom hervorruft, lässt sich anschaulich so interpretieren: Beim Übertritt eines Cooper-Paares durch einen Kontakt ist der Energiesatz bei $U \neq 0$ nur dann erfüllt, wenn gleichzeitig ein Photon mit der Energie $h\nu = 2e_0 U$ emittiert wird. Der Josephson-Effekt wurde vielfach experimentell bestätigt. Der Josephson-Wechselstromeffekt hat eine grundsätzliche metrologische Bedeutung. Da Frequenzen sehr genau bestimmt werden können, ermöglicht dieser Effekt eine Präzisionsbestimmung von e_0/h und liefert einen Eichstandard für Spannungsmessungen. Andererseits ermöglicht der Josephson-Wechselstromeffekt Präzisionsmessungen von Spannungen in Einheiten des Frequenzstandards, wenn der Wert e_0/h als bekannt angenommen wird. Die Größe $K_g = 2e_0/h = \Phi_0^{-1} \approx 4.84 \cdot 10^{14}$ Hz/V, die gleich dem Inversen des magnetischen Flussquants (Abschn. 16.2) ist, heißt *Josephson-Konstante*.

Josephson-Kontakt im Magnetfeld. Ein angelegtes Magnetfeld führt über das Vektorpotential $\mathbf{A}$ zu einer Phasenverschiebung $\Delta\varphi$ längs des Pfades $\mathbf{s}$ einer quantenmechanischen Materiewelle mit Ladung q (Abschn. 12.1). Für ein Cooper-Paar mit $q = -2e_0$ ist

$$\Delta\varphi = \frac{2e_0}{\hbar} \int \mathbf{A} \cdot d\mathbf{s} \,. \tag{16.29}$$

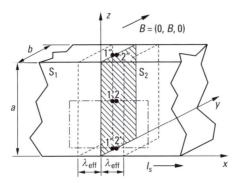

Abb. 16.14 Josephson-Kontakt im Magnetfeld. Die isolierende Schicht bei $x = 0$ (schraffiert) wird als unendlich dünn angenommen. Der Einfachheit halber wird die effektive Feldverteilung in den Supraleitern durch eine Stufe bei λ_{eff} ersetzt. Eingezeichnet sind die Integrationswege $1 \to 1'$ und $2 \to 2'$ zur Berechnung der Phasendifferenz durch das Vektorpotential.

In einem Josephson-Kontakt tritt diese Phasendifferenz zusätzlich zu einer gegebenenfalls ohne Magnetfeld vorhandenen Phasendifferenz $\varphi_2 - \varphi_1 = \varphi_0$ zwischen den beiden Supraleitern auf. Damit wird die Suprastromdichte ortsabhängig,

$$ j_s = j_{s,\text{max}} \sin \left(\varphi_2 - \varphi_1 + \frac{2e_0}{\hbar} \int \boldsymbol{A} \cdot \mathrm{d}\boldsymbol{s} \right) . \tag{16.30} $$

Mit $\boldsymbol{B} = (0, B, 0)$ ist eine mögliche Wahl des Vektorpotentials $\boldsymbol{A} = (0, 0, -xB)$. In ▶ Abb. 16.14 ist diese Geometrie dargestellt. Dabei sei angenommen, dass die Dicke der isolierenden Barriere $d \ll \lambda_{eff}$ ist und das jeweils exponentiell ins Innere der beiden Supraleiter abfallende Magnetfeld durch eine Stufenfunktion

$$ B = \begin{cases} B_0 & \text{für } |x| < \lambda_{eff} \\ 0 & \text{für } |x| \geq \lambda_{eff} \end{cases}, \tag{16.31} $$

beschrieben werden kann, wobei die effektive Eindringtiefe definiert ist durch $\lambda_{eff} = B_0^{-1} \int_0^\infty B(x) \mathrm{d}x$. Die Phasendifferenz zwischen den Punkten 1 und 2 hängt vom Ort der z-Koordinate ab:

$$ \Delta\varphi_{12}(z) = \frac{2e_0}{\hbar} 2\lambda_{eff} B_0 z + \varphi_0 = 2\pi \frac{\Phi(z)}{\Phi_0} + \varphi_0 . \tag{16.32} $$

Dabei ist $\Phi(z)$ der Magnetfluss durch die effektive Fläche $2z\lambda_{eff}$ und $\Phi_0 = h/2e_0$ das magnetische Flussquant. Bei der Berechnung wurde ausgenutzt, dass die Integrationswege $1 \to 1'$ und $2' \to 2$ mit Komponente parallel zu $\boldsymbol{A}$ tief im Inneren des Supraleiters liegen und die auf dem Weg insgesamt akkumulierte Phasendifferenz durch das Magnetfeld somit $(2e/\hbar)2\lambda_{eff} B_0 z$ beträgt. Damit folgt für die Stromdichte

$$ j_s(z) = j_{s,\text{max}} \sin \left(\varphi_0 + 2\pi \frac{\Phi(z)}{\Phi_0} \right) \tag{16.33} $$

und die Integration über z liefert

$$I_{s,max}(B) = I_{s,max}(0)\frac{\sin(\pi\Phi/\Phi_0)}{\pi\Phi/\Phi_0} .\tag{16.34}$$

Die Größe $\Phi = 2B_0 a\lambda_{eff}$ ist der gesamte magnetische Fluss durch den Josephson-Kontakt. Offenbar ist $I_s = 0$, wenn $\Phi = \Phi_0$: dann ist die Stromdichte bei $z = 0$ gerade durch die entgegengesetzte Stromdichte bei $z = a/2$ kompensiert. Dies ist ganz analog zur optischen Interferenz bei der Beugung an einem Einzelspalt der Breite b, wo der Strahl an einem Rand des Spaltes gerade destruktiv mit dem Strahl in der Mitte des Spaltes interferiert, wenn für den Beobachtungswinkel ϑ gilt $b\sin\vartheta = \lambda$ (Bd. 2, Abschn. 9.2). Entsprechend findet man zu jedem Stromdichtepfad bei $z = \varepsilon$ einen Pfad mit umgekehrter Stromdichte bei $z = \varepsilon + a/2$, mit $0 < \varepsilon \leq a/2$. Der Ausdruck für $I_{s,max}(B)$ ist daher vollkommen analog zum Ausdruck für die Intensität des am Einzelspalt gebeugten Lichts $I(\sin\vartheta)$. Insgesamt hat man Minima von $I_{s,max}(B)$, wenn $\Phi = n\Phi_0$ ($n = 1, 2, 3\ldots$) und Maxima bei $\Phi = 0$ sowie wenn $\Phi = (n+1/2)\Phi_0$. ▶ Abb. 16.15 zeigt die Abhängigkeit des maximalen Josephson-Stroms eines Sn/SnO/Sn-Tunnelkontakts vom angelegten Magnetfeld.

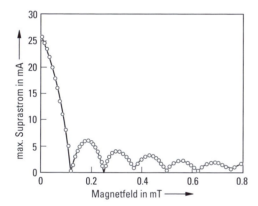

Abb. 16.15 Magnetfeldabhängigkeit des maximalen Josephson-Stroms $I_{s,max}$ eines Sn/SnO/Sn-Kontakts (Daten aus D. N. Langenberg, D. J. Scalapino und B. N. Taylor, Proc. IEEE **54**, 560, 1966).

SQUIDs. Mit einem Josephson-Kontakt kann man aufgrund des kleinen Werts von Φ_0 sehr kleine Änderungen des magnetischen Flusses durch Messung von $I_{s,max}$ detektieren. Die Empfindlichkeit gegenüber Magnetfeldänderungen hängt natürlich wegen $\Phi = \int \boldsymbol{B}\cdot d\boldsymbol{f}$ von der vom magnetischen Fluss durchdrungenen Fläche ab. Eine größere Auflösung lässt sich einfach durch Vergrößerung der Fläche erreichen. Die hohe Empfindlichkeit wird ausgenutzt in *Superconducting QUantum Interference Devices* (SQUIDs). Natürlich kann man auch jede andere physikalische Messgröße, die eine Magnetfeldänderung hervorruft, entsprechend empfindlich bestimmen, wie z. B. elektrische Ströme oder Spannungen. Die Anwendungen von SQUIDs liegen einerseits im wissenschaftlich-technischen Bereich (Magnetometer, hochempfindliche Spannungs- und Widerstandsmessbrücken), andererseits im medizinischen Bereich (kontaktlose Messung von Gehirnströmen: Magnetoenzephalographie).

Beim *Gleichstrom*-SQUID (dc-SQUID) werden zwei möglichst identische Josephson-Kontakte in einem supraleitenden Ring parallel geschaltet. In einem Magnetfeld senkrecht zur Ringfläche ist der magnetische Fluss Φ_f durch jeden einzelnen Kontakt wesentlich kleiner als der magnetische Fluss Φ_F durch den gesamten Ring. Dann gilt für den gesamten maximalen Josephson-Strom durch beide Kontakte

$$I_{s,\text{ges}} = 2I_{s,\text{max}} \frac{\sin(\pi\,\Phi_f/\Phi_0)}{\pi\,\Phi_f/\Phi_0} \cdot \cos\frac{\pi\,\Phi_F}{\Phi_0} . \tag{16.35}$$

Hierbei ist wieder $I_{s,\text{max}}$ der maximale Josephson-Strom durch einen einzelnen Kontakt. Es treten also zusätzlich zu den bereits besprochenen Oszillationen des kritischen Stroms des Einzelkontakts Oszillationen im kritischen Strom $I_{s,\text{ges}}$ des Doppelkontakts auf: Maxima von $I_{s,\text{ges}}$ findet man, wenn die Josephson-Ströme durch die beiden Kontakte gleichgerichtet sind, Minima, wenn sie entgegengesetzt gerichtet sind. Auch hier hat man also mit Gl. (16.35) eine vollständige Analogie zum optischen Doppelspalt (Bd. 2, Abschn. 9.2). Es sei noch erwähnt, dass im praktischen Betrieb dc-SQUIDs immer oberhalb des kritischen Stroms betrieben werden, die abfallende Gleichspannung ist periodisch in Φ_F mit der Periode Φ_0.

Beim *Radiofrequenz*-SQUID (rf-SQUID) hat man nur einen Josephson-Kontakt in einem supraleitenden Ring. Obwohl das rf-SQUID etwas unempfindlicher ist als das dc-SQUID, ist es in der Praxis wegen seines im Prinzip einfacheren Aufbaus mit nur einem Josephson-Kontakt häufiger anzutreffen. In den Kontakt wird über eine Spule, die Teil eines Schwingkreises ist, ein magnetischer Fluss eingekoppelt mit typischen Frequenzen von 20 MHz–30 MHz. Die rf-Verluste im Schwingkreis, die durch die Kopplung an den supraleitenden Ring entstehen (und damit auch die rf-Spannung an der Spule U_T), hängen periodisch von dem im Ring eingeschlossenen magnetischen Fluss Φ_F ab. Die rf-Spannung an der Spule U_T kann daher als Messsignal benutzt werden.

Aufgaben

16.1 Wie groß ist die Beweglichkeit der Leitungselektronen bei Zimmertemperatur in Kupfer mit einer elektrischen Leitfähigkeit von $\sigma = 5.81 \cdot 10^7$ $(\Omega\text{m})^{-1}$, einer Massendichte von $\rho = 8.92$ g/cm^3 und einer molaren Masse $M = 63.55$ g/mol unter der Annahme, dass jedes Cu-Atom mit einem Elektron zum Stromtransport beiträgt? Welche Driftgeschwindigkeit v_d ergibt sich daraus für die Leitungselektronen in einem Cu-Draht mit einer Länge von $\ell = 0.1$ m, an dem eine Spannung von $U = 100$ V anliegt?

16.2 Welchem Magnetfeld B entspricht das magnetische Flussquant Φ_0 in einem supraleitenden Röhrchen mit einem Durchmesser von $d = 100\,\mu\text{m}$?

16.3 Blei ist ein Typ-I-Supraleiter mit einem kritischen Magnetfeld $B_c = 80.3$ mT. Welche kritische Stromstärke I_c ergibt sich daraus für einen geraden dünnen Bleidraht mit einem Drahtdurchmesser von $d = 1$ mm?

16.4 Ein Metalldraht mit einem Drahtdurchmesser von $d = 1$ mm wird unter Atmosphärendruck (Normaldruck) nacheinander zuerst in flüssigen Wasserstoff ($T_S = 21.15$ K) und anschließend in flüssiges Helium ($T_S = 4.15$ K) vollständig eingetaucht, wobei erst im flüssigen Helium der supraleitende Zustand vorliegt. Aus welchem Element besteht der Metalldraht, wenn der auf die Länge bezogene Ohm'sche Widerstand bei Zimmertemperatur $R/\ell = 0.27$ Ω/m beträgt?

17 Physikalische Aspekte der Halbleiter- und Optoelektronik

Basierend auf den physikalischen Grundlagen von Halbleitern, die in Abschn. 13.4 und Bd. 2, Abschn. 3.3 erläutert wurden, sollen im vorliegenden Kapitel die physikalischen Aspekte einiger technisch besonders relevanter Bauelemente der Halbleiter- und Optoelektronik behandelt werden. Dazu werden zunächst in Abschn. 17.1 die Eigenschaften des pn-Übergangs und des Schottky-Kontakts diskutiert. Darauf aufbauend werden dann in den nachfolgenden Abschn. 17.2, 17.3 und 17.4 einige diskrete Halbleiter-Baulemente, integrierte Schaltkreise bzw. einige optoelektronische Bauelemente vorgestellt.

17.1 Halbleiter-Kontakte

Die Funktionsweise jedes elektronischen Bauelements beruht insbesondere auf den physikalischen Effekten an den Grenzflächen zwischen unterschiedlichen Materialien, bei denen ein Ladungsträgertransport möglich ist. Bei Halbleiter-Bauelementen unterscheidet man zwischen vier Arten von technisch relevanten Grenzflächen:

- zwischen zwei Halbleiter-Materialien mit unterschiedlicher Dotierung: *pn-Übergang*,
- zwischen einem Metall und einem Halbleiter: *Schottky-Kontakt* und *Ohm'scher Metall-Halbleiter-Kontakt*,
- zwischen einem Metall und einem Isolator sowie zwischen demselben Isolator und einem Halbleiter: *MOS-Kontakt*,
- zwischen zwei unterschiedlich epitaktisch gewachsenen Halbleiter-Schichten (mit unterschiedlichen Bandlücken): *Hetero-Halbleiter-Kontakt* bzw. *Hetero-Halbleiter-Übergang*.

Der Aufbau und die daraus resultierenden Eigenschaften des pn-Übergangs, des Schottky- und des MOS-Kontakts werden in den folgenden Unterabschnitten näher erläutert. Hetero-Halbleiter-Kontakte bzw. Hetero-Halbleiter-Übergänge sind wesentliche Bestandteile der meisten optoelektronischen Halbleiter-Bauelemente, von denen einige in Abschn. 17.4 vorgestellt werden.

Der Ohm'sche Metall-Halbleiter-Kontakt weist zwar von allen Halbleiter-Kontakten nur eine lineare Strom-Spannungsabhängigkeit auf, ermöglicht jedoch erst die technische Nutzung der anderen zuvor angeführten Halbleiter-Kontakte bzw. -Übergänge. Er wird realisiert, indem beispielsweise ein n-dotierter Halbleiter mit einem Metall mit geringerer Austrittsarbeit in Kontakt gebracht wird. Die Elektronen diffundieren dann vom Metall in den Halbleiter, bis sich die Fermi-Niveaus beider Materialien angeglichen haben. Dadurch ergibt sich eine Anreicherung von Elektronen an der Grenzfläche auf der Seite des Halbleiters, wodurch dieser um den Wert der internen *Kontaktspannung* gegenüber dem Metall negativ aufgeladen wird. Die sich im Gleichgewicht einstellende Kontaktspannung verhindert eine weitere Diffusion von Elektronen vom Metall in den Halbleiter. Legt man an diesen Übergang jedoch eine äußere Spannung an, so ergibt sich – unabhängig von der Polarität der angelegten Spannung – ein Elektronenstrom. Liegt der Minuspol der äußeren Spannung am Halbleiter, so gehen die Elektronen vom Halbleiter zum Metall über, ohne dabei eine Energiebarriere überwinden zu müssen. Da es keine *Raumladungszone* mit fehlenden freien Ladungsträgern wie z. B. beim pn-Übergang gibt, führt die äußere Spannung zu einem rein Ohm'schen Widerstand im Halbleiter. Wenn der Minuspol der äußeren Spannung am Metall anliegt, wird die interne Kontaktspannung herabgesetzt und die Elektronen gehen vom Metall in den Halbleiter über.

Bringt man hingegen einen p-dotierten Halbleiter mit einem Metall mit größerer Austrittsarbeit in Kontakt, so diffundieren so lange Löcher aus dem Metall in den Halbleiter, bis die daraus resultierende interne Kontaktspannung eine weitere Diffusion verhindert und sich die Fermi-Niveaus beider Materialien angeglichen haben. Eine von außen angelegte Spannung bewirkt in diesem Fall einen Löcherstrom ebenfalls unabhängig von der Polarität der äußeren Spannung. Liegt der Pluspol der äußeren Spannung am Halbleiter, gehen die Löcher vom Halbleiter zum Metall über, ohne dabei eine Energiebarriere überwinden zu müssen. Liegt der Pluspol der äußeren Spannung hingegen am Metall, so wird die interne Kontaktspannung herabgesetzt und die Löcher gehen vom Metall in den Halbleiter über.

Der pn-Übergang. Werden ein n- und ein p-dotierter Halbleiter zusammengefügt, entsteht an der Kontaktstelle ein sogenannter *pn-Übergang* (Bd. 2, Abschn. 3.3). Im thermischen Gleichgewicht muss das elektrochemische Potential über die gesamte Struktur konstant sein. Das bedeutet, dass sich in der Übergangszone (der sogenannten *Raumladungszone*) auf beiden Seiten der Kontaktfläche die Valenz- und die Leitungsbänder der beiden unterschiedlich dotierten Halbleiter durch „Verbiegung" einander anpassen müssen (▶ Abb. 17.1). Die Entstehung der Raumladungszone lässt sich anschaulich auch dadurch

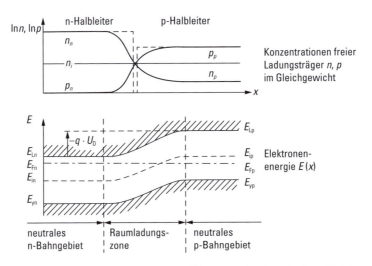

Abb. 17.1 Schematische Darstellung eines pn-Übergangs im thermischen Gleichgewicht, oben: Konzentrationen der Elektronen (Löcher) n_n (p_n) und n_p (p_p) im n-Gebiet (links) bzw. im p-Gebiet (rechts), unten: Bandverlauf mit Raumladungszone.

verstehen, dass einige Majoritätsladungsträger des n-Gebietes, die Elektronen, in das p-Gebiet übergehen und dort mit Löchern rekombinieren. Gleichzeitig gehen einige Majoritätsladungsträger des p-Gebietes, die Löcher, in das n-Gebiet über und rekombinieren dort mit Elektronen. Die Raumladungszone ist also die Folge von Rekombinationen von Majoritäts- und Minoritätsladungsträgern auf beiden Seiten des Kontaktes und mit einem Konzentrationsverlauf $n(x)$, $p(x)$ verbunden, wie er schematisch im oberen Teil von ▶ Abb. 17.1 dargestellt ist. Durch den Übergang von Elektronen aus der Grenzschicht des n-Halbleiters entsteht dort eine positive Raumladungszone, da die lokalisierten Donatoren dort zurückbleiben. Dementsprechend entsteht durch den Übergang von Löchern aus der Grenzschicht des p-Halbleiters aufgrund der zurückbleibenden lokalisierten Akzeptoren dort eine negative Raumladungszone. Dadurch wird in der Grenzschicht ein elektrisches Feld erzeugt, welches dem von dem Konzentrationsgradienten der Elektronen und Löcher verursachten Diffusionsstrom (auch als Rekombinationsstrom bezeichnet) entgegenwirkt. Die gesamte zwischen dem p- und n-Bereich resultierende Potentialdifferenz wird als Diffusionsspannung bezeichnet und führt zu einem Driftstrom, der im thermischen Gleichgewicht den Diffusionsstrom kompensiert. Bezüglich der Löcher gilt für die Stromdichten:

$$|j_{\text{Drift}}| = q\mu_p p \frac{dU}{dx} = |j_{\text{Diff}}| = qD_p \frac{dp}{dx}.$$ (17.1)

Hierbei bezeichnen μ_p und D_p die Beweglichkeit bzw. den Diffusionskoeffizienten der Löcher. Aus Gl. (17.1) folgt:

$$\frac{1}{p}\frac{dp}{dx} = \frac{\mu_p}{D_p}\frac{dU}{dx},$$

bzw.

$$p = p_0 \exp\left(\frac{\mu_p U}{D_p}\right),$$ (17.2)

mit der Einstein-Relation $D_p = k_B T \mu_p / e_0$. Die gleiche Relation ergibt sich für die Elektronen.

Bei einer von außen angelegten Spannung ist die Kontinuitätsgleichung $\nabla \cdot j = -d\rho/dt$ zu berücksichtigen, und man erhält:

$$\frac{d}{dx}\left[D_p \frac{d}{dx}p(x,t) - \mu_p p(x,t)\frac{dU}{dx}\right] = -\frac{\partial p(x,t)}{\partial t} + G_p - R_p$$ (17.3)

$$\frac{d}{dx}\left[D_n \frac{d}{dx}n(x,t) + \mu_n n(x,t)\frac{dU}{dx}\right] = -\frac{\partial n(x,t)}{\partial t} + G_n - R_n.$$ (17.4)

Dabei bezeichnen die Größen G und R die Regenerations- bzw. die Rekombinationsraten. Ersetzt man diese durch die sogenannte Relaxationszeitnäherung

$$G - R = \frac{\text{Konzentration }(x,t) - \text{Gleichgewichtskonzentration}}{\text{Relaxationszeit } \tau},$$ (17.5)

ergibt sich:

$$\frac{\partial p(x,t)}{\partial t} = -\frac{d}{dx}\left[D_p\frac{dp}{dx} - \mu_p p(x,t)\frac{dU}{dx}\right] + \frac{p(x,t) - p_n}{\tau_p}, \tag{17.6}$$

$$\frac{\partial n(x,t)}{\partial t} = \frac{d}{dx}\left[D_n\frac{dn}{dx} + \mu_n n(x,t)\frac{dU}{dx}\right] + \frac{n(x,t) - n_p}{\tau_n}. \tag{17.7}$$

Die Berechnung der Abhängigkeit des Stromes I von der von außen angelegten Spannung U – die sogenannte *I-U-Kennlinie* – kann vereinfacht werden, wenn man berücksichtigt, dass der Strom durch die gesamte Struktur praktisch ausschließlich vom Diffusionsstrom bestimmt wird. Damit vereinfachen sich Gl. (17.6) und Gl. (17.7):

$$\frac{dp(x,t)}{dt} = \frac{p(x,t) - p_n}{\tau_p} - D_p\frac{d^2 p}{dx^2}, \tag{17.8}$$

$$\frac{dn(x,t)}{dt} = -\frac{n(x,t) - n_p}{\tau_n} + D_n\frac{d^2 n}{dx}. \tag{17.9}$$

Für den Gleichspannungsanteil sind $dp(x,t)/dt = dn(x,t)/dt = 0$. Für den Wechselspannungsanteil erhält man im Rahmen einer *Kleinsignalnäherung* mit $U(t) = U + \tilde{u}\exp(i\omega t)$ mit $\tilde{u} \ll U$ und $p(x,t) = p_0 + p(x)\exp(-i\omega t)$ sowie $n(x,t) = n_0 + n(x)\exp(-i\omega t)$ eine einfache Lösung:

$$i\omega p(x) = \frac{p(x)}{\tau_p} - D_p\frac{d^2 p}{dx^2}, \tag{17.10}$$

$$i\omega n(x) = -\frac{n(x)}{\tau_n} + D_n\frac{d^2 n}{dx^2}. \tag{17.11}$$

Benutzt man nun noch die Beziehungen $\ell_i^2 = D_i\tau_i$ für den Gleichspannungsanteil und $\ell_i^{*2} = D_i\tau_i/(1 + i\omega\tau_i)$ für den Wechselspannungsanteil, so erhält man für den Gleichspannungsanteil:

$$\frac{d^2 p(x)}{dx^2} = \frac{p(x) - p_0}{\ell_p^2} \quad \text{und} \quad \frac{d^2 n(x)}{dx^2} = \frac{n(x) - n_0}{\ell_n^2} \tag{17.12}$$

sowie für den Wechselspannungsanteil:

$$\frac{d^2 p(x)}{dx^2} = \frac{p(x)}{\ell_p^{*2}} \quad \text{und} \quad \frac{d^2 n(x)}{dx^2} = \frac{n(x)}{\ell_n^{*2}}. \tag{17.13}$$

Diese Gleichungen sind zu lösen mit Randbedingungen für den Gleichspannungsanteil:

$$p(x) - p_0 = p_0\left\{\exp\left(\frac{e_0 U}{k_B T}\right) - 1\right\} \quad \text{bei } x = x_n$$

$$p(x) - p_0 = 0 \quad \text{bei } x = d$$

und Randbedingungen für den Wechselspannungsanteil:

$$p(x) = p_0 \exp\left(\frac{e_0 U}{k_B T}\right) \cdot \frac{q}{k_B T} \tilde{u} \quad \text{bei } x = x_n$$

$$p(x) = 0 \quad \text{bei } x = d \, .$$

Damit ergeben sich folgende Gleich- und Wechselstromdichten:

$$j_= = q \left(\frac{D_p p_n}{\ell_p} \coth\left(\frac{d - x_n}{\ell_p}\right) + \frac{D_n n_p}{\ell_n} \coth\left(\frac{x_p}{\ell_n}\right)\right) \left(\exp\left(\frac{e_0 U}{k_B T}\right) - 1\right) ,$$

$$(17.14)$$

$$j_\sim = q \left(\frac{D_p p_n}{\ell_p^*} \coth\left(\frac{d - x_n}{\ell_p^*}\right) + \frac{D_n n_p}{\ell_n^*} \coth\left(\frac{x_p}{\ell_n^*}\right)\right) \exp\left(\frac{e_0 U}{k_B T}\right) \frac{q}{k_B T} \tilde{u} \, .$$

$$(17.15)$$

Die coth-Terme berücksichtigen die Länge der Bahngebiete im Vergleich zur Diffusionslänge der Ladungsträger. Ist die Länge der Bahngebiete groß gegen die Diffusionslänge, gehen die coth-Terme gegen 1. Die Diskussion wird in Abschn. 17.2 bei der Besprechung der „Bipolar-Diode" fortgesetzt.

Der Schottky-Kontakt. Im Gegensatz zum pn-Übergang zwischen zwei unterschiedlich dotierten Halbleitern besteht der Schottky-Kontakt, benannt nach Walter H. Schottky (1886 – 1976), zwischen einem Metall und einem dotierten Halbleiter. Aufgrund der Austrittsarbeitsdifferenz $g \Delta \Phi_{MHL} = q \Phi_B$ ergibt sich eine Bandverbiegung und damit eine Raumladungszone, die durch eine anliegende Spannung verändert werden kann. Neben der anliegenden Spannung sind für die Größe der Raumladungszone auch die Austrittsarbeit des Metalls und die Dotierungskonzentration des Halbleiters wesentlich. Ist die Austrittsarbeit des Metalls klein und/oder die Dotierungskonzentration des Halbleiters sehr hoch, ergibt sich ein Ohm'scher Metall-Halbleiter-Kontakt. Da die Größe der Raumladungszone spannungsabhängig ist, weist der Schottky-Kontakt kapazitive Eigenschaften auf. ▶ Abb. 17.2a, b, c zeigen die Bandverbiegung des Schottky-Kontaktes ohne (▶ Abb. 17.2a) und mit angelegter Spannung (▶ Abb. 17.2b und c). Ist die Metallelektrode gegenüber dem hier als n-dotiert angenommenen Halbleiter positiv gepolt, wird die Bandverbiegung

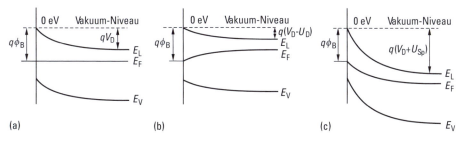

Abb. 17.2 Bänderschema des Schottky-Kontaktes (a) ohne Durchlassspannung, (b) mit Durchlassspannung U_D und (c) mit Sperrspannung U_{Sp}.

verringert (▶ Abb. 17.2b). Wird der Metallkontakt negativ gegenüber dem n-Halbleiter gepolt (▶ Abb. 17.2c), wird die Bandverbiegung erhöht. Ohne angelegte Spannung ist das Fermi-Niveau ohne Gradient und es fließt kein Gesamtstrom. Bei angelegter Spannung tritt diese über $q|U|$ als Differenz der Fermi-Niveaus im Metall- und im Halbleiterinneren auf, es existiert also ein Gradient von E_F und damit gemäß $\boldsymbol{j}_{\text{ges}} = n\mu\nabla E_F$ ein Gesamtstrom.

Man kann nun in guter Näherung die I-U-Kennlinie aus folgender Überlegung ermitteln. Es fließt ein Strom vom Metall in den Halbleiter und ein Strom vom Halbleiter in das Metall. Im thermischen Gleichgewicht kompensieren sich beide Ströme. Der Strom vom Metall in den Halbleiter kann nur aus solchen Ladungsträgern bestehen, die die Energie besitzen, die Barriere $q\Delta\Phi_{\text{MHL}} = q\Phi_B$ zu überwinden. Da hier zunächst eine spannungsunabhängige Barriere angenommen werden soll, ist die Anzahl der Ladungsträger, die als Strom vom Metall in den Halbleiter fließen, proportional zu $\exp(-q\Phi_B/(k_B T))$ und damit bei gegebenem Φ_B lediglich temperaturabhängig. Die Ladungsträger, die vom Halbleiter in das Metall übertreten, müssen die spannungsabhängige Bandverbiegung überwinden. Bezeichnet man die Bandverbiegung ohne außen angelegte Spannung aus später ersichtlichen Gründen mit qV_D (V_D bezeichnet die sogenannte *Diffusionsspannung*), muss der Strom vom Halbleiter in das Metall proportional zu $n_0 \exp(-q(V_D + U)/(k_B T))$ sein, denn die Aktivierungsenergie ist $q(V_D + U)$ und die Anzahldichte der Elektronen, die aktiviert werden können, entspricht der Gleichgewichtskonzentration n_0 im Inneren des Halbleiters. Damit ergibt sich ein konstanter, spannungsunabhängiger und nur von der Aktivierungsenergie $q\Phi_B$ und der Temperatur T abhängiger Strom vom Metall in den Halbleiter und ein exponentiell von der Spannung (Bandverbiegung) abhängiger Strom vom Halbleiter in das Metall. Für die I-U-Kennlinie des Schottky-Kontaktes gilt:

$$ I = I_S \left\{ \exp\left(\frac{e_0 U}{k_B T} \right) - 1 \right\}. \tag{17.16} $$

Dabei bezeichnet I_S den vom Metall in den Halbleiter fließenden Sättigungsstrom. Ist die außen angelegte Spannung $U = 0$, so gilt auch für den Gesamtstrom $I = 0$. Zur Bestimmung von I_S geht man von folgender Überlegung aus: Im thermischen Gleichgewicht ohne außen angelegte Spannung ist der Gesamtstrom null. Der Strom vom Halbleiter in das Metall ist jedoch für diesen Fall bekannt, nämlich gemäß $\boldsymbol{j} = \rho\boldsymbol{v}$ gleich

$$ \boldsymbol{j}_{\text{MHL}} = q n_0 \exp\left(-\frac{qV_D}{k_B T} \right) \boldsymbol{v}. \tag{17.17} $$

Nimmt man an, dass die Geschwindigkeit der Ladungsträger durch die Raumladung im Halbleiter durch die thermische Geschwindigkeit gegeben ist, gilt:

$$ v = \frac{1}{\sqrt{6\pi}} v_{\text{th}} = \frac{1}{\sqrt{6\pi}} \sqrt{\frac{3k_B T}{m^*}}. $$

Der Faktor $1/\sqrt{6\pi}$ rührt daher, dass nur die Elektronen die Metallelektrode erreichen, die sich in x-Richtung auf diese zu bewegen. Man erhält diesen Faktor aus der Maxwell-Boltzmann-Verteilung. Ferner erhält man unter Berücksichtigung der Beziehung:

$$ n_0 \exp\left(-\frac{qV_D}{k_B T} \right) = N_L \exp\left(-\frac{E_L - E_F}{k_B T} \right) \exp\left(-\frac{qV_D}{k_B T} \right) = N_L \exp\left(-\frac{q\Phi_B}{k_B T} \right), \tag{17.18} $$

für den Sperrstrom I_S:

$$I_S = A^* T^2 \exp\left(-\frac{q\Phi_B}{k_B T}\right), \tag{17.19}$$

mit der *Richardson-Konstante* $A^* = q\, m_e^* k_\beta^2/(2\pi^2\hbar^3)$. Gl. (17.19) stimmt mit der nach Owen W. Richardson (1879–1959, Nobelpreis 1928) und Saul Dushman (1883–1954) benannten *Richardson-Dushman-Gleichung* überein. Dementsprechend ergibt sich also für den Sperrstrom I_S des Schottky-Kontaktes der gleiche Zusammenhang zwischen Stromstärke, Temperatur und zu überwindender Potentialbarriere, wie für die Emission von Elektronen aus Metallen in das Vakuum. An die Stelle der Metall-Vakuum-Austrittsarbeit tritt lediglich die Metall-Halbleiter-Austrittsarbeit, die sogenannte *Barrierenhöhe* $q\Phi_B$. Statt der Ruhmasse des Elektrons m_e erscheint die effektive Elektronenmasse m_e^*, so dass gilt: $A^* = A m_e^*/m_e$, mit $A = 120\,\mathrm{A\,cm^{-2}\,K^2}$. Aus der Temperaturabhängigkeit des Sperrstromes kann die Barrierenhöhe ermittelt werden, indem $\ln(I_S/T)$ über $1/T$ aufgetragen wird.

► Abb. 17.3 zeigt die Spannungsabhängigkeit des Stromes beim Schottky-Kontakt, die dem der Bipolar-Diode (Abschn. 17.2) ähnelt. Nur in Durchlassrichtung fließt ein größerer Strom, in Sperrrichtung fließt hingegen lediglich der spannungsunabhängige geringe Sperrstrom. Damit könnte ein solcher Kontakt prinzipiell als Stromschalter verwendet werden. Für ein reales Bauelement werden jedoch zwei Kontakte benötigt. Da der hier besprochene Schottky-Kontakt jedoch Strom praktisch nur in eine Richtung fließen lässt, wäre bei Anlegen einer Spannung immer einer von zwei Kontakten in Sperrrichtung gepolt und damit kein Stromfluss möglich. Einer der Kontakte müsste daher ein Ohm'scher Kontakt sein, d. h. einen von der Richtung der angelegten Spannung unabhängigen Innenwiderstand besitzen. Da jedoch die technisch relevanten Metalle eine größere Austrittsarbeit besitzen als die technisch verwendeten Halbleiter, ergibt sich immer eine entsprechende Barrierenhöhe $q\Phi_B$ und eine Realisierung eines Ohm'schen Kontakts scheint unmöglich zu sein. Im folgenden Abschn. 17.2 wird deutlich werden, wie dies dennoch möglich ist.

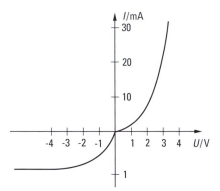

Abb. 17.3 Für eine Barrierenhöhe $q\Phi_B$ von 0.7 eV und bei Zimmertemperatur berechnete *I-U*-Kennlinie des Schottky-Kontaktes. Aufgrund des geringen Sperrstromes wurde die Skala der Achse für den Sperrstrom gegenüber der für den Durchlassstrom geändert.

17.2 Diskrete Halbleiter-Bauelemente

Als Bauelement wird in der Elektronik/Elektrotechnik ein als Einheit zu betrachtender Bestandteil einer elektronischen Schaltung bezeichnet. Dabei besteht ein Bauelement im Allgemeinen aus mehreren Komponenten, deren Zusammenwirken die Eigenschaften des jeweiligen Bauelements definieren. Sämtliche elektronischen Bauelemente können nach unterschiedlichen Kriterien klassifiziert werden. So ist zunächst zwischen *idealen Bauelementen*, die Modellsysteme mit idealisierten Eigenschaften darstellen und *realen Bauelementen*, die die technisch möglichen Realisierungen der idealen Bauelemente sind, zu unterscheiden. Sowohl bei den idealen als auch bei den realen Bauelementen wird zwischen den *passiven Bauelementen* ohne Schaltfunktion bzw. ohne Verstärkerwirkung und den *aktiven Bauelementen* mit Schaltfunktion oder einer Verstärkerwirkung unterschieden. Typische passive Baulemente sind alle Ohm'schen Widerstände, Thermistoren, Varistoren, Kondensatoren und Induktivitäten. Bei den aktiven Baulementen wird zwischen den *diskreten Bauelementen* wie z. B. Diode oder Transistor mit einer einzigen Funktionseinheit und den *integrierten Bauelementen* bzw. den *integrierten Schaltkreisen* mit mehreren oder sehr vielen gleichartigen oder unterschiedlichen Funktionseinheiten unterschieden. Im Folgenden werden einige der wichtigsten diskreten Halbleiter-Bauelemente und deren Funktionsprinzip vorgestellt.

Bipolar-Diode. Bei dem zuvor diskutierten Schottky-Kontakt ist der Halbleiter entweder n- oder p-dotiert. Es handelt sich um ein unipolares Bauelement. Aufgrund der Verwendung nur eines Halbleiters entsteht nur in diesem eine Raumladung messbarer Größe, während im Metall aufgrund der dortigen sehr hohen Ladungsträgerkonzentration keine Raumladung messbarer und damit beeinflussbarer Größe entsteht. Ersetzt man nun diesen Metallkontakt, z. B. auf einem n-Halbleiter, durch einen p-Halbleiter (oder umgekehrt), entsteht wieder der in Abschn. 17.1 bereits diskutierte pn-Übergang mit einer Raumladung sowohl in dem n- als auch in dem p-Halbleiter mit dotierungsabhängigen Raumladungsweiten. Durch eine von außen angelegte Spannung können die jeweiligen Raumladungsweiten beeinflusst werden und man erhält eine *pn-* oder *Bipolar-* bzw. *bipolare Diode*.

Die Form der *I-U*-Kennlinie lässt sich analog zum Fall des Schottky-Kontaktes anschaulich ableiten. Bei der pn-Diode gibt es zwei Sorten von Ladungsträgern, die Majoritätsladungsträger und die Minoritätsladungsträger. Im n-Halbleiter sind die Elektronen, im p-Halbleiter sind hingegen die Löcher die Majoritätsladungsträger. Wie beim Schottky-Kontakt fließen auch in der pn-Diode zwei Teilströme, einer in Richtung vom p- zum n-Gebiet und einer vom n- zum p-Gebiet. Beide Ströme setzen sich aus den beiden Beiträgen der Majoritäts- und Minoritätsladungsträger zusammen. Damit ergibt sich wie beim Schottky-Kontakt eine *I-U*-Kennlinie des Typs

$$I = I_S \left(\exp\left(\frac{e_0 U}{k_B T} \right) - 1 \right). \tag{17.20}$$

I_S beschreibt den spannungsunabhängigen Sperrstrom durch die Minoritätsladungsträger, die den Potentialwall „herablaufen". Ohne von außen angelegte Spannung ist der Gesamtstrom gleich null. Auch der Sperrstrom lässt sich in einer einfachen, näherungsweisen Betrachtung ableiten. Er setzt sich aus der Minoritätsladungsträgerkonzentration der Löcher p_n im n-Gebiet und der Elektronen n_p im p-Gebiet multipliziert mit deren Geschwindigkeit

---

URL für QR-Code: www.degruyter.com/bauelemente

und deren Ladung zusammen. Für die Geschwindigkeit kommt aufgrund der großen Raumladungsweite nur die Diffusionsgeschwindigkeit $v_\mathrm{D} = \ell_\mathrm{D}/\tau$ in Frage. Bestimmt man τ aus $\ell_\mathrm{D} = \sqrt{D\tau}$, erhält man für den Sperrstrom bei der Kontaktfläche A:

$$I_\mathrm{S} = Aq\left\{ p_\mathrm{n}\frac{D_\mathrm{p}}{\ell_\mathrm{p}} + n_\mathrm{p}\frac{D_\mathrm{n}}{\ell_\mathrm{n}} \right\}. \tag{17.21}$$

Wird noch gemäß $np = n_\mathrm{i}^2$, $p_\mathrm{n} = n_\mathrm{i}^2/n_\mathrm{n} \approx n_\mathrm{i}^2/N_\mathrm{D}$ und $n_\mathrm{p} = n_\mathrm{i}^2/p_\mathrm{p} \approx n_\mathrm{i}^2/N_\mathrm{A}$ ersetzt, ergibt sich mit $n_\mathrm{i}^2 = N_\mathrm{L}N_\mathrm{V}\exp(-(E_\mathrm{L} - E_\mathrm{V})/(k_\mathrm{B}T))$:

$$I_\mathrm{S} = Aq \cdot N_\mathrm{L}N_\mathrm{V}\left(\frac{D_\mathrm{p}}{\ell_\mathrm{p}}\frac{1}{N_\mathrm{D}} + \frac{D_\mathrm{n}}{\ell_\mathrm{n}}\frac{1}{N_\mathrm{A}} \right)\exp\left(-\frac{E_\mathrm{L} - E_\mathrm{V}}{k_\mathrm{B}T} \right). \tag{17.22}$$

Für einen stark unsymmetrischen pn-Übergang, d. h. mit einem großen Dotierungskonzentrationsunterschied, erhält man beispielsweise für $N_\mathrm{A} \gg N_\mathrm{D}$:

$$I = Aqn_\mathrm{i}^2\frac{D_\mathrm{p}}{\ell_\mathrm{p}N_\mathrm{D}}\left\{ \exp\left(\frac{e_0 U}{k_\mathrm{B}T} \right) - 1 \right\} \quad \text{mit} \quad I_\mathrm{S} = Aqn_\mathrm{i}^2\frac{D_\mathrm{p}}{\ell_\mathrm{p}N_\mathrm{D}}. \tag{17.23}$$

Die allgemeine Strom-Spannungs-Kennlinie eines pn-Überganges bzw. einer pn-Diode,

$$I \sim \left(\exp\left(\frac{e_0 U}{k_\mathrm{B}T} \right) - 1 \right),$$

wurde hier ohne besondere Annahmen hinsichtlich der verwendeten Halbleiter-Materialien und der Geometrie, sondern lediglich aus der Struktur des Bändermodells und der Existenz von Rekombinations- und Regenerationsströmen in den beiden Halbleiter-Bereichen abgeleitet. Vergleicht man dieses Ergebnis mit technisch realisierten Halbleiter-Dioden, so stellt man z. B. für eine *Planardiode* qualitativ eine gute Übereinstimmung mit der abgeleiteten Beziehung fest: Der Strom wird über einen großen Spannungsbereich bis hin zur Durchbruchspannung, bei der die elektrische Feldstärke im Raumladungsbereich einen kritischen Wert erreicht, gesperrt. Im Durchlassbereich steigt hingegen der Strom bereits nach wenigen 100 mV bis zur thermischen Zerstörung der Diode an. Eine quantitative Untersuchung des Sperrverhaltens von pn-Übergängen aus verschiedenen Halbleiter-Materialien bei Zimmertemperatur zeigt jedoch, dass der spannungsunabhängige Sättigungssperrstrom nur bei Germanium existiert; bei Silizium hingegen steigt der Sättigungssperrstrom I_S infolge der dominierenden Ladungsträgerregeneration innerhalb der Raumladungszone proportional zu ihrer spannungsabhängigen Weite. Auch der Durchlassstrom weicht von den hier dargestellten einfachen Überlegungen ab. Nur für Germanium steigt er durchweg proportional zu $\exp(e_0 U/(k_\mathrm{B}T))$; für Si und GaAs existieren in der halblogarithmischen Darstellung zwei Bereiche unterschiedlichen Anstiegs. Genauere Analysen zeigen, dass die Abweichungen vom hier dargestellten einfachen Modell des pn-Überganges mit den Regenerations/Rekombinations-Vorgängen innerhalb und außerhalb der Raumladungsschicht zusammenhängen. Die Beiträge beider Vorgänge sind bei unterschiedlichen Halbleiter-Materialien verschieden. Von Bedeutung ist dabei die Breite der Bandlücke. Eine große Bandlücke hat starke Abweichungen vom hier entwickelten einfachen Modell zur Folge, so dass eine genauere Berechnung der *I-U*-Kennlinie sich nur mit Computer-Simulationen durchführen lässt.

Tunneldiode. Im Jahr 1958 berichtete Leo Esaki (*1925, Nobelpreis 1973) über anomale Strom-Spannungs-Kennlinien von stark (entartet) dotierten Germanium-pn-Übergängen. Im Durchlassbereich beobachtete er bei geringen Spannungen ein ausgeprägtes Stromstärkemaximum und erklärte es mithilfe des quantenmechanischen Tunneleffektes als Majoritätsladungsträger-Transportvorgang. Die Sperrseite der *I-U*-Kennlinie zeigte eine anomal hohe Stromdichte (▶ Abb. 17.4). Die hohe Dotierung führt bei Germanium bei einer Störstellendichte $n \approx 2 \cdot 10^{19}$ cm^{-3} zur *Ladungsträgerentartung*, d. h. das Fermi-Niveau stimmt energetisch mit einer der Bandkanten überein. Für noch höhere Dotierungen wandert es in die Bänder hinein, und das diskrete Störstellenniveau entartet zu einem Störstellenband.

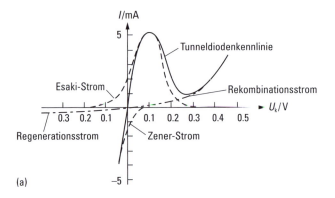

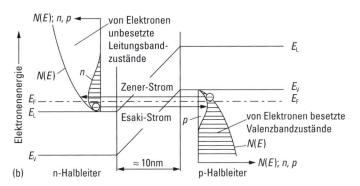

Abb. 17.4 Strom-Spannungs-Kennlinie (a) und Energiebänderschema (b) einer Tunneldiode.

Erklären lässt sich der Befund von Esaki anhand der in ▶ Abb. 17.4b dargestellten Energiebänder eines pn-Überganges zwischen zwei entartet dotierten Halbleiter-Materialien. Die zahlreichen Elektronen des Leitungsbandes des n-Halbleiters stehen – durch den ca. 10 nm breiten Potentialwall der verbotenen Zone getrennt – den zahlreichen Löchern des Valenzbandes des p-Halbleiters am Fermi-Niveau gegenüber. Die Elektronen sind dann in der Lage, den Potentialwall äquienergetisch (in ▶ Abb. 17.4b horizontal) zu durchtunneln. Mithilfe der Heisenberg'schen Unschärferelation kann die Energieunschärfe der tunnelnden Elektronen abgeschätzt werden: für eine Tunnellänge von $\Delta x \approx 1$ nm, einer Geschwindigkeit von $v_{\mathrm{d}} \approx 10^7$ cm s^{-1} bei einer elektrischen Feldstärke von 10^6 V cm^{-1} ergibt sich eine zeitliche Unschärfe von $\Delta t = \Delta x / v_{\mathrm{d}} = 10^{-14}$ s. Mit $\hbar \approx 10^{-15}$ eV s ergibt sich als untere Grenze $\Delta E \geq 0.1$ eV. Die Energieunschärfe ist demnach von gleicher Größenordnung wie die Energiebarriere des verbotenen Bandes E_{G} des Germaniums.

Aufgrund der geringen Tunnellänge und der hohen elektrischen Feldstärke ist die quantenmechanische Wahrscheinlichkeit des Tunnelprozesses groß. Im Spannungsnullpunkt existieren zwei gegenläufige Tunnelströme gleicher Größe. Vom Leitungsband des n-Halbleiters werden Elektronen in das Valenzband des p-Halbleiters injiziert bei der energetischen Lage des Gleichgewichts-Fermi-Niveaus (der sogenannte *Esaki-Strom*). Vom Valenzband des p-Halbleiters tunneln umgekehrt Elektronen auf freie Plätze des Leitungsbandes des n-Halbleiters (sogenannter *Zener-Strom*, benannt nach Clarence M. Zener, 1905 – 1993). Für äußere Spannungen $U \neq 0$ greift man in dieses dynamische Gleichgewicht ein und verschiebt es für Durchlassspannungen ($U > 0$) zugunsten des Esaki-Stromes, für Sperrspannungen ($U < 0$) zugunsten des Zener-Stromes. Für Durchlassspannungen vergrößert sich zunächst der Energiebereich, in dem Esaki-Übergänge stattfinden können, bis besetzte Leitungsbandzustände und unbesetzte Valenzbandzustände der beiden Halbleiter-Materialien sich optimal breit äquienergetisch überlappen. Der Esaki-Strom zeigt ein Maximum und geht anschließend zurück, weil der gemeinsame Energiebereich beider Bänder zurückgeht. Der Strom nimmt bei fehlender Überlappung wieder zu, wenn der bekannte Rekombinationsstrom der Minoritätsladungsträger anzusteigen beginnt. Für Sperrspannungen vergrößert sich zunehmend der Energiebereich, in dem äquienergetische Zener-Übergänge stattfinden können. Also wird in Sperrrichtung ein hoher Tunnelstrom das Bauelement charakterisieren und den Sättigungsstrom der Minoritätsladungsträger bei weitem übersteigen.

Als Majoritätsladungsträgereffekt wird der Durchgang durch die Potentialbarriere durch die Relaxationszeit ($\tau_{\mathrm{r}} < 10^{-10}$ s) bestimmt. Aus diesem Grund sind kleinflächige Tunneldioden aus Si und Ge sehr gut im Mikrowellenbereich und als schnelle binäre Schalter verwendbar. Im Bereich negativer differentieller Leitfähigkeit wird die Tunneldiode vielfach zur Schwingungserregung benutzt.

Bipolar-Transistor. Betrachtet man zunächst noch einmal eine Bipolar-Diode, z. B. in Form eines pn-Überganges, bei dem beide Bereiche gleich hoch dotiert sind, dann entsteht aufgrund der Diffusionsprozesse und des elektrischen Feldes eine Potentialbarriere der Höhe qV_{D}. Legt man nun eine Spannung z. B. in Durchlassrichtung an, bewegen sich wegen der gleich großen Dotierung gleich viel Elektronen als Majoritätsladungsträger aus dem n- in das p-Gebiet wie Löcher als Majoritätsladungsträger aus dem p- in das n-Gebiet. Die Ströme sind allerdings aufgrund der unterschiedlichen Beweglichkeiten verschieden groß. Die jeweiligen Sperrstromanteile werden von den Minoritätsladungsträgern gebildet. Betrachtet man entsprechend dieser in Durchlassrichtung gepolten pn-Diode eine mit großer Sperrspannung in Sperrrichtung gepolte np-Diode, so fließt in dieser praktisch nur der Sperrstrom, da die Majoritätsladungsträger nicht die Energie besitzen, die hohe Potentialschwelle „hinaufzulaufen". Als Sperrstrom laufen die durch die thermische Regeneration erzeugten Minoritätsladungsträger, die gemäß ihrer Diffusionslänge die Raumladungszone erreichen, den hohen Potentialwall herunter und nehmen dadurch entsprechend der Höhe des Potentialwalls, also entsprechend der angelegten Sperrspannung, Energie auf. Die Minoritätsladungsträger gewinnen daher Energie.

In einer in Durchlassrichtung gepolten pn-Diode fließen also von dem p-Gebiet in das n-Gebiet Majoritätsladungsträger, die Löcher, mit einem Energieaufwand von der Größenordnung einiger $k_B T$. In einer mit der Spannung U_{sperr} in Sperrrichtung gepolten np-Diode fließen aus dem n-Gebiet in das p-Gebiet Minoritätsladungsträger, die Löcher, und gewinnen dabei die Energie von der Größenordnung $e_0 U_{sperr}$. Durch Hintereinanderschaltung einer in Durchlassrichtung gepolten pn-Diode mit einer in Sperrrichtung gepolten np-Diode ergibt sich eine Spannungsverstärkung der Größenordnung $e_0 U_{sperr} / k_B T$. Da die Löcher aus dem p-Gebiet einer in Durchlassrichtung geschalteten pn-Diode jedoch mit den Elektronen im n-Gebiet rekombinieren, stehen sie nicht für einen Verstärkungseffekt in einer np-Diode zur Verfügung. Das bedeutet jedoch, dass durch die einfache Hintereinanderschaltung zweier Dioden gemäß ▶Abb. 17.5a sich der gewünschte Verstärkungseffekt nicht erreichen lässt. Es muss gewährleistet sein, dass die Löcher nicht im n-Gebiet rekombinieren, sondern das p-Gebiet der np-Diode erreichen. Dies ist möglich, wenn die Lebensdauer τ der Löcher so groß ist, dass ihre Diffusionslänge $\ell_D = \sqrt{D\tau}$ groß gegen die Dicke der n-Zone wird. Man nennt den Kontakt (1) *Emitter*, er emittiert die zur Verstärkung vorgesehenen Löcher, den Kontakt (2) den *Kollektor* und (3) die *Basis*. Erstmals untersucht wurde der *Transistor-Effekt* von William B. Shockley (1910–1989), Walter H. Brattain (1902–1987) und von John Bardeen (1908–1991; gemeinsamer Nobelpreis 1956) in den 1940er Jahren.

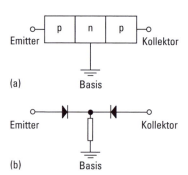

Abb. 17.5 pnp-Struktur als Prinzip für einen Bipolar-Transistor (a) und dem vereinfachten Ersatzschaltbild in Form zweier gegeneinander geschalteter (pn- und np-)Dioden (b).

Die Bedingung für eine technische Realisierung des Bipolar-Transistors ist, dass die Basiszone hinreichend dünn sein muss, so dass ein ausreichend großer Anteil der vom Emitter gelieferten Majoritätsladungsträger den Kollektor erreicht, um dort die über die Sperrspannung zur Verfügung gestellte Energie aufzunehmen. Es gibt jedoch noch eine zweite Bedingung für eine hohe Effektivität des Verstärkungsmechanismus. Der Einfachheit halber wurde hier bisher angenommen, dass das p- und das n-Gebiet der Dioden gleich hoch dotiert sind. In diesem Fall fließen also gleich viele Löcher vom Emitter in die Basis wie Elektronen von der Basis in den Emitter. Diese Elektronen gehen jedoch prinzipiell dem Verstärkungsmechanismus verloren, da sie nicht den Kollektor erreichen. Für einen hohen Wirkungsgrad des Bipolar-Transistors muss daher gefordert werden, dass möglichst ausschließlich Löcher vom Emitter zur Basis und lediglich vernachlässigbar wenig Elektronen von der Basis zum Emitter fließen. Dies entspricht einem *Emitter-*

Wirkungsgrad von

$$\gamma = \frac{\text{Strom Emitter} \rightarrow \text{Basis}}{\text{Gesamtstrom}} \approx 1 \,.$$

Durch Einsetzen der Stromanteile gemäß Gl. (17.21) ergibt sich

$$\gamma = \frac{p_n \frac{D_p}{\ell_p}}{p_n \frac{D_p}{\ell_p} + n_p \frac{D_n}{\ell_n}} = \frac{1}{1 + \frac{n_p}{p_n} \frac{D_n}{D_p} \frac{\ell_p}{\ell_n}} = \frac{1}{1 + \frac{D_n(2)}{D_p(1)} \frac{\ell_p(1)}{\ell_n(2)} \frac{n_i^2(1)}{n_i^2(2)} \frac{N_D(2)}{N_A(1)}} \,. \qquad (17.24)$$

Dabei sind p_n die Löcherkonzentration und $n_n = N_D$ die Elektronenkonzentration im n-Gebiet, n_p die Elektronenkonzentration und $p_p = N_A$ die Löcherkonzentration im p-Gebiet, D_n, D_p die Diffusionskonstanten und ℓ_n, ℓ_p die Diffusionslängen. Dabei wurde berücksichtigt, dass Emitter und Basis nicht aus dem gleichen Halbleiter-Material beschaffen sein müssen. Der Emitter wird durch ein Material (1) und die Basis durch ein Material (2) realisiert, so dass die Eigenleitungskonzentrationen verschieden sein können, die sich bei gleichem Material herauskürzen würden.

(I) Es muss $n_i^2(2) \gg n_i^2(1)$ sein oder/und
(II) es muss $N_A(1) \gg N_D(2)$ sein,

denn die Diffusionskonstanten und -längen sind nur wenig unterschiedlich. Die Forderung $n_i^2(2) \gg n_i^2(1)$ ist äquivalent zu $(E_L - E_V)_{\text{Fall (I)}} > (E_L - E_V)_{\text{Fall (II)}}$, d. h. der Bandabstand des Materials (1) muss größer sein als der Bandabstand des Materials (2). Dies führt zu dem sogenannten *wide-gap emitter*. Die zweite Forderung bedeutet, dass der Emitter gegenüber der Basis hochdotiert sein muss.

Realisiert man also einen Bipolar-Transistor aus nur einem Material, z. B. Silizium, wie es heute fast ausschließlich üblich ist, dann besteht die einzige Möglichkeit für einen hohen Emitter-Wirkungsgrad ($\gamma \approx 1$) darin, die Emitter-Dotierung groß gegenüber der Dotierung der Basis zu wählen.

▶ Abb. 17.6 zeigt den typischen Aufbau eines Si-Planar-pnp-Transistors und ▶ Abb. 17.7 den zugehörigen Bandverlauf mit sowie ohne angelegte Spannung, die den vorher beschriebenen Zusammenhang noch einmal deutlich werden lässt.

Aufgrund der bisherigen Überlegungen zur Bipolar-Diode und zum Bipolar-Transistor ergibt sich für diesen das in ▶ Abb. 17.8 dargestellte Ersatzschaltbild. Die Eigenschaft der in Durchlassrichtung gepolten Emitter-Basis-pn-Diode wird durch deren Diffusionskapazität und Diffusionsleitwert repräsentiert, die der in Sperrrichtung gepolten Basis-Kollektor-np-Diode durch deren entsprechende Sperrschichtkapazität und Sperrschichtleitwert. Die Größen r_E, r_B und r_K sind die entsprechenden Ohm'schen Längswiderstände. Ferner ist die Kollektor-Emitter-Rückkopplung in Form eines RC-Gliedes eingezeichnet. Damit lassen sich nun zwei typische Grundschaltungen realisieren, die *Basis-Schaltung* und die *Emitter-Schaltung* (▶ Abb. 17.9). Die dritte Grundschaltung, die *Kollektor-Schaltung*, bei der der Kollektor der gemeinsame Bezugspunkt für die beiden in den ▶ Abb. 17.9a und b eingezeichneten Gleichspannungsquellen ist, soll hier nicht weiter diskutiert werden.

Für die Basis-Schaltung ist in ▶ Abb. 17.10a das Kennlinienfeld eines typischen Si-pnp-Transistors dargestellt. Vom Nullpunkt bis hin zur Durchbruchspannung der

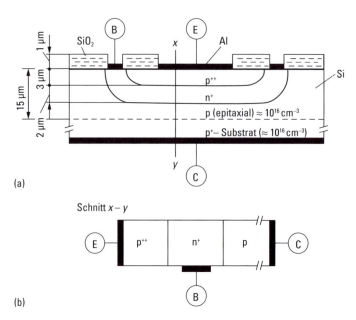

(a)

(b)

Abb. 17.6 (a) Typischer Si-Planar-pnp-Transistor, (b) idealisierte eindimensionale Darstellung längs des in (a) eingezeichneten Schnittes (aus A. S. Grove, *Physics and Technology of Semiconductor Devices*, Wiley, New York, 1967).

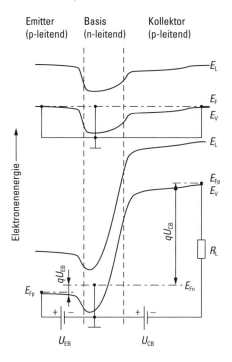

Abb. 17.7 Energiebänderverlauf (schematisiert) eines Si-Planar-pnp-Bipolar-Transistors mit Epitaxieschicht, oben: stromloser Fall (thermodynamisches Gleichgewicht), unten: $U_{EB} > 0$; $U_{CB} < 0$ (thermodynamisches Nichtgleichgewicht), Lastwiderstand R_L.

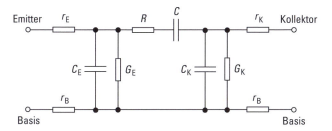

Abb. 17.8 Vereinfachtes Ersatzschaltbild eines pnp-Bipolar-Transistors. Die Größen C_E und G_E (Diffusionskapazität und -leitwert) repräsentieren die Eigenschaften der in Durchlassrichtung gepolten Emitter-Basis-(pn-)Diode, C_K und G_K repräsentieren die in Sperrrichtung gepolte Basis-Kollektor-(np-)Diode. Die Größen R und C beschreiben die Rückkopplung und r_E, r_B sowie r_K sind die entsprechenden Ohm'schen Längswiderstände.

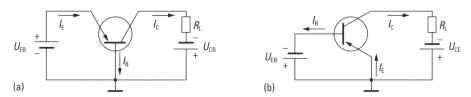

Abb. 17.9 Grundschaltungen eines pnp-Bipolar-Transistors, (a) Basis-Schaltung, (b) Emitter-Schaltung.

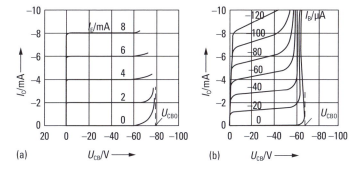

Abb. 17.10 Kennlinienfelder eines pnp-Bipolar-Transistors, (a) Basis-Schaltung, (b) Emitter-Schaltung.

Kollektor-Basis-Strecke von ca. $-80\,\text{V}$ gilt annähernd $I_C \approx I_E$. Die Stromverstärkung α der Basis-Schaltung ergibt sich aus der Beziehung

$$I_C = \alpha I_E + I_{CBO}.$$

Dabei ist $I_{CBO} = I_C(I_E = 0)$ der gegenüber I_C sehr viel kleinere Sättigungssperrstrom des Kollektor-Basis-Überganges. Die Stromverstärkung α ist im genannten Bereich ≤ 1, weil die Löcher des Emitter-Stroms nach Rekombinationsverlusten in der Basis um den Faktor α verringert im Kollektor ankommen. Bei dem in ▶ Abb. 17.10b gezeigten Kennlinienfeld der Emitter-Schaltung des gleichen Transistors beschreibt die Beziehung

$$I_C = \beta I_B + I_{CEO} \tag{17.25}$$

die Stromverstärkung β der Emitter-Schaltung, wiederum mit $I_{CEO} = I_C(I_B = 0)$ als Sättigungssperrstrom. Bei $I_C = 4\,\text{mA}$ und niedrigen Kollektor-Emitter-Spannungen ergibt sich $\beta \approx 60$. Eine Änderung des Basis-Stromes I_B verursacht eine 60-mal höhere Änderung des Kollektor-Stromes I_C. Der Emitter-Strom I_E ist nach der Beziehung

$$I_E = I_B + I_C \tag{17.26}$$

um weniger als 2 % größer als I_C und damit im Kennlinienfeld in ▶Abb. 17.10a nicht von I_C zu unterscheiden.

Dem Basis-Strom I_B kommt für den Transistor-Effekt zentrale Bedeutung zu. Nach der Injektion aus dem Emitter diffundieren die Löcher durch die Basis hindurch, bis sie die Basis-Kollektor-Sperrschicht erreichen. An der Emitter-Seite ist die Löcherkonzentration angehoben, an der Kollektor-Seite abgesenkt. Dadurch entsteht der Konzentrationsgradient durch die neutrale Basis, der den Löcherstrom treibt. Dabei geht in der Basis ein bestimmter Teil der Löcher durch Rekombination verloren. Jedem in der Basis rekombinierenden Loch entspricht ein Elektron, das von außen über die Zuleitung in die Basis eintritt. Im Basis-Strom sind die beiden Diodenströme und der Strom der Basis-Rekombination enthalten. Der Basis-Strom ist deshalb ein Maß für die Elektronen im Emitter-Basis-Durchlass- und im Basis-Kollektor-Sperrstrom sowie für die Basis-Rekombination. Wenn die Breite der Basis w_B gering ist im Vergleich zur Diffusionslänge der Minoritätsladungsträger, bleiben die Rekombinationsverluste und der Basis-Strom klein und führen zu hohen Stromverstärkungen β. Entsprechend wird die Grenzfrequenz des Bipolar-Transistors durch die Basis-Weite w_B bestimmt: $f_t \sim w_B^{-2}$. Typische Werte der Basis-Weite moderner Epitaxie-Planartransistoren liegen unterhalb von $1\,\mu\text{m}$.

Feldeffekt-Transistor. Der Grundbaustein eines Feldeffekt-Transistors (FET) ist der sogenannte MOS(Metal-Oxid-Semiconductor)-Kondensator. Das sich daraus ergebende Grundprinzip eines MOS-FET ist in ▶Abb. 17.11 dargestellt. Legt man an einen Plattenkondensator eine Spannung U_G an (▶Abb. 17.11a), werden die Platten gemäß $Q = C U_G$ mit der Ladung Q aufgeladen. Legt man nun an die negativ geladene Kondensatorplatte mit den Kontakten *Source* und *Drain* ebenfalls eine Spannung an (▶Abb. 17.11b), so fließt

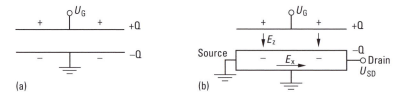

(a)   (b)

Abb. 17.11 Grundprinzip des Metalloxid-Feldeffekt-Transistors (MOS-FET). Auf den Platten eines Plattenkondensators (a) mit der angelegten Spannung U_G befindet sich gemäß $Q = C U_G$ die Ladung $+Q, -Q$ mit $+Q = |-Q|$. Wählt man die untere Platte etwas dicker (und aus einem Halbleiter-Material) und legt eine Source-Drain-Spannung U_{SD} an, fließt die über das elektrische Feld E_z influenzierte Ladung aufgrund der Source-Drain-Spannung (des elektrischen Feldes E_x) als Strom.

die auf der Kondensatorplatte befindliche (negative) Ladung vom Source- zum Drain-Kontakt. Es wird hier jedoch nur die auf der Platte influenzierte Ladung betrachtet und davon abgesehen, dass im Metall selbst Ladungen vorhanden sind. Da aufgrund der an den Kondensator angelegten Spannung U_G die Ladung $Q = C U_G$ fest vorgegeben ist, muss diese abfließende Ladung immer nachgeliefert werden, um Q aufrecht zu erhalten. Es fließt also ein Strom. Dieser Strom wird jedoch bei einem gegebenem Material nur von der Dichte der Ladungsträger und der Source-Drain-Spannung U_{SD} bestimmt. Liegt keine Spannung U_G an, gibt es keine Ladung Q, und es kann trotz Source-Drain-Spannung U_{SD} kein Strom fließen.

Das Grundprinzip des FET kann damit wie folgt zusammengefasst werden: Ein elektrisches Feld in vertikaler Richtung (erzeugt durch die angelegte Gate-Spannung U_G) bestimmt die Dichte der Ladungsträger, die aufgrund des in dazu senkrechter Richtung (aufgrund der Source-Drain-Spannung U_{SD}) angelegten elektrischen Feldes als Strom fließen. Bei der Realisierung dieses Prinzips sind die beiden folgenden wesentlichen Aspekte zu berücksichtigen:

1. Mit der Source-Drain-Spannung soll nur die aufgrund der Gate-Spannung influenzierte Ladung als Strom gemessen werden. In einem Metall befindet sich diese Ladung jedoch in einer unmessbar dünnen Raumladungszone, so dass die restliche Metalldicke einen sehr geringen Parallelwiderstand und damit einen Kurzschluss darstellen würde. Daher eignen sich nur Halbleiter als Elektroden. Ferner müssen die Kontakte Source und Drain so geartet sein, dass zwischen ihnen lediglich die durch die Gate-Spannung U_G influenzierten Ladungsträger und nicht die in viel größerer Zahl vorhandenen restlichen Gleichgewichtsladungsträger fließen.

2. Um bei möglichst geringer Gate-Spannung U_G eine möglichst große Ladung Q zu erzeugen, muss die Kapazität möglichst groß sein. Dies erreicht man durch einen kleinen Plattenabstand und eine große Permittivitätszahl ε_r. Um gleichzeitig die Oberflächenzustandsdichte so klein wie möglich zu halten, müssen die Grenzflächen zwischen Isolator und Halbleiter in dieser Richtung optimiert werden. Daher sind bisher praktisch alle Bauelemente dieser Art aus Silizium mit Siliziumdioxid als Isolator realisiert.

Beide Forderungen erfüllt der MOS-Kondensator, dessen prinzipieller Aufbau in ▶ Abb. 17.12 dargestellt ist. Der angedeutete Halbleiter sei dabei ein n-Halbleiter. Legt man nun an diese Anordnung eine Spannung, und zwar die positive Polung an das Metall, so werden die entsprechenden Ladungen influenziert. Auf dem Metall befindet sich die

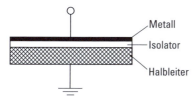

Abb. 17.12 Prinzipieller Aufbau eines MOS-Kondensators. An die Anordnung Metallkontakt-Isolator-Halbleiter-(Ohm'scher)Metallkontakt wird eine Spannung angelegt. Die dadurch im Halbleiter influenzierte Raumladung ändert ihre Weite mit der Spannung.

positive, im Halbleiter die negative Ladung. Da die negative Ladung im Halbleiter aus Elektronen besteht, die sich frei bewegen können, werden diese an die Halbleiter-Isolator-Grenzfläche driften. Damit ergibt sich eine Kapazität, die bei gegebener Permittivitätszahl ε_r des Isolators und gegebener Fläche allein durch die Isolatordicke bestimmt ist. Diese wird im Folgenden die geometrische Kapazität C_0 genannt. Polt man die Spannung um, so wird die Metallelektrode negativ und der Halbleiter positiv geladen. Da im n-Halbleiter praktisch keine positiven beweglichen Ladungsträger vorhanden sind $\left(p_0 = n_i^2/n_0 \ll n_0\right)$, kann die Ladungsbilanz nur dadurch erfüllt werden, dass die Elektronen von der Isolator-Halbleiter-Grenzfläche weiter ins Innere des Halbleiters verschoben werden und dadurch die ortsfesten positiv geladenen Donator-Atome die positive Ladung stellen und so die Ladungsbilanz erfüllen. Auf diese Weise bildet sich im Halbleiter eine Raumladungszone aus, deren Ausdehnung mit wachsender negativer Spannung zunimmt. Da gemäß $C_{\text{diff}} = dQ/dU$ die spannungsabhängige Änderung dieser Raumladung eine Kapazität darstellt und diese zur geometrischen Kapazität C_0 in Serie geschaltet ist, ändert sich die Gesamtkapazität $C_{\text{ges}}^{-1} = C_0^{-1} + C_{\text{diff}}^{-1}$ als Funktion der Spannung. Man erhält damit eine spannungsabhängige Kapazität des MOS-Kondensators. Eine erste, einfache Abschätzung der Spannungsabhängigkeit der differentiellen Kapazität ergibt sich aus der Lösung der *Poisson-Gleichung* (benannt nach Siméon D. Poisson, 1781 – 1840):

$$\frac{d^2 \Phi(x)}{dx^2} = -\frac{\varrho(x)}{\varepsilon_0 \varepsilon_{\text{HL}}} \,. \tag{17.27}$$

$\Phi(x)$ ist dabei das ortsabhängige Potential in der Raumladungszone, die Bandverbiegung. Nimmt man vereinfachend an $\varrho(x) = q N_D^+$, so ergibt die Lösung von Gl. (17.27):

$$\Phi(x) = -\frac{1}{2} \frac{q}{\varepsilon_0 \varepsilon_{\text{HL}}} \cdot N_D^+ (x - \ell)^2 \,. \tag{17.28}$$

Mit den Randbedingungen $\Phi(0) = \Phi_S$, $\Phi(\ell) = 0$ gilt:

$$\Phi_S = -\frac{1}{2} \frac{q}{\varepsilon_0 \varepsilon_{\text{HL}}} \cdot N_D^+ \cdot \ell^2 \,. \tag{17.29}$$

Damit ist die Ausdehnung der Raumladung, die Sperrschichtweite ℓ, gegeben durch:

$$\ell = \sqrt{\frac{2|\Phi_S| \varepsilon_0 \varepsilon_{\text{HL}}}{q N_D^+}} \,. \tag{17.30}$$

Da sich die Raumladung Q_{sc} (sc steht für space charge) pro Fläche zu $Q_{\text{sc}}^* = q N_D^+ \ell$ ergibt, ist $Q_{\text{sc}}^* \sim \sqrt{\Phi_S}$, und man erhält für die Kapazität C_{diff} pro Fläche

$$Q_{\text{diff}}^* = \frac{dQ_{\text{sc}}^*}{d\Phi_S} = \frac{dQ_{\text{sc}}^*}{d\ell} \frac{d\ell}{d\Phi_S} = \sqrt{\frac{\varepsilon_0 \varepsilon_{\text{HL}} q N_D^+}{2|\Phi_S|}} \,. \tag{17.31}$$

Die Kapazität ändert sich also $\sim 1/\sqrt{\Phi_S}$ mit dem über dem Halbleiter abfallenden Potential Φ_S. Diese Abschätzung wird Schottky-Näherung genannt. ▶Abb. 17.13 zeigt die vereinfachend angenommene Raumladungsverteilung $\varrho(x)$, das aus der Poisson-Gleichung bestimmte elektrische Feld $E(x)$ und das ortsabhängige Potential $\Phi(x)$.

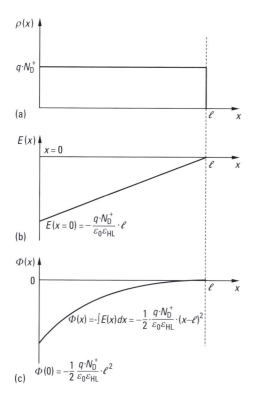

Abb. 17.13 Die Raumladungsverteilung $\varrho(x)$ (a), das zugehörige elektrische Feld $E(x)$ (b) und dem Potentialverlauf $\Phi(x)$ (c) über der Raumladungszone (berechnet im Rahmen der Schottky-Näherung der Poisson-Gleichung).

Wird die negative Spannung an der Metallelektrode erhöht, so werden immer mehr Elektronen von der Isolator-Halbleiter-Grenze verschoben. Für die weitere Diskussion müssen jedoch nun auch die dynamischen Vorgänge der Regeneration und der Rekombination berücksichtigt werden. Im thermischen Gleichgewicht sind beide Raten gleich, und es gilt $n_0 = p_0 = n_i^2$. Nimmt man n-Silizium als Beispiel, so ergibt sich bei Zimmertemperatur $n_i^2 \approx 10^{20}$ cm^{-6}. Mit einer Dotierung von $N_D \approx 10^{15}$ cm^{-3} ergibt sich bei vollständiger Ionisierung p_0 zu $\approx 10^5$ cm^{-3}. Die Löcherkonzentration p_0 ist also etwa 10 Größenordnungen kleiner als $n_0 \approx N_D$. Wird jedoch die Elektronenkonzentration n_0 durch die angelegte Spannung in der Raumladungszone sehr stark reduziert, so kann praktisch keine Rekombination mehr stattfinden, da keine Elektronen mehr im Leitungsband vorhanden sind. Da die Regenerationsrate jedoch nur von der Temperatur abhängt, werden ständig weiter Elektronen-Lochpaare generiert, von denen die Elektronen sofort aus der Raumladungszone verdrängt werden. Bei der Reduktion der Elektronenkonzentration auf die Gleichgewichtslöcherkonzentration $p_0 \approx 10^5$ cm^{-3} wird nach der entsprechenden Regenerationszeit die Löcherkonzentration gemäß $np = n_i^2$ auf die Elektronenkonzentration im Gleichgewicht, also etwa 10^{15} cm^{-3}, zugenommen haben. Es gibt in der Raumladungszone nun also ebenso viel Löcher wie vorher Elektronen. Diese beweglichen Löcher wandern im elektrischen Feld an die Halbleiter-Isolator-Grenzfläche und erfüllen dort die Ladungsbilanz. Es ergibt sich damit folgendes Verhalten: Aus einer Schicht der Dicke ℓ sind praktisch sämtliche negativen beweglichen Ladungsträger (Elektronen) verdrängt. In einer dünnen Schicht an der Isolator-Halbleiter-Grenzfläche befinden sich bewegliche positive Ladungsträger (Löcher). Diese Schicht wird als Inversionsschicht bezeichnet, da hier die Halbleiter-Leitfähigkeit praktisch invertiert ist, von Elektronen- in Löcher-Leitung beim n-Halbleiter und von Löcher- in Elektronen-Leitung beim p-Halbleiter. Diese Schicht ist vom Rest des Halbleiters durch eine freie Zone ohne bewegliche Ladungsträger getrennt. Da nun bei kleinen Spannungsänderungen die Ladungsbilanz auf den Kondensatorplatten auf der Seite des Halbleiters im Wesentlichen durch die positiven beweglichen Ladungsträger, die Löcher in der Inversionsschicht an der Halbleiter-Isolator-Grenzfläche, erfüllt wird, steigt die Kapazität mit wachsender negativer Spannung wieder auf den Wert der geometrischen Kapazität C_0 an.

Durch die Verwendung eines Halbleiters als eine der beiden „Kondensatorplatten" gelingt es also, in der entstehenden Raumladungszone, deren Weite durch die Dotierungskonzentration festgelegt wird, Elektronen und Löcher zu trennen. Die Löcher befinden sich in der dünnen Inversionsschicht an der Isolator-Halbleiter-Grenzfläche, und die Elektronen sind durch eine von allen beweglichen Ladungsträgern freie Zone getrennt im Inneren des Halbleiters. Damit ergibt sich die Möglichkeit, durch geeignete Kontakte Source und Drain am Halbleiter, lediglich die Löcher der Inversionsschicht zum Ladungstransport zwischen Source und Drain zu nutzen. Dies ist das Grundprinzip eines FET. In einem Kanal (der Inversionsschicht) fließen die von der am Gate-Kontakt angelegten Gate-Spannung influenzierten Ladungsträger. Deren Konzentration und damit der Source-Drain-Strom wird von U_G bestimmt.

Die bisherigen Betrachtungen sollen nun noch einmal anhand des Bänderschemas erläutert werden. Bei Annäherung eines Metalls und eines Halbleiters zur Zeit $t = t_0$ bis auf einen Abstand d, ergeben sich die in ▶ Abb. 17.14 schematisch dargestellten Verhältnisse. Die Differenz der Austrittsarbeiten des Metalls $q\Phi_M$ und des Halbleiters $q\Phi_{HL}$ ist dann mit $q\Delta\Phi_{MHL}$ gegeben. Da die Fermi-Niveaus im Metall und im Halbleiter um diesen Beitrag $q\Delta\Phi_{MHL}$ verschoben sind, ist diese Anordnung nicht im thermodynamischen Gleichgewicht, denn dieses ist durch gleiche Fermi-Niveaus definiert. Es muss daher ein Ladungstransfer zwischen Metall und Halbleiter stattfinden, um die Fermi-Niveaus anzugleichen:

$$Q = C\Delta\Phi_{MHL} = \frac{\varepsilon_0\varepsilon_r}{d}\Delta\Phi_{MHL}\,,$$

mit der Permittivitätszahl ε_r des Mediums zwischen Metall und Halbleiter. Die aus dem Halbleiter in das Metall übertretende Ladung macht sich im Halbleiter als Raumladung bemerkbar. So gehen z. B. in einem n-Halbleiter Elektronen in das Metall über und erzeugen eine positiv geladene Raumladungszone im Halbleiter. Bereits ohne von außen angelegte Spannung ergibt sich aufgrund der Unterschiede der Austrittsarbeiten eine Bandverbiegung im Halbleiter. Durch Anlegen einer Spannung kann diese Bandverbiegung $q\Phi(x)$ und damit auch die Weite der Raumladungszone vergrößert oder verkleinert werden. Die spannungsabhängige Änderung der Raumladungsweite wird gemäß $dQ = C_{diff}dU$ durch eine differentielle Kapazität C_{diff} beschrieben. Diese liegt in Reihe zur geometrischen Kapazität, die allein durch die Dicke und das ε_r der Isolatorschicht bestimmt wird.

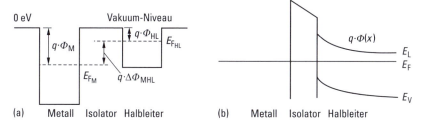

(a) Metall Isolator Halbleiter (b) Metall Isolator Halbleiter

Abb. 17.14 Bringt man zu einem Zeitpunkt $t = t_o$ Halbleiter und Metall zusammen, so dass sie das gleiche Vakuum-Niveau besitzen, ergibt sich ein Sprung der Fermi-Niveaus um die Differenz der Austrittsarbeiten $q\Delta\Phi_{MHL}$. Das System ist daher nicht im Gleichgewicht. Nach Einstellung des Gleichgewichts erhält man daher eine Raumladung bzw. Bandverbiegung $q\Phi(x)$ im Halbleiter (b).

Bei diesen Überlegungen wurde für die Ladungsbilanz lediglich berücksichtigt, dass die Ladung auf der Metallelektrode durch die Ladung im Halbleiter kompensiert wird, also $Q_M = Q_{HL}$. Dabei wird die Ladung im Halbleiter Q_{HL} von den Elektronen und Löchern sowie von den geladenen Dotieratomen der flachen Störstellen gebildet: $Q_{HL} = q(n_0, p_0, N_D^+, N_A^-)$. Die Ladungsbilanz wird jedoch dadurch komplizierter, dass (i) im Isolator ortsfeste Ladungen existieren können, dass (ii) energetisch tiefe Niveaus im Halbleiter und (iii) Oberflächenzustände vorhanden sein können. Für die Ladungsbilanz ergibt sich in diesem Fall: $Q_M = Q_{HL} + Q_{OX} + Q_{SS}$, mit Q_{OX} für die Oxidladung und Q_{SS} für die Ladung in den Oberflächenzuständen.

Auf der Grundlage des prinzipiellen Aufbaus und dessen Funktionsweise eines MOS-Kondensators ergibt sich der prinzipielle Aufbau eines MOS-Feldeffekt-Transistors (MOS-FET), der in ▶ Abb. 17.15 dargestellt ist. Ein Metall-Isolator-Halbleiter-Kondensator wird dabei mit einem Source- und mit einem Drain-Kontakt versehen. Ist

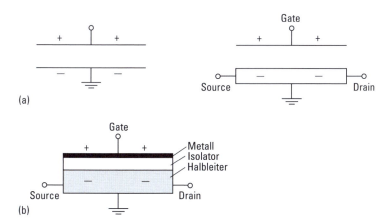

Abb. 17.15 Prizipieller Aufbau des Metalloxid-Halbleiter-Feldeffekt-Transistors (MOS-FET). In einem Plattenkondensator wird die untere Platte dicker gewählt und mit Kontakten Source und Drain versehen (a). Wählt man für die untere Platte einen Halbleiter und füllt den Plattenabstand mit einem Isolator und wählt ferner geeignetes Kontaktmaterial für Source und Drain, erhält man die Grundstruktur des MOS-FET (b).

der Halbleiter n-dotiert, sind die beiden Kontakte Source und Drain aus hochdotiertem p-Halbleiter-Material realisiert. Besteht der Halbleiter aus p-Material, so sind diese Kontakte aus hochdotiertem n-Material. Damit erhält man sowohl am Source- als auch am Drain-Kontakt eine p^+n-Diode (bzw. eine n^+p-Diode), die antiparallel gegeneinander geschaltet sind, so dass außer dem Sperrstrom, unabhängig von der Polung von Source oder Drain, kein Strom fließen kann. Verwendet man z. B. einen n-Halbleiter und legt am Gate-Kontakt eine entsprechend große negative Spannung an, so bildet sich an der Isolator-n-Halbleiter-Grenzfläche die Inversionsschicht aus Löchern, die durch eine praktisch von beweglichen Ladungsträgern freien Zone vom Rest des n-Halbleiters getrennt ist. Da diese Inversions-schicht einem hochdotierten p-Halbleiter entspricht, bilden die Source- und Drain-p^+-Schichten an der Inversionsschicht p-p-Übergänge. Bei Anlegen einer entsprechenden Source-Drain-Spannung kann die Ladung in der Inversionsschicht als Strom vom Source- zum Drain-Kontakt fließen. Das Grundprinzip des MOS-FET besteht also darin, dass durch die Gate-Spannung U_G eine gemäß $Q = C U_G$ definierte Raumladung erzeugt wird, deren Ladung durch die Source-Drain-Spannung zu einem Strom führt. Ein elektrisches Feld in z-Richtung bestimmt also die Anzahl der Ladungsträger, die durch ein elektrisches Feld in x-Richtung zu einem Strom führen.

Aufgrund dieses Zusammenhangs lässt sich in einfacher Weise die I-U-Kennlinie eines idealen MOS-FET angeben. Der Source-Drain-Strom ergibt sich gemäß $I_{SD} = Q/t$ aus der vom Gate-Kontakt influenzierten Ladung in der Inversionsschicht dividiert durch die Zeit, die die Ladung benötigt, um vom Source- zum Drain-Kontakt zu gelangen. Gemäß $Q = A Q^* = A C_{ox}^* U_G$ und $t = L^2/\mu U_{SD}$ (mit dem Source-Drain-Abstand L), erhält man mit der Gate-Fläche $A = ZL$:

$$I_{SD} = A \frac{C_{ox}^*}{L^2} \mu U_G U_{SD} \,. \tag{17.32}$$

Dabei wurde jedoch noch nicht berücksichtigt, dass durch die angelegte Source-Drain-Spannung die Isolator-Halbleiter-Grenzfläche keine Äquipotentialfläche mehr ist, sondern dass sich der Gate-Spannung U_G die Source-Drain-Spannung $U_{SD}(x) = U_{SD} x/L$ überlagert. Unter der vereinfachenden Annahme eines solchen linearen Potentialverlaufs erhält man mit $A = ZL$:

$$I_{SD} = Z \frac{C_{ox}^*}{L} \mu \left\{ U_G U_{SD} - \frac{1}{2} U_{SD}^2 \right\} \,. \tag{17.33}$$

Hierbei wurde allerdings noch nicht berücksichtigt, dass nicht die gesamte Gate-Spannung U_G für die Erzeugung der wirksamen Raumladung (der Inversionsschicht), zur Verfügung steht, sondern nur $U_G - U_{th}$, da die Spannung U_{th} (*Einsatzspannung*, engl. threshold voltage) zur Erzeugung der Inversionsschicht notwendig ist. Damit erhält man die nun vollständige I-U-Kennlinie des MOS-FET:

$$I_{SD} = Z \frac{C_{ox}^*}{L} \mu \left\{ (U_G - U_{th}) U_{SD} - \frac{1}{2} U_{SD}^2 \right\} \,. \tag{17.34}$$

In dieser vereinfachten Betrachtung wurde eine Reihe von Einflüssen nicht berücksich-tigt. Zum einen gilt diese Betrachtung generell nur in dem Spannungsbereich mit $U_G \geq U_{SD}$. Wenn das Potential am Drain-Kontakt genauso groß ist wie das am Gate-Kontakt, existiert am Drain-Kontakt keine Inversionsschicht mehr. Darüber hinaus wurde nicht berücksichtigt, dass

1. die Annahme einer linearen Potentialverteilung längs des Kanals nicht gerechtfertigt ist,
2. die Beweglichkeit μ von der Feldstärke abhängig ist,
3. die Einsatzspannung U_{th} noch von Oxid-Ladungen und Grenzflächenzuständen abhängig ist und
4. die Kanalabschnürung auftreten kann.

Die Gl. (17.34) gibt jedoch den wesentlichen und grundsätzlichen Zusammenhang wieder.

Vergleich von Bipolar-Transistor, Feldeffekt-Transistor und Elektronenröhre. In diesem Unterabschnitt sollen der Bipolar-Transistor, der FET und die Elektronenröhre in ihren fundamentalen Eigenschaften verglichen werden. Dabei soll die Elektronenröhre – obgleich sie kein Halbleiter-Bauelement ist – als Vorläufer der anderen Bauelemente berücksichtigt werden. Das grundlegende Prinzip der Elektronenröhre stellt sich wie folgt dar: Von der Kathode emittierte Elektronen bewegen sich bei angelegter Anodenspannung im elektrischen Feld im Vakuum von der Kathode zur Anode (Bd. 2, Abschn. 6.1). Bringt man zwischen die Kathode und die Anode ein elektronendurchlässiges Gitter, so kann man durch Anlegen einer negativen Spannung an dieses Gitter den Strom von der Kathode zur Anode steuern. Als Kathode verwendet man z. B. einen geheizten Wolframdraht, der mit einer die Austrittsarbeit des Wolframs reduzierenden Schicht (z.B. Bariumtitanat) versehen ist.

Als vergleichende Parameter können die Steilheit als Effizienz der Steuermöglichkeit und die Leistungsverstärkung herangezogen werden. Die auf die Fläche bezogene Steilheit $S^* = C/t$ ist bei gegebener Laufzeit t der Ladungsträger lediglich von der Eingangskapazität abhängig. Daher ist der Bipolar-Transistor in dieser Hinsicht das beste Bauelement. Bei ihm ist $C = C_{\text{Diffusion}}$ prinzipiell am größten, da bei ihm steuernde und gesteuerte Ladung am dichtesten beisammen sind. Beim FET wird $C = C_{ox}$ von der Dicke der Oxidschicht und von der zugehörigen Permittivitätszahl ε_r bestimmt. Da man den Bipolar-Transistor mit $d_{ox} = 0$ betrachten kann, wird noch einmal die größere Steilheit des Bipolar-Transistors gegenüber dem FET deutlich. Da die Gitter-Kathoden-Kapazität der Elektronenröhre um Größenordnungen kleiner ist ($d_{ox} \approx 10$ nm und $d_{GK} \approx 1$ µm), ist die Steilheit der Elektronenröhre prinzipiell am kleinsten.

Ein Vergleich der möglichen Leistung ergibt sich aus folgender Überlegung. Die maximal mögliche Spannung U_{max} ist durch die Durchbruchfeldstärke E_D der Materialien gegeben: $U_{max}/L_{min} = E_D$. Mit einer maximalen (Sättigungs-)Geschwindigkeit v_S der Ladungsträger $v_S = L_{min}/t_{min}$ ergibt sich:

$$\frac{U_{max}}{t_{min}} = v_S E_D, \quad \text{bzw.} \quad U_{max} v_g = \frac{v_S E_D}{2\pi},$$

mit der Grenzfrequenz $2\pi v_g = 1/t_{min}$. Bestimmt man den Strom aus der Beziehung $U_{max} = Z I_{max}$, mit der Admittanz Z, so erhält man mit der Leistung $P_{max} = I_{max} U_{max}$:

$$\sqrt{Z P_{max}}\, v_g = \frac{v_S E_D}{2\pi}.$$

Vergleicht man nun die drei genannten Bauelemente Bipolar-Transistor, FET und Elektronenröhre, erkennt man, dass für eine gegebene Grenzfrequenz ν_g, für eine feste Sättigungsgeschwindigkeit ν_S und Durchbruchfeldstärke E_D das Produkt ZP_{max} eine Konstante ist. Damit ergibt sich, dass wiederum der Bipolar-Transistor aus rein physikalischen Gründen das leistungsstärkste Bauelement ist, da seine Eingangskapazität, die bei hohen Frequenzen allein die Admittanz Z bestimmt, die größte ist, gefolgt vom FET und zuletzt die Elektronenröhre.

Abschließend soll in diesem Zusammenhang jedoch noch ein großer Vorteil des FET angemerkt werden. Die Zahl der Ladungsträger im Kanal des FET wird allein aus der anliegenden Gate-Spannung bestimmt und ändert sich mit der Temperatur nicht. Ändert man die Temperatur, so ändert sich der Strom lediglich aufgrund der sich ändernden Beweglichkeit $\mu(T)$. Erhöht man die Temperatur, nimmt der Strom ab, da μ abnimmt. Der Bipolar-Transistor verhält sich diesbezüglich ganz anders. Erhöht man die Temperatur, werden mehr Ladungsträger generiert und der Strom erhöht sich, obgleich natürlich auch die Beweglichkeit abnimmt. Da jedoch $n_i \sim \exp(-E_G/2k_BT)$ ist und $\mu \sim T^{-3/2}$, nimmt die Ladungsträgerdichte wesentlich stärker mit der Temperatur zu als die Beweglichkeit ab. Dies bedeutet, dass man mehrere Bipolar-Transistoren aufgrund dieser sogenannten Mitkopplung nicht ohne weiteren technischen Aufwand parallel schalten kann. FETs hingegen kann man parallel schalten. Daher kann man den inhärenten Leistungsvorteil des Bipolar-Transistors durch die Parallelschaltung von vielen FETs kompensieren.

17.3 Integrierte Schaltkreise

Die heutige Technologie ist in der Lage, durch die Wahl von Material und Herstellungsprozess für einen bestimmten Anwendungszweck optimierte Transistoren zu entwickeln, und zwar als einzelne (diskrete) Bauelemente oder gemeinsam mit vielen anderen Bauelementen in integrierten Schaltkreisen (engl. integrated circuit, IC). So gelingt beispielsweise die Verstärkung hochfrequenter Ströme bis zu Grenzfrequenzen $\nu_t \leq 30\,\text{GHz}$ (z.B. mit GaAs-Sperrschicht-Feldeffekttransistoren mit Schottky-Kontakt), die Steuerung hoher Stromstärken $I \leq 5000\,\text{A}$ (z.B. mit Si-Thyristoren) oder die Ausführung digitaler Schaltfunktionen mit kurzen Schaltzeiten $t_S < 1\,\text{ns}$. In integrierten Schaltkreisen beherrschen die MOS-FETs insbesondere die digitalen Schaltungen, die als logische Gatter und autonome Recheneinheiten (Mikroprozessoren) gebaut werden. Die Notwendigkeit zur Verkleinerung der Bauelementeabmessungen in den integrierten Schaltkreisen wird von der Forderung nach

1. immer größerer Zahl von Einzelbauelementen pro Fläche, also nach immer größerer Packungsdichte, die die sogenannte ULSI (ultra large scale integration) charakterisiert, sowie
2. immer schnellerer Verarbeitung der Information,

bestimmt.

Aufgrund der begrenzten Geschwindigkeit der Ladungsträger kann die Verarbeitungszeit nur durch immer kleinere Bauelementeabmessungen verkürzt werden, was gleichzeitig eine größere Packungsdichte einschließt. Inzwischen gibt es Mikroprozessoren mit bis zu einigen 10^6 aktiven Bauelementen und Speicherschaltungen mit bis zu einigen 10^9 aktiven Bauelementen, die alle über interne Verbindungen untereinander im

Kontakt sind. Da die Fertigungsausbeute mit der Vergrößerung der Chipabmessungen sinkt, ist die Verkleinerung aller Strukturen notwendig. Ebenfalls verringert sich die elektrische Verlustleistung bei sinnvoller Verkleinerung der Bauelementstrukturen, die nach den „Maßstabsregeln" (engl. scaling laws) z. B. unter Beachtung von internen Maximalfeldstärken miniaturisiert werden. Die unterste Grenze der Verkleinerung bilden dabei die Ausdehnungen von Raumladungszonen, die eine endliche durch Dotierung und Betriebsbedingungen vorgegebene elektrische Feldstärke ohne Durchbruch aufnehmen können. Dabei verringern geringe Dotierungen hohe Feldstärken, vergrößern jedoch die Ausdehnungen der Raumladungszonen.

Ein anderes Problem bei der Miniaturisierung ist auch bei kleinen Signalströmen das Auftreten hoher Stromdichten in Leitungsbahnen mit einem geringen Querschnitt (Beispiel: $100\,\mu A$ im Rechteck-Querschnitt von $2\,\mu m \times 2\,\mu m$ entspricht einer Stromdichte von $2500\,A\,cm^{-2}$). Zur Verringerung der Verlustleistung benutzt man anstelle der für eine Miniaturisierung ungeeignete Aluminiumbeschichtung ($\varrho(Al) \approx 3 \cdot 10^{-5}\,\Omega\,cm$) Schichten aus Metall/Silizium-Verbindungen (z.B. $MoSi_2$, $TaSi_2$ und $TiSi_2$), die fein strukturierbar sind und den geringen spezifischen Widerstand des Aluminiums erreichen.

Wichtigste Forderung an die Technologie für Submikrometer-Schaltkreise ist die geeignete Mikrostrukturierung, nämlich die entsprechende Lithographie für das Schreiben der Strukturen bis in den unteren nm-Bereich, sowie die zugehörigen Ätzprozesse zur Übertragung der geschriebenen Strukturen in das Substrat. Da die physikalische Grenze der Lithographie durch die Beugung bestimmt wird, ist die optische Lithographie auf Strukturen größer als 100 nm beschränkt. Eine Verkleinerung der Strukturabmessungen in den Bereich weit unter 100 nm setzt also die Entwicklung neuer Lithographiemethoden voraus. Dazu bieten sich zwei prinzipiell unterschiedliche Verfahren an, die Verwendung von Photonen oder von geladenen Teilchen. Werden Photonen verwendet, muss man zu kürzeren Wellenlängen übergehen (190 nm bzw. 156 nm Eximer-Laser) oder gar in den Bereich von 10 nm–13 nm Wellenlänge, in den sogenannten EUV (extremes UV). Bei der Verwendung von geladenen Teilchen (Elektronen oder Ionen) ist die Wellenlänge nicht länger der begrenzende Faktor, denn gemäß der De-Broglie-Wellenlänge $\lambda = h/\sqrt{2mqU}$ ergeben sich Wellenlängen bei einer Beschleunigungsspannung um 100 kV im Bereich von 10^{-3} nm bis 10^{-5} nm. Die Begrenzung wird hier durch die Wechselwirkung dieser Teilchen mit der Materie, z.B. durch elektronen- oder ioneninduzierte Umstrukturierungsprozesse, bestimmt. Es stellt sich jedoch heraus, dass nicht die Kosten der Lithographiegeräte die entscheidende Größe darstellen, sondern die Masken. Daher wird weltweit intensiv an der sogenannten maskenlosen Lithographie gearbeitet.

Die Strukturierungstechnik muss ebenfalls auf die Submikrometer-Verkleinerung abgestimmt werden. Während nasschemische Verfahren der Halbleiter-Ätzung isotrope Unterätzungen der Lackschichten mit abgerundeten Kanten durch flüssige Ätzmittel hervorrufen, greifen Trockenätzverfahren anisotrop von der Oberfläche ins Innere hinein an. Sie verursachen ihren Ätzabtrag durch Ionenbeschuss aus einem Plasma heraus. Allerdings tragen sie die abdeckende Maske ebenso ab wie das freigelegte Material. Diese fehlende Selektivität kann durch eine chemische Reaktion zwischen den Teilchen im Plasma und den Atomen der zu ätzenden Oberfläche gefördert werden, wenn z. B. ein flüchtiges Reaktionsprodukt gebildet wird (Beispiel: Fluor-Atome des Plasmas bilden mit Silizium-Atomen der Waferoberfläche gasförmiges SiF_4 und ätzen nur Si).

17.4 Optoelektronische Bauelemente

Alle optoelektronischen Bauelemente können im Hinblick auf ihre Anwendung in drei Gruppen eingeteilt werden:

- Konversion elektrischer Energie in elektromagnetische Strahlungsenergie (z. B. Leuchtdioden und Halbleiter-Laser),
- Konversion elektromagnetischer Strahlungsenergie in elektrische Energie (z. B. Solarzellen),
- Detektion und Umwandlung optischer Signale in elektrische Pulse (Photodetektoren).

Die Emission von Licht in Halbleitern basiert auf dem von Henry J. Round (1881 – 1966) im Jahr 1907 entdeckten und nach ihm benannten Effekt, den er zuerst an einem Siliziumcarbid-Kristall beobachtete. In der Folge wurde das Phänomen der *Elektrolumineszenz* von Oleg W. Lossew (1903 – 1942) im Jahr 1927 und von Georges Destriau (1903 – 1960; *Destriau-Effekt*) im Jahr 1936 untersucht. Bei der Elektrolumineszenz in Halbleitern ist zwischen drei Anregungsmechanismen zu unterscheiden:

- *Injektionslumineszenz*: Beim Anlegen einer Spannung von einigen Volt an einen pn-Übergang gehen Elektronen in den p-dotierten Halbleiter während gleichzeitig Löcher in den n-dotierten Halbleiter überwechseln, um dort mit den jeweiligen Majoritätsladungsträgern unter Emission von Photonen zu rekombinieren.
- Elektronenstoßanregung: Elektronen oder Löcher werden durch eine äußere Spannung beschleunigt und erzeugen Elektron-Loch-Paare, die wiederum strahlend rekombinieren.
- Feldionisation von Störstellen: In starken elektrischen Feldern treten Elektronen von Störstellenatomen ins Leitungsband und rekombinieren strahlend.

Elektrolumineszenz tritt vor allem an II-VI- und III-V-Halbleitern, in Germanium, Silizium und Siliziumcarbid auf. Seit Beginn der 90er Jahre des letzten Jahrhunderts ist der Effekt der Elektrolumineszenz auch bei organischen Halbleitern beobachtet worden. Die wichtigsten technischen Realisierungen der Elektrolumineszenz in Halbleitern sind Leuchtdioden und Halbleiter-Laser, die im Nachfolgenden vorgestellt werden. Zuvor werden jedoch die wesentlichsten Aspekte der Solarzelle und der Photodiode erläutert.

Solarzelle. Wenn auf einen großflächigen pn-Übergang Licht mit der Bestrahlungsstärke p_E gestrahlt wird, entsteht ein Photostrom I_A und eine Photospannung U_A. Dabei muss die spektrale Verteilung des Lichts im Wellenlängenintervall $\lambda_1 \ldots \lambda_2$ die Anforderung des Halbleiter-Materials mit dem Bandabstand E_G für Absorption erfüllen,

$$p_E = \int_{\lambda_1}^{\lambda_2} u(\lambda) \mathrm{d}\lambda \quad \text{mit} \quad \lambda_2 > \lambda_1 \quad \text{und} \quad \frac{hc}{\lambda_2} \gtrsim E_G. \tag{17.35}$$

Dabei bezeichnet $u(\lambda)$ die spektrale Bestrahlungsstärke im Wellenlängenintervall $\lambda_1 \ldots \lambda_2$ und c die Vakuumlichtgeschwindigkeit. Als Kennliniengleichung erhält man die um den Photostrom I_{ph} verschobene Diodenkennlinie

$$I(U) = I_S \left\{ \exp\left(\frac{e_0 U}{k_B T}\right) - 1 \right\} - I_{ph} \quad \text{mit} \quad I = Aj, \tag{17.36}$$

wobei A die nutzbare Oberfläche der Solarzelle ist (▶ Abb. 17.16).

URL für QR-Code: www.degruyter.com/hl-hl-kontakt; www.degruyter.com/anorg_hl

Im vierten Quadranten des Kennlinienfeldes liegt der „Generatorbereich", in dem der Strom I_A und die Spannung U_A einander im Vorzeichen entgegengesetzt sind (►Abb. 17.16b). Je nach Wahl des Lastwiderstandes R_L ist die Ausnutzung des Generatorbereiches unterschiedlich. Für die optimale Anpassung von R_L ist die entnommene Energie maximal (das Produkt $U_{A,\mathrm{opt}} I_{A,\mathrm{opt}}$ bildet das Rechteck größter Fläche innerhalb der Kennlinie), und dafür wird der Wandlungswirkungsgrad η bezüglich der auf die Fläche A einfallenden Bestrahlungsstärke p_E definiert:

$$\eta = \frac{U_{A,\mathrm{opt}} I_{A,\mathrm{opt}}}{A p_E} .\tag{17.37}$$

Je nach Material, Aufbau und Lichtwellenlänge erzielte man schon im Jahr 1991 einen maximalen Wirkungsgrad nahe 30 % beim Einzelelement. Der Wirkungsgrad industrieller Serienprodukte bleibt jedoch darunter (kristallines Silizium 15 %, amorphes Silizium 8 %, Al-GaAs-Zellen 20 %).

Neben dem Wandlungswirkungsgrad η, der vor allem für technische Zwecke von Interesse ist, hat die spektrale Empfindlichkeit $S(\lambda)$ für die Analyse der halbleiterphysikalischen Parameter (Rekombinationsparameter, Diffusionslänge und Oberflächenrekombinationsgeschwindigkeit) besondere Bedeutung:

$$S(\lambda) = \frac{I_K(\lambda)}{u(\lambda) A \Delta\lambda}\tag{17.38}$$

für die Mittenwellenlänge λ im Intervall $\Delta\lambda$ zwischen λ und $\lambda + \Delta\lambda$.

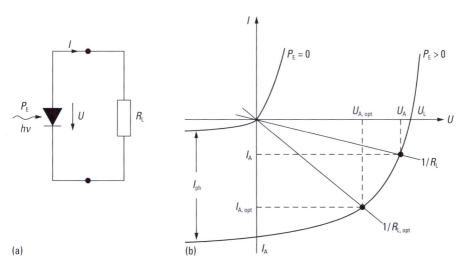

Abb. 17.16 Solarzellenbetrieb für eine Bestrahlungsstärke $p_E =$ konstant. (a) Betriebsschaltung mit Lastwiderstand R_L; (b) Strom-Spannungs-Kennlinie $I(U) = I_0(\exp(U/U_T - 1) - I_{ph})$. Dunkelkennlinie mit $I_{ph}(p_E = 0) = 0$, Generatorkennlinie für $p_E > 0$ mit zwei Lastgraden ($U_{A,\mathrm{opt}} I_{A,\mathrm{opt}} > U_A I_A$) sowie den Kenngrößen Leerlaufspannung $U_L = U(I = 0)$, Kurzschlussstrom $I_K = I(U = 0)$ und Photostrom $|I_{ph}| = I_K$.

Eng mit $S(\lambda)$ hängt die *Quantenausbeute* $Q(\lambda)$ zusammen, bei dem der Teilchenfluss nutzbarer Ladungsträger $j_K(\lambda)/q$ (mit $j_K(\lambda) = I_K(\lambda)/A$) mit dem spektralen Teilchenfluss $N_0(\lambda)\Delta\lambda$ an der Zellenoberfläche A auftreffender Photonen der Wellenlänge λ verglichen wird:

$$Q(\lambda) = \frac{I_K(\lambda)}{qAN_0(\lambda)\Delta\lambda} . \tag{17.39}$$

Der photovoltaische Effekt umfasst die Absorption von Photonen innerhalb der Bahngebiete und der Raumladungszone der Solarzelle, die gleichzeitige Erzeugung von Elektron-Loch-Paaren innerhalb der Solarzelle und deren Diffusion aus den Bahngebieten zur Raumladungszone, wo sie durch die vorhandene Feldstärke getrennt werden. Die jeweiligen Minoritätsladungsträger des Regenerationsvorganges fließen über den Außenkreis mit dem Lastwiderstand zurück (▶ Abb. 17.16a).

Entsprechend dieser Beschreibung lassen sich die Prozesse kennzeichnen, die zu unvollkommener Wandlung des Sonnenlichtes führen. Zunächst tritt das Licht unvollständig in den Halbleiter ein, weil es teilweise vorher reflektiert wird (Reflexionsgrad $R(\lambda) > 0$). Der Absorptionskoeffizient $\alpha(\lambda)$ beschreibt die Absorption des Lichts durch ein bestimmtes Halbleiter-Material: beim direkten Halbleiter GaAs mit steilem Übergang in einem schmalen Wellenlängenintervall, beim indirekten Halbleiter Si mit allmählichem Übergang in einem breiten Wellenlängenintervall. Beim GaAs reichen daher sehr dünne Schichten ($\approx 5\,\mu m$), beim kristallinen Silizium erst relativ dicke Schichten ($\approx 300\,\mu m \dots 400\,\mu m$) zur Absorption aus. Die Photonen der den Bandabstand E_G energetisch übersteigenden Strahlungsanteile der Wellenlänge $\lambda < \lambda_0 = hc/E_G$ erzeugen aber jeweils nur ein einziges Elektron-Loch-Paar, der Energieüberschuss geht dabei in Wärme über. Für das Sonnenspektrum liegen kristallines Silizium und GaAs, aber auch das amorphe Silizium nahe am Maximum dieser Materialanalyse hinsichtlich des Wirkungsgrades von maximal 44 %.

Durch vorzeitige Rekombination im Volumen und an der Oberfläche der Solarzelle werden ferner nicht alle verfügbaren Ladungsträgerpaare gesammelt. Man unterscheidet zwischen Volumenrekombination wie beim Si und Oberflächenrekombination wie beim GaAs. Deshalb benutzt man kristallines Si-Material mit hoher Minoritäten-Diffusionslänge ($> 200\,\mu m$), bei GaAs hingegen solches mit passivierter Oberfläche (dünne AlGaAs-Fensterschicht), um niedrige Werte der Oberflächenrekombinationsgeschwindigkeit zu erzielen ($< 10^4$ cm/s). Unvollkommene Kontakte und Dotierung der Halbleiter-Schichten führen zu parasitären Spannungsabfällen, unvollkommene Kantenpassivierung zu parasitären Stromkurzschlüssen in der Solarzelle.

Photodiode. Die schnelle Erfassung lichtschwacher Signale ist der Zweck technischer Photodioden, die als Schottky-Diode oder mit einem pn-Übergang aufgebaut sind. Dabei ist das Halbleiter-Material auf die spektrale Verteilung der einfallenden Lichtleistung abgestimmt. Im Unterschied zu den Solarzellen werden Photodioden mit Vorspannung, d. h. in Sperrrichtung betrieben. Ein absorbiertes Photon führt dann zu einer Vergrößerung des thermischen Sättigungssperrstroms I_S, bis zur Bildung einer *Ladungsträgerlawine* (*Avalanchediode*). Auf diese Weise findet eine Vervielfachung eines ersten Elektron-Loch-Paares statt. Im gesperrten Zustand vergrößert sich das Volumen des Raumladungsbereiches, in der die zusätzlichen Elektron-Loch-Paare schnell getrennt werden. Um den empfindlichen Feldbereich zu verbreitern, führt man zwischen p- und n-leitendem Bereich häufig einen nahezu eigenleitenden Bereich ein und baut damit eine sogenannte *p-i-n-Diode* auf (▶Abb. 17.17).

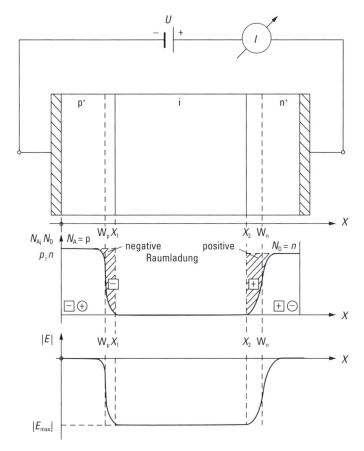

Abb. 17.17 p-i-n-Diode unter Sperrspannung mit Ortsverläufen der Ladungsträgerdichten und der elektrischen Feldstärke.

Da das hohe elektrische Feld die Ladungsträger zu schneller Drift veranlasst, ist auch die Grenzfrequenz f_g höher als bei pn-Dioden gleichen Aufbaus, bei denen f_g weitgehend durch das reziproke Produkt von Raumladungskapazität $C(U)$ und Sättigungssperrstrom (Gl. (17.19) bzw. Gl. (17.21)) bestimmt wird:

$$f_g \sim \frac{1}{RC} \sim \frac{I_S}{U_T} \sqrt{\frac{2(V_D - U)}{\varepsilon_{HL}\varepsilon_0 q |N_D - N_A|}}, \quad U_T = \frac{k_B T}{q} . \tag{17.40}$$

Die Dichte $|N_D - N_A|$ charakterisiert dabei die schwächer dotierte Seite einer unsymmetrisch dotierten Diode. Lichtschwache Signale erzeugen einen Photostrom

$$I_{ph} = AqQ(\lambda)N_0\Delta\lambda \tag{17.41}$$

als Folge der Absorption der Bestrahlungsstärke: $p_E = h c N_0 \Delta\lambda/\lambda$ und bestimmen die Empfindlichkeit R einer Photodiode bei der Wellenlänge λ im Intervall von λ bis $\lambda + \Delta\lambda$:

$$R(\lambda) = \frac{I_{ph}}{A p_E} = \frac{q Q(\lambda) \cdot \lambda}{h c_0}. \tag{17.42}$$

Falls demnach die Quantenausbeute $Q(\lambda)$ des Halbleiter-Materials im betrachteten Wellenlängenbereich annähernd konstant ist, zeigt die idealisierte Empfindlichkeit $R(\lambda)$ einen sägezahnförmigen Verlauf, mit einem Maximum bei der Abschneidewellenlänge λ_{co} (engl. cut-off wavelength), die durch die Bedingung

$$\lambda_{co} = \frac{h c}{E_{exc}} \tag{17.43}$$

gegeben ist. Die minimale Anregungsenergie E_{exc} bezeichnet dabei alle Elektronenübergänge, die zur Absorption einfallender Strahlung führen: Dies sind Band-Band-Übergänge ($E_{exc} = E_G$, intrinsischer Betrieb) und die Anregung aus Störstellen im verbotenen Band ($E_{exc} < E_G$, extrinsischer Betrieb). Der steile Abfall des Absorptionskoeffizienten $\alpha(\lambda)$ der unterschiedlichen Halbleiter-Materialien bezeichnet dabei jeweils den Wellenlängenbereich $\Delta\lambda$, in dem die Quantenausbeute $Q(\lambda)$ seine höchsten Werte erreicht. ▶ Abb. 17.18 gibt den $Q(\lambda)$-Verlauf für Materialien an, die sich entsprechend ihrem Bandabstand im IR-Bereich als Photodetektoren verwenden lassen. Zusätzlich eingezeichnet sind die Hyperbeln konstanter Empfindlichkeit $R(\lambda)$ (Gl. (17.42)), die zeigen, dass bei Annäherung an λ_{co} auch Einbußen von $Q(\lambda)$ hingenommen werden können, um gleiche Werte $R(\lambda)$ beizubehalten. In ▶ Tab. 17.1 sind Halbleiter-Materialien für den intrinsischen und den

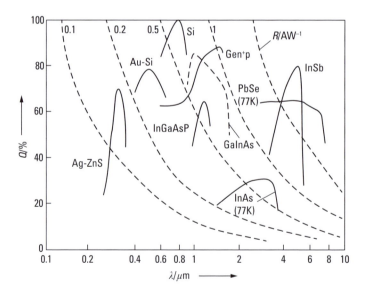

Abb. 17.18 Quantenausbeute $Q(\lambda)$ (durchgezogene Verläufe) mit den Hyperbeln konstanter Empfindlichkeit $R(\lambda)$ (gestrichelt) für unterschiedliche Halbleiter-Materialien (aus S. M. Sze, *Semiconductor Devices – Physics and Technology*, New York, 1985).

Tab. 17.1 Halbleiter-Materialen für Photodioden.

(a) Intrinsischer Betrieb bei $T = 4\,\mathrm{K}$ und $300\,\mathrm{K}$

Halbleiter	E_G/eV	$\lambda_{co}/\mu\mathrm{m}$
Si	300 K: 1.11	1.12
	4 K: 1.20	1.03
Ge	300 K: 0.67	1.85
	4 K: 0.74	1.68
PbS	300 K: 0.41	3.02
	4 K: 0.29	4.28
PbSe	300 K: 0.29	4.28
	4 K: 0.15	8.27
GaP	300 K: 2.26	0.55
	4 K: 2.34	0.53
CdTe	300 K: 1.5	0.83
	4 K: 1.6	0.77

(b) Extrinsischer Betrieb über Störstellen mit Ionisierungsenergie E_{exc} und Abschneidewellenlänge λ_{co} nach Gl. (17.43)

Silizium mit Störstelle

	P	B	Al	As	Ga	In	Sb	Bi
$\dfrac{E_{exc}}{\mathrm{meV}}$	45	45	68.5	54	72	155	43	71
$\dfrac{\lambda_{co}}{\mu\mathrm{m}}$	28	28	18	23	17	8	29	17

Germanium mit Störstelle

	Au	Hg	Cd	Cu	Zn	B
$\dfrac{E_{exc}}{\mathrm{meV}}$	150	90	60	41	33	10
$\dfrac{\lambda_{co}}{\mu\mathrm{m}}$	8.3	14	21	30	38	124

extrinsischen Betrieb von Photodioden aufgelistet. Da sich durch Kühlung die Absorptionskante $\alpha(\lambda)$ der intrinsisch arbeitenden Photodioden verschiebt (i. A. in Richtung kürzerer Wellenlänge λ_{co}), andererseits die Quantenausbeute $Q(\lambda)$ sich dabei erheblich verbessert, vor allem für Stoffe, die IR-empfindlich sind, wächst auch die Empfindlichkeit $R(\lambda)$ bei tiefer Temperatur. Außerdem verringert der Betrieb bei tiefer Temperatur die Dichte thermisch erzeugter Elektron-Loch-Paare, die die Empfindlichkeit der Photodiode herabsetzen.

Leuchtdiode. Photodioden, Solarzellen, Leuchtdioden und (bipolare) Laserdioden sind allesamt pn-Dioden, deren Aufbau und Funktionsweise jedoch sehr unterschiedlich sind. Die Leuchtdiode und die Laserdiode basieren auf vorwärts vorgespannten pn-Übergängen, die Photodiode ist rückwärts und die Solarzelle nicht vorgespannt. Während durch die letztgenannten Komponenten ein Lichtsignal in ein Stromsignal umgewandelt wird, ist es bei den erstgenannten Bauelementen gerade umgekehrt, wobei die Laserdiode die stimulierte und die Leuchtdiode die spontane Rekombination nutzt.

Jeder in Durchlassrichtung vorgespannte III-V-Halbleiter-pn-Übergang stellt eine Lumineszenzdiode (engl. light emitting diode, *LED*) dar, sofern im Übergangsgebiet die Rekombination strahlend erfolgt. Im sogenannten Rekombinationsmodell ergibt sich eine bezüglich der Sättigungsstromdichte und eines Idealitätsfaktors modifizierte Diodenkennlinie, welche z. B. GaAs-LEDs näherungsweise beschreibt. Dabei bestimmt die Bandlücke des optisch aktiven Bereichs den niederenergetischen Rand des Emissionsbandes. Eine Übersicht verschiedener binärer Verbindungshalbleiter und deren korrespondierende Emissionsenergien ist in ▶ Abb. 17.19 dargestellt. Daneben gibt es auch noch ternäre und quaternäre Verbindungshalbleiter. Heute dominieren fast ausschließlich Leuchtdioden mit direkter Bandstruktur. Um auch bei indirekten Halbleitern, z. B. GaP, eine hohe Elektrolumineszenzausbeute zu erreichen, werden an Störstellen gebundene Exzitonen involviert.

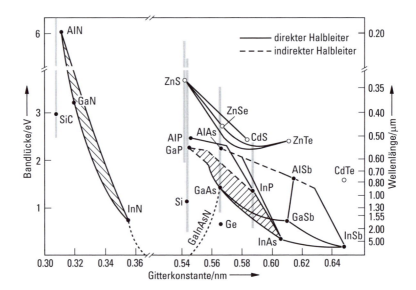

Abb. 17.19 Bandlücke E_g (links) und zugehörige Wellenlänge (rechts) als Funktion der Gitterkonstante.

Sofern geeignete Materialien zur Verfügung stehen, werden Leuchtdioden meistens in Form von Mehrfach-Heterostrukturen hergestellt, bei denen Halbleiter-Materialien mit unterschiedlichen Bandlücken kombiniert werden. Dabei ist es in vielen Fällen nicht einfach, sowohl effiziente p-Dotierungen als auch eine Gitteranpassung auf das verwendete Substrat zu erzielen. In ▶ Tab. 17.2 sind die wichtigsten Materialsysteme für das sichtbare, das UV- und das IR-Spektralgebiet zusammengestellt. Während die Anwendungen der sichtbaren Leuchtdioden hauptsächlich auf den Gebieten der Anzeigeelemente, Beschilderung, Ampelanlagen, Displays, Beleuchtungstechnik, optischen Datenspeicherung, Sensorik und Datenkommunikationstechnik zu finden sind, ist der UV-Bereich für die

Tab. 17.2 Häufig verwandte anorganische LED-Halbleiter-Materialien, deren spektraler Emissionsbereich und Effizienz.

Material	Substrat	Wellenlängenbereich	externe Quantenausbeute
GaInAsP	InP	$1 - 1.6\,\mu m$ (NIR)	10 %
(Al)Ga(In)As	GaAs	640–1000 (NIR)	5–50 %
AlGaInP	GaAs	590–630	15–50 %
(Al)GaInN	Saphir, SiC, ((GaN))	400–540	10–30 %
AlGa(In)N	Saphir, SiC, ((GaN))	340 (UV)	< 1 %

Sensorik und Speichertechnik und der IR-Bereich für die Telekommunikationstechnik interessant. Die effiziente Emission von blauem Licht war seit der Entwicklung der ersten Leuchtdioden im Jahre 1962 lange Zeit jedoch ein ungelöstes Problem, da eine ausreichend hohe Dotierung eines p-leitenden Bereichs in Halbleitermaterialien mit entsprechender Bandlücke technisch nicht realisiert werden konnte. Dies gelang erst im Jahre 1988 bei GaN. Für die Entwicklung und technische Realisierung effizienter blauer Leuchtdioden, die insbesondere weißes Licht emittierende Leuchtdioden erst ermöglichten, erhielten Isamu Akasaki (*1929), Hiroshi Amano (*1960) und Shuji Nakamura (*1954) im Jahr 2014 den Nobelpreis.

▶ Abb. 17.20 zeigt schematisch den Querschnitt einer blaues Licht emittierenden AlGaInN-LED. Ausgehend vom p-Gebiet werden Löcher und vom n-Gebiet Elektronen in den optisch aktiven Bereich am pn-Übergang injiziert. Die Heterostruktur unterstützt dabei, wie auch beim Halbleiter-Laser, die Bildung hoher Elektron-Loch-Paar-Dichten im aktiven Bereich durch gezielt positionierte Barrieren für Elektronen und Löcher. Durch diese Konzentration wird die Ausbeute der strahlenden Rekombination der Paare pro Fläche wesentlich erhöht.

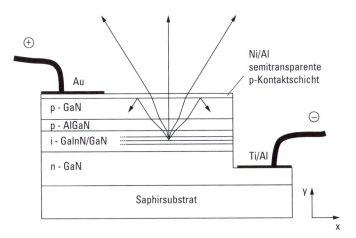

Abb. 17.20 Schematischer Aufbau einer blaues Licht emittierenden AlGaInN-LED.

In ▶ Tab. 17.2 sind für verschiedene Materialsysteme die erreichbaren Wellenlängenbereiche und der Stand der Technik bezüglich der externen Quantenausbeuten aufgelistet. Grundsätzlich gilt, dass im sichtbaren Bereich die interne Quantenausbeute etwa doppelt

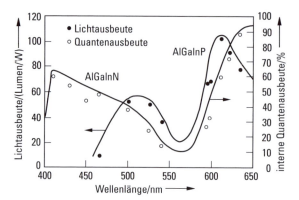

Abb. 17.21 Lichtausbeute und interne Quantenausbeute als Funktion der zentralen Emissionswellenlänge für AlGaInN- und AlGaInP-LEDs.

so groß wie die externe Quantenausbeute ist. In ► Abb. 17.21 sind die interne Quantenausbeute und die Lichtausbeute als Funktion der Wellenlänge des Intensitätsmaximums der Leuchtdioden-Emission dargestellt. Die durchgezogenen Linien wurden aus den besten Ergebnissen zahlreicher Leuchtdioden unterschiedlicher Komposition ermittelt. Zwischen 400 nm und 560 nm geben die Kurven Bestwerte verschiedener AlGaInAs-LEDs wieder, zwischen 560 nm und 650 nm repräsentieren die Kurven Bestwerte der AlGaInP-LEDs. Zwischen beiden Bereichen existiert im grüngelben Spektralbereich ein deutlicher „Einbruch". Durch die Faltung mit der Augenempfindlichkeit werden die Maxima der Lichtausbeute im Vergleich zur internen Quantenausbeute zur Bildmitte verschoben.

Halbleiter-Laser. Wie bereits zu Beginn des vorangegangenen Abschnitts über Leuchtdioden angemerkt, ist eine *bipolare Laserdiode*, die wie generell üblich im Folgenden auch mit dem Synonym *Halbleiter-Laser* bezeichnet wird, ein mit der Leuchtdiode verwandtes Bauelement der Optoelektronik. Bei beiden Bauelementen wird Licht infolge von Rekombinationsprozessen von Elektronen und Löchern im pn-Übergang emittiert. Bei bipolaren Laserdioden bewirkt jedoch der in Durchlassrichtung fließende Gleichstrom einen elektrischen Pumpprozess, der zu einer Besetzungsinversion führt. Der *Schwellenstrom*, bei dem dieser Prozess einsetzt, ist eine Kenngröße der Laserdiode. Zur erforderlichen Stabilisierung beim Betrieb und zum Schutz vor thermischer Überlastung werden bipolare Laserdioden mit einer im gleichen Gehäuse angeordneten Photodiode elektronisch geregelt. Die emittierte Lichtleistung kann in einem Bereich zwischen einigen hundert µW bis zu 10 W bei Durchlassströmen von 0.1 bis 10 A liegen.

Eine klassifizierende Übersicht der wichtigsten Halbleiter-Laser-Bauformen ist in ► Abb. 17.22 dargestellt. Grundsätzlich wird zwischen horizontalen (engl. horizontal cavity) und vertikalen (engl. vertical cavity) Resonatorstrukturen unterschieden. Im Fall der horizontalen Resonatorstrukturen erfolgt in sogenannten *Fabry-Pérot-(FP-)*Strukturen (benannt nach Maurice P. A. C. Fabry, 1867–1945 und Jean-Baptiste A. Pérot, 1863–1925) die optische Reflexion bzw. die Rückkopplung an den Resonatorendflächen. Dabei liefert in vielen Fällen bereits der große Brechzahlunterschied zwischen dem Halbleiter und der Luft einen ausreichenden Intensitätsreflektionsgrad von ca. 30 %. Durch zusätz-

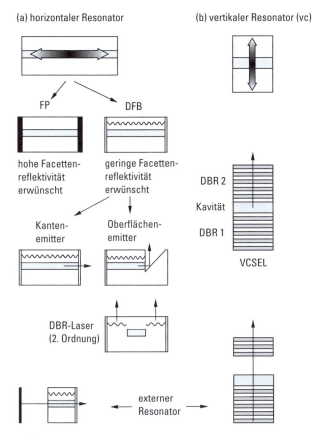

Abb. 17.22 Übersicht verschiedener Halbleiter-Laser mit horizontalem (a) und vertikalem (b) Resonator.

liche Facettenbeschichtungen lässt sich der Reflexionsgrad zwischen 0 und 100 %, d. h. zwischen einer Entspiegelung und einer Vollverspiegelung, frei wählbar einstellen. Die Eigenschwingungen bzw. Moden des Resonators mit der Länge L ergeben sich aus

$$\frac{m_{\mathrm{fp}}\lambda_{\mathrm{B}}}{2\overline{n}_{\mathrm{eff}}} = L \,. \tag{17.44}$$

Bei Strukturen mit *verteilter Rückkopplung* (*DFB* für engl. *distributed feedback*), erfolgt die optische Reflexion durch das DFB-Gitter auf den gesamten Resonator verteilt. Eine effiziente Rückkopplung wird bei der Bragg-Wellenlänge λ_{B} erzielt, welche mit der DFB-Gitterperiode Λ über die Bragg-Beziehung korreliert ist

$$\frac{m_{\mathrm{DFB}}(\lambda_{\mathrm{B}})}{\overline{n}_{\mathrm{eff}}} = 2\Lambda \,. \tag{17.45}$$

Dabei ist m_{DFB} eine natürliche Zahl und beschreibt die Ordnung des Gitters und $\overline{n}_{\mathrm{eff}}$ ist die effektive Brechzahl. Für einen bei $\lambda_{\mathrm{B}} = 1.55\,\mu\mathrm{m}$ emittierenden DFB-Laser ist für ein

Gitter erster Ordnung ($m_{\mathrm{DFB}} = 1$) und eine effektive Brechzahl von 3.27 eine Gitterperiode von ca. 237 nm erforderlich. In Halbleiter-Lasern mit einer typischen Länge von 200 µm ist im Fall der FP-Laser der Wert für Moden innerhalb des optischen Verstärkungsprofils sehr groß (Größenordnung 1000) und im Fall der DFB-Laser ist m_{dfb} meist 1 (Gitter erster Ordnung).

Die Lichtauskopplung erfolgt bei *Kantenemittern* (engl. edge emitter) horizontal (▶Abb. 17.22). Hingegen sind *Oberflächenemitter* realisierbar entweder durch Ätzen eines z. B. 45° geneigten Auskoppelspiegels oder durch DFB-Gitter 2. Ordnung, wo das Lichtfeld sowohl horizontal rückgekoppelt als auch nach oben ausgekoppelt wird. Ist die Bragg-Beziehung exakt erfüllt, so erfolgt die Auskopplung exakt vertikal (90°). Je größer die Abweichung nach oben oder nach unten ist, umso mehr vergrößert bzw. verkleinert sich dieser Winkel, analog zur Beugung von Licht an optischen Gittern.

Im Fall der vertikalen Resonatoren werden nur Gitterstrukturen mit nicht durchgehendem Gitterverlauf (*DBR* für engl. *distributed bragg reflector*) eingesetzt, welche aus realen Vielfachschichten mit größeren Brechzahlunterschieden bestehen. Die zentrale gitterfreie Kavität wird von zwei DBR-Spiegeln eingeschlossen, wodurch ebenfalls eine FP-artige Struktur entsteht. Jedoch erfolgt die Rückkopplung über die beiden DBR-Strukturen verteilt. In den allermeisten Fällen wird die Periode (ein Schichtpaar) so gewählt, dass sie einer halben Lichtwellenlänge im Medium entspricht. Dies entspricht nach Gl. (17.45) einem Gitter erster Ordnung. Da der Resonator senkrecht orientiert ist und die Emission senkrecht zur Oberfläche erfolgt (gemeint ist die Hauptoberfläche des Chips, die parallel zur Substratfläche liegt), spricht man von einem vertikalresonatorbasierenden oberflächenemittierenden Laser (engl. *vertical cavity surface emitting laser*, VCSEL). Die beiden DBR-Spiegel müssen einen sehr hohen Reflexionsgrad aufweisen, um die Laserschwelle zu erreichen, da die laseraktive Schicht relativ dünn ist und einen sehr geringen Überlapp mit dem Lichtfeld im Resonator aufweist. Realisiert man eine derartige Struktur ohne laseraktive Schicht, so entstehen qualitativ sehr hochwertige optische Filter.

Der Aufbau eines kantenemittierenden Halbleiter-Lasers ist dem einer Leuchtdiode ähnlich. Er unterscheidet sich jedoch im Wesentlichen darin, dass zusätzlich ein Resonator erforderlich ist, um das Licht parallel zum pn-Übergang zu führen, so dass es aus einer oder beiden Seitenflächen des Bauelementes austritt. In ▶Abb. 17.23 erkennt man an der vorderen Seitenfläche (eine der zwei Laserfacetten) in der Mitte den rechteckförmigen laseraktiven Kern, welcher eine geringere Bandlückenenergie aufweist als die der benachbarten Regionen. Dies bedeutet, dass sowohl im Schnitt A-A und im Schnitt B-B sichtbar die Brechzahl im Kern am größten ist (Teilbilder in ▶Abb. 17.23 links und unten). Analog zur Glasfaser liegt ein in z-Richtung verlaufender optischer Wellenleiter vor. Man bezeichnet diese „optische Führung" in x- und y-Richtung als *optisches Confinement* und diese Bauelemente als *indexgeführte Laser*. Bei geeigneter Dimensionierung erreicht man in x- und y-Richtung die alleinige Ausbildung der Grundmode. Dabei bewirkt der Wellenleiter in diesen indexgeführten Lasern u. a. einen möglichst hohen Überlapp des Lichtfeldes mit der laseraktiven Schicht zum Zweck hoher Verstärkungseffizienz.

Die in x- und y-Richtung vorliegende Doppelheterostruktur dient aber nicht nur dem optischen Confinement, sondern auch dem ebenso wichtigen *elektrischen Confinement*. Dadurch wird die für eine Laser-Emission notwendige Inversion des Ladungsträgersystems am pn-Übergang erreicht, d. h. eine energetische Lage des Quasi-Fermi-Niveaus der Elektronen im Leitungsband und des der Löcher im Valenzband. Die Elektronen werden in die laseraktive Zone über einen n-Kontakt in die n-dotierte Schicht injiziert, die Löcher

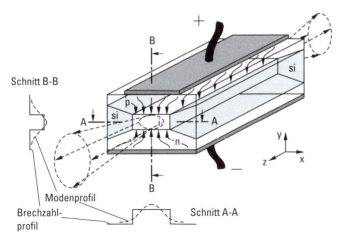

Abb. 17.23 Perspektivischer schematischer Aufbau eines kantenemittierenden Halbleiter-Lasers mit 3D-laseraktiver Schicht und vergrabenem Wellenleiter. Die Teilbilder zeigen Brechzahlprofile und Modenprofile in x- und y-Richtung durch das Zentrum der aktiven Zone.

über einen p-Kontakt der p-dotierten Schicht zugeführt, was in ▶ Abb. 17.23 durch die Pfeile verdeutlicht wird. Um in der laseraktiven Schicht (im Allgemeinen ist diese Schicht undotiert, was in ▶ Abb. 17.23 durch ein „i" (für intrinsisch) angedeutet ist) gleichzeitig eine sehr hohe Elektronenkonzentration im Leitungsband und eine sehr hohe Löcherkonzentration im Valenzband zu erreichen, muss der Strom außerhalb der laseraktiven Schicht unterbunden werden (graue Bereiche in ▶ Abb. 17.23 semiisolierende Schichten, mit „si" bezeichnet). Ferner muss der Fluss der Elektronen und Löcher in y-Richtung möglichst unmittelbar hinter der laseraktiven Schicht effizient gestoppt werden. Dies erreicht man durch eine Elektronenbarriere auf der dem n-Kontakt abgewandten Seite der aktiven Zone und eine Löcherbarriere auf der dem p-Kontakt abgewandten Seite der aktiven Zone. Technologisch wird das optische und elektrische Confinement durch mindestens zwei Heteroübergänge (engl. separate confinement heterostructure, SCH) und einen speziell gewählten Dotierungsverlauf realisiert. Dadurch konnte die Schwellstromdichte für den Lasereinsatz von 10^5 A/cm^2 in den Anfängen auf heute ca. 300 A/cm^2 gesenkt werden. In ▶ Abb. 17.24 ist dieses Prinzip einer Doppelheterostruktur mit 3D-laseraktiver Schicht schematisch dargestellt. Die Elektroneninjektion erfolgt von links nach rechts, wobei die nicht in der laseraktiven Schicht rekombinierenden Elektronen an der Energiebarriere des rechten Heteroübergangs gestaut werden. Nur ein kleiner Teil der Elektronen kann thermisch aktiviert diese Barriere überwinden (Leckstrom). Entsprechendes gilt für die von rechts nach links injizierten Löcher, welche an der Energiebarriere des linken Heteroübergangs gestaut werden. Da bis auf wenige Ausnahmen für eine feste Lichtwellenlänge die Brechzahl mit abnehmender Bandlücke steigt, ist es möglich, die laseraktive Zone mit der geringsten Bandlücke der Gesamtheterostruktur gleichzeitig als Wellenleiterkern dienend mit der höchsten Brechzahl auszugestalten. Mithilfe der SCH-Struktur kann man so elektrisches und optisches Confinement elegant kombinieren (▶ Abb. 17.24).

In den bisher betrachteten bipolaren Laserdioden erfolgt die Lichterzeugung in der laseraktiven Schicht über die Rekombination jeweils eines Elektrons im Leitungsband

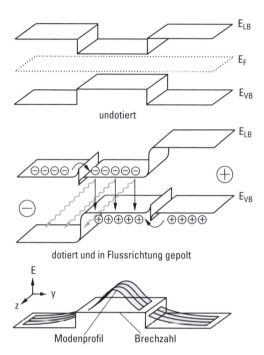

Abb. 17.24 Doppelheterostruktur mit von links nach rechts n-dotierter Schicht, undotierter 3D-laseraktiver Schicht und p-dotierter Schichtlaserstruktur. (Oben) Bandkantenverlauf einer undotierten SCH-Struktur, (Mitte) Bandkantenverlauf derselben, aber nun dotierten und in Flussrichtung gepolten SCH-Struktur, (unten) Brechzahlverlauf mit der fundamentalen Mode des geführten Lichtfeldes.

mit jeweils einem Loch im Valenzband (Band-Band-Übergang oder Interbandübergang). In *unipolaren Halbleiter-Lasern* erfolgt der strahlende Übergang innerhalb des Leitungsbandes zwischen zwei gebundenen Zuständen eines Potentialtopfes (Intrabandübergang). Durch das sogenannte Elektronen-Recycling kann dieser Vorgang in Stufen erfolgen und kaskadiert werden (*Quantenkaskadenlaser*, engl. quantum cascade laser). Die in der ▶ Abb. 17.25 dargestellte Vielfachquantenfilmstruktur basiert auf einer einheitlichen Quantenfilmkomposition und einer davon verschiedenen, aber untereinander wieder einheitlichen Barrierenkomposition. Jedoch sind jeweils sechs verschiedene Quantenfilmbreiten (untere Zahlenfolge) und Barrierenbreiten (obere Zahlenfolge) involviert. Durch die entsprechend angepasste Dimensionierung wird erreicht, dass im Resonanzfall für eine bestimmte Spannung die vier schmaleren Quantenfilme jeweils genau einen gebundenen Zustand aufweisen, wobei diese vier Zustände energetisch identisch sind (d. h. sie liegen horizontal auf einer Linie). Ferner wird der breiteste Quantenfilm so dimensioniert, dass der in ▶ Abb. 17.25 mit „3" bezeichnete oberste der gebundenen drei Zustände nur unwesentlich von den oben erwähnten vier identischen Niveaus abweicht. Aufgrund der dünnen Barrieren und den dadurch möglichen Tunnelprozessen tunnelt ein von links injiziertes Elektron horizontal bis in das angeregte Niveau „3". Nach einem strahlenden Übergang gelangt es in das Niveau „2". Aufgrund der sehr dünnen Barrieren sind die Wellenfunktionen generell stark delokalisiert. Durch die Struktur der Quantenfilme ist

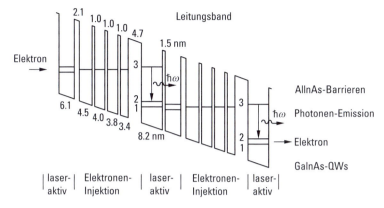

Abb. 17.25 Funktionsprinzip eines Quantenkaskaden-Lasers (aus J. Faist, A. Tredicucci, F. Capasso, C. Sirtori, D. L. Sivco, J. N. Baillargeon, A. L. Hutchinson und A. Y. Cho, IEEE J. Quantum Electron. **34**, 336, 1998).

die Relaxationszeit vom Zustand „2" in den Zustand „1" sehr gering, wobei die Maxima der Wellenfunktion des Zustandes „2" im linken und des Zustands „1" im rechten der beiden breiteren Quantenfilme liegt. Daran schließt sich wieder der gerade beschriebene horizontale Tunnelprozess an, so dass eine treppenartige Kaskade durchlaufen wird, von der in ▶ Abb. 17.25 vereinfachend jedoch nur zwei Stufen dargestellt sind. Auch dieses Beispiel zeigt den heute sehr erfolgreichen Einsatz komplexer niederdimensionaler Quantenfilm-Strukturen, wobei eine Vielfalt verschiedener Quantenkaskaden-Strukturen existiert. Mithilfe der Quantenkaskadenlaser gelingt es insbesondere, Laseremission im mittleren Infrarot (3.5 μm bis 10 μm) zu erzeugen, also in Bereichen, in denen kaum geeignete Halbleiter-Materialien mit extrem geringen Bandlücken für bipolare Laserdioden existieren.

Aufgaben

17.1 Wie groß sind die Löcherkonzentration und die Leitfähigkeit in einem Si-Halbleiter bei Zimmertemperatur im Bereich der Störstellenleitung mit einer Löcherbeweglichkeit von $\mu_p = 500$ cm^2/(Vs), wenn der Si-Halbleiter sowohl mit Bor- als auch mit Phosphor-Atomen so dotiert worden ist, dass die Akzeptoren-Konzentration $N_A = 5 \cdot 10^{16}$ Bor-Atome/cm^3 und die Donatoren-Konzentration $N_D = 10^{15}$ Phosphor-Atome/cm^3 betragen?

17.2 Bei welcher Akzeptoren-Konzentration N_A erreicht die elektrische Leitfähigkeit σ im Bereich der Störstellenleitung in einer InSb-Probe bei Zimmertemperatur und vernachlässigbarer Donatoren-Konzentration N_D (also $N_A \gg N_D$) ihr Minimum, wenn die intrinsische Ladungsträgerdichte $n_i = 1.6 \cdot 10^{16}$ cm^{-3}, die Elektronenbeweglichkeit $\mu_n = 80000$ cm^2/(Vs) und die Löcherbeweglickeit $\mu_p = 1000$ cm^2/(Vs) betragen? Welchen Wert hat in diesem Fall die elektrische Leitfähigkeit σ_{min}?

17.3 Wie groß sind die Raumladungszone W und die Sperrschichtkapazität C_S beim pn-Übergang einer Si-Diode ($\varepsilon_r = 11.6$ für Si) mit einer effektiven Querschnittsfläche von $A = 0.1$ mm^2 bei Zimmertemperatur ohne äußere Spannung ($U = 0$), wenn die Akzeptoren-Konzentration im p-Gebiet $N_A = 10^{15}$ cm^{-3} und die Donatoren-Konzentration im n-Gebiet $N_D = 10^{17}$ cm^{-3}

betragen? Welche Werte haben W und C_S, wenn die Si-Diode in Sperrrichtung bei einer angelegten Spannung von $U = -10$ V betrieben wird?

17.4 Ein npn-Si-Transistor weist die folgenden Dotierungen auf: $N_{DE} = 10^{18}$ cm^{-3} (Donator-Dotierung des Emitters), $N_{DC} = 10^{16}$ cm^{-3} (Donator-Dotierung des Kollektors) und $N_{AB} = 10^{17}$ cm^{-3} (Akzeptor-Dotierung der Basis). Die Löcher-Diffusionslängen betragen $\ell_{pE} = 3$ μm und $\ell_{pC} = 4$ μm und die effektive Fläche $A = 1000$ μm^2. Wie groß sind die Basisweite w_B und die statische Stromverstärkung $B = I_C/I_B$ bei Zimmertemperatur, wenn der Transistor mit einer Basis-Emitter-Spannung von $U_{BE} = 0.7$ V und einer Kollektor-Emitter-Spannung von $U_{CE} = 5$ V betrieben wird und der Kollektor-Strom dabei $I_C = 1$ mA beträgt?

Lösungen der Aufgaben

I Anstöße zur Entwicklung der Quantenmechanik

1.1 Falls $h\nu \ll k_B T$, gilt: $\exp(h\nu/k_B T) \approx 1 + h\nu/k_B T$. Aus Formel (1.5) folgt damit die erste Behauptung. Falls $h\nu \gg k_B T$, gilt: $\overline{E}_{\text{Osz}}(\nu) = k_B T \cdot x e^{-x}$ mit $x = h\nu/k_B T$. Daraus folgt: $\overline{E}_{\text{Osz}}(x) \longrightarrow 0$ für $x \longrightarrow \infty$.

1.2 Die Lage des Maximums ergibt sich aus der Gleichung $(3 - x) = 3e^{-x}$, wobei $x = h\nu/k_B T$. Das Maximum liegt also etwas unterhalb von $x = 3$. Dort ist $u(\nu, T) \approx 8\pi(\nu/c)^3 \cdot h/(e^3 - 1) \approx h/\lambda^3$.

1.3 Da $\hbar c \approx 2 \cdot 10^{-7}$ eV m, folgt $\lambda \approx 10^{-11}$ m. Damit ergibt sich: $E - \Delta E \approx 18.5$ keV und $\Delta E \approx 1.5$ keV (Energie des Leitungselektrons).

1.4 Auf ein ruhendes freies Elektron wird etwa die Energie $E \approx 200$ eV übertragen. Dem gegenüber sind die Bindungsenergien (≈ 15 keV) der Elektronen im H_2-Molekül bei groben Abschätzungen noch vernachlässigbar.

1.5 Energie der Photonen: ≈ 2 eV. Impuls der Photonen: 2 eV/c. Impuls der Na-Atome: $\sqrt{2m_{\text{Na}} E_{\text{th}}} \approx 40$ keV/c. Daher ist $\varphi \approx 0.5 \cdot 10^{-4}$.

1.6 $\sigma = \sqrt{1000} \approx 31$. Wenn $n(1000) = 1$, ist $n(970) = n(1030) \approx e^{-1/2}$, $n(940) = n(1060) \approx e^{-2}$, $n(910) = n(1090) \approx e^{-9/2}$.

1.7 $U(\Delta\nu, T) \approx 4\,\mu\text{V}$.

1.8 $\lambda_e \approx 7 \cdot 10^{-12}$ m, $\Delta\varphi = \lambda_e/d \approx 0.3 \cdot 10^{-2}$.

1.9 $\lambda_n = hc/\sqrt{E_{\text{th}}\, m_n c^2} \approx 2 \cdot 10^{-10}$ m.

1.10 $d\sigma/d\Omega \approx 2 \cdot 10^{-28}$ m^2, $d = 5.6 \cdot 10^{-14}$ m.

1.11 Von allen Teilchen mit der Massenzahl $A = 20$ hat Neon die größte Bindungsenergie ($B \approx 20 \cdot 8$ MeV). Die Bindungsenergie von $^{18}OH_2$ ist um etwa 16 MeV geringer.

1.12 Aus dem Signal/Rausch-Verhältnis $S/R \approx 20$ ergibt sich mit $R \approx \sqrt{12n}$ und $S \approx 12n \cdot 0.03$ $n \approx 0.5 \cdot 10^5$ Photoelektronen/s.

2.1 4 Spektrallinien. Die spektrale Breite $\Delta\lambda$ der Linie ergibt sich vornehmlich aus der thermischen Bewegung der H-Atome: $v_{\text{th}} \approx 3 \cdot 10^3$ m/s $= 10^{-5} c$. Daher ist $\Delta\lambda \approx 10^{-5} \cdot \lambda$. Apparatebreite: $\Delta\overline{\nu} = 16 \cdot 10^{-3}$ cm^{-1}. Da 16000 cm$^{-1} < \overline{\nu} < 25000$ cm^{-1}, ist die relative Apparatebreite $\Delta\overline{\nu}/\overline{\nu} < 10^{-6}$ vernachlässigbar.

2.2 $m_{\text{red}}(H)/(m_{\text{red}}(D) - m_{\text{red}}(H)) \approx 0.3 \cdot 10^4$.

2.3 Molekularer Wasserstoff kann die Spektrallinien des atomaren Wasserstoffs nicht absorbieren. In einer Glimmentladung sind einige Moleküle dissoziiert und einige Atome angeregt. Die im $(n = 2)$-Niveau befindlichen Atome können die Balmer-Linien absorbieren.

2.4 Da beide Zustände gleiche Parität haben, ist der Übergang verboten. Es sind nur $(4s - 3p)$-Übergänge erlaubt.

2.5 $\Delta\lambda/\lambda = 10^{-3}$. Daraus folgt: $\Delta\bar{\nu} \approx 17\,\mathrm{cm}^{-1}$.

2.6 $A_{3p-3s} \approx 10^8\,\mathrm{s}^{-1}$, wenn man für das Übergangsmatrixelement den Wert $1.7 \cdot 10^{-10}$ m annimmt.

2.7 $W \approx \exp(-E/k_\mathrm{B}T) \approx \exp(-40) = 0.4 \cdot 10^{-17}$ bzw. $\approx \exp(-16) \approx 10^{-7}$.

2.8 $E_\mathrm{K} \approx 112\,\mathrm{keV}$.

2.9 Hinweis: Für s-Zustände ist $dV = 4\pi r^2\,dr$. W ist proportional zu Z^3.

2.10 Bei einer Spiegelung am Ursprung geht über: $r \longrightarrow r$, $\vartheta \longrightarrow \pi - \vartheta$ und $\varphi \longrightarrow \varphi + \pi$. Die Kugelfunktionen ändern daher ihr Vorzeichen mit $(-1)^l$.

2.11 Die äußersten Unterschalen der (relativ locker gebundenen) 4p-, 5p- bzw. 6p-Elektronen sind mit nur einem Elektron besetzt.

II Freie Atome und Moleküle

3.1 Für $\sigma \approx 10^{-17}\,\mathrm{m}^2$ ist $n \approx l/b\sigma \approx 10^{21}\,\mathrm{m}^{-3}$. $p = nk_\mathrm{B}T \approx 10$ Pa. $N \approx 10^{11}$ Atome/s.

3.2 Teilchenzahlstrom $I \approx 2 \cdot 10^{17}\,\mathrm{s}^{-1}$. Messzeit etwa 30 min.

3.3 $v_\mathrm{th}(\mathrm{Na}) \approx 10^3$ m/s. $\alpha_\mathrm{th} \approx 10^{-5}$. $\alpha_{1\mathrm{K}} \approx 0.5 \cdot 10^{-2}$.

3.4 Ablenkende Kraft $F \approx 10^{-21}$ N $\approx 0.6 \cdot 10^{-2}$ eV/m. Ablenkwinkel $\alpha \approx 0.6 \cdot 10^{-2}$. Die $(m = \pm 1/2)$-Teilstrahlen treffen in einem Abstand $d \approx 1$ cm auf den Detektor.

3.5 $E_\mathrm{e} \approx c\,p = 45$ MeV, $E_\mathrm{p} \approx p^2/2m_\mathrm{p} \approx 1$ MeV.

3.6 $B \approx 10$ T.

3.7 $T \approx 100$ mK, $v \approx \Delta v_{1/2} \cdot \lambda \approx 10$ m/s.

3.8 $a \approx 10^6$ m/s^2, $s \approx 0.5$ m.

3.9 $\gamma \approx 3.4 \cdot 10^3$. $E_{max} = \hbar c/\lambda_{max} \approx 200$ eV. Tatsächlich werden die Elektronenbahnen in Wigglern und Undulatoren wesentlich stärker als auf dem Kreisring gekrümmt.

4.1 Der energetisch tiefste Triplettterm ist $1s2s\,^3S$. Weil die Triplettzustände eine symmetrische Spinfunktion haben, muss die Ortsfunktion antimetrisch sein. $2p$-Elektronen haben in der Nähe des Kerns eine geringere Aufenthaltswahrscheinlichkeit als $2s$-Elektronen. daher ist die Abschirmung der Kernladung durch das $1s$-Elektron für $2p$-Elektronen effektiver.

4.2 Elektrische Dipolübergänge in den Grundzustand sind für beide Terme verboten. Der $2\,^1S$-Term kann nur durch 2-Quantenübergänge in den Grundzustand zerfallen. Der $2\,^3S$-Term kann zwar über magnetische Dipolübergänge ($M1$-Übergänge) zerfallen. Auch diese Übergänge sind aber durch das Interkombinationsverbot in erster Näherung verboten. $M1$-Übergänge sind nur möglich, weil die beiden Elektronen des He-Atoms sich an etwas verschiedenen Orten befinden.

4.3 $E_\mathrm{n} = 4 \cdot 13.6/n^2$ eV. Etwa 40 eV bzw. 54 eV. Etwa 20 eV für das erste und 40 eV für das zweite Elektron, also insgesamt etwa 60 eV (entsprechend den Wellenlängen von ca. 20 nm der Absorptionslinien).

4.4 $^1S, ^3P, ^1D$. Es gibt $6 = (3 \cdot 4)/2$ Zustände mit symmetrischen und $3 = (3 \cdot 2)/2$ Zustände mit antimetrischen Ortszuständen. Zu letzteren gibt es jeweils 3 Spinzustände, da $S = 1$. Insgesamt gibt es $(6 \cdot 5)/2 = 15$ antimetrische Zustände.

4.5 Es gibt genau einen vollkommen antimetrischen p^3-Ortszustand: ^4S. In diesem Fall ist der Spinzustand vollkommen symmetrisch und der Einfluss der Coulomb-Abstoßung der Elektronen auf die Bindungsenergie minimal. Es ist daher der Grundzustand des N-Atoms. Insgesamt gibt es $6 \cdot 5 \cdot 4/3! = 20$ p^3-Zustände, außer den vier ^4S-Zuständen noch sechs ^2P und zehn ^2D-Zustände.

4.6 Aus $\Delta\lambda = 0.6$ nm ergibt sich der Termabstand $\Delta\bar{\nu} = 17$ cm^{-1}. Aus Gl. (4.12) folgt mit $n^* = 2.15$, $Z_i = 9$ und $Z_a = 1$: $\Delta\bar{\nu} \approx 23.7$ cm^{-1}.

4.7 Es gibt 2 Hyperfeinterme $E_{F=3/2} > E_{F=1/2}$ mit $g_{3/2} \approx 2/3$ und $g_{1/2} \approx 4/3$. Im Paschen-Back-Gebiet gruppieren sich die 6 Zeeman-Niveaus zu drei Paaren mit $m_J = \pm 1$ und 0. Im Übergangsgebiet gibt es eine $(m = -3/2) \times (m = +1/2)$-Niveauüberschneidung (level-crossing).

4.8 Es gibt vier Hyperfeinterme mit $F = 5, 4, 3$ und 2 mit den Energieabständen $\Delta E_{F,F-1} = 5A$, $4A$ und $3A$.

4.9 $E_B(1s) = -\sqrt{1 - \alpha^2} - 1 \approx \alpha^2/2$ (Einheit: $m_e c^2$).

4.10 Bezogen auf die Basiszustände $|I, J; F, m\rangle$ (Zeeman-Zustände der Hyperfeinstruktur), ist $H_{hfs} = A I J$ diagonal und $H_{magn} = (g_J J_z + g'_I I_z)\mu_B B$ nicht-diagonal. Für $I = J = 1/2$ und $m = \pm 1$ erhält man 1-reihige Matrizen, für $I = J = 1/2$ und $m = 0$ eine 2-reihige Matrix mit den Matrixelementen $H_{F,F} = (F - 3/4)A$, $H_{1,0} = H_{0,1} = (g_J - g'_I)\mu_B B/2$. Folglich ist $E_{1,\pm 1} = (F - 3/4)A \pm (g_J + g_I)\mu_B B/2$ und

$$E_{F,m=0} = -\frac{1}{4}A \pm \sqrt{\frac{A^2}{4} + (g_J - g'_I)\mu_B B/2}$$

im Einklang mit der Breit-Rabi-Formel. Im Grenzfall $\mu_B B \gg A$ sind $|I, m_I; J, m_J\rangle$ Eigenzustände von H.

5.1 Das Gauß-Profil $G(x) = e^{-\ln 2 \cdot x^2}$ und das Lorentz-Profil $L(x) = (1 + x^2)^{-1}$ haben beide bei $x = 1$ den halben Maximalwert $G(0)/2 = L(0)/2 = 1/2$. Es ist $G(n) = (1/2)^{n^2}$, aber $L(n) \approx n^{-2}$ für $n \gg 1$. Das Lorentz-Profil dominiert also in Bereichen, die hinreichend weit außerhalb der Halbwertsbreite liegen.

5.2 Mit einem resonanten HF-Feld B_1, das eine Zeitspanne $\Delta t = \pi\hbar/(g_J\mu_B B_1)$ auf die Na-Atome einwirkt (π-Puls).

5.3 Ein magnetisches HF-Feld $B_1 \| B_0$ bzw. $B_1 \perp B_0$ induziert Übergänge nach $|2\,^2S_{1/2}; F = 1, m_F = 0\rangle$ bzw. $|2\,^2S_{1/2}; F = 1, m_F = \pm 1\rangle$. Ein elektrisches HF-Feld $E_1 \| B_0$ bzw. $E_1 \perp B_0$ induziert Übergänge nach $|2\,^2P_{1/2}; F = 1, m_F = 0\rangle$ bzw. $|2\,^2P_{1/2}; F = 1, m_F = \pm 1\rangle$ sowie nach $|2\,^2P_{3/2}; F = 1, m_F = 0\rangle$ bzw. $|2\,^2P_{3/2}; F = 1, m_F = \pm 1\rangle$. Die 1-Quantenübergänge $F = 0 \longrightarrow F = 0$ und $F = 0 \longrightarrow F = 2$ sind verboten. In beiden Fällen wird intermediär ein $(F = 1)$-Term benötigt.

5.4 $E_1 \approx \hbar/(4e_0 a_B \tau_{2p}) \approx 2$ kV/m, es sollte parallel zur z-Richtung polarisiert sein.

5.5 Die römische Zahl ist gleich der Ladungszahl Z_a des Ionenrumpfes. Für ein wasserstoffartiges Ion ist die Übergangsenergie $\Delta E_{n,n'} = Z_a^2(n^{-2} - n'^{-2}) \cdot 13.6$ eV. Die gute Übereinstimmung mit den Photonenenergien $E = hc/\lambda \approx 2\pi \cdot 0.2$ eV/$(\lambda/\mu\text{m})$ besagt, dass der Ionenrumpf mit hoher Wahrscheinlichkeit im Grundzustand ist und das angeregte Elektron kaum in den Ionenrumpf eindringt.

5.6 Nur bei senkrecht zum Magnetfeld polarisiertem Licht können Zeeman-Niveaus kohärent angeregt bzw. die Kohärenz der Anregungsamplituden nachgewiesen werden. Im schwachen Magnetfeld ist daher der Hanle-Effekt nur bei senkrechter Polarisation in Einstrahlung und Beobachtung nachweisbar. Eine Magnetfeldabhängigkeit der gemessenen Fluoreszenzlichtintensität ergibt sich aber in jedem Fall beim Übergang vom Zeeman- zum Paschen-Back-Gebiet der Hyperfeinstruktur wegen der Entkopplung des Kernspins I vom Hüllenspin J.

5.7 Es ist $g_J(^3P_1) = 1.5$ und $\tau(^3P_1) = \hbar/(g_J\mu_B\Delta B_{1/2}) = 1.2 \cdot 10^{-7}$ s.

5.8 Die Spin-Bahn-Kopplung des $6p$-Elektrons hat eine Feinstrukturaufspaltung des 6^3P-Tripletts zur Folge, die etwa 30% des Abstands zum 6^1P_1-Term beträgt. Durch die $6^1P_1 - {}^3P_1$-Zustandsmischung wird das Interkombinationsverbot aufgehoben.

6.1 Die Einzelstoßbedingung ist erfüllt, wenn die Teilchenzahldichte n hinreichend klein im Vergleich zu $1/\sigma^{tot}d$ ist. Mit $\sigma^{tot} \lesssim 10^{-18}$ m^2 erhält man $p = n \cdot k_B T \lesssim 1$ Pa.

6.2 $\theta_{CM} = 2\theta_{Lab}$, $\sigma(\theta_{CM}) = 0.5\,\sigma(\theta_{Lab})$.

6.3 Beziehung zwischen Streuwinkel θ und Stoßparameter b: $b(\theta_{CM}) = 2R\sin(\theta/2)$. Aus $d\sigma(b) = 2\pi b\,db$ folgt: $\sigma(\theta_{CM}) = R^2$ und $\sigma^{tot} = 4\pi R^2$.

6.4 Sei m die Masse des Teilchens. Dann lautet die Wellengleichung

$$\left(-\frac{\hbar^2}{2m}\frac{d^2}{dr^2} + V(r) - E \right) R_0(r) = 0 \,.$$

6.5 $\eta_0 = kR$, $a_0 = R$.

6.6 Wenn das Potential schwach anziehend ist ($V_0 < 0$), aber keinen gebundenen Zustand hat: $K \equiv \sqrt{2m(E - V_0)}/\hbar < \pi/2R$.

6.7 Im Kastenpotential ist $R_0(r) = A\sin(Kr)$ mit $K = \sqrt{2m(E - V_0)}/\hbar$, im Potentialwall $R_0(r) = A_+(E)e^{\lambda r} + A_-(E)e^{-\lambda r}$ mit $\lambda = \sqrt{2m(V_1 - E)}/\hbar$ und für $r > R_2$ ist $R_0(r) = \sin kr + \eta_0$ mit $k = \sqrt{2mE}/\hbar$. Diese Funktionen müssen stetig und differenzierbar aneinander anschließen. Im Resonanzbereich hat die Amplitude $A_+(E)$ einen Nulldurchgang. Sie wechselt das Vorzeichen und die Streuphse $\eta_0 \mod(\pi)$ geht durch $\pi/2$.

6.8 Bei einer mittleren freien Weglänge der angeregten Atome in Luft von höchstens $l = 0.1\,\mu$m ist $\delta\omega_{1/2} \approx v_{th}/l \gtrsim 10$ GHz.

7.1 Mit den Abständen $R_e(H_2) = 0.07$ nm (Abschn. 7.1) und $R_e(N_2) = 0.11$ nm ergeben sich die Rotationsniveaus:

$$E_{rot}(J) = \frac{\hbar^2}{Am_p R_e^2} J(J+1) = 8\,\text{meV} \cdot J(J+1) \;\text{bzw.}\; 0.24\,\text{meV} \cdot J(J+1)$$

mit $J = 0, 1, 2 \cdots$. Wegen der Austauschsymmetrie und da $\lambda \gg R_e$, können weder elektrische noch magnetische Dipolübergänge induziert werden.

7.2 Wenn J gerade ist, ergibt sich $g(J) = (2J+1) \cdot 1$ und $(2J+1) \cdot 6$ für H$_2$ bzw. N$_2$ und wenn J ungerade ist, ergibt sich $g(J) = (2J+1) \cdot 3$ und $(2J+1) \cdot 3$ für H$_2$ bzw. N$_2$.

7.3 $b_1/b_0 = 9 \cdot e^{-\Delta E/k_B T} = 4.7$ bzw. 0.015 für H_2 und $b_1/b_0 = (2/3) \cdot e^{-\Delta E/k_B T} = 1.5$ bzw. 1.2 für N_2.

7.4 Weil sowohl elektrische als auch magnetische Dipolübergänge hochgradig verboten sind, sind auch bei Stößen Übergänge zwischen Ortho- und Parazuständen sehr unwahrscheinlich. Das Besetzungsverhältnis b_1/b_0 ändert sich folglich nur extrem langsam.

7.5 Bei kleiner Vibrationsamplitude ist $V(R) \approx (D/2)(R - R_e)^2$ eine Parabel mit $D \approx 1 \cdot 10^{22}$ eV/m^2. Damit ergibt sich $\hbar\omega_e = \sqrt{D/7m_p}\,\hbar c \approx 0.25$ eV. Der experimentelle Wert ist 2330 cm$^{-1} \cdot hc \approx 0.29$ eV (s. ▶Abb. 7.12).

7.6 $b_v \sim \exp(v \cdot 0.29\,\text{eV}/0.025\,\text{eV})$, d. h. es ist fast nur das tiefste Vibrationsniveau besetzt.

7.7 Relativ zu den $(0-0)$-Übergängen des Q-Zweiges sind die Linien von S- und O-Zweig um $\pm(4J + 6)\Delta E_{\text{rot}}$ mit $\Delta E_{\text{rot}} = \hbar^2/2I_e \approx 1.8$ cm$^{-1} \cdot hc$ verschoben.

8.1 Die Zustände $|J, I; F, m_F\rangle$ sind Eigenzustände des Hamilton-Operators freier H-Atome. Die Dichtematix ist in diesem Fall diagonal. Für die Besetzungswahrscheinlichkeiten P_F der $|J, I; F, m_F\rangle$-Zustände ergibt sich: $P_1/P_0 = \exp(1.4\,\text{GHz}\,h/1\,\text{K}\,k_B) \approx 0.93 \equiv 1 - 2\varepsilon$. Bzgl. der $|J, m_J; I, m_I\rangle$-Zustände ist die Dichtematrix nicht-diagonal. Die beiden Zustände mit $m_I + m_J = 0$ sind mit gleicher Wahrscheinlichkeit ($P = 1$), aber etwas kohärent besetzt. Das Nicht-Diagonalelement hat den Wert ε.

8.2 Bei der Mischung verringert sich die anfängliche Teilchendichte n beider Gase um den Faktor 2. Daher nimmt die Entropie eines jeden Gases um $\Delta S = k_B N_A \cdot \ln 2$ bei der Mischung zu.

8.3 Teilchendichte $n = p/k_B T$, $n \cdot \lambda_T^3 > 2.6$ Daraus folgt $T < 2$ K. Tatsächlich wird Helium flüssig, bevor das aus bosonischen Atomen bestehende ^{4}He-Gas bei 2 K superfluid wird (Bd. 1, Abschn. 18.4).

8.4 Es ist $N_1 > 200 N_2$, wenn $200\,n_1 \cdot \lambda_{T1}^3 < 8\sqrt{2}\exp\frac{-E_D}{k_B T}$. Daraus folgt $T > 4000$ K.

8.5 3 Stereoisomere.

8.6 $A_5 = 0.035$ nm^2, $A_6 = 0.053$ nm^2, $2r = 0.69$ nm.

8,7 Mit einem Gewicht der Masse $m \approx 0.7 \cdot 10^4$ kg.

III Kern- und Teichenphysik

9.1 $E_{\text{max}} = 124$ keV.

9.2 Der Determinantenproduktzustand lautet: $|T = 0, T_3 = 0\rangle = (|1/2, +1/2\rangle_n |1/2, -1/2\rangle_p - (|1/2, +1/2\rangle_p |1/2, -1/2\rangle_n)/\sqrt{2}$.

9.3 6000 Bq $= 0.16\,\mu$Ci.

9.4 $N - Z = 46$ für $A = 216$. Allgemein ergibt sich

$$N - Z = A \cdot \left(\frac{(b_C/4b_{\text{sym}})A^{2/3}}{1 + (b_C/4b_{\text{sym}})A^{2/3}} \right).$$

9.5 $R = 0.8 \cdot 10^{-14}$ m, $E_{\text{Coul}} = Z\alpha\hbar c/R = 17$ MeV.

10.1 Die drei Stripping-Reaktionen sind $^{14}\text{C}(d,n)^{15}\text{N} + 8.0$ MeV, $^{14}\text{N}(d,p)^{15}\text{N} + 8.6$ MeV und $^{14}\text{C}(^3\text{He},d)^{15}\text{N} + 4.7$ MeV. Die Ruhenergie des ^{14}C-Kerns ist um 0.67 MeV größer als die Ruhenergie des ^{14}N-Kerns. $E_{\max} = 0.16$ MeV (β^--Zerfall des für die Radiodatierung wichtigen ^{14}C-Isotops).

10.2 $\sigma_{\text{tot}} \approx 800$ b.

10.3 $\Gamma_C = 0.115$ eV, $E_C = 0.176$ eV.

10.4 Dicke der Bleiwand $d = 10$ cm.

10.5 Für einen Einprotonübergang ist die Übergangsrate von der Größenordnung $A_{\text{E2}} \approx 10^{12}$ s^{-1}.

10.6 $E_{\text{kin}} \approx 3.8$ eV.

10.7 Das Intensitätsmaximum liegt bei $E_e = E_{\max}/2$. Bei $E_E = 0$ und $E_e = E_{\max}$ strebt die Intensität quadratisch gegen null.

11.1 $E_{\text{Synchr}} \approx 18$ GeV.

11.2 $E_{\max} \approx 10$ GeV, falls das Proton als unstrukturiertes Teilchen betrachtet wird. Tatsächlich ist die Quarkstruktur des Protons bei der hohen Energie nicht mehr zu vernachlässigen.

11.3 Der Zweineutronenzustand $|E,{}^3P_1\rangle$ hat einen Bahdrehimpuls $\hbar$. Wegen der Drehimpulsbarriere ist $R(r) = 0$ bei $r = 0$ und steigt bei kleinen Abständen linear mit $R(r) \sim r$ an (Abschn. 2.3).

11.4 Der Zerfall ist energetisch nicht möglich: $m(\Sigma) < m(\Lambda) + m(\pi)$.

11.5 (a) Die gestrichelten Linien sind Spuren neutraler Teilchen. Sie ergeben erst nach dem Zerfall in elektrisch geladene Teilchen Spuren in der Blasenkammer. (b) Ω^- hat die Strangeness $S = -3$. Zur Erhaltung der Strangeness entstehen zwei Kaonen mit $S = +1$. (c) $E_{\text{CM}}(\pi^-) = 0.326$ GeV, $E_{\text{CM}}(\Xi) = 1.347$ GeV. (d) Aus dem Zerfallsvertex ergibt sich für die Geschwindigkeit $v(\Omega^-) \approx 0.6\,c$ und damit $E_{\text{Lab}}(\Omega^-) \approx 2.1$ GeV (kinetische Energie 0.5 GeV). (e) Wegen seiner kurzen Lebensdauer zerfällt π^0 unmittelbar nach der Entstehung in die zwei γ-Quanten γ_1 und γ_2. Die Winkelhalbierende zwischen den Richtungen der γ-Quanten ist die Emissionsrichtung des Pions. Die hochenergetischen γ-Quanten erzeugen Elektron-Positron-Paare.

12.1 $B = 2\hbar/e_0 r^2$ mit $r = 7.5\,\mu$m ergibt $B \approx 24\,\mu$T.

12.2 $(m_{\text{virt}}c)^2 = -\Delta p^2 < 0$ mit $\Delta p = \sqrt{E^2/c^2 - m_e^2 c^2} - E/c$.

12.3 Ohne Quantendefekt: $\nu = 55$ GHz, mit Quantendefekt und der Annahme, dass $n^*(p) - n^*(d) \approx 1.3$ ist, ist $\nu \approx 20$ GHz. Speicherzeit $t \approx 0.2$ s. $L = 800\,\hbar\omega/\text{s}^{-1} \approx 10^{-20}$ W. $\bar{n}_{\text{th}} \approx 3 \cdot 10^{-4}$.

12.4 Aus der Dämpfung δ eines klassischen Ein-Elektron-Oszillators folgt $\tau \approx 10$ s. Für einen klassischen Oszillator ist die Rabi-Frequenz $\nu_{\text{Rabi}} \approx 10^5/$s. Für den $63p\,^2P_{3/2} \rightarrow 61d\,^2D_{3/2}$-Übergang ist die Rabi-Frequenz um etwa einen Faktor 10 kleiner.

12.5 $\varepsilon \approx 10^{-11}$. Eine Überschlagsrechnung ergibt für das Matrixelement $\delta E_{\text{w}} = \langle 2s_{1/2}|H_{\text{w}}|2p_{1/2}\rangle \approx \alpha \cdot (R/4a_B)^3 \cdot m_Z c^2 \approx 0.2$ Hz·h mit $R = \hbar c/m_Z c^2$, Reichweite der schwachen Wechselwirkung. Damit erhält man $\varepsilon \approx \delta E_{\text{w}}/\Delta E_{\text{Lamb}} \approx 10^{-10}$.

12.6 Das Feynman-Diagramm für die elektromagnetische Quark-Antiquark-Vernichtung hat wie dasjenige der (e^+, e^-)-Vernichtung ($\blacktriangleright$ Abb. 12.4) zwei Vertices. Dementsprechend ergibt sich die Zerfallsrate nach Fermis goldener Regel aus dem Quadrat des Produkts zweier Übergangsmatrixelemente. Bei Berücksichtigung des Farbfreiheitsgrads ist jedes Übergangsmatrixelement mit dem Faktor $\sqrt{3}$ zu multiplizieren: $\sqrt{3}^4 = 9$.

IV Festkörperphysik

13.1 Die Gitterkonstante $g = \sqrt[3]{m/\rho}$ ergibt sich aus der in der Elementarzelle enthaltenen Masse m und der Massendichte ρ. Die in der Elementarzelle enthaltene Masse $m = NM/N_A$ ergibt sich aus der Anzahl der Atome in der Elementarzelle N und der molaren Masse M ($N_A = 6.022 \cdot 10^{23}$ mol^{-1} ist die Avogadro-Konstante). Eisen kristallisiert in der kubisch-raumzentrierten Kristallstruktur, wobei die Volumen-Elementarzelle 2 Fe-Atome (ein zentrales Atom und 8 Eckatome mit einem Anteil 1/8) enthält. Daraus ergibt sich eine Gitterkonstante $g_{Fe} = \sqrt[3]{N_{Fe}M_{Fe}/(N_A\rho_{Fe})} = 0.287$ nm. Nickel kristallisiert hingegen in der kubisch-flächenzentrierten Kristallstruktur, wobei die Volumen-Elementarzelle 4 Ni-Atome (6 flächenzentrierte Atome mit einem Anteil 1/2 und 8 Eckatome mit einem Anteil 1/8) enthält. Daraus ergibt sich eine Gitterkonstante $g_{Ni} = \sqrt[3]{N_{Ni}M_{Ni}/(N_A\rho_{Ni})} = 0.353$ nm.

13.2 Die Anzahl der Atome pro Elementarzelle beim kubisch-primitiven Gitter (simple cubic, sc) beträgt 1, beim kubisch-raumzentrierten Gitter (body-centered cubic, bcc) 2 und beim kubisch-flächenzentrierten Gitter (face-centered cubic, fcc) 4. Damit ergeben sich die folgenden ausgefüllten Volumina pro Elementarzelle: $V'_{sc} = 4\pi R^3/3$, $V'_{bcc} = 8\pi R^3/3$ und $V'_{fcc} = 16\pi R^3/3$ (R ist der Kugelradius) sowie folgende Raumfüllungen (g ist die Gitterkonstante):

kubisch-primitives Kristallgitter: $\dfrac{V'_{sc}}{V_{sc}} = \dfrac{4\pi R^3/3}{8R^3} = \dfrac{\pi}{6} \approx 52\%$,

kubisch-raumzentriertes Kristallgitter: $\dfrac{V'_{bcc}}{V_{bcc}} = \dfrac{8\pi R^3/3}{64R^3/3^{3/2}} = \dfrac{\pi\sqrt{3}}{8} \approx 68\%$ und

kubisch-flächenzentriertes Kristallgitter: $\dfrac{V'_{fcc}}{V_{fcc}} = \dfrac{16\pi R^3/3}{64R^3/2^{3/2}} = \dfrac{\pi}{3\sqrt{2}} \approx 74\%$.

Zusammen mit dem hcp-Kristallgitter (hexagonal close packed) weist das kubisch-flächenzentrierte Kristallgitter die höchste Packungsdichte auf.

13.3 Die gesuchte Dichte der Mg-Atome ergibt sich aus der Avogadro-Konstante N_A, der Massendichte ρ und der molaren Masse M: $n = N_A\rho/M = 4.31 \cdot 10^{22}$ cm^{-3}.

13.4 Der Winkel zwischen den tetradrischen Bindungen der Diamant-Struktur ist definiert als der Winkel, der von den Verbindungsstrecken zwischen dem Mittelpunkt des Tetraeders und je zwei Ecken eingeschlossen wird. Er stimmt mit dem Winkel zwischen den Raumdiagonalen von acht aneinandergrenzenden gleich großen Würfeln überein. Wird der Punkt, an dem sich alle acht Würfel berühren, als Koordinatenursprung gewählt, kann das Tetraeder durch die vier Vektoren $a_1 = [-1, 1, 1]$, $a_2 = [1, -1, 1]$, $a_3 = [1, 1, -1]$ und $a_4 = [-1, -1, -1]$ mit $|a_i| = \sqrt{3}$ und $a_i \cdot a_j = -1$ für alle $i \neq j$ beschrieben werden. Daraus folgt für den Winkel $\theta = \arccos(a_i \cdot a_j/(|a_i| \cdot |a_j|)) = \arccos(-1/3) \approx 109.5°$.

13.5 Zustandsichte im k-Raum mit d Dimensionen: $Z(k)dk = \dfrac{L^d}{(2\pi)^d}dk$, mit $E = \hbar^2 k^2/2m_e$ und dem Volumen pro Zustand $2\pi/L$ folgt

in drei Dimensionen ($d = 3$): $D(E)dE = \dfrac{2}{V}Z(k)dk = \dfrac{m_e^{3/2}}{\pi^2\hbar^3}\sqrt{2E}dE$,

in zwei Dimensionen ($d = 2$): $D(E)dE = \dfrac{m_e}{\pi\hbar^2}dE$, d. h. $D(E) =$ konstant und

in einer Dimension ($d = 1$): $D(E)dE = \dfrac{\sqrt{2m_e}}{\pi\hbar^2}E^{-1/2}dE$.

Mit dem Fermi-Wellenvektor $k_F = K^{-1}\left((2\pi)^d n/2\right)$, dem Inhalt K der Fermi-Kugel mit $K = 2r$ (für $d = 1$), $K = \pi r^2$ (für $d = 2$) bzw. $K = 4\pi r^3/3$ (für $d = 3$) sowie der Elektronendichte n folgt für die Fermi-Energie:

in drei Dimensionen $(d = 3)$: $E_F = \dfrac{\hbar^2 (3\pi^2 n)^{2/3}}{2m_e}$,

in zwei Dimensionen $(d = 2)$: $E_F = \dfrac{\hbar^2 \pi n}{m_e}$ und

in einer Dimension $(d = 1)$: $E_F = \dfrac{\hbar^2 \pi^2 n^2}{8m_e}$.

13.6 Mit der Elektronendichte $n = N_A \rho / M$ ergeben sich folgende Werte für den Betrag des Fermi-Wellenvektors $|k_F|$, die Fermi-Geschwindigkeit v_F, die Fermi-Energie E_F und für die Fermi-Temperatur T_F:

$$|k_F| = (3\pi^2 n)^{1/3} = 1.75 \cdot 10^{10} \text{ m}^{-1} \text{ (für Al) und } 1.36 \cdot 10^{10} \text{ m}^{-1} \text{ (für Cu)},$$

$$v_F = \frac{\hbar k_F}{m_e} = \frac{\hbar (3\pi^2 N_A \rho / M)^{1/3}}{m_e} = 2.03 \cdot 10^6 \text{ m/s (für Al) und } 1.57 \cdot 10^6 \text{ m/s (für Cu)},$$

$$E_F = \frac{\hbar^2 k_F^2}{2m_e} = \frac{\hbar^2 (3\pi^2 N_A \rho / M)^{2/3}}{2m_e} = 11.63 \text{ eV (für Al) und } 7.02 \text{ eV (für Cu)},$$

$$T_F = \frac{E_F}{k_B} = \frac{\hbar^2 (3\pi^2 N_A \rho / M)^{2/3}}{2m_e k_B} = 134900 \text{ K (für Al) und } 81700 \text{ K (für Cu)}.$$

13.7 Bei der Eigenleitung stimmen im thermodynamischen Gleichgewicht die intrinsische Ladungsträgerdichte, die Elektronen- und die Löcherdichte überein und es gilt: $n_i = n = p = 1/(e_0 \varrho_i (\mu_n + \mu_p)) = 1.45 \cdot 10^{16} \text{ m}^{-3}$.

13.8 Die Hall-Konstante A_H ergibt sich aus der gemessenen Hall-Spannung U_H, dem Magnetfeld B, der Stromstärke I und der quadratischen Querschnittsfläche F: $A_H = U_H F/(IB) = 10^{-4} \text{ m}^3/\text{As}$. Die Ladungsträgerdichte n ergibt sich aus der Hall-Konstante A_H: $n = (e_0 A_H)^{-1} = 6.24 \cdot 10^{22} \text{ m}^3$. Bei gegebener Hall-Konstante A_H gilt für die Hall-Spannung: $U_H = IBM/(FN_A \rho e_0) = 1.1 \text{ nV}$.

14.1 Eine $(hk\ell)$-Ebene enthält die Punkte: $P_1 = a_1/h$, $P_2 = a_2/k$ und $P_3 = a_3/\ell$, wobei a_1, a_2 und a_3 die Basisvektoren des Kristallgitters (Realraum) sind. Die Verbindungsvektoren $u_{12} = a_1/h - a_2/k$, $u_{13} = a_1/h - a_3/\ell$ und $u_{23} = a_2/k - a_3/\ell$ zwischen den Punkten P_1, P_2 und P_3 liegen in der $(hk\ell)$-Ebene. Das Einsetzen der Definitionen der Basisvektoren des reziproken Gitters ergibt für den reziproken Gittervektor $G_{hk\ell} = hb_1 + kb_2 + \ell b_3$:

$$G_{hk\ell} = 2\pi \left(h \frac{a_2 \times a_3}{a_1 \cdot (a_2 \times a_3)} + k \frac{a_3 \times a_1}{a_1 \cdot (a_2 \times a_3)} + \ell \frac{a_1 \times a_2}{a_1 \cdot (a_2 \times a_3)} \right).$$

Für die Skalarprodukte des reziproken Gittervektors $G_{hk\ell}$ mit den Verbindungsvektoren u_{12}, u_{13} und u_{23} folgt dann mit den Regeln für die zyklische Vertauschung beim Spatprodukt $a_1 \cdot (a_2 \times a_3) = a_2 \cdot (a_3 \times a_1) = a_3 \cdot (a_1 \times a_2)$:

$$G_{hk\ell} \cdot u_{12} = 2\pi \left(h \frac{a_2 \times a_3}{a_1 \cdot (a_2 \times a_3)} \cdot \frac{a_1}{h} - k \frac{a_3 \times a_1}{a_1 \cdot (a_2 \times a_3)} \cdot \frac{a_2}{k} \right) = 0,$$

$$G_{hk\ell} \cdot u_{13} = 2\pi \left(h \frac{a_2 \times a_3}{a_1 \cdot (a_2 \times a_3)} \cdot \frac{a_1}{h} - \ell \frac{a_1 \times a_2}{a_1 \cdot (a_2 \times a_3)} \cdot \frac{a_3}{\ell} \right) = 0,$$

$$G_{hk\ell} \cdot u_{23} = 2\pi \left(k \frac{a_3 \times a_1}{a_1 \cdot (a_2 \times a_3)} \cdot \frac{a_2}{k} - \ell \frac{a_1 \times a_2}{a_1 \cdot (a_2 \times a_3)} \cdot \frac{a_3}{\ell} \right) = 0.$$

14.2 Die Wigner-Seitz-Zelle des kubisch-flächenzentrierten Kristallgitters wird von den Vektoren $u_1 = g(a_1 + a_2)/2$, $u_2 = g(a_2 + a_3)/2$ und $u_3 = g(a_3 + a_1)/2$ aufgespannt (a_1, a_2 und a_3 sind die Basisvektoren der nicht-primitiven Elementarzelle und g ist die Gitterkonstante). Das Volumen der Wigner-Seitz-Zelle ergibt sich aus dem Spatprodukt: $V_{WS} = u_1 \cdot (u_2 \times u_3) = (g^3/8)(a_1 + a_2) \cdot (a_2 \times a_3 + a_2 \times a_1 + a_3 \times a_3 + a_3 \times a_1)$. Damit folgt: $V_{WS} = (g^3/8)(a_1 + a_2) \cdot (a_1 - a_3 + a_2) = g^3/4$ (wobei $a_i \times a_j = \epsilon_{ijk} a_k$ und $a_i \cdot a_j = \delta_{ij}$ für $i, j, k = 1, 2, 3$ genutzt wurde).

14.3 Al(100): Atome pro Zelle: 2; Flächendichte: $2/g^2 = 1.22 \cdot 10^{19}$ m^{-2};
           Lagenabstand: $g/2 = 0.203$ nm
    Al(110): Atome pro Zelle: 2; Flächendichte: $\sqrt{2}/g^2 = 0.86 \cdot 10^{19}$ m^{-2};
           Lagenabstand: $g/\sqrt{8} = 0.143$ nm
    Al(111): Atome pro Zelle: 3; Flächendichte: $4/(\sqrt{3}g^2) = 1.41 \cdot 10^{19}$ m^{-2};
           Lagenabstand: $g/\sqrt{3} = 0.234$ nm
    Fe(100): Atome pro Zelle: 1; Flächendichte: $1/g^2 = 1.22 \cdot 10^{19}$ m^{-2};
           Lagenabstand: $g/2 = 0.143$ nm
    Fe(110): Atome pro Zelle: 2; Flächendichte: $\sqrt{2}/g^2 = 1.73 \cdot 10^{19}$ m^{-2};
           Lagenabstand: $g/\sqrt{2} = 0.202$ nm
    Fe(111): Atome pro Zelle: 3; Flächendichte: $2/(\sqrt{12}g^2) = 0.71 \cdot 10^{19}$ m^{-2};
           Lagenabstand: $g/\sqrt{3} = 0.165$ nm
    (Mit Zelle ist hier die entsprechende Oberflächenzelle bezeichnet.)

14.4 Für das Volumen V der Einheitszelle des Kristallgitters gilt: $V = a_1 \cdot (a_2 \times a_3) = a_2 \cdot (a_3 \times a_1) = a_3 \cdot (a_1 \times a_2)$ und für das Volumen V^* der Einheitszelle des reziproken Gitters gilt: $V^* = b_1 \cdot (b_2 \times b_3) = b_2 \cdot (b_3 \times b_1) = b_3 \cdot (b_1 \times b_2)$. Für die Basisvektoren des reziproken Gitters gilt: $b_1 = 2\pi(a_2 \times a_3)/V$, $b_2 = 2\pi(a_3 \times a_1)/V$ und $b_3 = 2\pi(a_1 \times a_2)/V$.

Daraus ergibt sich $V^* = b_1 \cdot (b_2 \times b_3) = 2\pi(a_2 \times a_3) \cdot (b_2 \times b_3)/V$. Mit der Langrange-Indentität: $(a_2 \times a_3) \cdot (b_2 \times b_3) = (a_2 \cdot b_2)(a_3 \cdot b_3) - (a_2 \cdot b_3)(a_3 \cdot b_2)$ und $a_i \cdot b_j = 2\pi\delta_{ij}$ (für $i, j = \{1, 2, 3\}$) folgt dann: $V^* = (2\pi)^3/V$.

15.1 Die Sättigungsmagnetisierung M_S ergibt sich aus dem atomaren magnetischen Moment μ_{Atom} und der Atomdichte n: $M_S = B_S/\mu_0 = \mu_{Atom} n = \mu_{Atom} N_A \rho/M$. Damit folgt für das atomare magnetische Moment: $\mu_{Atom} = B_S M/(\mu_0 N_A \rho)$. Mit der Massendichte $\rho = 7.87 \cdot 10^6$ g/m^3 und der molaren Massen $M = 55.85$ g/mol von Eisen ergibt sich: $\mu_{Atom} = 1.97$ A/m^2 bzw. $\mu_{Atom}/\mu_{Bohr} = 2.12$.

15.2 Ein atomarer magnetischer Dipol $\boldsymbol{\mu}_{Atom}$ im Ursprung eines Koordinatensystems erzeugt in seiner Umgebung ein Magnetfeld:

$$\boldsymbol{B}(r) = \frac{\mu_0}{4\pi} \frac{3(\boldsymbol{\mu}_{Atom} \cdot \boldsymbol{r})\boldsymbol{r} - r^2 \boldsymbol{\mu}_{Atom}}{r^5}.$$

Für die maximale Dipol-Dipol-Wechselwirkungsenergie zwischen zwei benachbarten atomaren magnetischen Momenten $\mu_{Atom1} = \mu_{Atom2} = \mu_{Atom}$ mit dem Abstand $a = r$ gilt dann:

$$E_{DD} = \frac{\mu_0}{4\pi} \frac{2\mu_{Atom}^2}{a^3}.$$

Für Eisen (kubisch-raumzentriertes Gitter) mit einem Abstand $a = \sqrt{3}g/2 = 0.249$ nm zwischen nächsten Nachbaratomen folgt: $E_{DD} = 3.16 \cdot 10^{-5}$ eV und für Nickel (kubisch-flächenzentriertes Gitter) mit $a = g/\sqrt{2} = 0.249$ nm folgt: $E_{DD} = 3.31 \cdot 10^{-6}$ eV.

15.3 Für die Richtungskosinusse einer $\langle 100 \rangle$-Richtung gilt: $\alpha_1 = 1$, $\alpha_2 = \alpha_3 = 0$ und für eine $\langle 111 \rangle$-Richtung: $\alpha_1 = \alpha_2 = \alpha_3 = 1/\sqrt{3}$. Damit gilt für die Dichte der freien Enthalpie für die Magnetisierung entlang einer $\langle 100 \rangle$-Richtung: $G_{\langle 100 \rangle} = K_0$ und für die Magnetisierung entlang einer $\langle 111 \rangle$-Richtung: $G_{\langle 111 \rangle} = K_0 + K_1/3 + K_2/27$. Daraus folgt für die Differenz: $\Delta G = G_{\langle 111 \rangle} - G_{\langle 100 \rangle} = K_1/3 + K_2/27 = 14.56\,\text{kJ/m}^3$. Mit der Massendichte $\rho = 7.87 \cdot 10^6\,\text{g/m}^3$ und der molaren Masse $M = 55.85\,\text{g/mol}$ von Eisen sowie der Avogadro-Konstante N_A ergibt sich pro Fe-Atom: $\Delta G_{\text{Atom}} = \Delta G M/(N_A \rho) = (K_1/3 + K_2/27)M/(N_A \rho) = 1.07\,\mu\text{eV}$.

15.4 Für die Widerstände für die Spin-up- und die Spin-down-Elektronen bei paralleler Magnetisierung der beiden Bereiche gilt: $R_p(\uparrow) = 2L/(\sigma_\uparrow A)$ und $R_p(\downarrow) = 2L/(\sigma_\downarrow A)$. Für den Widerstand für die Spin-up- und Spin-down-Elektronen bei antiparalleler Magnetisierung der beiden Bereiche gilt: $R_{ap}(\uparrow) = R_{ap}(\downarrow) = L/(\sigma_\uparrow A) + L/(\sigma_\downarrow A)$. Unter der Annahme, dass die Spin-up- und Spin-down-Elektronen als voneinander unabhängige Stromkanäle betrachet werden, ergibt sich aus deren Parallelschaltung:

$$R_p = \frac{R_p(\uparrow) \cdot R_p(\downarrow)}{R_p(\uparrow) + R_p(\downarrow)} = \frac{2L}{A(\sigma_\uparrow + \sigma_\downarrow)} \quad \text{und} \quad R_{ap} = R_{ap}(\uparrow)/2 = \frac{L}{2A}\left(\frac{1}{\sigma_\uparrow} + \frac{1}{\sigma_\downarrow}\right).$$

Daraus folgt: $GMR = \dfrac{R_{ap}}{R_p} - 1 = \dfrac{1}{4}\left(\dfrac{\sigma_\uparrow}{\sigma_\downarrow} + \dfrac{\sigma_\downarrow}{\sigma_\uparrow} - 2\right).$

16.1 Die Dichte n der Leitungselektronen ergibt sich aus: $n = N_A \rho/M = 8.45 \cdot 10^{28}\,\text{m}^{-3}$. Daraus folgt für die Beweglichkeit der Leitungselektronen $\mu = \sigma/(e_0 n) = \sigma M/(e_0 N_A \rho) = 4.28 \cdot 10^{-3}\,\text{m}^2/(\text{Vs})$. Für die Driftgeschwindigkeit der Leitungselektronen ergibt sich daraus: $v_d = \mu U/\ell = 4.28\,\text{m/s} \approx 15\,\text{km/h}$.

16.2 Das Magnetfeld ergibt sich aus: $B = \Phi_0/A = 4\Phi_0/(\pi d^2) = 2.67 \cdot 10^{-7}\,\text{T}$.

16.3 Für die kritische Stromstärke eines geraden, dünnen supraleitenden Drahtes mit dem Drahtdurchmesser d gilt: $I_c = \pi d B_c/\mu_0 = 200.8\,\text{A}$.

16.4 Folgende metallische Elemente werden unter Atmosphärendruck (Normaldruck) supraleitend bei einer Sprungtemperatur T_c, die zwischen dem Siedepunkt von flüssigem Helium ($T_S = 4.15$ K) und dem Siedepunkt von flüssigem Wasserstoff ($T_S = 21.15$ K) liegt: Vanadium (V): $T_c = 5.38$ K, Niob (Nb): $T_c = 9.25$ K, Technetium (Tc): $T_c = 7.77$ K, Lanthan (La): $T_c = 6.0$ K, Tantal (Ta): $T_c = 4.48$ K und Blei (Pb): $T_c = 7.19$ K (allerdings sind sämtliche Technetium-Isotope radioaktiv). Knapp unterhalb dieses Temperaturbereiches liegen beispielsweise die Elemente Indium (In) mit $T_c = 3.40$ K, Zinn (Sn) mit $T_c = 3.72$ K und Quecksilber (Hg) mit $T_c = 4.15$ K. Blei, Indium, Zinn und Quecksilber sind Typ-I-Supraleiter; Vanadium, Niob, Technetium, Lanthan und Tantal sind Typ-II-Supraleiter.

Aus den spezifischen elektrischen Widerständen ϱ lassen sich die Ohm'schen Widerstände $R/\ell = 4\varrho/(\pi d^2)$ bei Zimmertemperatur mit dem Drahtdurchmesser von $d = 1$ mm berechnen:

Element	Ordnungszahl Z	ϱ ($\Omega\,\text{mm}^2/\text{m}$)	R/ℓ (Ω/m)
Vanadium (V)	23	0.20	0.25
Niob (Nb)	41	0.15	0.19
Technetium (Tc)	43	0.22	0.28
Lanthan (La)	57	0.62	0.79
Tantal (Ta)	73	0.13	0.17
Blei (Pb)	82	0.21	0.27

Der Vergleich mit dem in der Aufgabenstellung angegebenen Wert ergibt, dass es sich um einen Blei-Draht handelt.

17.1 Die Löcherkonzentration p ergibt sich im Bereich der Störstellenleitung aus der Differenz der Akzeptoren- und Donatoren-Konzentration: $p = N_A - N_D = (5 \cdot 10^{16} - 10^{15})$ cm^{-3} = $4.9 \cdot 10^{16}$ cm^{-3}. Die Elektronenkonzentration ist im Vergleich zur Löcherkonzentration mit $n = n_i^2/(N_A - N_D) = (1.45 \cdot 10^{10}$ cm$^{-3})^2/((5 \cdot 10^{16} - 10^{15})$ cm$^{-3}) = 4.3 \cdot 10^3$ cm^{-3} um 13 Größenordnungen kleiner (in einem n-dotierten Halbleiter mit $N_D \gg N_A$ gilt hingegen im Bereich der Störstellenleitung: $n = N_D - N_A$ und $p = n_i^2/(N_D - N_A)$). Für die von den Löchern bestimmte Leitfähigkeit folgt somit: $\sigma = e_0(\mu_p p + \mu_n n) \approx e_0 \mu_p p = 3.9$ $(\Omega\text{cm})^{-1}$.

17.2 Für die elektrische Leitfähigkeit in einem p-dotierten Halbleiter gilt im Bereich der Störstellenleitung: $\sigma = e_0(p\mu_p + n\mu_n) = e_0[(N_A - N_D)\mu_p + n_i^2\mu_n/(N_A - N_D)]$. Mit der Näherung $N_A \gg N_D$ folgt: $\sigma \approx e_0[N_A\mu_p + n_i^2\mu_n/N_A]$. Aus $d\sigma/dN_A = 0$ ergibt sich: $N_A(\sigma_{\min}) = n_i\sqrt{\mu_n/\mu_p} = 1.43 \cdot 10^{17}$ cm^{-3} und $\sigma_{\min} = 2e_0 n_i\sqrt{\mu_n\mu_p} = 4.59 \cdot 10^3$ $(\Omega\text{cm})^{-1}$.

17.3 Für die Breite der Raumladungszone gilt: $W = \sqrt{\dfrac{2\varepsilon_0\varepsilon_r}{e_0}\left[\dfrac{1}{N_A} + \dfrac{1}{N_D}\right](U_D - U)}$.

Die temperaturabhängige Diffusionsspannung ergibt sich aus: $U_D = (k_B T/e_0)\ln(N_A N_D/n_i^2)$. Mit den gegebenen Daten $N_A = 10^{15}$ cm^{-3}, $N_D = 10^{17}$ cm^{-3}, $T = 300$ K und der intrinsischen Ladungsträgerdichte $n_i = 1.45 \cdot 10^{10}$ cm^{-3} (für Si) folgt $U_D = 697$ mV ≈ 0.7 V. Damit ergibt sich für die Raumladungszone: $W(U = 0) = 0.96\,\mu$m und $W(U = -10$ V$) = 3.77\,\mu$m. Für die Sperrschichtkapazität $C_S = \varepsilon_0\varepsilon_r A/W$ folgt damit: $C_S(U = 0) = 10.92$ pF und $C_S(U = -10$ V$) = 2.79$ pF.

17.4 Die Basisweite w_B ergibt sich aus der Beziehung zwischen dem Kollektor-Strom $I_C = I_S[\exp\{e_0 U_{BE}/(k_B T)\} - 1]$ und dem Sättigungsstrom $I_S = Ae_0 D_n n_i^2/(w_B N_{AB})$. Der Diffusionskoeffizient der Elektronen $D_n = k_B T\mu_n/e_0$ wird gemäß der Einstein-Beziehung von der Elektronenbeweglichkeit $\mu_n = 1400$ cm^2/(Vs) (in Si) bestimmt.

Daraus folgt für die Basisweite: $w_B = \dfrac{A\mu_n n_i^2 k_B T}{N_{AB} I_C}\left[\exp\left(\dfrac{e_0 U_{BE}}{k_B T}\right) - 1\right] = 0.62\,\mu$m, mit der intrinsischen Ladungsträgerdichte $n_i = 1.45 \cdot 10^{10}$ cm^{-3} (in Si). Für die statische Stromverstärkung gilt dann: $B = \dfrac{I_C}{I_B} = \dfrac{\mu_n N_{DE}\ell_{pE}}{\mu_p N_{AB} w_B} \approx 141$, mit der Löcherbeweglichkeit $\mu_p = 480$ cm^2/(Vs) (in Si).

Register

Wichtige Konstanten und physikalische Größen

Wegen der im Deutschen und Englischen unterschiedlichen Schreibweise von Dezimalzahlen und der dadurch bedingten Fehlerquellen wird im Bergmann/Schaefer der englische Dezimalpunkt anstelle des Kommas verwendet.

Größe	Zahlenwert
Gravitationskonstante	$G = 6.67384 \cdot 10^{-11} \ \mathrm{m^3 kg^{-1} s^{-2}}$
Lichtgeschwindigkeit	$c = 2.99792458 \cdot 10^8 \ \mathrm{ms^{-1}}$
Planck'sche Konstante	$h = 6.626070 \cdot 10^{-34} \ \mathrm{Js}$
Reduzierte Planck'sche Konstante $\hbar = h/(2\pi)$	$\hbar = 1.054572 \cdot 10^{-34} \ \mathrm{Js}$
Elementarladung	$e_0 = 1.602177 \cdot 10^{-19} \ \mathrm{As}$
magnetische Feldkonstante	$\mu_0 = 4\pi \cdot 10^{-7} \ \mathrm{VsA^{-1} m^{-1}}$
elektrische Feldkonstante $\varepsilon_0 = 1/(\mu_0 c^2)$	$\varepsilon_0 = 8.854188 \cdot 10^{-12} \ \mathrm{AsV^{-1} m^{-1}}$
Feinstrukturkonstante $\alpha = \mu_0 e_0^2 c/(2h)$	$\alpha^{-1} = 137.0359990$
Boltzmann-Konstante	$k_B = 1.380649 \cdot 10^{-23} \ \mathrm{JK^{-1}}$
Avogadro-Konstante	$N_A = 6.022141 \cdot 10^{23} \ \mathrm{mol^{-1}}$
Ruhmasse des Elektrons	$m_e = 9.109383 \cdot 10^{-31} \ \mathrm{kg}$
Ruhmasse des Protons	$m_p = 1.672622 \cdot 10^{-27} \ \mathrm{kg}$
Ruhmasse des Neutrons	$m_n = 1.674927 \cdot 10^{-27} \ \mathrm{kg}$
atomare Masseneinheit	$u = 1.6605389 \cdot 10^{-27} \ \mathrm{kg}$
klassischer Elektronenradius $r_e = e_0^2/(4\pi \varepsilon_0 m_e c^2)$	$r_e = 2.81794032 \cdot 10^{-15} \ \mathrm{m}$
Compton-Wellenlänge des Elektrons $\lambda_{C,e} = 2\pi r_e/\alpha$	$\lambda_{C,e} = 2.426310 \cdot 10^{-12} \ \mathrm{m}$
Bohr'sches Magneton $\mu_B = e_0 \hbar/(2m_e)$	$\mu_B = 9.2740099 \cdot 10^{-24} \ \mathrm{JT^{-1}}$
Kernmagneton $\mu_K = e_0 \hbar/(2m_p)$	$\mu_K = 5.0507837 \cdot 10^{-27} \ \mathrm{JT^{-1}}$
magnetisches Moment des Elektrons $\mu_e = g_e \mu_B/2$	mit dem g_e-Faktor $g_e = 2.0023193$
magnetisches Moment des Protons $\mu_p = g_p \mu_K/2$	mit dem g_p-Faktor $g_p = 5.5856947$
magnetisches Moment des Neutrons $\mu_n = g_n \mu_K/2$	mit dem g_n-Faktor $g_n = 3.826085$
Bohr'scher Radius $a_B = r_e/\alpha^2$	$a_B = 0.52917721 \cdot 10^{-10} \ \mathrm{m}$
Bohr'sche Geschwindigkeit $v_B = \alpha c$	$v_B = 2.18769127 \cdot 10^6 \ \mathrm{ms^{-1}}$
Konversionskonstante	$\hbar c = 1.9732698 \cdot 10^{-7} \ \mathrm{eVm}$
Ruhenergie des Elektrons $E_e = m_e c^2$	$E_e = 0.5109989 \ \mathrm{MeV}$
Ruhenergie des Protons $E_p = m_p c^2$	$E_p = 938.2720 \ \mathrm{MeV}$
Ruhenergie des Neutrons $E_n = m_n c^2$	$E_n = 939.5654 \ \mathrm{MeV}$
Bindungsenergie des Wasserstoffatoms $|E_B| = m_e c^2 \alpha^2/2$	$|E_B| = 13.605693 \ \mathrm{eV}$
Von-Klitzing-Konstante $R_K = h/e_0^2$	$R_K = 25.8128074434 \ \mathrm{k\Omega}$
magnetisches Flussquant $\Phi_0 = h/(2e_0)$	$\Phi_0 = 2.0678339 \cdot 10^{-15} \ \mathrm{Vs}$
Josephson-Konstante $K_J = \Phi_0^{-1} = 2e_0/h$	$K_J = 4.8359785 \cdot 10^{14} \ \mathrm{(Vs)^{-1}}$

Periodensystem der Elemente

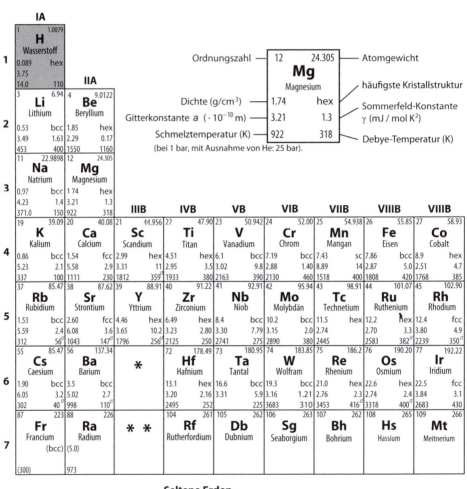

Die Sommerfeld-Konstante γ ist proportional zur Zustandsdichte $n(E_F)$ der Elektronen an der Fermi-Energie E_F. Allgemein gilt: $\gamma = 2\pi^2 k_B^2 n(E_F)/3$.